# NOUVELLES SUITES

## A

# BUFFON,

## FORMANT,

*avec les œuvres de cet auteur,*

### UN COURS COMPLET D'HISTOIRE NATURELLE.

*Collection*

*accompagnée de Planches*

A LA LIBRAIRIE ENCYCLOPÉDIQUE DE RORET.
Rue Hautefeuille, N° 10 bis.

POURRAT Frères, Rue des Petits Augustins, N° 5.

# HISTOIRE NATURELLE

DES

# VÉGÉTAUX.

---

## PHANÉROGAMES.

### XIV.

---

### TABLES.

---

# HISTOIRE NATURELLE

DES

# VÉGÉTAUX.

---

## PHANÉROGAMES.

### Par M. Edouard SPACH,

AIDE-NATURALISTE AU MUSÉUM D'HISTOIRE NATURELLE, MEMBRE DE
PLUSIEURS SOCIÉTÉS SAVANTES.

TOME QUATORZIÈME.

---

**TABLES.**

---

PARIS,

LIBRAIRIE ENCYCLOPÉDIQUE DE RORET,

RUE HAUTEFEUILLE, 10 BIS.

—

1848.

# TABLE

## DES NOMS VULGAIRES

CITÉS

### DANS L'HISTOIRE DES PHANÉROGAMES.

| | Vol. | Pag. | | Vol. | Pag. |
|---|---|---|---|---|---|
| Abèle. . . . . . . . . . . . | 10 | 379 | Achillée noire. . . . . . . | 10 | 192 |
| Abricot Alberge. . . . . . | 1 | 389 | Achit. . . . . . . . . . . . | 3 | 210 |
| — Amande–Aveline.. | 1 | 389 | Acioua . . . . . . . . . . | 1 | 371 |
| — angoumois . . . . . | 1 | 389 | Aconit salutaire. . . . . . | 7 | 383 |
| — Aveline. . . . . . | 1 | 389 | Adelari. . . . . . . . . . | 5 | 274 |
| — blanc. . . . . . . | 1 | 389 | Adrachne. . . . . . . . . | 9 | 494 |
| — de Hollande. . . . | 1 | 389 | Adraganthe (gomme). . . | 1 | 275 |
| — de Portugal. . . . | 1 | 389 | | et | 276 |
| — de Provence. . . . | 1 | 389 | Affion. . . . . . . . . . . | 7 | 14 |
| — Pêche. . . . . . . | 1 | 389 | Agalloche. . . . . . . . . | 1 | 130 |
| — précoce. . . . . . | 1 | 389 | Agalougin. . . . . . . . . | 13 | 289 |
| — royal. . . . . . . | 1 | 389 | Aggor. . . . . . . . . . . | 13 | 289 |
| Abricotier. . . . . . . . . | 1 | 389 | Aggour. . . . . . . . . . | 13 | 289 |
| Abricotier de Saint-Do- | | | Agnus castus. . . . . . . | 9 | 231 |
| mingue. . . . . . . . . | 5 | 321 | Aiault. . . . . . . . . . . | 12 | 435 |
| Abricotier du Pape. . . . | 1 | 389 | Aigremoine. . . . . . . . | 1 | 482 |
| Acacia boule. . . . . . . | 1 | 259 | Ail. . . . . . . . . . . . . | 12 | 329 |
| — crépu. . . . . . . | 1 | 260 | Ail à chien. . . . . . . . | 12 | 307 |
| — élégant. . . . . . | 1 | 260 | Ail d'Espagne. . . . . . . | 12 | 329 |
| — inerme. . . . . . | 1 | 259 | Aire. . . . . . . . . . . . | 9 | 524 |
| — monstrueux.. . . . | 1 | 260 | Airelle. . . . . . . . . . | 9 | 524 |
| — Parasol. . . . . . | 1 | 259 | Ajonc. . . . . . . . . . . | 1 | 197 |
| — tortueux. . . . . . | 1 | 260 | Ajonc du Népaul. . . . . | 1 | 197 |
| Acajou. . . . . . . . . . . | 3 | 164 | Alaterne. . . . . . . . . | 2 | 448 |
| | et | 165 | Alaterne hybride. . . . . | 2 | 250 |
| Acajou à planches. . . . . | 3 | 177 | Alberge. . . . . . . . . . | 1 | 389 |
| — bâtard. . . . . . . | 3 | 165 | Albois. . . . . . . . . . . | 1 | 206 |
| — de la Nouvelle- | | | Albours. . . . . . . . . . | 1 | 206 |
| Hollande. . . . | 4 | 129 | Alcamphora. . . . . . . . | 2 | 505 |
| — de montagne. . . . | 11 | 242 | Alcée. . . . . . . . . . . | 3 | 347 |
| — franc. . . . . . . | 3 | 165 | Aghul. . . . . . . . . . . | 1 | 298 |
| — moucheté. . . . . | 3 | 165 | Alghul. . . . . . . . . . . | 1 | 298 |
| — ronceux. . . . . . | 3 | 165 | Algum. . . . . . . . . . . | 10 | 461 |
| Acanthine. . . . . . . . . | 10 | 88 | Aligoufier. . . . . . . . . | 9 | 423 |
| Ache de montagne. . . . . | 8 | 155 | Alisier. . . . . . . . . . . | 2 | 107 |

| | Vol. | Pag. | | Vol. | Pag. |
|---|---|---|---|---|---|
| Alisier luisant. | 2 | 80 | Ansérine. | 5 | 300 |
| Alléluia. | 3 | 261 | *Ansjeli.* | 11 | 73 |
| Alliaire. | 6 | 417 | *Antchar.* | 11 | 66 |
| Allouchier. | 2 | 100 | Anthémis à grandes fleurs. | 10 | 179 |
| *All-spice.* | 4 | 178 | Anthore. | 7 | 382 |
| *Allughas.* | 12 | 167 | *Antjar* ou *Antsjar.* | 11 | 66 |
| Alkékenge. | 9 | 75 | *Apélikéa.* | 11 | 122 |
| *Alkund.* | 8 | 548 | *Apo de Carijo.* | 7 | 417 |
| *Almug.* | 10 | 461 | Appétit. | 12 | 331 |
| Aloès. | 12 | 355 | *Aracouchini.* | 2 | 237 |
| Aloès succotrin. | 12 | 353 | Arbouse. | 6 | 214 |
| *Alomoton.* | 6 | 154 | Arbre à Anémones. | 4 | 284 |
| Alpiste. | 13 | 179 | — à baguettes. | 10 | 542 |
| Alvièz. | 11 | 399 | — à café. | 1 | 90 |
| Alvine. | 10 | 171 | — à cire. | 11 | 263 |
| Alype. | 10 | 330 | — à concombres. | 7 | 484 |
| Amandier (cultivé). | 1 | 379 | — à fraises. | 9 | 492 |
| | et | 580 | — à oseille. | 9 | 486 |
| Amande amère. | 1 | 381 | — à savonnette. | 8 | 491 |
| — des dames. | 1 | 381 | — à suif. | 2 | 523 |
| — pistache. | 1 | 381 | — à pain. | 11 | 71 |
| — princesse. | 1 | 381 | — au poivre. | 9 | 231 |
| — Sultane. | 1 | 381 | — aux melons. | 13 | 318 |
| Amarante. | 5 | 250 | — aux quarante écus. | 11 | 501 |
| | à | 252 | — de Danaé. | 1 | 206 |
| Amarantine. | 5 | 259 | — de Judée. | 1 | 128 |
| Amarinier. | 10 | 366 | — de neige. | 8 | 261 |
| Amaryllis jaune. | 12 | 411 | — de vie. | 11 | 340 |
| Ambrette. | 3 | 384 | — de vie d'Amérique. | 11 | 340 |
| Ambrette jaune. | 10 | 77 | — du paradis. | 11 | 340 |
| Ambrosie des Anciens. | 6 | 579 | — vache. | 11 | 64 |
| — sauvage. | 6 | 579 | Arcanson. | 11 | 379 |
| *Ambun.* | 10 | 559 | Arec. | 12 | 71 |
| Amélanchier. | 2 | 83 | *Aren* ou *Areng.* | 12 | 76 |
| *Amënça* ou *Amenza.* | 11 | 152 | Argalou. | 2 | 440 |
| Amome. | 8 | 192 | Argentine. | 1 | 471 |
| Amourette. | 5 | 43 | *Arghel.* | 8 | 547 |
| | et | 13 211 | Aristoloche. | 10 | 562 |
| *Ampan.* | 12 | 95 | — Siphon. | 10 | 569 |
| *Amramatico.* | 13 | 526 | Armoise. | 10 | 170 |
| Anacarde d'Orient. | 2 | 190 | *Arnotta.* | 6 | 118 |
| Anacardier. | 2 | 187 | *Arouaou.* | 2 | 238 |
| Ananas (fraise). | 1 | 467 | Arrête-bœuf. | 1 | 214 |
| Ananas (vrai). | 12 | 400 | Arroche. | 5 | 291 |
| *Anda.* | 2 | 516 | *Arrow-root.* | 12 | 151 |
| Andrachne. | 9 | 494 | | et | 159 |
| Angélique épineuse. | 8 | 121 | Artichaut. | 10 | 91 |
| Angélique (officinale). | 8 | 437 | — épineux. | 10 | 92 |
| *Angolam.* | 13 | 260 | — sauvage. | 10 | 86 |
| *Anicoco.* | 1 | 147 | | et | 88 |
| Anis. | 8 | 198 | Asaret. | 10 | 570 |
| Anis étoilé. | 7 | 443 | *Axjogam.* | 1 | 110 |
| Ansérine (Potentille). | 1 | 471 | Asperge. | 12 | 221 |

| | Vol. | Pag. | | Vol. | Pag. |
|---|---|---|---|---|---|
| Asphodèle jaune. | 12 | 369 | Bailleraye | 13 | 249 |
| Aspic. | 9 | 170 | Balauste. | 4 | 290 |
| Assa-fetida. | 8 | 162 | Balaustier. | 4 | 290 |
| Assiminier. | 7 | 530 | Balcoua. | 13 | 229 |
| Ati. | 7 | 380 | Balsamine. | 13 | 272 |
| Atimouta. | 1 | 127 | Bambou. | 13 | 225 |
| Ativicha. | 7 | 371 | | à | 235 |
| Atocire. | 7 | 498 | Bananier. | 12 | 136 |
| Attier. | 7 | 498 | Banette. | 1 | 331 |
| Attrape-mouche. | 5 | 493 | Baqua, Baquoi | 12 | 26 |
| — — (Silène). | 5 | 187 | Barbarée. | 6 | 421 |
| Aubépine. | 2 | 68 | Barbarine. | 6 | 199 |
| | et | 69 | Barbe à Dieu. | 7 | 277 |
| Aubergine. | 9 | 80 | — de bouc. | 10 | 52 |
| Aubours | 1 | 206 | — de capucin. | 10 | 56 |
| Aulnée. | 10 | 221 | — de chèvre. | 1 | 444 |
| Aune. | 11 | 248 | Barbeau jaune. | 10 | 77 |
| | à | 251 | — musqué. | 10 | 77 |
| Aune noir. | 2 | 456 | Barbotine. | 10 | 168 |
| Aunée. | 10 | 221 | | et | 174 |
| Auricule. | 9 | 358 | Bardane. | 10 | 84 |
| Aurone. | 10 | 168 | Basilée. | 12 | 303 |
| — femelle. | 10 | 185 | Basilic. | 9 | 169 |
| — mâle. | 10 | 168 | Bassinet. | 7 | 245 |
| Autruche (Impératoire). | 8 | 167 | — rampant. | 7 | 216 |
| Aveline. | 11 | 212 | Bâton de Jacob. | 12 | 369 |
| Avelinier. | 11 | 212 | — d'or. | 6 | 410 |
| Avocat ou Avocatier. | 10 | 490 | — royal. | 12 | 568 |
| Avocatier odorant. | 10 | 491 | Batua. | 8 | 14 |
| Avoine à grappes. | 13 | 202 | Baume blanc. | 2 | 236 |
| — de Hongrie. | 13 | 202 | — de Constantinople. | 2 | 236 |
| — de Russie. | 13 | 202 | — de Copahu. | 1 | 116 |
| — Fromental. | 13 | 204 | — d'eau. | 9 | 173 |
| — sauvage. | 13 | 171 | — d'Egypte. | 2 | 236 |
| — unilatérale. | 13 | 204 | — de Judée. | 2 | 236 |
| Avron. | 13 | 203 | — de la Mecque. | 2 | 236 |
| Awakhal. | 1 | 365 | — d'Oumiri. | 13 | 299 |
| Ayri. | 12 | 418 | — de Tolu. | 1 | 160 |
| Azadirac. | 3 | 186 | — des jardins. | 9 | 173 |
| Azaréro. | 1 | 418 | — du Grand-Caire. | 2 | 236 |
| Azédarac. | 3 | 184 | — du Pérou. | 1 | 158 |
| Azérolier. | 2 | 71 | | et | 159 |
| Azucarito. | 3 | 48 | — Focot. | 10 | 394 |
| | | | Baumier. | 10 | 394 |
| Bacaba. | 12 | 66 | Baumier de Giléad. | 11 | 421 |
| Bacchante. | 10 | 238 | Bay-berry. | 4 | 164 |
| Bacchante de Virginie. | 10 | 238 | Bec croisé. | 4 | 228 |
| Bacille. | 8 | 216 | Bec de cigogne. | 5 | 300 |
| Bacova. | 12 | 439 | | et | 301 |
| Badamier. | 4 | 298 | — de grue. | 3 | 300 |
| Badukka. | 6 | 301 | | et | 301 |
| Bass-wood. | 4 | 29 | Beetle-codi. | 11 | 15 |
| Baillard. | 13 | 249 | Béhen. | 5 | 176 |

| | Vol. | Pag. |
|---|---|---|
| Beid-el-ossar | 8 | 551 |
| Bejellan | 5 | 191 |
| Belladone | 9 | 83 |
| Belle dame | 5 | 291 |
| — de jour | 9 | 100 |
| — de nuit | 10 | 517 |
| — d'onze heures | 12 | 323 |
| Béloré | 10 | 477 |
| Ben | 1 | 142 |
| Benjoin | 4 | 301 |
| vol. 9 p. 425 et vol. | 10 | 507 |
| — français | 8 | 167 |
| Berce | 8 | 172 |
| Bergamottier | 8 | 281 |
| et | | 282 |
| Bermudienne | 13 | 12 |
| Bétel | 11 | 15 |
| Bétoine d'eau | 9 | 282 |
| — des montagnes | 10 | 270 |
| Bette-rave | 5 | 289 |
| Beurre de cacao | 5 | 478 |
| — de Galam | 12 | 122 |
| Bibacier | 2 | 81 |
| Bigaradier | 2 | 272 |
| à | | 280 |
| Bigarreautier | 1 | 402 |
| et | | 403 |
| Big-laurel | 7 | 472 |
| Bignone grimpante | 9 | 135 |
| — radicante | 9 | 134 |
| Bikh ou Bikhnia | 7 | 571 |
| Bilimbi | 5 | 236 |
| Billon | 5 | 172 |
| Bilor | 1 | 264 |
| Bintangor | 5 | 331 |
| Biscutelle | 6 | 568 |
| à | | 571 |
| Bistorte | 10 | 538 |
| Black-gum | 10 | 464 |
| Blanc d'eau | 7 | 173 |
| Blanc de Hollande | 10 | 380 |
| Blanchette | 10 | 305 |
| Blatti | 4 | 150 |
| Blé | 13 | 238 |
| à | | 241 |
| — d'Espagne | 13 | 173 |
| — de Guinée | 13 | 173 |
| — d'Inde | 13 | 173 |
| — de Turquie | 13 | 173 |
| — noir | 10 | 540 |
| Bléo | 13 | 417 |
| Bleuet | 10 | 69 |
| — du Levant | 10 | 69 |

| | Vol. | Pag. |
|---|---|---|
| Bluau | 10 | 69 |
| Bluet | 9 | 524 |
| et | 10 | 69 |
| Breslinge (fraise) | 1 | 464 |
| Boabab | 3 | 420 |
| Bois à la fièvre | 5 | 349 |
| — à lardoires | 2 | 405 |
| — balle | 5 | 200 |
| — bouton | 8 | 463 |
| — canon bâtard | 8 | 117 |
| — cochon | 2 | 244 |
| — cuir | 10 | 437 |
| — dard | 1 | 148 |
| — dartre | 5 | 349 |
| — d'Acajou | 5 | 165 |
| — d'Agalloche | 13 | 289 |
| — d'aigle | 13 | 289 |
| — d'Aloès | 1 | 130 |
| et | 13 | 289 |
| — d'arc | 11 | 53 |
| — de Campêche | 1 | 107 |
| — de Cannelle | 10 | 502 |
| — de capitaine | 5 | 125 |
| — de Couleuvrée | 8 | 490 |
| — de dames | 5 | 75 |
| — d'écossais | 5 | 349 |
| — d'élan | 2 | 86 |
| — d'encens | 2 | 238 |
| — de fer | 1 | 47 |
| vol. 8 p. 437, vol. 5 p. 60, et 11 p. 219. | | |
| — de Fernambouc | 1 | 102 |
| et | | 103 |
| — de Gaulette | 1 | 375 |
| et | 5 | 65 |
| — de Girofle | 4 | 171 |
| — d'huile | 5 | 75 |
| — d'Inde | 4 | 164 |
| — de Jasmin | 2 | 382 |
| — de Losteau | 8 | 432 |
| — de mai | 2 | 68 |
| — d'Orme | 5 | 487 |
| — de Quassia | 2 | 374 |
| — de reinette | 5 | 69 |
| — de Ronde | 5 | 77 |
| — de Rongle | 5 | 77 |
| et | 13 | 300 |
| — de Sainte-Lucie | 1 | 409 |
| — de sang | 5 | 349 |
| — de Santal blanc | 10 | 462 |
| — de Santal rouge | 1 | 362 |
| — de senteur bleu | 5 | 447 |
| — dentelle | 10 | 438 |

| | | Vol. | Pag. | | | Vol. | Pag. |
|---|---|---|---|---|---|---|---|
| Bois | du Brésil. | 1 | 102 | Brappat. | | 4 | 150 |
| | et | 11 | 103 | Brayette. | | 9 | 354 |
| — | dur. | 11 | 219 | Brésillet. | | 1 | 102 |
| — | gentil. | 10 | 439 | Bricette. | | 1 | 392 |
| — | jaune. | 7 | 490 | Brome. | | 13 | 218 |
| | vol. 10 p. 366 et vol. 11 p. 54 | | | | à | | 220 |
| — | Marie. | 5 | 332 | Brouti. | | 12 | 92 |
| — | perdrix. | 13 | 265 | Bruyère. | | 9 | 445 |
| — | punais. | 8 | 98 | Bryone. | | 6 | 225 |
| — | rouge. | 1 | 107 | | à | | 228 |
| — | trompette. | 11 | 69 | Bubrome. | | 3 | 487 |
| Boldou. | | 10 | 493 | Buffelhorn. | | 8 | 403 |
| Bonne-dame. | | 5 | 291 | Bugle. | | 9 | 223 |
| Bonga. | | 7 | 182 | Bugrande, ou Bugrane. | | 1 | 214 |
| Bon-Henri. | | 5 | 293 | Bugule. | | 9 | 223 |
| Bonhomme. | | 9 | 275 | Buis. | | 2 | 491 |
| Bonnet d'évêque. | | 2 | 405 | — de Chine. | | 2 | 254 |
| —, de prêtre. | | 2 | 405 | — piquant. | | 12 | 225 |
| Botar. | | 1 | 335 | Buisson ardent. | | 2 | 74 |
| Bouillon blanc. | | 9 | 275 | Bunias d'Orient. | | 6 | 587 |
| Bouleau. | | 11 | 230 | Bupariti. | | 3 | 587 |
| | à | | 244 | Burahol. | | 7 | 526 |
| Bouleau à canot. | | 11 | 234 | Busserole, ou Buxerole. | | 10 | 495 |
| | et | | 240 | | | | |
| — | à papier. | 11 | 234 | Cabaret. | | 10 | 570 |
| — | blanc. | 11 | 236 | Cabeza de negro. | | 12 | 30 |
| — | jaune. | 11 | 244 | Cacahoaquahitl. | | 3 | 478 |
| — | merisier. | 11 | 242 | Cacalia à feuilles de Lai- | | | |
| — | noir. | 11 | 242 | tron. | | 10 | 274 |
| — | pleureur. | 11 | 232 | Cacalia écarlate. | | 10 | 274 |
| — | sucré. | 11 | 242 | Cacao. | | 3 | 478 |
| Boulou. | | 13 | 232 | | | 483 et 484 | |
| Boule de neige. | | 8 | 309 | Cacao sauvage. | | 3 | 424 |
| Boulette. | | 10 | 100 | Cacaotier. | | 3 | 479 |
| Bouquetine. | | 8 | 198 | | à | | 485 |
| Bourache. | | 9 | 36 | Cachiman. | | 7 | 500 |
| Bourdaine. | | 2 | 456 | — épineux. | | 7 | 502 |
| Bourdon de Saint-Jacques. | | 3 | 357 | Cachivi. | | 2 | 511 |
| Bourgène. | | 2 | 456 | Cachou. | | 1 | 74 |
| Bourgogne. | | 1 | 290 | Cactier à cochenille. | | 13 | 400 |
| Bourguépine. | | 2 | 451 | Cactier de Campêche. | | 13 | 400 |
| Bouriti. | | 12 | 92 | Café fin vert. | | 8 | 454 |
| Bourrache. | | 9 | 36 | Café gragé. | | 8 | 454 |
| Bourse à berger. | | 6 | 540 | Cagaiteria. | | 4 | 175 |
| — à pasteur. | | 6 | 540 | Caïl-cedra. | | 3 | 168 |
| Boursette. | | 6 | 540 | Caillebotte. | | 8 | 309 |
| | et | 10 | 305 | Caille-lait. | | 8 | 470 |
| Bouton d'argent. | | 7 | 205 | Caïmitier. | | 9 | 386 |
| | et | 10 | 194 | Cainito. | | 9 | 386 |
| — d'or. | | 10 | 213 | Caju-puti. | | 4 | 118 |
| Brai sec. | | 11 | 379 | | et | | 119 |
| Branc-ursine. | | 9 | 153 | Calaba. | | 5 | 332 |
| — bâtarde. | | 8 | 172 | Calabure. | | 4 | 39 |

| | Vol. | Pag. | | Vol. | Pag. |
|---|---|---|---|---|---|
| Calambac. . . . . . . . . | 13 | 289 | Capuce. . . . . . . . . . | 7 | 378 |
| Calappa. . . . . . . . . . | 12 | 126 | Capuchon de moine. . . . | 7 | 379 |
| Calebasse. . . . . . . . | 6 | 196 | Capucine. . . . . . . . . | 3 | 5 |
| Calebasse-Colin. . . . . . | 4 | 197 | Caquillé. . . . . . . . . | 6 | 333 |
| Calebassier. . . . . . . . | 9 | 333 | Carambolier. . . . . . . | 3 | 235 |
| — du Sénégal. . . . . | 3 | 420 | Carapa. . . . . . . . . | 3 | 203 |
| — franc. . . . . . . . | 9 | 333 | Cardamome. . . . . . . | 12 | 163 |
| Cambarbinha. . . . . . . | 7 | 417 | Cardasse. . . . . . . . | 13 | 400 |
| Caméléon blanc. . . . . . | 10 | 61 | Carde. . . . . . . . . | 5 | 290 |
| Camellia. . . . . . . . | 4 | 84 | et | 10 | 92 |
| | à | 89 | Cardère. . . . . . . . . | 10 | 318 |
| Camiri. . . . . . . . . | 2 | 515 | Cardiaire. . . . . . . . | 10 | 317 |
| Camomille (commune). . . | 10 | 182 | Cardon. . . . . . . . . | 10 | 92 |
| — des teinturiers. . . | 10 | 188 | — d'Espagne. . . . . | 10 | 92 |
| — noble. . . . . . . | 10 | 189 | — de Tours. . . . . . | 10 | 92 |
| — puante. . . . . . . | 10 | 190 | Cardonnette. . . . . . . | 10 | 92 |
| — romaine. . . . . . | 10 | 189 | Carillon. . . . . . . . . | 9 | 554 |
| Campanelle. . . . . . . . | 9 | 99 | Carimpam. . . . . . . . | 12 | 95 |
| Campanule. . . . . . . . | 9 | 538 | Carotte. . . . . . . . . | 8 | 152 |
| | à | 548 | Caroubier. . . . . . . . | 1 | 109 |
| Campêche. . . . . . . . | 1 | 106 | Carthame. . . . . . . . | 10 | 84 |
| Camphrier. . . . . . . . | 9 | 487 | Carvi. . . . . . . . . . | 8 | 194 |
| | et | 488 | Casca d'Anta. . . . . . | 7 | 437 |
| Camphrier de Sumatra. . | 13 | 308 | Cascarilla negrilla. . . . | 8 | 390 |
| Canari. . . . . . . . . | 2 | 241 | Cascarille. . . . . . . . | 2 | 502 |
| Canari Macaque. . . . . | 4 | 193 | Cassadar. . . . . . . . | 2 | 508 |
| Canéficier. . . . . . . . | 1 | 113 | Cassave. . . . . . . . . | 2 | 508 |
| Canela. . . . . . . . . | 10 | 499 | Casse en bâtons. . . . . | 1 | 114 |
| Canelilla. . . . . . . . | 10 | 496 | Casse-pierre. . . . . . . | 11 | 30 |
| Caniram de Madagascar. | 8 | 488 | et | 5 | 46 |
| Cannelle blanche. . . . . | 5 | 334 | Cassis. . . . . . . . . | 6 | 160 |
| Cannelle de Ceylan. . . . | 10 | 482 | Catalpa. . . . . . . . . | 9 | 133 |
| Cannelle de Chine. . . . | 10 | 483 | Catiang. . . . . . . . . | 1 | 330 |
| | et | 485 | Catigua. . . . . . . . . | 3 | 199 |
| Cannelle du Malabar. . . | 10 | 482 | Caunga. . . . . . . . . | 5 | 71 |
| Cannelle giroflée. . . . . | 10 | 476 | Cay-bon-hon. . . . . . | 3 | 56 |
| | et | 4 | 171 | Cébadille. . . . . . . . | 12 | 245 |
| Cannellier. . . . . . . . | 10 | 474 | Cédratier. . . . . . . . | 2 | 299 |
| | à | 485 | | à | 303 |
| Cannellier sauvage. . . . | 4 | 164 | Cèdre (du Liban). . . . | 11 | 427 |
| Canne à sucre. . . . . . | 13 | 250 | — Acajou. . . . . . . | 3 | 177 |
| | et | 251 | — blanc. . . . . . . . | 11 | 332 |
| Canneberge. . . . . . . | 9 | 530 | | et | 340 |
| Canne de Provence. . . | 13 | 196 | — blanc de Guiane. . | 2 | 238 |
| Canne de Tabago. . . . | 12 | 114 | — d'Espagne. . . . . | 11 | 320 |
| Canne maronne. . . . . | 12 | 50 | — de Virginie. . . . | 11 | 319 |
| Cantalou (Melon). . . . | 6 | 204 | — des Bermudes. . . | 11 | 322 |
| Caoutchouc. . . . . . . | 2 | 517 | — lycien. . . . . . . | 11 | 323 |
| Caperonnier (Fraisier). . | 1 | 466 | — rouge. . . . . . . | 11 | 319 |
| Câpres. . . . . . . . . | 6 | 299 | — — de Guiane. . | 2 | 239 |
| Câprier. . . . . . . . . | 6 | 297 | Ceiba. . . . . . . . . . | 3 | 432 |
| Caprifiguier. . . . . . . | 11 | 56 | Ceinbrot. . . . . . . . | 11 | 399 |
| Capron (Fraisier). . . . | 1 | 466 | Céleri. . . . . . . . . . | 8 | 185 |

| | Vol. | Pag. | | Vol. | Pag. |
|---|---|---|---|---|---|
| Céleri-rave. . . . . . . | 8 | 185 | Chausse trappe. . . . . . | 10 | 72 |
| Cembro, ou Cembrot. . . | 11 | 399 | Chayote français. . . . | 6 | 229 |
| Centaurée. . . . . . . . | 10 | 65 | *Chayoti.* . . . . . . | 6 | 229 |
| | à | 75 | Chélidoine. . . . . . . | 7 | 36 |
| Centaurelle. . . . . . . | 9 | 12 | — cornue. . . . . . . | 7 | 33 |
| Centinode. . . . . . . . | 10 | 535 | Chelosse. . . . . . . . | 1 | 395 |
| Céraiste. . . . . . . . | 5 | 217 | Chêne. . . . . . . . | 11 | 145 |
| | et | 218 | | à | 184 |
| Cercifi. . . . . . . . . | 10 | 52 | — à grappes. . . . . | 11 | 149 |
| Cerisier. . . . . . . . | 1 | 404 | — à poteaux. . . . . | 11 | 156 |
| | et | 405 | — aquatique. . . . . | 11 | 157 |
| — à bouquets. . . . | 1 | 407 | — blanc. . . . . . . | 11 | 149 |
| — de Cayenne. . . . | 4 | 175 | — brosse. . . . . . . | 11 | 152 |
| — des bois. . . . . | 1 | 401 | — Châtaignier. . . . | 11 | 157 |
| — des Antilles. . . . | 5 | 127 | — de Bourgogne. . . | 11 | 168 |
| Céyadille. . . . . . . . | 12 | 245 | — de fer. . . . . . . | 11 | 156 |
| *Champaca.* . . . . . . | 7 | 457 | — doux. . . . . . . | 11 | 152 |
| Chapeau d'évêque. . . . | 8 | 58 | — Gravelin. . . . . | 11 | 149 |
| Chardon. . . . . . . . | 10 | 93 | — jaune. . . . . . . | 11 | 158 |
| — à bonnetier. . . | 10 | 318 | — Liège. . . . . . . | 11 | 176 |
| — à foulon. . . . | 10 | 318 | — noir. . . . . . . | 11 | 152 |
| — à grosse tête. . . | 10 | 94 | — noir (d'Amérique). | 11 | 165 |
| — argenté. . . . . | 10 | 86 | — pédonculé. . . . | 11 | 149 |
| — aux ânes. . . . | 10 | 94 | — pyramidal. . . . | 11 | 152 |
| — béni. . . . . . | 10 | 73 | — Rouvre. . . . . . | 11 | 149 |
| — des champs. . . | 10 | 95 | — Tauzia, Touzin, ou | | |
| — étoilé. . . . . . | 10 | 72 | Toza. . . . . . . | 11 | 152 |
| — hémorrhoïdal. . . | 10 | 95 | — vert. . . . . . . | 11 | 175 |
| — Marie. . . . . . | 10 | 86 | Chenette. . . . . . . . | 9 | 219 |
| — de Notre-Dame. . | 10 | 86 | Chérimolier. . . . . . | 7 | 498 |
| — Roland. . . . . . | 8 | 225 | Chervi. . . . . . . . | 8 | 200 |
| — taché. . . . . . | 10 | 86 | Cheveux de paysan. . . | 10 | 56 |
| Chardonnerette. . . . . | 10 | 61 | Cheveux de Vénus. . . | 7 | 303 |
| Chardousse. . . . . . . | 10 | 61 | | et | 90 |
| Chalef. . . . . . . . | 10 | 455 | Chèvrefeuille. . . . . | 8 | 340 |
| Chamarras. . . . . . . | 9 | 220 | | à | 353 |
| Chanvre. . . . . . . . | 11 | 31 | *Chicha.* . . . . . . | 5 | 506 |
| — de Piémont. . . . | 11 | 52 | *Chikrassa.* . . . . . | 3 | 170 |
| Chapelière. . . . . . . | 10 | 278 | Chicorée. . . . . . . | 10 | 56 |
| Charme. . . . . . . . | 11 | 218 | | et | 57 |
| | à | 227 | Chiendent. . . . . . . | 13 | 199 |
| — à feuilles de Chêne. | 11 | 221 | | et | 242 |
| — à feuilles incisées. | 11 | 221 | *Chinkariang.* . . . . | 11 | 13 |
| — d'Italie. . . . . | 11 | 218 | *Chirataka.* . . . . . | 9 | 24 |
| — Houblon. . . . . | 11 | 218 | Chocho. . . . . . . . | 6 | 229 |
| Chasse bosse. . . . . . | 9 | 366 | *Chola-Souneti.* . . . | 7 | 171 |
| Châtaigne de cheval. . . | 5 | 20 | Chou à grosse côte. . . | 6 | 362 |
| — d'eau. . . . . . | 4 | 445 | — à tête longue. . . | 6 | 363 |
| — de Maragnan. . . | 4 | 196 | — à vache. . . . . | 6 | 362 |
| Châtaignier. . . . . . | 11 | 188 | — blanc de Bonneuil. | 6 | 364 |
| — d'Amérique. . . | 3 | 58 | — Cabus. . . . . . | 6 | 364 |
| — à roses. . . . . | 8 | 530 | — Cabus d'Alsace. . | 6 | 364 |
| — Marronnier. . . | 11 | 188 | — Cabus de Strasbourg. | 6 | 364 |

| | | Vol. | Pag. |
|---|---|---|---|
| Chou | Cauve | 6 | 364 |
| — | Cavalier | 6 | 361 |
| — | Chicou | 6 | 365 |
| — | Cœur de bœuf | 6 | 365 |
| — | de Bruxelles | 6 | 364 |
| — | de Hollande | 6 | 364 |
| — | de Laponie | 6 | 362 |
| — | de Milan pointu | 6 | 363 |
| — | de Naples | 6 | 362 |
| — | de Saint-Denis | 6 | 364 |
| — | de Savoie | 6 | 363 |
| — | d'Espagne | 6 | 363 |
| — | d'York | 6 | 364 |
| — | d'York hâtif | 6 | 365 |
| — | des Caraïbes | 12 | 45 |
| | | et | 49 |
| — | en arbre | 6 | 361 |
| — | en pain de sucre | 6 | 365 |
| Chou-fleur d'Angleterre | | 6 | 366 |
| — | — de Chypres | 6 | 366 |
| — | — de Hollande | 6 | 366 |
| — | — d'Italie | 6 | 366 |
| — | — de Malte | 6 | 366 |
| — | — dur commun | 6 | 365 |
| — | — tendre | 6 | 366 |
| Chou frangé | | 6 | 362 |
| — | frisé d'Allemagne | 6 | 362 |
| — | frisé d'écosse | 6 | 362 |
| — | marin | 6 | 329 |
| — | Milan court | 6 | 362 |
| — | Milan des Vertus | 6 | 363 |
| — | Milan doré | 6 | 363 |
| — | Milan d'Ulm | 6 | 363 |
| — | Milan nain | 6 | 363 |
| — | Milan ordinaire | 6 | 363 |
| — | Navet | 6 | 370 |
| — | Palmier | 6 | 362 |
| — | Palmiste | 12 | 69 |
| | | et | 127 |
| — | Pancalier | 6 | 363 |
| — | Poivré | 12 | 42 |
| — | pommé blanc | 6 | 364 |
| — | — rouge | 6 | 364 |
| — | Quintal | 6 | 364 |
| — | Rosette | 6 | 364 |
| — | Rutabaga | 6 | 370 |
| — | Turneps | 6 | 370 |
| — | vert branchu du Poitou | 6 | 362 |
| — | vert commun | 6 | 364 |
| — | vivace de Daubenton | 6 | 362 |
| Choua, ou Chova | | 13 | 309 |
| Choux Broccoli | | 6 | 366 |
| Choux de Milan | | 6 | 363 |
| — | fleurs | 6 | 365 |
| — | non pommés | 6 | 364 |
| — | pommés | 6 | 365 |
| — | raves | 6 | 366 |
| — | sans tête | 6 | 361 |
| — | verts | 6 | 361 |
| Chrysanthême | | 10 | 178 |
| — | à bouquets | 10 | 181 |
| — | des Indes | 10 | 179 |
| — | des jardins | 10 | 181 |
| — | panaché | 10 | 180 |
| Chumpa | | 7 | 454 |
| Chupachupa | | 3 | 417 |
| Ciboule | | 12 | 331 |
| Ciboule vivace | | 12 | 331 |
| Ciboulette | | 12 | 331 |
| Cicérole | | 1 | 298 |
| Ciche | | 1 | 298 |
| Ciguë | | 8 | 180 |
| — | aquatique | 8 | 191 |
| | | et | 211 |
| — | des jardins | 8 | 213 |
| Cipo | | 3 | 198 |
| Cirhuela de frayle | | 3 | 134 |
| Cirier de Caroline | | 11 | 263 |
| — | de Louisiane | 11 | 263 |
| — | de Pensylvanie | 11 | 263 |
| — | (Palmier) | 12 | 74 |
| | | et | 105 |
| Cirouellier | | 2 | 205 |
| Citron amer | | 2 | 273 |
| Citronnelle | | 4 | 157 |
| vol. 9 p. 198 et 236, et vol. 10 p. 168 et 185. | | | |
| Citronnier, V. Cédratier et Limonier. | | | |
| Citronnier de l'Ogichi | | 10 | 464 |
| Citrouille | | 6 | 199 |
| Citrouille melonnée | | 6 | 198 |
| Citrouille musquée | | 6 | 198 |
| Civette | | 12 | 331 |
| Clavalier | | 2 | 364 |
| Clématite des bois | | 7 | 277 |
| Clochette | | 9 | 99 |
| | | et | 545 |
| Clochette des bois | | 12 | 435 |
| Clodinette | | 12 | 455 |
| Clou de girofle | | 4 | 172 |
| Coariuva | | 4 | 323 |
| Cobéa | | 9 | 124 |
| Coca | | 3 | 77 |
| Cocallera | | 2 | 205 |

| | Vol. | Pag. | | Vol. | Pag. |
|---|---|---|---|---|---|
| Cochêne. | 2 | 94 | Coquiole. | 13 | 213 |
| Cochenille. | 13 | 400 | Corbeille d'or. | 6 | 482 |
| Cochléaire. | 6 | 503 | *Corindum.* | 3 | 42 |
| Coco. | 12 | 126 | Cormier. | 2 | 97 |
| — de mer. | 12 | 97 | — de l'Ile de France. | 4 | 277 |
| — des Maldives. | 12 | 97 | Corne de cerf. | 6 | 579 |
| *Cocomilio.* | 1 | 397 | Corneille. | 9 | 366 |
| *Cocos de Jissara.* | 12 | 65 | Cornouiller. | 8 | 102 |
| *Cocos de Palmito.* | 12 | 65 | — femelle. | 8 | 98 |
| Cocotier. | 12 | 123 | — mâle. | 8 | 102 |
| | à | 128 | Corosol. | 7 | 497 |
| Cœur de bœuf. | 7 | 498 | *Corozo.* | 12 | 123 |
| | et | 500 | *Costus arabicus* (des phar- | | |
| Cœur des Indes. | 3 | 42 | macies). | 12 | 170 |
| Coignassier. | 2 | 155 | Cotonnier. | 3 | 388 |
| — du Japon. | 2 | 159 | | à | 395 |
| — du Portugal. | 2 | 155 | *Cotton-wood.* | 10 | 391 |
| — femelle. | 2 | 155 | Couac. | 2 | 511 |
| — mâle. | 2 | 155 | Coucou. | 9 | 354 |
| Colombine plumacée. | 7 | 239 | Coudre mansienne. | 8 | 311 |
| Colombo. | 8 | 15 | Coudrier. | 11 | 209 |
| Colophane. | 11 | 372 | — de Byzance. | 11 | 209 |
| — bâtard. | 2 | 247 | — du Levant. | 11 | 209 |
| Coloquinelle. | 6 | 199 | — en arbre. | 11 | 209 |
| Coloquinte. | 6 | 213 | — franc. | 11 | 214 |
| Colza. | 6 | 370 | — velu. | 11 | 209 |
| — d'été. | 6 | 370 | Cougourde. | 6 | 196 |
| — d'hiver. | 6 | 370 | Cougourdette. | 6 | 199 |
| — de mars. | 6 | 370 | Coulekin, ou Coulequin. | 11 | 69 |
| Compagnon blanc. | 5 | 170 | Couleuvrée. | 6 | 227 |
| Compton. | 11 | 266 | Coupi. | 1 | 371 |
| *Conami.* | 2 | 496 | *Couratari.* | 4 | 198 |
| Concombre. | 6 | 210 | *Courbaril.* | 1 | 122 |
| — Cornichon. | 6 | 210 | Courge. | 6 | 197 |
| — d'âne. | 6 | 210 | | à | 202 |
| — de Russie. | 6 | 216 | — bouteille. | 6 | 196 |
| — sauvage. | 6 | 216 | — trompette. | 6 | 196 |
| *Conghos.* | 3 | 66 | Couronne impériale. | 6 | 202 |
| Conise de Virginie. | 10 | 238 | | et | 12 269 |
| *Contrayerva.* | 11 | 62 | *Couroupita.* | 4 | 197 |
| Conyze de Virginie. | 10 | 238 | Couscou. | 13 | 189 |
| Copal. | 2 | 231 | Couve. | 11 | 399 |
| Copalme. | 11 | 85 | *Cowrie.* | 11 | 368 |
| Coq. | 7 | 18 | Cram des Anglais. | 6 | 521 |
| — des jardins. | 10 | 175 | Cran de Bretagne. | 6 | 521 |
| Coque du Levant. | 8 | 14 | Cranson. | 6 | 503 |
| Coquelicot. | 7 | 18 | Cranson de Bretagne. | 6 | 521 |
| Coquelourde. | 5 | 171 | — rustique. | 6 | 521 |
| | et | 7 255 | Crapaudine. | 8 | 562 |
| Coqueluchon. | 7 | 378 | Crassule. | 5 | 74 |
| Coquemollier. | 9 | 379 | | à | 78 |
| Coquerelle, ou Coqueret. | 9 | 75 | Cresson alénois. | 6 | 559 |
| *Coquil.* | 8 | 25 | Cresson de fontaine. | 6 | 433 |

| | Vol. | Pag. | | Vol. | Pag. |
|---|---|---|---|---|---|
| Cresson de Para | 10 | 137 | Dame d'onze heures | 12 | 323 |
| | et | 186 | Damier | 12 | 271 |
| — des jardins | 8 | 559 | Dammar | 2 | 247 |
| — des prés | 6 | 443 | Dammar (résine) | 13 | 314 |
| — des ruines | 6 | 552 | Dammar-Batu | 11 | 367 |
| — du Pérou | 5 | 5 | Dammar-Puti | 11 | 367 |
| — fétide | 6 | 552 | Dank | 1 | 133 |
| — sauvage | 6 | 579 | Datakh | 1 | 132 |
| Crête de coq | 5 | 255 | Datte, Dattier | 12 | 110 |
| Crinole | 12 | 423 | Datura en arbre | 9 | 70 |
| | à | 425 | — bicolore | 9 | 70 |
| Criste marine | 8 | 216 | Dauphinelle | 7 | 357 |
| Crocus | 13 | 100 | | et | 358 |
| | à | 107 | Dent de lion | 10 | 48 |
| Croix de Jérusalem | 5 | 167 | Deodara | 11 | 430 |
| — de Malte | 5 | 167 | Detakh | 1 | 132 |
| — de Saint-Jacques | 12 | 418 | Diaprée (prune) | 1 | 394 |
| Cubèbe | 11 | 12 | Dictame blanc | 2 | 324 |
| Cucubale | 5 | 174 | Digitale | 9 | 307 |
| | à | 177 | | à | 309 |
| Cucumber-tree | 7 | 484 | Discipline | 5 | 252 |
| Cudupariti | 3 | 393 | Djerenang | 12 | 85 |
| Cujete | 9 | 333 | Dogwood | 1 | 266 |
| Cujumary | 10 | 497 | Doigtier | 9 | 308 |
| Culen | 1 | 132 | Dorine | 5 | 61 |
| Culiwavan | 10 | 476 | Doronic | 10 | 271 |
| Cumbulam | 6 | 204 | Doronic d'Allemagne | 10 | 270 |
| Cumin | 8 | 150 | Douce-amère | 9 | 80 |
| — noir | 7 | 309 | Doucette | 9 | 559 |
| Cupidone | 10 | 55 | | et 10 | 305 |
| Curage | 10 | 536 | Douli-Tchampa | 7 | 486 |
| Curcuma jaune | 12 | 160 | Doum, ou Douma | 12 | 99 |
| — long | 12 | 160 | Douradinha | 3 | 463 |
| Curedent d'Espagne | 8 | 189 | Douro | 13 | 256 |
| Cuscute | 9 | 90 | Dragonnier | 12 | 216 |
| Cyclame | 9 | 344 | Dura | 13 | 256 |
| | et | 545 | Dureyn | 3 | 439 |
| Cynoglosse | 9 | 33 | Durion, ou Duryon | 3 | 439 |
| Cyprès | 11 | 323 | | | |
| — blanc | 11 | 331 | Eau de Mantes | 2 | 502 |
| — chauve | 11 | 331 | Ebène d'Amérique | 1 | 367 |
| — de Goa | 11 | 329 | — du Sénégal | 1 | 360 |
| — de Nootka | 11 | 333 | Ebénier | 9 | 407 |
| — élancé | 11 | 333 | — (faux) | 1 | 206 |
| — Faux-Thuya | 11 | 332 | Echalot | 12 | 330 |
| — femelle | 11 | 325 | Echalotte | 12 | 330 |
| — mâle | 11 | 326 | — (fausse) | 12 | 331 |
| — noir | 11 | 331 | Eclaire | 7 | 37 |
| Cytinel | 10 | 554 | Eclairette | 7 | 197 |
| Cytise | 1 | 205 | Ecorce de Winter | 7 | 438 |
| | à | 212 | — éleuthérique | 2 | 502 |
| | | | Ecourgeon | 13 | 247 |
| Dahlia | 10 | 128 | Ecuelle | 5 | 88 |

| | Vol. | Pag. | | Vol. | Pag. |
|---|---|---|---|---|---|
| Eglantier | 2 | 28 | Eupatoire de Mésué | 10 | 199 |
| — odorant | 2 | 28 | Eufraise | 9 | 330 |
| Elatérion | 6 | 216 | Euphorbe | 2 | 530 |
| *Elaterium* | 6 | 216 | | à | 537 |
| Ellébore | 7 | 314 | | | |
| | à | 321 | Fabagelle | 2 | 507 |
| — des Anciens | 7 | 319 | Fabrecoulier | 11 | 428 |
| *Embira* | 7 | 507 | Fabréguier | 11 | 428 |
| Encens | 2 | 235 | Faîne | 11 | 200 |
| Endive | 10 | 57 | Falabriquier | 11 | 428 |
| Endormie | 9 | 67 | Farouche | 11 | 225 |
| Engrain | 13 | 241 | Fau | 11 | 499 |
| Enule | 10 | 221 | Fausse-Anémone | 7 | 245 |
| Epeautre (grande) | 13 | 240 | — Angosture | 2 | 362 |
| Epeautre (petite) | 13 | 241 | — Camomille jaune | 10 | 488 |
| Epervière | 10 | 49 | — Echalote | 12 | 331 |
| Epicéa de Norvège | 11 | 407 | — écorce de Winter | 5 | 334 |
| *Epicia* | 11 | 407 | — Salsepareille | 12 | 226 |
| Epinard | 5 | 287 | — Squine | 12 | 227 |
| — de Hollande | 5 | 288 | — Branc-ursine | 8 | 172 |
| — de la Nouvelle-Zée- | | | Faux Benjoin | 10 | 507 |
| lande | 5 | 141 | — bois de Ste-Lucie | 1 | 413 |
| — fraise | 5 | 294 | — Cardamome | 12 | 162 |
| — immortel | 10 | 525 | — Ebénier | 1 | 206 |
| — sauvage | 10 | 525 | — Indigo | 1 | 249 |
| Epine blanche | 2 | 68 | | et | 254 |
| | et | 69 | — Maté | 2 | 432 |
| — blanche sauvage | 10 | 88 | — Nard | 9 | 170 |
| — d'Espagne | 2 | 71 | — Pistachier | 2 | 595 |
| — du Christ | 2 | 440 | — Santal | 1 | 364 |
| — noire | 1 | 395 | | et 11 | 122 |
| — Vinette | 8 | 41 | — Sapin | 11 | 407 |
| Epinette à la bière | 11 | 410 | — Scordium | 9 | 222 |
| — blanche | 11 | 412 | — Tacamahac | 5 | 531 |
| — noire | 11 | 410 | — Thé | 2 | 447 |
| Epurge | 2 | 537 | — Thuya | 11 | 332 |
| Erable | 3 | 84 | — Turbith | 8 | 159 |
| | à | 420 | Fayard | 11 | 199 |
| — à feuilles de Frêne | 3 | 119 | *Fayar* | 4 | 82 |
| — à giguières | 3 | 120 | Felouque | 7 | 57 |
| — blanc | 3 | 117 | Fenouil | 8 | 203 |
| — Duret | 3 | 107 | — annuel | 8 | 189 |
| Escarole | 10 | 57 | — d'eau | 8 | 211 |
| Escude | 5 | 88 | — de mer | 8 | 216 |
| Escurgeon | 13 | 247 | — de porc | 8 | 465 |
| *Esula* | 2 | 536 | — puant | 8 | 461 |
| Essence de Bergamotte | 2 | 281 | Fénu-grec | 1 | 220 |
| Esparcette | 1 | 289 | Férouche | 1 | 225 |
| | à | 291 | Férule | 8 | 161 |
| Espargoute | 10 | 177 | | et | 162 |
| Estragon | 10 | 167 | Fétuque | 13 | 213 |
| Eternue | 13 | 193 | | à | 217 |
| Etrangle-loup | 12 | 231 | Fétuque flottante | 13 | 209 |

| | Vol. | Pag. |
|---|---|---|
| Feuilles d'Inde | 10 | 484 |
| Feuilles de Malabathre | 10 | 479 |
| | et | 484 |
| Feuilles de Tamalabathre | 10 | 484 |
| Fève de Malac | 2 | 190 |
| — de marais | 1 | 302 |
| — de Pichury | 10 | 497 |
| — de Puchury | 10 | 500 |
| — de Saint-Ignace | 10 | 498 |
| — de Tonka | 1 | 141 |
| — do Windsor | 1 | 302 |
| — du Bengale | 4 | 502 |
| — naine | 1 | 302 |
| — verte | 1 | 303 |
| — violette | 1 | 303 |
| Fèverolle | 1 | 303 |
| Fèvier | 1 | 92 |
| | à | 98 |
| Filao | 11 | 272 |
| Figue-banane | 12 | 159 |
| Figuier | 11 | 55 |
| Figuier d'Adam | 12 | 138 |
| — d'Inde | 13 | 400 |
| | et | 402 |
| — des banyans | 11 | 59 |
| — maudit marron | 5 | 311 |
| — multipliant | 11 | 59 |
| — Pippul | 11 | 59 |
| Filaria | 8 | 269 |
| | et | 270 |
| Filipendule | 1 | 447 |
| Flambe | 13 | 62 |
| — (petite) | 13 | 50 |
| Flamme | 13 | 62 |
| Flammule | 7 | 209 |
| Fleur de coucou | 5 | 169 |
| vol. 9 p. 354, et vol. 12 p. 435 | | |
| — de muscade | 7 | 537 |
| — de paon | 1 | 105 |
| — de pâques | 10 | 268 |
| | et | 7 | 255 |
| — de paradis | 1 | 105 |
| — de passion | 6 | 275 |
| — de Saint-Jacques | 10 | 172 |
| — de veuve | 10 | 325 |
| — du Grand-Seigneur | 10 | 77 |
| Flouve | 13 | 182 |
| Folle-Avoine | 13 | 203 |
| Follette | 5 | 291 |
| Foyard | 11 | 199 |
| Fragon | 12 | 222 |
| | à | 224 |
| Fraisier à châssis | 1 | 465 |
| | Vol. | Pag. |
| Fraisier à fleur double | 1 | 465 |
| — Ananas | 1 | 467 |
| — aveugle | 1 | 464 |
| — Breslinge d'Allemagne | 1 | 464 |
| — — d'Angleterre | 1 | 464 |
| — Brugnon | 1 | 464 |
| — Buisson | 1 | 465 |
| — Coucou | 1 | 464 |
| — Craquelin | 1 | 463 |
| — d'Allemagne | 1 | 464 |
| — d'Angleterre | 1 | 464 |
| | et | 465 |
| — de Bargemon | 1 | 464 |
| — de Bath | 1 | 467 |
| — de Bourgogne | 1 | 464 |
| — de Caroline | 1 | 467 |
| — de Champagne | 1 | 464 |
| — de Gaillon | 1 | 465 |
| — de Longchamps | 1 | 464 |
| — de Montreuil | 1 | 465 |
| — de Suède | 1 | 464 |
| — de Wilmot | 1 | 468 |
| — des Alpes | 1 | 464 |
| — des bois | 1 | 465 |
| — Downton | 1 | 467 |
| — écarlate | 1 | 466 |
| — en étoile | 1 | 464 |
| — Fressant | 1 | 466 |
| — Grimston | 1 | 466 |
| — hétérophylle | 1 | 464 |
| — Keen | 1 | 468 |
| — Majaufe | 1 | 464 |
| — monophylle | 1 | 465 |
| — Rose-berry | 1 | 466 |
| — vert | 1 | 464 |
| — vineux | 1 | 464 |
| Framboise sauvage | 1 | 456 |
| Framboisier | 1 | 454 |
| Framboisier d'Amérique | 1 | 455 |
| Fraxinelle | 2 | 324 |
| Frêne à fleurs | 8 | 290 |
| — à manne | 8 | 291 |
| — argenté | 8 | 292 |
| — blanc | 8 | 298 |
| — crépu | 8 | 293 |
| — doré | 8 | 292 |
| — graveleux | 8 | 292 |
| — horizontal | 8 | 293 |
| — jaspé | 8 | 292 |
| — monophylle | 8 | 295 |
| — nain | 8 | 293 |
| — noir | 8 | 300 |

| | Vol. | Pag. | | Vol. | Pag. |
|---|---|---|---|---|---|
| Frêne-parasol | 8 | 293 | Genette | 12 | 455 |
| — pleureur | 8 | 293 | Genévrier | 11 | 305 |
| Frêneuse | 6 | 374 | | à | 322 |
| Fritillaire | 12 | 270 | Genévrier à encens | 11 | 320 |
| | à | 272 | — Cade | 11 | 312 |
| — Impériale | 12 | 269 | — d'Espagne | 11 | 320 |
| Fromager | 3 | 430 | — de Sibérie | 11 | 309 |
| | et | 433 | — en arbre | 11 | 317 |
| Froment, V. Blé. | | | — rampant | 11 | 314 |
| Fromental | 13 | 204 | Genièvre | 11 | 310 |
| Fulwah | 9 | 395 | — Cade | 11 | 312 |
| Fumeterre | 7 | 86 | Génipi | 10 | 172 |
| Fusain | 2 | 404 | | et | 192 |
| | à | 409 | — blanc | 10 | 192 |
| Fusaire | 2 | 405 | Genouillet | 12 | 213 |
| Fusin | 2 | 405 | Gentiane | 9 | 15 |
| Fustet | 2 | 210 | — (grande) | 9 | 15 |
| Fustet (bois) | 11 | 54 | Géranium | 3 | 289 |
| | | | | à | 302 |
| Galanga | 12 | 161 | Germandrée | 9 | 219 |
| — (grand) | 12 | 167 | — d'eau | 9 | 220 |
| Galanthine | 12 | 407 | Gesse | 1 | 309 |
| Galé de Pensylvanie | 11 | 163 | | à | 312 |
| Galé Cirier | 11 | 163 | Gesse (petite) | 1 | 311 |
| Galipot | 11 | 372 | Ghokatu | 5 | 327 |
| Gambir | 8 | 382 | Ghorka-pulli | 5 | 324 |
| Gamuto | 12 | 76 | Gingembre | 12 | 155 |
| Ganiter, Ganitre | 4 | 447 | Ginkgo | 11 | 300 |
| Gant de Notre-Dame | 9 | 508 | Ginseng | 8 | 115 |
| | et | 542 | Girard Roussin | 10 | 570 |
| Gantelée | 9 | 542 | Giraumon | 6 | 199 |
| Garance | 8 | 471 | Giroflier | 4 | 172 |
| Garderobe | 10 | 185 | — sauvage | 4 | 164 |
| | et | 168 | Giroflée jaune | 6 | 410 |
| Garicot | 1 | 479 | Glaciale | 5 | 138 |
| Garo | 13 | 289 | Glaucienne | 7 | 32 |
| Garou | 10 | 439 | | et | 33 |
| | et | 443 | Glayeul | 13 | 76 |
| Garousse | 1 | 311 | — des marais | 13 | 44 |
| Garvance | 1 | 298 | Globulaire | 10 | 329 |
| Gattilier | 9 | 230 | Glouteron | 10 | 84 |
| Gaude | 7 | 104 | Gnemon | 11 | 285 |
| Gayac | 2 | 509 | Gomart | 2 | 240 |
| Gazon anglais | 13 | 236 | Gombaud | 3 | 385 |
| — d'Olympe | 10 | 543 | Gombo | 3 | 385 |
| Gelatrang | 7 | 453 | Gomme Adragante | 1 | 275 |
| Genepapo | 8 | 409 | | et | 276 |
| Génépi | 10 | 192 | — Ammoniaque | 8 | 162 |
| Genestrole | 1 | 203 | — Animé | 1 | 122 |
| Genêt à balais | 1 | 205 | | et 13 | 310 |
| — d'Espagne | 1 | 199 | — arabique | 1 | 77 |
| — de Sibérie | 1 | 203 | | et | 79 |
| — des teinturiers | 1 | 203 | — Benjoin | 4 | 301 |

| | Vol. | Pag. |
|---|---|---|
| Gomme élastique | 2 | 517 |
| — Elémi | 2 | 232 |
| — Gutte | 5 | 324 |
| | 327, 328 et 349 | |
| — Kino | 1 | 362 |
| — Lierre | 8 | 426 |
| Gommier des Antilles | 2 | 240 |
| — rouge Gonaké | 1 | 77 |
| — Uérek | 1 | 75 |
| Gommiers, V. ACACIA. | | |
| Gomuto | 12 | 76 |
| Gongay | 1 | 101 |
| Gongonha | 2 | 431 |
| Goudron | 11 | 572 |
| Gouet | 12 | 42 |
| Gourde des pèlerins | 6 | 196 |
| — massue | 6 | 196 |
| Gourou | 5 | 513 |
| Goutte | 9 | 90 |
| Goyave noire | 8 | 425 |
| Goyavier | 4 | 152 |
| | à | 156 |
| — d'Anselme | 4 | 151 |
| Graine à cœur | 3 | 42 |
| — d'Ambrette | 3 | 384 |
| — d'Avignon | 2 | 454 |
| — de Canarie | 13 | 179 |
| — d'écarlate | 11 | 178 |
| — d'oiseau | 13 | 179 |
| — de perroquet | 10 | 81 |
| — jaune | 2 | 453 |
| Grains des Moluques | 2 | 503 |
| — de Tilly | 2 | 503 |
| Grand Baume | 10 | 175 |
| — Chardon aux ânes | 10 | 88 |
| — Cotylédon | 5 | 88 |
| — Chou frisé | 6 | 362 |
| — Chou vert | 6 | 361 |
| — Chou Cabus | 6 | 364 |
| — Chervi | 8 | 169 |
| — Galanga | 12 | 167 |
| — OEil de bœuf | 10 | 178 |
| — OEillet d'Inde | 10 | 118 |
| — Pas d'âne | 10 | 278 |
| — Plantain | 10 | 356 |
| — Raifort | 6 | 151 |
| — Soleil | 10 | 144 |
| — Sureau | 8 | 522 |
| — Tournesol | 10 | 144 |
| Grande Absinthe | 10 | 471 |
| — Centaurée | 10 | 75 |
| — Chélidoine | 7 | 37 |
| — Ciguë | 8 | 181 |
| Grande Consoude | 9 | 38 |
| — Epeautre | 13 | 240 |
| — Gentiane | 9 | 15 |
| — Joubarbe | 5 | 105 |
| — Marguerite | 10 | 178 |
| — Ortie | 11 | 29 |
| — Pâquerette | 10 | 178 |
| — Passerage | 6 | 548 |
| — Pulmonaire | 9 | 41 |
| — Renouée | 10 | 537 |
| — Tanaisie | 10 | 475 |
| — Valériane | 10 | 310 |
| Grassette | 9 | 338 |
| Gratiole | 9 | 317 |
| Gravelin | 11 | 149 |
| Grenadier | 4 | 288 |
| — nain | 4 | 289 |
| Grenadille | 6 | 259 |
| Grenouillette | 7 | 213 |
| — d'eau | 7 | 199 |
| Griotte | 1 | 405 |
| | et | 406 |
| Griottier | 1 | 405 |
| Gros blé | 13 | 239 |
| — Chou d'Allemagne | 6 | 364 |
| — Chou d'York | 6 | 365 |
| — Chou Milan | 6 | 363 |
| — Chou pommé d'Alle- | | |
| magne | 6 | 363 |
| — Millet | 12 | 256 |
| — Navet long d'Alsace | 6 | 374 |
| — Persil de Macédoine | 8 | 179 |
| — Raifort blanc | 6 | 340 |
| Groseiller | 6 | 165 |
| — à maquereaux | 6 | 175 |
| Grotte d'amour | 7 | 301 |
| Grougrou | 12 | 117 |
| Grumichana | 4 | 176 |
| Guaco | 10 | 291 |
| Guaïac | 2 | 310 |
| Gueule de loup | 9 | 288 |
| Gui blanc | 8 | 235 |
| Guier | 4 | 506 |
| Guignier | 1 | 405 |
| Guimauve | 3 | 354 |
| Guttier | 5 | 327 |
| Gyrole | 8 | 201 |
| Habzel | 7 | 516 |
| Hacopher | 4 | 456 |
| Habine | 1 | 331 |
| Haie fleurie | 1 | 405 |
| Hannebane | 9 | 73 |

| | Vol. | Pag. |
|---|---|---|
| Hantol. | 3 | 190 |
| Haricot de Chine. | 1 | 327 |
| — d'Espagne. | 1 | 324 |
| — de Hollande. | 1 | 324 |
| — de Lima. | 1 | 326 |
| — d'Orléans. | 1 | 325 |
| — de Prague. | 1 | 325 |
| — de Prague bicolore. | 1 | 326 |
| — de Soissons. | 1 | 324 et 326 |
| — de Soissons nain. | 1 | 327 |
| — gris de Bagnolet. | 1 | 327 |
| — gros pied. | 1 | 327 |
| — nain blanc sans parchemin. | 1 | 327 |
| — nain blanc d'Amérique. | 1 | 327 |
| — nain d'Amérique. | 1 | 325 |
| — nain flageolet. | 1 | 325 |
| — nain hâtif. | 1 | 326 |
| — nain jaune du Canada. | 1 | 327 |
| — nègre nain. | 1 | 327 |
| — noir. | 1 | 327 |
| — Prédome. | 1 | 326 |
| — Princesse. | 1 | 325 |
| — Prodommet. | 1 | 326 |
| — Prudhomme. | 1 | 326 |
| — Riz. | 1 | 326 |
| — rouge d'Orléans. | 1 | 327 |
| — Sabre. | 1 | 326 |
| — Sabre nain. | 1 | 327 |
| — suisse. | 1 | 327 |
| — ventre de biche. | 1 | 327 |
| — à rames. | 1 | 326 |
| — sans rames. | 1 | 326 |
| Harmel. | 2 | 315 |
| Haroungan. | 5 | 357 |
| Heaumier. | 1 | 403 et 404 |
| Héliotrope. | 9 | 44 |
| — d'hiver. | 10 | 280 |
| Hellébore blanc. | 12 | 247 |
| Hémérocalle du Japon. | 12 | 379 |
| Hemlock-spruce. | 11 | 425 |
| Henna. | 4 | 436 |
| Henné. | 4 | 436 |
| Hépatique. | 7 | 242 |
| — des bois. | 8 | 476 |
| Herba-rota. | 10 | 195 |
| Herbe à éternuer. | 10 | 194 |
| — à foulon. | 5 | 163 |
| — bjaunir. | 7 | 104 |
| Herbe à l'araignée. | 12 | 382 |
| — à la coupure. | 10 | 197 |
| — à la manne. | 13 | 209 |
| — à la paralysie. | 9 | 354 |
| — à la rosée. | 5 | 489 |
| — à la teigne. | 10 | 278 |
| — à lait. | 7 | 121 |
| — à l'épervier. | 10 | 50 |
| — à l'esquinancie. | 3 | 300 |
| — à pauvre homme. | 9 | 517 |
| — à Robert. | 3 | 300 |
| — au chantre. | 6 | 436 |
| — au coq. | 10 | 175 |
| — au vent. | 7 | 255 |
| — au verre. | 5 | 281 |
| — aux abeilles. | 1 | 445 |
| — aux ânes. | 4 | 360 |
| — aux bœufs. | 1 | 50 |
| — aux cent maux. | 9 | 366 |
| — aux charpentiers. | 5 | 94 vol. 6 p. 421, vol. 9 p. 38, vol. 10 p. 197 et 199. |
| — aux cuillers. | 6 | 503 |
| — aux cure-dents. | 8 | 189 |
| — aux écus. | 9 | 366 |
| — aux femmes battues. | 12 | 204 |
| — aux gueux. | 7 | 277 |
| — aux hémorrhoïdes. | 7 | 197 |
| — aux juifs. | 7 | 104 |
| — aux magiciennes. | 4 | 416 |
| — aux mille-pertuis. | 5 | 399 |
| — aux mites. | 9 | 276 |
| — aux poumons. | 9 | 41 |
| — aux puces. | 10 | 358 |
| — aux sorciers. | 9 | 67 |
| — aux teigneux. | 10 | 84 |
| — aux vers. | 10 | 174 |
| — de bœuf. | 5 | 261 |
| — de citron. | 9 | 198 |
| — de cœur. | 9 | 41 |
| — de Guinée. | 13 | 184 et 185 |
| — d'ivrogne. | 13 | 256 |
| — de la Saint-Jean. | 10 | 170 |
| — de la trinité. | 7 | 242 |
| — de notre-dame. | 11 | 50 |
| — de saint Benoît. | 1 | 479 |
| — de saint Christophe. | 7 | 587 |
| — de saint Etienne. | 4 | 416 |
| — de saint Jacques. | 10 | 272 |
| — de saint Jean. | 9 | 502 |
| — de saint Pierre. | 8 | 216 |
| — de saint Roch. | 10 | 220 |

| | Vol. | Pag. |
|---|---|---|
| Herbe de sainte Barbe... | 6 | 421 |
| — des sorciers.... | 4 | 416 |
| — du cœur. | 9 | 173 |
| — du diable. | 9 | 67 |
| — du Paraguay... | 2 | 431 |
| — grasse. | 9 | 338 |
| — huileuse. | 9 | 338 |
| — sacrée. | 9 | 237 |
| Hermodacte. | 13 | 15 |
| Hêtre. | 11 | 194 |
| — blanc. | 11 | 203 |
| — crête de coq. | 11 | 197 |
| — pourpre. | 11 | 196 |
| — rouge. | 11 | 203 |
| Heve. | 2 | 517 |
| Hevy. | 2 | 208 |
| Hickory. | 2 | 172 |
| Hièble. | 8 | 324 |
| Hipo. | 11 | 66 |
| Hipociste. | 10 | 554 |
| Hobo. | 2 | 205 |
| Holostée. | 5 | 208 |
| Hormin. | 9 | 177 |
| Hortensia. | 5 | 22 |
| Houblon. | 11 | 33 |
| Houmiri. | 13 | 300 |
| Housson. | 12 | 225 |
| Houx. | 2 | 424 |
| Houx-frélon. | 12 | 225 |
| Huaco. | 10 | 291 |
| Huampo. | 3 | 441 |
| Huile de Ben. | 1 | 143 |
| | et | 144 |
| — de bois. | 13 | 304 |
| | et | 305 |
| — de Cajéput. | 4 | 118 |
| — de Carapa. | 3 | 203 |
| — de Colza. | 6 | 371 |
| — de Karapat. | 3 | 203 |
| — de marmotte. | 1 | 396 |
| — de muscade. | 7 | 537 |
| — d'œillette. | 7 | 13 |
| — de palme. | 12 | 122 |
| — de Touloucouna. | 3 | 204 |
| Huinghan. | 2 | 223 |
| Hyssope. | 9 | 195 |
| Hyx-hya. | 8 | 519 |
| Ibéride de Perse. | 6 | 564 |
| Icaco. | 1 | 370 |
| Icaquier. | 1 | 370 |
| If. | 11 | 292 |
| Igasures. | 8 | 498 |

| | Vol. | Pag. |
|---|---|---|
| Igname. | 12 | 202 |
| Illupi. | 9 | 393 |
| Immortelle. | 10 | 59 |
| | et | 210 |
| — blanche. | 10 | 218 |
| — de Virginie. | 10 | 218 |
| — jaune. | 10 | 212 |
| Impératoire. | 8 | 167 |
| Impériale. | 12 | 269 |
| Indigo. | 1 | 234 |
| | et | 239 |
| — sauvage. | 1 | 166 |
| Ingrain. | 13 | 241 |
| Ipecaca. | 5 | 520 |
| Ipécacuanha amylacé... | 8 | 468 |
| — blanc. | 8 | 468 |
| — brun. | 8 | 461 |
| — gris. | 8 | 461 |
| Ipo. | 11 | 66 |
| Iris bulbeux. | 13 | 20 |
| — d'Angleterre. | 13 | 20 |
| — d'Espagne. | 13 | 20 |
| — des marais. | 13 | 44 |
| — deuil. | 13 | 70 |
| — du Portugal. | 13 | 20 |
| — Hermodacte. | 13 | 15 |
| — tigré. | 13 | 70 |
| Iron oak. | 11 | 156 |
| Ivira. | 3 | 506 |
| Ivoire végétal. | 12 | 30 |
| Ivraie. | 13 | 236 |
| Iwarancussa. | 13 | 254 |
| Jacapucajo. | 4 | 194 |
| Jacée. | 10 | 68 |
| — des jardiniers. | 5 | 170 |
| Jacinthe. | 12 | 304 |
| — de Sienne. | 12 | 306 |
| — monstrueuse. | 12 | 306 |
| Jack. | 11 | 72 |
| Jacobée. | 10 | 272 |
| Jalousie. | 5 | 147 |
| Jambosier. | 4 | 179 |
| | à | 182 |
| Jamplong. | 5 | 331 |
| Jamrosade, V. Jambosier. | | |
| Janette. | 12 | 455 |
| Jaque, ou Jaquier. | 11 | 72 |
| Jarat, ou Jarosse. | 1 | 311 |
| Jasmin. | 8 | 250 |
| — d'Arabie. | 8 | 253 |
| — de Perse. | 8 | 286 |
| — de Virginie. | 8 | 135 |

| | Vol. | Pag. | | Vol. | Pag. |
|---|---|---|---|---|---|
| Jasmin du Cap. | 8 | 410 | Kypros. | 4 | 436 |
| Jaune d'œuf. | 9 | 391 | | | |
| Jessette. | 1 | 311 | Labalaba | 4 | 327 |
| Jito. | 3 | 199 | Laceron. | 10 | 44 |
| Jocara. | 12 | 165 | Lacmus. | 2 | 501 |
| Jonc à coton. | 13 | 154 | Laghetto | 10 | 438 |
| — à liens. | 13 | 135 | Laiche | 13 | 154 |
| | et | 136 | Laitue | 10 | 41 |
| — à masse | 13 | 151 | — Chicorée. | 10 | 42 |
| — d'étang | 13 | 153 | — Epinard. | 10 | 42 |
| — d'Inde. | 12 | 80 | — frisée. | 10 | 42 |
| | et | 83 | — pommée. | 10 | 42 |
| — de marais | 13 | 151 | — romaine. | 10 | 42 |
| | et | 154 | Lakoutcha. | 11 | 74 |
| — des chaisiers. | 12 | 152 | Lamier blanc. | 9 | 207 |
| — des tonneliers. | 12 | 152 | Langue de chien | 9 | 34 |
| — fleuri | 12 | 7 | Lansac | 3 | 191 |
| — odorant | 13 | 254 | Larme de Job. | 13 | 176 |
| Jonquille. | 12 | 442 | Laser. | 8 | 159 |
| Joubarbe | 5 | 104 | Lassa, ou Lassota. | 3 | 191 |
| — (petite). | 5 | 96 | Latanier | 12 | 95 |
| Joutay | 1 | 120 | Laudanum liquide. | 7 | 16 |
| Jucoara. | 12 | 65 | Laurel | 10 | 497 |
| Jugeoline. | 9 | 254 | Lauréole | 10 | 444 |
| Jujubier | 2 | 441 | — gentille | 10 | 439 |
| Julibrizin. | 1 | 84 | Laurier-Amandier | 1 | 419 |
| Julienne | 6 | 391 | — alexandrin. | 12 | 225 |
| — jaune | 6 | 421 | — Avocat ou Avoca- | | |
| Jusquiame | 9 | 72 | tier | 10 | 490 |
| | | | — Benjoin | 10 | 407 |
| Kaïda | 12 | 25 | — Bourbon. | 10 | 492 |
| Kakaterri. | 11 | 440 | — Camphrier. | 10 | 487 |
| Kaki. | 9 | 406 | — Casse | 10 | 482 |
| Kara-angolam | 13 | 261 | — Cerise. | 1 | 419 |
| Karivi | 6 | 228 | — cupulaire | 10 | 502 |
| Katulampa. | 4 | 46 | — d'Apollon | 10 | 510 |
| Kermès. | 11 | 178 | — d'Inde. | 10 | 491 |
| Kerria | 1 | 430 | — de saint Antoine. | 4 | 397 |
| Ketmia. | 3 | 375 | — fétide | 10 | 502 |
| Keura | 12 | 25 | — franc | 10 | 510 |
| Kiamis. | 10 | 486 | — Faux-Benjoin | 10 | 507 |
| Kiamos. | 7 | 182 | — Putiet. | 1 | 413 |
| Kikapar | 7 | 524 | — Rose. | 8 | 530 |
| Kilunglung. | 7 | 453 | — Rose des Alpes | 9 | 501 |
| Kiri | 9 | 311 | — rouge | 10 | 492 |
| Kitjantung | 7 | 512 | — royal. | 10 | 491 |
| | et | 514 | — Sassafras | 10 | 504 |
| Knépier | 3 | 66 | — sauce | 10 | 510 |
| Kola | 3 | 512 | — Tin | 8 | 316 |
| | et | 513 | — Tulipier. | 7 | 472 |
| Komin | 1 | 305 | Laurose. | 8 | 530 |
| Kotéka. | 7 | 171 | Lavande | 9 | 170 |
| Krubut | 10 | 559 | | et | 171 |

| | Vol. | Pag. | | Vol. | Pag. |
|---|---|---|---|---|---|
| Lentille (grosse) | 1 | 304 | Liseron (petit) | 9 | 99 |
| — à la reine | 1 | 304 | Litchi | 3 | 61 |
| — brune | 1 | 305 | | et | 62 |
| — commune | 4 | 303 | Livêche | 8 | 455 |
| — d'Auvergne | 1 | 306 | Loang-Nhan | 3 | 465 |
| — d'Espagne | 4 | 510 | Loboloba | 5 | 523 |
| — rouge | 4 | 504 | Locular | 15 | 241 |
| Lentillon | 1 | 304 | Lengan | 3 | 63 |
| Lentisque | 2 | 499 | Lontar | 12 | 94 |
| Liane à persil | 3 | 46 | — utan | 12 | 403 |
| — à réglisse | 1 | 317 | Lotos | 7 | 182 |
| Libidibi | 1 | 404 | Lotus des Anciens | 2 | 443 |
| Liège | 11 | 176 | | et | 444 |
| Lien | 7 | 482 | Lucet | 9 | 524 |
| Lierre terrestre | 9 | 202 | Lucuma | 9 | 391 |
| Lilas à feuilles de Persil | 8 | 286 | Lum-Yem | 3 | 63 |
| — de Marly | 8 | 283 | Lumie | 2 | 286 |
| — Varin | 8 | 284 | | à | 288 |
| — de terre | 12 | 306 | Lunaire | 6 | 459 |
| Limetier | 2 | 282 | Lupin | 1 | 341 |
| | à | 284 | | à | 355 |
| Limonier | 2 | 289 | | 1 | 217 |
| | à | 299 | Luzerne | | |
| Lin | 3 | 582 | Lysimaque Éphémère | 9 | 364 |
| — chaud | 3 | 582 | — pourpre | 9 | 364 |
| — de marais | 13 | 454 | Lysimachie rouge | 4 | 422 |
| — de la Nouvelle-Zé- | | | | | |
| lande | 12 | 488 | Maceron | 8 | 479 |
| — sauvage | 9 | 284 | Mâche | 10 | 305 |
| — têtard | 9 | 382 | Macis | 7 | 537 |
| Linaigrette | 13 | 453 | Maclou | 7 | 382 |
| Linaire | 9 | 284 | Macre | 4 | 445 |
| Lingoum | 1 | 365 | Madi | 10 | 162 |
| Lis | 12 | 280 | Madie | 10 | 162 |
| — Asphodèle | 12 | 375 | Madablota | 3 | 439 |
| — blanc | 12 | 380 | Madriette | 7 | 378 |
| — d'eau | 7 | 473 | Mahagoni | 3 | 165 |
| — de Guernesey | 12 | 420 | Mahogon | 3 | 165 |
| — de Maï | 12 | 212 | Mahot-loutan | 3 | 448 |
| — de Mathiole | 12 | 429 | Majaufe (fraise) | 1 | 464 |
| — de Pomponne | 12 | 276 | Makannah | 7 | 161 |
| — de saint Bruno | 12 | 381 | Malabatre | 10 | 484 |
| — de saint Jacques | 7 | 473 | Malagué | 1 | 409 |
| — des étangs | 7 | 473 | Mala-Inschikua | 12 | 467 |
| — des Incas | 12 | 456 | Mala-Kua | 12 | 461 |
| — des vallées | 12 | 212 | Malankua | 1 | 365 |
| — ensanglanté | 12 | 280 | Malapari | 1 | 365 |
| — jaune | 12 | 375 | Malla | 3 | 6 |
| — Narcisse | 12 | 411 | Mallette à berger | 6 | 540 |
| — turban | 12 | 276 | Maméi | 5 | 321 |
| Liset | 9 | 97 | Manaca | 12 | 65 |
| — (petit) | 9 | 99 | Mancenillier | 2 | 524 |
| Liseron (grand) | 9 | 97 | Manche-hâche | 4 | 70 |
| | | | Mandragore | 10 | 85 |

| | Vol. | Pag. | | Vol. | Pag. |
|---|---|---|---|---|---|
| Mandul. | 4 | 65 | Masse au bedeau | 12 | 20 |
| Manga | 2 | 193 | — d'eau | 12 | 20 |
| Mangle Zaragoza. | 4 | 304 | Massette | 12 | 20 |
| Mangle Bobo | 4 | 305 | Mastic de Chio | 2 | 199 |
| Manglier | 4 | 330 | Maté. | 2 | 431 |
| | et | 333 | Matricaire. | 10 | 177 |
| — blanc | 4 | 305 | Maui. | 5 | 317 |
| — fou | 4 | 305 | Mauve. | 3 | 345 |
| Mangliet | 7 | 455 | | à | 351 |
| Mango | 2 | 193 | — (petite). | 3 | 346 |
| Mangostan | 5 | 523 | — en arbre. | 3 | 375 |
| Mango-utan. | 5 | 326 | — fleurie. | 3 | 358 |
| Mangrove. | 4 | 305 | Mays. | 13 | 173 |
| Mangue | 2 | 193 | Médicinier. | 2 | 512 |
| Manguier. | 2 | 192 | — d'Espagne. | 2 | 513 |
| — à grappes | 2 | 245 | Mélèze. | 11 | 432 |
| — Wani | 2 | 194 | — d'Amérique. | 11 | 436 |
| Maniguette. | 7 | 516 | — de Russie. | 11 | 432 |
| Manioc. | 2 | 508 | — de Sibérie. | 11 | 432 |
| Manne | 1 | 298 | — pendant. | 11 | 432 |
| vol. 5 p. 480 et vol. | 8 | 291 | — rampant. | 11 | 432 |
| — de Briançon. | 11 | 435 | Mélier. | 2 | 53 |
| — de Pologne. | 13 | 209 | Mélilot. | 1 | 221 |
| — de Prusse. | 13 | 209 | | et | 222 |
| Mausienne | 8 | 311 | Mélisse. | 9 | 197 |
| Mao-tai | 13 | 151 | — citronnée. | 9 | 198 |
| Maqui | 13 | 333 | Melon Ananas. | 6 | 207 |
| Marasca | 1 | 405 | — Boule de Siam. | 6 | 207 |
| Marceau | 10 | 375 | — brodé. | 6 | 206 |
| | 376 et | 377 | — Cantalou. | 6 | 207 |
| Marguerite. | 10 | 268 | — commun. | 6 | 206 |
| — (grande) | 10 | 178 | — d'eau. | 6 | 214 |
| — des prés | 10 | 178 | — de Candie. | 6 | 208 |
| Marie | 5 | 281 | — de Coulommiers. | 6 | 207 |
| Marjolaine | 9 | 190 | — de Honfleur. | 6 | 207 |
| — bâtarde | 9 | 190 | — de Langeais. | 6 | 207 |
| — d'Angleterre. | 9 | 190 | — de Malte. | 6 | 208 |
| — sauvage | 9 | 190 | — de Morée. | 6 | 208 |
| Marmelade | 9 | 391 | — de Perse. | 6 | 208 |
| Marmel. | 2 | 255 | — des Carmes. | 6 | 206 |
| Marmeleiro do campo | 2 | 528 | — d'hiver de Malte. | 6 | 208 |
| Marmite de singe. | 4 | 190 | — d'Odessa. | 6 | 208 |
| | 193 et | 195 | — du Pérou. | 6 | 208 |
| Marronnier. | 11 | 190 | — fin hâtif. | 6 | 207 |
| — d'Inde. | 3 | 19 | — gros Prescott. | 6 | 207 |
| Marrube blanc | 9 | 208 | — maraîcher. | 6 | 206 |
| — noir | 9 | 210 | — Muscade des États- | | |
| — puant | 9 | 210 | Unis. | 6 | 208 |
| Marsault | 10 | 375 | — noir des Carmes. | 6 | 206 |
| | 376 et | 377 | — orangé. | 6 | 207 |
| Martagon. | 12 | 273 | — petit Prescott. | 6 | 207 |
| — Pompoone. | 12 | 276 | — sucrin à chair blan- | | |
| Marum. | 9 | 219 | che. | 6 | 207 |

| | Vol. | Pag. |
|---|---|---|
| Melon sucrin à petites graines. | 6 | 206 |
| — sucrin de Tours. | 6 | 206 |
| Méningjo. | 11 | 285 |
| Menthe. | 9 | 173 |
| — coq. | 10 | 175 |
| — d'eau. | 9 | 173 |
| — de notre-dame. | 9 | 173 |
| — romaine. | 9 | 173 |
| — notre-dame. | 10 | 175 |
| — rouge. | 9 | 173 |
| Mercuriale. | 2 | 521 |
| Merisier. | 1 | 402 |
| — à grappes. | 1 | 413 |
| Mesquité. | 1 | 63 |
| Messoy. | 10 | 486 |
| Meuret. | 9 | 524 |
| Meuron. | 1 | 456 |
| Micocoulier. | 11 | 122 |
| | à | 136 |
| Mignardise. | 5 | 157 |
| Mignonnette. | 5 | 45 |
| | et 7 | 99 |
| Millefeuille. | 10 | 197 |
| — aquatique. | 8 | 211 |
| Millepertuis. | 5 | 389 |
| Millet. | 13 | 185 |
| — (grand d'Inde). | 13 | 256 |
| — (gros). | 13 | 256 |
| — à chandelle. | 13 | 189 |
| — des oiseaux. | 13 | 188 |
| — en épi. | 13 | 188 |
| — long. | 13 | 179 |
| Minette. | 1 | 217 |
| Mirabelle. | 1 | 392 |
| Miroir de Vénus. | 1 | 559 |
| Mobi. | 2 | 511 |
| Mokokf. | 4 | 63 |
| Molaco-codi. | 11 | 13 |
| Molène. | 9 | 275 |
| Mollé. | 2 | 224 |
| Mombin. | 2 | 205 |
| Mongette. | 1 | 331 |
| Monos. | 3 | 66 |
| Monnoyère. | 6 | 459 |
| | et 9 | 366 |
| Moose-wood. | 2 | 86 |
| Morelle noire. | 9 | 79 |
| Morgeline. | 5 | 208 |
| Morinda. | 11 | 413 |
| | et | 423 |
| Moronoba. | 5 | 317 |
| Morphine. | 7 | 16 |

| | Vol. | Pag. |
|---|---|---|
| Mors du diable. | 10 | 325 |
| Mort-chien. | 12 | 237 |
| Morven. | 11 | 323 |
| Moureila. | 3 | 128 |
| | et | 130 |
| Moureiller. | 3 | 124 |
| | à | 127 |
| Mourelle. | 9 | 79 |
| Mouron blanc. | 5 | 208 |
| — d'eau. | 9 | 371 |
| — des champs. | 9 | 368 |
| — des oiseaux. | 5 | 208 |
| — femelle. | 9 | 368 |
| — mâle. | 9 | 368 |
| Mouroumourou. | 12 | 118 |
| Moutarde blanche. | 6 | 351 |
| — des allemands. | 6 | 521 |
| — des capucins. | 6 | 521 |
| — noire. | 6 | 378 |
| Moutardelle. | 6 | 521 |
| Moutouchi. | 1 | 363 |
| Mudar. | 8 | 548 |
| Mu-hoan-œu. | 3 | 57 |
| Mufle de veau. | 9 | 288 |
| Muflier. | 9 | 288 |
| Mugho. | 11 | 381 |
| Muguet anguleux. | 12 | 213 |
| — de Mai. | 12 | 211 |
| Munguba. | 3 | 435 |
| Mûre de renard. | 1 | 456 |
| — de Rome. | 1 | 456 |
| Mûrier. | 11 | 39 |
| | à | 48 |
| — à bois jaune. | 11 | 54 |
| — à papier. | 11 | 52 |
| — des Philippines. | 11 | 47 |
| — Perrottet. | 11 | 47 |
| — tinctorial. | 11 | 54 |
| Muscadier. | 7 | 535 |
| Muscari monstrueux. | 12 | 306 |
| Mutamba, ou Mutomba. | 3 | 487 |
| Myosotis. | 9 | 38 |
| Myrobolan. | 2 | 495 |
| — Chébul. | 4 | 302 |
| — Emblic. | 2 | 495 |
| Myrte. | 4 | 157 |
| — épineux. | 12 | 225 |
| Myrtille. | 9 | 524 |
| Nam-nam. | 1 | 117 |
| Nani. | 4 | 140 |
| Napéca. | 2 | 444 |
| Napel bleu. | 7 | 378 |

|                              | Vol. | Pag. |
|------------------------------|------|------|
| Narcisse d'automne.          | 12   | 411  |
| — des prés.                  | 12   | 435  |
| — sauvage.                   | 12   | 435  |
| Nard.                        | 10   | 304  |
| — sauvage.                   | 10   | 570  |
| *Nareghil.*                  | 12   | 126  |
| *Naret.*                     | 12   | 126  |
| *Narigh.*                    | 12   | 126  |
| Nasitort.                    | 6    | 559  |
| Navet blanc hâtif.           | 6    | 374  |
| — de Meaux.                  | 6    | 374  |
| — de Suède.                  | 6    | 374  |
| — des Vertus.                | 6    | 374  |
| — demi-tendre.               | 6    | 374  |
| — du diable.                 | 6    | 227  |
| — gris de Morigny.           | 6    | 374  |
| — gros long d'Alsace.        | 6    | 374  |
| — jaune d'Écosse.            | 6    | 374  |
| — jaune de Hollande.         | 6    | 374  |
| — jaune de Malte.            | 6    | 374  |
| — noir d'Alsace.             | 6    | 374  |
| — petit-Berlin.              | 6    | 374  |
| — rose du Palatinat.         | 6    | 374  |
| — rouge hâtif.               | 6    | 374  |
| — sec.                       | 6    | 374  |
| — Teltau.                    | 6    | 374  |
| — tendre.                    | 6    | 374  |
| Navette d'été.               | 6    | 373  |
| — d'hiver.                   | 6    | 373  |
| — ordinaire.                 | 6    | 373  |
| — quarantaine.               | 6    | 373  |
| *Nazarena.*                  | 1    | 123  |
| *Nebneb.*                    | 1    | 79   |
| *Nédé.*                      | 1    | 61   |
| *Néeté.*                     | 1    | 61   |
| Nèfle des créoles.           | 1    | 373  |
| Néflier.                     | 2    | 53   |
| Négundo.                     | 3    | 119  |
| Nélombo.                     | 7    | 182  |
| Nénuphar blanc.              | 7    | 173  |
| — jaune.                     | 7    | 176  |
| *Néou.*                      | 1    | 373  |
| *Néréghil.*                  | 12   | 126  |
| Nerprun.                     | 2    | 447  |
|                              | à    | 456  |
| Nesplier.                    | 2    | 53   |
| *Netnetty.*                  | 1    | 61   |
| *New-zealand spruce.*        | 11   | 439  |
| Nez coupé.                   | 2    | 395  |
| Nielle.                      | 5    | 172  |
|                              | et   | 309  |
|                              | 7    | 309  |
| — sauvage.                   | 7    | 307  |
| Nigelle cultivée.            | 7    | 303  |

|                              | Vol. | Pag. |
|------------------------------|------|------|
| Nigelle naine.               | 7    | 304  |
| — trapue.                    | 7    | 304  |
| *Nipa,* ou *Nipé.*           | 12   | 31   |
| *Niruri.*                    | 2    | 497  |
| Nivéole.                     | 12   | 407  |
|                              | et   | 408  |
| Noble-épine.                 | 2    | 68   |
| Noir d'Espagne.              | 11   | 176  |
| Noirprun.                    | 2    | 451  |
| Noix à bijoux.               | 2    | 166  |
| — d'Anacarde.                | 7    | 190  |
| — de Bencoul.                | 7    | 515  |
| — de galle.                  | 11   | 171  |
| — de jauge.                  | 2    | 166  |
| — de mésange.                | 2    | 166  |
| — de muscade.                | 7    | 534  |
| — de pacane.                 | 2    | 173  |
| Noisetier.                   | 11   | 212  |
| — à petit fruit.             | 11   | 211  |
| — de Byzance.                | 11   | 209  |
| — de la Cadière.             | 11   | 211  |
| — de Lambert.                | 11   | 211  |
| — de Piémont.                | 11   | 211  |
| — de Valbonne.               | 11   | 211  |
| — des anglais.               | 11   | 211  |
| — des Antilles.              | 2    | 529  |
| — en corymbe.                | 11   | 211  |
| — franc.                     | 11   | 214  |
| — nain.                      | 11   | 211  |
| — purgatif.                  | 2    | 513  |
| Noisette (V. Noisetier).     |      |      |
| Nombril.                     | 5    | 88   |
| Nopal à cochenille.          | 13   | 407  |
| — sylvestre.                 | 13   | 402  |
| *Nopalnochezl.*              | 13   | 402  |
| Noyer.                       | 2    | 165  |
| — à feuilles de frêne.       | 2    | 180  |
| — Hickory (V. *Carya*).      |      |      |
| — Pacanier.                  | 2    | 173  |
| — noir.                      | 2    | 169  |
| — de la Saint-Jean.          | 2    | 166  |
| Nummulaire.                  | 9    | 366  |
| *Nypa.*                      | 12   | 31   |
| Obier.                       | 8    | 309  |
| OEil de bœuf.                | 10   | 188  |
| — de bœuf (grand).           | 10   | 178  |
| — de bourrique.              | 1    | 99   |
|                              | et   | 558  |
| — de Christ.                 | 10   | 245  |
| OEillet.                     | 5    | 156  |
| — bouquet.                   | 5    | 149  |

|                               | Vol. | Pag. |
| --- | --- | --- |
| OEillet de dieu. . . . . .     | 5   | 171 |
|                               | et  | 172 |
| — d'Inde. . . . . . .          | 10  | 118 |
| — d'Inde (grand). . .          | 10  | 118 |
| — de jauséniste. . . .         | 5   | 165 |
| — de mai. . . . . . .          | 5   | 156 |
| — de poète. . . . . .          | 5   | 149 |
| — Giroflée. . . . . .          | 5   | 156 |
| Ogeechee-lime. . . . . . .     | 10  | 164 |
| Ognon. . . . . . . . . .       | 12  | 330 |
| — bulbifère. . . . . .         | 12  | 330 |
| — d'Egypte. . . . .            | 12  | 330 |
| — marin. . . . . . .           | 12  | 314 |
| Oignon. . . . . . . . . .      | 12  | 330 |
| Oliban. . . . . . . . . .      | 2   | 235 |
| Olive. . . . . . . . . .       | 10  | 264 |
| Olivetier. . . . . . . . .     | 10  | 456 |
| Olivier. . . . . . . . .       | 8   | 262 |
| — à bec. . . . . . . . .       | 8   | 266 |
| — à fruit arrondi. . .         | 8   | 266 |
| — à fruit blanc. . . .         | 8   | 265 |
| — à fruit odorant. . .         | 8   | 266 |
| — à petit fruit pana-          |     |     |
|   ché. . . . . . .             | 8   | 265 |
| — bouquetier. . . . .          | 8   | 265 |
| — Caillet blanc. . . .         | 8   | 266 |
| — de Bohême. . . . .           | 10  | 456 |
| — d'Entrecasteaux. .           | 8   | 265 |
| — de Grasse. . . . .           | 8   | 266 |
| — noir. . . . . . . .          | 4   | 297 |
| — Picholine. . . . . .         | 8   | 266 |
| — Pleureur. . . . . . .        | 8   | 266 |
| Onoporde. . . . . . . .        | 10  | 87  |
| Opium en larmes. . . .         | 7   | 14  |
| Opium thebaicum. . . . .       | 7   | 14  |
| Orange de Malte. . . . .       | 2   | 265 |
| — grenade. . . . . .           | 2   | 265 |
| — rouge de Portugal.           | 2   | 265 |
| Oranger. . . . . . . . .       | 2   | 261 |
|                               | à   | 272 |
| — suisse. . . . . . .          | 2   | 280 |
| Orangin. . . . . . . . .       | 6   | 199 |
| Oreille d'âne. . . . . .       | 9   | 38  |
| — d'homme. . . . . .           | 10  | 570 |
| — d'ours. . . . . . .          | 9   | 358 |
| — de souris. . . . . .         | 10  | 49  |
| Oreillette. . . . . . . .      | 10  | 570 |
| Orge. . . . . . . . . .        | 13  | 245 |
|                               | à   | 249 |
| — à café. . . . . . .          | 13  | 249 |
| — à deux rangs . . .           | 13  | 249 |
| — à deux rangs nue. .          | 13  | 249 |
| — à large épi. . . . .         | 13  | 248 |

|                               | Vol. | Pag. |
| --- | --- | --- |
| Orge à six côtés. . . . . .    | 13  | 247 |
| — à six rangs. . . .           | 13  | 247 |
| — anguleuse. . . . .           | 13  | 247 |
| — carrée. . . . . . .          | 13  | 247 |
| — céleste. . . . . . .         | 13  | 248 |
| — chevalin. . . . . .          | 13  | 247 |
| — commune à graines            |     |     |
|   nues. . . . . . .            | 13  | 248 |
| — d'Espagne. . . . .           | 13  | 249 |
| — d'hiver. . . . . . .         | 13  | 247 |
| — de Jérusalem. . .            | 13  | 248 |
| — de Russie. . . . .           | 13  | 248 |
| — de Sibérie. . . . .          | 13  | 248 |
| — déprimé. . . . . .           | 13  | 247 |
| — du Pérou. . . . .            | 13  | 249 |
| — Ecourgeon. . . . .           | 13  | 247 |
| — Escourgeon. . . . .          | 13  | 247 |
| — Escurgeon. . . . . .         | 13  | 247 |
| — éventail. . . . . . .        | 13  | 248 |
| — Faux-Riz. . . . . .          | 13  | 248 |
| — nue. . . . . . . .           | 13  | 248 |
| — plate. . . . . . . .         | 13  | 249 |
| — pyramidale. . . . .          | 13  | 248 |
| — Scorion. . . . . . .         | 13  | 247 |
| — Sécourgeon. . . . .          | 13  | 247 |
| — Sucrion. . . . . . .         | 13  | 247 |
| Origan. . . . . . . . . . .    | 9   | 189 |
| Orme. . . . . . . . . . .      | 11  | 101 |
|                               | à   | 112 |
| — à feuilles crénelées.        | 11  | 119 |
| — à grandes feuilles. .        | 11  | 104 |
| — à larges feuilles. .         | 11  | 104 |
| — à moyeux. . . . . .          | 11  | 102 |
| — crépu. . . . . . . .         | 11  | 103 |
| — d'Amérique. . . .            | 3   | 487 |
| — d'Avignon. . . . .           | 3   | 103 |
| — de Chine. . . . . .          | 11  | 114 |
| — d'Exeter. . . . . .          | 11  | 114 |
| — de Hollande. . . .           | 11  | 104 |
| — de Sibérie. . . . .          | 11  | 119 |
| — élancé. . . . . . .          | 11  | 103 |
| — fastigié. . . . . . .        | 11  | 103 |
| — gras. . . . . . . . .        | 11  | 104 |
|                               | et  | 108 |
| — mâle. . . . . . . . .        | 11  | 102 |
| — nain. . . . . . . . .        | 11  | 102 |
| — plissé. . . . . . . .        | 11  | 103 |
| — pyramidal. . . . . .         | 11  | 102 |
|                               | et  | 103 |
| — rugueux. . . . . . .         | 11  | 103 |
| — Tilleul. . . . . . .         | 11  | 104 |
| — Tortillard. . . . . .        | 11  | 102 |
| Ormeau. . . . . . . . . . .    | 11  | 105 |

| | Vol. | Pag. | | Vol. | Pag. |
|---|---|---|---|---|---|
| Pavot. . . . . . . . . . | 7 | 13 | Petite Chélidoine. . . . . | 7 | 197 |
| — à graines blanches. | 7 | 13 | — Ciguë. . . . . . . . | 8 | 213 |
| — à graines noires. . | 7 | 13 | — Consoude. . . . . | 9 | 223 |
| — cornu. . . . . . . | 7 | 33 | — Douve. . . . . . | 7 | 209 |
| — rouge. . . . . . . | 7 | 18 | — Epeautre. . . . . . | 13 | 241 |
| *Paya.* . . . . . . . . . . | 2 | 511 | — Flambe. . . . . . | 13 | 50 |
| *Pe de perdis.* . . . . . . . | 2 | 505 | — Joubarbe. . . . . . | 5 | 96 |
| Pédane. . . . . . . . . . . | 10 | 88 | — Ortie. . . . . . . | 11 | 28 |
| *Pehuen.* . . . . . . . . | 11 | 365 | — Pervenche. . . . . | 8 | 524 |
| *Peini-marum.* . . . . . . | 13 | 310 | — Pimpinelle. . . . . | 8 | 198 |
| *Pékéa.* . . . . . . . . . . | 3 | 15 | — Pulmonaire. . . . | 9 | 41 |
| Pelotte de neige. . . . . . | 8 | 309 | — Rave. . . . . . . | 6 | 340 |
| Pensée. . . . . . . . . . | 5 | 511 | — Scrophulaire. . . . | 7 | 197 |
| | et | 516 | *Petola.* . . . . . . . . . . | 6 | 219 |
| — sauvage. . . . . . | 5 | 516 | *Pé-tsi.* . . . . . . . . . | 13 | 151 |
| — tricolore. . . . . | 5 | 516 | Peucédane. . . . . . . | 8 | 165 |
| Pépon. . . . . . . . . . . | 6 | 198 | Peuplier argenté. . . . | 10 | 386 |
| — turban. . . . . . | 6 | 198 | — d'Italie. . . . . | 10 | 388 |
| *Péqui.* . . . . . . . . . . | 3 | 11 | — de Lombardie. . . | 10 | 388 |
| Perce-bosse. . . . . . . | 9 | 366 | — de Virginie. . . . | 10 | 390 |
| — muraille. . . . . . | 11 | 30 | — Grisaille. . . . . | 10 | 382 |
| — neige. . . . . . . | 12 | 407 | — Liard. . . . . . | 10 | 393 |
| | et | 408 | — suisse. . . . . . | 10 | 390 |
| — pierre. . . . . . | 5 | 46 | Phu. . . . . . . . . . . | 10 | 310 |
| | et 8 | 216 | *Phulwara.* . . . . . . . . | 9 | 395 |
| Perdrigon (prune). . . . | 1 | 392 | Pied d'alouette des champs. | 7 | 356 |
| Pérette. . . . . . . . . . | 2 | 286 | — d'alouette sauvage. | 7 | 354 |
| *Perimkara.* . . . . . . . | 4 | 46 | | et | 356 |
| Persicaire. . . . . . . . | 10 | 536 | — d'alouette vivace. . | 7 | 341 |
| Persil. . . . . . . . . . | 8 | 186 | — de chat. . . . . . | 10 | 217 |
| — (gros de Macédoine). | 8 | 179 | — de coq. . . . . . . | 13 | 186 |
| — à feuilles crépues. . | 8 | 185 | — de corneille. . . . | 6 | 519 |
| — à larges feuilles. . | 8 | 185 | — d'éléphant. . . . . | 12 | 205 |
| Pérusse. . . . . . . . . . | 11 | 425 | — de griffon. . . . . | 7 | 320 |
| Pervenche. . . . . . . . | 8 | 524 | — de lion. . . . . . . | 1 | 483 |
| Pesette. . . . . . . . . . | 1 | 298 | — d'oiseau. . . . . . | 1 | 282 |
| Pesse. . . . . . . . . . . | 11 | 407 | — de poule. . . . . . | 7 | 216 |
| Pétanielle. . . . . . . . . | 13 | 239 | | et 13 | 199 |
| Petit Baume. . . . . . . | 2 | 502 | — de veau. . . . . . | 12 | 42 |
| — Boucage. . . . . . | 8 | 198 | — pou. . . . . . . . . | 7 | 216 |
| — Chêne. . . . . . . | 9 | 219 | Pigamon . . . . . . . . | 7 | 256 |
| — Cyprès. . . . . . | 10 | 185 | Pignon . . . . . . . . . | 11 | 375 |
| — Houx. . . . . . . | 12 | 225 | | et | 376 |
| — Muguet. . . . . . | 8 | 476 | — d'Inde. . . . . . | 2 | 503 |
| — Œillet d'Inde. . . | 10 | 118 | | et | 512 |
| — Persil de bouc. . . | 8 | 198 | Pillolet. . . . . . . . . | 9 | 193 |
| — Poivre. . . . . . | 9 | 231 | Piloselle. . . . . . . . | 10 | 49 |
| — Pucelage. . . . . | 8 | 524 | Piment. . . . . . . . . | 4 | 178 |
| — Raifort gris. . . . | 6 | 346 | | et | 9 | 76 |
| — Soleil. . . . . . . | 10 | 144 | — d'eau. . . . . . | 10 | 536 |
| — Sureau. . . . . . | 8 | 324 | — des ruches. . . . | 9 | 198 |
| Petite Barbe de chèvre. . | 1 | 445 | — royal. . . . . . . | 11 | 260 |
| — Centaurée. . . . . | 9 | 13 | *Pimento.* . . . . . . . . | 4 | 178 |

| | Vol. | Pag. | | Vol. | Pag. |
|---|---|---|---|---|---|
| Pimprenelle. . . . . . . . | 1 | 488 | Pin sauvage. . . . . . . . | 11 | 376 |
| — (petite). . . . . . | 8 | 198 | — Suffis. . . . . . . . | 11 | 384 |
| Pin à balais. . . . . . . . | 11 | 392 | Pinang. . . . . . . . . . | 12 | 71 |
| — à courtes feuilles. . | 11 | 386 | Pinceau. . . . . . . . . | 11 | 382 |
| — à goudron. . . . . | 11 | 392 | Pincrin. . . . . . . . . | 11 | 382 |
| — à feuilles argentées. | 11 | 377 | Pinesse. . . . . . . . . | 11 | 407 |
| — à longues feuilles. | 11 | 392 | Pindaïba. . . . . . . . . | 7 | 504 |
| — à petit fruit. . . . | 11 | 377 | Pindrow. . . . . . . . . | 11 | 423 |
| — Alviez. . . . . . . | 11 | 599 | Pippal, ou Pippul. . . . | 11 | 59 |
| — blanc. . . . . . . | 11 | 395 | Pissenlit. . . . . . . . | 10 | 48 |
| — bon. . . . . . . . | 11 | 375 | Pistache de terre . . . . . | 1 | 134 |
| — Ceinbrot. . . . . . | 11 | 399 | Pistachier. . . . . . . . . | 2 | 195 |
| — Cembro nain. . . . | 11 | 399 | — sauvage . . . . . | 2 | 395 |
| — cultivé. . . . . . . | 11 | 375 | Pitakara . . . . . . . . . | 9 | 387 |
| — Dammar. . . . . . | 11 | 367 | Pitao. . . . . . . . . . . | 2 | 363 |
| — d'Autriche. . . . . | 11 | 385 | Pititache.. . . . . . . . | 13 | 417 |
| — de Bordeaux. . . . | 11 | 382 | Pi-tsi. . . . . . . . . . | 13 | 151 |
| — de Calabre. . . . . | 11 | 385 | Pitte . . . . . . . . . . | 12 | 402 |
| — de Caramanie. . . | 11 | 385 | Pittomba . . . . . . . . . | 3 | 55 |
| — de Corse. . . . . | 11 | 385 | Pivoine. . . . . . . . . | 7 | 394 |
| — de Crimée. . . . . | 11 | 385 | | à | 406 |
| — d'Ecosse. . . . . | 11 | 377 | — en arbre. . . . . . | 7 | 399 |
| — de Genève. . . . . | 11 | 376 | Planéra à feuilles crénelées | 11 | 120 |
| — de Haguenau. . . . | 11 | 376 | — à feuilles d'Orme . | 11 | 116 |
| — de Jérusalem. . . . | 11 | 383 | — de la Caspienne. . | 11 | 120 |
| — de marais. . . . . | 11 | 392 | Plantain . . . . . . . . . | 10 | 356 |
| — de Norfolk. . . . . | 11 | 362 | | et | 357 |
| — de pierre. . . . . . | 11 | 375 | — (grand) . . . . . | 10 | 356 |
| — de Riga. . . . . . | 11 | 376 | — des Alpes . . . . | 10 | 270 |
| — de Romagne. . . . | 11 | 385 | Plaqueminier. . . . . . . | 9 | 403 |
| — de Russie. . . . . | 11 | 376 | Platane d'Amérique. . . . | 11 | 77 |
| — de Tartarie. . . . | 11 | 377 | — d'Orient. . . . . . | 11 | 77 |
| — de Weymouth. . . | 11 | 395 | — du Sénégal. . . . . | 3 | 512 |
| — des rochers. . . . | 11 | 379 | Poaya . . . . . . . . . . | 5 | 520 |
| — du Lord. . . . . . | 11 | 395 | | et | 521 |
| — du New-Jersey. . . | 11 | 386 | — de beticar . . . . | 8 | 461 |
| — du Nord. . . . . . | 11 | 376 | — de campo . . . . . | 8 | 464 |
| — jaune. . . . . . . | 11 | 385 | — de mato . . . . . | 8 | 461 |
| | et | 392 | Podagraire . . . . . . . | 8 | 196 |
| — Loblolly. . . . . . | 11 | 391 | Poire (variétés) . . . . | 2 | 114 |
| — Mugho. . . . . . . | 11 | 381 | | à | 122 |
| — nain. . . . . . . . | 11 | 380 | — avocat. . . . . . | 10 | 490 |
| — Nóoza. . . . . . . | 11 | 391 | Poireau. . . . . . . . . | 12 | 329 |
| — noir. . . . . . . . | 11 | 588 | Poirée . . . . . . . . . | 5 | 289 |
| — Pindrow. . . . . . | 11 | 413 | — à cardes. . . . . . | 5 | 290 |
| | et | 423 | Poirier à feuilles de laurier | 2 | 125 |
| — Pinier. . . . . . . | 11 | 375 | — de Cirole . . . . . | 2 | 125 |
| — Pumilio. . . . . . | 11 | 380 | Poiriers (arbres fruitiers). | 2 | 114 |
| — résineux. . . . . . | 11 | 385 | | à | 122 |
| | et | 588 | — à poiré . . . . . . | 2 | 125 |
| — rouge. . . . . . . | 11 | 377 | Pois (variétés de pois cul- | | |
| — rouge d'Amérique. | 11 | 385 | tivés). . . . . . | 1 | 307 |
| — Sapin. . . . . . . | 11 | 386 | | et | 308 |

| | Vol. | Pag. |
|---|---|---|
| Pois à gratter | 1 | 337 |
| — à œil noir | 1 | 332 |
| — agneau | 1 | 309 |
| — carré | 1 | 335 |
| — chiche | 1 | 398 |
| — d'Angola | 1 | 340 |
| — de brebis | 1 | 309 |
| — d'Iris | 13 | 64 |
| — de merveille | 3 | 42 |
| — de senteur | 1 | 342 |
| — gris | 1 | 309 |
| — pouilleux | 1 | 337 |
| — rouge | 1 | 326 |
| — sucrin | 1 | 55 |
|  | et | 56 |
| Poivre à queue | 11 | 12 |
| — blanc | 11 | 13 |
| — Bétel | 14 | 15 |
| — d'eau | 10 | 556 |
| — d'Espagne | 9 | 76 |
| — d'Éthiopie | 7 | 516 |
| — de muraille | 5 | 97 |
| — de nègre | 7 | 516 |
| — long | 11 | 16 |
|  | et | 17 |
| — noir | 11 | 13 |
|  | et | 15 |
| Poivrette sauvage | 7 | 307 |
| Poivrier | 11 | 12 |
| — Cubébier | 11 | 12 |
| — d'Amérique | 2 | 225 |
| — enivrant | 11 | 17 |
| Poix | 11 | 372 |
| Pokroé | 8 | 495 |
| Polémoine | 9 | 122 |
| Polygala | 7 | 121 |
| Polygone d'Orient | 10 | 537 |
| — Sarrasin | 10 | 540 |
| Pomme d'Acajou | 2 | 188 |
| — d'Adam | 2 | 285 |
| — d'amour | 9 | 82 |
| — de Médie | 2 | 299 |
| — de merveille | 6 | 222 |
| — de terre | 9 | 81 |
| — épineuse | 9 | 67 |
| Pommes (variétés du Pom- | | |
| mier ordinaire) | 2 | 140 |
|  | à | 145 |
| — à cidre | 2 | 147 |
|  | et | 148 |
| Pommier à bouquets | 2 | 155 |
|  | et | 136 |
| — à couteau | 2 | 145 |
| Pommier Acajou | 2 | 188 |
| — de Cannelle | 7 | 498 |
| — d'éléphant | 2 | 254 |
| — de la Saint-Jean | 2 | 139 |
| — des Osages | 11 | 53 |
| — Doucin | 2 | 139 |
| — franc (V. Pommier | | |
| à couteau) | | |
| — Paradis | 2 | 139 |
| Pompadoura | 4 | 284 |
| Pompelmouses | 2 | 285 |
| Pomponá (Vanille) | 12 | 191 |
| Poplar | 7 | 490 |
| Populage | 7 | 294 |
| Ponnamaram | 5 | 331 |
| Poncirade | 9 | 198 |
| Poncire | 2 | 300 |
| Porillon | 12 | 455 |
|  | et | 455 |
| Perreau | 12 | 329 |
| Porte-chapeau | 2 | 440 |
| Post-oak | 11 | 156 |
| Potelée | 9 | 73 |
| Potiron | 6 | 198 |
| Poulard | 15 | 239 |
| Pourpier | 5 | 225 |
| — de mer | 5 | 290 |
| — doré | 5 | 525 |
| Primerolle | 9 | 353 |
|  | et | 354 |
| Primevère | 9 | 351 |
|  | à | 354 |
| — de Chine | 9 | 355 |
| Pruneaulier | 1 | 393 |
| Prunelier | 1 | 394 |
| Prunes (variétés du Pru- | | |
| nier domestique) | 1 | 392 |
|  | et | 393 |
| — (variétés du Pru- | | |
| nier Pruneaulier) | 1 | 394 |
| Prunier d'Amérique | 1 | 370 |
| — de Chine | 1 | 397 |
| — des Alpes | 1 | 396 |
| — Icaque | 1 | 370 |
| Pruniers (arbres fruitiers) | 1 | 392 |
|  | à | 394 |
| Ptarmique | 10 | 194 |
| Puchéry, Puchury, Puchyri | 10 | 500 |
| Pulicaire | 10 | 219 |
| Pulmonaire | 9 | 40 |
| Pulmonaire (grande) | 9 | 41 |
| — (petite) | 9 | 41 |
| — des Français | 10 | 50 |

| | Vol. | Pag. |
|---|---|---|
| Pulsatille. | 7 | 255 |
| Putiet. | 1 | 413 |
| Pu-tsaï. | 13 | 151 |
| Pyramidale. | 9 | 545 |
| Qualé. | 4 | 327 |
| Quamoclit. | 9 | 101 |
| Quapara. | 3 | 148 |
| Quarantaine. | 6 | 405 |
| Quassia. | 2 | 374 |
| Quatélé. | 4 | 191 |
| | et | 193 |
| Quénot. | 1 | 409 |
| Quetche (prune). | 1 | 394 |
| Queue de paon. | 13 | 6 |
| — de pourceau. | 8 | 165 |
| — de renard. | 5 | 252 |
| Quiènbiendent. | 8 | 507 |
| Quigombo. | 3 | 384 |
| Quillaï. | 1 | 449 |
| Quina. | 2 | 346 |
| | et | 356 |
| — do mato. | 8 | 398 |
| — do Remijo. | 8 | 392 |
| — do serra. | 8 | 392 |
| Quinoa. | 5 | 302 |
| Quinquina. | 8 | 384 |
| — blanc. | 8 | 388 |
| — de forêt. | 8 | 398 |
| — de montagne. | 8 | 392 |
| — de Rémijo. | 8 | 392 |
| — d'Uritusinga. | 8 | 384 |
| — des pitons. | 8 | 396 |
| — gris de Loxa. | 8 | 384 |
| — naranjada de Santa-Fé. | 8 | 385 |
| — orangé. | 8 | 385 |
| — rouge. | 8 | 386 |
| Quintefeuille. | 1 | 469 |
| Rabioule. | 6 | 374 |
| Radis (et variétés). | 6 | 340 |
| Raga. | 11 | 413 |
| Raifort (grand). | 6 | 521 |
| — (gros blanc). | 6 | 340 |
| — (petit gris). | 6 | 346 |
| — noir. | 6 | 340 |
| — sauvage. | 6 | 524 |
| Raisin à boulets. | 3 | 250 |
| — d'Amérique. | 3 | 243 |
| — de Galam. | 3 | 212 |
| — d'hiver. | 3 | 239 |
| — de mer. | 11 | 289 |
| — d'ours. | 9 | 495 |

| | Vol. | Pag. |
|---|---|---|
| Raisin de poule. | 3 | 239 |
| — de renard. | 3 | 230 |
| — des bois. | 9 | 524 |
| Raisinier. | 10 | 542 |
| Raisins (variétés de la vigne cultivée). | 3 | 219 |
| | et | 220 |
| Ramboutan. | 3 | 63 |
| Ramontchi. | 6 | 134 |
| Rampostan. | 3 | 63 |
| Rassamalla. | 11 | 87 |
| Rotam. | 1 | 203 |
| Rarak. | 3 | 56 |
| Rave du Limousin. | 6 | 374 |
| Ravenelle. | 6 | 339 |
| | et | 410 |
| Ravensqra, Raventsara. | 10 | 494 |
| Raves (variétés de culture). | 6 | 340 |
| Ray-grass. | 13 | 237 |
| — — de France. | 13 | 204 |
| — — d'Italie. | 13 | 257 |
| Rebreb. | 4 | 299 |
| Red-root. | 2 | 459 |
| Redou, Redoul, Redoux. | 3 | 80 |
| Réglisse. | 1 | 248 |
| Reine-Claude (prune). | 1 | 392 |
| Reine des bois. | 8 | 476 |
| — des prés. | 4 | 445 |
| — Marguerite. | 10 | 265 |
| Remors du diable. | 10 | 325 |
| Renoncule des bois. | 7 | 245 |
| — des jardins. | 7 | 221 |
| Renoncules (vraies). | 7 | 204 |
| | à | 249 |
| Renouée. | 10 | 535 |
| — (grande). | 10 | 537 |
| — Bistorte. | 10 | 538 |
| — d'Orient. | 10 | 537 |
| — Sarrasin. | 10 | 540 |
| Reprise. | 5 | 94 |
| Réséda. | 7 | 98 |
| — des teinturiers. | 7 | 104 |
| Rétama. | 1 | 203 |
| Rhamnoïde. | 10 | 457 |
| Rhapontic. | 10 | 532 |
| Rhubarbe anglaise. | 10 | 532 |
| — de Chine. | 10 | 550 |
| — de Moscovie. | 10 | 551 |
| — des Alpes. | 10 | 524 |
| — des boutiques. | 10 | 530 |
| — des moines. | 10 | 524 |
| — officinale. | 10 | 530 |
| — pontique. | 10 | 532 |

| | Vol. | Pàg. |
|---|---|---|
| Ribès. . . . . . . . . . . | 10 | 532 |
| Ricin. . . . . . . . . . . | 2 | 506 |
| Rima ; Rimier. . . . . . | 11 | 71 |
| Riz. . . . . . . . . . . . | 13 | 168 |
| — d'Allemagne. . . . | 13 | 148 |
| — de montagne. . . . | 13 | 169 |
| — rustique. . . . . . | 13 | 248 |
| — sauvage. . . . . . | 13 | 171 |
| Robinia crépu. . . . . . | 1 | 260 |
| — élégant. . . . . . | 1 | 260 |
| — inerme. . . . . . | 1 | 259 |
| — Parasol. . . . . . | 1 | 259 |
| — tortueux. . . . . . | 1 | 260 |
| Robinet. . . . . . . . . | 5 | 170 |
| Rocambole. . . . . . . | 12 | 329 |
| Rocou , Rocouyer. . . . | 6 | 118 |
| Romarin. . . . . . . . | 9 | 185 |
| Rompt-pierre. . . . . . | 5 | 46 |
| Ronce ( ordinaire). . . . | 1 | 456 |
| | et | 457 |
| Rondelle. . . . . . . . | 10 | 468 |
| Rondette. . . . . . . . | 9 | 202 |
| Rondier. . . . . . . . . | 12 | 95 |
| Rondotte. . . . . . . . | 6 | 421 |
| Roquette. . . . . . . . | 6 | 356 |
| — des jardins . . . . | 6 | 422 |
| Rosage. . . . . . . . . | 9 | 499 |
| | à | 508 |
| Rosa del rio. . . . . . . | 4 | 437 |
| Rose Anémone. . . . . . | 2 | 34 |
| — bifère. . . . . . | 2 | 36 |
| — capucine. . . . . . | 2 | 10 |
| — Cent-feuilles. . . . | 2 | 34 |
| — d'eau. . . . . . . | 7 | 173 |
| — de Chine. . . . . . | 3 | 374 |
| — de Hollande. . . . | 2 | 35 |
| — d'Inde. . . . . . . | 10 | 118 |
| — de Jéricho. . . . . | 6 | 529 |
| — de Mai. . . . . . . | 2 | 18 |
| — de Noël. . . . . . | 7 | 316 |
| — de Syrie. . . . . . | 2 | 36 |
| — de tous les mois. . | 2 | 36 |
| — des Alpes. . . . . | 9 | 501 |
| — des peintres. . . . | 2 | 34 |
| — des Pyrénées. . . . | 2 | 15 |
| — des quatre saisons. | 2 | 36 |
| — double de Pensyl- | | |
| vanie. . . . . | 2 | 19 |
| — du Saint-Sacrement. | 2 | 18 |
| — Grande–Pivoine. . | 2 | 23 |
| — incarnate. . . . . . | 2 | 36 |
| — Mère-Gigogne. . . | 2 | 35 |

| | Vol. | Pag. |
|---|---|---|
| Rose Mousseuse. . . . . | 2 | 35 |
| — OEillet. . . . . . | 2 | 34 |
| — Petit Saint-François. | 2 | 18 |
| — Pimprenelle. . . . | 2 | 11 |
| — Pompon. . . . . . | 2 | 34 |
| — Ponceau. . . . . . | 2 | 10 |
| — prolifère. . . . . . | 2 | 35 |
| — rouge. . . . . . . | 2 | 31 |
| — Thé. . . . . . . . | 2 | 39 |
| — Trémière. . . . . . | 3 | 357 |
| Roseau. . . . . . . . . | 13 | 197 |
| — à quenouilles. . . . | 13 | 196 |
| — des étangs. . . . . | 12 | 20 |
| — panaché. . . . . . | 13 | 180 |
| Rosée du soleil. . . . . . | 5 | 489 |
| Rosier à feuilles de Vine- | | |
| tier. . . . . . | 2 | 47 |
| Rosiers ( vrais). . . . . | 2 | 8 |
| | à | 47 |
| Rossamalla. . . . . . . . | 11 | 87 |
| Rossolis. . . . . . . . . | 5 | 489 |
| Rotan. . . . . . . . . . | 12 | 80 |
| — blanc. . . . . . . | 12 | 84 |
| Rottang. . . . . . . . . | 12 | 80 |
| — Djerenang. . . . . | 12 | 84 |
| — Zalak. . . . . . . | 12 | 86 |
| Roure des corroyeurs. . . | 2 | 212 |
| Rouvre. . . . . . . . . | 11 | 148 |
| Roux. . . . . . . . . . | 2 | 212 |
| Ruban d'eau. . . . . . . | 12 | 21 |
| Rubarbe , V. Rhubarbe. | | |
| Ruca ; Ruchetta ; Rucola. | 6 | 356 |
| Rue. . . . . . . . . . . | 2 | 316 |
| — de chèvre. . . . . | 1 | 249 |
| — des prés. . . . . . | 7 | 237 |
| Russimalla. . . . . . . . | 11 | 87 |
| Rutabaga. . . . . . . . | 6 | 370 |
| Sabadilla. . . . . . . . | 12 | 245 |
| Sabine à feuilles de Cyprès. | 11 | 315 |
| — à feuilles de Tama- | | |
| risc. . . . . . . | 11 | 316 |
| — commune. . . . . . | 11 | 315 |
| — en arbre. . . . . . | 11 | 347 |
| — femelle. . . . . . | 11 | 316 |
| — mâle. . . . . . . . | 11 | 315 |
| Sabinier. . . . . . . . . | 11 | 315 |
| Sablier. . . . . . . . . | 2 | 526 |
| Sabot de la vierge. . . . | 12 | 193 |
| Safran. . . . . . . . . . | 13 | 106 |
| — bâtard. . . . . . . | 10 | 81 |
| | et 12 | 237 |
| — d'Allemagne. . . . | 12 | 81 |

| | Vol. | Pag. |
|---|---|---|
| Safran des Indes. . . . . | 12 | 160 |
| — des prés. . . . . . . | 12 | 237 |
| Sagou. . . . . . . . . . . . | 12 | 87 |
| Sainbois. . . . . . . . . . | 10 | 443 |
| Sainfoin. . . . . . . . . . | 1 | 218 |
| | et | 290 |
| — de Malte. . . . . . | 1 | 287 |
| — d'Espagne. . . . . | 1 | 287 |
| *Sajetta.* . . . . . . . . . . . | 12 | 92 |
| *Sál.* . . . . . . . . . . . | 13 | 310 |
| Salicaire. . . . . . . . . . . | 4 | 421 |
| Salicotte. . . . . . . . . . . | 5 | 281 |
| Salivaire. . . . . . . . . . . | 10 | 186 |
| Salsepareille. . . . . . . . | 12 | 226 |
| | et | 227 |
| — de Virginie. . . . | 8 | 124 |
| — sauvage. . . . . . | 8 | 543 |
| Salsifis. . . . . . . . . . . | 10 | 53 |
| — d'Espagne. . . . . | 10 | 54 |
| — noir. . . . . . . . . | 10 | 54 |
| Samaüma. . . . . . . . . | 3 | 429 |
| Sandaraque. . . . . . . . | 11 | 345 |
| Sandoric. . . . . . . . . | 3 | 190 |
| Sang-dragon. . . . . . | 1 | 362 |
| 363 et 366, vol. 2 p. 504, et vol. 12 | | |
| p. 85 et 216. | | |
| Sanguin. . . . . . . . . . | 8 | 98 |
| Sanicle mâle. . . . . . . . | 8 | 222 |
| Santal blanc. . . . . . . | 10 | 462 |
| — rouge. . . . . . . | 1 | 362 |
| | et 365; vol. 10 | 463 |
| Santoline. . . . . . . . . | 10 | 185 |
| *Sdol.* . . . . . . . . . . . | 13 | 310 |
| Sapin à branches dressées. | 11 | 406 |
| — à feuilles d'If. . . | 11 | 415 |
| — à feuilles menues. | 11 | 406 |
| — à feuilles pana- | | |
| chées. . . . . . | 11 | 406 |
| — argenté. . . . . . | 11 | 415 |
| | et | 421 |
| — blanc. . . . . . . . | 11 | 415 |
| — Colombaire. . . . | 11 | 362 |
| — Dammar. . . . . . | 11 | 367 |
| — de Fraser. . . . . | 11 | 422 |
| — de Normandie. . . | 11 | 407 |
| — de Norvège. . . . | 11 | 407 |
| — des Vosges. . . . . | 11 | 415 |
| — double. . . . . . . | 11 | 410 |
| — effilé. . . . . . . . | 11 | 406 |
| — gentil. . . . . . . . | 11 | 407 |
| — nain. . . . . . . . | 11 | 407 |
| — Pinesse. . . . . . | 11 | 407 |
| Sapin rouge. . . . . . . | 11 | 407 |
| | et | 411 |
| — simple. . . . . . . | 11 | 412 |
| Sapinette blanche. . . . | 11 | 412 |
| — bleue. . . . . . . . | 11 | 412 |
| Saponaire. . . . . . . . . | 5 | 162 |
| *Sapoté.* . . . . . . . . . . | 3 | 417 |
| Sapotiller. . . . . . . . . | 9 | 390 |
| Sappan. . . . . . . . . . | 1 | 103 |
| *Saribou.* . . . . . . . . . | 12 | 104 |
| Sariette. . . . . . . . . . | 9 | 194 |
| Sarrasin. . . . . . . . . . | 5 | 539 |
| Sarsific. . . . . . . . . . | 10 | 52 |
| Sassafras blanc. . . . . | 10 | 505 |
| — Parthénoxyle. . . | 10 | 505 |
| — rouge. . . . . . . | 10 | 505 |
| Sauge. . . . . . . . . . . | 9 | 174 |
| | à | 184 |
| — des bois. . . . . . | 9 | 222 |
| — franche. . . . . . . | 9 | 174 |
| — sauvage. . . . . . | 9 | 222 |
| *Saül.* . . . . . . . . . . | 13 | 310 |
| Saule à bois glauque. . . | 10 | 370 |
| — à longues feuilles. . | 10 | 372 |
| — noir. . . . . . . . | 10 | 370 |
| — Osier. . . . . . . | 10 | 365 |
| — pliant. . . . . . . . | 10 | 365 |
| — printanier. . . . . | 10 | 370 |
| Savonnier. . . . . . . . . | 3 | 53 |
| Savonnière. . . . . . . . | 5 | 163 |
| Saxifrage des prés. . . . . | 8 | 215 |
| Scabieuse. . . . . . . . . | 10 | 324 |
| — des bois. . . . . . | 10 | 325 |
| — pourprée. . . . . . | 10 | 322 |
| Scammonée. . . . . . . . | 9 | 99 |
| — de Montpellier. . . | 9 | 545 |
| Scariole. . . . . . . . . . | 10 | 43 |
| Sceau de la vierge. . . . | 12 | 201 |
| — de notre-dame. . . | 12 | 201 |
| — de Salomon. . . . | 12 | 213 |
| Schénanthe. . . . . . . . | 13 | 254 |
| Schubertia à feuilles disti- | | |
| ques. . . . . . . . . | 11 | 349 |
| — à feuilles imbriquées | 11 | 349 |
| — à petites feuilles. . | 11 | 350 |
| — du Cap. . . . . . . | 11 | 346 |
| *Schunda-pana.* . . . . . | 12 | 77 |
| Scipoule. . . . . . . . . . | 12 | 314 |
| Sclarée. . . . . . . . . . | 9 | 179 |
| *Scordium.* . . . . . . . . | 9 | 220 |
| Scorion. . . . . . . . . . | 13 | 247 |
| Scorzonère. . . . . . . . | 10 | 54 |
| — noire. . . . . . . . | 10 | 54 |

| | Vol. | Pag. | | Vol. | Pag. |
|---|---|---|---|---|---|
| Scrophulaire. | 9 | 281 | Sorgho. | 13 | 255 |
| | et | 282 | | à | 258 |
| — (grande). | 9 | 282 | Sorum. | 1 | 131 |
| — (petite). | 7 | 197 | Souchet. | 13 | 148 |
| Scutellaire. | 9 | 199 | | à | 150 |
| Secourgeon. | 13 | 247 | — odorant. | 13 | 149 |
| Séglin. | 13 | 218 | Souci d'eau. | 7 | 294 |
| Seigle d'hiver. | 13 | 243 | | et 9 | 366 |
| — de Pologne. | 13 | 240 | Souci des jardins. | 10 | 111 |
| — de printemps. | 13 | 243 | — des vignes. | 10 | 111 |
| — de Russie. | 13 | 240 | — sauvage. | 10 | 111 |
| — de Viérland. | 13 | 243 | Soymida. | 3 | 169 |
| — marsais. | 13 | 243 | Spargoute. | 5 | 220 |
| — multicaule. | 13 | 243 | Sparte. | 13 | 190 |
| — petit | 13 | 243 | Spergule. | 5 | 220 |
| — trémois. | 13 | 243 | Spic. | 9 | 170 |
| Sel d'oseille. | 3 | 261 | Spica nardi. | 10 | 504 |
| | et 10 | 257 | Spice-wood. | 10 | 507 |
| Semen contra. | 10 | 168 | Squille marine. | 12 | 314 |
| Sementine. | 10 | 168 | — rouge. | 12 | 314 |
| Semsem. | 9 | 254 | Squine. | 12 | 227 |
| Sendok. | 10 | 477 | Stécade. | 9 | 171 |
| Séné d'Alexandrie. | 1 | 115 | — arabique. | 9 | 171 |
| — d'Italie. | 1 | 115 | Stécas ; Stéchas. | 9 | 171 |
| — de Tripoli. | 1 | 115 | Stil de grain. | 2 | 452 |
| — du Levant. | 1 | 115 | Storax, ou styrax liquide. | 11 | 86 |
| Senelle. | 1 | 395 | | et | 88 |
| Sénevé. | 6 | 347 | Sucrier. | 2 | 244 |
| Sensitive. | 1 | 52 | Sucrion. | 13 | 247 |
| Sérente. | 11 | 407 | Sulatri. | 5 | 353 |
| Seringat. | 5 | 15 | Sumac. | 2 | 210 |
| | à | 18 | Sureau. | 8 | 322 |
| Serpentaire. | 12 | 42 | — petit. | 8 | 324 |
| — de Virginie. | 10 | 568 | Surelle. | 3 | 261 |
| Serpolet. | 9 | 193 | | et 10 | 527 |
| Serrète. | 10 | 82 | Suren. | 3 | 175 |
| Sersifi. | 10 | 52 | Sweet gum. | 11 | 85 |
| Sésame. | 9 | 254 | Sycaminon. | 11 | 40 |
| Signet. | 12 | 213 | Sycomore. | 3 | 90 |
| Simira. | 1 | 122 | Sylvie. | 7 | 245 |
| Sing. | 1 | 79 | | | |
| Sintoc ; Sintok ; Sintuk. | 10 | 477 | Tabac. | 9 | 63 |
| Sirik. | 11 | 15 | | à | 65 |
| Skimi. | 7 | 442 | — des montagnes. | 10 | 270 |
| Snake root. | 7 | 394 | — des Vôsges. | 10 | 270 |
| Soie végétale | 12 | 140 | Tabachir ; Tabascheer ; Ta- | | |
| Soleil. | 10 | 144 | baxir. | 13 | 227 |
| Solum. | 1 | 131 | Tabouret. | 6 | 540 |
| Somo. | 7 | 442 | Tacamahac. | 2 | 239 |
| Sophora pleureur. | 1 | 161 | | et 5 | 331 |
| Sorbier Cormier. | 2 | 97 | Tagua | 12 | 30 |
| — des oiseaux. | 2 | 94 | Talipot. | 12 | 102 |
| | | | Talo | 12 | 45 |

| | Vol. | Pag. | | Vol. | Pag. |
|---|---|---|---|---|---|
| Tamalabathre | 10 | 484 | Thoka | 1 | 140 |
| Tamario ; Tamarinier | 1 | 112 | Thore | 7 | 378 |
| Tamarisc | 5 | 482 | Tuya articulé | 11 | 344 |
| — d'Allemagne | 5 | 484 | — d'Amérique | 11 | 340 |
| Tamier | 12 | 201 | — de Chine | 11 | 336 |
| Taminier | 12 | 201 | — de Tartarie | 11 | 336 |
| Tampoïne | 11 | 75 | — d'Occident | 11 | 340 |
| Tanaisie ; Tanésie | 10 | 174 | — d'Orient | 11 | 336 |
| — (grande ) | 10 | 175 | — du Canada | 11 | 340 |
| Tanaliky | 3 | 51 | — du Népaul | 11 | 336 |
| Tankil | 11 | 285 | — dolabriforme | 11 | 337 |
| Tapia ; Tapier | 6 | 302 | — élancé | 11 | 333 |
| Tapioca | 2 | 511 | — plissé | 11 | 340 |
| Tarro | 12 | 45 | — pyramidal | 11 | 336 |
| Tatayouba | 3 | 13 | — sphéroïdal | 11 | 331 |
| Tauza ; Tauzin | 11 | 152 | Thym | 9 | 193 |
| Tavoulou | 12 | 207 | — sauvage | 9 | 192 |
| Tavoyé | 12 | 49 | Tikor | 12 | 159 |
| Tcha | 4 | 95 | Tillet | 4 | 20 |
| Tcha-ouah | 4 | 89 | Tilleul à grandes feuilles | 4 | 26 |
| Tchaplach | 11 | 74 | — à larges feuilles | 4 | 26 |
| Teak | 9 | 234 | — d'Amérique | 4 | 29 |
| Teff | 13 | 206 | — de Corinthe | 4 | 24 |
| Teigne | 9 | 90 | — de Hollande | 4 | 26 |
| Tek | 9 | 234 | — du Canada | 4 | 29 |
| Tenga | 12 | 126 | — glabre | 4 | 29 |
| Téraspic | 6 | 566 | Tillier ; Tillot | 4 | 20 |
| Térébenthine de Chio | 2 | 197 | Tinguy | 3 | 71 |
| — de pin | 11 | 372 | Tinier | 11 | 399 |
| — de Strasbourg | 11 | 418 | Tippul | 11 | 16 |
| — de Venise | 11 | 435 | Tirucalli | 2 | 554 |
| Térébinthe | 2 | 197 | Tjaca | 11 | 72 |
| Terre du Japon | 1 | 74 | Tjettek | 8 | 495 |
| | et 8 | 382 | Tjurid | 8 | 326 |
| Terre-nue | 13 | 195 | Todda-Panna | 11 | 444 |
| Terrette | 9 | 202 | Tomate | 9 | 82 |
| Tête de Méduse | 13 | 343 | Toona | 3 | 175 |
| Tête de nègre | 12 | 30 | Topinambour | 10 | 145 |
| Thalitron | 7 | 257 | Torchepin | 11 | 381 |
| Thé ( de Chine) | 4 | 90 | Tormentille | 1 | 473 |
| | 4 | 99 | Tortelle | 6 | 436 |
| — de caravane | 4 | 96 | Touka | 4 | 196 |
| — d'Europe | 9 | 327 | Toym-chu | 3 | 517 |
| — de l'abbé Gallois | 11 | 114 | Touna | 3 | 175 |
| — en briques | 4 | 94 | Tounou | 1 | 148 |
| — noir | 4 | 91 | Tourette | 6 | 439 |
| — vert | 4 | 91 | Touri | 1 | 265 |
| — du Mexique | 5 | 297 | | et 13 | 300 |
| — du New-Jersey | 2 | 439 | Tourloury | 12 | 100 |
| — du Paraguay | 2 | 451 | Tournesol | 10 | 144 |
| Thlaspi des jardins | 6 | 566 | — grand | 10 | 144 |
| — vivace | 6 | 564 | — en drapeaux | 2 | 501 |
| Thoa | 11 | 285 | — en pains | 2 | 501 |

| | Vol. | Pag. |
|---|---|---|
| Tourou-tourou. | 3 | 506 |
| Toute-bonne. | 5 | 295 |
| et | 9 | 179 |
| Toute-épice. | 7 | 303 |
| et | | 309 |
| Toute-saine. | 5 | 416 |
| Toza; Tozin. | 11 | 152 |
| Traînasse. | 10 | 535 |
| et | 13 | 193 |
| Trèfle (grand rouge). | 1 | 224 |
| — aigre. | 3 | 261 |
| — blanc. | 1 | 226 |
| — d'eau. | 9 | 25 |
| — de Hollande. | 1 | 224 |
| — de Hollande (petit). | 1 | 226 |
| — de Roussillon. | 1 | 225 |
| — jaune. | 1 | 217 |
| — noir. | 1 | 217 |
| Tremble. | 10 | 383 |
| Trémier. | 3 | 357 |
| Tripe-madame. | 5 | 96 |
| Troëne. | 8 | 274 |
| Tjavoni. | 12 | 81 |
| Tubéreuse. | 13 | 377 |
| — bleue. | 12 | 334 |
| Tue-chanvre. | 9 | 262 |
| Tue-chien. | 12 | 237 |
| Tue-loup bleu. | 7 | 378 |
| — jaune. | 7 | 366 |
| Tulda. | 13 | 229 |
| Tulipe. | 12 | 259 |
| à | | 264 |
| Turbith. | 10 | 529 |
| — bâtard. | 8 | 159 |
| — des montagnes. | 8 | 159 |
| Turneps. | 6 | 374 |
| Ula. | 11 | 286 |
| Unapaga. | 2 | 511 |
| Upas. | 11 | 66 |
| Upas radja. | 8 | 495 |
| Urucuri-iba. | 12 | 128 |
| Uvette. | 11 | 289 |
| Vaccaire. | 5 | 121 |
| Vahing-viloma. | 6 | 284 |
| Valériane. | 10 | 308 |
| — grande. | 10 | 310 |
| — des bois. | 10 | 309 |
| — franche. | 10 | 310 |
| — sauvage. | 10 | 309 |
| Vanille. | 12 | 190 |
| Vagoi; Vagoua. | 12 | 26 |

| | Vol. | Pag. |
|---|---|---|
| Varaire. | 12 | 247 |
| — blanc. | 12 | 247 |
| Veillotte. | 12 | 237 |
| Vélanède. | 11 | 169 |
| Vélani. | 11 | 169 |
| Vélar. | 6 | 436 |
| Vérek. | 1 | 76 |
| Verge d'or. | 10 | 226 |
| à | | 234 |
| — de Jacob. | 12 | 369 |
| Vermiculaire. | 5 | 96 |
| — brûlante. | 5 | 97 |
| Vernis du Japon. | 2 | 371 |
| Véronique cressonnée. | 9 | 328 |
| — mâle. | 9 | 327 |
| Vert de vessie. | 2 | 451 |
| et | | 456 |
| Verveine. | 9 | 237 |
| — Aublétia. | 9 | 239 |
| — Citronnelle. | 9 | 236 |
| — élégante. | 9 | 240 |
| — jaune. | 9 | 240 |
| Vesce (commune). | 1 | 301 |
| Vétiver. | 13 | 255 |
| Vicha. | 7 | 371 |
| Vicou. | 2 | 511 |
| Vielleuse. | 12 | 237 |
| Vigne. | 3 | 218 |
| — blanche. | 6 | 227 |
| — Isabelle. | 3 | 228 |
| — noire. | 12 | 204 |
| — vierge. | 3 | 216 |
| et | 9 | 80 |
| Vignette. | 1 | 445 |
| Vin de banane. | 12 | 139 |
| — de palme. | 12 | 76 |
| 78, 90, 92, 94, 127 et | | 128 |
| Vinaigrier. | 2 | 212 |
| Vinette. | 10 | 527 |
| Vinettier. | 8 | 41 |
| Violette de chien. | 5 | 506 |
| — de mars. | 5 | 504 |
| — des sorciers. | 8 | 524 |
| Violier jaune. | 6 | 410 |
| Viorne. | 7 | 277 |
| et | 8 | 310 |
| Virana. | 13 | 254 |
| Virola. | 7 | 538 |
| Viticelle. | 7 | 266 |
| Vitriole. | 11 | 30 |
| Voa-hazigné. | 5 | 320 |
| Voa-ravendsara. | 10 | 494 |
| Voa-tanking. | 8 | 513 |

| | Vol. | Pag. | | Vol. | Pag. |
|---|---|---|---|---|---|
| Yochy. | 4 | 324 | Yerba de la perla. | 1 | 485 |
| Vouapa. | 1 | 119 | Yercum. | 8 | 548 |
| Voulou. | 13 | 233 | Yeuse. | 11 | 175 |
| Vrai caille-lait. | 8 | 470 | Yeux de bourrique. | 1 | 358 |
| Vrillée. | 9 | 99 | Ypreau. | 10 | 379 |
| Vulnéraire. | 1 | 215 | Yulan. | 7 | 465 |
| Vulpin. | 13 | 177 | Yvette. | 9 | 224 |
| | | | | | |
| Wahou. | 11 | 109 | Zabucajo. | 4 | 193 |
| Wani. | 2 | 194 | | et | 194 |
| Wegné. | 1 | 364 | Zalak. | 12 | 86 |
| Wild-oats. | 13 | 171 | Zapatero. | 1 | 123 |
| Wood-oil. | 13 | 304 | Zapotilla. | 9 | 390 |
| | et | 305 | Zazalé. | 6 | 240 |
| | | | Zédoaire. | 12 | 158 |
| Xylocassia. | 10 | 482 | — longue. | 12 | 158 |
| | | | — ronde. | 12 | 158 |
| Yalhoi. | 7 | 148 | Zérumbet. | 12 | 156 |
| Yèble. | 8 | 324 | Zeste d'Italie. | 2 | 290 |
| Yellow-root. | 7 | 384 | Zing. | 1 | 79 |
| | et | 409 | Zizanie. | 13 | 236 |

FIN DE LA TABLE DES NOMS VULGAIRES.

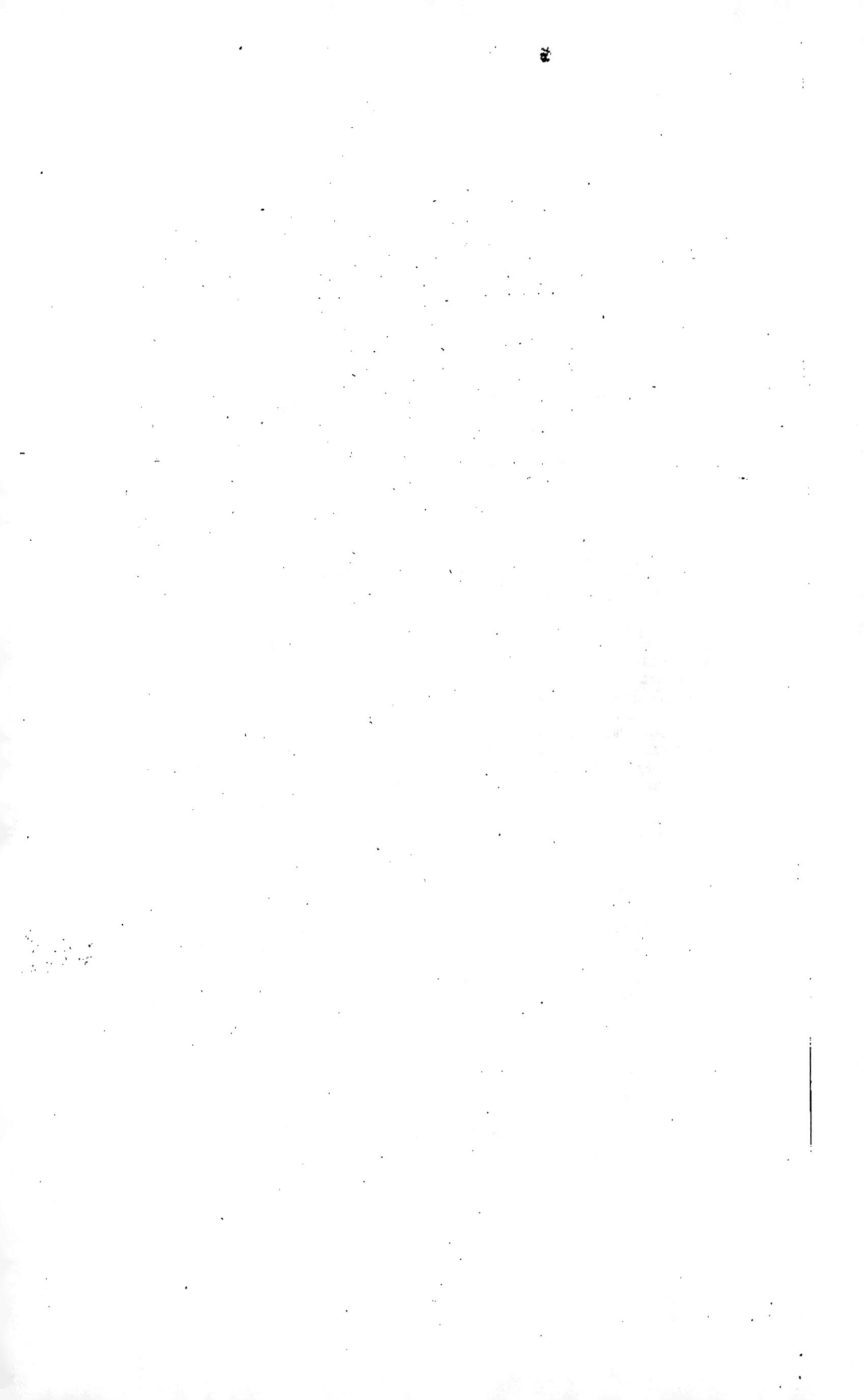

# TABLE FRANÇAISE

DE

# L'HISTOIRE DES PHANÉROGAMES.

| | Vol. | Pag. |
|---|---|---|
| *ABIÉTINÉES*.... | 11 | 355 |
| ABIÉTINÉES-TYPES. | 11 | 358 |
| et | | 369 |
| ABRE........... | 1 | 317 |
| — à chapelets..... | 1 | 317 |
| ABRICOTIER....... | 1 | 388 |
| — commun...... | 1 | 389 |
| — de Sibérie..... | 1 | 390 |
| — noir.......... | 1 | 390 |
| — *Alberge*....... | 1 | 389 |
| ABROMA......... | 3 | 485 |
| — élégant....... | 3 | 485 |
| ABSINTHE........ | 10 | 171 |
| — officinale...... | 10 | 171 |
| ABUTILON........ | 3 | 403 |
| — à feuilles de Péri- | | |
| ploca..... | 3 | 404 |
| — à feuilles grandes.. | 3 | 405 |
| — à fleurs carnées... | 3 | 407 |
| — à fleurs grandes... | 3 | 408 |
| — à nervures rousses. | 3 | 407 |
| — arborescent..... | 3 | 406 |
| — comestible..... | 3 | 409 |
| — commun...... | 3 | 405 |
| — élégant....... | 3 | 408 |
| — étoilé........ | 3 | 404 |
| — géminiflore..... | 3 | 406 |
| — multiflore..... | 3 | 404 |
| — velouté....... | 3 | 406 |
| ACACIA......... | 1 | 63 |
| — à bois noir. ... | 1 | 68 |
| — à capitules blancs. | 1 | 85 |
| — à écorce blanche.. | 1 | 75 |
| — à épines blanches.. | 1 | 80 |
| — à épis géminés... | 1 | 73 |
| — à feuilles atomaires. | 1 | 81 |

| | Vol. | Pag. |
|---|---|---|
| Acacia à feuilles de Coro- | | |
| nille...... | 1 | 72 |
| — à feuilles de Dodo- | | |
| néa....... | 1 | 67 |
| — à feuilles de Thym. | 1 | 70 |
| — à feuilles de Saule. | 1 | 67 |
| — à feuilles dolabri- | | |
| formes...... | 1 | 65 |
| — à fruit épineux... | 1 | 81 |
| — à légumes spiralés. | 1 | 73 |
| — à pétioles étroits. . | 1 | 69 |
| — à phyllodes longs. | 1 | 71 |
| — à phyllodes très- | | |
| longs...... | 1 | 72 |
| — agréable...... | 1 | 69 |
| — ailé........ | 1 | 65 |
| — arborescent..... | 1 | 85 |
| — Cachou...... | 1 | 74 |
| — d'Adanson..... | 1 | 77 |
| — d'Arabie...... | 1 | 78 |
| — de Farnèse..... | 1 | 80 |
| — diffus....... | 1 | 66 |
| — discolore...... | 1 | 85 |
| — drapé....... | 1 | 69 |
| — élevé........ | 1 | 82 |
| — épineux...... | 1 | 65 |
| — falciforme..... | 1 | 68 |
| — fleuri....... | 1 | 71 |
| — Genévrier...... | 1 | 66 |
| — glaucescent..... | 1 | 72 |
| — glauque...... | 1 | 82 |
| — hétérophylle.... | 1 | 68 |
| — Julibrissin..... | 1 | 84 |
| — Lebbek...... | 1 | 81 |
| — linéaire....... | 1 | 71 |
| — marginé...... | 1 | 69 |

| | Vol. | Pag. |
|---|---|---|
| Acacia mignon. . . . . . . | 1 | 73 |
| — mucroné. . . . . . . | 1 | 71 |
| — Myrte. . . . . . . . | 1 | 69 |
| — Némou. . . . . . . | 1 | 84 |
| — odorant. . . . . . | 1 | 69 |
| — ondulé. . . . . . | 1 | 66 |
| — Oxycèdre. . . . . | 1 | 70 |
| — paniculé. . . . . | 1 | 80 |
| — penninervé. . . . | 1 | 68 |
| — Prêle. . . . . . | 1 | 67 |
| — pubescent. . . . . | 1 | 83 |
| — raide. . . . . . . | 1 | 67 |
| — Séyal. . . . . . . | 1 | 77 |
| — sillonné. . . . . | 1 | 66 |
| — Sing. . . . . . . | 1 | 79 |
| — Sophora. . . . . | 1 | 72 |
| — subulé. . . . . . | 1 | 70 |
| — Sundra. . . . . . | 1 | 74 |
| — très-odorant. . . . | 1 | 82 |
| — Vérek. . . . . . | 1 | 75 |
| — verticillé. . . . . | 1 | 70 |
| Acajou. . . . . . . . | 3 | 163 |
| — Mahogon. . . . . | 3 | 164 |
| ACALYPHÉES. . . . | 2 | 487 |
| | et | 519 |
| ACANTHACÉES. . . . | 9 | 141 |
| ACANTHE. . . . . . | 9 | 150 |
| — épineux. . . . . | 9 | 151 |
| — inerme. . . . . . | 9 | 152 |
| ACANTHÉES. . . . . | 9 | 145 |
| ACANTHOSPERMÉES. | 8 | 133 |
| | et | 150 |
| ACÉRANTHE. . . . . | 8 | 61 |
| — diphylle. . . . . | 8 | 62 |
| ACÉRINÉES. . . . | 3 | 82 |
| | 8 | 183 |
| ACHE. . . . . . . . | 8 | 184 |
| — Céleri. . . . . . | 8 | 185 |
| — Persil. . . . . . | 10 | 195 |
| ACHILLÉE. . . . . . | 10 | 197 |
| — à cymes compactes. | 10 | |
| — à feuilles de Filipen- | | |
| dule. . . . . . | 10 | 198 |
| — à feuilles de Scolo- | | |
| pendre. . . . . | 10 | 196 |
| — à feuilles grandes. . | 10 | 194 |
| — de Sibérie. . . . . | 10 | 192 |
| — Herba-Rota. . . . | 10 | 194 |
| — Millefeuille. . . . . | 10 | 196 |
| — musquée. . . . . | 10 | 192 |
| — naine. . . . . . | 10 | 192 |
| — Ptarmique. . . . | 10 | 193 |
| — visqueuse. . . . . | 10 | 198 |

| | Vol. | Pag. |
|---|---|---|
| ACHYRANTHE. . . . . | 5 | 274 |
| — argenté. . . . . . | 5 | 274 |
| ACIOA. . . . . . . | 1 | 371 |
| — de Guiane. . . . . | 1 | 371 |
| ACMÉNA. . . . . . . . | 4 | 173 |
| — multiflore. . . . . | 4 | 174 |
| ACONIT. . . . . . . . | 7 | 360 |
| — Anthora. . . . . | 7 | 380 |
| — barbu. . . . . . . | 7 | 367 |
| — Faux-Napel. . . . | 7 | 372 |
| — féroce. . . . . . . | 7 | 370 |
| — hétérophylle. . . . | 7 | 379 |
| — Napel. . . . . . | 7 | 375 |
| — onciné. . . . . . . | 7 | 368 |
| — Tue-Loup. . . . . | 7 | 364 |
| ACONITELLE. . . . . | 7 | 358 |
| — Fausse - Dauphi - | | |
| nelle. . . . . . | 7 | 359 |
| ACONITINÉES. . . . . | 7 | 291 |
| | et | 336 |
| ACORE. . . . . . . . . | 12 | 33 |
| — aromatique. . . . | 12 | 34 |
| ACOROIDÉES. . . . . | 12 | 33 |
| ACRIDOCARPE. . . . | 3 | 156 |
| — à ailes obliques. . | 3 | 157 |
| ACROCOMIA. . . . . . | 12 | 116 |
| — à fruit osseux. . . | 12 | 116 |
| ACRODICLIDIÉES. . | 10 | 471 |
| AGROLASIA. . . . . . | 6 | 236 |
| — Faux-Bartonia. . . | 6 | 236 |
| ACTÉA. . . . . . . . | 7 | 385 |
| — à courts pédicelles. | 7 | 388 |
| — à longs pédicelles. | 7 | 388 |
| — commun. . . . . . | 7 | 386 |
| ACTÉARIÉES. . . . . | 7 | 292 |
| | et | 383 |
| ACTINOTÉES. . . . . . | 8 | 140 |
| ADAMIA. . . . . . . . | 5 | 28 |
| — à fleurs bleues. . . | 5 | 28 |
| ADANSONIA. . . . . . | 3 | 419 |
| — Boabab. . . . . . | 3 | 419 |
| ADÉNANDRE. . . . . . | 2 | 327 |
| — à grandes fleurs. . | 2 | 328 |
| — élégante. . . . . . | 2 | 328 |
| — odorante. . . . . . | 2 | 328 |
| — uniflore. . . . . . | 2 | 327 |
| ADÉNANTHÈRE. . . . . | 1 | 64 |
| — à graines rouges. . | 1 | 62 |
| ADÉNOPHORE. . . . . | 9 | 549 |
| — commune. . . . . | 9 | 549 |
| — couronnée. . . . . | 9 | 552 |
| — verticillée. . . . . | 9 | 551 |

| | Vol. | Pag. |
|---|---|---|
| ADÉNOSTYLÉES... | 10 | 36 |
| ADHATODA....... | 9 | 154 |
| — arborescent.... | 9 | 155 |
| ADLUMIA........ | 7 | 69 |
| — cirrifère...... | 7 | 70 |
| ADONANTHE...... | 7 | 227 |
| — de Sibérie.... | 7 | 229 |
| — des Pyrénées.... | 7 | 230 |
| — vernal....... | 7 | 228 |
| ADONINÉES..... | 7 | 190 |
| | et | 222 |
| ADONIS........ | 7 | 222 |
| — commun...... | 7 | 225 |
| — des poètes.... | 7 | 224 |
| — éclatant...... | 7 | 226 |
| ADRASTÉINÉES.... | 7 | 414 |
| Ægicérées....... | 9 | 375 |
| ÆGOPODIUM...... | 8 | 195 |
| — Podagraire.... | 8 | 195 |
| AÉRVA........ | 5 | 253 |
| — de Java..... | 5 | 253 |
| — laineux...... | 5 | 254 |
| AGAPANTHE...... | 12 | 333 |
| — à ombelle..... | 12 | 334 |
| AGASSIZIA....... | 4 | 347 |
| — à fleurs de Giroflée. | 4 | 348 |
| AGATHÉE....... | 10 | 261 |
| — céleste...... | 10 | 262 |
| AGATHISANTHE.... | 4 | 297 |
| — de Java..... | 4 | 297 |
| AGATHOPHYLLE.... | 10 | 494 |
| — aromatique.... | 10 | 494 |
| AGATHOSMA..... | 2 | 332 |
| — acuminé..... | 2 | 332 |
| — à feuilles obtuses.. | 2 | 332 |
| — Cerfeuil..... | 2 | 333 |
| — cilié....... | 2 | 332 |
| — de Wendland... | 2 | 333 |
| — dioïque...... | 2 | 333 |
| — hérissé...... | 2 | 333 |
| — imbriqué..... | 2 | 333 |
| — lancéolé..... | 2 | 333 |
| AGATI........ | 1 | 264 |
| — à fleurs écarlates.. | 1 | 265 |
| — à fleurs grandes | 1 | 264 |
| AGAVÉ........ | 12 | 400 |
| — commun..... | 12 | 401 |
| Agavées........ | 12 | 399 |
| AGÉRATE....... | 10 | 284 |
| — à fleurs bleues... | 10 | 284 |
| AGÉRATINE...... | 10 | 286 |
| — à feuilles cordi-formes.... | 10 | 286 |
| Agératine aromatique... | 10 | 286 |
| — Fausse-Agérate.. | 10 | 286 |
| AGRAPHIS....... | 12 | 308 |
| — campanulé..... | 12 | 309 |
| — étalé....... | 12 | 309 |
| — incliné...... | 12 | 309 |
| — penché...... | 12 | 309 |
| AGRÉGÉES..... | 10 | 300 |
| AGROPYRUM...... | 13 | 241 |
| — rampant...... | 13 | 241 |
| AGROSTIDÉES.. | 13 | 161 |
| | et | 191 |
| AGROSTIS........ | 13 | 192 |
| — blanc....... | 13 | 193 |
| — commun...... | 13 | 192 |
| — des champs.... | 13 | 193 |
| AIGREMOINE...... | 1 | 482 |
| — Eupatoire.... | 1 | 482 |
| AIL......... | 12 | 327 |
| — cultivé...... | 12 | 328 |
| — Échalotte..... | 12 | 330 |
| — Ciboule..... | 12 | 330 |
| — Civette...... | 12 | 331 |
| — Moly....... | 12 | 331 |
| — noir....... | 12 | 332 |
| — Ognon...... | 12 | 330 |
| — Poireau..... | 12 | 329 |
| — Rocambole..... | 12 | 329 |
| AILANTE........ | 2 | 370 |
| — gigantesque.... | 2 | 371 |
| — glanduleux.... | 2 | 370 |
| AILLÉES........ | 12 | 255 |
| | et | 327 |
| AIRELLE........ | 9 | 522 |
| — à corymbes.... | 9 | 527 |
| — à feuilles ponc-tuées...... | 9 | 528 |
| — à grandes fleurs... | 9 | 528 |
| — Canneberge.... | 9 | 530 |
| — de Watson.... | 9 | 526 |
| — des tourbières.. | 9 | 524 |
| — effilée...... | 9 | 526 |
| — grêle....... | 9 | 525 |
| — Myrtille..... | 9 | 523 |
| AJONC........ | 1 | 197 |
| — d'Europe.... | 1 | 197 |
| — nain....... | 1 | 198 |
| AJUGA ........ | 9 | 222 |
| — Ivette ..... | 9 | 223 |
| — rampant..... | 9 | 222 |
| AJUGOIDÉES..... | 9 | 167 |
| | et | 217 |

| | Vol. | Pag. |
|---|---|---|
| ALBUCA. . . . . . . . | 12 | 324 |
| — à bulbe hispide. . | 12 | 325 |
| — à feuilles spiralées. | 12 | 326 |
| — cornu. . . . . . . | 12 | 324 |
| — élancé. . . . . . . | 12 | 324 |
| — fastigié. . . . . . | 12 | 325 |
| — jaune d'or. . . . . | 12 | 326 |
| — majeur. . . . . . . | 12 | 325 |
| — mineur. . . . . . . | 12 | 325 |
| — odorant. . . . . . | 12 | 326 |
| — vert. . . . . . . . | 12 | 325 |
| — visqueux. . . . . | 12 | 326 |
| ALCHÉMILLE. . . . . . . | 1 | 483 |
| — commune. . . . . | 1 | 483 |
| — des Alpes. . . . . | 1 | 484 |
| ALDROVANDA. . . . . . | 5 | 488 |
| — à vésicules. . . . . | 5 | 488 |
| ALANGE. . . . . . . . | 13 | 260 |
| — décapétale. . . . . | 13 | 260 |
| — hexapétale. . . . . | 13 | 261 |
| ALANGIÉES. . . . | 13 | 259 |
| ALEURIT. . . . . . . . | 2 | 514 |
| — des Moluques. . . | 2 | 515 |
| ALEURITIA. . . . . . . | 9 | 360 |
| — à feuilles de Cortuse. | 9 | 361 |
| — à longues fleurs. . . | 9 | 362 |
| — farineux. . . . . . | 9 | 361 |
| ALHAGI. . . . . . . . | 1 | 297 |
| — Manne. . . . . . . | 1 | 297 |
| ALIBERTIA. . . . . . . | 8 | 424 |
| — à fruit comestible. . | 8 | 425 |
| ALIBOUFIER. . . . . . | 9 | 421 |
| — à grandes feuilles. . | 9 | 424 |
| — Benjoin. . . . . . | 9 | 424 |
| — lisse. . . . . . . . | 9 | 423 |
| — officinal. . . . . . | 9 | 422 |
| — pulvérulent. . . . . | 9 | 423 |
| ALISIER. . . . . . . . | 2 | 98 |
| — à feuilles cuspidées. | 2 | 106 |
| — à feuilles flabelliformes. | 2 | 103 |
| — à feuilles obtuses. . | 2 | 104 |
| — Allouchier. . . . . | 2 | 100 |
| — commun. . . . . . | 2 | 106 |
| — d'Orient. . . . . . | 2 | 102 |
| — de Fontainebleau. . | 2 | 105 |
| — du Nord. . . . . . | 2 | 99 |
| — Faux-Allouchier. . | 2 | 108 |
| — nain. . . . . . . . | 2 | 109 |
| ALISMACÉES. . . | 12 | 9 |
| ALISMÉES. . . . . . | 12 | 10 |

| | Vol. | Pag. |
|---|---|---|
| ALLAMANDA. . . . . . | 8 | 510 |
| — cathartique. . . . . | 8 | 510 |
| ALLIARIA. . . . . . . . | 6 | 413 |
| — officinal . . . . . . | 6 | 415 |
| ALMÉIDÉA. . . . . . . | 2 | 348 |
| — acuminé. . . . . . | 2 | 350 |
| — blanc. . . . . . . . | 2 | 350 |
| — bleu. . . . . . . . | 2 | 350 |
| — lilas. . . . . . . . | 2 | 349 |
| — rouge. . . . . . . | 2 | 349 |
| ALOCASE. . . . . . . . | 12 | 46 |
| — de l'Inde. . . . . . | 12 | 47 |
| — odorante. . . . . . | 12 | 46 |
| ALOÈS. . . . . . . . . | 12 | 335 |
| — à bandes. . . . . . | 12 | 342 |
| — acuminé. . . . . . | 12 | 350 |
| — admirable. . . . . | 12 | 344 |
| — à épines blanches. . | 12 | 355 |
| — à épines jaunes. . . | 12 | 355 |
| — à épis. . . . . . . | 12 | 356 |
| — à feuilles cordiformes. | 12 | 357 |
| — à feuilles en nacelle. | 12 | 346 |
| — — étroites. . | 12 | 347 |
| — — — . . | 12 | 361 |
| — — obtuses. | 12 | 362 |
| — — planes. . . | 12 | 346 |
| — à grandes dents. . . | 12 | 354 |
| — à aiguillons verts. . | 12 | 347 |
| — allongé. . . . . . . | 12 | 359 |
| — à longues arêtes. . | 12 | 350 |
| — à longues feuilles. . | 12 | 354 |
| — anguleux. . . . . . | 12 | 362 |
| — à petits aiguillons. . | 12 | 352 |
| — aranéeux. . . . . . | 12 | 347 |
| — arborescent. . . . | 12 | 356 |
| — à spinelles. . . . . | 12 | 355 |
| — atténué. . . . . . . | 12 | 342 |
| — blanchâtre. . . . . | 12 | 359 |
| — Bowiéa. . . . . . . | 12 | 348 |
| — caréné. . . . . . . | 12 | 360 |
| — charmant. . . . . . | 12 | 338 |
| — cilié. . . . . . . . | 12 | 355 |
| — creusé. . . . . . . | 12 | 361 |
| — d'Afrique. . . . . . | 12 | 356 |
| — Damier. . . . . . . | 12 | 344 |
| — d'Arabie. . . . . . | 12 | 353 |
| — de Commélyn. . . . | 12 | 355 |
| — de la Barbade. . . | 12 | 351 |
| — dentelé. . . . . . . | 12 | 352 |
| — déprimé. . . . . . | 12 | 351 |
| — de Reinwardt. . . | 12 | 343 |
| — dichotome. . . . . | 12 | 357 |

| | Vol. | Pag. |
|---|---|---|
| Aloès distant. | 12 | 355 |
| — distique. | 12 | 362 |
| — dressé. | 12 | 341 |
| — élégant. | 12 | 358 |
| — féroce. | 12 | 357 |
| — feuillu. | 12 | 337 |
| — glabre. | 12 | 360 |
| — glauque. | 12 | 351 |
| — granuleux. | 12 | 341 |
| — humble. | 12 | 349 |
| — hybride. | 12 | 339 |
| — imbriqué. | 12 | 336 |
| — incourbé. | 12 | 349 |
| — intermédiaire. | 12 | 360 |
| — luisant. | 12 | 359 |
| — maculé. | 12 | 358 |
| — marbré. | 12 | 362 |
| — margaritifère. | 12 | 340 |
| — mou. | 12 | 363 |
| — myriacanthe. | 12 | 348 |
| — nain. | 12 | 344 |
| — noirâtre. | 12 | 358 |
| — obscur. | 12 | 354 |
| — panaché. | 12 | 352 |
| — paniculé. | 12 | 352 |
| — papilleux. | 12 | 340 |
| — pentagone. | 12 | 336 |
| — plicatile. | 12 | 357 |
| — pourpré. | 12 | 353 |
| — prolifère. | 12 | 350 |
| — Radule. | 12 | 341 |
| — raide. | 12 | 339 |
| — rayé. | 12 | 342 |
| — recourbé. | 12 | 343 |
| — réticulé. | 12 | 345 |
| — rétus. | 12 | 344 |
| — rougeâtre. | 12 | 351 |
| — rude. | 12 | 337 |
| — rugueux. | 12 | 341 |
| — Sabre. | 12 | 359 |
| — Saponaire. | 12 | 354 |
| — scabre. | 12 | 343 |
| — Scie. | 12 | 350 |
| — semi-glabre. | 12 | 340 |
| — semi-margaritifère. | 12 | 340 |
| — sétifère. | 12 | 347 |
| — sillonné. | 12 | 362 |
| — Soccotrin. | 12 | 353 |
| — spinelleux. | 12 | 349 |
| — spiralé. | 12 | 336 |
| — Spirelle. | 12 | 336 |
| — subatténué. | 12 | 342 |
| — subcaréné. | 12 | 360 |
| Aloès subtortueux. | 12 | 338 |
| — subulé. | 12 | 342 |
| — subverruqueux. | 12 | 361 |
| — tortueux. | 12 | 338 |
| — transparent. | 12 | 346 |
| — très-scabre. | 12 | 361 |
| — trigone. | 12 | 360 |
| — trompeur. | 12 | 359 |
| — turgide. | 12 | 345 |
| — veineux. | 12 | 347 |
| — verdâtre. | 12 | 350 |
| — verruqueux. | 13 | 361 |
| — vert-gai. | 12 | 345 |
| — vert-noirâtre. | 12 | 345 |
| — visqueux. | 12 | 338 |
| ALOÉXYLE. | 1 | 129 |
| — Agalloche. | 1 | 129 |
| ALOYSIA. | 9 | 234 |
| — odorant. | 9 | 235 |
| ALPINIA. | 12 | 165 |
| — Allughas. | 12 | 167 |
| — de Malacca. | 12 | 167 |
| — Galanga. | 12 | 166 |
| — nutant. | 12 | 168 |
| ALSINÉES. | 5 | 203 |
| ALSTONIÉES. | 8 | 502 |
| ALSTRÉMÈRE. | 12 | 455 |
| — à fleurs rayées. | 12 | 456 |
| — écarlate. | 12 | 457 |
| — Pélégrine. | 12 | 456 |
| — Perroquet. | 12 | 457 |
| ALYSSUM. | 6 | 476 |
| — alpestre. | 6 | 487 |
| — argenté. | 6 | 485 |
| — Corbeille-d'or. | 6 | 480 |
| — des montagnes. | 6 | 482 |
| — Faux-Vésicaria. | 6 | 479 |
| AMANDIER. | 1 | 379 |
| — à coque dure. | 1 | 380 |
| — à coque molle. | 1 | 380 |
| — à fleurs pédonculées. | 1 | 382 |
| — à petites feuilles. | 1 | 385 |
| — amer. | 1 | 381 |
| — commun. | 1 | 379 |
| — d'Arabie. | 1 | 384 |
| — de Cochinchine. | 1 | 383 |
| — de Géorgie. | 1 | 384 |
| — d'Orient. | 1 | 382 |
| — des steppes. | 1 | 384 |
| — nain. | 1 | 385 |
| — Pêcher. | 1 | 381 |

|  | Vol. | Pag. |
|---|---|---|
| AMARANTACÉES. | 5 | 247 |
| Amarantacées. | 5 | 237 |
| AMARANTE. | 5 | 249 |
| — Blette. | 5 | 250 |
| — couleur de sang. | 5 | 251 |
| — élégant. | 5 | 252 |
| — fasciculé. | 5 | 252 |
| — jaune. | 5 | 252 |
| — oléracé. | 5 | 251 |
| — paniculé. | 5 | 251 |
| — polygame. | 5 | 250 |
| — Queue de renard. | 5 | 252 |
| — tricolore. | 5 | 250 |
| — triste. | 5 | 251 |
| AMARYLLÉES. | 12 | 405 |
| AMARYLLIDÉES. | 12 | 403 |
| AMARYLLIS. | 12 | 414 |
| — à feuilles courtes. | 12 | 420 |
| — bas. | 12 | 421 |
| — Belladone. | 12 | 419 |
| — Croix de Jérusa- | | |
| lem. | 12 | 418 |
| — d'Anderson. | 12 | 416 |
| — de Virginie. | 12 | 415 |
| — doré. | 12 | 419 |
| — élégant. | 12 | 415 |
| — équestre. | 12 | 417 |
| — flexueux. | 12 | 421 |
| — Lis de Guernesey. | 12 | 420 |
| — pourpre. | 12 | 418 |
| — rayonnant. | 12 | 420 |
| — réticulé. | 12 | 416 |
| — robuste. | 12 | 416 |
| — royal. | 12 | 417 |
| — rubané. | 12 | 417 |
| AMBÉLANIA. | 8 | 506 |
| — à fruits acides. | 8 | 507 |
| AMBORÉES. | 11 | 90 |
| AMBRINA. | 5 | 295 |
| — anthelminthique. | 5 | 298 |
| — du Chili. | 5 | 297 |
| — pennatifide. | 5 | 296 |
| — Thé du Mexique. | 5 | 297 |
| AMBROSIÉES. | 10 | 22 |
| AMÉLANCHIER. | 2 | 82 |
| — à feuilles allongées. | 2 | 85 |
| — à rameaux rouges. | 2 | 86 |
| — commun. | 2 | 83 |
| — du Canada. | 2 | 84 |
| — fleuri. | 2 | 86 |
| — intermédiaire. | 2 | 85 |

|  | Vol. | Pag. |
|---|---|---|
| AMENTACÉES. | 11 | 92 |
| AMÉRIMNE. | 1 | 366 |
| — de Browne. | 1 | 367 |
| AMHERSTIA. | 1 | 139 |
| — magnifique. | 1 | 140 |
| AMIANTANTHE. | 12 | 243 |
| — Tue-mouches. | 12 | 244 |
| AMMI. | 8 | 186 |
| — commun. | 8 | 187 |
| — Visnage. | 8 | 187 |
| AMMINÉES. | 8 | 137 |
| AMMOBE. | 10 | 200 |
| — ailée. | 10 | 200 |
| AMMOPHILE. | 13 | 194 |
| — des sables. | 13 | 194 |
| AMOME. | 12 | 162 |
| — Faux-Cardamome. | 12 | 162 |
| AMOMÉES. | 12 | 152 |
| AMORPHE. | 1 | 253 |
| — Faux-Indigo. | 1 | 254 |
| — glabre. | 1 | 255 |
| — incane. | 1 | 256 |
| — jaunâtre. | 1 | 254 |
| — odorante. | 1 | 255 |
| — pubescente. | 1 | 255 |
| AMORPHOPHALLE. | 12 | 42 |
| — campanulé. | 12 | 43 |
| — cultivé. | 12 | 44 |
| — gigantesque. | 12 | 44 |
| AMPÉLIDÉES. | 3 | 158 |
| AMPÉLOPSIS. | 3 | 215 |
| — à feuilles cordifor- | | |
| mes. | 3 | 215 |
| — bipenné. | 3 | 217 |
| — Botria. | 3 | 215 |
| — d'Inde. | 3 | 215 |
| — hérissé. | 3 | 217 |
| — hétérophylle. | 3 | 216 |
| — Vigne-vierge. | 3 | 216 |
| AMSONIA. | 8 | 521 |
| — à feuilles étroites. | 8 | 522 |
| — à feuilles larges. | 8 | 521 |
| AMYGDALÉES. | 1 | 377 |
| AMYRIDÉES. | 2 | 229 |
| AMYRIDÉES VRAIES. | 2 | 230 |
|  |  | et 231 |
| AMYRIS | 2 | 231 |
| — de Plumier. | 2 | 232 |
| — vénéneux. | 2 | 232 |
| ANACAMPSÈRE. | 5 | 226 |

| | Vol. | Pag. | | Vol. | Pag. |
|---|---|---|---|---|---|
| Anacampsère aranéeux. . | 5 | 227 | Andromède *à feuilles glau-* | | |
| — filamenteux. . . . | 5 | 227 | *ques.* . . . . . . | 9 | 479 |
| — Orpin. . . . . . | 5 | 227 | — *à feuilles larges.* . | 9 | 474 |
| ANACAMPTIS. . . . . . . | 12 | 186 | — *à grappes.* . . . . | 9 | 478 |
| — pyramidal. . . . . | 12 | 186 | — *acuminée.* . . . . | 9 | 481 |
| ANACARDIÉES. . . . | 2 | 186 | — *arborescente.* . . . | 9 | 486 |
| | et | 187 | — *axillaire.* . . . . | 9 | 481 |
| ANACARDIER. . . . . | 2 | 187 | — *caliculée.* . . . . | 9 | 476 |
| — pomifère. . . . : | 2 | 187 | — *du Maryland.* . . | 9 | 484 |
| ANACIDE. . . . . . . . | 10 | 130 | — *élégante.* . . . . . | 9 | 479 |
| — à grandes fleurs. . | 10 | 132 | — *marginée.* . . . . | 9 | 482 |
| — de Drummond. . . | 10 | 131 | — *paniculée* . . . . | 9 | 485 |
| — lancéolée. . . . . . | 10 | 132 | ANDROMÉDÉES. . . | 9 | 443 |
| ANACYCLE. . . . . . . | 10 | 185 | | et | 471 |
| — Pyrèthre. . . . . | 10 | 186 | ANDROPOGON. . . . . | 13 | 253 |
| ANAGALLIS. . . . . . . . . . | 9 | 367 | — Iwarancusa. . . . | 13 | 254 |
| — à grandes fleurs. . | 9 | 368 | — muriqué. . . . . . | 13 | 254 |
| — Mouron. . . . . . | 9 | 367 | — odorant. . . . . . | 13 | 254 |
| ANAGYRE. . . . . . . | 1 | 164 | ANDROPOGONÉES. | 13 | 166 |
| — fétide. . . . . . . | 1 | 164 | | et | 249 |
| ANAMIRTA. . . . . . . . | 8 | 12 | ANDROSÈME. . . . . . | 5 | 414 |
| — Cocculus. . . . . . | 8 | 12 | — à feuilles de Xylo- | | |
| ANANAS. . . . . . . . . | 12 | 399 | stéum. . . . . . | 5 | 420 |
| — cultivé. . . . . . . | 12 | 400 | — de Webb. . . . . | 5 | 418 |
| ANAPORÉES. . . . | 12 | 40 | — fétide. . . . . . | 5 | 419 |
| ANASTATICA. . . . . . : | 6 | 526 | — officinal. . . . . . | 5 | 415 |
| — hygrométrique . . | 6 | 528 | — pyramidal. . . . . | 5 | 417 |
| ANCHIÉTÉA. . . . . . . | 5 | 498 | ANDROSÉMINÉES. . . | 5 | 342 |
| — à feuilles de Poi- | | | | et | 411 |
| rier. . . . . . | 5 | 499 | ANÉMONE. . . . . . | 7 | 242 |
| — officinal. . . . . | 5 | 499 | — à feuilles de Cy- | | |
| ANCISTROLOBE. . . . . | 5 | 360 | clamen. . . . . | 7 | 252 |
| — à feuilles de Troëne. | 5 | 361 | — à feuilles de Vigne. | 7 | 247 |
| ANCOLIE. . . . . . . . | 7 | 529 | — à fleurs de Nar- | | |
| — boréale. . . . . | 7 | 533 | cisse. . . . . . | 7 | 249 |
| — commune. . . . . | 7 | 531 | — des Apennins. . . | 7 | 244 |
| — corniculée. . . . . | 7 | 533 | — des bois. . . . . . | 7 | 245 |
| — du Canada. . . . | 7 | 535 | — des fleuristes. . . | 7 | 250 |
| — étoilée. . . . . . . | 7 | 533 | — de Virginie. . . . | 7 | 247 |
| ANDA. . . . . . . . . | 2 | 515 | — dichotome. . . . . | 7 | 248 |
| — de Gomez. . . . . | 2 | 515 | — Fausse-Renoncule. | 7 | 245 |
| ANDERSONIA. . . . . . | 9 | 458 | — OEil de paon. . . | 7 | 251 |
| — Faux-Sprengélia. . | 9 | 458 | — Sylvie. . . . . . | 7 | 244 |
| ANDIRA. . . . . . . . | 1 | 135 | — sylvestre. . . . . | 7 | 246 |
| — à grappes. . . . . | 1 | 135 | ANÉMONELLA. . . . . . | 7 | 239 |
| — inerme. . . . . . . | 1 | 136 | — Faux-Thalictrum. | 7 | 240 |
| ANDROGRAPHIDÉES. | 9 | 147 | ANÉMONINÉES. . . . | 7 | 190 |
| ANDROMÈDE. . . . . . . | 9 | 473 | | et | 233 |
| — à feuilles crépues. | 9 | 477 | ANÉTHUM. . . . . . . . | 8 | 159 |
| — à feuilles de Po- | | | — aromatique. . . . | 8 | 161 |
| lium. . . . . | 9 | 479 | ANGÉLICÉES. . . . . . | 8 | 134 |
| — à feuilles étroites. | 9 | 474 | | et | 153 |

| | Vol. | Pag. |
|---|---|---|
| ANGOPHORA. . . . . . . | 4 | 134 |
| — à feuilles cordifor— mes. . . . . . . | 4 | 134 |
| ANIGOSANTHE. . . . . . | 12 | 113 |
| — jaunâtre. . . . . . | 12 | 113 |
| — roux. . . . . . . . | 12 | 113 |
| ANISODÉRIS. . . . . . . | 10 | 44 |
| — fétide. . . . . . . | 10 | 45 |
| — rouge. . . . . . . | 10 | 45 |
| ANODA. . . . . . . . . | 3 | 402 |
| —, de Dillénius. . . . | 3 | 402 |
| — trilobé. . . . . . . | 3 | 402 |
| ANOMATHÉCA. . . . . . | 13 | 95 |
| — jonciforme. . . . . | 13 | 96 |
| ANONA. . . . . . . . . | 7 | 497 |
| — à fleurs obtuses. . . | 7 | 499 |
| — à fruit ponctué. . . | 7 | 503 |
| — à fruit spinelleux. . | 7 | 502 |
| — à grandes fleurs. . | 7 | 500 |
| — à longues feuilles. . | 7 | 503 |
| — Chérimolier. . . . | 7 | 498 |
| — des bois. . . . . . | 7 | 501 |
| — des marais. . . . . | 7 | 500 |
| — écailleux. . . . . . | 7 | 498 |
| — pulvérulent. . . . . | 7 | 501 |
| — réticulé. . . . . . . | 7 | 499 |
| *ANONACÉES*. . . . | 7 | 493 |
| ANOPTÈRE. . . . . . . | 5 | 33 |
| — glanduleux. . . . . | 5 | 34 |
| ANTENNAIRE. . . . . . . | 10 | 216 |
| — à feuilles nerveuses. | 10 | 218 |
| — de Virginie. . . . | 10 | 217 |
| — dioïque. . . . . . . | 10 | 217 |
| ANTHÉMIDE. . . . . . . | 10 | 186 |
| — *fétide*. . . . . . . | 10 | 189 |
| — *odorante*. . . . . . | 10 | 188 |
| — tinctoriale. . . . . | 10 | 187 |
| *ANTHÉMIDÉES*. . . | 10 | 22 |
| | et | 164 |
| ANTHÉMIDÉES-CHRY- SANTHÉMÉES. . . . | 10 | 22 |
| | et | 165 |
| ANTHÉMIDÉES - PRO- TOTYPES. . . . . . | 10 | 25 |
| | et | 183 |
| ANTHÉRICÉES. . . . . | 12 | 255 |
| | et | 334 |
| *ANTHOBOLÉES*. . . | 10 | 461 |
| ANTHOLYZE. . . . . . . | 13 | 81 |
| — brillante. . . . . . | 13 | 82 |
| — Cunonia. . . . . . | 13 | 81 |
| — d'Éthiopie. . . . . | 13 | 81 |
| ANTHOSPERMÉES. . . | 8 | 377 |
| ANTHRISCUS. . . . . . . | 8 | 143 |
| —, à fruit hispidule. . | 8 | 144 |
| — Cerfeuil. . . . . . | 8 | 143 |
| ANTHYLLIDE. . . . . . . | 1 | 214 |
| — Barbe de Jupiter. . | 1 | 215 |
| — épineuse. . . . . . | 1 | 215 |
| — Vulnéraire. . . . . | 1 | 214 |
| ANTIAR. . . . . . . . . | 11 | 64 |
| — vénéneux. . . . . . | 11 | 65 |
| *Antidesmées*. . . . . . . | 11 | 25 |
| ANTIRRHÉA. . . . . . . | 8 | 433 |
| — verticillé. . . . . . | 8 | 433 |
| *ANTIRRHINÉES*. . . | 9 | 267 |
| | et | 283 |
| AOTE. . . . . . . . . | 1 | 176 |
| — velu. . . . . . . . | 1 | 176 |
| APALOCHLAMYDE. . . . . | 10 | 204 |
| — élégante. . . . . . | 10 | 205 |
| APHÉLANDRA. . . . . . | 9 | 153 |
| — écarlate. . . . . . | 9 | 153 |
| APHÉLANDRÉES. . . . | 9 | 146 |
| *APHYLLANTHÉES*. | 13 | 154 |
| APIOS. . . . . . . . . | 1 | 321 |
| — tubéreux. . . . . . | 1 | 322 |
| *APLEUROSPERMÉES*. | 8 | 139 |
| | et | 221 |
| APOCYN. . . . . . . . . | 8 | 527 |
| — Gobe-Mouches. . . | 8 | 527 |
| *APOCYNÉES*. . . . | 8 | 499 |
| APONOGÉTON. . . . . . . | 11 | 8 |
| — à épi solitaire. . . | 11 | 7 |
| — à épis bifurqués. . . | 11 | 8 |
| — à feuilles crépues. . | 11 | 7 |
| — à feuilles petites. . . | 11 | 8 |
| *APOSTASIÉES*. . . . | 12 | 182 |
| APOTÉRION. . . . . . . . | 5 | 352 |
| — Sulatri. . . . . . . | 5 | 353 |
| *AQUIFOLIACÉES*. | 2 | 421 |
| AQUILAIRE. . . . . . . . | 13 | 289 |
| — Agalloche. . . . . . | 13 | 289 |
| *AQUILARINÉES*. | 13 | 287 |
| ARABIDE. . . . . . . . | 6 | 436 |
| — alpestre. . . . . . | 6 | 438 |
| ARACHIDE. . . . . . . . | 1 | 133 |
| — Pistache de terre. . | 1 | 133 |
| ARALIA. . . . . . . . . | 8 | 119 |
| — à grappes. . . . . | 8 | 122 |
| — à parasol. . . . . . | 8 | 122 |
| — à tige nue. . . . . | 8 | 123 |

| | Vol. | Pag. |
|---|---|---|
| Aralia épineux | 8 | 120 |
| *ARALIACÉES.* | 8 | 111 |
| Araucaria | 11 | 363 |
| — *de Cunningham* | 11 | 362 |
| — du Brésil | 11 | 365 |
| — du Chili | 11 | 364 |
| — *élancé* | 11 | 362 |
| — *imbriqué* | 11 | 364 |
| Araucariées | 11 | 357 |
| | et | 359 |
| Arbousier | 9 | 490 |
| — Andrachné | 9 | 493 |
| — commun | 9 | 491 |
| — des Canaries | 9 | 494 |
| Archangélique | 8 | 155 |
| — officinale | 8 | 155 |
| *ARCTOTIDÉES* | 10 | 13 |
| | et | 101 |
| ARCTOTIDÉES - GOR- | | |
| TÉRIÉES | 10 | 14 |
| ARCTOTIDÉES - PRO - | | |
| TOTYPES | 10 | 14 |
| Arctotis | 10 | 105 |
| — à feuilles de Paque- | | |
| rette | 10 | 106 |
| — à feuilles de Sté- | | |
| chade | 10 | 108 |
| — à feuilles étroites | 10 | 106 |
| — acaule | 10 | 106 |
| — allongé | 10 | 106 |
| — auriculé | 10 | 108 |
| — décurrent | 10 | 107 |
| — lisse | 10 | 107 |
| — rampant | 10 | 107 |
| — révoluté | 10 | 108 |
| — superbe | 10 | 107 |
| Ardisia | 9 | 376 |
| — crénelé | 9 | 377 |
| — coloré | 9 | 377 |
| — paniculé | 9 | 377 |
| — solanacé | 9 | 376 |
| *ARDISIACÉES* | 9 | 372 |
| *ARDISIÉES* | 9 | 374 |
| Aréca | 12 | 69 |
| — cultivé | 12 | 70 |
| *ARÉCINÉES* | 12 | 60 |
| | et | 63 |
| Arénaria | 5 | 212 |
| — à feuilles de Grami- | | |
| née | 5 | 213 |
| — à grandes fleurs | 5 | 214 |

| | Vol. | Pag. |
|---|---|---|
| Arénaria biflore | 5 | 215 |
| — capitellé | 5 | 213 |
| — de montagne | 5 | 216 |
| — des Baléares | 5 | 215 |
| — Faux-Cucubale | 5 | 212 |
| — tétraèdre | 5 | 214 |
| Arenga | 12 | 74 |
| — à sucre | 12 | 75 |
| *ARÉTHUSÉES* | 12 | 181 |
| Argémone | 7 | 25 |
| — à grandes fleurs | 7 | 27 |
| — commune | 7 | 26 |
| Argyréia | 9 | 102 |
| — à feuilles cunéifor- | | |
| mes | 9 | 103 |
| — brillant | 9 | 102 |
| — nerveux | 9 | 102 |
| *ARISARÉES* | 12 | 37 |
| Aristéa | 13 | 98 |
| — à capitules | 13 | 99 |
| — barbu | 13 | 98 |
| Aristoloche | 10 | 563 |
| — à grand labelle | 10 | 567 |
| — à grandes feuilles | 10 | 569 |
| — à grandes fleurs | 10 | 565 |
| — à longue queue | 10 | 566 |
| — Clématite | 10 | 564 |
| — cotonneuse | 10 | 569 |
| — longue | 10 | 565 |
| — *Siphon* | 10 | 569 |
| — Serpentaire | 10 | 567 |
| *ARISTOLOCHIÉES.* | 10 | 544 |
| *ARISTOLOCHIÉES.* | 10 | 562 |
| *Aristolochiées* | 10 | 560 |
| Aristotélia | 13 | 333 |
| — *Maqui* | 13 | 333 |
| *ARISTOTÉLIA-* | | |
| *CÉES* | 13 | 332 |
| Armérie | 10 | 342 |
| — commune | 10 | 343 |
| Armoise | 10 | 167 |
| — *Absinthe* | 10 | 171 |
| — annuelle | 10 | 170 |
| — Aurone | 10 | 168 |
| — commune | 10 | 169 |
| — de Judée | 10 | 168 |
| — d'Orient | 10 | 169 |
| Armoracia | 6 | 519 |
| — officinal | 6 | 520 |
| Arnique | 10 | 269 |
| — de montagne | 10 | 269 |

| | Vol. | Pag. |
|---|---|---|
| ARNOLDIE. . . . . . . | 10 | 115 |
| — à feuilles de Chry- | | |
| santhème. . . . | 10 | 115 |
| AROIDÉES. . . . . | 12 | 16 |
| AROMADENDRUM. . . . . | 7 | 451 |
| — élégant. . . . . . . | 7 | 452 |
| ARONIA. . . . . . . . . | 2 | 87 |
| — à feuilles d'Arbou- | | |
| sier. . . . . . . | 2 | 89 |
| — à feuilles grandes. . | 2 | 91 |
| — à feuilles de Sor- | | |
| bier. . . . . . . | 2 | 87 |
| — à fruit noir. . . . . | 2 | 9C |
| — densiflore. . . . . | 2 | 88 |
| — déprimé. . . . . . | 2 | 90 |
| — fleuri. . . . . . . . | 2 | 89 |
| — glabrescent. . . . . | 2 | 89 |
| — pubescent. . . . . | 2 | 90 |
| ARRACACHA. . . . . . . | 8 | 181 |
| — comestible. . . . . | 8 | 182 |
| ARBHÉNATHÈRE. . . . . | 13 | 203 |
| — élancé. . . . . . . | 13 | 204 |
| ARROCHE. . . . . . . . | 5 | 290 |
| — cultivée. . . . . . | 5 | 291 |
| — Faux-Pourpier. . . | 5 | 292 |
| — Halime. . . . . . . | 5 | 292 |
| ARRUDÉA. . . . . . . . | 5 | 314 |
| — Faux-Clusia. . . . | 5 | 314 |
| ARTABOTRYS. . . . . . | 7 | 508 |
| — cirrifère. . . . . . | 7 | 509 |
| — parfumé. . . . . . | 7 | 509 |
| — suave. . . . . . . . | 7 | 510 |
| ARTHROPODE. . . . . . | 12 | 385 |
| — à larges feuilles. . | 12 | 386 |
| — de Lindley. . . . . | 12 | 386 |
| — paniculé. . . . . . | 12 | 385 |
| — pendant. . . . . . . | 12 | 585 |
| ARTHROSTEMMA. . . . . | 4 | 241 |
| — campanulé. . . . . | 4 | 242 |
| — d'Angostura. . . . | 4 | 241 |
| — Faux-Ladanum. . . | 4 | 242 |
| — luisant. . . . . . . | 4 | 243 |
| — multiflore. . . . . | 4 | 244 |
| — Myrte. . . . . . . . | 4 | 243 |
| — versicolore. . . . . | 4 | 242 |
| ARTOCARPE. . . . . . . | 11 | 69 |
| — à fruit spinelleux. . | 11 | 75 |
| — Arbre à pain. . . . | 11 | 70 |
| — Jaquier. . . . . . . | 11 | 71 |
| — Lakoutcha. . . . . | 11 | 74 |
| — Tchaplache. . . . . | 11 | 73 |
| — velu. . . . . . . . | 11 | 72 |

| | Vol. | Pag. |
|---|---|---|
| ARTOCARPÉES. . | 11 | 35 |
| ARTOCARPIDÉES. . | 11 | 37 |
| ARUNDINACÉES. . . | 13 | 161 |
| | et | 194 |
| ARUNDINAIRE. . . . . . | 13 | 220 |
| — à gros fruit. . . . . | 13 | 221 |
| ASAGRÉA. . . . . . . . . | 12 | 245 |
| — officinal. . . . . . | 12 | 245 |
| ASARÉES. . . . . . . . | 10 | 562 |
| ASARET. . . . . . . . . . | 10 | 569 |
| — à feuilles de Gouet. | 10 | 571 |
| — d'Europe. . . . . . | 10 | 570 |
| — de Virginie. . . . . | 10 | 571 |
| — du Canada. . . . . | 10 | 571 |
| ASARINÉES. . . . . | 10 | 560 |
| ASCLÉPIADE. . . . . . | 8 | 551 |
| — de Curaçao. . . . . | 8 | 552 |
| — de Syrie. . . . . . | 8 | 551 |
| — incarnat. . . . . . | 8 | 552 |
| — tubéreuse. . . . . | 8 | 553 |
| ASCLÉPIADÉES. | 8 | 535 |
| ASCLÉPIADÉES | | |
| VRAIES. . . . . . | 8 | 538 |
| | et | 544 |
| ASCYRINÉES. . . . . | 5 | 343 |
| | et | 455 |
| ASCYRUM. . . . . . . . | 5 | 456 |
| — à feuilles amplexi- | | |
| caules. . . . . . | 5 | 457 |
| — à feuilles d'Hélian- | | |
| thème. . . . . . | 5 | 460 |
| — à feuilles de Lin. . | 5 | 459 |
| — à feuilles oblongues. | 5 | 461 |
| — à feuilles spatu- | | |
| lées. . . . . . | 5 | 462 |
| — de Michaux. . . . . | 5 | 460 |
| — Faux-Millepertuis. | 5 | 458 |
| — nain. . . . . . . . | 5 | 463 |
| — raide. . . . . . . . | 5 | 456 |
| ASIMINA. . . . . . . . . | 7 | 526 |
| — à fleurs campani- | | |
| formes. . . . . . | 7 | 528 |
| — conoïde. . . . . . . | 7 | 530 |
| ASPALATHE. . . . . . . | 1 | 196 |
| — aranéeux. . . . . . | 1 | 197 |
| — calleux. . . . . . . | 1 | 197 |
| — charnu. . . . . . . | 1 | 197 |
| — Chénopode. . . . . | 1 | 196 |
| — pédonculé. . . . . | 1 | 197 |

| | Vol. | Pag. | | Vol. | Pag. |
|---|---|---|---|---|---|
| ASPARAGÉES. . . . . | 12 | 209 | Aster des Alpes. . . . . | 10 | 243 |
| ASPERGE. . . . . . . . | 12 | 220 | — *délicat.* . . . . . . . | 10 | 263 |
| — officinale. . . . . . | 12 | 221 | — élancé. . . . . . . | 10 | 249 |
| ASPÉRIFOLIÉES. . | 9 | 30 | — éminent. . . . . . . | 10 | 251 |
| | et | 32 | — étalé (*Hort. Kew.*). | 10 | 245 |
| ASPÉRULE. . . . . . . | 8 | 473 | — étalé (*Lam.*). . . . | 10 | 248 |
| — Cynanchique. . . . | 8 | 473 | — fragile. . . . . . . | 10 | 253 |
| — d'Italie. . . . . . . | 8 | 474 | — *glauque.* . . . . . | 10 | 240 |
| — odorante. . . . . . | 8 | 475 | — hétérophylle. . . . | 10 | 248 |
| ASPHODÈLE. . . . . . . | 12 | 366 | — *incane.* . . . . . . | 10 | 259 |
| — blanc. . . . . . . . | 12 | 367 | — lisse. . . . . . . . | 10 | 250 |
| — rameux. . . . . . . | 12 | 567 | — multiflore. . . . . | 10 | 252 |
| ASPHODÉLÉES. . | 12 | 252 | — OEil de Christ. . . | 10 | 245 |
| ASPHODÉLÉES. . | 12 | 254 | — paniculé. . . . . . | 10 | 247 |
| | et | 290 | — *ponctué.* . . . . . . | 10 | 259 |
| ASPHODÉLINE. . . . . . | 12 | 368 | — pourpré. . . . . . | 10 | 254 |
| — de Candie. . . . | 12 | 369 | — Radule. . . . . . | 10 | 244 |
| — de Crimée. . . . . | 12 | 369 | — récliné. . . . . . . | 10 | 253 |
| — jaune. . . . . . . . | 12 | 368 | — satiné. . . . . . . | 10 | 246 |
| ASSONIA. . . . . . . . | 3 | 447 | — tardif. . . . . . . | 10 | 250 |
| — à feuilles de Peu- | | | — thyrsiflore. . . . . | 10 | 249 |
| plier. . . . . | 3 | 447 | — *Tripole.* . . . . . . | 10 | 257 |
| ASTARTÉA. . . . . . . | 4 | 112 | — versicolore. . . . . | 10 | 251 |
| — fasciculaire. . . . | 4 | 113 | ASTÉRANTHE. . . . . . | 9 | 428 |
| ASTELME. . . . . . . . | 10 | 208 | — du Brésil. . . . . . | 9 | 429 |
| — effilé. . . . . . . . | 10 | 209 | ASTÉRÉES. . . . . . . | 10 | 28 |
| — élégant. . . . . . . | 10 | 208 | | et | 225 |
| — incane. . . . . . . | 10 | 209 | ASTÉRÉES - BACCHA- | | |
| — magnifique. . . . . | 10 | 209 | RIDÉES. . . . . . . | 10 | 29 |
| — panaché. . . . . . | 10 | 208 | | et | 235 |
| ASTEMMA. . . . . . . . | 12 | 301 | ASTÉRÉES – BELLI - | | |
| — à feuilles étroites. . | 12 | 302 | DÉES. . . . . . . . | 10 | 30 |
| ASTER. . . . . . . . . | 10 | 242 | | et | 263 |
| — *à corymbes.* . . . . | 10 | 256 | ASTÉRÉES-PROTOTY- | | |
| — à feuilles cordifor- | | | PES. . . . . . . . . | 10 | 30 |
| mes. . . . . . . | 10 | 247 | | et | 238 |
| — à feuilles de Bruyère. | 10 | 254 | ASTÉRÉES–SOLIDA – | | |
| — à feuilles de Coride. | 10 | 252 | GINÉES. . . . . . . | 10 | 29 |
| — *à feuilles d'Hyssope.* | 10 | 259 | | et | 226 |
| — à feuilles de Saule. | 10 | 251 | ASTÉROCÉPHALE. . . . . | 10 | 318 |
| — *à feuilles grandes.* . | 10 | 256 | — à feuilles de Grami- | | |
| — à fleurs changeantes. | 10 | 250 | née. . . . . . . | 10 | 319 |
| — à fleurs grandes. . . | 10 | 246 | — de Candie. . . . . | 10 | 320 |
| — *à ombelles.* . . . . . | 10 | 261 | — du Caucase. . . . | 10 | 320 |
| — à tige rouge. . . . | 10 | 255 | ASTRAGALE. . . . . . . | 1 | 275 |
| — *âcre.* . . . . . . . | 10 | 260 | — de Candie. . . . . | 1 | 276 |
| — agréable. . . . . . | 10 | 249 | — de Marseille. . . . | 1 | 277 |
| — *de Chine.* . . . . . | 10 | 265 | — de Montpellier. . . | 1 | 278 |
| — de la N.-Angleterre. | 10 | 245 | — de Narbonne. . . . | 1 | 278 |
| — *de Schreber.* . . . . | 10 | 256 | — d'Olivier. . . . . . | 1 | 276 |
| — de Sibérie. . . . . | 10 | 244 | — du Caucase. . . . | 1 | 276 |
| — *de Tartarie.* . . . . | 10 | 265 | — Esparcette. . . . . | 1 | 278 |
| | | | — gummifère. . . . . | 1 | 276 |

| | Vol. | Pag. |
|---|---|---|
| Astragale Queuederenard. | 1 | 277 |
| — Réglisse. | 1 | 277 |
| ASTRAGALÉES. | 1 | 154 |
| | et | 275 |
| ASTRANTIA. | 8 | 216 |
| — à feuilles d'Hellé- | | |
| bore. | 8 | 219 |
| — commun. | 8 | 218 |
| — mineur. | 8 | 217 |
| ASTRAPÉA. | 3 | 455 |
| — magnifique. | 3 | 456 |
| ASTROCARPINÉES. | 7 | 96 |
| | et | 105 |
| ASTROCARYUM | 12 | 117 |
| — Ayri. | 12 | 118 |
| — Mouroumourou. | 12 | 118 |
| ASTRONIA. | 4 | 272 |
| — à grandes feuilles. | 4 | 272 |
| — élégant. | 4 | 272 |
| ATALANTIA. | 2 | 250 |
| — monophylle. | 2 | 250 |
| ATHÉROSPERMÉES. | 11 | 91 |
| ATHÉRURÉES. | 12 | 58 |
| ATRAGÈNE. | 7 | 257 |
| — alpestre. | 7 | 258 |
| — d'Amérique. | 7 | 260 |
| — d'Europe. | 7 | 258 |
| — de Sibérie. | 7 | 258 |
| ATRAPHAXIS. | 10 | 533 |
| — épineux. | 10 | 534 |
| ATROPA. | 9 | 83 |
| — Belladone. | 9 | 83 |
| ATTALÉA. | 12 | 119 |
| — à amandes. | 12 | 120 |
| — à cordes. | 12 | 119 |
| — élégant. | 12 | 120 |
| — gigantesque. | 12 | 120 |
| — magnifique. | 12 | 120 |
| AUBRIÉTIA. | 6 | 466 |
| — de Columna. | 6 | 470 |
| — multiflore. | 6 | 468 |
| AUCUBA. | 8 | 88 |
| — du Japon. | 8 | 88 |
| AUDOUINIA. | 2 | 481 |
| — à capitules. | 2 | 481 |
| AULACE. | 10 | 403 |
| — à feuilles de Pin. | 10 | 403 |
| — à ombelles. | 10 | 403 |
| AUNATRE. | 11 | 244 |
| — à feuilles vertes. | 11 | 246 |
| AUNE. | 11 | 246 |
| — à feuilles allongées. | 11 | 251 |

| | Vol. | Pag. |
|---|---|---|
| Aune à feuilles cordifor- | | |
| mes. | 11 | 254 |
| — à feuilles cotonneu- | | |
| ses. | 11 | 253 |
| — à feuilles larges. | 11 | 252 |
| — à feuilles vertes. | 11 | 246 |
| — commun. | 11 | 248 |
| — — à feuilles ar- | | |
| rondies. | 11 | 248 |
| — — à feuilles d'Au- | | |
| bépine. | 11 | 249 |
| — — à feuilles de | | |
| Chêne. | 11 | 249 |
| — — à feuilles pen- | | |
| natifides. | 11 | 249 |
| — — à feuilles poin- | | |
| tues. | 11 | 249 |
| — d'Orient. | 11 | 255 |
| — de Sibérie. | 11 | 255 |
| — denticulé. | 11 | 251 |
| — grisâtre. | 11 | 252 |
| — visqueux. | 11 | 248 |
| AURANTIACÉES. | 2 | 248 |
| AURICULE. | 9 | 356 |
| — à feuilles entières. | 9 | 359 |
| — crénelée. | 9 | 358 |
| — de Palinure. | 9 | 357 |
| — des fleuristes. | 9 | 357 |
| — glutineuse. | 9 | 359 |
| — minime. | 9 | 360 |
| — velue. | 9 | 358 |
| AVÉNACÉES. | 13 | 163 |
| | et | 200 |
| AVERRHOA | 3 | 234 |
| — Bilimbi. | 3 | 236 |
| — Carambolier. | 3 | 235 |
| AVOINE. | 13 | 200 |
| — cultivée. | 13 | 201 |
| — d'Orient. | 13 | 202 |
| — Folle-Avoine. | 13 | 203 |
| — nue. | 13 | 202 |
| — stérile. | 13 | 203 |
| AYAPANE. | 10 | 290 |
| — officinale. | 10 | 290 |
| AYDENDRE. | 10 | 496 |
| — Cujumary. | 10 | 496 |
| — Faux-Pichury. | 10 | 496 |
| AZADIRAC. | 3 | 185 |
| — d'Inde. | 3 | 186 |
| AZALÉA. | 9 | 509 |
| — à feuilles glauques. | 9 | 510 |
| — d'Orient. | 9 | 509 |

| | Vol. | Pag. | | Vol. | Pag. |
|---|---|---|---|---|---|
| Azaléa magnifique. . . . | 9 | 510 | Balsamine réticulée. . . . | 13 | 273 |
| — visqueux. . . . . . | 9 | 510 | — tricorne. . . . . . | 13 | 272 |
| AZÉDARAC. . . . . . . . | 3 | 183 | *BALSAMINÉES.* . | 13 | 268 |
| — commun. . . . . . | 3 | 185 | BAMBOU. . . . . . . . . | 13 | 225 |
| — d'Australasie. . . . | 3 | 185 | — à pipes. . . . . . | 13 | 231 |
| — de Candolle. . . . | 3 | 185 | — agreste. . . . . | 13 | 230 |
| — toujours vert. . . | 3 | 184 | — arundinacé. . . . . | 13 | 227 |
| | | | — Balcoùa. . . . . . | 13 | 229 |
| BABIANE. . . . . . . . . | 13 | 94 | — de Thouars. . . . | 13 | 232 |
| — à long tube. . . . | 13 | 94 | — droit. . . . . . . | 13 | 228 |
| — à odeur de Sureau. | 13 | 94 | — épineux. . . . . . | 13 | 230 |
| — bleuâtre. . . . . . | 13 | 95 | — farineux. . . . . . | 13 | 231 |
| — droite. . . . . . . | 13 | 95 | — gigantesque. . . . | 13 | 232 |
| — jaune de soufre. . | 13 | 94 | — Tulda. . . . . . . | 13 | 229 |
| — plissée. . . . . . . | 13 | 95 | — verticillé. . . . . | 13 | 231 |
| — spathacée. . . . . . | 13 | 94 | BAMBUSÉES. . . . . . | 13 | 165 |
| — velue. . . . . . . . | 13 | 95 | BANANIER. . . . . . . | 12 | 136 |
| BACCHARIS. . . . . . . | 10 | 236 | — à bractées écarlates. | 12 | 141 |
| — à feuilles d'Halime. | 10 | 237 | — à fruit maculé. . . | 12 | 139 |
| BACTRIS. . . . . . . . | 12 | 113 | — commun. . . . . . | 12 | 137 |
| — à cannes. . . . . . | 12 | 114 | — de Chine. . . . . | 12 | 140 |
| BAGUENAUDIER. . . . | 1 | 271 | — des sages. . . . . | 12 | 139 |
| — commun. . . . . . | 1 | 272 | — des troglodytes. . . | 12 | 140 |
| — d'Alep. . . . . . . | 1 | 272 | — élégant. . . . . . | 12 | 141 |
| — rougeâtre. . . . . | 1 | 272 | — glauque. . . . . . | 12 | 142 |
| BALANITE. . . . . . . | 13 | 265 | — magnifique. . . . . | 12 | 141 |
| — à petites feuilles. . | 13 | 266 | — rosacé. . . . . . . | 12 | 140 |
| — Agihalid. . . . . | 12 | 266 | — superbe. . . . . . | 12 | 142 |
| | | | — textile. . . . . . | 12 | 140 |
| *BALANOPHORÉES.* | 10 | 547 | BANISTÉRIA. . . . . . | 3 | 144 |
| BALISIER. . . . . . . | 12 | 148 | — à feuilles de Laurier. | 3 | 148 |
| — à fleurs écarlates. . | 12 | 149 | — à feuilles de Tilleul. | 3 | 148 |
| — à fleurs flasques. . | 12 | 150 | — à pétales pubescents | 3 | 147 |
| — à fleurs jaunes. . . | 12 | 150 | — anguleux. . . . . | 3 | 145 |
| — de l'Inde. . . . . . | 12 | 149 | — brillant. . . . . . | 3 | 145 |
| — élancé. . . . . . . | 12 | 149 | — cotonneux. . . . . | 3 | 147 |
| — étalé. . . . . . . . | 12 | 149 | — des savanes. . . . | 3 | 146 |
| — glauque. . . . . . | 12 | 150 | — dichotome. . . . . | 3 | 146 |
| BALLOTA. . . . . . . . | 9 | 209 | — échancré. . . . . . | 3 | 146 |
| — fétide. . . . . . . | 9 | 209 | — éclatant. . . . . . | 3 | 148 |
| BALSAMIER. . . . . . | 2 | 235 | — ferrugineux. . . . | 3 | 148 |
| — de la Mecque. . . . | 2 | 235 | — palmé. . . . . . . | 3 | 145 |
| — Kafal. . . . . . . | 2 | 236 | — panaché. . . . . . | 3 | 149 |
| — Kataf. . . . . . . | 2 | 236 | — Quapara. . . . . . | 3 | 148 |
| BALSAMINE. . . . . . . | 13 | 271 | — satiné. . . . . . . | 3 | 147 |
| — à fleurs brunes. . . | 13 | 273 | BANKSIA. . . . . . . . | 10 | 427 |
| — à grand labelle. . | 13 | 272 | — à feuilles de Bruyère. | 10 | 428 |
| — acaule. . . . . . . | 13 | 274 | — à feuilles de Chêne. | 10 | 431 |
| — commune. . . . . . | 13 | 272 | — à feuilles dentelées. | 10 | 430 |
| — de Masters. . . . | 13 | 273 | — à feuilles entières. . | 10 | 429 |
| — de Royle. . . . . . | 13 | 274 | — à feuilles larges. . | 10 | 430 |
| — des bois. . . . . . | 13 | 273 | | | |
| — écarlate. . . . . . | 13 | 272 | | | |

| | Vol. | Pag. |
|---|---|---|
| Banksia à feuilles margi- | | |
| nées. . . . . . . . . . | 10 | 429 |
| — à feuilles oblongues. | 10 | 430 |
| — à feuilles rétrécies. | 10 | 430 |
| — à fleurs écarlates. | 10 | 429 |
| — à fleurs grandes. | 10 | 431 |
| — à fleurs nutantes. . | 10 | 428 |
| — à fruit sphérique. . | 10 | 428 |
| — des marais. . . . | 10 | 430 |
| — élégant. . . . . . | 10 | 428 |
| — littoral. . . . . . | 10 | 429 |
| — magnifique. . . . | 10 | 431 |
| — marcescent. . . . | 10 | 430 |
| — occidental. . . . . | 10 | 429 |
| — rampant. . . . . . | 10 | 431 |
| — spinelleux. . . . . | 10 | 429 |
| — verticillé. . . . . | 10 | 429 |
| *BANKSIÉES.* . . . . . | 10 | 402 |
| | et | 427 |
| BAPTISIA. . . . . . . . | 1 | 166 |
| — à fleurs blanches. . | 1 | 166 |
| — austral. . . . . . | 1 | 166 |
| — *du Népaul.* . . . . | 1 | 165 |
| — perfolié. . . . . | 1 | 167 |
| — tinctorial. . . . | 1 | 166 |
| BARBARÉA. . . . . . . . | 6 | 417 |
| — commun. . . . . . | 6 | 419 |
| — précoce. . . . . . | 6 | 421 |
| BARDANE. . . . . . . . | 10 | 83 |
| — officinale. . . . . | 10 | 83 |
| BARLÉRIÉES. . . . . . | 9 | 145 |
| BAROME. . . . . . . . | 2 | 330 |
| — à feuilles crénelées. | 2 | 331 |
| — à feuilles dentelées. | 2 | 331 |
| — à feuilles larges. | 2 | 331 |
| — à feuilles ovales. . | 2 | 331 |
| — odorant. . . . . . | 2 | 331 |
| BARRINGTONIA. . . . . | 4 | 185 |
| — à grappes. . . . . | 4 | 186 |
| — magnifique. . . . . | 4 | 185 |
| *BARRINGTONIÉES.* . . | 4 | 105 |
| | et | 184 |
| BARTONIA. . . . . . . . | 6 | 236 |
| — à petites fleurs. . . | 6 | 237 |
| — à rameaux nus. . . | 6 | 238 |
| — élégant. . . . . . | 6 | 237 |
| BARTONINÉES. . . . . | 6 | 235 |
| | et | 256 |
| BARYXYLE. . . . . . . | 1 | 110 |
| — à bois roux. . . . . | 1 | 111 |
| BASELLA. . . . . . . . | 5 | 223 |
| — commun. . . . . . | 5 | 224 |
| BASSIA. . . . . . . . . | 9 | 392 |
| — à larges feuilles. . | 9 | 393 |
| — à longues feuilles. | 9 | 392 |
| — butyracé. . . . . . | 9 | 394 |
| BATRACHIUM. . . . . . | 7 | 199 |
| — aquatile. . . . . . | 7 | 200 |
| — circinné. . . . . . | 7 | 201 |
| — fluviatile. . . . . . | 7 | 202 |
| — *hétérophylle.* . . . | 7 | 200 |
| — *radicant.* . . . . . | 7 | 201 |
| — *trichophylle.* . . . | 7 | 200 |
| BAUÉRA. . . . . . . . . | 5 | 12 |
| — Fausse-Garance. . | 5 | 12 |
| — nain. . . . . . . . | 5 | 12 |
| *BAUÉRÉES.* . . . . . | 5 | 5 |
| | et | 11 |
| BAUHINIA. . . . . . . . | 1 | 123 |
| — acuminé. . . . . . | 1 | 124 |
| — Atimouta. . . . . . | 1 | 127 |
| — auriculé. . . . . . | 1 | 124 |
| — des Moluques. . . . | 1 | 126 |
| — écarlate. . . . . . | 1 | 126 |
| — épineux. . . . . . | 1 | 125 |
| — glabre. . . . . . | 1 | 127 |
| — odorant. . . . . . | 1 | 127 |
| — panaché. . . . . . | 1 | 125 |
| — Paulétia. . . . . . | 1 | 124 |
| — pourpre. . . . . . | 1 | 125 |
| — Serpent. . . . . . | 1 | 126 |
| BAUMANNIA. . . . . . | 4 | 351 |
| — de Douglas. . . . | 4 | 352 |
| — de Nuttal. . . . . | 4 | 352 |
| — pinnatifide. . . . . | 4 | 353 |
| BEAUFORTIA. . . . . . | 4 | 114 |
| — à feuilles éparses. . | 4 | 115 |
| — de Dampier. . . . . | 4 | 115 |
| — élégant. . . . . . | 4 | 114 |
| BÉCKÉA. . . . . . . . | 4 | 146 |
| — à feuilles de Pin. . | 4 | 147 |
| — à feuilles denses. . | 4 | 148 |
| — camphré. . . . . . | 4 | 148 |
| — des rochers. . . . . | 4 | 148 |
| — élégant. . . . . . | 4 | 148 |
| — frutescent. . . . . | 4 | 147 |
| — grèle. . . . . . . . | 4 | 147 |
| BÉESHA. . . . . . . . | 13 | 234 |
| — de Rheede. . . . . | 13 | 234 |
| BÉGONIA. . . . . . . . | 13 | 277 |
| — à feuilles de Berce. | 13 | 280 |
| — à feuilles de Géra- | | |
| nium. . . . . . . . | 13 | 279 |
| — à feuilles de Pla- | | |
| tane. . . . . . . . | 13 | 282 |

| | Vol. | Pag. |
|---|---|---|
| Bégonia à feuilles de Vigne. | 13 | 281 |
| — à feuilles d'Hydro-cotyle. | 13 | 280 |
| — à feuilles d'Orme. | 13 | 282 |
| — à feuilles grandes. | 13 | 279 |
| — à feuilles petites. | 13 | 281 |
| — à feuilles sinuées. | 13 | 281 |
| — à feuilles variées. | 13 | 278 |
| — à grosse tige. | 13 | 280 |
| — à huit pétales. | 13 | 279 |
| — à longs pédoncules. | 13 | 285 |
| — à manchettes. | 13 | 285 |
| — acuminé. | 13 | 283 |
| — bulbillifère. | 13 | 279 |
| — carné. | 13 | 284 |
| — couleur de sang. | 13 | 282 |
| — de Fischer. | 13 | 283 |
| — dichotome. | 13 | 283 |
| — dipétale. | 13 | 282 |
| — discolore. | 13 | 278 |
| — écarlate. | 13 | 285 |
| — ferrugineux. | 13 | 284 |
| — luisant. | 13 | 285 |
| — maculé. | 13 | 283 |
| — marbré. | 13 | 278 |
| — monoptère. | 13 | 279 |
| — odorant. | 13 | 285 |
| — papilleux. | 13 | 284 |
| — pétaloïde. | 13 | 286 |
| — toujours-fleuri. | 13 | 286 |
| — tubéreux. | 13 | 277 |
| — velu. | 13 | 284 |
| *BÉGONIACÉES.* | 13 | 275 |
| BÉLANGÉRA. | 5 | 9 |
| — cotonneux. | 5 | 9 |
| — élégant. | 5 | 10 |
| — glabre. | 5 | 9 |
| BÉLEMCANDA. | 13 | 75 |
| — de Chine. | 13 | 75 |
| BELLÉVALIA. | 12 | 305 |
| — chevelu. | 12 | 306 |
| *Belvisiées.* | 9 | 418 |
| BÉNINCASA. | 6 | 203 |
| — cérifère. | 6 | 204 |
| BENJOIN. | 10 | 506 |
| — à feuilles de Mélisse. | 10 | 508 |
| — estival. | 10 | 508 |
| — odorant. | 10 | 506 |
| BENOITE. | 1 | 479 |
| — à fleurs écarlates. | 1 | 480 |
| — des rives. | 1 | 480 |
| — officinale. | 1 | 479 |
| BENTHAMIA. | 8 | 108 |
| — du Japon. | 8 | 109 |
| — du Népaul. | 8 | 110 |
| BENTHAMIDE. | 8 | 106 |
| — fleurie. | 8 | 107 |
| *BERBÉRÉES.* | 8 | 32 et 34 |
| *BERBÉRIDÉES.* | 8 | 29 |
| BERBÉRINÉES. | 8 | 32 et 35 |
| BERBÉRIS. | 8 | 35 |
| — à feuilles de Houx. | 8 | 51 |
| — à feuilles nerveuses. | 8 | 54 |
| — à feuilles pennées. | 8 | 50 |
| — aristé. | 8 | 47 |
| — commun. | 8 | 39 |
| — de Candie. | 8 | 45 |
| — de Chine. | 8 | 42 |
| — de Sibérie. | 8 | 39 |
| — échancré. | 8 | 44 |
| — rampant. | 8 | 55 |
| — tinctorial | 8 | 46 |
| BERCHÉMIA. | 2 | 446 |
| — volubile. | 2 | 446 |
| BERGAMOTTIER. | 2 | 281 |
| — *à fleur double.* | 2 | 282 |
| — à fruit petit. | 2 | 282 |
| — à fruit pyriforme. | 2 | 281 |
| — Mellarose. | 2 | 282 |
| — ordinaire. | 2 | 281 |
| BERGÉNIA. | 5 | 59 |
| — à fleurs blanches. | 5 | 60 |
| — de Sibérie. | 5 | 60 |
| BERMUDIENNE. | 13 | 11 |
| — à fleurs striées. | 13 | 12 |
| — à feuilles d'Iris. | 13 | 12 |
| BERTÉROA. | 6 | 461 |
| — à fleurs changeantes. | 6 | 465 |
| — incane. | 6 | 463 |
| BERTHOLLÉTIA. | 4 | 195 |
| — gigantesque. | 4 | 195 |
| BERTOLONIA. | 4 | 220 |
| — à feuilles de Nuphar. | 4 | 220 |
| — maculé. | 4 | 220 |
| BERZÉLIA. | 2 | 476 |
| — Fausse-Aurone. | 2 | 476 |
| — laineux. | 2 | 476 |
| BETTE. | 5 | 288 |
| — commune. | 5 | 288 |

|  | Vol. | Pag. |
|---|---|---|
| Bette maritime. . . . . . | 5 | 290 |
| — Poirée. . . . . . . | 5 | 289 |
| *BÉTULACÉES*. . . . | 11 | 143 |
|  | et | 227 |
| Bibacier. . . . . . . . | 2 | 81 |
| — à feuilles ellipti- |  |  |
| ques. . . . . . . | 2 | 82 |
| — du Japon. . . . . | 2 | 81 |
| Bigaradier. . . . . . . | 2 | 272 |
| — à feuilles de Myrte. | 2 | 280 |
| — à feuilles de Saule. | 2 | 279 |
| — à feuilles longues. . | 2 | 277 |
| — à fleurs doubles. . . | 2 | 276 |
| — à fruit cannelé. . . | 2 | 275 |
| — à fruit corniculé. . | 2 | 274 |
| — à fruit couronné. . | 2 | 279 |
| — à fruit cupulé. . . . | 2 | 275 |
| — à fruit doux. . . . | 2 | 279 |
| — à fruit en grappes. | 2 | 277 |
| — à fruit gros. . . . . | 2 | 278 |
| — à fruit lisse. . . . . | 2 | 279 |
| — à fruit mamelonné. | 2 | 277 |
| — à fruit sans graines. | 2 | 277 |
| — à fruit sétifère. . . | 2 | 274 |
| — à fruit sillonné. . . | 2 | 274 |
| — à grand calice. . . | 2 | 275 |
| — bicolore. . . . . . | 2 | 280 |
| — Bizarrerie. . . . . | 2 | 280 |
| — Bouquetier. . . . . | 2 | 276 |
| — chinois. . . . . . | 2 | 279 |
| — d'Espagne. . . . . | 2 | 278 |
| — de Florence. . . . | 2 | 278 |
| — de Naples. . . . . | 2 | 277 |
| — de Volkamer. . . . | 2 | 277 |
| — franc. . . . . . . . | 2 | 273 |
| — Gallesio. . . . . . | 2 | 278 |
| — Itan. . . . . . . . | 2 | 278 |
| — multiflore. . . . . . | 2 | 276 |
| — Riche-dépouille. . | 2 | 275 |
| — Spatafore. . . . . . | 2 | 276 |
| — violet. . . . . . . | 2 | 276 |
| Bignonia. . . . . . . . | 9 | 138 |
| — à grandes fleurs. | 9 | 135 |
| — capréolé. . . . . . | 9 | 138 |
| — Catalpa. . . . . . | 9 | 135 |
| — de Chine. . . . . . | 9 | 135 |
| — du Cap. . . . . . . | 9 | 137 |
| — Pandorana. . . . . | 9 | 136 |
| — radicant. . . . . . | 9 | 134 |
| *BIGNONIACÉES*. | 9 | 128 |
| Bignoniées. . . . . . | 9 | 130 |
| Billardièra. . . . . . . | 2 | 414 |
| Billardièra à feuilles étroi- |  |  |
| tes. . . . . . . . . | 2 | 415 |
| — à fleurs changean- |  |  |
| tes. . . . . . . . | 2 | 414 |
| — à fleurs longues. . | 2 | 415 |
| — grimpant. . . . . . | 2 | 414 |
| Biophyte. . . . . . . | 3 | 268 |
| — Faux-Mimosa. . . | 3 | 268 |
| — Sensitive. . . . . . | 3 | 268 |
| Biotie. . . . . . . . . | 10 | 255 |
| — à corymbes. . . . . | 10 | 256 |
| — à grandes feuilles. . | 10 | 256 |
| — de Schreber. . . . | 10 | 256 |
| Biscutella. . . . . . . | 6 | 568 |
| — vivace. . . . . . . | 6 | 570 |
| Bistorte. . . . . . . . | 10 | 537 |
| — officinale. . . . . . | 10 | 538 |
| Bixa. . . . . . . . . . | 6 | 116 |
| — tinctorial. . . . . . | 6 | 117 |
| *BIXINÉES*. . . . | 6 | 115 |
| Bladhia. . . . . . . . | 9 | 375 |
| — du Japon. . . . . . | 9 | 375 |
| Blakéa. . . . . . . . . | 4 | 268 |
| — parasite. . . . . . | 4 | 269 |
| — quinquénervé. . . . | 4 | 269 |
| — trinervé. . . . . . | 4 | 268 |
| Blandfordia. . . . . : | 12 | 376 |
| — à grandes fleurs. . | 12 | 377 |
| — noble. . . . . . . . | 12 | 376 |
| Blé. . . . . . . . . . | 13 | 238 |
| — commun. . . . . . | 13 | 238 |
| — corné. . . . . . . | 13 | 239 |
| — de Pologne. . . . | 13 | 239 |
| — dicoque. . . . . . | 13 | 240 |
| — Epeautre. . . . . | 13 | 240 |
| — Locular. . . . . . | 13 | 241 |
| — renflé. . . . . . . | 13 | 238 |
| Blitum. . . . . . . . . | 5 | 293 |
| — à gros capitules. . . | 5 | 294 |
| — Bon-Henri. . . . . | 5 | 295 |
| — effilé . . . . . . . | 5 | 293 |
| Blumenbachia. . . . . . | 6 | 244 |
| — à larges feuilles. . | 6 | 247 |
| — élégant. . . . . . . | 6 | 245 |
| — palmé. . . . . . . | 6 | 246 |
| Bocagéa. . . . . . . . | 7 | 514 |
| — à feuilles vertes. . | 7 | 515 |
| — à fleurs blanches. . | 7 | 514 |
| Bocconia. . . . . . . . | 7 | 42 |
| — à feuilles cordifor- |  |  |
| mes. . . . . . . . | 7 | 41 |
| — frutescent. . . . . | 7 | 43 |

| | Vol. | Pag. |
|---|---|---|
| BOEHMÉRIÉES. . . . | 11 | 24 |
| BOISDUVALIA. . . . . | 4 | 383 |
| — de Douglas. . . . | 4 | 385 |
| — élégant. . . . . . . | 4 | 384 |
| BOLDOU. . . . . . . . . | 10 | 493 |
| — du Chili. . . . . | 10 | 493 |
| BOLTONE. . . . . . . . . | 10 - 266 | |
| — à feuilles d'Aster. | 10 | 267 |
| — à feuilles de Pastel. | 10 | 266 |
| BOMBACÉES. . . . . | 3 | 343 |
| BOMBAX. . . . . . . . | 3 | 431 |
| — à petites fleurs. . . | 3 | 434 |
| — Céiba. . . . . . | 3 | 432 |
| — cotonneux. . . . . | 3 | 435 |
| — d'Afrique. . . . . | 3 | 436 |
| — du Malabar. . . . | 3 | 433 |
| — discolore. . . . . | 3 | 436 |
| — magnifique. . . . . | 3 | 433 |
| — Munguba. . . . . | 3 | 435 |
| — pubescent. . . . . | 3 | 434 |
| — septemfoliolé. . . | 3 | 432 |
| BONGARDIA. . . . . . . | 8 | 64 |
| — Chrysogone. . . . | 8 | 65 |
| BONNÉTIA. . . . . . . | 4 | 74 |
| — ancipité. . . . . . | 4 | 75 |
| BONNÉTIÉES. . . . . | 4 | 69 |
| BORASSINÉES. . . . | 12 | 61 |
| | et | 92 |
| BORASSUS, V. RONDIER. | | |
| BORRAGO, V. BOURRACHE. | | |
| BORBONIA. . . . . . . | 1 | 190 |
| — à feuilles cordifor- | | |
| — mes. . . . . . . | 1 | 191 |
| — à feuilles crénelées. | 1 | 191 |
| — à feuilles de Houx. | 1 | 191 |
| — à feuilles lancéo- | | |
| lées. . . . . . . | 1 | 191 |
| BORONIA. . . . . . . . | 2 | 338 |
| — à feuilles de Lédon. | 2 | 341 |
| — à feuilles pennées. | 2 | 339 |
| — à feuilles petites. . | 2 | 340 |
| — ailé. . . . . . . . | 2 | 339 |
| — dentelé. . . . . . | 2 | 340 |
| — denticulé. . . . . . | 2 | 341 |
| — fleuri. . . . . . . | 2 | 339 |
| — trifoliolé. . . . . | 2 | 340 |
| BORRAGINÉES. . | 9 | 28 |
| BOSSIÉA. . . . . . . . | 1 | 187 |
| — à feuilles de Scolo- | | |
| pendre. . . . . | 1 | 188 |
| Bossiéa à feuilles petites. . | 1 | 188 |
| — grisâtre. . . . . | 1 | 188 |
| — hétérophylle. . . . | 1 | 188 |
| BOSWELLIA. . . . . . | 2 | 234 |
| — glabre. . . . . . | 2 | 234 |
| — hérissé. . . . . . | 2 | 234 |
| — Oliban. . . . . . | 2 | 234 |
| BOTROPHIS. . . . . . . | 7 | 391 |
| — Faux-Actéa. . . . | 7 | 393 |
| BOTRYANTHE. . . . . . | 12 | 306 |
| — commun. . . . . . | 12 | 307 |
| — odorant. . . . . . | 12 | 307 |
| BOTRYDE. . . . . . . . | 5 | 298 |
| — aromatique. . . . | 5 | 299 |
| — de Schrader. . . . | 5 | 299 |
| BOTRYOCARPE. . . . . . | 6 | 158 |
| — Cassis. . . . . . . | 6 | 159 |
| BOULEAU. . . . . . . . | 11 | 228 |
| — à canots. . . . . . | 11 | 234 |
| — à feuilles d'Ortie.. | 11 | 234 |
| — à feuilles de Peu- | | |
| plier. . . . . . | 11 | 232 |
| — à papier. . . . . . | 11 | 234 |
| — bas. . . . . . . . | 11 | 240 |
| — blanc. . . . . . . | 11 | 232 |
| — blanc. . . . . . . | 11 | 234 |
| — commun. . . . . . | 11 | 232 |
| — de Dalécarlie. . . . | 11 | 235 |
| — élancé. . . . . . . | 11 | 239 |
| — jaune. . . . . . . | 11 | 243 |
| — Merisier. . . . . . | 11 | 243 |
| — pleureur. . . . . . | 11 | 232 |
| — pubescent. . . . . | 11 | 233 |
| — rouge. . . . . . . | 11 | 230 |
| — sucré. . . . . . . | 11 | 242 |
| BOURRACHE. . . . . . . | 9 | 36 |
| — officinale. . . . . . | 9 | 36 |
| BOUVARDIA. . . . . . . | 8 | 398 |
| — de Jacquin. . . . . | 8 | 399 |
| — panaché. . . . . . | 8 | 399 |
| BRACHYCHITE. . . . . . | 3 | 518 |
| — paradoxe. . . . . . | 3 | 518 |
| BRACHYSÈME. . . . . | 1 | 172 |
| — à larges feuilles. . | 1 | 173 |
| — ondulé. . . . . . . | 1 | 173 |
| BRAHÉA. . . . . . . . | 12 | 103 |
| — à fruit doux. . . . | 12 | 106 |
| BRANDÉSIA. . . . . . . | 5 | 272 |
| — étalé. . . . . . . | 5 | 273 |
| — ferrugineux. . . . | 5 | 273 |
| — pubérule. . . . . . | 5 | 273 |
| BRASSICA. . . . . . . . | 6 | 356 |
| — Chou. . . . . . . | 6 | 359 |

| | Vol. | Pag. |
|---|---|---|
| Brassica Faux-Navet. . . . | 6 | 367 |
| — Navet. . . . . . . | 6 | 371 |
| BRATHYDINÉES. . . . | 5 | 343 |
| | et | 452 |
| BRATHYDIUM. . . . . . | 5 | 442 |
| — à capsule globuleuse | 5 | 444 |
| — à feuilles d'Hyssope. | 5 | 445 |
| — à grandes fleurs. . | 5 | 443 |
| — Chaménérion. . . . | 5 | 445 |
| — du Canada. . . . . | 5 | 446 |
| BRATHYS. . . . . . . . | 5 | 446 |
| — à feuilles connées. | 5 | 450 |
| — à feuilles de Bruyère | 5 | 449 |
| — à feuilles de Mélèze | 5 | 449 |
| — à feuilles de Stru- | | |
| thiole. . . . . . | 5 | 449 |
| — à feuilles de Thym. | 5 | 448 |
| — cotonneux. . . . . | 5 | 453 |
| — de Caracas. . . . . | 5 | 448 |
| — de Mutis. . . . | 5 | 447 |
| — Fausse-Gentiane. . | 5 | 455 |
| — Faux-Erythréa. . | 5 | 452 |
| — Faux-Genévrier. . | 5 | 450 |
| — Faux-Lin. . . . . | 5 | 452 |
| — Faux-Thuya. . . . | 5 | 448 |
| — lancéolé. . . . . . | 5 | 453 |
| BRÉBISSONIA. . . . . . | 4 | 401 |
| — à feuilles de Thym. | 4 | 403 |
| — à feuilles petites. . | 4 | 402 |
| — bacillaire. . . . . | 4 | 403 |
| BRÉEA. . . . . . . . . | 10 | 94 |
| — commun. . . . . . | 10 | 95 |
| BRIZA. . . . . . . . . | 13 | 210 |
| — à gros épillets. . . | 13 | 211 |
| — Amourette. . . . . | 13 | 211 |
| BROME. . . . . . . . . | 13 | 217 |
| — à barbes divergen- | | |
| tes. . . . . . . | 13 | 219 |
| — à grappe. . . . . . | 13 | 219 |
| — à gros épillets. . . | 13 | 211 |
| — des champs. . . . | 13 | 220 |
| — étalé. . . . . . . . | 13 | 219 |
| — Seglin. . . . . . . | 13 | 218 |
| — velu. . . . . . . . | 13 | 219 |
| BROMÉES. . . . . . . . | 13 | 164 |
| *BROMÉLIACÉES.* | 12 | 397 |
| *BROMÉLIÉES.* . . . | 12 | 398 |
| BROSIME. . . . . . . . | 11 | 62 |
| — Alicastre. . . . . | 11 | 63 |
| BROUNÉA. . . . . . . . | 1 | 137 |
| — à grappes. . . . | 1 | 138 |
| Brounéa à gros capitules. . | 1 | 139 |
| — à larges feuilles. . | 1 | 139 |
| — écarlate. . . . . . | 1 | 138 |
| BROUSSONÉTIA. . . . . . | 11 | 49 |
| — à papier. . . . . . | 11 | 51 |
| BROWNÉA, *V.* BROUNÉA. | | |
| BROWNLOWIA. . . . . . | 4 | 43 |
| — élancé. . . . . . . | 4 | 43 |
| BRUCÉA. . . . . . . . . | 2 | 362 |
| — antidyssentérique. . | 2 | 362 |
| BRUGMANSIA. . . . . . . | 9 | 70 |
| — bicolore. . . . . . | 9 | 70 |
| — odorant. . . . . . | 9 | 70 |
| BRUNIA. . . . . . . . . | 2 | 477 |
| — à feuilles de Pin. . | 2 | 479 |
| — à grappes. . . . . | 2 | 479 |
| — à gros capitules. . | 2 | 479 |
| — aranéeux. . . . . . | 2 | 479 |
| — cilié. . . . . . . . | 2 | 478 |
| — écailleux. . . . . . | 2 | 478 |
| — effilé. . . . . . . | 2 | 478 |
| — Fausse-Bruyère. . | 2 | 479 |
| — nodiflore. . . . . . | 2 | 477 |
| — plumeux. . . . . . | 2 | 478 |
| — Queue de renard. . | 2 | 478 |
| — superbe. . . . . . | 2 | 477 |
| — touffu . . . . . . | 2 | 477 |
| — verticillé. . . . . | 2 | 478 |
| *BRUNIACÉES.* . . . | 2 | 474 |
| *Brunoniacées.* . . . . . . | 9 | 584 |
| BRUNSWIGIA. . . . . . . | 12 | 421 |
| — à feuilles falcifor- | | |
| mes. . . . . . . | 12 | 423 |
| — cilié. . . . . . . . | 12 | 423 |
| — marginé. . . . . | 12 | 421 |
| — multiflore. . . . . | 12 | 422 |
| — Radule. . . . . . . | 12 | 422 |
| — strié. . . . . . . . | 12 | 422 |
| — vénéneux. . . . . . | 12 | 422 |
| BRYA. . . . . . . . . . | 1 | 367 |
| — Faux-Ébénier. . . | 1 | 367 |
| BRYONIA. . . . . . . . | 6 | 225 |
| — blanc. . . . . . . | 6 | 227 |
| — dioïque. . . . . . | 6 | 226 |
| — hétérophylle. . . . | 6 | 228 |
| — Kariwi . . . . . . | 6 | 227 |
| BRYOPHYLLE. . . . . . . | 5 | 85 |
| — à gros calice. . . . | 5 | 85 |
| *BUCHNÉRÉES.* . . . | 9 | 269 |
| | et | 317 |
| BUCIDA. . . . . . . . . | 4 | 296 |
| — à cornes. . . . . . | 4 | 297 |

| | Vol. | Pag. |
|---|---|---|
| BUDDLÉIA. . . . . . . . | 9 | 319 |
| — à feuilles de Sauge. | 9 | 321 |
| — à feuilles de Saule. | 9 | 322 |
| — de Madagascar. . . | 9 | 321 |
| — globulifère. . . . | 9 | 320 |
| *BUDDLÉIÉES.* . . . . | 9 | 270 |
| | et | 319 |
| BUGRANE. . . . . . . . . | 1 | 212 |
| — à feuilles arrondies. | 1 | 212 |
| — arbrisseau. . . . . | 1 | 213 |
| — épineuse. . . . . | 1 | 213 |
| — rampante. . . . . . | 1 | 213 |
| BUIS. . . . . . . . . . . | 2 | 491 |
| — *arborescent.* . . . . | 2 | 491 |
| — *arbrisseau.* . . . . | 2 | 491 |
| — commun. . . . . . | 2 | 491 |
| — de Chine. . . . . | 2 | 493 |
| — de Mahon. . . . | 2 | 493 |
| — suffrutescent. . . . | 2 | 493 |
| BULBINE. . . . . . . . | 12 | 369 |
| — à feuilles de Narcisse. . . . . . | 12 | 372 |
| — à feuilles grandes. . | 12 | 372 |
| — à feuilles larges. . . | 12 | 371 |
| — à longue hampe. . . | 12 | 370 |
| — de Fraser. . . . . | 12 | 371 |
| — de Hooker. . . . | 12 | 371 |
| — Faux-Aloès. . . . | 12 | 372 |
| — Faux-Asphodèle. . | 12 | 371 |
| — frutescente. . . . . | 12 | 370 |
| — penchée. . . . . . | 12 | 372 |
| — pugioniforme. . . . | 12 | 371 |
| — rostrée. . . . . . . | 12 | 370 |
| BULBOCODE. . . . . . . | 12 | 238 |
| — du Caucase. . . . . | 12 | 239 |
| — printanier. . . . . | 12 | 239 |
| — versicolore. . . . . | 12 | 239 |
| BULBOCAPNOS. . . . . . . | 7 | 74 |
| — de Haller. . . . . | 7 | 76 |
| — tubéreux. . . . . . | 7 | 78 |
| BUMÉLIA. . . . . . . . . | 9 | 387 |
| — Faux-Lyciet. . . . | 9 | 388 |
| — tenace. . . . . . . | 9 | 388 |
| BUNCHOSIA. . . . . . . . | 3 | 131 |
| — à bractées. . . . . | 3 | 134 |
| — à épis nombreux. . | 3 | 132 |
| — à feuilles de Cornouiller. . . . | 3 | 132 |
| — Abricotier. . . . . | 3 | 133 |
| — argenté. . . . . . . | 3 | 133 |
| — glanduleux. . . . . | 3 | 131 |
| — glandulifère. . . . | 3 | 132 |
| — luisant. . . . . . . | 3 | 133 |

| | Vol. | Pag. |
|---|---|---|
| Bunchosia tuberculeux. . . | 3 | 132 |
| BUPHTHALME. . . . . . . | 10 | 224 |
| — à feuilles de Saule. | 10 | 224 |
| BUPLEURUM. . . . . . . | 8 | 176 |
| — arbrisseau. . . . | 8 | 176 |
| BURCHÉLLIA. . . . . . . | 8 | 402 |
| — à petites fleurs. . . | 8 | 403 |
| — du Cap. . . . . . | 8 | 403 |
| *BURMANNIACÉES.* | 13 | 118 |
| BURSARIA. . . . . . . . | 2 | 419 |
| — épineux. . . . . . . | 2 | 419 |
| BURSÉRA. . . . . . . . | 2 | 239 |
| — gummifère. . . . . | 2 | 239 |
| *BURSÉRACÉES.* . . . | 2 | 230 |
| | et | 233 |
| BURTONIA. . . . . . . . | 7 | 419 |
| — crénelé. . . . . . . | 7 | 420 |
| BUSSEROLE. . . . . . . . | 9 | 495 |
| — Raisin d'ours. . . . | 9 | 495 |
| BUTÉA. . . . . . . . . . | 1 | 357 |
| — magnifique. . . . . | 1 | 358 |
| — touffu. . . . . . . | 1 | 358 |
| *BUTOMÉES.* . . . . | 12 | 7 |
| *BUXÉES.* . . . . . . . | 2 | 486 |
| | et | 489 |
| BUXUS, *V.* BUIS. | | |
| BYRSONIMA. . . . . . . | 3 | 128 |
| — à feuilles de Bumélia. | 3 | 129 |
| — à feuilles de Fustet. | 3 | 130 |
| — à feuilles épaisses. | 3 | 130 |
| — Chrysophylle. . . . | 3 | 129 |
| — ferrugineux. . . . | 3 | 129 |
| — gigantesque. . . . . | 3 | 130 |
| — nain. . . . . . . . | 3 | 128 |
| BYTTNÉRIA. . . . . . . | 3 | 489 |
| — à feuilles de Catalpa. | 3 | 490 |
| — à feuilles de Mélastome. . . . . . | 3 | 492 |
| — à feuilles de Micocoulier. . . . . | 3 | 491 |
| — à feuilles épaisses. . | 3 | 490 |
| — à feuilles grandes. . | 3 | 490 |
| — à feuilles sagittiformes. . . . . . | 3 | 491 |
| — cotonneux. . . . . | 3 | 490 |
| — mou. . . . . . . . | 3 | 493 |
| — scabre. . . . . . . | 3 | 492 |
| *BYTTNÉRIACÉES.* | 3 | 475 |
| *BYTTNÉRIÉES.* . . . | 3 | 477 |

| | Vol. | Pag. |
|---|---|---|
| CABOMBA. . . . . . . . | 7 | 161 |
| — aquatique. . . . . | 7 | 161 |
| *CABOMBÉES.* . . . | 7 | 160 |
| CACAOTIER. . . . . . . . | 3 | 477 |
| — à feuilles étroites. . | 3 | 484 |
| — à feuilles ovales. . . | 3 | 485 |
| — à petit fruit. . . . | 3 | 484 |
| — bicolore. . . . . | 3 | 482 |
| — blanchâtre. . . . . | 3 | 484 |
| — commun. . . . . . | 3 | 479 |
| — de Guiane. . . . . | 3 | 481 |
| — du Rio-Négro. . . | 3 | 483 |
| — élégant. . . . . . | 3 | 481 |
| — sauvage. . . . . . | 3 | 483 |
| CACOUCIA. . . . . . . . | 4 | 315 |
| — écarlate. . . . . | 4 | 316 |
| CACTÉES ; CACTUS, *V.* Nopalées. | | |
| CADIA. . . . . . . . . . | 1 | 108 |
| — pourpre. . . . . | 1 | 108 |
| CÆSALPINIA, *V.* CÉSALPINIER. | | |
| CAFÉYER. . . . . . . . | 8 | 448 |
| — à grappes. . . . | 8 | 455 |
| — cultivé. . . . . . | 8 | 449 |
| — de Bourbon. . . . | 8 | 454 |
| — du Bengale. . . . . | 8 | 455 |
| CAÏOPHORA. . . . . . . | 6 | 241 |
| — à fruit contourné. . | 6 | 241 |
| CAJAN. . . . . . . . . . | 1 | 339 |
| — bicolore. . . . . | 1 | 340 |
| — jaune. . . . . . . | 1 | 340 |
| CAKILE. . . . . . . . . | 6 | 330 |
| — maritime. . . . . | 6 | 332 |
| *CALADIÉES.* . . . . | 12 | 39 |
| CALADIUM. . . . . . . | 12 | 47 |
| — bicolore. . . . . | 12 | 48 |
| CALAMPÉLIS. . . . . . | 9 | 131 |
| — scabre. . . . . . | 9 | 132 |
| CALAMUS. . . . . . . . | 12 | 79 |
| — à cannes. . . . . | 12 | 82 |
| — à cordes. . . . . | 12 | 83 |
| — à cravaches. . . . | 12 | 81 |
| — à larges aiguillons. | 12 | 82 |
| — Calappa. . . . . . | 12 | 83 |
| — flexible. . . . . . | 12 | 81 |
| — Rotang. . . . . . | 12 | 83 |
| — Sang-dragon. . . . | 12 | 84 |
| CALANDRINIA. . . . . . | 5 | 231 |
| — élégant. . . . . . | 5 | 232 |
| CALCÉOLAIRE. . . . . . | 9 | 277 |
| — à feuilles rugueuses. | 9 | 278 |
| Calcéolaire à feuilles sessiles. . . . . . . . . | 9 | 279 |
| — aranéeuse. . . . . | 9 | 279 |
| — pourpre. . . . . . | 9 | 280 |
| CALENDULA, *V.* SOUCI. | | — |
| *CALENDULÉES.* . . | 10 | 11 |
| | et | 109 |
| *CALICIFLORES.* . . | 4 | 292 |
| CALLA. . . . . . . . . | 12 | 51 |
| — des marais. . . . | 12 | 52 |
| *CALLACÉES.* . . . | 12 | 35 |
| *CALLÉES.* . . . . . . | 12 | 41 |
| CALLICARPA. . . . . . | 9 | 229 |
| — d'Amérique. . . . | 9 | 229 |
| CALLICOMA. . . . . . . | 5 | 6 |
| — à feuilles dentelées. | 5 | 6 |
| CALLIMÉRIS. . . . . . | 10 | 265 |
| — à grands capitules. | 10 | 265 |
| CALLIOPSIDE. . . . . . | 10 | 128 |
| — bicolore. . . . . . | 10 | 129 |
| — d'Atkinson. . . . . | 10 | 130 |
| CALLISTACHYS. . . . . | 1 | 172 |
| — lancéolé. . . . . | 1 | 172 |
| — ovale. . . . . . . | 1 | 172 |
| CALLISTÉMON. . . . . | 4 | 135 |
| — à feuilles de Pin. . | 4 | 135 |
| — à feuilles de Saule. | 4 | 136 |
| — à feuilles linéaires. | 4 | 137 |
| — à feuilles raides. . | 4 | 136 |
| — à fleurs pâles. . . | 4 | 136 |
| — à fleurs vertes. . . | 4 | 136 |
| — commun. . . . . . | 4 | 137 |
| — élégant. . . . . . | 4 | 137 |
| — tuberculeux. . . . | 4 | 137 |
| CALLISTÈPHE. . . . . . | 10 | 264 |
| — de Chine. . . . . . | 10 | 264 |
| CALLISTHÈNE. . . . . | 4 | 320 |
| — à grandes fleurs. . | 4 | 320 |
| — à petites fleurs. . | 4 | 320 |
| — fasciculé. . . . . | 4 | 321 |
| *CALLITRICHÉES.* . . | 4 | 443 |
| CALLITRIS. . . . . . . . | 11 | 342 |
| — quadrivalve. . . . | 11 | 344 |
| CALLUNA. . . . . . . . | 9 | 470 |
| — Bruyère. . . . . | 9 | 470 |
| CALOCAPNOS. . . . . . | 7 | 72 |
| — élégant. . . . . . | 7 | 73 |
| CALOCHORTE. . . . . . | 12 | 266 |
| — à grand fruit. . . | 12 | 267 |
| — agréable. . . . . | 12 | 267 |
| — brillant. . . . . . | 12 | 267 |

| | Vol. | Pag. |
|---|---|---|
| Calochorte jaune | 12 | 267 |
| CALODENDRE | 2 | 326 |
| — du Cap | 2 | 326 |
| CALODRYON | 3 | 181 |
| — tubiflore | 3 | 181 |
| CALOMÉCONE | 7 | 7 |
| — à bractées | 7 | 9 |
| — d'Orient | 7 | 9 |
| CALOPHAQUE | 1 | 271 |
| — du Volga | 1 | 271 |
| CALOPHYLLE | 5 | 330 |
| — Calaba | 5 | 332 |
| — du Brésil | 5 | 332 |
| — Faux-Tacamahac | 5 | 331 |
| — Tacamahac | 5 | 331 |
| *CALOPHYTES* | 1 | 45 |
| CALOTHAME | 4 | 115 |
| — grêle | 4 | 116 |
| — quadrifide | 4 | 116 |
| — rouge de sang | 4 | 116 |
| — vélu | 4 | 116 |
| CALOTHYRSE | 3 | 35 |
| — de Californie | 3 | 35 |
| CALOTROPIS | 8 | 547 |
| — élancé | 8 | 548 |
| — gigantesque | 8 | 547 |
| CALTHA | 7 | 293 |
| — commun | 7 | 294 |
| CALTHINÉES | 7 | 289 |
| | et | 293 |
| CALYCANTHE | 4 | 281 |
| — glauque | 4 | 282 |
| — inodore | 4 | 283 |
| — lisse | 4 | 282 |
| — multiflore | 4 | 283 |
| — *précoce* | 4 | 285 |
| *CALYCANTHÉES* | 4 | 280 |
| *CALYCANTHINÉES* | 4 | 278 |
| *CALYCÉRÉES* | 10 | 299 |
| CALYLOPHUS | 4 | 349 |
| — de Nuttall | 4 | 350 |
| CALYPTRANTHE | 4 | 468 |
| — à feuilles raides | 4 | 170 |
| — aromatique | 4 | 169 |
| — Faux-Eugénia | 4 | 169 |
| — glomérulé | 4 | 169 |
| CALYTHRICE | 4 | 107 |
| — à courtes feuilles | 4 | 107 |
| — à petites feuilles | 4 | 109 |
| — de Fraser | 4 | 108 |
| — décandre | 4 | 108 |
| Calythrice densiflore | 4 | 109 |
| — effilé | 4 | 107 |
| — Faux-Brunia | 4 | 109 |
| — glabre | 4 | 107 |
| — jaunâtre | 4 | 108 |
| — scabre | 4 | 109 |
| — strigueux | 4 | 108 |
| — tétraptère | 4 | 108 |
| CAMARÉA | 3 | 136 |
| — à feuilles linéaires | 3 | 138 |
| — à fleurs axillaires | 3 | 137 |
| — Fausse-Bruyère | 3 | 138 |
| — hérissé | 3 | 136 |
| — satiné | 3 | 137 |
| — voisin | 3 | 137 |
| CAMASSIA | 12 | 318 |
| — comestible | 12 | 319 |
| CAMBESSÉDÉSIA | 4 | 216 |
| — écarlate | 4 | 218 |
| — Espora | 4 | 217 |
| — de Saint-Hilaire | 4 | 217 |
| — du district des dia- | | |
| mants | 4 | 217 |
| — veineux | 4 | 218 |
| CAMÉLINA | 6 | 522 |
| — cultivé | 6 | 524 |
| — paniculé | 6 | 526 |
| CAMELLIA | 4 | 84 |
| — à fleurs axillaires | 4 | 90 |
| — drupifère | 4 | 90 |
| — du Japon | 4 | 86 |
| — Eurya | 4 | 89 |
| — Kissi | 4 | 90 |
| — oléifère | 4 | 89 |
| — réticulé | 4 | 88 |
| — Sassanqua | 4 | 88 |
| *CAMELLIACÉES* | 4 | 83 |
| CAMOMILLE | 10 | 188 |
| — odorante | 10 | 188 |
| *CAMPANULACÉES* | 9 | 534 |
| CAMPANULE | 9 | 538 |
| — à feuilles de Pêcher | 9 | 547 |
| — à feuilles larges | 9 | 540 |
| — à feuilles rhomboï- | | |
| dales | 9 | 543 |
| — à feuilles rondes | 9 | 544 |
| — à fleurs glomérulées | 9 | 538 |
| — de Bologne | 9 | 542 |
| — des Carpathes | 9 | 546 |
| — Gantelée | 9 | 541 |
| — lactiflore | 9 | 545 |
| — pyramidale | 9 | 545 |

| | Vol. | Pag. | | Vol. | Pag. |
|---|---|---|---|---|---|
| — Raiponce. | 9 | 548 | CANNEBERGE. | 9 | 529 |
| — thyrsoïde. | 9 | 540 | — à grand fruit. | 9 | 531 |
| *CAMPANULINÉES.* | 9 | 532 | — commune. | 9 | 530 |
| CAMPÊCHE. | 1 | 106 | CANNELLIER. | 10 | 474 |
| — tinctorial. | 1 | 107 | — *à feuilles subcordiformes.* | 10 | 481 |
| *CAMPHORÉES.* | 10 | 469 | — à nervures jaunes. | 10 | 477 |
| CAMPHOROSMA. | 5 | 286 | — aromatique. | 10 | 482 |
| — de Montpellier. | 5 | 286 | — camphré. | 10 | 478 |
| CAMPHRIER. | 10 | 486 | — Capparon. | 10 | 478 |
| — de Chine. | 10 | 488 | — *commun.* | 10 | 481 |
| — glanduleux. | 10 | 488 | — Culiwavan. | 10 | 476 |
| — officinal. | 10 | 487 | — de Ceylan. | 10 | 481 |
| — vernissé. | 10 | 487 | — de Java. | 10 | 480 |
| CAMPOMANÉSIA. | 4 | 151 | — de Loureiro | 10 | 485 |
| — à feuilles de Cornouiller. | 4 | 151 | — doux. | 10 | 484 |
| CAMPYLOPUS. | 5 | 411 | — insipide. | 10 | 479 |
| — Faux-Céraiste. | 5 | 412 | — Kiamis. | 10 | 485 |
| CAMPYLOSPORUS. | 5 | 423 | — *Laurier-Casse.* | 10 | 481 |
| — à feuilles étroites. | 5 | 425 | — luisant | 10 | 478 |
| — de Madagascar. | 5 | 426 | — rouge. | 10 | 476 |
| — réticulé. | 5 | 424 | — Sintoc. | 10 | 477 |
| CANAMELLE. | 13 | 249 | — Tamala. | 10 | 483 |
| — Canne à sucre. | 13 | 250 | CANTHIUM. | 8 | 435 |
| — de Chine. | 13 | 251 | — à petites fleurs. | 8 | 436 |
| — élancée. | 13 | 252 | CAPNOÏDES. | 7 | 79 |
| — Monja. | 13 | 252 | — toujours fleuri. | 7 | 81 |
| — rousse. | 13 | 252 | *CAPPARÉES.* | 6 | 296 |
| — violette. | 13 | 251 | *CAPPARIDÉES.* | 6 | 293 |
| CANARINE. | 9 | 562 | CAPRIER. | 6 | 297 |
| — Campanule. | 9 | 562 | — à gros fruits. | 6 | 300 |
| CANARION. | 2 | 240 | — commun. | 6 | 297 |
| — à petit fruit. | 2 | 242 | — de Rhéede. | 6 | 301 |
| — blanc. | 2 | 242 | — des Mariannes. | 6 | 299 |
| — cultivé. | 2 | 240 | — magnifique. | 6 | 300 |
| — denticulé. | 2 | 242 | — odorant. | 6 | 299 |
| — gigantesque. | 2 | 243 | — touffu. | 6 | 300 |
| — hispide. | 2 | 242 | *CAPRIFOLIACÉES.* | 8 | 325 |
| — littoral | 2 | 243 | CAPRIFOLIUM, *V.* CHÈVREFEUILLE. | | |
| — Pimel | 2 | 242 | CAPSELLA. | 6 | 536 |
| — sauvage. | 2 | 241 | — Boursette. | 6 | 538 |
| CANAVALIA. | 1 | 335 | CAPSICUM. | 9 | 75 |
| — à gousses ensiformes | 1 | 336 | — commun. | 9 | 76 |
| — de Buénos-Ayres. | 1 | 336 | CAPUCINE. | 3 | 4 |
| — Pois-sabre. | 1 | 336 | — commune. | 3 | 5 |
| CANELLA. | 5 | 334 | — laciniée. | 3 | 6 |
| — officinal. | 5 | 334 | — petite. | 3 | 5 |
| CANNA, *V.* BALISIER. | | | — polyphylle. | 3 | 7 |
| *CANNABINÉES.* | 11 | 25 | — quinqué-foliolée. | 3 | 7 |
| CANNABIS, *V.* CHANVRE. | | | — tricolore. | 3 | 7 |
| *CANNACÉES.* | 12 | 146 | — tubéreuse. | 3 | 6 |

| | Vol. | Pag. |
|---|---|---|
| CARAGAN. . . . . . . . | 1 | 266 |
| — à crinière. . . . . . | 1 | 270 |
| — à grandes fleurs. . . | 1 | 268 |
| — à petites feuilles. . | 1 | 267 |
| — Altagane. . . . . . | 1 | 267 |
| — arborescent. . . . . | 1 | 268 |
| — Chamlagu. . . . . . | 1 | 268 |
| — épineux. . . . . . . | 1 | 269 |
| — Faux-Tragacanthe. | 1 | 269 |
| — frutescent. . . . . | 1 | 268 |
| — pygmée. . . . . . | 1 | 269 |
| CARAÏPA. . . . . . . . | 4 | 69 |
| — à petites feuilles. . | 4 | 70 |
| — de Richard. . . . . | 4 | 70 |
| CARAPA. . . . . . . . | 3 | 202 |
| — de Guiane. . . . . | 3 | 202 |
| — Touloucouna. . . . | 3 | 203 |
| *CARCÉRULEUSES.* . . | 6 | 325 |
| | et | 573 |
| CARDAMINE. . . . . . | 6 | 439 |
| — des prés. . . . . . | 6 | 441 |
| CARDARIA. . . . . . . | 6 | 540 |
| — à feuilles épaisses.. | 6 | 545 |
| — à larges feuilles. . | 6 | 546 |
| — amplexicaule. . . . | 6 | 544 |
| — Faux-Cochléaria. . | 6 | 542 |
| CARDIAIRE.. . . . . . | 10 | 317 |
| — à foulon. . . . . . | 10 | 317 |
| CARDIOSPERME.. . . . | 3 | 41 |
| — des Indes. . . . . . | 3 | 42 |
| — élégant. . . . . . . | 3 | 42 |
| *CARDUINÉES.* . . . . | 10 | 11 |
| | et | 79 |
| CARDUUS, *V.* CHARDON. | | |
| CAREX , *V.* LAÎCHE. | | |
| CARÉYA. . . . . . . . | 4 | 200 |
| — en arbre. . . . . . | 4 | 200 |
| — herbacé. . . . . . | 4 | 200 |
| CARICA , *V.* PAPAYER. | | |
| *CARICÉES.* . . . . . . | 13 | 147 |
| CARISSA. . . . . . . . | 8 | 503 |
| — amer. . . . . . . . | 8 | 505 |
| — Carandas. . . . . . | 8 | 504 |
| — comestible. . . . . | 8 | 505 |
| *CARISSÉES.* . . . . . | 13 | 501 |
| | et | 503 |
| CARLINE . . . . . . . | 10 | 60 |
| — à feuilles d'Acanthe. | 10 | 60 |
| *CARLINÉES.* . . . . . | 10 | 8 |
| | et | 57 |
| CARLINÉES - BARNA- | | |
| DÉSIÉES. . . . . . . | 10 | 9 |
| CARLINÉES-PROTO- | | |
| TYPES . . . . . . . . | 10 | 9 |
| CARLINÉES-STÉHÉ- | | |
| LINÉES. . . . . . . . | 10 | 9 |
| CARLINÉES-XÉRAN- | | |
| THÉMÉES. . . . . . . | 10 | 8 |
| CARMICHAÉLIA. . . . . | 1 | 242 |
| — austral. . . . . . . | 1 | 242 |
| CAROLINÉA. . . . . . . | 3 | 423 |
| — cotonneux. . . . . | 3 | 424 |
| — de Tussac. . . . . | 3 | 426 |
| — élégant. . . . . . . | 3 | 425 |
| — grandiflore. . . . . | 3 | 425 |
| — magnifique. . . . . | 3 | 424 |
| — marginé. . . . . . . | 3 | 425 |
| — petit. . . . . . . . . | 3 | 426 |
| CAROUBIER. . . . . . . | 1 | 109 |
| — cultivé. . . . . . . | 1 | 109 |
| *CARPINÉES* . . . . . . | 11 | 143 |
| | et | 214 |
| CARPINUS, *V.* CHARME. | | |
| CARPOLYZE. . . . . . . | 12 | 410 |
| — spiralée. . . . . . | 12 | 410 |
| CARRICHTÉRA. . . . . . | 6 | 531 |
| — Faux-Vella. . . . . | 6 | 533 |
| CARTHAME. . . . . . . | 10 | 80 |
| — tinctorial. . . . . . | 10 | 81 |
| CARUM. . . . . . . . . | 8 | 193 |
| — cultivé. . . . . . . | 8 | 193 |
| — Noix de terre. . . . | 8 | 194 |
| CARYA. . . . . . . . . | 2 | 172 |
| — à noix blanche. . . | 2 | 174 |
| — amer. . . . . . . . | 2 | 177 |
| — aquatique. . . . . . | 2 | 179 |
| — cotonneux. . . . . | 2 | 176 |
| — des porcs.. . . . . | 2 | 178 |
| — glabre. . . . . . . | 2 | 179 |
| — Muscade. . . . . . | 2 | 179 |
| — Pacanier. . . . . . | 2 | 173 |
| — sillonné. . . . . . | 2 | 174 |
| CARYOCAR. . . . . . . | 3 | 11 |
| — Amandier.. . . . . | 3 | 13 |
| — butyracé. . . . . . | 3 | 14 |
| — cotonneux. . . . . | 3 | 15 |
| — du Brésil. . . . . . | 3 | 11 |
| — glabre. . . . . . . | 3 | 12 |
| — nucifère. . . . . . | 3 | 11 |
| — velu. . . . . . . . | 3 | 13 |
| *Caryophyllées.* . . . . . . . | 5 | 145 |
| | et | 203 |
| *CARYOPHYLLI-* | | |
| *NÉES.* . . . . . . . | 5 | 143 |

| | Vol. | Pag. |
|---|---|---|
| CARYOPHYLLUS, *V.* GIROFLIER. | | |
| CARYOTA. . . . . . . . | 12 | 77 |
| — à fruit caustique. . | 12 | 77 |
| — de Rumphius. . . . | 12 | 78 |
| CASÉARIA.. . . . . . . | 6 | 290 |
| — à feuilles d'Orme. . | 6 | 290 |
| CASSANDRA. . . . . . . | 9 | 477 |
| — à grappes. . . . | 9 | 478 |
| CASSE. . . . . . . . . | 1 | 113 |
| — à feuilles lancéolées. | 1 | 115 |
| — à feuilles obovales.. | 1 | 114 |
| — du Maryland. . . . | 1 | 115 |
| — Canéficier. . . . | 1 | 113 |
| — corymbifère. . . . | 1 | 114 |
| — grandiflore. . . . . | 1 | 114 |
| CASSINÉ. . . . . . . . | 2 | 423 |
| — à feuilles concaves. | 2 | 423 |
| — du Cap. . . . . . . | 2 | 423 |
| CASSINIE. . . . . . . . | 10 | 201 |
| — à longues feuilles | 10 | 203 |
| — à petites feuilles. . | 10 | 202 |
| — jaune. . . . . . . | 10 | 203 |
| — spinelleuse. . . . . | 10 | 203 |
| *CASSUVIÉES*. . . . | 2 | 184 |
| *CASSYTÉES*. . . . . | 10 | 474 |
| CASTANEA, *V.* CHATAIGNIER. | | |
| CASTANOPSIS. . . . . . | 11 | 185 |
| — à fruit de Châtai- | | |
| gnier. . . . . | 11 | 185 |
| — armé. . . . . . . | 11 | 185 |
| — féroce. . . . . . . | 11 | 185 |
| *CASTÉLÉES*. . . . . | 2 | 380 |
| CASUARINA. . . . . . . | 11 | 270 |
| — à feuilles de Prêle. | 11 | 272 |
| — à ramules droits. . | 11 | 272 |
| — muriqué. . . . . . | 11 | 272 |
| — quadrivalve.. . . . | 11 | 273 |
| — toruleux. . . . . . | 11 | 272 |
| *CASUARINÉES*. . | 11 | 267 |
| CATALPA. . . . . . . . | 9 | 132 |
| — à feuilles cordifor- | | |
| mes. . . . . . . | 9 | 133 |
| CATANANCHE. . . . . . | 10 | 54 |
| — bleue. . . . . . . . | 10 | 55 |
| CATESBÉA.. . . . . . . | 8 | 417 |
| — à larges feuilles. . | 8 | 418 |
| — épineux.. . . . . . | 8 | 417 |
| CATURE.. . . . . . . . | 2 | 519 |
| — hispide. . . . . . . | 2 | 520 |

| | Vol. | Pag. |
|---|---|---|
| CAUCALIDÉES. . . . . | 8 | 133 |
| . . . . . . . . . | et | 150 |
| CAULOPHYLLUM. . . . | 8 | 68 |
| — Faux — Thalictrum. | 8 | 69 |
| CAVALLIUM. . . . . . . | 5 | 513 |
| — à poils piquants. . | 5 | 513 |
| — chevelu. . . . . . . | 5 | 514 |
| CAYLUSÉA. . . . . . . | 7 | 105 |
| CÉANOT. . . . . . . . | 2 | 457 |
| — à petites feuilles. . | 2 | 461 |
| — à rameaux rouges. . | 2 | 461 |
| — azuré. . . . . . . . | 2 | 458 |
| — Baumann. . . . . . | 2 | 460 |
| — commun. . . . . . . | 2 | 459 |
| — Delile. . . . . . . | 2 | 459 |
| — Desfontaines. . . . | 2 | 460 |
| — glabre. . . . . . . | 2 | 459 |
| — herbacé. . . . . . . | 2 | 461 |
| — intermédiaire. . . . | 2 | 461 |
| CÉCROPIA. . . . . . . | 11 | 68 |
| — pelté. . . . . . . . | 11 | 68 |
| CÉDRATIER. . . . . . . | 2 | 299 |
| — à fleurs doubles. . . | 2 | 301 |
| — à gros fruit. . . . | 2 | 301 |
| — à fruit à côtes. . . | 2 | 303 |
| — à fruit allongé. . . | 2 | 302 |
| — à fruit cornu. . . . . | 2 | 301 |
| — à fruit doux.. . . . | 2 | 301 |
| — à fruit en calebasse. | 2 | 300 |
| — à fruit glabre. . . . | 2 | 303 |
| — à fruit limoniforme. | 2 | 303 |
| — à fruit petit. . . . | 2 | 303 |
| — à fruit rugueux. . . | 2 | 302 |
| — à fruit sillonné. . . | 2 | 303 |
| — de Florence. . . . . | 2 | 302 |
| — de Gênes. . . . . . | 2 | 301 |
| — de Rome. . . . . . | 2 | 303 |
| — de Salo. . . . . . . | 2 | 301 |
| — ordinaire. . . . . . | 2 | 300 |
| — Poncire. . . . . . . | 2 | 300 |
| CÈDRE. . . . . . . . . | 11 | 426 |
| — Déodara. . . . . . | 11 | 430 |
| — du Liban. . . . . . | 11 | 427 |
| CÉDRÉLA. . . . . . . . | 3 | 173 |
| — à bois odorant. . . | 3 | 176 |
| — à folioles étroites.. | 3 | 175 |
| — de Chine. . . . . . | 3 | 174 |
| — de Guiane. . . . . | 3 | 176 |
| — du Brésil. . . . . . | 3 | 176 |
| — fébrifuge. . . . . . | 3 | 175 |
| — Touna. . . . . . . | 3 | 174 |
| *CÉDRÉLACÉES*. . . | 3 | 161 |

| | Vol. | Pag. |
|---|---|---|
| CÈDRÉLÉES. .... | 3 | 163 |
| | et | 171 |
| CÉLASTRINÉES. | 2 | 402 |
| CÉLASTRUS. ........ | 2 | 410 |
| — à épines rouges. . | 2 | 412 |
| — à feuilles de Buis. . | 2 | 411 |
| — à feuilles de Cassiné. ..... | 2 | 411 |
| — à feuilles luisantes. | 2 | 411 |
| — comestible. ..... | 2 | 411 |
| — Faux-Olivier. ... | 2 | 411 |
| — grimpant..... | 2 | 410 |
| — multiflore. ..... | 2 | 412 |
| CÉLESTINE. ........ | 10 | 285 |
| — bleue. ....... | 10 | 285 |
| CÉLOSIA.. ......... | 5 | 254 |
| — à aigrettes. .... | 5 | 255 |
| — à fleurs argentées. . | 5 | 254 |
| — à longues feuilles. | 5 | 256 |
| — Crête de coq. ... | 5 | 255 |
| — effilé. ..... | 5 | 255 |
| — margaritacé.. ... | 5 | 255 |
| — paniculé. ..... | 5 | 256 |
| CELTIDÉES. ..... | 11 | 98 |
| | et | 122 |
| CELTIS, V. MICOCOULIER. | | |
| CENTAURÉE. ...... | 10 | 65 |
| — à feuilles blanches. | 10 | 68 |
| — à feuilles de Pastel. | 10 | 66 |
| — à grands capitules. | 10 | 67 |
| — Bleuet. ..... | 10 | 69 |
| — Chausse-trappe.. . | 10 | 72 |
| — d'Afrique. ... | 10 | 75 |
| — de montagne. ... | 10 | 70 |
| — d'Orient. ..... | 10 | 71 |
| — de Russie. .... | 10 | 75 |
| — déprimée. ..... | 10 | 69 |
| — Jacée. ..... | 10 | 67 |
| — rose. ..... | 10 | 71 |
| CENTAURIDE. ..... | 10 | 74 |
| — d'Afrique. .... | 10 | 75 |
| — de Russie. ... | 10 | 75 |
| — élancée. ..... | 10 | 74 |
| CENTAURIÉES. .... | 10 | 10 |
| | et | 62 |
| CENTAURIÉES-CHRY-SÉIDÉES. ..... | 10 | 11 |
| CENTAURIÉES - PRO-TOTYPES. ..... | 10 | 10 |
| CENTRANTHE. ..... | 10 | 306 |
| — commun. ..... | 10 | 306 |

| | Vol. | Pag. |
|---|---|---|
| CÉPHAÉLIS. ..... | 8 | 460 |
| — Ipépacuanha. ... | 8 | 460 |
| CÉPHALANTHE. ..... | 8 | 462 |
| — Bois-bouton. ... | 8 | 463 |
| CÉPHALOTE. ...... | 1 | 484 |
| — à ampoules. .... | 1 | 484 |
| CÉRAISTE. ........ | 5 | 216 |
| — cotonneux. .... | 5 | 218 |
| — des champs..... | 5 | 217 |
| — grandiflore. .... | 5 | 218 |
| — rampant. .... | 5 | 217 |
| CÉRAMOSPERMÉES. | 8 | 132 |
| | et | 141 |
| CÉRATOCAULOS. ... | 9 | 68 |
| — Faux-Datura. ... | 9 | 69 |
| CERATONIA, V. CAROUBIER. | | |
| CÉRATOPÉTALE. .... | 5 | 11 |
| — gummifère. .... | 5 | 11 |
| CERATOPHYL-LÉES. ........ | 13 | 294 |
| CERBÉRA. ..... | 8 | 515 |
| — arbrisseau. .... | 8 | 516 |
| — Manghas. ..... | 8 | 517 |
| — Odollam. ..... | 8 | 517 |
| CERCIS, V. GAÎNIER. | | |
| CÉREUS. ..... | 13 | 356 |
| — à aiguillons blancs. | 13 | 365 |
| — à angles tranchants. | 13 | 357 |
| — à cinq crêtes. ... | 13 | 372 |
| — à épines jaunes. . | 13 | 363 |
| — à fleurs blanches. | 13 | 358 |
| — à fleurs dentelées. | 13 | 368 |
| — à fleurs tubuleuses. | 13 | 558 |
| — à grands aiguillons. | 13 | 368 |
| — à grandes fleurs. . | 13 | 378 |
| — à larges frondes. . | 13 | 386 |
| — à longs articles. . | 13 | 382 |
| — à pétales pointus. . | 13 | 386 |
| — acutangulé. .... | 13 | 375 |
| — articulé. ..... | 13 | 372 |
| — azuré. ..... | 13 | 365 |
| — blanchâtre. .... | 13 | 367 |
| — bleuâtre. ..... | 13 | 365 |
| — cendré. ..... | 13 | 371 |
| — charmant. ..... | 13 | 360 |
| — Colonne de Trajan. | 13 | 361 |
| — crénelé. ..... | 13 | 365 |
| — d'Ackermann.... | 13 | 385 |
| — de Bonpland. ... | 13 | 376 |
| — de Curtis. ..... | 13 | 363 |
| — d'Eyriès. ..... | 13 | 359 |

| | Vol. | Pag. | | Vol. | Pag. |
|---|---|---|---|---|---|
| Céreus de Haworth. | 13 | 364 | Céreus sétigère. | 13 | 380 |
| — de Hooker. | 13 | 386 | — sinuolé. | 13 | 368 |
| — d'ivoire. | 13 | 367 | — spinelleux. | 13 | 379 |
| — de Martius. | 13 | 377 | — subsinuolé. | 13 | 369 |
| — de Napoléon. | 13 | 381 | — tétragone. | 13 | 371 |
| — de Royen. | 13 | 363 | — transparent. | 13 | 375 |
| — de Schrank. | 13 | 384 | — triangulaire. | 13 | 380 |
| — délicat. | 13 | 376 | — trièdre. | 13 | 381 |
| — dénudé. | 13 | 360 | — trigone. | 13 | 381 |
| — divariqué. | 13 | 370 | — triptère. | 13 | 381 |
| — divergent. | 13 | 370 | — turbiné. | 13 | 359 |
| — douteux. | 13 | 373 | — variable. | 13 | 374 |
| — droit. | 13 | 364 | — vert. | 13 | 371 |
| — du Pérou. | 13 | 366 | CERISIER. | 1 | 400 |
| — du Chili. | 13 | 366 | — à feuilles acumi- | | |
| — du Prince de Salm- | | | nées. | 1 | 421 |
| Dyck. | 13 | 366 | — à feuilles de Pêcher. | 1 | 411 |
| — écarlate. | 13 | 384 | — à feuilles de Saule. | 1 | 422 |
| — étoilé. | 13 | 366 | — à feuilles dentelées. | 1 | 408 |
| — Faux-Phyllanthe. | 13 | 385 | — à feuilles elliptiques. | 1 | 418 |
| — flagelliforme. | 13 | 377 | — à feuilles ondulées. | 1 | 418 |
| — flagriforme. | 13 | 377 | — à feuilles scabres. | 1 | 426 |
| — floconneux. | 13 | 363 | — à fleurs tardives. | 1 | 416 |
| — gibbeux. | 13 | 360 | — à fruit acide. | 1 | 404 |
| — Hérisson. | 13 | 367 | — à fruit sphérique. | 1 | 421 |
| — Jamacaru. | 13 | 370 | — à grappes. | 1 | 412 |
| — jaunâtre. | 13 | 364 | — à grappes denses. | 1 | 415 |
| — laineux. | 13 | 362 | — à noyau pointu. | 1 | 413 |
| — lanigère. | 13 | 369 | — à petites fleurs. | 1 | 414 |
| — lanugineux. | 13 | 362 | — Azaréro. | 1 | 418 |
| — magnifique. | 13 | 383 | — Bigarreautier. | 1 | 402 |
| — marginé. | 13 | 370 | — Bois de Sainte-Lucie. | 1 | 409 |
| — moniliforme. | 13 | 372 | — Capuli. | 1 | 422 |
| — monstrueux. | 13 | 367 | — de Caroline. | 1 | 420 |
| — multi-angulaire. | 13 | 362 | — de Chine. | 1 | 425 |
| — multiple. | 13 | 357 | — de la Toussaint. | 1 | 407 |
| — nain. | 13 | 380 | — de Virginie. | 1 | 414 |
| — nocturne. | 13 | 379 | — des Antilles. | 1 | 422 |
| — noir. | 13 | 364 | — Desfontaines. | 1 | 410 |
| — obtus. | 13 | 374 | — diffus. | 1 | 423 |
| — ondé. | 13 | 369 | — du Canada. | 1 | 417 |
| — ovoïde. | 13 | 372 | — du Japon. | 1 | 425 |
| — paniculé. | 13 | 375 | — du Népaul. | 1 | 418 |
| — pentagone. | 13 | 376 | — ferrugineux. | 1 | 422 |
| — Petit serpent. | 13 | 378 | — fimbrié. | 1 | 416 |
| — Phyllanthe. | 13 | 386 | — glanduleux. | 1 | 425 |
| — polygone. | 13 | 374 | — Guignier. | 1 | 403 |
| — Prince. | 13 | 375 | — hérissé. | 1 | 417 |
| — prismatique. | 13 | 382 | — Hixa. | 1 | 419 |
| — sénile. | 13 | 361 | — incane. | 1 | 423 |
| — Serpent. | 13 | 373 | — incisé. | 1 | 424 |
| — serpentant. | 13 | 373 | — Laurier-Cerise. | 1 | 419 |
| — sétacé. | 13 | 383 | — Merisier. | 1 | 401 |

| | Vol. | Pag. | | Vol. | Pag. |
|---|---|---|---|---|---|
| Cerisier nain.. . . . . . . | 1 | 407 | Chaméléon gummifère. . . | 10 | 61 |
| — paniculé. . . . . . | 1 | 411 | CHAMÉLIRIUM. . . . . | 12 | 241 |
| — Phoshia. . . . . . | 1 | 424 | — dioïque. . . . . . | 12 | 242 |
| — Puddum. . . . . . | 1 | 410 | CHAMÉNÉRION. . . . . .. | 4 | 396 |
| CÉROPÉGIA. . . . . . . . | 8 | 558 | — à feuilles de Roma- | | |
| — acuminé. . . . . | 8 | 559 | rin. . . .. . . . | 4 | 397 |
| — bulbeux. . . . . . | 8 | 558 | — denticulé. . . . . . | 4 | 398 |
| — tubéreux. . . . . . | 8 | 559 | — multiflore. . . . . | 4 | 396 |
| CÉROPHYLLE. . . . . . . | 6 | 152 | CHANVRE . . . . . . . . | 11 | 31 |
| — de Douglas. . . . . | 6 | 153 | — cultivé. . . . . . . | 11 | 31 |
| — énivrant. . . . . | 6 | 154 | CHARDON. . . . . . . . . | 10 | 95 |
| *CÉSALPINIÉES.* . | 1 | 86 | — à feuilles d'Acanthe. | 10 | 96 |
| CÉSALPINIÉES VRAIES. | 1 | 88 | — crépu. . . . . . . | 10 | 97 |
| | et | 89 | — nutant. . . . . . . | 10 | 96 |
| CÉSALPINIER. . . . . . | 1 | 100 | *CHARIANTHÉES.* | 4 | 206 |
| — Brésillet. . . . . . | 1 | 101 | | et | 270 |
| — de Bahama. . . . . | 1 | 102 | CHARIANTHUS. . . . . . | 4 | 270 |
| — de Fernambouc. . . | 1 | 103 | — écarlate. . . . . . | 4 | 271 |
| — des Antilles. . . . . | 1 | 102 | — pourpre. . . . . . | 4 | 271 |
| — des corroyeurs. . . | 1 | 104 | CHARIÉIDE. . . . . . . | 10 | 262 |
| — Nonga. . . . . . . | 1 | 101 | — hétérophylle. . . . | 10 | 263 |
| — paniculé. . . . . . | 1 | 101 | CHARME. . . . . . . .. | 11 | 219 |
| — Sappan. . . . . . | 1 | 103 | — *à feuilles de Hêtre.* | 11 | 227 |
| — Sensitive. . . . . . | 1 | 104 | — à rameaux flexibles. | 11 | 226 |
| *CESTRINÉES.* . . . . | 9 | 57 | — commun. . . . . . | 11 | 221 |
| | et | 87 | — d'Amérique. . . . | 11 | 224 |
| CESTRUM. . . . . . . . | 9 | 87 | — d'Orient. . . . . . | 11 | 225 |
| — Parqui. . . . . . . | 9 | 88 | CHATAIGNIER. . . . . . | 11 | 186 |
| CHÆROPHYLLUM. . . . | 8 | 144 | — à feuilles dorées. . | 11 | 194 |
| — tubéreux. . . . . | 8 | 146 | — Chincapin. . . . . | 11 | 192 |
| — vénéneux. . . . . . | 8 | 145 | — commun. . . . . . | 11 | 188 |
| CHALEF . . . . . . . . | 10 | 454 | — d'Amérique. . . . | 11 | 191 |
| — à feuilles étroites. . | 10 | 455 | — de l'Inde. . . . . . | 11 | 193 |
| — argenté. . . . . . . | 10 | 456 | — *Marronnier.* . . . . | 11 | 188 |
| CHAMÆBUXUS. . . . . . | 7 | 125 | CHÉIROPSIS. . . . . . . | 7 | 260 |
| — alpestre . . . . . . | 7 | 127 | — des Baléares. . . . | 7 | 262 |
| CHAMÆDRYS, *V.* GERMANDRÉE. | | | — élégant. . . . . . . | 7 | 261 |
| CHAMÆPLIUM. . . . . . | 6 | 433 | CHÉIROSTÈME. . . . . . | 3 | 441e |
| — officinal. . . . . . | 6 | 435 | — à feuilles de Pla- | | |
| CHAMÆROPS. . . . . . . | 12 | 107 | tane. . . . . . . | 3 | 442 |
| — Palmiste. . . . . . | 12 | 107 | CHÉLIDOINE.. . . . . . . | 7 | 34 |
| CHAMÉCYPARIS. . . . . . | 11 | 329 | — Éclaire. . . . . . . | 7 | 36 |
| — à fruit globuleux. . | 11 | 331 | CHÉLIDONINÉES. . . . | 7 | 6 |
| — de Noutka. . . . . | 11 | 333 | | et | 28 |
| CHAMÉDAPHNÉ. . . . . . | 9 | 475 | CHÉLONE. . . . . . . . . | 9 | 296 |
| — calyculé. . . . . . | 9 | 476 | — à larges feuilles. . . | 9 | 298 |
| — crépu. . . . . . . | 9 | 477 | — *barbue.* . . . . . . . | 9 | 299 |
| *CHAMÉLAUCIÉES.* . | 4 | 104 | — élégante. . . . . . . | 9 | 297 |
| | et | 106 | CHÊNE. . . . . . . . . . | 11 | 145 |
| CHAMÉLAUCIUM. . . . . | 4 | 110 | — à cupule lamelleuse. | 11 | 183 |
| — cilié. . . . . . . . | 4 | 111 | — à cupule sétifère. . | 11 | 182 |
| CHAMÉLÉON. . . . . . . | 10 | 61 | — à cupule urcéolaire. | 11 | 180 |
| | | | — *à feuilles cendrées.* | 11 | 161 |

| | Vol. | Pag. |
|---|---|---|
| **Chêne** à feuilles de Châtai- | | |
| gnier. | 11 | 158 |
| — à feuilles de Sémé- | | |
| carpe | 11 | 184 |
| — à feuilles lancéolées. | 11 | 180 |
| — *à feuilles trilobées.* | 11 | 163 |
| — à galles. | 11 | 170 |
| — à gland en forme | | |
| d'Olive. | 11 | 159 |
| — à gland sub-inclus. | 11 | 180 |
| — à gland turbiné. | 11 | 181 |
| — à gland velouté. | 11 | 184 |
| — à gros gland. | 11 | 159 |
| — à liège. | 11 | 176 |
| — *à lobes falciformes.* | 11 | 163 |
| — à longs épis. | 11 | 183 |
| — à manne. | 11 | 179 |
| — au kermès. | 11 | 178 |
| — acuminé. | 11 | 181 |
| — aquatique. | 11 | 161 |
| — Ballote. | 11 | 175 |
| — *bicolore* | 11 | 158 |
| — blanc d'Amérique. | 11 | 155 |
| — Bankus. | 11 | 179 |
| — chevelu | 11 | 167 |
| — Chincapin. | 11 | 158 |
| — commun. | 11 | 148 |
| — *commun à feuilles* | | |
| *de Fougère.* | 11 | 151 |
| — *commun à feuilles* | | |
| *pointues.* | 11 | 150 |
| — *commun à feuilles* | | |
| *pourpres.* | 11 | 151 |
| — *commun à gland* | | |
| *doux.* | 11 | 150 |
| — *commun à grappes.* | 11 | 149 |
| — *commun à rameaux* | | |
| *pendants.* | 11 | 151 |
| — *commun de Dalé-* | | |
| *champ.* | 11 | 150 |
| — *commun des Abruzes* | 11 | 150 |
| — *commun glauque.* | 11 | 150 |
| — *commun pubescent.* | 11 | 152 |
| — *commun pyramidal.* | 11 | 151 |
| — *commun Rouvre.* | 11 | 148 |
| — *commun Tauzin.* | 11 | 151 |
| — *de Banister.* | 11 | 164 |
| — de Catesby. | 11 | 162 |
| — de marais. | 11 | 166 |
| — discolore. | 11 | 163 |
| — écarlate. | 11 | 166 |
| — étoilé | 11 | 156 |
| — Faux-Liège. | 11 | 169 |

| | Vol. | Pag. |
|---|---|---|
| **Chêne** *Laurier.* | 11 | 160 |
| — lyré. | 11 | 156 |
| — *nain.* | 11 | 161 |
| — noir. | 11 | 162 |
| — Prinos. | 11 | 157 |
| — *pyramidal.* | 11 | 152 |
| — Quercitron. | 11 | 165 |
| — *rouge.* | 11 | 166 |
| — royal. | 11 | 179 |
| — Saule. | 11 | 160 |
| — squamelleux. | 11 | 182 |
| — *Toza.* | 11 | 152 |
| — Vélani. | 11 | 168 |
| — *vert.* | 11 | 175 |
| — vert d'Amérique. | 11 | 177 |
| — Yeuse. | 11 | 171 |
| **CHENILLETTE.** | 1 | 279 |
| — sillonnée. | 1 | 280 |
| — tuberculeuse. | 1 | 279 |
| — vermiculaire. | 1 | 280 |
| **CHÉNOMÈLE.** | 2 | 158 |
| — du Japon. | 2 | 159 |
| **CHÉNOPLEURA.** | 4 | 271 |
| — à grappes grêles. | 4 | 271 |
| **CHÉNOPODE.** | 5 | 300 |
| — à feuilles de Figuier. | 5 | 301 |
| — blanc. | 5 | 300 |
| — fétide. | 5 | 302 |
| — Quinoa. | 5 | 301 |
| — vert. | 5 | 301 |
| **CHÉNOPODÉES.** | 5 | 276 |
| **CHÉRAMÉLIER.** | 2 | 494 |
| — à grappes. | 2 | 494 |
| — distique. | 2 | 494 |
| **CHÉTOGASTRA.** | 4 | 235 |
| — blanchâtre. | 4 | 238 |
| — Cardinal. | 4 | 239 |
| — cilié. | 4 | 237 |
| — élégant. | 4 | 236 |
| — lancéolé. | 4 | 237 |
| — muriqué. | 4 | 239 |
| — raide. | 4 | 240 |
| — réticulé. | 4 | 236 |
| — sarmenteux. | 4 | 240 |
| — strigilleux. | 4 | 239 |
| — tortueux. | 4 | 238 |
| — touffu. | 4 | 240 |
| **CHÉTOSTOMA.** | 4 | 219 |
| — Fausse-Bruyère. | 4 | 220 |
| — piquant. | 4 | 219 |
| — tétrastique. | 4 | 219 |
| **CHÈVREFEUILLE.** | 8 | 336 |

| | Vol. | Pag. | | Vol. | Pag. |
|---|---|---|---|---|---|
| Chèvrefeuille à petites fleurs. | 8 | 343 | CHRYSANTHÈME. | 10 | 178 |
| — commun. | 8 | 338 | — de Chine. | 10 | 179 |
| — d'Allemagne. | 8 | 336 | — Leucanthème. | 10 | 178 |
| — de Belgique. | 8 | 336 | CHRYSÉE. | 10 | 75 |
| — de Chine. | 8 | 331 | — musquée. | 10 | 77 |
| — des Baléares. | 8 | 340 | — odorante. | 10 | 76 |
| — des bois. | 8 | 334 | CHRYSIONE. | 5 | 509 |
| — d'Étrurie. | 8 | 336 | — biflore. | 5 | 510 |
| — du Japon. | 8 | 332 | CHRYSOBALA-| | |
| — incane. | 8 | 333 | NÉES. | 1 | 368 |
| — jaune. | 8 | 341 | CHRYSOBALANIER. | 1 | 369 |
| — pubescent. | 8 | 342 | — à feuilles ellipti- | | |
| CHICORÉE. | 10 | 55 | ques. | 1 | 370 |
| — Endive. | 10 | 56 | — à feuilles oblongues. | 1 | 371 |
| — sauvage. | 10 | 56 | — à fruit jaune. | 1 | 370 |
| CHICOT. | 1 | 89 | — Icaquier. | 1 | 369 |
| — du Canada. | 1 | 89 | CHRYSOBOTRYA. | 6 | 148 |
| CHIMONANTHUS. | 4 | 284 | — de Lindley. | 6 | 151 |
| — à grandes fleurs. | 4 | 285 | — intermédiaire. | 6 | 150 |
| — odorant. | 4 | 285 | — révoluté. | 6 | 149 |
| CHIMOPHILA. | 9 | 516 | CHRYSOCOME. | 10 | 236 |
| — à ombelle. | 9 | 516 | — doré. | 10 | 236 |
| CHIOCOCCA. | 8 | 437 | CHRYSOPHYLLE. | 9 | 385 |
| — à grappes. | 8 | 438 | — acuminé. | 9 | 387 |
| — alexitère. | 8 | 439 | — à feuilles argentées. | 9 | 386 |
| — feuillu. | 8 | 439 | — Caïmitier. | 9 | 385 |
| CHIONANTHE. | 8 | 259 | — glabre. | 9 | 386 |
| — de Virginie. | 8 | 259 | — pyriforme. | 9 | 387 |
| CHIRONIA. | 9 | 7 | CHRYSOPIA. | 5 | 319 |
| — baccifère. | 9 | 11 | — à fleurs fasciculées. | 5 | 320 |
| — Faux-Jasmin. | 9 | 9 | — à petites feuilles. | 5 | 319 |
| — Faux-Lin. | 9 | 10 | CHUKRASIA. | 3 | 170 |
| — frutescent. | 9 | 8 | — tabulaire. | 3 | 170 |
| — pédonculaire. | 9 | 9 | CHUSQUÉA. | 13 | 221 |
| CHIRONIÉES. | 9 | 4 | — grimpant. | 13 | 221 |
| | et | 7 | CICCA, V. CHÉRAMÉLIER. | | |
| | | | CICER, V. CICHE. | | |
| CHLÉNACÉES. | 4 | 53 | CICHE. | 1 | 298 |
| CHLORANTHÉES. | 11 | 18 | — bouffi. | 1 | 299 |
| CHLORÉES. | 9 | 4 | — cultivé. | 1 | 300 |
| CHLORIDÉES. | 13 | 162 | — Tête de bélier. | 1 | 299 |
| | et | 197 | CICUTAIRE. | 8 | 189 |
| CHLOROXYLE. | 3 | 171 | — vireuse. | 8 | 189 |
| — Acajou. | 3 | 171 | CIGUE. | 8 | 179 |
| CHORISIA. | 3 | 437 | — commune. | 8 | 180 |
| — à fleurs crépues. | 3 | 438 | CIMICAIRE. | 7 | 388 |
| — élégant. | 3 | 437 | — d'Amérique. | 7 | 391 |
| — magnifique. | 3 | 438 | — fétide. | 7 | 390 |
| CHORIZÈME. | 1 | 168 | CINCHONA. | 8 | 385 |
| — à feuilles de Houx. | 1 | 169 | — à feuilles lancéolées. | 8 | 385 |
| — à feuilles ovales. | 1 | 169 | — à feuilles pointues. | 8 | 388 |
| — élégant. | 1 | 169 | — à fleurs caduques. | 8 | 390 |
| — rhomboïdal. | 1 | 169 | | | |

| | Vol. | Pag. |
|---|---|---|
| Cinchona à fleurs rouges. . | 8 | 390 |
| — à grandes feuilles. . | 8 | 386 |
| — à gros fruits. . . . | 8 | 388 |
| — à petites fleurs. . . | 8 | 389 |
| — de Humboldt. . . . | 8 | 387 |
| — de La Condamine. . | 8 | 384 |
| — dichotome. . . . . | 8 | 388 |
| — glanduleux. . . . . | 8 | 389 |
| — pubescent. . . . . | 8 | 386 |
| — scrobiculé. . . . . | 8 | 385 |
| CINCHONINÉES. . . . . | 8 | 371 |
| | et | 379 |
| CINNAMOMÉES. . . | 10 | 469 |
| CINNAMOMUM, V. CANNELLIER. | | |
| CIPURA. . . . . . . . . . | 13 | 73 |
| — de la Martinique. . | 13 | 74 |
| — des marais. . . . . | 13 | 74 |
| — engaîné. . . . . . | 13 | 74 |
| CIRCÉA. . . . . . . . . . | 4 | 415 |
| — commun. . . . . . | 4 | 416 |
| CIRSE. . . . . . . . . . | 10 | 92 |
| — à feuilles lancéolées. | 10 | 93 |
| — laineux. . . . . . | 10 | 93 |
| — oléracé. . . . . . . | 10 | 94 |
| CISSAMPÉLOS. . . . . . | 8 | 23 |
| — à feuilles ovales. . | 8 | 23 |
| — Paréira. . . . . . | 8 | 24 |
| CISSUS. . . . . . . . . . | 3 | 210 |
| — à feuilles rondes. . | 3 | 211 |
| — acide. . . . . . . | 3 | 212 |
| — antarctique. . . . . | 3 | 210 |
| — auriculé. . . . . . | 3 | 214 |
| — caustique. . . . . | 3 | 213 |
| — crénelé. . . . . . . | 3 | 213 |
| — d'Orient. . . . . . | 3 | 214 |
| — du Cap. . . . . . . | 3 | 210 |
| — Faux-Sycios. . . . | 3 | 211 |
| — hispide. . . . . . . | 3 | 212 |
| — noueux. . . . . . . | 3 | 211 |
| — quadrangulaire. . . | 3 | 212 |
| — quinquéfoliolé. . . | 3 | 214 |
| — salubre. . . . . . . | 3 | 212 |
| — thyrsiflore. . . . . | 3 | 213 |
| — tuberculeux. . . . | 3 | 213 |
| CISTACÉES. . . . . | 6 | 1 |
| CISTANTHE. . . . . . . | 5 | 229 |
| — ancipité. . . . . . | 5 | 230 |
| — discolore. . . . . . | 5 | 231 |
| CISTE. . . . . . . . . . | 6 | 84 |
| — à fleurs pourpres. . | 6 | 91 |
| — à petites fleurs. . . | 6 | 85 |
| — commun. . . . . . | 6 | 87 |
| — commun à feuilles sessiles. . . . . . | 6 | 88 |
| — commun crépu. . . | 6 | 88 |
| — commun hétéro- phylle. . . . . . | 6 | 89 |
| — commun incane. . | 6 | 88 |
| — commun velu. . . | 6 | 87 |
| CISTÉES. . . . . . . | 6 | 6 |
| | et | 8 |
| CISTIFLORES. . . | 5 | 475 |
| CISTINÉES. . . . . . . | 6 | 7 |
| | et | 15 |
| CISTOCARPE. . . . . . . | 6 | 471 |
| — utriculeux. . . . | 6 | 472 |
| CITRONNIER. . . . . . | 2 | 256 |
| — vrai, V. CÉDRATIER. | | |
| Citronnier Bigaradier, V. BIGARA- DIER. | | |
| Citronnier Limetier, V. LIMETIER. | | |
| Citronnier Limonier, V. LIMONIER. | | |
| Citronnier Oranger, V. ORANGER. | | |
| Citronnier Pompelmouse, V. POMPEL- MOUSE. | | |
| CITRULLUS. . . . . . . | 6 | 212 |
| — Coloquinte. . . . | 6 | 213 |
| — Pastèque. . . . . . | 6 | 214 |
| CLADANTHE. . . . . . | 10 | 190 |
| — prolifère. . . . . . | 10 | 191 |
| CLANDESTINARIA. . . . | 6 | 427 |
| — d'Inde. . . . . . . | 6 | 429 |
| CLARKIA. . . . . . . . | 4 | 394 |
| — élégant . . . . . . | 4 | 395 |
| CLAVALIER. . . . . . . | 2 | 363 |
| — à feuilles de Frêne. | 2 | 364 |
| — à feuilles de Sorbier. | 2 | 367 |
| — à larges feuilles. . | 2 | 366 |
| — des Antilles. . . . | 2 | 365 |
| — du Sénégal. . . . | 2 | 365 |
| — hivernal. . . . . . | 2 | 367 |
| — tricarpe. . . . . . | 2 | 365 |
| CLAVIJA. . . . . . . . | 9 | 379 |
| — à feuilles lancéolées. | 9 | 380 |
| — à longues feuilles. . | 9 | 379 |
| CLAYTONIA. . . . . . . | 5 | 233 |
| — à grandes fleurs. . | 5 | 236 |
| — à pétales pointus. . | 5 | 235 |
| — de Caroline. . . . | 5 | 236 |
| — de Sibérie. . . . . | 5 | 235 |
| — Faux-Alsiné. . . . | 5 | 235 |
| — perfolié. . . . . . | 5 | 234 |
| CLÉMATIDÉES. . . | 7 | 191 |
| | et | 257 |

| | Vol. | Pag. | | Vol. | Pag. |
|---|---|---|---|---|---|
| CLÉMATIS. . . . . . . . | 7 | 275 | Clusia Criuva. . . . . . . | 5 | 313 |
| — à feuilles étroites. . | 7 | 281 | — magnifique. . . . . | 5 | 314 |
| — aristé. . . . . . . | 7 | 283 | — Panapanari. . . . | 5 | 315 |
| — commun. . . . . . | 7 | 276 | CLUYTIA. . . . . . . . | 2 | 498 |
| — de Virginie. . . . | 7 | 278 | — Alaterne . . . . . | 2 | 499 |
| — dressé. . . . . . | 7 | 282 | — cotonneux. . . . . | 2 | 499 |
| — Flammule. . . . . | 7 | 279 | — Daphné. . . . . . | 2 | 499 |
| CLÉOME. . . . . . . . | 6 | 309 | — élégant. . . . . . . | 2 | 499 |
| — arbuscule. . . . . | 6 | 312 | — vénéneux. . . . . | 2 | 499 |
| — élégant. . . . . . | 6 | 311 | CLYPÉA. . . . . . . . | 8 | 22 |
| — gigantesque. . . . | 6 | 312 | — de Burmann. . . . | 8 | 22 |
| — piquant. . . . . . | 6 | 309 | CNICUS. . . . . . . . . | 10 | 73 |
| — pubescent. . . . . | 6 | 311 | — Chardon béni. . . | 10 | 73 |
| — rose. . . . . . . . | 6 | 311 | COBÉA. . . . . . . . . | 9 | 123 |
| CLÉOMÉES. . . . . | 6 | 296 | — grimpant . . . . . | 9 | 124 |
| | et | 303 | COBURGIA. . . . . . . | 12 | 427 |
| CLÉRODENDRE. . . . . | 9 | 228 | — à fleurs carnées. . | 12 | 427 |
| — odorant. . . . . . | 9 | 228 | COCCOLOBA. . . . . . . | 10 | 541 |
| CLÉTHRA. . . . . . . . | 9 | 487 | — à feuilles de Laurier. | 10 | 543 |
| — à feuilles d'Aune. . | 9 | 487 | — à feuilles diversi- | | |
| — à feuilles discolores. | 9 | 487 | formes. . . . . . | 10 | 542 |
| — à feuilles vertes. . | 9 | 487 | — à fruits blancs. . . | 10 | 543 |
| — arborescent. . . . | 9 | 488 | — à grappes. . . . . | 10 | 542 |
| CLÉYÉRA. . . . . . . . | 4 | 62 | — à larges feuilles. . | 10 | 542 |
| — de Kæmpffer. . . . | 4 | 63 | — excorié. . . . . . . | 10 | 543 |
| — du Japon. . . . . | 4 | 63 | — pubescent. . . . . | 10 | 542 |
| CLIDÉMIA. . . . . . . . | 4 | 252 | COCCULIDE. . . . . . . | 8 | 16 |
| — à épis. . . . . . . | 4 | 253 | — à feuilles de Peu- | | |
| — agreste. . . . . . . | 4 | 254 | plier. . . . . . . | 8 | 17 |
| — élégant. . . . . . . | 4 | 253 | COCCULINÉES. . | 8 | 1 |
| — hispide. . . . . . . | 4 | 253 | COCCULUS. . . . . . . . | 8 | 15 |
| CLIFFORTIA. . . . . . . | 1 | 489 | — à feuilles cordiformes | 8 | 14 |
| — à feuilles de Houx. . | 1 | 490 | — à larges feuilles. . | 8 | 13 |
| — à feuilles de Petit- | | | — Cébathe. . . . . . | 8 | 16 |
| Houx. . . . . . | 1 | 490 | — Fibrauréa. . . . . | 8 | 16 |
| — cunéiforme. . . . . | 1 | 490 | — grisâtre. . . . . . | 8 | 14 |
| — obcordiforme. . . . | 1 | 490 | — Limacia. . . . . . | 8 | 16 |
| — tridenté. . . . . . | 1 | 490 | — palmé. . . . . . . | 8 | 15 |
| CLINTONIA. . . . . . . . | 9 | 572 | COCHLÉARIA. . . . . . . | 6 | 499 |
| — élégant. . . . . . . | 9 | 573 | — officinal. . . . . . | 6 | 501 |
| CLINTONIÉES. . . . | 9 | 572 | COCHLOSPERME. . . . . . | 4 | 81 |
| CLITORIA. . . . . . . . | 1 | 242 | — magnifique. . . . . | 4 | 81 |
| — de Plumier. . . . | 1 | 243 | — tinctorial. . . . . . | 4 | 81 |
| — de Ternate. . . . . | 1 | 243 | COCOINÉES. . . . . | 12 | 62 |
| — de Virginie. . . . | 1 | 243 | | et | 115 |
| CLITORIÉES. . . . . . | 1 | 153 | COCOTIER. . . . . . . . | 12 | 123 |
| | et | 230 | — à amande amère. . | 12 | 128 |
| CLUSIA. . . . . . . . . | 5 | 310 | — butyracé. . . . . . | 12 | 128 |
| — à feuilles lancéolées. | 5 | 313 | — couronné. . . . . . | 12 | 127 |
| — à feuilles veineuses. | 5 | 313 | — cultivé. . . . . . . | 12 | 124 |
| — à fleurs blanches. . | 5 | 312 | — oléracé. . . . . . . | 12 | 128 |
| — à fleurs roses. . . . | 5 | 311 | CODIÉON. . . . . . . . . | 2 | 505 |

66 TABLE FRANÇAISE.

| | Vol. | Pag. |
|---|---|---|
| Codiéon à feuilles marbrées | 2 | 506 |
| COFFÉINÉES. | 8 | 576 |
| | et | 435 |
| COIGNASSIER. | 2 | 154 |
| — commun. | 2 | 155 |
| — de Chine. | 2 | 157 |
| — de l'Inde. | 2 | 158 |
| — du Japon. | 2 | 159 |
| — du Portugal. | 2 | 156 |
| — Sumbosh. | 2 | 157 |
| COÏX. | 13 | 175 |
| — agreste. | 13 | 176 |
| — aquatique. | 13 | 176 |
| — Larme de Job. | 13 | 176 |
| COLA, V. KOLA. | | |
| COLBERTIA. | 7 | 425 |
| — à feuilles scabres. | 7 | 426 |
| — pentagyne. | 7 | 426 |
| COLCHICACÉES. | 12 | 233 |
| COLCHICÉES. | 12 | 234 |
| COLCHIQUE. | 12 | 235 |
| — d'automne. | 12 | 236 |
| — de Bivona. | 12 | 237 |
| — d'Orient. | 12 | 238 |
| — des sables. | 12 | 238 |
| — panaché. | 12 | 237 |
| COLÉONÈME. | 2 | 328 |
| — à fleurs blanches. | 2 | 328 |
| COLOCASE. | 12 | 44 |
| — à feuilles de Nymphéa. | 12 | 45 |
| — comestible. | 12 | 45 |
| — cultivée. | 12 | 45 |
| COLOCASIÉES. | 12 | 39 |
| COLUMNIFÈRES. | 3 | 338 |
| COLUTEA, V. BAGUENAUDIER. | | |
| COMBRÉTACÉES. | 4 | 294 |
| COMBRÉTÉES. | 4 | 296 |
| | et | 308 |
| COMBRÉTUM. | 4 | 308 |
| — à cymes. | 4 | 312 |
| — à épis lâches. | 4 | 310 |
| — à feuilles de Nerprun. | 4 | 309 |
| — à feuilles dorées. | 4 | 314 |
| — à feuilles ponctuées. | 4 | 315 |
| — à fleurs unilatérales. | 4 | 310 |
| — à petites fleurs. | 4 | 313 |
| — Bugi. | 4 | 312 |
| — d'Aublet. | 4 | 311 |
| Combrétum de St-Hilaire. | 4 | 311 |
| — du Mexique. | 4 | 309 |
| — élancé. | 4 | 314 |
| — élégant. | 4 | 310 |
| — farineux. | 4 | 311 |
| — grandiflore. | 4 | 313 |
| — nain. | 4 | 315 |
| — visqueux. | 4 | 314 |
| COMMÉLINACÉES. | 13 | 121 |
| COMMÉLINE. | 13 | 122 |
| — à feuilles étroites. | 13 | 125 |
| — à feuilles d'OEillet. | 13 | 125 |
| — céleste. | 13 | 124 |
| — d'Afrique. | 13 | 125 |
| — de Virginie. | 13 | 125 |
| — raide. | 13 | 124 |
| — tubéreuse. | 13 | 124 |
| COMMERSONIA. | 3 | 487 |
| — à fruit hérissé. | 3 | 488 |
| — à grandes feuilles. | 3 | 489 |
| — de Gaudichaud. | 3 | 488 |
| COMMIA. | 2 | 527 |
| — de Cochinchine. | 2 | 527 |
| COMPOSÉES. | 10 | 1 |
| COMPTONIA. | 11 | 264 |
| — à feuilles de Cétérach | 11 | 265 |
| CONDAMINÉA. | 8 | 418 |
| — corymbifère. | 8 | 419 |
| CONIFÈRES. | 11 | 274 |
| CONIUM, V. CIGUE. | | |
| CONNARACÉES. | 2 | 227 |
| CONOCARPUS. | 4 | 303 |
| — polymorphe. | 4 | 304 |
| CONORIA. | 5 | 523 |
| — à feuilles de Châtaignier. | 5 | 524 |
| — à feuilles d'Orme. | 5 | 524 |
| — Lobolobo. | 5 | 523 |
| CONOSPERMÉES. | 10 | 401 |
| CONSOUDE. | 9 | 37 |
| — officinale. | 9 | 37 |
| CONTOURNÉES. | 8 | 479 |
| CONVALLARIA, V. MUGUET. | | |
| CONVOLVULACÉES. | 9 | 92 |
| CONVOLVULÉES. | 9 | 94 |
| CONVOLVULUS. | 9 | 96 |

| | Vol. | Pag. |
|---|---|---|
| Convolvulus agreste.... | 9 | 99 |
| — des haies...... | 9 | 97 |
| — Patate...... | 9 | 100 |
| — pourpre...... | 9 | 100 |
| — Scammonée. .... | 9 | 98 |
| — tricolore...... | 9 | 99 |
| COOKIA........... | 2 | 253 |
| — ponctué...... | 2 | 253 |
| COPAYER......... | 1 | 116 |
| — officinal...... | 1 | 116 |
| COPERNICIA....... | 12 | 105 |
| — à cire........ | 12 | 105 |
| COPTIS........... | 7 | 324 |
| — trifoliolé...... | 7 | 325 |
| CORCHORUS, *V*. CORÈTE. | | |
| CORDIA.......... | 9 | 44 |
| — à larges feuilles... | 9 | 45 |
| — myxa......... | 9 | 45 |
| *CORDIÉES*...... | 9 | 32 |
| | et | 44 |
| *CORDIÉRINÉES*.... | 8 | 374 |
| CORÉOPSIDE...... | 10 | 135 |
| — à feuilles de Consolida....... | 10 | 134 |
| — *à feuilles menues*.. | 10 | 134 |
| — trifoliolée .... | 10 | 134 |
| CORÉOSMA........ | 6 | 154 |
| — à fleurs pourpres.. | 6 | 155 |
| — multiflore. .... | 6 | 157 |
| CORÈTE......... | 4 | 7 |
| — capsulaire. .... | 4 | 9 |
| — comestible. .... | 4 | 8 |
| — triloculaire..... | 4 | 8 |
| CORIANDRE........ | 8 | 141 |
| — cultivée...... | 8 | 141 |
| CORIARIA......... | 3 | 80 |
| — à feuilles de Myrte. | 3 | 80 |
| — sarmenteux..... | 3 | 81 |
| *CORIARIÉES*... | 3 | 79 |
| CORIDE.......... | 9 | 368 |
| — de Montpellier... | 9 | 369 |
| CORMIER......... | 2 | 96 |
| — cultivé....... | 2 | 97 |
| *CORNACÉES*... | 8 | 86 |
| CORNOUILLER....... | 8 | 90 |
| — à feuilles alternes.. | 8 | 92 |
| — à feuilles rondes.. | 8 | 95 |
| — blanc........ | 8 | 93 |
| — cultivé....... | 8 | 101 |
| — de Sibérie..... | 8 | 94 |
| — de Suède...... | 8 | 103 |
| Cornouiller du Canada... | 8 | 105 |
| — élancé....... | 8 | 96 |
| — paniculé...... | 8 | 98 |
| — sanguin....... | 8 | 97 |
| — soyeux....... | 8 | 99 |
| CORONILLE........ | 1 | 280 |
| — Baguenaudier... | 1 | 280 |
| — bigarrée...... | 1 | 281 |
| — de Géorgie..... | 1 | 282 |
| — glauque....... | 1 | 281 |
| — jonciforme..... | 9 | 281 |
| CORONILLÉES..... | 1 | 155 |
| | et | 279 |
| CORONOPUS........ | 6 | 577 |
| — commun...... | 6 | 579 |
| CORRÉA.......... | 2 | 335 |
| — à fleurs blanches.. | 2 | 335 |
| — à fleurs vertes... | 2 | 336 |
| — bicolore...... | 2 | 336 |
| — élégant....... | 2 | 336 |
| — roux........ | 2 | 336 |
| CORTUSE......... | 9 | 349 |
| — de Matthiole.... | 9 | 350 |
| *CORYDALINÉES*... | 7 | 60 |
| | et | 71 |
| *CORYLÉES*...... | 11 | 143 |
| | et | 205 |
| CORYLOPSIS....... | 8 | 81 |
| — à épis....... | 8 | 82 |
| CORYLUS, *V*. COUDRIER. | | |
| CORYNANDRA....... | 6 | 303 |
| — élégant...... | 6 | 303 |
| CORYNOSTYLE...... | 5 | 497 |
| — Hybanthe..... | 5 | 498 |
| CORYPHA......... | 12 | 101 |
| — à parasols.... | 12 | 101 |
| — Gébang...... | 12 | 103 |
| — gigantesque.... | 12 | 102 |
| — sylvestre...... | 12 | 103 |
| — Taliera...... | 12 | 102 |
| *CORYPHINÉES*.... | 12 | 62 |
| | et | 100 |
| COSMOS.......... | 10 | 155 |
| — élégant...... | 10 | 155 |
| COSTUS.......... | 12 | 169 |
| — élégant...... | 12 | 169 |
| COTONÉASTER...... | 2 | 73 |
| — à feuilles acuminées. | 2 | 75 |
| — à feuilles d'Airelle. | 2 | 75 |
| — à fleurs lâches... | 2 | 76 |
| — à petites feuilles.. | 2 | 74 |
| — Buisson-ardent... | 2 | 73 |

| | Vol. | Pag. | | Vol. | Pag. |
|---|---|---|---|---|---|
| Cotonéaster commun | 2 | 75 | Couroupita | 4 | 196 |
| — cotonneux | 2 | 76 | — de Guiane | 4 | 197 |
| — de Lindley | 2 | 77 | Coutaréa | 8 | 382 |
| — des neiges | 2 | 78 | — élégant | 8 | 383 |
| — Desfontaines | 2 | 77 | Coxia | 9 | 362 |
| Cotonnier | 3 | 388 | — pourpre | 9 | 362 |
| — à feuilles de Vigne | 3 | 393 | Crambé | 6 | 362 |
| — à petites fleurs | 3 | 392 | — maritime | 6 | 328 |
| — arborescent | 3 | 393 | Crassula | 5 | 74 |
| — d'Inde | 3 | 392 | — à feuilles cordi- | | |
| — de la Barbade | 3 | 393 | formes | 5 | 77 |
| — du Pérou | 3 | 393 | — à feuilles lingui- | | |
| — herbacé | 3 | 392 | formes | 5 | 77 |
| — hérissé | 3 | 394 | — à feuilles pointues | 5 | 75 |
| — tricuspidé | 3 | 394 | — à feuilles spatulées | 5 | 77 |
| Cotylet | 5 | 86 | — à petits corymbes | 5 | 78 |
| — à fleurs courbées | 5 | 87 | — à thyrse | 5 | 78 |
| — éclatant | 5 | 86 | — arborescent | 5 | 74 |
| — fasciculaire | 5 | 87 | — cilié | 5 | 78 |
| — hémisphérique | 5 | 87 | — columnaire | 5 | 76 |
| — orbiculaire | 5 | 86 | — deltoïde | 5 | 77 |
| — papillaire | 5 | 87 | — Faux-Lycopode | 5 | 76 |
| — tuberculeux | 5 | 87 | — Fausse-Bruyère | 5 | 76 |
| Coudrier | 11 | 205 | — fruticuleux | 5 | 75 |
| — Colurna | 11 | 207 | — lacté | 5 | 74 |
| — commun | 11 | 209 | — marginé | 5 | 76 |
| — féroce | 11 | 214 | — orbiculaire | 5 | 78 |
| — rostré | 11 | 214 | — perfolié | 5 | 76 |
| — tubulé | 11 | 213 | — Pourpier | 5 | 74 |
| Coultéria | 1 | 99 | — pulvérulent | 5 | 76 |
| — hérissé | 1 | 100 | — rameux | 5 | 75 |
| — tinctorial | 1 | 100 | — ramuliflore | 5 | 78 |
| Couma | 8 | 505 | — scabre | 5 | 75 |
| — de Guiane | 8 | 506 | — tétragone | 5 | 75 |
| Couratari | 4 | 198 | — transparent | 5 | 77 |
| — de Guiane | 4 | 199 | CRASSULACÉES | 5 | 71 |
| — glabre | 4 | 198 | Cratæva | 6 | 301 |
| — roussâtre | 4 | 199 | — odorant | 6 | 302 |
| Courbaril | 1 | 122 | — Tapier | 6 | 301 |
| — commun | 1 | 122 | Cratægus, V. Alisier | | |
| — fleuri | 1 | 123 | Crémanium | 4 | 266 |
| Courge | 6 | 197 | — grenu | 4 | 267 |
| — Barbarine | 6 | 199 | — Thé | 4 | 267 |
| — Cougourdette | 1 | 199 | — tinctorial | 4 | 267 |
| — Coloquinelle | 1 | 199 | Crescentia | 9 | 332 |
| — Citrouille | 1 | 199 | — Calebassier | 9 | 333 |
| — Giraumon | 1 | 199 | Crinole | 12 | 423 |
| — melonnée | 1 | 198 | — à longues bractées | 12 | 425 |
| — Orangin | 1 | 199 | — d'Amérique | 12 | 424 |
| — Pastisson | 1 | 200 | — d'Asie | 12 | 425 |
| — Pépon | 1 | 198 | — gracieuse | 12 | 425 |
| — Pépon-turban | 1 | 199 | — pédonculée | 12 | 425 |
| — Potiron | 1 | 202 | | | |

| | Vol. | Pag. |
|---|---|---|
| Crinole pourpre. . . . . . | 12 | 424 |
| — rougeâtre. . . . . . | 12 | 424 |
| CRITHMUM. . . . . . . | 8 | 215 |
| — maritime. . . . . . | 8 | 215 |
| CROCANTHÈME. . . . . . | 6 | 95 |
| — de Caroline. . . . | 6 | 97 |
| — du Brésil. . . . . . | 6 | 96 |
| CROCINÉES. . . . . | 13 | 4 |
| CROCUS. . . . . . . . . . | 13 | 100 |
| — à fleurs blanches. . | 13 | 105 |
| — biflore. . . . . . . | 13 | 103 |
| — d'Impérati. . . . . | 13 | 104 |
| — de Suze. . . . . . | 13 | 101 |
| — de Thomas. . . . . | 13 | 106 |
| — doré. . . . . . . . | 13 | 102 |
| — intermédiaire. . . . | 13 | 107 |
| — jaune. . . . . . . . | 13 | 102 |
| — jaune de soufre. . | 13 | 102 |
| — minime. . . . . . | 13 | 104 |
| — nain. . . . . . . . | 13 | 103 |
| — odorant. . . . . . | 13 | 105 |
| — officinal. . . . . . | 13 | 106 |
| — panaché. . . . . . | 13 | 103 |
| — printanier. . . . . | 13 | 105 |
| — réticulé. . . . . . | 13 | 104 |
| — tardif. . . . . . . | 13 | 106 |
| CROTALAIRE. . . . . . . | 1 | 193 |
| — arborescente. . . . | 1 | 194 |
| — argentée. . . . . . | 1 | 194 |
| — élégante. . . . . . | 1 | 194 |
| — jonciforme. . . . . | 1 | 195 |
| — panachée. . . . . . | 1 | 195 |
| — pourpre. . . . . . | 1 | 193 |
| — rougeâtre. . . . . . | 1 | 194 |
| — toujours fleurie. . . | 1 | 195 |
| CROTON. . . . . . . . . . | 2 | 501 |
| — à feuilles d'Origan. | 2 | 502 |
| — balsamifère. . . . | 2 | 502 |
| — Cascarille. . . . . | 2 | 502 |
| — cathartique. . . . . . | 2 | 503 |
| — des champs. . . . . | 2 | 504 |
| — Encens. . . . . . . | 2 | 504 |
| — Pied de perdrix. . | 2 | 505 |
| — Porte-laque. . . . | 2 | 503 |
| — sanguinolent. . . . | 2 | 504 |
| CROWÉA. . . . . . . . . | 2 | 337 |
| — à feuilles de Saule. | 2 | 337 |
| CROZOPHORA. . . . . . . | 2 | 500 |
| — Tournesol. . . . . | 2 | 500 |
| CRUCIFÈRES. . . | 6 | 316 |
| CRYPTANDRA. . . . . . . | 2 | 465 |
| — à feuilles de Bruyère | 2 | 466 |
| Cryptandra amer. . . . . | 2 | 466 |
| — épineux. . . . . . | 2 | 466 |
| CRYPTOCARYÉES. . | 10 | 470 |
| CRYPTOCARYNÉES. | 12 | 36 |
| CRYPTOMÉRIA. . . . . . | 11 | 353 |
| — du Japon. . . . . | 11 | 354 |
| CUBÉBIER. . . . . . . . | 11 | 11 |
| — officinal. . . . . . | 11 | 12 |
| CUCUBALE. . . . . . . . | 5 | 173 |
| — à feuilles d'Orpin. | 5 | 175 |
| — Béhen. . . . . . . | 5 | 176 |
| — étoilé. . . . . . . | 5 | 174 |
| — fimbrié. . . . . . . | 5 | 174 |
| — lacinié. . . . . . . | 5 | 175 |
| — maritime. . . . . . | 5 | 176 |
| — nain. . . . . . . . . | 5 | 177 |
| CUCUMIS. . . . . . . . . | 6 | 205 |
| — à fruit sétifère. . . | 6 | 211 |
| — Abdélaoui. . . . . | 6 | 209 |
| — Concombre. . . . . | 6 | 209 |
| — délicieux. . . . . . | 6 | 209 |
| — de Perse. . . . . . | 6 | 209 |
| — des prophètes. . . | 6 | 212 |
| — flexueux. . . . . . | 6 | 211 |
| — Melon. . . . . . . | 6 | 205 |
| CUCURBITA, V. COURGE. | | |
| CUCURBITACÉES. | 6 | 183 |
| CUCURBITÉES. . . . | 6 | 187 |
| | et | 192 |
| CUMIN. . . . . . . . . . | 8 | 149 |
| — officinal. . . . . . | 8 | 149 |
| CUMINÉES. . . . . . . | 8 | 133 |
| | et | 149 |
| CUMINGIA. . . . . . . . | 12 | 387 |
| — campanulé. . . . . | 12 | 388 |
| — trimaculé. . . . . | 12 | 388 |
| CUNNINGHAMIA. . . . . | 11 | 360 |
| — de Chine. . . . . . | 11 | 360 |
| CUNONIA. . . . . . . . . | 5 | 10 |
| — du Cap. . . . . . . | 5 | 10 |
| CUNONIACÉES. . | 5 | 3 |
| CUNONIÉES. . . . . . . | 5 | 4 |
| | et | 6 |
| CUPANIA. . . . . . . . . | 3 | 57 |
| — Akée. . . . . . . . | 3 | 60 |
| — blanchâtre. . . . . | 3 | 59 |
| — Bois de fer. . . . . | 3 | 59 |
| — cotonneux. . . . . | 3 | 58 |
| — d'Amérique. . . . | 3 | 58 |
| — élevé. . . . . . . . | 3 | 59 |

| | Vol. | Pag. |
|---|---|---|
| Cuphéa. . . . . . . . . . | 4 | 422 |
| — à feuilles d'Acinos. | 4 | 423 |
| — à feuilles de Diosma. | 4 | 427 |
| — densiflore. . . . . | 4 | 426 |
| — Fausse-Airelle. . . | 4 | 424 |
| — Fausse-Bruyère. . | 4 | 427 |
| — Faux-Hyssope. . . | 4 | 426 |
| — Faux-Lysimachia. | 4 | 426 |
| — Faux-Thym. . . . | 4 | 423 |
| — Llavéa. . . . . . | 4 | 424 |
| — Melville. . . . . . | 4 | 425 |
| — polymorphe. . . . | 4 | 424 |
| — très-visqueux. . . | 4 | 425 |
| *CUPRESSINÉES.* . | 11 | 503 |
| Cupressus, *V.* Cyprès. | | |
| *CUPULIFÈRES.* . | 11 | 158 |
| *CUPULIFÈRES-BÉ-* | | |
| *TULOIDÉES.* . . . . | 11 | 142 |
| | et | 204 |
| *CUPULIFÈRES-* | | |
| *TYPES.* . . . . . . | 11 | 141 |
| | et | 145 |
| Curatella. . . . . . | 7 | 417 |
| — Gambaïba. . . . | 7 | 418 |
| — de Guiane. . . . . | 7 | 418 |
| Curcuma. . . . . . . . | 12 | 156 |
| — à feuilles étroites. . | 12 | 159 |
| — à racine blanche. . | 12 | 159 |
| — aromatique. . . . . | 12 | 158 |
| — long. . . . . . . . | 12 | 159 |
| — rougeâtre. . . . . | 12 | 158 |
| — Zédoaire. . . . . . | 12 | 157 |
| Curtogyne. . . . . . . | 5 | 81 |
| — déjeté. . . . . . . | 5 | 81 |
| — ondulé. . . . . . . | 5 | 81 |
| Cuscute. . . . . . . . | 9 | 89 |
| — commune. . . . . | 9 | 90 |
| — Épithym. . . . . . | 9 | 90 |
| *CUSCUTÉES.* . . . | 9 | 89 |
| Cuspariées. . . . . . | 2 | 323 |
| | et | 347 |
| Cussonia. . . . . . . | 8 | 117 |
| — à épis. . . . . . . | 8 | 118 |
| — à grappes. . . . . | 8 | 118 |
| Cyanelle. . . . . . . | 12 | 389 |
| — du Cap. . . . . . | 12 | 389 |
| — jaune. . . . . . . | 12 | 390 |
| — odorante. . . . . . | 12 | 389 |
| — orchidiforme. . . . | 12 | 390 |
| Cyanopside. . . . . . | 10 | 77 |
| — radiée. . . . . . . | 10 | 78 |
| *CYCADÉES.* . . . . | 11 | 440 |
| Cycas. . . . . . . . . | 11 | 442 |
| — à fruit globuleux. . | 11 | 443 |
| — circinnal. . . . . . | 11 | 444 |
| — de Rumphius. . . . | 11 | 443 |
| Cyclame. . . . . . . . | 9 | 343 |
| — à feuilles de Lierre. | 9 | 345 |
| — à feuilles réniformes. . . . . . . | 9 | 344 |
| — commun. . . . . . | 9 | 344 |
| — sinuolé. . . . . . . | 9 | 343 |
| — vernal. . . . . . . | 9 | 345 |
| *CYCLANTHÉES.* . . | 12 | 23 |
| Cyclanthéra. . . . . . | 6 | 222 |
| — à feuilles pédalées. | 6 | 223 |
| Cyclobothra. . . . . . | 12 | 264 |
| — blanc. . . . . . . | 12 | 265 |
| — charmant. . . . . . | 12 | 265 |
| — jaune. . . . . . . . | 12 | 265 |
| — pourpre. . . . . . | 12 | 266 |
| Cydonia, *V.* Coignassier. | | |
| Cymbostémon. . . . . | 7 | 444 |
| — à petites fleurs. . . | 7 | 446 |
| *CYNANCHINÉES.* . . . | 8 | 559 |
| | et | 544 |
| Cynanque. . . . . . . | 8 | 544 |
| — de Montpellier. . . | 8 | 545 |
| Cynare. . . . . . . . | 10 | 90 |
| — Artichaut. . . . . | 10 | 91 |
| — Cardon. . . . . . . | 10 | 91 |
| Cynocardamum. . . . . | 6 | 552 |
| — de Virginie. . . . | 6 | 554 |
| *Cynocrambées.* . . . . . . | 11 | 25 |
| Cynodon. . . . . . . . | 13 | 198 |
| — Dactyle. . . . . . | 13 | 198 |
| Cynoglosse. . . . . . | 9 | 33 |
| — officinale. . . . . | 9 | 33 |
| Cynomètre. . . . . . . | 1 | 117 |
| — cauliflore. . . . . . | 1 | 117 |
| *CYNOMORIÉES.* . . | 10 | 548 |
| Cypella. . . . . . . . | 13 | 7 |
| — de Herbert. . . . . | 13 | 7 |
| *CYPÉRACÉES.* . . | 13 | 142 |
| Cypérus, *V.* Souchet. | | |
| *CYPÉRÉES.* . . . . . | 13 | 144 |
| Cyprès . . . . . . . . . | 11 | 323 |
| — commun. . . . . . | 11 | 325 |
| — *étalé.* . . . . . . . | 11 | 326 |
| — glauque. . . . . . | 11 | 328 |
| — pendant. . . . . . | 11 | 329 |
| — *pyramidal,* . . . . | 11 | 325 |

| | Vol. | Pag. | | Vol. | Pag. |
|---|---|---|---|---|---|
| Cyprès toruleux. . . . . . | 11 | 329 | DABÉCIA. . . . . . . . | 9 | 472 |
| CYPRIANTHE. . . . . . . | 7 | 220 | — à feuilles de Polium. | 9 | 473 |
| — Fausse Anémone. . | 7 | 221 | DACRYDIUM. . . . . . : . | 11 | 438 |
| CYPRIPÈDE. . . . . . . . . | 12 | 192 | — à feuilles de Cyprès. | 11 | 439 |
| — à grande fleur. . . | 12 | 194 | — à feuilles d'If. . . . | 11 | 439 |
| — à petite fleur. . . . | 12 | 193 | DACTYLE. . . . . . . . . | 13 | 212 |
| — charmant. . . . . . | 12 | 196 | — pelotonné. . . . . . | 13 | 212 |
| — élégant. . . . . . . | 12 | 195 | DACTYLÈNE. . . . . . . | 6 | 314 |
| — magnifique. . . . . | 12 | 195 | — à petites fleurs. . . | 6 | 315 |
| — pubescent. . . . . | 12 | 194 | DACTYLICAPNOS. . . . . | 7 | 65 |
| — Sabot de la Vierge. | 12 | 193 | — à feuilles de Thalic- | | |
| — ventru. . . . . . . | 12 | 194 | trum. . . . . . . | 7 | 66 |
| CYPRIPÉDIÉES. . . | 12 | 182 | DAHLIA. . . . . . . . . | 10 | 127 |
| CYRILLA. . . . . . . . | 5 | 35 | — variable. . . . . . . | 10 | 127 |
| — à grappes. . . . . | 5 | 35 | DAÏS. . . . . . . . . . | 10 | 445 |
| Cyrtandracées. . . . . . | 9 | 255 | — à feuilles de Fustet. | 10 | 446 |
| CYRTANDRÉES. . . | 9 | 257 | DALBERGIA. . . . . . . | 1 | 359 |
| CYRTANTHE. . . . . . . | 12 | 426 | — à larges feuilles. . | 1 | 359 |
| — à feuilles étroites. . | 12 | 426 | — à panicules. . . . . | 1 | 360 |
| — à feuilles obliques. | 12 | 426 | — du Sénégal. . . . . | 1 | 360 |
| — à fleur ventrue. . . | 12 | 426 | — lancéolaire. . . . . | 1 | 360 |
| — rubané. . . . . . . | 12 | 427 | DALBERGIÉES. . . . | 1 | 157 |
| CYRTOCARPE. . . . . . | 2 | 201 | | et | 359 |
| — élancé. . . . . . . | 2 | 201 | DALÉA. . . . . . . . . | 1 | 246 |
| CYRTOSTEMME. . . . . | 10 | 321 | — à fleurs changeantes | 1 | 247 |
| — des jardins. . . . | 10 | 322 | — à fleurs dorées. . . | 1 | 246 |
| CYRTOTROPE. . . . . . | 1 | 333 | — aromatique. . . . . | 1 | 247 |
| — incarnat. . . . . . | 1 | 333 | — Queue de renard. . | 1 | 247 |
| CYSTICAPNOS. . . . . . | 7 | 82 | DAMMARA. . . . . . . . | 11 | 366 |
| — d'Afrique. . . . . | 7 | 84 | — à feuilles de Lo- | | |
| CYTINÉES. . . . . | 10 | 551 | ranthe. . . . . . | 11 | 366 |
| CYTINUS, V. HYPOCYSTE. | | | — austral. . . . . . . | 11 | 368 |
| CYTISE. . . . . . . . . . | 1 | 205 | DANAÉ. . . . . . . . . | 12 | 224 |
| — à capitules. . . . . | 1 | 212 | — à grappes. . . . . | 12 | 224 |
| — à feuilles de Chêne. | 1 | 207 | DAPHNÉ. . . . . . . . | 10 | 438 |
| — à feuilles étroites. . | 1 | 208 | — Bois-gentil. . . . . | 10 | 439 |
| — à feuilles sessiles. . | 1 | 209 | — Cnéorum. . . . . . | 10 | 443 |
| — à fleurs blanchâtres. | 1 | 211 | — de l'Altaï. . . . . . | 10 | 440 |
| — à fleurs roses. . . . | 1 | 207 | — des Alpes. . . . . | 10 | 440 |
| — à grappes. . . . . | 1 | 207 | — Gnidium. . . . . . | 10 | 442 |
| — allongé. . . . . . . | 1 | 210 | — Lauréole. . . . . . | 10 | 444 |
| — Aubours. . . . . . | 1 | 206 | — odorant. . . . . . | 10 | 441 |
| — biflore. . . . . . . | 1 | 210 | — pontique. . . . . . | 10 | 445 |
| — d'Autriche. . . . . | 1 | 211 | — satiné. . . . . . . | 10 | 441 |
| — des Alpes. . . . | 1 | 207 | DAPHNIDIÉES. . . . | 10 | 473 |
| — falciforme. . . . . | 1 | 211 | DATISCÉES. . . . . | 13 | 291 |
| — hérissé. . . . . . . | 1 | 210 | DATTIER. . . . . . . . | 12 | 109 |
| — noircissant. . . . . | 1 | 208 | — à sucre . . . . . . | 12 | 112 |
| — pourpre. . . . . . | 1 | 209 | — à farine. . . . . . | 12 | 112 |
| — prolifère. . . . . . | 1 | 210 | — cultivé. . . . . . . | 12 | 109 |
| CZACKIA. . . . . . . . . | 12 | 380 | DATURA. . . . . . . . | 9 | 66 |
| — Lis de Saint-Bruno. | 12 | 380 | — fastueux. . . . . . | 9 | 68 |

|  | Vol. | Pag. |
|---|---|---|
| Datura Stramoine. . . . . | 9 | 67 |
| DAUBÉNYA . . . . . . . | 12 | 302 |
| — jaune . . . . . . . | 12 | 302 |
| — rouge. . . . . . . | 12 | 302 |
| DAUCUS . . . . . . . . | 8 | 150 |
| — Carotte. . . . . . | 8 | 151 |
| DAUPHINASTRE. . . . . . | 7 | 336 |
| — à fleurs jaunes. . . | 7 | 345 |
| — à fleurs pourpres. . | 7 | 344 |
| — à grandes fleurs. . . | 7 | 338 |
| — à pétales fendus. . . | 7 | 343 |
| — élancé. . . . . . | 7 | 340 |
| — hybride. . . . . . | 7 | 342 |
| DAUPHINELLE. . . . . . | 7 | 355 |
| — commune . . . . . | 7 | 356 |
| — des jardins. . . . . | 7 | 357 |
| DAVIÉSIA. . . . . . . | 1 | 182 |
| — à feuilles cordiformes. . . . . . | 1 | 182 |
| — à larges feuilles. . . | 1 | 182 |
| — ailé. . . . . . . . | 1 | 183 |
| — Ajonc. . . . . . . | 1 | 182 |
| DAVILLA. . . . . . . . | 7 | 415 |
| — elliptique. . . . . . | 7 | 416 |
| — flexueux. . . . . . | 7 | 416 |
| — rugueux. . . . . . | 7 | 416 |
| DAVYA. . . . . . . . | 4 | 212 |
| — paniculé. . . . . . | 4 | 213 |
| DÉCUMARIA. . . . . . . | 5 | 19 |
| — à tiges dressées. . . | 5 | 20 |
| — sarmenteux. . . . . | 5 | 20 |
| DÉIDAMIA. . . . . . . . | 6 | 283 |
| — de Noronha. . . . | 6 | 283 |
| DÉILOSMA. . . . . . . | 6 | 397 |
| — à fleurs tristes. . . | 6 | 398 |
| DÉLIMÉES. . . . . . | 7 | 412 |
|  | et | 414 |
| DÉLIMINÉES. . . . . . | 7 | 412 |
| DÉLISSÉES. . . . . . | 9 | 572 |
| DELPHINASTRUM, V. DAUPHINASTRE |  |  |
| DELPHINIUM, V. DAUPHINELLE. |  |  |
| DENDROBIÉES. . . . . | 12 | 175 |
| DENDROMÉCONE. . . . . | 7 | 44 |
| — raide. . . . . . . | 7 | 45 |
| DENTARIA. . . . . . . | 6 | 443 |
| — bulbillifère. . . . | 6 | 449 |
| — digité. . . . . . | 6 | 447 |
| — ennéaphylle. . . . | 6 | 446 |
| — glanduleux. . . . . | 6 | 445 |
| — penné. . . . . . | 6 | 448 |
| DENTELAIRE. . . . . . | 10 | 334 |
| — à feuilles étroites. . | 10 | 337 |
| Dentelaire commune. . . . | 10 | 335 |
| DESMODE. . . . . . . . . | 1 | 284 |
| — du Canada. . . . . | 1 | 285 |
| — oscillant. . . . . . | 1 | 284 |
| — pleureur. . . . . . | 1 | 285 |
| DESMOSTÉMONÉES. | 5 | 339 |
|  | et | 345 |
| DESVAUXIÉES. . . . | 13 | 140 |
| DÉTARE. . . . . . . . . | 1 | 131 |
| — à petit fruit. . . . . | 1 | 132 |
| — du Sénégal. . . . . | 1 | 132 |
| DEUTZIA. . . . . . . . . | 5 | 18 |
| — scabre. . . . . . . | 5 | 18 |
| DIALE. . . . . . . . . . | 1 | 130 |
| — luisant. . . . . . . | 1 | 131 |
| DIANELLE. . . . . . . . | 12 | 215 |
| — à longues feuilles. | 12 | 216 |
| — bleue . . . . . . . | 12 | 215 |
| DIANTHUS, V. OEILLET. |  |  |
| DIASIA. . . . . . . . . | 13 | 89 |
| — à feuilles de Graminée. . . . . . | 13 | 89 |
| — à feuilles d'Iris. . . | 13 | 90 |
| DICHONDRÉES. . . . | 9 | 94 |
| DICLIDOSPERMÉES. | 8 | 135 |
|  | et | 159 |
| DICLIPTÉRÉES. . . . | 9 | 146 |
| DICOTYLÉDONES. | 1 | 43 |
| DICTAME. . . . . . . . | 2 | 325 |
| — à fleurs blanches. . | 2 | 325 |
| — à fleurs rouges. . . | 2 | 324 |
| — à folioles étroites. . | 2 | 325 |
| DICYPELLIÉES. . . | 10 | 472 |
| DIEFFENBACHIA. . . . . | 12 | 49 |
| — vénéneux. . . . . | 12 | 49 |
| DIÉLYTRINÉES. . . . | 7 | 60 |
|  | et | 65 |
| DIERVILLA. . . . . . . . | 8 | 359 |
| — à fleurs jaunes. . . | 8 | 359 |
| DIGITALE. . . . . . . . | 9 | 307 |
| — à grandes fleurs. . | 9 | 309 |
| — pourpre. . . . . . | 9 | 307 |
| DIGITALÉES. . . . | 9 | 268 |
|  | et | 296 |
| DIGLOSSE. . . . . . . . | 10 | 119 |
| — à feuilles luisantes. | 10 | 119 |
| DILATRIS. . . . . . . . | 13 | 112 |
| — à corymbe. . . . . | 13 | 112 |
| — visqueux. . . . . . | 13 | 113 |
| DILLÉNIA. . . . . . . . | 7 | 422 |
| — à fleurs jaunes. . . | 7 | 424 |

|  | Vol. | Pag. |
|---|---|---|
| Dillénia élancé | 7 | 425 |
| — élégant | 7 | 423 |
| — magnifique | 7 | 425 |
| *DILLÉNIACÉES* | 7 | 410 |
| DILLÉNINÉES | 7 | 414 |
|  | et | 422 |
| DILLWYNIA | 1 | 176 |
| — à feuilles de Glycine | 1 | 177 |
| — à petites feuilles | 1 | 177 |
| — Bruyère | 1 | 177 |
| — fleuri | 1 | 177 |
| — glabre | 1 | 177 |
| DIMORPHOTHÈQUE | 10 | 112 |
| — à feuilles de Grami- | | |
| née | 10 | 114 |
| — à gros pédoncules | 10 | 113 |
| — cunéiforme | 10 | 114 |
| — de Ventenat | 10 | 115 |
| — pluviale | 10 | 113 |
| — Tragus | 10 | 114 |
| DIONÉA | 5 | 492 |
| — Attrape-Mouche | 5 | 492 |
| DIOSCORÉA, *V.* IGNAME. | | |
| *DIOSCORÉES* | 12 | 199 |
| *DIOSCORIDÉES* | 12 | 200 |
| DIOSMA | 2 | 329 |
| — à longues feuilles | 2 | 330 |
| — cupressiforme | 2 | 330 |
| — hérissé | 2 | 330 |
| — rouge | 2 | 330 |
| — succulent | 2 | 329 |
| *DIOSMÉES* | 2 | 318 |
| *DIOSMÉES-AFRI-* | | |
| *CAINES* | 2 | 321 |
|  | et | 326 |
| *DIOSMÉES-AMÉRI-* | | |
| *CAINES* | 2 | 322 |
|  | et | 342 |
| *DIOSMÉES-AUSTRA-* | | |
| *LASIENNES* | 2 | 322 |
|  | et | 334 |
| *DIOSMÉES-EURO-* | | |
| *PÉENNES* | 2 | 321 |
|  | et | 323 |
| DIOSPYROS, *V.* PLAQUEMINIER. | | |
| DIPLOCHITA | 4 | 258 |
| — Fothergilla | 4 | 258 |
| — mucroné | 4 | 259 |
| DIPLOPHRACTE | 4 | 56 |
| — auriculé | 4 | 56 |
| DIPLUSODON | 4 | 430 |
| — à petites feuilles | 4 | 431 |
| — divariqué | 4 | 434 |
| — effilé | 4 | 431 |
| — Fausse-Salicaire | 4 | 433 |
| — imbriqué | 4 | 434 |
| — lancéolé | 4 | 431 |
| — marginé | 4 | 434 |
| — oblong | 4 | 432 |
| — ovale | 4 | 432 |
| — ponctué | 4 | 430 |
| — scabre | 4 | 432 |
| — strigueux | 4 | 433 |
| — très-rameux | 4 | 433 |
| — velouté | 4 | 431 |
| — velu | 4 | 433 |
| *DIPSACÉES* | 10 | 311 |
| DIPSACUS, *V.* CARDIAIRE. | | |
| DIPTÉROCARPE | 13 | 303 |
| — à calice turbiné | 13 | 305 |
| — à fruit anguleux | 13 | 304 |
| — ailé | 13 | 305 |
| — de Spanoghe | 13 | 306 |
| — grêle | 13 | 307 |
| — grisâtre | 13 | 305 |
| — lisse | 13 | 304 |
| — littoral | 13 | 306 |
| — rétus | 13 | 306 |
| — trinervé | 13 | 305 |
| *DIPTÉROCAR-* | | |
| *PÉES* | 13 | 301 |
| DIRCA | 10 | 436 |
| — des marais | 10 | 437 |
| *DISASPIDOSPER-* | | |
| *MÉES* | 8 | 137 |
|  | et | 173 |
| DISÉMMA | 6 | 276 |
| — à feuilles d'Adianthe | 6 | 276 |
| — de Herbert | 6 | 276 |
| — écarlate | 6 | 277 |
| — orange | 6 | 276 |
| DISOXYLE | 3 | 186 |
| — à feuilles acérées | 3 | 187 |
| — à fleurs lâches | 3 | 188 |
| — à gros fruit | 3 | 188 |
| — à longues feuilles | 3 | 187 |
| — alliacé | 3 | 187 |
| — voisin | 3 | 187 |
| DODÉCATHÉON, *V.* MÉADIA. | | |
| DODONÉA | 3 | 68 |

| | Vol. | Pag. |
|---|---|---|
| Dodonéa à feuilles cunéi-formes. . . . . . | 5 | 70 |
| — à feuilles de Dora-dille. . . . . . | 5 | 70 |
| — à feuilles de Saule. | 5 | 69 |
| — à feuilles filiformes. | 5 | 70 |
| — à feuilles oblongues. | 5 | 69 |
| — à feuilles très-étroites | 5 | 70 |
| — de Burmann. . . . | 5 | 69 |
| — de Jamaïque. . . . | 5 | 68 |
| — discolore. . . . . . | 5 | 70 |
| — triquètre. . . . . . | 5 | 69 |
| — visqueux. . . . . . | 5 | 68 |
| DODONÉACÉES. . . | 5 | 41 |
| | et | 66 |
| DOELLINGÉRIE. . . . . . | 10 | 260 |
| — à ombelle. . . . . | 10 | 261 |
| DOLIC. . . . . . . . . . | 1 | 329 |
| — à graines rondes. . | 1 | 331 |
| — à longue gousse. . | 1 | 331 |
| — Catiang. . . . . . | 1 | 330 |
| — de Chine. . . . . . | 1 | 330 |
| — filiforme. . . . . . | 1 | 330 |
| — ligneux. . . . . . | 1 | 329 |
| — Mongette. . . . . | 1 | 331 |
| — onguiculé. . . . . | 1 | 331 |
| — tubéreux. . . . . . | 1 | 329 |
| DOLIOCARPINÉES. . . | 7 | 413 |
| DOMBÉYA. . . . . . . . | 5 | 447 |
| — à feuilles de Tilleul. | 5 | 449 |
| — à feuilles ovales. . | 5 | 450 |
| — à ombelles. . . . . | 5 | 450 |
| — acutangulaire. . . . | 5 | 448 |
| — anguleux. . . . . . | 5 | 448 |
| — cotonneux. . . . . | 5 | 449 |
| — ferrugineux. . . . | 5 | 450 |
| — palmé. . . . . . . | 5 | 448 |
| — ponctué. . . . . . | 5 | 449 |
| DOMBÉYACÉES. | 5 | 443 |
| DOMBÉYACÉES. . . . | 5 | 444 |
| | et | 445 |
| DOMPTE-VENIN. . . . . . | 8 | 545 |
| — commun. . . . . . | 8 | 545 |
| DONAX. . . . . . . . . . | 13 | 195 |
| — commun. . . . . . | 13 | 195 |
| DORINE. . . . . . . . . | 5 | 61 |
| — à feuilles alternes. | 5 | 61 |
| — à feuilles opposées. | 5 | 62 |
| DORONIC. . . . . . . . . | 10 | 270 |
| — d'Orient. . . . . . | 10 | 271 |
| — Pardalianche. . . . | 10 | 270 |
| DORSTÉNIA. . . . . . . . | 11 | 61 |
| Dorsténia Contrayerva. . . | 11 | 62 |
| DOUMIER. . . . . . . . | 12 | 98 |
| — de la Thébaïde. . . | 12 | 98 |
| DRACÆNA, V. DRAGONIER. | | |
| Dracocéphale de Virginie. | 9 | 205 |
| Dracocéphale Moldavique. | 9 | 203 |
| DRACONCULÉES. . | 12 | 37 |
| DRACOPIDE. . . . . . . . | 10 | 158 |
| — amplexicaule. . . . | 10 | 159 |
| DRAGONIER. . . . . . . . | 12 | 216 |
| — à feuilles étroites. | 12 | 218 |
| — à feuilles marginées | 12 | 217 |
| — à feuilles réfléchies. | 12 | 217 |
| — ferrugineux. . . . | 12 | 217 |
| — gigantesque. . . . | 12 | 216 |
| — maculé. . . . . . . | 12 | 218 |
| — odorant. . . . . . | 12 | 218 |
| — Parasol. . . . . . | 12 | 218 |
| — pourpre. . . . . . | 12 | 217 |
| DRÉPANIE. . . . . . . . | 10 | 50 |
| — barbue. . . . . . . | 10 | 51 |
| DRIMIA. . . . . . . . . | 12 | 315 |
| — à feuilles lancéolées. | 12 | 316 |
| — de Gawler. . . . . | 12 | 316 |
| — ondulé. . . . . . . | 12 | 316 |
| DRIMYS. . . . . . . . . | 7 | 436 |
| — de Winter. . . . . | 7 | 438 |
| — polymorphe. . . . . | 7 | 437 |
| DROSANTHE. . . . . . . | 5 | 376 |
| — à feuilles d'Hyssope. | 5 | 380 |
| — à feuilles de Lédum. | 5 | 378 |
| — à sépales fimbriés. | 5 | 378 |
| — Faux-Hélianthème. | 5 | 379 |
| — hispidule. . . . . | 5 | 377 |
| — scabre. . . . . . . | 5 | 381 |
| DROSANTHINÉES. . . | 5 | 342 |
| | et | 374 |
| DROSÉRA. . . . . . . . . | 5 | 489 |
| — à feuilles biparties. | 5 | 491 |
| — à feuilles rondes. . | 5 | 489 |
| — à longues feuilles. | 5 | 490 |
| — intermédiaire. . . . | 5 | 490 |
| — vulgaire. . . . . . | 5 | 491 |
| DROSÉRACÉES. . | 5 | 486 |
| DRUMMONDIA. . . . . . | 5 | 64 |
| — Faux-Mitella. . . | 5 | 64 |
| Drupacées. . . . . . . | 1 | 377 |
| DRYADE. . . . . . . . . | 1 | 477 |
| — à huit pétales. . . | 1 | 477 |
| — de Drummond. . . | 1 | 478 |
| DRYADÉES. . . . . | 1 | 451 |

| | Vol. | Pag. |
|---|---|---|
| DRYANDRA. . . . . . . . . | 10 | 431 |
| — à feuilles blanches. | 10 | 433 |
| — à feuilles cunéifor- | | |
| mes. . . . . . . | 10 | 432 |
| — à feuilles longues. | 10 | 433 |
| — à feuilles obtuses. . | 10 | 432 |
| — à feuilles piquantes. | 10 | 432 |
| — élégant. . . . . . | 10 | 432 |
| — multiflore. . . . . | 10 | 432 |
| — plumeux. . . . . . | 10 | 432 |
| Drymis, V. DRIMYS. | | |
| DRYOBALANOPS. . . . . | 13 | 307 |
| — Camphrier. . . . . | 13 | 308 |
| DRYPIS. . . . . . . . | 5 | 201 |
| — épineux. . . . . . | 5 | 201 |
| DURION. . . . . . . . . | 3 | 439 |
| DUVAUA. . . . . . . . . | 2 | 222 |
| — à feuilles dentées. . | 2 | 224 |
| — à feuilles larges. . | 2 | 223 |
| — à feuilles ovales. . | 2 | 223 |
| — à rameaux pen- | | |
| dants. . . . . . | 2 | 223 |
| | | |
| ÉBÉNACÉES. . . . | 9 | 399 |
| EBÈNE. . . . . . . . . | 1 | 296 |
| — de Candie. . . . . | 1 | 296 |
| ÉCASTAPHYLLE. . . . . . | 1 | 366 |
| — Sang-dragon. . . . | 1 | 366 |
| ECBALIUM. . . . . . . . | 6 | 215 |
| — cathartique. . . . . | 6 | 216 |
| ECCRÉMOCARPÉES. . | 9 | 150 |
| ÉCHÉANDIA. . . . . . . | 12 | 386 |
| — à fleurs ternées. . . | 12 | 387 |
| ÉCHÉVÉRIA. . . . . . . | 5 | 89 |
| — écarlate. . . . . . | 5 | 89 |
| — gazonnant . . . . . | 5 | 89 |
| ÉCHINACE. . . . . . . | 10 | 151 |
| — pourpre. . . . . | 10 | 152 |
| — tardive. . . . . . | 10 | 153 |
| ÉCHINOCACTE. . . . . . | 13 | 350 |
| — à aiguillons foliacés. | 13 | 355 |
| — à cornes. . . . . . | 13 | 354 |
| — à grand disque. . . | 13 | 355 |
| — à larges épines. . . | 13 | 354 |
| — aigu. . . . . . . . | 13 | 353 |
| — Balai. . . . . . . | 13 | 356 |
| — claviforme. . . . . | 13 | 353 |
| — crépu. . . . . . . | 13 | 355 |
| — de Langsdorf. . . | 13 | 352 |
| — de Link. . . . . . | 13 | 351 |
| — d'Otto. . . . . . . | 13 | 351 |
| — de Sellow. . . . . | 13 | 353 |

| | Vol. | Pag. |
|---|---|---|
| Échinocacte énorme. . . . | 13 | 352 |
| — recourbé. . . . . . | 13 | 354 |
| — tortueux. . . . . . | 13 | 352 |
| — très-pointu. . . . . | 13 | 356 |
| ÉCHINOPE. . . . . . . . | 10 | 98 |
| — à feuilles menues. . | 10 | 100 |
| — commun. . . . . . | 10 | 99 |
| — de Hongrie. . . . | 10 | 100 |
| — élancé. . . . . . . | 10 | 99 |
| — laineux. . . . . . . | 10 | 101 |
| ÉCHINOPHORÉES. . . | 8 | 140 |
| ÉCHINOPODÉES. . . | 10 | 13 |
| | et | 97 |
| ÉCHITÉES. . . . . | 8 | 502 |
| | et | 527 |
| ECHMATACANTHÉES. | 9 | 144 |
| ÉCHOLZIA. . . . . . . . | 7 | 47 |
| — de Californie. . . . | 7 | 48 |
| — safrané. . . . . . . | 7 | 49 |
| EDMONDIE. . . . . . . . | 10 | 206 |
| — fasciculée. . . . . | 10 | 207 |
| — Faux-Sésame. . . . | 10 | 207 |
| — filiforme. . . . . . | 10 | 207 |
| — naine. . . . . . . . | 10 | 207 |
| EDWARDSIA. . . . . . . | 1 | 161 |
| — à feuilles dorées. . | 1 | 162 |
| — à grandes feuilles. . | 1 | 162 |
| — à petites feuilles. . | 1 | 162 |
| ÉGLÉ. . . . . . . . . . | 2 | 255 |
| — Marmel. . . . . . | 2 | 255 |
| ÉHRÉTIÉES. . . . . | 9 | 31 |
| | et | 43 |
| EICHHORNIA. . . . . . . | 12 | 593 |
| — élégant. . . . . . . | 12 | 394 |
| ÉKÉBERGIA. . . . . . . . | 3 | 191 |
| — du Cap. . . . . . . | 3 | 192 |
| — du Sénégal. . . . . | 3 | 192 |
| ÉLAÉIS. . . . . . . . . | 12 | 121 |
| — Corozo. . . . . . . | 12 | 122 |
| — de Guinée. . . . . | 12 | 121 |
| ÉLAPHRION. . . . . . . | 2 | 231 |
| — Copal. . . . . . . | 2 | 231 |
| ÉLATINÉES. . . . . . | 4 | 418 |
| ÉLATOSTÉMÉES. . . . | 11 | 24 |
| ÉLÉAGNÉES. . . . | 10 | 453 |
| ÉLÉOCARPE. . . . . . . . | 4 | 44 |
| — à feuilles entières. . | 4 | 47 |
| — à feuilles étroites. . | 4 | 45 |
| — à fruit bleu. . . . | 4 | 44 |
| — à fruit ellipsoïde. . . | 4 | 47 |
| — à grandes feuilles. | 4 | 46 |

| | Vol. | Pag. | | Vol. | Pag. |
|---|---|---|---|---|---|
| Éléocarpe cotonneux. . . . | 4 | 45 | Énanthe fistuleux. . . . . | 8 | 206 |
| — de Cochinchine. . . | 4 | 48 | — Phellandre. . . . . | 8 | 210 |
| — dentelé. . . . . . . | 4 | 46 | ENGELHARDTIA . . . . . | 2 | 180 |
| — fleuri. . . . . . . . | 4 | 45 | — à épis. . . . . . . | 2 | 181 |
| — Kara. . . . . . . . | 4 | 46 | — à fleurs d'Érable. . | 2 | 182 |
| — lancéolé. . . . . . . | 4 | 45 | — à folioles coriaces. | 2 | 182 |
| — résineux. . . . . . | 4 | 45 | — à folioles dentelées. | 2 | 183 |
| *ÉLÉOCARPÉES.* . . | 4 | 44 | — de Colebrook. . . . | 2 | 182 |
| ÉLÉOCHARIS. . . . . . | 13 | 150 | — Sélan. . . . . . . . | 2 | 182 |
| — des marais. . . . . | 13 | 151 | ÉNOTHÈRE. . . . . . . | 4 | 353 |
| — tubéreux. . . . . . | 13 | 151 | — à longues fleurs. . | 4 | 354 |
| ÉLÉOCOQUE. . . . . . . | 2 | 514 | — de Drummond. . . | 4 | 356 |
| ÉLÉTTARIA. . . . . . . | 12 | 163 | — odorante. . . . . . | 4 | 356 |
| — Cardamome . . . | 12 | 163 | — raide. . . . . . . . | 4 | 355 |
| ÉLEUSINE. . . . . . . . | 13 | 199 | *ENSIFÉRES.* . . . | 12 | 395 |
| — à épis raides. . . . | 13 | 200 | ENTADE. . . . . . . . | 1 | 49 |
| — cultivée. . . . . . | 13 | 199 | — à épis nombreux. . | 1 | 50 |
| ELLÉBORE. . . . . . . | 7 | 312 | — à fruit gigantesque. | 1 | 50 |
| — fétide. . . . . . . | 7 | 319 | — de l'Inde. . . . . . | 1 | 50 |
| — livide. . . . . . . | 7 | 321 | ENTÉLÉA. . . . . . . . | 4 | 4 |
| — noir. . . . . . . . | 7 | 314 | — arborescent. . . . | 4 | 5 |
| — officinal. . . . . . | 7 | 316 | ÉPACRÉES. . . . . . . | 9 | 434 |
| ELMIGÉRA. . . . . . . | 9 | 299 | | | |
| — barbu. . . . . . . | 9 | 299 | *EPACRIDÉES.* . . | 9 | 432 |
| ÉLODÉA. . . . . . . . | 5 | 363 | ÉPACRIS. . . . . . . . | 9 | 437 |
| — axilliflore. . . . . . | 5 | 368 | — à feuilles obtuses. . | 9 | 438 |
| — de Drummond. . . | 5 | 365 | — à grandes fleurs. . | 9 | 438 |
| — de Fraser. . . . . | 5 | 366 | — élégant. . . . . . | 9 | 437 |
| — de Virginie. . . . | 5 | 364 | — pourpre. . . . . . | 9 | 437 |
| — multiflore. . . . . | 5 | 367 | ÉPÉRUA. . . . . . . . . | 1 | 118 |
| — pauciflore. . . . . | 5 | 366 | — falciforme. . . . . | 1 | 118 |
| ÉLODÉINÉES. . . . . | 5 | 341 | ÉPERVIÈRE . . . . . . | 10 | 48 |
| | | et 362 | — murale. . . . . . . | 10 | 50 |
| ÉLODÈS. . . . . . . . . | 5 | 369 | — orangée. . . . . . | 10 | 49 |
| — de marécage. . . . | 5 | 369 | — Piloselle. . . . . . | 10 | 49 |
| ELVASIA. . . . . . . . | 2 | 389 | ÉPHÉDRA. . . . . . . . | 11 | 287 |
| — Calophylle. . . . . | 2 | 389 | — à épillets solitaires. | 11 | 289 |
| ÉLYME. . . . . . . . . | 13 | 244 | — commun. . . . . . | 11 | 288 |
| — des sables. . . . . | 13 | 245 | — élancé. . . . . . . | 11 | 290 |
| *ÉLYNÉES.* . . . . . | 13 | 146 | *ÉPHÉDRÉES.* . . . . | 11 | 281 |
| EMBLIC. . . . . . . . . | 2 | 495 | | | et 283 |
| — officinal. . . . . . | 2 | 495 | *ÉPIDENDRÉES.* . . . | 12 | 176 |
| ÉMILIA. . . . . . . . . | 10 | 273 | ÉPILOBE. . . . . . . . | 4 | 398 |
| — écarlate. . . . . . | 10 | 274 | — grandiflore. . . . . | 4 | 399 |
| *EMPÉTRÉES.* . . . | 2 | 482 | ÉPILOBIÉES. . . . . . | 4 | 338 |
| EMPLÈVRE. . . . . . . | 2 | 334 | | | et 382 |
| — dentelé. . . . . . . | 2 | 334 | ÉPIMÉDINÉES. . . . . | 8 | 33 |
| ÉNANTHE. . . . . . . | 8 | 203 | | | et 55 |
| — à suc jaune. . . . . | 8 | 208 | ÉPIMÉDIUM. . . . . . . | 8 | 55 |
| — Fausse – Pimpre- | | | — à grandes fleurs. . | 8 | 58 |
| nelle. . . . . . . | 8 | 207 | — de Mussche. . . . | 8 | 60 |
| | | | — des Alpes. . . . . | 8 | 57 |

| | Vol. | Pag. |
|---|---|---|
| Épimédium violet. . . . . | 8 | 60 |
| ÉPINARD. . . . . . . . . | 5 | 286 |
| — à fruit cornu. . . . | 5 | 287 |
| — à fruit inerme. . . | 5 | 287 |
| ÉPIPHYLLE. . . . . . . . | 13 | 387 |
| — tronqué. . . . . . . | 13 | 387 |
| ÉRABLE. . . . . . . . . | 3 | 84 |
| — à ailes cultriformes. | 3 | 98 |
| — à épis. . . . . . . . | 3 | 87 |
| — à feuilles de Frêne. | 3 | 119 |
| — à feuilles d'Obier. . | 3 | 107 |
| — à feuilles marbrées. | 3 | 99 |
| — à feuilles oblongues. | 3 | 91 |
| — à feuilles veloutées. | 3 | 105 |
| — à fleurs couleur de sang. . . . . . . | 3 | 115 |
| — à fruit cotonneux. | 3 | 116 |
| — à grandes feuilles. . | 3 | 90 |
| — à sucre. . . . . . . | 3 | 99 |
| — barbu. . . . . . . | 3 | 118 |
| — champêtre. . . . . | 3 | 93 |
| — de Bosc. . . . . . | 3 | 86 |
| — de Candie. . . . . | 3 | 110 |
| — de Lobel. . . . . . | 3 | 97 |
| — de Montpellier. . . | 3 | 109 |
| — de Naples. . . . . | 3 | 105 |
| — de Tartarie. . . . . | 3 | 92 |
| — déchiqueté. . . . . | 3 | 98 |
| — du Japon . . . . . | 3 | 98 |
| — Faux-Sterculia. . . | 3 | 118 |
| — flabellinervé. . . . | 3 | 97 |
| — hybride. . . . . . | 3 | 88 |
| — jaspé. . . . . . . . | 3 | 85 |
| — lisse. . . . . . . . | 3 | 91 |
| — noir. . . . . . . . | 3 | 104 |
| — Opale. . . . . . . . | 3 | 105 |
| — palmé. . . . . . . . | 3 | 98 |
| — Plane. . . . . . . | 3 | 95 |
| — polymorphe. . . . . | 3 | 107 |
| — rouge. . . . . . . | 3 | 113 |
| — septemlobé. . . . | 3 | 99 |
| — Sycomore. . . . . | 3 | 89 |
| — trifide. . . . . . . | 3 | 99 |
| — velu. . . . . . . . | 3 | 117 |
| ÉRANTHÈME. . . . . . . . | 9 | 156 |
| — élégant. . . . . . . | 9 | 156 |
| — raide. . . . . . . . | 9 | 157 |
| ÉRANTHÉMÉES. . . . | 9 | 146 |
| ÉRANTHIS. . . . . . . . | 7 | 322 |
| — de Sibérie. . . . . | 7 | 324 |
| — précoce. . . . . . | 7 | 323 |
| ÉRÉMANTHE. . . . . . . . | 5 | 421 |
| — à grand calice. . . | 5 | 422 |
| | Vol. | Pag. |
| ÉRÉMOSPORE. . . . . . . | 5 | 374 |
| — d'Olivier. . . . . . | 5 | 375 |
| ÉRÉMURE. . . . . . . . . | 12 | 366 |
| — élégant . . . . . . | 12 | 366 |
| ÉRESDA. . . . . . . . . | 7 | 101 |
| — à fleurs blanches. . | 7 | 102 |
| ÉRICA. . . . . . . . . | 9 | 445 |
| — à anthères blanches. | 9 | 447 |
| — à balais. . . . . . | 9 | 469 |
| — à calice laineux. . . | 9 | 448 |
| — à corolle bouffie. . . | 9 | 457 |
| — à épis. . . . . . . | 9 | 452 |
| — à feuilles acuminées. | 9 | 458 |
| — à feuilles aristées. . | 9 | 458 |
| — à feuilles cordiformes. . . . . . . | 9 | 468 |
| — à feuilles de Coris. . | 9 | 458 |
| — à feuilles d'Empétrum. . . . . . . | 9 | 465 |
| — à feuilles d'If. . . . | 9 | 460 |
| — à feuilles de Lachnéa | 9 | 459 |
| — à feuilles de Pin. . . | 9 | 455 |
| — à feuilles de Sapin. . | 9 | 451 |
| — à feuilles de Thym. . | 9 | 466 |
| — à feuilles dentelées. | 9 | 454 |
| — à feuilles menues. . | 9 | 460 |
| — à feuilles pétiolées. . | 9 | 460 |
| — à feuilles planes. . . | 9 | 466 |
| — à feuilles recourbées | 9 | 457 |
| — à fleurs agrégées. . | 9 | 469 |
| — à fleurs bacciformes | 9 | 460 |
| — à fleurs capitellées. . | 9 | 460 |
| — à fleurs courbées. . | 9 | 453 |
| — à fleurs d'Andromède. . . . . . . | 9 | 459 |
| — à fleurs de Cérinthe. | 9 | 458 |
| — à fleurs de Jacinthe. | 9 | 458 |
| — à fleurs de Jasmin. . | 9 | 457 |
| — à fleurs de Linnæa. . | 9 | 452 |
| — à fleurs d'Onosma. . | 9 | 454 |
| — à fleurs de Vipérine. | 9 | 464 |
| — à fleurs grêles. . . | 9 | 458 |
| — à fleurs hérissées. . | 9 | 468 |
| — à fleurs lâches. . . | 9 | 459 |
| — à fleurs latérales. . | 9 | 465 |
| — à fleurs nues. . . . | 9 | 449 |
| — à fleurs tétragones. . | 9 | 457 |
| — à fleurs touffues. . . | 9 | 463 |
| — à grandes fleurs. . . | 9 | 450 |
| — à grappes. . . . . . | 9 | 467 |
| — à guirlandes. . . . . | 9 | 467 |
| — à larges feuilles. . . | 9 | 449 |
| — à longues étamines. | 9 | 449 |

| | Vol. | Pag. | | Vol. | Pag. |
|---|---|---|---|---|---|
| Érica à longues feuilles. . | 9 | 455 | Érica filamenteux. . . . . | 9 | 464 |
| — à ombelles. . . . . | 9 | 449 | — flamboyant. . . . . | 9 | 453 |
| — à turban. . . . . . | 9 | 448 | — flexueux. . . . . . | 9 | 447 |
| — agréable. . . . . . | 9 | 467 | — folliculaire. . . . . | 9 | 447 |
| — apparent. . . . . . | 9 | 453 | — glauque. . . . . . | 9 | 459 |
| — arborescent. . . . . | 9 | 466 | — globuleux. . . . . . | 9 | 460 |
| — ardent. . . . . . . | 9 | 461 | — glutineux. . . . . . | 9 | 462 |
| — austral. . . . . . . | 9 | 463 | — gracieux. . . . . . | 9 | 461 |
| — bicolore. . . . . . | 9 | 466 | — grêle. . . . . . . . | 9 | 467 |
| — blanchâtre. . . . . | 9 | 463 | — hexastique. . . . . | 9 | 448 |
| — bouffi. . . . . . . | 9 | 448 | — hispidule. . . . . . | 9 | 468 |
| — campanulé. . . . . | 9 | 469 | — imbriqué. . . . . . | 9 | 448 |
| — canaliculé. . . . . | 9 | 460 | — incliné. . . . . . . | 9 | 465 |
| — canescent. . . . . . | 9 | 469 | — jaune. . . . . . . . | 9 | 461 |
| — carné. . . . . . . | 9 | 449 | — joli. . . . . . . . . | 9 | 464 |
| — cendré. . . . . . . | 9 | 462 | — lagéniforme. . . . | 9 | 457 |
| — changeant. . . . . | 9 | 451 | — laineux. . . . . . . | 9 | 457 |
| — charmant. . . . . | 9 | 456 | — luisant. . . . . . . | 9 | 459 |
| — cilié. . . . . . . . | 9 | 463 | — méditerrané. . . . | 9 | 450 |
| — claviforme. . . . . | 9 | 452 | — menu. . . . . . . . | 9 | 469 |
| — couleur de feu. . . | 9 | 453 | — mignon. . . . . . . | 9 | 453 |
| — cramoisi. . . . . . | 9 | 451 | — multiflore. . . . . | 9 | 450 |
| — d'Aiton. . . . . . | 9 | 453 | — muqueux. . . . . | 9 | 468 |
| — de Banks. . . . . . | 9 | 446 | — Muscari. . . . . . | 9 | 463 |
| — de Blandford. . . . | 9 | 461 | — Monson. . . . . . . | 9 | 456 |
| — d'Ewer. . . . . . | 9 | 451 | — noirâtre. . . . . . | 9 | 459 |
| — de Hibbert. . . . . | 9 | 455 | — oblique. . . . . . . | 9 | 461 |
| — de Lambert. . . . . | 9 | 461 | — odorant. . . . . . . | 9 | 469 |
| — de Lée. . . . . . . | 9 | 454 | — paniculé. . . . . . | 9 | 466 |
| — de Masson. . . . . | 9 | 455 | — pénicilliflore. . . . | 9 | 447 |
| — de Paterson. . . . | 9 | 452 | — perlé. . . . . . . . | 9 | 465 |
| — de Pétiver. . . . . | 9 | 447 | — pilulifère. . . . . . | 9 | 468 |
| — de Pluckenet. . . . | 9 | 446 | — poilu. . . . . . . . | 9 | 467 |
| — de Séba. . . . . . . | 9 | 447 | — pourpre. . . . . . . | 9 | 455 |
| — de Solander. . . . | 9 | 465 | — pubescent. . . . . | 9 | 467 |
| — de Sparmann. . . . | 9 | 454 | — pyramidal. . . . . . | 9 | 464 |
| — de Thunberg. . . . | 9 | 460 | — raide. . . . . . . . | 9 | 462 |
| — denticulé. . . . . . | 9 | 463 | — ramuleux. . . . . . | 9 | 468 |
| — déprimé. . . . . . | 9 | 464 | — rayonnant. . . . . . | 9 | 456 |
| — diaphane. . . . . . | 9 | 454 | — récliné. . . . . . . | 9 | 464 |
| — discolore. . . . . . | 9 | 451 | — réfléchi. . . . . . . | 9 | 466 |
| — doré. . . . . . . . | 9 | 455 | — renflé. . . . . . . . | 9 | 456 |
| — élancé. . . . . . . | 9 | 455 | — résineux. . . . . . . | 9 | 461 |
| — écarlate. . . . . . | 9 | 455 | — rose. . . . . . . . | 9 | 456 |
| — élégant. . . . . . . | 9 | 451 | — rougissant. . . . . | 9 | 454 |
| — élégant. . . . . . . | 9 | 459 | — sétacé. . . . . . . | 9 | 469 |
| — fasciculaire. . . . . | 9 | 452 | — strigueux. . . . . . | 9 | 467 |
| — fastigié. . . . . . | 9 | 463 | — superbe. . . . . . | 9 | 465 |
| — Fausse-Absinthe. . | 9 | 469 | — Tétralix. . . . . . | 9 | 462 |
| — Faux-Brunia. . . . | 9 | 448 | — toujours-fleuri. . . | 9 | 468 |
| — Faux-Empétrum. . | 9 | 465 | — tremblant. . . . . | 9 | 456 |
| — Faux-Passérina. . | 9 | 468 | — tubiflore. . . . . . | 9 | 453 |
| — ferrugineux. . . . | 9 | 457 | — urcéolaire. . . . . | 9 | 462 |

| | Vol. | Pag. |
|---|---|---|
| Érica vagabond | 9 | 450 |
| — velu | 9 | 448 |
| — ventru | 9 | 456 |
| — verdâtre | 9 | 447 |
| — versicolore | 9 | 452 |
| — vert | 9 | 454 |
| — viscide | 9 | 464 |
| *ÉRICACÉES* | 9 | 440 |
| *ÉRICÉES* | 9 | 442 |
| | et | 445 |
| *ÉRICINÉES* | 9 | 430 |
| Érigère | 10 | 238 |
| — âcre | 10 | 239 |
| — du Canada | 10 | 239 |
| Ériobotrya, *V.* Bibacier. | | |
| *ÉRIOCAULÉES* | 13 | 140 |
| Ériodendre | 3 | 427 |
| — à anthères anfrac-tueuses | 3 | 429 |
| — à anthères rectili-gnes | 3 | 428 |
| — à fleurs odorantes | 3 | 428 |
| — Samaüma | 3 | 428 |
| Érioglosse | 3 | 57 |
| *ÉRIOGONÉES* | 10 | 521 |
| Ériolène | 3 | 457 |
| — de Candolle | 3 | 458 |
| — de Wallich | 3 | 457 |
| Ériophorum, *V.* Linaigrette. | | |
| Ériosperme | 12 | 390 |
| — à feuilles lancéolées | 12 | 391 |
| — à feuilles larges | 12 | 391 |
| — à petites feuilles | 12 | 390 |
| — foliolifère | 12 | 392 |
| — laineux | 12 | 391 |
| — pubescent | 12 | 392 |
| Ériostème | 2 | 338 |
| — à feuilles de Buis | 2 | 338 |
| — à feuilles de Saule | 2 | 338 |
| Érisma | 4 | 328 |
| — à fleurs violettes | 4 | 328 |
| — luisant | 4 | 329 |
| — multiflore | 4 | 329 |
| Érobathos | 7 | 301 |
| — de Damas | 7 | 302 |
| — trapu | 7 | 304 |
| Érodium | 3 | 303 |
| — à feuilles de Bénoite | 3 | 305 |
| — à fleurs carnées | 3 | 306 |
| — Bec de grue | 3 | 304 |
| — de Gussone | 3 | 306 |

| | Vol. | Pag. |
|---|---|---|
| Érodium musqué | 3 | 304 |
| — toujours-fleuri | 3 | 305 |
| Erpétione | 5 | 517 |
| — à feuilles réniformes | 5 | 518 |
| Ers | 1 | 304 |
| — Ervilier | 1 | 305 |
| — Lentille | 1 | 304 |
| — Lentillon | 1 | 304 |
| — uniflore | 1 | 306 |
| Éruca | 6 | 352 |
| — Roquette | 6 | 355 |
| Éryngium | 8 | 222 |
| — à feuilles planes | 8 | 228 |
| — améthyste | 8 | 225 |
| — commun | 8 | 224 |
| — des Alpes | 8 | 229 |
| — élancé | 8 | 227 |
| — Épine-blanche | 8 | 223 |
| — maritime | 8 | 226 |
| Érythranthe | 9 | 312 |
| — Cardinal | 9 | 313 |
| Érythréa | 9 | 11 |
| — Centaurelle | 9 | 12 |
| *ÉRYTHRÉINÉES* | 9 | 5 |
| Érythrine | 1 | 354 |
| — Arbre de corail | 1 | 355 |
| — couleur de chair | 1 | 355 |
| — Crête de coq | 1 | 356 |
| — du Cap | 1 | 356 |
| — herbacée | 1 | 354 |
| — nudiflore | 1 | 355 |
| — superbe | 1 | 356 |
| — touffue | 1 | 356 |
| Érythrochiton | 2 | 359 |
| — du Brésil | 2 | 359 |
| Érythrone | 12 | 257 |
| — à grande fleur | 12 | 259 |
| — à longues feuilles | 12 | 258 |
| — d'Amérique | 12 | 259 |
| — Dent de chien | 12 | 258 |
| Érythropsis | 3 | 517 |
| — de Roxburgh | 3 | 517 |
| Érythrosperme | 6 | 137 |
| — à grandes feuilles | 6 | 138 |
| — pauciflore | 6 | 137 |
| *ÉRYTHROSPERMÉES* | 6 | 133 |
| Érythroxyle | 3 | 74 |
| — à feuilles de Buis | 3 | 75 |
| — à feuilles de Lau-rier | 3 | 77 |
| — à feuilles de Mille-pertuis | 3 | 75 |

| | Vol. | Pag. |
|---|---|---|
| Érythroxyle à grandes feuilles | 3 | 76 |
| — à petites feuilles. . | 3 | 76 |
| — Coca. . . . . | 3 | 77 |
| — de Honda. . . . . | 3 | 78 |
| — élégant. . . . . . . | 3 | 76 |
| — Faux-Sidéroxyle. . | 3 | 76 |
| — subéreux. . . . . . | 3 | 75 |
| *ÉRYTHROXYLÉES.* | 3 | 73 |
| ESCALLONIA. . . . . . | 5 | 29 |
| — à fleurs rouges. . . | 5 | 30 |
| — de Sellow. . . . . | 5 | 31 |
| — discolore. . . . . . | 5 | 33 |
| — farineux. . . . . . | 5 | 32 |
| — Fausse-Airelle. . . | 5 | 31 |
| — Faux-Spirée. . . . | 5 | 31 |
| — grisâtre. . . . . . | 5 | 33 |
| — multiflore. . . . . | 5 | 32 |
| — nain. . . . . . . . | 5 | 30 |
| — résineux. . . . . . | 5 | 32 |
| *ESCALLONIÉES.* . . | 5 | 5 |
| | et | 29 |
| *Escalloniées.* . . . . . . | 13 | 258 |
| ESENBECKIA. . . . . . | 2 | 343 |
| — fébrifuge. . . . . . | 2 | 343 |
| ESCHYNOMÈNE. . . . . | 1 | 295 |
| — d'Inde. . . . . . . | 1 | 296 |
| — naine. . . . . . . . | 1 | 296 |
| — Sensitive. . . . . . | 1 | 295 |
| ESPARCETTE. . . . . . | 1 | 289 |
| — Crête de coq. . . . | 1 | 291 |
| — cultivée. . . . . . | 1 | 289 |
| — de Michaux. . . . | 1 | 292 |
| — de Pallas. . . . . . | 1 | 291 |
| — rayonnante. . . . . | 1 | 291 |
| — Tête de coq. . . . | 1 | 290 |
| ÉTHUSE. . . . . . . . | 8 | 211 |
| — vénéneuse . . . . . | 8 | 212 |
| ÉTOILÉES. . . . . . . . | 8 | 378 |
| | et | 469 |
| EUAROIDÉES. . . . . . | 12 | 38 |
| EUCALYPTUS. . . . . . | 4 | 126 |
| — à feuilles cordiformes. . . . . . | 4 | 133 |
| — à feuilles épaisses. | 4 | 128 |
| — à feuilles obliques. | 4 | 130 |
| — à feuilles ovales. . | 4 | 129 |
| — à feuilles scabres. . | 4 | 130 |
| — à feuilles d'Amandier. . . . . . | 4 | 128 |
| — à feuilles de Peuplier. . . . . . | 4 | 132 |
| Eucalyptus à fruit disciforme | 4 | 131 |
| — discolore. . . . . . | 4 | 133 |
| — élégant. . . . . . . | 4 | 132 |
| — flexible. . . . . . | 4 | 128 |
| — gigantesque. . . . | 4 | 129 |
| — glanduleux. . . . . | 4 | 134 |
| — glauque. . . . . . | 4 | 132 |
| — hétérophylle. . . . | 4 | 131 |
| — perfolié. . . . . . | 4 | 134 |
| — poivré. . . . . . . | 4 | 130 |
| — pulvérulent . . . . | 4 | 133 |
| — résineux. . . . . . | 4 | 127 |
| EUCAPNOS. . . . . . . | 7 | 67 |
| — élégant. . . . . . . | 7 | 68 |
| EUCHILE. . . . . . . . | 1 | 179 |
| — à feuilles obcordiformes. . . . . . | 1 | 179 |
| EUCOMIS. . . . . . . . | 12 | 303 |
| — à tige pourpre. . . | 12 | 304 |
| — nain. . . . . . . . | 12 | 304 |
| — ondulé. . . . . . . | 12 | 303 |
| — ponctué. . . . . . | 12 | 303 |
| — royal. . . . . . . . | 12 | 304 |
| EUCRYPHIA. . . . . . | 5 | 344 |
| — à feuilles cordiformes. . . . . . | 5 | 346 |
| — de Labillardière. . | 5 | 345 |
| *EUCYTINÉES.* . . . . | 10 | 553 |
| EUFRAISE. . . . . . . . | 9 | 330 |
| — officinale. . . . . . | 9 | 330 |
| EUGÉNIA . . . . . . . . | 4 | 174 |
| — à feuilles de Troëne. | 4 | 176 |
| — à feuilles ternées. . | 4 | 177 |
| — de Michéli. . . . . | 4 | 175 |
| — du Brésil. . . . . . | 4 | 176 |
| — Faux-Giroflier. . . | 4 | 177 |
| — Piment. . . . . . . | 4 | 178 |
| — purgatif. . . . . . | 4 | 175 |
| — strié. . . . . . . . | 4 | 175 |
| — Uvalha. . . . . . . | 4 | 176 |
| EULEPTOSPERMÉES . | 4 | 126 |
| EUPATOIRE. . . . . . | 10 | 287 |
| — à feuilles de Chanvre. . . . . . | 10 | 287 |
| — à feuilles sessiles. . | 10 | 289 |
| — élancée. . . . . . . | 10 | 289 |
| — perfoliée. . . . . . | 10 | 289 |
| — verticillée. . . . . | 10 | 288 |
| *EUPATORIÉES.* . . . . | 10 | 36 |
| | et | 280 |
| EUPATORIÉES — AGÉRATÉES. . . . . . . | 10 | 37 |

| | Vol. | Pag. |
|---|---|---|
| EUPATORIÉES – LIA- | | |
| TRIDÉES. | 10 | 37 |
| ÉUPATORIÉES – PRO- | | |
| TOTYPES. | 10 | 37 |
| EUPHORBE. | 2 | 530 |
| — à fleurs pourprées. | 2 | 536 |
| — Cyprès. | 2 | 536 |
| — de Gérard. | 2 | 536 |
| — des Anciens. | 2 | 532 |
| — des Canaries. | 2 | 532 |
| — des marais. | 2 | 535 |
| — des pêcheurs. | 2 | 534 |
| — écarlate. | 2 | 534 |
| — éclatant. | 2 | 534 |
| — Épurge. | 2 | 537 |
| — hétérophylle. | 2 | 535 |
| — mamillaire. | 2 | 533 |
| — mellifère | 2 | 535 |
| — Melon. | 2 | 533 |
| — officinal. | 2 | 532 |
| — pourpre-noir. | 2 | 534 |
| — sylvestre. | 2 | 537 |
| — Tête de Méduse. | 2 | 533 |
| — Tirucalli. | 2 | 534 |
| *EUPHORBIACÉES.* | 2 | 484 |
| *EUPHORBIÉES.* | 2 | 488 |
| | et | 530 |
| EUPHRASIA, V. EUFRAISE. | | |
| EURYA. | 4 | 66 |
| — à feuilles étroites. | 4 | 67 |
| — à feuilles obovales. | 4 | 67 |
| — du Japon. | 4 | 66 |
| — glabre. | 4 | 66 |
| EURYALE | 7 | 166 |
| — féroce. | 7 | 167 |
| EURYCLÈS. | 12 | 428 |
| — couronné | 12 | 428 |
| EUTASSA. | 11 | 361 |
| — de Cunningham. | 11 | 362 |
| — hétérophylle. | 11 | 362 |
| EUTAXIE. | 1 | 178 |
| — à feuilles de Myrte. | 1 | 178 |
| EUTERPE. | 12 | 64 |
| — comestible. | 12 | 65 |
| — oléracé | 12 | 64 |
| EUTOCA. | 9 | 50 |
| — visqueux. | 9 | 51 |
| EUZOMUM. | 6 | 380 |
| — à feuilles de Ro- | | |
| quette. | 6 | 382 |
| *Evonymées.* | 2 | 402 |

| | Vol. | Pag. |
|---|---|---|
| EVONYMUS, V. FUSAIN. | | |
| EXCÉCARIA. | 2 | 526 |
| EXOSTEMMA. | 8 | 394 |
| — à feuilles étroites. | 8 | 395 |
| — à fruit court. | 8 | 395 |
| — austral. | 8 | 397 |
| — corymbifère. | 8 | 396 |
| — cuspidé. | 8 | 397 |
| — des Antilles. | 8 | 394 |
| — fleuri. | 8 | 396 |
| FABAGELLE. | 2 | 306 |
| — à rameaux recourbés. | 2 | 308 |
| — commune. | 2 | 307 |
| — fétide. | 2 | 307 |
| — Morgsane. | 2 | 307 |
| FABIANA. | 9 | 58 |
| — à feuilles imbriquées. | 9 | 59 |
| FABRICIA | 4 | 146 |
| — à feuilles de Myrte. | 4 | 146 |
| — à feuilles lisses. | 4 | 146 |
| FAGINÉES. | 11 | 142 |
| | et | 185 |
| *FAGOPYRINÉES.* | 10 | 512 |
| FAGOPYRUM, V. SARRASIN. | | |
| FAGUS, V. HÊTRE. | | |
| FARAMÉA. | 8 | 447 |
| — à fleurs sessiles. | 8 | 448 |
| — odorant. | 8 | 448 |
| FÉLICIANÉA. | 4 | 184 |
| — à fleurs rouges. | 4 | 184 |
| FÉLICIE. | 10 | 263 |
| — délicate. | 10 | 263 |
| FENOUIL. | 8 | 203 |
| — commun. | 8 | 205 |
| FÉRONIA. | 2 | 254 |
| — Pommier d'Éléphant. | 2 | 254 |
| FERRARIA. | 13 | 4 |
| — Ferrariole. | 13 | 5 |
| — ondulé. | 13 | 5 |
| *FERRARIÉES.* | 13 | 3 |
| FÉRULA. | 8 | 161 |
| — Assa-fétida. | 8 | 162 |
| — commun. | 8 | 162 |
| *FESTUCACÉES.* | 13 | 164 |
| | et | 204 |
| FÉTUQUE. | 13 | 213 |
| — des prés. | 13 | 216 |
| — dure. | 13 | 214 |
| — élevée. | 13 | 217 |
| — glauque. | 13 | 214 |

| | Vol. | Pag. | | Vol. | Pag. |
|---|---|---|---|---|---|
| Fétuque hétérophylle. . . | 13 | 215 | Ficoïde à pétales striés. . . | 5 | 132 |
| — ovine. . . . . . . . | 13 | 213 | — à petites feuilles. . | 5 | 124 |
| — rouge. . . . . . . . | 13 | 215 | — à petites fleurs. . . | 5 | 137 |
| Févier. . . . . . . . . . . | 1 | 90 | — à racine napiforme. | 5 | 137 |
| — de Chine. . . . . . | 1 | 96 | — à tige épaisse. . . . | 5 | 139 |
| — de Desfontaines. . . | 1 | 95 | — acinaciforme. . . . | 5 | 120 |
| — de la Caspienne. . | 1 | 97 | — allongée. . . . . . | 5 | 118 |
| — féroce. . . . . . . | 1 | 94 | — ancipitée. . . . . . | 5 | 126 |
| — monosperme. . . . | 1 | 98 | — australe. . . . . . . | 5 | 119 |
| — Triacanthe. . . . . | 1 | 92 | — barbue. . . . . . . | 5 | 131 |
| Févilléa . . . . . . . . | 6 | 188 | — bicolore. . . . . . | 5 | 129 |
| — à feuilles cordifor- | | | — bidentée. . . . . . | 5 | 115 |
| mes. . . . . . . | 6 | 189 | — blanchâtre. . . . . | 5 | 113 |
| Ficaria. . . . . . . . . | 7 | 196 | — bractéolée. . . . . | 5 | 126 |
| — Fausse-Renoncule . | 7 | 197 | — brillante. . . . . . | 5 | 134 |
| Ficoïde. . . . . . . . . | 5 | 111 | — brillante. . . . . . | 5 | 136 |
| — à bractées imbriquées. | 5 | 121 | — calamiforme. . . . | 5 | 116 |
| — à calice turbiné. . | 5 | 127 | — canine. . . . . . . | 5 | 113 |
| — à courtes feuilles. . | 5 | 133 | — caulescente. . . . . | 5 | 122 |
| — à feuilles courbées. | 5 | 123 | — charmante. . . . . | 5 | 127 |
| — à feuilles cunéifor- | | | — comestible. . . . . | 5 | 120 |
| mes. . . . . . . | 5 | 138 | — comprimée. . . . . | 5 | 126 |
| — à feuilles cylindri- | | | — corniculée. . . . . | 5 | 117 |
| ques. . . . . . . | 5 | 116 | — cultriforme. . . . . | 5 | 114 |
| — à feuilles cymbifor- | | | — cylindracée. . . . . | 5 | 116 |
| mes. . . . . . . | 5 | 127 | — cymbiforme. . . . | 5 | 127 |
| — à feuilles épaisses. | 5 | 119 | — de Candolle. . . . | 5 | 140 |
| — à feuilles falciformes. | 5 | 123 | — de Salm. . . . . . | 5 | 115 |
| — à feuilles flexueuses. | 5 | 129 | — délicate. . . . . . | 5 | 122 |
| — à feuilles loriformes. | 5 | 117 | — deltoïde. . . . . . | 5 | 122 |
| — à feuilles luisantes. | 5 | 135 | — denticulée. . . . . | 5 | 113 |
| — à feuilles menues. . | 5 | 129 | — difforme. . . . . . | 5 | 115 |
| — à feuilles pugioni- | | | — dolabriforme. . . . | 5 | 115 |
| formes. . . . . . | 5 | 118 | — écarlate. . . . . . | 5 | 129 |
| — à feuilles spinifor- | | | — échinée. . . . . . | 5 | 132 |
| mes. . . . . . . | 5 | 129 | — effilée. . . . . . . | 5 | 123 |
| — à fleurs capitellées. | 5 | 118 | — élancée. . . . . . . | 5 | 123 |
| — à fleurs de Pàque- | | | — élégante. . . . . . | 5 | 134 |
| rette. . . . . . . | 5 | 117 | — épineuse. . . . . . | 5 | 130 |
| — à fleurs grêles. . . | 5 | 135 | — étalée. . . . . . . | 5 | 139 |
| — à fleurs jaunes. . . | 5 | 134 | — étoilée. . . . . . . | 5 | 131 |
| — à fleurs oranges. . | 5 | 128 | — fastigiée. . . . . . | 5 | 136 |
| — à fleurs safranées. . | 5 | 128 | — feuillue. . . . . . . | 5 | 121 |
| — à fleurs verdâtres. | 5 | 135 | — flasque. . . . . . . | 5 | 140 |
| — à fleurs violettes. . | 5 | 125 | — flamboyante. . . . | 5 | 138 |
| — à larges feuilles. . | 5 | 114 | — Glaciale. . . . . . | 5 | 138 |
| — à long style. . . . | 5 | 137 | — glauque. . . . . . | 5 | 127 |
| — à longues feuilles. | 5 | 114 | — géminiflore. . . . . | 5 | 119 |
| — à ombelles. . . . . | 5 | 121 | — géniculiflore. . . . | 5 | 136 |
| — à pédoncules clavi- | | | — gibbeuse. . . . . . | 5 | 116 |
| formes. . . . . | 5 | 136 | — hétérophylle. . . . | 5 | 117 |
| — à pétales échancrés. | 5 | 125 | — hispide. . . . . . . | 5 | 133 |
| — à pétales imbriqués. | 5 | 121 | — intonse. . . . . . . | 5 | 131 |

| | Vol. | Pag. | | Vol. | Pag. |
|---|---|---|---|---|---|
| Ficoïde jaune-vif. | 5 | 128 | Figuier à grandes feuilles. | 11 | 61 |
| — jonciforme. | 5 | 137 | — Ampélos. | 11 | 60 |
| — lacérée. | 5 | 120 | — commun. | 11 | 55 |
| — linguiforme. | 5 | 114 | — de l'Inde. | 11 | 58 |
| — lisse. | 5 | 130 | — des pagodes. | 11 | 59 |
| — luisante. | 5 | 133 | — élastique. | 11 | 60 |
| — magnifique. | 5 | 126 | — Sycomore. | 11 | 58 |
| — mignonne. | 5 | 124 | — tinctorial. | 11 | 61 |
| — molle. | 5 | 127 | FILARIA. | 8 | 269 |
| — moniliforme. | 5 | 112 | — Faux-Alaterne. | 8 | 270 |
| — muconifère. | 5 | 130 | FIMBRIARIA. | 3 | 155 |
| — multiflore. | 5 | 122 | — élégant. | 3 | 156 |
| — multiflore. | 5 | 125 | FIRMIANA. | 3 | 516 |
| — naine. | 5 | 111 | — à feuilles de Platane. | 3 | 516 |
| — noctiflore. | 5 | 136 | FLACOURTIA | 6 | 133 |
| — obcordiforme. | 5 | 111 | — à fruit savoureux. | 6 | 155 |
| — oblique. | 5 | 114 | — des haies. | 6 | 134 |
| — oblique. | 5 | 134 | — Ramontchi. | 6 | 154 |
| — obtuse. | 5 | 111 | FLACOURTIANÉES. | 6 | 131 |
| — octophylle. | 5 | 111 | FLACOURTIÉES. | 6 | 132 |
| — odorante. | 5 | 114 | FLAVIFLORES. | 10 | 473 |
| — oncinée. | 5 | 121 | FLINDERSIA. | 3 | 172 |
| — pâle. | 5 | 139 | — austral. | 3 | 172 |
| — perfoliée. | 5 | 121 | — des Moluques. | 3 | 173 |
| — pisiforme. | 5 | 112 | FLOUVE. | 13 | 181 |
| — polyphylle. | 5 | 125 | — odorante. | 13 | 182 |
| — poméridienne. | 5 | 140 | FOENICULUM, V. FENOUIL. | | |
| — pubérule. | 5 | 133 | FONTANÉSIA. | 8 | 286 |
| — pulvérulente. | 5 | 133 | — Faux-Filaria. | 8 | 287 |
| — rampante. | 5 | 119 | FORSKAHLÉES. | 11 | 25 |
| — rayonnante. | 5 | 126 | FORSYTHIA. | 8 | 277 |
| — réfléchie. | 5 | 125 | — récliné. | 8 | 278 |
| — ringente. | 5 | 112 | FOTHERGILLA. | 8 | 83 |
| — sarmenteuse. | 5 | 119 | — à feuilles d'Aune. | 8 | 84 |
| — scabre. | 5 | 124 | FOURCROYA. | 12 | 401 |
| — sémilunée. | 5 | 123 | — gigantesque. | 12 | 402 |
| — spinelleuse. | 5 | 122 | FRAGON. | 12 | 221 |
| — stellifère. | 5 | 131 | — androgyne. | 12 | 224 |
| — stipulaire. | 5 | 130 | — Hypoglosse. | 12 | 225 |
| — strumeuse. | 5 | 132 | — Hypophylle. | 12 | 225 |
| — subulée. | 5 | 117 | — piquant. | 12 | 222 |
| — superbe. | 5 | 126 | FRAISIER. | 1 | 462 |
| — tigrée | 5 | 112 | — Caperonnier. | 1 | 466 |
| — tortueuse. | 5 | 159 | — commun. | 1 | 465 |
| — touffue. | 5 | 131 | — Craquelin. | 1 | 463 |
| — tricolore. | 5 | 118 | — de l'Inde. | 1 | 469 |
| — tuberculeuse. | 5 | 132 | — de Virginie. | 1 | 466 |
| — tubéreuse. | 5 | 154 | — des mois. | 1 | 464 |
| — verruculeuse. | 5 | 128 | — du Chili. | 1 | 468 |
| — versicolore. | 5 | 124 | — grandiflore. | 1 | 467 |
| FICOIDÉES. | 5 | 108 | FRAMBOISIER, V. RONCE. | | |
| FIGUIER. | 11 | 54 | FRANCOA. | 5 | 68 |

| | Vol. | Pag. |
|---|---|---|
| Francoa à feuilles de Lai- tron | 5 | 69 |
| — à feuilles lyrées. . | 5 | 68 |
| — paniculé | 5 | 70 |
| *FRANCOACÉES.* . | 5 | 59 |
| et | | 68 |
| *FRANKÉNIACÉES.* | 5 | 465 |
| *FRANKLANDIÉES.* . | 10 | 401 |
| FRAXINÉES | 8 | 258 |
| FRAXINUS, V. FRÊNE. | | |
| FRÊNE | 8 | 291 |
| — à feuilles de Lentis- que | 8 | 295 |
| — à feuilles de Su- reau | 8 | 299 |
| — commun | 8 | 292 |
| — *commun argenté.* . | 8 | 292 |
| — *commun crépu.* . . | 8 | 293 |
| — *commun doré.* . . | 8 | 292 |
| — *commun graveleux.* | 8 | 292 |
| — *commun horizontal.* | 8 | 292 |
| — *commun jaspé.* . . | 8 | 292 |
| — *commun mono- phylle* | 8 | 295 |
| — *commun parasol.* . | 8 | 293 |
| — *commun pleureur.* . | 8 | 293 |
| — *commun nain.* . . | 8 | 295 |
| — discolore | 8 | 297 |
| — quadrangulé. . . . | 8 | 299 |
| FRÉNÉLA | 11 | 345 |
| — trièdre | 11 | 345 |
| FRÉZIÉRA | 4 | 63 |
| — à feuilles ondulées. | 4 | 65 |
| — bronzé. . . . . . | 4 | 64 |
| — Faux-Thé. . . . . | 4 | 66 |
| — grisâtre | 4 | 64 |
| — nerveux | 4 | 65 |
| — réticulé | 4 | 64 |
| — satiné | 4 | 65 |
| *FRÉZIÉRÉES.* . . . | 4 | 62 |
| FRIESIA | 4 | 48 |
| — à longs pédoncules. | 4 | 48 |
| FRITILLAIRE | 12 | 269 |
| — à feuilles de Tulipe. | 12 | 270 |
| — à fleur blanche. . . | 12 | 272 |
| — à grappe | 12 | 270 |
| — à larges feuilles. . | 12 | 270 |
| — Damier | 12 | 271 |
| — de Perse | 12 | 270 |
| — jaune. . . . . . | 12 | 271 |
| — mineure. . . . . | 12 | 271 |
| Fritillaire verticillée. . . . | 12 | 271 |
| FUCHSIA | 4 | 404 |
| — à boutons obtus. . | 4 | 406 |
| — à corymbes. . . . | 4 | 410 |
| — à longues étamines. | 4 | 406 |
| — à tige simple. . . . | 4 | 411 |
| — commun | 4 | 407 |
| — conique | 4 | 407 |
| — de Loxa | 4 | 409 |
| — des montagnes. . . | 4 | 408 |
| — décussé | 4 | 405 |
| — dentelé | 4 | 411 |
| — denticulé | 4 | 410 |
| — éclatant | 4 | 410 |
| — élégant | 4 | 409 |
| — grêle | 4 | 405 |
| — pubescent | 4 | 408 |
| FUCHSIÉES | 4 | 559 |
| et | | 401 |
| FUGOSIA | 3 | 396 |
| — à feuilles de Phlomis. | 3 | 396 |
| — à fleurs jaunes. . . | 3 | 396 |
| — hétérophylle. . . . | 3 | 597 |
| FUMANA | 6 | 8 |
| — commun | 6 | 11 |
| — d'Arabie | 6 | 10 |
| — glauque | 6 | 14 |
| — visqueux | 6 | 12 |
| FUMANINÉES | 6 | 6 |
| et | | 8 |
| FUMARIA | 7 | 85 |
| — à petites fleurs. . . | 7 | 89 |
| — officinal | 7 | 87 |
| *FUMARIACÉES.* . | 7 | 55 |
| *FUMARIÉES.* . . . . | 7 | 59 |
| et | | 64 |
| FUMARINÉES. . . . | 7 | 61 |
| et | | 84 |
| FUNKIA | 12 | 378 |
| — bleu | 12 | 379 |
| — de Siebold | 12 | 379 |
| — lancéolé | 12 | 379 |
| — marginé | 12 | 380 |
| — ondulé | 12 | 379 |
| — subcordiforme. . . | 12 | 378 |
| FUSAIN | 2 | 404 |
| — à feuilles étroites. . | 2 | 409 |
| — à feuilles luisantes. | 2 | 407 |
| — à larges feuilles. . | 2 | 406 |
| — à petites fleurs. . . | 2 | 407 |
| — d'Amérique. . . . | 2 | 408 |
| — d'Europe | 2 | 404 |

| | Vol. | Pag. |
|---|---|---|
| Fusain du Japon. . . . . | 2 | 407 |
| — galeux. . . . . . . | 2 | 406 |
| — grandiflore. . . . . | 2 | 408 |
| — nain. . . . . . . . | 2 | 409 |
| — pourpre-noir. . . . | 2 | 407 |
| — sarmenteux. . . . | 2 | 408 |
| GAINIER. . . . . . . . . | 1 | 128 |
| — Arbre de Judée. . | 1 | 128 |
| — du Canada. . . . | 1 | 129 |
| GALACTIA. . . . . . . . | 1 | 244 |
| — à fleurs pendantes. | 1 | 244 |
| — coriace. . . . . . . | 1 | 244 |
| GALACTODENDRE. . . . . | 11 | 64 |
| — Arbre-vache. . . . | 11 | 64 |
| GALANTHE. . . . . . . . | 12 | 406 |
| — Perce-neige. . . . | 12 | 407 |
| GALARDE. . . . . . . . | 10 | 122 |
| — élégante. . . . . . | 10 | 123 |
| — lancéolée. . . . . . | 10 | 123 |
| GALATELLE. . . . . . . | 10 | 258 |
| — à feuilles d'Hyssope. | 10 | 259 |
| — âcre. . . . . . . . | 10 | 260 |
| — incane. . . . . . . | 10 | 259 |
| — ponctuée. . . . . . | 10 | 259 |
| GALAXIA. . . . . . . . | 13 | 9 |
| — à feuilles de Grami-née. . . . . . . . | 13 | 9 |
| — à feuilles ovées. . . | 13 | 9 |
| — à fleurs d'Ixia. . . | 13 | 10 |
| — à grandes fleurs. . | 13 | 9 |
| GALÉ . . . . . . . . . | 11 | 258 |
| — des marais. . . . | 11 | 258 |
| GALÉGA. . . . . . . . | 1 | 249 |
| — d'Orient. . . . . . | 1 | 250 |
| — de Perse. . . . . . | 1 | 249 |
| — officinal. . . . . . | 1 | 249 |
| GALÉGÉES. . . . . . . . | 1 | 154 |
| | et | 245 |
| GALIPÉA. . . . . . . . | 2 | 351 |
| — à épis. . . . . . . | 2 | 354 |
| — à grandes feuilles. | 2 | 352 |
| et (par double emploi). | | 355 |
| — hétérophylle. . . . | 2 | 351 |
| — pentandre. . . . . | 2 | 353 |
| — pentagyne. . . . . | 2 | 352 |
| — résineux. . . . . . | 2 | 353 |
| — spatulé. . . . . . | 2 | 354 |
| GALIUM. . . . . . . . . | 8 | 469 |
| — Caille-lait. . . . . | 8 | 469 |
| GALPHIMIA. . . . . . . | 3 | 134 |
| — du Brésil. . . . . | 3 | 135 |
| — glanduleux. . . . . | 3 | 135 |
| Galphimia glauque. . . . | 3 | 135 |
| — hérissé. . . . . . . | 3 | 135 |
| GALVÉZIA. . . . . . . . | 2 | 362 |
| — ponctué. . . . . . | 2 | 365 |
| GARANCE. . . . . . . . | 8 | 470 |
| — à feuilles cordifor-mes. . . . . . . | 8 | 471 |
| — tinctoriale. . . . . | 8 | 471 |
| — vénéneuse. . . . . . | 8 | 472 |
| GARCINIA. . . . . . . . | 5 | 322 |
| — à bois dur. . . . . | 5 | 324 |
| — de Java. . . . . . . | 5 | 326 |
| — dioïque. . . . . . . | 5 | 325 |
| — élégant. . . . . . . | 5 | 325 |
| — Faux-Guttier. . . . | 5 | 324 |
| — latériflore. . . . . . | 5 | 325 |
| — Mangostan. . . . . | 5 | 323 |
| GARCINIÉES. . . . | 5 | 306 |
| GARDÉNIA. . . . . . . . | 8 | 409 |
| — à larges feuilles. . | 8 | 411 |
| — campanulé. . . . . | 8 | 414 |
| — ennéandre. . . . . | 8 | 411 |
| — gummifère. . . . . | 8 | 412 |
| — luisant. . . . . . . | 8 | 412 |
| — multiflore. . . . . . | 8 | 409 |
| — radicant. . . . . . | 8 | 410 |
| — Thunbergia. . . . | 8 | 413 |
| GARDÉNINÉES. . . . . | 8 | 372 |
| | et | 401 |
| GARIDELLA. . . . . . . . | 7 | 300 |
| GARUGA. . . . . . . . | 2 | 245 |
| — à feuilles pennées. . | 2 | 245 |
| GASTROLOBE. . . . . . . | 1 | 178 |
| — bilobé. . . . . . . | 1 | 178 |
| GATTILIER. . . . . . . . | 9 | 229 |
| — commun. . . . . . | 9 | 230 |
| — élancé. . . . . . . | 9 | 231 |
| — incisé. . . . . . . | 9 | 232 |
| GAULTHIÉRA. . . . . . . | 9 | 489 |
| — procombant. . . . | 9 | 490 |
| GAURA. . . . . . . . . | 4 | 381 |
| — à feuilles étroites. . | 4 | 382 |
| — bisannuel. . . . . . | 4 | 381 |
| — écarlate. . . . . . . | 4 | 382 |
| GAURIDIUM. . . . . . . | 4 | 379 |
| — à feuilles molles. . | 4 | 380 |
| — à fleurs changeantes. | 4 | 380 |
| GAYAC. . . . . . . . . | 2 | 309 |
| — à feuilles de Len-tisque. . . . . . | 2 | 310 |
| — officinal. . . . . . | 2 | 309 |
| GAYOPHYTE. . . . . . . | 4 | 346 |

| | Vol. | Pag. | | Vol. | Pag. |
|---|---|---|---|---|---|
| Gayophyte nain | 4 | 347 | Génipa d'Amérique | 8 | 408 |
| GAYOPHYTÉES | 4 | 338 | GENISTA, *V.* GENÊT. | | |
| | et | 346 | GÉNISTÉES | 1 | 452 |
| GAZANIE | 10 | 102 | | et | 184 |
| — à pédoncules soli- | | | GENTIANE | 9 | 13 |
| taires | 10 | 104 | — acaule | 9 | 20 |
| — élégante | 10 | 103 | — Asclépiade | 9 | 18 |
| — OEil de paon | 10 | 103 | — ciliée | 9 | 16 |
| — raide | 10 | 104 | — d'Andrews | 9 | 20 |
| GÉISSORHIZE | 13 | 91 | — jaune | 9 | 14 |
| — à feuilles obtuses | 13 | 92 | — Pneumonanthe | 9 | 18 |
| — de Laroche | 13 | 91 | — ponctuée | 9 | 22 |
| — sétacée | 13 | 92 | — pourpre | 9 | 21 |
| — unilatérale | 13 | 92 | — printanière | 9 | 17 |
| GENDARUSSA | 9 | 155 | — Saponaire | 9 | 19 |
| — commun | 9 | 155 | *GENTIANÉES* | 9 | 1 |
| GENDARUSSÉES | 9 | 146 | *GENTIANÉES VRAIES* | 9 | 4 |
| GENÊT | 1 | 200 | | et | 7 |
| — à feuilles linéaires | 1 | 201 | GÉOFFRÉA | 1 | 136 |
| — blanc | 1 | 201 | — épineux | 1 | 137 |
| — blanchâtre | 1 | 200 | — magnifique | 1 | 137 |
| — des Canaries | 1 | 200 | GÉOFFROYÉES | 1 | 89 |
| — féroce | 1 | 204 | | et | 133 |
| — herbacé | 1 | 203 | GÉRANIUM | 3 | 289 |
| — monosperme | 1 | 202 | — à feuilles d'Aconit | 3 | 292 |
| — purgatif | 1 | 202 | — à feuilles d'Ané- | | |
| — rayonnant | 1 | 201 | mone | 3 | 290 |
| — Scorpion | 1 | 204 | — à feuilles maculées | 3 | 295 |
| — tinctorial | 1 | 203 | — à feuilles molles | 3 | 301 |
| — trièdre | 1 | 201 | — à feuilles rondes | 3 | 300 |
| GENÉVRIER | 11 | 305 | — à filets velus | 3 | 296 |
| — *à feuilles de Tama-* | | | — à fleurs pourpres | 3 | 290 |
| *risc* | 11 | 315 | — à fleurs violettes | 3 | 302 |
| — *à gros fruits* | 11 | 310 | — à grosse racine | 3 | 291 |
| — commun | 11 | 308 | — à longs pédoncules | 3 | 296 |
| — de Daourie | 11 | 317 | — à pétales réfléchis | 3 | 301 |
| — *de Lycie* | 11 | 322 | — à pétales striés | 3 | 298 |
| — de Phénicie | 11 | 322 | — anguleux | 3 | 295 |
| — *de Sibérie* | 11 | 309 | — argenté | 3 | 299 |
| — *de Suède* | 11 | 309 | — de Ledebour | 3 | 292 |
| — *de Virginie* | 11 | 318 | — de Vlassow | 3 | 297 |
| — *des Alpes* | 11 | 309 | — de Wallich | 3 | 298 |
| — des Bermudes | 11 | 321 | — des forêts | 3 | 294 |
| — drupacé | 11 | 312 | — des marais | 3 | 296 |
| — *élancé* | 11 | 317 | — des prés | 3 | 293 |
| — fétide | 11 | 314 | — du Caucase | 3 | 294 |
| — *multicaule* | 11 | 317 | — Herbe à Robert | 3 | 299 |
| — Oxycèdre | 11 | 311 | — livide | 3 | 302 |
| — procombant | 11 | 314 | — noueux | 3 | 297 |
| — *Sabine* | 11 | 314 | — tubéreux | 3 | 291 |
| — *squarreux* | 11 | 321 | *GÉRANIACÉES* | 3 | 284 |
| — *thurifère* | 11 | 320 | | | |
| GÉNIPA | 8 | 408 | | | |

| | Vol. | Pag. |
|---|---|---|
| GÉRARDIÉES.... | 9 | 271 |
| GERMANDRÉE... | 9 | 217 |
| — Faux-Scordium.. | 9 | 220 |
| — Marum..... | 9 | 219 |
| — officinale..... | 9 | 218 |
| — Scordium..... | 9 | 219 |
| GÉSNÉRIÉES... | 9 | 255 |
| GÉSNÉRIÉES.... | 9 | 257 |
| GESSE........ | 1 | 309 |
| — à larges feuilles.. | 1 | 309 |
| — Chiche...... | 1 | 311 |
| — cultivée..... | 1 | 310 |
| — de Tanger.... | 1 | 312 |
| — Jarosse...... | 1 | 311 |
| — odorante..... | 1 | 312 |
| — tubéreuse..... | 1 | 310 |
| — velue...... | 1 | 312 |
| GÉTONIA........ | 4 | 303 |
| — à grappes penchées. | 4 | 303 |
| — fleuri....... | 4 | 303 |
| GILIA........ | 9 | 116 |
| — à fleurs capitellées. | 9 | 117 |
| — tricolore..... | 9 | 118 |
| GILIÉES........ | 9 | 108 |
| GILLÉNIA....... | 1 | 447 |
| — à grandes stipules. | 1 | 448 |
| — trifoliolé..... | 1 | 448 |
| GINGEMBRE...... | 12 | 154 |
| — officinal..... | 12 | 155 |
| — Zérumbet..... | 12 | 156 |
| GINKGO....... | 11 | 298 |
| — à feuilles bilobées. | 11 | 300 |
| GINORIA....... | 4 | 437 |
| — d'Amérique.... | 4 | 437 |
| GIROFLÉE....... | 6 | 406 |
| — à fleurs changeantes. | 6 | 411 |
| — odorante..... | 6 | 409 |
| GIROFLIER...... | 4 | 171 |
| — antiseptique.... | 4 | 173 |
| — aromatique.... | 4 | 172 |
| — elliptique..... | 4 | 173 |
| — fastigié..... | 4 | 173 |
| — multiflore.... | 4 | 173 |
| GLADIOLÉES.... | 13 | 3 |
| GLADIOLUS, V. GLAYEUL. | | |
| GLANDULARIA..... | 9 | 239 |
| — Aublétia..... | 9 | 239 |
| — élégant....... | 9 | 240 |
| — jaune...... | 9 | 241 |
| GLAUCIUM....... | 7 | 30 |
| — à fleurs jaunes,.. | 7 | 32 |
| Glaucium corniculé.... | 7 | 33 |
| GLAYEUL......... | 13 | 76 |
| — à casque...... | 13 | 80 |
| — à feuilles courtes.. | 13 | 80 |
| — à feuilles étroites.. | 13 | 78 |
| — à feuilles quadran- | | |
| gulaires..... | 13 | 80 |
| — à fleurs d'Orchis.. | 13 | 80 |
| — à labelle...... | 13 | 81 |
| — ailé....... | 13 | 80 |
| — Cardinal...... | 13 | 77 |
| — changeant.... | 13 | 79 |
| — charmant..... | 13 | 78 |
| — commun..... | 13 | 76 |
| — cuspidé...... | 13 | 78 |
| — de Constantinople. | 13 | 77 |
| — de Miller..... | 13 | 77 |
| — de Watson..... | 13 | 81 |
| — des moissons.... | 13 | 77 |
| — grêle....... | 13 | 79 |
| — incarnat...... | 13 | 78 |
| — multiflore.... | 13 | 77 |
| — ondulé...... | 13 | 78 |
| — ringent...... | 13 | 79 |
| — triste....... | 13 | 79 |
| — velu....... | 13 | 79 |
| GLÉBIONE........ | 10 | 180 |
| — des jardins..... | 10 | 181 |
| GLÉCHOMA....... | 9 | 201 |
| — commun..... | 9 | 202 |
| GLÉDITSCHIA, V. FÉVIER. | | |
| GLOBULAIRE...... | 10 | 329 |
| — Alypon...... | 10 | 329 |
| — commune..... | 10 | 330 |
| GLOBULARIÉES. | 10 | 327 |
| GLOBULÉA........ | 5 | 79 |
| — à feuilles de Joubarbe. | 5 | 79 |
| — cultriforme.... | 5 | 79 |
| — Faux-Mésembryan- | | |
| thème...... | 5 | 80 |
| — grisâtre...... | 5 | 80 |
| — incane...... | 5 | 81 |
| — linguiforme.... | 5 | 79 |
| — nudicaule..... | 5 | 80 |
| — paniculé..... | 5 | 80 |
| — ponctué..... | 5 | 80 |
| — pourpre-noir.... | 5 | 79 |
| — sillonné...... | 5 | 80 |
| GLOSSARRHÈNE..... | 5 | 501 |
| — multiflore..... | 5 | 501 |
| GLUMACÉES.... | 13 | 141 |
| GLYCÉRIA........ | 13 | 208 |

| | Vol. | Pag. |
|---|---|---|
| Glycéria élancé. . . . . . | 13 | 210 |
| — flottant. . . . . . . | 13 | 209 |
| GLYCYRRHIZA, *V.* RÉGLISSE. | | |
| GMÉLINA. . . . . . . . . | 9 | 232 |
| — élancé. . . . . . . | 9 | 232 |
| GNÉTUM. . . . . . . . . | 11 | 283 |
| — *à feuilles elliptiques.* | 11 | 284 |
| — à fruit comestible. . | 11 | 286 |
| — funiculaire. . . . . | 11 | 286 |
| — Gnémon. . . . . . | 11 | 284 |
| — piquant. . . . . . . | 11 | 285 |
| GNIDIA. . . . . . . . . . | 10 | 450 |
| — à feuilles de Pin. . | 10 | 451 |
| — à feuilles opposées. | 10 | 451 |
| — à fleurs capitellées. | 10 | 451 |
| — à tiges simples. . . | 10 | 451 |
| — cotonneux. . . . . | 10 | 451 |
| — imberbe. . . . . . | 10 | 451 |
| — soyeux. . . . . . . | 10 | 451 |
| GODÉTIA. . . . . . . . . | 4 | 386 |
| — de Cavanilles. . . | 4 | 390 |
| — de Lindley. . . . . | 4 | 392 |
| — de Romanzow. . . | 4 | 390 |
| — de Willdenow. . . | 4 | 387 |
| — diffus. . . . . . . | 4 | 388 |
| — effilé. . . . . . . | 4 | 388 |
| — élégant. . . . . . | 4 | 391 |
| — quadrimaculé. . . . | 4 | 389 |
| GOLDFUSSIA. . . . . . . | 9 | 149 |
| — anisophylle. . . . . | 9 | 149 |
| GOMPHIA. . . . . . . . . | 2 | 382 |
| — à feuilles de Laurier. | 2 | 386 |
| — à feuilles d'Olivier. | 2 | 383 |
| — à grappes pendantes. | 2 | 384 |
| — à longues feuilles. . | 2 | 385 |
| — à petites fleurs. . . | 2 | 386 |
| — à six drupes. . . . | 2 | 387 |
| — acuminé. . . . . . | 2 | 385 |
| — anguleux. . . . . . | 2 | 384 |
| — de Guiane. . . . . | 2 | 385 |
| — du Malabar. . . . | 2 | 388 |
| — glabre. . . . . . . | 2 | 388 |
| — glauque. . . . . . | 2 | 383 |
| — grandiflore. . . . . | 2 | 386 |
| — luisant. . . . . . . | 2 | 387 |
| — nain. . . . . . . . | 2 | 383 |
| — réticulé. . . . . . | 2 | 388 |
| GOMPHOCARPE. . . . . . | 8 | 550 |
| — frutescent. . . . . | 8 | 550 |
| GOMPHOLOBE. . . . . . . | 1 | 173 |
| — à capitules. . . . . | 1 | 175 |
| — à grandes fleurs. . | 1 | 174 |
| — à larges feuilles. . | 1 | 174 |

| | Vol. | Pag. |
|---|---|---|
| Gompholobe *de Cels.* . . . | 1 | 187 |
| — polymorphe. . . . | 1 | 174 |
| — veinuleux. . . . . | 1 | 175 |
| GOMPHRÉNA. . . . . . . | 5 | 256 |
| — à capitules globuleux. | 5 | 258 |
| — à gros capitules. . . | 5 | 258 |
| — à longues fleurs. . . | 5 | 263 |
| — bicolore. . . . . . | 5 | 260 |
| — décombant. . . . . . | 5 | 259 |
| — de Schlechtendal. . | 5 | 259 |
| — de Sellow. . . . . . | 5 | 262 |
| — des déserts. . . . . | 5 | 261 |
| — élégant. . . . . . . | 5 | 262 |
| — incane. . . . . . . | 5 | 261 |
| — nudicaule. . . . . . | 5 | 262 |
| — officinal. . . . . . | 5 | 257 |
| — vagabond. . . . . . | 5 | 263 |
| — velu. . . . . . . . | 5 | 260 |
| GONOLOBINÉES. . . . . | 8 | 540 |
| GOODÉNIA. . . . . . . . | 9 | 584 |
| — à grandes fleurs. . | 9 | 584 |
| *GOODÉNIÉES.* . . . | 9 | 584 |
| *GOODÉNOVIÉES.* | 9 | 582 |
| GOODIA. . . . . . . . . | 1 | 189 |
| — à feuilles de Lotier. | 1 | 189 |
| — pubescent. . . . . | 1 | 189 |
| GORDONIA. . . . . . . . | 4 | 79 |
| — de Wallich. . . . . | 4 | 80 |
| — glabre. . . . . . . | 4 | 79 |
| — pubescent. . . . . | 4 | 80 |
| *GORDONIÉES.* . . . | 4 | 77 |
| GOUET. . . . . . . . . | 12 | 41 |
| — commun. . . . . . | 12 | 41 |
| — Serpentaire. . . . | 12 | 42 |
| GOYAVIER. . . . . . . | 4 | 152 |
| — à feuilles étroites. . | 4 | 155 |
| — à feuilles ternées. . | 4 | 155 |
| — à fruit pourpre. . . | 4 | 153 |
| — Citronnelle. . . . . | 4 | 156 |
| — cultivé. . . . . . . | 4 | 152 |
| — de chien. . . . . . | 4 | 154 |
| — de Guinée. . . . . | 4 | 155 |
| — de la Trinité. . . . | 4 | 153 |
| — de Mengahi. . . . . | 4 | 156 |
| — des montagnes. . . | 4 | 154 |
| — Faux-Eugénia. . . | 4 | 156 |
| — multiflore. . . . . | 4 | 156 |
| — pomifère. . . . . . | 4 | 153 |
| — savoureux. . . . . | 4 | 154 |
| — tétraèdre. . . . . . | 4 | 154 |
| GRAFFENRIEDA. . . . . | 4 | 213 |
| — à feuilles rondes. . | 4 | 214 |

| | Vol. | Pag. |
|---|---|---|
| Graffenrieda élancé. | 4 | 214 |
| — élégant. | 4 | 213 |
| *GRAMINÉES.* | 13 | 155 |
| GRAMMANTHE. | 5 | 81 |
| — à fleurs de Chlora. | 5 | 82 |
| *GRANATÉES.* | 4 | 287 |
| GRASSETTE. | 9 | 337 |
| — commune. | 9 | 337 |
| GRATIOLE. | 9 | 316 |
| — officinale. | 9 | 317 |
| *GRATIOLÉES.* | 9 | 312 |
| | et | 268 |
| GRENADIER. | 4 | 288 |
| — commun. | 4 | 288 |
| — *nain.* | 4 | 289 |
| GRENADILLE. | 6 | 259 |
| — à feuilles cunéiformes. | 6 | 273 |
| — à feuilles de Laurier. | 6 | 270 |
| — à feuilles dentelées. | 6 | 266 |
| — à feuilles de Tilleul. | 6 | 268 |
| — à feuilles échancrées. | 6 | 260 |
| — à feuilles rondes. | 6 | 265 |
| — à fleurs cuivrées. | 6 | 262 |
| — à fleurs pâles. | 6 | 262 |
| — à fruit rouge. | 6 | 263 |
| — à grappes. | 6 | 271 |
| — ailée. | 6 | 270 |
| — à longs pédoncules. | 6 | 270 |
| — biflore. | 6 | 265 |
| — carnée. | 6 | 272 |
| — Chauve-Souris. | 6 | 264 |
| — commune. | 6 | 274 |
| — ciliée. | 6 | 276 |
| — discolore. | 6 | 265 |
| — écarlate. | 6 | 267 |
| — fétide. | 6 | 275 |
| — filamenteuse. | 6 | 273 |
| — glauque. | 6 | 260 |
| — jaune. | 6 | 262 |
| — ligulaire. | 6 | 269 |
| — mucronée. | 6 | 267 |
| — palmée. | 6 | 274 |
| — perfoliée. | 6 | 263 |
| — pomifère. | 6 | 268 |
| — ponctuée. | 6 | 266 |
| — pourpre. | 6 | 264 |
| — quadrangulaire. | 6 | 269 |
| — stipulaire. | 6 | 272 |
| — veloutée. | 6 | 261 |
| GRÉVILLÉA. | 10 | 420 |

| | Vol. | Pag. |
|---|---|---|
| Grévilléa à feuilles de Buis. | 10 | 421 |
| — à feuilles linéaires. | 10 | 421 |
| — acuminé. | 10 | 421 |
| — des sables. | 10 | 421 |
| — soyeux. | 10 | 421 |
| *GRÉVILLÉES.* | 10 | 402 |
| | et | 420 |
| GRÉWIA. | 4 | 9 |
| — à feuilles de Bouleau. | 4 | 13 |
| — à feuilles de Charme. | 4 | 13 |
| — à feuilles de Guazuma. | 4 | 10 |
| — à feuilles de Noisetier. | 4 | 14 |
| — à feuilles de Peuplier. | 4 | 13 |
| — à feuilles de Tilleul. | 4 | 14 |
| — à petit fruit. | 4 | 10 |
| — acuminé. | 4 | 12 |
| — bicolore. | 4 | 11 |
| — cotonneux. | 4 | 10 |
| — d'Asie. | 4 | 14 |
| — du Cap. | 4 | 12 |
| — élevé. | 4 | 11 |
| — glanduleux. | 4 | 12 |
| — luisant. | 4 | 11 |
| GRISLÉA. | 4 | 438 |
| — cotonneux. | 4 | 438 |
| — multiflore. | 4 | 438 |
| GRONOWIA. | 6 | 230 |
| — grimpant. | 6 | 231 |
| GROSEILLER. | 6 | 160 |
| — à longues grappes. | 6 | 163 |
| — alpestre. | 6 | 169 |
| — bicolore. | 6 | 164 |
| — commun. | 6 | 165 |
| — de roche. | 6 | 161 |
| — décombant. | 6 | 166 |
| — diacanthe. | 6 | 168 |
| — du Liban. | 6 | 171 |
| GROSSULAIRE. | 6 | 172 |
| — à fleurs blanches. | 6 | 179 |
| — aiguillonneuse. | 6 | 173 |
| — à pédoncules triflores. | 6 | 176 |
| — commune. | 6 | 174 |
| — Cynosbat. | 6 | 178 |
| — divariquée. | 6 | 177 |
| — des sources. | 6 | 179 |
| — Fausse-Aubépine. | 6 | 175 |
| — hispidule. | 6 | 180 |
| *GROSSULARIÉES.* | 6 | 144 |
| *GRUBBIÉES.* | 10 | 460 |

|  | Vol. | Pag. |
|---|---|---|
| GRUINALES.... | 3 | 231 |
| GUADUA. . . . . . . . | 13 | 233 |
| — à feuilles étroites. | 13 | 233 |
| — à larges feuilles. | 13 | 233 |
| GUARÉA. . . . . . . . | 3 | 199 |
| — à grandes fleurs. | 3 | 201 |
| — d'Aublet. . . . . | 3 | 200 |
| — Faux-Trichilia. | 3 | 201 |
| — pubescent. | 3 | 200 |
| — purgatif. . . . . | 3 | 199 |
| — tuberculeux. . . . | 3 | 201 |
| — velouté. . . . . . | 3 | 200 |
| GUATTÉRIA. . . . . . . | 7 | 505 |
| — à fleurs rouges. | 7 | 506 |
| — à grandes feuilles. | 7 | 506 |
| — Korinti. . . . . | 7 | 505 |
| — toujours-vert. | 7 | 506 |
| Guayacanées. . . . . . | 9 | 416 |
| GUAZUMA. . . . . . . | 3 | 486 |
| — à feuilles d'Orme. | 3 | 486 |
| GUÉTTARDA. . . . . . | 8 | 431 |
| — élégant. . . . . . | 8 | 432 |
| GUÉTTARDINÉES. . . . | 8 | 375 |
| GUI, V. VISCUM. | | |
| GUIÉRA. . . . . . . . | 4 | 305 |
| — du Sénégal. . . . | 4 | 305 |
| GUILANDINE. . . . . . | 1 | 98 |
| — Bonduc. . . . . | 1 | 99 |
| GUILIELMA. . . . . . | 12 | 115 |
| — élégant. . . . . | 12 | 115 |
| GUIMAUVE. . . . . . . | 3 | 354 |
| — à feuilles de Chan- | | |
| vre. . . . . . . | 3 | 356 |
| — à feuilles de Figuier. | 3 | 357 |
| — de Narbonne. . . | 3 | 355 |
| — officinale. . . . . | 3 | 354 |
| — Rose-trémière. | 3 | 356 |
| Gunnérées. . . . . . . | 11 | 26 |
| GUSTAVIA. . . . . . | 4 | 187 |
| — à fruit ailé. . . . | 4 | 188 |
| — magnifique. . . . | 4 | 187 |
| — superbe. . . . . | 4 | 187 |
| — urcéolé. . . . . . | 4 | 188 |
| GUTTIER. . . . . . . | 5 | 326 |
| — à fruit acide. . . | 5 | 328 |
| — à fruit doux. . . | 5 | 328 |
| — de Java. . . . . | 5 | 328 |
| — des peintres. . . | 5 | 327 |
| — Faux-Cambogia. | 5 | 327 |
| GUTTIFÈRES. . . | 4 | 304 |
| GYMNÉMA. . . . . . . | 8 | 554 |
| — tinctorial. . . . . | 8 | 554 |
| GYMNOCLADUS, V. CHICOT. | | |
| GYMNOSPERMIUM. . . . | 8 | 66 |
| — de l'Altaï. . . . . | 8 | 67 |
| GYNANDROPSIS. . . . . | 6 | 513 |
| — pentaphylle. . . . | 6 | 513 |
| GYPSOPHILA. . . . . . | 5 | 195 |
| — à feuilles de Scor- | | |
| zonère. . . . . | 5 | 200 |
| — à feuilles pointues. | 5 | 199 |
| — agreste. . . . . . | 5 | 196 |
| — cotonneux. . . . . | 5 | 200 |
| — de Gmélin. . . . . | 5 | 197 |
| — dichotome. . . . . | 5 | 197 |
| — élancé. . . . . . | 5 | 198 |
| — élégant. . . . . . | 5 | 196 |
| — fastigié. . . . . . | 5 | 198 |
| — paniculé. . . . . | 5 | 199 |
| — rampant. . . . . . | 5 | 196 |
| GYROCARPÉES. | 10 | 474 |
| HABLITZIA. . . . . . . | 5 | 302 |
| — Faux-Tamnus. | 5 | 303 |
| HABZÉLIA. . . . . . | 7 | 515 |
| — à pétales crépus. | 7 | 516 |
| — aromatique. | 7 | 516 |
| — d'Afrique. . . . | 7 | 515 |
| HÆMANTHUS, V. HÉMANTHE. | | |
| HÆMATOXYLON, V. CAMPÈCHE. | | |
| HAKÉA. . . . . . . | 10 | 422 |
| — à feuilles aciculaires. | 10 | 423 |
| — à feuilles amplexa- | | |
| tiles. . . . . . . | 10 | 423 |
| — à feuilles cornues. | 10 | 424 |
| — à feuilles de Houx. | 10 | 423 |
| — à feuilles d'Olivier. | 10 | 424 |
| — à feuilles de Saule. | 10 | 424 |
| — à feuilles elliptiques. | 10 | 425 |
| — à feuilles incanes. | 10 | 424 |
| — à feuilles luisantes. | 10 | 423 |
| — à feuilles nerveuses. | 10 | 425 |
| — à feuilles ondulées. | 10 | 424 |
| — à fleurs obliques. | 10 | 422 |
| — à fruit gibbeux. | 10 | 422 |
| — à fruit pugioniforme. | 10 | 422 |
| — multiflore. . . . . | 10 | 423 |
| — odorant. . . . . . | 10 | 423 |
| — procombant. . . . | 10 | 424 |
| HALÉSIA. . . . . . . . | 9 | 425 |
| — diptère. . . . . . | 9 | 426 |
| — tétraptère. . . . . | 9 | 426 |
| Halésiacées. . . . . . . | 9 | 416 |
| HALIME. . . . . . . . | 6 | 50 |

|  | Vol. | Pag. |

| | Vol. | Pag. | | Vol. | Pag. |
|---|---|---|---|---|---|
| Halime à calice hérissé. . | 6 | 58 | Havétia à feuilles de Laurier. | 5 | 315 |
| — à feuilles d'Arroche. | 6 | 54 | HÉBANTHE. . . . . . . | 5 | 268 |
| — à feuilles de Romarin. | 6 | 62 | — à épis. . . . . . | 5 | 269 |
| — à ombelles. . . . . | 6 | 61 | — effilé. . . . . . . | 5 | 269 |
| — argenté. . . . . . | 6 | 56 | — paniculé. . . . . | 5 | 268 |
| — de Clusius. . . . . | 6 | 63 | — pulvérulent. . . . | 5 | 270 |
| — Fausse-Giroflée. . . | 6 | 58 | HÉCATONIA. . . . . . . | 7 | 198 |
| — Faux-Alysse. . . . | 6 | 58 | — des mares. . . . . | 7 | 198 |
| — hétérophylle. . . . | 6 | 52 | HÉDERA, V. LIERRE. | | |
| HALIMODENDRE. . . . . | 1 | 270 | HEDWIGIA. . . . . . . . | 2 | 243 |
| — argenté.. . . . . . | 1 | 270 | — Sucrier. . . . . . | 2 | 243 |
| HALMYRA. . . . . . . | 12 | 429 | HÉDYCHIUM. . . . . . . | 12 | 164 |
| | | | — à feuilles étroites. . | 12 | 165 |
| HALORAGÉES... . | 4 | 442 | — magnifique. . . . . | 12 | 164 |
| HAMAMÉLIDÉES, | 8 | 76 | HÉDYOTIDÉES. . . . . | 8 | 373 |
| HAMAMÉLIS. . . . . . . | 8 | 78 | | et | 418 |
| — de Virginie. . . . | 8 | 79 | HÉDYSARÉES. . . . . | 1 | 155 |
| HAMÉLIA. . . . . . . . . | 8 | 422 | | et | 279 |
| — à corolle ventrue. . | 8 | 423 | HÉDYSARUM, V. SAINFOIN. | | |
| — à fleurs jaunes. . . | 8 | 424 | HEIMIA.. . . . . . . . . | 4 | 428 |
| — velu. . . . . . . . | 8 | 423 | — à feuilles de Myrte. | 4 | 429 |
| HAMÉLINÉES. . . . . | 8 | 374 | — à feuilles de Saule. | 4 | 429 |
| | et | 422 | — antiseptique. . . . | 4 | 429 |
| HARICOT. . . . . . . . . | 1 | 322 | HÉISTÈRE. . . . . . . . | 13 | 265 |
| — à graines anguleuses. | 1 | 325 | — écarlate. . . . . . | 13 | 265 |
| — à grand étendard. . | 1 | 327 | HÉLÉNIUM. . . . . . . . | 10 | 121 |
| — à gousse rouge. . . | 1 | 325 | — autumnal.. . . . . | 10 | 121 |
| — bractéolé. . . . . . | 1 | 323 | HÉLIANTHE.. . . . . . . | 10 | 142 |
| — Caracolle.. . . . . | 1 | 322 | — à feuilles de Doronic. | 10 | 147 |
| — commun. . . . . . | 1 | 324 | — décapétale. . . . . | 10 | 146 |
| — comprimé. . . . . | 1 | 324 | — divariqué.. . . . . | 10 | 146 |
| — marbré.. . . . . . | 1 | 324 | — élancé. . . . . . . | 10 | 145 |
| — multiflore. . . . . | 1 | 323 | — multiflore. . . . . | 10 | 144 |
| — oblong. . . . . . . | 1 | 324 | — pubescent. . . . . | 10 | 146 |
| — pourpre. . . . . . | 1 | 328 | — Topinambour. . . . | 10 | 145 |
| — renflé. . . . . . . . | 1 | 325 | — Tournesol. . . . . | 10 | 143 |
| — sphérique. . . . . | 1 | 325 | HÉLIANTHÉES. . . . | 10 | 16 |
| — tubéreux. . . . . . | 1 | 323 | | et | 120 |
| HARIOTA. . . . . . . . . | 13 | 395 | HÉLIANTHÉES - CO - | | |
| — Fausse-Salicorne. . | 13 | 395 | RÉOPSIDÉES. . . . . | 10 | 18 |
| HARONGA. . . . . . . . | 5 | 355 | | et | 124 |
| — à panicules. . . . . | 5 | 356 | HÉLIANTHÉES - HÉ - | | |
| HARPALION.. . . . . . . | 10 | 149 | LÉNIÉES. . . . . . . | 10 | 17 |
| — raide. . . . . . . . | 10 | 149 | | et | 121 |
| HARTIGHSÉA. . . . . . | 3 | 188 | HÉLIANTHÉES - MIL - | | |
| — de Forster. . . . . | 3 | 188 | LÉRIÉES. . . . . . . | 10 | 21 |
| — élancé. . . . . . . | 3 | 189 | | et | 161 |
| — élégant. . . . . . . | 3 | 189 | HÉLIANTHÉES - PRO - | | |
| — velouté.. . . . . . | 3 | 189 | TOTYPES. . . . . . . | 10 | 19 |
| HARTMANNIA. . . . . . | 4 | 370 | | et | 136 |
| — à grandes fleurs. . | 4 | 372 | HÉLIANTHÉES - RUD - | | |
| — Faux-Gaura. . . . | 4 | 371 | BÉCKIÉES. . . . . . | 10 | 20 |
| HAVÉTIA. . . . . . . . . | 5 | 315 | | et | 159 |

| | Vol. | Pag. |
|---|---|---|
| HÉLIANTHÈME. . . . . | 6 | 15 |
| — à feuilles de Lavande. | 6 | 34 |
| — à feuilles de Lédum. | 6 | 17 |
| — à feuilles de Saule. | 6 | 18 |
| — à tige rouge. . . . | 6 | 19 |
| — de Broussonet. . . . | 6 | 32 |
| — d'Égypte. . . . . . | 6 | 20 |
| — de Lippi. . . . . . | 6 | 21 |
| — des Canaries. . . . | 6 | 22 |
| — du Caire. . . . . . | 6 | 24 |
| — squamuleux. . . . | 6 | 36 |
| — variable. . . . . . | 6 | 25 |
| — variable à calice sé-tifère. . . . . . | 6 | 28 |
| — variable à feuilles blanches. . . . . | 6 | 27 |
| — variable à feuilles de Polium. . . . | 6 | 28 |
| — variable discolore. | 6 | 26 |
| — variable à feuilles étroites. . . . . | 6 | 29 |
| — variable à feuilles linéaires. . . . . | 6 | 28 |
| — variable à feuilles vertes. . . . . | 6 | 25 |
| — variable à fleurs va-riables. . . . . | 6 | 27 |
| — variable à grand calice. . . . . . | 6 | 28 |
| — variable hérissé. . | 6 | 29 |
| — variable hispide. . | 6 | 29 |
| — variable très-glabre. | 6 | 27 |
| HÉLICHRYSE. . . . . | 10 | 210 |
| — à grandes fleurs. . | 10 | 210 |
| — agrégé. . . . . . | 10 | 211 |
| — bractéolé. . . . . | 10 | 214 |
| — brillant. . . . . . | 10 | 214 |
| — d'Orient. . . . . . | 10 | 212 |
| — des sables. . . . . | 10 | 213 |
| — fétide. . . . . . . | 10 | 213 |
| — frutescent. . . . . | 10 | 211 |
| — Stœchas. . . . . . | 10 | 212 |
| HÉLICONIÉES. . . . | 12 | 136 |
| HÉLICTÈRE. . . . . . | 3 | 410 |
| — à feuilles étroites. . | 3 | 413 |
| — brévispine. . . . . | 3 | 412 |
| — de Baru. . . . . . | 3 | 411 |
| — de Carthagène. . . | 3 | 414 |
| — de Jamaïque. . . . | 3 | 412 |
| — grandiflore. . . . . | 3 | 412 |
| — Isora. . . . . . . . | 3 | 411 |
| — Sarcarolha. . . . . | 3 | 413 |
| HÉLIOCARPE. . . . . . | 4 | 6 |
| Héliocarpe d'Amérique. . | 4 | 7 |
| — du Pérou. . . . . | 4 | 7 |
| HÉLIOPSIDE. . . . . . | 10 | 160 |
| — Faux-Hélianthe. . | 10 | 160 |
| HÉLIOTROPE. . . . . . | 9 | 43 |
| — du Pérou. . . . . . | 9 | 44 |
| HÉLIOTROPIÉES. . . . | 9 | 31 |
| HELLÉBORACÉES. | 7 | 285 |
| HELLÉBORÉES. . . | 7 | 289 |
| | et | 292 |
| HELLÉBORINÉES. . . | 7 | 290 |
| | et | 312 |
| HELLÉBORUS, V. ELLÉBORE. | | |
| HÉLOBIÉES. . . . | 12 | 6 |
| HÉLONIAS. . . . . . . | 12 | 240 |
| — rose. . . . . . . . | 12 | 241 |
| HÉLOSIÉES. . . . . . | 10 | 550 |
| HÉMANTHE. . . . . . . | 12 | 412 |
| — à feuilles lancéolées. | 12 | 414 |
| — à fleurs blanches. . | 12 | 414 |
| — écarlate. . . . . . | 12 | 412 |
| — multiflore. . . . . | 12 | 413 |
| — nain. . . . . . . . | 12 | 414 |
| — pourpre. . . . . . | 12 | 413 |
| — pubescent. . . . . | 12 | 413 |
| — quadrivalve. . . . | 12 | 413 |
| — serré. . . . . . . . | 12 | 412 |
| — tigré. . . . . . . . | 12 | 413 |
| HÉMÉROCALLE. . . . . | 12 | 374 |
| — distique. . . . . . | 12 | 375 |
| — fauve. . . . . . . | 12 | 375 |
| — graminiforme. . . | 12 | 375 |
| — jaune. . . . . . . | 12 | 374 |
| HÉMIDESME. . . . . . | 8 | 542 |
| — officinal. . . . . . | 8 | 542 |
| HÉMIMÉRIDÉES. . | 9 | 266 |
| HÉMISTÉMONÉES. | 7 | 413 |
| HÉMODORACÉES. | 13 | 108 |
| HENRIETTÉA. . . . . . | 4 | 260 |
| — à fruit succulent. . | 4 | 260 |
| HÉPATICA. . . . . . . | 7 | 240 |
| — trilobé. . . . . . | 7 | 241 |
| HÉRACLÉUM. . . . . . | 8 | 170 |
| — commun. . . . . . | 8 | 171 |
| HÉRITIÉRA. . . . . . | 3 | 503 |
| — littoral. . . . . . | 3 | 503 |
| HERMANNIA. . . . . . | 3 | 466 |
| — à feuilles cunéiformes. | 3 | 469 |
| — à feuilles d'Aune. . | 3 | 470 |
| — à feuilles de Guimauve. | 3 | 467 |

| | Vol. | Pag. |
|---|---|---|
| Hermannia à feuilles d'Hyssope | 3 | 468 |
| — à feuilles de Lavande. | 3 | 471 |
| — à feuilles larges. . . | 3 | 468 |
| — aurore. . . . . . . | 3 | 471 |
| — blanchâtre. . . . . | 3 | 467 |
| — distique. . . . . . | 3 | 468 |
| — lisse. . . . . . . . | 3 | 470 |
| — multiflore. . . . . | 3 | 469 |
| — plissé. . . . . . . | 3 | 467 |
| — scabre. . . . . . . | 3 | 470 |
| — soyeux. . . . . . . | 3 | 469 |
| — trifurqué. . . . . . | 3 | 471 |
| **HERMANNIACÉES.** | 3 | 460 |
| HERMINIÉRA. . . . . . | 1 | 263 |
| — à bois léger. . . . . | 1 | 264 |
| HESPÉRANTHE. . . . . | 13 | 90 |
| — à feuilles falciformes. | 13 | 90 |
| — odorante. . . . . . | 13 | 91 |
| — radiante. . . . . . | 13 | 90 |
| *Hespéridées.. . . . . . .* | 2 | 248 |
| HESPÉRIS. . . . . . . . | 6 | 388 |
| — Julienne. . . . . . | 6 | 389 |
| — laciniée. . . . . . | 6 | 391 |
| HÉTÉROMÉRIS. . . . . | 6 | 98 |
| — à feuilles de Polium. | 6 | 101 |
| — cymeux. . . . . . . | 6 | 103 |
| — du Canada. . . . . | 6 | 99 |
| — du Mexique. . . . . | 6 | 104 |
| HÉTÉROPTÉRIS. . . . . | 3 | 149 |
| — à feuilles argentées. | 3 | 151 |
| — à feuilles dorées. . | 3 | 151 |
| — à fleurs bleues. . . | 3 | 152 |
| — à ombelles. . . . . | 3 | 150 |
| — à pétales ailés. . . . | 3 | 151 |
| — à petites feuilles. . | 3 | 151 |
| — bicolore.. . . . . . | 3 | 149 |
| — luisant. . . . . . . | 3 | 152 |
| — pourpre. . . . . . | 3 | 150 |
| **HÉTÉROSPERMÉES.** | 8 | 139 |
| HÊTRE. . . . . . . . . . | 11 | 194 |
| — commun. . . . . . | 11 | 196 |
| — *commun à feuilles de Chêne.* | 11 | 197 |
| — *commun à feuilles de Comptonia.* | 11 | 197 |
| — *commun à feuilles en crête.* | 11 | 197 |
| — *commun à feuilles panachées.* | 11 | 197 |
| — *commun à feuilles pourpres.* | 11 | 196 |
| — *commun cuivreux.* | 11 | 196 |

| | Vol. | Pag. |
|---|---|---|
| Hêtre *commun pleureur.* | 11 | 197 |
| — d'Amérique. . . . . | 11 | 201 |
| HEUCHÉRA. . . . . . . | 5 | 66 |
| — commun. . . . . . | 5 | 67 |
| — velu. . . . . . . . | 5 | 67 |
| HEYNÉA. . . . . . . . | 3 | 192 |
| — multifoliolé. . . . | 3 | 193 |
| — trifoliolé. . . . . | 3 | 193 |
| — trijugué. . . . . . | 3 | 193 |
| HIBBERTIA. . . . . . . | 7 | 420 |
| — à feuilles de Coris. . | 7 | 421 |
| — à feuilles dentées. . | 7 | 422 |
| — volubile. . . . . . | 7 | 421 |
| **HIBBERTIÉES.** . . . | 7 | 413 |
| | et | 419 |
| **HIBBERTINÉES.** . . . . | 7 | 413 |
| | et | 419 |
| HIBISCUS, *V.* KETMIA. | | |
| HILDÉGARDIA. . . . . | 3 | 515 |
| — à feuilles de Peuplier. | 3 | 515 |
| — à grandes feuilles. . | 3 | 516 |
| — de Candolle. . . . . | 3 | 515 |
| **HIPPIÉES.** . . . . . . . | 9 | 5 |
| **HIPPOCASTANÉES.** | 3 | 16 |
| HIPPOCRATÉA. . . . . . | 2 | 399 |
| — à fruit obcordiforme. | 2 | 399 |
| — arborescent. . . . . | 2 | 399 |
| — de l'Inde. . . . . . | 2 | 399 |
| **HIPPOCRATÉACÉES.** . . . . . . . | 2 | 397 |
| *Hippocraticées.* . . . . . . | 2 | 397 |
| HIPPOCRÉPIDE. . . . . . | 1 | 283 |
| — commune. . . . . . . | 1 | 283 |
| — des Baléares. . . . . | 1 | 283 |
| HIPPOMANE, *V.* MANCENILLIER. | | |
| **HIPPOMANÉES.** . . . | 2 | 488 |
| | et | 522 |
| HIPPOPHAÉ. . . . . . . . | 10 | 456 |
| — rhamnoïde. . . . . | 10 | 457 |
| **HIPPURIDÉES.** . . . . | 4 | 443 |
| HIPTAGE. . . . . . . . . | 3 | 138 |
| — à grappes.. . . . . . | 3 | 139 |
| HIRÉA. . . . . . . . . . | 3 | 139 |
| — à branches tombantes. | 3 | 140 |
| — argenté. . . . . . . | 3 | 140 |
| — d'Inde. . . . . . . . | 3 | 140 |
| — odorant. . . . . . . | 3 | 140 |
| HIRTELLE. . . . . . . . | 1 | 375 |
| — à grappes. . . . . . | 1 | 375 |

| | Vol. | Pag. |
|---|---|---|
| Hirtelle d'Amérique. . . . | 1 | 376 |
| — polyandre.. . . . . | 1 | 375 |
| Holcus, V. Houque. | | |
| Holmskioldia. . . . . . | 9 | 216 |
| — pourpre. . . . . . | 9 | 216 |
| *HOMALINÉES*. . . | 6 | 285 |
| Homalonéma. . . . . . | 12 | 50 |
| — aromatique. . . . | 12 | 50 |
| Hopéa. . . . . . . . . | 9 | 420 |
| — tinctorial. . . . . . | 9 | 420 |
| Hopéa. . . . . . . . . | 13 | 511 |
| — odorant. . . . . . | 13 | 512 |
| *HORDÉACÉES*. . . | 13 | 163 |
| | et | 235 |
| Hordeum, V. Orge. | | |
| Hortia. . . . . . . . . | 2 | 346 |
| — du Brésil. . . . . . | 2 | 346 |
| Hotéia. . . . . . . . . | 5 | 65 |
| — de Caroline. . . . . | 5 | 65 |
| — du Japon. . . . . . | 5 | 66 |
| Houblon. . . . . . . . | 11 | 33 |
| — cultivé. . . . . . . | 11 | 33 |
| Houque. . . . . . . . . | 13 | 180 |
| — laineuse. . . . . . | 13 | 181 |
| Houttuynie. . . . . . . | 11 | 5 |
| — à feuilles cordiformes. | 11 | 6 |
| Houx. . . . . . . . . . | 2 | 424 |
| — à feuilles de Laurier. | 2 | 428 |
| — à feuilles de Myrte. | 2 | 429 |
| — *à feuilles en scie*. . | 2 | 425 |
| — *à feuilles épaisses*. . | 2 | 425 |
| — à feuilles étroites. . . | 2 | 428 |
| — à feuilles opaques. . | 2 | 427 |
| — à fleurs lâches. . . | 2 | 427 |
| — commun. . . . . . | 2 | 424 |
| — Dahoon. . . . . . | 2 | 428 |
| — de Chine. . . . . . | 2 | 427 |
| — de Madère. . . . . | 2 | 426 |
| — *de Mahon*. . . . . | 2 | 425 |
| — émétique. . . . . . | 2 | 430 |
| — Faux-Maté. . . . . | 2 | 432 |
| — *Hérisson*. . . . . . | 2 | 425 |
| — Martin. . . . . . . | 2 | 431 |
| — Thé du Paraguay. . | 2 | 430 |
| — Troëne. . . . . . . | 2 | 429 |
| — Watson. . . . . . | 2 | 429 |
| Hovéa. . . . . . . . . | 1 | 184 |
| — à feuilles lancéolées. | 1 | 185 |
| — à feuilles linéaires. . | 1 | 184 |
| — à longues feuilles. . | 1 | 184 |
| — de Cels. . . . . . . | 1 | 185 |
| — velu. . . . . . . . | 1 | 185 |
| Hovénia. . . . . . . . | 2 | 456 |
| — à fruit doux. . . . . | 2 | 457 |
| Hoya. . . . . . . . . . | 8 | 555 |
| — à fruit charnu. . . | 8 | 555 |
| Hudsonia.. . . . . . . | 6 | 113 |
| — cotonneux. . . . . | 6 | 114 |
| — Fausse-Bruyère.. . | 6 | 114 |
| Hugélia. . . . . . . . | 8 | 174 |
| — bleu. . . . . . . . | 8 | 175 |
| Huméa. . . . . . . . . | 10 | 172 |
| — élégant. . . . . . . | 10 | 172 |
| *HUMIRIACÉES*. . | 13 | 297 |
| Humirium. . . . . . . | 13 | 298 |
| — de Guiane. . . . . | 13 | 299 |
| — multiflore.. . . . . | 13 | 299 |
| Humulus; V. Houblon. | | |
| Hunnémannia. . . . . . | 7 | 45 |
| — à feuilles de Fumaria. | 7 | 46 |
| *HUNNÉMANNIÉES*. | 7 | 6 |
| | et | 44 |
| HYACINTHINÉES. . . . | 12 | 254 |
| | et | 290 |
| Hyacinthus, V. Jacinthe. | | |
| Hydrangéa. . . . . . . | 5 | 21 |
| — à feuilles alternes.. | 5 | 25 |
| — à feuilles cordiformes. | 5 | 26 |
| — à feuilles lobées.. . | 5 | 27 |
| — Azisaï. . . . . . . | 5 | 23 |
| — commun. . . . . . | 5 | 26 |
| — cotonneux.. . . . . | 5 | 25 |
| — de Thunberg. . . . | 5 | 23 |
| — discolore. . . . . . | 5 | 25 |
| — du Japon. . . . . . | 5 | 23 |
| — gigantesque. . . . | 5 | 25 |
| — Hortensia. . . . . . | 5 | 22 |
| — involucré. . . . . . | 5 | 24 |
| — paniculé. . . . . . | 5 | 24 |
| — verdâtre. . . . . . | 5 | 23 |
| *HYDRANGÉES*. . . | 5 | 5 |
| | et | 19 |
| Hydrastis. . . . . . . . | 7 | 383 |
| — du Canada. . . . . | 7 | 384 |
| *HYDROCHARI-DÉES*. . . . . . | 12 | 2 |
| *HYDROCHARI-DÉES*. . . . . . | 12 | 4 |
| Hydrocotyle. . . . . . | 8 | 173 |
| — commun. . . . . . | 8 | 173 |
| HYDROCOTYLÉES, . . | 8 | 137 |
| | et | 173 |

| | Vol. | Pag. |
|---|---|---|
| HYDROLÉACÉES. | 9 | 104 |
| HYDROPELTI- | | |
| DÉES. | 7 | 157 |
| HYDROPELTIS. | 7 | 162 |
| — pourpre | 7 | 162 |
| HYDROPHYLLÉES. | 9 | 47 |
| HYDROPYRUM. | 13 | 170 |
| — comestible. | 13 | 171 |
| HYÉNANCHE.. | 2 | 518 |
| HYGROBIÉES. | 4 | 443 |
| HYGROPHILÉES. | 9 | 144 |
| HYMENÆA, V. COURBARIL. | | |
| HYMÉNODYCTION. | 8 | 392 |
| — élancé. | 8 | 393 |
| HYOSCYAMÉES. | 9 | 57 |
| | et | 72 |
| HYOSCYAMUS, V. JUSQUIAME. | | |
| HYPÉCOÉES. | 7 | 59 |
| | et | 62 |
| HYPÉCOUM. | 7 | 62 |
| HYPÉLATE. | 3 | 64 |
| — hétérophylle. | 3 | 64 |
| HYPÉRICACÉES. | 5 | 335 |
| HYPÉRICÉES.. | 5 | 341 |
| | et | 373 |
| HYPÉRICUM, V. MILLEPERTUIS. | | |
| HYPÉRINÉES. | 5 | 342 |
| | et | 382 |
| HYPOCISTE. | 10 | 552 |
| — commun. | 10 | 552 |
| HYPOLYTRÉES. | 13 | 145 |
| HYPOPITHYS. | 9 | 520 |
| — d'Europe. | 9 | 521 |
| HYPOXIDÉES. | 13 | 114 |
| HYPOXIS. | 13 | 115 |
| — à feuilles linéaires. | 13 | 117 |
| — à feuilles ovées. | 13 | 116 |
| — à fleurs blanches. | 13 | 117 |
| — denticulé. | 13 | 117 |
| — dressé. | 13 | 115 |
| — élégant. | 13 | 117 |
| — étoilé. | 13 | 116 |
| — oblique. | 13 | 116 |
| — sobolifère. | 13 | 116 |
| — velu. | 13 | 116 |
| HYSSOPE. | 9 | 195 |
| — officinal. | 9 | 195 |
| IBÉRIS. | 6 | 559 |
| — amer. | 6 | 566 |
| — arbuscule. | 6 | 562 |
| — ombellifère. | 6 | 565 |
| — toujours-fleuri. | 6 | 564 |
| ICACINE. | 13 | 263 |
| — du Sénégal. | 13 | 264 |
| ICIQUIER. | 2 | 237 |
| — Cèdre. | 2 | 239 |
| — Encens. | 2 | 238 |
| — hétérophylle. | 2 | 237 |
| — septemfoliolé. | 2 | 238 |
| — Tacamahac. | 2 | 238 |
| IDOTHÉA. | 12 | 316 |
| — à feuilles ciliées. | 12 | 317 |
| — élancé. | 12 | 318 |
| — intermédiaire. | 12 | 317 |
| — nain. | 12 | 318 |
| — pourpre. | 12 | 317 |
| — velu. | 12 | 317 |
| IF. | 11 | 291 |
| — à feuilles verticillées. | 11 | 296 |
| — commun. | 11 | 292 |
| — du Canada. | 11 | 293 |
| — nucifère. | 11 | 296 |
| IGNAME. | 12 | 202 |
| — à feuilles opposées. | 12 | 205 |
| — à racine blanche. | 12 | 205 |
| — à tubercules fascicu- | | |
| lés. | 12 | 204 |
| — ailée. | 12 | 202 |
| — du Japon. | 12 | 205 |
| — fétide.. | 12 | 205 |
| — globuleuse. | 12 | 203 |
| — Pied d'éléphant. | 12 | 205 |
| — pourpre. | 12 | 204 |
| — rougeâtre. | 12 | 203 |
| — spinelleuse. | 12 | 204 |
| IGNATIA. | 8 | 497 |
| — amer. | 8 | 498 |
| ILEX, V. HOUX. | | |
| Ilicinées. | 2 | 421 |
| ILLÉCÉBRÉES. | 5 | 238 |
| ILLICIÉES.. | 7 | 432 |
| | et | 435 |
| ILLICINÉES. | 7 | 433 |
| | et | 439 |
| ILLICIUM. | 7 | 439 |
| — Badianier.. | 7 | 442 |
| — de Floride. | 7 | 443 |
| — Faux-Badianier. | 7 | 440 |
| Illigérées. | 10 | 474 |

| | Vol. | Pag. |
|---|---|---|
| IMPATIENS, V. BALSAMINE. | | |
| IMPÉRATORIA........ | 8 | 166 |
| — officinal........ | 8 | 166 |
| IMPÉRIALE........ | 12 | 268 |
| — couronnée..... | 12 | 268 |
| INCARVILLÉES...... | 9 | 130 |
| INDIGOTIER......... | 1 | 234 |
| — à longs épis..... | 1 | 241 |
| — à onze folioles... | 1 | 240 |
| — argenté........ | 1 | 234 |
| — austral........ | 1 | 240 |
| — élégant........ | 1 | 241 |
| — franc......... | 1 | 355 |
| — grisâtre........ | 1 | 241 |
| — jonciforme..... | 1 | 240 |
| — tinctorial...... | 1 | 254 |
| INGA............ | 1 | 54 |
| — à feuilles de Fougère....... | 1 | 57 |
| — à feuilles de Hêtre. | 1 | 55 |
| — à feuilles de Mertensia. | 1 | 59 |
| — à fleurs pourpres.. | 1 | 57 |
| — à fruit doux.... | 1 | 58 |
| — à fruit rond.... | 1 | 59 |
| — à légume ligneux. | 1 | 58 |
| — brillant....... | 1 | 56 |
| — élégant....... | 1 | 57 |
| — fastueux...... | 1 | 55 |
| — fétide........ | 1 | 59 |
| — Griffe de chat... | 1 | 58 |
| — insigne....... | 1 | 56 |
| — paré........ | 1 | 56 |
| — Pois-sucrin..... | 1 | 55 |
| — Savonnier..... | 1 | 59 |
| — savoureux..... | 1 | 56 |
| INOCARPE......... | 10 | 452 |
| — à graines comestibles........ | 10 | 452 |
| INULE.......... | 10 | 220 |
| — Aulnée........ | 10 | 220 |
| INULÉES........ | 10 | 25 |
| | et | 199 |
| INULÉES-BUPHTHALMÉES. ........ | 10 | 28 |
| | et | 224 |
| INULÉES - GNAPHALIÉES......... | 10 | 25 |
| | et | 200 |
| INULÉES-PROTOTYPES | 10 | 27 |
| | et | 219 |
| IONIDE.......... | 5 | 519 |
| — à petites fleurs... | 5 | 521 |
| Ionide Faux-Ipécacuanha. | 5 | 519 |
| — Poaya........ | 5 | 521 |
| IPOMOPSIS........ | 9 | 118 |
| — élégant....... | 9 | 119 |
| IRÉSINE.......... | 5 | 270 |
| — allongé....... | 5 | 271 |
| — diffus........ | 5 | 271 |
| — Faux-Célosia.... | 5 | 270 |
| — polymorphe.... | 5 | 271 |
| IRIARTÉA......... | 12 | 72 |
| — à racines saillantes. | 12 | 73 |
| — à tronc ventru... | 12 | 73 |
| — des Andes..... | 12 | 74 |
| IRIDÉES...... | 13 | 1 |
| IRIS............ | 13 | 12 |
| — acoroïde...... | 13 | 44 |
| — à courtes pointes.. | 13 | 45 |
| — à deux spathes... | 13 | 15 |
| — à feuilles de Graminée. | 13 | 29 |
| — à feuilles flasques. | 13 | 41 |
| — à feuilles rouges... | 13 | 39 |
| — à feuilles longues. | 13 | 14 |
| — à fleurs pâles... | 13 | 65 |
| — agréable...... | 13 | 58 |
| — à odeur de Sureau. | 13 | 59 |
| — à stigmates étroits. | 13 | 27 |
| — à tige nue..... | 13 | 54 |
| — bâtard....... | 13 | 24 |
| — bifurqué...... | 13 | 54 |
| — bleu de ciel.... | 13 | 50 |
| — brunâtre...... | 13 | 55 |
| — brun-roux..... | 13 | 47 |
| — couleur d'ocre... | 13 | 28 |
| — d'Allemagne.... | 13 | 61 |
| — de Belgique.... | 13 | 59 |
| — de Don....... | 13 | 34 |
| — de Florence.... | 13 | 63 |
| — de Guldenstædt.. | 13 | 26 |
| — de Lemonnier... | 13 | 28 |
| — de Pallas...... | 13 | 33 |
| — de Perse...... | 13 | 17 |
| — de Portugal.... | 13 | 21 |
| — de Redouté.... | 13 | 56 |
| — de Russie..... | 13 | 35 |
| — des sables..... | 13 | 69 |
| — de Sibérie..... | 13 | 37 |
| — de Suse...... | 13 | 70 |
| — de Swertius.... | 13 | 67 |
| — de Virginie.... | 13 | 40 |
| — Faux-Acore.... | 13 | 43 |
| — Faux-Xiphion... | 13 | 22 |

| | Vol. | Pag. | | Vol. | Pag. |
|---|---|---|---|---|---|
| Iris fétide. | 13 | 31 | Ixia conique. | 13 | 88 |
| — fimbrié. | 13 | 71 | — cratériforme. | 13 | 88 |
| — hybride. | 13 | 25 | — crépu. | 13 | 89 |
| — jaunâtre. | 13 | 64 | — dressé. | 13 | 88 |
| — jaune-pâle. | 13 | 51 | — flexueux. | 13 | 88 |
| — jaune-sale. | 13 | 60 | — maculé. | 13 | 88 |
| — jaune-verdâtre. | 13 | 52 | — ouvert. | 13 | 87 |
| — livide. | 13 | 71 | — rétus. | 13 | 89 |
| — magnifique. | 13 | 20 | — rose. | 13 | 87 |
| — Mignon. | 13 | 50 | IXIÉES. | 13 | 4 |
| — nain. | 13 | 49 | IXODIE. | 10 | 205 |
| — négligé. | 13 | 61 | — Fausse-Achillée. | 10 | 204 |
| — panaché. | 13 | 57 | IXORA. | 8 | 439 |
| — plissé. | 13 | 66 | — à feuilles cunéiformes. | 8 | 443 |
| — réticulé. | 13 | 16 | — agréable. | 8 | 443 |
| — Scorpionne. | 13 | 18 | — à petites fleurs. | 8 | 444 |
| — subbiflore. | 13 | 53 | — Banduca. | 8 | 441 |
| — triflore. | 13 | 34 | — barbu. | 8 | 444 |
| — tubéreux. | 13 | 15 | — brillant. | 8 | 442 |
| — *uniglume.* | 13 | 36 | — écarlate. | 8 | 440 |
| — versicolore. | 13 | 39 | — orange. | 8 | 442 |
| — Xiphion. | 13 | 19 | — raide. | 8 | 441 |
| ISATIS. | 6 | 573 | — rose. | 8 | 442 |
| — tinctorial. | 6 | 575 | | | |
| ISERTINÉES. | 8 | 374 | JACINTHE. | 12 | 304 |
| ISMÉLIE. | 10 | 179 | — améthyste. | 12 | 305 |
| — panachée. | 10 | 180 | — d'Orient. | 12 | 304 |
| ISOLOPHUS. | 7 | 112 | JACOBÉE. | 10 | 271 |
| — des rochers. | 7 | 114 | — à grandes fleurs. | 10 | 273 |
| ISOPHYLLE. | 5 | 432 | — commune. | 10 | 272 |
| — de Drummond. | 5 | 433 | — élégante. | 10 | 273 |
| ISOPOGON. | 10 | 408 | JALTOMATA. | 9 | 75 |
| — à feuilles d'Ané- | | | — comestible. | 9 | 75 |
| mone. | 10 | 408 | JAMBOSIER. | 4 | 179 |
| — à feuilles de Fe- | | | — à feuilles veineuses. | 4 | 181 |
| nouil. | 10 | 408 | — à grandes feuilles. | 4 | 180 |
| — à feuilles trilobées. | 10 | 409 | — amplexicaule. | 4 | 182 |
| — élégant. | 10 | 408 | — commun. | 4 | 179 |
| ISOPYRINÉES. | 7 | 291 | — d'Australasie. | 4 | 182 |
| | et | 326 | — de Malacca. | 4 | 181 |
| ISOPYRUM. | 7 | 326 | — magnifique. | 4 | 180 |
| — Faux-Thalictrum. | 7 | 327 | — pourpré. | 4 | 181 |
| ISOTRÊME. | 10 | 568 | JANIPHA. | 2 | 508 |
| — cotonneux. | 10 | 569 | — de Lœffling. | 2 | 511 |
| — Siphon. | 10 | 568 | — Manioc. | 2 | 509 |
| ITÉA. | 5 | 34 | JASIONE. | 9 | 568 |
| — de Virginie. | 5 | 34 | — commune. | 9 | 569 |
| IVRAIE. | 13 | 235 | JASMIN. | 8 | 242 |
| — vénéneuse. | 13 | 236 | — commun. | 8 | 250 |
| — vivace. | 13 | 236 | — des Açores. | 8 | 248 |
| IXIA. | 13 | 87 | — frutescent. | 8 | 247 |
| — à feuilles linéaires. | 13 | 87 | — grandiflore. | 8 | 251 |
| — à fleurs de Scille. | 13 | 89 | — hétérophylle. | 8 | 244 |

| | Vol. | Pag. |
|---|---|---|
| Jasmin Jonquille...... | 8 | 245 |
| — révoluté........ | 8 | 246 |
| — volubile....... | 8 | 249 |
| JASMINÉES.... | 8 | 240 |
| JATROPHA........ | 2 | 512 |
| — à feuilles de Coton- | | |
| nier........ | 2 | 513 |
| — cathartique...... | 2 | 512 |
| — multifide....... | 2 | 513 |
| JOLIFFIA........ | 6 | 191 |
| — d'Afrique...... | 6 | 191 |
| JONC.......... | 13 | 134 |
| — à glomérules..... | 13 | 135 |
| — commun....... | 13 | 135 |
| — glauque....... | 13 | 136 |
| JONCACÉES.... | 13 | 133 |
| JONCAGINÉES.... | 12 | 10 |
| JONCÉES....... | 13 | 134 |
| JONCINÉES.... | 13 | 120 |
| JONÉSIA........ | 1 | 110 |
| — Asjogam...... | 1 | 110 |
| JOUBARBE........ | 5 | 99 |
| — à rosettes planes... | 5 | 102 |
| — aranéeuse...... | 5 | 105 |
| — arborescente..... | 5 | 102 |
| — commune...... | 5 | 104 |
| — de Smith...... | 5 | 103 |
| — des Canaries.... | 5 | 103 |
| — des montagnes... | 5 | 105 |
| — hérissée....... | 5 | 106 |
| — sobolifère...... | 5 | 106 |
| — thyrsiflore..... | 5 | 102 |
| — tortueuse...... | 5 | 100 |
| — velue........ | 5 | 101 |
| — visqueuse..... | 5 | 101 |
| JUBÉA......... | 12 | 130 |
| — magnifique..... | 12 | 130 |
| JUGLANDÉES.... | 2 | 163 |
| JUGLANS, V. NOYER. | | |
| JUJUBIER........ | 2 | 441 |
| — à épines rectilignes. | 2 | 445 |
| — commun....... | 2 | 441 |
| — cotonneux..... | 2 | 445 |
| — de Bacle...... | 2 | 444 |
| — de Chine...... | 2 | 442 |
| — des Lotophages.. | 2 | 442 |
| — Napéca....... | 2 | 444 |
| JUSQUIAME....... | 9 | 72 |
| — blanche...... | 9 | 73 |
| — noire........ | 9 | 72 |

| | Vol. | Pag. |
|---|---|---|
| JUSSIEUA........ | 4 | 340 |
| — à feuilles de Myrte. | 4 | 343 |
| — à feuilles elliptiques. | 4 | 345 |
| — à feuilles longues.. | 4 | 344 |
| — à grand fruit.... | 4 | 342 |
| — Caparosa...... | 4 | 343 |
| — de l'Orénoque... | 4 | 341 |
| — de Palmita..... | 4 | 343 |
| — élégant....... | 4 | 342 |
| — grandiflore..... | 4 | 344 |
| — poilu........ | 4 | 341 |
| JUSSIÉVÉES.... | 4 | 337 |
| | et | 340 |
| JUSTICIÉES...... | 9 | 145 |
| KADSURA......... | 8 | 8 |
| — du Japon...... | 8 | 9 |
| KÆMPFÉRIA...... | 12 | 160 |
| — à tubercules ronds. | 12 | 161 |
| — Galanga...... | 12 | 161 |
| KALANCHOÉ....... | 5 | 84 |
| — à fleurs pointues.. | 5 | 85 |
| — crénelé....... | 5 | 85 |
| — d'Égypte...... | 5 | 84 |
| — lacinié....... | 5 | 85 |
| — spatulé....... | 5 | 84 |
| KALMIA......... | 9 | 496 |
| — à feuilles étroites.. | 9 | 497 |
| — à feuilles larges.. | 9 | 498 |
| — glauque....... | 9 | 497 |
| KAYÉA.......... | 5 | 333 |
| — multiflore...... | 5 | 335 |
| KENNÉDYA....... | 1 | 318 |
| — à feuilles ovales.. | 1 | 320 |
| — bimaculé...... | 1 | 320 |
| — de Compton.... | 1 | 320 |
| — diffus........ | 1 | 319 |
| — dilaté....... | 1 | 319 |
| — écarlate...... | 1 | 319 |
| — rougeâtre...... | 1 | 319 |
| KERRIA......... | 1 | 429 |
| — du Japon...... | 1 | 430 |
| KÉTMIA......... | 3 | 371 |
| — à feuilles de Chanvre. | 3 | 377 |
| — à feuilles de Kitaibé- | | |
| lia........ | 3 | 382 |
| — à fleurs changeantes. | 3 | 378 |
| — à fleurs écarlates.. | 3 | 375 |
| — à fleurs de Lis.. | 3 | 373 |
| — à fruit tronqué... | 3 | 385 |
| — à longs pédoncules. | 3 | 373 |
| — acide........ | 3 | 380 |

| | Vol. | Pag. | | | Vol. | Pag. |
|---|---|---|---|---|---|---|
| Kétmia Ambrette. | 3 | 384 | Kniphofia sarmenteux. | | 12 | 365 |
| — bifurqué. | 3 | 382 | KNOWLTONIA. | | 7 | 231 |
| — comestible. | 3 | 384 | — raide. | | 7 | 232 |
| — de Lambert. | 3 | 376 | — vésicant. | | 7 | 232 |
| — de Lindley. | 3 | 383 | KOCHIA. | | 5 | 283 |
| — d'Orient. | 3 | 375 | — à balais. | | 5 | 284 |
| — de Paterson. | 3 | 372 | — à feuilles d'Hyssope. | | 5 | 285 |
| — de Surate. | 3 | 381 | — décombant. | | 5 | 284 |
| — de Virginie. | 3 | 372 | — des sables. | | 5 | 284 |
| — des marais. | 3 | 378 | — incane. | | 5 | 285 |
| — digité. | 3 | 380 | KOELREUTÉRIA. | | 3 | 66 |
| — élégant. | 3 | 379 | — paniculé. | | 3 | 67 |
| — grandiflore. | 3 | 380 | KOLA. | | 3 | 511 |
| — hétérophylle. | 3 | 376 | — d'Oware. | | 3 | 512 |
| — Manioc. | 3 | 383 | — du Sénégal. | | 3 | 512 |
| — militaire. | 3 | 379 | KOLBIA. | | 6 | 190 |
| — musqué. | 3 | 377 | — élégant. | | 6 | 190 |
| — Rose de Chine. | 3 | 374 | KONIGA. | | 6 | 489 |
| — strigueux. | 3 | 382 | — à feuilles d'Halime. | | 6 | 494 |
| — trifiolié. | 3 | 381 | — de Sibérie. | | 6 | 496 |
| — unidenté. | 3 | 377 | — épineux. | | 6 | 493 |
| KHAYA. | 3 | 167 | — maritime. | | 6 | 491 |
| — du Sénégal. | 3 | 167 | KRAMÉRIA. | | 7 | 150 |
| KIBÉSSIA. | 4 | 270 | — à grandes fleurs. | | 7 | 151 |
| — azuré. | 4 | 270 | — triandre. | | 7 | 151 |
| KIELMÉYÉRA. | 4 | 71 | KRAMÉRIÉES. | | 7 | 111 |
| — à corymbes. | 4 | 73 | | | et | 150 |
| — à fleurs roses. | 4 | 72 | KRÉYSIGIA. | | 12 | 250 |
| — à fleurs rouges. | 4 | 72 | — multiflore. | | 12 | 250 |
| — cotonneux. | 4 | 73 | KYDIA. | | 3 | 456 |
| — décombant. | 4 | 73 | — à grand calice. | | 3 | 456 |
| — élancé. | 4 | 74 | — à longues étamines. | | 3 | 456 |
| — élégant. | 4 | 72 | | | | |
| — pétiolaire. | 4 | 74 | | | | |
| KIERSCHLÉGÉRIA. | 4 | 403 | LABIATIFLORES. | 9 | 126 |
| — Faux-Lyciet. | 4 | 404 | LABIÉES. | | 9 | 160 |
| KIGGÉLARIA. | 6 | 135 | LABLAB. | | 1 | 332 |
| — d'Afrique. | 6 | 136 | — commun. | | 1 | 332 |
| KIGGÉLARIÉES. | 6 | 133 | LACÉPÉDÉA. | | 2 | 401 |
| KLEINHOVIA. | 3 | 493 | — élégant. | | 2 | 401 |
| — domestique. | 3 | 493 | LACHÉNALE. | | 12 | 291 |
| KNEIFFIA. | 4 | 373 | — à deux feuilles. | | 12 | 295 |
| — à feuilles linéaires. | 4 | 376 | — à feuilles étroites. | | 12 | 293 |
| — de Fraser. | 4 | 375 | — à fleurs d'Orchis. | | 12 | 292 |
| — glauque. | 4 | 374 | — bicolore. | | 12 | 295 |
| — maculé. | 4 | 375 | — changeante. | | 12 | 293 |
| — multiflore. | 4 | 376 | — étalée. | | 12 | 294 |
| — nain. | 4 | 377 | — glauque. | | 12 | 292 |
| — suffrutescent. | 4 | 374 | — intermédiaire. | | 12 | 294 |
| KNIPHOFIA. | 12 | 364 | — jaunâtre. | | 12 | 296 |
| — Faux-Aloès. | 12 | 365 | — luisante. | | 12 | 294 |
| — nain. | 12 | 365 | — pâle. | | 12 | 292 |

| | Vol. | Pag. |
|---|---|---|
| Lachénale pendante. . . . | 12 | 297 |
| — ponctuée. . . . . . | 12 | 297 |
| — pourpre. . . . . . | 12 | 295 |
| — pourpre-bleue. . . | 12 | 294 |
| — quadricolore. . . . | 12 | 296 |
| — nerveuse. . . . . . | 12 | 294 |
| — odorante. . . . . . | 12 | 294 |
| — rose. . . . . . . . | 12 | 293 |
| — rougeâtre. . . . . . | 12 | 296 |
| — tigrée. . . . . . . | 12 | 297 |
| — tricolore. . . . . . | 12 | 296 |
| — unicolore. . . . . . | 12 | 295 |
| — unifoliée. . . . . . | 12 | 295 |
| — violette. . . . . . . | 12 | 295 |
| LACHNANTHE. . . . . . . | 13 | 111 |
| — tinctoriale. . . . | 13 | 112 |
| LACHNÉE. . . . . . . . . | 10 | 447 |
| — à capitules laineux. | 10 | 448 |
| — à fleurs pourpres. . | 10 | 448 |
| — glauque. . . . . . . | 10 | 448 |
| LACTUCA, V. LAITUE. | | |
| *LACTUCÉES.* . . . . . . | 10 | 5 |
| | et | 40 |
| LACTUCÉES - CRÉPI- | | |
| DÉES. . . . . . . . . . | 10 | 6 |
| LACTUCÉES - HIÉRA - | | |
| CIÉES. . . . . . . . . | 10 | 7 |
| LACTUCÉES - PROTO - | | |
| TYPES. . . . . . . . . | 10 | 5 |
| LACTUCÉES-SCORZO- | | |
| NÉRÉES. . . . . . . . | 10 | 7 |
| LADANIER. . . . . . . . | 6 | 64 |
| — à feuilles de Laurier. | 6 | 66 |
| — de Chypre. . . . . | 6 | 68 |
| — officinal. . . . . . | 6 | 69 |
| LAFONSIA. . . . . . . . | 4 | 441 |
| — superbe. . . . . . | 4 | 441 |
| LAGÉNARIA. . . . . . . . | 6 | 194 |
| — commun. . . . . . | 6 | 195 |
| — *Cougourde.* . . . . | 6 | 196 |
| — *Courge trompette.* . . | 6 | 196 |
| — *Gourde.* . . . . . . | 6 | 196 |
| LAGERSTRÉMIA. . . . . . | 4 | 439 |
| — de Chine. . . . . . | 4 | 439 |
| — élégant. . . . . . . | 4 | 440 |
| — grandiflore. . . . . | 4 | 440 |
| — royal. . . . . . . . | 4 | 441 |
| *LAGERSTRÉMIÉES.* | 4 | 419 |
| LAGÉTTA. . . . . . . . | 10 | 437 |
| — Bois-dentelle. . . . | 10 | 438 |
| LAGONCULARIA . . . . . | 4 | 304 |
| Lagoncularia à grappes. . | 4 | 305 |
| LAICHE. . . . . . . . . | 13 | 154 |
| — des sables. . . . . | 13 | 154 |
| LAITRON. . . . . . . . . | 10 | 43 |
| — commun. . . . . . | 10 | 44 |
| LAITUE. . . . . . . . . | 10 | 41 |
| — cultivée. . . . . . | 10 | 41 |
| — Scariole. . . . . . | 10 | 43 |
| — vireuse. . . . . . . | 10 | 43 |
| LAMBERTIA. . . . . . . . | 10 | 425 |
| — élégant. . . . . . . | 10 | 425 |
| LAMIUM. . . . . . . . . | 9 | 206 |
| — blanc. . . . . . . . | 9 | 207 |
| *LAMPROPHYL-* | | |
| *LÉES.* . . . . . . . | 4 | 51 |
| LANSA. . . . . . . . . . | 3 | 190 |
| — cultivé. . . . . . . | 3 | 191 |
| LANTANA. . . . . . . . . | 9 | 241 |
| — Faux-Thé. . . . . | 9 | 243 |
| — odorant. . . . . . | 9 | 242 |
| LAPLACÉA. . . . . . . . | 4 | 76 |
| — à feuilles rhomboï- | | |
| dales. . . . . . . . | 4 | 76 |
| — cotonneux. . . . . | 4 | 76 |
| — élégant. . . . . . . | 4 | 77 |
| LAPPA, V. BARDANE. | | |
| LARDIZABALA. . . . . . | 8 | 25 |
| — biterné. . . . . . . | 8 | 25 |
| *LARDIZABALÉES.* | 8 | 7 |
| | et | 25 |
| LARIX, V. MÉLÈZE. | | |
| LASERPITIÉES. . . . . . | 8 | 135 |
| | et | 157 |
| LASERPITIUM. . . . . . . | 8 | 157 |
| — à larges feuilles. . . | 8 | 158 |
| LASIANDRA. . . . . . . . | 4 | 232 |
| — argenté. . . . . . . | 4 | 235 |
| — de Desfontaines. . . | 4 | 234 |
| — de Langsdorff. . . | 4 | 235 |
| — de Martius. . . . . | 4 | 233 |
| — de Maximilien. . . | 4 | 233 |
| — fissinervé. . . . . . | 4 | 234 |
| LASIOPÉTALE. . . . . . . | 3 | 495 |
| — ferrugineux. . . . | 3 | 496 |
| — parviflore. . . . . . | 3 | 496 |
| *LASIOPÉTALÉES.* | 3 | 494 |
| LATHYRUS, V. GESSE. . . | | |
| LAURIER. . . . . . . . . | 10 | 509 |
| — commun. . . . . . | 10 | 509 |
| *LAURINÉES.* . . . | 10 | 466 |
| LAVANDE . . . . . . . . | 9 | 169 |

| | Vol. | Pag. |
|---|---|---|
| Lavande à larges feuilles.. | 9 | 171 |
| — Aspic. | 9 | 170 |
| — Stéchas. | 9 | 171 |
| LAVATÈRE. | 3 | 357 |
| — à feuilles d'Érable. | 3 | 359 |
| — arborescente. | 3 | 360 |
| — d'Hyères. | 3 | 358 |
| — écarlate. | 3 | 360 |
| — hispide. | 3 | 361 |
| — maritime. | 3 | 359 |
| — trimestre. | 3 | 358 |
| LAVAUXIA. | 4 | 366 |
| — à feuilles trilobées. | 4 | 367 |
| — à pétales cuspidées. | 4 | 368 |
| — à pétales mutiques. | 4 | 369 |
| LAVOISIÉRA. | 4 | 208 |
| — à feuilles épaisses. | 4 | 210 |
| — à fleurs blanches. | 4 | 210 |
| — aranéeux. | 4 | 211 |
| — cataphracte. | 4 | 209 |
| — d'Itambé. | 4 | 211 |
| — Fausse-Gentiane. | 4 | 209 |
| — imbriqué. | 4 | 209 |
| — magnifique. | 4 | 212 |
| — ponctué. | 4 | 211 |
| LAVOISIÉRÉES. | 4 | 205 |
| | et | 207 |
| LAVRADIA. | 5 | 472 |
| — alpestre. | 5 | 474 |
| — élégant. | 5 | 473 |
| — Fausse-Bruyère. | 5 | 473 |
| — glanduleux. | 5 | 473 |
| LAWSONIA. | 4 | 435 |
| — Henné. | 4 | 435 |
| LÉCHÉA. | 6 | 107 |
| — de Drummond. | 6 | 110 |
| — Faux-Thésium. | 6 | 111 |
| — velu. | 6 | 109 |
| LÉCHENAULTIA. | 9 | 585 |
| — élégant. | 9 | 585 |
| LÉCHIDIÉES. | 6 | 7 |
| | et | 107 |
| LÉCHIDIUM. | 6 | 112 |
| — de Drummond. | 6 | 112 |
| LÉCYTHIDÉES. | 4 | 106 |
| | et | 189 |
| LÉCYTHIS. | 4 | 189 |
| — à amandes amères. | 4 | 193 |
| — à feuilles ovales. | 4 | 192 |
| — à fruit rugueux. | 4 | 192 |
| — à grandes fleurs. | 4 | 190 |
| — à longs pédicelles. | 4 | 191 |
| Lécythis à marmites. | 4 | 194 |
| — à petit fruit. | 4 | 194 |
| — à petites fleurs. | 4 | 195 |
| — de Pison. | 4 | 194 |
| — Idatimon. | 4 | 191 |
| — Zabucajo. | 4 | 192 |
| LÉDOCARPE. | 3 | 269 |
| — du Chili. | 3 | 269 |
| — pédonculaire. | 3 | 270 |
| LÉDONIA. | 6 | 71 |
| — à feuilles de Peuplier. | 6 | 75 |
| — à longs pédoncules. | 6 | 73 |
| — hérissé. | 6 | 79 |
| — hétérophylle. | 6 | 77 |
| LÉDUM. | 9 | 514 |
| — à larges feuilles. | 9 | 515 |
| — commun. | 9 | 514 |
| LÉEACÉES. | 3 | 206 |
| LÉGNOTIDÉES. | 4 | 332 |
| Légumineuses. | 1 | 47 |
| | 86 | et 149 |
| LÉIGHIE. | 10 | 147 |
| — à feuilles linéaires. | 10 | 148 |
| — bicolore. | 10 | 148 |
| — élancée. | 10 | 147 |
| LÉIOPHYLLE. | 9 | 513 |
| — à feuilles de Buis. | 9 | 513 |
| LÉLIA. | 6 | 585 |
| — d'Orient. | 6 | 587 |
| LENTIBULARIÉES. | 9 | 335 |
| LÉONITIS. | 9 | 210 |
| — Léonure. | 9 | 211 |
| LÉONTICE. | 8 | 63 |
| — Léontopétale. | 8 | 64 |
| LÉONTICINÉES. | 8 | 33 |
| | et | 62 |
| LÉPIDIUM. | 6 | 548 |
| — des décombres. | 6 | 550 |
| LÉPIDOCARYNÉES. | 12 | 61 |
| | et | 79 |
| LÉPISCLINE. | 10 | 205 |
| — cymeuse. | 10 | 206 |
| LÉPISME. | 13 | 393 |
| — commun. | 13 | 393 |
| — de Knight. | 13 | 394 |
| — Queue de souris. | 13 | 394 |
| LEPTANDRA. | 9 | 328 |
| — de Sibérie. | 9 | 329 |
| — de Virginie. | 9 | 328 |
| LEPTOLÈNE. | 4 | 55 |
| — multiflore. | 4 | 55 |

| | Vol. | Pag. |
|---|---|---|
| LEPTOPYRUM. . . . . . . | 7 | 327 |
| — Faux-Fumaria. . . | 7 | 328 |
| LEPTOSPERME. . . . . . | 4 | 141 |
| — à balais. . . . . . . | 4 | 143 |
| — à feuilles de Géné- | | |
| vrier. . . . . . . | 4 | 144 |
| — à feuilles de Myrte. | 4 | 144 |
| — à feuilles échancrées. | 4 | 141 |
| — à feuilles grandes. . | 4 | 142 |
| — à feuilles marginées. | 4 | 143 |
| — à feuilles rétrécies. . | 4 | 144 |
| — à feuilles soyeuses. | 4 | 142 |
| — à fruit bacciforme. . | 4 | 145 |
| — à petites feuilles. . | 4 | 144 |
| — aranéeux. . . . . . | 4 | 145 |
| — flexueux. . . . . . | 4 | 145 |
| — laineux. . . . . . . | 4 | 142 |
| — multiflore. . . . . . | 4 | 144 |
| — porophylle. . . . . | 4 | 144 |
| — Thé. . . . . . . . | 4 | 143 |
| — triloculaire. . . . | 4 | 145 |
| — trinervé. . . . . . . | 4 | 142 |
| — tuberculeux. . . . . | 4 | 142 |
| LEPTOSPERMÉES. . | 4 | 105 |
| | et | 112 |
| LESSERTIA. . . . . . . . | 1 | 274 |
| — annuel. . . . . . . | 1 | 274 |
| — élégant. . . . . . . | 1 | 275 |
| — frutescent. . . . . . | 1 | 275 |
| — vivace. . . . . . . | 1 | 274 |
| LEUCADENDRE. . . . . | 10 | 403 |
| — à corymbes. . . . . | 10 | 405 |
| — à écailles courbées. | 10 | 407 |
| — à feuilles de Sapin. | 10 | 407 |
| — à feuilles de Saule. | 10 | 406 |
| — à feuilles tordues. . | 10 | 405 |
| — à grandes fleurs. . | 10 | 405 |
| — argenté. . . . . . . | 10 | 404 |
| — ascendant. . . . . . | 10 | 406 |
| — cendré. . . . . . . | 10 | 405 |
| — concolore. . . . . . | 10 | 405 |
| — des marais. . . . . | 10 | 406 |
| — fleuri. . . . . . . . | 10 | 406 |
| — imbriqué. . . . . . | 10 | 404 |
| — Lévisanus. . . . . . | 10 | 404 |
| — orné. . . . . . . . | 10 | 405 |
| — plumeux. . . . . . | 10 | 404 |
| — raide. . . . . . . . | 10 | 406 |
| LEUCOJUM, V. NIVÉOLE. | | |
| LEUCOPOGON. . . . . . | 9 | 436 |
| — à feuilles de Bruyère. | 9 | 436 |
| — à feuilles lancéolées. | 9 | 436 |
| — à petites feuilles. . | 9 | 436 |

| | Vol. | Pag. |
|---|---|---|
| LEUCOSINAPIS. . . . . . | 6 | 348 |
| — hispide. . . . . . . | 6 | 352 |
| — Moutarde blanche. | 6 | 350 |
| LEUCOSPERME. . . . . . | 10 | 413 |
| — à feuilles linéaires. | 10 | 414 |
| — à grandes fleurs. . | 10 | 414 |
| — Conocarpe. . . . . | 10 | 414 |
| — cotonneux. . . . . | 10 | 415 |
| — intermédiaire. . . . | 10 | 414 |
| — pubérule. . . . . . . | 10 | 414 |
| LEUCOTHOÉ. . . . . . . | 9 | 480 |
| — acuminé. . . . . . . | 9 | 482 |
| — axillaire. . . . . . . | 9 | 481 |
| — marginé. . . . . . . | 9 | 482 |
| LÉVISTICUM. . . . . . . | 8 | 153 |
| — officinal. . . . . . . | 8 | 154 |
| LIATRIDE. . . . . . . . | 10 | 292 |
| — élégante. . . . . . . | 10 | 293 |
| — en épi. . . . . . . . | 10 | 295 |
| — scarieuse. . . . . . | 10 | 294 |
| — squarreuse. . . . . | 10 | 293 |
| LICANIA. . . . . . . . . | 1 | 374 |
| — blanchâtre. . . . . . | 1 | 374 |
| LIERRE. . . . . . . . . | 8 | 124 |
| — commun. . . . . . . | 8 | 125 |
| LIGUSTICUM. . . . . . . | 8 | 213 |
| — Silaüs. . . . . . . . | 8 | 214 |
| LIGUSTRIDE. . . . . . . | 8 | 271 |
| — du Japon. . . . . . | 8 | 272 |
| LIGUSTRINÉES. . . | 8 | 238 |
| LIGUSTRUM, V. TROÈNE. | | |
| LILACINÉES. . . . . . . | 8 | 258 |
| | et | 277 |
| LILAS. . . . . . . . . . | 8 | 279 |
| — commun. . . . . . . | 8 | 282 |
| — de Chine. . . . . . | 8 | 283 |
| — de Perse. . . . . . | 8 | 285 |
| — Josikéa. . . . . . . | 8 | 281 |
| LILIACÉES. . . . . | 12 | 197 |
| LILIÉES. . . . . . . . . | 8 | 254 |
| | et | 268 |
| LILIUM, V. LIS. | | |
| LIMBARDE. . . . . . . . | 10 | 221 |
| — Faux-Crythme. . . | 10 | 221 |
| LIMETIER. . . . . . . . | 2 | 282 |
| — à fruit tuberculeux. | 2 | 284 |
| — à petit fruit. . . . . | 2 | 283 |
| — d'Espagne. . . . . | 2 | 285 |
| — de Rome. . . . . . | 2 | 284 |
| — des orfèvres. . . . | 2 | 284 |
| — ordinaire. . . . . . | 2 | 283 |
| — Pomme d'Adam. . | 2 | 284 |

| | Vol. | Pag. | | | Vol. | Pag. |
|---|---|---|---|---|---|---|
| LIMONIA. . . . . . . . . | 2 | 251 | LIN. . . . . . . . . . . | 3 | 272 |
| — acide. . . . . . . . | 2 | 251 | — à feuilles étroites. . | 3 | 280 |
| — crénelé. . . . . . . | 2 | 252 | — à feuilles menues. . | 3 | 282 |
| — Lauréole. . . . . . | 2 | 252 | — à feuilles nerveuses. | 3 | 278 |
| — quinquéfoliolé. . . | 2 | 252 | — à feuilles quaternées. | 3 | 274 |
| LIMONIASTRE. . . . . . | 10 | 340 | — Arbrisseau. . . . . | 3 | 276 |
| — auriculé. . . . . | 10 | 341 | — campanulé. . . . . | 3 | 277 |
| LIMONIER. . . . . . . | 2 | 288 | — d'Afrique. . . . . | 3 | 276 |
| — à deux mamelons. . | 2 | 299 | — de Narbonne. . . . | 3 | 278 |
| — à fleurs doubles. . | 2 | 292 | — de Sibérie. . . . . | 3 | 280 |
| — à fruit cannelé. . . | 2 | 290 | — du Mexique. . . . | 3 | 275 |
| — à fruit fusiforme. . | 2 | 296 | — hérissé. . . . . . . | 3 | 277 |
| — à fruit oblong. . . | 2 | 296 | — jonciforme. . . . . | 3 | 275 |
| — à fruit rond. . . . . | 2 | 293 | — marginé. . . . . . | 3 | 279 |
| — à grappes. . . . . . | 2 | 297 | — maritime. . . . . . | 3 | 275 |
| — à gros fruit. . . . . | 2 | 291 | — purgatif. . . . . . | 3 | 273 |
| — à petit fruit. . . . | 2 | 290 | — trigyne. . . . . . . | 3 | 274 |
| — Amalfi. . . . . . . | 2 | 298 | — vivace. . . . . . . | 3 | 279 |
| — Balotin. . . . . . . | 2 | 293 | — usuel. . . . . . . | 3 | 281 |
| — Barbadore. . . . . | 2 | 293 | LINAIGRETTE. . . . . . | 13 | 153 |
| — Bignette. . . . . . | 2 | 291 | — à feuilles étroites. . | 13 | 153 |
| — Caly. . . . . . . . | 2 | 291 | — à feuilles larges. . | 13 | 153 |
| — Cériese. . . . . . | 2 | 295 | LINAIRE. . . . . . . . | 9 | 283 |
| — de Calabre. . . . . | 2 | 291 | — bipartie. . . . . . | 9 | 285 |
| — de Calcédoine. . . | 2 | 299 | — commune. . . . . . | 9 | 284 |
| — d'Espagne. . . . . | 2 | 293 | — élégante . . . . . | 9 | 285 |
| — de Gaéte. . . . . . | 2 | 296 | LINCONIA. . . . . . . . | 2 | 480 |
| — de Ligurie. . . . . | 2 | 292 | — à feuilles de Thym. | 2 | 481 |
| — de Naples. . . . . . | 2 | 293 | — cuspidé. . . . . . | 2 | 481 |
| — de Nice. . . . . . . | 2 | 297 | — Queue de renard. . | 2 | 481 |
| — de Reggio. . . . . | 2 | 297 | | | |
| — de Saint-Rémi. . . | 2 | 297 | LINÉES. . . . . . . . | 3 | 271 |
| — de Spardone. . . . | 2 | 292 | LINNÉA. . . . . . . . | 8 | 566 |
| — Ferraris. . . . . . | 2 | 298 | — boréal. . . . . . . | 8 | 567 |
| — gentil. . . . . . . | 2 | 290 | LINOSYRE. . . . . . . . | 10 | 235 |
| — incomparable. . . . | 2 | 290 | — commune. . . . . . | 10 | 235 |
| — impérial. . . . . . | 2 | 290 | LIPARIA. . . . . . . . | 1 | 191 |
| — Laure. . . . . . . | 2 | 296 | — sphérique. . . . . | 1 | 191 |
| — Mellarose. . . . . | 2 | 294 | LIQUIDAMBAR. . . . . . | 11 | 82 |
| — ordinaire. . . . . . | 2 | 295 | — à feuilles de Cétérach | 11 | 266 |
| — Paradis. . . . . . | 2 | 298 | — Altingia. . . . . . | 11 | 87 |
| — Pérette de Florence. | 2 | 294 | — Copalme . . . . . | 11 | 84 |
| — Pérette de Saint- | | | — d'Orient. . . . . . | 11 | 86 |
| Domingue. . . . | 2 | 294 | LIRIANTHE. . . . . . . | 7 | 485 |
| — Pérette longue. . . | 2 | 295 | — à grandes fleurs. . | 7 | 485 |
| — Spatafore. . . . . | 2 | 294 | LIRIODENDRINÉES. . . | 7 | 435 |
| — Pérette striée. . . . | 2 | 294 | | et | 486 |
| — petit Cédrat. . . . | 2 | 293 | LIRIODENDRON. . . . . | 7 | 486 |
| — Ponzin. . . . . . . | 2 | 292 | — Tulipier. . . . . . | 7 | 488 |
| — Rose . . . . . . . | 2 | 292 | LIRIOPSIS. . . . . . . | 7 | 460 |
| — Rosolin. . . . . . | 2 | 292 | — à fleurs brunes. . . | 7 | 461 |
| — sans graines. . . . | 2 | 292 | LIS. . . . . . . . . . | 12 | 272 |
| — sauvage. . . . . . | 2 | 290 | — à feuilles cordiformes. | 12 | 281 |

|  | Vol. | Pag. |
|---|---|---|
| Lis à feuilles menues. . . | 12 | 277 |
| — blanc. . . . . . . | 12 | 280 |
| — bulbifère. . . . . . | 12 | 279 |
| — concolore. . . . . . | 12 | 275 |
| — de Carniole. . . . | 12 | 276 |
| — de Caroline . . . . | 12 | 273 |
| — de Catesby. . . . . | 12 | 278 |
| — de Chalcédoine. . . | 12 | 276 |
| — de Constantinople.. | 12 | 280 |
| — de Daourie. . . . . | 12 | 278 |
| — de Philadelphie. . . | 12 | 277 |
| — de Thunberg. . . . | 12 | 280 |
| — des Pyrénées. . . . | 12 | 277 |
| — du Canada. . . . . | 12 | 273 |
| — du Japon. . . . . . | 12 | 281 |
| — gigantesque. . . . | 12 | 282 |
| — magnifique. . . . . | 12 | 274 |
| — Martagon. . . . . | 12 | 273 |
| — monadelphe. . . . | 12 | 275 |
| — nain. . . . . . . . | 12 | 277 |
| — orangé. . . . . . . | 12 | 279 |
| — superbe. . . . . . | 12 | 274 |
| — tigré. . . . . . . . | 12 | 275 |
| — turban. . . . . . . | 12 | 276 |
| LISYANTHÉES. . . . . | 9 | 5 |
| LITCHI. . . . . . . . . | 3 | 61 |
| — informe. . . . . . | 3 | 63 |
| — Longan. . . . . . | 3 | 62 |
| — Pomélia. . . . . . | 3 | 63 |
| — ponceau. . . . . . | 3 | 61 |
| — Rampostan. . . . . | 3 | 63 |
| LIVISTONA. . . . . . . | 12 | 103 |
| — à feuilles rondes. . | 12 | 104 |
| LOASA. . . . . . . . . | 6 | 242 |
| — à feuilles de Renon- | | |
| cule . . . . . . | 6 | 244 |
| — à feuilles luisantes. . | 6 | 243 |
| — Faux-Argémone. . | 6 | 243 |
| — hispide. . . . . . . | 6 | 243 |
| LOASÉES. . . . . . | 6 | 233 |
| LOASINÉES. . . . . . . | 6 | 235 |
| | et | 241 |
| LOBÉLIA. . . . . . . . | 9 | 573 |
| — à fruit bouffi. . . . | 9 | 575 |
| — antisiphylitique. . . | 9 | 575 |
| — brillant. . . . . . | 9 | 576 |
| — Cardinal. . . . . . | 9 | 577 |
| — caustique. . . . . . | 9 | 574 |
| — splendide. . . . . . | 9 | 577 |
| — Tupa. . . . . . . . | 9 | 578 |
| LOBÉLIACÉES. . . | 9 | 570 |
| LOBÉLIÉES. . . . . . | 9 | 572 |
| LOCHNÉRA. . . . . . . | 8 | 526 |
| — rose. . . . . . . . | 8 | 526 |
| LODDIGÉSIA. . . . . . | 1 | 195 |
| — à feuilles de Surelle. | 1 | 196 |
| LODOÏCÉA. . . . . . . | 12 | 96 |
| — des Séchelles. . . . | 12 | 96 |
| LOGANIACÉES. . | 8 | 481 |
| LOGANIÉES. . . . . | 8 | 483 |
| LOLIUM, V. IVRAIE. | | |
| LOMATIA. . . . . . . . | 10 | 427 |
| — à feuilles de Silaüs. | 10 | 427 |
| LOMATOPHYLLE. . . . | 12 | 363 |
| — de Bourbon. . . . | 12 | 363 |
| — maigre. . . . . . . | 12 | 264 |
| — marginé de rouge. | 12 | 264 |
| Lomentacées. . . . . . . | 1 | 86 |
| LOMENTEUSES.. . . | 6 | 322 |
| | et | 326 |
| LONAS . . . . . . . . . . | 10 | 183 |
| — inodore. . . . . . . | 10 | 183 |
| LONICÉRA. . . . . . . | 8 | 347 |
| — à fruit noir. . . . | 8 | 351 |
| — commun. . . . . . | 8 | 352 |
| — de Géorgie. . . . . | 8 | 350 |
| — des Alpes. . . . . | 8 | 354 |
| — tatare. . . . . . . | 8 | 348 |
| LOPÉZIA. . . . . . . . | 4 | 414 |
| — à courtes grappes. | 4 | 415 |
| — couronné. . . . . . | 4 | 414 |
| — hérissé. . . . . . . | 4 | 415 |
| — rouge. . . . . . . | 4 | 415 |
| LOPÉZIÉES. . . . . . | 4 | 339 |
| | et | 412 |
| LOPÉZIÉES-VRAIES.. | 4 | 340 |
| | et | 414 |
| LOPHIOLE. . . . . . . | 13 | 111 |
| — à fleurs jaunes. . . | 13 | 111 |
| LOPHIONE. . . . . . . | 5 | 516 |
| — du Canada. . . . . | 5 | 517 |
| LOPHIRA. . . . . . . . | 13 | 312 |
| — ailé. . . . . . . . | 13 | 313 |
| Lophiracées. . . . . . . | 13 | 303 |
| LOPHOPHYTÉES. . | 10 | 549 |
| LOPHOSPERME. . . . . | 9 | 290 |
| — pourpre. . . . . . | 9 | 291 |
| LORANTHACÉES. | 8 | 233 |
| LORANTHÉES. . . | 8 | 231 |
| LORÉYA. . . . . . . . . | 4 | 260 |
| — de Guiane. . . . . | 4 | 260 |

| | Vol. | Pag. | | Vol. | Pag. |
|---|---|---|---|---|---|
| *LOTÉES* | 1 | 152 | Lupin charmant | 1 | 344 |
| | et | 184 | — d'Égypte | 1 | 342 |
| LOTIER | 1 | 228 | — de Nootka | 1 | 351 |
| — comestible | 1 | 228 | — du Mexique | 1 | 350 |
| — corniculé | 1 | 229 | — élégant | 1 | 347 |
| — de Candie | 1 | 229 | — hérissé | 1 | 343 |
| — de Saint-Jacques | 1 | 229 | — incane | 1 | 349 |
| LOURÉA | 1 | 294 | — jaune | 1 | 345 |
| — Chauve-souris | 1 | 294 | — odorant | 1 | 345 |
| LOWÉA | 2 | 47 | — panaché | 1 | 352 |
| — à feuilles d'Épine- | | | — plumeux | 1 | 348 |
| Vinette | 2 | 47 | — polyphylle | 1 | 347 |
| LUCUMA | 9 | 391 | — pourpre-noir | 1 | 352 |
| — Marmelade | 9 | 391 | — rivulaire | 1 | 353 |
| LUFFA | 6 | 217 | — Sabine | 1 | 349 |
| — à feuilles de Vigne | 6 | 218 | — touffu | 1 | 351 |
| — Papongay | 6 | 217 | — tricolore | 1 | 351 |
| — Pétola | 6 | 219 | — vivace | 1 | 350 |
| LUHÉA | 4 | 39 | LUTÉOLA | 7 | 103 |
| — à feuilles rousses | 4 | 41 | — tinctorial | 7 | 103 |
| — divariqué | 4 | 40 | LUXEMBURGIA | 5 | 466 |
| — du Mexique | 4 | 42 | — à corymbes | 5 | 467 |
| — grandiflore | 4 | 41 | — élégant | 5 | 467 |
| — paniculé | 4 | 40 | — multiflore | 5 | 467 |
| — uniflore | 4 | 40 | LUZERNE | 1 | 216 |
| LUMIE | 2 | 286 | — arborescente | 1 | 219 |
| — à pulpe d'orange | 2 | 288 | — cultivée | 1 | 217 |
| — à pulpe rouge | 2 | 288 | — falciforme | 1 | 219 |
| — conique | 2 | 287 | — Lupuline | 1 | 216 |
| — de Galice | 2 | 287 | — tachetée | 1 | 217 |
| — de Saint-Domingue | 2 | 286 | LUZULA | 13 | 136 |
| — de Valence | 2 | 287 | — commun | 13 | 137 |
| — douce | 2 | 287 | LYCHNANTHE | 5 | 172 |
| — Jarette | 2 | 287 | — grimpant | 5 | 172 |
| — Limette | 2 | 288 | LYCHNIS | 5 | 164 |
| — Poire du commandeur | 2 | 286 | — Coquelourde | 5 | 171 |
| — Rhégine | 2 | 287 | — Croix de Jérusalem | 5 | 167 |
| — saccharine | 2 | 288 | — des Alpes | 5 | 165 |
| LUNARIA | 6 | 456 | — des bois | 5 | 170 |
| — inodore | 6 | 458 | — éclatant | 5 | 166 |
| — odorant | 6 | 460 | — grandiflore | 5 | 165 |
| LUPIN | 1 | 341 | — Fleur de Coucou | 5 | 169 |
| — à feuilles blanches | 1 | 348 | — Fleur de Jupiter | 5 | 167 |
| — à feuilles étroites | 1 | 343 | — Nielle | 5 | 171 |
| — à fleurs changeantes | 1 | 346 | — Rose du ciel | 5 | 168 |
| — à folioles linéaires | 1 | 344 | — vespertine | 5 | 169 |
| — à grappes lâches | 1 | 352 | — visqueux | 5 | 164 |
| — à petites fleurs | 1 | 345 | LYCIUM | 9 | 86 |
| — arborescent | 1 | 353 | — de Barbarie | 9 | 86 |
| — argenté | 1 | 349 | LYCOPERSICUM | 9 | 81 |
| — bicolore | 1 | 344 | — Tomate | 9 | 82 |
| — bigarré | 1 | 343 | | | |
| — blanc | 1 | 342 | | | |

|  | Vol. | Pag. |
|---|---|---|
| LYGODYSODÉA-CÉES. | 8 | 477 |
| LYONIA. | 9 | 483 |
| — arborescent. | 9 | 486 |
| — du Maryland. | 9 | 484 |
| — paniculé. | 9 | 485 |
| LYSIMACHE. | 9 | 363 |
| — commune. | 9 | 365 |
| — Éphémère. | 9 | 364 |
| — pourpre. | 9 | 364 |
| — Nummulaire. | 9 | 366 |
| LYTHRARIÉES. | 4 | 417 |
| LYTHRUM, V. SALICAIRE. | | |
| MABA. | 9 | 401 |
| — à feuilles de Buis. | 9 | 401 |
| MACLÉAYA. | 7 | 40 |
| — à feuilles cordiformes. | 7 | 41 |
| MACLURE. | 11 | 52 |
| — à fruit orangé. | 11 | 53 |
| — tinctorial. | 11 | 54 |
| MACRANTHE. | 1 | 318 |
| — de Cochinchine. | 1 | 318 |
| MACRE. | 4 | 443 |
| — à deux épines. | 4 | 445 |
| — à quatre épines. | 4 | 445 |
| — bicorne. | 4 | 445 |
| — commune. | 4 | 444 |
| — de Cochinchine. | 4 | 445 |
| MACROCHLOA. | 13 | 190 |
| — tenace. | 13 | 190 |
| MACROPIPER. | 11 | 17 |
| — à longues feuilles. | 11 | 17 |
| — enivrant. | 11 | 17 |
| MACROTHYRSE. | 3 | 33 |
| — discolore. | 3 | 34 |
| MADARIE. | 10 | 163 |
| — élégante. | 10 | 163 |
| MADIE. | 10 | 461 |
| — cultivée. | 10 | 462 |
| MAGNOLIA. | 7 | 468 |
| — à grandes feuilles. | 7 | 479 |
| — à grandes fleurs. | 7 | 470 |
| — à ombrelles. | 7 | 475 |
| — auriculé. | 7 | 477 |
| — glauque. | 7 | 473 |
| MAGNOLIACÉES. | 7 | 425 |
| MAGNOLIÉES. | 7 | 433 |
| | et | 446 |
| MAGNOLINÉES. | 7 | 434 |
| | et | 447 |

|  | Vol. | Pag. |
|---|---|---|
| MAGONIA. | 3 | 71 |
| — glabre. | 3 | 72 |
| — pubescent. | 3 | 71 |
| MAHERNIA. | 3 | 472 |
| — à feuilles double-ment dentelées. | 3 | 474 |
| — diffus. | 3 | 473 |
| — élégant. | 3 | 472 |
| — grandiflore. | 3 | 473 |
| — hétérophylle. | 3 | 474 |
| — incisé. | 3 | 473 |
| — lisse. | 3 | 473 |
| — verticillé. | 3 | 472 |
| MAHUREA. | 4 | 71 |
| — aquatique. | 4 | 71 |
| MAÏANTHÈME. | 12 | 214 |
| — à deux feuilles. | 12 | 214 |
| MAÏÉTA. | 4 | 257 |
| — de Guiane. | 4 | 257 |
| — de Martius. | 4 | 257 |
| MALACODENDRE. | 4 | 77 |
| — à feuilles ovales. | 4 | 77 |
| MALAXIDÉES. | 12 | 174 |
| MALCOLMIA. | 6 | 392 |
| — d'Afrique. | 6 | 395 |
| — littoral. | 6 | 396 |
| — maritime. | 6 | 394 |
| MALESHERBIA. | 6 | 257 |
| — couronné. | 6 | 258 |
| — en thyrse. | 6 | 258 |
| MALOPE. | 3 | 344 |
| — à fleurs roses. | 3 | 344 |
| MALPIGHIA, V. MOUREILLER. | | |
| MALPIGHIACÉES. | 3 | 121 |
| MALPIGHINÉES. | 3 | 1 |
| MALUS, V. POMMIER. | | |
| MALVA, V. MAUVE. | | |
| MALVAVISCUS, V. MAUVISQUE. | | |
| MALVACÉES. | 3 | 340 |
| MALVÉES. | 3 | 342 |
| | et | 344 |
| MAMMÉA. | 5 | 321 |
| — d'Afrique. | 5 | 322 |
| — d'Amérique. | 5 | 321 |
| MAMMILLAIRE. | 13 | 336 |
| — à aiguillons de Rosier | 13 | 345 |
| — à aiguillons d'or. | 13 | 345 |
| — à aiguillons laineux. | 13 | 345 |
| — à aiguillons serrés. | 13 | 341 |
| — à cornes. | 13 | 346 |
| — à crinière. | 13 | 347 |

| | Vol. | Pag. |
|---|---|---|
| Mammillaire à épines géminées. | 13 | 344 |
| — à épines ternées. | 13 | 339 |
| — à grandes fleurs. | 13 | 345 |
| — à gros tubercules. | 13 | 341 |
| — à longs tubercules. | 13 | 343 |
| — à vrilles. | 13 | 340 |
| — angulaire. | 13 | 339 |
| — chevelue. | 13 | 347 |
| — conoïde. | 13 | 346 |
| — couronnée. | 13 | 346 |
| — de Karwinski. | 13 | 342 |
| — de Zuccarini. | 13 | 342 |
| — discolore. | 13 | 344 |
| — divergente. | 13 | 339 |
| — élégante. | 13 | 344 |
| — entrecroisée. | 13 | 337 |
| — gladiée. | 13 | 340 |
| — jaunâtre. | 13 | 338 |
| — jaune. | 13 | 337 |
| — lisse. | 13 | 337 |
| — naine. | 13 | 347 |
| — polyèdre. | 13 | 341 |
| — Porte-croix. | 13 | 343 |
| — prolifère. | 13 | 338 |
| — rayonnante. | 13 | 340 |
| — simple. | 13 | 338 |
| — sphacélée. | 13 | 337 |
| — spinelleuse. | 13 | 336 |
| — subangulaire. | 13 | 340 |
| — Tête de Méduse. | 13 | 343 |
| — touffue. | 13 | 346 |
| — voisine. | 13 | 339 |
| MANCENILLIER. | 2 | 524 |
| — vénéneux. | 2 | 524 |
| MANDRAGORE. | 9 | 84 |
| — autumnale. | 9 | 85 |
| — précoce. | 9 | 85 |
| — vernale. | 9 | 84 |
| MANGLIÉTIA. | 7 | 453 |
| — élégant. | 7 | 455 |
| — glauque. | 7 | 454 |
| MANGUIER. | 2 | 192 |
| — à feuilles opposées. | 2 | 195 |
| — à fleurs lâches. | 2 | 194 |
| — commun. | 2 | 192 |
| — fétide. | 2 | 194 |
| MANICARIA. | 12 | 99 |
| — à sacs. | 12 | 100 |
| MAPROUNÉA. | 2 | 528 |
| — du Brésil. | 2 | 528 |
| MARANTA. | 12 | 150 |
| — cultivé. | 12 | 151 |
| MARCÉTIA. | 4 | 230 |
| — à feuilles d'If. | 4 | 230 |
| — excorié. | 4 | 231 |
| MARCGRAVIA. | 6 | 123 |
| — à ombelles. | 6 | 123 |
| MARCGRAVIACÉES. | 6 | 121 |
| MARCGRAVIÉÉS. | 6 | 122 |
| MARGYRICARPE. | 1 | 485 |
| — hérissé. | 1 | 485 |
| MARIGNIA. | 2 | 246 |
| — à folioles obtuses. | 2 | 247 |
| — Dammar. | 2 | 246 |
| MARJOLAINE. | 9 | 190 |
| — cultivée. | 9 | 190 |
| MARLIÉRÉA. | 4 | 183 |
| — cotonneux. | 4 | 183 |
| — odorant. | 4 | 183 |
| MAROUTE. | 10 | 189 |
| — fétide. | 10 | 189 |
| MARRONNIER. | 5 | 18 |
| — d'Inde. | 5 | 18 |
| MARRUBE. | 9 | 207 |
| — commun. | 9 | 208 |
| MARSDÉNIA. | 8 | 555 |
| — tenace. | 8 | 556 |
| MARTYNIA. | 9 | 250 |
| — cornu. | 9 | 251 |
| MASSONIA. | 12 | 299 |
| — à feuilles cordiformes | 12 | 301 |
| — à feuilles lancéolées. | 12 | 301 |
| — à feuilles larges. | 12 | 300 |
| — à feuilles longues. | 12 | 301 |
| — à feuilles obovées. | 12 | 301 |
| — à grandes fleurs. | 12 | 301 |
| — couronné. | 12 | 300 |
| — muriqué. | 12 | 300 |
| — pauciflore. | 12 | 300 |
| — pourpre. | 12 | 300 |
| — pustuleux. | 12 | 300 |
| — spinelleux. | 12 | 300 |
| — velu. | 12 | 300 |
| MATISIA. | 3 | 416 |
| — à feuilles cordiformes | 3 | 417 |
| MATRICAIRE. | 10 | 182 |
| — Camomille. | 10 | 182 |
| MATTHIOLA. | 6 | 400 |
| — à fleurs tristes. | 6 | 402 |
| — odorant. | 6 | 403 |
| — Quarantaine. | 6 | 403 |
| — tricuspidé. | 6 | 405 |
| MAURANDIA. | 9 | 289 |

| | Vol. | Pag. | | Vol. | Pag. |
|---|---|---|---|---|---|
| Maurandia de Barclay. . . | 9 | 290 | Mélaleuca à feuilles de Bruyère. | 4 | 120 |
| — toujours fleuri. . . . | 9 | 290 | — à feuilles de Diosma. | 4 | 119 |
| MAURIA. . . . . . . . | 2 | 225 | — à feuilles d'Empétrum | 4 | 126 |
| — à feuilles simples. . . | 2 | 225 | — à feuilles de Genêt. | 4 | 122 |
| MAURITIA. . . . . . . | 12 | 91 | — à feuilles de Gené - | | |
| — à vin. . . . . . . | 12 | 91 | vrier. . . . . . . | 4 | 121 |
| — flexueux. . . . . . | 12 | 92 | — à feuilles de Gnidia. | 4 | 124 |
| MAUVE. . . . . . . . . | 3 | 345 | — à feuilles de Linaire. | 4 | 124 |
| — à feuilles rondes. . . | 3 | 345 | — à feuilles de Mille- | | |
| — à grand calice. . . . | 3 | 349 | pertuis. . . . . | 4 | 125 |
| — agréable. . . . . . . | 3 | 350 | — à feuilles de Myrte. | 4 | 126 |
| — Alcée. . . . . . . | 3 | 346 | — à feuilles elliptiques. | 4 | 123 |
| — balsamique. . . . . . | 3 | 350 | — à feuilles lancéolées. | 4 | 123 |
| — divariquée. . . . . | 3 | 350 | — à petites fleurs. . . | 4 | 125 |
| — dressée. . . . . . . | 3 | 350 | — armillaire. . . . . | 4 | 120 |
| — du Cap. . . . . . . | 3 | 349 | — Cajéput. . . . . . | 4 | 117 |
| — effilée. . . . . . . | 3 | 350 | — de Fraser. . . . . | 4 | 119 |
| — Fausse-Alcée. . . . | 3 | 347 | — décussé. . . . . . | 4 | 125 |
| — frisée. . . . . . . . | 3 | 346 | — écailleux. . . . . . | 4 | 122 |
| — musquée. . . . . . . | 3 | 347 | — éclatant. . . . . . | 4 | 124 |
| — odorante. . . . . . . | 3 | 349 | — élégant. . . . . . | 4 | 121 |
| — pourprée. . . . . . | 3 | 348 | — Faux-Cajéput. . . | 4 | 118 |
| — réfléchie. . . . . . | 3 | 350 | — Faux-Styphélia. . | 4 | 121 |
| — sauvage. . . . . . | 3 | 348 | — Faux–Thym. . . . | 4 | 122 |
| — très-scabre. . . . . | 3 | 351 | — gloméru lé. . . . . | 4 | 120 |
| MAUVISQUE. . . . . . . | 3 | 368 | — pentagone. . . . . | 4 | 123 |
| — à longues feuilles. . | 3 | 370 | — rougissant. . . . . | 4 | 120 |
| — arborescent. . . . . | 3 | 369 | — scabre. . . . . . | 4 | 121 |
| — grandifloré. . . . . | 3 | 369 | — strié. . . . . . . | 4 | 123 |
| — multiflore. . . . . . | 3 | 370 | MÉLALEUCÉES. . . . | 4 | 112 |
| — velouté. . . . . . . | 3 | 370 | MÉLANORHÉA. . . . . | 2 | 201 |
| MAXIMILIANA. . . . . . | 12 | 129 | — Vernis du Siam. . | 2 | 202 |
| — royal. . . . . . . . | 12 | 130 | MÉLASTOMA. . . . . . | 4 | 249 |
| MAYS. . . . . . . . | 13 | 172 | — à calice bordé. . . . | 4 | 250 |
| — cultivé. . . . . . . | 13 | 173 | — à gros fruit. . . . | 4 | 250 |
| MÉADIA. . . . . . . . | 9 | 346 | — à soies pourpres. . | 4 | 250 |
| — élégant. . . . . . . | 9 | 346 | — cymeux. . . . . . | 4 | 251 |
| MÉCLATIS. . . . . . . | 7 | 272 | — des Moluques. . . | 4 | 249 |
| — de Sibérie. . . . . | 7 | 273 | — normal. . . . . . | 4 | 251 |
| — d'Orient. . . . . . | 7 | 274 | — scabre . . . . . . | 4 | 250 |
| MÉCONOPSIS. . . . . . | 7 | 23 | MÉLASTOMA- | | |
| — élégant. . . . . . . | 7 | 24 | CÉES. . . . . . . | 4 | 202 |
| MÉDICAGO, V. LUZERNE. | | | MÉLASTOMÉES. . . . | 4 | 205 |
| MÉDIUM. . . . . . . . | 9 | 553 | | et | 207 |
| — à feuilles d'Alliaire. | 9 | 557 | MÉLÈZE. . . . . . . . | 11 | 431 |
| — à grandes fleurs. . | 9 | 553 | — à petit fruit. . . . | 11 | 436 |
| — barbu. . . . . . . | 9 | 555 | — commun. . . . . | 11 | 432 |
| — de Sibérie. . . . . | 9 | 554 | MÉLHANIA. . . . . . . | 3 | 451 |
| — gummifère. . . . . | 9 | 556 | — Bois–rouge. . . . . | 3 | 451 |
| MÉGAPTÈRE. . . . . . | 4 | 363 | — de Hamilton. . . . | 3 | 452 |
| — de Nuttall. . . . . | 4 | 364 | — décandre. . . . . | 3 | 451 |
| — du Missouri. . . . | 4 | 364 | MÉLIA, V. AZÉDARAC. | | |
| MÉLALEUCA. . . . . . | 4 | 117 | | | |

| | Vol. | Pag. |
|---|---|---|
| MELIACÉES. . . . | 3 | 178 |
| MÉLIANTHE. . . . . . | 2 | 311 |
| — à folioles étroites. | 2 | 312 |
| — à folioles larges. . . | 2 | 312 |
| — velu. . . . . . . . | 2 | 312 |
| MÉLICOQUE. . . . . . | 3 | 65 |
| — bijugué. . . . . . | 3 | 66 |
| — trijugué. . . . . | 3 | 65 |
| MÉLIÉES. . . . . . . . | 3 | 181 |
| MÉLILOT. . . . . . . . | 1 | 221 |
| — blanc. . . . . . . . | 1 | 222 |
| — diffus. . . . . . . | 1 | 222 |
| — officinal. . . . . . | 1 | 222 |
| MÉLISSE. . . . . . . | 9 | 196 |
| — officinale. . . . . | 9 | 197 |
| MÉLISSINÉES. . . . | 9 | 164 |
| | et | 196 |
| MÉLOCACTE. . . . . . | 13 | 348 |
| — à épines courbes. . | 13 | 350 |
| — à grandes épines. . | 13 | 349 |
| — commun. . . . . . | 13 | 349 |
| — de Salm. . . . . . | 13 | 349 |
| — Fausse-Mammillaire | 13 | 348 |
| — pyramidal. . . . . | 13 | 349 |
| — violet. . . . . . . | 13 | 350 |
| MÉLOCHIA. . . . . . . | 3 | 463 |
| — à feuilles de Gramen. | 3 | 464 |
| — de Turpin. . . . . | 3 | 465 |
| — Faux-Hermannia. . | 3 | 464 |
| — multiflore. . . . . | 3 | 466 |
| — pyramidal. . . . . | 3 | 465 |
| MÉLODINUS. . . . . . . | 8 | 507 |
| — monogyne. . . . . | 8 | 508 |
| MÉLOTHRIA. . . . . . . | 6 | 224 |
| — à fruits pendants. . | 6 | 224 |
| MÉMÉCYLÉES. . . | 4 | 274 |
| MÉMÉCYLON. . . . . . | 4 | 275 |
| — comestible. . . . . | 4 | 275 |
| MÉNISPERMA-CÉES. . . . . . | 8 | 3 |
| MÉNISPERME. . . . . . | 8 | 18 |
| — du Canada. . . . . | 8 | 20 |
| MÉNISPERMÉES. . . | 8 | 6 |
| | et | 11 |
| MENTHE. . . . . . . . | 9 | 172 |
| — crépue. . . . . . . | 9 | 173 |
| — poivrée. . . . . . . | 9 | 172 |
| MENTHOIDÉES. . . | 9 | 163 |
| | et | 172 |
| MENTZÉLIA. . . . . . . | 6 | 239 |

| | Vol. | Pag. |
|---|---|---|
| Mentzélia hispide. . . . . | 6 | 239 |
| — oligosperme. . . . | 6 | 240 |
| MÉNYANTHE. . . . . . | 9 | 24 |
| — Trèfle d'eau. . . . | 9 | 25 |
| MÉNYANTHÉES. . . | 9 | 6 |
| | et | 24 |
| MENZIÉSIA. . . . . . . | 9 | 471 |
| — à feuilles de Polium. | 9 | 473 |
| — à fleurs globuleuses. | 9 | 472 |
| MERCURIALE. . . . . . . | 2 | 520 |
| — annuelle. . . . . . | 2 | 521 |
| — vivace. . . . . . . | 2 | 521 |
| MÉRENDÈRE. . . . . . | 12 | 239 |
| — Bulbocode. . . . . | 12 | 240 |
| MÉRIANIA. . . . . . . | 4 | 207 |
| — à fleurs blanches. . | 4 | 207 |
| — à fleurs roses. . . . | 4 | 208 |
| — pourpre. . . . . . | 4 | 208 |
| MÉROSTACHYS. . . . . | 13 | 223 |
| — élégant. . . . . . . | 13 | 223 |
| MESEMBRYANTHEMUM, V. FICOÏDE. | | |
| MESPILODAPHNÉ. . . . | 10 | 495 |
| — Canélilla. . . . . . | 10 | 495 |
| MESPILUS, V. NÉFLIER. | | |
| MÉSUA. . . . . . . . . | 5 | 329 |
| — élégant. . . . . . . | 5 | 329 |
| — Naghas. . . . . . . | 5 | 330 |
| MÉTHONICA. . . . . . | 12 | 289 |
| — superbe. . . . . . | 12 | 289 |
| — verdâtre. . . . . . | 12 | 290 |
| MÉTROSIDÉROS. . . . . | 4 | 138 |
| — à capitules. . . . . | 4 | 138 |
| — à feuilles de Coris. . | 4 | 139 |
| — à feuilles étroites. . | 4 | 139 |
| — à ombelles. . . . . | 4 | 139 |
| — cilié. . . . . . . . | 4 | 139 |
| — polymorphe. . . . . | 4 | 138 |
| — velu. . . . . . . . | 4 | 140 |
| — vrai. . . . . . . . | 4 | 140 |
| METROXYLON, V. SAGOUTIER. | | |
| MÉUM. . . . . . . . . | 8 | 201 |
| — Fausse-Athamante. | 8 | 202 |
| MICHAUXIA. . . . . . . | 9 | 563 |
| — à tige lisse. . . . . | 9 | 564 |
| — Fausse-Campanule. | 9 | 564 |
| MICHÉLIA. . . . . . . | 7 | 455 |
| — à longues feuilles. . | 7 | 458 |
| — à nervures pubes-centes. . . . . . | 7 | 458 |
| — à petites fleurs. . . | 7 | 459 |
| — Champac. . . . . . | 7 | 456 |
| — des montagnes. . . | 7 | 459 |
| MICOCOULIER. . . . . . . | 11 | 122 |

| | Vol. | Pag. |
|---|---|---|
| Micocoulier à feuill. épaisses. | 11 | 130 |
| — Audibert. | 11 | 155 |
| — austral. | 11 | 127 |
| — d'Amérique. | 11 | 133 |
| — de Chine. | 11 | 126 |
| — de Louisiane. | 11 | 136 |
| — de Tournefort. | 11 | 129 |
| MICONIA. | 4 | 261 |
| — à entre-nœuds barbus. | 4 | 262 |
| — à feuilles argentées. | 4 | 263 |
| — à feuilles longues. | 4 | 265 |
| — à feuilles sessiles. | 4 | 264 |
| — à grappes. | 4 | 261 |
| — ailé. | 4 | 265 |
| — caudé. | 4 | 265 |
| — cilié. | 4 | 262 |
| — cotonneux. | 4 | 264 |
| — fauve. | 4 | 263 |
| — lisse. | 4 | 266 |
| — multiflore. | 4 | 266 |
| — velouté. | 4 | 263 |
| MICONIÉES. | 4 | 206 |
| | et | 252 |
| MICROLICIA. | 4 | 222 |
| — balsamique. | 4 | 224 |
| — crénelé. | 4 | 223 |
| — Fausse-Euphorbe. | 4 | 223 |
| — sétifère. | 4 | 223 |
| — variable. | 4 | 224 |
| MICROPTÉLÉA. | 11 | 113 |
| — à petites feuilles. | 11 | 113 |
| MIKANIA. | 10 | 291 |
| — grimpant. | 10 | 291 |
| — Guaco. | 10 | 291 |
| MILLEPERTUIS. | 5 | 383 |
| — à cils glanduleux. | 5 | 405 |
| — à feuilles de Coris. | 5 | 401 |
| — à feuilles d'Empétrum. | 5 | 400 |
| — à feuilles d'Euphorbe. | 5 | 394 |
| — à feuilles de Myrte. | 5 | 399 |
| — à feuilles de Ptarmique. | 5 | 404 |
| — à feuilles denticulées. | 5 | 398 |
| — barbu. | 5 | 393 |
| — charmant. | 5 | 390 |
| — commun. | 5 | 388 |
| — crépu. | 5 | 385 |
| — de Burser. | 5 | 397 |
| — de montagne. | 5 | 392 |
| — de Montbret. | 5 | 395 |
| — de Tournefort. | 5 | 404 |
| — diffus. | 5 | 384 |
| Millepertuis élégant. | 5 | 389 |
| — Fausse-Bruyère. | 5 | 402 |
| — frangé. | 5 | 396 |
| — pubescent. | 5 | 391 |
| — quadrangulaire. | 5 | 386 |
| — tétraptère. | 5 | 387 |
| MIMÈTE. | 10 | 415 |
| — cucullé. | 10 | 415 |
| — divariqué. | 10 | 415 |
| — hispide. | 10 | 415 |
| — pourpre. | 10 | 416 |
| MIMOSA, V. SENSITIVE. | | |
| MIMOSÉES. | 1 | 47 |
| MIMULUS. | 9 | 314 |
| — panaché. | 9 | 315 |
| — rose. | 9 | 314 |
| MIMUSOPE. | 9 | 395 |
| — Elenghi. | 9 | 396 |
| — hexandre. | 9 | 397 |
| — Kaki. | 9 | 396 |
| MIRABILIS, V. NYCTAGE. | 9 | 396 |
| MIRBÉLIA. | 1 | 183 |
| — dilaté. | 1 | 183 |
| — réticulé. | 1 | 183 |
| MITCHELLA. | 8 | 428 |
| — rampant. | 8 | 429 |
| MITELLA. | 5 | 62 |
| — à feuilles cordiformes. | 5 | 63 |
| — diphylle. | 5 | 62 |
| MNÉMIONE. | 5 | 510 |
| — à grandes fleurs. | 5 | 514 |
| — à long éperon. | 5 | 512 |
| — cornue. | 5 | 512 |
| — élégante. | 5 | 513 |
| — hérissée. | 5 | 514 |
| — tricolore. | 5 | 515 |
| MODECCA. | 6 | 282 |
| — palmé. | 6 | 283 |
| MOEHRINGIA. | 5 | 205 |
| — touffu. | 5 | 206 |
| MOGIPHANE. | 5 | 264 |
| — du Brésil. | 5 | 265 |
| — multicaule. | 5 | 266 |
| — velu. | 5 | 265 |
| MOGORIUM. | 8 | 252 |
| — Sambac. | 8 | 253 |
| — trifoliolé. | 8 | 253 |
| MOLDAVICA. | 9 | 203 |
| — ponctué. | 9 | 203 |
| MOLÈNE. | 9 | 272 |
| — à feuilles de Phlomis. | 9 | 275 |
| — à fleurs violettes. | 9 | 276 |

| | Vol. | Pag. |
|---|---|---|
| Molène Blattaire. | 9 | 275 |
| — commune. | 9 | 274 |
| — Faux-Thapsus. | 9 | 274 |
| MOLLÉ. | 2 | 224 |
| — poivré. | 2 | 224 |
| MOLLIA. | 4 | 42 |
| — superbe. | 4 | 42 |
| MOMBIN. | 2 | 204 |
| — à petit fruit. | 2 | 207 |
| — Birr. | 2 | 207 |
| — Cirouellier. | 2 | 204 |
| — de Cythère. | 2 | 208 |
| — du Malabar. | 2 | 206 |
| — jaune. | 2 | 205 |
| MOMORDICA. | 6 | 219 |
| — Balsamine. | 6 | 221 |
| — Charantia. | 6 | 220 |
| MONARDA. | 9 | 186 |
| — commun. | 9 | 187 |
| — didyme. | 9 | 187 |
| MONARDÉES. | 9 | 163 |
| | et | 173 |
| MONIMIÉES. | 11 | 89 |
| MONNINA. | 7 | 147 |
| — à nombreux épis. | 7 | 148 |
| MONOCOTYLÉDONES. | 12 | 1 |
| MONODORA. | 7 | 531 |
| — Faux-Muscadier. | 7 | 531 |
| MONOPÉTALES. | 8 | 239 |
| MONOTROPÉES. | 9 | 444 |
| | et | 519 |
| MONSONIA. | 3 | 286 |
| — à feuilles ovales. | 3 | 287 |
| — de Burmann. | 5 | 287 |
| — de Lhéritier. | 3 | 287 |
| — élégant. | 3 | 288 |
| — lobé. | 3 | 288 |
| — poilu. | 3 | 288 |
| MONSTÉRA. | 12 | 52 |
| — à feuilles pertuisées. | 12 | 52 |
| MONTBRÉTIA. | 13 | 82 |
| — à fleurs longues. | 13 | 83 |
| — à fleurs vertes. | 13 | 83 |
| — brûlé. | 13 | 84 |
| — crépu. | 13 | 82 |
| — cuivré. | 13 | 84 |
| — jaune. | 13 | 83 |
| — rayé. | 13 | 83 |
| — rose. | 13 | 83 |
| Montbrétia safrané. | 13 | 84 |
| — terne. | 13 | 83 |
| — transparent. | 13 | 84 |
| MONTÉZUMA. | 3 | 417 |
| — magnifique. | 3 | 418 |
| MORÉA. | 13 | 72 |
| — brunâtre. | 13 | 73 |
| — comestible. | 13 | 73 |
| — Faux-Iris. | 13 | 72 |
| MORÉACÉES. | 13 | 3 |
| MORÉES. | 11 | 37 |
| MORICANDIA. | 6 | 385 |
| — des champs. | 6 | 385 |
| MORINDA. | 8 | 425 |
| — à feuilles de Citronnier | 8 | 426 |
| — à ombelles. | 8 | 428 |
| — tinctorial. | 8 | 427 |
| MORINE. | 10 | 314 |
| — à longues feuilles. | 10 | 316 |
| — de Perse. | 10 | 315 |
| MORINÉES. | 10 | 313 |
| | et | 314 |
| MORINGA. | 1 | 142 |
| — à gousses polygones. | 1 | 143 |
| — à graines triptères. | 1 | 142 |
| — aptère. | 1 | 143 |
| Moringées. | 1 | 142 |
| MORONOBÉA. | 5 | 316 |
| — écarlate. | 5 | 317 |
| — grandiflore. | 5 | 317 |
| MOSCHOXYLE. | 3 | 197 |
| — Catigua. | 3 | 199 |
| — Cipa. | 3 | 198 |
| — élégant. | 3 | 197 |
| — musqué. | 3 | 198 |
| — odorant. | 3 | 198 |
| — stipulé. | 3 | 198 |
| MOUREILLER. | 3 | 124 |
| — à feuilles de Grenadier | 3 | 127 |
| — à feuilles de Houx. | 3 | 126 |
| — à feuilles d'Yeuse. | 3 | 126 |
| — à feuilles étroites. | 3 | 125 |
| — à feuilles grandes. | 3 | 125 |
| — brûlant. | 3 | 125 |
| — de la Martinique. | 3 | 126 |
| — glabre. | 3 | 127 |
| MOURIRIA. | 4 | 276 |
| — de Saint-Domingue. | 4 | 276 |
| MUCUNA. | 1 | 337 |
| — à gros fruit. | 1 | 339 |
| — brûlant. | 1 | 337 |
| — élancé. | 1 | 339 |

| | Vol. | Pag. |
|---|---|---|
| Mucuna irritant. | 1 | 338 |
| — Serpent. | 1 | 338 |
| Muflier. | 9 | 286 |
| — commun. | 9 | 286 |
| — des champs. | 9 | 288 |
| Muguet. | 12 | 211 |
| — de Mai. | 12 | 211 |
| Mulinées. | 8 | 134 |
| Mundia. | 7 | 145 |
| — épineux. | 7 | 147 |
| Muntingia. | 4 | 38 |
| — Calabure. | 4 | 38 |
| Muraltia. | 7 | 141 |
| — Héistéria. | 7 | 143 |
| — mixte. | 7 | 145 |
| — nain. | 7 | 145 |
| — Queue de renard. | 7 | 144 |
| — stipulé. | 7 | 144 |
| Muricia. | 6 | 222 |
| — de Cochinchine. | 6 | 222 |
| Murier. | 11 | 39 |
| — Amande. | 11 | 46 |
| — Amelle. | 11 | 46 |
| — blanc. | 11 | 42 |
| — blanc commun. | 11 | 42 |
| — blanc de Constanti- | | |
| nople. | 11 | 43 |
| — blanc d'Italie. | 11 | 43 |
| — blanc nerveux. | 11 | 43 |
| — Colombasse. | 11 | 45 |
| — Colombassette. | 11 | 45 |
| — de l'Inde. | 11 | 47 |
| — Feuille-rose. | 11 | 45 |
| — Fourcade. | 11 | 45 |
| — Grosse-reine. | 11 | 45 |
| — Langue de bœuf. | 11 | 46 |
| — Méyne. | 11 | 46 |
| — multicaule. | 11 | 46 |
| — nain. | 11 | 45 |
| — noir. | 11 | 40 |
| — Pomme. | 11 | 46 |
| — romain. | 11 | 45 |
| — rouge. | 11 | 48 |
| Murraya. | 2 | 254 |
| — Buis de Chine. | 2 | 254 |
| Murucuia. | 6 | 278 |
| — à feuilles orbiculaires. | 6 | 278 |
| — écarlate. | 6 | 278 |
| Musa, V. Bananier. | | |
| MUSACÉES. | 12 | 134 |
| Muscadier. | 7 | 535 |
| — officinal | 7 | 535 |

| | Vol. | Pag. |
|---|---|---|
| Muscadier porte-suif. | 7 | 537 |
| Muscari. | 12 | 307 |
| — odorant. | 12 | 308 |
| Musschia. | 9 | 536 |
| — à fleurs jaunes. | 9 | 537 |
| Mussénda. | 8 | 404 |
| — corymbifère. | 8 | 405 |
| — touffu. | 8 | 404 |
| MUTISIÉES. | 10 | 34 |
| Myagre. | 6 | 583 |
| — perfolié. | 6 | 584 |
| Myginda. | 2 | 423 |
| — diurétique. | 2 | 424 |
| Myogale. | 12 | 319 |
| — penché. | 12 | 319 |
| MYOPORINÉES. | 9 | 246 |
| Myosotis. | 9 | 38 |
| — vivace. | 9 | 38 |
| Myosurus. | 7 | 192 |
| — minime. | 7 | 193 |
| Myrcia. | 4 | 165 |
| — à feuilles de Pin. | 4 | 168 |
| — à feuilles linéaires. | 4 | 168 |
| — à grandes feuilles. | 4 | 165 |
| — âcre. | 4 | 165 |
| — blanc de neige. | 4 | 167 |
| — de Goyaz. | 4 | 166 |
| — éclatant. | 4 | 164 |
| — Faux-Piment. | 4 | 164 |
| — glauque. | 4 | 167 |
| — magnifique. | 4 | 165 |
| — odorant. | 4 | 166 |
| — réticulé. | 4 | 165 |
| — rougeâtre. | 4 | 166 |
| Myriandra. | 5 | 434 |
| — à courtes feuilles. | 5 | 435 |
| — à feuilles de Lédum. | 5 | 441 |
| — à feuilles luisantes. | 5 | 436 |
| — à feuilles spatulées. | 5 | 440 |
| — à panicules aphylles. | 5 | 440 |
| — de Michaux. | 5 | 437 |
| — Faux-Brathys. | 5 | 436 |
| — Faux-Galium. | 5 | 437 |
| — glauque. | 5 | 442 |
| — prolifère. | 5 | 439 |
| Myrica. | 11 | 260 |
| — Cirier. | 11 | 263 |
| — de Pensylvanie. | 11 | 262 |
| Myricaria. | 5 | 584 |
| — d'Allemagne. | 5 | 584 |
| MYRICÉES. | 11 | 256 |

| | Vol. | Pag. |
|---|---|---|
| MYRIOPHYLLE. . . . . . | 4 | 446 |
| — à épis nus. . . . . | 4 | 446 |
| — verticillé. . . . . | 4 | 446 |
| MYRISTICA, *V.* MUSCADIER. | | |
| *MYRISTICÉES*. . . | 7 | 533 |
| MYRODIA. . . . . . . . . | 3 | 415 |
| — à fleurs pendantes. | 3 | 415 |
| — à longues fleurs. . | 3 | 416 |
| — turbiné. . . . . . | 3 | 416 |
| MYROSPERME. . . . . . | 1 | 158 |
| — de Tolu. . . . . | 1 | 159 |
| — du Pérou. . . . . | 1 | 158 |
| — pédicellé. . . . . | 1 | 158 |
| MYRRHIS. . . . . . . . | 8 | 147 |
| — odorant. . . . . | 8 | 148 |
| *MYRSINÉES*. . . . | 9 | 339 |
| *MYRTACÉES*. . . . | 4 | 102 |
| MYRTE. . . . . . . . . | 4 | 157 |
| — à petites feuilles. . | 4 | 162 |
| — commun. . . . . . | 4 | 157 |
| — *commun à feuilles d'Oranger.* . . . | 4 | 158 |
| — *commun à petites feuilles.* | 4 | 158 |
| — *commun de Belgique.* | 4 | 158 |
| — *commun d'Italie.* . | 4 | 158 |
| — *commun de Portugal.* | 4 | 158 |
| — *commun de Rome.* . | 4 | 158 |
| — cotonneux. . . . . | 4 | 162 |
| — élancé. . . . . . | 4 | 161 |
| — élégant. . . . . . | 4 | 161 |
| — Luma. . . . . . . | 4 | 160 |
| — mucroné. . . . . . | 4 | 161 |
| — musqué. . . . . . | 4 | 160 |
| — superbe. . . . . . | 4 | 163 |
| *MYRTÉES*. . . . . . | 4 | 105 |
| | et | 149 |
| *MYRTINÉES*. . . . | 4 | 100 |
| *NAJADÉES*. . . . | 12 | 13 |
| *NAJADÉES*. . . . . . | 12 | 14 |
| NANDINA. . . . . . . . | 8 | 26 |
| — domestique. . . . | 8 | 27 |
| *NANDINÉES*. . . . . | 8 | 7 |
| | et | 26 |
| NAPOLÉONA. . . . . . | 9 | 427 |
| — impérial. . . . . | 9 | 428 |
| NARCISSE. . . . . . . . | 12 | 430 |
| — à courte fleur. . . | 12 | 433 |

| | Vol. | Pag. |
|---|---|---|
| Narcisse à feuill. de Galanthe | 12 | 439 |
| — à feuilles étalées. . | 12 | 448 |
| — à feuilles étroites. . | 12 | 454 |
| — à feuilles loriformes. | 12 | 434 |
| — à feuilles menues. . | 12 | 432 |
| — à feuilles recourbées | 12 | 454 |
| — à fleurs flexueuses. | 12 | 447 |
| — à fleurs vertes. . . | 12 | 442 |
| — à godet bordé de pourpre. . . . . | 12 | 453 |
| — à godet bordé d'orange. . . . . . | 12 | 453 |
| — à godet couleur de cire. . . . . . | 12 | 448 |
| — à godet crépu. . . | 12 | 448 |
| — à godet entier. . . | 12 | 443 |
| — à godet évasé. . . . | 12 | 445 |
| — à godet inapparent. | 12 | 452 |
| — à godet infondibuliforme. . . . . | 12 | 435 |
| — à godet oblitéré. . | 12 | 452 |
| — à godet orange. . | 12 | 448 |
| — à godet plan. . . . | 12 | 453 |
| — à godet primuloïde. | 12 | 444 |
| — à godet semi-parti. | 12 | 440 |
| — à grand godet. . . | 12 | 441 |
| — à hampe cylindrique. | 12 | 444 |
| — à hampe sillonnée. | 12 | 449 |
| — à larges feuilles. . | 12 | 446 |
| — à lobes rugueux. . | 12 | 455 |
| — à longues fleurs. . | 12 | 443 |
| — ample. . . . . . | 12 | 436 |
| — à petit godet. . . . | 12 | 442 |
| — apparent. . . . . . | 12 | 432 |
| — à sépales courts. . | 12 | 448 |
| — à sépales menus. . | 12 | 451 |
| — bas. . . . . . . . | 12 | 433 |
| — bicolore. . . . . . | 12 | 434 |
| — biflore. . . . . . . | 12 | 454 |
| — blanc. . . . . . . | 12 | 438 |
| — blanc de Haworth. | 12 | 440 |
| — blanc de lait. . . . | 12 | 447 |
| — blanchâtre. . . . . | 12 | 431 |
| — Bulbocode. . . . . | 12 | 452 |
| — chrysanthe. . . . . | 12 | 450 |
| — Citronière. . . . . | 12 | 449 |
| — commun. . . . . . | 12 | 455 |
| — comprimé. . . . . | 12 | 443 |
| — concolore. . . . . | 12 | 437 |
| — couleur de paille. . | 12 | 451 |
| — crénelé. . . . . . | 12 | 447 |
| — cupulaire. . . . . . | 12 | 446 |
| — Cyclame. . . . . . | 12 | 433 |

| | Vol. | Pag. |
|---|---|---|
| Narcisse de Campernelli. | 12 | 441 |
| — décliné | 12 | 445 |
| — de Chypres. | 12 | 447 |
| — de Curtis. | 12 | 441 |
| — de Gouan. | 12 | 439 |
| — de Haworth. | 12 | 439 |
| — de Maclesy. | 12 | 438 |
| — de mai. | 12 | 455 |
| — de Miller. | 12 | 454 |
| — dentelé. | 12 | 435 |
| — de Parkinson. | 12 | 438 |
| — de Sabine. | 12 | 438 |
| — de Salisbury. | 12 | 437 |
| — des Asturies. | 12 | 431 |
| — de Trew. | 12 | 446 |
| — d'Italie. | 12 | 450 |
| — d'Orient. | 12 | 440 |
| — doublement crénelé. | 12 | 444 |
| — douteux. | 12 | 451 |
| — élancé. | 12 | 432 |
| — élégant. | 12 | 452 |
| — en étoile. | 12 | 455 |
| — Faux-Narcisse. | 12 | 435 |
| — fistuleux | 12 | 448 |
| — fleuri. | 12 | 449 |
| — grand. | 12 | 436 |
| — Grande-Jonquille. | 12 | 442 |
| — grêle. | 12 | 453 |
| — Hermione blanche. | 12 | 444 |
| — incomparable. | 12 | 439 |
| — intermédiaire. | 12 | 443 |
| — Jasmin. | 12 | 451 |
| — jaunâtre. | 12 | 445 |
| — jaune de soufre. | 12 | 447 |
| — jaune d'or. | 12 | 452 |
| — joli. | 12 | 437 |
| — Jonquille moyenne. | 12 | 442 |
| — lacté. | 12 | 444 |
| — Lobulaire. | 12 | 455 |
| — lobulé. | 12 | 452 |
| — Lune. | 12 | 450 |
| — mineur. | 12 | 433 |
| — minime. | 12 | 433 |
| — multiflore. | 12 | 445 |
| — musqué. | 12 | 434 |
| — nain. | 12 | 433 |
| — nain de Redouté. | 12 | 453 |
| — noble. | 12 | 435 |
| — nutant. | 12 | 438 |
| — odorant. | 12 | 440 |
| — orange. | 12 | 439 |
| — orné. | 12 | 449 |
| — papyracé. | 12 | 451 |
| Narcisse penché. | 12 | 434 |
| — Petite-Jonquille. | 12 | 442 |
| — poculiforme. | 12 | 439 |
| — précoce. | 12 | 450 |
| — Queltia blanc. | 12 | 440 |
| — réfléchi. | 12 | 436 |
| — rotulaire. | 12 | 444 |
| — ruguleux. | 12 | 441 |
| — Soleil. | 12 | 446 |
| — spathulé. | 12 | 454 |
| — strié. | 12 | 438 |
| — subblanchâtre. | 12 | 451 |
| — tardif. | 12 | 452 |
| — Tazzette. | 12 | 447 |
| — tortueux. | 12 | 434 |
| — Tout-blanc. | 12 | 449 |
| — très-grand. | 12 | 436 |
| — très-grêle. | 12 | 453 |
| — très-jaune. | 12 | 445 |
| — triandre. | 12 | 437 |
| — triflore. | 12 | 454 |
| — trilobé. | 12 | 441 |
| — unicolore. | 12 | 451 |
| — ventru. | 12 | 432 |
| — voisin. | 12 | 436 |
| *NARCISSÉES.* | 12 | 405 |
| NARDOSMIE. | 10 | 279 |
| — odorante. | 10 | 279 |
| NARDOSTACHYS. | 10 | 304 |
| — Jatamansi. | 10 | 304 |
| *NASSAUVIÉES.* | 10 | 35 |
| NASSAUVIÉES-PRO-TOTYPES. | 10 | 34 |
| NASSAUVIÉES-TRIXI-DÉES. | 10 | 33 |
| NASTURTIUM. | 6 | 430 |
| — Cresson. | 6 | 432 |
| NASTUS. | 13 | 224 |
| — à épillets capitellés. | 13 | 224 |
| — de l'île Bourbon. | 13 | 224 |
| NAUCLÉA. | 8 | 379 |
| — à feuilles cordiformes. | 8 | 380 |
| — d'Orient. | 8 | 380 |
| — Gambir. | 8 | 381 |
| NÉCTANDRA. | 10 | 498 |
| — à canots. | 10 | 498 |
| — Faux-Cannellier. | 10 | 499 |
| — Puchury majeur. | 10 | 499 |
| — Puchury mineur. | 10 | 500 |
| *NÉCTANDRÉES.* | 6 | 471 |
| NÉFLIER. | 2 | 51 |

| | Vol. | Pag. | | Vol. | Pag. |
|---|---|---|---|---|---|
| Néflier à feuilles cunéiformes. | 2 | 61 | Népenthe de l'Inde. . . . | 13 | 323 |
| — à feuilles d'Érable. | 2 | 65 | — de Madagascar. . . | 13 | 325 |
| — à feuilles de Persil. | 2 | 67 | — de Rafles. . . . . . | 13 | 324 |
| — à feuilles de Poirier. | 2 | 60 | — distillatoire. . . . | 10 | 573 |
| — à feuilles de Prunier. | 2 | 56 | — grèle. . . . . . . . | 13 | 525 |
| — à feuilles de Tanaisie. | 2 | 71 | NÉPENTHÉES. . . | 13 | 321 |
| — à feuilles flabellifor- | | | Népenthidées. . . . . . | 10 | 563 |
| mes. . . . . . | 2 | 63 | et | 13 | 321 |
| — à feuilles larges. . . | 2 | 60 | NÉPÉTÉES. . . . . | 9 | 165 |
| — à feuilles linéaires. | 2 | 56 | et | | 201 |
| — à feuilles luisantes. | 2 | 57 | NEPHELIUM, V. LITCHI. | | |
| — à feuilles petites. . | 2 | 55 | NÉRIUM. . . . . . . | 8 | 528 |
| — à feuilles spatulées. | 2 | 66 | — cotonneux. . . . . | 8 | 530 |
| — à fruit écarlate. . . | 2 | 64 | — Laurier-Rose. . . | 8 | 529 |
| — à fruit jaune. . . . | 2 | 59 | — odorant. . . . . . | 8 | 530 |
| — à fruit noir. . . . . | 2 | 64 | NERPRUN. . . . . . . . | 2 | 447 |
| — à fruit turbiné. . . | 2 | 66 | — à bois rouge. . . . | 2 | 453 |
| — Aubépine. . . . . | 2 | 67 | — à feuilles d'Aman- | | |
| — Azérolier. . . . . | 2 | 70 | dier. . . . . . . | 2 | 453 |
| — Bosc. . . . . . . . | 2 | 58 | — à feuilles d'Aune. . | 2 | 453 |
| — Cels. . . . . . . . | 2 | 63 | — à feuilles entières. . | 2 | 449 |
| — commun. . . . . . . | 2 | 52 | — à feuilles larges. . . | 2 | 456 |
| — d'Olivier. . . . . . | 2 | 71 | — à feuilles longues. . | 2 | 450 |
| — de Sibérie. . . . | 2 | 62 | — Alaterne. . . . . . . | 2 | 448 |
| — Desfontaines. . . . | 2 | 58 | — Bourgène. . . . . | 2 | 455 |
| — glanduleux. . . . . | 2 | 62 | — de l'Écluse. . . . . | 2 | 449 |
| — Faux-Azérolier. . | 2 | 69 | — des Alpes. . . . . . | 2 | 454 |
| — hétérophylle. . . . | 2 | 67 | — des rochers. . . . . | 2 | 452 |
| — Loddiges. . . . . . | 2 | 54 | — Faux-Prinos. . . . | 2 | 450 |
| — monogyne. . . . . | 2 | 68 | — glanduleux. . . . . | 2 | 449 |
| — odorant. . . . . . | 2 | 72 | — Graine d'Avignon. | 2 | 451 |
| — Smith. . . . . . . | 2 | 55 | — hybride. . . . . . | 2 | 449 |
| — Watson. . . . . . | 2 | 57 | — Lyciet. . . . . . . | 2 | 453 |
| NÉGUNDO. . . . . . . . | 3 | 118 | — nain. . . . . . . . | 2 | 454 |
| — à feuilles de Frêne. | 3 | 119 | — purgatif. . . . . . | 2 | 450 |
| NÉILLIA. . . . . . . . | 1 | 449 | — tinctorial. . . . . . | 2 | 452 |
| — à fleurs de Ronce. | 1 | 450 | NÉSLIA. . . . . . . . | 6 | 580 |
| — à thyrses. . . . . | 1 | 450 | — paniculé. . . . . . | 6 | 581 |
| NÉLOMBIACÉES. | 7 | 178 | NHANDIROBÉES. . | 6 | 187 |
| NELSONIÉES. . . . . | 9 | 144 | et | | 188 |
| NÉLUMBIUM. . . . . . . | 7 | 180 | NICOTIANE. . . . . . | 9 | 62 |
| — à fleurs jaunes. . . | 7 | 183 | — à feuilles étroites. . | 9 | 64 |
| — magnifique. . . . . | 7 | 181 | — à grandes feuilles. . | 9 | 64 |
| NÉMOPANTHE. . . . . . | 2 | 435 | — glauque. . . . . . | 9 | 65 |
| — du Canada. . . . . | 2 | 436 | — rustique. . . . . . | 9 | 65 |
| NÉMOPHILA. . . . . . . | 9 | 49 | — Tabac. . . . . . . | 9 | 63 |
| — Faux-Phacélia. . . | 9 | 49 | NICOTIANÉES. . . . . | 9 | 56 |
| NÉOTTIÉES. . . . . | 12 | 180 | et | | 58 |
| NÉPENTHE. . . . . . . | 10 | 572 | NIEREMBERGIA. . . . . . | 9 | 59 |
| et (refait) | 13 | 323 | — grèle. . . . . . . . | 9 | 60 |
| — à amphores. . . . | 13 | 324 | NIGELLA. . . . . . . . | 7 | 304 |
| — à ampoules. . . . . | 13 | 325 | | | |

| | Vol. | Pag. |
|---|---|---|
| Nigella cultivé. | 7 | 308 |
| — des champs. | 7 | 306 |
| — d'Espagne. | 7 | 307 |
| NIGELLASTRUM. | 7 | 310 |
| — d'Orient. | 7 | 311 |
| NIGELLINÉES. | 7 | 290 |
| | et | 299 |
| NIPA. | 12 | 30 |
| — arbrisseau. | 12 | 31 |
| Nipacées. | 12 | 24 |
| NISSOLIA. | 1 | 256 |
| — arbrisseau. | 1 | 256 |
| — ferrugineux. | 1 | 257 |
| NIVÉOLE. | 12 | 407 |
| — d'été. | 12 | 408 |
| — vernale. | 12 | 408 |
| NIVÉNIA. | 10 | 417 |
| — à épis. | 10 | 418 |
| — à feuilles de Crithme. | 10 | 418 |
| — Sceptre. | 10 | 418 |
| — spatulé. | 10 | 418 |
| NOISETIER, V. COUDRIER. | | |
| NOISETTIA. | 5 | 499 |
| — à feuilles de Galéopsis. | 5 | 500 |
| — à longues feuilles. | 5 | 500 |
| Nolanacées. | 9 | 95 |
| **NOPALÉES.** | 6 | 141 |
| | et | 13 336 |
| NORANTÉA. | 6 | 124 |
| — de Guiane. | 6 | 125 |
| — de Para. | 6 | 126 |
| — densiflore. | 6 | 126 |
| — de Japura. | 6 | 127 |
| — maritime. | 6 | 125 |
| — monticole. | 6 | 125 |
| **NORANTÉES.** | 6 | 125 |
| NORYSCA. | 5 | 426 |
| — à feuilles de Myrte. | 5 | 428 |
| — de Chine. | 5 | 427 |
| NOTHOSCORDE. | 12 | 332 |
| — odorant. | 12 | 333 |
| — strié. | 12 | 333 |
| NOTOBASE. | 10 | 89 |
| — de Syrie. | 10 | 89 |
| NOYER. | 2 | 165 |
| — à écorce cendrée. | 2 | 170 |
| — commun. | 2 | 165 |
| — commun à coque dure. | 2 | 166 |
| — commun à coque tendre. | 2 | 166 |
| — commun à grappes. | 2 | 166 |

| | Vol. | Pag. |
|---|---|---|
| Noyer commun à gros fruit long. | 2 | 166 |
| — commun à petit fruit. | 2 | 167 |
| — commun bifère. | 2 | 166 |
| — commun hétérophylle. | 2 | 167 |
| — commun tardif. | 2 | 166 |
| — commun à très-gros fruit. | 2 | 166 |
| — noir. | 2 | 168 |
| NUPHAR. | 7 | 174 |
| — commun. | 7 | 175 |
| — d'Amérique. | 7 | 176 |
| — de Kalm. | 7 | 176 |
| NUTTALLIA. | 3 | 401 |
| — à fleurs de Pavot. | 3 | 401 |
| — digité. | 3 | 401 |
| NYCTAGE. | 10 | 516 |
| — à longues fleurs. | 10 | 517 |
| — Belle de nuit. | 10 | 517 |
| **NYCTAGINÉES.** | 10 | 514 |
| NYCTANTHE. | 8 | 254 |
| — Arbre-triste. | 8 | 254 |
| NYMPHÉA. | 7 | 167 |
| — à feuilles scutiformes. | 7 | 169 |
| — à grandes fleurs. | 7 | 170 |
| — bleu. | 7 | 168 |
| — comestible. | 7 | 171 |
| — commun. | 7 | 172 |
| — étoilé. | 7 | 169 |
| — Lotos. | 7 | 169 |
| — mineur. | 7 | 174 |
| — odorant. | 7 | 174 |
| — panaché. | 7 | 170 |
| — pourpre. | 7 | 171 |
| — pubescent. | 7 | 171 |
| — pygmée. | 7 | 174 |
| — thermal. | 7 | 170 |
| **NYMPHÉACÉES.** | 7 | 163 |
| NYSSA. | 10 | 463 |
| — à capitules arrondis. | 10 | 464 |
| — à feuilles anguleuses. | 10 | 465 |
| — à feuilles cotonneuses. | 10 | 464 |
| — aquatique. | 10 | 464 |
| — multiflore. | 10 | 463 |
| **NYSSÉES.** | 10 | 461 |
| OCHNA. | 2 | 380 |
| — à feuilles obtuses. | 2 | 381 |
| — de l'Ile de France. | 2 | 382 |

| | Vol. | Pag. |
|---|---|---|
| Ochna multiflore. | 2 | 381 |
| *OCHNACÉES.* | 2 | 378 |
| *OCHNACÉES-CAS-TELÉES.* | 2 | 380 |
| *OCHNACÉES-OCH-NÉES.* | 2 | 380 |
| Ochroma. | 3 | 440 |
| — Houampo. | 3 | 440 |
| *OCYMOIDÉES.* | 9 | 162 |
| | et | 168 |
| Ocymum. | 9 | 168 |
| — Basilic. | 9 | 169 |
| OEillet. | 5 | 147 |
| — à feuilles recourbées. | 5 | 158 |
| — à fleurs agrégées. | 5 | 150 |
| — à longues tiges. | 5 | 155 |
| — arbrisseau. | 5 | 148 |
| — arbuscule. | 5 | 153 |
| — bicolore. | 5 | 156 |
| — capitellé. | 5 | 150 |
| — ciliolé. | 5 | 158 |
| — de Chine. | 5 | 152 |
| — de Montpellier. | 5 | 160 |
| — de poète. | 5 | 149 |
| — de roche. | 5 | 148 |
| — de Schrader. | 5 | 152 |
| — deltoïde. | 5 | 154 |
| — des Alpes. | 5 | 154 |
| — des chartreux. | 5 | 151 |
| — des fleuristes. | 5 | 155 |
| — des sables. | 5 | 157 |
| — discolore. | 5 | 153 |
| — du Liban. | 5 | 160 |
| — fimbrié. | 5 | 159 |
| — frutescent. | 5 | 148 |
| — Mignardise. | 5 | 157 |
| — multiflore. | 5 | 149 |
| — superbe. | 5 | 159 |
| — sylvèstre. | 5 | 155 |
| OEnanthe, *V.* Énanthe. | | |
| OEnocarpe. | 12 | 65 |
| — à feuilles distiques. | 12 | 66 |
| — Bacaba. | 12 | 66 |
| OEnothera, *V.* Énothère. | | |
| OENOTHÉRÉES. | 4 | 338 |
| | et | 350 |
| *OLACINÉES.* | 13 | 262 |
| Olea, *V.* Olivier. | | |
| *OLÉACÉES.* | 8 | 255 |
| OLÉINÉES. | 8 | 258 |
| | et | 259 |
| Oligospore. | 10 | 165 |
| — commun. | 10 | 167 |
| — Estragon. | 10 | 166 |
| Olivier. | 8 | 261 |
| — commun. | 8 | 262 |
| — *commun à bec.* | 8 | 266 |
| — *commun à fruit arrondi.* | 8 | 266 |
| — *commun à fruit blanc.* | 8 | 265 |
| — *commun à fruit odorant.* | 8 | 266 |
| — *commun à petit fruit panaché.* | 8 | 265 |
| — *commun bouquetier.* | 8 | 265 |
| — *commun caillet blanc.* | 8 | 265 |
| — *commun d'Entrecasteaux.* | 8 | 266 |
| — *commun Picholine.* | 8 | 266 |
| — *commun Pleureur.* | 8 | 266 |
| — d'Amérique. | 8 | 267 |
| Olympia. | 5 | 406 |
| — à feuilles glauques. | 5 | 407 |
| *OMBELLIFÈRES.* | 8 | 127 |
| OMBELLIFÈRES ANOMALES. | 8 | 140 |
| *OMBELLIFLORES.* | 8 | 73 |
| Ombilic. | 5 | 88 |
| — commun | 5 | 88 |
| — jaune. | 5 | 88 |
| Omphaléa. | 2 | 529 |
| — diandre. | 2 | 529 |
| — triandre. | 2 | 529 |
| Omphalocarpe. | 9 | 397 |
| — élancé. | 9 | 398 |
| Omphalode. | 9 | 34 |
| — à feuilles linéaires. | 9 | 35 |
| — printanière. | 9 | 34 |
| *ONAGRAIRES.* | 4 | 335 |
| Onagre. | 4 | 357 |
| — à feuilles de Saule. | 4 | 361 |
| — commune. | 4 | 359 |
| — élancée. | 4 | 359 |
| — élégante. | 4 | 358 |
| — intermédiaire. | 4 | 360 |
| — jaune brillant. | 4 | 362 |
| — sinuolée. | 4 | 361 |
| *ONAGRÉES.* | 4 | 337 |
| | et | 545 |

| | Vol. | Pag. | | Vol. | Pag. |
|---|---|---|---|---|---|
| Oncus. . . . . . . . . | 12 | 201 | Opuntia Décumane. . . . . | 13 | 401 |
| — comestible. . . . . | 12 | 202 | — décombant. . . . . | 13 | 403 |
| ONOBRYCHÉES. . . . | 1 | 284 | — déjeté. . . . . . . | 13 | 406 |
| | et | 155 | — des Andes. . . . . | 13 | 397 |
| ONOPORDE. . . . . . . | 10 | 86 | — du Brésil. . . . . | 13 | 412 |
| — commun. . . . . . | 10 | 87 | — du Missouri. . . . | 13 | 405 |
| — élancé. . . . . . | 10 | 88 | — élancé. . . . . . | 13 | 401 |
| — d'Arabie. . . . . | 10 | 88 | | et | 410 |
| OPERCULARINÉES. . . | 8 | 378 | — en forme de candé- | | |
| OPHÉLIA. . . . . . . | 9 | 23 | labre. . . . . . . | 13 | 406 |
| — Chirayta. . . . . | 9 | 23 | — épais. . . . . . | 13 | 402 |
| OPHÉLUS. . . . . . . | 3 | 418 | — Faux-Kleinia. . . | 13 | 414 |
| — de Mozambique. . | 3 | 418 | — féroce. . . . . . | 13 | 411 |
| OPHIOPOGONÉES. | 12 | 210 | — feuillu. . . . . . | 13 | 398 |
| OPHIORRHIZA. . . . . | 8 | 421 | — Figuier d'Inde. . | 13 | 402 |
| — Mungho. . . . . | 8 | 420 | — fragile. . . . . . | 13 | 398 |
| OPHIOXYLE. . . . . . | 8 | 511 | — glauque. . . . . | 13 | 403 |
| — alexitère. . . . . | 8 | 512 | — gloméruié. . . . | 13 | 397 |
| OPHIOXYLÉES. . . | 8 | 501 | — grand. . . . . . | 13 | 403 |
| | et | 511 | — grêle. . . . . . | 13 | 414 |
| OPHRYDÉES. . . . | 12 | 179 | — horrible. . . . . | 13 | 407 |
| OPHRYS. . . . . . . | 12 | 187 | — intermédiaire. . . | 13 | 405 |
| — Abeille. . . . . | 12 | 189 | — jaune de soufre. . | 13 | 396 |
| — Araignée. . . . . | 12 | 188 | — lancéolé. . . . . | 13 | 401 |
| — Bourdon. . . . . | 12 | 189 | — mignon. . . . . | 13 | 402 |
| — Mouche. . . . . | 12 | 188 | — nain. . . . . . . | 13 | 397 |
| OPLISMÈNE. . . . . . | 13 | 186 | — noirâtre. . . . . | 13 | 409 |
| — cultivé. . . . . | 13 | 187 | — oblong. . . . . . | 13 | 407 |
| — Pied de coq. . . | 13 | 186 | — orangé. . . . . . | 13 | 398 |
| OPUNTIA. . . . . . . | 13 | 395 | — orbiculaire. . . . | 13 | 404 |
| — à aiguillons blancs. | 13 | 411 | — ové. . . . . . . | 13 | 396 |
| — à aiguillons roux. | 13 | 409 | — polyanthe. . . . | 13 | 408 |
| — à aiguillons solitaires | 13 | 409 | — porte-crins. . . . | 13 | 405 |
| — à cochenille. . . . | 13 | 400 | — pubérule. . . . . | 13 | 404 |
| — à crin blanc. . . | 13 | 404 | — raide. . . . . . . | 13 | 401 |
| — à feutre blanc. . . | 13 | 411 | — ramulifère. . . . | 13 | 415 |
| — à grands aiguillons. | 13 | 406 | — robuste. . . . . . | 13 | 410 |
| — à petites soies. . . | 13 | 403 | — rose. . . . . . . | 13 | 413 |
| — à tige menue. . . . | 13 | 415 | — rougeâtre. . . . . | 13 | 410 |
| — à trois aiguillons. . | 13 | 408 | — soyeux. . . . . . | 13 | 404 |
| — allongé. . . . . . | 13 | 398 | — spinuleux. . . . . | 13 | 405 |
| — blanchâtre. . . . . | 13 | 403 | — Stapélia. . . . . | 13 | 413 |
| — Clavaire. . . . . | 13 | 415 | — trompeur. . . . . | 13 | 414 |
| — commun. . . . . | 13 | 399 | — tuberculeux. . . . | 13 | 400 |
| — cotonneux. . . . . | 13 | 406 | — tubéreux. . . . . | 13 | 397 |
| — Croix de Lorraine. | 13 | 410 | — Tuna. . . . . . . | 13 | 407 |
| — cylindrique. . . . | 13 | 412 | — tuniqué. . . . . | 13 | 413 |
| — de Curaçao. . . . | 13 | 399 | ORANGER. . . . . . . | 2 | 261 |
| — de Dillénius. . . | 13 | 408 | — à feuilles crépues. | 2 | 263 |
| — de Hernandez. . . | 13 | 402 | — à feuilles d'Yeuse. | 2 | 263 |
| — de Pœppig. . . . | 13 | 415 | — à feuilles étroites. | 2 | 269 |
| — de Salm. . . . . | 13 | 414 | — à feuilles larges. | 2 | 263 |
| | | | — à feuilles longues. | 2 | 269 |

| | Vol. | Pag. | | Vol. | Pag. |
|---|---|---|---|---|---|
| Oranger à fleurs doubles. . | 2 | 264 | *ORÉODAPHNÉES.* . | 10 | 472 |
| — à fruit bosselé. . . | 2 | 265 | ORÉODOXA. . . . . . . | 12 | 67 |
| — à fruit cacheté. . . . | 2 | 266 | — à folioles acuminées. | 12 | 68 |
| — à fruit changeant. . | 2 | 271 | — à folioles tronquées. | 12 | 69 |
| — à fruit charnu. . . | 2 | 267 | — Palmiste. . . . . . . | 12 | 67 |
| — à fruit conifère. . . | 2 | 270 | — royal. . . . . . . . | 12 | 68 |
| — à fruit cornu. . . . | 2 | 265 | — Sancona. . . . . . | 12 | 69 |
| — à fruit déprimé. . . | 2 | 262 | ORGE. . . . . . . . . | 13 | 245 |
| — à fruit elliptique. . | 2 | 267 | — à café. . . . . . . | 13 | 249 |
| — à fruit limétiforme. | 2 | 266 | — céleste. . . . . . . | 13 | 247 |
| — à fruit mammifère. | 2 | 266 | — *céleste barbue.* . . . | 13 | 248 |
| — à fruit nain. . . . . | 2 | 264 | — *céleste trifurquée.* . | 13 | 248 |
| — à fruit oblong. . . . | 2 | 266 | — commune. . . . . . | 13 | 247 |
| — à fruit oliviforme. . | 2 | 267 | — *commune bleudtre.* | 13 | 247 |
| — à fruit pyriforme. . | 2 | 263 | — *commune noire.* . . | 13 | 247 |
| — à fruit ridé. . . . . | 2 | 268 | — *commune pâle.* . . | 13 | 247 |
| — à fruit rugueux. . . | 2 | 268 | — *commune tortile.* . | 13 | 247 |
| — à fruit tardif. . . . | 2 | 269 | — *Escurgeon.* . . . . | 13 | 246 |
| — à fruit toruleux. . | 2 | 267 | — *Escurgeon à quatre* | | |
| — à petit fruit. . . . | 2 | 264 | *rangs.* . . . . . | 13 | 247 |
| — à pulpe rouge. . . | 2 | 265 | — *Escurgeon lâche.* . | 13 | 247 |
| — de Chine. . . . . . | 2 | 262 | — *Escurgeon serré.* . | 13 | 247 |
| — de Gênes. . . . . . | 2 | 263 | — Éventail. . . . . . | 13 | 248 |
| — de Grasse. . . . . . | 2 | 270 | — Pamelle. . . . . . | 13 | 248 |
| — de Majorque. . . . | 2 | 266 | — *Pamelle lâche.* . . | 13 | 249 |
| — de Malte. . . . . . | 2 | 265 | — *Pamelle noire.* . . | 13 | 249 |
| — de Nice. . . . . . | 2 | 264 | — *Pamelle rameuse.* . | 13 | 249 |
| — d'Otaïti. . . . . | 2 | 271 | — *Pamelle serrée.* . . | 13 | 249 |
| — franc. . . . . . . | 2 | 261 | ORIGAN. . . . . . . . | 9 | 189 |
| — Imbigo. . . . . . | 2 | 270 | — commun. . . . . . | 9 | 189 |
| — Mandarin. . . . . | 2 | 268 | ORMISCUS. . . . . . . | 6 | 451 |
| — multiflore. . . . . | 2 | 269 | — amplexicaule. . . . | 6 | 452 |
| — Pommier d'Adam. . | 2 | 268 | — penné. . . . . . . | 6 | 453 |
| — portugais. . . . . . | 2 | 271 | ORME. . . . . . . . | 11 | 99 |
| — précoce. . . . . . | 2 | 262 | — à corymbes. . . . . | 11 | 112 |
| — pyramidal. . . . . | 2 | 262 | — blanc. . . . . . . | 11 | 108 |
| — sans pépins. . . . . | 2 | 270 | — *blanc ailé.* . . . . | 11 | 109 |
| — Turc. . . . . . . | 2 | 272 | — *blanc pendant.* . . | 11 | 109 |
| *ORCHIDÉES.* . . . | 12 | 171 | — *blanc scabre.* . . . | 11 | 109 |
| *ORCHIDÉES.* . . . | 12 | 174 | — champêtre. . . . . | 11 | 101 |
| ORCHIS. . . . . . . . | 12 | 183 | — *champêtre à feuilles* | | |
| — à feuilles maculées. | 12 | 186 | *crépues.* . . . . . | 11 | 103 |
| — à fleurs lâches. . . | 12 | 184 | — *champêtre à feuilles* | | |
| — à larges feuilles. . . | 12 | 186 | *ployées.* . . . . . | 11 | 103 |
| — commun. . . . . . | 12 | 184 | — *champêtre à grandes* | | |
| — mâle. . . . . . . . | 12 | 184 | *feuilles.* . . . . . | 11 | 104 |
| — militaire. . . . . . | 12 | 185 | — *champêtre à liège.* . | 11 | 101 |
| — Singe. . . . . . . | 12 | 185 | — *champêtre à petites* | | |
| ORÉODAPHNÉ. . . . . . | 10 | 500 | *feuilles.* . . . . . | 11 | 102 |
| — cupulaire. . . . . . | 10 | 502 | — *champêtre commun.* | 11 | 101 |
| — élancé. . . . . . . | 10 | 501 | — *champêtre d'Exeter.* | 11 | 103 |
| — fétide. . . . . . . | 10 | 502 | — *champêtre élancé.* . | 11 | 103 |
| | | | — *champêtre lisse.* . . | 11 | 102 |

| | Vol. | Pag. |
|---|---|---|
| Orme *champêtre subéreux.* | 11 | 101 |
| — pédonculé. | 11 | 111 |
| — rouge. | 11 | 107 |
| ORNITHOGALE. | 12 | 320 |
| — à larges feuilles. | 12 | 322 |
| — à longues bractées. | 12 | 322 |
| — à ombelle. | 12 | 323 |
| — à thyrse. | 12 | 321 |
| — conique. | 12 | 322 |
| — cuspidé. | 12 | 322 |
| — de Narbonne. | 12 | 322 |
| — des Pyrénées. | 12 | 322 |
| — élancé. | 12 | 323 |
| — jaune. | 12 | 320 |
| — lacté. | 12 | 321 |
| — pyramidal. | 12 | 323 |
| — révoluté. | 12 | 321 |
| — rouge. | 12 | 321 |
| ORNITHOPE. | 1 | 282 |
| — nain. | 1 | 282 |
| ORNUS. | 8 | 289 |
| — d'Europe. | 8 | 289 |
| OROBANCHE. | 9 | 261 |
| — du chanvre. | 9 | 262 |
| *OROBANCHÉES.* | 9 | 259 |
| OROBE. | 1 | 315 |
| — Fausse-Gesse. | 1 | 315 |
| — jaune. | 1 | 316 |
| — noircissant. | 1 | 316 |
| — panaché. | 1 | 314 |
| — pourpre-noir. | 1 | 315 |
| — printanier. | 1 | 314 |
| — tubéreux. | 1 | 314 |
| — versicolore. | 1 | 315 |
| *ORONTIACÉES.* | 12 | 32 |
| *ORONTIÉES.* | 12 | 33 |
| ORTHOSÉLIS. | 6 | 455 |
| — poilu. | 6 | 454 |
| ORTIE. | 11 | 26 |
| — à feuilles de Chanvre. | 11 | 29 |
| — brûlante. | 11 | 28 |
| — dioïque. | 11 | 28 |
| — pilulifère. | 11 | 29 |
| ORYZA, *V.* RIZ. | | |
| *ORYZÉES.* | 13 | 158 |
| | et | 167 |
| OSBÉCKIA. | 4 | 244 |
| — à feuilles d'Olivier. | 4 | 244 |
| — à pétales sinuolés. | 4 | 246 |
| — à petites feuilles. | 4 | 245 |
| — alpestre. | 4 | 246 |

| | Vol. | Pag. |
|---|---|---|
| Osbéckia de Ceylan. | 4 | 247 |
| — de Chine. | 4 | 247 |
| — de Sims. | 4 | 245 |
| — du Népaul. | 4 | 247 |
| — étoilé. | 4 | 248 |
| — glomérulé. | 4 | 246 |
| — Prince. | 4 | 245 |
| OSBÉCKIÉES. | 4 | 205 |
| | et | 232 |
| OSEILLE. | 10 | 527 |
| OSMANTHE. | 8 | 268 |
| — odorant. | 8 | 268 |
| OSTRYA. | 11 | 215 |
| — d'Europe. | 11 | 216 |
| — de Virginie. | 11 | 218 |
| OTHONNE. | 10 | 274 |
| — à feuilles de Giroflée. | 10 | 275 |
| OUTÉA. | 1 | 119 |
| — d'Aublet. | 1 | 120 |
| OVIÉDA. | 13 | 96 |
| — à corymbes. | 13 | 96 |
| OXALIDE. | 3 | 237 |
| — à courtes hampes. | 3 | 258 |
| — à feuilles d'Aubours. | 3 | 253 |
| — à feuilles de Cajan. | 3 | 239 |
| — à feuilles de Fève. | 3 | 252 |
| — à feuilles de Lupin. | 3 | 266 |
| — à feuilles flabelli-formes. | 3 | 267 |
| — à feuilles menues. | 3 | 265 |
| — à fleurs jaunâtres. | 3 | 260 |
| — à fleurs latérales. | 3 | 242 |
| — à fleurs penchées. | 3 | 248 |
| — à fleurs soufrées. | 3 | 257 |
| — à fleurs unilatérales. | 3 | 243 |
| — à folioles convexes. | 3 | 259 |
| — à folioles cunéiformes. | 3 | 262 |
| — à folioles filiformes. | 3 | 266 |
| — à folioles lancéolées. | 3 | 252 |
| — à folioles linéaires. | 3 | 262 |
| — à folioles tronquées. | 3 | 257 |
| — à longs pédoncules. | 3 | 256 |
| — à longs styles. | 3 | 243 |
| — à sépales bimaculés. | 3 | 247 |
| — à sépales dentés. | 3 | 249 |
| — allongée. | 3 | 264 |
| — arquée. | 3 | 254 |
| — caprine. | 3 | 249 |
| — carnée. | 3 | 246 |
| — ciliée. | 3 | 254 |
| — comprimée. | 3 | 249 |
| — cordiforme. | 3 | 240 |

| | Vol. | Pag. | | Vol. | Pag. |
|---|---|---|---|---|---|
| Oxalide corniculée | 3 | 241 | Oxalide versicolore | 3 | 264 |
| — couleur de sang | 3 | 253 | — violette | 3 | 248 |
| — crépue | 3 | 251 | — virginale | 3 | 245 |
| — cristalline | 3 | 247 | OXALIDÉES | 3 | 233 |
| — de Barrélier | 3 | 238 | OXYLOBE | 1 | 171 |
| — de Burmann | 3 | 246 | — à feuilles cordiformes | 1 | 171 |
| — distique | 3 | 246 | — à feuilles elliptiques | 1 | 171 |
| — douteuse | 3 | 255 | — à feuilles rétuses | 1 | 172 |
| — écarlate | 3 | 263 | — arborescent | 1 | 171 |
| — élégante | 3 | 258 | OXYRIE | 10 | 522 |
| — Fausse-Euphorbe | 3 | 240 | — à feuilles réniformes | 10 | 522 |
| — fauve | 3 | 241 | OXYSPORA | 4 | 229 |
| — Faux-Mélilot | 3 | 239 | — incliné | 4 | 230 |
| — ferrugineux | 3 | 255 | — paniculé | 4 | 229 |
| — filiforme | 3 | 263 | OXYSTELMA | 8 | 549 |
| — flasque | 3 | 255 | — comestible | 8 | 549 |
| — fleurie | 3 | 242 | | | |
| — glanduleuse | 3 | 256 | PACHYLÉPIS | 11 | 346 |
| — grêle | 3 | 261 | — Faux-Genévrier | 11 | 346 |
| — grisâtre | 3 | 243 | PACHYLOMA (D. C.) | 4 | 228 |
| — hérissée | 3 | 244 | — à feuilles coriaces | 4 | 229 |
| — jaune | 3 | 267 | PACHYLOMA (Spach) | 7 | 194 |
| — jaune et rouge | 3 | 253 | — agreste | 7 | 195 |
| — lépide | 3 | 251 | PACHYLOPHE | 4 | 365 |
| — livide | 3 | 249 | — de Nuttall | 4 | 365 |
| — lobée | 3 | 250 | PACHYRRHIZE | 1 | 333 |
| — marbrée | 3 | 257 | — à feuilles anguleuses | 1 | 334 |
| — marginée | 3 | 260 | — trilobé | 1 | 334 |
| — mignonne | 3 | 260 | PACHYSANDRA | 2 | 490 |
| — monophylle | 3 | 250 | — procombant | 2 | 490 |
| — multiflore | 3 | 244 | PÆDERIA, V. PÉDÉRIA | | |
| — naine | 3 | 262 | PÆONIA, V. PIVOINE | | |
| — Oreille d'âne | 3 | 251 | PALICOURÉA | 8 | 458 |
| — Oreille de lièvre | 3 | 252 | — de Guiane | 8 | 459 |
| — ondulée | 3 | 256 | — de Marcgrave | 8 | 458 |
| — péctinée | 3 | 267 | — tinctorial | 8 | 459 |
| — pentaphylle | 3 | 266 | PALIURE | 2 | 439 |
| — polyphylle | 3 | 265 | — Argalou | 2 | 440 |
| — ponctuée | 3 | 259 | — du Népaul | 2 | 440 |
| — pourprée | 3 | 250 | PALLADIA | 9 | 363 |
| — pubérule | 3 | 244 | — Éphémère | 9 | 364 |
| — quinquéflore | 3 | 238 | — pourpre | 9 | 364 |
| — rampante | 3 | 245 | PALMIERS | 12 | 54 |
| — réclinée | 3 | 263 | PALMIERS | 12 | 57 |
| — redressée | 3 | 241 | PANAX | 8 | 115 |
| — rosacée | 3 | 245 | — à aiguillons | 8 | 116 |
| — roselée | 3 | 239 | — à feuilles dorées | 8 | 116 |
| — rougeâtre | 3 | 244 | — diurétique | 8 | 117 |
| — Surelle | 3 | 261 | — Ginseng | 8 | 114 |
| — tétraphylle | 3 | 247 | PANCRATIUM | 12 | 428 |
| — tricolore | 3 | 254 | — d'Illyrie | 12 | 429 |
| — tubiflore | 3 | 243 | | | |
| — variable | 3 | 258 | | | |

| | Vol. | Pag. |
|---|---|---|
| Pancratium élégant. . . . | 12 | 430 |
| — littoral . . . . . . | 12 | 430 |
| — maritime. . . . . . | 12 | 429 |
| — rotacé. . . . . . . | 12 | 430 |
| *PANDANÉES.* . . . | 12 | 22 |
| *PANDANÉES VRAIES.* | 12 | 23 |
| PANDANUS. . . . . . . | 12 | 24 |
| — à larges feuilles. . . | 12 | 27 |
| — acaule. . . . . . . | 12 | 28 |
| — comestible. . . . . | 12 | 28 |
| — de Céram. . . . . | 12 | 28 |
| — musqué. . . . . . | 12 | 27 |
| — nain. . . . . . . . | 12 | 27 |
| — odorant. . . . . . | 12 | 25 |
| — rampant. . . . . . | 12 | 28 |
| — sylvestre. . . . . . | 12 | 27 |
| — Vacoi. . . . . . | 12 | 26 |
| PANDORÉA. . . . . . . | 9 | 136 |
| — austral. . . . . . . | 9 | 136 |
| PANIC. . . . . . . . . | 13 | 183 |
| — effilé. . . . . . . | 13 | 184 |
| — élancé. . . . . . . | 13 | 184 |
| — Faux-Millet. . . . | 13 | 185 |
| — Millet. . . . . . | 13 | 185 |
| *PANICÉES.* . . . . . | 13 | 159 |
| | et | 182 |
| PAPAVER., *V.* PAVOT. | | |
| *PAPAVÉRACÉES.* | 7 | 1 |
| *PAPAVÉRÉES.* . . . | 7 | 5 |
| | et | 7 |
| PAPAVÉRINÉES. . . . | 7 | 5 |
| | et | 7 |
| *PAPAYACÉES.* . . | 13 | 314 |
| PAPAYER . . . . . . . | 13 | 316 |
| — à feuilles digitées. . | 13 | 319 |
| — à petits fruits. . . | 13 | 318 |
| — commun. . . . . | 13 | 316 |
| — cauliflore. . . . . | 13 | 319 |
| — monoïque. . . . . | 13 | 320 |
| *PAPILIONACÉES.* | 4 | 149 |
| *PAPPOPHORÉES.* | 13 | 162 |
| PAQUERETTE. . . . . | 10 | 267 |
| — vivace. . . . . . | 10 | 268 |
| *PARIDÉES.* . . . . . | 12 | 210 |
| PARIÉTAIRE. . . . . . | 11 | 30 |
| — diffuse. . . . . . | 11 | 30 |
| — officinale. . . . . | 11 | 30 |
| PARIÉTARIÉES. . . . | 11 | 24 |
| PARINARE. . . . . . . | 1 | 371 |

| | Vol. | Pag. |
|---|---|---|
| Parinare à gros fruit. . . . | 1 | 372 |
| — à petit fruit. . . . | 1 | 372 |
| — du Sénégal. . . . | 1 | 373 |
| — élancé. . . . . . | 1 | 373 |
| PARISETTE. . . . . . | 12 | 230 |
| — à quatre feuilles. . | 12 | 230 |
| PARITIUM. . . . . . . | 3 | 386 |
| — à feuilles de Tilleul. | 3 | 386 |
| PARIVÉ. . . . . . . . | 1 | 119 |
| — grandiflore. . . . . | 1 | 119 |
| PARKIA. . . . . . . . | 1 | 60 |
| — d'Afrique. . . . . | 1 | 60 |
| PARKINSONIA. . . . . . | 1 | 107 |
| — épineux. . . . . . | 1 | 108 |
| *PARONYCHIÉES.* | 5 | 237 |
| PAROPSIA. . . . . . . | 6 | 284 |
| — comestible. . . . . | 6 | 284 |
| PASPALUM. . . . . . . | 13 | 182 |
| — Kora. . . . . . . | 13 | 183 |
| — scrobiculé. . . . . | 13 | 183 |
| PASSÉRINE. . . . . . . | 10 | 446 |
| — à épis. . . . . . | 10 | 447 |
| — à fleurs capitellées. | 10 | 447 |
| — à grandes fleurs. . | 10 | 447 |
| — filiforme. . . . . . | 10 | 447 |
| — lâche. . . . . . . | 10 | 447 |
| — uniflore. . . . . . | 10 | 447 |
| PASSIFLORE, *V.* GRENADILLE. | | |
| *PASSIFLORÉES.* . . | 6 | 255 |
| PASTINACA. . . . . . . | 8 | 167 |
| — cultivé. . . . . . | 8 | 168 |
| PATERSONIA. . . . . . | 13 | 8 |
| — soyeux. . . . . . | 13 | 8 |
| PATIENCE. . . . . . . | 10 | 524 |
| *PATRISIÉES.* . . . . | 6 | 132 |
| PATURIN. . . . . . . | 13 | 205 |
| — Amourette. . . . . | 13 | 206 |
| — commun. . . . . . | 13 | 205 |
| — d'Abyssinie. . . . | 13 | 205 |
| — des bois. . . . . . | 13 | 207 |
| — des prés. . . . . . | 13 | 206 |
| — fertile. . . . . . | 13 | 207 |
| PAULLINIA. . . . . . . | 3 | 47 |
| — à feuilles d'Azédarac. | 3 | 49 |
| — à feuilles pennées. . | 3 | 49 |
| — austral. . . . . . | 3 | 50 |
| — Cupana. . . . . . | 3 | 49 |
| — Cururu. . . . . . | 3 | 47 |
| — élégant. . . . . . | 3 | 48 |
| — grandiflore . . . . | 3 | 48 |
| PAULOWNIA. . . . . . . | 9 | 309 |

| | Vol. | Pag. |
|---|---|---|
| Paulownia impérial. . . . | 9 | 310 |
| PAVÉTTA. . . . . . . . | 8 | 445 |
| — de l'Inde. . . . . | 8 | 445 |
| PAVIA. . . . . . . . . . | 3 | 20 |
| — à fleurs changeantes. | 3 | 27 |
| — à fleurs pâles. . . . | 3 | 23 |
| — carné. . . . . . . | 3 | 22 |
| — discolore. . . . . . | 3 | 28 |
| — glabre. . . . . . . | 3 | 24 |
| — hybride. . . . . . | 3 | 27 |
| — intermédiaire. . . . | 3 | 32 |
| — jaune. . . . . . . . | 3 | 25 |
| — Lindley. . . . . . | 3 | 30 |
| — livide. . . . . . . | 3 | 26 |
| — luisant. . . . . . . | 3 | 31 |
| — Michaux. . . . . . | 3 | 32 |
| — nain. . . . . . . . | 3 | 31 |
| — négligé. . . . . . | 3 | 24 |
| — pourpre-noir. . . | 3 | 29 |
| — versicolore. . . . . | 3 | 28 |
| — Watson. . . . . . | 3 | 21 |
| — Willdenow. . . . . | 3 | 30 |
| PAVONIA. . . . . . . . | 3 | 363 |
| — à feuilles de Lierre. | 3 | 364 |
| — à feuilles molles. . | 3 | 368 |
| — à feuilles tronquées. | 3 | 365 |
| — à feuilles variables. | 3 | 365 |
| — à fruit épineux. . | 3 | 363 |
| — à larges feuilles. . | 3 | 368 |
| — diurétique. . . . . | 3 | 366 |
| — élégant. . . . . . | 3 | 367 |
| — grandiflore. . . . | 3 | 366 |
| — muriqué. . . . . . | 3 | 364 |
| — piquant. . . . . . | 3 | 364 |
| — Rose-champêtre. . | 3 | 367 |
| PAVOT. . . . . . . . . | 7 | 10 |
| — Coquelicot. . . . . | 7 | 16 |
| — d'Arménie. . . . . | 7 | 21 |
| — des Alpes. . . . . | 7 | 21 |
| — somnifère. . . . . | 7 | 12 |
| PÊCHER. . . . . . . . . | 1 | 385 |
| — à fruit lisse. . . . | 1 | 386 |
| — commun. . . . . . | 1 | 386 |
| PÉCILODERME. . . . . . | 3 | 511 |
| — à feuilles de Peuplier. | 3 | 511 |
| PÉDALIUM. . . . . . . . | 9 | 251 |
| — à fruit épineux. . | 9 | 252 |
| PÉDÉRIA. . . . . . . . | 8 | 454 |
| — fétide. . . . . . . | 8 | 455 |
| PÉDÉRINÉES. . . . . . | 8 | 376 |
| | et | 454 |
| PÉDICULAIRE. . . . . . | 9 | 331 |
| — commune. . . . . | 9 | 332 |

| | Vol. | Pag. |
|---|---|---|
| PÉDILANTHE. . . . . . . | 2 | 538 |
| — Faux-Tithymale. . | 2 | 538 |
| PÉGANE. . . . . . . . . | 2 | 314 |
| — Harmel. . . . . . | 2 | 315 |
| PÉIOXOTOA. . . . . . . . | 3 | 155 |
| — glabre. . . . . . . | 3 | 155 |
| PÉLARGONIUM. . . . . . | 3 | 307 |
| — à capitules. . . . . | 3 | 334 |
| — à cinq plaies. . . . | 3 | 328 |
| — à étamines poilues. | 3 | 318 |
| — à feuilles cordiformes. | 3 | 335 |
| — à feuilles cuculliformes. | 3 | 335 |
| — à feuilles d'Anémone. | 3 | 321 |
| — à feuilles d'Astragale. | 3 | 314 |
| — à feuilles d'Aurone. | 3 | 325 |
| — à feuilles de Berce. | 3 | 315 |
| — à feuilles de Bouleau. | 3 | 332 |
| — à feuilles de Bubone. | 3 | 312 |
| — à feuilles de Cabaret. | 3 | 322 |
| — à feuilles de Caucalis. | 3 | 322 |
| — à feuilles de Céleri. | 3 | 326 |
| — à feuilles de Cerfeuil. | 3 | 321 |
| — à feuilles de Chêne. | 3 | 336 |
| — à feuilles de Coriandre. | 3 | 321 |
| — à feuilles de Cornpille. | 3 | 315 |
| — à feuilles de Cortuse. | 3 | 329 |
| — à feuilles de Crythme. | 3 | 317 |
| — à feuilles d'Érable. | 3 | 334 |
| — à feuilles de Fili- | | |
| pendule. . . . . | 3 | 326 |
| — à feuilles de Groseiller. | 3 | 333 |
| — à feuilles de Her- | | |
| mannia. . . . . | 3 | 335 |
| — à feuilles de Jatropha. | 3 | 337 |
| — à feuilles de Mauve. | 3 | 315 |
| — à feuilles d'Oxalide. | 3 | 310 |
| — à feuilles de Sanicule. | 3 | 331 |
| — à feuilles de Sélinum. | 3 | 313 |
| — à feuilles de Vesce. | 3 | 314 |
| — à feuilles de Vigne. | 3 | 334 |
| — à feuilles fendues. | 3 | 312 |
| — à feuilles menues. | 3 | 325 |
| — à feuilles nerveuses. | 3 | 310 |
| — à feuilles ovales. . | 3 | 308 |
| — à feuilles réniformes. | 3 | 330 |
| — à fleurs de Corydale. | 3 | 311 |
| — à fleurs de Molène. | 3 | 319 |
| — à fleurs de Violette. | 3 | 312 |
| — à fleurs marbrées. | 3 | 328 |
| — à fleurs noirâtres. | 3 | 313 |
| — à fleurs noires. . | 3 | 313 |
| — à fleurs pâles. . | 3 | 328 |
| — à grosse racine. . | 3 | 308 |

| | Vol. | Pag. |
|---|---|---|
| Pélargonium à longues feuilles | 3 | 307 |
| — à longues fleurs. . | 3 | 308 |
| — à longues tiges. . . | 3 | 321 |
| — à odeur de Primevère | 3 | 329 |
| — à pétales peints. . | 3 | 329 |
| — à racine napiforme. | 3 | 311 |
| — à tige charnue. . . | 3 | 317 |
| — à zônes. . . . . . | 3 | 324 |
| — acide. . . . . . . | 3 | 323 |
| — anguleux. . . . . | 3 | 334 |
| — ardent. . . . . . | 3 | 327 |
| — auriculé. . . . . . | 3 | 309 |
| — balsamique. . . . | 3 | 337 |
| — barbu. . . . . . . | 3 | 311 |
| — bicolore. . . . . . | 3 | 328 |
| — Blattaire. . . . . | 3 | 318 |
| — brillant. . . . . . | 3 | 327 |
| — brûlant. . . . . . | 3 | 328 |
| — caréné. . . . . . . | 3 | 319 |
| — carné. . . . . . . | 3 | 315 |
| — Cératophylle. . . . | 3 | 316 |
| — charnu. . . . . . | 3 | 317 |
| — colombin. . . . . . | 3 | 316 |
| — cotonneux. . . . . | 3 | 332 |
| — Cotylédon. . . . . | 3 | 318 |
| — couleur de sang. . | 3 | 327 |
| — crépu. . . . . . . | 3 | 335 |
| — déchiqueté. . . . . | 3 | 321 |
| — denticulé. . . . . . | 3 | 337 |
| — des Canaries. . . . | 3 | 320 |
| — dioïque. . . . . . . | 3 | 313 |
| — dipétale. . . . . . | 3 | 322 |
| — élancé. . . . . . . | 3 | 320 |
| — élégant. . . . . . | 3 | 331 |
| — Énothère. . . . . . | 3 | 319 |
| — épaissi. . . . . . . | 3 | 315 |
| — étalé. . . . . . . . | 3 | 331 |
| — fétide. . . . . . . | 3 | 324 |
| — fleuri. . . . . . . | 3 | 312 |
| — gibbeux. . . . . . | 3 | 326 |
| — glauque. . . . . . | 3 | 331 |
| — glutineux. . . . . | 3 | 336 |
| — grandiflore. . . . . | 3 | 336 |
| — hérissé. . . . . . . | 3 | 325 |
| — hétérophylle. . . . | 3 | 310 |
| — hybride. . . . . . | 3 | 323 |
| — incane. . . . . . . | 3 | 319 |
| — incisé. . . . . . . | 3 | 325 |
| — jaune. . . . . . . | 3 | 326 |
| — lacinié. . . . . . . | 3 | 310 |
| — latériflore. . . . . | 3 | 330 |
| — lobé. . . . . . . . | 3 | 327 |
| — monstrueux. . . . | 3 | 324 |
| Pélargonium multiradié. . | 3 | 317 |
| — noble. . . . . . . | 3 | 332 |
| — nutant. . . . . . . | 3 | 311 |
| — odorant. . . . . . | 3 | 324 |
| — ovale. . . . . . . . | 3 | 330 |
| — papilionacé. . . . . | 3 | 333 |
| — pelté. . . . . . . . | 3 | 330 |
| — pénicillifère. . . . | 3 | 332 |
| — penniforme. . . . | 3 | 313 |
| — poilu. . . . . . . . | 3 | 313 |
| — ponctué. . . . . . | 3 | 308 |
| — pourpré. . . . . . | 3 | 313 |
| — pourpre noir. . . . | 3 | 314 |
| — procombant. . . . | 3 | 316 |
| — quiné. . . . . . . | 3 | 322 |
| — Radule. . . . . . . | 3 | 336 |
| — rayonnant. . . . . | 3 | 309 |
| — réfléchi. . . . . . . | 3 | 310 |
| — réticulé. . . . . . | 3 | 308 |
| — révoluté. . . . . . | 3 | 309 |
| — rose. . . . . . . . | 3 | 311 |
| — rougeâtre. . . . . | 3 | 334 |
| — sans stipules. . . . | 3 | 335 |
| — satiné. . . . . . . | 3 | 319 |
| — scabre. . . . . . . | 3 | 335 |
| — sétifère. . . . . . | 3 | 312 |
| — spatulé. . . . . . | 3 | 309 |
| — spinelleux. . . . . | 3 | 329 |
| — térébinthacé. . . . | 3 | 337 |
| — terné. . . . . . . | 3 | 336 |
| — très-odorant. . . . | 3 | 324 |
| — tétragone. . . . . | 3 | 323 |
| — tricolore. . . . . . | 3 | 320 |
| — tricuspidé. . . . . | 3 | 335 |
| — trilobé. . . . . . . | 3 | 335 |
| — triparti. . . . . . | 3 | 325 |
| — triphylle. . . . . . | 3 | 310 |
| — triste. . . . . . . | 3 | 327 |
| — virginal. . . . . . | 3 | 309 |
| PEMPHIS. . . . . . . | 4 | 428 |
| — acidule. . . . . . | 4 | 428 |
| PÉNICILLAIRE. . . . . | 13 | 188 |
| — à épis. . . . . . . | 13 | 189 |
| PENTADESMA. . . . . | 5 | 320 |
| — butyracé. . . . . . | 5 | 320 |
| PENTAPTE. . . . . . . | 3 | 446 |
| — à fleurs écarlates. . | 3 | 446 |
| PENTASTÈME. . . . . . | 9 | 300 |
| — à feuilles ovales. . | 9 | 304 |
| — à fleurs de Digitale. | 9 | 303 |
| — campanulé. . . . . | 9 | 301 |
| — élégant. . . . . . . | 9 | 306 |
| — étalé. . . . . . . . | 9 | 303 |

| | Vol. | Pag. |
|---|---|---|
| Pentastème lisse. . . . . . | 9 | 304 |
| — pubescent. . . . . | 9 | 302 |
| *PÉONIÉES*. . . . . | 7 | 292 |
| | et | 394 |
| *PÉPONIFÈRES.* . | 6 | 139 |
| Péréskia. . . . . . . . . | 13 | 416 |
| — à feuilles de Pourpier | 13 | 419 |
| — à feuilles rondes. . | 13 | 418 |
| — à fleurs de Lychnis. | 13 | 418 |
| — à fleurs d'Opuntia. | 13 | 418 |
| — à fleurs de Zinnia. | 13 | 418 |
| — à fleurs glomérulées. | 13 | 419 |
| — à grandes feuilles. | 13 | 417 |
| — à aiguillons. . . . | 13 | 416 |
| — Bléo. . . . . . . . . | 13 | 417 |
| — horrible. . . . . . | 13 | 419 |
| — Pititaché. . . . . . | 13 | 417 |
| — spatulé. . . . . . | 13 | 416 |
| Pergularia. . . . . | 8 | 557 |
| — mineur. . . . . . | 8 | 558 |
| — très-odorant. . . . | 8 | 557 |
| PERGULARINÉES. . . | 8 | 540 |
| | et | 554 |
| Péribéa. . . . . . . . | 12 | 297 |
| — à corymbe. . . . | 12 | 298 |
| — de Gawler. . . . | 12 | 298 |
| Périclyménum. . . . | 8 | 344 |
| — toujours vert. . . | 8 | 345 |
| Périploca. . . . . . | 8 | 541 |
| — de Grèce. . . . . | 8 | 541 |
| *PÉRIPLOCÉES*. . . | 8 | 558 |
| | et | 541 |
| Péristrophe. . . . . | 9 | 158 |
| — élégant. . . . . . | 9 | 159 |
| Perséa. . . . . . . | 10 | 489 |
| — à feuilles de Drimys. | 10 | 490 |
| — Avocatier. . . . . | 10 | 489 |
| — de Caroline. . . | 10 | 492 |
| — des Canaries. . . | 10 | 491 |
| *PERSÉES*. . . . . . | 10 | 470 |
| Persicaire. . . . . . | 10 | 535 |
| — âcre. . . . . . | 10 | 536 |
| — d'Orient. . . . . | 10 | 537 |
| — tinctoriale. . . . | 10 | 536 |
| Persoonia. . . . . . . | 10 | 419 |
| — à feuilles lancéolées. | 10 | 420 |
| — à feuilles linéaires. | 10 | 420 |
| *PERSOONIÉES*. . . | 10 | 401 |
| | et | 419 |
| Pervenche. . . . . . | 8 | 522 |
| — à grandes fleurs. . | 8 | 524 |
| Pervenche commune. . . . | 8 | 523 |
| — herbacée. . . . . . | 8 | 525 |
| Pétalostème. . . . . . | 1 | 245 |
| — blanc. . . . . . | 1 | 245 |
| — corymbifère. . . . | 1 | 246 |
| — incarnat. . . . . . | 1 | 246 |
| — violet. . . . . . | 1 | 245 |
| Pétasite. . . . . . . . | 10 | 277 |
| — à fleurs blanches. . | 10 | 278 |
| — commun. . . . . | 10 | 278 |
| Petilium, *V.* Impériale. | | |
| Pétivéria. . . . . . . | 5 | 245 |
| — alliacé. . . . . | 5 | 246 |
| Pétrocallis. . . . . . | 6 | 497 |
| — des Pyrénées. . . . | 6 | 498 |
| Pétromarula. . . . . | 9 | 566 |
| — penné. . . . . . . | 9 | 566 |
| Pétrophile. . . . . . | 10 | 407 |
| — à feuilles diversifor- | | |
| mes. . . . . . | 10 | 408 |
| — élégant . . . . . | 10 | 407 |
| Pétunia. . . . . . . . | 9 | 61 |
| — à fleurs de Nyctage. | 9 | 62 |
| — violet. . . . . . | 9 | 61 |
| PEUCÉDANÉES. . . . | 8 | 135 |
| | et | 159 |
| Peucédanum. . . . . . | 8 | 164 |
| — officinal. . . . . . | 8 | 164 |
| Peuplier. . . . . . . . | 10 | 378 |
| — à feuilles de Laurier. | 10 | 394 |
| — à grandes dents. . | 10 | 384 |
| — Baumier. . . . . | 10 | 395 |
| — blanc. . . . . . | 10 | 379 |
| — de Caroline. . . | 10 | 391 |
| — de l'Ontario. . . | 10 | 392 |
| — du Canada. . . . | 10 | 390 |
| — du Hudson. . . . | 10 | 389 |
| — Faux-Tremble. . | 10 | 384 |
| — Grisard. . . . . | 10 | 381 |
| — hétérophylle. . . . | 10 | 386 |
| — monilifère. . . . . | 10 | 389 |
| — noir. . . . . . . . | 10 | 386 |
| — pyramidal. . . . . | 10 | 388 |
| — Tremble. . . . . . | 10 | 382 |
| Pfaffia. . . . . . . . | 5 | 263 |
| — glabre. . . . . . | 5 | 264 |
| — velouté. . . . . . | 5 | 264 |
| Phacélia. . . . . . . | 9 | 51 |
| — à feuilles de Tanaisie. | 9 | 52 |
| — densiflore. . . . . | 9 | 52 |
| Phalangère. . . . . . | 12 | 381 |
| — à fleurs de Lis. . . | 12 | 382 |
| — rameuse. . . . . . | 12 | 381 |

| | Vol. | Pag |
|---|---|---|
| PHALARIDÉES. . . . | 13 | 158 |
| | et | 172 |
| PHALARIS. . . . . . . | 13 | 178 |
| — Alpiste. . . . . . | 13 | 179 |
| — Roseau. . . . . . | 13 | 179 |
| PHASÉOLÉES. . . . | 1 | 456 |
| | et | 317 |
| PHASEOLUS, V. HARICOT. | | |
| PHÉBÉES. . . . . . . | 10 | 469 |
| PHÉOSTOME. . . . . . | 4 | 392 |
| — élégant. . . . . . | 4 | 393 |
| PHILADELPHÉES. . | 5 | 13 |
| PHILADELPHUS, V. SERINGAT. | | |
| PHILODENDRÉES. . . | 12 | 40 |
| PHLÉDINIUM. . . . . . | 7 | 551 |
| — effilé. . . . . . . | 7 | 553 |
| PHLÉOLE. . . . . . . . | 13 | 177 |
| — des prés. . . . . | 13 | 178 |
| PHLOGINÉES. . . . . | 9 | 108 |
| PHLOMIDOPSIS. . . . . | 9 | 215 |
| — tubéreux. . . . . | 9 | 215 |
| PHLOMIS. . . . . . . . | 9 | 211 |
| — arbrisseau. . . . . | 9 | 212 |
| — piquant. . . . . . | 9 | 213 |
| — tubéreux. . . . . | 9 | 213 |
| PHLOX. . . . . . . . | 9 | 109 |
| — à fleurs lâches. . | 9 | 112 |
| — divariqué. . . . . | 9 | 114 |
| — odorant. . . . . . | 9 | 111 |
| — paniculé. . . . . . | 9 | 110 |
| — procombant. . . . | 9 | 114 |
| — sétacé. . . . . . | 9 | 115 |
| — stolonifère. . . . | 9 | 113 |
| — subulé. . . . . . . | 9 | 115 |
| — suffrutescent. . . | 9 | 112 |
| PHOENIX, V. DATTIER. | | |
| PHORMIUM. . . . . . | 12 | 287 |
| — tenace. . . . . . | 12 | 288 |
| PHOTINIA. . . . . . . | 2 | 79 |
| — à feuilles d'Arbousier. | 2 | 80 |
| — à feuilles entières. | 2 | 80 |
| — douteux. . . . . . | 2 | 81 |
| — glabre. . . . . . . | 2 | 80 |
| PHRAGMITE. . . . . . | 13 | 196 |
| — commun. . . . . . | 13 | 197 |
| PHYLICA. . . . . . . | 2 | 467 |
| — à capitules. . . . | 2 | 471 |
| — à épis. . . . . . | 2 | 469 |
| — à feuilles de Pin. | 2 | 470 |
| — à feuilles de Romarin. | 2 | 470 |
| — à petites fleurs. . | 2 | 463 |
| — acéreux. . . . . . | 2 | 468 |

| | Vol. | Pag. |
|---|---|---|
| Phylica bicolore. . . . . . | 2 | 469 |
| — cylindrique. . . . . | 2 | 470 |
| — écailleux. . . . . . | 2 | 471 |
| — élancé. . . . . . . | 2 | 470 |
| — Fausse-Bruyère. . | 2 | 468 |
| — glabre. . . . . . . | 2 | 468 |
| — hérissé. . . . . . . | 2 | 470 |
| — horizontal. . . . . | 2 | 470 |
| — imberbe. . . . . . | 2 | 469 |
| — lancéolé. . . . . . | 2 | 469 |
| — luisant. . . . . . . | 2 | 468 |
| — papilleux. . . . . . | 2 | 470 |
| — pédicellé. . . . . . | 2 | 471 |
| — récliné. . . . . . . | 2 | 471 |
| — unilatéral. . . . . | 2 | 469 |
| — velu. . . . . . . . | 2 | 470 |
| PHYLLANTHE. . . . . . | 2 | 495 |
| — Conami. . . . . . | 2 | 496 |
| — Niruri. . . . . . . | 2 | 497 |
| — Urinaire. . . . . . | 2 | 497 |
| — vénéneux. . . . . . | 2 | 496 |
| PHYLLANTHÉES. . | 2 | 486 |
| | et | 493 |
| PHYLLIRÉA, V. FILARIA. | | |
| PHYLLOPUS. . . . . . . | 4 | 259 |
| — de Martius. . . . | 4 | 259 |
| PHYSALIS. . . . . . . | 9 | 74 |
| — Coquerelle. . . . . | 9 | 74 |
| PHYSOCALYMMA. . . . . | 4 | 434 |
| — fleuri. . . . . . . . | 4 | 435 |
| PHYSOSTÉGIA. . . . . . | 9 | 204 |
| — de Virginie. . . . | 9 | 205 |
| PHYTÉLÉPHAS. . . . . | 12 | 29 |
| — à gros fruit. . . . | 12 | 29 |
| — à petit fruit. . . | 12 | 30 |
| Phytéléphasiées. . . . . . | 12 | 24 |
| PHYTEUMA. . . . . . | 9 | 565 |
| — Raiponce. . . . . | 9 | 565 |
| PHYTOLACCA. . . . . . | 5 | 242 |
| — décandre. . . . . . | 5 | 242 |
| PHYTOLACCÉES. | 9 | 240 |
| PILÉANTHE. . . . . . . | 4 | 111 |
| — Limace. . . . . . | 4 | 111 |
| PILOCARPE. . . . . . . | 2 | 344 |
| — à épis. . . . . . | 2 | 345 |
| — pauciflore. . . . . | 2 | 345 |
| PILOCARPÉES. . . . | 2 | 322 |
| | et | 342 |
| PIMÉLÉE. . . . . . . | 10 | 448 |
| — à feuilles croisées. . | 10 | 449 |
| — à feuilles linéaires. | 10 | 449 |
| — à fleurs roses. . . | 10 | 449 |

| | Vol. | Pag. |
|---|---|---|
| PIMPINELLA | 8 | 197 |
| — Anis | 8 | 198 |
| — Saxifrage | 8 | 197 |
| PIMPRENELLE | 1 | 487 |
| — en queue | 1 | 487 |
| — épineuse | 1 | 487 |
| — glauque | 1 | 489 |
| — Sanguisorbe | 1 | 488 |
| PIN | 11 | 369 |
| — à bois lourd | 11 | 389 |
| — à feuilles étalées | 11 | 400 |
| — à feuilles filiformes | 11 | 403 |
| — à feuilles lisses | 11 | 401 |
| — à feuilles longues | 11 | 390 |
| — à grandes feuilles | 11 | 402 |
| — à strobiles oviformes | 11 | 401 |
| — alpestre | 11 | 379 |
| — austral | 11 | 392 |
| — Ayacahuité | 11 | 397 |
| — Cembro | 11 | 398 |
| — chétif | 11 | 386 |
| — d'Acapulco | 11 | 403 |
| — d'Alep | 11 | 383 |
| — de Banks | 11 | 379 |
| — de Gérard | 11 | 390 |
| — de Hartweg | 11 | 402 |
| — de Lallave | 11 | 401 |
| — de Lambert | 11 | 397 |
| — de Montézuma | 11 | 401 |
| — de Sabine | 11 | 390 |
| — des Canaries | 11 | 393 |
| — Duc de Dévonshire | 11 | 402 |
| — élancé | 11 | 396 |
| — Faux-Strobus | 11 | 402 |
| — jaune | 11 | 386 |
| — Laricio | 11 | 384 |
| — Lemon | 11 | 400 |
| — maritime | 11 | 382 |
| — Pignon | 11 | 375 |
| — piquant | 11 | 387 |
| — raide | 11 | 388 |
| — remarquable | 11 | 389 |
| — Russel | 11 | 402 |
| — Strobus | 11 | 394 |
| — sylvestre | 11 | 376 |
| — tardif | 11 | 389 |
| — Téda | 11 | 391 |
| — Téocoté | 11 | 400 |
| PINKNÉYA | 8 | 400 |
| — pubescent | 8 | 400 |
| PIPER, V. POIVRIER. | | |
| PIPÉRACÉES | 11 | 9 |

| | Vol. | Pag. |
|---|---|---|
| PIPÉRINÉES | 11 | 1 |
| PISCIDIA | 1 | 265 |
| — de Carthagène | 1 | 266 |
| — Érythrine | 1 | 266 |
| PISSENLIT | 10 | 46 |
| — commun | 10 | 47 |
| PISTACHIER | 2 | 195 |
| — cultivé | 2 | 195 |
| — de l'Atlas | 2 | 198 |
| — huileux | 2 | 198 |
| — Lentisque | 2 | 199 |
| — Térébinthe | 2 | 196 |
| PISTIACÉES | 12 | 36 |
| PITTOSPORE | 2 | 416 |
| — à feuilles coriaces | 2 | 416 |
| — à feuilles de Cornouiller | 2 | 419 |
| — à feuilles ondulées | 2 | 417 |
| — à fleurs verdâtres | 2 | 416 |
| — cotonneux | 2 | 418 |
| — ferrugineux | 2 | 418 |
| — révoluté | 2 | 418 |
| — roux | 2 | 418 |
| — Tobira | 2 | 417 |
| PITTOSPORÉES | 2 | 413 |
| PIVOINE | 7 | 394 |
| — à feuilles menues | 7 | 406 |
| — comestible | 7 | 400 |
| — de l'Hymalaya | 7 | 399 |
| — laciniée | 7 | 405 |
| — Moutan | 7 | 398 |
| — officinale | 7 | 401 |
| PLANÉRA | 11 | 115 |
| — aquatique | 11 | 116 |
| PLANÉRÉES | 11 | 97 et 114 |
| PLANTAGINÉES | 10 | 353 |
| PLANTAIN | 10 | 355 |
| — des sables | 10 | 357 |
| — lancéolé | 10 | 357 |
| — majeur | 10 | 356 |
| — moyen | 10 | 356 |
| PLAQUEMINIER | 9 | 402 |
| — à billes | 9 | 412 |
| — à bois noir | 9 | 407 |
| — à bois verdâtre | 9 | 410 |
| — à feuilles cordiformes | 9 | 414 |
| — commun | 9 | 405 |
| — cotonneux | 9 | 408 |
| — de Virginie | 9 | 405 |
| — Ébénastre | 9 | 407 |

| | Vol. | Pag. |
|---|---|---|
| Plaqueminier ébénier. . . | 9 | 407 |
| — glutinifère. . . . . | 9 | 411 |
| — Kaki. . . . . . . | 9 | 406 |
| — Mélanide. . . . . . | 9 | 412 |
| — monticole. . . . . | 9 | 410 |
| — panaché. . . . . . | 9 | 412 |
| — ramiflore. . . . . . | 9 | 409 |
| PLATANE. . . . . . . . | 11 | 75 |
| — commun. . . . . . | 11 | 77 |
| — commun à feuilles anguleuses. . . . | 11 | 79 |
| — commun à feuilles d'Érable. . . . . | 11 | 79 |
| — commun à feuilles de Liquidambar. | 11 | 77 |
| — commun à feuilles de Vigne. . . . . | 11 | 78 |
| PLATONIA ( Martius. ). . | 5 | 318 |
| — magnifique. . . . . | 5 | 318 |
| PLATONIA (Kunth.). . . | 13 | 222 |
| — élancé. . . . . . . | 13 | 222 |
| PLATYCAPNOS. . . . . . | 7 | 90 |
| — à épis. . . . . . . | 7 | 91 |
| PLATYCHILE. . . . . . | 1 | 187 |
| — de Cels. . . . . . | 1 | 187 |
| PLATYCLADE. . . . . . . | 11 | 335 |
| — dolabriforme. . . . | 11 | 337 |
| — dressé. . . . . . . | 11 | 335 |
| PLATYCODON. . . . . . | 9 | 560 |
| — à grandes fleurs. . | 9 | 561 |
| PLATYLOBE. . . . . . | 1 | 185 |
| — à angles obtus. . . | 1 | 187 |
| — à feuilles ovales. . | 1 | 186 |
| — à petites fleurs. . . | 1 | 186 |
| — de Murray. . . . . | 1 | 186 |
| — élégant. . . . . . . | 1 | 186 |
| — triangulaire. . . . | 1 | 186 |
| PLATYSTÉMON. . . . . . | 7 | 52 |
| — de Californie. . . . | 7 | 54 |
| PLATYSTÉMONÉES. | 7 | 7 |
| | et | 50 |
| PLATYSTIGMA. . . . . . | 7 | 50 |
| — à feuilles linéaires. | 7 | 51 |
| PLECTOCÉPHALE. . . . . | 10 | 63 |
| — d'Amérique. . . . | 10 | 63 |
| PLÉROMA. . . . . . . . | 4 | 251 |
| — flexible. . . . . . | 4 | 252 |
| — hétéromalle. . . . | 4 | 252 |
| PLEURANDRA. . . . . . . | 7 | 155 |
| — cistiflore. . . . . . | 7 | 156 |
| PLEUROSPERMÉES. | 8 | 137 |
| | et | 176 |
| PLEUROTHALLÉES. . | 12 | 175 |
| PLOMBAGÉES. . . . | 10 | 333 |
| | et | 334 |
| PLOMBAGIDE. . . . . . | 10 | 338 |
| — à fleurs roses. . . | 10 | 339 |
| — auriculée. . . . . | 10 | 339 |
| — sarmenteuse. . . . | 10 | 339 |
| PLOMBAGINÉES. | 10 | 331 |
| PLUMBAGO, V. DENTELAIRE. | | |
| PLUMÉRIA. . . . . . . | 8 | 519 |
| — à fleurs closes. . . . | 8 | 521 |
| — blanc. . . . . . . | 8 | 520 |
| — rouge. . . . . . . | 8 | 520 |
| PLUMÉRIÉES. . . . . | 8 | 502 |
| | et | 518 |
| PODALYRIA. . . . . . . | 1 | 167 |
| — à feuilles d'Aliboufier. | 1 | 168 |
| — à feuilles de Buis. | 1 | 168 |
| — argenté. . . . . . | 1 | 168 |
| — cunéiforme. . . . . | 1 | 168 |
| — soyeux. . . . . . . | 1 | 167 |
| PODOCARPE. . . . . . . | 11 | 437 |
| — à feuilles allongées. | 11 | 438 |
| — à feuilles de Laurier rose. . . . . . | 11 | 438 |
| PODOCARPÉES. . . . . | 11 | 358 |
| | et | 437 |
| PODOLOBE. . . . . . . | 1 | 170 |
| — à feuilles épineuses. | 1 | 170 |
| — trilobé. . . . . . . | 1 | 170 |
| PODOPHYLLE. . . . . . . | 8 | 70 |
| — pelté. . . . . . . | 8 | 71 |
| PODOPHYLLÉES. | 8 | 34 |
| | et | 70 |
| PODOSTÉMÉES. . | 12 | 11 |
| POINCIANA. . . . . . . | 1 | 104 |
| — magnifique. . . . . | 1 | 105 |
| — royal . . . . . . . | 1 | 105 |
| — superbe. . . . . . | 1 | 106 |
| POIRIER. . . . . . . . . | 2 | 109 |
| — à feuilles crénelées. | 2 | 133 |
| — à feuilles d'Amandier. | 2 | 126 |
| — à feuilles de Pommier. | 2 | 131 |
| — à feuilles de Saule. | 2 | 130 |
| — à feuilles oblongues. | 2 | 128 |
| — à fruit dur. . . . . | 2 | 123 |
| — commun. . . . . . | 2 | 122 |
| — cotonneux. . . . . | 2 | 127 |
| — de Bolwiller. . . . | 2 | 132 |
| — de Chine. . . . . . | 2 | 124 |
| — de Michaux. . . . | 2 | 125 |

| | Vol. | Pag. |
|---|---|---|
| Poirier du Sinaï | 2 | 129 |
| — grisâtre | 2 | 129 |
| — laineux | 2 | 133 |
| — nival | 2 | 127 |
| — Nussia | 2 | 133 |
| — Sauger | 2 | 124 |
| Pois | 1 | 306 |
| — Bisaille | 1 | 308 |
| — cultivé | 1 | 307 |
| Poivréa | 4 | 306 |
| — à feuilles alternes | 4 | 307 |
| — écarlate | 4 | 306 |
| — épineux | 4 | 307 |
| — de Roxburgh | 4 | 308 |
| — touffu | 4 | 307 |
| Poivrier | 11 | 12 |
| — à chatons allongés | 11 | 15 |
| — Bétel | 11 | 15 |
| — Chaba | 11 | 16 |
| — des bois | 11 | 16 |
| — Faux-Pipul | 11 | 17 |
| — noir | 11 | 12 |
| — trioïque | 11 | 14 |
| Polanisia | 6 | 304 |
| — bitumineux | 6 | 304 |
| — visqueux | 6 | 305 |
| POLÉMONIACÉES | 9 | 106 |
| POLÉMONIÉES | 9 | 108 |
| Polémonium | 9 | 120 |
| — commun | 9 | 121 |
| — rampant | 9 | 122 |
| Polyalthia | 7 | 510 |
| — à feuilles subcordiformes | 7 | 511 |
| — à grandes feuilles | 7 | 513 |
| — cunéiforme | 7 | 512 |
| — de Kent | 7 | 513 |
| — elliptique | 7 | 511 |
| Polyanthes, V. Tubéreuse. | | |
| POLYCARPIQUES | 7 | 186 |
| Polygala | 7 | 117 |
| — à fleurs jaunâtres | 7 | 124 |
| — amer | 7 | 122 |
| — commun | 7 | 120 |
| — élancé | 7 | 123 |
| POLYGALÉES | 7 | 107 |
| POLYGALÉES VRAIES | 7 | 111 |
| | et | 112 |
| Polygonatum, V. Sceau de Salomon. | | |
| POLYGONÉES | 10 | 518 |
| POLYGONÉES | 10 | 521 |
| Polygonum, V. Renouée. | | |
| Polyxène | 12 | 298 |
| — naine | 12 | 299 |
| POMACÉES | 2 | 49 |
| Pomaderris | 2 | 462 |
| — à feuilles d'Andromède | 2 | 465 |
| — à feuilles de Phylica | 2 | 465 |
| — à feuilles spatulées | 2 | 463 |
| — à feuilles de Troëne | 2 | 464 |
| — à fleurs glomérulées | 2 | 463 |
| — apétale | 2 | 464 |
| — Bouleau | 2 | 464 |
| — discolore | 2 | 463 |
| — elliptique | 2 | 464 |
| Pommier | 2 | 134 |
| — à baies | 2 | 135 |
| — à bouquets | 2 | 136 |
| — à cerises | 2 | 152 |
| — à feuilles de Prunier | 2 | 151 |
| — à fruit acide | 2 | 149 |
| — commun | 2 | 140 |
| — de Chine | 2 | 134 |
| — de Saint-Jean | 2 | 139 |
| — Desfontaines | 2 | 150 |
| — dioïque | 2 | 148 |
| — Doucin | 2 | 139 |
| — du Japon | 2 | 159 |
| — hétérophylle | 2 | 138 |
| — Paradis | 2 | 139 |
| — toujours vert | 2 | 135 |
| Pompelmouse | 2 | 285 |
| — à feuilles crépues | 2 | 286 |
| — à grappes | 2 | 286 |
| — Chadec | 2 | 286 |
| — ordinaire | 2 | 285 |
| — Pompoléon | 2 | 285 |
| Pongamia | 1 | 361 |
| — glabre | 1 | 362 |
| — pourpre-noir | 1 | 361 |
| PONTÉDÉRÉES | 12 | 256 |
| Pontédéria | 12 | 392 |
| — cordiforme | 12 | 393 |
| Populus, V. Peuplier. | | |
| Porana | 9 | 95 |
| — paniculé | 9 | 95 |
| — volubile | 9 | 96 |
| Porliéria | 2 | 308 |
| — hygrométrique | 2 | 308 |
| Portlandia | 8 | 419 |
| — à fleurs écarlates | 8 | 420 |

| | Vol. | Pag. |
|---|---|---|
| Portlandia à grandes fleurs. | 8 | 420 |
| PORTULACA, V. POURPIER. | | |
| PORTULACACÉES. | 5 | 221 |
| PORTULACARIA. | 5 | 232 |
| — du Cap. | 5 | 232 |
| POSIDONIÉES. | 12 | 14 |
| POSOQUÉRIA. | 8 | 407 |
| — à longues fleurs. | 8 | 407 |
| POTALIA. | 8 | 484 |
| — amer. | 8 | 485 |
| POTAMOGÉTONÉES. | 12 | 15 |
| POTENTILLE: | 1 | 469 |
| — à fleurs blanches. | 1 | 475 |
| — à fleurs dorées. | 1 | 474 |
| — Ansérine. | 1 | 471 |
| — arbrisseau. | 1 | 470 |
| — couleur de sang. | 1 | 476 |
| — de Daourie. | 1 | 470 |
| — de l'Apennin. | 1 | 476 |
| — de Russel. | 1 | 477 |
| — de Siemers. | 1 | 471 |
| — dressée. | 1 | 474 |
| — élégante. | 1 | 476 |
| — intermédiaire. | 1 | 473 |
| — laciniée. | 1 | 474 |
| — luisante. | 1 | 475 |
| — pédalée. | 1 | 474 |
| — printanière. | 1 | 473 |
| — rampante. | 1 | 472 |
| — Tormentille. | 1 | 472 |
| POURPIER. | 5 | 224 |
| — de Gillies. | 5 | 226 |
| — poilu. | 5 | 226 |
| — potager. | 5 | 225 |
| PRASIÉES. | 9 | 167 |
| PRIESTLÉYA. | 1 | 192 |
| — drapé. | 1 | 193 |
| — hérissé. | 1 | 192 |
| — lisse. | 1 | 192 |
| — velu. | 1 | 193 |
| PRIMEVÈRE. | 9 | 350 |
| — à grandes fleurs. | 9 | 351 |
| — inodore. | 9 | 352 |
| — officinale. | 9 | 353 |
| PRIMULA, V. PRIMEVÈRE. | | |
| PRIMULACÉES. | 9 | 341 |
| PRIMULIDE. | 9 | 354 |
| — de Chine. | 9 | 354 |
| PRINOS. | 2 | 432 |
| — à feuilles entières. | 2 | 434 |
| — à feuilles de Padus. | 2 | 433 |

| | Vol. | Pag. |
|---|---|---|
| Prinos à feuilles non persistantes. | 2 | 432 |
| — coriace. | 2 | 435 |
| — douteux. | 2 | 433 |
| — glabre. | 2 | 435 |
| — lancéolé. | 2 | 434 |
| — lisse. | 2 | 434 |
| — verticillé. | 2 | 433 |
| PROSOPIS. | 1 | 62 |
| — à épis. | 1 | 62 |
| — à fruit doux. | 1 | 63 |
| — épineux. | 1 | 63 |
| PROSTANTHÉRÉES. | 9 | 165 |
| PROTÉACÉES. | 10 | 398 |
| PROTÉE. | 10 | 409 |
| — à feuilles cordiformes. | 10 | 413 |
| — à feuilles mucronées. | 10 | 411 |
| — à fleurs turbinées. | 10 | 413 |
| — à grandes fleurs. | 10 | 411 |
| — à longues feuilles. | 10 | 411 |
| — à longues fleurs. | 10 | 410 |
| — à petites fleurs. | 10 | 411 |
| — acaule. | 10 | 412 |
| — acéreux. | 10 | 413 |
| — amplexicaule. | 10 | 415 |
| — Artichaut. | 10 | 409 |
| — bicolore. | 10 | 410 |
| — canaliculé. | 10 | 412 |
| — charmant. | 10 | 410 |
| — élégant. | 10 | 410 |
| — étalé. | 10 | 411 |
| — mellifère. | 10 | 411 |
| — nain. | 10 | 412 |
| — rampant. | 10 | 412 |
| — Scolopendre. | 10 | 413 |
| — superbe. | 10 | 410 |
| — tenace. | 10 | 412 |
| PROTÉES. | 10 | 400 |
| | et | 403 |
| PROTÉINÉES. | 10 | 396 |
| PRUNIER. | 1 | 394 |
| — à feuilles de Saule. | 1 | 398 |
| — à feuilles glauques. | 1 | 399 |
| — blanchâtre. | 1 | 399 |
| — Chicasaw. | 1 | 397 |
| — Cocomilio. | 1 | 397 |
| — de Briançon. | 1 | 396 |
| — domestique. | 1 | 392 |
| — hivernal. | 1 | 398 |

| | Vol. | Pag. |
|---|---|---|
| Prunier maritime. . . . | 1 | 397 |
| — Myrobolan. . . . . | 1 | 396 |
| — nain. . . . . . . . | 1 | 400 |
| — noir. . . . . . . . | 1 | 399 |
| — Pruneaultier. . . . | 1 | 393 |
| — Prunellier. . . . | 1 | 394 |
| — pygmée. . . . . | 1 | 399 |
| — recliné. . . . . . | 1 | 398 |
| — sauvage. . . . . | 1 | 394 |
| PSEUPOCAPSICUM. . . . | 9 | 76 |
| — ondulé. . . . . | 9 | 77 |
| PSIDIUM, V. GOYAVIER. | | |
| PSORALÉA. . . . . . . | 1 | 230 |
| — arborescent. . . . | 1 | 233 |
| — bitumineux. . . . | 1 | 231 |
| — bractéolé. . . . | 1 | 232 |
| — comestible. . . . | 1 | 231 |
| — glanduleux. . . . | 1 | 232 |
| — multicaule. . . . | 1 | 233 |
| — odorant. . . . . | 1 | 233 |
| — penné. . . . . | 1 | 233 |
| — pubescent. . . . | 1 | 232 |
| — soyeux. . . . . | 1 | 232 |
| — tuberculeux. . . . | 1 | 233 |
| PSOPHOCARPE. . . . . | 1 | 335 |
| — Pois carré. . . . | 1 | 335 |
| PSOROPHYTE. . . . . | 5 | 413 |
| — à feuilles ondulées. | 5 | 413 |
| PSOROSPERME. . . . | 5 | 351 |
| — à feuilles de Ci- | | |
| tronnier. . . . | 5 | 352 |
| — discolore. . . . . | 5 | 355 |
| — du Sénégal. . . . | 5 | 355 |
| — fébrifuge. . . . | 5 | 354 |
| PSYCHANTHUS. . . . . | 7 | 150 |
| — à feuilles de Myrte. | 7 | 157 |
| — à feuilles opposées. | 7 | 153 |
| — à grandes fleurs. . | 7 | 155 |
| — bractéolé. . . . . | 7 | 140 |
| — élégant. . . . . | 7 | 158 |
| PSYCHOTRIA. . . . . | 8 | 456 |
| — émétique. . . . . | 8 | 456 |
| — vénéneux. . . . . | 8 | 457 |
| PTARMIQUE . . . . . | 10 | 191 |
| — à grandes fleurs. . | 10 | 194 |
| — commune. . . . . | 10 | 195 |
| — de Sibérie. . . . | 10 | 192 |
| — Herba-rota. . . . | 10 | 194 |
| — musquée. . . . . | 10 | 192 |
| — naine. . . . . . | 10 | 192 |
| PTÉLÉA. . . . . . . . | 2 | 369 |
| — trifoliolé. . . . . | 2 | 369 |
| Ptéléacées. . . . . . . | 2 | 360 |

| | Vol. | Pag. |
|---|---|---|
| PTÉRANDRE. . . . . . | 3 | 157 |
| — à feuilles de Goya- | | |
| vier. . . . . . | 3 | 158 |
| — à feuilles de Poirier. | 3 | 158 |
| PTÉROCARPE. . . . . . | 1 | 362 |
| — à bourses. . . . | 1 | 363 |
| — à écorce jaune. . . | 1 | 365 |
| — Faux-Santal. . . . | 1 | 364 |
| — Hérisson. . . . . . | 1 | 364 |
| — Moutouchi. . . . . | 1 | 363 |
| — Sang-dragon. . . . | 1 | 362 |
| — Santal. . . . . . | 1 | 363 |
| PTÉROCARYA. . . . . | 2 | 180 |
| — à feuilles de Frêne. | 2 | 180 |
| PTÉROSPERME. . . . . | 3 | 452 |
| — à feuilles d'Érable. | 3 | 454 |
| — à feuilles de Liège. | 3 | 452 |
| — à feuilles semi-sa- | | |
| gittiformes. . . . . | 3 | 453 |
| PTÉRYGOSPERMÉES. | 8 | 131 |
| | et | 453 |
| PTÉRYGOTA. . . . . . | 3 | 502 |
| — de Roxburgh. . . . | 3 | 502 |
| PULICAIRE. . . . . . | 10 | 219 |
| — dyssentérique. . . | 10 | 219 |
| PULMONAIRE. . . . . | 9 | –39 |
| — officinale. . . . . . | 9 | –40 |
| PULSATILLE. . . . . . | 7 | 253 |
| — à sépales étalés. . . | 7 | 256 |
| — commune. . . . . | 7 | 255 |
| — des Alpes. . . . . | 7 | 254 |
| PULTÉNÉE. . . . . . . | 1 | 179 |
| — à feuilles bilobées. | 1 | 180 |
| — à feuilles de Ro- | | |
| marin. . . . . | 1 | 179 |
| — à feuilles obcordi- | | |
| formes. . . . . | 1 | 180 |
| — à feuilles rétuses. . | 1 | 180 |
| — à ombelles. . . . . | 1 | 181 |
| — dressée. . . . . . | 1 | 181 |
| — Faux-Daphné. . . | 1 | 180 |
| — stipulaire. . . . . | 1 | 181 |
| — velue. . . . . . | 1 | 181 |
| PUNICA, V. GRENADIER. | | |
| PUPALIA. . . . . . . . | 5 | 275 |
| — à fleurs agrégées. . | 5 | 275 |
| PURSHIA. . . . . . . | 1 | 429 |
| — à feuilles tridentées. | 1 | 429 |
| PUSCHKINIA. . . . . | 12 | 314 |
| — Fausse-Scille. . . | 12 | 315 |
| PYRÈTHRE. . . . . . . | 10 | 174 |
| — à fleurs carnées. . . | 10 | 176 |
| — à fleurs roses. . . . | 10 | 176 |

| | Vol. | Pag. |
|---|---|---|
| Pyrèthre à fleurs tardives. | 10 | 175 |
| — Balsamite. . . . . | 10 | 174 |
| — Matricaire. . . . . | 10 | 177 |
| PYROLE. . . . . . . . . | 9 | 517 |
| — à feuilles rondes. . | 9 | 518 |
| — à ombelle. . . . . . | 9 | 516 |
| — mineure. . . . . . | 9 | 519 |
| PYROLÉES. . . . . . . | 9 | 444 |
| | et | 516 |
| | | |
| QUALÉA. . . . . . . . . | 4 | 325 |
| — à fleurs bleues. . . | 4 | 327 |
| — à fleurs roses. . . . | 4 | 327 |
| — grandiflore. . . . . | 4 | 326 |
| — multiflore. . . . . | 4 | 328 |
| — non-éperonné. . . . | 4 | 326 |
| QUAMOCLIT. . . . . . . | 9 | 101 |
| — pectiné. . . . . . . | 9 | 101 |
| QUASSIA. . . . . . . . . | 2 | 373 |
| — amer. . . . . . . . | 2 | 374 |
| QUERCINÉES. . . . . . | 11 | 142 |
| | et | 145 |
| QUERCUS, V. CHÊNE. | | |
| QUILLAÏA. . . . . . . . | 1 | 448 |
| — à savon. . . . . . . | 1 | 449 |
| QUISQUALIS. . . . . . . | 4 | 316 |
| — d'Inde. . . . . . . | 4 | 316 |
| — ébractéolé. . . . . | 4 | 317 |
| | | |
| RADIOLA. . . . . . . . . | 3 | 285 |
| — Faux-Lin. . . . . . | 3 | 285 |
| RAFFLÉSIE. . . . . . . . | 10 | 556 |
| — d'Arnold. . . . . . | 10 | 558 |
| — Patma. . . . . . . | 10 | 557 |
| RAFFLÉSIÉES. . . . | 10 | 553 |
| RANDIA. . . . . . . . . | 8 | 414 |
| — aquatique . . . . . | 8 | 416 |
| — des buissons. . . . | 8 | 415 |
| RANUNCULUS, V. RENONCULE. | | |
| RAPHANUS. . . . . . . . | 6 | 333 |
| — cultivé. . . . . . . | 6 | 340 |
| — Ravenelle. . . . . . | 6 | 336 |
| RAPHIA. . . . . . . . . | 12 | 89 |
| — à vin. . . . . . . . | 12 | 89 |
| — pédonculé. . . . . | 12 | 90 |
| RAPHIOLÉPIDE. . . . . . | 2 | 78 |
| — à étamines rouges. | 2 | 79 |
| — à feuilles de Saule. | 2 | 79 |
| — de l'Inde . . . . . | 2 | 79 |
| — rouge. . . . . . . . | 2 | 79 |
| RAVÉNALA. . . . . . . . | 12 | 144 |
| — de Madagascar. . . | 12 | 144 |

| | Vol. | Pag. |
|---|---|---|
| RÉCCHININÉES. . . . | 7 | 413 |
| RÉEVÉSIA. . . . . . . . | 3 | 519 |
| — à thyrses. . . . . | 3 | 519 |
| RÉGLISSE. . . . . . . . | 1 | 247 |
| — officinale. . . . . . | 1 | 248 |
| RÉMIJA. . . . . . . . . | 8 | 391 |
| — de Saint-Hilaire. . | 8 | 392 |
| — de Vellozo. . . . . | 8 | 392 |
| — ferrugineux. . . . | 8 | 391 |
| RENONCULACÉES. | 7 | 186 |
| RENONCULE. . . . . . . | 7 | 203 |
| — âcre. . . . . . . . | 7 | 212 |
| — à feuilles d'Aconit. | 7 | 204 |
| — à feuilles de Par- | | |
| nassia. . . . . . | 7 | 206 |
| — à feuilles étroites. . | 7 | 207 |
| — à feuilles menues. | 7 | 217 |
| — alpestre. . . . . . | 7 | 205 |
| — bulbeuse. . . . . . | 7 | 215 |
| — d'Illyrie. . . . . . | 7 | 218 |
| — Flammule. . . . . | 7 | 209 |
| — laineuse. . . . . . | 7 | 214 |
| — Lingua. . . . . . . | 7 | 210 |
| — multiflore. . . . . | 7 | 213 |
| — pédalée. . . . . . . | 7 | 219 |
| — printanière. . . . . | 7 | 211 |
| — rampante. . . . . . | 7 | 215 |
| — Thora. . . . . . . | 7 | 208 |
| RENONCULÉES. . . | 7 | 189 |
| | et | 191 |
| RENONCULINÉES. . . | 7 | 190 |
| | et | 192 |
| RENOUÉE. . . . . . . . | 10 | 534 |
| — des oiseaux. . . . . | 10 | 535 |
| RÉSÉDA. . . . . . . . . | 7 | 97 |
| — à fleurs jaunes. . . | 7 | 100 |
| — odorant. . . . . . . | 7 | 98 |
| — Raiponce. . . . . . | 7 | 99 |
| RÉSÉDACÉES. . . | 7 | 93 |
| RÉSÉDINÉES. . . . . . | 7 | 96 |
| | et | 97 |
| RESTIACÉES. . . . | 13 | 138 |
| RESTIONÉES. . . . . . | 13 | 139 |
| RHAMNÉES. . . . . . | 2 | 437 |
| Rhamnées. . . . . . . . | 2 | 402 |
| | 421 et | 437 |
| RHÉADÉES. . . . . | 6 | 291 |
| | et vol. 7, p. 1 |
| RHEUM, V. RHUBARBE. | | |

| | Vol. | Pag. |
|---|---|---|
| RHEXIA. . . . . . . . . . | 4 | 226 |
| — à feuilles étroites. . | 4 | 226 |
| — à fleurs jaunes. . . | 4 | 228 |
| — cilié. . . . . . . . | 4 | 227 |
| — de Virginie . . . . | 4 | 227 |
| — du Maryland. . . . | 4 | 226 |
| — glabre. . . . . . . | 4 | 227 |
| RHEXIÉES. . . . . . . | 4 | 205 |
| | et | 221 |
| RHINACANTHE. . . . . . | 9 | 157 |
| — ringent. . . . . . | 9 | 158 |
| *RHINANTHÉES*. . . | 9 | 271 |
| | et | 329 |
| RHIPSALIS. . . . . . . | 13 | 388 |
| — à ailes épaisses. . . | 13 | 390 |
| — à large fruit. . . . | 13 | 389 |
| — Cassytha. . . . . . | 13 | 391 |
| — crépu. . . . . . . | 13 | 388 |
| — de Swartz. . . . | 13 | 389 |
| — en forme de corde. | 13 | 391 |
| — fasciculé. . . . . . | 13 | 392 |
| — Faux-Mésembryan- | | |
| thème. . . . . . . . | 13 | 392 |
| — floconneux. . . . . | 13 | 391 |
| — ondulé. . . . . . . | 13 | 392 |
| — pentaptère. . . . . | 13 | 390 |
| — ramuleux. . . . . . | 13 | 389 |
| — rhomboïdal. . . . | 13 | 388 |
| — trigone. . . . . . . | 13 | 391 |
| RHIZANTHE . . . . . . . | 10 | 555 |
| — de Zippel. . . . . . | 10 | 556 |
| *RHIZOBOLÉES*. . | 3 | 9 |
| RHIZOPHORA. . . . . . | 4 | 332 |
| — à fruit cylindrique. | 4 | 333 |
| — du Malabar. . . . . | 4 | 333 |
| — Kandel. . . . . . . | 4 | 333 |
| — Manglier. . . . . . | 4 | 332 |
| — Palétuvier. . . . . | 4 | 333 |
| *RHIZOPHORÉES*. | 4 | 330 |
| RHODACE. . . . . . . . | 6 | 37 |
| — Chaméciste. . . . . | 6 | 40 |
| — dichotome. . . . . | 6 | 44 |
| — multiflore. . . . . | 6 | 38 |
| RHODOCISTE. . . . . . | 6 | 92 |
| — de Berthelot. . . . | 6 | 93 |
| RHODODENDRON, *V.* ROSAGE. | | |
| RHODOLÈNE. . . . . . . | 4 | 57 |
| — élancé. . . . . . . | 4 | 57 |
| RHODORA. . . . . . . . | 9 | 512 |
| — du Canada. . . . . | 9 | 512 |
| *Rhodoracées*. . . . . . . | 9 | 440 |
| *RHODORÉES*. . . . | 9 | 444 |
| | et | 496 |
| RHODOTHAME. . . . . . | 9 | 499 |
| — Faux-Ciste. . . . | 9 | 499 |
| RHUBARBE. . . . . . . | 10 | 528 |
| — à feuilles ondulées. | 10 | 531 |
| — australe. . . . . . | 10 | 532 |
| — compacte. . . . . . | 10 | 530 |
| — palmée. . . . . . . | 10 | 531 |
| — Rhapontic. . . . . | 10 | 531 |
| — Ribès. . . . . . . . | 10 | 532 |
| RHUS, *V.* SUMAC. | | |
| RHYNCHANTHÉRA. . . . . | 4 | 214 |
| — à feuilles denticulées. | 4 | 215 |
| — cordiforme. . . . . | 4 | 216 |
| — de Schrank. . . . . | 4 | 215 |
| — grandiflore. . . . | 4 | 215 |
| *RHYNCHOSPERMÉES.* | 8 | 132 |
| | et | 143 |
| *RHYNCHOSPORÉES.* | 13 | 145 |
| RIBÈS, *V.* GROSEILLER. | | |
| RICHARDIA. . . . . . . | 12 | 51 |
| — d'Afrique. . . . . | 12 | 51 |
| RICHARDIÉES. . . . . | 12 | 40 |
| RICHARDSONIA. . . . . . | 8 | 466 |
| — rose. . . . . . . . | 8 | 466 |
| — scabre. . . . . . . | 8 | 467 |
| RICIN. . . . . . . . . | 2 | 506 |
| — commun. . . . . . | 2 | 506 |
| *RICINÉES*. . . . . . | 2 | 487 |
| | et | 499 |
| RIESENBACHIA. . . . . . | 4 | 413 |
| — à grappes. . . . . | 4 | 413 |
| RIESENBACHIÉES. . . . | 4 | 339 |
| | et | 413 |
| RIGIDELLE. . . . . . . | 13 | 6 |
| — écarlate. . . . . . | 13 | 7 |
| RIVINA. . . . . . . . . | 5 | 243 |
| — du Brésil. . . . . | 5 | 244 |
| — glabre. . . . . . . | 5 | 244 |
| — nain. . . . . . . . | 5 | 244 |
| — rose. . . . . . . . | 5 | 244 |
| — sarmenteux. . . . . | 5 | 245 |
| RIZ. . . . . . . . . . | 13 | 167 |
| — cultivé. . . . . . . | 13 | 168 |
| ROBINIA. . . . . . . . | 1 | 257 |
| — Faux-Acacia. . . . | 1 | 258 |
| — hispide. . . . . . . | 1 | 261 |
| — rose. . . . . . . . | 1 | 262 |
| — nain. . . . . . . . | 1 | 262 |
| — visqueux. . . . . . | 1 | 260 |
| ROBSONIA. . . . . . . . | 6 | 180 |

| | Vol. | Pag. |
|---|---|---|
| Robsonia élégant. . . . | 6 | 181 |
| ROCHÉA. . . . . . . . . | 5 | 82 |
| — à feuilles-falciformes. | 5 | 82 |
| — à fleurs blanches. . | 5 | 83 |
| — à fleurs de Jasmin. | 5 | 84 |
| — écarlate. . . . . . | 5 | 83 |
| — odorant. . . . . . | 5 | 83 |
| — perfolié. . . . . . | 5 | 83 |
| — versicolore. . . . . | 5 | 83 |
| ROELLA. . . . . . . . | 9 | 559 |
| — cilié. . . . . . . | 9 | 559 |
| — écailleux. . . . . | 9 | 560 |
| ROEMERIA. . . . . . | 7 | 28 |
| — violet. . . . . . | 7 | 29 |
| ROLLINIA. . . . . . | 7 | 505 |
| — à feuilles de Hêtre. | 7 | 504 |
| — à longues feuilles. | 7 | 504 |
| RORIPA. . . . . . . | 6 | 504 |
| — amphibie. . . . . | 6 | 510 |
| — d'Autriche. . . . | 6 | 513 |
| — des Pyrénées. . . | 6 | 508 |
| — Faux-Camélina. . | 6 | 514 |
| — Faux-Cresson. . . | 6 | 506 |
| ROMARIN. . . . . . | 9 | 484 |
| — officinal. . . . . | 9 | 185 |
| RONCE. . . . . . . | 1 | 453 |
| — à feuilles de Bouleau. | 1 | 461 |
| — à feuilles de Noisetier. | 1 | 457 |
| — à feuilles de Poirier. | 1 | 462 |
| — à feuilles de Rosier. | 1 | 454 |
| — à feuilles de Tilleul. | 1 | 461 |
| — à feuilles petites. | 1 | 456 |
| — à grappes réfléchies. | 1 | 461 |
| — arctique. . . . . | 1 | 458 |
| — bleuâtre. . . . . | 1 | 457 |
| — commune. . . . . | 1 | 456 |
| — commune à fleurs doubles. . . . . | 1 | 457 |
| — de Lambert. . . . | 1 | 461 |
| — de Noutka. . . . | 1 | 460 |
| — élégante. . . . . | 1 | 455 |
| — étoilée. . . . . . | 1 | 459 |
| — Fausse-Mûre. . . | 1 | 458 |
| — Framboisier. . . . | 1 | 454 |
| — Framboisier d'A-mérique. . . . . | 1 | 455 |
| — glanduleuse. . . . | 1 | 457 |
| — odorante. . . . . | 1 | 459 |
| — trifide. . . . . . | 1 | 459 |
| — trilobée. . . . . | 1 | 460 |
| RONDIER. . . . . . | 12 | 93 |
| — à éventails. . . . | 12 | 93 |
| — d'Afrique. . . . | 12 | 95 |

| | Vol. | Pag. |
|---|---|---|
| ROSACÉES. . . . . | 2 | 1 |
| ROSAGE. . . . . . . | 9 | 499 |
| — à fleurs blanches. | 9 | 504 |
| — à fleurs jaunes. . | 9 | 506 |
| — commun. . . . . | 9 | 502 |
| — d'Amérique. . . . | 9 | 503 |
| — de Daourie. . . . | 9 | 507 |
| — d'Inde. . . . . . | 9 | 507 |
| — du Caucase. . . . | 9 | 506 |
| — du Kamtchatka. . | 9 | 508 |
| — en arbre. . . . . | 9 | 504 |
| — ferrugineux. . . . | 9 | 500 |
| — hérissé. . . . . . | 9 | 501 |
| — ponctué. . . . . | 9 | 502 |
| — pourpre. . . . . | 9 | 505 |
| ROSCYNA. . . . . . | 5 | 429 |
| — d'Amérique. . . . | 5 | 431 |
| — de Gebler. . . . | 5 | 430 |
| — de Gmélin. . . . | 5 | 430 |
| ROSÉA. . . . . . . | 5 | 271 |
| — élancé. . . . . . | 5 | 272 |
| ROSIER. . . . . . . | 2 | 8 |
| — à aiguillons réfléchis. | 2 | 12 |
| — à corolle involutée. | 2 | 12 |
| — à feuilles de Frêne. | 2 | 18 |
| — à feuilles de Myrte. | 2 | 27 |
| — à feuilles de Pimpre-nelle. . . . . . . | 2 | 10 |
| — à feuilles de Ronce. | 2 | 44 |
| — à feuilles luisantes. | 2 | 20 |
| — à feuilles résineuses. | 2 | 24 |
| — à feuilles rougeâtres. | 2 | 29 |
| — à feuilles spinelleuses. | 2 | 25 |
| — à fleurs jaunâtres. | 2 | 13 |
| — à fruit pendant. . | 2 | 16 |
| — à fruit turbiné. . | 2 | 22 |
| — à grandes feuilles. | 2 | 16 |
| — à grandes fleurs. | 2 | 13 |
| — à involucre. . . . | 2 | 47 |
| — à petites feuilles. | 2 | 19 |
| — à petites fleurs. . | 2 | 26 |
| — à rameaux grêles. | 2 | 15 |
| — aciculaire. . . . . | 2 | 14 |
| — Banks. . . . . . | 2 | 45 |
| — blanc. . . . . . | 2 | 29 |
| — bractéolé. . . . . | 2 | 46 |
| — brillant. . . . . . | 2 | 21 |
| — Brown. . . . . . | 2 | 43 |
| — Cannelle. . . . . | 2 | 17 |
| — Cent-feuilles. . . | 2 | 34 |
| — couleur de soufre. | 2 | 14 |
| — cotonneux. . . . . | 2 | 24 |
| — de Belgique. . . . | 2 | 35 |

| | Vol. | Pag. | | Vol. | Pag. |
|---|---|---|---|---|---|
| Rosier de Bourgogne. | 2 | 37 | Rudbéckia lacinié. | 10 | 157 |
| — de Caroline. | 2 | 18 | — penné. | 10 | 158 |
| — de chien (ou Eglantier) | 2 | 27 | — trilobé. | 10 | 154 |
| — de Chine. | 2 | 41 | RUDOLPHIA. | 1 | 357 |
| — de Damas. | 2 | 36 | — rose. | 1 | 357 |
| — de Provence. | 2 | 35 | — volubile. | 1 | 357 |
| — de Provins. | 2 | 30 | RUE. | 2 | 315 |
| — De Candolle. | 2 | 15 | — à feuilles étroites. | 2 | 316 |
| — des Alpes. | 2 | 15 | — à feuilles pennées. | 2 | 317 |
| — des buissons. | 2 | 29 | — commune. | 2 | 316 |
| — des champs. | 2 | 42 | RUELLIÉES. | 9 | 144 |
| — des haies. | 2 | 37 | RUIZIA. | 3 | 445 |
| — des Indes. | 2 | 38 | — à feuilles cordiformes. | 3 | 445 |
| — du Bengale. | 2 | 39 | — à feuilles variables. | 3 | 445 |
| — du Kamtchatka. | 2 | 22 | RUMEX. | 10 | 523 |
| — Eglantier, V. Rosier de chien. | | | — à feuilles scutelliformes. | 10 | 527 |
| — étalé. | 2 | 20 | — aquatique. | 10 | 525 |
| — fétide. | 2 | 9 | — crépu. | 10 | 525 |
| — fétide bicolore. | 2 | 9 | — élancé. | 10 | 526 |
| — glanduleux. | 2 | 25 | — Oseille. | 10 | 527 |
| — Hérisson. | 2 | 21 | — Patience. | 10 | 524 |
| — Lawrence. | 2 | 40 | — Rhapontic. | 10 | 524 |
| — microphylle. | 2 | 38 | RUPPIÉES. | 12 | 15 |
| — Mille-épines. | 2 | 13 | RUSCUS, V. FRAGON. | | |
| — multiflore. | 2 | 42 | RUTACÉES. | 2 | 313 |
| — musqué. | 2 | 43 | Rutacées. | 2 | 304 |
| — Noisette. | 2 | 39 | | | 313 et 318 |
| — pomifère. | 2 | 23 | RUYSCHIA. | 6 | 127 |
| — rampant. | 2 | 41 | — à feuilles de Clusia. | 6 | 129 |
| — rouillé. | 2 | 20 | — de Bahia. | 6 | 129 |
| — Sabine. | 2 | 12 | — de Guiane. | 6 | 130 |
| — soyeux. | 2 | 38 | — de l'Amazone. | 6 | 128 |
| — toujours-vert. | 2 | 42 | — de Spix. | 6 | 128 |
| — très-épineux. | 2 | 11 | — écarlate. | 6 | 129 |
| — trifoliolé. | 2 | 45 | | | |
| — Turneps. | 2 | 21 | SABAL. | 12 | 406 |
| — Woods. | 2 | 19 | — Palmetto. | 12 | 407 |
| ROTTBOELLIACÉES. | 13 | 166 | SABLIER. | 2 | 525 |
| ROXBURGHIA. | 12 | 231 | — élastique. | 2 | 526 |
| — Faux-Gloriosa. | 12 | 231 | SABLINE. | 5 | 208 |
| Roxburghiacées. | 12 | 210 | — à feuilles de Mélèze. | 5 | 211 |
| ROYÉNA. | 9 | 413 | — à feuilles recourbées. | 5 | 211 |
| — glabre. | 9 | 414 | — à feuilles sétacées. | 5 | 209 |
| — luisant. | 9 | 414 | — d'Autriche. | 5 | 210 |
| — velu. | 9 | 413 | — de Gérard. | 5 | 210 |
| RUBIACÉES. | 8 | 369 | — de Villars. | 5 | 210 |
| RUBIACINÉES. | 8 | 301 | — mucronée. | 5 | 209 |
| RUDBÉCKIA. | 10 | 153 | — printanière. | 5 | 211 |
| — à grandes fleurs. | 10 | 156 | SACCHARUM, V. CANAMELLE. | | |
| — brillant. | 10 | 155 | SAGRÉTIA. | 2 | 448 |
| — élégant. | 10 | 156 | | | |

| | Vol. | Pag. |
|---|---|---|
| Sagérétia Faux-Thé. . . . | 2 | 447 |
| SAGOUTIER. . . . . . . | 12 | 86 |
| — à longues épines. . | 12 | 88 |
| — de Rumphius. . . | 12 | 87 |
| — élancé. . . . . . . | 12 | 88 |
| — inerme. . . . . . . | 12 | 88 |
| SAINFOIN. . . . . . . . | 1 | 286 |
| — à bouquets. . . . . | 1 | 287 |
| — à capitules. . . . . | 1 | 288 |
| — à grandes fleurs. . | 1 | 286 |
| — argenté. . . . . . | 1 | 286 |
| — d'Espagne. . . . . | 1 | 287 |
| — de Malte. . . . . . | 1 | 287 |
| — de Sibérie. . . . . | 1 | 289 |
| — du Caucase. . . . | 1 | 288 |
| — éclatant. . . . . . | 1 | 287 |
| — flexueux. . . . . . | 1 | 288 |
| — foncé. . . . . . . | 1 | 288 |
| — polymorphe. . . . | 1 | 287 |
| SALACIA. . . . . . . . . | 2 | 400 |
| — à grandes feuilles.. | 2 | 400 |
| — de Cochinchine. . | 2 | 401 |
| — Faux-Prinos. . . . | 2 | 400 |
| SALICAIRE. . . . . . . | 4 | 419 |
| — ailée. . . . . . . . | 4 | 420 |
| — commune. . . . . | 4 | 421 |
| — diffuse. . . . . . . | 4 | 421 |
| — effilée. . . . . . . | 4 | 421 |
| — lancéolée. . . . . . | 4 | 420 |
| SALICARIÉES. . . . . | 4 | 419 |
| Salicariées. . . . . . . . | 4 | 417 |
| SALICINÉES. . . . | 10 | 359 |
| SALICINÉES. . . . | 10 | 361 |
| SALICORNIA. . . . . . | 5 | 278 |
| — herbacé. . . . . . | 5 | 279 |
| — ligneux. . . . . . | 5 | 279 |
| SALIX, V. SAULE. | | |
| SALPIGLOSSE. . . . . . | 9 | 294 |
| — à feuilles sinuées. | 9 | 295 |
| — panaché. . . . . . | 9 | 296 |
| SALPIGLOSSIDÉES. | 9 | 267 |
| | et | 292 |
| SALSIFIS. . . . . . . . | 10 | 52 |
| — à feuilles de Poireau. | 10 | 53 |
| SALSOLA. . . . . . . . | 5 | 279 |
| — corniculé. . . . . | 5 | 280 |
| — Kali. . . . . . . | 5 | 280 |
| — Soude. . . . . . . | 5 | 281 |
| SALVADORA.. . . . . . | 13 | 355 |
| — de Perse. . . . . . | 13 | 355 |

| | Vol. | Pag. |
|---|---|---|
| SALVADORACÉES. | 13 | 334 |
| SALVERTIA. . . . . . . | 4 | 324 |
| — odorant. . . . . . | 4 | 325 |
| SALVIA, V. SAUGE. | | |
| SAMBUCINÉES. . . . . | 8 | 305 |
| | et | 318 |
| SAMBUCUS, V. SUREAU. | | |
| SAMOLUS. . . . . . . . | 9 | 370 |
| — commun. . . . . . | 9 | 370 |
| SAMYDA. . . . . . . . | 6 | 288 |
| — à feuilles luisantes. | 6 | 289 |
| — à fleurs roses. . . . | 6 | 289 |
| — épineux. . . . . . | 6 | 289 |
| SAMYDÉES. . . . . | 6 | 287 |
| SANDORIC. . . . . . . | 3 | 189 |
| — d'Inde. . . . . . . | 3 | 190 |
| SANGUINARIA. . . . . . | 7 | 37 |
| — du Canada. . . . . | 7 | 39 |
| SANGUINARIÉES. | 7 | 6 |
| | et | 37 |
| SANGUISORBE. . . . . . | 1 | 486 |
| — du Canada. . . . . | 1 | 486 |
| — officinale. . . . . . | 1 | 486 |
| SANICULA. . . . . . . . | 8 | 221 |
| — d'Europe. . . . . . | 8 | 221 |
| SANSÉVIÈRE. . . . . . . | 12 | 219 |
| — carnée. . . . . . . | 12 | 220 |
| — de Céylan. . . . . | 12 | 219 |
| — de Guinée. . . . . | 12 | 220 |
| SANTAL. . . . . . . . . | 10 | 461 |
| — blanc. . . . . . . . | 10 | 461 |
| SANTALACÉES. | 10 | 459 |
| SANTALÉES. . . . . . | 10 | 460 |
| SANTOLINE. . . . . . . | 10 | 184 |
| — commune. . . . . . | 10 | 184 |
| SAPIN. . . . . . . . . | 11 | 403 |
| — Baumier. . . . . . | 11 | 421 |
| — blanc.. . . . . . . | 11 | 412 |
| — commun. . . . . . | 11 | 415 |
| — de Brown. . . . . . | 11 | 425 |
| — de Douglas.. . . . | 11 | 423 |
| — de Fraser. . . . . . | 11 | 422 |
| — de Nordmann. . . | 11 | 418 |
| — d'Orient. . . . . . | 11 | 409 |
| — de Sibérie. . . . . | 11 | 409 |
| — de Smith.. . . . . | 11 | 413 |
| — du Canada. . . . . | 11 | 424 |
| — élancé. . . . . . . | 11 | 422 |
| — Épicéa. . . . . . . | 11 | 405 |
| — magnifique. . . . . | 11 | 422 |

| | Vol. | Pag. |
|---|---|---|
| Sapin noble. | 11 | 419 |
| — noir. | 11 | 410 |
| — Oyamel. | 11 | 419 |
| — Pichta. | 11 | 420 |
| — Pindrow. | 11 | 423 |
| — Pinsapo. | 11 | 414 |
| — rouge. | 11 | 411 |
| SAPINDACÉES... | 3 | 37 |
| SAPINDÉES..... | 3 | 40 |
| | et | 41 |
| SAPINDUS, V. SAVONNIER. | | |
| SAPONAIRE. | 5 | 161 |
| — à feuilles de Basilic. | 5 | 163 |
| — officinale. | 5 | 162 |
| — Vaccaire. | 5 | 161 |
| SAPOTÉES. | 9 | 383 |
| SAPOTILLER. | 9 | 389 |
| — commun. | 9 | 390 |
| SAPROSMA. | 8 | 446 |
| — arborescent. | 8 | 446 |
| — frutescent. | 8 | 447 |
| SARCOCÉPHALUS. | 8 | 401 |
| — à fruit comestible. | 8 | 402 |
| SARCOCOQUE. | 2 | 489 |
| — pruniforme. | 2 | 489 |
| SARCOLÈNE. | 4 | 54 |
| — grandiflore. | 4 | 54 |
| — multiflore. | 4 | 55 |
| SARCOPHYTÉES.. | 10 | 548 |
| SARMENTACÉES. | 3 | 208 |
| SARRACÉNIA. | 13 | 329 |
| — Bec de perroquet. | 13 | 330 |
| — de Catesby. | 13 | 331 |
| — jaune. | 13 | 331 |
| — petit. | 13 | 330 |
| — pourpre. | 13 | 329 |
| — rouge. | 13 | 330 |
| — variolaire. | 13 | 330 |
| SARRACÉNIACÉES | 13 | 327 |
| SARRASIN. | 10 | 538 |
| — à nucules marginées. | 10 | 540 |
| — commun. | 10 | 539 |
| — cymeux. | 10 | 541 |
| — de Tartarie. | 10 | 540 |
| SASSAFRAS. | 10 | 503 |
| — blanc. | 10 | 505 |
| — commun. | 10 | 503 |
| — Parthénoxyle. | 10 | 505 |
| SATURÉIA. | 9 | 193 |
| — cultivé. | 9 | 194 |
| SATURÉINÉES. | 9 | 164 |
| | et | 188 |
| SAUGE. | 9 | 173 |
| — brillante. | 9 | 182 |
| — des prés. | 9 | 179 |
| — dorée. | 9 | 176 |
| — éclatante. | 9 | 181 |
| — Hormin. | 9 | 177 |
| — involucrée. | 9 | 183 |
| — officinale. | 9 | 174 |
| — Sclarée. | 9 | 178 |
| SAULE. | 10 | 361 |
| — à feuilles d'Amandier | 10 | 367 |
| — à feuilles de Garou. | 10 | 369 |
| — à feuilles de Rham- | | |
| noïde. | 10 | 368 |
| — à feuilles molles. | 10 | 372 |
| — à feuilles pointues. | 10 | 369 |
| — à grandes stipules. | 10 | 373 |
| — à long style. | 10 | 377 |
| — à oreillettes. | 10 | 376 |
| — acuminé. | 10 | 373 |
| — aquatique. | 10 | 376 |
| — blanc. | 10 | 365 |
| — fragile. | 10 | 364 |
| — incane. | 10 | 374 |
| — Marceau. | 10 | 375 |
| — ondulé. | 10 | 368 |
| — pentandre. | 10 | 363 |
| — pleureur. | 10 | 366 |
| — pourpre. | 10 | 370 |
| — rouge. | 10 | 371 |
| — triandre. | 10 | 368 |
| — viminal. | 10 | 372 |
| SAURAUJA. | 4 | 67 |
| — à feuilles fasciculées. | 4 | 68 |
| — à fleurs pendantes. | 4 | 69 |
| — cauliflore. | 4 | 68 |
| — de Noronha. | 4 | 68 |
| — de Reinwardt. | 4 | 69 |
| — gigantesque. | 4 | 69 |
| SAURAUJÉES. | 4 | 67 |
| SAURURE. | 11 | 4 |
| — à épis penchés. | 11 | 5 |
| SAURURÉES. | 11 | 3 |
| SAUVAGÉSIA. | 5 | 470 |
| — à feuilles de Serpolet. | 5 | 472 |
| — à grappes. | 5 | 471 |
| — commun. | 5 | 471 |
| SAUVAGÉSIÉES. | 5 | 469 |
| SAVONNIER. | 3 | 52 |

| | Vol. | Pag. | | Vol. | Pag. |
|---|---|---|---|---|---|
| Savonnier à feuill. de Laurier. | 3 | 55 | SCEAU DE SALOMON. . . . | 12 | 212 |
| —— comestible. . . . . . . | 3 | 54 | —— à larges feuilles. . . | 12 | 213 |
| —— commun. . . . . . | 3 | 53 | —— anguleux. . . . . | 12 | 213 |
| —— ferrugineux. . . . . | 3 | 55 | —— multiflore. . . . . | 12 | 213 |
| —— marginé. . . . . . | 3 | 54 | —— verticillé. . . . . | 12 | 212 |
| —— Rarak. . . . . . | 3 | 56 | Scépacées. . . . . . . . | 11 | 25 |
| SAXIFRAGE. . . . . . . | 5 | 40 | SCÉVOLÉES. . . . . | 9 | 583 |
| —— à cils raides. . . . | 5 | 58 | SCHELHAMMÉRA. . . . . | 12 | 251 |
| —— à feuilles cunéiformes. | 5 | 43 | —— ondulé. . . . . . | 12 | 251 |
| —— à feuilles de Bugle. | 5 | 50 | SCHMIDÉLIA. . . . . . | 3 | 50 |
| —— à feuilles opposées. | 5 | 56 | —— Cobbé. . . . . . | 3 | 51 |
| —— à feuilles palmées. | 5 | 48 | —— de Cochinchine. . . | 3 | 52 |
| —— à feuilles planes. . | 5 | 51 | —— dentelé. . . . . | 3 | 51 |
| —— à feuilles réniformes. | 5 | 42 | —— glabre. . . . . | 3 | 52 |
| —— à feuilles rondes. . | 5 | 45 | SCHINUS, V. MOLLÉ. | | |
| —— à feuilles sinuolées. | 5 | 44 | SCHIZANDRA. . . . . . | 8 | 40 |
| —— à fleurs jaunes. . . | 5 | 59 | —— écarlate. . . . . | 8 | 41 |
| —— à longues feuilles. | 5 | 53 | SCHIZANDRÉES. . . | 8 | 8 |
| —— à racine grumeuse. | 5 | 43 | | et | 8 |
| —— Aizoon. . . . . . | 5 | 53 | | 9 | 292 |
| —— ascendante. . . . . | 5 | 47 | SCHIZANTHE. . . . . . | 9 | 292 |
| —— automnale. . . . . | 5 | 58 | —— étalé. . . . . . | 9 | 293 |
| —— biflore. . . . . . | 5 | 57 | SCHIZOLÈNE. . . . . . | 4 | 56 |
| —— ciliée. . . . . . | 5 | 54 | —— rose. . . . . . | 4 | 56 |
| —— du Caucase. . . . | 5 | 47 | SCHIZOPÉTALE. . . . . | 6 | 586 |
| —— du Piémont. . . . | 5 | 48 | —— de Walker. . . . | 6 | 587 |
| —— Fausse-Androsace. | 5 | 52 | SCHREBÉRA. . . . . . | 9 | 439 |
| —— Fausse-Mousse. | 5 | 50 | —— Faux-Swietenia. | 9 | 440 |
| —— Faux-Arétia. . . . | 5 | 55 | SCHUBERTIA. . . . . | 11 | 347 |
| —— Faux-Géranium. | 5 | 46 | —— d'Amérique. . . . | 11 | 349 |
| —— Faux-Sédum. . . | 5 | 51 | —— du Japon. . . . | 11 | 352 |
| —— glauque. . . . . | 5 | 56 | —— toujours-vert. . . | 11 | 353 |
| —— hérissée. . . . . | 5 | 43 | SCHUBEA. . . . . . . | 4 | 411 |
| —— hypnoïde. . . . . | 5 | 49 | —— arborescent. . . . | 4 | 411 |
| —— intermédiaire. . . | 5 | 55 | SCHWEIGGÉRA. . . . . | 5 | 316 |
| —— lingulée. . . . . | 5 | 54 | —— touffu. . . . . | 5 | 316 |
| —— Mignonnette. . . | 5 | 43 | SCILLE. . . . . . . | 12 | 310 |
| —— pédatifide. . . . | 5 | 47 | —— à deux feuilles. . . | 12 | 311 |
| —— pyramidale. . . . | 5 | 52 | —— à feuilles liguliformes. | 12 | 313 |
| —— rétuse. . . . . | 5 | 57 | —— à feuilles obtuses. | 12 | 311 |
| —— sarmenteuse. . . | 5 | 41 | —— agréable. . . . . | 12 | 311 |
| —— sillonnée. . . . | 5 | 50 | —— azurée. . . . . | 12 | 312 |
| SAXIFRAGÉES. | 5 | 37 | —— à petites fleurs. . . | 12 | 310 |
| SAXIFRAGÉES- | | | —— d'automne. . . . | 12 | 310 |
| VRAIES. . . . . | 5 | 39 | —— d'Italie. . . . . | 12 | 313 |
| | et | 40 | —— Fausse-Jacinthe. | 12 | 311 |
| SCABIEUSE. . . . . . | 10 | 323 | —— hémisphérique. . . | 12 | 312 |
| —— commune. . . . . | 10 | 324 | —— naine. . . . . . | 12 | 312 |
| SCABIOSÉES. . . . . | 10 | 314 | —— précoce. . . . . | 12 | 311 |
| | et | 316 | —— printanière. . . . | 12 | 312 |
| SCANDICINÉES. . . . | 8 | 133 | SCIRPE. . . . . . | 13 | 151 |
| | 8 | 143 | —— des étangs. . . . | 13 | 152 |
| | | | SCIRPÉES. . . . . | 13 | 144 |

| | Vol. | Pag. |
|---|---|---|
| SCITAMINÉES. | 12 | 132 |
| SCLÉRANTHÉES. | 5 | 239 |
| SCLÉRIÉES. | 13 | 146 |
| SCOLYMÉES. | 10 | 5 |
| Scorodonia. | 9 | 221 |
| — commun. | 9 | 221 |
| Scorpiurus, V. Chenillette. | | |
| Scorzonère. | 10 | 53 |
| — cultivée. | 10 | 54 |
| Scrophulaire. | 9 | 280 |
| — à racine noueuse. | 9 | 281 |
| — aquatique. | 9 | 282 |
| SCROPHULARI-NÉES. | 9 | 264 |
| Scutellaire. | 9 | 199 |
| — à grandes fleurs. | 9 | 200 |
| — commune. | 9 | 199 |
| SCUTELLARINÉES. | 9 | 165 |
| | et | 198 |
| Scutula. | 4 | 275 |
| — à ombelles. | 4 | 276 |
| Scyphanthe. | 6 | 247 |
| — élégant. | 6 | 247 |
| Séafor hia. | 12 | 71 |
| — grêle. | 12 | 72 |
| Sécamone. | 8 | 543 |
| — d'Orient. | 8 | 544 |
| SÉCAMONÉES. | 8 | 558 |
| | et | 543 |
| Séchium. | 6 | 228 |
| — comestible. | 6 | 228 |
| Séguridaca. | 7 | 448 |
| — cotonneux. | 7 | 449 |
| — divariqué. | 7 | 449 |
| — effilé. | 7 | 449 |
| Sédum. | 5 | 90 |
| — acre. | 5 | 97 |
| — à feuilles de Peuplier. | 5 | 92 |
| — à feuilles épaisses. | 5 | 96 |
| — à feuilles opposées. | 5 | 91 |
| — à feuilles réfléchies. | 5 | 98 |
| — à fleurs blanches. | 5 | 96 |
| — à fleurs roses. | 5 | 92 |
| — à larges feuilles. | 5 | 93 |
| — à pétales dressés. | 5 | 99 |
| — Aïzoon. | 5 | 90 |
| — Anacampséros. | 5 | 95 |
| — d'Ewers. | 5 | 94 |
| — des rochers. | 5 | 98 |
| — élancé. | 5 | 98 |
| — hybride. | 5 | 91 |
| Sédum Orpin. | 5 | 93 |
| — Rhodiole. | 5 | 94 |
| Séidlia. | 15 | 308 |
| — à feuilles lancéolées. | 15 | 308 |
| Seigle. | 15 | 242 |
| — cultivé. | 15 | 243 |
| SÉLAGINÉES. | 9 | 244 |
| | 12 | 189 |
| Sémécarpe. | 12 | 189 |
| — à larges feuilles. | 12 | 191 |
| — à longues feuilles. | 12 | 189 |
| Sempervivum, V. Joubarbe. | | |
| SÉNÉCIONÉES. | 10 | 31 |
| | et | 268 |
| SÉNÉCIONÉES-DORO-NICÉES. | 10 | 51 |
| | et | 269 |
| SÉNÉCIONÉES-OTHON-NÉES. | 10 | 52 |
| | et | 273 |
| SÉNÉCIONÉES-PROTO-TYPES. | 10 | 32 |
| | et | 271 |
| Sénéga. | 7 | 128 |
| — officinal. | 7 | 129 |
| Sensitive. | 1 | 51 |
| — commune. | 1 | 52 |
| — modeste. | 1 | 52 |
| — sensible. | 1 | 52 |
| — vive. | 1 | 52 |
| Septas. | 5 | 73 |
| — à ombelles. | 5 | 73 |
| — du Cap. | 5 | 73 |
| Sériania. | 3 | 45 |
| — de Caracas. | 3 | 45 |
| — élégant. | 3 | 45 |
| — nuisible. | 3 | 46 |
| — paniculé. | 3 | 44 |
| — triterné. | 3 | 46 |
| — velouté. | 3 | 45 |
| — vénéneux. | 3 | 46 |
| Seringat. | 5 | 13 |
| — à fleurs lâches. | 5 | 17 |
| — à larges feuilles. | 5 | 16 |
| — commun. | 5 | 14 |
| — de Lewis. | 5 | 18 |
| — de Zeyher. | 5 | 15 |
| — élégant. | 5 | 17 |
| — grandiflore. | 5 | 16 |
| — hérissé. | 5 | 17 |
| — inodore. | 5 | 18 |
| — multiflore. | 5 | 18 |
| — nain. | 5 | 15 |

| | Vol. | Pag. | | Vol. | Pag. |
|---|---|---|---|---|---|
| Seringat verruqueux.... | 5 | 15 | Silène Attrape-mouche. . | 5 | 187 |
| SÉRINGIA. | 3 | 495 | — couché. . . . . . . . | 5 | 182 |
| — à grandes feuilles. . | 3 | 495 | — d'Italie. . . . . . . . | 5 | 184 |
| SÉRISSA. . . . . . . . | 8 | 468 | — de Pensylvanie. . . . | 5 | 179 |
| — fétide. . . . . . . . | 8 | 468 | — de Virginie. . . . . | 5 | 191 |
| SERRATULE. . . . . . . | 10 | 82 | — des rochers. . . . . | 5 | 190 |
| — tinctoriale. . . . . | 10 | 82 | — du Caucase. . . . . | 5 | 180 |
| SERRURIA. . . . . . . . | 10 | 416 | — du Valais. . . . . . | 5 | 192 |
| — à capitules glomé- | | | — élancé. . . . . . . . | 5 | 183 |
| rulés. . . . . . . | 10 | 417 | — hispide. . . . . . . | 5 | 194 |
| — Fausse-Cyane. . . . | 10 | 416 | — livide. . . . . . . . | 5 | 185 |
| — Faux-Phylica. . . . | 10 | 417 | — mignon. . . . . . . . | 5 | 189 |
| — pédonculé. . . . . | 10 | 417 | — nutant. . . . . . . | 5 | 185 |
| — penné. . . . . . . . | 10 | 416 | — némoral. . . . . . | 5 | 184 |
| SERTURNÉRA. . . . . . . | 5 | 266 | — orné. . . . . . . . . | 5 | 191 |
| — Faux-Irésine. . . . | 5 | 267 | — paradoxal. . . . . | 5 | 184 |
| — glauque. . . . . . . | 5 | 266 | — royal. . . . . . . . | 5 | 178 |
| SÉSAME. . . . . . . . . | 9 | 253 | — Saxifrage. . . . . . | 5 | 192 |
| — cultivé. . . . . . . | 9 | 253 | — suffrutescent. . . . | 5 | 180 |
| SÉSAMÉES. . . . . . | 9 | 248 | — vespertin. . . . . . | 5 | 193 |
| SESBANE. . . . . . . . . | 1 | 262 | — visqueux. . . . . . | 5 | 179 |
| — à fleurs ponctuées. . | 1 | 263 | | | |
| — d'Egypte. . . . . . | 1 | 262 | SILÉNÉES. . . . . . | 5 | 145 |
| — textile. . . . . . . | 1 | 263 | SILÉRINÉES. . . . . . | 8 | 136 |
| SÉSÉLINÉES. . . . . . | 8 | 138 | SILICULEUSES. . . . | 6 | 324 |
| | et | 203 | | et | 455 |
| SÉTAIRE. . . . . . . . . | 13 | 187 | SILIQUARIA. . . . . . . | 6 | 306 |
| — cultivée. . . . . . | 13 | 187 | — à fleurs violettes. . | 6 | 307 |
| SICYOS. . . . . . . . . | 6 | 229 | — effilée. . . . . . . | 6 | 306 |
| — à feuilles anguleuses. | 6 | 230 | | | |
| SIDA. . . . . . . . . . | 3 | 397 | SILIQUEUSES. . . . | 6 | 323 |
| — à fleurs de Mauve. . | 3 | 400 | | et | 343 |
| — des Canaries. . . . | 3 | 398 | SILPHIUM. . . . . . . . | 10 | 124 |
| — dioïque. . . . . . . | 3 | 400 | — à feuilles ternées. . | 10 | 126 |
| — Napéa. . . . . . . | 3 | 399 | — lacinié. . . . . . . | 10 | 125 |
| — paniculé. . . . . . | 3 | 399 | — perfolié. . . . . . | 10 | 126 |
| SIDÉRODENDRE. . . . . | 8 | 436 | — térébinthacé. . . . | 10 | 125 |
| — triflore. . . . . . . | 8 | 437 | SILYBE. . . . . . . . . | 10 | 85 |
| SILÈNE. . . . . . . . . | 5 | 178 | — Chardon-Marie. . . | 10 | 85 |
| — à cymes compactes. | 5 | 186 | SIMABA. . . . . . . . . | 2 | 376 |
| — à feuilles de Chlora. | 5 | 190 | — de Guiane. . . . . | 2 | 376 |
| — à feuilles de Gypso- | | | — ferrugineux. . . . . | 2 | 377 |
| phila. . . . . . . | 5 | 181 | — multiflore. . . . . | 2 | 377 |
| — à feuilles de Spargoute. | 5 | 181 | — odorant. . . . . . | 2 | 377 |
| — à feuilles obtuses. . | 5 | 194 | SIMAROUBA. . . . . . . | 2 | 374 |
| — à fleurs pendantes. . | 5 | 194 | — à fleurs panachées. . | 2 | 375 |
| — à longues fleurs. . . | 5 | 182 | — officinal. . . . . . | 2 | 375 |
| — à pétales quadridentés. | 5 | 189 | SIMÉTHIS. . . . . . . . | 12 | 384 |
| — à pétales réticulés. . | 5 | 188 | — bicolore. . . . . . | 12 | 384 |
| — alpestre. . . . . . | 5 | 189 | SINAPIS. . . . . . . . | 6 | 375 |
| — Arméria. . . . . . | 5 | 186 | — élancé. . . . . . . | 6 | 379 |
| — Atocion. . . . . . | 5 | 187 | — Moutarde-noire. . | 6 | 377 |
| | | | SINAPISTRE. . . . . . | 6 | 343 |

| | Vol. | Pag. |
|---|---|---|
| Sinapistre Sénevé. . . . . | 6 | 345 |
| Siphanthéra. . . . . . | 4 | 225 |
| — à feuilles cordiformes. | 4 | 225 |
| — délicat. . . . . . . | 4 | 225 |
| — grèle. . . . . . . | 4 | 225 |
| Siphonia. . . . . . . . | 2 | 516 |
| — Caoutchouc. . . . | 2 | 517 |
| — du Brésil. . . . . . | 2 | 518 |
| Sison. . . . . . . . . . | 8 | 191 |
| — aromatique. . . . . | 8 | 191 |
| Sisymbrella. . . . . . | 6 | 422 |
| — commun. . . . . . | 6 | 425 |
| — scabre. . . . . . . | 6 | 426 |
| Sisyrinchium, V. Bermudienne. | | |
| Sium. . . . . . . . . . | 8 | 200 |
| — Chervi. . . . . . . | 8 | 200 |
| Sloanéa. . . . . . . . | 4 | 37 |
| — à feuilles dentées. . | 4 | 37 |
| — de Sinémari. . . . | 4 | 37 |
| Smilace. . . . . . . . | 12 | 225 |
| — commun. . . . . . | 12 | 226 |
| — Fausse-Squine. . . | 12 | 227 |
| — Salsepareille. . . | 12 | 226 |
| — Squine. . . . . . . | 12 | 227 |
| SMILACÉES. . . . | 12 | 208 |
| Smilacine. . . . . . . . | 12 | 214 |
| — à grappes. . . . . | 12 | 215 |
| Smithia. . . . . . . . . | 1 | 294 |
| — Sensitive. . . . . | 1 | 295 |
| Smyrnium. . . . . . . . | 8 | 177 |
| — commun. . . . . . | 8 | 178 |
| Soja. . . . . . . . . . | 1 | 328 |
| — hispide. . . . . . . | 1 | 328 |
| SOLANACÉES. . . | 9 | 54 |
| Solandra. . . . . . . . | 9 | 71 |
| — à longues fleurs. . | 9 | 71 |
| SOLANÉES. . . . . | 9 | 57 |
| | et | 74 |
| Solanum. . . . . . . . . | 9 | 77 |
| — Aubergine. . . . . | 9 | 80 |
| — Douce-Amère. . . | 9 | 79 |
| — Morelle. . . . . . | 9 | 78 |
| — tubéreux. . . . . | 9 | 81 |
| Soldanelle. . . . . . . | 9 | 347 |
| — alpine. . . . . . . | 9 | 348 |
| — majeure. . . . . . | 9 | 348 |
| — minime. . . . . . | 9 | 349 |
| — naine. . . . . . . | 9 | 349 |
| Solénostemme. . . . | 8 | 546 |
| — officinal. . . . . . | 8 | 547 |
| Solidago; V. Verge d'or. | | |

| | Vol. | Pag. |
|---|---|---|
| Sollya. . . . . . . . . | 2 | 415 |
| — hétérophylle. . . . | 2 | 415 |
| Sonchus, V. Laitron. | | |
| Sonnèratia. . . . . . . | 4 | 149 |
| — à fruit acide. . . . | 4 | 149 |
| — à fleurs blanches. . | 4 | 150 |
| Sophora. . . . . . . . | 1 | 160 |
| — du Japon. . . . . | 1 | 160 |
| — Queue de renard. . | 1 | 161 |
| SOPHORÉES. . . . . | 1 | 152 |
| | et | 158 |
| Sorbaire. . . . . . . . | 1 | 442 |
| Sorbier. . . . . . . . . | 2 | 91 |
| — à petit fruit. . . . | 2 | 95 |
| — d'Amérique. . . . | 2 | 95 |
| — de Laponie. . . . . | 2 | 92 |
| — des oiseleurs. . . . | 2 | 93 |
| — ferrugineux. . . . | 2 | 96 |
| — laineux. . . . . . . | 2 | 94 |
| Sorgho. . . . . . . . . | 13 | 255 |
| — à panicule nutante. | 13 | 257 |
| — bicolore. . . . . . | 13 | 256 |
| — commun. . . . . . | 13 | 256 |
| — noir. . . . . . . . | 13 | 256 |
| — sucré. . . . . . . . | 13 | 257 |
| Sorindéia. . . . . . . . | 2 | 245 |
| — de Madagascar. . . | 2 | 245 |
| Sorocéphale. . . . . . | 10 | 418 |
| — imbriqué. . . . . . | 10 | 419 |
| — laineux. . . . . . . | 10 | 419 |
| Souchet. . . . . . . . . | 13 | 147 |
| — comestible. . . . . | 13 | 149 |
| — long. . . . . . . . | 13 | 148 |
| — Papyrus. . . . . . | 13 | 150 |
| — rond. . . . . . . . | 13 | 148 |
| Souci. . . . . . . . . . | 10 | 110 |
| — des champs. . . . | 10 | 111 |
| — officinal. . . . . . | 10 | 111 |
| Soulaméa. . . . . . . . | 7 | 152 |
| — amer. . . . . . . . | 7 | 152 |
| Soulangia. . . . . . . . | 2 | 471 |
| — à feuilles cordiformes. | 2 | 473 |
| — à feuilles de Buis. . | 2 | 473 |
| — à feuilles d'Olivier. | 2 | 472 |
| — à feuilles de Thym. | 2 | 472 |
| — à fleurs axillaires. . | 2 | 472 |
| — paniculé. . . . . . | 2 | 473 |
| — rouge. . . . . . . . | 2 | 472 |
| Southwéllia. . . . . . | 3 | 507 |
| — à feuilles cordiformes. | 3 | 509 |
| — Balangas. . . . . . | 3 | 508 |
| — de Roxburgh. . . . | 3 | 508 |

| | Vol. | Pag. |
|---|---|---|
| Soutwellia élégant | 3 | 507 |
| — urcéolé | 3 | 509 |
| — versicolore | 3 | 510 |
| Soymida | 3 | 168 |
| — fébrifuge | 3 | 169 |
| Sparaxis | 13 | 92 |
| — à fleurs d'Anémone | 13 | 93 |
| — à fleurs de Lis | 13 | 93 |
| — à grandes fleurs | 13 | 93 |
| — bulbifère | 13 | 93 |
| — tricolore | 13 | 92 |
| Sparganium | 12 | 20 |
| — rameux | 12 | 21 |
| Spargoute | 5 | 219 |
| — des champs | 5 | 219 |
| Sparmannia | 4 | 5 |
| — du Cap | 4 | 6 |
| Spartianthe | 1 | 199 |
| — jonciforme | 1 | 199 |
| Spartier | 1 | 204 |
| — Genêt | 1 | 205 |
| Spathandra | 4 | 272 |
| — à fleurs bleues | 4 | 273 |
| Spathélia | 2 | 232 |
| — à feuilles de Sumac | 2 | 233 |
| SPATHICARPÉES | 12 | 40 |
| Spathium | 11 | 6 |
| — à feuilles crépues | 11 | 7 |
| — de Chine | 11 | 7 |
| Spathularia | 5 | 522 |
| — à longues feuilles | 5 | 522 |
| Spermacoce | 8 | 464 |
| — ferrugineux | 8 | 465 |
| — Poaya | 8 | 464 |
| SPERMACOCINÉES | 8 | 577 |
| | et | 462 |
| Spénnéra | 4 | 221 |
| — à feuilles pendantes | 4 | 222 |
| — aquatique | 4 | 221 |
| — glanduleux | 4 | 222 |
| Sphéralcée | 5 | 351 |
| — à feuilles étroites | 3 | 353 |
| — à fleurs blanches | 3 | 354 |
| — à ombelles | 3 | 351 |
| — Abutilon | 3 | 352 |
| — cisplatine | 3 | 352 |
| — de Munro | 3 | 353 |
| — rouge | 3 | 352 |
| Spigéliacées | 9 | 7 |
| Spilanthe | 10 | 436 |
| — oléracée | 10 | 437 |
| Spiranthéra | 2 | 347 |
| — odorant | 2 | 348 |

| | Vol. | Pag. |
|---|---|---|
| SPIRÉACÉES | 1 | 427 |
| Spirée | 1 | 430 |
| — à feuilles cotonneuses | 1 | 441 |
| — à feuilles crénelées | 1 | 435 |
| — à feuilles d'Airelle | 1 | 439 |
| — à feuilles d'Allouchier | 1 | 432 |
| — à feuilles de Charme | 1 | 440 |
| — à feuilles de Germandrée | 1 | 433 |
| — à feuilles de Millepertuis | 1 | 436 |
| — à feuilles d'Obier | 1 | 431 |
| — à feuilles d'Orme | 1 | 432 |
| — à feuilles de Pigamon | 1 | 436 |
| — à feuilles de Saule | 1 | 440 |
| — à feuilles de Sorbier | 1 | 442 |
| — à feuilles lobées | 1 | 445 |
| — à feuilles oblongues | 1 | 433 |
| — à feuilles obovales | 1 | 433 |
| — à feuilles palmées | 1 | 446 |
| — à feuilles pointues | 1 | 436 |
| — à feuilles trilobées | 1 | 434 |
| — à fleurs capitellées | 1 | 439 |
| — alpine | 1 | 437 |
| — Barbe de chèvre | 1 | 445 |
| — corymbifère | 1 | 438 |
| — décombante | 1 | 437 |
| — du Kamtchatka | 1 | 446 |
| — élégante | 1 | 438 |
| — Filipendule | 1 | 446 |
| — flexueuse | 1 | 434 |
| — glauque | 1 | 442 |
| — grisâtre | 1 | 439 |
| — incane | 1 | 434 |
| — paniculée | 1 | 441 |
| — Ulmaire | 1 | 444 |
| SPONDIACÉES | 2 | 186 |
| | et | 294 |
| Spondias, V. Mombin. | | |
| Staavia | 2 | 479 |
| — radié | 2 | 480 |
| — visqueux | 2 | 480 |
| STACHYDÉES | 9 | 166 |
| | et | 204 |
| STACKHOUSÉES | 2 | 539 |
| Stalagmitis, V. Guttier. | | |
| Stapélia | 8 | 559 |
| — à grandes fleurs | 8 | 560 |
| — divariqué | 8 | 561 |
| — hérissé | 8 | 560 |
| — incarnat | 8 | 561 |
| — panaché | 8 | 562 |

| | Vol. | Pag. |
|---|---|---|
| Stapélia verruqueux. | 8 | 561 |
| STAPHYLÉA. | 2 | 394 |
| — à feuilles pennées. | 2 | 395 |
| — trifoliolé. | 2 | 396 |
| *STAPHYLÉACÉES.* | 2 | 393 |
| STAPHYSAGRIA. | 7 | 347 |
| — à courts pédicelles. | 7 | 350 |
| — à grandes graines. | 7 | 348 |
| — de Requien. | 7 | 350 |
| STATICE. | 10 | 344 |
| — à balais. | 10 | 346 |
| — à feuilles d'Olivier. | 10 | 348 |
| — à feuilles sinuées. | 10 | 349 |
| — à larges feuilles. | 10 | 346 |
| — de Tartarie. | 10 | 347 |
| — élégante. | 10 | 347 |
| — Limonium. | 10 | 345 |
| — triptère. | 10 | 350 |
| — mucronée. | 10 | 351 |
| *STATICÉES.* | 10 | 334 |
| | et | 340 |
| STÉENHAMMÉRA. | 9 | 42 |
| — de Virginie. | 9 | 42 |
| STELLAIRE. | 5 | 206 |
| — des bois. | 5 | 207 |
| — Holostée. | 5 | 208 |
| — Mouron. | 5 | 207 |
| STÉNACTIS. | 10 | 240 |
| — élégant. | 10 | 242 |
| — glabrescent. | 10 | 241 |
| — glauque. | 10 | 240 |
| STÉNANTHÈRE. | 9 | 435 |
| — à feuilles de Pin. | 9 | 435 |
| STÉPHANOCARPE. | 6 | 81 |
| — Faux-Lédonia. | 6 | 82 |
| STERCULIA. | 3 | 504 |
| — Chicha. | 3 | 506 |
| — fétide. | 3 | 504 |
| — Hélictère. | 3 | 505 |
| — Ivira. | 3 | 505 |
| *STERCULIACÉES.* | 3 | 500 |
| STERNBERGIA. | 12 | 410 |
| — à fleur de Colchique. | 12 | 411 |
| — jaune. | 12 | 411 |
| STÉVIE. | 10 | 281 |
| — à feuilles d'Eupatoire | 10 | 282 |
| — à feuilles d'Hyssope. | 10 | 283 |
| — à feuilles de Saule. | 10 | 281 |
| — à feuilles dentelées. | 10 | 282 |
| — à feuilles ovales. | 10 | 284 |
| — à fleurs lâches. | 10 | 283 |
| — à fleurs pourpres. | 10 | 281 |

| | Vol. | Pag. |
|---|---|---|
| STEWARTIA, *V.* STUARTIA. | | |
| STIGMATOPHYLLE. | 3 | 153 |
| — à feuilles de Jatropha. | 3 | 154 |
| — auriculé. | 3 | 155 |
| — cilié. | 3 | 154 |
| — cotonneux. | 3 | 154 |
| *Stilaginées.* | 11 | 85 |
| *Stilbacées.* | 9 | 245 |
| STILLINGIA. | 2 | 525 |
| — Porte-suif. | 2 | 523 |
| — sylvestre. | 2 | 524 |
| STIPA. | 13 | 190 |
| — plumeux. | 13 | 191 |
| *STIPACÉES.* | 13 | 160 |
| | et | 189 |
| STRAVADIUM. | 4 | 186 |
| — à fleurs blanches. | 4 | 186 |
| — à fleurs rouges. | 4 | 186 |
| STRÉLITZIA. | 12 | 143 |
| — à feuilles ovoïdes. | 12 | 144 |
| — magnifique. | 12 | 144 |
| — royal. | 12 | 143 |
| STROPHANTHE. | 8 | 531 |
| — dichotome. | 8 | 531 |
| STRUMARIA. | 12 | 409 |
| — à feuilles étroites. | 12 | 409 |
| — à feuilles filiformes. | 12 | 409 |
| — à feuilles tronquées. | 12 | 409 |
| — crépu. | 12 | 409 |
| — étoilé. | 12 | 410 |
| — rougeâtre. | 12 | 409 |
| STRUTHIOLE. | 10 | 449 |
| — à tige droite. | 10 | 450 |
| — cilié. | 10 | 450 |
| — effilé. | 10 | 449 |
| — imbriqué. | 10 | 450 |
| *STRYCHNÉES.* | 8 | 483 |
| STRYCHNOS. | 8 | 485 |
| — à feuilles de Troëne. | 8 | 489 |
| — Bois de Couleuvre. | 8 | 492 |
| — de Madagascar. | 8 | 488 |
| — des buveurs. | 8 | 487 |
| — Faux-Quinquina. | 8 | 491 |
| — Tjettek. | 8 | 493 |
| — Vomiquier. | 8 | 486 |
| — Vontac. | 8 | 490 |
| STUARTIA. | 4 | 78 |
| — de Virginie. | 4 | 78 |
| *STYLIDÉES.* | 9 | 580 |
| STYLOLÉPIDÉ. | 10 | 215 |
| — grêle. | 10 | 215 |
| STYPHÉLIA. | 9 | 434 |

| | Vol. | Pag. |
|---|---|---|
| Styphélia à fleurs verdâtres. | 9 | 434 |
| — triflore. | 9 | 435 |
| — tubiflore. | 9 | 435 |
| STYPHÉLIÉES. | 9 | 433 |
| *STYRACÉES.* | 9 | 416 |
| *STYRACINÉES.* | 9 | 381 |
| STYRAX, *V.* ALIBOUFIER. | | |
| SUÆDA. | 5 | 281 |
| — élancé. | 5 | 282 |
| — ligneux. | 5 | 283 |
| — maritime. | 5 | 282 |
| — sétifère. | 5 | 282 |
| SUCCISE. | 10 | 324 |
| — des prés. | 10 | 325 |
| SUCCOWIA. | 6 | 534 |
| — des Baléares. | 6 | 536 |
| *SUCCULENTES.* | 5 | 1 |
| SUMAC. | 2 | 209 |
| — à feuillage luisant. | 2 | 219 |
| — à feuilles ondulées. | 2 | 221 |
| — à fleurs atomaires. | 2 | 219 |
| — à fleurs blanchâtres. | 2 | 215 |
| — à fleurs vertes. | 2 | 213 |
| — aromatique. | 2 | 222 |
| — Copal. | 2 | 214 |
| — de Virginie. | 2 | 212 |
| — des corroyeurs. | 2 | 211 |
| — dioïque. | 2 | 221 |
| — élégant. | 2 | 213 |
| — Faux-Vernis. | 2 | 217 |
| — flexible. | 2 | 220 |
| — Fustet. | 2 | 210 |
| — glabre. | 2 | 213 |
| — glauque. | 2 | 219 |
| — hétérophylle. | 2 | 220 |
| — lisse. | 2 | 220 |
| — Métopion. | 2 | 211 |
| — odorant. | 2 | 222 |
| — nain. | 2 | 214 |
| — radicant. | 2 | 217 |
| — Thézéra. | 2 | 221 |
| — Toxicodendre. | 2 | 218 |
| — velu. | 2 | 219 |
| — vénéneux. | 2 | 215 |
| — Vernis. | 2 | 216 |
| SUPRAGE. | 10 | 294 |
| — en épi. | 10 | 295 |
| — scarieuse. | 10 | 294 |
| SUREAU. | 8 | 318 |
| — à grappes. | 8 | 319 |
| — commun. | 8 | 320 |
| Sureau Yèble. | 8 | 323 |
| SUTHERLANDIA. | 1 | 273 |
| — frutescent. | 1 | 273 |
| SWAINSONIA. | 1 | 273 |
| — à feuilles de Coronille. | 1 | 273 |
| — à feuilles de Galéga. | 1 | 274 |
| SWARTZIA. | 1 | 146 |
| — ailé. | 1 | 148 |
| — cotonneux. | 1 | 146 |
| — trifoliolé. | 1 | 147 |
| *SWARTZIÉES.* | 1 | 145 |
| SWERTIÉES. | 9 | 5 |
| | et | 15 |
| *SWIETÉNIÉES.* | 3 | 163 |
| SYMPHONIÉES. | 5 | 316 |
| SYMPHORINE. | 8 | 361 |
| — à fruit blanc. | 8 | 364 |
| — à petites fleurs. | 8 | 362 |
| — du Mexique. | 8 | 365 |
| *Symplocées.* | 9 | 416 |
| *Symplocinées.* | 9 | 416 |
| SYMPLOQUE. | 9 | 418 |
| — à épis. | 9 | 419 |
| — à grappes. | 9 | 418 |
| *SYNANTHÉRÉES.* | 10 | 4 |
| SYRINGA, *V.* LILAS. | | |
| SYZYGIUM. | 4 | 170 |
| — Giroflier. | 4 | 171 |
| — Jambolan. | 4 | 171 |
| TABERNÉMONTANA. | 8 | 518 |
| — Arbre-vache. | 8 | 519 |
| TACCA. | 12 | 206 |
| — à feuilles pennatifides. | 12 | 206 |
| *Taccacées.* | 10 | 572 |
| TACSONIA. | 6 | 279 |
| — à longues fleurs. | 6 | 281 |
| — à stipules pectinées. | 6 | 280 |
| — cotonneux. | 6 | 281 |
| — glanduleux. | 6 | 282 |
| — hybride. | 6 | 279 |
| TAGÈTE. | 10 | 117 |
| — à feuilles menues. | 10 | 119 |
| — élevée. | 10 | 118 |
| — étalée. | 10 | 118 |
| *TAGÉTINÉES.* | 10 | 15 |
| | et | 116 |
| TAGÉTINÉES-DYSSODIÉES. | 10 | 16 |

| | Vol. | Pag. |
|---|---|---|
| TAGÉTINÉES-PECTI- | | |
| DÉES. . . . . . . . | 10 | 16 |
| TAGÉTINÉES-PROTO- | | |
| TYPES. . . . . . . | 10 | 16 |
| TALAUMA. . . . . . . . . | 7 | 447 |
| — à feuilles ovales. . | 7 | 449 |
| — à fleurs changeantes. | 7 | 451 |
| — de Candolle. . . . | 7 | 450 |
| — de Plumier . . . . | 7 | 449 |
| — de Sellow. . . . . | 7 | 449 |
| — nain. . . . . . . . | 7 | 451 |
| TALINUM. . . . . . . . | 5 | 227 |
| — à feuilles cylindriques. | 5 | 228 |
| — à feuilles épaisses.. | 5 | 229 |
| — paniculé. . . . . . | 5 | 228 |
| TAMARINIER. . . . . . . | 1 | 111 |
| — d'Amérique. . . . | 1 | 112 |
| — d'Inde. . . . . . . | 1 | 111 |
| TAMARISC. . . . . . . . | 5 | 479 |
| — d'Afrique. . . . . | 5 | 483 |
| — *d'Allemagne.* . . . | 5 | 484 |
| — de France. . . . . | 5 | 482 |
| — élégant. . . . . . . | 5 | 481 |
| *TAMARISCINÉES.* | 5 | 477 |
| *TAMIDÉES.* . . . . . . | 12 | 200 |
| TAMINIER. . . . . . . . | 12 | 201 |
| — commun. . . . . . | 12 | 201 |
| TANAISIE. . . . . . . . | 10 | 173 |
| — commune. . . . . . | 10 | 173 |
| TANGHINIA. . . . . . . . | 8 | 512 |
| — vénéneux. . . . . . | 8 | 513 |
| *TAXINÉES.* . . . . | 11 | 279 |
| *TAXINÉES-TYPES.* . | 11 | 282 |
| | et | 290 |
| TAXUS, *V.* IF. | | |
| TÉCOMA. . . . . . . . | 9 | 134 |
| — de Chine. . . . . . | 9 | 135 |
| — de Virginie. . . . . | 9 | 134 |
| TÉCOMARIA. . . . . . . | 9 | 137 |
| — du Cap. . . . . . . | 9 | 137 |
| TECTONA. . . . . . . . . | 9 | 233 |
| — élancé. . . . . . . | 9 | 234 |
| TÉLÉKIE. . . . . . . . . | 10 | 222 |
| — élégante. . . . . . | 10 | 223 |
| *TÉLÉPHIÉES.* . . . . | 5 | 238 |
| TELLIMA. . . . . . . . . | 5 | 63 |
| — à grandes fleurs. . | 5 | 63 |
| TÉLOPÉA. . . . . . . . . | 10 | 426 |
| — magnifique. . . . . | 10 | 426 |
| TEMPLÉTONIA. . . . . . | 1 | 190 |
| | Vol. | Pag. |
|---|---|---|
| Templétonia à feuill. rétuses. | 1 | 190 |
| — glauque. . . . . . | 1 | 190 |
| TÉNIOSTÉMA. . . . . . . | 6 | 105 |
| — à petites fleurs. . . | 6 | 106 |
| TÉPHROSIA. . . . . . . . | 1 | 250 |
| — à feuilles de Coronille. | 1 | 252 |
| — de Virginie. . . . . | 1 | 251 |
| — des Antilles. . . . | 1 | 252 |
| — des pêcheurs. . . . | 1 | 252 |
| — du Cap. . . . . . . | 1 | 253 |
| — enivrant. . . . . . . | 1 | 250 |
| — grandiflore. . . . . | 1 | 252 |
| — ochracé. . . . . . | 1 | 251 |
| — tinctorial. . . . . . | 1 | 253 |
| *Térébinthacées.* . . . . . . | 2 | 162 |
| | 184, 227, 229 et | 360 |
| *TÉRÉBINTHINÉES.* | 2 | 160 |
| TERMINALIA. . . . . . . | 4 | 298 |
| — à feuilles étroites. . | 4 | 300 |
| — à grandes ailes. . | 4 | 299 |
| — Badamier. . . . . . | 4 | 298 |
| — Belléric. . . . . . . | 4 | 301 |
| — Chébul. . . . . . . | 4 | 301 |
| — des Moluques. . . . | 4 | 300 |
| — gigantesque. . . . . | 4 | 302 |
| — Paméa. . . . . . . . | 4 | 302 |
| *TERMINALIÉES.* . . . | 4 | 296 |
| TERNSTRÉMIA. . . . . . | 4 | 61 |
| — à feuilles dentelées. | 4 | 62 |
| — à feuilles denticulées. | 4 | 62 |
| — à longs pédoncules. | 4 | 61 |
| — du Brésil. . . . . . | 4 | 61 |
| *TERNSTRÉMIA-* | | |
| *CÉES.* . . . . . . . | 4 | 58 |
| *TERNSTRÉMIÉES.* . | 4 | 61 |
| TÉTRACÉRA. . . . . . . | 7 | 414 |
| — à feuilles oblongues. | 7 | 414 |
| TÉTRAGONIA. . . . . . . | 5 | 41 |
| — étalé. . . . . . . . | 5 | 41 |
| TÉTRAGONOLOBE. . . . . | 1 | 230 |
| — à fleurs rouges. . . | 1 | 230 |
| *TÉTRAGONOSPER-* | | |
| *MES.* . . . . . . . . | 8 | 136 |
| TÉTRAPOMA. . . . . . . | 6 | 515 |
| — à feuilles de Barbaréa. | 6 | 517 |
| TÉTRAPTÉRIS. . . . . . . | 3 | 142 |
| — à ailes inégales. . . | 3 | 143 |
| — à feuilles de Buis. . | 3 | 144 |
| — à feuilles pointues. | 3 | 143 |
| — à feuilles rondes. . | 3 | 142 |

| | Vol. | Pag. |
|---|---|---|
| Tétraptéris mucroné.... | 3 | 143 |
| *TÉTRANTHÉRÉES*.. | 10 | 473 |
| Tétrathéca...... | 7 | 154 |
| — à feuilles de Bruyère. | 7 | 154 |
| — glanduleux..... | 7 | 155 |
| — jonciforme.... | 7 | 155 |
| — poilu........ | 7 | 155 |
| Thacla......... | 7 | 295 |
| — Fausse-Ficaire... | 7 | 295 |
| Thalictrum...... | 7 | 235 |
| — jaune....... | 7 | 236 |
| Thé.......... | 4 | 90 |
| — Bou........ | 4 | 99 |
| — vert........ | 4 | 98 |
| Théobroma, *V.* Cacaotier. | | |
| Théophrasta...... | 9 | 378 |
| — d'Amérique.... | 9 | 378 |
| *THÉOPHRASTÉES*. | 9 | 374 |
| Thermopside...... | 1 | 165 |
| — à folioles lancéolées. | 1 | 165 |
| — du Népaul..... | 1 | 165 |
| Thespésia........ | 3 | 387 |
| — à feuilles de Peuplier. | 3 | 387 |
| Thévétia........ | 8 | 514 |
| — à feuilles linéaires. | 8 | 515 |
| — Ahouaï....... | 8 | 514 |
| Thlaspidium..... | 6 | 556 |
| — cultivé....... | 6 | 557 |
| Thomásia........ | 3 | 497 |
| — à feuilles de Chêne. | 3 | 499 |
| — à fleurs de Solanum. | 3 | 498 |
| — feuillu....... | 3 | 498 |
| — pourpre...... | 3 | 497 |
| — triphylle...... | 3 | 499 |
| *THOMSONIÉES*... | 12 | 38 |
| Thunbergia....... | 9 | 147 |
| — à grandes fleurs. | 9 | 148 |
| — ailé........ | 9 | 148 |
| *THUNBERGIÉES*... | 9 | 143 |
| Thuya.......... | 11 | 337 |
| — commun...... | 11 | 339 |
| — du Chili...... | 11 | 342 |
| — gigantesque.... | 11 | 342 |
| — plissé........ | 11 | 342 |
| Thym.......... | 9 | 191 |
| — cultivé....... | 9 | 193 |
| — Serpolet...... | 9 | 191 |
| *THYMÉLÉES*.... | 10 | 434 |
| Thysanote....... | 12 | 382 |
| — à anthères égales.. | 12 | 383 |
| — à feuilles jonciformes. | 12 | 383 |
| Thysanote grêle...... | 12 | 383 |
| — intriqué....... | 12 | 383 |
| — prolifère...... | 12 | 384 |
| — triandre...... | 12 | 383 |
| Tiarella......... | 5 | 64 |
| — à feuilles cordiformes. | 5 | 65 |
| Tibouchina....... | 4 | 248 |
| — scabre....... | 4 | 248 |
| Ticoréa......... | 2 | 355 |
| — à fleurs de Jasmin. | 2 | 356 |
| — à fleurs pédicellées. | 2 | 358 |
| — bractéolé...... | 2 | 357 |
| — fébrifuge...... | 2 | 356 |
| — fétide....... | 2 | 356 |
| — longiflore..... | 2 | 358 |
| — unifoliolé..... | 2 | 357 |
| Tigridia........ | 13 | 5 |
| — Queue de paon... | 13 | 6 |
| *TILIACÉES*..... | 4 | 1 |
| *TILIACÉES*...... | 4 | 4 |
| *TILLANDSIÉES*... | 12 | 398 |
| Tilleul......... | 4 | 15 |
| — à feuilles molles. | 4 | 24 |
| — à feuilles tronquées. | 4 | 30 |
| — à fleurs lâches... | 4 | 32 |
| — argenté....... | 4 | 33 |
| — hétérophylle.... | 4 | 34 |
| — intermédiaire... | 4 | 21 |
| — noir........ | 4 | 27 |
| — oublié....... | 4 | 29 |
| — sylvestre...... | 4 | 18 |
| Tinus......... | 8 | 315 |
| — Laurier-Tin.... | 8 | 316 |
| — rugueux...... | 8 | 317 |
| Tithone........ | 10 | 150 |
| — à fleurs de Tagète. | 10 | 151 |
| Tococa........ | 4 | 254 |
| — à fourmis..... | 4 | 256 |
| — à grosses graines.. | 4 | 256 |
| — bullifère..... | 4 | 255 |
| — de Guiane..... | 4 | 255 |
| Tocoyéna....... | 8 | 406 |
| — à longues fleurs.. | 8 | 406 |
| Toddalia....... | 2 | 568 |
| — fleuri....... | 2 | 568 |
| Tonka......... | 1 | 141 |
| — odorant...... | 1 | 141 |
| Torréya........ | 11 | 297 |
| — à feuilles d'If... | 11 | 298 |
| *TOURNÉFORTIÉES*.. | 9 | 32 |
| *TOURRÉTIÉES*..... | 9 | 130 |
| Tovomita........ | 5 | 309 |

| | Vol. | Pag. | | Vol. | Pag. |
|---|---|---|---|---|---|
| Tovomita de Guiane.... | 5 | 309 | Trichilia à feuilles diverses. | 3 | 196 |
| — de Madagascar... | 5 | 310 | — de la Havane.... | 3 | 195 |
| — paniculé...... | 5 | 309 | — de la Trinité.... | 3 | 196 |
| TRACHÉLIUM....... | 9 | 567 | — émétique...... | 3 | 194 |
| — bleu........ | 9 | 368 | — Faux-Mombin. .. | 3 | 195 |
| TRACHYANDRA...... | 12 | 372 | — hérissé....... | 3 | 195 |
| — canaliculé...... | 12 | 373 | TRICHILIÉES..... | 3 | 186 |
| — de Jacquin..... | 12 | 373 | TRICHOCÉPHALE..... | 2 | 466 |
| — divariqué...... | 12 | 374 | — à épis........ | 2 | 467 |
| — hispide....... | 12 | 373 | — stipulé....... | 2 | 467 |
| — révoluté....... | 12 | 373 | TRICHOLOPHUS...... | 7 | 114 |
| TRACHYMARATHRÉES | 8 | 134 | — austral....... | 7 | 116 |
| TRADESCANTIA...... | 13 | 126 | TRICHONÈME....... | 13 | 99 |
| — à feuilles charnues. | 13 | 127 | — Bulbocode..... | 13 | 99 |
| — de Virginie..... | 13 | 127 | — de Columna..... | 13 | 100 |
| — discolore...... | 13 | 128 | — pourpre...... | 13 | 100 |
| — dressé....... | 13 | 129 | — ramiflore...... | 13 | 100 |
| — irisé........ | 13 | 128 | TRICHOSANTHE...... | 6 | 192 |
| — noueux....... | 13 | 127 | — anguine...... | 6 | 193 |
| — ondulé....... | 13 | 129 | — Concombre..... | 6 | 193 |
| — poilu........ | 13 | 126 | — cornu........ | 6 | 194 |
| — rose........ | 13 | 128 | TRICHOSIPHE....... | 3 | 518 |
| — scabre....... | 13 | 127 | — austral....... | 3 | 518 |
| TRAGIA......... | 2 | 522 | TRICOQUES.... | 2 | 391 |
| TRAPA, V. MACRE. | | | TRIDÉSMINÉES..... | 5 | 340 |
| TRAUTVÉTTÉRIA..... | 7 | 233 | | et | 357 |
| — palmé....... | 7 | 234 | TRIDÉSMIS........ | 5 | 358 |
| TRÈFLE......... | 1 | 223 | — Faux-Ochna.... | 5 | 359 |
| — agraire....... | 1 | 227 | TRIFOLIÉES..... | 1 | 153 |
| — alpestre...... | 1 | 224 | | et | 216 |
| — cultivé....... | 1 | 224 | TRIGONELLE....... | 1 | 220 |
| — des Alpes..... | 1 | 226 | — bleue....... | 1 | 221 |
| — des prés...... | 1 | 223 | — Fénugrec...... | 1 | 220 |
| — fragifère...... | 1 | 226 | TRILLIUM........ | 12 | 227 |
| — incarnat...... | 1 | 225 | — à fleur sessile... | 12 | 228 |
| — pourpre...... | 1 | 225 | — à grande fleur.. | 12 | 229 |
| — procombant.... | 1 | 227 | — pendant....... | 12 | 229 |
| — rampant...... | 1 | 225 | — rhomboïdal..... | 12 | 229 |
| — souterrain..... | 1 | 227 | TRIOPTÉRIS....... | 3 | 141 |
| TRÉMANDRÉES. | 7 | 153 | — luisant....... | 3 | 141 |
| TREMBLÉYA........ | 4 | 231 | — ovale........ | 3 | 141 |
| — Faux-Romarin... | 4 | 231 | TRIOSTÉUM....... | 8 | 328 |
| — phlogiforme.... | 4 | 232 | — perfolié...... | 8 | 328 |
| TRIADENIA....... | 5 | 370 | TRIPHASIA........ | 2 | 251 |
| — à feuilles de Thym. | 5 | 372 | — trifolié....... | 2 | 251 |
| — à petites feuilles.. | 5 | 371 | TRIPOLE........ | 10 | 257 |
| — de Sieber..... | 5 | 373 | — commun...... | 10 | 257 |
| — de Webb...... | 5 | 372 | TRIPTÉRIUM...... | 7 | 237 |
| TRIBULÉES...... | 2 | 305 | — à feuilles d'Ancolie. | 7 | 258 |
| | et | 306 | TRISÉPALES.... | 7 | 491 |
| TRICHILIA........ | 3 | 194 | TRISTANIA........ | 4 | 113 |
| — à feuilles de Ptéléa. | 3 | 196 | | | |

|  | Vol. | Pag. |
|---|---|---|
| Tristania à feuilles de Laurier. | 4 | 114 |
| — à feuilles rapprochées. | 4 | 114 |
| — Laurier-Rose. . . . | 4 | 113 |
| — odorant. . . . . . | 4 | 114 |
| TRITICUM, *V.* BLÉ. |  |  |
| TROCHÉTIA. . . . . . . | 3 | 454 |
| — à pédoncules triflores. | 3 | 455 |
| — à pédoncules uniflores. | 3 | 455 |
| TROENE. . . . . . . . | 8 | 273 |
| — commun. . . . . . | 8 | 274 |
| — du Népaul. . . . | 8 | 276 |
| TROLLIUS. . . . . . . | 7 | 296 |
| — d'Amérique. . . . | 7 | 299 |
| — d'Europe. . . . . | 7 | 297 |
| — de Sibérie. . . . . | 7 | 298 |
| TROMMSDORFIA. . . . . . | 5 | 267 |
| — à fleurs dorées. . . | 5 | 268 |
| TROPÉOLÉES. . . | 3 | 3 |
| TROPÉOLUM, *V.* CAPUCINE. |  |  |
| TUBÉRARIA. . . . . . . | 6 | 45 |
| — annuel. . . . . . . | 6 | 46 |
| — vivace. . . . . . | 6 | 48 |
| TUBÉREUSE.. . . . . . | 12 | 377 |
| — des jardins. . . . . | 12 | 377 |
| TUBIFLORES. . . | 9 | 26 |
| TULIPASTRE. . . . . . | 7 | 481 |
| — d'Amérique. . . . | 7 | 483 |
| TULIPE. . . . . . . . | 12 | 259 |
| — de Bonarota. . . . | 12 | 261 |
| — de Cels. . . . . . | 12 | 264 |
| — de l'Écluse. . . . . | 12 | 262 |
| — des fleuristes. . . . | 12 | 261 |
| — du Liban. . . . . . | 12 | 262 |
| — étoilée. . . . . . . | 12 | 263 |
| — étranglée. . . . . . | 12 | 260 |
| — fétide. . . . . . . | 12 | 262 |
| — odorante. . . . . . | 12 | 260 |
| — OEil de soleil. . . | 12 | 261 |
| — précoce. . . . . . | 12 | 262 |
| — pubescente. . . . . | 12 | 260 |
| — rampante.. . . . . | 12 | 263 |
| — sauvage. . . . . . | 12 | 263 |
| — tricolore. . . . . . | 12 | 264 |
| — turque. . . . . . . | 12 | 261 |
| TULIPÉES. . . . . . | 12 | 253 |
|  | et | 257 |
| TULIPÉES-TYPES. . . | 12 | 253 |
|  | et | 257 |
| TUPA. . . . . . . . . | 9 | 578 |
| — à feuilles de Saule. | 9 | 579 |
| — de Feuillée. . . . . | 9 | 578 |

|  | Vol. | Pag. |
|---|---|---|
| TURNÉRA. . . . . . . . | 6 | 250 |
| — à feuilles de Charme. | 6 | 252 |
| — à feuilles d'Orme. | 6 | 250 |
| — à feuilles de Sida. . | 6 | 253 |
| — à fleurs de Trione. | 6 | 251 |
| — à fleurs roses. . . . | 6 | 253 |
| — à grappes.. . . . . | 6 | 253 |
| — Faux-Genêt. . . . | 6 | 252 |
| — soyeux. . . . . . | 6 | 251 |
| TURNÉRACÉES. . | 6 | 249 |
| TURRÉA. . . . . . . . | 3 | 182 |
| — satiné. . . . . . . | 3 | 182 |
| — tacheté. . . . . . . | 3 | 182 |
| — vert. . . . . . . . | 3 | 183 |
| TUSSILAGE. . . . . . . | 10 | 276 |
| — Pas d'âne. . . . . | 10 | 277 |
| TUSSILAGINÉES. | 10 | 35 |
|  | et | 276 |
| TYPHA. . . . . . . . . | 12 | 19 |
| — à feuilles étroites. . | 12 | 20 |
| — à larges feuilles. . | 12 | 19 |
| TYPHACÉES. . . . | 12 | 18 |
| ULEX, *V.* AJONC. |  |  |
| ULLUCUS. . . . . . . . | 5 | 233 |
| — tubéreux. . . . . . | 5 | 233 |
| ULMACÉES. . . . . | 11 | 95 |
| ULMÉES. . . . . . . . | 11 | 97 |
|  | et | 99 |
| ULMIDÉES. . . . . . . | 11 | 97 |
|  | et | 99 |
| ULMUS, *V.* ORME. |  |  |
| UMBILICUS, *V.* OMBILIC. |  |  |
| UNGÉRIA. . . . . . . . | 3 | 414 |
| — fleuri. . . . . . . . | 3 | 414 |
| UNONA. . . . . . . . . | 7 | 517 |
| — à longues fleurs. . | 7 | 518 |
| — discolore. . . . . . | 7 | 518 |
| URANIÉES. . . . . . | 12 | 136 |
| URARIA. . . . . . . . | 1 | 292 |
| — cordiforme. . . . . | 1 | 292 |
| — hérissé. . . . . . . | 1 | 293 |
| — maculé. . . . . . . | 1 | 293 |
| URCÉOLA. . . . . . . . | 8 | 518 |
| — à caoutchouc. . . . | 8 | 518 |
| URÉNA. . . . . . . . . | 3 | 361 |
| — à feuilles lobées. . | 3 | 362 |
| — élégant. . . . . . . | 3 | 362 |
| URÉRÉES. . . . . . . | 11 | 24 |
| URGINIA. . . . . . . . | 12 | 313 |

| | Vol. | Pag. |
|---|---|---|
| Urginia Squille........ | 12 | 313 |
| UROPÉTALE........... | 12 | 326 |
| — à fleurs vertes... | 12 | 327 |
| — tardif........ | 12 | 327 |
| URTICA, V. ORTIE. | | |
| URTICÉES...... | 11 | 22 |
| URTICÉES-VRAIES. | 11 | 24 |
| | et | 26 |
| URTICINÉES.... | 11 | 20 |
| URVILLÉA......... | 3 | 43 |
| — ferrugineux.... | 3 | 43 |
| UTRICULAIRE....... | 9 | 335 |
| — commune...... | 9 | 336 |
| UVARIA.......... | 7 | 519 |
| — à feuilles obtuses.. | 7 | 523 |
| — à fleurs pourpres. | 7 | 521 |
| — à fruits ronds... | 7 | 525 |
| — à grandes bractées. | 7 | 520 |
| — à grandes fleurs.. | 7 | 520 |
| — à larges feuilles.. | 7 | 524 |
| — argenté........ | 7 | 522 |
| — Burrahol....... | 7 | 526 |
| — de Hasselt..... | 7 | 526 |
| — de Java...... | 7 | 521 |
| — des montagnes... | 7 | 525 |
| — de Timor..... | 7 | 522 |
| — effilé........ | 7 | 525 |
| — hérissé....... | 7 | 522 |
| — odorant...... | 7 | 523 |
| — polysperme..... | 7 | 524 |
| UVULAIRE........ | 12 | 248 |
| — à feuilles sessiles.. | 12 | 249 |
| — à grandes fleurs. | 12 | 249 |
| — jaune....... | 12 | 249 |
| — perfoliée...... | 12 | 249 |
| — pubérule...... | 12 | 250 |
| VACCINIÉES.... | 9 | 522 |
| VACCINIUM, V. AIRELLE. | | |
| VALÉRIANE........ | 10 | 307 |
| — des jardins..... | 10 | 309 |
| — officinale...... | 10 | 308 |
| VALÉRIANÉES. | 10 | 302 |
| VALÉRIANELLE...... | 10 | 305 |
| — à fruit caréné... | 10 | 306 |
| — commune..... | 10 | 305 |
| VALLÉA.......... | 4 | 49 |
| — stipulaire..... | 4 | 49 |
| VALLISNÉRIA....... | 12 | 4 |
| — spirale....... | 12 | 5 |

| | Vol. | Pag. |
|---|---|---|
| VANDÉES....... | 12 | 177 |
| VANGUÉBIA......... | 8 | 430 |
| — à fruit comestible. | 8 | 430 |
| — épineux...... | 8 | 431 |
| VANILLE......... | 12 | 189 |
| — à feuilles planes.. | 12 | 190 |
| — aromatique..... | 12 | 192 |
| — cultivée....... | 12 | 190 |
| — de Guiane..... | 12 | 191 |
| — Pompona...... | 12 | 191 |
| — sylvestre...... | 12 | 191 |
| VATÉRIA......... | 4 | 49 |
| | et 13 | 309 |
| — d'Inde....... | 4 | 50 |
| | et 13 | 309 |
| VATICA.......... | 13 | 310 |
| — à laque...... | 13 | 311 |
| — robuste....... | 13 | 310 |
| — Tumbugaïa.... | 13 | 311 |
| VELLA.......... | 6 | 529 |
| — Faux-Cytise.... | 6 | 531 |
| Velloziées.......... | 12 | 399 |
| VELTHÉIMIA....... | 12 | 290 |
| — à feuilles vertes.. | 12 | 291 |
| — glauque...... | 12 | 291 |
| VENTÉNATIA....... | 4 | 75 |
| — glauque...... | 4 | 75 |
| VÉRATRE......... | 12 | 246 |
| — blanc....... | 12 | 246 |
| — noir........ | 12 | 247 |
| VÉRATRÉES...... | 12 | 234 |
| VERBASCÉES..... | 9 | 266 |
| | et | 272 |
| VERBASCUM, V. MOLÈNE. | | |
| VERBÉNACÉES.. | 9 | 225 |
| VERBÉNÉES..... | 9 | 227 |
| VERBÉNELLE....... | 9 | 237 |
| — à feuilles de Ger- | | |
| mandrée...... | 9 | 238 |
| — de Tweedie.... | 9 | 239 |
| VERGE D'OR....... | 10 | 226 |
| — à dentelures pointues. | 10 | 229 |
| — à feuilles de Limone. | 10 | 231 |
| — à feuilles de Litho- | | |
| sperme...... | 10 | 231 |
| — à grandes fleurs.. | 10 | 232 |
| — bicolore..... | 10 | 234 |
| — commune..... | 10 | 233 |
| — du Canada.... | 10 | 228 |
| — effilée....... | 10 | 230 |
| — élancée....... | 10 | 227 |

| | Vol. | Pag. |
|---|---|---|
| Verge d'or étalée. . . . | 10 | 230 |
| — flexueuse. . . . . . | 10 | 233 |
| — glabre. . . . . . . | 10 | 228 |
| — glauque. . . . . . | 10 | 230 |
| — lisse. . . . . . . | 10 | 228 |
| — pubérule. . . . . . | 10 | 232 |
| — raide. . . . . . . | 10 | 232 |
| — scabre. . . . . . . | 10 | 229 |
| — toujours-verte. . . | 10 | 229 |
| VERNONE. . . . . . . . | 10 | 296 |
| — du New-York. . . | 10 | 297 |
| — élancée. . . . . . | 10 | 297 |
| *VERNONIÉES.* . . . | 10 | 38 |
| | et | 296 |
| VERNONIÉES-LIABÉES. | 10 | 38 |
| VERNONIÉES - PLU - CHÉINÉES. . . . . . | 10 | 38 |
| VERNONIÉES-PROTO-TYPES. . . . . . . . | 10 | 39 |
| VERNONIÉES-ROLAN-DRÉES. . . . . . . | 10 | 40 |
| VERNONIÉES - TAR - CHONANTHÉES. . . | 10 | 38 |
| *VÉRONICÉES.* . . . | 9 | 270 |
| | et | 323 |
| VÉRONIQUE. . . . . . . | 9 | 323 |
| — à épis. . . . . . . | 9 | 323 |
| — à feuilles longues. . | 9 | 324 |
| — Bécabunga. . . . . | 9 | 327 |
| — Germandrée. . . . | 9 | 325 |
| — hybride. . . . . . | 9 | 325 |
| — Mouron. . . . . . | 9 | 328 |
| — officinale. . . . . . | 9 | 326 |
| VERTICORDIA. . . . . . | 4 | 110 |
| — de Brown. . . . . | 4 | 110 |
| — de Desfontaines. . | 4 | 110 |
| VERVEINE. . . . . . . | 9 | 236 |
| — officinale. . . . . . | 9 | 257 |
| VÉSICARIA. . . . . . . | 6 | 473 |
| — sinué. . . . . . . . | 6 | 474 |
| VESCE. . . . . . . . . | 1 | 300 |
| — à feuilles menues. . | 1 | 301 |
| — blanche. . . . . . . | 1 | 302 |
| — cultivée. . . . . . | 1 | 301 |
| — Fève. . . . . . . . | 1 | 302 |
| — Féverolle. . . . . . | 1 | 303 |
| — multiflore. . . . . | 1 | 300 |
| *VESTIÉES.* . . . . . . | 9 | 58 |
| *VIBURNÉES.* . . . | 8 | 303 |

| | Vol. | Pag. |
|---|---|---|
| VIBURNINÉES. . . . . | 8 | 305 |
| | et | 306 |
| VIBURNUM. . . . . . . | 8 | 306 |
| — à cymes nues. . . . | 8 | 314 |
| — à feuilles de Prunier. | 8 | 312 |
| — arborescent. . . . . | 8 | 314 |
| — commun. . . . . . | 8 | 309 |
| — Obier. . . . . . . | 8 | 308 |
| *VICIÉES.* . . . . . . . | 1 | 156 |
| | et | 298 |
| VIEUSSEUXIA. . . . . . | 13 | 10 |
| — glauque. . . . . . | 13 | 10 |
| — OEil de paon. . . . | 13 | 11 |
| — tripétale. . . . . . | 13 | 11 |
| VIGNE. . . . . . . . . | 3 | 217 |
| — à feuilles cordiformes. | 3 | 229 |
| — à feuilles rondes. . | 3 | 230 |
| — à feuilles tronquées. | 3 | 226 |
| — cotonneuse. . . . . | 3 | 227 |
| — cultivée. . . . . . | 3 | 218 |
| — cymeuse. . . . . . | 3 | 226 |
| — de Heyne. . . . . . | 3 | 227 |
| — d'Inde. . . . . . . | 3 | 227 |
| — de Java. . . . . . . | 3 | 226 |
| — de Wallich. . . . . | 3 | 226 |
| — des rivages. . . . . | 3 | 229 |
| — estivale. . . . . . . | 3 | 228 |
| — ferrugineuse. . . . | 3 | 228 |
| — flexueuse. . . . . . | 3 | 226 |
| — glabrescente. . . . | 3 | 227 |
| — hétérophylle. . . . | 3 | 226 |
| — trifide. . . . . . . | 3 | 227 |
| — trilobée. . . . . . . | 3 | 227 |
| VIMINAIRE. . . . . . . | 1 | 175 |
| — nue. . . . . . . . | 1 | 175 |
| VINCA, *V.* PERVENCHE. | | |
| *VIOLARIÉES.* . . . | 5 | 494 |
| VIOLETTE. . . . . . . | 5 | 501 |
| — à feuilles cuculli — formes. . . . . . | 5 | 508 |
| — canine. . . . . . . | 5 | 506 |
| — hérissée. . . . . . | 5 | 505 |
| — odorante. . . . . . | 5 | 504 |
| — palmée. . . . . . . | 5 | 507 |
| — potagère. . . . . . | 5 | 508 |
| VIORNA. . . . . . . . | 7 | 268 |
| — à feuilles entières. . | 7 | 270 |
| — cylindriflore. . . . | 7 | 269 |
| — urnigère. . . . . . | 7 | 270 |
| VIRGILIA. . . . . . . . | 1 | 162 |
| — à bois jaune. . . . | 1 | 163 |
| — doré. . . . . . . . | 1 | 164 |

| | Vol. | Pag. | | Vol. | Pag. |
|---|---|---|---|---|---|
| Virgilia du Cap. | 4 | 163 | Walthéria ferrugineux. | 3 | 462 |
| VISCUM. | 8 | 234 | WATSONIA. | 13 | 84 |
| — Gui-blanc. | 8 | 234 | — à courtes feuilles. | 13 | 85 |
| VISMIA. | 5 | 348 | — à feuilles d'Iris. | 13 | 85 |
| — à feuilles sessiles. | 5 | 349 | — à feuilles fistuleuses. | 13 | 85 |
| — à larges feuilles. | 5 | 349 | — Faux-Alétris. | 13 | 86 |
| — à longues feuilles. | 5 | 350 | — marginé. | 13 | 85 |
| — discolore. | 5 | 350 | — Mériane. | 13 | 86 |
| VISMINÉES. | 5 | 340 | — nain. | 13 | 86 |
| | et | 347 | — ponctué. | 13 | 85 |
| VITEX, V. GATTILIER. | | | — rose. | 13 | 85 |
| VITICÉES. | 9 | 226 | WEBBIA. | 5 | 408 |
| VITICELLA. | 7 | 263 | — à larges pétales. | 5 | 410 |
| — à grandes fleurs. | 7 | 264 | — hétérophylle. | 5 | 409 |
| — commun. | 7 | 265 | — multiflore. | 5 | 409 |
| — campaniflore. | 7 | 266 | WEINMANNIA. | 5 | 7 |
| — crépu. | 7 | 267 | — à feuilles ovales. | 5 | 7 |
| VOANDZÉIA. | 1 | 134 | — à grappes. | 5 | 7 |
| — souterrain. | 1 | 135 | — glabre. | 5 | 8 |
| VOCHYSIA. | 4 | 521 | — hérissé. | 5 | 8 |
| — à feuilles elliptiques. | 4 | 322 | — trifoliolé. | 5 | 8 |
| — à feuilles rondes. | 4 | 522 | WILLÉMÉTIA. | 2 | 462 |
| — alpestre. | 4 | 523 | — d'Afrique. | 2 | 462 |
| — d'Aublet. | 4 | 524 | WILLUBÉIA. | 8 | 509 |
| — élancé. | 4 | 523 | — à fruit comestible. | 8 | 509 |
| — fleuri. | 4 | 524 | WINTÉRINÉES. | 7 | 433 |
| — ferrugineux. | 4 | 322 | | et | 435 |
| — polymorphe. | 4 | 322 | WISTÉRIA. | 1 | 320 |
| — pyramidal. | 4 | 523 | — de Chine. | 1 | 321 |
| VOCHYSIÉES. | 4 | 318 | — frutescent. | 1 | 321 |
| VOUAPA. | 1 | 120 | WITSÉNIA. | 13 | 97 |
| — à bois violet. | 1 | 121 | — à corymbe. | 13 | 97 |
| — bifoliolé. | 1 | 121 | — à fleurs cotonneuses. | 13 | 97 |
| VULPIN. | 13 | 176 | WRIGHTIA. | 8 | 532 |
| — des prés. | 13 | 177 | — antidyssentérique. | 8 | 532 |
| | | | — écarlate. | 8 | 533 |
| WACHENDORFIA. | 13 | 109 | — tinctorial. | 8 | 533 |
| — à feuilles courtes. | 13 | 110 | WRIGHTIÉES. | 8 | 503 |
| — à thyrse. | 13 | 110 | | et | 532 |
| — paniculé. | 13 | 110 | | | |
| — velu. | 13 | 110 | XANTHORRHIZA. | 7 | 407 |
| WALDSTEINIA. | 13 | 481 | — à feuilles d'Ache. | 7 | 409 |
| — Fausse-Benoite. | 13 | 481 | XANTHOXYLE, V. CLAVALIER. | | |
| WALKÉRIA. | 2 | 389 | XANTHOSIÉES. | 8 | 137 |
| — dentelé. | 2 | 389 | XANTHOSOMA. | 12 | 48 |
| WALLICHIA. | 3 | 458 | — à feuilles en flèche. | 12 | 48 |
| — élégant. | 3 | 458 | — comestible. | 12 | 49 |
| WALLICHIÉES. | 3 | 444 | XÉRANTHÈME. | 10 | 58 |
| | et | 457 | — élégant. | 10 | 59 |
| WALTHÉRIA. | 3 | 461 | XÉROPHYLLE. | 12 | 242 |
| — arborescent. | 3 | 462 | — Faux-Asphodèle. | 12 | 243 |
| — Douradinha. | 3 | 463 | XIMÉNÉSIE. | 10 | 141 |

|  | Vol. | Pag. |
|---|---|---|
| Ximénésie Fausse-Encélie. | 10 | 141 |
| XIMÉNIA. | 13 | 264 |
| — multiflore. | 13 | 264 |
| XYLOCARPE. | 3 | 204 |
| — à feuilles obovales. | 3 | 205 |
| — à grenades. | 3 | 204 |
| XYLOMÈLE. | 10 | 425 |
| — pyriforme. | 10 | 426 |
| XYLOPHYLLE. | 2 | 497 |
| — à feuilles étroites. | 2 | 498 |
| — à larges feuilles. | 2 | 498 |
| — falciforme. | 2 | 498 |
| XYLOPIA. | 7 | 506 |
| — à grandes fleurs. | 7 | 508 |
| — frutescent. | 7 | 508 |
| — soyeux. | 7 | 507 |
| XYLOPLEURUM. | 4 | 378 |
| — de Nuttall. | 4 | 378 |
| XYLOSTÉUM. | 8 | 355 |
| — à fruit bleu. | 8 | 356 |
| — des Pyrénées. | 8 | 358 |
| *XYRIDÉES.* | 13 | 130 |
| XYRIS. | 13 | 131 |
| — de l'Inde. | 13 | 132 |
| YUCCA. | 12 | 282 |
| — acuminé. | 12 | 287 |
| — à feuilles d'Aloès. | 12 | 283 |
| — à feuilles étroites. | 12 | 285 |
| — à feuilles marginées. | 12 | 287 |
| — à feuilles recourbées. | 12 | 286 |
| — épineux. | 12 | 284 |
| — Faux-Dragonnier. | 12 | 284 |
| — filamenteux. | 12 | 284 |
| — flasque. | 12 | 285 |
| — glauque. | 12 | 287 |
| — magnifique. | 12 | 286 |
| — oblique. | 12 | 287 |
| — presque glauque. | 12 | 285 |
| — pubérule. | 12 | 285 |
| — raide. | 12 | 286 |
| — superbe. | 12 | 286 |
| YULANIA. | 7 | 462 |

|  | Vol. | Pag. |
|---|---|---|
| Yulania du Japon. | 7 | 466 |
| — Kobus. | 7 | 467 |
| — magnifique. | 7 | 464 |
| ZALACCA. | 12 | 85 |
| — de Blume. | 12 | 85 |
| — de Wallich. | 12 | 86 |
| ZALUZIANSKYA. | 9 | 318 |
| — du Cap. | 9 | 318 |
| *ZANNICHELLIÉES.* | 12 | 15 |
| ZANONIA. | 6 | 189 |
| — d'Inde. | 6 | 189 |
| ZANTHOXYLE, V. CLAVALIER. |  |  |
| *ZANTHOXYLÉES.* | 2 | 360 |
| ZAUSCHNÉRIA. | 4 | 400 |
| — de Californie. | 4 | 400 |
| ZELKOUA. | 11 | 117 |
| — à feuilles crénelées. | 11 | 118 |
| — de Candie. | 11 | 121 |
| ZÉNOBIA. | 9 | 479 |
| — élégant. | 9 | 479 |
| ZIÉRIA. | 2 | 341 |
| — à grandes feuilles. | 2 | 342 |
| — à petites feuilles. | 2 | 342 |
| — lancéolé. | 2 | 342 |
| — lisse. | 2 | 342 |
| — poilu. | 2 | 342 |
| ZINNIA. | 10 | 137 |
| — Brésine. | 10 | 139 |
| — élégant. | 10 | 140 |
| — roulé. | 10 | 139 |
| — verticillé. | 10 | 140 |
| ZIZYPHUS, V. JUJUBIER. |  |  |
| ZOÉGÉE. | 10 | 64 |
| — élégante. | 10 | 65 |
| *ZOSTÉRÉES.* | 12 | 14 |
| ZYGADÈNE. | 12 | 247 |
| — glabre. | 12 | 248 |
| ZYGOPHYLLE, V. FABAGELLE. |  |  |
| *ZYGOPHYLLÉES.* | 2 | 304 |
| *ZYGOPHYLLÉES-VRAIES.* | 2 | 306 |

FIN DE LA TABLE FRANÇAISE.

# TABLE LATINE

## DE

# L'HISTOIRE DES PHANÉROGAMES.

| | Vol. | Pag. |
|---|---|---|
| *Abalon*, Adans. | 12 | 235 |
| *Abapus*, Adans. | 12 | 406 |
| ABASALOA, Llalav. | 10 | 40 |
| ABASICARPON, Andrz. | 6 | 324 |
| ABATIA, Ruiz et Pav. | 6 | 115 |
| *Abelicea*, Smith. | 11 | 98 |
| *Abelicea cretica*, Clus. | 11 | 121 |
| ABELIA, R. Br. | 8 | 327 |
| *Abelmoschus*, Medic. | 3 | 343 |
| *Abena*, Neck. | 9 | 227 |
| *Aberemoa*, Aubl. | 7 | 496 |
| ABIES, Link. | 11 | 358 |
| ABIES, Tourn. | 11 | 403 |
| — alba, Mich. | 11 | 412 |
| — *alba*, Mill. | 11 | 416 |
| — *araucana*, Poir. | 11 | 364 |
| — balsamea, Mill. | 11 | 421 |
| — *balsamea*, β. Torr. | 11 | 422 |
| — *balsamifera*, Mich. | 11 | 421 |
| — Brunoniana, Wallich. | 11 | 426 |
| — canadensis, Mich. | 11 | 424 |
| — *Cedrus*, Poir. | 11 | 427 |
| — cephalonica, Loud. | 11 | 414 |
| — *cœrulea*, Hortor. | 11 | 412 |
| — *curvifolia*, Salisb. | 11 | 412 |
| — *Dammara*, Poir. | 11 | 367 |
| — *denticulata*, Poir. | 11 | 410 |
| — Douglasii, Sabine. | 11 | 423 |
| — *dumosa*, Don. | 11 | 426 |
| — *elegans*, Hortor. | 11 | 407 |
| — excelsa, De Cand. | 11 | 405 |
| — *excelsa*, Link. | 11 | 416 |
| — *excelsa pendula*, Loud. | 11 | 406 |
| — *excelsa pygmœa*, Loud. | 11 | 407 |
| — *excelsa tenuifolia*, Loud. | 11 | 406 |

| | Vol. | Pag. |
|---|---|---|
| Abies *excelsa variegata*, Loud. | 11 | 406 |
| — *Fraseri*, Pursh. | 11 | 422 |
| — grandis, Dougl. | 11 | 422 |
| — *lanceolata*, Desfs. | 11 | 360 |
| — *Larix*, Poir. | 11 | 432 |
| — *Luscombeana*, Hortor. | 11 | 414 |
| — *mariana*, Mill. | 11 | 410 |
| — *Morinda*, Hortor. | 11 | 413 |
| — *nana*, Hortor. | 11 | 407 |
| — *nigra*, Mich. | 11 | 410 |
| — nobilis, Dougl. | 11 | 419 |
| — Nordmanniana, Stev. | 11 | 418 |
| — obovata, Ledeb. | 11 | 409 |
| — orientalis, Poir. | 11 | 409 |
| — *pectinata*, De Cand. | 11 | 416 |
| — *pectinata*, Poir. | 11 | 411 |
| — *pendula*, Salisb. | 11 | 432 |
| — Picea, Mill. | 11 | 405 |
| — *Picea*, Lindl. | 11 | 416 |
| — Pindrow, Royle. | 11 | 423 |
| — Pinsapo, Boiss. | 11 | 414 |
| — *pyramidalis*, Salisb. | 11 | 432 |
| — religiosa, Kunth. | 11 | 419 |
| — *rubra*, Mill. | 11 | 411 |
| — sibirica, Ledeb. | 11 | 420 |
| — Smithiana, Wallich. | 11 | 413 |
| — spectabilis, Lamb. | 11 | 422 |
| — *taxifolia*, Desfs. | 11 | 416 |
| — *taxifolia*, Hortor. | 11 | 414 |
| — *vulgaris*, Poir. | 11 | 415 |
| ABIETEÆ, Reichenb. | 11 | 358 |
| | et | 369 |
| ABIETINEÆ, Bartl. | 11 | 355 |
| ABILGAARDIA, Vahl. | 13 | 144 |

| | Vol. | Pag. | | Vol. | Pag. |
|---|---|---|---|---|---|
| ABLANIA, Aubl. | 4 | 4 | Acacia Farnesiana, Willd. | 1 | 80 |
| *Abola*, Adans. | 13 | 161 | — floribunda, Willd. | 1 | 71 |
| ABOLBODA, Humb. et | | | — glauca, Willd. | 1 | 82 |
| Bonpl. | 13 | 131 | — glaucescens, Willd. | 1 | 72 |
| ABROMA, Linn. | 3 | 485 | — hæmatoxylon, Willd. | 1 | 81 |
| — augustum, Linn. | 3 | 485 | — heterophylla, Willd. | 1 | 68 |
| — fastuosum, Jacq. | 3 | 485 | — *impressa*, Bot. Reg. | 1 | 68 |
| ABRONIA, Juss. | 10 | 516 | — Julibrissin, Willd. | 1 | 84 |
| ABROTANELLA, Cass. | 10 | 23 | — juniperina, Willd. | 1 | 66 |
| ABRUS, Linn. | 1 | 317 | — *latifolia*, Desf. | 1 | 68 |
| — precatorius, Linn. | 1 | 317 | — Lebbek, Willd. | 1 | 81 |
| ABSINTHIUM, Tourn. | 10 | 171 | — leucocephala, Link. | 1 | 83 |
| — glaciale, Lamk. | 10 | 171 | — leucophlœa, De Cand. | 1 | 80 |
| — Mutellina, Lamk. | 10 | 171 | — linearis, Bot. Mag. | 1 | 71 |
| — vulgare, Lam. | 10 | 171 | — *linearis*, Lodd. | 1 | 71 |
| *Abumon*, Adans. | 12 | 255 | — linifolia, Willd. | 1 | 70 |
| ABUTILON, Kunth. | 3 | 403 | — longifolia, Willd. | 1 | 71 |
| — arboreum, Linn. fil. | 3 | 406 | — longissima, Link. | 1 | 72 |
| — carneum, Juss. fil. | 3 | 407 | — *lonhissima*, Wendl. | 1 | 71 |
| — elegans, Juss. fil. | 3 | 408 | — lophantha, Willd. | 1 | 75 |
| — esculentum, Aug. St-Hil. | 3 | 409 | — marginata, Wendl. | 1 | 69 |
| — grandiflorum, Bot. Reg. | 3 | 405 | — melanoxylon, R. Br. | 1 | 68 |
| — geminiflorum, Kunth. | 3 | 406 | — mucronata, Willd. | 1 | 71 |
| — macranthum, Juss. fil. | 3 | 408 | — myrtifolia, Willd. | 1 | 69 |
| — mollissimum, Cav. | 3 | 406 | — Nemu, Willd. | 1 | 84 |
| — periplocifolium, Linn. | 3 | 404 | — *nilotica*, Delile. | 1 | 78 |
| — pulchellum, Bonpl. | 3 | 404 | — *obliqua*, Desv. | 1 | 68 |
| — rufinerve, Juss. fil. | 3 | 407 | — odoratissima, Willd. | 1 | 82 |
| — stellatum, Cavan. | 3 | 404 | — Oxycedrus, D. C. | 1 | 70 |
| — vulgare, Spach. | 3 | 405 | — paradoxa, De Cand. | 1 | 66 |
| *Abutua*, Lour. | 11 | 282 | — penninervis, De Cand. | 1 | 68 |
| ACACIA, Neck. | 1 | 65 | — procera, Willd. | 1 | 82 |
| — acanthocarpa, Willd. | 1 | 81 | — pubescens, R. Br. | 1 | 83 |
| — Adansonii, Guill. | 1 | 77 | — pulchella, R. Br. | 1 | 73 |
| — alata, R. Br. | 1 | 65 | — saligna, Wendl. | 1 | 67 |
| — albida, Delile. | 1 | 75 | — *Senegal*, Willd. | 1 | 75 |
| — amœna, Wendl. | 1 | 69 | — Seyal, Delile. | 1 | 77 |
| — angustifolia, Wendl. | 1 | 69 | — Sing, Guill. | 1 | 79 |
| — arabica, Willd. | 1 | 78 | — Sophoræ, R. Br. | 1 | 72 |
| — arborea, Willd. | 1 | 83 | — stricta, Willd. | 1 | 67 |
| — armata, R. Br. | 1 | 65 | — strumbulifera, Willd. | 1 | 73 |
| — *atomiphylla*, Burch. | 1 | 81 | — suaveolens, Willd. | 1 | 69 |
| — calamifolia, Sweet. | 1 | 67 | — Sundra, De Cand. | 1 | 74 |
| — Catechu, Willd. | 1 | 74 | — subulata, Bonpl. | 1 | 70 |
| — *Chundra*, Willd. | 1 | 74 | — sulcata, R. Br. | 1 | 66 |
| — coronillæfolia, Desf. | 1 | 72 | — *uncinella*, Desf. | 1 | 81 |
| — decipiens, R. Br. | 1 | 65 | — *undulata*, Willd. | 1 | 66 |
| — diffusa, Bot. Reg. | 1 | 66 | — Verek, Guill. | 1 | 75 |
| — discolor, Willd. | 1 | 83 | — verticillata, Willd. | 1 | 70 |
| — dodonæifolia, Willd. | 1 | 67 | — vestita, Bot. Reg. | 1 | 69 |
| — *dolabriformis*, Colla. | 1 | 65 | — *viscosa*, Wendl. | 1 | 67 |
| — eburnea, Willd. | 1 | 80 | ACACIÆ CONJUGATO-PIN- | | |
| — falcata, Wendl. | 1 | 68 | NATÆ, De Cand. | 1 | 72 |

| | Vol. | Pag. |
|---|---|---|
| ACACIÆ GLOBIFLORÆ, De Cand. | 1 | 77 |
| ACACIÆ PHYLLODINEÆ, De Cand. | 1 | 65 |
| ACACIÆ SPICIFLORÆ, De Cand. | 1 | 73 |
| ACÆNA, Vahl. | 1 | 453 |
| Acajuba, Gærtn. | 2 | 186 |
| ACALYPHA, Linn. | 2 | 488 |
| Acalypha hispida, Burm. | 2 | 520 |
| *ACALYPHEÆ*, Juss. fil. | 2 | 487 |
| | et | 519 |
| Acanos, Adans. | 10 | 12 |
| Acanos spinosa, Scopol. | 10 | 88 |
| *ACANTHACEÆ*, R. Br. | 9 | 141 |
| Acanthariæ, Reichenb. | 9 | 141 |
| ACANTHEÆ, Nees. | 9 | 145 |
| Acanthi, Juss. | 9 | 141 |
| ACANTHODIUM, Delile. | 9 | 145 |
| ACANTHOGLOSSUM, Blum. | 12 | 178 |
| ACANTHOLEPIS, Less. | 10 | 13 |
| Acanthonychia, De Cand. | 5 | 238 |
| ACANTHOPHIPPIUM, Blum. | 12 | 178 |
| Acanthophyllum, Hook et Arn. | 10 | 54 |
| ACANTHOPHYTON, Less. | 10 | 8 |
| ACANTHOPRASIUM, Benth. | 9 | 166 |
| Acanthosperma, Arrab. | 10 | 299 |
| ACANTHOSPERMUM, Schrank. | 10 | 21 |
| *ACANTHOSPERMEÆ*, Tausch. | 8 | 133 |
| | et | 150 |
| Acanthospora, Spreng. | 12 | 598 |
| ACANTHOSTACHYS, Link. | 12 | 599 |
| ACANTHOTHECA, De Cand. | 10 | 15 |
| ACANTHUS, Tourn. | 9 | 150 |
| — mollis, Linn. | 9 | 152 |
| — spinosus, Linn. | 9 | 151 |
| Acarna gummifera, Willd. | 10 | 61 |
| ACARNA, Willd. | 10 | 9 |
| ACER, Linn. | 3 | 84 |
| — austriacum, Tratt. | 3 | 93 |
| — barbatum, Mich. | 3 | 118 |
| — Boscii, Spach. | 3 | 86 |
| — campestre, Linn. | 3 | 93 |
| — campestre collinum, Spach. | 3 | 94 |
| — campestre hebecarpum, Spach. | 3 | 93 |
| — campestre macrocarpum, [Spach. | 3 | 93 |

| | Vol. | Pag. |
|---|---|---|
| Acer canadense, Duham. | 3 | 85 |
| — circinnatum, Pursh. | 3 | 97 |
| — coccineum, Hortor. | 3 | 115 |
| — collinum, Hortor. | 3 | 94 |
| — cordifolium, Borkh. | 3 | 92 |
| — coriaceum, Lodd. | 3 | 107 |
| | et | 108 |
| — creticum, Linn. | 3 | 110 |
| — creticum, Tratt. | 3 | 107 |
| | et | 108 |
| — cretica, Tourn. | 3 | 111 |
| — creticum cuneifolium, Spach. | 3 | 111 |
| — crispum, Willd. | 3 | 95 |
| — cultratum, Wallich. | 3 | 98 |
| — dasycarpum, Ehrb. | 3 | 116 |
| — dissectum, Thunb. | 3 | 98 |
| — eriocarpum, Mich. | 3 | 116 |
| — glaucum, Hortor. | 3 | 115 |
| — Hederæ folio, Tourn. | 3 | 97 |
| — heterophyllum, Willd. | 3 | 110 |
| — hispanicum, Pourr. | 3 | 106 |
| — hybridum, Bosc. | 3 | 88 |
| — ibericum, Bieberst. | 3 | 109 |
| — illyricum, Jacq. | 3 | 109 |
| — italum, Lauth. | 3 | 106 |
| — japonicum, Thunb. | 3 | 98 |
| — laciniatum, Hort. Kew. | 3 | 95 |
| — lævigatum, Wallich. | 3 | 91 |
| — lobatum, Bosc. | 3 | 86 |
| — Lobelii, Ten. | 3 | 97 |
| — macrophyllum, Pursh. | 3 | 90 |
| — major Cordi, Lobel. | 3 | 97 |
| — monspessulanum, Linn. | 3 | 109 |
| — montanum, Hort. Kew. | 3 | 87 |
| — neapolitanum, Ten. | 3 | 105 |
| — Negundo, Linn. | 3 | 119 |
| — nigrum, Mich. fil. | 3 | 104 |
| — oblongum, Wallich. | 3 | 94 |
| — obtusatum, Kit. | 3 | 105 |
| — obtusilobum, Sibth. et Sm. | 3 | 110 |
| | et | 111 |
| — Opalus, Hort. Kew. | 3 | 105 |
| — opulifolium, Vill. | 3 | 106 |
| — palmatifidum, Tausch. | 3 | 95 |
| — palmatum, Thunb. | 3 | 98 |
| — pensylvanicum, Dufoi. | 3 | 87 |
| — pensylvanicum, Linn. | 3 | 85 |
| — pictum, Thunb. | 3 | 99 |
| — platanoides, Linn. | 3 | 95 |
| — platanoides dissectum, Jacq. fil. | 3 | 95 |

| | Vol. | Pag. |
|---|---|---|
| Acer *platanoides macrocarpum*, Spach. | 3 | 95 |
| — polymorphum, Spach. | 3 | 107 |
| — *polymorphum majus*, Spach. | 3 | 108 |
| — *polymorphum minus*, Spach. | 3 | 108 |
| — Pseudoplatanus, Linn. | 3 | 89 |
| — *Pseudoplatanus macropterum*, Hayn. | 3 | 89 |
| — rubrum, Mich. fil. | 3 | 113 |
| — *rubrum*, β. Hort. Kew. | 3 | 116 |
| — *rubrum*, Wats. | 3 | 115 |
| — *rotundifolium*, Lam. | 3 | 106 |
| — saccharinum, Mich. fil. | 3 | 99 |
| — *saccharinum*, Willd. | 3 | 100 |
| — sanguineum, Spach. | 3 | 115 |
| — *sempervirens*, Linn. | 3 | 110 |
| | et | 112 |
| — septemlobum, Thunb. | 3 | 99 |
| — spicatum, Lam. | 3 | 87 |
| — sterculiaceum, Wallich. | 3 | 118 |
| — striatum, Lam. | 3 | 85 |
| — tataricum, Linn. | 3 | 92 |
| — trifidum, Thunb. | 3 | 99 |
| — *trifolia*, Duham. | 3 | 109 |
| — *vernum*, Reyn. | 3 | 106 |
| — villosum, Wallich. | 3 | 117 |
| *Acera*, Juss. | 3 | 82 |
| ACERANTHUS , Morr. et Decaisne. | 8 | 61 |
| — diphyllus , Morr. et Decaisne. | 8 | 62 |
| ACERAS, R. Br. | 12 | 179 |
| ACERATES, R. Br. | 8 | 539 |
| ACERATIUM, De Cand. | 4 | 4 |
| *ACERINEÆ*, De Cand. | 3 | 82 |
| *Acetosa*, Tourn. | 10 | 527 |
| *Achania*, Hort. Kew. | 3 | 370 |
| — *mollis*, Hort. Kew. | 3 | 370 |
| *Acharitherium* , Bluff et Fing. | 10 | 27 |
| ACHETARIA, Cham. | 9 | 269 |
| ACHILLEA, Vaill. | 10 | 195 |
| — Ageratum, Linn. | 10 | 198 |
| — asplenifolia, Vent. | 10 | 196 |
| — *atrata*, Linn. | 10 | 192 |
| — *cartilaginea*, Ledeb. | 10 | 193 |
| — *Clusiana*, Tausch. | 10 | 192 |
| — compacta , Willd. | 10 | 197 |
| — *crispa*, Lamk. | 10 | 196 |
| — *cuneifolia*, Lamk. | 10 | 194 |
| Achillea *dentifera*, De Cand. | 10 | 196 |
| — *dracunculoides*, Desf. | 10 | 194 |
| — *Eupatorium*, Bieberst. | 10 | 198 |
| — *filipendulina*, Lamk. | 10 | 198 |
| — *fragilis*, Balb. | 10 | 193 |
| — *glomerata*, Bieberst. | 10 | 197 |
| — *grandiflora*, Bieberst. | 10 | 194 |
| — *Herba-rota* , All. | 10 | 194 |
| — *inodora*, Linn. | 10 | 183 |
| — *impatiens*, Linn. | 10 | 193 |
| — lanata, Spreng. | 10 | 196 |
| — *livea*, Scopol. | 10 | 192 |
| — *linearis*, De Cand. | 10 | 193 |
| — *magna*, Linn. | 10 | 196 |
| — Millefolium, Linn. | 10 | 196 |
| — moschata, Jacq. | 10 | 192 |
| — *nana*, Linn. | 10 | 192 |
| — *pubescens*, De Cand. | 10 | 193 |
| — Ptarmica, Linn. | 10 | 193 |
| — rosea, Desf. | 10 | 196 |
| — *setacea*, Waldst. et Kit. | 10 | 196 |
| — *speciosa*, Hænk. | 10 | 193 |
| — *velutina* , Desf. | 10 | 197 |
| — *viscosa*, Lamk. | 10 | 198 |
| ACHIMENES, P. Br. | 9 | 257 |
| *Achimenes*, Vahl. | 9 | 269 |
| ACHLYS, De Cand. | 8 | 34 |
| *Achneria*, Beauv. | 13 | 163 |
| *Achnodon*, Link. | 13 | 159 |
| *Achnodonton*, Beauv. | 13 | 159 |
| ACHRAS, P. Br. | 9 | 389 |
| — *mammosa*, Linn. | 9 | 391 |
| — Sapota, Linn. | 9 | 390 |
| *Achroanthes*, Rafin. | 12 | 175 |
| ACHROMOLÆNA, Cass. | 10 | 27 |
| ACHYRACHÆNA, Schauer. | 10 | 17 |
| ACHYRANTHES, Linn. | 5 | 274 |
| — argentea, Linn. | 5 | 274 |
| — *porrigens*, Jacq. | 5 | 275 |
| *Achyrastrum* , Neck. | 10 | 8 |
| ACHYROCLINE , Less. | 10 | 26 |
| ACHYROCOMA , Cass. | 10 | 39 |
| ACHYRONIA, Wendl. | 1 | 153 |
| ACHYROPAPPUS, Kunth. | 10 | 17 |
| ACHYROPHORUS , Scopol. | 10 | 7 |
| ACHYROSPERMUM, Blum. | 9 | 167 |
| ACIA, Willd. | 1 | 369 |
| ACIANTHUS, R. Br. | 12 | 182 |
| ACICARPHA, Juss. | 10 | 299 |
| *Acidoton*, Swartz. | 2 | 487 |
| ACILEPIS, Don. | 10 | 39 |
| ACINOS, Mœnch. | 9 | 164 |
| ACIOA, Aubl. | 1 | 371 |

| | Vol. | Pag. |
|---|---|---|
| Acioa guianensis, Aubl. . | 1 | 371 |
| ACIOTIS, Don. . . . . . | 4 | 206 |
| ACIS, Salisb. . . . . . . | 12 | 405 |
| ACISANTHERA, P. Br. . | 4 | 419 |
| Acispermum, Neck. . . . | 10 | 19 |
| ACLEIA, De Cand. . . . . | 10 | 32 |
| ACLISIA, E. Mey. . . . . | 13 | 122 |
| ACMADENIA, Bartl. et Wendl. | 2 | 322 |
| ACMELLA, Rich. . . . . | 10 | 20 |
| ACMENA, De Cand. . . . | 4 | 173 |
| — floribunda, D. C. . . | 4 | 174 |
| ACNIDA, Linn. . . . . . | 5 | 278 |
| ACNISTUS, Schott. . . . | 9 | 57 |
| Acoma, Adans. . . . . . | 6 | 286 |
| ACONITELLA, Spach. . . | 7 | 358 |
| —, delphinioides, Spach. | 7 | 359 |
| ACONITINEÆ, Spach. . | 7 | 291 |
| | et | 356 |
| ACONITUM, Linn. . . . . | 7 | 360 |
| — acuminatum, Reichb. | 7 | 373 |
| — acutum, Reichb. . . | 7 | 376 |
| — ægophonum, Reichb. | 7 | 364 |
| — albidum, Reichb. . . | 7 | 375 |
| — album, Hort. Kew. . | 7 | 372 |
| — altigaleatum, Hayn. | 7 | 372 |
| — altissimum, Mill. . . | 7 | 364 |
| — ambiguum, Reichb. . | 7 | 373 |
| — amœnum, Reichb. . | 7 | 375 |
| — angustifolium. Bernh. | 7 | 376 |
| — angustifolium, Willd. | 7 | 375 |
| — Anthora, Linn. . . . | 7 | 380 |
| — anthoroideum, D. C. | 7 | 381 |
| — arctophonum, Reichb. | 7 | 364 |
| — Atees, Royle. . . . . | 7 | 379 |
| — australe, Reichb. . . | 7 | 364 |
| — autumnale, Reichb. . | 7 | 375 |
| — barbatum, Patrin. . | 7 | 367 |
| — Bernhardianum, Reichb. | 7 | 375 |
| — Bernhardianum, Wallr. | 7 | 372 |
| — boreale, Reichb. . . . | 7 | 367 |
| — callibotryon, Reichb. | 7 | 375 |
| — Cammarum, Jacq. . . | 7 | 372 |
| — Candollii, Reichb. . . | 7 | 381 |
| — cernuum, Wulf. . . | 7 | 372 |
| — ciliare, D. C. . . . . | 7 | 373 |
| — Clusianum, Reichb. . | 7 | 376 |
| — commutatum, Reichb. | 7 | 376 |
| — cordatum, Royle. . . | 7 | 379 |
| — Cynoctonum, Reichb. | 7 | 384 |
| — dissectum, Reichb. . | 7 | 364 |
| — eminens, Koch. . . . | 7 | 375 |
| — eriostemon, Reichb. . | 7 | 373 |
| — eulophum, Reichb. . | 7 | 381 |

| | Vol. | Pag. |
|---|---|---|
| Aconitum eustachyum, Reichb. . . . . . . . | 7 | 376 |
| — exallatum, Bernh. . | 7 | 376 |
| — exallatum, Reichb. . | 7 | 364 |
| — excelsum, Reichb. . | 7 | 364 |
| — ferox, Wallich. . . . | 7 | 370 |
| — firmum, Reichb. . . | 7 | 376 |
| — formosum, Reichb. . | 7 | 376 |
| — Funkianum, Reichb. | 7 | 375 |
| — galectonum, Reichb. | 7 | 364 |
| — gibbosum, Sering. . . | 7 | 373 |
| — Gmelini, Reichb. . . | 7 | 367 |
| — hebegynum, D. C. . | 7 | 375 |
| — heterophyllum, Wallich. | 7 | 379 |
| — hians, Reichb. . . . | 7 | 376 |
| — hispidum, D. C. . . | 7 | 367 |
| — Hoppeanum, Reichb. | 7 | 376 |
| — intermedium, D. C. . | 7 | 376 |
| — inunctum, Koch. . . | 7 | 376 |
| — Jacquini, Reichb. . . | 7 | 381 |
| — japonicum, Thunb. . | 7 | 368 |
| — judenbergense, Reichb. | 7 | 372 |
| — Kœlleanum, Reichb.. | 7 | 376 |
| — Kœleri, Reichenb. . | 7 | 376 |
| — lœtum, Reichenb. . . | 7 | 376 |
| — Lamarkii, Reichb. . | 7 | 365 |
| — laxum, Reichb. . . . | 7 | 376 |
| — leptanthum, Reichb. | 7 | 367 |
| — Luparia, Reichb. . . | 7 | 364 |
| — lupicida, Reichb. . . | 7 | 364 |
| — Lycoctonum, (Linn.) Spenn. . . . . . . | 7 | 364 |
| — Lycoctonum rubicundum, Spach. . . . | 7 | 364 |
| — Lycoctonum tenuifolium, Spach. . . . . | 7 | 365 |
| — Lycoctonum vulgare, Spach. . . . . . . | 7 | 364 |
| — meloctonum, Reichb. | 7 | 364 |
| — moldavicum, Hacq. . | 7 | 364 |
| — molle, Reichb. . . . | 7 | 372 |
| — multifidum, Koch. . | 7 | 375 |
| — myoctonum, Reichb. | 7 | 364 |
| — Napellus, Linn. . . . | 7 | 375 |
| — nasutum, Fisch. . . | 7 | 372 |
| — nemorosum, Bieberst. | 7 | 381 |
| — neomontanum, Willd. | 7 | 376 |
| — neubergense, Reichb. | 7 | 375 |
| — ochranthum, Ledeb. | 7 | 367 |
| — ochroleucum, Willd. | 7 | 364 |
| — orientale, Mill. . . . | 7 | 364 |
| — Pallasii, Reichb. . . | 7 | 381 |
| — pallidum, Reichb. . | 7 | 367 |

| | Vol. | Pag. | | Vol. | Pag. |
|---|---|---|---|---|---|
| Aconitum *palmatifidum*, Reichb. | 7 | 367 | Acratherum, Link. | 13 | 160 |
| — *paniculatum*, Lamk. | 7 | 372 | Acrexus, Sprëng. | 4 | 4 |
| — *parviflorum*, Reichb. | 7 | 373 | Acridocarpus, Guill. et Perr. | 3 | 156 |
| — *perniciosum*, Reichb. | 7 | 364 | — *plagiopterus*, G. et P. | 3 | 157 |
| — *Phthora*, Reichb. | 7 | 364 | Acriopsis, Blum. | 12 | 177 |
| — *Pseudo-Napellus*, Spach. | 7 | 372 | Acrocentron, Cass. | 10 | 11 |
| — *pyramidale*, Mill. | 7 | 375 | Acrocephalium, Cass. | 10 | 26 |
| — *pyrenaicum*, Lamk. | 7 | 365 | Acrocephalus, Benth. | 9 | 162 |
| — *pyrenaicum*, Pallas. | 7 | 367 | Acrocomia, Mart. | 12 | 116 |
| — *ranunculoides*, Turcz. | 7 | 365 | — sclerocarpa, Mart. | 12 | 116 |
| — *recognitum*, Reichb. | 7 | 373 | *ACRODICLIDIA*, Nees. | 10 | 471 |
| — *rectum*, Bernh. | 7 | 364 | Acrodiclidium, Nees. | 10 | 471 |
| — *reflexum*, Reichb. | 7 | 373 | Acroglochin, Schrad. | 5 | 278 |
| — *rostratum*, Bernh. | 7 | 372 | Acrolasia, Presl. | 6 | 236 |
| — *rubicundum*, Fisch. | 7 | 364 | — bartonioides, Presl. | 6 | 236 |
| — *septentrionale*, Flor. Dan. | 7 | 364 | Acrolepis, Nees. | 13 | 146 |
| — *squarrosum*, Linn. | 7 | 367 | Acrolophus, Cass. | 10 | 11 |
| — *Stœrkianum*, Reichb. | 7 | 376 | Acronia, Presl. | 12 | 182 |
| — *strictissimum*, Reichb. | 7 | 364 | Acronodia, Blum. | 4 | 5 |
| — *strictum*, Bernh. | 7 | 376 | Acropera, Lindl. | 12 | 178 |
| — *tauricum*, Willd. | 7 | 375 | Acropselion, Bess. | 13 | 163 |
| — *tauricum*, Wulf. | 7 | 376 | Acroptilon, Cass. | 10 | 12 |
| — *tragoctonum*, Reichb. | 7 | 364 | Acrostemon, Klotz. | 9 | 442 |
| — *tenuifolium*, Reichb. | 7 | 381 | Acrotome, Benth. | 9 | 166 |
| — *theriophonum*, Reichb. | 7 | 364 | Acrotrema, Jack. | 7 | 414 |
| — *theliphonum*, Reichb. | 7 | 364 | Acrotriche, R. Br. | 9 | 433 |
| — *tortuosum*, Willd. | 7 | 375 | Actæa, Linn. | 7 | 385 |
| — *toxicum*, Reichb. | 7 | 372 | — *alba*, Bigel. | 7 | 388 |
| — *triste*, Fisch. | 7 | 364 | — *brachypetala cœrulea*, D. C. | 7 | 388 |
| — uncinatum, Lamk. | 7 | 368 | — *brachypetala micro-carpa*, D. C. | 7 | 388 |
| — *variegatum*, Linn. | 7 | 372 | — *brachypetala rubra*, D. C. | 7 | 388 |
| — *villosum*, Reichb. | 7 | 373 | — *Cimicifuga*, Linn. | 7 | 390 |
| — *virosum*, Don. | 7 | 370 | — *erythrocarpa*, Fisch. | 7 | 386 |
| — *volubile*, Pallas. | 7 | 373 | — *longipes*, Spach. | 7 | 388 |
| — *Vulparia*, Reichb. | 7 | 364 | — *macropoda*, Turcz. | 7 | 390 |
| — *zooctonum*, Reichb. | 7 | 364 | — *nigra*, Flor. Wetter. | 7 | 386 |
| Aconogonum, Meisn. | 10 | 521 | — pachypoda, Ell. | 7 | 388 |
| Acontias, Schott. | 12 | 39 | — *palmata*, D. C. | 7 | 234 |
| Acoraceæ, Lindl. | 12 | 33 | — *podocarpa*, D. C. | 7 | 391 |
| Acoraceæ, Schott. | 12 | 32 | — *racemosa*, Linn. | 7 | 393 |
| Acorineæ, Reichb. | 12 | 32 | — *rubra*, Bigel. | 7 | 388 |
| Acorineæ, Dumort. | 12 | 32 | — *rubra*, Ledeb. | 7 | 396 |
| Acorineæ, Link. | 12 | 33 | — *spicata*, Linn. | 7 | 386 |
| *ACOROIDEÆ*, Agardh. | 12 | 33 | — vulgaris, Spach. | 7 | 386 |
| Acorus, Linn. | 12 | 33 | — *vulgaris erythrocarpa*, Spach. | 7 | 386 |
| — Calamus, Linn. | 12 | 34 | — *vulgaris melanocarpa*, Spach. | 7 | 386 |
| Acosmus, Desv. | 3 | 124 | | | |
| Acosta, D. C. | 10 | 40 | | | |
| Acosta, Lour. | 9 | 443 | | | |
| Acouroa, Aubl. | 1 | 89 | | | |
| Acouretia, Don. | 10 | 34 | | | |

| | Vol. | Pag. | | Vol. | Pag. |
|---|---|---|---|---|---|
| ACTEARIEÆ, Spach.. | 7 | 292 | ADENOLEPIS, Less. ... | 10 | 19 |
| | et | 383 | Adenoncus, Blum. .... | 12 | 179 |
| Actimeris, Rafin. .... | 10 | 20 | ADENOPHORA, Fisch. .. | 9 | 549 |
| ACTINANTHUS, Ehrenb.. | 8 | 136 | — communis, Fisch. ;. | 9 | 549 |
| ACTINEA, Juss. ... | 10 | 17 | — coronata, D. C. fil. . | 9 | 552 |
| Actinella, Cass. ..... | 10 | 17 | — denticulata, Fisch. . | 9 | 549 |
| Actinidia, Lindl. ... | 7 | 414 | — intermedia, Sweet. . | 9 | 549 |
| ACTINOCARPUS, R. Br. | 12 | 10 | — Lamarkii, Fisch. .. | 9 | 549 |
| Actinochloa, Rœm. et Schult. | 13 | 163 | — latifolia, Fisch. ... | 9 | 549 |
| ACTINODAPHNE, Nees. . | 10 | 474 | — marsupiiflora, Fisch. | 9 | 552 |
| ACTINOLEPIS, D. C.. | 10 | 17 | — stylosa, Fisch. ... | 9 | 549 |
| ACTINOMERIS, Nutt. .. | 10 | 20 | — suaveolens, Reichb. . | 9 | 549 |
| ACTINOPHYLLUM, Ruiz et | | | — verticillata, Fisch. .. | 9 | 551 |
| Pav. ........ | 8 | 113 | ADENOPHYLLUM, Pers.. | 10 | 16 |
| ACTINOSPERMUM, Elliott. | 10 | 17 | ADENOPSIS, D. C. ... | 1 | 62 |
| ACTINOSPORA, Fisch. et | | | ADENORHOPIUM, Pohl.. | 2 | 487 |
| Mey. ........ | 7 | 792 | ADENOSACME, Wallich.. | 8 | 373 |
| ACTINOTEÆ, Tausch.. | 8 | 140 | ADENOSMA, R. Br. ... | 9 | 144 |
| ACTINOTUS, Labill. ... | 8 | 140 | ADENOSOLEN, D. C. ... | 10 | 23 |
| Aculeosa, Pluck. ... | 9 | 536 | ADENOSTEGIA, Benth... | 9 | 272 |
| Acunna, Ruiz et Pav. .. | 9 | 444 | ADENOSTEMMA, Forst. . | 10 | 37 |
| Acyntha, Commel. .... | 12 | 210 | ADENOSTYLEÆ, Cass. | 10 | 36 |
| ADAMBEA, Lamk. .... | 4 | 440 | ADENOSTYLES, Cass. .. | 10 | 36 |
| ADAMIA, Wallich. ... | 5 | 28 | ADENOSTYLIS, Blum. .. | 12 | 180 |
| — cyanea, Wallich. .. | 5 | 28 | ADESMIA, D. C. ..... | 1 | 155 |
| Adamsia, Fisch. ..... | 1 | 453 | ADHATODA, Nees. ... | 9 | 154 |
| Adamsia, Willd. .... | 12 | 254 | — arborescens, Nees. . | 9 | 155 |
| — scilloides, Willd. .. | 12 | 314 | Adina, Salisb. ...... | 8 | 372 |
| ADANSONIA, Linn. .... | 3 | 410 | ADLERIA, Neck. ..... | 1 | 88 |
| — digitata, Linn. ... | 3 | 419 | Aälina, Adans. ..... | 1 | 157 |
| ADELIA, Linn. ..... | 2 | 487 | ADLUMIA, Rafin. .... | 7 | 69 |
| ADELOBOTRYS, D. C.. | 4 | 205 | — cirrhosa, Rafin. ... | 7 | 70 |
| ADENACANTHUS, Nees.. | 9 | 144 | ADONANTHE, Spach. .. | 7 | 227 |
| ADENANDRA, Willd. .. | 2 | 327 | — pyrenaica, Spach... | 7 | 230 |
| — alba, Rœm. et Schult. | 2 | 328 | — sibirica, Spach. ... | 7 | 229 |
| — amœna, Lodd. .. | 2 | 328 | — vernalis, Spach... | 7 | 228 |
| — fragrans, Rœm. et Schult. | 2 | 328 | ADONINEÆ, Spach. .. | 7 | 190 |
| — speciosa, Bot. Mag. . | 2 | 328 | | et | 222 |
| — umbellata, Willd. . | 2 | 328 | ADONIS, (Linn.) Spach. | 7 | 222 |
| — uniflora, Willd. .. | 2 | 327 | — æstivalis, D. C. ... | 7 | 226 |
| ADENANTHERA, Linn. . | 1 | 61 | — æstivalis, Reichenb.. | 7 | 225 |
| — pavonina, Linn. ... | 1 | 62 | — ambigua, Gaudin... | 7 | 225 |
| ADENANTHOS, Labill. .. | 10 | 400 | — anomala, Wallr. .. | 7 | 225 |
| ADENARIA, Kunth..... | 4 | 419 | — apennina, Jacq. ... | 7 | 225 |
| ADENARIUM, Rafin. . | 5 | 205 | — apennina, Pallas... | 7 | 229 |
| ADENIUM, Rœm. et Schult. | 8 | 502 | — autumnalis, Linn. .. | 7 | 224 |
| ADENOBASIUM, Presl... | 6 | 286 | — capensis, Linn. ... | 7 | 232 |
| ADENOCARPUS, D. C... | 1 | 153 | — citrina, Hoffm. ... | 7 | 225 |
| ADENOCAULON, Hook. . | 10 | 36 | — davurica, Ledeb. .. | 7 | 229 |
| ADENOCYCLUS, Less. .. | 10 | 40 | — flammea, Jacq. ... | 7 | 226 |
| Adenodus, Lour. ..... | 4 | 4 | — flammea, Schleich. . | 7 | 225 |
| Adenodus sylvestris, Lour. | 4 | 48 | — flava, Vill. ..... | 7 | 225 |
| ADENOGRAMMA, Reichenb. | 5 | 205 | — ircutiana, Fisch. .. | 7 | 229 |

| | Vol. | Pag. |
|---|---|---|
| Adonis *maculata*, Wallr. | 7 | 225 |
| — *miniata*, Jacq. . . . | 7 | 225 |
| — *poetarum*, Spach. . . | 7 | 224 |
| — *sibirica*, Ledeb. . . . | 7 | 229 |
| — *vesicatoria*, Linn. fil. | 7 | 232 |
| — *vernalis*, Linn. . . . | 7 | 228 |
| — *volgensis*, Stev. . . . | 7 | 229 |
| — *vulgaris*, Spach. . . . | 7 | 225 |
| — *vulgaris flava*, Spach. | 7 | 225 |
| — *vulgaris rubra*, Spach. | 7 | 225 |
| ADOPOGON., Neck. . . . | 10 | 7 |
| ADORIUM, Rafin. . . . . | 8 | 142 |
| ADOXA, Linn. . . . . . . | 8 | 305 |
| ADRASTEA, D. C. . . . . | 7 | 414 |
| ADRASTEARIEÆ, Reichb. | 7 | 414 |
| ADRIANA, Gaudich. . . . | 2 | 487 |
| *Adyseton*, Scopol. . . . . | 6 | 524 |
| — *montanum*, Scop. . . | 6 | 482 |
| ÆCHMANTHERA, Nees. . | 9 | 144 |
| ÆCHMEA, Ruiz et Pav. . | 12 | 399 |
| *Ædipachne*, Link. . . . . | 13 | 160 |
| ÆGIALITIS, R. Br. . . . | 10 | 334 |
| *Agialitis*, Trin. . . . . . | 13 | 164 |
| ÆGICERAS, Gærtn. . . . | 9 | 375 |
| *Ægicereæ*, Blum. . . . . . | 9 | 375 |
| ÆGILOPS, Linn. . . . . | 13 | 165 |
| *Æginetia*, Cavan. . . . . | 8 | 372 |
| ÆGINETIA, Linn. . . . . | 9 | 261 |
| ÆGIPHILA, Linn. . . . . | 9 | 226 |
| ÆGLE, Corr. . . . . . . | 2 | 255 |
| — Marmelos, Corr. . . | 2 | 255 |
| ÆGOCHLOA, Benth. . . . | 9 | 108 |
| *Ægomarathrum*, Koch. . . | 8 | 138 |
| ÆGOPODIUM, Linn. . . . | 8 | 195 |
| — Podagraria, Linn. . | 8 | 195 |
| ÆGOPOGON, Willd. . . . | 13 | 161 |
| *Ægopricon*, Linn. fil. . . | 2 | 488 |
| *Ægoseris*, Rafin. . . . . | 10 | 6 |
| *Ægoseris*, Reichb. . . . . | 10 | 6 |
| *Æluropus*, Trin. . . . . | 13 | 164 |
| ÆOLLANTHUS, Martius. . | 9 | 162 |
| ÆONIA, Lindl. . . . . . | 12 | 179 |
| AERANTHES, Lindl. . . . | 12 | 179 |
| AERIDES, Lour. . . . . . | 12 | 179 |
| AERIDES , Swartz. . . . | 12 | 178 |
| AEROBION, Spreng. . . . . | 12 | 179 |
| AERVA, Forsk. . . . . . | 5 | 253 |
| — javanica, Juss. . . . | 5 | 253 |
| — lanata, Juss. . . . . | 5 | 254 |
| ÆSCHYNANTHUS, Jack. . | 9 | 257 |
| ÆSCHYNOMENE, Linn. . . | 1 | 295 |
| — *coccinea*, Linn. . . . | 1 | 265 |
| — *grandiflora*, Linn. . . | 1 | 265 |
| Æschynomene indica, Linn. | 1 | 296 |
| — *picta*, Cavan. . . . . | 1 | 263 |
| — *pumila*, Linn. . . . . | 1 | 296 |
| — *sensitiva*, Swartz. . . | 1 | 295 |
| — *Sesban*, Linn. . . . . | 1 | 262 |
| ÆSCULUS, Linn. . . . . | 3 | 18 |
| — *carnea*, Guimp. et Hayn. | 3 | 22 |
| — *carnea*, Wats. . . . | 3 | 21 |
| — *flava*, Hort. Kew. . . | 3 | 25 |
| — *glabra*, Willd. . . . . | 3 | 24 |
| — Hippocastanum , Linn. | 3 | 18 |
| — *humilis*, Lindl. . . . | 3 | 31 |
| — *lutea*, Wangenh. . . | 3 | 25 |
| — *macrostachya*, Mich. . | 3 | 34 |
| — *neglecta*, Lindl. . . . | 3 | 24 |
| — *ohiotensis*, Desf. . . . | 3 | 23 |
| — *pallida*, Willd. . . . | 3 | 23 |
| — *parviflora*, Walt. . . . | 3 | 34 |
| — *Pavia*, Mich. . . . . | 3 | 33 |
| — *Pavia*, Wats. . . . . | 3 | 28 |
| — *Pavia*, Willd. . . . . | 3 | 30 |
| — *Pavia arguta*, Lindl. | 3 | 30 |
| — *Pavia laciniata*, Wats. | 3 | 29 |
| — *rubicunda*, Herb. de l'Amat. . . . . . | 3 | 22 |
| — *rubicunda*, Lodd. . . | 3 | 21 |
| ÆTHEILEMA , R. Br. . . | 9 | 145 |
| ÆTHEOLÆNA , Cass. . . | 10 | 32 |
| ÆTHEORHIZA, Cass. . . | 10 | 5 |
| ÆTHERIA, Blum. . . . | 12 | 181 |
| ÆTHIONEMA , R. Br. . . | 6 | 325 |
| *Æthionia*, Don. . . . . . | 10 | 7 |
| *Æthiopis*, Tourn. . . . . | 9 | 163 |
| ÆTHUSA , Linn. . . . . | 8 | 211 |
| — Cynapium, Linn. . . | 8 | 212 |
| — *cynapioides*, Bieberst. | 8 | 212 |
| — *elata*, Fisch. . . . . | 8 | 212 |
| — *segetalis*, Bœnn. . . . | 8 | 212 |
| *Aetia*, Adans. . . . . . . | 4 | 296 |
| *Afzelia*, Gmel. . . . . . . | 9 | 271 |
| AFZELIA , Smith. . . . . | 1 | 88 |
| *Agallochum secundarium*, Rumph. . . . . . . | 13 | 290 |
| *Agalmyla*, Blum. . . . . . | 9 | 257 |
| AGANIPPEA, D. C. . . . . | 10 | 24 |
| AGANISIA, Lindl. . . . . | 12 | 177 |
| AGAPANTHUS, L'hérit. . | 12 | 333 |
| — *ensifolius*, Willd. . . | 12 | 299 |
| — *minor*, Desfs. . . . . | 12 | 334 |
| — umbellatus, L'hérit. . | 12 | 334 |
| — *umbellatus minimus*, Bot. Reg. . . . . . | 12 | 334 |
| *Agapetes*, Don. . . . . . | 9 | 322 |

|  | Vol. | Pag. |  | Vol. | Pag. |
|---|---|---|---|---|---|
| AGARDHIA, Spreng. | 4 | 320 | AGERATUM, Linn. | 12 | 284 |
| Agarista, D. C. | 10 | 19 | — altissimum, Linn. | 12 | 286 |
| AGARISTA, Don. | 9 | 443 | — cœruleum, Desf. | 12 | 284 |
| Agassizia, Chav. | 9 | 267 | — corymbosum, Zucc. | 12 | 285 |
| AGASSIZIA, Spach. | 4 | 347 | — mexicanum, Bot. Reg. | 12 | 284 |
| — cheiranthifolia, Spach. | 4 | 348 | — punctatum, Jacq. | 12 | 282 |
| AGASTACHYS, R. Br. | 10 | 401 | Ageria, Adans. | 2 | 422 |
| AGASYLLIS, Hoffm. | 8 | 136 | Agihalid, Prosp. Alp. | 13 | 266 |
| AGATHEA, Cass. | 10 | 261 | Aglæa, Pers. | 13 | 4 |
| — cœlestis, Cass. | 10 | 262 | AGLAIA, Lour. | 3 | 181 |
| AGATHELEPIS, Choisy. | 9 | 245 | AGLAONEMA, Schott. | 12 | 39 |
| Agathis, Salisb. | 11 | 358 | AGONIS, D. C. | 4 | 145 |
| — Dammara, Rich. | 11 | 367 | Agraulus, Beauv. | 13 | 161 |
| — loranthifolia, Sal. | 11 | 367 | AGRAPHIS, Link. | 12 | 308 |
| AGATHISANTHES, Blum. | 4 | 297 | — campanulata, Reichb. | 12 | 309 |
| — javanica, Blum. | 4 | 297 | — cernua, Reichb. | 12 | 309 |
| Agathomeris, Delaun. | 10 | 23 | — nutans, Reichb. | 12 | 309 |
| AGATHOPHYLLUM, Juss. | 10 | 494 | — patula, Reichb. | 12 | 309 |
| — aromaticum, Willd. | 10 | 494 | Agretta, Eckl. | 13 | 4 |
| AGATHOSMA, Willd. | 2 | 332 | AGRIANTHUS, Martius. | 10 | 37 |
| — acuminata, Wendl. | 2 | 332 | Agricolæa, Schrank. | 9 | 226 |
| — Cerefolium, Vent. | 2 | 333 | AGRIMONIA, Tourn. | 1 | 482 |
| — ciliata, Linn. | 2 | 332 | — Eupatoria, Linn. | 1 | 482 |
| — dioica, Bot. Reg. | 2 | 333 | AGRIODAPHNE, Nees. | 10 | 501 |
| — hirta, Vent. | 2 | 333 | Agriphyllum, Juss. | 10 | 14 |
| — imbricata, Willd. | 2 | 333 | AGROPYRUM, Beauv. | 13 | 241 |
| — lanceolata, Willd. | 2 | 333 | — repens, Beauv. | 13 | 241 |
| — obtusa, D. C. | 2 | 332 | Agrostemma, Linn. | 5 | 147 |
| — Wendlandiana, D. C. | 2 | 333 | — Cœli-rosa, Linn. | 5 | 168 |
| Agathotes, Don. | 9 | 6 | — Flos-Jovis, Linn. | 5 | 167 |
| — Cherayta, Don. | 9 | 23 | — Githago, Linn. | 5 | 171 |
| AGATHYRSUS, Cass. | 10 | 5 | Agrosticula, Raddi. | 13 | 161 |
| AGATI (Rheed.), Adans. | 1 | 264 | AGROSTIDEÆ, Nees. | 13 | 161 |
|  |  |  |  | et | 191 |
| — coccinea, Desv. | 1 | 265 | AGROSTIS, Linn. | 13 | 192 |
| — grandiflora, Desv. | 1 | 264 | — alba, Linn. | 13 | 193 |
| AGAVE, Linn. | 12 | 400 | — alba, Schrad. | 13 | 193 |
| — americana, Linn. | 12 | 401 | — pumila, Linn. | 13 | 192 |
| — fœtida, Linn. | 12 | 402 | — rubra, Linn. | 13 | 192 |
| Agaveæ, Endl. | 12 | 399 | — Spica venti, Linn. | 13 | 193 |
| Agavineæ, Dumort. | 12 | 397 | — stolonifera, Flor. Dan. | 13 | 193 |
| Agavineæ-Doryantheæ, Dumort. | 12 | 403 | — stolonifera, Linn. | 13 | 192 |
|  |  |  |  | et | 193 |
| Agavineæ - Hæmodoraceæ, Dumort. | 12 | 108 | — sylvatica, Linn. | 13 | 193 |
| AGDESTIS, Moç. et Sess. | 8 | 7 | — varians, Thuil. | 13 | 192 |
|  |  |  | — verticillata, Lamk. | 13 | 254 |
| AGGREGATÆ, Bartl. | 10 | 300 | — verticillata, Thuil. | 13 | 192 |
| Agenium, Nees. | 13 | 167 | — violacea, Thuil. | 13 | 192 |
| Agenora, Don. | 10 | 7 | — vulgaris, With. | 13 | 192 |
| AGERATINA, Spach. | 12 | 286 | AGROSTOPHYLLUM, Blum. | 12 | 179 |
| — ageratoides, Spach. | 12 | 286 | Agylophora, Neck. | 8 | 371 |
| — aromatica, Spach. | 12 | 286 | AGYNEJA, Linn. | 2 | 486 |
| — cordata, Spach. | 12 | 286 | Ahouai, Tourn. | 8 | 502 |

| | Vol. | Pag. | | | Vol. | Pag. |
|---|---|---|---|---|---|---|
| *Aidelus*, Spreng. . . . . | 9 | 270 | *Albuca spiralis*, Linn. . | 12 | 326 |
| AIDIA, Lour. . . . . . . | 8 | 327 | — *viridiflora*, Jacq. . . | 12 | 325 |
| | et | 378 | — *viscosa*, Linn. . . . . | 12 | 326 |
| AIGEIROS, Reichb. . . . | 10 | 386 | *Albucea*, Reichenb. . . . | 12 | 254 |
| AIKINIA, R. Br. . . . . | 9 | 257 | — *nutans*, Reichb. . . . | 12 | 319 |
| *Aikinia*, Salisb. . . . . . | 9 | 356 | *Alcanna spinosa*, Gærtn. | 4 | 436 |
| *Aikinia*, Wallich. . . . . | 13 | 166 | *Alcea*, Linn. . . . . . . | 3 | 543 |
| AILANTUS, Desf. . . . . | 2 | 370 | — *ficifolia*, Linn. . . . | 3 | 357 |
| — *excelsa*, Roxb. . . . | 2 | 371 | — *rosea*, Linn. . . . . | 3 | 356 |
| — *glandulosa*, Desf. . . | 2 | 370 | ALCHEMILLA, Tourn. . . | 1 | 483 |
| — *procera*, Sal. . . . . | 2 | 370 | — *alpina*, Linn. . . . . | 1 | 484 |
| AINSLIÆA, D. C. . . . . | 10 | 35 | — *vulgaris*, Linn. . . . | 1 | 483 |
| AIOLOTHECA, D. C. . . . | 10 | 21 | ALCHORNEA, Swartz. . . | 2 | 487 |
| *Aiphanes*, Willd. . . . . | 12 | 63 | ALCINA, Cavan. . . . . | 10 | 21 |
| AIRA, Linn. . . . . . . | 13 | 163 | ALCITHOE, Don. . . . . | 10 | 34 |
| AIROPSIS, Desv. . . . . | 13 | 163 | *Aldeæa*, Ruiz et Pav. . . | 9 | 49 |
| *Aizoideæ*, Reichb. . . . . | 5 | 247 | ALDROVANDA, Monti. . . | 5 | 488 |
| AIZOON, Linn. . . . . . | 5 | 109 | — *vesiculosa*, Linn. . . | 5 | 488 |
| AJAX, Haw. . . . . . . | 12 | 432 | ALECTOROLOPHUS, Hall. | 9 | 272 |
| AJOVEA, Aubl. . . . . . | 10 | 172 | *Alectra*, Thunb. . . . . | 9 | 271 |
| AJUGA, Linn. . . . . . . | 9 | 222 | ALECTRYON, Gærtn. . . | 3 | 41 |
| — *Chamæpytis*, Schrele. | 9 | 223 | *Alegria*, Moç. et Sess. . . | 4 | 4 |
| — *chia*, Sibth. et Sm. . | 9 | 224 | — *candida*, Hernand. . | 4 | 42 |
| — *reptans*, Linn. . . . | 9 | 222 | ALEPIDEA, Laroche. . . . | 8 | 139 |
| AJUGOIDEÆ, Benth. . . | 9 | 167 | ALEPIDOSPERMUM, Spach. | 7 | 338 |
| | et | 217 | ALEPYRUM, R. Br. . . . | 13 | 140 |
| *Akeesia*, Tuss. . . . . . . | 3 | 40 | ALETRIS, Linn. . . . . . | 13 | 109 |
| — *africana*, Tuss. . . . | 3 | 60 | *Aletris capensis*, Linn. . . | 12 | 291 |
| ALAFIA, Petit-Thou. . . . | 8 | 503 | — *chinensis*, Linn. . . | 12 | 217 |
| ALAMANIA, Llalav. et Lex. | 12 | 177 | — *fragrans*, Linn. . . . | 12 | 218 |
| *Alangiaceæ*, Lindl. . . . . | 13 | 259 | — *guineensis*, Jacq. . . | 12 | 220 |
| ALANGIEÆ, D. C. | 13 | 259 | — *hyacinthoides*, Linn. | 12 | 219 |
| ALANGIUM, Lamk. . . . . | 13 | 260 | — *pumila*, Hort. Kew. | 12 | 365 |
| — *decapetalum*, Lamk. | 13 | 260 | — *sarmentosa*, Andr. . | 12 | 365 |
| — *hexapetalum*, Lamk. | 13 | 261 | — *Uvaria*, Linn. . . . . | 12 | 365 |
| — *hexapetalum*, Roxb. | 13 | 260 | — *zeylanica*, Mill. . . . | 12 | 219 |
| — *tomentosum*, Lamk. . | 13 | 260 | ALEURITES, Forst. . . . | 2 | 514 |
| ALANIA, Endl. . . . . . | 12 | 256 | — *moluccana*, Willd. . . | 2 | 515 |
| ALARÇONIA, D. C. . . . | 10 | 21 | ALEURITIA, Duby. . . . | 9 | 360 |
| ALBERTA, E. Mey. . . . | 8 | 378 | — *cortusoides*, Linn. . . | 9 | 361 |
| ALBERTINIA, Spreng. . . | 10 | 39 | — *farinosa*, Duby. . . . | 9 | 361 |
| *Albikia*, Presl. . . . . . | 13 | 145 | — *longiflora*, Duby. . . | 9 | 362 |
| *Albrandia*, Gaudich. . . . | 11 | 57 | *Alexis*, Sal. . . . . . . | 12 | 154 |
| ALBUCA, Linn. . . . . . | 12 | 324 | *Alfonsia*, Kunth. . . . . | 12 | 65 |
| — *altissima*, Dryand. . | 12 | 324 | ALFREDIA, Cass. . . . . | 10 | 12 |
| — *aurea*, Jacq. . . . . | 12 | 326 | ALGAROBIA, D. C. . . . | 4 | 67 |
| — *cornuta*, Rédout. . . | 12 | 324 | ALHAGI, Tourn. . . . . | 1 | 297 |
| — *fastigiata*, Dryand. . | 12 | 325 | — *maurorum*, Tourn. . | 1 | 297 |
| — *fragrans*, Jacq. . . . | 12 | 326 | ALIBERTIA, A. Rich. . . | 8 | 424 |
| — *major*, Linn. . . . . | 12 | 325 | — *edulis*, A. Rich. . . . | 8 | 425 |
| — *minor*, Linn. . . . . | 12 | 325 | ALIBUM, Less. . . . . . | 10 | 38 |
| — *setosa*, Jacq. . . . . | 12 | 325 | ALISMA, Linn. . . . . . | 12 | 10 |

| | Vol. | Pag. | | Vol. | Pag. |
|---|---|---|---|---|---|
| *ALISMACEÆ*, Rich. | 12 | 9 | ALLOTEROPSIS, Presl. | 13 | 167 |
| *Alismaceæ*, Rich. | 12 | 9 | *Allughas*, Linn. | 12 | 154 |
| *ALISMACEÆ*, R. Br. | 12 | 9 | *Allughas*, Linn. fil. | 12 | 167 |
| | | | ALMEIDEA, Aug. St-Hil. | 2 | 348 |
| *Alismaceæ-Alismeæ*, Reichb. | 12 | 9 | — acuminata, A. St.-Hil. | 2 | 350 |
| *Alismaceæ-Butomeæ*, Duby. | 12 | 7 | — alba, A. Saint-Hil. | 3 | 350 |
| *Alismaceæ-Potamogetoneæ*, | | | — cœrulea, A. Saint-Hil. | 2 | 350 |
| Reichb. | 12 | 13 | — lilacina, A. Saint-Hil. | 2 | 349 |
| *ALISMEÆ*, Rich. | 12 | 10 | — rubra, A. Saint-Hil. | 2 | 349 |
| *Alismorchis*, Petit-Thou. | 12 | 179 | ALNASTER, Spach. | 11 | 244 |
| *Alkanna*, Tausch. | 9 | 31 | — viridis, Spach. | 11 | 246 |
| *Alkekengi*, Tourn. | 9 | 57 | ALNUS, Tourn. | 11 | 246 |
| ALLAGOPAPPUS, Cass. | 10 | 27 | — alpina, Borkh. | 11 | 252 |
| ALLAMANDA, Linn. | 8 | 510 | — barbata, C. A. Mey. | 11 | 249 |
| — cathartica, Linn. | 8 | 510 | — carpinifolia, Desf. | 11 | 251 |
| ALLASIA, Lour. | 6 | 188 | — cordifolia, Ten. | 11 | 254 |
| ALLENDEA, Llalav. | 10 | 40 | — crispa, Nutt. | 11 | 246 |
| ALLIARIA, Adans. | 6 | 413 | — denticulata, C. A. Mey. | 11 | 248 |
| — officinalis, Adans. | 6 | 415 | — emarginata, Krock. | 11 | 248 |
| *Alliaria*, Rumph. | 3 | 187 | — glauca, Mich. | 11 | 252 |
| ALLIEÆ, Kunth. | 12 | 255 | — glutinosa, Gærtn. | 11 | 248 |
| | | et 327 | — hirsuta, Turcz. | 11 | 253 |
| ALLIONIA, Linn. | 10 | 516 | — incana, Willd. | 11 | 252 |
| *Allionieæ*, Reichb. | 10 | 514 | — lanuginosa, Gilib. | 11 | 252 |
| ALLIUM, Linn. | 12 | 327 | — latifolia, Desf. | 11 | 252 |
| ALLIUM, Tourn. | 12 | 330 | — macrophylla, Desf. | 11 | 252 |
| — altaicum, Pall. | 12 | 331 | — nigra, Gilib. | 11 | 248 |
| — ascalonicum, Linn. | 12 | 330 | — oblongata, Willd. | 11 | 249 |
| — aureum, Lam. | 12 | 331 | — orientalis, Decaisne. | 11 | 255 |
| — Cepa, Linn. | 12 | 330 | — oxyacanthæfolia, Lodd. | 11 | 249 |
| — ceratophyllum, Bess. | 12 | 331 | — orbiculata, Lapyl. | 11 | 246 |
| — fistulosum, Linn. | 12 | 330 | — pinnata, Lundm. | 11 | 253 |
| — fragrans, Vent. | 12 | 333 | — pubescens, Tausch. | 11 | 253 |
| — inodorum, Bot. Mag. | 12 | 333 | — rubra, Desf. | 11 | 252 |
| — magicum, Bot. Mag. | 12 | 332 | — serrulata, Willd. | 11 | 251 |
| — Moly, Linn. | 12 | 331 | — sibirica, Fisch. | 11 | 253 |
| — multibulbosum, Jacq. | 12 | 332 | — subcordata, C. A. Mey. | 11 | 254 |
| — nigrum, Linn. | 12 | 332 | — subrotunda, Desf. | 11 | 248 |
| — Ophioscorodon, Don. | 12 | 329 | — undulata, Pursh. | 11 | 252 |
| — Porrum, Linn. | 12 | 329 | — viridis, D. C. | 11 | 246 |
| — Sapidissimum, Pall. | 12 | 331 | ALOCASIA, Schott. | 12 | 46 |
| — sativum, Linn. | 12 | 328 | — indica, Kunth. | 12 | 47 |
| — Schœnoprasum, Linn. | 12 | 331 | — odora, Kunth. | 12 | 46 |
| — Scorodoprasum, Lam. | 12 | 329 | ALOE, Haw. | 12 | 348 |
| — Scorodoprasum, β. Linn. | 12 | 329 | ALOE, Tourn. | 12 | 335 |
| — striatum, Jacq. | 12 | 333 | — acinacifolia, Jacq. | 12 | 359 |
| *Alloborgia*, Tratt. | 12 | 256 | — acuminata, Haw. | 12 | 350 |
| ALLOCARPUS, Kunth. | 10 | 18 | — africana, Mill. | 12 | 356 |
| ALLODAPHNE, Endl. | 9 | 434 | — albicans, Haw. | 12 | 359 |
| *Alloispermum*, Willd. | 10 | 18 | — albispina, Haw. | 12 | 355 |
| *Allophyllus*, Linn. | 3 | 40 | — angulata, Willd. | 12 | 362 |
| — ternatus, Lour. | 3 | 52 | — angustifolia, Salm. | 12 | 361 |
| ALLOPLECTUS, Martius. | 9 | 258 | — arabica, Lam. | 12 | 353 |

| | Vol. | Pag. | | Vol. | Pag. |
|---|---|---|---|---|---|
| Aloe arachnoides, Mill.. . | 12 | 347 | Aloe imbricata , Haw... | 12 | 336 |
| — *arachnoides pumila* , Bot. Mag. . . . | 12 | 345 | — incurva , Haw. . . . | 12 | 349 |
| | | | — intermedia , Haw... | 12 | 360 |
| — *arachnoides reticula-ta* , Bot. Mag. . . | 12 | 345 | — lætevirens, Link. . . | 12 | 345 |
| | | | — *lævigata*, Rœm. et Schult. . . . . . | 12 | 359 |
| — *arachnoides translu-cens*, Bot. Mag. . | 12 | 346 | — latifolia , Haw. . . . | 12 | 354 |
| — *arborescens*, Mill. . . | 12 | 356 | — *Lingua*, Bot. Mag. . | 12 | 358 |
| — aspera, Haw. . . . . | 12 | 337 | — *Lingua*, α, Bot. Mag. | 12 | 360 |
| — atrovirens, D. C. . . | 12 | 345 | — *Lingua crassifolia* , Bot. Mag. . . . . | 12 | 358 |
| — attenuata , Haw. . . . | 12 | 342 | | | |
| — barbadensis , Mill... | 12 | 351 | — *linguiformis* , D. C. . | 12 | 362 |
| — Bœwiea,Rœm.et Schult. | 12 | 348 | — *linguiformis verruco-sa* , D. C. . . . . . | 12 | 360 |
| — *brevifolia* , Haw. . . | 12 | 350 | | | |
| — *brevifolia*, Salm. . . | 12 | 355 | — longearistata , Rœm. et Schult. . . . . | 12 | 350 |
| — carinata , Mill. . . . | 12 | 360 | | | |
| — chloracantha , Rœm. et Schult. . . . . | 12 | 347 | — *macra*, Haw. . . . . | 12 | 364 |
| | | | — *maculata*, Bot. Mag. | 12 | 358 |
| — ciliaris , Haw. . . . . | 12 | 355 | — *margaritifera* , D. C. | 12 | 341 |
| — Commelyni , Willd. . | 12 | 355 | — margaritifera , Hort. Kew. . . . . . | 12 | 340 |
| — concinna,Rœm.etSchult. | 12 | 338 | | | |
| — conspurcata , Salm. . | 12 | 362 | — *marginalis* , D. C. . | 12 | 364 |
| — cordifolia , Rœm. et Schult. . . . . . | 12 | 337 | — *marginata* , Lam. . . | 12 | 339 |
| | | | — *marginata*, Willd. . | 12 | 364 |
| — cymbæfolia, Schrad. . | 12 | 346 | — micracantha , Haw. . | 12 | 352 |
| — *cymbiformis*, Haw. . | 12 | 546 | — mirabilis , Haw. . . . | 12 | 544 |
| — decipiens , Rœm. et Schult. . . . . . | 12 | 359 | — *mitræformis brevifo-lia*, Bot. Mag. . . | 12 | 355 |
| | | | — *mitræformis*, Haw. . | 12 | 355 |
| — depressa , Haw. . . . | 12 | 351 | — mollis, Rœm. et Schult. | 12 | 363 |
| — dichotoma , Linn. . . | 12 | 357 | — myriacantha, Rœm. et Schult. . . . . . | 12 | 348 |
| — distans , Haw. . . . | 12 | 355 | | | |
| — *disticha*, Mill. . . . | 12 | 354 | — nigricans , Haw. . . . | 12 | 358 |
| — disticha , Rœm. et Schult. . . . . . | 12 | 362 | — nitida, Salm. . . . . | 12 | 359 |
| | | | — *obliqua* , Jacq. . . . | 12 | 358 |
| — echinata , Willd. . . | 12 | 349 | — obscura , Mill. . . . | 12 | 354 |
| — elongata , Salm. . . | 12 | 359 | — *obtusa*, Rœm. et Schult. | 12 | 360 |
| — erecta, Rœm. et Schult. | 12 | 341 | — obtusifolia , Salm. . . | 12 | 362 |
| — excavata , Willd. . . | 12 | 361 | — paniculata , Jacq. . . | 12 | 352 |
| — *expansa*, Haw. . . . | 12 | 359 | — papillosa , Salm. . . . | 12 | 340 |
| — fasciata , Salm. . . . | 12 | 342 | — parva , Rœm. et Schult. | 12 | 344 |
| — ferox , Mill. . . . . | 12 | 357 | — pentagona , Haw. . . | 12 | 336 |
| — flavispina , Haw. . . | 12 | 355 | — *perfoliata barbadensis*, Hort. Kew. . . . | 12 | 351 |
| — foliolosa , Haw. . . . | 12 | 337 | | | |
| — fruticosa , Lam. . . . | 12 | 356 | — *picta* , Thunb. . . . | 12 | 354 |
| — glabra , Salm. . . . . | 12 | 360 | — planifolia , Rœm. et Schult. . . . . . | 12 | 346 |
| — glauca , Mill. . . . . | 12 | 351 | | | |
| — granata,Rœm. et Schult. | 12 | 341 | — plicatilis , Mill. . . . | 12 | 357 |
| — grandidentata , Salm. | 12 | 354 | — prolifera , Haw. . . . | 12 | 350 |
| — *humilis* , Bot. Mag. . | 12 | 350 | — pulchra , Jacq. . . . | 12 | 358 |
| — *humilis* , Jacq. . . . | 12 | 349 | — *Pumilio*, Jacq. . . . | 12 | 345 |
| — humilis , Lam. . . . | 12 | 349 | — purpurascens , Haw. | 12 | 353 |
| — *humilis incurva*, Sims. | 12 | 349 | — *purpurea* , Lam. . . | 12 | 363 |
| — hybrida , Salm. . . . | 12 | 359 | | | |

| | Vol. | Pag. | | Vol. | Pag. |
|---|---|---|---|---|---|
| Aloe *Radula*, Gawl. . . | 12 | 342 | Aloe *triangularis*, Lam. . | 12 | 338 |
| — Radula ; Jacq.. . . . | 12 | 341 | — trigona , Salm. . . . | 12 | 360 |
| — *Radula lævior*, Haw. | 12 | 342 | — turgida, Rœm. et Schult. | 12 | 345 |
| — recurva. . . . . . . | 12 | 343 | — *umbellata* , D. C. . . | 12 | 354 |
| — Reinwardtii, Salm. . | 12 | 343 | — *umbellata major*, D. C. | 12 | 354 |
| — reticulata, Haw.. . . | 12 | 345 | — *Uvaria*, Linn. . . . | 12 | 365 |
| — retusa , Linn. . . . | 12 | 344 | — variegata , Linn. . . | 12 | 352 |
| — *rhodacantha*, Bot. Mag. | 12 | 351 | — venosa , Lam. . . . . | 12 | 347 |
| — *rigida*, Bot. Mag. . | 12 | 339 | — *vera*, Mill. . . . . . | 12 | 353 |
| — rigida , D. C. . . . | 12 | 339 | — *vera*, Lam. . . . . | 12 | 351 |
| — rubescens, D. C. . . | 12 | 351 | — verrucosa , Mill. . . | 12 | 361 |
| — *rufo-cincta*, Haw. . . | 12 | 364 | — virens, Haw. . . . . | 12 | 350 |
| — rugosa , Salm. . . . | 12 | 341 | — viscosa , Linn.. . . . | 12 | 338 |
| — Saponaria , Haw. . . | 12 | 354 | — *vulgaris*, Lam. . . . | 12 | 351 |
| — *Saponaria latifolia* , | | | *Alœatheros*, Elliot. . . . | 13 | 163 |
| Bot. Mag. . . . . | 12 | 354 | ALOEXYLON , Lour. . . . | 1 | 129 |
| — *Saponaria minor*, Bot. | | | — Agallochum. Lour. . | 1 | 129 |
| Mag. . . . . . . | 12 | 354 | ALOMIA, Kunth. . . . . . | 10 | 37 |
| — scaberrima, Salm.. . | 12 | 361 | ALONSOA, Ruiz et Pav. . | 9 | 266 |
| — scabra, Rœm. et Schult. | 12 | 343 | ALOPECURUS, Linn.. . . | 13 | 176 |
| — semiglabrata , Rœm. | | | — pratensis, Linn. . . . | 13 | 177 |
| et Schult. . . . . | 12 | 340 | ALOPHIA, Herbert. . . . | 13 | 3 |
| — semimargaritifera, Salm. | 12 | 340 | ALOPHIUM, Cass. . . . . | 10 | 11 |
| — Serra , D. C.. . . . . | 12 | 350 | ALOYSIA, Ort. . . . . . | 9 | 235 |
| — *Serra*, Willd. . . . . | 12 | 351 | — citriodora, Ort. . . . | 9 | 235 |
| — serrulata , Haw. . . . | 12 | 352 | *Alpinia*, Blum. . . . . . | 12 | 154 |
| — setosa, Rœm. et Schult. | 12 | 347 | ALPINIA, Linn. . . . . . | 12 | 165 |
| — *sinuata*, Thunb. . . . | 12 | 353 | — Allughas, Rosc. . . . | 12 | 167 |
| — soccotrina , Lam. . . | 12 | 353 | — Cardamomum, Roxb. | 12 | 163 |
| — *soccotrina minor*, Bot. | | | — Galanga, Swartz. . . | 12 | 166 |
| Mag. . . . . . . | 12 | 353 | — malaccensis, Rosc.. . | 12 | 167 |
| — *soccotrina purpuras-* | | | — nutans, Rosc. . . . . | 12 | 168 |
| *cens*, Bot. Mag.. . | 12 | 355 | — sessilis, Kœn. . . . . | 12 | 161 |
| — spicata , Linn. . . . . | 12 | 356 | *Alpiniaceæ*, Link. . . . | 12 | 152 |
| — spinulosa , Salm. . . | 12 | 355 | ALSEIS, Schott. . . . . | 8 | 372 |
| — spiralis , Haw.. . . . | 12 | 336 | ALSEODAPHNE, Nees. . . | 10 | 470 |
| — *spiralis* , Linn. . . . | 12 | 336 | *Alsine*, Gœrtn. . . . . . | 5 | 205 |
| — Spirella , Salm. . . . | 12 | 336 | *Alsine*, Linn.. . . . . . | 5 | 205 |
| — stenophylla , Rœm. et | | | — *media*, Linn. . . . . | 5 | 207 |
| Schult. . . . . . . | 12 | 347 | ALSINE, Reichb.. . . . . | 5 | 205 |
| — striata , Haw. . . . . | 12 | 351 | Alsine, Tourn. . . . . . | 9 | 270 |
| — subattenuata, Salm. . | 12 | 342 | Alsine , Wahlenb. . . . . | 5 | 205 |
| — subcarinata , Salm. . . | 12 | 360 | *Alsineæ*, Bartl. . . . . | 5 | 203 |
| — subfasciata , Salm.. . | 12 | 342 | *Alsineæ*, D. C. . . . . . | 5 | 203 |
| — subtortuosa , Rœm. et | | | | | |
| Schult. . . . . . . | 12 | 338 | ALSINEÆ, Spach. . | 5 | 203 |
| — subulata , Salm. . . . | 12 | 342 | *Alsodea physophora*, Martius. | 5 | 523 |
| — subverrucosa , Salm. | 12 | 361 | *Alsodeia* , Petit-Thou. . . | 5 | 497 |
| — sulcata , Salm. . . . | 12 | 362 | *Alsodineæ*, Reichb.. . . . | 5 | 494 |
| — tesselata , Rœm. et | | | | | |
| Schult. . . . . . . | 12 | 344 | ALSODINEÆ, R. Br. . | 5 | 497 |
| — tortuosa , Haw. . . . | 12 | 338 | ALSOMITRA , Blum. . . . | 6 | 187 |
| — translucens, Hort. Kew. | 12 | 346 | *Alstonia*, Mutis. . . . . | 9 | 417 |
| | | | ALSTONIA, R. Br. . . . . | 8 | 502 |

| | Vol. | Pag. | | Vol. | Pag. |
|---|---|---|---|---|---|
| *ALSTONIEÆ*, Endl. . | 8 | 502 | Alyssum *mutabile*, Vent.. | 6 | 465 |
| ALSTROEMERIA, Linn... | 12 | 455 | — *nebrodense*, Tin.. . . | 6 | 487 |
| — hæmantha, Ruiz et Pav. | 12 | 457 | — *obliquum*, Silth. et Sm. | 6 | 465 |
| — Ligtu, Linn. . . . . | 12 | 456 | — *obtusifolium*, D. C. . . | 6 | 485 |
| — Pelegrina, Linn.. . . | 12 | 456 | — *paniculatum*, Willd. | 6 | 582 |
| — psitacina, Lehm. . . | 12 | 457 | — *petræum* , Ard. . . . | 6 | 480 |
| *Alstrœmeriaceœ*, Dumort. | 12 | 403 | — *pyrenaicum*, Lapeyr. | 6 | 494 |
| ALTENSTEINIA, Kunth. . | 12 | 181 | — *repens*, Baumg. . . . | 6 | 487 |
| *Altera*, Adans.. . . . . . . | 12 | 486 | — *rostratum*, Stev.. . . | 6 | 483 |
| ALTERNANTHERA, Forsk. | 5 | 249 | — *rupestre*, Ten.. . . . | 6 | 491 |
| ALTHÆA, Linn. . . . . . | 3 | 354 | — *savranicum*, Bess.. . | 6 | 487 |
| — cannabina, Linn.. . . | 3 | 356 | — *saxatile*, Linn.. . . . | 6 | 480 |
| — ficifolia, Cavan. . . . | 3 | 357 | — *serpyllifolium*, Desf.. | 6 | 487 |
| — narbonensis, Cavan.. | 3 | 355 | — *sibiricum*, D. C. . . . | 6 | 485 |
| — officinalis, Linn.. . . | 3 | 354 | — *sinuatum*, Linn.. . . | 6 | 475 |
| — rosea, Cavan. . . . . | 5 | 356 | — *spinosum*, Linn. . . . | 6 | 493 |
| ALTHENIA, Petit. . . . . | 12 | 45 | — *tenuifolium*, Stev. . . | 6 | 496 |
| *Altheria*, Petit-Thou. . . | 3 | 461 | — *tortuosum*, Waldst. et | | |
| *Altingia*, Cunningh. . . . | 11 | 362 | Kit. . . . . . . . | 6 | 487 |
| — *cœrulea*, Poir.. . . . | 11 | 87 | — *utriculatum*, Bot. Mag. | 6 | 412 |
| — *excelsa*, Nor. . . . . | 11 | 87 | — *vernale*, Kit. . . . . | 6 | 483 |
| ALYMNIA, Neck.. . . . . | 10 | 21 | — *vesicarioides*, Andrz. | 6 | 479 |
| *Alypum*, Tourn. . . . . . | 10 | 329 | — *Wulfenianum*, Bernh. | 6 | 483 |
| ALYSICARPUS, Neck. . . | 1 | 156 | ALYXIA, Banks.. . . . . | 8 | 502 |
| ALYSSUM, Linn.. . . . . | 6 | 476 | ALZATEA, Ruiz et Pav. . | 2 | 404 |
| — alpestre, Linn.. . . . | 6 | 485 | *Amagris*, Rafin. . . . . . | 13 | 162 |
| — *alpestre*, Wulf. . . . | 6 | 483 | *Amaioua*, Aubl. . . . . . | 8 | 372 |
| — *altaicum*, C. A. Mey. | 6 | 483 | AMANOA, Aubl. . . . . . | 2 | 486 |
| — argenteum, Vitm. . . | 6 | 485 | AMARACARPUS, Blum.. | 8 | 376 |
| — *arenarium*, Lois.. . | 6 | 482 | AMARACUS, Mœnch. . . . | 9 | 164 |
| — *atlanticum*, Desf. . . | 6 | 482 | *Amarantaceœ*, Juss. . . . | 5 | 237 |
| — *Bertolonii*, Desv. . . | 6 | 485 | | et | 247 |
| — *campestre*, Pollich.. | 6 | 482 | *AMARANTACEÆ*, | | |
| — *canescens*, D. C. . . | 6 | 496 | R. Br. . . . . . . . . | 5 | 247 |
| — *cuneifolium*, Ten.. . | 6 | 483 | *Amarantoideœ*, Vent.. . | 5 | 247 |
| — *diffusum*, Ten. . . . | 6 | 482 | AMARANTUS, Linn. . . . | 5 | 249 |
| — edentulum, Waldst. | | | — *adscendens*, Lois. . . | 5 | 250 |
| et Kit. . . . . . . | 6 | 479 | — *bicolor*, Nocca.. . . . | 5 | 250 |
| — Fischerianum, D. C. | 6 | 482 | — Blitum, Linn. . . . . | 5 | 250 |
| — *gemonense*, Linn. . . | 6 | 480 | — caudatus, Linn.. . . | 5 | 252 |
| — *halimifolium*, Linn.. | 6 | 491 | — flavus, Willd.. . . . | 5 | 252 |
| — *halimifolium*, Willd. | 6 | 494 | — hypocondriacus, Linn. | 5 | 252 |
| — *incanum*, Linn.. . . | 6 | 464 | — oleraceus, Linn.. . . | 5 | 251 |
| — *macrocarpum*, D. C.. | 6 | 494 | — paniculatus, Linn.. . | 5 | 251 |
| — *maritimum*, Lamk.. | 6 | 491 | — polygamus, Linn. . . | 5 | 250 |
| — *Marschallianum*, Andrz. | 6 | 487 | — sanguineus, Linn.. . | 5 | 251 |
| — *minutulum*, Schleich. | 6 | 487 | — speciosus, Don. . . . | 5 | 252 |
| — montanum, Linn. . . | 6 | 482 | — tricolor, Linn.. . . . | 5 | 250 |
| — *montanum incanum*, | | | — tristis, Linn. . . . . | 5 | 251 |
| Spach. . . . . . . | 6 | 482 | AMARIA, Mutis.. . . . . | 1 | 88 |
| — *montanum virides-* | | | *AMARYLLEÆ*, Endl.. . | 12 | 405 |
| *cens*, Spach.. . . | 6 | 483 | *Amaryllidaceœ*, Lindl. . . | 12 | 403 |
| — *murale*, Waldst. et Kit. | 6 | 485 | | | |

| | Vol. | Pag. |
|---|---|---|
| *Amaryllidaceæ – Hypoxi –* | | |
| *deæ*, Lindl. . . . . | 13 | 112 |
| **AMARYLLIDEÆ**, | | |
| R. Br. . . . . . . . . | 12 | 403 |
| AMARYLLIS, Linn.. . . . | 12 | 414 |
| — advena, Ker. . . . . | 12 | 415 |
| — Andersoni , Herb. . . | 12 | 416 |
| — Atamasco, Linn. . . | 12 | 415 |
| — aurea, L'hérit. . . . | 12 | 419 |
| — Belladonna, Linn. . . | 12 | 419 |
| — *blanda*, Bot. Mag. . . | 12 | 419 |
| — *brasiliensis*, Red. . . | 12 | 419 |
| — *ciliaris*, Linn. . . . . | 12 | 425 |
| — *crispa*, Jacq. . . . . | 12 | 409 |
| — curvifolia, Jacq. . . . | 12 | 420 |
| — *disticha*, Linn.. . . . | 12 | 422 |
| — *elata*, Jacq. . . . . . | 12 | 418 |
| — equestris, Hort. Kew. | 12 | 417 |
| — *falcata*, L'hérit. . . . | 12 | 425 |
| — flexuosa, Jacq. . . . . | 12 | 421 |
| — formosissima, Linn. . | 12 | 418 |
| — *Fothergillia*, Andr. . | 12 | 420 |
| — humilis, Jacq. . . . . | 12 | 421 |
| — *Josephinæ*, Redout. . | 12 | 422 |
| — *lutea*, Linn. . . . . . | 12 | 411 |
| — *marginata*, Jacq. . . | 12 | 421 |
| — *orientalis*, Jacq. . . . | 12 | 422 |
| — *pallida*, Bot. Reg. . . | 12 | 419 |
| — purpurea, Willd. . . | 12 | 418 |
| — radiata, L'hérit. . . . | 12 | 420 |
| — *Radula*, Jacq. . . . . | 12 | 422 |
| — Reginæ, L'hérit. . . | 12 | 417 |
| — reticulata, L'hérit.. . | 12 | 416 |
| — *reticulata major*, Bot. | | |
| Reg. . . . . . . . | 12 | 417 |
| — robusta, Herb. . . . | 12 | 416 |
| — sarniensis, Linn. . . . | 12 | 420 |
| — *spectabilis*, Lodd. . . | 12 | 417 |
| — *stellaris*, Jacq. , . . . | 12 | 410 |
| — *striata*, Jacq. . . . . | 12 | 422 |
| — *striatifolia*, Sweet. . | 12 | 417 |
| — *umbellata* , L'hérit. . | 12 | 426 |
| — venusta, Bot. Mag. . | 12 | 420 |
| — vittata, L'hérit. . . . | 12 | 417 |
| *Amaryllis*, Sweet. . . . . | 12 | 416 |
| AMASONIA, Linn. . . . . | 9 | 227 |
| AMBELANIA, Aubl. . . . | 8 | 506 |
| — acida, Aubl. . . . . . | 8 | 507 |
| *Amberboa*, Pers. . . . . | 10 | 11 |
| — *mucronata*, D. C. . . | 10 | 78 |
| *Ambinux*, Commers. . . . | 2 | 487 |
| *Ambleia*, Benth. . . . . . | 9 | 166 |
| AMELIRION , Rafin. . . . | 12 | 254 |
| AMBLYGLOTTIS, Blum. . | 12 | 179 |
| AMBLYOCARPUM, Fisch. et | | |
| Mey. . . . . . . . . | 10 | 27 |
| AMBLYOGONUM, Meisn. . | 10 | 521 |
| AMBLYOLEPIS, D. C. . . | 10 | 17 |
| AMBLYOPOGON, Fisch. et | | |
| Mey. . . . . . . . . : . | 10 | 11 |
| AMBLYOSPERMA, Benth.. | 10 | 35 |
| AMBORA , Juss. . . . . . | 11 | 90 |
| *AMBOREÆ* , Bartl. . . | 11 | 90 |
| AMBRARIA, Crus. . . . . | 8 | 378 |
| AMBRINA, Spach. . . . . | 5 | 295 |
| — ambrosioides, Spach. | 5 | 297 |
| — anthelmintica, Spach. | 5 | 298 |
| — chilensis, Spach. . . | 5 | 297 |
| — pinnatisecta, Spach. . | 5 | 296 |
| AMBROSIA, Tourn. . . . | 10 | 22 |
| *AMBROSIEÆ* , Cass. . | 10 | 22 |
| AMBROSINIA, Bassi. . . . | 12 | 36 |
| AMELANCHIER, Med. . . | 2 | 82 |
| — Botryapium, Ser. . . | 2 | 84 |
| — florida, Lindl. . . . . | 2 | 86 |
| — intermedia, Spach. . . | 2 | 85 |
| — ovalis, Lindl. . . . . | 2 | 85 |
| — sanguinea, Lindl. . . | 2 | 86 |
| — vulgaris, Mœnch. . . | 2 | 83 |
| AMELETIA, D. C. . . . . : | 4 | 419 |
| AMELLUS, Linn. . . . . . | 10 | 50 |
| *Amellus*, P. Br. . . . . . | 10 | 19 |
| *AMENTACEÆ*, Bartl. | 11 | 92 |
| *Amentaceæ*, Juss. . . . . . | 10 | 361 |
| et vol. 11, p. 138 et | | 144 |
| *Amentaceæ-Betuleæ*, Reichb. | 11 | 143 |
| *Amentaceæ-Saliceæ*, Reichb. | 10 | 361 |
| AMERIMNUM, P. Br. . . | 1 | 366 |
| — Brownei, Swartz. . . | 1 | 367 |
| — *Ebenus*, Swartz. . . . | 1 | 367 |
| AMETHYSTEA, Linn. . . | 9 | 167 |
| AMHERSTIA, Wallich. . . | 1 | 139 |
| — nobilis, Wallich. . . | 1 | 140 |
| AMIANTANTHIUM, Asa Gray | 12 | 243 |
| — muscætoxicum, A. Gr. | 12 | 244 |
| *Amica nocturna*, Rumph. . | 12 | 377 |
| AMICIA, Kunth. . . . . . | 1 | 155 |
| AMIROLA, Pers. . . . . . | 3 | 41 |
| AMMANNIA , Linn. . . . | 4 | 419 |
| AMMI, (Tourn.) Koch.. . | 8 | 186 |
| — *Bœberi*, Hoffm. . . . | 8 | 187 |
| — *cicutæfolium* , Willd. . | 8 | 187 |
| — *glaucifolium*, Linn. . . | 8 | 187 |
| — Visnaga, Lamk. . . . | 8 | 187 |

| | Vol. | Pag. |
|---|---|---|
| Ammi vulgare, Spach. . . | 8 | 187 |
| — vulgare angustilobum, Spach. . . . . . | 8 | 187 |
| — vulgare latilobum,Spach. | 8 | 187 |
| AMMINEÆ, Tausch. . | 8 | 137 |
| | et | 176 |
| Ammios, Mœnch. . . . . | 8 | 138 |
| AMMOBIUM, R. Br. . . . | 10 | 200 |
| — alatum, R. Br. . . . | 10 | 201 |
| — spathulatum, Gaudich. | 10 | 201 |
| AMMOCHARIS, Herb. . . | 12 | 423 |
| AMMODENDRON, Fisch. . | 1 | 157 |
| AMMOGETON, Schrad. . . | 10 | 6 |
| AMMOLIRION, Kar. et Kir. | 12 | 255 |
| AMMOPHILA, Host. . . . | 13 | 194 |
| — arenaria, Host. . . . | 13 | 194 |
| Ammyrsine, Pursh. . . . | 9 | 444 |
| — buxifolia, Pursh. . . | 9 | 513 |
| Amogeton, Neck. . . . . | 11 | 4 |
| Amomeæ, Juss. . . . . . | 12 | 146 |
| | et | 152 |
| AMOMEÆ, Rich. . | 12 | 152 |
| Amomeæ-Canneæ, Rich. . | 12 | 146 |
| AMOMUM, Linn. . . . . . | 12 | 162 |
| — Cardamomum, Linn. | 12 | 162 |
| — Curcuma, Murr. . . | 12 | 160 |
| — hirsutum, Lamk. . . | 12 | 169 |
| — repens, Rosc. . . . | 12 | 163 |
| — sylvestre, Lamk. . . | 12 | 156 |
| — Zedoaria, Linn. . . . | 12 | 158 |
| — Zerumbet, Kœn. . . | 12 | 157 |
| — Zerumbet, Linn. . . . | 12 | 156 |
| — Zingiber, Linn. . . . | 12 | 155 |
| Amonia, Neall. . . . . . | 1 | 453 |
| AMORPHA, Linn. . . . . | 1 | 253 |
| — canescens, Nutt. . . | 1 | 256 |
| — croceo-lanata, Wats. | 1 | 254 |
| — fragrans, Sweet. . . | 1 | 255 |
| — fruticosa, Linn. . . | 1 | 254 |
| — glabra, Desf. . . . . | 1 | 255 |
| — herbacea, Walt. . . . | 1 | 255 |
| — nana, Bot. Mag. . . | 1 | 255 |
| — pubescens, Willd. . . | 1 | 255 |
| — pumila, Mich. . . . | 1 | 255 |
| AMORPHOPHALLUS, Blum. | 12 | 42 |
| — campanulatus, Blum. | 12 | 43 |
| — giganteus, Blum. . . | 12 | 44 |
| — savivus, Blum. . . . | 12 | 44 |
| Amosa, Neck. . . . . . . | 1 | 49 |
| Ampacus, Rumph. . . . . | 2 | 366 |
| — latifolius, Rumph. . . | 2 | 366 |
| Ampelanus, Raf. . . . . . | 8 | 539 |
| AMPELIDEÆ, Bartl. | 3 | 158 |
| Ampelideæ, Kunth. . . . . | 3 | 208 |
| Ampelodesmos, Link. . . . | 13 | 162 |
| AMPELOPSIS, Mich. . . . | 3 | 215 |
| — bipinnata, Mich. . . | 3 | 217 |
| — Botria, D. C. . . . . | 3 | 215 |
| — cordata, Mich. . . . . | 3 | 215 |
| — hederacea, Mich. . . | 3 | 216 |
| — heterophylla, Blum. . . | 3 | 216 |
| — hirsuta, Donn. . . . | 3 | 217 |
| — indica, Blum. . . . . | 3 | 215 |
| AMPEREA, Juss. fil. . . . | 2 | 487 |
| AMPHEREPHIS, Kunth. . | 10 | 39 |
| AMPHIANTHUS, Torr. . . | 9 | 270 |
| Amphibolis, Agardh. . . . | 12 | 14 |
| AMPHICALYX, Blum. . . . | 9 | 443 |
| AMPHICARPA, D. C. . . | 1 | 156 |
| Amphicarpa, Ell. . . . . | 1 | 156 |
| AMPHICARPUM, Raf. . . | 13 | 160 |
| AMPHICOME, Royle. . . | 9 | 130 |
| AMPHIDERRIS, R. Br. . | 10 | 402 |
| AMPHIDONAX, Nees. . . | 13 | 162 |
| AMPHIDOXA, D. C. . . . | 10 | 27 |
| AMPHIGLOSSA, D. C. . . | 10 | 26 |
| AMPHIGLOTTIS, Salisb. . | 12 | 176 |
| AMPHILOCHIA, Martius. . | 4 | 319 |
| AMPHILOPHIUM, Kunth. | 9 | 130 |
| Amphinemium, Kunth. . . | 1 | 157 |
| AMPHINOMIA, D. C. . . | 1 | 157 |
| AMPHIPOGON, R. Br. . . | 13 | 162 |
| AMPHIRHAPHIS, D. C. . | 10 | 29 |
| AMPHISCOPIA, Nees. . . | 9 | 146 |
| Amphodus, Lindl. . . . . | 1 | 156 |
| AMSINKIA, Lehm. . . . . | 9 | 31 |
| AMSONIA, Walt. . . . . | 8 | 521 |
| — angustifolia, Mich. . | 8 | 522 |
| — latifolia, Elliot. . . | 8 | 521 |
| — salicifolia, Elliot. . . | 8 | 522 |
| Amygdaleæ, Juss. . . . . | 1 | 377 |
| AMYGDALEÆ, Lois. | 1 | 377 |
| AMYGDALUS, Linn. . . . | 1 | 379 |
| — amara, Hayn. . . . . | 1 | 381 |
| — arabica, Oliv. . . . . | 1 | 385 |
| — argentea, Lam. . . . | 1 | 385 |
| — Besseriana, Schott. . | 1 | 384 |
| — campestris, Bess. . . | 1 | 384 |
| — cochinchinensis, Lour. | 1 | 383 |
| — communis, Linn. . . . | 1 | 378 |
| — communis amara, D. C. | 1 | 378 |
| — communis persicoi-des, Ser. . . . . . | 1 | 381 |
| — dulcis, Mill. . . . . | 1 | 380 |

| | Vol. | Pag. | | Vol. | Pag. |
|---|---|---|---|---|---|
| Amygdalus fragilis, Borkh. | 1 | 380 | Anacis grandiflora, Spach. | 10 | 132 |
| — georgica, Desf. . . . | 1 | 384 | — lanceolata, Spach. . | 10 | 132 |
| — microphylla, Kunth. | 1 | 385 | — tripteris, Schrank. . | 10 | 134 |
| — nana, Linn. . . . . | 1 | 385 | ANACTIS, Cass. . . . . | 10 | 9 |
| —, orientalis, Hort. Kew. | 1 | 382 | Anactis, D. C. . . . . . | 10 | 20 |
| — pedunculata, Pallas. . | 1 | 382 | ANACYCLUS, Pers. . . . | 10 | 185 |
| — Persica, Linn. . . . | 1 | 386 | — officinarum, Hayn. . | 10 | 186 |
| — Persico - amygdala , | | | — Pyrethrum, D. C. . . | 10 | 186 |
| Daléch. . . . . . | 1 | 381 | ANADENIA, R. Br. . . . | 10 | 402 |
| AMYRIDEÆ, D. C. . . | 2 | 230 | ANAGALLIDIUM , Griseb. | 9 | 6 |
| | et | 231 | ANAGALLIS, Tourn. . . . | 9 | 367 |
| Amyrideæ, Kunth. . . . . | 2 | 229 | — arvensis, Linn. . . . | 9 | 367 |
| AMYRIDEÆ, R. Br. | 2 | 229 | — carnea, Schrank. . . | 9 | 367 |
| AMYRIS, Linn. . . . . . | 2 | 231 | — cœrulea, Lamk. . . . | 9 | 367 |
| — ambrosiaca, Willd. . . | 2 | 238 | — collina, Schousb. . . | 9 | 368 |
| — elemifera, Linn. . . . | 2 | 232 | — grandiflora, Andr. . . | 9 | 368 |
| — gileadensis, Linn. . . | 2 | 235 | — indica, Sweet. . . . | 9 | 367 |
| — heterophylla , Willd. | 2 | 237 | — latifolia, Linn. . . . | 9 | 367 |
| — Kafal, Forsk. . . . . | 2 | 236 | — phœnicea, Lamk. . . | 9 | 367 |
| — Kataf , Forsk. . . . | 2 | 236 | — fruticosa, Vent. . . . | 9 | 368 |
| — Opobalsamum, Linn. | 2 | 235 | ANAGLYPHA, D. C. . . . | 9 | 29 |
| — Opobalsamum, Forsk. | 2 | 236 | ANAGYRIS, Tourn. . . . | 1 | 164 |
| — Plumieri, D. C. . . . | 2 | 232 | — fœtida, Linn. . . . . | 1 | 164 |
| — polygama, Cavan. . . | 2 | 223 | ANAMIRTA, Colebr. . . . | 8 | 12 |
| — toxifera, Willd. . . . | 2 | 232 | — Cocculus, Wight. . . | 8 | 12 |
| ANABÆNA, Juss. fil. . . . | 2 | 488 | — paniculata, Colebr. . | 8 | 12 |
| ANABASIS, Linn. . . . . | 5 | 278 | Anamenia, Vent. . . . . | 7 | 190 |
| ANABATA, Willd. . . . . | 8 | 503 | — coriacea, Vent. . . . | 7 | 232 |
| Anacampseros, Adans. . . | 5 | 75 | — laserpitiifolia, Vent. | 7 | 232 |
| ANACAMPSEROS, Linn. . | 5 | 226 | Ananas, Gærtn. . . . . . | 12 | 399 |
| — albicans, Haw. . . . | 5 | 93 | — sativus, Mill. . . . . | 12 | 400 |
| — arachnoides, Sims. . | 5 | 227 | ANANASSA, Lindl. . . . | 12 | 399 |
| — ciliaris, Haw. . . . . | 5 | 91 | — sativa, Lindl. . . . . | 12 | 400 |
| — filamentosa, Sims. . . | 5 | 227 | ANANDRIA, Siegesb. . . . | 10 | 35 |
| — purpurea, Haw. . . . | 5 | 93 | ANANTHERIX, Nutt . . . | 8 | 539 |
| — sempervirens, Haw. . | 5 | 95 | ANANTHOCYCLUS, Vaill. | 10 | 23 |
| — Telephiastrum, Linn. | 5 | 227 | Ananthopus, Rafin. . . . . | 13 | 122 |
| — triphylla, Haw. . . | 5 | 93 | ANAPHALIS , D. C. . . . | 10 | 27 |
| — vulgaris, Haw. . . . | 5 | 93 | ANAPOREÆ, Schott. . . | 12 | 40 |
| ANACAMPTIS, Rich. . . . | 12 | 186 | ANARRHINUM, Desf. . . . | 9 | 267 |
| — pyramidalis, Rich. . | 12 | 186 | ANARTHRIA, R. Br. . . | 13 | 139 |
| ANACARDIEÆ, D. C. | 2 | 184 | Anasser, Juss. . . . . . . | 8 | 483 |
| | 186 et | 187 | ANASTATICA, Linn. . . . | 6 | 526 |
| Anacardium, Lamk. . . . | 2 | 186 | — hierochuntina, Linn. | 6 | 528 |
| ANACARDIUM , Rottb. . . | 12 | 187 | ANASTRABE, E. Mey. . . | 9 | 268 |
| — latifolium, Lamk. . . | 12 | 191 | ANASTRAPHIA, Don. . . | 10 | 10 |
| — longifolium, Lamk. . . | 12 | 190 | Anatherum, Beauv. . . . | 13 | 167 |
| — occidentale, Linn . . | 12 | 187 | — muricatum, Beauv. . | 13 | 254 |
| — officinarum, Gærtn. . | 12 | 190 | Anavinga , Lamk. . . . . | 6 | 288 |
| ANACHARIS, Rich. . . . | 12 | 4 | ANAXAGOREA , Aug. | | |
| ANACIS, Schrank. . . . . | 10 | 130 | Saint-Hil. . . . . . . | 7 | 496 |
| — Drummondii, Spach. | 10 | 131 | Anaxeton, Gærtn. . . . . | 10 | 26 |

| | Vol. | Pag. | | | Vol. | Pag. |
|---|---|---|---|---|---|---|
| Anaxeton *fœtidum*, Gærtn. | 10 | 215 | Andromeda *glaucophylla*, | | |
| ANBLATUM, Tourn. | 9 | 261 | Link. | 9 | 474 |
| ANCANTHIA, D. C. | 10 | 9 | — *lucida*, Lamk. | 9 | 483 |
| ANCHIETEA, Aug. Saint- | | | — *marginata*, Duham. | 9 | 482 |
| Hil. | 5 | 498 | — *mariana*, Jacq. | 9 | 483 |
| — pyrifolia, Saint-Hil. | 5 | 499 | — *mariana*, Linn. | 9 | 484 |
| — salutaris, Saint-Hil. | 5 | 499 | — *nitida*, Mich. | 9 | 482 |
| ANCHONIUM, D. C. | 6 | 322 | — *nitida*, Pursh | 9 | 479 |
| ANCHUSA, Linn. | 9 | 51 | — *paniculata*, Linn. | 9 | 485 |
| *Ancistrocarpus*, Kunth. | 5 | 249 | — *parabolica*, Duham. | 9 | 485 |
| ANCISTROLOBUS, Spach. | 5 | 360 | — *polifolia*, Linn. | 9 | 474 |
| — ligustrinus, Spach. | 5 | 561 | — *pulverulenta*, Linn. | 9 | 479 |
| *Ancistrum*, Forst. | 1 | 483 | — *racemosa*, Lamk. | 9 | 485 |
| *Ancistrum pinnatum*, Lamk. | 1 | 485 | — *racemosa*, Linn. | 9 | 478 |
| ANCYLANTHUS, Desf. | 8 | 375 | — *rosmarinifolia*, Pursh. | 9 | 474 |
| *Ancylocladus*, Wallich. | 8 | 501 | — *serrata*, Hort. Par. | 9 | 482 |
| ANDA (Piso), Juss. fil. | 2 | 515 | — *speciosa*, Willd. | 9 | 479 |
| — Gomezii, Juss. fil. | 2 | 545 | — *speciosa glauca*, Wats. | 9 | 479 |
| ANDERSONIA, R. Br. | 9 | 438 | — *spicata*, Wats. | 9 | 478 |
| — sprengelioides, R. Br. | 9 | 438 | — *spinulosa*, Pursh. | 9 | 481 |
| *Andersonia*, Willd. | 8 | 483 | — *subulata*, Hortor. | 9 | 474 |
| ANDIRA, Lamk. | 1 | 135 | ANDROMEDEÆ, Don. | 9 | 443 |
| — inermis, Kunth. | 1 | 136 | | | et | 471 |
| — racemosa, Lamk. | 1 | 135 | *Androphilax*, Wendl. | 8 | 6 |
| ANDRACHNE, Linn. | 2 | 486 | ANDROPOGON, Linn. | 13 | 253 |
| ANDRACHNOIDES, Spach. | 7 | 124 | — *bicolor*, Roxb. | 13 | 256 |
| *Andreoskia*, D. C. | 6 | 323 | — *bicorne*, Forsk. | 13 | 253 |
| ANDREOSKIA, Reichb. | 6 | 325 | — *cernuus*, Roxb. | 13 | 257 |
| *Andrewsia*, Spreng. | 9 | 6 | — Iwarancusa, Roxb. | 13 | 254 |
| *Andrewsia*, Vent. | 9 | 247 | — muricatus, Retz. | 13 | 254 |
| *Andriapetalum*, Pohl. | 10 | 402 | — *niger*, Kunth. | 13 | 256 |
| ANDRIEUXIA, D. C. | 10 | 20 | — Schœnanthus, Linn. | 13 | 253 |
| ANDRIPETALUM, Schott. | 10 | 402 | — *Sorghum*, Brot. | 13 | 256 |
| *Androcera*, Nutt. | 9 | 57 | ANDROPOGONEÆ, | | |
| ANDROCOMA, Nees. | 13 | 144 | Kunth. | 13 | 166 |
| ANDROCYMBIUM, Willd. | 12 | 235 | | | et | 249 |
| ANDROGRAPHIDEÆ, | | | ANDROSACE, Linn. | 9 | 343 |
| Nees. | 9 | 147 | ANDROSÆMINEÆ, | | |
| ANDROGRAPHIS, Wallich. | 9 | 147 | Spach. | 5 | 342 |
| ANPROMACHIA, Humb. et | | | | | et | 411 |
| Bonpl. | 10 | 38 | ANDROSÆMUM, (All.) Spach. | 5 | 414 |
| ANDROMEDA, (Linn.) Don. | 9 | 473 | — hircinum, Spach. | 5 | 419 |
| — *acuminata*, Smith. | 9 | 482 | — officinale, All. | 5 | 415 |
| — *angustifolia*, Pursh. | 9 | 477 | — pyramidale, Spach. | 5 | 417 |
| — *arborea*, Linn. | 9 | 486 | — Webbianum, Spach. | 5 | 418 |
| — *axillaris*, Linn. | 9 | 481 | — xylosteifolium, Spach. | 5 | 420 |
| — *calyculata*, Linn. | 9 | 476 | ANDROSCEPIA, Ad. Brongn. | 13 | 167 |
| — *cassinefolia*, Vent. | 9 | 479 | ANDROSTEMMA, Lindl. | 13 | 109 |
| — *Catesbœi*, Willd. | 9 | 481 | ANDROTRICHUM, Ad. | | |
| — *coriacea*, Willd. | 9 | 482 | Brongn. | 13 | 144 |
| — *crispa*, Lamk. | 9 | 477 | ANDRYALA, Linn. | 10 | 7 |
| — *dealbata*, Bot. Reg. | 9 | 479 | ANEILEMA, R. Br. | 13 | 122 |
| — *floribunda*, Pursh. | 9 | 481 | | | |

| | Vol. | Pag. |
|---|---|---|
| ANEMAGROSTIS, Trin. | 13 | 193 |
| ANEMARRHENA, Bunge. | 12 | 256 |
| ANEMONE, Tourn. | 7 | 242 |
| — alba, Juss. | 7 | 246 |
| — alpina, D. C. | 7 | 254 |
| — alpina, Linn. | 7 | 254 |
| — apennina, Linn. | 7 | 244 |
| — apiifolia, Scop. | 7 | 254 |
| — coronaria, Linn. | 7 | 250 |
| — dichotoma, Linn. | 7 | 249 |
| — dubia, Bellard. | 7 | 251 |
| — fulgens, Gay. | 7 | 251 |
| — hortensis, Bot. Mag. | 7 | 251 |
| — hortensis, Linn. | 7 | 251 |
| — hortensis acutiflora, Spach. | 7 | 251 |
| — hortensis obtusiflora, Spach. | 7 | 251 |
| — lutea, Lamk. | 7 | 245 |
| — millefoliata, Bertol. | 7 | 254 |
| — myrrhidifolia, Vill. | 7 | 254 |
| — narcissiflora, Linn. | 7 | 250 |
| — nemorosa, Linn. | 7 | 244 |
| — ochotensis, Fisch. | 7 | 246 |
| — palmata, Linn. | 7 | 252 |
| — patens, Linn. | 7 | 246 |
| — pavonina, Lamk. | 7 | 251 |
| — pensylvanica, Linn. | 7 | 240 |
| — Pulsatilla, Linn. | 7 | 255 |
| — pusilla, D. C. | 7 | 250 |
| — ranunculoides, Linn. | 7 | 245 |
| — stellata, Lamk. | 7 | 251 |
| — sulphurea, Linn. | 7 | 254 |
| — sylvestris, Linn. | 7 | 246 |
| — thalictroides, Linn. | 7 | 240 |
| — umbellata, Willd. | 7 | 249 |
| — versicolor, Salisb. | 7 | 251 |
| — virginiana, Linn. | 7 | 248 |
| — vitifolia, D. C. | 7 | 248 |
| ANEMONELLA, Spach. | 7 | 259 |
| — thalictroides, Spach. | 7 | 240 |
| ANEMONIDIUM, Spach. | 7 | 248 |
| ANEMONINEÆ, Spach. | 7 | 190 |
| | et | 253 |
| ANESORHIZA, Cham. et Schlecht. | 8 | 139 |
| ANETHUM, Tourn. | 8 | 159 |
| — dulce, D. C. | 8 | 204 |
| — Fœniculum, Linn. | 8 | 204 |
| — graveolens, Linn. | 8 | 160 |
| — minus, Gouan. | 8 | 160 |
| — piperitum, Bertol. | 8 | 204 |
| — segetum, Linn. | 8 | 160 |

| | Vol. | Pag. |
|---|---|---|
| Anethum Sowa, Roxb. | 8 | 160 |
| ANGELICA, Linn. | 8 | 134 |
| — Archangelica, Linn. | 8 | 155 |
| — Gmelini, Wormsk. | 8 | 156 |
| — Levisticum, All. | 8 | 154 |
| — littoralis, Fries. | 8 | 155 |
| — paludapifolia, Lamk. | 8 | 154 |
| — officinalis, Mœnch. | 8 | 155 |
| — sativa, Mill. | 8 | 155 |
| ANGELICEÆ, Tausch. | 8 | 134 |
| | et | 153 |
| ANGELONIA, Humb. et Bonpl. | 9 | 267 |
| ANGIANTHUS, Wendl. | 10 | 26 |
| Angidium, Lindl. | 12 | 178 |
| Angiocarpicæ, Reichb. | 9 | 141 |
| Angolam, Adans. | 13 | 259 |
| Angolam, Hort. Malab. | 13 | 260 |
| Angolamia, Scop. | 13 | 259 |
| ANGOPHORA, Cavan. | 4 | 134 |
| — cordifolia, Cavan. | 4 | 134 |
| Angostura, Rœm. et Schult. | 2 | 323 |
| ANGRÆCUM, Petit-Thou. | 12 | 179 |
| Anguillaria, Gærtn. | 9 | 374 |
| ANGUILLARIA, R. Br. | 12 | 255 |
| ANGULOA, Ruiz et Pav. | 12 | 177 |
| ANGURIA, Linn. | 6 | 188 |
| ANIA, Lindl. | 12 | 177 |
| ANIGOSANTHUS, Labill. | 13 | 113 |
| — flavida, R. Br. | 13 | 113 |
| — grandiflora, Sal. | 13 | 113 |
| — rufa, Labill. | 13 | 113 |
| Anigozanthus, Herbert. | 13 | 109 |
| Anilema, Kunth. | 13 | 122 |
| ANISACANTHA, R. Br. | 5 | 278 |
| Anisanthus, Sweet. | 13 | 4 |
| — splendens, Sweet. | 13 | 82 |
| Aniseia, Choisy. | 9 | 94 |
| ANISOCHÆTA, D. C. | 10 | 57 |
| ANISOCHILUS, Wallich. | 9 | 162 |
| ANISODERIS, Cass. | 10 | 44 |
| — fœtida, Cass. | 10 | 45 |
| — rubra, Cass. | 10 | 45 |
| ANISODUS, Link. | 9 | 57 |
| ANISOMELES, R. Br. | 9 | 166 |
| ANISOMERIS, Presl. | 8 | 578 |
| ANISONEMA, Juss. fil. | 2 | 486 |
| ANISOPAPPUS, Hook. | 10 | 40 |
| Anisopetalum, Hook. | 12 | 176 |
| Anisophyllum, Haw. | 2 | 488 |
| ANISOPOGON, R. Br. | 13 | 164 |
| ANISOPTERA, Korth. | 13 | 303 |
| ANISORAMPHUS, D. C. | 10 | 6 |

| | Vol. | Pag. |
|---|---|---|
| ANISOSCIADIUM. D. C. . | 8 | 11 |
| *Anisum*, Adans. . . . . . | 8 | 138 |
| — *officinale*, Mœnch. . | 8 | 199 |
| — *vulgare*, Gærtn. . . . | 8 | 199 |
| *Anneslea*, Andr. . . . . | 7 | 166 |
| — *spinosa*, Andr. . . . | 7 | 166 |
| ANODA, Cavan. . . . . . | 3 | 402 |
| — Dilleniana, Cavan. . | 3 | 402 |
| — triloba, Cavan. . . . | 3 | 402 |
| ANOECTOCHILUS, Blum . | 12 | 181 |
| *Anœgosanthus*, Reichb. . | 13 | 109 |
| *Anogeissus*, Wallich. . . . | 4 | 296 |
| ANOGYNA, Nees. . . . . | 13 | 146 |
| *Anoma*, Lour. . . . . . . | 1 | 88 |
| — *Moringa*, Lour. . . . . | 1 | 143 |
| ANOMALANTHUS, Klotz. | 9 | 442 |
| ANOMATHECA, Ker. . . | 13 | 95 |
| — *juncea*, Hort. Kew. | 13 | 96 |
| ANOMOSTEPHIUM, D. C. | 10 | 20 |
| ANONA, Linn. . . . . . . | 7 | 497 |
| — Cherimolia, Lamk. . | 7 | 498 |
| — *dodecapetala*, Lamk. | 7 | 449 |
| — *Forskalii*, D. C. . . | 7 | 448 |
| — furfuracea, Ash. . . | 7 | 501 |
| — *glabra*, Dunal. . . | 7 | 500 |
| — *glabra*, Forsk. . . . | 7 | 548 |
| — grandiflora, Lamk. . | 7 | 500 |
| — *hexapetala*, Linn. fil. | 7 | 509 |
| — longifolia, Aubl. . . | 7 | 503 |
| — *Myristica*, Gærtn. . . | 7 | 531 |
| — *mucosa*, Jacq. . . . . | 7 | 499 |
| — muricata, Linn. . . | 7 | 502 |
| — obtusiflora, Tuss. . | 7 | 499 |
| — *palustris*, Dunal. . . | 7 | 500 |
| — palustris, Linn. . . . | 7 | 500 |
| — punctata, Aubl. . . . | 7 | 503 |
| — reticulata, Linn. . . | 7 | 499 |
| — squamosa, Linn. . . | 7 | 498 |
| — sylvatica, Ash. . . . | 7 | 501 |
| — *triloba*, Linn. . . . | 7 | 529 |
| — tripetala, Hort. Kew. | 7 | 498 |
| — *uncinata*, Dunal. . . | 7 | 509 |
| ANONACEÆ, Dunal. | 7 | 493 |
| *Anonœ*, Juss. . . . . . . | 7 | 493 |
| ANOPLON, Wallr. . . . | 9 | 261 |
| ANOPTERUS, Labill. . . | 5 | 33 |
| — glandulosa, Labill. . | 5 | 34 |
| ANOSMIA, Bernh. . . . . | 8 | 138 |
| *Anosporum*, Nees. . . . . | 13 | 144 |
| ANOTIS, D. C. . . . . . | 8 | 373 |
| ANREDERA, Juss. . . . . | 5 | 278 |
| *Antacanthus*, Rich. . . . | 8 | 376 |
| ANTENNARIA, Gærtn. . . | 10 | 216 |

| | Vol. | Pag. |
|---|---|---|
| Antennaria dioica, Gærtn.. | 10 | 217 |
| — *hyperborea*, Don. . . | 10 | 217 |
| — margaritacea, R. Br.. | 10 | 217 |
| — triplinervis, Sims. . . | 10 | 218 |
| *Anthactinia*, Bory. . . . . | 6 | 257 |
| *Anthema*, Med. . . . . . . | 3 | 343 |
| ANTHEMIDEÆ, Cass. | 10 | 22 |
| | et | 164 |
| ANTHEMIDEÆ-CHRY-SANTHEMEÆ, Cass. | 10 | 22 |
| | et | 165 |
| ANTHEMIDEÆ-PRO-TOTYPEÆ, Cass. . . | 10 | 25 |
| | et | 183 |
| ANTHEMIS, Linn. . . . . | 10 | 186 |
| — *arabica*, Linn. . . . . | 10 | 191 |
| — *artemisiæfolia*, Willd. | 10 | 179 |
| — *caucasica*, Horn. . . | 10 | 187 |
| — *Cotula*, Linn. . . . . | 10 | 189 |
| — *discoidea*, Willd. . . | 10 | 187 |
| — *fœtida*, Lamk. . . . . | 10 | 189 |
| — *grandiflora*, Hortor. . | 10 | 179 |
| — *prolifera*, Pers. . . . | 10 | 191 |
| — *psorosperma*, Ten. . . | 10 | 190 |
| — *Pyrethrum*, Linn. . . | 10 | 186 |
| — *ramosa*, Link. . . . . | 10 | 190 |
| — *rigescens*, Willd. . . | 10 | 187 |
| — *stipulacea*, Mœnch. . | 10 | 179 |
| — *tinctoria*, Linn. . . . | 10 | 187 |
| — *Triumfetti*, D. C. . . | 10 | 187 |
| ANTHEPHORA, Schreb. . | 13 | 160 |
| ANTHERICEÆ, Kunth. | 12 | 255 |
| | et | 334 |
| ANTHERICLIS, Rafin. . . | 12 | 179 |
| *Anthericum*, Juss. . . . . | 12 | 255 |
| *Anthericum aloides*, Linn. | 12 | 372 |
| — *altissimum*, Mill. . . | 12 | 370 |
| — *asphodeloides*, Linn.. | 12 | 371 |
| — *bicolor*, Desfont. . . . | 12 | 384 |
| — *canaliculatum*, Hort. Kew. . . . . . . . | 12 | 373 |
| — *divaricatum*, Jacq. . . | 12 | 374 |
| — *flexifolium*, Jacq. . . | 12 | 373 |
| — *frutescens*, Linn. . . | 12 | 370 |
| — *hispidum*, Linn. . . . | 12 | 373 |
| — *latifolium*, Linn. . . | 12 | 371 |
| — *Liliago*, Linn. . . . . | 12 | 382 |
| — *Liliastrum*, Linn. . . | 12 | 380 |
| — *longiscapum*, Jacq. . . | 12 | 370 |
| — *milleflorum*, Red. . . | 12 | 385 |
| — *nutans*, Jacq. . . . . | 12 | 372 |
| — *paniculatum*, Andr.. | 12 | 385 |
| — *planifolium*, Vand. . | 12 | 384 |

| | Vol. | Pag. | | Vol. | Pag. |
|---|---|---|---|---|---|
| *Anthericum pugioniforme,* | | | Anthyllis *cretica*, Lamk. . | 1 | 296 |
| Jacq. . . . . . . . . . | 12 | 371 | — *erinacea*, Linn. . . . | 1 | 215 |
| — *ramosum*, Linn. . . . | 12 | 381 | — *Vulneraria*, Linn. . . | 1 | 214 |
| — *reflexum*, Cavan. . . | 12 | 387 | ANTIARIS, Lesch. . . . . | 11 | 64 |
| — *revolutum*, Linn. . . | 12 | 373 | — *toxicaria*, Lesch. . . . | 11 | 65 |
| — *rostratum*, Jacq. . . | 12 | 370 | ANTICHARIS, Endl. . . . | 9 | 269 |
| — *semibarbatum*, Lodd. | 12 | 371 | *Antichorus*, Linn. fil. . . | 4 | 3 |
| — *subtrigynum*, Jacq. . | 12 | 244 | ANTICLEA, Kunth. . . . | 12 | 235 |
| ANTHERURA, Lour. . . . | 8 | 376 | ANTIDAPHNE, Pœpp. . . | 8 | 133 |
| ANTHERYLIUM, Rohr. . . | 4 | 419 | ANTIDESMA, Linn. . . . | 11 | 25 |
| ANTHISTIRIA, Linn. . . . | 13 | 167 | *Antidesmeæ*, Sweet. . . . | 11 | 25 |
| *ANTHOBOLEÆ*, Bartl. | 10 | 461 | ANTIGONON, Endl. . . . | 10 | 522 |
| ANTHOBOLUS, R. Br. . . | 10 | 461 | *Antirrhineæ*, D. C. . . . | 9 | 264 |
| ANTHOCEPHALUS, A. Rich. | 8 | 374 | *ANTIRRHINEÆ*, Bartl. | 9 | 267 |
| ANTHOCERCIS, Labill. . . | 9 | 268 | | et | 285 |
| ANTHOCHLOA, Nées. . . | 13 | 165 | ANTIRRHINUM, Tourn. . | 9 | 286 |
| ANTHOCHORTUS, Nées. . | 13 | 139 | — *angustifolium*, Durv. | 9 | 287 |
| ANTHOCLEISTA, Afzel. . | 8 | 483 | — *arvense*, Pers. . . . | 9 | 288 |
| *Anthodendron*, Reichb. . . | 9 | 444 | — *calycinum*, Poir. . . | 9 | 288 |
| — *ponticum*, Reichb. . . | 9 | 510 | — *diffusum*, Bernh. . . | 9 | 287 |
| ANTHODON, Ruiz et Pav. | 2 | 398 | — *jamaicense*, Hortor. . | 9 | 288 |
| *Anthodus*, Martius. . . . | 2 | 398 | — *latifolium*, Mill. . . | 9 | 287 |
| ANTHOGONIUM, Wallich. | 12 | 182 | — *Linaria*, Linn. . . . | 9 | 284 |
| ANTHOLOMA, Labill. . . . | 6 | 423 | — *majus*, Linn. . . . . | 9 | 287 |
| ANTHOLYZA, Linn. . . . | 13 | 81 | — *orchidiflorum*, Desf. . | 9 | 285 |
| — *æthiopica*, Linn. . . , | 13 | 81 | — *Orontium*, Linn. . . | 9 | 288 |
| — *Cunonia*, Linn. . . . | 13 | 81 | — *triornithophorum*, Linn. | 9 | 285 |
| — *fulgens*, Andr. . . . | 13 | 85 | ANTIRHOEA, Commers. . | 8 | 433 |
| — *maura*, Linn. . . . . | 13 | 97 | — *borbonica*, Gmel. . . | 8 | 433 |
| — *Meriana*, Linn. . . . | 13 | 86 | — *verticillata*, D. C. . . | 8 | 433 |
| — *Merianella*, Bot. Mag. | 13 | 86 | *Antitragus*, Gærtn. . . . . | 13 | 159 |
| — *quadrangularis*, Burm. | 13 | 80 | *Antodon*, Neck. . . . . . | 10 | 7 |
| — *ringens*, Andr. . . . | 13 | 81 | ANTONIA, Pohl. . . . . . | 8 | 484 |
| — *spicata*, Andr. . . . | 13 | 85 | *Antura*, Forsk. . . . . . | 8 | 501 |
| — *spicata*, Mill. . . . . | 13 | 77 | ANVILLEA, Cass. . . . . | 10 | 28 |
| — *splendens*, Sweet. . . | 13 | 82 | ANYCHIA, Mich. . . . . | 5 | 238 |
| — *tubulosa*, Andr. . . . | 13 | 86 | AOPLA, Lindl. . . . . . . | 12 | 180 |
| ANTHONOTHA, Beauv. . . | 1 | 88 | AOTUS, Smith. . . . . . | 1 | 176 |
| *Anthopogon*, Nutt. . . . . | 13 | 163 | — *villosa*, Smith. . . . | 1 | 176 |
| ANTHORA, Reichb. . . . . | 7 | 380 | *Apalatoa*, Aubl. . . . . . | 1 | 88 |
| ANTHOSPERMEÆ, | | | *Apalocentron*, Cass. . . . | 10 | 12 |
| Cham. et Schl. . . . . . | 8 | 377 | APALOCHLAMYS, Cass. . | 10 | 204 |
| ANTHOSPERMUM, Linn. . | 8 | 378 | — *Kerrii*, D. C. . . . . | 10 | 205 |
| ANTHOSTEMMA, Juss. fil. | 2 | 488 | *Apalus*, D. C. . . . . . | 10 | 21 |
| *Antholium*, R. Br. . . . . | 9 | 584 | APARGIA, Less. . . . . . | 10 | 7 |
| ANTHOXANTHUM, Linn. . | 13 | 181 | *Apargia*, Willd. . . . . . | 10 | 7 |
| — *odoratum*, Linn. . . . | 13 | 182 | *Aparine*, Mœnch. . . . . | 8 | 378 |
| ANTHRISCUS, Hoffm. . . | 8 | 143 | APATANTHUS, Viv. . . . | 10 | 40 |
| — *Cerefolium*, Hoffm. . | 8 | 143 | *Apatelia*, D. C. . . . . . | 4 | 60 |
| — *trichosperma*, Schult. | 8 | 144 | APATURIA, Lindl. . . . . | 12 | 177 |
| ANTHURIUM, Schott. . . . | 12 | 33 | APEIBA, Aubl. . . . . . | 4 | 3 |
| ANTHYLLIS, Linn. . . . . | 1 | 214 | *Apenula*, Neck. . . . . . | 9 | 536 |
| — Barba Jovis, Linn. . . | 1 | 215 | *Apera*, Beauv. . . . . . . | 13 | 161 |

| | Vol. | Pag. |
|---|---|---|
| APHANAMYXIS, Blum. . | 3 | 180 |
| APHANANTHEMUM, Spach. | 6 | 17 |
| APHANES, Linn. . . . | 1 | 453 |
| APHANIA, Blum. . . . | 3 | 41 |
| APHANOCHILUS, Benth. . | 9 | 163 |
| APHANOSTEMMA , Aug. | | |
| Saint-Hil. . . . . . . | 7 | 190 |
| APHANOSTEPHUS, D. C. | 10 | 31 |
| APHELANDRA, R. Br. . . | 9 | 153 |
| — cristata, Hort. Kew. | 9 | 153 |
| APHELANDREÆ , Nees. | 9 | 146 |
| APHELEXIS, Bojer. . . . | 10 | 26 |
| Aphelexis, Don. . . . . | 10 | 26 |
| — fasciculata, Don. . . | 10 | 207 |
| — filiformis, Don. . . . | 10 | 207 |
| — humilis, Don. . . . . | 10 | 207 |
| — sesamoides, Don. . . | 10 | 207 |
| APHELIA, R. Br. . . . . | 13 | 140 |
| Aphilax, Sol. . . . . . . | 13 | 122 |
| Aphora, Neck. . . . . . | 1 | 152 |
| Aphragma, R. Br. . . . . | 10 | 402 |
| APHRAGMIA, Nees. . . . | 9 | 144 |
| APHRAGMUS, Andrz. . . | 6 | 326 |
| APHYLLANTHEÆ, | | |
| Bartl. . . . . . . . . | 13 | 134 |
| APHYLLANTHES, Linn. . | 13 | 134 |
| Aphyllocaulon , Lag. . . | 10 | 35 |
| Aphyteia, Linn. . . . . | 10 | 553 |
| APICRA, Haw. . . . . . | 12 | 335 |
| — albicans, Willd. . . | 12 | 339 |
| — arachnoides, Willd. . | 12 | 346 |
| — aspera, Willd. . . . | 12 | 337 |
| — attenuata, Willd. . . | 12 | 342 |
| — cymbæfolia, Willd. . . | 12 | 346 |
| — expansa , Willd. . . | 12 | 339 |
| — fasciata, Willd. . . . | 12 | 342 |
| — foliosa, Willd. . . . | 12 | 337 |
| — granata, Willd. . . . | 12 | 341 |
| — imbricata, Willd. . . | 12 | 336 |
| — margaritifera major , | | |
| Willd. . . . . . . | 12 | 340 |
| — mirabilis , Willd. . . | 12 | 344 |
| — pentagona , Willd. . . | 12 | 336 |
| — Radula, Willd. . . . | 12 | 341 |
| — recurva, Willd. . . . | 12 | 343 |
| — reticulata, Willd. . . | 12 | 345 |
| — retusa, Willd. . . . | 12 | 344 |
| — rigida, Willd. . . . . | 12 | 339 |
| — spiralis, Willd. . . . | 12 | 336 |
| — tortuosa, Willd. . . . | 12 | 338 |
| — translucens, Willd. . . | 12 | 346 |
| — tricolor, Willd. . . . | 12 | 347 |
| — viscosa, Willd. . . . | 12 | 338 |
| | Vol. | Pag. |
| APIOS, Mœnch. . . . . . | 1 | 321 |
| — tuberosa, Mœnch. . . | 1 | 322 |
| Apista, Blum. . . . . . | 12 | 179 |
| APIUM , Linn. . . . . . | 8 | 183 |
| — Ammi, Crantz. . . . | 8 | 187 |
| — Celleri, Gærtn. . . . | 8 | 184 |
| — crispum, Mill. . . . | 8 | 185 |
| — dulce, Mill. . . . . | 8 | 184 |
| — fructophyllum, Horn. | 8 | 185 |
| — graveolens, Linn. . . | 8 | 184 |
| — latifolium, Mill. . . | 8 | 185 |
| — lusitanicum, Mill. . . | 8 | 184 |
| — Petroselinum, Linn. . | 8 | 185 |
| — rapaceum, Mill. . . . | 8 | 184 |
| — vulgare, Lamk. . . . | 8 | 185 |
| APLECTRUM, Nutt. . . . | 12 | 175 |
| APLEUROSPERMEÆ, | | |
| Tausch. . . . . . . . | 8 | 139 |
| | et | 221 |
| APLOPAPPUS, Cass. . . . | 10 | 29 |
| APLOPHYLLUM, Cass. . . | 10 | 35 |
| APLOPHYLLUM, Juss. fil. V. Haplo- | | |
| phyllum. | | |
| APLOTAXIS, D. C. . . . . | 10 | 10 |
| APLUDA, Linn. . . . . . | 13 | 167 |
| Apocynaceæ, Lindl. . . . | 8 | 499 |
| APOCYNEÆ, R. Br. | 8 | 499 |
| Apocyneæ-Vinceæ, D. C. . | 8 | 499 |
| APOCYNUM, Linn. . . . . | 8 | 527 |
| — androsæmifolium, Linn. | 8 | 527 |
| — syriacum, Clus. . . . | 8 | 531 |
| APODANTHES, Poiteau. . | 10 | 554 |
| Apogeton, Schrad. . . . . | 11 | 4 |
| APOGON, Ell. . . . . . . | 10 | 7 |
| APOGOPSIS, Nees. . . . . | 13 | 167 |
| APOLLONIAS, Nees. . . . | 10 | 469 |
| APONOGETON, Thunb. . . | 11 | 8 |
| — crispum, Thunb. . . | 11 | 7 |
| — distachyum, Thunb. . | 11 | 8 |
| — microphyllum, Roxb. | 11 | 8 |
| — monostachyum, Linn. | | |
| fil. . . . . . . . . | 11 | 7 |
| — undulatum, Roxb. . . | 11 | 7 |
| APOPHRAGMA, Griseb. . | 9 | 5 |
| Aporetica, Forst. . . . . | 3 | 40 |
| — pinnata, D. C. . . . . | 3 | 64 |
| APORUM, Blum. . . . . . | 12 | 176 |
| APOSERIS, Neck. . . . . | 10 | 6 |
| APOSTASIA, Blum. . . . | 12 | 182 |
| Apostasiaceæ, Lindl. . . . | 12 | 174 |
| APOSTASIEÆ, R. Br. | 12 | 182 |
| APOTERIUM, Blum. . . . | 5 | 332 |

| | Vol. | Pag. |
|---|---|---|
| Apoterium Sulatri , Blum. | 5 | 333 |
| APPENDICULA, Blum. | 12 | 179 |
| APPENDICULARIA, D. C. | 4 | 205 |
| *Apradus*, Adans. | 8 | 140 |
| APTERANTHES, Mikan. | 8 | 540 |
| APTERIA, Nutt. | 13 | 119 |
| APTOSIMUM, Burch. | 9 | 268 |
| AQUARTIA , Jacq. | 9 | 57 |
| *AQUIFOLIACEÆ*, | | |
| Bartl. | 2 | 421 |
| *Aquifolium* , Tourn. | 2 | 422 |
| AQUILARIA , Lamk. | 13 | 289 |
| — Agallocha, Roxb. | 13 | 289 |
| — malaccensis , Lamk. | 13 | 290 |
| — *ovata*, Cavan. | 13 | 290 |
| — secundaria, D. C. | 13 | 290 |
| *Aquilariaceæ*, Dumort. | 13 | 287 |
| *AQUILARINEÆ*, | | |
| R. Br. | 13 | 287 |
| AQUILEGIA, Linn. | 7 | 329 |
| — *alpina*, Linn. | 7 | 331 |
| — *atrata*, Koch. | 7 | 331 |
| — *atropurpurea*, Willd. | 7 | 333 |
| — borealis, Spach. | 7 | 333 |
| — canadensis , Linn. | 7 | 335 |
| — *dahurica*, D. C. | 7 | 333 |
| — *flava*, Lamk. | 7 | 333 |
| — formosa, Fisch. | 7 | 335 |
| — Garneriana, Sweet. | 7 | 331 |
| — glandulosa, Fisch. | 7 | 331 |
| — *hybrida*, Sims. | 7 | 334 |
| — *nigricans* , Baumg. | 7 | 331 |
| — *platysepala*, D. C. | 7 | 331 |
| — *pyrenaica*, D. C. | 7 | 331 |
| — *sibirica* , Lamk. | 7 | 331 |
| — *speciosa*, D. C. | 7 | 334 |
| — Sternbergii, Reichb. | 7 | 331 |
| — *viridiflora*, Pallas. | 7 | 333 |
| — viscosa, D. C. | 7 | 331 |
| — *vulgaris* , Linn. | 7 | 331 |
| — *vulgaris*, C. A. Mey. | 7 | 331 |
| — vulgaris, Spenn. | 7 | 331 |
| — *vulgaris brevecalcarata* , Spach. | 7 | 331 |
| — *vulgaris longecalcarata*, Spach. | 7 | 331 |
| *Aquilicia*, Linn. | 3 | 207 |
| ARABIDIUM, Spach. | 6 | 436 |
| — alpestre, Spach. | 6 | 438 |
| — *alpestre pubescens*, Spach. | 6 | 458 |
| — *alpestre tomentosum*, Spach. | 6 | 438 |
| ARABIS, Linn. | 6 | 524 |
| — *albida* , Steven. | 6 | 438 |
| — *alpina*, Linn. | 6 | 438 |
| — *Billardieri*, D. C. | 6 | 438 |
| — *brevifolia*, D. C. | 6 | 438 |
| — *canescens* , Mœnch. | 6 | 438 |
| — *Clusiana* , Schrank. | 6 | 438 |
| — *crispata*, Willd. | 6 | 438 |
| — *leptocarpæa*, Fisch. | 6 | 438 |
| — *longifolia*, D. C. | 6 | 438 |
| — *thyrsoidea*, Sibth. et Sm. | 6 | 438 |
| — *undulata*, Willd. | 6 | 438 |
| — *viscosa*, D. C. | 6 | 438 |
| *Araceæ* , Lindl. | 12 | 35 |
| *Araceæ*, Schott. | 12 | 52 |
| ARÆCOCCUS, Ad. Brongn. | 12 | 399 |
| ARACHIS, Linn. | 1 | 133 |
| — hypogæa, Linn. | 1 | 133 |
| ARACHNANTHE, Blum. | 1 | 178 |
| *Arachne*, Neck. | 2 | 486 |
| *Arachnimorpha*, Desv. | 8 | 373 |
| *Arachnis*, Blum. | 12 | 178 |
| ARAGOA, Kunth. | 9 | 58 |
| | et | 271 |
| *Aragoaceæ*, Don. | 9 | 264 |
| ARALIA , Linn. | 8 | 119 |
| — nudicaulis , Linn. | 8 | 123 |
| — racemosa, Linn. | 8 | 122 |
| — spinosa, Linn. | 8 | 120 |
| — umbraculifera, Roxb. | 8 | 122 |
| *ARALIACEÆ*, Juss. | 8 | 111 |
| *Araliæ*, Juss. | 8 | 111 |
| *Araliastrum*, Vaill. | 8 | 115 |
| ARAUCARIA , Juss. | 11 | 363 |
| — brasiliensis, Lamb. | 11 | 365 |
| — chilensis, Mirb. | 11 | 364 |
| — *Cunninghami*, Sweet. | 11 | 362 |
| — *Dombeyi* , Rich. | 11 | 364 |
| — *excelsa*, Lambt. | 11 | 362 |
| — *imbricata*, Hort. Kew. | 11 | 364 |
| ARAUCARIEÆ , Reichb. | 11 | 357 |
| | et | 359 |
| *Arauja*, Brot. | 8 | 539 |
| *Arbor-radulifera*, Rumph. | 3 | 173 |
| ARBUTUS, Tourn. | 9 | 490 |
| — Andrachne, Lamk. | 9 | 493 |
| — *andrachnoides*, Link. | 9 | 491 |
| — *canariensis*, Lamk. | 9 | 494 |
| — *hybrida*, Bot. Mag. | 9 | 491 |
| — *longifolia* , Herb. de l'Amat. | 9 | 494 |
| — *serratifolia* , Lodd. | 9 | 491 |

| | Vol. | Pag. | | Vol. | Pag. |
|---|---|---|---|---|---|
| Arbutus *turbinata*, Pers.. | 9 | 491 | Arctotis *grandiflora*, Jacq. | 10 | 107 |
| — Unedo , Linn. . . . . | 9 | 491 | — *grandis*, Thunb. . . . | 10 | 108 |
| — *Unedoni*, Pollin. . . . | 9 | 491 | — *humilis*, Salisb. . . . | 10 | 106 |
| — *Uva-ursi*, Linn. . . . | 9 | 495 | — *incisa*, Thunb. . . . . | 10 | 108 |
| ARCEUTHOBIUM, Bieberst. | 8 | 233 | — *lævis*, Thunb. . . . . . | 10 | 107 |
| ARCHANGELICA, Hoffm. . | 8 | 155 | — *lyrata*, Willd. . . . . . | 10 | 108 |
| — *decurrens*, Ledeb. . . | 8 | 156 | — *maculata*, Jacq. . . . . | 10 | 108 |
| — *littoralis*, D. C. . . . | 8 | 156 | — *melanocycla*, Willd. . . | 10 | 108 |
| — officinalis, Hoffm. . . | 8 | 155 | — *muricata*, Thunb. . . . | 10 | 106 |
| — *Wormskioldii*, D. C.. | 8 | 156 | — *paniculata*, Jacq. . . . | 10 | 107 |
| ARCHEMARA, D. C. . . . | 8 | 156 | — *reptans*, Jacq. . . . . | 10 | 107 |
| ARCHITEA, Martius. . . . | 4 | 160 | — *revoluta*, Jacq.. . . . . | 10 | 108 |
| *Arctio*, Lamk. . . . . . . | 10 | 10 | — *rosea*, Jacq. . . . . . | 10 | 108 |
| *Arction*, Cass. . . . . . . | 10 | 10 | — *scapigera*, Thunb. . . | 10 | 106 |
| ARCTIUM, Daléch. . . . . | 10 | 10 | — *speciosa*, Jacq. . . . . | 10 | 106 |
| *Arctium*, Willd. . . . . . | 10 | 12 | — *spinulosa*, Jacq. . . . | 10 | 107 |
| — *Bardana*, Willd. . . | 10 | 84 | — *squarrosa*, Jacq. . . . | 10 | 107 |
| — *Lappa*, Linn.. . . . . | 10 | 83 | — stœchadifolia, Berg. . | 10 | 108 |
| — *Lappa*, Willd.. . . . | 10 | 84 | — *tenuifolia*, Poir.. . . . | 10 | 114 |
| — *Lappa*, β. Linn. . . . | 10 | 84 | — *tricolor*, Jacq. . . . . . | 10 | 106 |
| — *majus*, Schk. . . . . | 10 | 84 | — *undulata*, Jacq. . . . . | 10 | 106 |
| — *minus*, Schk. . . . . | 10 | 84 | *Arcyphyllum*, Elliot. . . . | 1 | 156 |
| — *tomentosum*, Schk. . . | 10 | 84 | ARDISIA, Swartz. . . . . | 9 | 376 |
| ARCTOGERON, D. C. . . . | 10 | 30 | — colorata , Roxb. . . . | 9 | 377 |
| ARCTOPUS, Linn. . . . . | 8 | 140 | — crenata, Roxb.. . . . | 9 | 377 |
| ARCTOSTAPHYLOS, Adans. | 9 | 495 | — *elegans*, Andr. . . . . | 9 | 377 |
| — *officinalis* , Wimm. . | 9 | 495 | — *japonica*, Juss. . . . . | 9 | 375 |
| — Uva-ursi, Adans. . . | 9 | 495 | — paniculata, Roxb. . . | 9 | 377 |
| ARCTOTHECA, Wendl. . . | 10 | 14 | — solanacea, Roxb. . . | 9 | 377 |
| *ARCTOTIDEÆ*, Cass.. | 10 | 13 | *ARDISIACEÆ*, Juss. | 9 | 372 |
| | et | 101 | *ARDISIEÆ*, Bartl.. . . | 9 | 374 |
| ARCTOTIDEÆ-GORTE- | | | *Arduina* , Linn. . . . . . | 8 | 501 |
| RIEÆ , Cass. . . . . . | 10 | 14 | ARECA, Linn. . . . . . . | 12 | 69 |
| ARCTOTIDEÆ-PROTO- | | | — Catechu , Linn. . . . | 12 | 70 |
| TYPÆ, Cass. . . . . . | 10 | 14 | — *Faufel* , Gærtn. . . . | 12 | 70 |
| ARCTOTIS , Linn. . . . . | 10 | 105 | — *oleracea*, Linn. . . . | 12 | 67 |
| — *acaulis*, Linn. . . . . | 10 | 106 | *ARECINEÆ*, Martius.. | 12 | 60 |
| — angustifolia, Linn.. . | 10 | 106 | | et | 63 |
| — *arborescens*, Linn. . . | 10 | 108 | *Arelina*, Neck. . . . . . . | 10 | 9 |
| — *aspera*, Linn. . . . . | 10 | 108 | AREMONIA, Neck. . . . . | 1 | 453 |
| — *aureola*, Ker. . . . . | 10 | 108 | ARENARIA ( Linn.) Bartl. | 5 | 212 |
| — auriculata , Jacq. . . | 10 | 108 | — *abietina*, Presl. . . . | 5 | 214 |
| — bellidifolia , Berg. . . | 10 | 106 | — *aggregata*, Lois. . . . | 5 | 214 |
| — *bicolor* , Willd. . . . | 10 | 108 | — *austriaca*, All. . . . . | 5 | 210 |
| — *cuprea*, Jacq. . . . . | 10 | 108 | — *austriaca*, Jacq. . . . | 5 | 210 |
| — *decumbens*, Jacq. . . | 10 | 106 | — balearica, Linn. . . . | 5 | 215 |
| — *decumbens*, Thunb.. . | 10 | 108 | — biflora , Linn. . . . . | 5 | 215 |
| — decurrens, Jacq. . . . | 10 | 107 | — cephalotes, Bieberst.. | 5 | 213 |
| — elongata , Thunb. . . | 10 | 106 | — cucubaloides, Smith.. | 5 | 212 |
| — fastuosa, Jacq. . . . . | 10 | 107 | — *filifolia*, Bieberst. . . | 5 | 213 |
| — *glabrata* , Jacq. . . . | 10 | 107 | — Gerardi , Willd. . . . | 5 | 210 |
| — *glutinosa*, Sims. . . . | 10 | 114 | — graminifolia , Schrad. | 5 | 213 |
| — *grandiflora*, Hort. Kew. | 10 | 106 | | | |

| | Vol. | Pag. |
|---|---|---|
| Arenaria grandiflora, Linn. | 5 | 214 |
| — heteromalla, Pers. . . . | 5 | 209 |
| — juniperina, Vill. . . | 5 | 214 |
| — laricifolia, Linn. . . . | 5 | 211 |
| — liniflora, Jacq. . . . . | 5 | 210 |
| — liniflora, Linn. fil. . . | 5 | 211 |
| — mixta, Lapeyr. . . . | 5 | 214 |
| — montana, Linn. . . . | 5 | 216 |
| — mucronata, D. C. . . | 5 | 207 |
| — ramosissima, Willd. . | 5 | 211 |
| — recurva, All. . . . . | 5 | 211 |
| — saxatilis, Linn. . . . | 5 | 209 |
| — setacea, Thuil. . . . . | 5 | 209 |
| — striata, All. . . . . . | 5 | 210 |
| — tetraquetra, Linn. . . | 5 | 214 |
| — triflora, Linn. . . . | 5 | 214 |
| — triflora, Vill. . . . . | 5 | 210 |
| — verna, Engl. Bot. . . | 5 | 210 |
| — verna, Jacq. . . . . . | 5 | 211 |
| — Villarsii, Balb. . . . | 5 | 210 |
| ARENGA, Labill. . . . . | 12 | 74 |
| — saccharifera, Labill. . | 12 | 75 |
| ARETHUSA, Gronov. . . . | 12 | 182 |
| ARETHUSEÆ, Meisn. | 12 | 181 |
| ARETIA, Linn. . . . . . . | 9 | 343 |
| ARETIASTRUM, D. C. . . | 10 | 504 |
| ARGANIA, Schousb. . . . | 9 | 384 |
| ARGEMONE, Linn. . . . . | 7 | 25 |
| — albiflora, Horn. . . . | 7 | 26 |
| — armeniaca, Linn. . . . | 7 | 24 |
| — Barclayana, Link et Otto. | 7 | 26 |
| — grandiflora, Sweet. . | 7 | 27 |
| — mexicana, Linn. . . . | 7 | 26 |
| — ochroleuca, Sweet. . . | 7 | 26 |
| — vulgaris, Spach. . . | 7 | 26 |
| — vulgaris albiflora, Spach. | 7 | 26 |
| — vulgaris citrina, Spach. | 7 | 26 |
| — vulgaris ochroleuca, Spach. | 7 | 26 |
| ARGEMONIDIUM, Spach. . | 7 | 5 |
| Argolasia, Juss. . . . . . | 13 | 109 |
| ARGOSTEMMA, Wallich. | 8 | 373 |
| Arguzia, Amm. . . . . . | 9 | 32 |
| Arguzieæ, Link. . . . . | 9 | 28 |
| ARGYLIA, Don. . . . . . | 9 | 150 |
| Argyranthemum, Webb. . | 10 | 24 |
| Argyranthus, Neck. . . . | 10 | 26 |
| ARGYREIA, Lour. . . . . | 9 | 102 |
| — cuneata, Bot. Reg. . | 9 | 103 |
| — nervosa, Roxb. . . . | 9 | 102 |
| — splendens, Sweet. . . | 9 | 102 |
| Argyrochæta, Cavan. . . . | 10 | 18 |
| ARGYROCOME, Gærtn. . | 10 | 26 |
| Argyrocome, Schrank. . . | 10 | 26 |
| ARGYROLEPIS, Spach. . . | 6 | 36 |
| ARGYROXIPHIUM, D. C. . | 10 | 17 |
| ARGYTHAMNIA, P. Br. . | 2 | 487 |
| Arideæ, Dumort. . . . . . | 12 | 32 |
| | et | 35 |
| Ariona, Pers. . . . . . . . | 10 | 460 |
| ARISÆMA, Martius. . . . | 12 | 38 |
| ARISAREÆ, Schott. . . | 12 | 37 |
| ARISARUM, Tourn. . . . | 12 | 38 |
| ARISTEA, Soland. . . . . | 13 | 98 |
| — capitata, Ker. . . . . . | 13 | 99 |
| — cyanea, Hort. Kew. . | 13 | 98 |
| — major, Andr. . . . . | 13 | 99 |
| ARISTIDA, Linn. . . . . . | 13 | 161 |
| ARISTOLOCHIA, Tourn. . | 10 | 563 |
| — caudata, Bot. Reg. . | 10 | 566 |
| — Clematitis, Linn. . . | 10 | 564 |
| — grandiflora, Tussac. . | 10 | 565 |
| — labiosa, Bot. Reg. . . | 10 | 567 |
| — longa, Linn. . . . . | 10 | 565 |
| — ringens, Link. . . . . | 10 | 567 |
| — rotunda, Linn. . . . . | 10 | 565 |
| — Serpentaria, Linn. . | 10 | 567 |
| — Sipho, L'hérit. . . . | 10 | 568 |
| — tomentosa, Sims. . . | 10 | 569 |
| Aristolochiaceæ, Lindl. . . | 10 | 560 |
| Aristolochiæ, Juss. . . . . | 10 | 560 |
| ARISTOLOCHIEÆ, Bartl. . . . . . . . . | 10 | 544 |
| ARISTOLOCHIEÆ, Dumort. . . . . . . . | 10 | 562 |
| Aristolochieæ, R. Br. . . . | 10 | 560 |
| Aristolochieæ - Pipereæ, Reichb. . . . . . . | 11 | 9 |
| Aristotela, Adans. . . . . | 10 | 33 |
| ARISTOTELIA, L'hérit. . . | 13 | 333 |
| — Maqui, L'hérit. . . . | 13 | 335 |
| ARISTOTELIACEÆ, Dumort. . . . . . . . | 13 | 332 |
| ARJOONA, Cavan. . . . . | 10 | 460 |
| ARMENIACA, Tourn. . . | 1 | 388 |
| — atropurpurea, Lois. . | 1 | 390 |
| — brigantiaca, Pers. . . | 1 | 396 |
| — dasycarpa, Pers. . . | 1 | 390 |
| — sibirica, Pers. . . . . | 1 | 390 |
| — vulgaris, Lamk. . . . | 1 | 389 |
| ARMERIA, Willd. . . . . | 10 | 342 |
| — maritima, Willd. . . | 10 | 343 |
| — vulgaris, Willd. . . . | 10 | 343 |
| ARMODORUM, Kuhl et Hass. | 12 | 178 |
| ARMORACIA, Flor. Wett. | 6 | 519 |

| | Vol. | Pag. | | Vol. | Pag. |
|---|---|---|---|---|---|
| Armoracia *lapathifolia*, Gilib. | 6 | 520 | *Arouna*, Aubl. | 1 | 88 |
| — *Rivini*, Rupp. | 6 | 520 | ARRACACHA, Bancr. | 8 | 181 |
| — *rusticana*, Baumg. | 6 | 520 | — *esculenta*, D. C. | 8 | 182 |
| ARNEBIA, Forsk. | 9 | 31 | — *xanthorhiza*, Bancr. | 8 | 182 |
| ARNICA, Linn. | 10 | 269 | ARRHENACHNE, Cass. | 10 | 39 |
| — *montana*, Linn. | 10 | 269 | ARRHENATHÉRUM, Beauv. | 13 | 203 |
| ARNOGLOSSUM, Cass. | 10 | 32 | — *avenaceum*, Beauv. | 13 | 204 |
| *Arnoglossum*, Endl. | 10 | 355 | ARROZIA, Schräd. | 13 | 158 |
| ARNOLDIA, Blum. | 5 | 5 | ARROWSMITHIA, D. C. | 10 | 40 |
| ARNOLDIA, Cass. | 10 | 115 | ARRUDEA, Cambess. | 5 | 314 |
| — *aurea*, Cass. | 10 | 115 | — *clusioides*, Camb. | 5 | 314 |
| ARNOSERIS, Gærtn. | 10 | 7 | ARTABOTRYS, Blum. | 7 | 508 |
| ARNOTTIA, A. Rich. | 12 | 180 | — *hamata*, Bl. et Fisch. | 7 | 509 |
| *AROIDEÆ*, Bartl. | 12 | 16 | — *odoratissima*, R. Br. | 7 | 509 |
| *Aroideæ*, Juss. | 12 | 32 | — *suaveolens*, Bl. et Fisch. | 7 | 510 |
| | et | 34 | *Artanema*, Don. | 9 | 269 |
| *Aroideæ*, Reichb. | 12 | 32 | ARTANTHE, Miq. | 11 | 11 |
| | et | 35 | ARTEDIA, Linn. | 8 | 135 |
| *Aroideæ*, Rich. | 12 | 35 | ARTEMISIA ( Linn.) Cass. | 10 | 167 |
| *Aroideæ-Araceæ*, Ad. Brongn. | 12 | 32 | — *Abrotanum*, Linn. | 10 | 168 |
| | et | 35 | — *altaica*, Desf. | 10 | 169 |
| *Aroideæ-Araceæ*, Endl. | 12 | 35 | — *Absinthium*, Linn. | 10 | 171 |
| *Aroideæ-Araceæ*, Reichb. | 12 | 35 | — *annua*, Linn. | 10 | 170 |
| *Aroideæ-Callaceæ*, Endl. | 12 | 32 | — *campestris*, Linn. | 10 | 167 |
| | et | 35 | — *coarctata*, Stechm. | 10 | 169 |
| *Aroideæ-Callaceæ*, Reichb. | 12 | 35 | — *Dracunculus*, Linn. | 10 | 166 |
| *Aroideæ-Nepenthæ*, Reichb. | 13 | 321 | — *inodora*, Willd. | 10 | 166 |
| | et | 326 | — *judaica*, Linn. | 10 | 168 |
| *Aroideæ-Orontiaceæ*, Rich. | 12 | 32 | — *pontica*, Linn. | 10 | 169 |
| *Aroideæ-Typhaceæ*, Ad. Brogn. | 12 | 18 | — *suaveolens*, Fisch. | 10 | 170 |
| *Aroideæ-Typheæ*, R. Br. | 12 | 18 | — *violacea*, Desf. | 10 | 169 |
| AROMADENDRON, Blum. | 7 | 451 | — *vulgaris*, Linn. | 10 | 169 |
| — *elegans*, Bl. | 7 | 452 | *Artenoron*, Rafin. | 10 | 521 |
| AROMANTHE, Spach. | 7 | 472 | *Arthratherum*, Beauv. | 13 | 161 |
| *Arongana paniculata*, Pers. | 5 | 356 | *Arthraxon*, Beauv. | 13 | 167 |
| ARONIA, Pers. | 2 | 87 | *Arthrodactylis*, Forst. | 12 | 25 |
| — *arbutifolia*, Lindl. | 2 | 89 | — *spinosa*, Forst. | 12 | 25 |
| — *Botryapium*, Pers. | 2 | 84 | ARTHROLOBIUM, Desv. | 1 | 155 |
| — *Chamæmespilus*, Reichb. | 2 | 109 | *Arthrolobus*, Stev. | 6 | 322 |
| — *densiflora*, Spach. | 2 | 88 | ARTHROPHYLLUM, Blum. | 8 | 113 |
| — *depressa*, Lindl. | 2 | 90 | ARTHROPODIUM, R. Br. | 12 | 385 |
| — *floribunda*, Lindl. | 2 | 89 | — *cirrhatum*, R. Br. | 12 | 386 |
| — *glabrescens*, Spach. | 2 | 89 | — *Lindleyi*, Kunth. | 12 | 386 |
| — *grandifolia*, Lindl. | 2 | 90 | — *minus*, Lindl. | 12 | 386 |
| — *melanocarpa*, Lindl. | 2 | 90 | — *paniculatum*, R. Br. | 12 | 385 |
| — *pubens*, Lindl. | 2 | 90 | — *pendulum*, D. C. | 12 | 385 |
| — *rotundifolia*, Pers. | 2 | 83 | ARTHROPOGON, Nees. | 13 | 167 |
| — *sanguinea*, Nutt. | 2 | 86 | *Arthrostachya*, Link. | 13 | 165 |
| — *sorbifolia*, Poir. | 2 | 87 | ARTHROSTEMMA, Pav. | 4 | 241 |
| ARONICUM, Neck. | 10 | 51 | — *angosturense*, D. C. | 4 | 241 |
| AROPHYLLUM, Llal. et Lex. | 12 | 176 | — *campanulare*, D. C. | 4 | 242 |
| *Aroton*, Neck. | 2 | 487 | — *ladanoides*, D. C. | 4 | 242 |
| | | | — *multiflorum*, D. C. | 4 | 244 |

| | Vol. | Pag. | | Vol. | Pag. |
|---|---|---|---|---|---|
| Arthrostemma myrtoideum, | | | ARUNDINA, Blum.. . . . | 12 | 176 |
| Hook. . . . . . . . . . | 4 | 243 | *ARUNDINACEÆ*,Kunth.13 | | 161 |
| — nitidum , Hook. . . . | 4 | 243 | | et | 194 |
| — *paniculatum*, Don. . . | 4 | 229 | ARUNDINARIA, Mich.. . . | 13 | 220 |
| — *versicolor* , D. C. . . | 4 | 242 | — macrosperma,.Mich.. | 13 | 221 |
| ARTHROSTYLIDIUM, Ruppr.13 | | 165 | *Arundinella*, Raddi. . . . | 13 | 167 |
| ARTHROSTYLIS , R. Br. . | 13 | 146 | ARUNDO, Linn. . . . . . | 13 | 162 |
| ARTHROTAXIS , Don. . . | 11 | 358 | — *agrestis* , Lour. . . . | 13 | 230 |
| *Arthrotaxon*, Beauv. . . . | 13 | 167 | — *arbor*, Linn.. . . . . | 13 | 230 |
| *Arthrozamia*, Reichb. . . | 11 | 442 | — *arenaria*, Linn. . . . | 13 | 194 |
| *ARTOCARPEÆ* , | | | — *Bambos*, Linn.. . . . | 13 | 327 |
| (D. C.) R. Br. . . . . | 11 | 35 | — *Donax*, Linn. . . . . | 13 | 195 |
| *Artocarpeæ*, Endl. . . . . | 11 | 37 | — *gigantea*, Wallich.. . | 13 | 221 |
| *Artocarpeæ*, Gaudich.. . . | 11 | 35 | — *Phragmites*, Linn.. . | 13 | 197 |
| *ARTOCARPIDEÆ*, Du- | | | — *sativa*, Lamk. . . . . | 13 | 195 |
| mort. . . . . . . . . | 11 | 37 | — *tabacaria*, Lour. . . . | 13 | 231 |
| ARTOCARPUS, Linn. . . . | 11 | 69 | — *vulgaris*,Lamk. . . . | 13 | 197 |
| — Chaplasha, Roxb. . . | 11 | 73 | ASAGRÆA, Lindl. . . . . | 12 | 245 |
| — *communis*, Forst. . . | 11 | 70 | — officinalis. . . . . . . | 12 | 245 |
| — echinata, Roxb. . . . | 11 | 74 | ASAPHES , Spreng. . . . | 9 | 228 |
| — *heterophylla*, Lamk. . | 11 | 71 | ASARCA, Lindl. . . . . . | 12 | 182 |
| — hirsuta, Lamk.. . . . | 11 | 71 | *ASAREÆ*, Dumort. . . . | 10 | 562 |
| — incisa , Linn. . . . . | 11 | 70 | ASARINA, Tourn. . . . . | 9 | 267 |
| — integrifolia, Linn. . . | 11 | 71 | *ASARINEÆ*, Bartl. . . | 10 | 560 |
| — Lacoocha , Roxb. . . | 11 | 74 | *Asarineæ*, Link. . . . . . | 10 | 560 |
| — *pubescens*, Willd. . . | 11 | 72 | ASARUM , Tourn. . . . . | 10 | 569 |
| *Aruba* , Aubl. . . . . . . | 2 | 373 | — arifolium , Mich. . . | 10 | 571 |
| *Aruba* , Nees et Mart.. . . | 3 | 223 | — canadense , Linn. . . | 10 | 571 |
| — *acuminata*, Mart. . . | 3 | 350 | — europæum, Linn. . . | 10 | 570 |
| — *cœrulea* , Mart. . . . | 3 | 350 | — virginicum, Linn. . . | 10 | 571 |
| ARUM, Linn. . . . . . . | 12 | 41 | ASCARICIDA , Cass. . . . | 10 | 39 |
| — *bicolor*, Hort. Kew. . | 12 | 48 | ASCARINA, Forst. . . . . | 11 | 19 |
| — *campanulatum*,Roxb. | 12 | 43 | *Ascium*, Vahl. . . . . . . | 6 | 123 |
| | et | 44 | — *violaceum*, Vahl. . . . | 6 | 123 |
| — *Colocasia*, Linn. . . . | 12 | 45 | *ASCLEPIADEÆ*,Jacq.8 | | 535 |
| — Dracunculus , Linn. . | 12 | 42 | *ASCLEPIADEÆ-VERÆ*.8 | | 538 |
| — *esculentum*, Linn.. . . | 12 | 45 | | et | 544 |
| — *indicum*, Lour. . . . | 12 | 47 | ASCLEPIAS, Linn. . . . . | 8 | 551 |
| — *maculatum*, Linn. . . | 12 | 41 | — amœna, Linn. . . . . | 8 | 552 |
| — *nympheæfolium*, Roxb. | 12 | 45 | — carnosa, Linn.. . . . | 8 | 555 |
| — *odorum*, Roxb. . . . . | 12 | 46 | — currassavica, Linn. . | 8 | 552 |
| — *Rumphii* , Gaudich. . . | 12 | 43 | — decumbens, Linn. . . | 8 | 553 |
| — *sagittæfolium*, Linn. . | 12 | 48 | — *fruticosa*, Willd. . . . | 8 | 550 |
| — *Seguinum* , Linn. . . | 12 | 49 | — *gigantea*, Andr. . . . | 8 | 549 |
| — *vulgare* , Lamk. . . . | 12 | 41 | — *gigantea* , Willd. . . | 8 | 547 |
| *Aruna* , Schreb. . . . . . | 1 | 88 | — *incarnata* , Linn. . . | 8 | 552 |
| ARUNCUS , Ser. . . . . . | 1 | 443 | — *procera*, Willd. . . . | 8 | 549 |
| *Arundarbor aspera*, Rumph. | 13 | 231 | — *pseudosarsa*, Roxb. . | 8 | 552 |
| — *maxima*, Rumph. . . | 13 | 252 | — *rosea* , Roxb. . . . . | 8 | 549 |
| — *spicularum*, Rumph.. . | 13 | 231 | — syriaca, Linn. . . . . | 8 | 551 |
| — *spinosa*, Rumph. . . | 13 | 230 | — *tenacissima* , Roxb.. . | 8 | 556 |
| — *tenuis*, Rumph. . . . | 13 | 231 | | | |

| | Vol. | Pag. |
|---|---|---|
| Asclepias *tingens*, Roxb. | 8 | 554 |
| — tuberosa, Linn. . . . | 8 | 553 |
| — *Vincetoxicum*, Linn.. | 8 | 545 |
| Ascra, Schott. . . . . . | 6 | 115 |
| ASCYRINEÆ, Spach. . | 5 | 343 |
| | et | 455 |
| Ascyrum, Linn.. . . . . | 5 | 456 |
| — amplexicaule, Mich. | 5 | 457 |
| — *Crux Andreæ*, Linn. | 5 | 460 |
| — *Crux Andreæ*, Torr. | 5 | 460 |
| | et | 461 |
| — helianthemifolium, Spach. . . . . . . | 5 | 460 |
| — hypericoides, Linn. . | 5 | 458 |
| — linifolium, Spach. . . | 5 | 459 |
| — Michauxii, Spach. . . | 5 | 460 |
| — *multicaule*, Mich. . . | 5 | 460 |
| | 461 et | 462 |
| — oblongifolium, Spach. | 5 | 461 |
| — pumilum, Mich . . . | 5 | 463 |
| — spathulatum, Spach.. | 5 | 462 |
| — stans, Mich. . . . . . | 5 | 457 |
| Asimina, Adans. . . . . | 7 | 526 |
| — campaniflora, Spach. | 7 | 529 |
| — conoidea, Spach. . . | 7 | 530 |
| — *grandiflora*, Hortor.. | 7 | 530 |
| — *triloba*, D. C. . . . | 7 | 529 |
| — *triloba*, Willd. . . . | 7 | 530 |
| Aspalathus, Linn. . . . | 1 | 196 |
| — araneosa, Linn. . . . | 1 | 197 |
| — callosa, Linn. . . . | 1 | 197 |
| — carnosa, Linn . . . . | 1 | 197 |
| — chenopoda, Linn. . . | 1 | 196 |
| — *Ebenus*, Linn. . . . . | 1 | 367 |
| — pedunculata, L'hérit. | 1 | 197 |
| ASPARAGEÆ, Bartl. . | 12 | 209 |
| *Asparagi*, Juss. . . . . . | 12 | 198 |
| | et | 208 |
| *Asparagineæ*, Dumort. | 12 | 208 |
| *Asparagineæ*, Juss. . . . | 12 | 208 |
| *Asparagoideæ*, Vent. . . | 12 | 208 |
| Asparagus, Linn. . . . | 12 | 220 |
| — officinalis, Linn. . . | 12 | 221 |
| Aspasia, Lindl. . . . . | 12 | 177 |
| *Aspegrenia*, Pœpp. et Endl. | 12 | 175 |
| Aspelina, Cass. . . . . | 10 | 31 |
| *Aspera*, Mœnch. . . . . | 8 | 378 |
| *Asperifoliaceæ*, Reichb.. | 9 | 28 |
| *Asperifoliæ*, Martius. . . | 9 | 28 |
| ASPERIFOLIEÆ, Bartl. | 9 | 30 |
| | et | 32 |
| Asperugo, Tourn. . . . | 9 | 30 |

| | Vol. | Pag. |
|---|---|---|
| Asperula, Linn. . . . . | 8 | 473 |
| — cynanchica, Linn. . . | 8 | 473 |
| — odorata, Linn. . . . | 8 | 475 |
| — *rubeola*, Lamk. . . . | 8 | 473 |
| — taurina, Linn.. . . . | 8 | 474 |
| — *trinervia*, Lamk. . . | 8 | 477 |
| ASPHODELEÆ, Bartl. . . . . . . . . | 12 | 252 |
| *Asphodeleæ*, D. C. . . . . | 12 | 252 |
| *Asphodeleæ*, Juss.. . . . . | 12 | 252 |
| ASPHODELEÆ, Kunth. | 12 | 254 |
| | et | 290 |
| *Asphodeleæ*, R. Br. . . . . | 12 | 252 |
| Asphodeline, Reichb. . | 12 | 368 |
| — cretica, Vis. . . . . | 12 | 369 |
| — *liburnica*, Reichb. . | 12 | 369 |
| — lutea, Reichb. . . . . | 12 | 368 |
| — taurica, Kunth. . . . | 12 | 369 |
| Asphodelus, Linn. . . . | 12 | 366 |
| — albus, Mill. . . . . . | 12 | 367 |
| — *altaicus*, Pall. . . . | 12 | 366 |
| — *capillaris*, Red. . . . | 12 | 369 |
| — *creticus*, Lamk. . . . | 12 | 369 |
| — *liburnicus*, Scop. . . | 12 | 369 |
| — *luteus*, Linn. . . . . | 12 | 368 |
| — ramosus, Linn. . . . | 12 | 367 |
| — *ramosus*, Murr. . . . | 12 | 367 |
| — *tauricus*, Bieberst. . | 12 | 369 |
| — tenuior, Fisch. . . . | 12 | 369 |
| — *verus albus*, Blackw. . | 12 | 367 |
| Aspicarpa, Rich. . . . . | 3 | 124 |
| *Aspidalis*, Gærtn. . . . . | 10 | 14 |
| *Aspideium*, Zollik. . . . | 10 | 6 |
| Aspidistra, Ker. . . . | 12 | 210 |
| *Aspidocarpus*, Neck. . . . | 2 | 439 |
| Aspidoglossum, E. Mey. | 8 | 539 |
| Aspidosperma, Martius et Zucc. . . . . . . . | 8 | 502 |
| Aspilia, Petit-Thou. . . | 10 | 20 |
| Asprella, Host. . . . . . | 13 | 166 |
| *Asprella*, Humb. . . . . | 13 | 166 |
| *Asprella*, Schreb. . . . . | 13 | 158 |
| Assaracus, Haw. . . . | 12 | 436 |
| Assonia, Cavah. . . . . | 3 | 446 |
| — populnea, Cav. . . . | 3 | 447 |
| Astartea, D. C. . . . . | 4 | 112 |
| — fascicularis, D. C. . . | 4 | 113 |
| Astelia, Banks et Sol. . | 13 | 134 |
| *Asteliaceæ*, Dumort. . . . | 13 | 133 |
| *Astelma*, Don. . . . . . | 10 | 26 |
| Astelma, R. Br. . . . . | 10 | 208 |
| — canescens, Don. . . . | 10 | 209 |

| | Vol. | Pag. | | Vol. | Pag. |
|---|---|---|---|---|---|
| Astelma eximium, R. Br. | 10 | 209 | Aster mutabilis, Hort. Kew. | 10 | 250 |
| — speciosissimum, Don. | 10 | 208 | — Novæ-Angliæ, Linn. | 10 | 245 |
| — variegatum, Less. | 10 | 208 | — *pallens*, Willd. | 10 | 248 |
| — virgatum, Less. | 10 | 209 | — paniculatus, Hort. Kew. | 10 | 247 |
| ASTEMMA, Endl. | 12 | 301 | — *paniculatus*, Willd. | 10 | 248 |
| — angustifolium, Endl. | 12 | 302 | — *pannonicus*, Jacq. | 10 | 251 |
| *Astephananthes*, Bory. | 6 | 257 | — patens, Hort. Kew. | 10 | 245 |
| ASTEPHANUS, R. Br. | 8 | 539 | — patulus, Lamk. | 10 | 248 |
| ASTER, (Linn.) Nees. | 10 | 242 | — pendulus, Hort. Kew. | 10 | 253 |
| — *acris*, Linn. | 10 | 260 | — *phlogifolius*, Willd. | 10 | 246 |
| — *acris*, β. Pers. | 10 | 260 | — præaltus, Poir. | 10 | 249 |
| — *acuminatus*, Mich. | 10 | 248 | — *punctatus*, Waldst. et | | |
| — alpinus, Linn. | 10 | 243 | Kit. | 10 | 289 |
| — *amelloides*, Bess. | 10 | 245 | — *puniceus*, Linn. | 10 | 249 |
| — Amellus, Linn. | 10 | 245 | — purpuratus, Nees. | 10 | 254 |
| — amœnus, Lamk. | 10 | 249 | — *pyrenœus*, D. C. | 10 | 244 |
| — *amplexicaulis*, Lamk. | 10 | 245 | — Radula, Hort. Kew. | 10 | 244 |
| — *argenteus*, Mich. | 10 | 246 | — *roseus*, Hort. Par. | 10 | 245 |
| — *canus*, W. et Kit. | 10 | 259 | — rubricaulis, Lamk. | 10 | 255 |
| — *cœspitosus*, Hortor. | 10 | 250 | — *salicifolius*, Hort. Kew. | 10 | 249 |
| — *chinensis*, Linn. | 10 | 264 | — salignus, Willd. | 10 | 251 |
| — *cordifolius*, Lamk. | 10 | 247 | — sericeus, Vent. | 10 | 246 |
| — cordifolius, Mich. | 10 | 247 | — *sibiricus*, Hortor. | 10 | 265 |
| — *coridifolius*, Nutt. | 10 | 248 | — sibiricus, Linn. | 10 | 244 |
| — Cornuti, Wendl. | 10 | 248 | — *sparsiflorus*, Willd. | 10 | 252 |
| — corymbosus, Hort. Kew. | 10 | 256 | — *spurius*, Willd. | 10 | 245 |
| — *cyaneus*, Hoffm. | 10 | 255 | — *tardiflorus*, Linn. | 10 | 250 |
| — *decorus*, Hortor. | 10 | 255 | — *tataricus*, Linn. | 10 | 265 |
| — *divaricatus*, Linn. | 10 | 254 | — *tenellus*, Linn. | 10 | 263 |
| — *divergens*, Mich. | 10 | 245 | — *Tradescanti*, Hoffm. | 10 | 240 |
| — *dumosus*, Hoffm. | 10 | 254 | — *Tripolium*, Linn. | 10 | 257 |
| — *elegans*, Willd. | 10 | 245 | — thyrsiflorus, Hoffm. | 10 | 249 |
| — eminens, Nees. | 10 | 251 | — umbellatus, Hort. Kew. | 10 | 260 |
| — *ericoides*, Lamk. | 10 | 252 | — versicolor, Willd. | 10 | 251 |
| — ericoides, Linn. | 10 | 254 | ASTERACANTHA, Nees. | 9 | 145 |
| — *expansus*, Nees. | 10 | 255 | *Asteraceæ*, Lindl. | 10 | 4 |
| — *firmus*, Nees. | 10 | 249 | ASTERANTHUS, Desf. | 9 | 428 |
| — *foliolosus*, Nutt. | 10 | 252 | — brasiliensis, Desf. | 9 | 429 |
| — fragilis, Willd. | 10 | 253 | *ASTEREÆ*, Cass. | 10 | 28 |
| — *glaucus*, Nees. | 10 | 255 | | et | 225 |
| — grandiflorus, Linn. | 10 | 246 | ASTEREÆ-BACCHARI- | | |
| — heterophyllus, Willd. | 10 | 248 | DEÆ, Cass. | 10 | 29 |
| — *hispidus*, Lamk. | 10 | 249 | | et | 235 |
| — *horizontalis*, Hort. Par. | 10 | 253 | ASTEREÆ-BELLIDEÆ, | | |
| — *hyssopifolius*, Linn. | 10 | 259 | Cass. | 10 | 30 |
| — *incisus*, Fisch. | 10 | 265 | | et | 263 |
| — *juncifolius*, Hort. Par. | 10 | 251 | ASTEREÆ - PROTO - | | |
| — lævis, Willd. | 10 | 250 | TYPEÆ, Cass. | 10 | 30 |
| — *longifolius*, Lamk. | 10 | 251 | | et | 238 |
| — *macrophyllus*, Linn. | 10 | 256 | ASTEREÆ - SOLIDA - | | |
| — *maritimus*, Lamk. | 10 | 257 | GINEÆ, Cass. | 10 | 28 |
| — *miser*, Desf. | 10 | 254 | | et | 226 |
| — multiflorus, Hort. Kew. | 10 | 252 | ASTERIAS, Renealm. | 9 | 14 |

| | Vol. | Pag. |
|---|---|---|
| Asterias *lutea*, Borkh. . . | 9 | 14 |
| *Astéridéœ* , Lindl. . . . | 10 | 17 |
| *Asterineœ* , Nees. . . . . | 10 | 28 |
| ASTERISCIUM, Chamiss. . | 8 | 136 |
| *Asteriscus* , Mœnch. . . . | 10 | 28 |
| ASTEROCEPHALUS, Vaill. | 10 | 318 |
| — caucasicus, Spreng. . | 10 | 320 |
| — creticus, Spreng. . . | 10 | 320 |
| — *elegans*, Lag. . . . . | 10 | 321 |
| — graminifolius, Spreng. | 10 | 319 |
| *Asteroideœ-Astereœ* , Less. | 10 | 28 |
| *Asteroideœ-Buphthalmeœ*, Less. . . . . . . . . . | 10 | 23 |
| *Asteroideœ-Eclipteœ*, Less. | 10 | 16 |
| *Asteroideœ-Inuleœ*, Less. . | 10 | 25 |
| ASTEROLINON, Link. . . | 9 | 343 |
| ASTEROMOEA, Blum. . . | 10 | 31 |
| ASTEROPSIS , Less. . . . | 10 | 30 |
| *Asteropterus* , Vaill. . . . | 10 | 27 |
| ASTEROTHRIX, Cass. . . | 10 | 7 |
| ASTEROSPERMA , Less. . | 10 | 33 |
| ASTIANTHUS, Don. . . . | 9 | 131 |
| ASTILBE, Hamilt. . . . . | 5 | 39 |
| — *decandra*, Don. . . . | 5 | 65 |
| ASTOMA, D. C. . . . . . | 8 | 138 |
| *Astomœa* , Reichb. . . . . | 8 | 138 |
| ASTRAGALEÆ, D. C. . . | 1 | 154 |
| | et | 275 |
| ASTRAGALUS, Linn. . . . | 1 | 275 |
| — alopecuroides, Linn. . | 1 | 277 |
| — *Alopecurus*, Pall. . . | 1 | 277 |
| — caucasicus, Pall. . . | 1 | 276 |
| — creticus, Lamk. . . . | 1 | 276 |
| — glycyphyllos, Linn. . | 1 | 277 |
| — gummifer, Labill. . . | 1 | 276 |
| — massiliensis, Lamk. . | 1 | 277 |
| — monspessulanus, Linn. | 1 | 278 |
| — narbonensis, Gouan. | 1 | 278 |
| — Onobrychis, Linn. . . | 1 | 278 |
| — *Polygala*, Pallas. . . | 1 | 278 |
| — *Tragacantha* , Lamk. | 1 | 277 |
| — verus, Oliv. . . . . . | 1 | 276 |
| *Astranthus*, Lour. . . . . | 6 | 286 |
| ASTRANTIA , Tourn. . . | 8 | 216 |
| — *carinthiaca* , Hoppe. | 8 | 218 |
| — *diapensia* , Scop. . . | 8 | 221 |
| — *digitata*, Mœnch. . . | 8 | 217 |
| — helleborifolia, Sal. . | 8 | 219 |
| — *heterophylla*, Bieberst. | 8 | 219 |
| — major, Linn. . . . . | 8 | 218 |
| — *maxima*, Pallas. . . | 8 | 220 |
| — minor, Linn. . . . . | 8 | 217 |
| — *nigra*, Scop. . . . . | 8 | 218 |

| | Vol. | Pag. |
|---|---|---|
| Astrantia *pallida*, Presl. . | 8 | 218 |
| — *pauciflora* , Bertol. . | 8 | 217 |
| ASTRAPÆA, Lindl. . . . | 3 | 455 |
| — *penduliflora*, Lindl. . | 3 | 456 |
| — Wallichii , Lindl. . . | 3 | 456 |
| ASTREPHIA, D. C. . . . . | 10 | 304 |
| ASTROCARPINEÆ, Reichb. | 7 | 96 |
| ASTROCARPUS, Neck. . . | 7 | 96 |
| ASTROCARYUM, G. F. W. Mey. . . . . . . . . . | 12 | 117 |
| — Ayri, Martius. . . . . | 12 | 118 |
| — *Murumuru*, Martius. . | 12 | 118 |
| *Astrocoma*, Neck. . . . . | 2 | 476 |
| ASTROLOMA, R. Br. . . . | 9 | 433 |
| ASTRONIA, Blum. . . . . | 4 | 272 |
| — macrophylla, Blum. . | 4 | 272 |
| — spectabilis, Blum. . . | 4 | 272 |
| ASTRONIUM, Jacq. . . . | 2 | 186 |
| ASTROPHEA, D. C. . . . | 6 | 260 |
| *Astrotricha*, D. C. . . . . | 8 | 137 |
| ASTYDAMIA, D. C. . . . | 8 | 136 |
| ASYSTASIA, Nees. . . . . | 9 | 145 |
| ATACCIA, Presl. . . . . . | 12 | 200 |
| *Atalanthus*, Don. . . . . | 10 | 5 |
| ATALANTIA, Corr. . . . . | 2 | 250 |
| — monophylla, Corr. . . | 2 | 250 |
| ATAMISQUEA, Fries. . . . | 6 | 296 |
| ATAXIA, R. Br. . . . . . | 13 | 159 |
| ATE, Lindl. . . . . . . . | 12 | 180 |
| ATHAMANTA, Linn. . . . | 8 | 139 |
| — *Meum*, Linn. . . . . | 8 | 202 |
| *Athamus*, Neck. . . . . . | 10 | 9 |
| ATHANASIA, Cass. . . . | 10 | 24 |
| — *annua*, Linn. . . . . | 10 | 183 |
| *Athenœa*, Adans. . . . . . | 10 | 39 |
| *Athenœa*, Schreb. . . . . . | 6 | 288 |
| *Atheropogon*, Mühlenb. . . | 13 | 163 |
| ATHEROSPERMA, Labill. | 11 | 91 |
| *Atherospermaceœ*, Lindl. . | 11 | 89 |
| *ATHEROSPERMEÆ*, R. Br. . . . . . . . . . . : | 11 | 91 |
| ATHERUREÆ, Blum. . . | 12 | 38 |
| ATHERURUS, Blum. . . . | 12 | 40 |
| ATHROISMA, D. C. . . . | 10 | 29 |
| *Athronia*, Neck. . . . . . | 10 | 20 |
| *Athurophyllum*, Lour. . . | 9 | 374 |
| *Athymalus*, Neck. . . . . | 2 | 488 |
| ATRACTYLIS, Linn. . . . | 10 | 9 |
| — *gummifera*, Linn. . . | 10 | 61 |
| ATRACTYLODES, D. C. . | 10 | 40 |
| ATRAGENE, Linn. . . . . | 7 | 257 |
| — alpina, C. A. Mey. . | 7 | 258 |
| — *alpina*, Linn. . . . . | 7 | 258 |

| | Vol. | Pag. |
|---|---|---|
| Atragene *alpina*, Pall. . . | 7 | 258 |
| — americana, Sims. . . | 7 | 260 |
| — *austriaca*, Scop. . . . | 7 | 258 |
| — *balearica*, Pers. . . . | 7 | 262 |
| — *Clematides*, Crantz. . | 7 | 258 |
| — *cirrhosa*, Pers. . . . | 7 | 261 |
| — *ocholensis*, Pall. . . | 7 | 258 |
| — *sibirica*, Spreng. . . | 7 | 258 |
| ATRAPHAXIS, Linn. . . . | 10 | 533 |
| — spinosa, Linn. . . . | 10 | 534 |
| ATREMA, D. C. . . . . | 8 | 158 |
| ATRIPLEX, Linn. . . . | 5 | 290 |
| — Halimus, Linn. . . . | 5 | 292 |
| — hortensis, Linn. . . | 5 | 291 |
| — portulacoides, Linn. . | 5 | 292 |
| *Atriplices*, Juss. . . . . | 5 | 240 |
| | et | 276 |
| ATROPA, Linn. . . . . | 9 | 83 |
| — Belladona, Linn. . . | 9 | 83 |
| — *Mandragora*, Linn. . | 9 | 84 |
| — *Mandragora*, Sibth. et Sm. | 9 | 85 |
| — *Mandragora femina*, Bull. | 9 | 85 |
| — *Mandragora mas*, Bull. | 9 | 84 |
| ATTALEA, Kunth. . . . | 12 | 119 |
| — *amygdalina*, Kunth. . | 12 | 120 |
| — *compta*, Martius. . . | 12 | 120 |
| — excelsa, Martius. . . | 12 | 120 |
| — *funifera*, Martius. . . | 12 | 119 |
| — *spectabilis*, Martius. . | 12 | 120 |
| *Atylus*, Sal. . . . . . | 10 | 400 |
| *Aubertia*, Bory. . . . . | 2 | 361 |
| *Aubletia*, Gærtn. . . . | 4 | 405 |
| — *caseolaris*, Gærtn. . . | 4 | 149 |
| *Aubletia*, Lour. . . . . | 2 | 439 |
| *Aubletia*, Rich. . . . . | 2 | 325 |
| *Aubletia*, Schreb. . . . | 4 | 3 |
| AUBRIETIA, Adans. . . . | 6 | 466 |
| — Columnœ, Guss. . . . | 6 | 470 |
| — *deltoidea*, D. C. . . | 6 | 468 |
| — floribunda, Spach. . . | 6 | 468 |
| — *purpurea*, D. C. . . . | 6 | 468 |
| AUCHERA, D. C. . . . . | 10 | 9 |
| AUCUBA, Thunb. . . . . | 8 | 88 |
| — *japonica*, Thunb. . . | 8 | 88 |
| AUDIBERTIA, Benth. . . | 9 | 165 |
| AUDOUINIA, Ad. Brongn. | 2 | 481 |
| — capitata, Ad. Brongn. | 2 | 481 |
| *Augea*, Retz. . . . . . | 13 | 109 |
| *Augusta*, Leand. . . . . | 10 | 10 |
| *Augustea*, D. C. . . . . | 8 | 375 |
| *Aulacia*, Lour. . . . . | 2 | 250 |
| — *falcata*, Lour. . . . | 2 | 253 |
| AULACORHYNCHUS, Nees. | 13 | 147 |
| *Aulacospermum*, Ledeb. . | 8 | 159 |
| AULAX, R. Br. . . . . | 10 | 403 |
| — pinifolia, R. Br. . . | 10 | 403 |
| — umbellata, R. Br. . | 10 | 403 |
| *Aulaxanthus*, Elliot. . . | 13 | 160 |
| *Aulaxia*, Nutt. . . . . | 13 | 160 |
| *Aulaxis*, Haw. . . . . | 5 | 44 |
| — *micranthifolia*, Haw. | 5 | 44 |
| — *nuda*, Haw. . . . . | 5 | 44 |
| *Auliza*, Sol. . . . . . | 12 | 176 |
| *Aurantia*, Juss. . . . . | 2 | 248 |
| AURANTIACEÆ, Corr. . . . . . . . . | 2 | 248 |
| *Aurantium verrucosum*, Rumph. . . , . . . | 2 | 286 |
| *Aurelia*, Cass. . . . . | 10 | -29 |
| *Aureliana*, Catesb. . . . | 8 | 143 |
| AURICOMUS, Spach. . . . | 7 | 240 |
| AURICULA, Tourn. . . . | 9 | 556 |
| — crenata, Lamk. . . . | 9 | 558 |
| — glutinosa, Linn. . . . | 9 | 559 |
| — hortensis, Spach. . . | 9 | 557 |
| — *integrifolia*, Linn. . . | 9 | 559 |
| — minima, Linn. . . . | 9 | 560 |
| — Palinuri, Petagn. . . | 9 | 557 |
| — *villosa*, Jacq. . . . . | 9 | 558 |
| AURINIA, C. A. Mey. . | 6 | 478 |
| AUSTRALINA, Gaudich. . | 11 | 25 |
| AVELLANA, Spach. . . . | 11 | 206 |
| AVENA, Linn. . . . . . | 13 | 200 |
| — *bulbosa*, Willd. . . . | 13 | 204 |
| — *elatior*, Linn. . . . . | 13 | 204 |
| — fatua, Linn. . . . . | 13 | 202 |
| — *heteromalla*, Mœnch. | 13 | 202 |
| — nuda, Linn. . . . . | 13 | 202 |
| — orientalis, Schreb. . . | 13 | 202 |
| — *precatoria*, Thuil. . . | 13 | 204 |
| — *racemosa*, Thuil. . . | 13 | 202 |
| — sativa, Linn. . . . . | 13 | 201 |
| — sterilis, Linn. . . . . | 13 | 203 |
| AVENACEÆ, Kunth. . . | 13 | 163 |
| | et | 200 |
| AVERRHOA, Linn. . . . | 3 | 234 |
| — Bilimbi, Linn. . . . | 3 | 236 |
| — Carambola, Linn. . . | 3 | 235 |
| AVICENNIA, Linn. . . . | 9 | 227 |
| AVICEPS, Lindl. . . . . | 12 | 180 |
| *Avicularia*, Meisn. . . . | 10 | 521 |
| AXANTHES, Blum. . . . | 8 | 374 |
| AXIA, Lour. . . . . . | 10 | 304 |
| *Axillaria*, Rafin. . . . . | 12 | 209 |
| AXINÆA, Ruiz et Pav. . . | 4 | 205 |

|  | Vol. | Pag. |  | Vol. | Pag. |
|---|---|---|---|---|---|
| *Axinopus*, Rœm. et Schult. | 13 | 160 | BÆCKEA, Linn. . . . . . | 4 | 146 |
| AXYRIS, Linn. . . . . . | 5 | 278 | — camphorata, R. Br. . | 4 | 148 |
| AYAPANA, Spach. . . . . | 10 | 290 | — densifolia, Smith. . . | 4 | 148 |
| — officinalis, Spach. . . | 10 | 290 | — frutescens, Linn. . . | 4 | 147 |
| AYDENDRON, Nees et Mart. | 10 | 496 | — pinifolia, D. C. . . . | 4 | 147 |
| — Cujumary, Nees. . . | 10 | 496 | — pulchella, D. C. . . . | 4 | 148 |
| — Laurel, Nees. . . . . | 10 | 497 | — saxicola, Cunningh. . | 4 | 148 |
| AYENIA, Linn. . . . . . | 3 | 476 | — virgata, Andr. . . . | 4 | 147 |
| AYLMERIA, Mart. . . . | 5 | 205 | *Bœckhia*, Kunth. . . . . | 13 | 139 |
| AZADIRACHTA, Juss. fil. | 3 | 185 | *Bœobotrys*, Forst. . . . | 9 | 375 |
| — indica, Juss. fil. . . | 3 | 186 | BÆOMETRA, Salisb. . . | 12 | 235 |
| AZALEA, Linn. . . . . . | 9 | 509 | *Bœothryon*, Nees. . . . | 13 | 145 |
| — *calendulacea*, Pursh. | 9 | 510 | BÆRIA, Fisch. et Mey. . | 10 | 17 |
| — *canescens*, Mich. . . | 9 | 510 | *Bagalalla*, Roxb. . . . . | 8 | 7 |
| — *glauca*, Pursh. . . . | 9 | 511 | BAHIA, Lag. . . . . . . | 10 | 17 |
| — *hispida*, Pursh. . . . | 9 | 511 | *Bailleria*, Aubl. . . . . . | 10 | 18 |
| — *indica*, Linn. . . . . | 9 | 503 | *Balaniferæ*, Lois. . . . | 11 | 138 |
| — *ledifolia*, Bot. Mag. . | 9 | 503 | BALANITES, Delile. . . . | 13 | 265 |
| — *nitida*, Bot. Reg. . . | 9 | 511 | — ægyptiaca, Del. . . . | 13 | 266 |
| — *nudiflora*, Linn. . . | 9 | 510 | — ægyptiaca microphylla, |  |  |
| — *periclymena*, Mich. . | 9 | 510 | Guill. et Perr. . . | 13 | 266 |
| — *pilosa*, Lamk. . . . | 9 | 472 | BALANOPHORA, Forst. . . | 10 | 549 |
| — *pontica*, Linn. . . . | 9 | 509 | *Balanophoraceæ*, Lindl. . | 10 | 547 |
| — speciosa, Willd. . . . | 9 | 510 | | | |
| — viscosa, Linn. . . . . | 9 | 511 | *BALANOPHOREÆ*, | | |
| AZARA, Ruiz et Pav. . . | 6 | 115 | Rich. . . . . . . . | 10 | 547 |
| AZORELLA, Lamk. . . . | 8 | 136 | *Balanopteris*, Gærtn. . . . | 3 | 503 |
| | | | — *Tothila*, Gærtn. . . . | 3 | 503 |
| BABIANA, Ker. . . . . . | 13 | 94 | *Balbisia*, Willd. . . . . . | 10 | 18 |
| — plicata, Ker. . . . . | 13 | 95 | *Baldingera*, Flor. Wett. | 13 | 159 |
| — rubro-cyanea, Ker. . | 13 | 95 | — *colorata*, Flor. Wett. | 13 | 179 |
| — sambucina, Ker. . . | 13 | 94 | BALDUINA, Nutt. . . . . | 10 | 17 |
| — spathacea, Ker. . . . | 13 | 94 | BALFOURIA, R. Br. . . . | 8 | 503 |
| — stricta, Ker. . . . . | 13 | 95 | BALLOTA, Tourn. . . . . | 9 | 209 |
| — sulphurea, Ker. . . . | 13 | 94 | — *alba*, Linn. . . . . . | 9 | 209 |
| — tubiflora, Ker. . . . | 13 | 94 | — *borealis*, Schweig. . . | 9 | 209 |
| — villosa, Ker. . . . . | 13 | 95 | — *fœtida*, Lamk. . . . . | 9 | 209 |
| BACASIA, Ruiz et Pav. . | 10 | 9 | — *hirsuta*, Schulth. . . | 9 | 209 |
| BACCHARIS, Linn. . . . . | 10 | 236 | — *nigra*, Linn. . . . . | 9 | 209 |
| — cuneifolia, Mœnch. . | 10 | 237 | — *ruderalis*, Swartz. . | 9 | 209 |
| — halimifolia, Linn. . . | 10 | 237 | — *sepium*, Thuil. . . . | 9 | 209 |
| BACONIA, D. C. . . . . . | 8 | 376 | — *urticæfolia*, Reichb. . | 9 | 209 |
| BACOPA, Aubl. . . . . . | 9 | 343 | — *vulgaris*, Link. . . . | 9 | 209 |
| BACTRIS, Jacq. . . . . . | 12 | 113 | *Balsamea meccanensis*, Gled. | 2 | 235 |
| — *Gasipaes*, Kunth. . . | 12 | 115 | *Balsamina*, Riv. . . . . . | 13 | 271 |
| — *minima*, Gærtn. . . | 12 | 114 | — *coccinea*, D. C. . . . | 13 | 272 |
| — minor, Jacq. . . . . | 12 | 114 | — *hortensis*, Desp. . . . | 13 | 272 |
| *Bactyrilobium*, Willd. . . | 1 | 88 | — *Mastersiana*, Paxt. . | 13 | 273 |
| *Badamia*, Gærtn. . . . . | 4 | 296 | — *Nolilangere*, Mœnch. | 13 | 273 |
| BADIANA, Spach. . . . . | 7 | 440 | *Balsaminaceæ*, Lindl. . . | 13 | 268 |
| BADIERA, D. C. . . . . . | 7 | 111 | | | |
| BADULA, Juss. . . . . . | 9 | 574 | *BALSAMINEÆ*, Rich. | 13 | 268 |
| BÆA, Commers. . . . . . | 9 | 257 | BALSAMITA, Desf. . . . | 10 | 23 |
| | | | — *major*, Desf. . . . . | 10 | 174 |

| | Vol. | Pag. |
|---|---|---|
| Balsamita *mas*, Blackw. . | 10 | 174 |
| — *suaveolens*, Pers. . . | 10 | 174 |
| — *vulgaris*, Willd. . . . | 10 | 174 |
| BALSAMODENDRON, Kunth. | 2 | 235 |
| — gileadense, Kunth. . . | 2 | 235 |
| — Kafal, Kunth. . . . | 2 | 236 |
| — Kataf, Kunth. . . . | 2 | 236 |
| — Opobalsamum, Kunth. | 2 | 235 |
| *Balsamona*, Vand. . . . . | 4 | 419 |
| BALSAMORHIZA, Hook. . | 10 | 20 |
| BALTIMORA, Linn. . . . | 10 | 21 |
| *Baltimoria*, Mœnch. . . . | 10 | 21 |
| *Bambos*, Retz. . . . . . | 13 | 165 |
| — *arundinaceus*, Retz. | 13 | 227 |
| BAMBUSA, Schreb. . . . . | 13 | 225 |
| — agrestis, Poir. . . . | 13 | 230 |
| — *alpina*, Bory. . . . | 13 | 224 |
| — arundinacea, Willd. . | 13 | 227 |
| — aspera, Rœm. et Schult. | 13 | 231 |
| — *baccifera*, Roxb. . . | 13 | 234 |
| — Balcooa, Roxb. . . . | 13 | 229 |
| — *Chusque*, Poir. . . . | 13 | 222 |
| — *Guadua*, Humb. et Bonpl. . . . . . | 13 | 233 |
| — *latifolia*, Humb. et Bonpl. . . . . . | 13 | 334 |
| — maxima, Poir. . . . | 13 | 232 |
| — spinosa, Roxb. . . . | 13 | 230 |
| — stricta, Roxb. . . . . | 13 | 228 |
| — tabacaria, Poir. . . . | 13 | 231 |
| — Thouarsii, Kunth. . . | 13 | 232 |
| — verticillata, Willd. . | 13 | 231 |
| BAMBUSEÆ, Nees. . . | 13 | 165 |
| BANARA, Aubl. . . . . . | 6 | 115 |
| *Banduca*, Jones. . . . . | 8 | 441 |
| *Bandura*, Burm. . . . . | 10 | 563 |
| et | 13 | 322 |
| BANFYA, Baumg. . . . . | 5 | 147 |
| BANISTERIA, (Linn.) Juss. fil. | 3 | 144 |
| — angulosa, Linn. . . . | 3 | 145 |
| — *auriculata*, Cavan. . | 3 | 153 |
| — *bengalensis*, Linn. . | 3 | 159 |
| — campestris, Juss. fil. | 3 | 146 |
| — *chrysophylla*, Lamk. | 3 | 151 |
| — *ciliata*, Lamk. . . . | 3 | 154 |
| — *cœrulea*, Lamk. . . . | 3 | 152 |
| — *convolvulifolia*, Cav. | 3 | 146 |
| — dichotoma, Linn. . . | 3 | 146 |
| — emarginata, Cav. . . | 3 | 146 |
| — ferruginea, Cav. . . . | 3 | 148 |
| — *fulgens*, Lamk. . . . | 3 | 145 |
| — fulgens, Linn. . . . . | 3 | 148 |
| — laurifolia, Linn. . . . | 3 | 148 |

| | Vol. | Pag. |
|---|---|---|
| Banisteria *nitida*, Lamk. | 3 | 152 |
| — palmata, Cavan. . . | 3 | 145 |
| — *parvifolia*, Vent. . . | 3 | 151 |
| — picta, Kunth. . . . . | 3 | 149 |
| — pubipetala, Juss. fil. | 3 | 147 |
| — *purpurea*, Linn. . . | 3 | 150 |
| — Quapara, Aubl. . . . | 3 | 148 |
| — sericea, Cavan. . . . | 3 | 147 |
| — splendens, D. C. . . | 3 | 145 |
| — tiliæfolia, Vent. . . . | 3 | 148 |
| — tomentosa, Desf. . . . | 3 | 147 |
| — *unicapsularis*, Lamk. | 3 | 139 |
| *BANISTERIEÆ*, D. C. | 3 | 134 |
| *Banjolea*, Bowd. . . . . | 9 | 147 |
| *Banksea*, Kœn. . . . . . | 12 | 154 |
| *Banksia*, Forst. . . . . . | 10 | 436 |
| BANKSIA, Linn. . . . . . | 10 | 427 |
| — attenuata, R. Br. . . | 10 | 430 |
| — coccinea, R. Br. . . . | 10 | 429 |
| — ericæfolia, Willd. . . | 10 | 428 |
| — *gibbosa*, Willd. . . . | 10 | 425 |
| — grandis, Willd. . . . | 10 | 431 |
| — integrifolia, Willd. . | 10 | 429 |
| — latifolia, R. Br. . . . | 10 | 430 |
| — littoralis, R. Br. . . | 10 | 429 |
| — marcescens, R. Br. . . | 10 | 430 |
| — marginata, Cav. . . . | 10 | 429 |
| — nutans, R. Br. . . . | 10 | 428 |
| — oblongifolia, Cavan. | 10 | 430 |
| — occidentalis, R. Br. . | 10 | 429 |
| — *oleæfolia*, Cavan. . . | 10 | 429 |
| — paludosa, R. Br. . . | 10 | 430 |
| — *præmorsa*, Andr. . . | 10 | 430 |
| — pulchella, R. Br. . . | 10 | 428 |
| — quercifolia, R. Br. . | 10 | 431 |
| — repens, Labill. . . . | 10 | 431 |
| — *Robur*, Cavan. . . . | 10 | 430 |
| — serrata, Willd. . . . | 10 | 430 |
| — speciosa, R. Br. . . | 10 | 431 |
| — sphærocarpa, R. Br. | 10 | 428 |
| — spinulosa, Willd. . . | 10 | 429 |
| — verticillata, R. Br. . | 10 | 429 |
| *BANKSIEÆ*, Endl. . . | 10 | 402 |
| et | | 427 |
| BAPHIA, Afzel. . . . . . | 1 | 146 |
| *Baphorhiza*, Link. . . . | 9 | 31 |
| BAPTISIA, Vent. . . . . | 1 | 166 |
| — alba, Elliot. . . . . | 1 | 166 |
| — australis, R. Br. . . | 1 | 166 |
| — *nepalensis*, Hook. . . | 1 | 165 |
| — perfoliata, R. Br. . . | 1 | 167 |
| — tinctoria, R. Br. . . | 1 | 166 |

| | Vol. | Pag. |
|---|---|---|
| BARBACENIA, Vand. | 12 | 399 |
| BARBAREA, R. Br. | 6 | 417 |
| — altaica, Andrz. | 6 | 419 |
| — arcuata, Reichb. | 6 | 419 |
| — hirsuta, Weihe. | 6 | 419 |
| — iberica, D. C. | 6 | 419 |
| — parviflora, Fries. | 6 | 419 |
| — plantaginea, D. C. | 6 | 419 |
| — præcox, R. Br. | 6 | 421 |
| — prostrata, Gay. | 6 | 419 |
| — rupestris, Moris. | 6 | 419 |
| — sicula, Presl. | 6 | 419 |
| — stricta, Andrz. | 6 | 419 |
| — taurica, D. C. | 6 | 419 |
| — vulgaris, R. Br. | 6 | 419 |
| — vulgaris divergens, Spach. | 6 | 419 |
| — vulgaris stricta, Spach. | 6 | 419 |
| — vulgaris, D. C. | 6 | 419 |
| — vulgaris, Reichb. | 6 | 419 |
| BARBELLINA, Cass. | 10 | 10 |
| BARBIERIA, D. C. | 1 | 154 |
| Barbula, Lour. | 9 | 228 |
| BARCLAYA, Wallich. | 7 | 166 |
| Barkeria, Knowlt. et Waste. | 12 | 176 |
| Barkhausia, Link, Spreng. | 10 | 6 |
| — Candollii, Spreng. | 10 | 46 |
| — fœtida, D. C. | 10 | 46 |
| — glandulosa, Presl. | 10 | 46 |
| — graveolens, Link. | 10 | 46 |
| — pinguis, Reichb. | 10 | 46 |
| — rhœadifolia, Bieberst. | 10 | 46 |
| — rubra, Mœnch. | 10 | 45 |
| BARLERIA, Linn. | 9 | 145 |
| BARLERIEÆ, Nees. | 9 | 145 |
| BARNADESIA, Linn. | 10 | 9 |
| Barnadesiew, Kunth. | 10 | 8 |
| BARNARDIA, Lindl. | 12 | 254 |
| BAROSMA, Willd. | 2 | 330 |
| — crenata, Bartl. et Wendl. | 2 | 331 |
| — latifolia, Rœm. et Schult. | 2 | 331 |
| — odorata, Rœm. et Schult. | 2 | 231 |
| — ovata, Bartl. et Wendl. | 2 | 331 |
| — serratifolia, Willd. | 2 | 331 |
| Barraldeia, Petit-Thou. | 4 | 332 |
| BARRINGTONIA, Forst. | 4 | 185 |
| — acutangula, Gærtn. | 4 | 186 |
| — Butonica, Forst. | 4 | 185 |
| — racemosa, Blum. | 4 | 186 |
| — speciosa, Linn. | 4 | 185 |
| BARRINGTONIEÆ, D.C. | 4 | 105 |
| | et | 184 |
| Barthesia, Commers. | 9 | 574 |
| BARTHOLINA, R. Br. | 12 | 180 |

| | Vol. | Pag. |
|---|---|---|
| BARTLINGIA, Ad. Brongn. | 4 | 105 |
| Bartlingia, Reichb. | 8 | 377 |
| Bartolina, Adans. | 10 | 16 |
| | et | 18 |
| BARTONIA, Nutt. | 6 | 236 |
| — albescens, D. Don. | 6 | 237 |
| — decapetala, Bot. Mag. | 6 | 257 |
| — nuda, Nutt. | 6 | 238 |
| — ornata, Nutt. | 6 | 237 |
| BARTONINEÆ, Spach. | 6 | 235 |
| | et | 236 |
| Bartramia, Gærtn. | 4 | 3 |
| BARTSIA, Linn. | 9 | 272 |
| Baryosma, Gærtn. | 1 | 89 |
| — Tonka, Gærtn. | 1 | 141 |
| Baryosma, R. et S. | 2 | 322 |
| BARYXYLON, Lour. | 1 | 110 |
| — rufum, Lour. | 1 | 111 |
| BASELLA, Linn. | 5 | 225 |
| — alba, Linn. | 5 | 224 |
| — rubra, Linn. | 5 | 224 |
| Basilœa, Juss. | 12 | 254 |
| — coronata, Lamk. | 12 | 503 |
| BASKERVILLA, Lindl. | 12 | 181 |
| BASSIA, Linn. | 9 | 592 |
| — butyracea, Roxb. | 9 | 594 |
| — latifolia, Willd. | 9 | 595 |
| — longifolia, Willd. | 9 | 592 |
| BASSOVIA, Aubl. | 9 | 57 |
| Basteria, Adans. | 4 | 281 |
| Basteria, Less. | 10 | 14 |
| Bata, Hort. Malab. | 12 | 157 |
| BATATAS, Choisy. | 9 | 100 |
| BATEMANNIA, Lindl. | 12 | 177 |
| BATRACHIUM, (D.C.) Reichb. | 7 | 199 |
| — aquatile, Reichb. | 7 | 200 |
| — aquatile trichophyllum, Spach. | 7 | 200 |
| — aquatile heterophyllum, Spach. | 7 | 200 |
| — aquatile radicans, Spach. | 7 | 201 |
| — circinnatum, Reichb. | 7 | 201 |
| — fluitans, Reichb. | 7 | 202 |
| BATRATHERUM, Nees. | 13 | 167 |
| BATSCHIA, Gmel. | 9 | 51 |
| Batschia, Thunb. | 8 | 7 |
| Batschia, Vahl. | 1 | 88 |
| Batschia nivea, Mœnch. | 10 | 286 |
| Baudinia, Lesch. | 4 | 105 |
| BAUERA, Andr. | 5 | 12 |
| — humilis, Sweet. | 5 | 12 |
| — rubiœfolia, Salisb. | 5 | 12 |
| — rubioides, Andr. | 5 | 12 |

| | Vol. | Pag. | | Vol. | Pag. |
|---|---|---|---|---|---|
| *BAUEREÆ*, D. C. . . . | 5 | 5 | Begonia dichotoma, Jacq. - | 13 | 283 |
| | et | 11 | — dipetala, Grah. . . . | 13 | 282 |
| BAUHINIA, Linn. . . . . | 1 | 123 | — discolor, Hort. Kew. | 13 | 278 |
| — *aculeata*, Cavan. . . | 1 | 126 | — diversifolia, Grah. . . | 13 | 278 |
| — acuminata, Linn. . . | 1 | 124 | — *Evansiana*, Andr. . . | 13 | 278 |
| — anguina, Roxb. . . . | 1 | 126 | — ferruginea, Dryand. . | 13 | 284 |
| — Atimouta, Aubl. . . | 1 | 127 | — Fischeri, Link et Otto. | 13 | 285 |
| — aurita, Hort. Kew. . | 1 | 124 | — *fruticosa*, Linn. . . . | 13 | 284 |
| — *bahamensis*, Spreng. | 1 | 124 | — geraniifolia, Hook. . | 13 | 279 |
| — coccinea, D. C. . . . | 1 | 126 | — *grandifolia*, Jacq. . . | 13 | 279 |
| — glabra, Jacq. . . . . . | 1 | 127 | — heracleifolia,Cham.et | | |
| — Lingua, D. C. . . . . | 1 | 126 | Schlechtend. . . . | 13 | 280 |
| — Pauletia, Pers. . . . | 1 | 124 | — *humilis*, Bot. Reg. . | 13 | 285 |
| — purpurea, Linn. . . | 1 | 125 | — hydrocotylifolia, Hook. | 13 | 285 |
| — *scandens*, Linn. . . . | 1 | 126 | — incarnata, Link et Otto. | 13 | 284 |
| — spinosa, Linn. . . . . | 1 | 125 | — *insignis*, Graham. . . | 13 | 284 |
| — *spinosa*, Poir. . . . . | 1 | 124 | — longipes, Hook. . . . | 13 | 285 |
| — suaveolens, Kunth. . | 1 | 127 | — macrophylla, Dryand. | 13 | 279 |
| — variegata, Linn. . . | 1 | 125 | — maculata, Raddi. . . | 13 | 285 |
| BAUMANNIA, D. C. . . . | 8 | 375 | — manicata, Cels. . . . | 13 | 285 |
| BAUMANNIA, Spach. . . . | 4 | 351 | — *minor*, Jacq. . . . . | 13 | 285 |
| — Douglasiana, Spach. . | 4 | 352 | — monoptera, Link et Otto. | 13 | 279 |
| — Nuttalliana, Spach. . | 4 | 352 | — nitida, Hook. . . . . | 13 | 285 |
| — pinnatifida, Spach. . | 4 | 355 | — *obliqua*, L'hérit. . . | 13 | 285 |
| BAUMEA, Gaudich. . . . | 13 | 146 | — octopetala, L'hérit. . | 13 | 279 |
| *Baumerta Nasturtium*, Flor. | | | — *odorata*, Willd. . . . | 13 | 285 |
| Wetterav. . . . . . . | 6 | 432 | — papillosa, Graham. . | 13 | 284 |
| BAXTERA, Reichb. . . . | 8 | 540 | — parvifolia, Schott. . . | 13 | 284 |
| BEATSONIA, Roxb. . . . | 5 | 466 | — petalodes, Lindl. . . . | 13 | 286 |
| BEAUFORTIA, R. Br. . . | 4 | 114 | — picta, Smith. . . . . | 13 | 278 |
| — Dampieri, Cunningh. | 4 | 115 | — platanifolia, Spreng. | 13 | 282 |
| — decussata, R. Br. . . | 4 | 114 | — *purpurea*, Swartz. . | 13 | 285 |
| — sparsa, R. Br. . . . . | 4 | 115 | — *purpurea maxima*, Plum. | 13 | 279 |
| *Beauharnoisia*, Ruiz et Pav. | 5 | 508 | — *reniformis*, Hook. . . | 13 | 281 |
| BEAUMONTIA, Wallich. . | 8 | 502 | — sanguinea, Raddi. . . | 13 | 282 |
| BECHIUM, D. C. . . . . | 10 | 59 | — semperflorens, Link et | | |
| *Beckea africana*, Burm. . | 2 | 479 | Otto. . . . . . . | 13 | 286 |
| BECKERA, Fresen. . . . . | 13 | 159 | — sinuata, Graham. . . | 13 | 284 |
| *Beckeria*, Bernh. . . . . . | 13 | 165 | — suaveolens, Lodd. . . | 13 | 285 |
| BECKMANNIA, Host. . . . | 13 | 159 | — tuberosa, Dryand. . . | 13 | 277 |
| BECQUERELIA, Brongn. . | 13 | 146 | — ulmifolia, Kunth. . . | 13 | 282 |
| BEDFORDIA, D. C. . . . | 10 | 32 | — villosa, Lindl. . . . . | 13 | 284 |
| *Beera*, Nees. . . . . . . | 13 | 145 | — vitifolia, Schott. . . . | 13 | 281 |
| BEESHA, (Rheed.) Kunth. | 13 | 254 | | | |
| — *baccifera*, R. et S. . . | 13 | 254 | *BEGONIACEÆ*, R. | | |
| — Rheedii, Kunth. . . . | 13 | 254 | Br. . . . . . . . . . | 13 | 275 |
| BEFARIA, Mutis. . . . . | 9 | 444 | BEILSCHMIEDIA, Nees. . | 10 | 470 |
| BEGONIA, Linn. . . . . . | 13 | 277 | *Bejaria*, Juss. . . . . . . | 10 | 444 |
| — acuminata, Dryand. . | 13 | 283 | BELANGERA, Cambess. . . | 5 | 9 |
| — *argyrostigma*, Fisch. | 13 | 285 | — glabra, Camb. . . . . | 5 | 9 |
| — bulbillifera, Link et Otto. | 13 | 279 | — speciosa, Camb. . . . | 5 | 10 |
| — coccinea, Hook. . . . | 13 | 285 | — tomentosa, Camb. . . | 5 | 9 |
| — crassicaulis, Lindl. . . | 13 | 280 | BELEMCANDA, Adans. . . | 13 | 75 |

| | Vol. | Pag. |
|---|---|---|
| Balemcanda chinensis, D. C. | 13 | 75 |
| — punctata, Mœnch. . . | 13 | 75 |
| Belilla, Hort. Mal. . . . | 8 | 404 |
| Belis, Sal. . . . . . . . | 11 | 358 |
| — jaculifolia, Sal. . . . | 11 | 360 |
| — lanceolata, Sweet. . | 11 | 360 |
| Belladonna, Sweet.. . . . | 12 | 405 |
| | et | 419 |
| Belladonna, Tourn. . . . | 9 | 57 |
| — baccifera, Lamk. . . | 9 | 83 |
| — trichotoma, Mœnch.. | 9 | 83 |
| Bellardia, All. . . . . . | 9 | 272 |
| Bellardia, Schreb. . . . . | 8 | 373 |
| Bellaridia, Colla. . . . . | 10 | 7 |
| Bellendenia, Raf. . . . . | 13 | 4 |
| BELLENDENIA, R. Br. . . | 10 | 401 |
| Bellevalia, Delile. . . . . | 12 | 15 |
| BELLEVALIA, Lapeyr. . . | 12 | 305 |
| — comosa, Kunth. . . . | 12 | 306 |
| Bellidiastrum, Less. . . . | 10 | 25 |
| BELLIDIASTRUM, Micheli. | 10 | 31 |
| BELLIDIOPSIS, D. C. . . . | 10 | 25 |
| Bellinia, R. et S. . . . . | 9 | 57 |
| BELLIS, Tourn. . . . . . | 10 | 267 |
| — perennis, Linn. . . . | 10 | 268 |
| BELLIUM, Linn. . . . . . | 10 | 31 |
| BELLONIA, Plum. . . . . | 9 | 258 |
| Bellucia, Adans. . . . . . | 2 | 361 |
| BELMONTIA, E. Mey. . . | 9 | 5 |
| Belonites, E. Mey. . . . . | 8 | 502 |
| BELOPERONE, Nees. . . . | 9 | 146 |
| BELOSTEMMA, Wallich. . | 8 | 540 |
| Belvisia, Desv. . . . . . . | 9 | 418 |
| Belvisieæ, R. Br. . . . . . | 9 | 418 |
| BENINCASA, Savi. . . . . | 6 | 203 |
| — cerifera, Savi. . . . . | 6 | 204 |
| Bennetia, Gray. . . . . . | 10 | 10 |
| BENTHAMIA, Lindl. . . . | 8 | 108 |
| — fragifera, Lindl. . . . | 8 | 110 |
| — japonica, Siebold et Zucc. . . . . . . . | 8 | 109 |
| BENTHAMIDIA, Spach. . | 8 | 106 |
| — florida, Spach. . . . | 8 | 107 |
| BENTINKIA, Berry. . . . | 12 | 62 |
| BENZOIN, Nees. . . . . . | 10 | 506 |
| — æstivale, Nees. . . . | 10 | 508 |
| — melissæfolium, Nees. | 10 | 508 |
| — odoriferum, Nees. . . | 10 | 506 |
| BENZONIA, Schum. . . . | 8 | 378 |
| BERARDIA, Ad. Brongn. . | 2 | 476 |
| Berardia, Vill. . . . . . . | 10 | 10 |
| BERBEREÆ, Spach. . . | 8 | 32 |
| | et | 34 |
| | Vol. | Pag. |
| BERBERIDEÆ, Vent. | 8 | 29 |
| Berberides, Juss. . . . . . | 8 | 29 |
| BERBERINEÆ, Spach. . . | 8 | 32 |
| | et | 35 |
| BERBERIS, Linn. . . . . . | 8 | 35 |
| — œinensis, Raf. . . . . | 8 | 44 |
| — Aquifolium, Lindl. . | 8 | 53 |
| — Aquifolium, Torr. et Gray | 8 | 51 |
| | et | 53 |
| — aristata, D. C. . . . | 8 | 47 |
| — canadensis, Mill. . . | 8 | 40 |
| — Chitria, Hamilt. . . | 8 | 47 |
| — cratægina, D. C. . . | 8 | 45 |
| — cretica, Linn. . . . . | 8 | 45 |
| — emarginata, Willd. . | 8 | 44 |
| — fasciculata, Sims. . . | 8 | 50 |
| — glumacea, Lindl. . . | 8 | 54 |
| — ilicifolia, Hortor. . . | 8 | 44 |
| — nepalensis, Lodd. . . | 8 | 46 |
| — nervosa, Hook. . . . | 8 | 54 |
| — pinnata, Lag. . . . . | 8 | 50 |
| — provincialis, Audib.. | 8 | 44 |
| — repens, Lindl. . . . . | 8 | 53 |
| — sibirica, Pall. . . . . | 8 | 39 |
| — sinensis, Desf. . . . | 8 | 43 |
| — tinctoria, Lesch. . . . | 8 | 46 |
| — vulgaris, Linn. . . . | 8 | 39 |
| BERCHEMIA, Neck. . . . | 2 | 446 |
| — volubilis, D. C. . . . | 2 | 446 |
| BERCHTOLDIA, Presl. . . | 13 | 160 |
| BERGEA, Kœn. . . . . . . | 2 | 250 |
| Bergeretia, Desv. . . . . | 6 | 326 |
| BERGENIA, Mœnch. . . . | 5 | 59 |
| — ligulata, Spach. . . . | 5 | 60 |
| — sibirica, Mœnch. . . | 5 | 60 |
| BERGIA, Linn. . . . . . . | 4 | 418 |
| Bergkias, Sonn. . . . . . . | 8 | 372 |
| | et | 413 |
| BERINGERIA, Neck. . . . | 9 | 166 |
| BERKHEYA, Ehrh. . . . . | 10 | 14 |
| BERLANDIERA, D. C. . . | 10 | 21 |
| Bermudiana, Tourn. . . . | 13 | 3 |
| Bernardia, Houst. . . . . | 2 | 487 |
| BERNIERA, D. C. . . . . | 10 | 35 |
| BERNONIA, Endl. . . . . | 9 | 572 |
| BERRYA, Roxb. . . . . . . | 4 | 4 |
| Bertera, Sweet. . . . . . | 13 | 4 |
| BERTEROA, D. C. . . . . | 6 | 461 |
| — incana, D. C. . . . . | 6 | 463 |
| — mutabilis, D. C. . . . | 6 | 465 |
| — mutabilis, Reichb. . . | 6 | 465 |
| — mutabilis, Spach. . . | 6 | 465 |

| | Vol. | Pag. | | Vol. | Pag. |
|---|---|---|---|---|---|
| Berteroa *obliqua*, D. C. . | 6 | 465 | Betula *harcynica*, Willd. | 11 | 233 |
| — *orbiculata*, D. C. . . . | 6 | 465 | — *hybrida*, Blom. . . . | 11 | 233 |
| — *procumbens*, Port. . . . | 6 | 465 | — *incana*, Linn. . . . . | 11 | 252 |
| — *viridis*, Reichb. . . . | 6 | 464 | — *intermedia*, Thomas. | 11 | 233 |
| BERTHOLLETIA, Humb. et | | | — *laciniata*, Wahlenb. . | 11 | 233 |
| Bonpl. . . . . . . . . | 4 | 195 | — *lanulosa*, Mich. . . . | 11 | 230 |
| — excelsa, Humb. et Bonpl. | 4 | 195 | — *lenta*, Duroi. . . . . | 11 | 233 |
| BERTIERA, Aubl. . . . . | 8 | 373 | — lenta, Linn. . . . . . | 11 | 241 |
| BERTOLONIA, Raddi. . . | 4 | 220 | — *lenta*, Wats. . . . . | 11 | 243 |
| — maculata, D. C. . . . | 4 | 220 | — *lutea*, Mich. . . . . . | 11 | 243 |
| — nymphæfolia, Raddi. | 4 | 220 | — *macrostachys*, Schrad. | 11 | 233 |
| *Bertolonia*, Raf. . . . . . | 9 | 227 | — *nana*, Kalm. . . . . | 11 | 240 |
| *Berula*, Koch. . . . . . | 8 | 138 | — *nigra*, Duham. . . . | 11 | 234 |
| BERZELIA, Ad. Brongn. . | 2 | 476 | — *nigra*, Duroi. . . . . | 11 | 241 |
| — abrotanoides, Ad. Brongn. | 2 | 476 | — *nigra*, Hort. Kew. . | 11 | 233 |
| — lanuginosa, Ad. Brongn. | 2 | 476 | — *nigra*, Murrith. . . . | 11 | 233 |
| BERZELIA, Martius. . . . | 5 | 249 | — *oblongata*, Hort. Kew. | 11 | 249 |
| BESLERIA, Plum. . . . . | 9 | 257 | — *odorata*, Bechst. . . . | 11 | 233 |
| *Bessera*, Schult. , . . . . | 12 | 255 | — *ovata*, Schrank. . . . | 11 | 246 |
| *Bessera azurea*, Schult. . | 9 | 40 | — *papyracea*, Willd. . . | 11 | 234 |
| *Bessera*, Spreng. . . . . . | 6 | 133 | — *papyrifera*, Mich. . . | 11 | 234 |
| BETA, Linn. . . . . . . . | 5 | 288 | — *pendula*, Hoffm. . . | 11 | 232 |
| — Cicla, Linn. . . . . | 5 | 289 | — *pinnata*, Swartz. . . | 11 | 233 |
| — maritima, Linn. . . . | 5 | 290 | — *pontica*, Desf. . . . . | 11 | 233 |
| — vulgaris, Linn. . . . | 5 | 288 | — *populifolia*, Willd. . . | 11 | 233 |
| BETKEA, D. C. . . . . . | 10 | 304 | — *pubescens*, Ehrh. . . | 11 | 233 |
| BETULA, Tourn. . . . . . | 11 | 228 | — *pumila*, Linn. . . . . | 11 | 240 |
| — *acuminata*, Ehrh. . . | 11 | 233 | — *rubra*, Mich. fil. . . | 11 | 230 |
| — *œtnensis*, Raf. . . . . | 11 | 233 | — *rugosa*, Ehrh. . . . . | 11 | 250 |
| — *alba*, Horn. . . . . | 11 | 232 | — *serrulata*, Hort. Kew. | 11 | 251 |
| — alba, Linn. . . . . . | 11 | 232 | — *torfacea*, Schleich. . . | 11 | 233 |
| — *alba*, Walt. . . . . | 11 | 230 | — *urticæfolia*, Hortor. . | 11 | 234 |
| — *alba papyrifera*, Spach. | 11 | 234 | — *verrucosa*, Ehrh. . . | 11 | 232 |
| — *alba pubescens*, Linn. | 11 | 233 | — *viridis*, Vill. . . . . | 11 | 246 |
| — *alba urticæfolia*, Spach. | 11 | 234 | *BETULACEÆ*, Rich. . | 11 | 143 |
| — *alba vulgaris*, Spach. | 11 | 234 | | et | 227. |
| — *Alnobetula*, Ehrh. . . | 11 | 246 | | | |
| — *Alnus*, Linn. . . . | 11 | 248 | BETULASTER, Spach. . . | 11 | 144 |
| — *Alnus*, β. Linn. . . . | 11 | 252 | *Betuleæ*, Reichb. . . . . | 11 | 143 |
| — *Alnus serrata*, Mich. | 11 | 251 | *Betulineæ*, Rich. . . . . | 11 | 143 |
| — *alpina*, Borkh. . . . | 11 | 246 | *Beurreria*, Ehret. . . . | 4 | 281 |
| — *carpatica*, Waldst. et Kit | 11 | 233 | BEURRERIA, Jacq. . . . | 9 | 32 |
| — *carpinifolia*, Ehrh. . | 11 | 241 | BEYRICHIA, Cham. . . . | 9 | 269 |
| — *cordata*, Lois. . . . . | 11 | 254 | BIARUM, Schott. . . . | 12 | 38 |
| — *crispa*, Mich. . . . . | 11 | 246 | *Biastia*, Vand. . . . . . | 13 | 122 |
| — *cuspidata*, Schrad. . . | 11 | 233 | *Biasolettia*, Koch. . . . . | 8 | 133 |
| — *dalecarlica*, Linn. . . | 11 | 233 | BICHENIA, Don. . . . . | 10 | 35 |
| — *excelsa*, Duham. . . | 11 | 234 | BICORNELLA, Lindl. . . . | 12 | 133 |
| — *excelsa*, Hook. . . . | 11 | 243 | BIDENS, Linn. . . . . . | 10 | 19 |
| — excelsa, Hort. Kew. . | 11 | 238 | — *fervida*, Lamk. . . . | 10 | 137 |
| — *glutinosa*, Hoffm. . . | 11 | 248 | — *fusca*, Lamk. . . . . | 10 | 137 |
| — *glutinosa*, Wallr. . . | 11 | 233 | BIEBERSTEINIA, Steph. . | 1 | 455 |
| — *grandis*, Schrad. . . | 11 | 234 | *Bifolium*, Flor. Wett. . . | 12 | 210 |
| | | | BIFORA, Hoffm. . . . . . | 8 | 132 |

| | Vol. | Pag. |
|---|---|---|
| BIFRENARIA, Lindl. | 12 | 177 |
| BIGELOWIA, D. C. | 10 | 29 |
| *Bigelowia*, Spreng. | 6 | 288 |
| et | 8 | 377 |
| BIGNONIA, Linn. | 9 | 158 |
| — *capensis*, Thunb. | 9 | 157 |
| — *capreolata*, Linn. | 9 | 138 |
| — *Catalpa*, Linn. | 9 | 133 |
| — *grandiflora*, Thunb. | 9 | 136 |
| — *pandorana*, Andr. | 9 | 136 |
| — *radicans*, Linn. | 9 | 154 |
| — *sinensis*, Lamk. | 9 | 135 |
| — *tomentosa*, Thunb. | 9 | 310 |
| *BIGNONIACEÆ*, R. Br. | 9 | 128 |
| *Bignoniæ*, Juss. | 9 | 128 |
| BIGNONIEÆ, Endl. | 9 | 130 |
| *Bihai*, Plum. | 12 | 136 |
| BIKKIA, Reinw. | 8 | 573 |
| *Bilabrella*, Lindl. | 12 | 180 |
| *Billardiera*, Mœnch. | 9 | 227 |
| — *explanata*, Mœnch. | 9 | 240 |
| BILLARDIERA, Smith. | 2 | 414 |
| — *angustifolia*, D. C. | 2 | 415 |
| — *canariensis*, Wendl. | 2 | 414 |
| — *fusiformis*, Labill. | 2 | 415 |
| — *longiflora*, Labill. | 2 | 415 |
| — *mutabilis*, Sal. | 2 | 414 |
| — *scandens*, Smith. | 2 | 414 |
| *Billardiera*, Vahl. | 8 | 376 |
| BILLBERGIA, Thunb. | 12 | 399 |
| *Billotia*, Colla. | 4 | 105 |
| — *acerosa*, Colla. | 4 | 116 |
| BILLYA, Cass. | 10 | 27 |
| BINECTARIA, Forsk. | 9 | 384 |
| BIOPHYTUM, D. C. | 3 | 268 |
| — *mimosoides*, Aug. St-Hil. | 3 | 268 |
| — *sensitivum*, D. C. | 3 | 268 |
| *Biotia*, Cass. | 10 | 21 |
| BIOTIA, D. C. | 10 | 253 |
| — *corymbosa*, D. C. | 10 | 256 |
| — *macrophylla*, D. C. | 10 | 256 |
| — *Schreberi*, D. C. | 10 | 256 |
| BIPINNULA, Juss. | 12 | 182 |
| *Biporeia*, Petit-Thou. | 2 | 373 |
| BIRCHEA, A. Rich. | 12 | 179 |
| BISCUTELLA, Linn. | 6 | 568 |
| — *alpestris*, Waldst. et Kit. | 6 | 570 |
| — *ambigua*, D. C. | 6 | 570 |
| — *ambigua*, Wallr. | 6 | 570 |
| — *coronopifolia*, All. | 6 | 570 |
| — *coronopifolia*, Linn. | 6 | 570 |

| | Vol. | Pag. |
|---|---|---|
| Biscutella *didyma*, Scop. | 6 | 570 |
| — *glabra*, Clairv. | 6 | 570 |
| — *intermedia*, Gouan. | 6 | 570 |
| — *lævigata*, Linn. | 6 | 570 |
| — *longifolia*, Vill. | 6 | 570 |
| — *Lima*, Reichb. | 6 | 570 |
| — *lucida*, D. C. | 6 | 570 |
| — *mollis*, Lois. | 6 | 570 |
| — *montana*, Cavan. | 6 | 571 |
| — *obcordata*, Reichb. | 6 | 570 |
| — *perennis*, Spach. | 6 | 570 |
| — *perennis angustifolia*, Spach. | 6 | 571 |
| — *perennis denticulata*, Spach. | 6 | 570 |
| — *perennis dentosa*, Spach. | 6 | 570 |
| — *perennis sinuato-pinnatifida*, Spach. | 6 | 570 |
| — *perennis tomentosa*, Spach. | 6 | 571 |
| — *saxatilis*, D. C. | 6 | 570 |
| — *sempervirens*, Linn. | 6 | 571 |
| — *spathulata*, Lamk. | 6 | 570 |
| — *stenophylla*, Dufour. | 6 | 571 |
| — *tomentosa*, Lag. | 6 | 571 |
| — *variabilis*, Lois. | 6 | 570 |
| BISERRULA, Linn. | 1 | 155 |
| BISTORTA, Tourn. | 10 | 537 |
| — *officinalis*, Spach. | 10 | 538 |
| BIVONÆA, D. C. | 6 | 525 |
| BIVONÆA, Rafin. | 2 | 487 |
| BIXA, Linn. | 6 | 116 |
| — *Orellana*, Linn. | 6 | 117 |
| *Bixaceæ*, Lindl. | 6 | 115 |
| *BIXINEÆ*, Kunth. | 6 | 115 |
| *Blackstonia*, Huds. | 9 | 4 |
| BLACKWELLIA, Commers. | 6 | 286 |
| BLADHIA, Thunb. | 9 | 575 |
| — *japonica*, Thunb. | 9 | 575 |
| *Blæria*, Houst. | 9 | 227 |
| BLÆRIA, Linn. | 9 | 443 |
| BLAINVILLEA, Cass. | 10 | 19 |
| BLAKEA, Linn. | 4 | 268 |
| — *parasitica*, Don. | 4 | 269 |
| — *quinquenervis*, Aubl. | 4 | 269 |
| — *trinervia*, Linn. | 4 | 268 |
| BLANCHETIA, D. C. | 10 | 59 |
| BLANCOA, Lindl. | 13 | 109 |
| *Blandfordia*, Andr. | 9 | 444 |
| BLANDFORDIA, R. Br. | 12 | 376 |
| — *grandiflora*, R. Br. | 12 | 377 |
| — *nobilis*, Smith. | 12 | 376 |

| | Vol. | Pag. |
|---|---|---|
| *Blaxium*, Cass. | 10 | 15 |
| BLECHUM, P. Br. | 9 | 146 |
| BLENNOSPERMA, Less. | 10 | 21 |
| BLEPHARACANTHUS, Nees. | 9 | 145 |
| BLEPHARIPAPPUS, Hook. | 10 | 18 |
| BLEPHARIS, Juss. | 9 | 145 |
| BLEPHARISPERMUM, Wight. | 10 | 29 |
| BLEPHAROCHLOA, Endl. | 13 | 158 |
| BLEPHAROPHYLLUM, Klotz. | 9 | 442 |
| BLEPHILIA, Raf. | 9 | 163 |
| BLETIA, Ruiz et Pav. | 12 | 176 |
| *Blighia*, Kœn. | 3 | 40 |
| — *sapida*, Kœn. | 3 | 40 |
| *Blinkworthia*, Choisy. | 9 | 95 |
| BLITUM, Linn. | 5 | 293 |
| — Bonus Henricus, C. A. Mey. | 5 | 295 |
| — capitatum, Linn. | 5 | 294 |
| — virgatum, Linn. | 5 | 293 |
| *Blochmannia*, Reichb. | 10 | 522 |
| BLUFFIA, Nees. | 13 | 160 |
| BLUMEA, D. C. | 10 | 38 |
| *Blumenbachia*, Kœl. | 13 | 167 |
| BLUMENBACHIA, Schrad. | 6 | 244 |
| — insignis, Schrad. | 6 | 245 |
| — latifolia, Cambess. | 6 | 247 |
| — palmata, Cambess. | 6 | 246 |
| *Blumia*, Spreng. | 4 | 60 |
| BLYSMUS, Panz. | 13 | 146 |
| BLYXA, Petit-Thou. | 12 | 4 |
| *Bobartia*, Petiv. | 10 | 20 |
| BOBEA, Gaudich. | 8 | 375 |
| BOBUA, D. C. | 4 | 296 |
| BOCAGEA, A. Saint-Hil. | 7 | 514 |
| — alba, A. Saint-Hil. | 7 | 514 |
| — viridis, A. Saint-Hil. | 7 | 515 |
| BOCCONIA, Linn. | 7 | 42 |
| — *cordata*, Willd. | 7 | 41 |
| — frutescens, Linn. | 7 | 43 |
| *Bœbera*, Less. | 10 | 16 |
| *Bœbera*, Willd. | 10 | 16 |
| BOEHMERIA, Linn. | 11 | 24 |
| BOEHMERIEÆ, Gaudich. | 11 | 24 |
| BOENNINGHAUSENIA, Reichb. | 2 | 314 |
| *Bœnninghausenia*, Spreng. | 1 | 154 |
| BOERHAAVIA, Linn. | 10 | 516 |
| *Bohatschia*, Crantz. | 6 | 326 |
| *Bohea laxa*, Hort. Kew. | 4 | 98 |
| BOISDUVALIA, Spach. | 4 | 383 |
| — concinna, Spach. | 4 | 384 |
| — Douglasii, Spach. | 4 | 385 |
| BOLAX, Commers. | 8 | 136 |
| *Bolbidium*, Lindl. | 12 | 178 |

| | Vol. | Pag. |
|---|---|---|
| BOLBOPHYLLUM, Petit-Thou. | 12 | 175 |
| *Boldea*, Juss. | 11 | 91 |
| *Boldoa*, Cavan. | 10 | 516 |
| BOLDU, Nees. | 10 | 493 |
| — chilenum, Nees. | 10 | 493 |
| *Bolducia*, Neck. | 1 | 89 |
| *Boldus chilensis*, Mol. | 10 | 493 |
| BOLEUM, Desv. | 6 | 525 |
| *Bolivaria*, Cham. | 8 | 242 |
| BOLTONIA, L'hérit. | 10 | 266 |
| — asteroides, L'hérit. | 10 | 267 |
| — glastifolia, L'hérit. | 10 | 266 |
| BOMAREA, Mirb. | 12 | 406 |
| *BOMBACEÆ*, Kunth. | 3 | 543 |
| BOMBAX, Linn. | 3 | 431 |
| — buonopozense, Beauv. | 3 | 436 |
| — Ceiba, Linn. | 3 | 432 |
| — discolor, Kunth. | 3 | 436 |
| — *erianthos*, Cavan. | 3 | 428 |
| — *grandiflorum*, Cavan. | 3 | 425 |
| — *heptaphyllum*, Linn. | 3 | 432 |
| — *heptaphyllum*, Roxb. | 3 | 433 |
| — insigne, Wallich. | 3 | 433 |
| — malabaricum, D. C. | 3 | 435 |
| — Munguba, Martius. | 3 | 435 |
| — parviflorum, Martius. | 3 | 434 |
| — *pentandrum*, Linn. | 3 | 429 |
| — pubescens, Martius. | 3 | 434 |
| — *pyramidale*, Cav. | 3 | 440 |
| — *quinatum*, Jacq. | 3 | 432 |
| — septenatum, Jacq. | 3 | 432 |
| — tomentosum, Juss. fil. | 3 | 435 |
| *Bonafidia*, Neck. | 1 | 154 |
| BONAMIA, Petit-Thou. | 9 | 94 |
| *Bonannia*, Raf. | 3 | 40 |
| — *nitida*, Raf. | 3 | 60 |
| *Bonanox*, Raf. | 9 | 94 |
| BONAPARTEA, Ruiz et Pav. | 12 | 398 |
| *Bonapartea*, Willd. | 12 | 399 |
| BONATEA, Willd. | 12 | 180 |
| *Bonaveria*, Scop. | 1 | 155 |
| *Bonellia*, Bertero. | 9 | 374 |
| BONGARDIA, C. A. Mey. | 8 | 64 |
| — Oliverii, C. A. Mey. | 8 | 65 |
| — *Rauwolfii*, C. A. Mey. | 8 | 65 |
| BONNAYA, Link et Otto. | 9 | 269 |
| BONNETIA, Martius. | 4 | 74 |
| — anceps, Mart. | 4 | 75 |
| *Bonnetia*, Schreb. | 4 | 60 |
| *BONNETIEÆ*, Bartl. | 4 | 69 |
| BONPLANDIA, Cav. | 9 | 108 |

| | Vol. | Pag. |
|---|---|---|
| *Bonplandia*, Willd. . . . | 2 | 323 |
| *Bontia*, Pétiv. . . . . . . | 12 | 176 |
| Bontia, Plum. . . . . . | 9 | 247 |
| *Boopideæ*, Cass. . . . . . | 10 | 299 |
| Boopis, Juss. . . . . . . | 10 | 299 |
| Boottia, Wallich. . . . | 12 | 4 |
| *Borago*, V. Borrago. | | |
| BORASSINEÆ, Martius. | 12 | 61 |
| | et | 92 |
| Borassus, Linn. . . . . | 12 | 93 |
| — æthiopum, Martius.. | 12 | 95 |
| — *flabellifer*, Linn. . . | 12 | 94 |
| — flabelliformis, Linn.. | 12 | 94 |
| — *Gomutus*, Lour. . . . | 12 | 75 |
| Borbonia, Linn. . . . . | 1 | 190 |
| — cordata, Linn.. . . . | 1 | 191 |
| — crenata, Linn.. . . . | 1 | 191 |
| — *lævigata*, Lodd. . . . | 1 | 192 |
| — lanceolata, Linn. . . | 1 | 191 |
| — ruscifolia, Sims. . . | 1 | 191 |
| *Borkhausenia*, Roth.. . . | 9 | 268 |
| *Borkhausenia cava*, Flor. | | |
| Wett. . . . . . . . . . | 7 | 78 |
| — *lutea*, Flor. Wett. . | 7 | 81 |
| — *solida*, Flor. Wett... | 7 | 76 |
| Borkhausia, Mœnch. . | 10 | 6 |
| Boronia, Smith. . . . . | 2 | 338 |
| — alata, Smith. . . . | 2 | 339 |
| — denticulata, Smith. . | 2 | 341 |
| — floribunda, Smith.. . | 2 | 339 |
| — ledifolia, Gay. . . . . | 2 | 341 |
| — microphylla, Reichb. | 2 | 340 |
| — pinnata, Smith. . . . | 2 | 339 |
| — serrulata, D. C. . . . | 2 | 340 |
| — triphylla, Reichb. . . | 2 | 340 |
| *Borraginaceæ*, Lindl. . . . | 9 | 28 |
| BORRAGINEÆ, Juss. | 9 | 28 |
| *Borragineæ capsulares*, | | |
| Reichb. . . . . . . . . | 9 | 47 |
| Borrago, Tourn. . . . . | 9 | 36 |
| — officinalis, Linn. . . | 9 | 36 |
| Borreria, E. Mey. . . . | 8 | 377 |
| Borrichia, Adans. . . . | 10 | 20 |
| *Borya*, Labill. . . . . . . | 12 | 236 |
| Borya, Willd.. . . . . . | 8 | 258 |
| Boschniakia, C. A. Mey. | 9 | 261 |
| Boscia, Lamk. . . . . . | 6 | 296 |
| Bosea, Linn. . . . . . . | 5 | 241 |
| Bossiæa, Vent. . . . . . | 1 | 187 |
| — cinerea, R. Br. . . . | 1 | 188 |
| — heterophylla, Vent. . | 1 | 188 |
| — *lanceolata*, Bot. Mag. | 1 | 188 |

| | Vol. | Pag. |
|---|---|---|
| Bossiæa microphylla, Smith. | 1 | 188 |
| — Scolopendria, Smith. | 1 | 188 |
| Boswellia, Roxb. . . . | 2 | 233 |
| — glabra, Roxb. . . . . | 2 | 234 |
| — hirsuta, Smith. . . . | 2 | 234 |
| — serrata, Roxb. . . . . | 2 | 234 |
| — *thurifera*, Roxb. . . . | 2 | 235 |
| Bothriospermum, Bunge. | 9 | 31 |
| *Botor*, Adans. . . . . . . | 1 | 157 |
| *Botria africana*, Lour.. . | 3 | 215 |
| Botrophis, Rafin. . . . . | 7 | 391 |
| — actæoides, Raf. . . . | 7 | 393 |
| *Botryadenia*, Fisch. et Mey. | 10 | 31 |
| Botryanthus, Kunth. . | 12 | 306 |
| — odorus, Kunth. . . . | 12 | 307 |
| — vulgaris, Kunth. . . | 12 | 307 |
| Botryceras, Willd. . . | 2 | 422 |
| Botrydium, Spach. . . . | 5 | 298 |
| — aromaticum, Spach. . | 5 | 299 |
| — Schraderi, Spach. . . | 5 | 299 |
| Botryocarpum, A. Rich. | 6 | 158 |
| — nigrum, A. Rich. . . | 6 | 159 |
| Botryodendron, Endl.. | 8 | 113 |
| *Bottionæa*, Colla. . . . . | 12 | 256 |
| Bouchea, Cham. . . . . | 9 | 227 |
| Bougainvillea, Commers. | 10 | 516 |
| Bougueria, Decaisne. . | 10 | 355 |
| *Bourreria*, P. Br. . . . . | 9 | 32 |
| Boussaingaultia, Kunth. | 5 | 278 |
| *Bouteloua*, Lag. . . . . . | 13 | 163 |
| Bouvardia, Sal. . . . . | 8 | 398 |
| — Jacquini, Kunth. . . | 8 | 399 |
| — *triphylla*, Sal. . . . . | 8 | 399 |
| — versicolor, Ker. . . . | 8 | 399 |
| *Bovea*, Decaisne. . . . . | 9 | 269 |
| Bowdichia, Kunth. . . | 1 | 88 |
| Bowiea, Haw. . . . . . | 12 | 348 |
| Bowlesia, Ruiz et Pav.. | 8 | 136 |
| Boymia, Juss. fil. . . . . | 2 | 361 |
| Brabeium, Lin. . . . . . | 10 | 401 |
| *Brabyla*, Linn. . . . . . . | 10 | 401 |
| Brachanthemum, D. C. | 10 | 24 |
| *Brachyachyris*, Spreng. . | 10 | 29 |
| Brachycarpea, D. C. . | 6 | 325 |
| Brachychiton, Schott et | | |
| Endl. . . . . . . . . . | 3 | 518 |
| — paradoxum, Schott et | | |
| Endl. . . . . . . . . . | 3 | 518 |
| Brachyclados, Don. . . | 10 | 35 |
| Brachycome, Cass.. . . | 10 | 31 |
| *Brachycoris*, Schrad. . . . | 10 | 269 |
| Brachycorythis, Lindl. | 12 | 180 |
| Brachyderea, Cass. . . | 10 | 6 |

| | Vol. | Pag. | | Vol. | Pag. |
|---|---|---|---|---|---|
| *Brachyelytrum*, Beauv.. . | 15 | 161 | Brassica Napus , Koch. . . | 6 | 367 |
| BRACHYGLOTTIS, Cass. . | 10 | 33 | — *Napus leptorhiza*,Spach. | 6 | 367 |
| BRACHYLÆNA, R. Br. . . | 10 | 39 | — *Napus sarcorhiza*, Spach. | 6 | 368 |
| BRACHYLEPIS, C. A. Mey. | 5 | 278 | — *Napus*, Linn. . . . . | 6 | 367 |
| BRACHYLÉPIS,Hook. et Arn. | 8 | 539 | — *Napus esculenta*, D. C. | 6 | 368 |
| BRACHYLEPIS, Wight et | | | *Napus oleifera*, D. C. | 6 | 367 |
| Arn.. . . . . . . . . | 8 | 538 | — *nigra*, Koch. . . . | 6 | 377 |
| *Brachylobos*, All. . . . . | 6 | 325 | — *oleracea*, Linn. . . . | 6 | 359 |
| — *amphibius*, All. . . . | 6 | 510 | — *oleracea frutescens* , | | |
| — *barbareæfolius*, Desv.. | 6 | 506 | Spach. . . . . . . | 6 | 359 |
| — *pyrenaicus*, All. . . . | 6 | 508 | — *oleracea herbacea*, Spach. | 6 | 359 |
| — *sylvestris*, All. . . . . | 6 | 506 | — *oleracea Napo-brassica*, | | |
| BRACHYOTUM, D. C. . . | 4 | 242 | Linn. . . . . . . . | 6 | 368 |
| BRACHYRIS, Nutt. . . . . | 10 | 29 | — *oleracea gongyloides* , | | |
| BRACHYRRHYNCHOS, Less. | 10 | 32 | Linn. . . . . . . | 6 | 366 |
| BRACHYSEMA , R. Br. . | 1 | 172 | — *Rapa*, Koch. . . . . | 6 | 371 |
| — latifolium, R. Br. . . | 1 | 173 | — *Rapa leptorhiza*, Spach. | 6 | 371 |
| — undulatum, Bot. Reg. | 1 | 173 | — *Rapa sarcorhiza*, Spach. | 6 | 371 |
| BRACHYSTELMA , R. Br. . | 8 | 540 | — *Rapa*, Linn.. . . . | 6 | 371 |
| BRACHYSTEMON, Mich. . | 9 | 164 | — *pinnatifida* , Desf. . . | 6 | 359 |
| *Brachystephium*, Less.. . | 10 | 31 | — *præcox* , Waldst. et Kit. | 6 | 367 |
| BRACHYSTEPHIUM, Less. | 10 | 32 | — *sinapoides*, Roth. . . | 6 | 377 |
| BRACHYTROPIS, D. C. . . | 7 | 111 | — *suffruticosa*, Desf. . . | 6 | 385 |
| BRACTEARIA , D. C. . . . | 4 | 240 | — *turgida* , Pers.. . . . | 6 | 385 |
| *Bradlea* , Adans. . . . . . | 1 | 156 | — *villosa*, Bivon. . . . | 6 | 368 |
| *Bradleia* , Gærtn. . . . . | 2 | 486 | BRATHYDINEÆ, Spach. | 5 | 343 |
| *Bradleia* , Neck. . . . . . | 8 | 136 | | et | 432 |
| BRAGANTIA, Lour. . . . | 10 | 562 | BRATHYDIUM, Spach. . . | 5 | 442 |
| BRAHEA , Martius. . . . . | 12 | 105 | — canadense, Spach. . . | 5 | 446 |
| — dulcis, Mart. . . . . | 12 | 106 | — Chamænerium, Spach.. | 5 | 445 |
| *Bramia* , Lamk. . . . . . | 9 | 269 | — grandiflorum, Spach. | 5 | 443 |
| BRANDESIA , Martius. . . | 5 | 272 | — hyssopifolium, Spach. | 5 | 443 |
| — porrigens , Mart. . . | 5 | 273 | — sphærocarpum, Spach. | 5 | 444 |
| — puberula , Mart. . . . | 5 | 273 | BRATHYS, Mutis. . . . . | 5 | 446 |
| — rufa, Mart. . . . . . | 5 | 273 | — acerosa , Kunth.. . . | 5 | 449 |
| BRANDTIA, Kunth.. . . . | 13 | 163 | — caracassana, Kunth.. | 5 | 448 |
| *Brasenia peltata*, Pursh.. | 7 | 162 | — connata , Spach. . . . | 5 | 450 |
| BRASILIETTIA, D. C. . . | 1 | 101 | — Erythreæ, Spach. . . | 5 | 452 |
| BRASSAVOLA, R. Br. . . | 12 | 176 | — gentianoides, Spach.. | 5 | 455 |
| BRASSIA, R. Br. . . . . | 12 | 178 | — juniperina , Mutis. ; | 5 | 450 |
| BRASSICA , (Linn.) Spach. | 6 | 356 | — lanceolata , Spach. . . | 5 | 453 |
| — *arvensis* , Linn. . . . | 6 | 385 | — laricifolia , Kunth.. . | 5 | 449 |
| — *balearica* , Pers. . . . | 6 | 359 | — linoides, Spach. . . . | 5 | 452 |
| — *campestris* , Linn. . . | 6 | 371 | — Mutisiana , Kunth. . . | 5 | 447 |
| — *campestris Napo-bras-* | | | — struthiolæfolia, Spach. | 5 | 449 |
| *sica*, D. C. . . . . . | 6 | 368 | — thuyoides , Kunth.. . . | 5 | 448 |
| — *campestris oleifera*, D. C. | 6 | 371 | — thymifolia , Kunth.. . | 5 | 448 |
| — *campestris pabularia*, | | | — tomentosa , Spach.,.. | 5 | 453 |
| D. C. . . . . . . | 6 | 367 | BRAUNEA , Willd. . . . . | 8 | 6 |
| — *elongata* , Ehrh. . . . | 6 | 379 | *Brauneria*, Neck. . . . . | 10 | 20 |
| — *Eruca* , Linn. . . . . | 6 | 355 | BRAVOA, Llal. et Lex. . | 12 | 405 |
| — *erucoides* , Horn. . . | 6 | 355 | BRAYA , Sternb. , . . . . | 6 | 323 |
| — *incana* , Ten. . . . . | 6 | 368 | BRAYERA, Kunth. . . . . | 1 | 453 |

| | Vol. | Pag. |
|---|---|---|
| Brebissonia, Spach. . . | 4 | 401 |
| — bacillaris, Spach. . . | 4 | 403 |
| — microphylla, Spach.. | 4 | 402 |
| — thymifolia, Spach. . | 4 | 403 |
| Bredemeyera, Willd. . | 7 | 711 |
| Breea, Less. . . . . . | 10 | 94 |
| — arvensis, Less. . . | 10 | 95 |
| Bremontiera, D. C. . . | 1 | 156 |
| Breonia, A. Rich. . . . | 8 | 372 |
| Breteuillia, Bucb'oz. . . | 10 | 14 |
| Breweria, R. Br. . . | 9 | 94 |
| Brexia, Noronh. . . . | 2 | 422 |
| Brickellia, Rafin. . . . | 9 | 108 |
| Bridelia, Willd. . . . . | 2 | 486 |
| Bridgesia, Hook. . . . | 10 | 34 |
| Brignolia, Bertol. . . . | 8 | 139 |
| Brignolia, D. C. . . . | 8 | 374 |
| Brillantaisia, Beauv. . | 9 | 147 |
| Brindonia, Petit-Thou. . | 5 | 508 |
| Brissonia, Neck. . . . . | 1 | 154 |
| Briza, Linn. . . . . . . | 13 | 210 |
| — maxima, Linn. . . | 13 | 211 |
| — media, Linn. . . . | 13 | 211 |
| Brizopyrum, Link.. . . | 13 | 164 |
| Brocchia, Vis. . . . . | 10 | 24 |
| Brocchinia, Schult. fil.. | 12 | 398 |
| Brocchinia, Schult. fil... | 12 | 399 |
| Brodiæa, Smith. . . . | 12 | 255 |
| Bromeæ, Kunth. . . . | 13 | 164 |
| Bromelia, Linn. . . . . | 12 | 399 |
| — Ananas, Linn. . . . | 12 | 400 |
| Bromeliaceæ, Dumort. . . | 12 | 397 |
| **BROMELIACEÆ**, Juss. . . . . . . | 12 | 597 |
| Bromeliaceæ - Pandaneæ, Reichb. . . . . . . . | 12 | 22 |
| Bromeliæ, Juss. . . . | 12 | 597 |
| **BROMELIEÆ**, Reichb. | 12 | 398 |
| Bromelioideæ, Ad. Brongn. | 12 | 395 |
| Bromelioideæ-Bromeliaceæ, Ad. Brongn. . . . . . | 12 | 397 |
| Bromelioideæ-Hæmodoraceæ, Ad. Brongn. . . . . . | 13 | 708 |
| Bromelioideæ - Velloziæ, Ad. Brongn. . . . . | 12 | 597 |
| Bromfeldia, Neck. . . . | 2 | 487 |
| Bromheadia, Lindl. . . | 12 | 178 |
| Bromus, Linn. . . . . . | 13 | 217 |
| — arundinaceus, Roth.. | 13 | 217 |
| — arvensis, Linn. . . | 13 | 220 |
| — elatior, Kœl. . . . | 13 | 216 |
| — grossus, Desf.. . . . | 13 | 218 |
| Bromus littoreus, Weig. . | 13 | 217 |
| — mollis, Linn. . . . | 13 | 219 |
| — multiflorus, D. C. . . | 13 | 219 |
| — multiflorus, Smith. . | 13 | 218 |
| — patulus, Mert. et Koch. | 13 | 219 |
| — pratensis, Ehrh. . . . | 13 | 219 |
| — racemosus, Linn. . . . | 13 | 219 |
| — secalinus, Linn. . . . | 13 | 218 |
| — squarrosus, Linn. . . | 13 | 219 |
| — velutinus, Schrad.. . | 13 | 218 |
| Brongniartia, Blum. . . | 11 | 90 |
| Brongniartia, Kunth. . | 1 | 89 |
| Brosimum, Swartz. . . . | 11 | 62 |
| — Alicastrum, Swartz.. | 11 | 63 |
| Brossæa, Plum. . . . . | 9 | 522 |
| Brotera, Cav. . . . . . | 3 | 444 |
| Brotera, Spreng. . . . | 9 | 163 |
| Brotera, Spreng. . . . . | 10 | 22 |
| Brotera, Willd. . . . . | 10 | 9 |
| Broughtonia, R. Br. . . | 12 | 176 |
| Broussaisia, Gaudich. . | 5 | 5 |
| Broussonetia, Vent. . . | 11 | 49 |
| — papyrifera, Willd. . | 11 | 51 |
| — tinctoria, Kunth. . . | 11 | 54 |
| Browallia, Linn. . . . | 9 | 268 |
| Brownea, Jacq. . . . . | 1 | 137 |
| — coccinea, Jacq. . . | 1 | 157 |
| — grandiceps, Jacq. . . | 1 | 139 |
| — latifolia, Jacq. . . . | 1 | 139 |
| — racemosa, Jacq. . . . | 1 | 138 |
| Brownetera, Rich. . . . | 11 | 283 |
| Brownlowia, Roxb. . . | 4 | 43 |
| — elata, Roxb. . . . . | 4 | 43 |
| Brucea, Mill. . . . . | 2 | 362 |
| — antidyssenterica, Mill. | 2 | 362 |
| Bruchmannia, Nutt. . . | 13 | 159 |
| Bruckenthalia, Reichb. | 9 | 443 |
| Brugmansia, Blum. . . | 10 | 554 |
| — Zippelii, Blum. . . . | 10 | 556 |
| Brugmansia, Pers. . . . | 9 | 70 |
| — bicolor, Pers. . . . | 9 | 70 |
| — sanguinea, Don. . . | 9 | 70 |
| — suaveolens, Sweet. . | 9 | 70 |
| Bruguiera, Petit-Thou. | 4 | 296 |
| Bruguiera gymnorhiza, Lamk. | 4 | 334 |
| Brunella, Mœnch. . . . | 9 | 765 |
| Brunellia, Ruiz et Pav. | 2 | 561 |
| Brunia, (Linn.) Ad. Brongn. | 2 | 477 |
| — abrotanoides, Linn. . | 2 | 477 |
| — alopecuroides, Ad. Br. | 2 | 477 |
| — arachnoidea, Wendl. | 2 | 479 |
| — ciliata, Linn. . . . . | 2 | 478 |
| — comosa, Thunb. . . . | 2 | 477 |

| | Vol. | Pag. |
|---|---|---|
| Brunia ericoïdes, Wendl. | 2 | 479 |
| — lanuginosa, Linn... | 2 | 476 |
| — macrocephala, Willd. | 2 | 479 |
| — nodiflora, Linn. . . . | 2 | 477 |
| — pinifolia, Ad. Br. . . | 2 | 479 |
| — plumosa, Lamk. . . . | 2 | 478 |
| — racemosa, Ad. Br. . . | 2 | 479 |
| — radiata, Linn. . . . . | 2 | 480 |
| — squarrosa, Thunb. . . | 2 | 478 |
| — superba, Don. . . . . | 2 | 477 |
| — verticillata, Linn. . . | 2 | 478 |
| — virgata, Ad. Brongn. | 2 | 478 |
| BRUNIACEÆ, R. Br. | 2 | 474 |
| BRUNNICHIA, Banks. . . . | 10 | 522 |
| BRUNONIA, R. Br.. . . . | 9 | 584 |
| Brunoniaceæ, R. Br. . . | 9 | 584 |
| BRUNSFELSIA, Linn. . . . | 9 | 268 |
| BRUNSWIGIA, Ker. . . . | 12 | 421 |
| — ciliaris, Bot. Reg. . . | 12 | 423 |
| — falcata, Ker. . . . . | 12 | 423 |
| — marginata, Hort. Kew. | 12 | 421 |
| — multiflora, Hort. Kew. | 12 | 422 |
| — Radula, Hort. Kew. . | 12 | 422 |
| — striata, Hort. Kew. . | 12 | 422 |
| — toxicaria, Herbert. . . | 12 | 422 |
| BRYA, P. Br. . . . . . . | 1 | 367 |
| — Ebenus, P. Br. . . . | 1 | 367 |
| BRYANTHUS, Gmel. . . . | 9 | 443 |
| BRYOBIUM, Lindl. . . . . | 12 | 175 |
| Bryocles, Sal.. . . . . . | 12 | 256 |
| — ventricosa, Sal. . . . | 12 | 379 |
| BRYONIA, Linn. . . . . . | 6 | 225 |
| — alba, Linn. . . . . . | 6 | 227 |
| — dioica, Linn.. . . . . | 6 | 226 |
| — heterophylla, Ser. . . | 6 | 228 |
| — Rheedii, Blum. . . . | 6 | 227 |
| Bryonia nigra, Blackw. . | 12 | 201 |
| BRYOPHYLLUM, Sal.. . . | 5 | 85 |
| — calycinum, Sal. . . . | 5 | 85 |
| Bubalina, Raf. . . . . . . | 8 | 372 |
| Bubroma, Schreb. . . . . | 3 | 476 |
| Bucanaphyllum, Pluck. . | 13 | 329 |
| Bucco, Wendl. . . . . . . | 2 | 322 |
| — obtusa, R. et S. . . . | 2 | 332 |
| — villosa, Wendl. . . . | 2 | 332 |
| BUCCULINA, Lindl. . . . | 12 | 180 |
| Buceras, Mœnch.. . . . . | 1 | 153 |
| Buceras, P. Br. . . . . . | 4 | 296 |
| BUCEROSIA, Wight et Arn. | 8 | 540 |
| BUCHANANIA, Roxb. . . . | 2 | 186 |
| BUCHIA, Kunth. . . . . . | 9 | 228 |
| Buchlandia, R. Br.. . . . | 8 | 77 |

| | Vol. | Pag. |
|---|---|---|
| BUCHNERA, Linn. . . . . | 9 | 270 |
| BUCHNEREÆ, Benth. | 9 | 269 |
| | et | 317 |
| BUCHOLZIA, Martius.. . . | 5 | 249 |
| Buchosia coprosmoides, L'hér. | 8 | 468 |
| BUCIDA, Linn. . . . . . . | 4 | 296 |
| — Buceras, Linn.. . . . | 4 | 297 |
| BUCKLANDIA, R. Br.. . . | 8 | 77 |
| BUCQUETIA, D. C. . . . . | 4 | 205 |
| BUDDLEIA, Linn. . . . . . | 9 | 319 |
| — globosa, Lamk. . . . | 9 | 320 |
| — madagascariensis, Lamk. | 9 | 321 |
| — salicifolia, Jacq. . . . | 9 | 322 |
| — salviæfolia, Hort. Kew. | 9 | 321 |
| BUDDLEIEÆ, Benth.. | 9 | 270 |
| | et | 319 |
| BUEKIA, Nees. . . . . . . | 13 | 145 |
| Buena, Cav. . . . . . . . | 8 | 374 |
| Buena, Pohl.. . . . . . . | 8 | 372 |
| BUFFONIA, Linn. . . . . | 5 | 204 |
| BUGLOSSUM, Tausch. . . | 9 | 51 |
| BUGULA, Tourn. . . . . . | 9 | 222 |
| — reptans, Mœnch. . . | 9 | 222 |
| Bulbilis, Rafin. . . . . . | 13 | 165 |
| BULBILLARIA, Sal.. . . . | 12 | 234 |
| BULBINE, Linn. . . . . . | 12 | 369 |
| — aloides, Willd. . . . | 12 | 372 |
| — asphodeloides, R. et S. | 12 | 371 |
| — Fraseri, Kunth. . . . | 12 | 371 |
| — frutescens, Willd. . . | 12 | 370 |
| — Hookeri, Kunth. . . . | 12 | 371 |
| — latifolia, R. et S. . . | 12 | 371 |
| — longiscapa, Willd.. . . | 12 | 370 |
| — macrophylla, Salm-Dyck. | 12 | 372 |
| — narcissifolia, Salm-Dyck. | 12 | 272 |
| — nutans, R. et S. . . . | 12 | 372 |
| — pugioniformis, Link. | 12 | 371 |
| — rostrata, Willd. . . . | 12 | 370 |
| — semibarbata, R. et S. | 12 | 371 |
| BULBINELLA, Kunth. . . | 12 | 256 |
| BULBOCAPNOS, Bernh. . | 7 | 74 |
| — digitatus, Bernh. . . | 7 | 76 |
| — fabaceus, Bernh. . . . | 7 | 77 |
| — Halleri, Spach. . . . | 7 | 76 |
| — nobilis, Bernh. . . . | 7 | 75 |
| — tuberosus, Spach. . . | 7 | 78 |
| Bulbocastanum, Adans.. . | 8 | 138 |
| BULBOCODIUM, Linn. . . | 12 | 238 |
| — autumnale, Lapeyr. . | 12 | 240 |
| — trigynum, Adans. . . | 12 | 239 |
| — vernum, Linn. . . . | 12 | 239 |

| | Vol. | Pag. |
|---|---|---|
| Bulbcodium versicolor, Spreng. | 12 | 239 |
| BULBOSPERMUM, Blum. . | 12 | 210 |
| BULBOSTYLIS, D. C. . . . | 10 | 37 |
| BULLIARDA, D. C. . . . . | 5 | 73 |
| *Bulliarda*, Neck. . . . . | 7 | 497 |
| BUMELIA, Swartz. . . . . | 9 | 387 |
| — *chrysophylloides*, Pursh. | 9 | 389 |
| — lycioides , Pursh. . . | 9 | 388 |
| — *reclinata*, Vent. . . . | 9 | 389 |
| — tenax, Willd. . . . . | 9 | 388 |
| BUNCHOSIA, Juss. . . . . | 3 | 131 |
| — Armeniaca, D. C. . . | 3 | 133 |
| — argentea, D. C. . . . | 3 | 133 |
| — bracteosa, Juss. fil. . | 3 | 134 |
| — cornifolia, Kunth. . . | 3 | 132 |
| — 'glandulosa, D. C. . . | 3 | 131 |
| — glandulifera, Kunth.. | 3 | 132 |
| — nitida, D. C. . . . . | 3 | 133 |
| — polystachya, D. C. . . | 3 | 132 |
| — tuberculata, D. C. . . | 3 | 132 |
| BUNGEA, C. A. Mey. . . | 9 | 272 |
| BUNIAS, (Linn. ) Desv. . . | 6 | 326 |
| — *balearica*, Linn. . . . | 6 | 336 |
| — *Cakile*, Linn. . . . . | 6 | 332 |
| — *littoralis* , Salisb. . . | 6 | 332 |
| — *orientalis*, Linn. . . . | 6 | 587 |
| — *paniculata*, L'hérit. . | 6 | 582 |
| — *verrucosa*, Mœnch.. . | 6 | 587 |
| *Bunium*, Linn. . . . . . . | 8 | 138 |
| — *Bulbocastanum*, Linn. | 8 | 194 |
| *Bupariti*, Hort. Malab. . | 3 | 387 |
| BUPHANE, Herbert. . . . | 12 | 422 |
| BUPHTHALMUM , ( Linn.) Neck. . . . . . . . . | 10 | 224 |
| — *cordifolium* , Waldst. et Kit. . . . . . . | 10 | 223 |
| — *grandiflorum*, Linn. . | 10 | 224 |
| — *helianthoides*, Linn.'. | 10 | 160 |
| — salicifolium, Linn. . . | 10 | 224 |
| — *speciosum*, Schreb. . . | 10 | 225 |
| *Bupleuroides* , Boerh. . . | 8 | 378 |
| BUPLEURUM, Tourn. . . . | 8 | 176 |
| — fruticosum , Linn. . . | 8 | 176 |
| *Bupreslis fruticosa*, Spreng. | 8 | 177 |
| BURASAIA, Petit-Thou. . | 8 | 7 |
| *Burcardia*, Schreb. . . . . | 6 | 250 |
| *Burchardia*, Duham. . . . | 9 | 227 |
| — *americana*, Duham. . | 9 | 229 |
| *Burchardia*, Neck. . . . . | 4 | 105 |
| BURCHARDIA, R. Br. . . | 12 | 235 |
| BURCHELLIA, R. Br. . . | 8 | 402 |
| — *bubalina*, Bot. Mag.. | 8 | 403 |

| | Vol. | Pag. |
|---|---|---|
| Burchellia capensis, R. Br. | 8 | 403 |
| — parviflora, Lindl. . . | 8 | 403 |
| *Burghartia*, Neck. . . . . | 6 | 250 |
| BURGSDORFIA, Mœnch. . | 9 | 166 |
| BURLINGTONIA, Lindl.. . | 12 | 178 |
| BURMANNIA, Linn. . . . | 13 | 119 |
| BURMANNIACEÆ, Blum. . . . . . . . . . | 13 | 118 |
| BURNETTIA, Lindl. . . . | 12 | 171 |
| *Burneya*, Cham. et Schl. . | 8 | 375 |
| BURRIELIA, D. C. . . . . | 10 | 17 |
| BURSARIA , Cav. . . . . | 2 | 419 |
| — spinosa, Cav. . . . . | 2 | 419 |
| BURSERA, Jacq. . . . . . | 2 | 239 |
| — *balsamifera*, Pers. . . | 2 | 243 |
| — gummifera, Jacq. . . | 2 | 239 |
| — *obtusifolia*, Lamk. . . | 2 | 247 |
| BURSERACEÆ, Kunth. | 2 | 230 |
| | et | 233 |
| BURTONIA, R. Br. . . . . | 1 | 152 |
| BURTONIA, Sal. . . . . . | 7 | 419 |
| — *grossulariæfolia*, Sal. | 7 | 420 |
| BUSBECKEA, Endl. . . . . | 6 | 296 |
| BUTEA, Roxb. . . . . . . | 1 | 357 |
| — frondosa, Roxb. . . . | 1 | 358 |
| — superba , Roxb. . . . | 1 | 358 |
| BUTERÆA, Nees. . . . . . | 9 | 144 |
| *Butomaceæ*, Lindl. . . . . | 12 | 7 |
| BUTOMEÆ, Rich. . | 12 | 7 |
| BUTOMUS, Linn. . . . . . | 12 | 8 |
| *Butonica*, Lamk. . . . . . | 4 | 105 |
| — *speciosa*, Lamk. . . . | 4 | 187 |
| *Buttneria*, Duham. . . . . | 4 | 281 |
| BUXEÆ , Juss. fil. . . . | 2 | 486 |
| | et | 489 |
| BUXUS, Linn. . . . . . . | 2 | 491 |
| — *arborescens*, Bauh. . . | 2 | 491 |
| — balearica, Willd. . . . | 2 | 493 |
| — chinensis, Link. . . . | 2 | 493 |
| — *saligna*, Don. . . . . . | 2 | 489 |
| — sempervirens, Linn. . | 2 | 491 |
| — suffruticosa, Lamk:. . | 2 | 493 |
| BYBLIS, Sal. . . . . . . . | 5 | 488 |
| BYRSANTHES, Presl. . . . | 9 | 572 |
| BYRSONIMA, Rich. . . . . | 3 | 128 |
| — altissima, D. C. . . . | 3 | 130 |
| — bumeliæfolia, Juss. fil. | 3 | 129 |
| — chrysophylla, Kunth. | 3 | 129 |
| — cotinifolia, Kunth. . | 3 | 130 |
| — crassifolia, D. C. . . | 3 | 130 |
| — ferruginea, Kunth.. . | 3 | 129 |
| — verbascifolia, D. C. . | 3 | 128 |

| | Vol. | Pag. |
|---|---|---|
| BYSTROPOGON, L'hérit. . | 9 | 164 |
| BYTTNERIA, Linn.. . . . . | 3 | 489 |
| — catalpæfolia, Jacq.. . | 3 | 490 |
| — celtoides, A. Saint-Hil. | 3 | 491 |
| — dasyphylla, Gay. . . | 3 | 490 |
| — macrophylla, Kunth. | 3 | 490 |
| — melastomæfolia , A. | | |
| Saint-Hil. . . . . | 3 | 492 |
| — mollis, Kunth. . . . | 3 | 493 |
| — pannosa, D. C. . . . | 3 | 490 |
| — sagittæfolia, A. St-Hil. | 3 | 491 |
| — scabra, A. Saint-Hil. | 3 | 492 |
| Byttneriaceæ, D. C. . . | 3 | 443 |
| **BYTTNERIACEÆ,** | | |
| R. Br. . . . . . . . | 3 | 475 |
| Byttneriaceæ veræ , Kunth. | 3 | 477 |
| **BYTTNERIEÆ,** D. C. | 3 | 477 |
| | | |
| Caballeria, Ruiz et Pav. . | 9 | 374 |
| Cabang, Rumph. . . . . | 12 | 103 |
| CABOMBA, Aubl. . . . . | 7 | 161 |
| — aquatica, Aubl. . . . | 7 | 161 |
| **CABOMBEÆ,** Rich. | 7 | 160 |
| CABRALEA, Juss. fil. . . . | 3 | 180 |
| Cabrera, Lag. . . . . . . | 13 | 160 |
| Cacalia, Cass. . . . . . | 10 | 52 |
| CACALIA, Tourn. . . . . | 10 | 52 |
| Cacalia alliariæfolia, Poir. | 10 | 279 |
| Cacalia coccinea, Bot. Mag. | 10 | 274 |
| Cacalia sagittata, Vahl. . . | 10 | 274 |
| Cacalia sonchifolia, Hortor. | 10 | 274 |
| Cacalianthemum, Dill. . . | 10 | 52 |
| Cacao, Tourn. . . . . . . | 3 | 476 |
| — guianensis, Aubl. . . | 3 | 481 |
| — minus, Gærtn. . . . | 3 | 479 |
| — sativa, Lamk. . . . | 3 | 479 |
| — sylvestris, Aubl. . . . | 3 | 483 |
| Cacara, Petit-Thou. . . . | 1 | 156 |
| CACCINIA, Savi. . . . . . | 9 | 31 |
| CACHRYS. Tourn. . . . . | 8 | 138 |
| — maritima, Spreng. . . | 8 | 215 |
| CACONAPEA, Cham. . . . | 9 | 269 |
| CACOSMIA, Kunth. . . . . | 10 | 58 |
| CACOUCIA, Aubl. . . . . | 4 | 315 |
| — coccinea, Aubl. . . . | 4 | 316 |
| Cacteæ, D. C. . . . . . . | 6 | 140 |
| et vol. | 13 | 336 |
| Cactoideæ, Vent. . . . . . | 6 | 141 |
| Cactus, Linn. (1). | | |
| Cactus abnormis, Willd. . . | 13 | 367 |
| — alatus, Bot. Mag. . . . | 13 | 390 |
| — alatus, Swartz. . . . . | 13 | 389 |
| — alatus, Willd. . . . . . | 13 | 385 |
| — ambiguus, Bonpl. . . . | 13 | 373 |
| — Bleo, Kunth. . . . . . | 13 | 417 |
| — Bonplandii, Kunth. . . | 13 | 407 |
| — brasiliensis, Willd. . . | 13 | 412 |
| — coccinellifer, Linn. . . | 13 | 400 |
| — coronatus, Willd. . . . | 13 | 346 |
| — currasavicus, Linn. . . | 13 | 399 |
| — cylindricus, Lamk. . . | 13 | 412 |
| — cylindricus, Ort. . . . | 13 | 345 |
| — decumanus, Willd. . . | 13 | 401 |
| — Dillenii, Ker. . . . . . | 13 | 408 |
| — divaricatus, Lam. . . . | 13 | 370 |
| — eburneus, Link. . . . . | 13 | 367 |
| — elegans, Link. . . . . . | 13 | 385 |
| — elongatus, Willd. . . . | 13 | 401 |
| — fasciculatus, Willd. . . | 13 | 392 |
| — ferox, Nutt. . . . . . . | 13 | 405 |
| — ferox, Willd. . . . . . | 13 | 411 |
| — Ficus indica, Linn. . . | 13 | 402 |
| — fimbriatus , Lamk.. . . | 13 | 368 |
| — flagelliformis, Linn. . . | 13 | 377 |
| — foliosus, Willd. . . . . | 13 | 399 |
| — fragilis, Nutt. . . . . . | 13 | 398 |
| — funalis, Spreng. . . . . | 13 | 391 |
| — gibbosus, Haw. . . . . | 13 | 360 |
| — grandiflorus, Linn. . . | 13 | 378 |
| — grandifolius , Link. . . | 13 | 417 |
| — Haworthii, Spreng. . . | 13 | 364 |
| — hexagonus, Willd.. . . | 13 | 366 |
| — horridus, Kunth. . . . | 13 | 419 |
| — humilis, Haw.. . . . . | 13 | 407 |
| — lanatus, Kunth. . . . . | 13 | 362 |
| — lanuginosus, Linn. . . | 13 | 362 |
| — latispinus , Haw. . . . | 13 | 354 |
| — mammillaris, Linn. . . | 13 | 358 |
| — mammillaris prolifer, | | |
| Hort. Kew. . . . . | 13 | 358 |
| — Melocactus , Linn. . . . | 13 | 349 |
| — monacanthos, Willd.. . | 13 | 409 |
| — moniliformis, Linn. . . | 13 | 372 |
| — multangularis, Willd. . | 13 | 362 |
| — niger, Spreng. . . . . . | 13 | 364 |
| — nigricans, Haw. . . . . | 13 | 409 |
| — Opuntia, Guss. . . . . | 13 | 402 |
| — Opuntia, Linn. . . . . | 13 | 399 |
| — Opuntia inermis, D. C. | 13 | 401 |

(1) Cfr. Cassytha, Cereus, Echinocac- Mammillaria , Melocactus , Opuntia ,
tus, Epiphyllum, Hariota, Lepismium, Pereskia, Phyllanthus, et Rhipsalis.

| | Vol. | Pag. | | Vol. | Pag. |
|---|---|---|---|---|---|
| Cactus *Opuntia Tuna*, D. C. | 13 | 409 | Cæsalpinia Crista, Lamk. . | 1 | 102 |
| — *paniculatus*, Lam. . . | 13 | 375 | — coriaria, Willd. . . . | 1 | 104 |
| — *paradoxus*, Horn. . . | 13 | 412 | — echinata, Lamk. . . . | 1 | 103 |
| — *parasiticus*, Linn. . . | 13 | 392 | — mimosoides, Lamk. . . | 1 | 104 |
| — *pendulus*, Swartz. . . | 13 | 391 | — Nuga, Hort. Kew. . . | 1 | 101 |
| — *pentagonus*, Linn. . . | 13 | 376 | — paniculata, D. C. . . | 1 | 101 |
| — *Pereskia*, Linn. . . . | 13 | 416 | — *pectinata*, Cav. . . . | 1 | 100 |
| — *peruvianus*, Willd. . | 13 | 367 | — Sappan, Linn. . . . . | 1 | 103 |
| — *phyllanthoides*, D. C. | 13 | 385 | **CÆSALPINIEÆ**, | | |
| — *Phyllanthus*, Linn. . | 13 | 386 | R. Br. . . . . . . . . | 1 | 86 |
| — *Pitajaya*, Jacq. . . . | 13 | 374 | **CÆSALPINIEÆ VERÆ**, | | |
| — *polyanthos*, Bot. Mag. | 13 | 408 | Bartl. . . . . . . . . | 1 | 88 |
| — *polygonus*, Lam. . . | 13 | 374 | | et | 89 |
| — *portulacæfolius*, Linn. | 13 | 419 | CÆSIA, R. Br. . . . . . | 12 | 256 |
| — *prismaticus*, Desfont. | 13 | 381 | CÆSULIA, Roxb. . . . . | 10 | 40 |
| — *prismaticus*, Willd. . | 13 | 376 | *Cœlocapnia*, Link. . . . | 12 | 405 |
| — *pusillus*, D. C. . . . | 13 | 347 | *Cajan*, Adans. . . . . . | 1 | 158 |
| — *recurvus*, Haw. . . . | 13 | 354 | CAJANUS, D. C. . . . . | 1 | 339 |
| — *repandus*, Linn. . . . | 13 | 368 | — bicolor, D. C. . . . | 1 | 340 |
| — *repandus*, Mill. . . . | 13 | 562 | — flavus, D. C. . . . . | 1 | 340 |
| — *reptans*, Willd. . . . | 13 | 376 | *Cajaputi*, Adans. . . . . | 4 | 105 |
| — *Royeni*, D. C. . . . . | 13 | 368 | CAJOPHORA, Presl. . . . | 6 | 241 |
| — *Royeni*, Linn. . . . . | 13 | 365 | — contorta, Presl. . . . | 6 | 241 |
| — *Royeni*, Bot. Mag. . | 13 | 363 | CAKILE, Tourn. . . . . | 6 | 330 |
| — *Royeni*, Willd. . . . | 13 | 365 | — *ægyptiaca*, Willd. . . | 6 | 332 |
| — *senilis*, Haw. . . . . | 13 | 361 | — *ægyptiaca*, Tuss. . . | 6 | 332 |
| — *serpens*, Kunth. . . . | 13 | 372 | — *æqualis*, L'hérit. . . . | 6 | 332 |
| — *speciosissimus*, Desf. . | 13 | 385 | — *americana*, Nutt. . . | 6 | 332 |
| — *speciosus*, Bonpl. . . | 13 | 385 | — *cubensis*, Kunth. . . . | 6 | 332 |
| — *speciosus*, Willd. . . | 13 | 383 | — maritima, Scop. . . . | 6 | 332 |
| — *spinosissimus*, Lamk. | 13 | 410 | — Serapionis, Gærtn. . . | 6 | 332 |
| — *stellaris*, Linn. . . . | 13 | 347 | CALADENIA, R. Br. . . . | 12 | 182 |
| — *stellatus*, Willd. . . . | 13 | 347 | *CALADIEÆ*, Schott. . | 12 | 39 |
| — *strictus*, Willd. . . . | 13 | 364 | CALADIUM, Vent. . . . . | 12 | 47 |
| — *tetragonus*, Linn. . . | 13 | 371 | — bicolor, Vent. . . . | 12 | 48 |
| — *triacanthos*, Willd. . | 13 | 408 | — *edule*, Mey. . . . . | 12 | 49 |
| — *triangularis*, Linn. . | 13 | 380 | — esculentum, Vent. . . | 12 | 45 |
| — *tomentosus*, Link. . . | 13 | 406 | — *maculatum*, Lodd. . . | 12 | 50 |
| — *truncatus*, Link. . . | 13 | 387 | — *nympheæfolium*, Vent. | 12 | 45 |
| — *tuberculatus*, Willd. . | 13 | 400 | — odorum, Bot. Reg. . . | 12 | 46 |
| — *Tuna*, Linn. . . . . | 13 | 407 | — *sagittæfolium*, Vent. . | 12 | 49 |
| — *Tuna nigricans*, Bot. | | | — *seguinum*, Vent. . . | 12 | 50 |
| Mag. . . . . . . . | 13 | 409 | CALAIS, D. C. . . . . . | 10 | 8 |
| CADABA, Forsk. . . . . | 6 | 296 | CALAMAGROSTIS, Adans. | 13 | 162 |
| *Cadamba jasminiflora*, Sonn. | 8 | 432 | — *arenaria*, Roth. . . . | 13 | 195 |
| CADETIA, Gaudich. . . | 12 | 173 | — *colorata*, Sibth. . . . | 13 | 179 |
| CADIA, Forsk. . . . . | 1 | 108 | *Calamariæ*, Linn. . . . | 13 | 142 |
| — *purpurea*, Willd. . . | 1 | 108 | *Calamina*, Rœm. et Sch. . | 13 | 167 |
| — varia, L'hérit. . . . | 1 | 108 | CALAMINTHA, Mœnch. . . | 9 | 164 |
| CADISCUS, E. Mey. . . | 10 | 40 | CALAMPELIS, Don. . . . | 9 | 131 |
| CÆSALPINIA, Linn. . . . | 1 | 100 | — scabra, Don. . . . . | 9 | 132 |
| — bahamensis, Lamk. . | 1 | 102 | CALAMUS, Linn. . . . . | 12 | 79 |
| — brasiliensis, Linn. . . | 1 | 101 | | | |

| | Vol. | Pag. | | Vol. | Pag. |
|---|---|---|---|---|---|
| Calamus *albus*, Pers. . . . | 12 | 83 | Calea *leptophylla*, Forst. . | 10 | 202 |
| — calapparius , Mart. . | 12 | 83 | — *aculeata*, Labill. . . . | 10 | 203 |
| — Draco, Willd. . . . . | 12 | 84 | *Caleacte*, Less. . . . . . | 10 | 18 |
| — *equestris*, Willd. . . | 12 | 81 | CALEACTE, R. Br. . . | 10 | 18 |
| — *platyacanthos* , Mart. | 12 | 82 | CALEBRACHYS, Cass. . | 10 | 18 |
| — *Reinwardtii* , Mart. . | 12 | 81 | CALECTASIA, R. Br. . . | 15 | 154 |
| — *Rotang*, Gærtn. . . . | 12 | 83 | CALENDULA, Linn. . . . | 10 | 110 |
| — Rotang, Willd. . . . | 12 | 83 | — arvensis, Linn. . . . | 10 | 111 |
| — *rudentum*, Lour. . . . | 12 | 83 | — *chrysanthemifolia*, Vent. | 10 | 115 |
| — *scipionum*, Lour. . . | 12 | 82 | — *cuneata*, Thunb. . , . | 10 | 114 |
| — *verus*, Willd. . . . . | 12 | 82 | — *denticulata*, Schoueb. | 10 | 111 |
| — viminalis, Willd. . . | 12 | 81 | — *flaccida*, Vent. . . . | 10 | 115 |
| — *Zalacca*, Gærtn. . . . | 12 | 85 | — *graminifolia*, Linn. . | 10 | 114 |
| — *Zalacca*, Roxb. . . . | 12 | 86 | — *hybrida*, Linn. . . . | 10 | 113 |
| *Calanchoe*, Pers. . . . . . | 5 | 73 | — *hybrida*, Sweet. . . . | 10 | 113 |
| CALANDRINIA, Kunth. . | 5 | 231 | — officinalis, Linn. . . . | 10 | 111 |
| — *discolor*, Schrad. . . | 5 | 231 | — *pluvialis*, Linn. . . . | 10 | 113 |
| — elegans, Lindl. . . . | 5 | 232 | — *Tragus*, Jacq. . . . . | 10 | 114 |
| — *glauca*, Schrad. . . . | 5 | 230 | — *viscosa*, Andr. . . . | 10 | 114 |
| — *grandiflora*, Lindl. . . | 5 | 230 | | | |
| — *speciosa*, Hook. . . . | 5 | 231 | *CALENDULEÆ*, Cass. | 10 | 14 |
| CALANTHE, R. Br. . . . | 12 | 179 | | et | 109 |
| *Calappa*, Rumph. . . . . | 12 | 124 | CALEPINA, Desv. . . . . | 6 | 326 |
| — *canarina*, Rumph. . . | 12 | 125 | CALEYA, R. Br. . . . . . | 12 | 182 |
| — *capuliformis*, Rumph. | 12 | 124 | *Calicera*, Cav. . . . . . . | 10 | 299 |
| — *cystiformis* , Rumph. | 12 | 125 | *Calinux*, Raf. . . . . . . | 10 | 460 |
| — *lanciformis*, Rumph. | 12 | 126 | CALLA, Linn. . . . . . | 12 | 51 |
| — *macchæroides*, Rumph. | 12 | 125 | — *æthiopica*, Linn. . . | 12 | 50 |
| — *parva*, Rumph. . . . | 12 | 126 | — *aromatica*, Linn. . . | 12 | 50 |
| — *pultaria*, Rumph. . . | 12 | 125 | — *occulta*, Lodd. . . . | 12 | 50 |
| — *pumila*, Rumph. . . | 12 | 125 | — palustris , Linn. . . | 12 | 52 |
| — *regia*, Rumph. . . . | 12 | 126 | — *pertusa*, Kunth. . . . | 12 | 53 |
| — *rutila*, Rumph. . . . | 12 | 125 | | | |
| — *saccharina*, Rumph. . | 12 | 125 | *CALLACEÆ*, Bartl. . | 12 | 35 |
| — *vulgaris* , Rumph. . | 12 | 125 | *CALLEÆ*, Schott. . . . . | 12 | 41 |
| CALATHEA, G. F. W. Mey. | 12 | 148 | CALLIANTHEMUM, C. A. | | |
| *Calathiana*, Frœl. . . . . | 9 | 6 | Mey. . . . . . . . . | 7 | 190 |
| CALCEARIA, Blum. . . . | 12 | 182 | CALLICARPA, Linn. . . . | 9 | 229 |
| CALCEOLARIA, Feuill. . . | 9 | 277 | — americana, Linn. . . | 9 | 229 |
| — arachnoidea, Hook. . | 9 | 279 | CALLICOMA, Andr. . . . | 5 | 6 |
| — *integrifolia*, Bot. Reg. | 9 | 278 | — serratifolia , Andr. . | 5 | 6 |
| — purpurea, Grah. . . . | 9 | 280 | *Callicoua-Ipecacuanha*, Brot. | 8 | 460 |
| — rugosa, Ruiz et Pav. | 9 | 278 | CALLIGONUM, Linn. . . | 10 | 521 |
| — sessilis, Ruiz et Pav. . | 9 | 279 | CALLILEPIS, D. C. . . . | 10 | 18 |
| CALCITRAPA, Cass. . . . | 10 | 72 | CALLIMERIS, Cass. . . . | 10 | 265 |
| — *elongata*, Mœnch. . . | 10 | 78 | — *platycephala*, Cass. . | 10 | 265 |
| — *Hypophæstum*, Gærtn. | 10 | 72 | CALLIOPSIS, Reichb. . . | 10 | 128 |
| — *lanuginosa*, Lamk. . | 10 | 75 | — Atkinsoniana , Hook. | 10 | 130 |
| — *stellata*, Lamk. . . . | 10 | 72 | — bicolor, Reichb. . . . | 10 | 129 |
| *Caldasia*, Lag. . . . . . . | 8 | 133 | — *cardaminæfolia*, D. C. | 10 | 130 |
| *Caldasia*, Mutis. . . . . . | 10 | 550 | — *Drummondii*, Sweet. . | 10 | 131 |
| CALDASIA, Willd. . . . . | 9 | 108 | CALLIPELTIS, Steven. . . | 8 | 378 |
| CALEA, R. Br. . . . . . | 10 | 18 | *Calliphysa*, Fisch. . . . . | 10 | 521 |
| | | | CALLIROE, Link. . . . . | 12 | 419 |

|  | Vol. | Pag. |
|---|---|---|
| CALLISACE, Fisch. . . . | 8 | 134 |
| CALLISIA, Lœffl. . . . . . | 13 | 122 |
| *Callista*, Don. . . . . . . | 9 | 443 |
| CALLISTACHYA, Raf. . . | 9 | 271 |
| CALLISTACHYS, Vent. . . | 1 | 172 |
| — *elliptica*, Vent. . . . | 1 | 171 |
| — lanceolata, Vent. . . . | 1 | 172 |
| — ovata, Sims. . . . . | 1 | 172 |
| *Callistemma*, Cass. . . . | 10 | 31 |
| — *hortense*, Cass. . . . | 10 | 264 |
| CALLISTEMON, R. Br. . | 4 | 135 |
| — *capitatum*, Reichb. . | 4 | 138 |
| — lineare, D. C. . . . . | 4 | 137 |
| — lophanthum, D. C. . | 4 | 137 |
| — pallidum, D. C. . . . | 4 | 136 |
| — pinifolium, R. Br. . | 4 | 135 |
| — rigidum, R. Br. . . . | 4 | 136 |
| — rugulosum, D. C. . . | 4 | 137 |
| — salignum, D. C. . . . | 4 | 136 |
| — speciosum, D. C. . . | 4 | 137 |
| — viridiflorum, D. C. . | 4 | 136 |
| CALLISTEPHUS, Cass. . . | 10 | 264 |
| — chinensis, Nees. . . . | 10 | 264 |
| — *hortensis*, Cass. . . . | 10 | 264 |
| CALLISTHENE, Mart. . . | 4 | 320 |
| — fasciculata, Mart. . . | 4 | 321 |
| — major, Mart. . . . . | 4 | 320 |
| — minor, Mart. . . . . | 4 | 320 |
| *Callithauma*, Herbert. . . | 12 | 406 |
| CALLITRICHE, Linn. . . . | 4 | 443 |
| *CALLITRICHEÆ*, Link. | 4 | 443 |
| CALLITRIS, Vent. . . . . | 11 | 342 |
| — quadrivalvis, Vent. . | 11 | 344 |
| CALLIXENE, Commers. . | 12 | 210 |
| *Callopisma*, Mart. . . . . | 9 | 4 |
| *Callostylis*, Blum. . . . . | 12 | 177 |
| CALLUNA, Sal. . . . . . | 9 | 470 |
| — *Erica*, D. C. . . . . | 9 | 470 |
| — *vulgaris*, Sal. . . . . | 9 | 470 |
| *Calobotrya*, Spach. . . . . | 6 | 148 |
| — *sanguinea*, Spach. . . . | 6 | 155 |
| CALOCAPNOS, Spach. . . | 7 | 72 |
| — nobilis, Spach. . . . . | 7 | 73 |
| CALOCEPHALUS, R. Br. . | 10 | 26 |
| CALOCHILUS, R. Br. . . . | 12 | 181 |
| *Calochorteæ*, Dumort. . . | 12 | 252 |
| CALOCHORTUS, Dougl. . . | 12 | 266 |
| — luteus, Dougl. . . . . | 12 | 267 |
| — macrocarpus, Dougl. | 12 | 267 |
| — splendens, Benth. . . | 12 | 267 |
| — venustus, Benth. . . | 12 | 267 |
| *Calochortus*, Pursh. . . . | 12 | 254 |
| CALODENDRON, Thunb. . | 2 | 326 |

|  | Vol. | Pag. |
|---|---|---|
| Calodendron capense, Thunb. | 2 | 326 |
| CALODRYON, Desv. . . . | 3 | 181 |
| — tubiflorum, Desv. . . | 3 | 181 |
| CALOGYNE, R. Br. . . . | 9 | 584 |
| CALOMECON, Spach. . . . | 7 | 7 |
| — bracteatum, Spach. . . | 7 | 9 |
| — orientale, Spach. . . | 7 | 9 |
| *Calomeria*, Vent. . . . . | 10 | 23 |
| — *amarantoides*, Vent. . | 10 | 172 |
| *Calonnea*, Buchoz. . . . . | 10 | 17 |
| — *pulcherrima*, Buchoz. | 10 | 123 |
| *Calonyction*, Chois. . . . . | 9 | 94 |
| *Calopappus*, Meyen. . . . | 10 | 9 |
| CALOPHACA, Fisch. . . . | 1 | 271 |
| — volgarica, Fisch. . . | 1 | 271 |
| CALOPHANES, Don. . . . | 9 | 144 |
| CALOPHYLLUM, Linn. . . | 5 | 330 |
| — brasiliense, Camb. . . | 5 | 332 |
| — Calaba, Jacq. . . . . | 5 | 332 |
| — *Inophyllum*, Lamk. . | 5 | 331 |
| — Inophyllum, Linn. . . | 5 | 331 |
| — Tacamahaca , Willd. | 5 | 331 |
| CALOPHYSA, D. C. . . . | 4 | 206 |
| *CALOPHYTÆ*, Bartl. | 1 | 45 |
| CALOPOGON, R. Br. . . . | 12 | 182 |
| CALOPOGONIUM, Desv. . | 1 | 157 |
| CALOPSIS, Beauv. . . . . | 13 | 139 |
| CALOPTILIUM, Lag. . . . | 10 | 34 |
| CALORHABDOS, Benth. . . | 9 | 271 |
| *Calorophus*, Labill. . . . . | 13 | 139 |
| CALOSANTHES, Blum. . . | 9 | 430 |
| CALOSTEMMA, R. Br. . . | 12 | 405 |
| CALOTHAMNUS, Labill. . . | 4 | 115 |
| — gracilis, R. Br. . . . | 4 | 116 |
| — quadrifida, R. Br. . . | 4 | 116 |
| — sanguinea, Labill. . . | 4 | 116 |
| — villosa, R. Br. . . . . | 4 | 116 |
| CALOTHECA, Kunth. . . . | 13 | 164 |
| *Calotheca*, Steud. . . . . . | 13 | 161 |
| CALOTHYRSUS, Spach. . . | 3 | 35 |
| — californica, Spach. . . | 3 | 35 |
| CALOTIS, R. Br. . . . . . | 10 | 31 |
| CALOTROPIS, R. Br. . . . | 8 | 547 |
| — gigantea, R. Br. . . . | 8 | 547 |
| — procera, R. Br. . . . | 8 | 548 |
| CALPANDRA, Blum. . . . | 3 | 181 |
| *Calpidia*, Petit-Thou. . . | 3 | 516 |
| CALTHA, Linn. . . . . . | 7 | 293 |
| — *natans*, Pall. . . . . . | 7 | 295 |
| — palustris, Linn. . . . | 7 | 294 |
| — *parviflora*, Mill. . . . | 7 | 294 |
| — *radicans*, Forst. . . . | 7 | 294 |

| | Vol. | Pag. |
|---|---|---|
| *Caltha ,* (Vaill.) Mœnch. . | 10 | 15 |
| — *arvensis,* Mœnch. . . | 10 | 111 |
| — *dentata,* Mœnch. . . | 10 | 111 |
| — *officinalis,* Mœnch. . . | 10 | 111 |
| CALTHINEÆ, Spach. . . | 7 | 289 |
| | et | 293 |
| CALYCADENIA, D. C. . . | 10 | 21 |
| CALYCANDRA, Rich. . . | 1 | 146 |
| *CALYCANTHEÆ,* Lindl. . . . . . . . | 4 | 280 |
| *Calycanthemœ,* Vent. . . . | 4 | 417 |
| *CALYCANTHINEÆ,* Bartl. . . . . . . . | 4 | 278 |
| *Calycanthineœ,* Link. . . . | 4 | 280 |
| CALYCANTHUS, Linn. . . | 4 | 281 |
| — *ferax,* Mich. . . . . . | 4 | 283 |
| — *fertilis,* Hort. Kew. . | 4 | 282 |
| — floridus, Linn. . . . . | 4 | 283 |
| — glaucus, Willd. . . . | 4 | 282 |
| — inodorus, Elliot. . . . | 4 | 283 |
| — lævigatus, Willd. . . | 4 | 282 |
| — *oblongifolius,* Nutt. . | 4 | 283 |
| — *præcox,* Linn. . . . . | 4 | 285 |
| — *sterilis,* Walt. . . . . | 4 | 283 |
| CALYCERA, Juss. . . . . . | 10 | 299 |
| *CALYCEREÆ,* R. Br. | 10 | 299 |
| *CALYCIFLORÆ,* Bartl. . . . . . . . | 4 | 292 |
| *Calycium,* Elliot. . . . . | 10 | 29 |
| CALYCOCARPUM, Nutt. . . | 8 | 7 |
| *Calycocorsus,* Schmidt. . . | 10 | 6 |
| CALYCOGONIUM, D. C. . . | 4 | 206 |
| *Calycomis,* R. Br. . . . . | 5 | 5 |
| *Calycophyllum,* D. C. . . . | 8 | 572 |
| *Calycopteris,* Lamk. . . . | 4 | 296 |
| *Calycotome,* Link. . . . . . | 1 | 153 |
| CALYDERMOS, Lag. . . | 10 | 18 |
| *Calydermos,* Ruiz et Pav. . | 9 | 57 |
| CALYLOPHUS, Spach. . . | 4 | 349 |
| — *Nuttallii,* Spach. . . . | 4 | 350 |
| *Calymenia,* Pers. . . . . | 10 | 516 |
| *Calyplectus,* Ruiz et Pav. . | 4 | 419 |
| — *speciosus,* Kunth . . | 4 | 441 |
| CALYPSO, Sal. . . . . . . | 12 | 178 |
| *Calypso,* Thouars. . . . . | 2 | 398 |
| CALYPTOCARPUS, Less. . | 10 | 19 |
| CALYPTRANTHES, Swartz. | 4 | 168 |
| — aromatica, Saint-Hil. | 4 | 169 |
| — *caryophyllata,* Pers. . | 4 | 171 |
| — eugenioides, Camb. . | 4 | 169 |
| — glomerata, Camb. . . | 4 | 169 |
| Calyptranthes rigida, Tuss. | 4 | 170 |
| *Calyptranthus,* Blum. . . | 4 | 105 |
| *Calyptrion,* Ging. . . . . . | 5 | 496 |
| — *Aubletii,* Ging. . . . . | 5 | 498 |
| CALYPTROCARYA, Nees. . | 13 | 146 |
| *Calyptrospermum,* Dietr. . | 8 | 242 |
| *Calyptrostylis,* Nees. . . | 13 | 146 |
| CALYSPHYRUM, Bunge. . | 8 | 527 |
| CALYSTEGIA, R. Br. . . . | 9 | 97 |
| — *sepium,* R. Br. . . . . | 9 | 97 |
| CALYTHRIX, Lab. . . . . | 4 | 107 |
| — brachyphylla, Cunningh. | 4 | 107 |
| — brunioides, Cunningh. | 4 | 109 |
| — conferta, Cunningh. . | 4 | 109 |
| — decandra, D. C. . . . | 4 | 108 |
| — *exstipulata,* D. C. . . | 4 | 109 |
| — flavescens, Cunningh. | 4 | 108 |
| — Fraseri, Cunningh. . | 4 | 108 |
| — glabra, D. C. . . . . | 4 | 107 |
| — microphylla, Cunningh. | 4 | 109 |
| — scabra, D. C. . . . . | 4 | 109 |
| — strigosa, Cunningh. . | 4 | 108 |
| — *tetragona,* Lab. . . . . | 4 | 108 |
| — tetraptera, D. C. . . . | 4 | 108 |
| — *virgata,* Cunningh. . . | 4 | 107 |
| *Calytriplex,* Ruiz et Pav. . | 9 | 269 |
| *Calyxhymenia,* Ort. . . . . | 10 | 516 |
| CAMAREA, A. Saint-Hil. | 3 | 136 |
| — affinis, A. Saint-Hil. | 3 | 137 |
| — axillaris, A. Saint-Hil. | 3 | 137 |
| — ericoides, A. Saint-Hil. | 3 | 138 |
| — hirsuta, A. Saint-Hil. | 3 | 136 |
| — linearifolia, A. Saint-Hil. | 3 | 138 |
| — sericea, A. Saint-Hil. | 3 | 137 |
| *Camaridium,* Lindl. . . . | 12 | 177 |
| CAMAROTIS, Lindl. . . . | 12 | 178 |
| CAMASSIA, Lindl. . . . . | 12 | 318 |
| — esculenta, Lindl. . . | 12 | 319 |
| *Cambessedea,* Kunth. . . . | 2 | 186 |
| CAMBESSEDESIA, D. C. | 4 | 216 |
| — adamantium, D. C. . | 4 | 217 |
| — Espora, D. C. . . . . | 4 | 217 |
| — Hilariana, D. C. . . . | 4 | 217 |
| — latevenosa, D. C. . . | 4 | 218 |
| — purpurata, D. C. . . . | 4 | 218 |
| *Cambogia,* Linn. . . . . . | 5 | 308 |
| — *Gutta,* Linn. . . . . . | 5 | 324 |
| CAMELINA, Crantz. . . . | 6 | 522 |
| — *ambigua,* Bess. . . . | 6 | 524 |
| — *aquatica,* Brot. . . . | 6 | 510 |
| — austriaca, Bunge. . . | 6 | 514 |
| — austriaca, Pers. . . . | 6 | 513 |

| | Vol. | Pag. |
|---|---|---|
| Camelina *barbareæfolia*, D. C. | 6 | 517 |
| — *campestris*, Spenn.. . | 6 | 524 |
| — *dentata*, Pers. . . . . | 6 | 524 |
| — *incana*, Presl. . . . . | 6 | 464 |
| — *laxa*, C. A. Mey. . . . | 6 | 526 |
| — *microcarpa*, Andrz. . . | 6 | 524 |
| — *pinnatifida*, Horn. . . | 6 | 524 |
| — *sagittata*, Mœnch. . . | 6 | 524 |
| — *sativa*, Crantz. . . . . | 6 | 524 |
| — *sativa*, Wallr. . . . . | 6 | 524 |
| — *sylvestris*, Wallr.. . . | 6 | 524 |
| CAMELLIA, Linn. . . . . | 4 | 84 |
| — *axillaris*, Roxb. . . . | 4 | 90 |
| — *drupacea*, Lour. . . . | 4 | 90 |
| — *euryoides*, Lindl. . . | 4 | 89 |
| — *japonica*, Linn. . . . | 4 | 86 |
| — *Kissi*, Wallich. . . . | 4 | 90 |
| — *oleifera*, Clark. . . . | 4 | 89 |
| — *reticulata*, Lindl.. . . | 4 | 88 |
| — *Sasanqua*, Ker. . . . | 4 | 88 |
| — *Thea*, Link. . . . . . | 4 | 99 |
| CAMELLIACEÆ , | | |
| Bart. . . . . . . . . | 4 | 83 |
| *Camellieæ*, D. C. . . . . | 4 | 83 |
| CAMERARIA, Plum. . . . | 4 | 502 |
| *Camirium*, Rumph.. . . . | 2 | 487 |
| | et | 515 |
| *Cammarum*, Reichb. . . . | 7 | 367 |
| CAMPANULA , Tourn. . . | 9 | 538 |
| — *aggregata*, Balb. . . . | 9 | 539 |
| — *alliariæfolia*, Willd. . | 9 | 557 |
| — *Alpini*, Linn. . . . . | 9 | 549 |
| — *azurea*, Bot. Mag. . . | 9 | 543 |
| — *barbata*, Linn. . . . . | 9 | 555 |
| — *betonicæfolia*, Bieberst. | 9 | 556 |
| — *bononiensis*, Linn. . . | 9 | 542 |
| — *canariensis*, Linn. . . | 9 | 592 |
| — *carpathica*, Jacq. . . | 9 | 546 |
| — *cæspitosa*, Scop. . . . | 9 | 544 |
| — *cordata*, Vis. . . . . | 9 | 558 |
| — *coronata*, Ker. . . . . | 9 | 552 |
| — *dasycarpa*, Kit. . . . | 9 | 547 |
| — *divergens*, Willd. . . | 9 | 554 |
| — *elatior*, Link. . . . . | 9 | 548 |
| — *elliptica*, Kit. . . . . | 9 | 539 |
| — *eriocarpa*, Bieberst. . . | 9 | 541 |
| — *esculenta*, Salisb. . . | 9 | 548 |
| — *farinosa*, Andrz. . . . | 9 | 539 |
| — *Fischeri*, R. et S. . . | 9 | 549 |
| — *gentianoides*, Lamk. . | 9 | 561 |
| — *glomerata*, Linn. . . . | 9 | 538 |
| — *Gmelini*, R. et S. . . | 9 | 552 |
| Campanula *grandiflora*, Jacq. | 9 | 561 |
| — *gummifera*, Willd. . | 9 | 556 |
| — *hirta*, R. et S. . . . . | 9 | 558 |
| — *hispida*, Lejeune. . . | 9 | 547 |
| — *intermedia*, R. et S. . | 9 | 549 |
| — *lactiflora*, Bieberst. . | 9 | 545 |
| — *lamiifolia*, Bieberst. . | 9 | 557 |
| — *lanceolata*, Lapeyr. . | 9 | 543 |
| — *latifolia*, Linn. . . . | 9 | 540 |
| — *lilifolia*, Lamk. . . . | 9 | 549 |
| — *lilifolia*, Linn. . . . | 9 | 549 |
| — *linifolia*, Hænk. . . . | 9 | 544 |
| — *lyræfolia*, Salisb. . . | 9 | 564 |
| — *macrantha*, Fisch. . . | 9 | 541 |
| — *macrophylla*, Sims. . | 9 | 557 |
| — *marsupiiflora*, R. et S. | 9 | 552 |
| — *Medium*, Linn. . . . . | 9 | 553 |
| — *nicœensis*, R. et S. . . | 9 | 539 |
| — *nutans*, Horn. . . . . | 9 | 554 |
| — *obliquifolia*, Ten. . . | 9 | 542 |
| — *paniculata*, Pohl. . . | 9 | 554 |
| — *peirescifolia*, Spreng. . | 9 | 549 |
| — *pereskiæfolia*, R. et S. | 9 | 549 |
| — *periplocæfolia*, Lamk. | 9 | 549 |
| — *persicifolia*, Linn. . . | 9 | 547 |
| — *petræa*, All. . . . . . | 9 | 539 |
| — *pubescens*, Reichb. . . | 9 | 544 |
| — *pulchella*, Sal. . . . . | 9 | 558 |
| — *pusilla*, Hænk. . . . | 9 | 544 |
| — *pyramidalis*, Linn. . . | 9 | 548 |
| — *Rapunculus*, Linn. . . | 9 | 548 |
| — *rhomboidalis*, Linn. . . | 9 | 543 |
| — *rotundifolia*, Linn. . . | 9 | 544 |
| — *ruthenica*, Bieberst. . | 9 | 542 |
| — *sarmatica*, Sims. . . . | 9 | 556 |
| — *Scheuchzeri*, Vill. . . | 9 | 544 |
| — *sibirica*, Linn . . . . | 9 | 554 |
| — *simplex*, D. C. . . . . | 9 | 542 |
| — *spathulata* , Wald. et Kit. . | 9 | 554 |
| — *speciosa*, Horn. . . . . | 9 | 539 |
| — *Speculum*, Linn.. . . | 9 | 558 |
| — *spreta*, R. et S. . . . | 9 | 549 |
| — *stylosa*, Lamk.. . . . | 9 | 549 |
| — *suaveolens*, Willd. . . | 9 | 549 |
| — *tetraphylla*, Thunb. . | 9 | 551 |
| — *Thaliana* , Wallr. . . | 9 | 542 |
| — *thyrsoides*, Linn.. . . | 9 | 540 |
| — Trachelium, Linn.. . . | 9 | 541 |
| — *urticæfolia*, All. . . . | 9 | 541 |
| — *urticæfolia*, Schmidt. | 9 | 541 |
| — *undulata*, Mœnch.. . | 9 | 554 |
| — *verticillata*, Pall. . . | 9 | 554 |

| | Vol. | Pag. |
|---|---|---|
| *CAMPANULACEÆ,* | | |
| Bartl. . . . . . . . . | 9 | 534 |
| *Campanulaceæ,* Juss. . . . | 9 | 534 |
| | 570 et | 582 |
| *Campanuleæ,* D. C. fil. . . | 9 | 534 |
| *CAMPANULINEÆ,* | | |
| Bartl. . . . . . . . . | 9 | 532 |
| *Campderia,* A. Rich. . . . | 12 | 399 |
| *Campderia,* Lag. . . . . . | 8 | 139 |
| *Campecia,* Adans. . . . . | 1 | 88 |
| CAMPELIA, Mich. . . . . | 13 | 122 |
| *Campella,* Link. . . . . . | 13 | 163 |
| CAMPHORA, Nees. . . . . | 10 | 486 |
| — chinensis, Nees. . . . | 10 | 488 |
| — glandulifera, Nees. . | 10 | 488 |
| — inuncta, Nees. . . . . | 10 | 487 |
| — officinarum, Nees. . . | 10 | 487 |
| — *Parthenoxylon,* Nees. | 10 | 505 |
| *CAMPHOREÆ,* Nees. | 10 | 469 |
| CAMPHOROMÆA, Nees et | | |
| Mart. . . . . . . . . | 10 | 473 |
| CAMPHOROSMA, Linn. . . | 5 | 285 |
| — monspeliaca, Linn. . . | 5 | 286 |
| — *monspeliaca,* Pollich. | 5 | 284 |
| — *perennis,* Pall. . . . . | 5 | 286 |
| CAMPOMANESIA, Ruiz et Pav. | 4 | 151 |
| — cornifolia, Kunth. . . | 4 | 151 |
| — lineatifolia, Ruiz et Pav. | 4 | 151 |
| *Campsis,* Lour. . . . . . . | 9 | 130 |
| *Campuleia,* Petit-Thou. . | 9 | 270 |
| *Campuloa,* Desv. . . . . . | 13 | 162 |
| CAMPULOCLINIUM, D. C. | 10 | 57 |
| *Campulosus,* Beauv. . . . | 13 | 162 |
| CAMPYLANTHUS, Roth. . | 9 | 271 |
| CAMPYLIA, Sweet. . . . . | 3 | 318 |
| *Campylonema,* Poir. . . . | 12 | 406 |
| CAMPYLOPUS, Spach. . . | 5 | 411 |
| — cerastioides, Spach. . | 5 | 412 |
| CAMPYLOSPORUS, Spach. . | 5 | 423 |
| — angustifolius, Spach. . | 5 | 425 |
| — madagascariensis, Spach. | 5 | 426 |
| — reticulatus, Spach. . . | 5 | 424 |
| CAMPYLOSTACHYS, Kunth. | 9 | 245 |
| CAMPYLOTHECA, Cass. . . | 10 | 19 |
| CAMPYNEMA, Labill. . . . | 12 | 406 |
| *Campynemaceæ,* Dumort. | 12 | 403 |
| *Camutia,* Bonat. . . . . . | 10 | 21 |
| *Canalia,* Pohl. . . . . . . | 9 | 7 |
| *Canalia,* Schmidt. . . . . | 10 | 436 |
| *Cananga,* Aubl. . . . . . . | 7 | 496 |
| *Cananga sylvestris,* Rumph. | 7 | 524 |
| *Canaria,* Linn. . . . . . . | 9 | 536 |
| *Canaria campanulata,* Linn. | 9 | 562 |
| CANARINA, Juss. . . . . | 9 | 562 |
| — campanulata, Lamk. . | 9 | 562 |
| CANARIUM, Linn. . . . . | 2 | 240 |
| — album, D. C. . . . . | 2 | 242 |
| — altissimum, Blum. . . | 2 | 243 |
| — *balsamiferum,* Willd. | 2 | 234 |
| — commune, Linn. . . . | 2 | 240 |
| — denticulatum, Blum. . | 2 | 242 |
| — *hirsutum,* Willd. , . | 2 | 234 |
| — hispidum, Blum. . . . | 2 | 242 |
| — littorale, Blum. . . . | 2 | 243 |
| — *Mehenbethene,* Gærtn. | 2 | 240 |
| — microcarpum, Willd. | 2 | 242 |
| — Pimela, Kœn. . . . . | 2 | 242 |
| — sylvestre, Gærtn. . . . | 2 | 244 |
| *Canavali,* Adans. . . . . . | 1 | 157 |
| CANAVALIA, D. C. . . . | 1 | 335 |
| — bonariensis, Lindl. . . | 1 | 336 |
| — ensiformis, D. C. . . . | 1 | 336 |
| — gladiata, D. C. . . . . | 1 | 336 |
| *Candarum,* Reichb. . . . | 12 | 39 |
| *Candollea,* Baumg. . . . . | 9 | 443 |
| *Candollea,* Labill. . . . . | 9 | 581 |
| CANDOLLEA, Labill. . . . | 7 | 413 |
| CANELLA, P. Br. . . . . | 5 | 334 |
| — alba, Murr. . . . . . | 5 | 334 |
| CANEPHORA, Juss. . . . . | 8 | 372 |
| *Caniram,* Petit-Thou. . . | 8 | 484 |
| *Caniram,* Hort. Malab. . . | 8 | 486 |
| CANNA, Linn. . . . . . . | 12 | 148 |
| — coccinea, Hort. Kew. . | 12 | 149 |
| — flaccida, Rosc. . . . . | 12 | 150 |
| — glauca, Rosc. . . . . | 12 | 150 |
| — gigantea, Desf. . . . . | 12 | 149 |
| — *indica,* Bot. Mag. . . | 12 | 149 |
| — indica, Linn. . . . . . | 12 | 149 |
| — lutea, Rosc. . . . . . | 12 | 150 |
| — patens, Rosc. . . . . | 12 | 149 |
| CANNABINEÆ, Gaudich. | 11 | 25 |
| CANNABIS, Tourn. . . . . | 11 | 31 |
| — sativa, Linn. . . . . . | 11 | 31 |
| *CANNACEÆ,* Agardh. | 12 | 146 |
| *Cannacorus,* Tourn. . . . | 12 | 148 |
| *Cannæ,* Juss. . . . . . . . | 12 | 146 |
| | et | 152 |
| *Canneæ,* R. Br. . . . . . | 12 | 146 |
| *Cannomois,* Beauv. . . . . | 13 | 139 |
| CANONANTHUS, Don. . . | 9 | 572 |
| CANSCORA, Lamk. . . . . | 9 | 5 |
| CANSJERA, Juss. . . . . . | 10 | 436 |
| *Cantharifera,* Rumph. . . | 10 | 563 |
| | et 13 | 324 |

| | Vol. | Pag. | | Vol. | Pag. |
|---|---|---|---|---|---|
| Canthium, Gærtn. . . . . | 8 | 376 | Caprifolium dioicum, R. et S. | 8 | 343 |
| CANTHIUM, Linn. . . . . | 8 | 455 | — distinctum, Mœnch. . | 8 | 355 |
| — parviflorum, Lamk. . | 8 | 456 | — dumetorum, Lamk. . | 8 | 352 |
| CANTUA, Juss. . . . . . . | 9 | 108 | — etruscum, R. et S. . . | 8 | 330 |
| Cantua coronopifolia, Willd. | 9 | 119 | — flavum, Elliot.. . . . | 8 | 341 |
| Cantua picta, Hort. Par. . | 9 | 119 | — glaucum, Mœnch. . . | 8 | 343 |
| CAPERONIA, A. Saint-Hil. | 2 | 487 | — hortense, Lamk. . . . | 8 | 338 |
| CAPNOIDES, Gærtn. . . . | 7 | 79 | — italicum, R. et S... . | 8 | 338 |
| — cava, Mœnch. . . . . | 7 | 78 | — parviflorum, Lamk. . | 8 | 345 |
| — lutea, Gærtn. . . . . | 7 | 81 | — Periclymenum, R. et S. | 8 | 354 |
| — semperflorens, Spach. | 7 | 79 | — pubescens, Goldie. . . | 8 | 342 |
| — solida, Mœnch. . . . | 7 | 76 | — pyrenaicum, Lamk. . | 8 | 358 |
| CAPNOPHYLLUM, Gærtn.. | 8 | 135 | — rotundifolium, Mœnch. | 8 | 338 |
| *CAPPAREÆ*, D. C. . . | 6 | 296 | — sempervirens, Mich. . | 8 | 345 |
| *CAPPARIDEÆ,* | | | — sylvaticum, Lamk. . . | 8 | 354 |
| Vent. . . . . . . . . | 6 | 293 | — virginicum, Lamk. . . | 8 | 345 |
| Capparides, Juss. . . . . | 6 | 293 | Capriola, Adans. . . . . . | 13 | 163 |
| CAPPARIS, Linn. . . . . | 6 | 297 | Caproxylon, Tuss. . . . | 2 | 250 |
| — amplissima, Lamk. . | 6 | 300 | — Hedwigii, Tuss. . . . | 2 | 243 |
| — arborescens, Mill. . . | 6 | 300 | CAPSELLA, Mœnch. . . . | 6 | 336 |
| — Baducca, Lamk. . . . | 6 | 301 | — Bursa pastoris, Mœnch. | 6 | 338 |
| — cordifolia, Lamk. . . | 6 | 299 | CAPSICUM, Tourn. . . . . | 9 | 75 |
| — Fontanesii, D. C. . . | 6 | 298 | — angulosum, Mill. . . | 9 | 76 |
| — frondosa, Jacq. . . . | 6 | 300 | — annuum, Linn. . . . | 9 | 76 |
| — herbacea, Willd. . . . | 6 | 298 | — cerasiforme, Willd. . . | 9 | 76 |
| — mariana, Jacq. . . . . | 6 | 299 | — cordiforme, Willd. . . | 9 | 76 |
| — odoratissima, Jacq. . | 6 | 299 | — longum, D. C. . . . . | 9 | 76 |
| — ovata, Desf. . . . . . | 6 | 298 | — sphæricum, Willd. . . | 9 | 76 |
| — pulcherrima, Jacq... | 6 | 300 | — tetragonum, Willd. . | 9 | 76 |
| — Rheedii, D. C. . . . | 6 | 301 | Capura, Linn. . . . . . . | 10 | 456 |
| — rupestris, Sibth. et Sm. | 6 | 298 | CARAGANA, Lamk. . . . . | 1 | 266 |
| — spinosa, Linn... . . . | 6 | 297 | — Altagana, Poir. . . . | 1 | 267 |
| CAPRARIA, Linn. . . . . | 9 | 268 | — arborescens, Lamk. . . | 1 | 268 |
| Caprifolia, Juss. . . . . . | 8 | 305 | — Chamlagu, Lamk. . . | 1 | 268 |
| | et | 325 | — digitata, Lamk. . . . | 1 | 268 |
| | | | — ferox, Lamk. . . . . | 1 | 269 |
| *CAPRIFOLIA-* | | | — frutescens, D. C. . . | 1 | 268 |
| *CEÆ,* Bartl. . . . | 8 | 325 | — grandiflora, D. C. . . | 1 | 268 |
| *Caprifoliaceæ-Caprifolieæ,* | | | — jubata, Poir. . . . . . | 1 | 270 |
| A. Rich. . . . . . . . | 8 | 325 | — microphylla, D. C.. . | 1 | 267 |
| *Caprifoliaceæ – Lonicereæ,* | | | — pygmæa, D. C. . . . . | 1 | 269 |
| R. Br. . . . . . . . . | 8 | 324 | — spinosa, D. C. . . . . | 1 | 269 |
| *Caprifoliaceæ – Sambuceæ,* | | | — tragacanthoides, Poir. | 1 | 269 |
| D. C. . . . . . . . . . | 8 | 303 | CARAGUATA, Plum. . . . | 12 | 398 |
| CAPRIFOLIUM, Linn. . . | 8 | 329 | CARAIPA, Aubl. . . . . . | 4 | 69 |
| — alpinum, Lamk. . . . | 8 | 354 | — parvifolia, Aubl. . . . | 4 | 70 |
| — balearicum, Dum.Cours. | 8 | 340 | — Richardiana, Camb. . | 4 | 70 |
| — bracteosum, Mich. . . | 8 | 343 | CARALLIA, Roxb. . . . . | 4 | 552 |
| — canescens, Schousb. . | 8 | 353 | CARALLUMA, R. Br. . . . | 8 | 540 |
| — cæruleum, Lamk. . . | 8 | 356 | Carandas, Rumph. . . . . | 8 | 504 |
| — chinense, Spach. . . . | 8 | 351 | Caranga, Vahl. . . . . . . | 9 | 269 |
| — confusum, Spach. . . | 8 | 352 | CARAPA, Aubl.. . . . . . | 5 | 202 |
| | | | — guianensis, Aubl. . . | 5 | 202 |

| | Vol. | Pag. |
|---|---|---|
| Carapa *guineensis*, Juss. fil. | 3 | 203 |
| — *indica*, Juss.. . . . . | 3 | 204 |
| — *moluccensis*, Lamk.. . | 3 | 204 |
| — *obovata*, Blum . . . . | 3 | 205 |
| — Touloucouna, Guill.. . | 3 | 203 |
| *Carara*, Med.. . . . . . . | 6 | 326 |
| — *Coronopus*, Med.. . .' | 6 | 379 |
| CARCERULOSÆ, Spach. | 6 | 325 |
| | et | 573 |
| CARDAMINE, Linn. . . . | 6 | 459 |
| — *bulbifera*, R. Br. . . | 6 | 449 |
| — *dentata*, Schult. . . . | 6 | 441 |
| — *enneaphylla*, R. Br.. | 6 | 446 |
| — *fontana*, Lamk. . . . | 6 | 452 |
| — *granulata*, All. . . . | 6 | 441 |
| — *pentaphylla*, R. Br.. | 6 | 447 |
| — *pratensis*, Linn. . . . | 6 | 441 |
| — *scaturiginosa*, Wahlenb. | 6 | 441 |
| — *uliginosa*, Bieberst. . | 6 | 441 |
| *Cardaminum Nasturtium*, | | |
| Mœnch.. . . . . . . . . | 6 | 452 |
| *Cardamomum*, Sal. . . . | 12 | 154 |
| *Cardamomum minus*, Rumph. | 12 | 162 |
| CARDARIA, (Desv.) Spach. | 6 | 540 |
| — Cochlearia, Spach.. . | 6 | 542 |
| — *Cochlearia didymocar-* | | |
| *pa*, Spach.. . . . | 6 | 542 |
| — *Cochlearia holocarpa*, | | |
| Spach. . . . . . . | 6 | 542 |
| — amplexicaulis, Spach. | 6 | 544 |
| — crassifolia, Spach.. . | 6 | 545 |
| — latifolia, Spach. . . . | 6 | 546 |
| — *Draba*, Desv.. . . . . | 6 | 542 |
| CARDERINA, Cass. . . . | 10 | 32 |
| *Cardiaca*, Mœnch. . . . . | 9 | 166 |
| CARDIOCARPUS, Reinw. . | 7 | 111 |
| CARDIOCRINUM, Endl. . . | 12 | 281 |
| *Cardiolepis*, Wallr.. . . . | 6 | 325 |
| — *dentata*, Wallr. . . . | 6 | 542 |
| CARDIONEMA, D. C.. . . | 5 | 238 |
| CARDIOPETALUM, Schlech- | | |
| tend. . . . . . . . . . . | 7 | 496 |
| CARDIOPSIS, Desv.. . . . | 9 | 32 |
| CARDIOSPERMUM, Linn.. | 3 | 41 |
| — elegans, Kunth. . . . | 3 | 42 |
| — Halicacabum, Linn. . | 3 | 42 |
| *Cardiotheca*, Ehrenb. . . . | 9 | 267 |
| CARDOPATIUM, Juss. . . | 10 | 9 |
| *Cardopatum*, Pers. . . . . | 10 | 9 |
| *Carduaceæ*, Cass.. . . . . | 10 | 11 |
| CARDUINEÆ, Cass. . | 10 | 11 |
| | et | 79 |
| CARDUNCELLUS, Adans.. . | 10 | 12 |
| *Carduotypus*, Dumort. . . | 10 | 12 |
| CARDUUS, Linn. . . . . . | 10 | 95 |
| — acanthoides, Linn.. . | 10 | 96 |
| — *benedictus*, Blackw. . | 10 | 73 |
| — crispus, Linn. . . . . | 10 | 97 |
| — *eriophorus*, Linn. . . | 10 | 93 |
| — *lanceolatus*, Linn. . . | 10 | 93 |
| — *maculatus*, Lamk. . . | 10 | 86 |
| — *Marianus*, Linn.. . . | 10 | 86 |
| — nutans, Linn. . . . . | 10 | 96 |
| — *syriacus*, Linn.. . . . | 10 | 89 |
| CARELIA, Less. . . . . . | 10 | 37 |
| CAREX, Linn. . . . . . . | 13 | 154 |
| — arenaria, Linn. . . . | 13 | 154 |
| CAREYA, Roxb. . . . . . | 4 | 200 |
| — arborea, Roxb. . . . | 4 | 200 |
| — herbacea, Roxb. . . . | 4 | 200 |
| CARGILLIA, R. Br.. . . . | 9 | 400 |
| CARICA, Linn. . . . . . . | 13 | 316 |
| — cauliflora, Jacq. . . . | 13 | 319 |
| — digitata, Spreng. . . . | 13 | 319 |
| — microcarpa, Jacq. . . | 13 | 318 |
| — monoica, Desf. . . . . | 13 | 320 |
| — Papaya, Linn. . . . . | 13 | 316 |
| — spinosa, Aubl. . . . . | 13 | 319 |
| *Caricaceæ*, Dumort. . . . | 13 | 314 |
| CARICEÆ, Reichb. . . | 13 | 147 |
| *Cariceæ*, Turp.. . . . . . | 13 | 314 |
| *Carimpana*, Hort. Malab.. | 12 | 94 |
| CARISSA, Linn. . . . . . | 8 | 503 |
| — Carandas, Linn. . . . | 8 | 504 |
| — edulis, Vahl. . . . . . | 8 | 505 |
| — Xylopicron, Petit-Thou. | 8 | 505 |
| CARISSEÆ, Endl. . . | 8 | 501 |
| | et | 503 |
| CARLINA, Tourn. . . . . | 10 | 60 |
| — acanthifolia, All.. . . | 10 | 60 |
| — *acaulis*, Lamk. . . . . | 10 | 60 |
| — *Chardousse*, Vill. . . | 10 | 60 |
| — Cynara, Pourr. . . . | 10 | 60 |
| — *gummifera*, Less. . . | 10 | 61 |
| — *Utzka*, Hacq. . . . . | 10 | 60 |
| CARLINEÆ, Cass. . . | 10 | 8 |
| | et | 57 |
| CARLINEÆ — BARNA- | | |
| DESIEÆ, Cass. . . . . | 10 | 9 |
| CARLINEÆ — PROTO- | | |
| TYPEÆ, Cass. . . . . | 10 | 9 |
| CARLINEÆ-STÆHELI- | | |
| NEÆ, Cass. . . . . . . | 10 | 9 |

| | Vol. | Pag. |
|---|---|---|
| CARLINEÆ-XERANTHE- | | |
| MEÆ , Cass. | 10 | 8 |
| CARLOWITZIA, Mœnch. . | 10 | 9 |
| CARLUDOVICA, Ruiz et Pav. | 12 | 23 |
| CARMELITA, Gay. . . . | 10 | 35 |
| CARMICHAELIA, R. Br. . | 1 | 242 |
| — australis, R. Br.. . . | 1 | 242 |
| CARMINATIA, D. C. . . | 10 | 37 |
| Carmona, Cavan. . . . . | 9 | 32 |
| CAROLINEA, Linn. fil. . . | 3 | 423 |
| — alba, Lodd. . . . . . | 3 | 424 |
| — grandiflora, Tuss. . | 3 | 426 |
| — insignis , Swartz. . . | 3 | 425 |
| — macrantha, Juss. fil. . | 3 | 425 |
| — marginata, Juss. fil. . | 3 | 425 |
| — minor, Sims. . . . . | 3 | 426 |
| — princeps, Linn. fil. . . | 3 | 424 |
| — tomentosa, Martius. . | 3 | 424 |
| CAROXYLON , Thunb. . . | 5 | 278 |
| CARPESIUM, Linn. . . . | 10 | 27 |
| CARPHA, Banks. . . . . | 13 | 145 |
| CARPHALEA, Juss. . . . | 8 | 373 |
| CARPHEPHORUS, Cass. . . | 10 | 37 |
| Carpholoma, Don. . . . | 10 | 27 |
| CARPHOSTEPHIUM , Cass. | 10 | 17 |
| CARPINEÆ, Spach. . . | 11 | 143 |
| | et | 214 |
| CARPINUS, Tourn. . . . | 11 | 219 |
| — americana, Mich. . | 11 | 224 |
| — Betulus, Linn.. . . . | 11 | 221 |
| — duinensis, Scop. . . . | 11 | 225 |
| — edentula, Roch. . . . | 11 | 221 |
| — faginea, Lindl.. . . . | 11 | 227 |
| — orientalis, Lamk. . . | 11 | 225 |
| — Ostrya, Linn. . . . . | 11 | 216 |
| — Ostrya americana, Mich. | 11 | 218 |
| — quercifolia, Hortor. . | 11 | 222 |
| — triflora, Mœnch. . . . | 11 | 218 |
| — variegata, Hortor. . . | 11 | 222 |
| — viminea, Wallich. . . | 11 | 226 |
| CARPOCERAS, A. Rich. . | 9 | 249 |
| Carpodetes, Herbert. . . | 12 | 405 |
| CARPODETUS, Forst. . . | 2 | 439 |
| Carpodontos , Labill. . . . | 5 | 344 |
| — lucida, Labill. . . . . | 5 | 345 |
| CARPOLYZA, Sal. . . . | 12 | 410 |
| — spiralis, Sal. . . . . | 12 | 410 |
| Carpopogon, Roxb. . . . | 1 | 157 |
| CARRICHTERA, D. C. . . | 6 | 551 |
| — Vellæ, D. C. . . . . | 6 | 553 |
| Carrichtera, Scop. . . . . | 4 | 3 |
| Cartesia, Cass. . . . . . | 10 | 59 |
| CARTERETIA, A. Rich. . | 12 | 175 |

| | Vol. | Pag. |
|---|---|---|
| CARTHAMUS, Tourn.. . . | 10 | 80 |
| — gummiferus, Lamk. . | 10 | 61 |
| — tinctorius, Linn. . . . | 10 | 81 |
| GARTONEMA, R. Br. . . | 13 | 122 |
| GARUM, Linn. . . . . . | 8 | 193 |
| — Bulbocastanum, Koch. | 8 | 194 |
| — Carvi, Linn. . . . . . | 8 | 193 |
| Caruncularia, Haw. . . . | 8 | 540 |
| Carvifolia, Vaill. . . . . | 8 | 154 |
| CARYA, Nutt. . . . . . | 2 | 172 |
| — alba, Nutt.. . . . . . | 2 | 174 |
| — amara, Nutt.. . . . . | 2 | 177 |
| — aquatica, Nutt.. . . . | 2 | 179 |
| — glabra, Willd. . . . . | 2 | 179 |
| — myristicæformis , Nutt. | 2 | 179 |
| — olivæformis, Nutt. . . | 2 | 173 |
| — porcina, Nutt. . . . . | 2 | 178 |
| — sulcata, Nutt. . . . . | 2 | 174 |
| — tomentosa, Nutt. . . . | 2 | 176 |
| CARYOCAR, Linn. . . . . | 3 | 11 |
| — amygdalifera, Cav. . | 3 | 13 |
| — brasiliensis, Camb. . | 3 | 11 |
| — butyrosa, Willd. . . . | 3 | 14 |
| — glabra, Pers. . . . . | 3 | 12 |
| — nucifera , Linn. . . . | 3 | 11 |
| — tomentosa, Willd. . . . | 3 | 15 |
| — villosa , Pers. . . . . | 3 | 13 |
| CARYODAPHNE, Blum. . . | 10 | 470 |
| Caryophylleæ, Juss. . . . | 5 | 146 |
| | et | 203 |
| CARYOPHYLLI- | | |
| NEÆ, Bartl. . . . . | 5 | 143 |
| CARYOPHYLLUS, Linn. . . | 4 | 171 |
| — antisepticus, Blum. . . | 4 | 173 |
| — aromaticus, Linn. . . . | 4 | 172 |
| — ellipticus, Labill. . . . | 4 | 173 |
| — fastigiatus, Blum. . . . | 4 | 173 |
| — floribundus, Blum.. . . | 4 | 173 |
| CARYOPTERIS, Bunge. . . | 9 | 227 |
| CARYOTA, Linn. . . . . | 12 | 77 |
| — Rumphiana, Mart. . . | 12 | 78 |
| — urens , Linn. . . . . | 12 | 77 |
| CASALEA, A. Saint-Hil. . | 7 | 190 |
| Casambium, Rumph. . . . | 2 | 198 |
| Cascarilla, Adans. . . . | 2 | 487 |
| CASEARIA, Jacq. . . . . | 6 | 290 |
| — ulmifolia, Vahl. . . . | 6 | 290 |
| Casia, Tourn. . . . . . . | 10 | 460 |
| CASPARIA, Kunth. . . . . | 1 | 124 |
| Cassandra, Don. . . . . | 9 | 443 |
| — calyculata, Don. . . . | 9 | 476 |
| CASSANDRA, Spach. . . . | 9 | 477 |

| | Vol. | Pag. | | Vol. | Pag. |
|---|---|---|---|---|---|
| Cassandra racemosa, Spach. | 9 | 478 | Castanea americana, Sweet. | 11 | 191 |
| Cassebia, Dumort. | 9 | 31 | — chrysophylla, Dougl. | 11 | 194 |
| CASSELIA, Nees et Mart. | 9 | 227 | — indica, Roxb. | 11 | 195 |
| CASSIA, Linn. | 1 | 113 | — pumila, Mich. | 11 | 192 |
| — acutifolia, Delile. | 1 | 115 | — sativa, Mill. | 11 | 188 |
| — corymbosa, Lamk. | 1 | 114 | — vesca, Gærtn. | 11 | 188 |
| — crassifolia, Ort. | 1 | 114 | — vesca americana, Mich. | 11 | 191 |
| — falcata, Dum. Cours.. | 1 | 114 | — vulgaris, Lamk. | 11 | 188 |
| — Fistula, Linn. | 1 | 113 | Castanea Sloanea, Mill. | 4 | 37 |
| — grandiflora, Desf. | 4 | 114 | Castaneaceæ, Link. | 5 | 16 |
| — lævigata, Willd. | 1 | 114 | Castaneæ, Adans. | 11 | 138 |
| — lanceolata, Forsk. | 1 | 115 | CASTANOPSIS, Don. | 11 | 185 |
| — lignea, Blackw. | 10 | 482 | — armata, Don. | 11 | 185 |
| — obovata, Collad. | 1 | 114 | — castanicarpa, Roxb. | 11 | 185 |
| — marylandica, Linn. | 1 | 115 | — ferox, Roxb. | 11 | 185 |
| — Senna, Lamk. | 1 | 115 | CASTELA, Turp. | 2 | 380 |
| Cassida, Tourn. | 9 | 165 | CASTELEÆ, D. C. | 2 | 380 |
| — galericulata, Mœnch. | 9 | 199 | Castelia, Cav. | 9 | 227 |
| Cassidocarpus, Presl. | 8 | 156 | Castigliona, Ruiz et Pav. | 2 | 487 |
| CASSINE, Linn. | 2 | 423 | CASTILLEJA, Mutis. | 9 | 272 |
| — capensis, Linn. | 2 | 423 | Castorea, Plum. | 9 | 227 |
| — concava, Lamk. | 2 | 411 | Casuaraceæ, Lindl. | 11 | 267 |
| — Gongonha, Mart. | 2 | 432 | CASUARINA, ( Rumph. ) | | |
| — Maurocenia, Linn. | 2 | 425 | Linn. | 11 | 270 |
| CASSINIA, R. Br. | 10 | 201 | — equisetifolia, Linn. | 11 | 272 |
| — aculeata, R. Br. | 10 | 203 | — littorea, Rumph. | 11 | 272 |
| — aurea, R. Br. | 10 | 203 | — muricata, Roxb. | 11 | 272 |
| — leptophylla, R. Br. | 10 | 202 | — quadrivalvis, Labill. | 11 | 273 |
| — longifolia, R. Br. | 10 | 203 | — stricta, Hort. Kew. | 11 | 272 |
| — spectabilis, Ker. | 10 | 205 | — torulosa, Willd. | 11 | 272 |
| CASSIOPE, Don. | 9 | 445 | CASUARINEÆ, | | |
| Cassiopea, Don. | 10 | 33 | Mirb. | 11 | 267 |
| CASSIPOUREA, Aubl. | 4 | 332 | CATABROSA, Beauv. | 13 | 164 |
| Cassumunar, Colla. | 12 | 154 | CATALPA, Juss. | 9 | 132 |
| CASSUPA, Humb. et Bonpl. | 8 | 372 | — cordifolia, Juss. | 9 | 133 |
| Cassuta, Gray. | 9 | 89 | — syringæfolia, Hort. Kew. | 9 | 133 |
| CASSUVIEÆ, R. Br. | 2 | 184 | CATANANCHE, Tourn. | 10 | 54 |
| Cassuvium, Lamk. | 2 | 186 | — cœrulea, Linn. | 10 | 55 |
| — pomiferum, Lamk. | 2 | 187 | Catananche, Vaill. | 10 | 8 |
| Cassuvium, Rumph. | 2 | 189 | Catapodium, Link. | 13 | 164 |
| CASSYTA, Linn. | 10 | 474 | CATAPPA, Gærtn. | 4 | 298 |
| Cassytaceæ, Lindl. | 10 | 466 | — Benzoin, Gærtn. | 4 | 300 |
| CASSYTEÆ, Nees. | 10 | 474 | CATASETUM, Rich. | 12 | 177 |
| Cassytha baccifera, Mill. | 13 | 391 | Catalerophora, Steud. | 13 | 159 |
| Castalia, Salisb. | 7 | 166 | CATESBÆA, Linn. | 8 | 417 |
| — edulis, Sal. | 7 | 171 | — latifolia, Lindl. | 8 | 418 |
| — magnifica, Sal. | 7 | 171 | — longiflora, Swartz. | 8 | 417 |
| — mystica, Sal. | 7 | 169 | — spinosa, Linn. | 8 | 417 |
| — versicolor, Sal. | 7 | 170 | Catevala, Medic. | 12 | 255 |
| Castalis, Cass. | 10 | 15 | — retusa, Med. | 12 | 344 |
| — Ventenatii, Cass. | 10 | 115 | Catha, Forsk. | 2 | 403 |
| CASTANEA, Tourn. | 11 | 186 | — edulis, Forsk. | 2 | 411 |

|                                  | Vol. | Pag. |                                    | Vol. | Pag. |
|----------------------------------|------|------|------------------------------------|------|------|
| *Cathanthes*, Rich. . . . .      | 12   | 10   | CECROPIA, Linn. . . . .            | 11   | 68   |
| *Cathartocarpus*, Pers. . .      | 1    | 88   | — *peltata*, Linn. . . . .         | 11   | 68   |
| *Cathea*, Sal. . . . . . .       | 12   | 182  | CEDRELA, Linn. . . . . .           | 3    | 173  |
| *Calimbium*, Juss. . . . . .     | 12   | 154  | — *angustifolia*, D.C. . .         | 3    | 175  |
| CATINGA, Aubl. . . . . .         | 4    | 106  | — *brasiliensis*, Juss. fil.       | 3    | 176  |
| *Catonia*, Cass. . . . . .       | 10   | 6    | — *febrifuga*, Blum. . . .         | 3    | 175  |
| CATONIA, Mœnch. . . . .          | 10   | 6    | — *guianensis*, Juss. fil. .       | 3    | 176  |
| CATTLEJA, Lindl. . . . .         | 12   | 176  | — *odorata*, Linn. . . . .         | 3    | 176  |
| CATURUS, Linn. . . . . .         | 2    | 519  | — *odorata*, Ruiz et Pav.          | 3    | 175  |
| — *spiciflorus*, Linn. . . .     | 2    | 520  | — *sinensis*, Juss. fil. . .       | 3    | 174  |
| CAUCALIDEÆ, Tausch.              | 8    | 133  | — *Toona*, Roxb. . . . .           | 3    | 174  |
|                                  | et   | 150  | *CEDRELACEÆ*,                      |      |      |
| CAUCALIS, Linn. . . . . .        | 8    | 133  | Juss. fil. . . . . . .             | 3    | 161  |
| — *Sanicula*, Crantz. . . .      | 8    | 221  | *CEDRELEÆ*, Juss. fil.             | 3    | 163  |
| CAUCANTHUS, Forsk. . .           | 3    | 124  |                                    | et   | 171  |
| *Cauda felis*, Rumph. . . .      | 2    | 520  | *Cedreleæ*, R. Br. . . . . .       | 3    | 161  |
| *Caulinia*, Mœnch. . . . .       | 1    | 156  | CEDRONELLA, Mœnch. .               | 9    | 166  |
| *Caulinia*, Willd. . . . . .     | 12   | 14   | CEDRUS, Juss. . . . . . .          | 11   | 426  |
| *Caulonia*, D. C. . . . . .      | 12   | 14   | — *Deodara*, Lamb. . . .           | 11   | 430  |
| CAULOPHYLLUM, Mich. .            | 8    | 68   | — *Libani*, Juss. . . . . .        | 11   | 427  |
| — *thalictroides*, Mich. .       | 8    | 69   | *CELASTRINEÆ*,                     |      |      |
| CAULOTRETUS, Rich. . .           | 1    | 127  | R. Br. . . . . . . . .             | 2    | 402  |
| *Caunga*, Hort. Malab. . .       | 12   | 70   | *Celastrineæ-Evonymeæ*, D.C.       | 2    | 402  |
| *Causea*, Scop. . . . . . .      | 1    | 369  | CELASTRUS, Linn. . . . .           | 2    | 410  |
| CAUSTIS, R. Br. . . . . .        | 13   | 146  | — *buxifolius*, Linn. . . .        | 2    | 411  |
| CAVALLIUM, Schott et Endl.       | 3    | 513  | — *cassinoides*, L'hérit. .        | 2    | 411  |
| — *comosum*, Sch. et Endl.       | 3    | 514  | — *cymosus*, Bot. Mag. .           | 2    | 412  |
| — *urens*, Sch. et Endl. .       | 3    | 513  | — *edulis*, Vahl. . . . . .        | 2    | 411  |
| *Cavanilla*, Desr. . . . . .     | 9    | 400  | — *lucidus*, Linn. . . . .         | 2    | 411  |
| *Cavanillesia*, Ruiz et Pav. .   | 3    | 343  | — *multiflorus*, Lamk. .           | 2    | 412  |
| CAVENDISHIA, Lindl. . .          | 9    | 522  | — *oleæfolius*, Pers. . . .        | 2    | 411  |
| *Cavinium*, Petit-Thou. . .      | 9    | 522  | — *oleoides*, Lamk. . . .          | 2    | 411  |
| CAYLUCEA, A. Saint-Hil.          | 7    | 105  | — *pyracanthus*, Linn. .           | 2    | 412  |
| CEANOTHUS, (Linn.) Ad.           |      |      | — *scandens*, Linn. . . .          | 2    | 410  |
| Brongn. . . . . . . .            | 2    | 457  | CELMISIA, Cass. . . . . .          | 10   | 36   |
| — *africanus*, Linn. . . .       | 2    | 462  | CELOSIA, Linn. . . . . .           | 5    | 254  |
| — *americanus*, Linn. . .        | 2    | 459  | — *argentea*, Linn. . . .          | 5    | 254  |
| — *azureus*, Desf. . . . .       | 2    | 458  | — *castrensis*, Linn. . . .        | 5    | 255  |
| — *Baumannianus*, Spach.         | 2    | 460  | — *coccinea*, Linn. . . . .        | 5    | 255  |
| — *cœruleus*, Lodd. . . .        | 2    | 458  | — *cristata*, Linn. . . . .        | 5    | 255  |
| — *Delilianus*, Spach. . .       | 2    | 459  | — *lanata*, Linn. . . . .          | 5    | 254  |
| — *Fontanesianus*, Spach.        | 2    | 460  | — *longifolia*, Mart. . . .        | 5    | 256  |
| — *glaber*, Spach. . . . .       | 2    | 459  | — *margaritacea*, Linn. .          | 5    | 255  |
| — *globulosus*, Labill. . .      | 2    | 463  | — *nitida*, Vahl. . . . . .        | 5    | 256  |
| — *intermedius*, Pursh. .        | 2    | 461  | — *paniculata*, Swartz. .          | 5    | 256  |
| — *microphyllus*, Mich. .        | 2    | 461  | — *virgata*, Jacq. . . . . .       | 5    | 255  |
| — *ovatus*, Desf. . . . . .      | 2    | 460  | CELSIA, Linn. . . . . . .          | 9    | 266  |
| — *perennis*, Pursh. . . .       | 2    | 461  | *CELTIDEÆ*, Dumort. .              | 11   | 98   |
| — *pulchellus*, Delile. . .      | 2    | 459  |                                    | et   | 122  |
| — *sanguineus*, Pursh. . .       | 2    | 461  | *Celtideæ*, Rich. . . . . . .      | 11   | 95   |
| — *spathulatus*, Labill. . .     | 2    | 463  | CELTIS, Tourn. . . . . .           | 11   | 122  |
| *Cebatha*, Forsk. . . . . .      | 8    | 6    | — *aspera*, Hortor. . . .          | 11   | 129  |
| CECIDODAPHNE, Nees. . .          | 10   | 470  |                                    |      |      |

| | Vol. | Pag. | | Vol. | Pag. |
|---|---|---|---|---|---|
| Celtis Audibertiana, Spach. | 11 | 135 | Centaurea dealbata, Willd. | 10 | 68 |
| — Audibertiana oblon- | | | — decipiens, Thuil. . . . | 10 | 67 |
| gata, Spach. . . . | 11 | 135 | — depressa, Bieberst. . | 10 | 69 |
| — Audibertiana ovata, | | | — diluta, Hort. Kew. . | 10 | 71 |
| Spach. . . . . . . | 11 | 135 | — elongata, Schousb. . | 10 | 71 |
| — australis, Linn. . . . | 11 | 127 | — Fischeri, Willd. . . . | 10 | 70 |
| — caucasica, Willd. . . | 11 | 126 | — glastifolia, Linn. . . | 10 | 66 |
| — cordata, Desf. . . . . | 11 | 130 | — Jacea, Linn. . . . . . | 10 | 67 |
| — crassifolia, Lamk. . . | 11 | 130 | — macrocephala, Willd. | 10 | 67 |
| — crassifolia eucalypti- | | | — Marschalliana, Spreng. | 10 | 68 |
| folia, Spach. . . . | 11 | 131 | — mollis, W. et K. . . . | 10 | 70 |
| — crassifolia morifolia, | | | — montana, Linn. . . . | 10 | 70 |
| Spach. . . . . . . | 11 | 131 | — moschata, Lamk. . . | 10 | 77 |
| — crassifolia tiliæfolia, | | | — muricata, Linn. . . . | 10 | 78 |
| Spach. . . . . . . | 11 | 131 | — Nuttallii, Spreng. . . | 10 | 63 |
| — lævigata, Willd. . . | 11 | 136 | — ochroleuca, Sims. . . | 10 | 70 |
| — missisippiensis, Bosc. | 11 | 136 | — orientalis, Linn. . . . | 10 | 71 |
| — occidentalis, Linn. . | 11 | 133 | — pratensis, Thuil. . . | 10 | 67 |
| — occidentalis, Guimp et | | | — pubigera, Pers. . . . | 10 | 78 |
| Hayn. . . . . . . | 11 | 135 | — ruthenica, Linn. . . . | 10 | 75 |
| — occidentalis, Mich. Fil. | 11 | 133 | — seusana, Willd. . . . | 10 | 70 |
| — occidentalis cordata, Aud. | 11 | 135 | — sibirica, Linn. . . . . | 10 | 68 |
| — occidentalis grandi- | | | — stellata, Lamk. . . . | 10 | 72 |
| dentata, Spach. . | 11 | 133 | — stricta, W. et K. . . . | 10 | 70 |
| — occidentalis serrulata, | | | — suaveolens, Willd. . . | 10 | 76 |
| Spach. . . . . . . | 11 | 134 | — tatarica, Reichb. . . | 10 | 71 |
| — orientalis, Mill. . . . | 11 | 129 | — Triumfetti, All. . . . | 10 | 70 |
| — sinensis, Pers. . . . | 11 | 126 | Centaurella, Mich. . . | 9 | 6 |
| — Tournefortii, Lamk. . | 11 | 129 | CENTAURIEÆ, Cass. | 10 | 10 |
| — Tournefortii aspera, | | | | et | 62 |
| Aud. . . . . . . . | 11 | 129 | CENTAURIEÆ-CHRY- | | |
| Cembra, Spach. . . . . | 11 | 398 | SEIDEÆ, Cass. . . . | 10 | 11 |
| Cenarrhenes, Labill. . | 10 | 401 | CENTAURIEÆ-PROTO- | | |
| Cenchrus, Linn. . . . . | 13 | 159 | TYPEÆ, Cass. . . . | 10 | 10 |
| — spicatus, Cav. . . . . | 13 | 189 | Centaurium, Burm. . . . | 10 | 74 |
| Cenia, Commers. . . . | 10 | 23 | CENTAURIUM, Cass. . . | 10 | 74 |
| Cenolophium, Koch. . | 8 | 138 | — moschatum, Cass. . . | 10 | 77 |
| Cenolophon, Blum. . . | 12 | 154 | — suaveolens, Cass. . . | 10 | 76 |
| CENTAUREA, Linn. . . . | 10 | 65 | Centaurium, Pers. . . . . | 9 | 6 |
| — africana, Lamk. . . . | 10 | 75 | — vulgare, Schum. . . . | 9 | 12 |
| — amara, Linn. . . . . | 10 | 67 | CENTAUROPSIS, Bojer. . | 10 | 39 |
| — Amberboi, Lamk. . . | 10 | 76 | Centella, Linn. . . . . . | 8 | 137 |
| — ambracea, Schk. . . . | 10 | 76 | Centipeda, Cass. . . . . | 10 | 28 |
| — americana, Nutt. . . | 10 | 63 | Centinodia, Bauh. . . . . | 10 | 521 |
| — atropurpurea, W. et K. | 10 | 71 | CENTOTHECA, Desv. . . | 13 | 165 |
| — axillaris, Willd. . . | 10 | 70 | Centrachæna, Schott. . . . | 10 | 24 |
| — benedicta, Linn. . . . | 10 | 73 | CENTRANTHERA, R. Br. | 9 | 271 |
| — Calcitrapa, Linn. . . | 10 | 72 | CENTRANTHUS, Neck. . | 10 | 306 |
| — calendulacea, Lamk. | 10 | 65 | — latifolius, Dufr. . . . | 10 | 306 |
| — calocephala, Willd. . | 10 | 71 | — ruber, D. C. . . . . . | 10 | 306 |
| — Centaurium, Linn. . | 10 | 74 | CENTRAPALUS, Cass. . . | 10 | 29 |
| — cheiranthifolia, Willd. | 10 | 70 | CENTRATHERUM, Cass. . | 10 | 39 |
| — Cyanus, Linn. . . . . | 10 | 69 | CENTROCARPHA, Don. . . | 10 | 154 |

| | Vol. | Pag. |
|---|---|---|
| Centrocarpha *grandiflora*, Don | 10 | 156 |
| CENTROCHILUS, Schauer | 12 | 180 |
| Centroglinium, Don | 10 | 35 |
| Centrolepideæ, Desv. | 13 | 138 |
| | et | 140 |
| CENTROLEPIS, Labill. | 13 | 140 |
| CENTRONIA, Blum. | 9 | 257 |
| CENTRONIA, Don. | 4 | 205 |
| CENTROPETALUM, Lindl. | 12 | 179 |
| Centrophorum, Trin. | 13 | 167 |
| CENTROPHYLLUM, Neck. | 10 | 11 |
| Centropodium, Burch. | 10 | 521 |
| CENTROPOGON, Presl | 9 | 572 |
| Centrosia, A. Rich. | 12 | 179 |
| Centrospermum, Kunth. | 10 | 21 |
| Centrospermum, Spreng. | 10 | 24 |
| CENTUNCULUS, Linn. | 9 | 343 |
| Cepa, Tourn. | 12 | 255 |
| — *Moly*, Mœnch. | 12 | 331 |
| — *Schænoprasum*, Mœnch. | 12 | 331 |
| — *ventricosa*, Mœnch. | 12 | 331 |
| CEPHAELIS, Swartz. | 8 | 460 |
| — *bubalina*, Pers. | 8 | 403 |
| — *emetica*, Pers. | 8 | 456 |
| | et | 460 |
| — Ipecacuanha, A. Rich. | 8 | 460 |
| CEPHALANTHERA, Rich. | 12 | 182 |
| CEPHALANTHUS, Linn. | 8 | 462 |
| — *occidentalis*, Linn. | 8 | 463 |
| CEPHALARIA, Schrad. | 19 | 514 |
| CEPHALIDIUM, A. Rich. | 8 | 572 |
| Cephalina, Thonn. | 8 | 572 |
| — *scandens*, Thonn. | 8 | 402 |
| Cephalonoplos, Neck. | 10 | 12 |
| CEPHALOPAPPUS, Nees et Mart. | 10 | 34 |
| CEPHALOPHILON, Meisn. | 10 | 521 |
| CEPHALOPHORA, Cavan. | 10 | 18 |
| Cephaloschœnus, Nees | 13 | 146 |
| CEPHALOSTIGMA, D.C. fil. | 9 | 536 |
| CEPHALOTUS, Labill. | 4 | 484 |
| — *follicularis*, Labill. | 4 | 484 |
| CEPHALOXYES, Presl | 13 | 154 |
| Ceraia, Lour. | 12 | 176 |
| Ceramanthe, Reichb. | 9 | 266 |
| Ceramia, Don | 9 | 443 |
| Ceramium, Blume | 10 | 562 |
| CERAMOPHORA, Nees | 10 | 501 |
| CERAMOSPERMEÆ, Tausch. | 8 | 132 |
| | et | 141 |
| Ceranthera, Beauv. | 5 | 497 |
| Ceranthera, Elliot. | 9 | 164 |
| Ceranthus, Schreb. | 8 | 258 |
| Cerasophora, Neck. | 1 | 379 |
| CERASTIUM, Linn. | 5 | 216 |
| — *argenteum*, Bieberst. | 5 | 218 |
| — *arvense*, Linn. | 5 | 217 |
| — *bannaticum*, Rochel. | 5 | 218 |
| — *Biebersteinianum*, D.C. | 5 | 218 |
| — *Columnæ*, Ten. | 5 | 217 |
| — grandiflorum, W. et K. | 5 | 218 |
| — *molle*, Vill. | 5 | 217 |
| — *repens*, Bieberst. | 5 | 218 |
| — *repens*, Linn. | 5 | 217 |
| — *suffruticosum*, Linn. | 5 | 218 |
| — *tomentosum*, Hortor. | 5 | 217 |
| — tomentosum, Linn. | 5 | 218 |
| CERASUS, Tourn. | 1 | 400 |
| — *acida*, Borkh. | 1 | 464 |
| — acuminata, Wallich. | 1 | 421 |
| — *aspera*, Lois. | 1 | 426 |
| — *avium*, Mœnch. | 1 | 401 |
| — *borealis*, Mich. | 1 | 411 |
| — canadensis, Lois. | 1 | 417 |
| — Caproniana, D. C. | 1 | 404 |
| — Capuli, Ser. | 1 | 422 |
| — *caroliniana*, Mich. | 1 | 420 |
| — Chamæcerasus, Lois. | 1 | 407 |
| — densiflora, Spach. | 1 | 415 |
| — *depressa*, Pursh. | 1 | 399 |
| — duracina, D. C. | 1 | 402 |
| — *elliptica*, Lois. | 1 | 418 |
| — ferruginea, D. C. | 1 | 422 |
| — *fimbriata*, Spach. | 1 | 416 |
| — Fontanesiana, Spach. | 1 | 410 |
| — glandulosa, Thunb. | 1 | 425 |
| — *glauca*, Mœnch. | 1 | 400 |
| — *hirsuta*, Elliot. | 1 | 417 |
| — Hixa, Schmidt. | 1 | 419 |
| — *humilis*, Host. | 1 | 407 |
| — incana, Steven. | 1 | 423 |
| — incisa, Lois. | 1 | 424 |
| — *japonica*, Lois. | 1 | 425 |
| — japonica, Ker. | 1 | 425 |
| — Juliana, D. C. | 1 | 403 |
| — Laurocerasus, Lois. | 1 | 419 |
| — lusitanica, Mill. | 1 | 418 |
| — Mahaleb, Mill. | 1 | 409 |
| — micrantha, Spach. | 1 | 414 |
| — nepalensis, Ser. | 1 | 418 |
| — occidentalis, Swartz. | 1 | 422 |
| — oxypyrena, Spach. | 1 | 413 |
| — Padus, D. C. | 1 | 412 |
| — persicifolia, Lois. | 1 | 411 |

| | Vol. | Pag. |
|---|---|---|
| Cerasus Phoshia, Hamilt.. | 1 | 424 |
| — prostrata, Lois. . . . | 1 | 425 |
| — Pseudocerasus, Lindl. | 1 | 411 |
| — Puddum, Wallich. . . | 1 | 410 |
| — pumila, Mich. . . . | 1 | 399 |
| — pygmæa, Lois. . . . | 1 | 399 |
| — salicifolia, Kunth. . | 1 | 422 |
| — semperflórens, D. C. | 1 | 407 |
| — serotina, Ehrh. . . . | 1 | 416 |
| — serotina, Roth. . . . | 1 | 407 |
| — serrulata, Lindl. . . . | 1 | 408 |
| — sinensis, Pers. . . . | 1 | 425 |
| — sphærocarpa, Lois. . . | 1 | 421 |
| — undulata, Ser. . . . | 1 | 418 |
| — virginiana, Mich. . . | 1 | 416 |
| — virginiana, Willd.. . | 1 | 414 |
| CERATANDRA, Lindl. . | 12 | 180 |
| Ceratanthera, Horn. . . | 12 | 154 |
| CERATIOLA, Mich. . . . | 2 | 483 |
| CERATIUM, Blum. . . . | 12 | 177 |
| CERATOCARPUS, Linn. . | 5 | 278 |
| CERATOCARYA, Nees. . | 13 | 139 |
| CERATOCAULOS, Bernh. . | 9 | 68 |
| — daturoides, Bernh. . . | 9 | 69 |
| CERATOCEPHALUS, Mœnch. | 7 | 190 |
| CERATOCHILUS, Blum. . | 12 | 179 |
| Ceratochilus, Lindl. . . | 12 | 177 |
| CERATOCHLOA, Beauv. . . | 13 | 164 |
| CERATOGONUM, Meisn. . | 10 | 522 |
| CERATOLOBUS, Blum. . . | 12 | 61 |
| CERATONIA, Linn. . . . | 1 | 109 |
| — Siliqua, Linn. . . . . | 1 | 109 |
| CERATOPETALUM, Smith. | 5 | 11 |
| — gummiferum, Smith. | 5 | 11 |
| Ceratophylloceæ, Asa Gray. | 13 | 294 |
| GERATOPHYL- | | |
| LEÆ, S. F. Gray. . | 13 | 294 |
| CERATOPHYLLUM, Linn. | 13 | 295 |
| — demersum, Linn. . . | 13 | 296 |
| — submersum, Linn. . . | 13 | 296 |
| CERATOPSIS, Lindl. . . . | 12 | 181 |
| Ceratosanthes, Juss. . . . | 6 | 187 |
| Ceratoschœnus, Nees. . . . | 13 | 146 |
| Ceratospermum, Pers. . . | 5 | 278 |
| CERATOSTACHYS, Blum. . | 4 | 296 |
| CERATOSTEMMA, Juss. . | 9 | 522 |
| CERATOSTIGMA, Bunge. . | 10 | 333 |
| CERATOSTYLIS, Blum. . . | 12 | 179 |
| CERATOTHECA, Endl. . . | 9 | 249 |
| Cerbera, Juss. . . . . . | 8 | 502 |
| CERBERA, Linn. . . . . | 8 | 515 |
| — Ahouai, Linn. . . . | 8 | 514 |
| Gerbera fruticosa, Roxb. . | 8 | 516 |
| — Manghas, Bot. Mag.. | 8 | 517 |
| — Manghas, Linn . . . | 8 | 517 |
| — Odollam, Gærtn. . . | 8 | 517 |
| — Tanghin, Hook. . . . | 8 | 513 |
| — triphylla, Rudg. . . | 8 | 506 |
| Cerbera, Lour. . . . . . | 9 | 583 |
| CERCIS, Linn. . . . . . | 1 | 128 |
| — canadensis, Linn. . . | 1 | 129 |
| — Siliquastrum, Linn. . | 1 | 128 |
| CERCOCARPUS, Kunth. . | 1 | 453 |
| CERCODIA, Murr. . . . | 4 | 443 |
| Cercodianæ, Juss. . . . . | 4 | 443 |
| CERCOSTYLOS, Less. . . . | 10 | 18 |
| Cerdana, Ruiz et Pav. . . | 9 | 52 |
| CERDIA, Flor. Mex. . . | 5 | 205 |
| Cerefolium sativum, Bess. | 8 | 143 |
| Ceresia, Pers. . . . . . | 13 | 160 |
| CEREUS, (Mill.) D. C. . . | 13 | 356 |
| — Ackermanni, Pfeiff. . | 13 | 385 |
| — acutangulus, Hort. Berol. | 13 | 375 |
| — Æthiops, Haw. . . . | 13 | 365 |
| — alatus, D. C. . . . . | 13 | 388 |
| — alatus, Link et Otto. . | 13 | 390 |
| — albispinus, Salm-Dyck. | 13 | 365 |
| — ambiguus, D. C. . . . | 13 | 373 |
| — articulatus, Pfeiff. . . | 13 | 372 |
| — azureus, Parm. . . . | 13 | 365 |
| — Bonplandii, Parm. . . | 13 | 376 |
| — Bradypus, Lehm. . . | 13 | 361 |
| — brevispinulus, Salm-Dyck. | 13 | 379 |
| — candicans, Gill. . . . | 13 | 367 |
| — chilensis, Colla. . . . | 13 | 366 |
| — cinerascens, D. C. . . | 13 | 371 |
| — coccineus, Salm-Dyck. | 13 | 384 |
| — cœrulescens, Salm-Dyck. | 13 | 365 |
| — Columna Trajani, Karw. | 13 | 361 |
| — compressus, Mill. . . | 13 | 380 |
| — crenulatus, Salm-Dyck. | 13 | 365 |
| — Curtisii, Hort. Berol.. | 13 | 363 |
| — cylindricus, Haw. . . | 13 | 412 |
| — denudatus, Pfeiff. . . | 13 | 360 |
| — divaricatus, D. C. . . | 13 | 370 |
| — divergens, Hort. Berol. | 13 | 370 |
| — Dyckii, Mart. . . . | 13 | 366 |
| — eburneus, Salm-Dyck. | 13 | 367 |
| — eriophorus, Hort. Berol. | 13 | 369 |
| — extensus, Salm-Dyck. | 13 | 382 |
| — Eyriesii, Hort. Berol. | 13 | 359 |
| — fimbriatus, D. C. . . | 13 | 368 |
| — flagelliformis, Mill. . | 13 | 377 |
| — flagriformis, Zuccar. | 13 | 377 |
| — flavispinus, Salm-Dyck. | 13 | 363 |

| | Vol. | Pag. | | Vol. | Pag. |
|---|---|---|---|---|---|
| Cereus floccosus, Hort. Berol. | 13 | 363 | Cereus repandus, Haw. | 13 | 368 |
| — gibbosus, Pfeiff. | 13 | 360 | — reptans, Haw. | 13 | 376 |
| — gracilis, Mill. | 13 | 368 | — rhombeus, Salm-Dyck. | 13 | 388 |
| — gracilis, Salm-Dyck. | 13 | 380 | — Royeni, Haw. | 13 | 363 |
| — grandiflorus, Mill. | 13 | 378 | — Schrankii, Zuccar. | 13 | 384 |
| — grandispinus, Haw. | 13 | 368 | — Scopa, Salm-Dyck. | 13 | 356 |
| — Haworthii, D. C. | 13 | 364 | — senilis, D. C. | 13 | 361 |
| — Hookeri, Pfeiff. | 13 | 386 | — serpens, D. C. | 13 | 373 |
| — humilis, D. C. | 13 | 380 | — serpentinus, Lag. | 13 | 373 |
| — Hystrix, Salm-Dyck. | 13 | 367 | — serruliflorus, Haw. | 13 | 368 |
| — Jamacaru, Salm-Dyck. | 13 | 370 | — setaceus, Salm-Dyck. | 13 | 382 |
| — lætevirens, Salm-Dyck. | 13 | 374 | — setiger, Haw. | 13 | 380 |
| — lanatus, D. C. | 13 | 362 | — speciosissimus, D. C. | 13 | 383 |
| — lanuginosus, Haw. | 13 | 362 | — spinulosus, D. C. | 13 | 379 |
| — lanuginosus, Mill. | 13 | 363 | — squamulosus, Salm- | | |
| — latifrons, Zuccar. | 13 | 386 | Dyck. | 13 | 393 |
| — leptophis, D. C. | 13 | 378 | — stellatus, Pfeiff. | 13 | 366 |
| — leucanthus, Pfeiff. | 13 | 358 | — strictus, D. C. | 13 | 364 |
| — Linkii, Lehm. | 13 | 351 | — subrepandus, Haw. | 13 | 369 |
| — lutescens, Salm-Dyck. | 13 | 364 | — tenellus, Salm-Dyck. | 13 | 376 |
| — marginatus, D. C. | 13 | 370 | — tenuispinus, Haw. | 13 | 394 |
| — marginatus, Salm-Dyck. | 13 | 386 | — tetragonus, Haw. | 13 | 371 |
| — Martianus, Zuccar. | 13 | 377 | — triangularis, Haw. | 13 | 380 |
| — moniliformis, D. C. | 13 | 372 | — triangularis major, | | |
| — monstrosus, D. C. | 13 | 367 | Salm-Dyck. | 13 | 381 |
| — multangularis, Haw. | 13 | 362 | — trigonus, Haw. | 13 | 381 |
| — multiplex, Hort. Berol. | 13 | 357 | — tripterus, Salm-Dyck. | 13 | 381 |
| — Myosurus, Salm-Dyck. | 13 | 394 | — triqueter, Haw. | 13 | 381 |
| — Napoleonis, Grah. | 13 | 381 | — truncatus, D. C. | 13 | 387 |
| — niger, Salm-Dyck. | 13 | 364 | — tubiflorus, Pfeiff. | 13 | 358 |
| — nycticalus, Link. | 13 | 379 | — tunicatus, Lehm. | 13 | 413 |
| — obtusus, Haw. | 13 | 374 | — turbinatus, Pfeiff. | 13 | 359 |
| — ovatus, Pfeiff. | 13 | 372 | — undatus, Hort. Berol. | 13 | 369 |
| — oxygonus, Link et Otto. | 13 | 357 | — undulosus, D. C. | 13 | 374 |
| — oxypetalus, D. C. | 13 | 386 | — variabilis, Pfeiff. | 13 | 374 |
| — paniculatus, D. C. | 13 | 375 | — virens, D. C. | 13 | 371 |
| — pellucidus, Hort. Berol. | 13 | 375 | CERINTHE, Linn. | 9 | 31 |
| — pentagonus, Haw. | 13 | 376 | Ceriscus, Gærtn. | 8 | 372 |
| — pentalophus, D. C. | 13 | 372 | — malabaricus, Gærtn. | 8 | 415 |
| — peruvianus, D. C. | 13 | 366 | CEROPEGIA, Linn. | 8 | 558 |
| — peruvianus monstruo- | | | — acuminata, Roxb. | 8 | 559 |
| sus, Pfeiff. | 13 | 367 | — bulbosa, Roxb. | 8 | 558 |
| — phyllanthoides, D. C. | 13 | 385 | — tuberosa, Roxb. | 8 | 559 |
| — Phyllanthus, D. C. | 13 | 386 | CEROPHYLLUM, Spach. | 6 | 152 |
| — Phyllanthus, Hook. | 13 | 386 | — Douglasii, Spach. | 6 | 153 |
| — Pitajaya, D. C. | 13 | 374 | — inebrians, Spach. | 6 | 154 |
| — polygonus, D. C. | 13 | 374 | Ceroxylon, Humb. et Bonpl. | 12 | 61 |
| — princeps, Pfeiff. | 13 | 375 | — andicola, Humb. et Bonpl. | 12 | 74 |
| — prismaticus, Haw. | 13 | 376 | CERRIS, Spach. | 11 | 166 |
| — prismaticus, Salm-Dyck. | 13 | 382 | CERROIDES, Spach. | 11 | 159 |
| — pteranthus, Link. | 13 | 379 | CERUANA, Forsk. | 10 | 28 |
| — pulchellus, Pfeiff. | 13 | 360 | Cervaria, Gærtn. | 8 | 135 |
| — ramulosus, Salm-Dyck. | 13 | 388 | CERVIA, Lag. | 9 | 105 |

| | Vol. | Pag. | | Vol. | Pag. |
|---|---|---|---|---|---|
| Cervicina, Delile. . . . . | 9 | 536 | Chætogastra lanceolata, D.C. | 4 | 237 |
| Cervispina, Dill. . . . . . | 2 | 459 | — muricata, D. C. . . . | 4 | 239 |
| Cesalpinieæ, V. Cæsalpinieæ. | | | — repanda, Martius. . . | 4 | 246 |
| Cesatia, Endl. . . . . . | 8 | 137 | — reticulata, D. C. . . . | 4 | 236 |
| Cestichis, Thouars. . . . . | 12 | 175 | — sarmentosa, D. C. . . | 4 | 240 |
| Cestraceæ, Lindl. . . . . . | 9 | 54 | — speciosa, D. C. . . . . | 4 | 236 |
| CESTRINEÆ, Endl. . . | 9 | 57 | — stricta, D. C. . . . . | 4 | 240 |
| | et | 87 | — strigillosa, Mart.et Zucc. | 4 | 239 |
| Cestrinus, Cass. . . . . | 10 | 12 | — tortuosa, D. C. . . . | 4 | 238 |
| Cestrum, Linn. . . . . . | 9 | 87 | Chætolepis, D. C. . . . | 4 | 245 |
| — Parqui, L'hérit. . . . | 9 | 88 | Chætopappa, D. C. . . . | 10 | 30 |
| — virgatum, Ruiz et Pav. | 9 | 88 | Chætophòra, Nutt. . . . . | 10 | 30 |
| Chabræa, Adans. . . . . . | 4 | 419 | Chætopetalum, D. C. . . | 4 | 241 |
| Chabræa, D. C. . . . . . | 10 | 33 | Chætospora, R. Br. . . | 13 | 145 |
| Chadara, Forsk. . . . . . | 4 | 3 | Chætostoma, D. C. . . | 4 | 219 |
| — arborea, Forsk. . . . | 4 | 11 | — ericoides, D. C. . . . | 4 | 220 |
| — tenax, Forsk. . . . . . | 4 | 13 | — pungens, D. C. . . . | 4 | 219 |
| Chænactis, D. C. . . . . | 10 | 18 | — tetrasticha, D. C. . . | 4 | 219 |
| Chænanthe, Lindl. . . . | 12 | 178 | Chætotropis, Kunth. . . | 13 | 161 |
| Chænantophoreæ, Lag. . | 10 | 33 | Chæturus, Link. . . . . | 13 | 161 |
| | et | 34 | Chaiturus, Mœnch. . . . | 9 | 166 |
| Chænomeles, Lindl. . . | 2 | 158 | Chaixia, Lapeyr. . . . . . | 9 | 272 |
| — japonica, Lindl. . . . | 2 | 159 | Chakiatella, Cass. . . . . . | 10 | 20 |
| Chænopleura, Rich. . . | 4 | 271 | Chalcas, Lour. . . . . . . | 2 | 250 |
| — stenobotrys, D. C. . . | 4 | 271 | — japonensis, Lour. . . . | 2 | 254 |
| Chænostoma, Benth. . . | 9 | 270 | Chamagrostis, Borkh. . . . | 13 | 159 |
| Chærodoplectron, Schauer. . . . . . . . | 12 | 181 | Chamarea, Eckl. et Zeyh. | 8 | 139 |
| | | | Chamæbuxus, Spach. . . | 7 | 125 |
| Chærophyllum, (Linn.) Koch. . . . . . . . . . | 8 | 144 | — alpestris, Spach. . . . | 7 | 127 |
| — bulbosum, Linn. . . . | 8 | 146 | Chamæcerasus, Tourn. . . | 8 | 327 |
| — Cerefolium, Crantz. . | 8 | 143 | Chamæcistus, Gray. . . . . | 9 | 444 |
| — odoratum, Lamk. . . . | 8 | 148 | Chamæcyparis, Spach. . | 11 | 329 |
| — sativum, Lamk. . . . | 8 | 143 | — nutkatensis, Spach. . | 11 | 333 |
| — temulum, Linn. . . . . | 8 | 145 | — sphæroidea, Spach. . | 11 | 331 |
| — trichospermum, Schult. | 8 | 144 | Chamædactylis, Link. . . . | 13 | 164 |
| Chætacanthus, Nees. . | 9 | 144 | Chamædaphne, Mitch. . . | 8 | 375 |
| Chætanthera,RuizetPav. | 10 | 35 | Chamædaphne, Mœnch. | 9 | 475 |
| Chætanthus, R. Br. . . | 13 | 139 | — calyculata, Mœnch. . . | 9 | 476 |
| Chætaria, Beauv. . . . . . | 13 | 161 | — crispa, Link. . . . . . | 9 | 477 |
| Chætium, Nees. . . . . . | 13 | 160 | Chamædorea, Willd. . . . | 12 | 60 |
| Chætobromus, Nees. . . | 13 | 163 | Chamædryon, Ser. . . . . | 1 | 432 |
| Chætocalyx, D. C. . . . | 1 | 154 | Chamædrys, Tourn. . . | 9 | 217 |
| Chætochilus, Vahl. . . | 9 | 343 | — officinalis, Mœnch. . . | 9 | 218 |
| Chætochlæna, Don. . . . | 10 | 135 | — Marum, Mœnch. . . . | 9 | 219 |
| Chætocrater, Ruiz et Pav. | 6 | 288 | — scordioides, Schreb. . | 9 | 220 |
| Chætocyperus, Nees. . . | 13 | 145 | — Scordium, Mœnch. . | 9 | 219 |
| Chætogastra, D. C. . . | 4 | 235 | Chamæfistula, D. C. . . | 1 | 114 |
| — alpestris, Martius. . . | 4 | 246 | CHAMÆLAUCIEÆ, D. C. | 4 | 104 |
| — canescens, D. C. . . . | 4 | 238 | | et | 106 |
| — cardinalis, D. C. . . . | 4 | 239 | Chamælaucium, Desf. . . | 4 | 110 |
| — ciliaris, D. C. . . . . | 4 | 237 | — Brownii, Desf. . . . . | 4 | 110 |
| — conferta, D. C. . . . . | 4 | 240 | — ciliatum, Desf. . . . . | 4 | 111 |
| | | | — plumosum, Desf. . . . | 4 | 110 |

| | Vol. | Pag. |
|---|---|---|
| *Chamæledon*, Link.. . . . | 9 | 444 |
| CHAMÆLEON, Cass. . . . | 10 | 61 |
| — gummifer, Cass. . . . | 10 | 61 |
| *Chamælinum paniculatum*, Host . . . . . . . . | 6 | 582 |
| CHAMÆLIRIUM, Willd. | 12 | 241 |
| — carolinianum, Willd. | 12 | 242 |
| — dioicum, Gray.. . . | 12 | 242 |
| CHAMÆMELES, Lindl. . . | 2 | 51 |
| CHAMÆMELUM, (All.)Cass. | 10 | 188 |
| — Cotula, All. . . . . | 10 | 190 |
| — nobile, All.. . . . . | 10 | 188 |
| — proliferum, Mœnch. . | 10 | 191 |
| — romanum, Blackw. | 10 | 188 |
| CHAMÆNERIUM, Tourn | 4 | 396 |
| — angustifolium, Scop | 4 | 396 |
| — denticulatum, Spach. | 4 | 398 |
| — rosmarinifolium, Spach. | 4 | 397 |
| CHAMÆPITHYS, Tourn. . | 9 | 223 |
| — vulgaris, Link. . . | 9 | 224 |
| CHAMÆPLIUM, Wallr. . | 6 | 433 |
| — officinale, Wallr. . . | 6 | 435 |
| CHAMÆREPES, Spreng. . | 12 | 180 |
| CHAMÆRHAPHIS, R. Br.. | 13 | 160 |
| *Chamæriphes*, Gærtn. . . . | 12 | 108 |
| — major, Gærtn. . . . | 12 | 108 |
| — minor, Gærtn. . . . | 12 | 108 |
| CHAMÆROPS, Linn. . . . | 12 | 107 |
| — humilis, Linn. . . . | 12 | 107 |
| — humilis depressa, Mart. | 12 | 108 |
| — humilis elata, Mart.. | 12 | 108 |
| — Palmetto, Mich. . . | 12 | 107 |
| *Chamæsciadium*, C. A. Mey. | 8 | 138 |
| CHAMÆSENNA, D. C.. . | 1 | 115 |
| *Chamæstephanum*, Willd.. | 10 | 17 |
| CHAMERANTHEMUM, Nees. | 9 | 146 |
| CHAMIRA, Thunb. . . . . | 6 | 324 |
| CHAMISSOA, Kunth. . . . | 5 | 249 |
| *Chamilis*, Soland. . . . . | 8 | 136 |
| *Chamorchis*, A. Rich.. . . | 12 | 180 |
| CHAPELIERA, A. Rich. . . | 8 | 572 |
| CHAPELLIERA, Nees. . . | 13 | 146 |
| *Chaptalia*, Ledeb. . . . | 10 | 35 |
| CHAPTALIA, Vent. . . . | 10 | 35 |
| *Chaquepiria*, Gmel. . . . | 8 | 372 |
| — Berghia, Gmel. . . | 8 | 413 |
| *Charachera*, Forsk. . . . | 9 | 228 |
| CHARDINIA, Desf. . . . | 10 | 8 |
| *CHARIANTHEÆ*, D. C. | 4 | 206 |
| | et | 270 |
| CHARIANTHUS, Don.. . . | 4 | 270 |
| — coccineus, Don. . . | 4 | 271 |
| — purpureus, Don. . . | 4 | 271 |
| | Vol. | Pag. |
| CHARIEIS, Cass. . . . . | 10 | 262 |
| — heterophylla, Cass. . | 10 | 263 |
| *Charlwoodia*, Sweet. . . . | 12 | 210 |
| CHARPENTIERA, Gaudich. | 5 | 249 |
| CHARTOLEPIS, Cass. . . . | 10 | 66 |
| CHASALIA, Commers. . . | 8 | 377 |
| CHASCANUM, E. Mey. . . | 9 | 227 |
| CHASCOLYTRUM, Desv . | 13 | 164 |
| *Chasmanthium*, Nees. . . | 13 | 165 |
| *Chasme*, Salisb.. . . . | 10 | 400 |
| *Chasmia*, Schott. . . . . | 9 | 130 |
| CHASMONE, Presl. . . . | 9 | 167 |
| CHASTENÆA, D. C. . . . | 4 | 205 |
| *Chatelania*, Neck. . . . . | 10 | 7 |
| *Cheilococca*, Sal. . . . | 1 | 132 |
| CHEILOPSIS, Moq. . . . | 9 | 145 |
| CHEILYCTIS, Raf. . . . | 9 | 165 |
| CHEIRANTHUS, (Linn.) R.Br. | 6 | 406 |
| — annuus, Linn. . . . | 6 | 404 |
| — Cheiri, Linn. . . . | 6 | 409 |
| — Cheiri Chamæleon Bot. Mag. . . . | 6 | 411 |
| — cinereus, Webb. . . | 6 | 411 |
| — fenestralis, Linn. . . | 6 | 404 |
| — fruticulosus, Linn.. . | 6 | 409 |
| — græcus, D. C. . . . | 6 | 403 |
| — ibericus, Willd. . . . | 6 | 419 |
| — incanus, Linn.. . . | 6 | 404 |
| — laciniatus, Poir. . . | 6 | 391 |
| — lævigatus, Willd. . . | 6 | 419 |
| — lanceolatus, Willd. . | 6 | 498 |
| — longifolius, Vent. . . | 6 | 411 |
| — mutabilis, L'hérit. . . | 6 | 411 |
| — mutabilis, Spach. . . | 6 | 411 |
| — mutabilis integrifolius, Spach. . . . . . | 6 | 411 |
| — mutabilis serratifolius, Spach. . . . . . | 6 | 411 |
| — scoparius, Willd. . . | 6 | 411 |
| — sinuatus, Linn. . . | 6 | 404 |
| — tenuifolius, L'hérit. . | 6 | 411 |
| — tricuspidatus, Linn. . | 6 | 405 |
| — tristis, Linn. . . . . | 6 | 402 |
| — varius, Sibth et Sm.. | 6 | 402 |
| *Cheirinia*, Link. . . . . | 6 | 323 |
| *Cheirolophus*, Cass. . . . | 10 | 11 |
| CHEIROPSIS, (D. C.) Spach. | 7 | 260 |
| — balearica, Spach. . . | 7 | 262 |
| — elegans, Spach. . . . | 7 | 261 |
| CHEIROSTEMON, Humb. et Bonpl. . . . | 3 | 441 |
| — platanoides, Humb. et B. | 3 | 442 |
| CHEIROSTYLIS, Blum. . . | 12 | 181 |

| | Vol. | Pag. |
|---|---|---|
| CHELIDONINEÆ, Spach. | 7 | 6 |
| | et | 28 |
| CHELIDONIUM, C. Bauh. . | 7 | 34 |
| — corniculatum, Linn. . | 7 | 33 |
| — davuricum, Bernh. . | 7 | 36 |
| — dodecandrum, Forsk. . | 7 | 29 |
| — fulvum, Poir. . . . . | 7 | 32 |
| — Glaucium, Linn. . . . | 7 | 32 |
| — grandiflorum, D. C. . | 7 | 36 |
| — hybridum, Linn. . . . | 7 | 29 |
| — laciniatum, Mill. . . | 7 | 36 |
| — majus, Linn. . . . . | 7 | 36 |
| — quercifolium, Villemet. | 7 | 36 |
| — violaceum, Lamk. . . | 7 | 29 |
| CHELONANTHERA, Blum. | 12 | 178 |
| CHELONE, Linn. . . . . . | 9 | 296 |
| — angustifolia, Kunth. . | 9 | 301 |
| — atropurpurea, Sweet. | 9 | 301 |
| — barbata, Cav. . . | 9 | 299 |
| — campanulata, Cav. . | 9 | 301 |
| — Digitalis, Sweet. . . . | 9 | 303 |
| — elegans, Spach. . . . | 9 | 297 |
| — glabra, Linn. . . . . | 9 | 297 |
| — latifolia, Elliot. . . . | 9 | 297 |
| — Lyonii, Pursh. . . | 9 | 298 |
| — major, Bot. Mag. . . | 9 | 298 |
| — obliqua, Linn. . . . . | 9 | 297 |
| — Pentstemon, Linn. . . | 9 | 302 |
| — purpurea, Mill. . . . | 9 | 297 |
| — rosea, Sweet. . . . . | 9 | 301 |
| — ruellioides, Andr. . . | 9 | 299 |
| — speciosa, Hortor. . . . | 9 | 298 |
| Chelonea, Linn. . . . . . | 5 | 278 |
| Chelonea, Don. . . . . . . | 9 | 264 |
| Chelones, Cavan. . . . . . | 9 | 268 |
| Chenocarpus, Neck. . . . | 8 | 377 |
| CHENOPODEÆ, D.C. | 5 | 276 |
| CHENOPODIUM, Linn. . . | 5 | 300 |
| — album., Linn. . . . . | 5 | 300 |
| — ambrosioides, Linn. . | 5 | 297 |
| — anthelminticum, Linn. | 5 | 298 |
| — augustanum, All. . . | 5 | 284 |
| — Bonus Henricus, Linn. | 5 | 295 |
| — Botrys, Linn. . . . . | 5 | 299 |
| — chilense, Schrad. . . . | 5 | 297 |
| — concatenatum, Thuil. | 5 | 300 |
| — ficifolium, Smith. . . | 5 | 301 |
| — fœtidum, Schrad. . . | 5 | 299 |
| — fruticosum, Mœnch. . | 5 | 283 |
| — leiospermum, D. C. . | 5 | 300 |
| — maritimum, Linn. . . | 5 | 382 |
| — multifidum, Linn. . . | 5 | 296 |

| | Vol. | Pag. |
|---|---|---|
| Chenopodium olidum, Smith. | 5 | 302 |
| — Quinoa, Willd. . . . . | 5 | 301 |
| — Schraderianum, R. et S. | 5 | 299 |
| — setigerum, D. C. . . . | 5 | 282 |
| — trigynum, R. et S. . . | 5 | 282 |
| — viride, Curt. . . . . . | 5 | 301 |
| — viride, Linn. . . . . . | 5 | 301 |
| — Vulvaria, Linn. . . . | 5 | 302 |
| CHENORRHINUM, D. C. . | 9 | 267 |
| CHERINA, Cass. . . . . . | 10 | 35 |
| CHERLERIA, Hall. . . . . | 5 | 205 |
| Cheve, Rafin. . . . . . . | 9 | 454 |
| CHEVREULIA, Cass. . . . | 10 | 26 |
| | et | 35 |
| CHIAZOSPERMUM, Bernh. | 7 | 59 |
| Chikrassa, Flem. . . . . | 3 | 170 |
| CHILIADENUS, Cass. . . . | 10 | 27 |
| CHILIANTHUS, Burch. . . | 9 | 270 |
| CHILIOPHYLLUM, D. C. . | 10 | 22 |
| CHILIOTRICHUM, Cass. . . | 10 | 50 |
| CHILOCARPUS, Blum. . . | 8 | 501 |
| Chilochloa, Beauv. . . . . | 13 | 159 |
| CHILODIA, R. Br. . . . . | 9 | 165 |
| CHILOGLOTTIS, R. Br. . | 12 | 182 |
| CHILOPSIS, Don. . . . . . | 9 | 230 |
| CHILOSCHISTA, Lindl. . . | 12 | 170 |
| CHILURUS, R. Br. . . . . | 10 | 401 |
| CHIMARRIS, Jacq. . . . . | 8 | 373 |
| Chimaza, R. Br. . . . . . | 9 | 444 |
| CHIMONANTHUS, Lindl. . . | 4 | 284 |
| — fragrans, Lindl. . . . | 4 | 285 |
| — fragrans grandiflorus, | | |
| Lindl. . . . . . . . . | 4 | 285 |
| CHIMOPHILA, Pursh. . . . | 9 | 516 |
| — corymbosa, Pursh. . | 9 | 516 |
| — umbellata., Nutt. . . | 9 | 516 |
| CHIOCOCCA, P. Br. . . . | 8 | 437 |
| — anguifuga, Mart. . . | 8 | 459 |
| — brachiata, Ruiz et Pav. | 8 | 439 |
| — densifolia, Mart. . . . | 8 | 439 |
| — paniculata, Willd. . . | 8 | 439 |
| — pubescens, Willd. . . | 8 | 459 |
| — racemosa, Linn. . . . | 8 | 438 |
| — racemosa, Kunth. . . | 8 | 439 |
| Chiogenes, Sal. . . . . . | 9 | 443 |
| CHIONACHNE, R. Br. . . | 13 | 159 |
| CHIONANTHUS, Linn. . . | 8 | 259 |
| — maxima, Sweet. . . | 8 | 260 |
| — virginica, Linn. . . . | 8 | 259 |
| — virginica angustifo- | | |
| lia, Wats. . . . . | 8 | 259 |
| — virginica maritima, | | |
| Pursh. . . . . . . . | 8 | 259 |

| | Vol. | Pag. |
|---|---|---|
| Chione, D. C. | 8 | 375 |
| Chionoptera, D. C. | 10 | 35 |
| Chionorhodon, Spach. | 7 | 314 |
| Chionostemma, D. C. | 10 | 26 |
| Chirita, Ham. | 9 | 257 |
| Chironia, Linn. | 9 | 7 |
| — angustifolia, Bot. Mag. | 9 | 8 |
| — baccifera, Linn. | 9 | 11 |
| — Barclayana, Hort. Kew. | 9 | 9 |
| — caryophylloides, Linn. | 9 | 8 |
| — Centaurium, Smith. | 9 | 12 |
| — decussata, Vent. | 9 | 8 |
| — frutescens, Griseb. | 9 | 8 |
| — frutescens, Linn. | 9 | 8 |
| — frutescens glabra, Cham. et Schl. | 9 | 8 |
| — jasminoides, Linn. | 9 | 9 |
| — linoides, Linn. | 9 | 10 |
| — lychnoides, Linn. | 9 | 10 |
| — orthostylis, Reichb. | 9 | 8 |
| — pedaucularis, Lindl. | 9 | 9 |
| — pulchella, Smith. | 9 | 13 |
| — uniflora, Lamk. | 9 | 9 |
| — vulgaris, Cham. | 9 | 10 |
| Chironieæ, Griseb. | 9 | 4 |
| | et | 7 |
| Chisogeton, Blum. | 3 | 180 |
| Chitonia, Moç. et Sess. | 2 | 306 |
| Chitria, Spach. | 8 | 47 |
| Chlænobolus, Cass. | 10 | 38 |
| Chlamydia, Banks et Sol. | 12 | 254 |
| Chlamydophora, Ehrenb. | 10 | 23 |
| Chlamysporum, Sal. | 12 | 256 |
| *CHLENACEÆ*, Petit-Thou. | 4 | 53 |
| Chlidanthus, Lindl. | 12 | 405 |
| Chloanthes, R. Br. | 9 | 227 |
| Chloidia, Lindl. | 12 | 181 |
| Chloopsis, Blum. | 12 | 256 |
| Chlora, Linn. | 9 | 4 |
| Chloræa, Lindl. | 12 | 182 |
| Chloranthaceæ, Lindl. | 11 | 18 |
| *CHLORANTHEÆ*, R. Br. | 11 | 18 |
| Chloranthus, Swartz. | 11 | 19 |
| Chloraster, Haw. | 12 | 442 |
| Chloreæ, Griseb. | 9 | 4 |
| Chloris, Swartz. | 13 | 163 |
| *CHLORIDEÆ*, Kunth. | 13 | 162 |
| | et | 197 |
| Chlorogalum, Kunth. | 12 | 254 |
| Chloromyron, Pers. | 5 | 508 |
| | Vol. | Pag. |
| Chlorophora, Gaudich. | 11 | 37 |
| Chlorophytum, Gawl. | 12 | 256 |
| Chloropsis, Herbert. | 12 | 399 |
| Chlorosa, Blum. | 12 | 181 |
| Chloroxylum, D. C. | 3 | 171 |
| — Swietenia, D. C. | 3 | 171 |
| Choisya, Kunth. | 2 | 322 |
| Chomelia, Jacq. | 8 | 376 |
| Chomelia, Linn. | 8 | 373 |
| Chona, Don. | 9 | 443 |
| Choncodendron, Ruiz et Pav. | 8 | 6 |
| Chondrilla, Linn. | 10 | 6 |
| Chondrocarpus, Nutt. | 8 | 137 |
| Chondrolæna, Ness. | 13 | 159 |
| Chondropetalum, Rottb. | 13 | 139 |
| Chondrophyllum, Bunge. | 9 | 6 |
| Chondrosium, Desv. | 13 | 163 |
| Chondrospermum, Wallich. | 8 | 242 |
| Choretis, Herbert. | 12 | 406 |
| Choretrum, R. Br. | 10 | 460 |
| Choripetalum, D. C. | 9 | 374 |
| Chorisia, Kunth. | 3 | 437 |
| — crispiflora, Kunth. | 3 | 438 |
| — insignis, Kunth. | 3 | 438 |
| — speciosa, A. Saint-Hil. | 3 | 437 |
| Chorisma, Lindl. | 3 | 323 |
| Chorispora, D. C. | 6 | 322 |
| Choristea, Thunb. | 10 | 14 |
| Chorizandra, R. Br. | 13 | 146 |
| Chorizanthe, R. Br. | 10 | 521 |
| Chorizema, Labill. | 1 | 168 |
| — coriaceum, Smith. | 1 | 172 |
| — Henchmanni, R. Br. | 1 | 169 |
| — ilicifolium, Labill. | 1 | 169 |
| — ovatum, Lindl. | 1 | 169 |
| — rhombeum, R. Br. | 1 | 169 |
| Choteckia, Opitz. | 9 | 163 |
| Chresta, D. C. | 10 | 39 |
| Christannia, Presl. | 6 | 115 |
| Christia, Moench. | 1 | 155 |
| Christiania, D. C. | 4 | 4 |
| Christima, Raf. | 8 | 372 |
| Christophoriana spicata, Moench. | 7 | 386 |
| Chromochiton, Cass. | 10 | 202 |
| Chromolæna, D. C. | 10 | 37 |
| Chromolepis, Cass. | 10 | 12 |
| Chromopappus, D. C. | 10 | 59 |
| Chrosperma, Rafin. | 12 | 235 |
| Chrysa, Raf. | 7 | 290 |
| Chrysactinium, Kunth. | 10 | 38 |
| Chrysangium, Link. | 9 | 536 |

| | Vol. | Pag. |
|---|---|---|
| CHRYSANTHE, Spach. . . | 7 | 212 |
| *Chrysanthellina*, Cass. . . | 10 | 9 |
| CHRYSANTHELLUM, Rich. | 10 | 19 |
| CHRYSANTHEMUM, Linn. | 10 | 178 |
| — *Balsamita*, Linn. . . | 10 | 175 |
| — *carinatum*, Schousb. | 10 | 180 |
| — *coccineum*, Sims. . . | 10 | 176 |
| — *coccineum*, Willd. . | 10 | 176 |
| — *coronarium*, Linn. . | 10 | 181 |
| — *indicum*, Thunb. . . | 10 | 179 |
| — Leucanthemum, Linn. | 10 | 178 |
| — *parthenifolium*, Pers. | 10 | 177 |
| — *Parthenium*, Pers. . | 10 | 177 |
| — *præaltum*, Vent. . . | 10 | 177 |
| — *roseum*, Adams. . . | 10 | 176 |
| — *serotinum*, Linn. . . | 10 | 175 |
| — sinense, Sabine. . . . | 10 | 179 |
| — *tricolor*, Andr. . . . | 10 | 180 |
| *Chryseis compacta*, Bot. Reg. | 7 | 49 |
| CHRYSEIS, Cass. . . . . | 10 | 75 |
| — moschata, Cass. . . . | 10 | 77 |
| — odorata, Cass. . . . | 10 | 76 |
| CHRYSION, Spach. . . . | 5 | 509 |
| — biflorum, Spach.. . . | 5 | 510 |
| CHRYSIPHIALA, Ker. . . | 12 | 405 |
| CHRYSITHRIX, Linn. fil.. | 13 | 146 |
| *CHRYSOBALA-NEÆ*, R. Br.. . . . | 1 | 368 |
| CHRYSOBALANUS, Linn. . | 1 | 369 |
| — ellipticus, Sol. . . . | 1 | 370 |
| — Icaco, Linn. . . . . . | 1 | 369 |
| — luteus, Sabine. . . . | 1 | 370 |
| — oblongifolius, Mich. . | 1 | 371 |
| CHRYSOBAPHUS, Wallich. | 12 | 161 |
| CHRYSOBOTRYA, Spach. | 6 | 148 |
| — intermedia, Spach. . | 6 | 150 |
| — Lindleyana, Spach. . | 6 | 151 |
| — revoluta, Spach. . . | 6 | 149 |
| CHRYSOCOMA, Linn. . . | 10 | 236 |
| — *aurea*, Thunb. . . . | 10 | 236 |
| — *cernua*, Thunb. . . | 10 | 236 |
| — Coma-aurea, Linn. . . | 10 | 236 |
| — *Linosyris*, Linn. . . | 10 | 235 |
| — *patula*, Thunb. . . . | 10 | 236 |
| CHRYSOGLOSSUM, Blum. | 12 | 175 |
| CHRYSOGONUM, Linn. . | 10 | 21 |
| *Chrysomallum*, Petit-Thou. | 9 | 227 |
| *Chrysomelea*, Tausch. . . | 10 | 19 |
| — *lanceolata*, Tausch. . | 10 | 132 |
| CHRYSOPHANIA, Kunth. | 10 | 22 |
| CHRYSOPHYLLUM, Linn. | 9 | 385 |
| — acuminatum, Roxb. . . | 9 | 387 |
| Chrysophyllum argenteum, Jacq. . . . . . . . | 9 | 386 |
| — Cainito, Linn. . . . | 9 | 385 |
| — *carolinense*, Jacq. . . | 9 | 389 |
| — glabrum, Linn. . . . | 9 | 386 |
| — Macoucou, Aubl. . . | 9 | 387 |
| CHRYSOPIA, Petit-Thou. | 5 | 319 |
| — fasciculata, Petit-Thou. | 5 | 320 |
| — microphylla, Camb. . . | 5 | 319 |
| CHRYSOPOGON, Trin.. . . | 13 | 167 |
| CHRYSOPSIS, Nutt.. . . . | 10 | 29 |
| CHRYSOSPLENIUM, Linn. | 5 | 61 |
| — alternifolium, Linn. . | 5 | 61 |
| — oppositifolium, Linn. | 5 | 62 |
| CHRYSOSTEMMA, E. Mey. | 10 | 14 |
| CHRYSOSTEMMA, Less.. | 10 | 19 |
| *Chrysothrix*, Vahl. . . . | 13 | 146 |
| — *tripteris*, Less. . . . | 10 | 134 |
| *Chthonia*, Cass. . . . . . | 10 | 16 |
| CHUKRASIA, Juss. fil. . . | 3 | 170 |
| — tabularis, Juss. fil. . . | 3 | 170 |
| CHUNCOA, Pav. . . . . | 4 | 296 |
| CHUQUIRAGA, Juss. . . | 10 | 9 |
| CHUSQUEA, Kunth. . . . | 13 | 221 |
| — scandens, Kunth. . . | 13 | 221 |
| *Chylodia*, Rich. . . . . | 10 | 20 |
| CHYSIS, Lindl. . . . . . | 12 | 178 |
| *Chytralia*, Adans. . . . . | 4 | 105 |
| *Chytraculia*, P. Br. . . . | 4 | 105 |
| CICCA, Linn. . . . . . | 2 | 494 |
| — disticha, Linn. . . . | 2 | 494 |
| — racemosa, Lour. . . | 2 | 494 |
| CICCA, Med. . . . . . | 6 | 262 |
| CICENDIA, Adans.. . . . | 9 | 5 |
| CICER, Tourn. . . . . | 1 | 298 |
| — *arietinum*, Lamk. . . | 1 | 299 |
| — arietinum, Linn. . . | 1 | 299 |
| — *Lens*, Willd. . . . . | 1 | 304 |
| — physodes, Reichb. . . | 1 | 299 |
| — sativum, Schk. . . . | 1 | 300 |
| *Cicercula*, Mœnch. . . . | 1 | 156 |
| *Cichoraceæ*, Juss. . . . . | 10 | 4 |
| | et | 5 |
| *Cichoreæ*, Spreng. . . . | 10 | 5 |
| CICHORIUM, Tourn. . . . | 10 | 55 |
| — *Cicorea*, Dumort. . . | 10 | 56 |
| — Endivia, Linn. . . . | 10 | 56 |
| — *glabrum*, Presl. . . . | 10 | 56 |
| — *Intybus*, Linn. . . . | 10 | 56 |
| — *pumilum*, Jacq. . . . | 10 | 56 |
| CICUTA, Linn. . . . . | 8 | 189 |
| — *Amomum*, Crantz. . . | 8 | 192 |
| — *angustifolia*, Kit. . . | 8 | 190 |

|  | Vol. | Pag. |  | Vol. | Pag. |
| --- | --- | --- | --- | --- | --- |
| Cicuta *maculata*, Lamk. | 8 | 180 | Cinchona *officinalis*, Linn. | 8 | 384 |
| — *major*, Lamk. | 8 | 180 |  | et | 386 |
| — *tenuifolia*, Schrank. | 8 | 190 | — *ovalifolia*, Humb. et |  |  |
| — *virosa*, Linn. | 8 | 189 | Bonpl. | 8 | 387 |
| *Cicutaria*, Lamk. | 8 | 189 | — *ovalifolia*, Mutis. | 8 | 388 |
| — *aquatica*, Lamk. | 8 | 189 | — *pallescens*, Ruiz. | 8 | 386 |
| *Cienfuegia*, Willd. | 3 | 343 | — *pubescens*, Vahl. | 8 | 386 |
| *Cienfuegosia*, Cav. | 3 | 343 | — *purpurea*, Ruiz et Pav. | 8 | 386 |
| CIMICIFUGA, Linn. | 7 | 388 | — *Remijana*, A. Saint-Hil. | 8 | 392 |
| — *americana*, Mich. | 7 | 391 | — *rosea*, Ruiz et Pav. | 8 | 390 |
| — *fœlida*, Linn. | 7 | 390 | — *tenuis*, Ruiz. | 8 | 386 |
| — *palmata*, Mich. | 7 | 234 | — *scrobiculata*, Humb. |  |  |
| — *podocarpa*, Elliot. | 7 | 391 | et Bonpl. | 8 | 385 |
| — *Serpentaria*, Pursh. | 7 | 393 | — *Velloxii*, A. Saint-Hil. | 8 | 392 |
| — *racemosa*, Bart. | 7 | 393 | *Cinchonaceæ*, Lindl. | 8 | 369 |
| *Ciminalis*, Borkh. | 9 | 6 | CINCHONEÆ, A. Rich. | 8 | 371 |
| — *Pneumonanthe*, Borkh. | 9 | 18 |  | et | 379 |
| *Cinara*, Tourn. | 10 | 12 | CINERARIA, Linn. | 10 | 35 |
| CINCHONA, Linn. | 8 | 383 | — *amelloides*, Linn. | 10 | 262 |
| — *acutifolia*, Ruiz et Pav. | 8 | 388 | CINNA, Linn. | 13 | 161 |
| — *angustifolia*, Ruiz et Pav. | 8 | 385 | CINNAMOMEÆ, Nees. | 10 | 469 |
| — *angustifolia*, Swartz. | 8 | 395 | CINNAMOMUM, (Burm.) |  |  |
| — *brachycarpa*, Swartz. | 8 | 395 | Nees. | 10 | 474 |
| — *caduciflora*, Humb. et |  |  | — *albiflorum*, Nees. | 10 | 478 |
| Bonpl. | 8 | 390 | — *aromaticum*, Nees. | 10 | 482 |
| — *caribæa*, Jacq. | 8 | 394 | — *Burmanni*, Blum. | 10 | 485 |
| — *caroliniana*, Poir. | 8 | 400 | — *Camphora*, Nees. | 10 | 487 |
| — Condaminea, Humb. |  |  | — *camphoratum*, Blum. | 10 | 478 |
| et Bonpl. | 8 | 384 | — Capparu-Coronde, Blum. | 10 | 478 |
| — *cordifolia*, Mutis. | 8 | 386 | — *Cassia*, Nees. | 10 | 482 |
| — *corymbifera*, Forst. | 8 | 397 | — *chinense*, Blum. | 10 | 484 |
| — *dichotoma*, Ruiz et Pav. | 8 | 388 | — *Culivawan*, Blum. | 10 | 476 |
| — *excelsa*, Roxb. | 8 | 393 | — *dulce*, Nees. | 10 | 484 |
| — *ferruginea*, A. Saint-Hil. | 8 | 391 | — *eucalyptoides*, Nees. | 10 | 478 |
| — *floribunda*, Swartz. | 8 | 396 | — *iners*, Blum. | 10 | 479 |
| — *glandulifera*, Ruiz et Pav. | 8 | 389 | — *javanicum*, Blum. | 10 | 480 |
| — *grandifolia*, Poir. | 8 | 386 | — *Kiamis*, Nees. | 10 | 485 |
| — *hirsuta*, Ruiz et Pav. | 8 | 386 | — *Loureirii*, Nees. | 10 | 485 |
| — Humboldtiana, Rœm. |  |  | — *nitidum*, Hook. | 10 | 478 |
| et Sch. | 8 | 387 | — *rubrum*, Blum. | 10 | 476 |
| — *jamaicensis*, Wright. | 8 | 395 | — *Sintoc*, Blum. | 10 | 477 |
| — *lanceolata*, Ruiz et Pav. | 8 | 385 | — *Tamala*, Nees. | 10 | 483 |
| — *lancifolia*, Mutis. | 8 | 385 | — *xanthoneurum*, Blum. | 10 | 478 |
| — *Luciana*, Vilm. | 8 | 396 | — *zeylanicum*, Blum. | 10 | 481 |
| — *lutescens*, Ruiz. | 8 | 386 | — *zeylanicum*, Nees. | 10 | 481 |
| — *macrocarpa*, Vahl. | 8 | 388 | — *zeylanicum* : β, Nees. | 10 | 481 |
| — *magnifolia*, Humb. et |  |  | — *zeylanicum Cassia*, Nees. | 10 | 481 |
| Bonpl. | 8 | 390 | — *zeylanicum cordifo-* |  |  |
| — *magnifolia*, Ruiz et Pav. | 8 | 386 | *lium*, Hayn. | 10 | 481 |
| — *micrantha*, Ruiz et Pav. | 8 | 389 | — *zeylanicum subcorda-* |  |  |
| — *montana*, Badier. | 8 | 396 | *tum*, Nees. | 10 | 481 |
| — *nitida*, Ruiz et Pav. | 8 | 385 | — *zeylanicum vulgare*, |  |  |
| — *oblongifolia*, Mutis. | 8 | 386 | Hayn. | 10 | 481 |

| | Vol. | Pag. |
|---|---|---|
| *Cionisaccus*, Kuhl et Hass. | 12 | 180 |
| CIPADESSA, Blum. . . . . | 3 | 180 |
| *Ciponima*, Aubl. . . . . . | 9 | 417 |
| CIPURA, Aubl. . . . . | 13 | 73 |
| — martinicensis, Kunth. | 13 | 74 |
| — paludosa, Aubl. . . . | 13 | 74 |
| — vaginata , Red. . . . | 13 | 74 |
| CIRCÆA, Linn. . . . . | 4 | 415 |
| — lutetiana, Linn. . . . | 4 | 416 |
| CIRRHÆA, Lindl. . . . . | 12 | 177 |
| CIRRHOPETALUM, Lindl. | 12 | 175 |
| CIRSIUM, Tourn. . . . | 10 | 92 |
| — arvense, Lamk. . . . | 10 | 95 |
| — bracteatum, Link. . . | 10 | 90 |
| — eriophorum, Scop. . | 10 | 93 |
| — lanceolatum, Scop. . | 10 | 93 |
| — maculatum, Mœnch.. | 10 | 90 |
| — oleraceum, All. . . . | 10 | 94 |
| — syriacum, Gærtn. . . | 10 | 90 |
| CISSAMPELOS, Linn. . . . | 8 | 23 |
| — discolor, Wallich. . . | 8 | 22 |
| — ovalifolia , D. C. . . | 8 | 23 |
| — Pareira , Lamk. . . . | 8 | 24 |
| CISSUS, Linn. . . . . | 3 | 210 |
| — acida, Linn. . . . . | 3 | 212 |
| — Ampelopsis, Pers. . . | 3 | 215 |
| — antarctica, Vent. . . | 3 | 210 |
| — auriculata, Roxb. . . | 3 | 214 |
| — capensis, Willd. . . | 3 | 210 |
| — caustica , Tuss. . . . | 3 | 213 |
| — crenata , Blum. . . | 3 | 213 |
| — nodosa , Blum. . . . | 3 | 211 |
| — orientalis, Willd. . . | 3 | 214 |
| — pentaphylla , Willd. . | 3 | 214 |
| — quadrangularis, Linn. | 3 | 212 |
| — rotundifolia , Blum. | 3 | 211 |
| — salutaris , Kunth. . . | 3 | 212 |
| — setosa, Roxb. . . . | 3 | 212 |
| — stans , Pers. . . . . | 3 | 217 |
| — sycioides, Linn. . . . | 3 | 211 |
| — thyrsiflora, Blum. . . | 3 | 213 |
| — tuberculata , Jacq. . | 3 | 213 |
| *Cissus arborea*, Forsk. . | 13 | 535 |
| CISTACEÆ, Lindl. | 6 | 1 |
| *Cistanche*, Link. . . . | 9 | 261 |
| CISTANTHE, Spach. . . | 5 | 229 |
| — anceps, Spach. . . . | 5 | 230 |
| — discolor, Spach. . . . | 5 | 231 |
| *Cisteæ* , Reichb. . . . . | 6 | 1 |
| CISTEÆ, Spach. . . . | 6 | 6 |
| | et | 8 |
| *Cistella*, Blum. . . . . . | 12 | 178 |
| *Cisti* , Juss. . . . . . . | 6 | 1 |
| CISTIFLORÆ, Bartl. | 5 | 475 |
| *Cistineæ* , D. C. . . . . | 6 | 4 |
| CISTINEÆ, Spach. . . | 6 | 7 |
| | et | 15 |
| *Cistineæ - Sarraceniaceæ* , Reichb. . . . . . . . | 13 | 327 |
| CISTOCARPIUM, Spach. . | 6 | 471 |
| — utriculatum, Spach. . | 6 | 472 |
| *Cistoideæ*, Vent. . . . . . | 6 | 1 |
| CISTUS, (Tourn.) Spach. . | 6 | 84 |
| — acutifolius, Sweet. . | 6 | 75 |
| — ægyptiacus, Linn. . , | 6 | 20 |
| — algarvensis, Bot. Mag. | 6 | 52 |
| — alyssoides , Lamk. . . | 6 | 58 |
| — anglicus, Linn. . . | 6 | 41 |
| — angustifolius, Jacq. . | 6 | 29 |
| — apenninus, Linn. . . | 6 | 27 |
| — arabicus, Linn. . . . | 6 | 10 |
| — asperifolius, Sweet. . | 6 | 77 |
| — atriplicifolius, Lamk. | 6 | 54 |
| — Barrelieri, Bot. Mag. | 6 | 29 |
| — brasiliensis , Lamk. . | 6 | 96 |
| — canadensis, Hort. Kew. | 6 | 100 |
| — canariensis, Willd. . | 6 | 22 |
| — candidissimus, Dunal. | 6 | 93 |
| — canus, Jacq. . . . . | 6 | 41 |
| — carolinianus, Vent. . | 6 | 97 |
| — cheiranthoides, Lamk. | 6 | 58 |
| — ciliatus, Desf. . . . | 6 | 28 |
| — cinereus, Cavan. . . | 6 | 40 |
| — Clusii, Dunal. . . . | 6 | 65 |
| — complicatus, Lamk. . | 6 | 85 |
| — corbariensis, Pers. . . | 6 | 73 |
| — creticus, Sweet. . . | 6 | 80 |
| — croceus, Desf. . . . . | 6 | 27 |
| — Cupanianus, Presl. . | 6 | 75 |
| — cymosus, Dunal. . . | 6 | 86 |
| — cyprius, Lamk. . . . | 6 | 68 |
| — dichotomus, Cav. . | 6 | 45 |
| — ellipticus, Desf. . . | 6 | 27 |
| — eriocephalus, Viv. . | 6 | 87 |
| — fœtidus, Jacq. . . . | 6 | 27 |
| — ferrugineus, Lamk. . | 6 | 10 |
| — florentinus, Lamk. . | 6 | 83 |
| — formosus, Curt. . . . | 6 | 58 |
| — Fumana , Linn. . . | 6 | 11 |
| — *Fumana : α*, calycinus, Desf. . . . . . . | 6 | 11 |
| — glaucus, Cavan. . . | 6 | 27 |
| — glaucus, Desf. . . . | 6 | 27 |
| — globulariæfolius, Lamk. | 6 | 49 |

|  | Vol. | Pag. |  | Vol. | Pag. |
|---|---|---|---|---|---|
| Cistus *glutinosus*, Linn. | 6 | 12 | Cistus *polyanthos*, Desf. | 6 | 39 |
| — *guttatus*, Linn. | 6 | 46 | — *populifolius*, Linn. | 6 | 73 |
| — *halimifolius*, Linn. | 6 | 56 |  | et | 75 |
| — *helianthemoides*, Desf. | 6 | 26 | — *populifolius*, Cavan. | 6 | 75 |
| — *Helianthemum*, Linn. | 6 | 26 | — *psilosepalus*, Sweet. | 6 | 79 |
| — *hirsutus*, Lamk. | 6 | 79 | — *purpureus*, Lamk. | 6 | 91 |
| — *hirsutus*, Lapeyr. | 6 | 26 | — *racemosus*, Cav. | 6 | 34 |
| — *hirtus*, Linn. | 6 | 29 | — *racemosus*, Lamk. | 6 | 29 |
| — *hybridus*, Linn. | 6 | 73 | — *racemosus*, Linn. | 6 | 28 |
| — *incanus*, Linn. | 6 | 88 | — *rotundifolius*, Sweet. | 6 | 87 |
| — *incanus*, Sibth. et Sm. | 6 | 85 | — *salicifolius*, Linn. | 6 | 18 |
| — *involucratus*, Lamk. | 6 | 58 | — *salviæfolius*, D. C. | 6 | 73 |
| — *ladaniferus*, Bot. Mag. | 6 | 68 | — *salviæfolius*, Linn. | 6 | 75 |
| — *ladaniferus*, Linn. | 6 | 69 | — *sambucifolius*, Cav. | 6 | 52 |
| — *lævipes*, Linn. | 6 | 13 | — *Savii*, Bertol. | 6 | 10 |
| — *lævis*, Cavan. | 6 | 12 | — *serratus*, Cav. | 6 | 46 |
| — *lasianthus*, Lamk. | 6 | 58 | — *sessiliflorus*, Desf. | 6 | 21 |
| — *latifolius*, Sweet. | 6 | 75 | — *squammatus*, Linn. | 6 | 36 |
| — *laurifolius*, Linn. | 6 | 66 | — *symphytifolius*, Lamk. | 6 | 93 |
| — *lavandulæfolius*, Lamk. | 6 | 34 | — *syriacus*, Linn. | 6 | 34 |
| — *laxus*, Hort. Kew. | 6 | 75 | — *thymifolius*, Linn. | 6 | 12 |
| — *ledifolius*, Linn. | 6 | 17 | — *tomentosus*, Scop. | 6 | 26 |
| — *libanotis*, Lamk. | 6 | 62 | — *Tuberaria*, Linn. | 6 | 49 |
|  | et | 63 | — *umbellatus*, Linn. | 6 | 61 |
| — *libanotis*, Linn. | 6 | 32 | — *vaginatus*, Hort. Kew. | 6 | 93 |
| — *Lippii*, Linn. | 6 | 21 | — *villosus*, Linn. | 6 | 87 |
| — *longifolius*, Lamk. | 6 | 77 | — *vulgaris*, Spach. | 6 | 87 |
| — *marifolius*, Engl. Bot. | 6 | 41 | — *vulgaris crispus*, Spach. | 6 | 88 |
| — *mexicanus*, Cav. | 6 | 105 | — *vulgaris heterophyl-* |  |  |
| — *mollis*, Cav. | 6 | 41 | *lus*, Spach. | 6 | 89 |
| — *monspeliensis*, Linn. | 6 | 82 | — *vulgaris incanus*, Spach. | 6 | 88 |
| — *mutabilis*, Jacq. | 6 | 27 | — *vulgaris sessilifolius*, | 6 | 88 |
| — *nigricans*, Pourr. | 6 | 77 | Spach. | 6 | 88 |
| — *niloticus*, Linn. | 6 | 17 | — *vulgaris undulatus*, Spach. | 6 | 88 |
| — *nummulariæfolius*, Cav. | 6 | 40 | — *vulgaris villosus*, Spach. | 6 | 87 |
| — *oblongifolius*, Sweet. | 6 | 77 | CITHAREXYLON, Linn. | 9 | 227 |
| — *ocymoides*, Lamk. | 6 | 52 | CITROSMA, Ruiz et Pav. | 11 | 90 |
| — *œlandicus*, Linn. | 6 | 41 | CITRULLUS, Neck. | 6 | 212 |
| — *origanifolius*, Lamk. | 6 | 44 | — *Colocynthis*, Schrad. | 6 | 213 |
| — *ovatus*, Viv. | 6 | 27 | — *edulis*, Spach. | 6 | 214 |
| — *parviflorus*, Lamk. | 6 | 85 | CITRUS, Linn. | 2 | 256 |
| — parviflorus, Spach. | 6 | 85 | — Aurantium, Linn. | 2 | 273 |
| — *parviflorus brevifolius*, |  |  | — *Aurantium Berga-* |  |  |
| Spach. | 6 | 85 | *mium*, Lois. | 2 | 282 |
| — *parviflorus longifolius*, |  |  | — *Aurantium cornicu-* |  |  |
| Spach. | 6 | 85 | *latum*, Lois. | 2 | 265 |
| — *parviflorus spathulatus*, |  |  | — *Aurantium fructu va-* |  |  |
| Spach. | 6 | 85 | *riegato*, Lois. | 2 | 271 |
| — *piloselloides*, Lapeyr. | 6 | 41 | — *Aurantium gibbosum*, |  |  |
| — *pilosus*, Linn. | 6 | 28 | Risso. | 2 | 265 |
| — *plantagineus*, Willd. | 6 | 47 | — *Aurantium grassense*, Lois. | 2 | 270 |
| — *platysepalus*, Sweet. | 6 | 79 | — *Aurantium hierochun-* |  |  |
| — *polifolius*, Linn. | 6 | 28 | *ticum*, Risso. | 2 | 265 |

| | Vol. | Pag. |
|---|---|---|
| Citrus *Aurantium lunatum*, Desf. | 2 | 272 |
| — *Aurantium lusitanicum*, Lois. | 2 | 266 |
| — *Aurantium minutissimum*, Lois. | 2 | 264 |
| — *Aurantium multiflorum*, Lois. | 2 | 269 |
| — *Aurantium olivæforme*, Lois. | 2 | 267 |
| — *Aurantium vulgare*, Riss. | 2 | 270 |
| — Bigaradia, Lois. | 2 | 273 |
| — *Bigaradia acuminata*, Lois. | 2 | 270 |
| — *Bigaradia Bizaria*, Lois. | 2 | 280 |
| — *Bigaradia corniculata*, Lois. | 2 | 274 |
| — *Bigaradia crispa*, Lois. | 2 | 275 |
| — *Bigaradia hispanica*, Lois. | 2 | 278 |
| — *Bigaradia myrtifolia*, Lois. | 2 | 280 |
| — *Bigaradia racemosa*, Lois. | 2 | 277 |
| — *Bigaradia sinensis*, Lois. | 2 | 279 |
| — *Bigaradia sulcata*, Lois. | 2 | 274 |
| — *Bigaradia violacea*, Lois. | 2 | 275 |
| — hystrix, D. C. | 2 | 284 |
| — *Limetta Bergamia*, Lois. | 2 | 281 |
| — *Limetta fructu parvo*, Lois. | 2 | 283 |
| — *Limetta hispanica*, Lois. | 2 | 283 |
| — *Limetta limoniformis*, Lois. | 2 | 288 |
| — *Limetta romana*, Lois. | 2 | 284 |
| — *Limetta tuberculata*, Lois. | 2 | 284 |
| — *Limonium amalphitanum*, Lois. | 2 | 298 |
| — *Limonium Balotinum*, Lois. | 2 | 294 |
| — *Limonium Barbadorum*, Lois. | 2 | 293 |
| — *Limonium Bignetta*, Lois. | 2 | 291 |
| — *Limonium bimamillatum*, Lois. | 2 | 299 |
| — *Limonium cajetanum*, Lois. | 2 | 296 |
| — *Limonium Caly*, Lois. | 2 | 294 |
| — *Limonium Ceriescum*, | 2 | 295 |
| — *Limonium dulce*, Lois. | 2 | 287 |
| — *Limonium Ferrari*, Lois. | 2 | 298 |
| — *Limonium imperiale*, Lois. | 2 | 296 |
| Citrus *Limonium incomparabile*, Lois. | 2 | 290 |
| — *Limonium Laura*, Lois. | 2 | 296 |
| — *Limonium Paradisi*, Lois. | 2 | 298 |
| — *Limonium Ponzinum*, Lois. | 2 | 292 |
| — *Limonium pusillum*, Lois. | 2 | 290 |
| — *Limonium rheginorum*, Lois. | 2 | 297 |
| — *Limonium roseum*, Lois. | 2 | 292 |
| — *Limonium Rosolinum*, Lois. | 2 | 292 |
| — *Limonium saccharatum*, Lois. | 2 | 288 |
| — *Limonium Sancti Remi*, Lois. | 2 | 297 |
| — *Limonium Shardonii*, Lois. | 2 | 291 |
| — *Limonium striatum*, Lois. | 2 | 290 |
| — *Limonium vulgare*, Lois. | 2 | 295 |
| — medica, Linn. | 2 | 300 |
| — *medica florentina*, Desf. | 2 | 302 |
| — *medica fructu cornuto*, Lois. | 2 | 301 |
| — *medica fructu elongato*, Lois. | 2 | 302 |
| — *medica fructu maximo*, Lois. | 2 | 301 |
| — *medica fructu sulcato*, Lois. | 2 | 303 |
| — *medica Limon*, Lois. | 2 | 290 |
| — *medica saloniana*, Lois. | 2 | 301 |
| — nobilis, Lour. | 2 | 268 |
| — sinense, Tourn. | 2 | 264 |
| — sinensis: β, Willd. | 2 | 279 |
| *Citta*, Lour. | 1 | 157 |
| *Cittorhynchus*, Willd. | 2 | 380 |
| CLADANTHUS, Cass. | 10 | 190 |
| — proliferus, Cass. | 10 | 191 |
| *Cladieæ*, Nees. | 13 | 145 |
| CLADIUM, P. Br. | 13 | 146 |
| CLADOCHÆTA, D. C. | 10 | 26 |
| CLADODES, Lour. | 2 | 488 |
| CLADOGYNUS, Blum. | 5 | 325 |
| CLADOSERIS, Less. | 10 | 35 |
| CLADOSTACHYS, Don. | 5 | 249 |
| CLADOSTYLES, Humb. et Bonpl. | 9 | 94 |
| CLADOTHAMNUS, Bongard. | 9 | 444 |
| CLAIRVILLEA, D. C. | 10 | 22 |
| *Clandestina*, Tourn. | 9 | 261 |
| CLANDESTINARIA, Spach. | 6 | 427 |

| | Vol. | Pag. | | Vol. | Pag. |
|---|---|---|---|---|---|
| Clandestinaria indica, Spach. | 6 | 429 | Clematis *integrifolia*, Linn. | 7 | 270 |
| CLAOXYLON, Juss. fil. . . | 2 | 487 | — *lasiantha*, Fisch. . . | 7 | 281 |
| *Clarionæa*, Cass. . . . . | 10 | 54 | — *lathyrifolia*, Bess. . . | 7 | 282 |
| CLARIONEA, Lag. . . . | 10 | 33 | — *maritima*, D. C. . . . | 7 | 279 |
| CLARISIA, Ruiz et Pav. . | 11 | 258 | — *nutans*, Crantz. . . . | 7 | 271 |
| CLARKIA, Pursh. . . . . | 4 | 394 | — *orientalis*, Linn. . . . | 7 | 274 |
| — *elegans*, Dougl. . . . | 4 | 393 | — *parviflora*, D. C. . . . | 7 | 266 |
| — *pulchella*, Pursh. . . | 4 | 395 | — *recta*, Linn. . . . . | 7 | 272 |
| CLAUSENA, Burm. . . . . | 2 | 250 | — *revoluta*, Desf. . . . | 7 | 266 |
| CLAVENA, D. C. . . . . . | 10 | 12 | — *scandens*, Borkh. . . | 7 | 276 |
| CLAVIGERA, D. C. . . . . | 10 | 57 | — *semitriloba*, Lag. . . | 7 | 261 |
| CLAVIJA, Ruiz et Pav. . . | 9 | 379 | — *sepium*, Lamk. . . . | 7 | 276 |
| — *lancifolia*, Desf. . . . | 9 | 380 | — *sibirica*, Lamk. . . . | 7 | 281 |
| — longifolia, Desf. . . . | 9 | 379 | — *sibirica*, Willd. . . . | 7 | 273 |
| — *ornata*, Don. . . . . | 9 | 379 | — *verticillaris*, D. C. . . | 7 | 260 |
| CLAVULIUM, Desv. . . . | 1 | 153 | — *Viorna*, Andr. . . . | 7 | 269 |
| CLAYTONIA, Linn. . . . . | 5 | 233 | — *Viorna*, Linn. . . . . | 7 | 270 |
| — acutiflora, Sweet. . . | 5 | 235 | — virginiana, Linn. . . | 7 | 278 |
| — alsinoides, Sims. . . | 5 | 235 | — *Vitalba*, Linn. . . . . | 7 | 276 |
| — caroliniana, Mich. . . | 5 | 236 | — *Viticella*, Linn. . . . | 7 | 265 |
| — grandiflora, Sweet. . | 5 | 236 | CLEMATITIS, Endl. . . . | 10 | 564 |
| — perfoliata, Don. . . . | 5 | 234 | CLEOME, Linn. . . . . . | 6 | 309 |
| — *Portulacaria*, Linn. . | 5 | 232 | — *arborea*, Kunth. . . . | 6 | 312 |
| — sibirica, Linn. . . . | 5 | 235 | — dendroides, Schult. . | 6 | 312 |
| — *spathulæfolia*, Sal. . | 5 | 236 | — *dodecandra canadensis*, | | |
| — *virginiana*, D. C. . . | 5 | 236 | Linn. . . . . . . | 6 | 504 |
| *Cleanthe*, Sal. . . . . . | 13 | 4 | — gigantea, Linn. . . . | 6 | 312 |
| *Cleanthes*, Don. . . . . | 10 | 54 | — *icosandra*, Linn. . . . | 6 | 306 |
| CLEIOSOSTOMA, Blum. . | 12 | 179 | — *monandra*, D. C. . . | 6 | 315 |
| *Cleitria*, Schrad. . . . . | 10 | 14 | — *pentaphylla*, Linn. . . | 6 | 313 |
| CLEMATIDEÆ, D. C. | 7 | 191 | — pubescens, Sims. . . | 6 | 311 |
| | et | 257 | — pungens, Willd. . . . | 6 | 309 |
| CLEMATIS, Linn. . . . . | 7 | 275 | — rosea, D. C. . . . . | 6 | 311 |
| — *alpina*, Mill. . . . . | 7 | 258 | — speciosissima, Lindl. . | 6 | 311 |
| — *angustifolia*, Jacq. . . | 7 | 281 | — *spinosa*, Linn. . . . . | 6 | 309 |
| — aristata, R. Br. . . | 7 | 283 | — *violacea*, Linn. . . . | 6 | 307 |
| — *balearica*, Pers. . . . | 7 | 261 | — *virgata*, Stev. . . . . | 6 | 308 |
| — *balearica*, Rich. . . . | 7 | 263 | — *viridiflora*, Schreb. . | 6 | 312 |
| — *bracteata*, Mœnch. . . | 7 | 278 | — *viscosa*, Linn. . . . . | 6 | 306 |
| — *calycina*, Hort. Kew. | 7 | 262 | CLEOMEÆ, D. C. . . . | 6 | 296 |
| — *campaniflora*, Brot. . | 7 | 266 | | et | 303 |
| — *cirrhosa*, Linn. . . . | 7 | 261 | *Cleomella*, D. C. . . . . | 6 | 297 |
| — *corymbosa*, Mill. . . | 7 | 283 | *Cleomena*, Beauv. . . . . | 13 | 161 |
| — *crispa*, Linn. . . . . | 7 | 267 | CLEONIA, Linn. . . . . . | 9 | 165 |
| — *cylindrica*, Sims. . . | 7 | 269 | *Cleophora*, Gærtn. . . . . | 12 | 62 |
| — *divaricata*, Jacq. . . | 7 | 269 | CLERMONTIA, Gaudich. . | 9 | 572 |
| — *elongata*, Tratt. . . . | 7 | 271 | CLERODENDRON, Linn. . | 9 | 228 |
| — erecta, All. . . . . | 7 | 282 | — fragrans, Willd. . . . | 9 | 228 |
| — Flammula, Linn. . . . | 7 | 279 | CLETHRA, Linn. . . . . . | 9 | 487 |
| — *florida*, Thunb. . . . | 7 | 264 | — alnifolia, Linn. . . . | 9 | 487 |
| — *fragrans*, Ten. . . . | 7 | 279 | — *alnifolia*, Willd. . . . | 9 | 487 |
| — *hexapetala*, Pall. . . | 7 | 281 | — arborea, Linn. . . . . | 9 | 488 |
| — *inclinata*, Scop. . . . | 7 | 271 | — *glauca*, Hortor. . . . | 9 | 488 |

| | Vol. | Pag. | | Vol. | Pag. |
|---|---|---|---|---|---|
| Clethra *incana*, Pers. | 9 | 488 | Cluytia collina, Willd. | 2 | 499 |
| — *pubescens*, Willd. | 9 | 487 | — daphnoides, Willd. | 2 | 499 |
| — *tomentosa*, Lamk. | 9 | 487 | — pulchella, Willd. | 2 | 499 |
| CLEYERA, Thunb. | 4 | 62 | — tomentosa, Willd. | 2 | 499 |
| — japonica, Thunb. | 4 | 63 | CLYPEA, Blum. | 8 | 22 |
| — ochnacea, Thunb. | 4 | 63 | — Burmanni, Wight et Arn. | 8 | 22 |
| CLEYRIA, Neck. | 1 | 88 | CLYPEOLA, Gærtn. | 6 | 326 |
| *Clibadium*, Allem. | 11 | 25 | — *didyma*, Crantz. | 6 | 370 |
| CLIBADIUM, Linn. | 10 | 18 | — *maritima*, Linn. | 6 | 491 |
| *Clidanthes*, Herbert. | 12 | 405 | — *montana*, All. | 6 | 482 |
| CLIDEMIA, Don. | 4 | 252 | CNEMIDIA, Lindl. | 12 | 181 |
| — agrestis, Don. | 4 | 254 | CNEMIDOSTACHYS, Mart. | 2 | 488 |
| — elegans, Don. | 4 | 253 | *Cnicus*, Schreb. | 10 | 72 |
| — hirta, Don. | 4 | 253 | | et | 92 |
| — spicata, D. C. | 4 | 255 | CNICUS, Vaill. | 10 | 73 |
| CLIFFORTIA, Linn. | 1 | 489 | — *arvensis*, Hoffm. | 10 | 95 |
| — *arachnoidea*, Lodd. | 1 | 490 | — benedictus, Linn. | 10 | 75 |
| — cuneata, Hort. Kew. | 1 | 490 | — *obvallatus*, Salzm. | 10 | 90 |
| — ilicifolia, Linn. | 1 | 490 | — *oleraceus*, Linn. | 10 | 94 |
| — obcordata, Linn. | 1 | 490 | — *pratensis*, Lamk. | 10 | 94 |
| — ruscifolia, Linn. | 1 | 490 | — *syriacus*, Willd. | 10 | 90 |
| — tridentata, Linn. | 1 | 490 | *Cnidium*, Cuss. | 8 | 139 |
| *Clinanthus*, Herbert. | 12 | 405 | — *Silaus*, Spreng. | 8 | 214 |
| CLINOPODIUM, Linn. | 9 | 164 | CNIDOSCOLUS, Pohl. | 2 | 487 |
| CLINTONIA, Douglas. | 9 | 572 | COBÆA, Cav. | 9 | 123 |
| — elegans, Douglas. | 9 | 573 | — scandens, Cav. | 9 | 124 |
| *Clintonia*, Raf. | 12 | 210 | *Cobœaceœ*, Don. | 9 | 106 |
| *CLINTONIEÆ*, Presl. | 9 | 572 | COBURGIA, Herbert. | 12 | 422 |
| CLISTAX, Martius. | 9 | 147 | COBURGIA, Sweet. | 12 | 427 |
| CLITONIA, Don. | 4 | 206 | — incarnata, Sweet. | 12 | 427 |
| CLITORIA, Linn. | 1 | 242 | COCCIFERA, Webb. | 11 | 177 |
| — *calcarigera*, Sal. | 1 | 243 | COCCINIA, Walk. et Arn. | 6 | 188 |
| — *Galactia*, Linn. | 1 | 243 | *Coccocypselum*, Swartz. | 3 | 173 |
| — Plumieri, Turp. | 1 | 243 | COCCOLOBA, Jacq. | 10 | 541 |
| — Ternatea, Linn. | 1 | 243 | — diversifolia, Jacq. | 10 | 542 |
| — virginiana, Linn. | 1 | 243 | — excoriata, Linn. | 10 | 543 |
| CLITORIEÆ, D. C. | 1 | 183 | — *grandifolia*, Jacq. | 10 | 542 |
| | et | 302 | — latifolia, Poir. | 10 | 542 |
| CLIVIA, Lindl. | 12 | 408 | — laurifolia, Jacq. | 10 | 543 |
| CLOMENOCOMA, Cass. | 10 | 16 | — nivea, Swartz. | 10 | 543 |
| *Clompanus minor*, Rumph. | 3 | 504 | — pubescens, Linn. | 10 | 542 |
| *Closirospermum*, Neck. | 10 | 6 | — *rheifolia*, Desf. | 10 | 542 |
| CLUSIA, Linn. | 5 | 310 | — uvifera, Linn. | 10 | 542 |
| — alba, Linn. | 5 | 312 | COCCOSPERMA, Klotz. | 9 | 542 |
| — Criuva, Cambess. | 5 | 313 | COCCULIDIUM, Spach. | 8 | 16 |
| — insignis, Mart. | 5 | 314 | — populifolium, Spach. | 8 | 17 |
| — lanceolata, Gamb. | 5 | 313 | *COCCULINÆ*, Bartl. | 8 | 1 |
| — Panapanari, Choisy. | 5 | 313 | COCCULUS, D. C. | 8 | 13 |
| — rosea, Linn. | 5 | 311 | — *Burmanni*, D. C. | 8 | 13 |
| — venosa, Linn. | 5 | 313 | — *carolinus*, D. C. | 8 | 17 |
| *Clutia*, Boerh. | 2 | 486 | — Cebatha, D. C. | 8 | 16 |
| CLUYTIA, Linn. | 2 | 498 | — cinerascens, A. St-Hil. | 8 | 14 |
| — alaternoides, Willd. | 2 | 499 | | | |

| | Vol. | Pag. | | Vol. | Pag. |
|---|---|---|---|---|---|
| Cocculus *convolvulaceus*, D.C. | 8 | 14 | Cocos *guineensis*, Linn. | 12 | 114 |
| — cordifolius, D.C. | 8 | 14 | — *fusiformis*, Swartz. | 12 | 116 |
| — Fibraurea, D.C. | 8 | 16 | — *lapidea*, Gærtn. | 12 | 119 |
| — *flavescens*, D.C. | 8 | 12 | — *maldivica*, Gmel. | 12 | 96 |
| — *lucunosus*, D.C. | 8 | 12 | — nucifera, Linn. | 12 | 124 |
| — Limacia, D.C. | 8 | 16 | — *Nypa*, Lour. | 12 | 31 |
| — *orbiculatus*, D.C. | 8 | 12 | — oleracea, Mart. | 12 | 128 |
| — palmatus, D.C. | 8 | 15 | Codaga-pala, Hort. Malab. | 8 | 532 |
| — *pellatus*, D.C. | 8 | 22 | Codarium, Soland. | 1 | 88 |
| — platyphyllus, A. St-Hil. | 8 | 13 | — *acutifolium*, Vahl. | 1 | 131 |
| — *suberosus*, D.C. | 8 | 12 | — *nitidum*, Vahl. | 1 | 131 |
| — verrucosus, Wallich. | 8 | 14 | — *obtusifolium*, Vahl. | 1 | 131 |
| Coccus maldivicus, Rumph. | 12 | 96 | — *Solandri*, Vahl. | 1 | 131 |
| COCHLEARIA, Linn. | 6 | 499 | Codda-panna, Hort. Mal. | 12 | 101 |
| — *anglica*, Linn. | 6 | 502 | CODIA, Forst. | 4 | 332 |
| — *aquatica*, C. A. Mey. | 6 | 510 | CODIÆUM, Juss. fil. | 2 | 505 |
| — *arctica*, D.C. | 6 | 502 | — pictum, Hook. | 2 | 506 |
| — Armoracia, Linn. | 6 | 520 | CODON, Royen. | 9 | 105 |
| — Coronopus, Linn. | 6 | 579 | CODONANTHEMUM, Klotz. | 9 | 442 |
| — danica, Linn. | 6 | 502 | Codonia, Vahl. | 9 | 417 |
| — Draba, Linn. | 6 | 542 | Codonophora, Lindl. | 9 | 258 |
| — fenestrata, R. Br. | 6 | 502 | Codonoprasum, Reichb. | 12 | 255 |
| — grandiflora, D.C. | 6 | 502 | CODONOPSIS, Wallich. | 9 | 556 |
| — grœnlandica, Linn. | 6 | 501 | CODONORCHIS, Lindl. | 12 | 182 |
| — lenensis, D.C. | 6 | 501 | CODONOSTIGMA, Klotz. | 9 | 442 |
| — macrocarpa, Wald. | | | Codylis, Raf. | 9 | 56 |
| et Kit. | 6 | 520 | COELACHNE, R. Br. | 13 | 164 |
| — minor, Smith. | 6 | 501 | Cœlantha, Frœl. | 9 | 6 |
| — natans, C. A. Mey. | 6 | 510 | COELANTHE, Gris. | 9 | 21 |
| — oblongifolia, D.C. | 6 | 502 | Cœlanthus, Willd. | 12 | 154 |
| — officinalis, Linn. | 6 | 501 | COELANTHUS, Willd. | 13 | 115 |
| — officinalis danica, Spach. | 6 | 502 | COELESTINA, Cass. | 10 | 285 |
| — officinalis oblongifolia, | | | — cœrulea, Cass. | 10 | 285 |
| Spach. | 6 | 502 | — corymbosa, D.C. | 10 | 285 |
| — officinalis vulgaris, Spach. | 6 | 501 | COELIA, Lindl. | 12 | 175 |
| — pyrenaica, D.C. | 6 | 501 | COELOCLINE, D.C. fil. | 7 | 496 |
| — rotundifolia, Smith. | 6 | 501 | COELOGLOSSUM, Lindl. | 12 | 180 |
| — rusticana, Lamk. | 6 | 520 | COELOGYNE, Lindl. | 12 | 175 |
| — sagittata, Crantz. | 6 | 582 | Cœlorhachis, Ad. Brongn. | 13 | 166 |
| — tridactylites, D.C. | 6 | 502 | COELOSPERMUM, Blum. | 8 | 375 |
| COCHLIA, Blum. | 12 | 175 | Cœnotus paniculatus, Nutt. | 10 | 239 |
| COCHLIDIOSPERMUM, Reich. | 12 | 270 | COFFEA, Linn. | 8 | 448 |
| COCHLOSPERMUM, Kunth, | 4 | 81 | — arabica, Linn. | 8 | 449 |
| — insigne, A. Saint-Hil. | 4 | 81 | — arabica, β. Willd. | 8 | 445 |
| — tinctorium, Perott. | 4 | 81 | — bengalensis, Roxb. | 8 | 445 |
| COCHRANEA, Miers. | 9 | 228 | — *laurifolia*, Sal. | 8 | 449 |
| COCOINEÆ, Mart. | 12 | 62 | — mauritiana, Lamk. | 8 | 454 |
| | et | 113 | — occidentalis, Linn. | 8 | 448 |
| Cocos, Linn. | 12 | 123 | — racemosa, Ruiz et Pav. | 8 | 455 |
| — aculeata, Jacq. | 12 | 116 | — sylvestris, Willd. | 8 | 455 |
| — amara, Jacq. | 12 | 128 | COFFEACEÆ, D.C. | 8 | 376 |
| — butyracea, Linn. | 12 | 128 | | et | 435 |
| — coronata, Mart. | 12 | 127 | Coggygria, Scop. | 2 | 210 |

| | Vol. | Pag. | | Vol. | Pag. |
|---|---|---|---|---|---|
| *Cogswellia*, Schult. | 8 | 135 | *Colladoa*, Cavan. | 13 | 167 |
| *Coilantha*, Borkh. | 9 | 6 | *Colladoa*, Pers. | 13 | 160 |
| *Coilophyllum*, Morison. | 13 | 329 | COLLADONIA, D. C. | 8 | 134 |
| COILOSTIGMA, Klotz. | 9 | 442 | COLLÆA, D. C. | 1 | 154 |
| COINOGYNE, Less. | 10 | 24 | *Collæa*, Lindl. | 12 | 181 |
| COIX, Linn. | 13 | 175 | *Collæa*, Spreng. | 10 | 19 |
| — agrestis, Lour. | 13 | 176 | COLLANIA, Schult. fil. | 12 | 405 |
| — aquatica, Roxb. | 13 | 176 | COLLETIA, Kunth. | 2 | 439 |
| — Lachryma, Linn. | 13 | 176 | *Colletia*, Vell. | 13 | 122 |
| COLA, Schott et Endl. | 3 | 511 | COLLIGUAYA, Mol. | 2 | 488 |
| — acuminata, Sch. et Endl. | 3 | 512 | *Collinaria*, Ehrh. | 13 | 163 |
| — tomentosa, Sch. et Endl. | 3 | 512 | COLLINSIA, Nutt. | 9 | 267 |
| COLAX, Lindl. | 12 | 177 | COLLINSONIA, Linn. | 9 | 164 |
| COLBERTIA, Sal. | 7 | 425 | COLLOMIA, Nutt. | 9 | 108 |
| — coromandeliana, D. C. | 7 | 426 | COLLOPHORA, Mart. | 8 | 501 |
| — scabrella, D. C. | 7 | 426 | *Colobachne*, Beauv. | 13 | 159 |
| *COLCHICACEÆ*, | | | COLOBANTHUS, Bartl. | 5 | 205 |
| D. C. | 12 | 233 | COLOBANTHUS, Trin. | 13 | 163 |
| *Colchicaceæ*, Kunth. | 12 | 233 | *Colobium*, Roth. | 10 | 7 |
| *COLCHICEÆ*, Endl. | 12 | 234 | COLOCASIA, Schott. | 12 | 44 |
| *Colchiceæ*, Juss. | 12 | 233 | — antiquorum, Schott. | 12 | 45 |
| *Colchicineæ*, Dumort. | 12 | 233 | — esculenta, Schott. | 12 | 45 |
| COLCHICUM, Linn. | 12 | 235 | — *indica*, Kunth. | 12 | 47 |
| — arenarium, W. et K. | 12 | 238 | — nymphæfolia, Kunth. | 12 | 45 |
| — autumnale, Linn. | 12 | 256 | — *odora*, Ad. Brongn. | 12 | 46 |
| — Bivonæ, Guss. | 12 | 237 | COLOCASIEÆ, Schott. | 12 | 39 |
| — *bulbocodioides*, Gawl. | 12 | 239 | *Colocynthis*, Schrad. | 6 | 487 |
| — byzantinum, Gawl. | 12 | 238 | COLOGANIA, Kunth. | 1 | 154 |
| — *byzantinum*, Ten. | 12 | 238 | *Colona*, Cav. | 4 | 3 |
| — *caucasicum*, Spreng. | 12 | 239 | COLOPHONIA, Commers. | 2 | 230 |
| — *hexapetalum*, Pourr. | 12 | 240 | COLPIAS, E. Mey. | 9 | 268 |
| — *latifolium*, Red. | 12 | 236 | COLPODIUM, Trin. | 13 | 161 |
| — *latifolium*, Sibth. | 12 | 238 | *Colpoon*, Berg. | 10 | 460 |
| — *montanum*, Linn. | 12 | 240 | COLQUHOUNIA, Wallich. | 9 | 167 |
| — *variegatum*, Biv. | 12 | 238 | COLSMANNIA, Lehm. | 9 | 31 |
| — variegatum, Linn. | 12 | 237 | COLUBRINA, Rich. | 2 | 439 |
| — *variegatum*, α. Red. | 12 | 237 | *Columbea*, Sal. | 11 | 358 |
| — *variegatum*, β. Red. | 12 | 238 | — *angustifolia*, Bertol. | 11 | 562 |
| — *vernum*, Gawl. | 12 | 239 | — *excelsa*, Spreng. | 11 | 562 |
| — *versicolor*, Ker. | 12 | 239 | — *quadrifaria*, Sal. | 11 | 564 |
| COLDENIA, Linn. | 9 | 32 | COLUMBIA, Pers. | 4 | 3 |
| COLEANTHUS, Seidel. | 13 | 161 | *Columellea*, Jacq. | 10 | 27 |
| *Colebrookia*, Don. | 12 | 154 | COLUMNEA, Plum. | 9 | 257 |
| COLEBROOKIA, Smith. | 9 | 163 | *COLUMNIFERÆ*, | | |
| COLEONEMA, Bartl. | 2 | 328 | Bartlg. | 3 | 358 |
| — alba, Bartl. | 2 | 328 | COLURIA, Ledeb. | 1 | 453 |
| *Coleophyta*, Reichb. | 12 | 1 | COLUTEA, Linn. | 1 | 271 |
| COLEOSANTHUS, Cass. | 10 | 37 | — arborescens, Linn. | 1 | 272 |
| COLEOSTEPHUS, Cass. | 10 | 24 | — cruenta, Hort. Kew. | 1 | 272 |
| COLEUS, Lour. | 9 | 162 | — *galegifolia*, Bot. Mag. | 1 | 274 |
| COLIGNONIA, Endl. | 10 | 516 | — halepica, Lamk. | 1 | 272 |
| COLLABIUM, Blum. | 12 | 176 | — *istria*, Mill. | 1 | 272 |

| | Vol. | Pag. |
|---|---|---|
| Colutea orientalis, Lamk. | 1 | 272 |
| — perennans, Jacq. | 1 | 274 |
| — Pockokii, Hort. Kew. | 1 | 272 |
| — sanguinea, Pall. | 1 | 272 |
| — volgarica, Lamk. | 1 | 271 |
| Colutia, Mœnch. | 1 | 154 |
| Colyris, Vahl. | 8 | 540 |
| COMANDRA, Nutt. | 10 | 460 |
| COMAROPSIS, Rich. | 1 | 453 |
| COMAROSTAPHYLIS, Zuccar. | 9 | 444 |
| COMARUM, Linn. | 1 | 453 |
| *COMBRETACEÆ,* R. Br. | 4 | 294 |
| *COMBRETEÆ,* D. C. | 4 | 296 |
| | et | 308 |
| COMBRETUM, Linn. | 4 | 308 |
| — aculeatum, Vent. | 4 | 307 |
| — alternifolium, Pers. | 4 | 307 |
| — altum, Perrott. | 4 | 314 |
| — Aubletii, D. C. | 4 | 311 |
| — Bugi, Camb. | 4 | 312 |
| — chrysophyllum, Perrott. | 4 | 314 |
| — coccineum, Lamk. | 4 | 306 |
| — comosum, Don. | 4 | 307 |
| — decandrum, Jacq. | 4 | 307 |
| — decandrum, Roxb. | 4 | 308 |
| — elegans, Camb. | 4 | 311 |
| — elegans, Kunth. | 4 | 310 |
| — farinosum, Kunth. | 4 | 311 |
| — frangulæfolium, Kunth. | 4 | 309 |
| — glutinosum, Perrott. | 4 | 314 |
| — grandiflorum, Don. | 4 | 313 |
| — laxum, Aubl. | 4 | 311 |
| — laxum, Jacq. | 4 | 310 |
| — mexicanum, Humb. et Bonpl. | 4 | 309 |
| — micranthum, Don. | 4 | 313 |
| — nanum, Hamilt. | 4 | 315 |
| — parviflorum, Reichb. | 4 | 313 |
| —, punctatum, Blum. | 4 | 315 |
| — purpureum, Vahl. | 4 | 306 |
| — racemosum, Beauv. | 4 | 312 |
| — secundum, Jacq. | 4 | 310 |
| — trigonoides, Perrott. | 4 | 312 |
| COMESPERMA, Labill. | 7 | 111 |
| COMETES, Burm. | 2 | 488 |
| *COMMELINACEÆ,* Bartl. | 13 | 121 |
| Commelineæ - Commelineæ, Reichb. | 13 | 121 |
| Commelineæ-Restioneæ, Reichb. | 13 | 158 |
| Commelineæ - Xyrideæ, Reichb. | 13 | 130 |
| | et | 138 |
| Commelineæ, R. Br. | 13 | 121 |
| COMMELYNA, Linn. | 13 | 122 |
| — africana, Linn. | 13 | 123 |
| — angustifolia, Mich. | 13 | 125 |
| — cœlestis, Willd. | 13 | 124 |
| — dianthifolia, D. C. | 13 | 125 |
| — stricta, Desf. | 13 | 124 |
| — tuberosa, Linn. | 13 | 124 |
| — tuberosa, Red. | 13 | 124 |
| — virginica, Linn. | 13 | 125 |
| Commersona, Sonner. | 4 | 105 |
| | et | 185 |
| COMMERSONIA, Forst. | 3 | 487 |
| — dasyphylla, Andr. | 3 | 490 |
| — echinata, Andr. | 3 | 489 |
| — echinata, Forst. | 3 | 488 |
| — Gaudichaudii, Gay. | 3 | 488 |
| — platyphylla, Bot. Mag. | 3 | 488 |
| — platyphylla, D. C. | 3 | 489 |
| COMMIA, Lour. | 2 | 527 |
| — cochinchinensis, Lour. | 2 | 527 |
| COMOCEPHALUS, Klotz. | 9 | 462 |
| COMOCLADIA, P. Br. | 2 | 186 |
| COMOLIA, D. C. | 4 | 205 |
| COMPARETTIA, Pœpp. et Endl. | 12 | 171 |
| *COMPOSITÆ,* Bartl. | 10 | 1 |
| Compositæ, Tourn. | 10 | 4 |
| COMPTONIA, Banks. | 11 | 264 |
| — asplenifolia, Banks. | 11 | 265 |
| Conami, Aubl. | 2 | 486 |
| — brasiliensis, Aubl. | 2 | 496 |
| CONANTHERA, Ruiz et Pav. | 12 | 256 |
| — bifolia, Sims. | 12 | 388 |
| — campanulata, Lindl. | 12 | 388 |
| — Echeandia, Pers. | 12 | 387 |
| CONCEVEIBUM, Rich. | 2 | 487 |
| Conchium, Smith. | 10 | 402 |
| — aciculare, Vent. | 10 | 425 |
| — ceratophyllum, Smith. | 10 | 424 |
| — ellipticum, Smith. | 10 | 425 |
| — gibbosum, Smith. | 10 | 424 |
| — oleæfolium, Smith. | 10 | 424 |
| — pugioniforme, Smith. | 10 | 424 |
| — salignum, Smith. | 10 | 424 |
| Conchocarpus, Mikan. | 2 | 323 |
| — cuneifolius, Mart. | 2 | 354 |
| — macrophyllus, Mart. | 2 | 354 |
| — macrophyllus, Mik. | 2 | 355 |

| | Vol. | Pag. |
|---|---|---|
| *Conchophyllum*, Blum. . . | 8 | 540 |
| CONDALIA, Cav. . . . . . | 2 | 439 |
| *Condalia*, Ruiz et Pav. . . | 8 | 373 |
| CONDAMINEA, D. C. . . . | 8 | 418 |
| — corymbosa, D. C. . . | 8 | 419 |
| CONDYLOCARPON, Desf. . . | 8 | 502 |
| *Condylocarpus*, Hoffm. . . | 8 | 136 |
| CONGEA, Roxb. . . . . . | 9 | 227 |
| *CONIFEREÆ*, Bartl. 11 | | 274 |
| *Coniferæ*, Juss. . . . . . | 11 | 274 |
| *Coniferæ-Abietineæ*, Reichb. 11 | | 355 |
| *Coniferæ-Araucarieæ*, Reichb. 11 | | 355 |
| *Coniferæ-cupressineæ*, Dumort. . . . . . . . | 11 | 303 |
| *Coniferæ-Juniperæ*, Dumort. 11 | | 303 |
| *Coniferæ-Taxineæ*, Reichb. 11 | | 355 |
| CONIOSELINUM, Fisch. . . | 8 | 135 |
| CONIOTHELE, D. C. . . . | 10 | 18 |
| CONIUM, Linn. . . . . . . | 8 | 179 |
| — Arracacha, Hook. . . | 8 | 182 |
| — croaticum, W. et K. . | 8 | 180 |
| — maculatum, Linn. . . | 8 | 180 |
| — sibiricum, Hoffm. . . | 8 | 180 |
| *CONNARACEÆ*, R.Br. 2 | | 227 |
| CONNARUS, Linn. . . . . | 8 | 228 |
| *Conocarpodendron*, Bœrh. | 10 | 400 |
| *Conocarpus*, Adans. . . . | 10 | 400 |
| CONOCARPUS, Gærtn. . . | 4 | 303 |
| — erecta, Jacq. . . . | 4 | 304 |
| — erecta, Kunth. . . . | 4 | 304 |
| — procumbens, Jacq. . . | 4 | 304 |
| — racemosa, Linn. . . . | 4 | 305 |
| CONOCEPHALUS, Blum. . . | 11 | 38 |
| CONOCLINIUM, D.C. . . . | 10 | 37 |
| CONOGYNE, R. Br. . . . | 10 | 402 |
| *Conohoria*, Aubl. . . . . | 5 | 497 |
| CONOMORPHA, D. C. fil. . | 9 | 374 |
| CONOPHOLIS, Wallr. . . . | 9 | 261 |
| *Conopodium*, Koch. . . . | 8 | 158 |
| CONORIA, Kunth. . . . . | 5 | 523 |
| — castaneæfolia, A. St-Hil. | 5 | 524 |
| — Lobolobo, A. St-Hil. | 5 | 523 |
| — ulmifolia, Kunth. . . | 5 | 524 |
| *CONOSPERMEÆ*, Endl. . . . . . . . . | 10 | 401 |
| CONOSPERMUM, Smith. . | 10 | 401 |
| CONOSTEGIA, Don. . . . | 4 | 206 |
| CONOSTEPHIUM, Benth. . | 9 | 433 |
| CONOSTYLIS, R. Br. . . | 13 | 109 |
| — americana, Pursh. . | 13 | 111 |
| *Conotrichia*, A. Rich. . . | 8 | 372 |
| | Vol. | Pag. |
| CONRADIA, Martius. . . . | 9 | 258 |
| *Conradia*, Nutt. . . . . . | 9 | 271 |
| CONRINGIA, (Heist.) Reichb. | 6 | 323 |
| *Consiligo*, Daléch. . . . . | 7 | 2 |
| *Contarena*, Adans. . . . . | 10 | 40 |
| *CONTORTÆ*, Bartl. | 8 | 479 |
| CONULEUM, Rich. . . . . | 10 | 454 |
| CONVALLARIA, Linn. . . | 12 | 211 |
| — bifolia, Linn. . . . . | 12 | 214 |
| — majalis, Linn. . . . . | 12 | 211 |
| — Polygonatum, Linn. . | 12 | 213 |
| — latifolia, Jacq. . . . . | 12 | 215 |
| — racemosa, Linn. . . . | 12 | 215 |
| — verticillata, Linn. . . | 12 | 212 |
| *CONVOLVULACEÆ*, Vent. . . . . | 9 | 92 |
| *Convolvulaceæ – Hydroleæ*, Reichb. . . . . . . . . | 9 | 104 |
| *CONVOLVULEÆ*, Endl. | 9 | 94 |
| *Convolvuli*, Juss. . . . . . | 9 | 92 |
| CONVOLVULOIDES, Mœnch. | 9 | 100 |
| CONVOLVULUS, Linn. . . | 9 | 96 |
| — arvensis, Linn. . . . | 9 | 99 |
| — Batatas, Linn. . . . . | 9 | 100 |
| — chinensis, Ker. . . . | 9 | 99 |
| — nervosus, Burm. . . . | 9 | 103 |
| — purpureus, Linn. . . | 9 | 100 |
| — Scammonia, Linn. . . | 9 | 98 |
| — sepium, Linn. . . . . | 9 | 97 |
| — tricolor, Linn. . . . . | 9 | 99 |
| CONYZA, Linn. . . . . . | 10 | 27 |
| — halimifolia, Desf. . . | 10 | 237 |
| *Cookia*, Gmel. . . . . . | 10 | 436 |
| COOKIA, Sonn. . . . . . | 2 | 253 |
| — punctata, Retz. . . . | 2 | 253 |
| COOPERIA, Herbert. . . | 12 | 405 |
| COPAIFERA, Linn. . . . | 1 | 116 |
| — officinalis, Linn. . . | 1 | 116 |
| *Copaiva*, Jacq. . . . . . | 1 | 88 |
| COPERNICIA, Mart. . . | 12 | 105 |
| — cerifera, Mart. . . . | 12 | 105 |
| COPROSMA, Forst. . . . | 8 | 377 |
| COPTIS, Salisb. . . . . | 7 | 324 |
| — trifoliata, Sal. . . . | 7 | 325 |
| CORALLORHIZA, Hall. . . | 12 | 175 |
| CORBULARIA, Haw. . . | 12 | 431 |
| CORCHORUS, Linn. . . . | 4 | 7 |
| — capsularis, Linn. . . . | 4 | 8 |
| — japonicus, Thunb. . . | 1 | 430 |
| — olitorius, Linn. . . . | 4 | 8 |
| — trilocularis, Linn. . . | 4 | 8 |

| | Vol. | Pag. |
|---|---|---|
| Cordia, R. Br. | 9 | 44 |
| — latifolia, Roxb. | 9 | 45 |
| — Myxa, Linn. | 9 | 45 |
| Cordiaceæ, Lindl. | 9 | 28 |
| Cordiaceæ, Mart. | 9 | 28 |
| CORDIEÆ, B. Br. | 9 | 32 |
| | et | 44 |
| Cordiera, A. Rich. | 8 | 374 |
| CORDIEREÆ, A. Rich. | 8 | 374 |
| Cordyla, Blum. | 12 | 181 |
| Cordyline, Commers. | 12 | 210 |
| Cordylocarpus, Desf. | 6 | 322 |
| Cordylocarpus, Willd. | 6 | 323 |
| Cordylogyne, E. Mey. | 6 | 539 |
| Cordylostylis, Falc. | 12 | 181 |
| Corema, Don. | 2 | 485 |
| Coreopsis, Linn. | 10 | 133 |
| — Atkinsoniana, Hook. | 10 | 130 |
| — crassifolia, Hort. Kew. | 10 | 132 |
| — delphinifolia, Lamk. | 10 | 134 |
| — diversifolia, Hook. | 10 | 131 |
| — formosa, Bonat. | 10 | 135 |
| — grandiflora, Sweet. | 10 | 132 |
| — lanceolata, Linn. | 10 | 132 |
| — tenuifolia, Ehrh. | 10 | 134 |
| — tinctoria, Nutt. | 10 | 128 |
| — tripteris, Linn. | 10 | 134 |
| — verticillata, Lamk. | 10 | 134 |
| — verticillata, Linn. | 10 | 134 |
| Coreosma, Spach. | 6 | 154 |
| — floridum, Spach. | 6 | 157 |
| — sanguineum, Spach. | 6 | 155 |
| Corethrogyne, D. C. | 10 | 30 |
| Coriandrum, Linn. | 8 | 141 |
| — Cicuta, Crantz. | 8 | 180 |
| — Cicuta, Roth. | 8 | 190 |
| — Cynapium, Crantz. | 8 | 212 |
| — maculatum, Roth. | 8 | 180 |
| — sativum, Linn. | 8 | 141 |
| Coriaria, Linn. | 3 | 80 |
| — myrtifolia, Linn. | 3 | 80 |
| — sarmentosa, Forst. | 3 | 81 |
| CORIARIEÆ, D. C. | 3 | 79 |
| Coridochloa, Nees. | 13 | 160 |
| Coris, Tourn. | 9 | 368 |
| — monspeliensis, Linn. | 9 | 369 |
| Corispermum, Linn. | 5 | 278 |
| Cormigonus, Raf. | 8 | 373 |
| Cormophyta – Amphibrya, Endl. | 12 | 1 |
| Cormus, Spach. | 2 | 96 |
| — domestica, Spach. | 2 | 97 |
| CORNACEÆ, Lindl. | 8 | 86 |
| Cornelia, Ard. | 4 | 419 |
| Cornucopiæ, Linn. | 13 | 159 |
| Cornulaca, D. C. | 5 | 278 |
| Cornus, Tourn. | 8 | 90 |
| — alba, Linn. | 8 | 93 |
| — alba, Pall. | 8 | 94 |
| — alba, Walt. | 8 | 99 |
| — alterna, Marsch. | 8 | 92 |
| — alternifolia, Linn. | 8 | 92 |
| — Amomum, Mill. | 8 | 100 |
| — cœrulea, Lamk. | 8 | 99 |
| — cœrulea, Meerb. | 8 | 96 |
| — canadensis, Linn. | 8 | 105 |
| — capitata, Wallich. | 8 | 110 |
| — circinnata, L'hérit. | 8 | 95 |
| — cyanocarpos, Gmel. | 8 | 96 |
| — cyanocarpos, Mœnch. | 8 | 100 |
| — fœmina, Mill. | 8 | 98 |
| — fastigiata, Mich. | 8 | 96 |
| — florida, Linn. | 8 | 107 |
| — herbacea, Linn. | 8 | 103 |
| — lanuginosa, Mich. | 8 | 99 |
| — mascula, Linn. | 8 | 101 |
| — paniculata, L'hérit. | 8 | 98 |
| — racemosa, Lamk. | 8 | 98 |
| — rugosa, Lamk. | 8 | 95 |
| — sanguinea, Linn. | 8 | 97 |
| — sanguinea, Walt. | 8 | 96 |
| — sericea, Linn. | 8 | 99 |
| — sibirica, Lodd. | 8 | 94 |
| — stolonifera, Mich. | 8 | 93 |
| — stricta, Lamk. | 8 | 96 |
| — suecica, Linn. | 8 | 103 |
| — tatarica, Mill. | 8 | 94 |
| — tomentosula, Mich. | 8 | 95 |
| Cornutia, Linn. | 9 | 227 |
| Corona imperialis, Tourn. | 12 | 254 |
| Coronariæ, Reichb. | 12 | 252 |
| Corona-solis, Tourn. | 10 | 20 |
| Coronilla, Linn. | 1 | 280 |
| — cannabina, Willd. | 1 | 263 |
| — cappadocica, Willd. | 1 | 282 |
| — Emerus, Linn. | 1 | 280 |
| — glauca, Linn. | 1 | 281 |
| — iberica, Bieberst. | 1 | 282 |
| — juncea, Linn. | 1 | 281 |
| — Sesbania, Willd. | 1 | 262 |
| — varia, Linn. | 1 | 281 |
| CORONILLEÆ, D. C. | 1 | 155 |
| | et | 279 |
| Coronopus, (Daléch.) Gærtn. | 6 | 577 |

| | Vol. | Pag. |
|---|---|---|
| Coronopus *depressus*, Flor. Wett. . . . . . . . . . | 6 | 579 |
| — *Ruellii*, Daléch. . . . | 6 | 579 |
| — vulgaris, Desf. . . . . | 6 | 579 |
| *Coronopus*, Tourn. . . . . | 10 | 355 |
| Correa, Smith. . . . . . | 2 | 335 |
| — alba, Andr. . . . . | 2 | 335 |
| — pulchella, Bot. Reg. . | 2 | 336 |
| — *reflexa*, Vent. . . . . | 2 | 336 |
| — rufa, Gærtn. . . . . | 2 | 336 |
| — speciosa, Hort. Kew.. | 2 | 336 |
| — *viridiflora*, Andr. . . | 2 | 336 |
| — viridis, Smith. . . . | 2 | 336 |
| *Correia*, Velloz. . . . . | 2 | 380 |
| Corrigiola, Linn. . . . | 5 | 238 |
| Cortia, D. C. . . . . . | 8 | 135 |
| Cortusa, Linn. . . . . | 9 | 349 |
| — Matthioli, Linn. . . | 9 | 350 |
| *Corvisartia*, Mérat. . . . | 10 | 27 |
| — *Helenium*, Mérat. . . | 10 | 221 |
| Coryanthes, Hook. . . . | 12 | 177 |
| *Coryanthus*, Nutt. . . . . | 9 | 163 |
| Corybas, Sal. . . . . . | 12 | 182 |
| Corycarpus, Zea. . . . . | 13 | 165 |
| Corycium, Swartz. . . . | 12 | 180 |
| CORYDALINEÆ, Reichb. | 7 | 60 |
| | et | 71 |
| Corydalis, Vent. . . . . | 7 | 61 |
| — *angustifolia*, D. C. . . | 7 | 60 |
| — *bulbosa*, D. C. . . . . | 7 | 76 |
| — *bulbosa*, Pers. . . . . | 7 | 78 |
| — *capnoides*, Pers. . . . | 7 | 81 |
| — *caucasica*, D. C. . . . | 7 | 77 |
| — *cava*, Wahlenb. . . . | 7 | 78 |
| — *digitata*, Pers. . . . . | 7 | 76 |
| — *fabacea*, Pers. . . . . | 7 | 77 |
| — *fungosa*, Vent. . . . . | 7 | 70 |
| — *Halleri*, Hayn. . . . . | 7 | 76 |
| — *lutea*, Pers. . . . . . | 7 | 81 |
| — *nobilis*, Pers. . . . . | 7 | 73 |
| — *pauciflora*, Pers. . . . | 7 | 77 |
| — *pumila*, Reichb. . . . | 7 | 76 |
| — *solida*, Svensk Bot. . | 7 | 76 |
| — *tuberosa*, D. C. . . . | 7 | 76 |
| *Corylaceæ*, Mirb. . . . . | 11 | 138 |
| CORYLEÆ, Spach. . . . | 11 | 143 |
| | et | 205 |
| Corylopsis, Sieb. et Zucc. | 8 | 81 |
| — spicata, Sieb. et Zucc. | 8 | 82 |
| Corylus, Tourn. . . . . | 11 | 205 |
| — *americana*, Mich. . . | 11 | 209 |
| — *americana*, Walt. . . | 11 | 214 |
| — Avellana, Linn. . . . | 11 | 209 |

| | Vol. | Pag. |
|---|---|---|
| Corylus *Avellana alba*, Hort. Kew. . . . . . . | 11 | 210 |
| — *Avellana crispa*, Loud. | 11 | 211 |
| — *Avellana glomerata*, Hort. Kew. . . . . | 11 | 210 |
| — *Avellana grandis*, Hort. Kew. . . . . . . . | 11 | 211 |
| — *Avellana maxima*, Willd. . . . . . . | 11 | 211 |
| — *Avellana ovata*, Willd. | 11 | 210 |
| — *Avellana rubra*, Audib. | 11 | 210 |
| — *Avellana striata*, Willd. | 11 | 210 |
| — *Avellana subconica*, Audib. . . . . . . | 11 | 210 |
| — *Avellana sylvestris*, Willd. . . . . . . | 11 | 210 |
| — *Avellana urticæfolia*, Audib. . . . . . . | 11 | 210 |
| — *byzantina*, Desf. . . . | 11 | 207 |
| — Colurna, Linn. . . . | 11 | 207 |
| — *Colurna Avellanoides*, Spach. . . . . . . | 11 | 208 |
| — *Colurna brachycarya*, Spach. . . . . . . | 11 | 207 |
| — *Colurna leptochlamys*, Spach. . . . . . . | 11 | 208 |
| — *Colurna macrochla-mys*, Spach. . . . . | 11 | 208 |
| — *Colurna trichochla-mys*, Spach. . . . . | 11 | 207 |
| — *cornuta*, Duroi. . . . | 11 | 214 |
| — ferox, Wallich. . . . | 11 | 214 |
| — *heterophylla*, Fisch. . | 11 | 209 |
| — *maxima*, Mill. . . . . | 11 | 213 |
| — *purpurea*, Hortor. . . | 11 | 213 |
| — rostrata, Hort. Kew. | 11 | 214 |
| — *rubra*, Borkh. . . . . | 11 | 213 |
| — *sylvestris*, C. Bauh. . | 11 | 210 |
| — tubulosa, Willd. . . . | 11 | 213 |
| *Corymbiferæ*, Juss. . . . | 10 | 4 |
| 13, 14, 15, 16, 22, 25, 28 et | | 31 |
| Corymbium, Linn. . . . | 10 | 40 |
| *Corymbocephalon*, Meisn. . | 10 | 521 |
| Corynandra, Schrad. . . | 6 | 303 |
| — pulchella, Schrad. . . | 6 | 303 |
| Corynella, D. C. . . . . | 1 | 154 |
| Corynephorus, Beauv. | 13 | 163 |
| Corynitis, Spreng. . . | 1 | 154 |
| Corynostylis, Mart. . . | 5 | 497 |
| — Hybanthus, Mart. . . | 5 | 498 |
| Corypha, Linn. . . . . | 12 | 101 |
| — *cerifera*, Arrud. . . . | 12 | 105 |
| — *dulcis*, Kunth. . . . | 12 | 106 |

| | Vol. | Pag. | | Vol. | Pag. |
|---|---|---|---|---|---|
| Corypha elata, Roxb. . . . | 12 | 102 | Cotyledon curviflora, Sims. | 5 | 87 |
| — Gebang, Mart. . . . | 12 | 103 | — decussata, Sims. . . | 5 | 87 |
| — rotundifolia, Lamk. . | 12 | 107 | — elata, Haw. . . . . . | 5 | 86 |
| — sylvestris, Mart. . . | 12 | 105 | — fascicularis, Hort. Kew. | 5 | 87 |
| — Taliera, Roxb. . . . | 12 | 102 | — hemisphærica, Linn. | 5 | 87 |
| — thebaica, Linn. . . | 12 | 98 | — hybrida, Desf. . . . . | 5 | 84 |
| — umbraculifera, Linn. | 12 | 101 | — lusitanica, Lamk. . . | 5 | 88 |
| — Utan, Lamk. . . . . | 12 | 103 | — lutea, Smith. . . . . | 5 | 88 |
| CORYPHINEÆ, Mart. | 12 | 62 | — nudicaulis, Vahl. . . | 5 | 84 |
| | et | 100 | — oblonga, Haw. . . . | 5 | 86 |
| CORYSANTHERA, Wallich. | 9 | 257 | — orbiculata, Haw. . . | 5 | 86 |
| CORYSANTHES, R. Br. . | 12 | 182 | — orbiculata, Linn. . . | 5 | 86 |
| CORYTHACANTHUS, Nees. | 9 | 145 | — ovata, Haw. . . . . . | 5 | 86 |
| Corythælon, Reichb. . . . | 7 | 367 | — papillaris, Linn. fil. . | 5 | 87 |
| COSCINIUM, Colebr. . . . | 8 | 7 | — pinnata, Lamk. . . . | 5 | 86 |
| COSMANTHUS, Nutt. . . . | 9 | 49 | — ramosa, Haw. . . . . | 5 | 86 |
| Cosmea, Willd. . . . . . | 10 | 19 | — tardiflora, Bonpl. . . | 5 | 87 |
| — bipinnata, Willd. . . | 10 | 135 | — tuberculosa, Lamk. . | 5 | 87 |
| COSMELIA, R. Br. . . . . | 9 | 434 | — Umbilicus, Linn. . . | 5 | 88 |
| Cosmia, Domb. . . . . . | 5 | 222 | COUEPIA, Aubl. . . . . | 4 | 369 |
| COSMIBUENA, Ruiz et Pav. | 8 | 372 | COULTERIA, Kunth. . . . | 1 | 99 |
| Cosmibuena, Ruiz et Pav. | 1 | 369 | — horrida, Kunth. . . . | 1 | 100 |
| COSMOS, Cavan. . . . . | 10 | 135 | — tinctoria, Kunth. . . | 1 | 100 |
| — bipinnatus, Cav. . . | 10 | 135 | COUMA, Aubl. . . . . . | 8 | 505 |
| COSMOSTIGMA, Wight. . | 8 | 540 | — guianensis, Aubl. . . | 8 | 506 |
| COSSIGNIA, Commers. . . | 3 | 41 | Coumarouna, Aubl. . . . | 1 | 89 |
| COSTUS, Linn. . . . . . | 12 | 169 | — odorata, Aubl. . . . | 1 | 141 |
| — arabicus, Linn. . . . | 12 | 169 | COUPOUI, Aubl. . . . . | 4 | 106 |
| — speciosus, Smith. . . | 12 | 169 | COURATARI, Aubl. . . . | 4 | 198 |
| Costus, Pers. . . . . . | 12 | 154 | — glabra, Camb. . . . . | 4 | 198 |
| Cothesthecum, Presl. . . . | 13 | 162 | — guianensis, Aubl. . . | 4 | 199 |
| COTINUS, Tourn. . . . . | 2 | 210 | — rufescens, Camb. . . | 4 | 199 |
| COTONEASTER, Med. . . | 2 | 73 | COUROUPITA, Aubl. . . . | 4 | 196 |
| — acuminata, Lindl. . . | 2 | 75 | — guianensis, Aubl. . . | 4 | 197 |
| — affinis, Lindl. . . . . | 2 | 77 | COURSETIA, D.C. . . . . | 1 | 154 |
| — Fontanesii, Spach. . | 2 | 77 | COURTOISIA, Nees. . . . | 13 | 144 |
| — frigida, Lindl. . . . | 2 | 78 | Courtoisia, Reichb. . . . | 9 | 108 |
| — laxiflora, Jacq. fil. . . | 2 | 76 | COUSINIA, Cass. . . . . | 10 | 9 |
| — microphylla, Lindl. . | 2 | 74 | COUSSAPOA, Aubl. . . . | 11 | 38 |
| — Pyracantha, Spach. . | 2 | 73 | COUSSAREA, Aubl. . . . | 8 | 376 |
| — rotundifolia, Lindl, . | 2 | 75 | COUTAREA, Aubl. . . . . | 8 | 382 |
| — tomentosa, Lindl. . . | 2 | 76 | — speciosa, Aubl. . . . | 8 | 383 |
| — vulgaris, Lindl. . . . | 2 | 75 | COUTOUBEA, Aubl. . . . | 9 | 5 |
| COTTÆA, Kunth. . . . . | 13 | 162 | Covelia, Neck. . . . . . | 8 | 377 |
| COTTENDORFIA, Schult. fil. | 12 | 398 | COWANIA, Don. . . . . | 1 | 453 |
| COTULA, Gærtn. . . . . | 10 | 23 | COXIA, Endl. . . . . . . | 9 | 362 |
| — fœtida, Blackw. . . . | 10 | 190 | — atropurpurea, Endl. . | 9 | 362 |
| COTYLANTHERA, Blum. . | 9 | 58 | CRÆPALIA, Schrank. . . . | 13 | 165 |
| COTYLEDON, Linn. . . . | 5 | 86 | CRAFFORDIA, Raf. . . . | 1 | 157 |
| — cæspitosa, Haw. . . . | 5 | 89 | CRAMBE, Tourn. . . . . | 6 | 326 |
| — coccinea, Cav. . . . . | 5 | 89 | — maritima, Linn. . . . | 6 | 328 |
| — coruscans, Haw. . . . | 5 | 86 | — paniculata, All. . . . | 6 | 582 |
| — crenata, Vent. . . . . | 5 | 85 | CRANICHIS, Swartz. . . . | 12 | 181 |

| | Vol. | Pag. |
|---|---|---|
| CRANIOLARIA, Linn. | 9 | 249 |
| CRANIOSPERMUM, Lehm. | 9 | 31 |
| CRANIOTOME, Reichb. | 9 | 166 |
| CRANTZIA, Nutt. | 8 | 137 |
| Crantzia, Schreb. | 2 | 361 |
| Crantzia, Scop. | 9 | 258 |
| Crantzia, Swartz. | 2 | 486 |
| CRASPEDIA, Forst. | 10 | 26 |
| Crassina, Scop. | 10 | 20 |
| Crassocephalum, Mœnch. | 10 | 32 |
| CRASSULA, (Linn.) Haw. | 5 | 74 |
| — acutifolia, Lamk. | 5 | 75 |
| — albiflora, Sims. | 5 | 83 |
| — arborescens, Willd. | 5 | 74 |
| — ciliata, Linn. | 5 | 78 |
| — coccinea, Linn. | 5 | 83 |
| — columnaris, Linn. | 5 | 76 |
| — cordata, Hort. Kew. | 5 | 77 |
| — cordata, Lodd. | 5 | 77 |
| — corymbulosa, Link et Otto. | 5 | 78 |
| — Cotyledon, Curt. | 5 | 74 |
| — cultrata, Linn. | 5 | 79 |
| — dejecta, Jacq. | 5 | 81 |
| — deltoidea, Linn. fil. | 5 | 77 |
| — dichotoma, Linn. | 5 | 82 |
| — ericoides, Haw. | 5 | 76 |
| — falcata, Willd. | 5 | 82 |
| — fruticulosa, Linn. | 5 | 75 |
| — imbricata, Hort. Kew. | 5 | 76 |
| — jasminea, Sims. | 5 | 84 |
| — lactea, Hort. Kew. | 5 | 74 |
| — linguæfolia, Haw. | 5 | 77 |
| — lucida, Lamk. | 5 | 77 |
| — lycopodioides, Lamk. | 5 | 76 |
| — marginalis, Hort. Kew. | 5 | 76 |
| — nudicaulis, Linn. | 5 | 80 |
| — obliqua, Andr. | 5 | 82 |
| — obliqua, Hort. Kew. | 5 | 74 |
| — obvallata, Linn. | 5 | 79 |
| — odoratissima, Andr. | 5 | 83 |
| — orbicularis, Linn. | 5 | 78 |
| — pellucida, Linn. | 5 | 77 |
| — perfilata, Scop. | 5 | 76 |
| — perfoliata, Linn. | 5 | 83 |
| — perfossa, Lamk. | 5 | 76 |
| — portulacacea, Lamk. | 5 | 74 |
| — Portulacaria, Linn. | 5 | 232 |
| — ramosa, Hort. Kew. | 5 | 75 |
| — ramuliflora, Link et Otto. | 5 | 78 |
| — scabra, Linn. | 5 | 75 |
| — spathulata, Thunb. | 5 | 77 |
| — tetragona, Linn. | 5 | 75 |
| — turrita, Thunb. | 5 | 78 |
| Crassula Umbella, Jacq. | 5 | 73 |
| — versicolor, Bot. Reg. | 5 | 83 |
| — vestita, Linn. fil. | 5 | 76 |
| CRASSULACEÆ, D.C. | 5 | 71 |
| Crassulineæ-Datisceæ, Ad. Brongn. | 13 | 291 |
| CRATÆGUS, (Linn.) Spach. | 2 | 98 |
| — Aria, Linn. | 2 | 100 |
| — Aria rotundifolia, Hortor. | 2 | 104 |
| — Aria scandica, Linn. | 2 | 99 |
| — Aria suecica, Linn. | 2 | 99 |
| — Bibas, Lour. | 2 | 81 |
| — Chamæmespilus, Jacq. | 2 | 109 |
| — coccinea, Linn. | 2 | 64 |
| — corymbosa, Desf. | 2 | 103 |
| — cuspidata, Spach. | 2 | 106 |
| — dentata, Thuil. | 2 | 105 |
| — flabellifolia, Spach. | 2 | 103 |
| — glabra, Thunb. | 2 | 80 |
| — græca, Spach. | 2 | 102 |
| — heterophylla, Flügg. | 2 | 67 |
| — indica, Linn. | 2 | 79 |
| — inermis, Linn. | 2 | 99 |
| — latifolia, Pers. | 2 | 60 |
| — latifolia, Poir. | 2 | 105 |
| — lobata, Ser. | 2 | 54 |
| — monogyna, Jacq. | 2 | 68 |
| — nigra, W. et K. | 2 | 64 |
| — obtusata, Spach. | 2 | 104 |
| — oxyacantha, Bull. | 2 | 68 |
| — oxyacantha, Linn. | 2 | 68 |
| — oxyacantha, Wall. | 2 | 67 |
| — parvifolia, Hort. Kew. | 2 | 55 |
| — populifolia, Walt. | 2 | 65 |
| — Pseud-Aria, Spach. | 2 | 108 |
| — Pyracantha, Pers. | 2 | 73 |
| — racemosa, Lamk. | 2 | 84 |
| — rotundifolia, Lamk. | 2 | 83 |
| — rubra, Lour. | 2 | 79 |
| — sanguinea, Pall. | 2 | 62 |
| — scandica, Wahlenb. | 2 | 99 |
| — sorbifolia, Desf. | 2 | 87 |
| — spicata, Lamk. | 2 | 85 |
| — stipulacea, Lodd. | 2 | 54 |
| — tanacetifolia, Pers. | 2 | 71 |
| — torminalis, Linn. | 2 | 106 |
| — turbinata, Pursh. | 2 | 66 |
| CRATÆVA, Linn. | 6 | 301 |
| — capparoides, Andr. | 6 | 302 |
| — fragrans, Sims. | 6 | 302 |
| — Marmelos, Linn. | 2 | 255 |
| — Tapia, Linn. | 6 | 301 |

| | Vol. | Pag. | | Vol. | Pag. |
|---|---|---|---|---|---|
| CRATERICARPIUM, Spach. | 4 | 339 | CRITHMUM, Tourn. . . . | 8 | 215 |
| *Cratochwilia*, Neck. . . . | 2 | 486 | — maritimum, Linn. . . | 8 | 215 |
| CRATOXYLON, Blum. . . | 5 | 341 | — *Silaus*, Wib. . . . . | 8 | 214 |
| CRAWFURDIA, Wallich. . | 9 | 6 | CRITHODIUM, Link. . . . | 13 | 165 |
| CREMANIUM, Don. . . . | 4 | 266 | *Critonia*, Gærtn. . . . . . | 10 | 37 |
| — granulosum , D. C. . | 4 | 267 | CRITONIA, P. Br. . . . . | 10 | 37 |
| — tinctorium , D. C. . . | 4 | 267 | CROCANTHEMUM, Spach. | 6 | 95 |
| — theezans, D. C. . . . | 4 | 267 | — brasilianum, Spach. . | 6 | 96 |
| CREMASTRA, Lindl. . . . | 12 | 178 | — carolinianum, Spach. | 6 | 97 |
| CREMOCEPHALUM , Cass. | 10 | 52 | CROCIDIUM, Hook. . . . | 10 | 33 |
| CREMOLOBUS, D. C. . . . | 6 | 325 | *CROCINEÆ* , Dumort.. | 13 | 4 |
| *Crenamus*, Adans. . . . . | 10 | 6 | *Crocodilium*, Cass. . . . . | 10 | 11 |
| CRENÆA, Aubl. . . . . . | 4 | 419 | CROCUS, Tourn. . . . . | 13 | 100 |
| *Crenias*, Spreng. . . . . | 12 | 12 | — albiflorus , Kit. . . | 13 | 105 |
| *Creodus*, Lour. . . . . . . | 11 | 19 | — aureus , Sibth. . . . | 13 | 102 |
| *Crepidaria myrtifolia*, Haw. | 2 | 538 | — *autumnalis*, Smith. . | 13 | 106 |
| CREPIS, Linn. . . . . . . | 10 | 6 | — biflorus , Mill. . . . | 13 | 103 |
| — barbata, Linn. . . . . | 10 | 51 | — *biflorus Janii*, Gay. . | 13 | 103 |
| — *fœtida*, Linn. . . . . | 10 | 45 | — *bifloruslineatus*,Reichb. | 13 | 103 |
| — glandulosa, Guss. . . | 10 | 46 | — *bifloruspusillus*,Reichb. | 13 | 103 |
| — incarnata, Vis. . . . | 10 | 45 | — *biflorus Tenorii*, Gay. | 13 | 103 |
| — rubra, Linn. . . . . . | 10 | 45 | — Imperati, Ten. . . . | 13 | 104 |
| CRESCENTIA, Linn. . . . | 9 | 332 | — *lagenæflorus*, Salisb.. | 13 | 102 |
| — Cujete, Linn. . . . . | 9 | 333 | — luteus, Lamk. . . . . | 13 | 102 |
| CRESSA, Linn. . . . . . . | 9 | 94 | — *mœsiacus*, Ker. . . . | 13 | 102 |
| *Crinita*, Mœnch.. . . . . | 10 | 29 | — medius, Balb. . . . . | 13 | 107 |
| *Crinitaria* , Cass. . . . . | 10 | 29 | — minimus, D. C. . . . | 13 | 104 |
| *Crinonia*, Blum. . . . . . | 12 | 275 | — *minimus corsicus*, Gay. | 13 | 104 |
| CRINUM, Linn. . . . . . | 12 | 423 | — *minimus italicus*, Gay. | 13 | 104 |
| — africanum, Linn. . . | 12 | 334 | — *neapolitanus*, Delaun. | 13 | 105 |
| — amabile, Ker. . . . . | 12 | 425 | — officinalis, Pers. . . . | 13 | 106 |
| — americanum, Linn. . . | 12 | 424 | — pusillus, Ten. . . . . | 13 | 103 |
| — *americanum*, Red. . . | 12 | 425 | — reticulatus, Stev. . . | 13 | 104 |
| — angustifolium , Linn. | 12 | 426 | — *sativus*, Red. . . . . | 13 | 106 |
| — asiaticum, Linn. . . . | 12 | 425 | — serotinus, Salisb. . . | 13 | 106 |
| — *asiaticum* , Red. . . | 12 | 425 | — suaveolens, Bertol. . | 10 | 105 |
| — bracteatum , Willd. . . | 12 | 425 | — sulphureus, Ker. . . | 13 | 102 |
| — cruentum , Ker. . . . | 12 | 424 | — susianus, Ker. . . . | 13 | 101 |
| — erubescens , Willd. . | 12 | 424 | — Thomasii, Ten. . . . | 13 | 106 |
| — falcatum, Jacq. . . . | 12 | 423 | — *variegatus* , Hopp. . . | 13 | 104 |
| — obliquum, Linn. . . . | 12 | 426 | — vernus, All. . . . . . | 13 | 105 |
| — pedunculatum,R. Br. | 12 | 425 | — *vernus*, Curt. . . . . | 13 | 102 |
| — *spirale*, Andr. . . . . | 12 | 410 | — versicolor, Ker. . . . | 13 | 103 |
| — taitiense, Red. . . . | 12 | 425 | CROSSANDRA, Sal. . . . . | 9 | 146 |
| — tenellum, Linn. fil. . | 12 | 409 | CROSSIRIS, Spach. . . . | 13 | 71 |
| *Criocephalus*, Schlechtend. | 12 | 235 | *Crossocephalum*, Frœl. . . | 9 | 6 |
| *Criosanthes*, Raf. . . . . | 12 | 182 | CROSSOLEPIS, Less. . . . | 10 | 26 |
| CRISTARIA, Nutt. . . . . | 3 | 343 | CROSSOPETALUM, Frœl. . | 9 | 15 |
| *Cristaria*, Sonner. . . . . | 4 | 296 | — gentianoides , Roth. . | 9 | 16 |
| — *coccinea* , Sonner. . . | 4 | 306 | *Crossopetalum*, P. Br. . . | 2 | 422 |
| CRISTATELLA, Nutt. . . . | 6 | 296 | CROSSOSTEPHIUM, Less. | 10 | 23 |
| *Critamus*, Bess. . . . . . | 8 | 138 | CROSSOSTOMA, Don. . . | 9 | 583 |
| *Critesium*, Raf. . . . . . | 13 | 165 | CROSSOSTYLIS, Forst. . . | 4 | 106 |

| | Vol. | Pag. | | Vol. | Pag. |
|---|---|---|---|---|---|
| CROTALARIA, Linn. . . . | 1 | 193 | Cryptandra spinescens, Sieber. | 2 | 466 |
| — arborescens, Lamk. . | 1 | 194 | CRYPTANTHUS , Klotz.. | 12 | 399 |
| — argentea, Jacq. . . . | 1 | 194 | CRYPTARRHENA, R. Br. | 12 | 178 |
| — incanescens, Linn. fil. | 1 | 194 | Cryptina , Raf. . . . . . . | 5 | 222 |
| — juncea, Linn. . . . | 1 | 195 | Cryptocarpha , R. Br. . . | 10 | 299 |
| — pulchella, Andr. . . | 1 | 194 | CRYPTOCARPUS , Kunth. | 5 | 241 |
| — purpurascens, Lamk. | 1 | 194 | CRYPTOCARYA, R. Br. . | 10 | 470 |
| — purpurea, Vent. . . . | 1 | 193 | — pretiosa , Mart. . . . | 10 | 495 |
| — semperflorens , Vent. | 1 | 195 | CRYPTOCARYEÆ, | | |
| — verrucosa , Linn. . . | 1 | 195 | Nees. . . . . . . . . | 10 | 470 |
| CROTON, Linn. . . . . . | 2 | 501 | CRYPTOCHILUS , Wallich. | 12 | 178 |
| — balsamiferum, Linn. . | 2 | 502 | CRYPTOCORYNE , Fisch. . | 12 | 37 |
| — Benzoe, Linn. . . . . | 4 | 300 | CRYPTOCORYNEÆ, | | |
| — campestre, A. Saint-Hil. | 2 | 504 | Blum. . . . . . . . . | 12 | 36 |
| — Cascarilla, Linn. . . | 2 | 502 | Cryptocotyledoneæ, Agardh. | 12 | 1 |
| — hibiscifolium, Kunth. | 2 | 504 | CRYPTOGLOTTIS , Blum. . | 12 | 179 |
| — lacciferum, Linn. . . | 2 | 503 | CRYPTOGYNE, Cass. . . . | 10 | 23 |
| — moluccanum, Lour. . | 2 | 503 | CRYPTOLEPIS , R. Br. . . | 8 | 503 |
| — origanifolium, Lamk. | 2 | 502 | CRYPTOMERIA, Don. . . | 11 | 353 |
| — perdicipes, A. Saint-Hil. | 2 | 505 | — japonica, Don. . . . . | 11 | 354 |
| — pictum, Nois. . . . | 2 | 506 | Cryptopetalum , Cass. . . . | 10 | 16 |
| — sanguifluum , Kunth. | 2 | 504 | CRYPTOPHRAGMIUM, Nees. | 9 | 146 |
| — sebiferum, Linn. . . | 2 | 523 | CRYPTOPUS , Lindl. . . . | 12 | 179 |
| — thuriferum, Kunth. . | 2 | 504 | Cryptospermum , Young. . | 8 | 378 |
| — Tiglium , Linn. . . . | 2 | 503 | CRYPTOSTEGIA , R. Br. . | 8 | 538 |
| — tinctorium, Linn. . . | 2 | 500 | CRYPTOSTEMMA, R. Br.. | 10 | 14 |
| — variegatum, Roxb. . | 2 | 506 | CRYPTOSTYLIS, R. Br. . | 12 | 181 |
| CROTONOPSIS, Mich. . . | 2 | 487 | CRYPTOTÆNIA, D. C. . . | 8 | 133 |
| CROWEA, Smith. . . . . | 2 | 337 | CRYPTOTHECA , Blum. . . | 4 | 419 |
| — saligna , Smith. . . . | 2 | 337 | CTENIUM , Panz. . . . . | 13 | 162 |
| CROZOPHORA, Neck. . . | 2 | 500 | Cubaca , Schreb. . . . . . | 1 | 88 |
| — tinctoria, Juss. fil. . . | 2 | 500 | CUBEBA , Miq. . . . . . . | 11 | 11 |
| CRUCIANELLA, Linn. . . . | 8 | 378 | — canina, Miq. . . . . . | 11 | 12 |
| CRUCIFERÆ, Juss. | 6 | 316 | — officinalis , Miq. . . . | 11 | 12 |
| CRUCITA, Lœffl. . . . . . | 5 | 278 | Cucifera , Delile. . . . . . | 12 | 62 |
| CRUCKSHANKSIA, Hook. et | | | — thebaica , Delile. . . . | 12 | 98 |
| Arn. . . . . . . . . . . | 8 | 377 | CUCUBALUS, (Linn.) Spach. | 5 | 173 |
| CRUDIA, Willd. . . . . | 1 | 88 | — acaulis , Spach. . . . | 5 | 177 |
| CRUMENARIA, Mart. . . | 2 | 439 | — bacciferus , Linn. . . | 5 | 172 |
| CRUMINIUM, Desv. . . . | 1 | 157 | — Behen , Linn. . . . . | 5 | 176 |
| CRUPINA, Cass. . . . . | 10 | 11 | — fabarius , Linn. . . . | 5 | 175 |
| CRUSEA, Cham. et Schlech- | | | — fimbriatus , Bieberst.. | 5 | 174 |
| tend. . . . . . . . . . | 8 | 377 | — lacerus , Bieberst. . . | 5 | 175 |
| Crusea, A. Rich. . . . . | 8 | 375 | — maritimus , Spach. . . | 5 | 176 |
| CRYBE , Lindl. . . . . . | 12 | 182 | — quadridentatus, Linn. | 5 | 189 |
| Cryphæa , Hamilt. . . . . | 11 | 19 | — spergulæfolius , Desf. | 5 | 181 |
| CRYPHIA, R. Br. . . . . | 9 | 165 | — stellatus , Linn. . . . | 5 | 174 |
| CRYPSIS , Hort. Kew... | 13 | 159 | — viscosus , Linn. . . . | 5 | 179 |
| CRYPTA , Nutt. . . . . . | 5 | 222 | Cuculla , Blum. . . . . . | 12 | 179 |
| CRYPTANDRA, Smith. . . | 2 | 465 | Cucullaria , Rafin. . . . . | 7 | 60 |
| — amara , Smith. . . . | 2 | 466 | Cucullaria , Schreb. . . . | 4 | 320 |
| — ericifolia, Smith. . . | 2 | 466 | — excelsa , Willd. . . . | 4 | 324 |

| | Vol. | Pag. |
|---|---|---|
| CUCULLIFERA, Nees.... | 13 | 139 |
| Cucumeroides, Gærtn. .. | 6 | 188 |
| CUCUMIS, Linn. ..... | 6 | 205 |
| — agrestis, Blackw. .. | 6 | 216 |
| — acutangulus, Linn. . | 6 | 217 |
| — Chate, Linn. .... | 6 | 209 |
| — Citrullus, Ser. .. | 6 | 214 |
| — Colocynthis, Linn.. . | 6 | 213 |
| — deliciosus, Roth.... | 6 | 205 |
| | et | 209 |
| — dipsaceus, Ehrenb. . | 6 | 211 |
| — Dudaim, Linn. ... | 6 | 209 |
| — flexuosus, Linn.. .. | 6 | 211 |
| — Melo, Linn.. .... | 6 | 205 |
| — prophetarum, Linn. | 6 | 212 |
| — sativus, Linn..... | 6 | 209 |
| CUCURBITA, Linn.... | 6 | 197 |
| — anguria, Duchesne.. | 6 | 214 |
| — Citrullus, Linn.. .. | 6 | 204 |
| — lagenaria, Linn. .. | 6 | 195 |
| — leucantha, Duchesne. | 6 | 195 |
| — maxima, Duchesne. . | 6 | 202 |
| — Melopepo, Linn.... | 6 | 198 |
| | et | 200 |
| — moschata, Duchesne. | 6 | 198 |
| — ovifera, Linn..... | 6 | 198 |
| — Pepo, Linn..... | 6 | 198 |
| | 199 et | 102 |
| — Pepo moschata, Lamk. | 6 | 198 |
| — Pepo polymorpha, Lamk. | 6 | 198 |
| — polymorpha, Duchesne. | 6 | 198 |
| — polymorpha Colocyn-tha, Duchesne... . | 6 | 199 |
| — polymorpha Melopepo, Duchesne..... . | 6 | 200 |
| — polymorpha oblonga, Duchesne ...... | 6 | 199 |
| — polymorpha pileifor-mis, Duchesne... | 6 | 199 |
| — polymorpha pyxidaris, Duchesne.. .. . | 6 | 199 |
| — polymorpha verru-cosa, Duchesne... | 6 | 199 |
| — Potero, Pers. .... | 6 | 202 |
| — verrucosa, Linn.. .. | 6 | 198 |
| CUCURBITACEÆ, Juss. ........ | 6 | 183 |
| Cucurbitaceæ-Papayaceæ, Reichb. ........ | 13 | 314 |
| CUCURBITEÆ, D. C. | 6 | 187 |
| | et | 192 |
| Cucurbitineæ-Begoniaceæ, Ad. Brongn........ | 13 | 275 |
| Ouellaria, Ruiz et Pav. . | 9 | 443 |
| CUITLAUZINIA, Llal. et Lex. | 12 | 178 |
| CULCASIA, Beauv.. .. | 12 | 39 |
| CULCITIUM, Humb. et Bonpl. | 10 | 31 |
| CULLUMIA, R. Br.... | 10 | 14 |
| CUMADA, Jones. .. , . | 9 | 6 |
| Cumbulu, Hort. Malab.. | 9 | 232 |
| CUMINEÆ, Koch. ... | 8 | 135 |
| | et | 149 |
| CUMINGIA, G. Don, ... | 12 | 387 |
| — campanulata, Don. . | 12 | 388 |
| — trimaculata, Don. . | 12 | 388 |
| CUMINIA, Colla... .... | 9 | 166 |
| CUMINUM, Linn. .... | 8 | 149 |
| — Cyminum, Linn. .. | 8 | 149 |
| CUNCEA, Hamilt. .... | 8 | 377 |
| CUNILA, Linn. .... | 9 | 164 |
| — thymoides, Linn. .. | 9 | 192 |
| CUNNINGHAMIA, R. Br.. | 11 | 360 |
| — lanceolata, Bot. Mag. | 11 | 360 |
| — sinensis, R. Br.... | 11 | 360 |
| Cunninghamia, Schreb. . | 8 | 375 |
| — verticillata, Willd.. | 8 | 433 |
| CUNONIA, Linn..... | 5 | 10 |
| — capensis, Linn. ... | 5 | 10 |
| CUNONIACEÆ, R. Br..... | 5 | 3 |
| Cunoniaceæ veræ, R. Br.. | 5 | 4 |
| CUNONIEÆ, D. C. | 5 | 4 |
| | et | 6 |
| Cunonieæ, D. C.. . .. | 5 | 3 |
| Cupanemi, Adans..... | 2 | 488 |
| CUPANIA, (Plum.) Camb. | 3 | 57 |
| — Akeesia, Camb.... | 3 | 60 |
| — americana, Linn. .. | 3 | 58 |
| — canescens, Pers.... | 3 | 59 |
| — excelsa, Kunth.... | 3 | 59 |
| — Sideroxylon, Camb.. | 3 | 59 |
| — tomentosa, Swartz. . | 3 | 58 |
| CUPHEA, Jacq..... | 4 | 422 |
| — acinifolia, A. Saint-Hil. | 4 | 423 |
| — densiflora, A. Saint-Hil. | 4 | 426 |
| — diosmæfolia, A. Saint-Hil. | 4 | 427 |
| — ericoides, Cham. et Schl. | 4 | 427 |
| — hyssopoides, A. Saint-Hil. | 4 | 426 |
| — Llavea, D. C. .... | 4 | 424 |
| — lysimachioides, Cham. et Schl...... | 4 | 426 |
| — Melvillæ, Lindl. .. | 4 | 425 |
| — polymorpha, A. Saint-Hil. | 4 | 424 |

|                                        | Vol. | Pag. |
| -------------------------------------- | ---- | ---- |
| Cuphea Pseudo-Vaccinium,               |      |      |
| A. Saint-Hil. . . . .                  | 4    | 424  |
| — thymoides, Cham. et                  |      |      |
| Schl. . . . . . .                      | 4    | 423  |
| — viscosissima, Jacq. . .              | 4    | 425  |
| *Cupia*, D. C. . . . . . .             | 8    | 373  |
| *CUPRESSINEÆ,*                         |      |      |
| Rich. . . . . . . . .                  | 11   | 303  |
| *Cupressineæ*, Bartl. . . .            | 11   | 303  |
| Cupressus, Tourn. . . .                | 11   | 323  |
| — *Arbor-vitæ*, Targ.. .               | 11   | 339  |
| — *australis*, Desf. . . .             | 11   | 345  |
| — *columnaris*, Forst. .               | 11   | 362  |
| •— disticha, Linn. . . .               | 11   | 349  |
| — disticha, Mich. . . .                | 11   | 349  |
| — *disticha imbricaria*,               |      |      |
| Nutt. . . . . . .                      | 11   | 349  |
| — expansa, Targ. . . .                 | 11   | 326  |
| — *fastigiata*, D.C. . . .             | 11   | 326  |
| — glauca, Lamk. . . . .                | 11   | 328  |
| — horizontalis, Mill. . .              | 11   | 326  |
| — *horizontalis pendula*,              |      |      |
| Audib. . . . . . .                     | 11   | 326  |
| — japonica, Thunb. . .                 | 11   | 354  |
| — juniperoides, Linn. .                | 11   | 346  |
| — lusitanica, Mill. . . .              | 11   | 328  |
| — nutkatensis, Lamb. .                 | 11   | 355  |
| — patula, Pers. . . . .                | 11   | 329  |
| — pendula, L'hérit. . .                | 11   | 328  |
| — pendula, Thunb. . . .                | 11   | 329  |
| — pyramidalis, Targ. .                 | 11   | 326  |
| — sempervirens, Linn. .                | 11   | 325  |
| — sempervirens, Mill. .                | 11   | 326  |
| — *sempervirens fastigiata*,           |      |      |
| Hortor. . . . . . .                     | 11   | 326  |
| — *sempervirens horizon-*              |      |      |
| talis, Hort. Kew. . .                  | 11   | 326  |
| — *sempervirens pyrami-*               |      |      |
| dalis, Hortor. . . .                   | 11   | 326  |
| — *sempervirens stricta*,              |      |      |
| Hort. Kew. . . .                       | 11   | 326  |
| — sinensis, Hortor. . .                | 11   | 349  |
| — Thuya, Targ. . . .                   | 11   | 335  |
| — thuyoides, Linn. . .                 | 11   | 331  |
| — torulosa, Lamb. . . .                | 11   | 329  |
| — triquetra, Lodd. . . .               | 11   | 345  |
| *CUPULIFEREÆ,*                         |      |      |
| Rich. . . . . . . . .                  | 11   | 138  |
| *Cupuliferæ - Betuloideæ,*             |      |      |
| Spach. . . . . . . . .                 | 11   | 142  |
| et                                     |      | 204  |
| *Cupuliferæ-veræ*, Spach. .            | 11   | 141  |
| et                                     |      | 145  |
| Curanga, Juss. . . . . .               | 9    | 269  |
| *Curania*, Rœm. . . . .                | 9    | 269  |
| Curatella, Linn. . . . .               | 7    | 417  |
| — americana, Linn. .                   | 7    | 418  |
| — Cambaiba, A. Saint-Hil.              | 7    | 418  |
| *Curcas*, Adans. . . . . .             | 2    | 487  |
| Curculigo, Gærtn. . . .                | 13   | 115  |
| Curcuma, Linn. . . . .                 | 12   | 156  |
| — angustifolia, Roxb. .                | 12   | 159  |
| — aromatica, Sal. . . .                | 12   | 158  |
| — *domestica major*, Rumph.            | 12   | 160  |
| — leucorhiza, Roxb. . .                | 12   | 159  |
| — longa, Linn. . . . .                 | 12   | 159  |
| — rubescens, Roxb. . .                 | 12   | 158  |
| — Zedoaria, Rosc. . . .                | 12   | 158  |
| — Zerumbet, Roxb. . .                  | 12   | 157  |
| *Curcumaceæ*, Dumort. . .              | 12   | 152  |
| Curtia, Cham. et Schl. . .             | 9    | 85   |
| Curtogyne, Haw. . . . .                | 5    | 81   |
| — dejecta, D. C. . . . .               | 5    | 81   |
| — undulata, Haw. . . .                 | 5    | 81   |
| *Curupita*, Gmel. . . . . .            | 4    | 106  |
| *Curvembryeæ*, Bronn. . .              | 1    | 149  |
| Cuscuta, Linn. . . . . .               | 9    | 89   |
| — Epithymum, Smith. .                  | 9    | 90   |
| — europæa, Linn. . . .                 | 9    | 90   |
| — major, D. C. . . . .                 | 9    | 90   |
| — minor, D. C. . . . .                 | 9    | 90   |
| — tetrandra, Mœnch. .                  | 9    | 90   |
| — tubulosa, Presl. . . .               | 9    | 90   |
| — vulgaris, Pers. . . . .              | 9    | 90   |
| *Cuscutaceæ*, Lindl. . . . .           | 9    | 89   |
| *CUSCUTEÆ*, Presl.                     | 9    | 89   |
| *Cuscutineæ*, Link. . . . .            | 9    | 89   |
| *Cusparia*, Humb. . . . . .            | 2    | 323  |
| CUSPARIEÆ, D. C. . .                   | 2    | 323  |
| et                                     |      | 347  |
| Cuspidia, Gærtn. . . . .               | 10   | 11   |
| Cussonia, Thunb. . . . .               | 8    | 117  |
| — spicata, Thunb. . . .                | 8    | 118  |
| — thyrsiflora, Thunb. .                | 8    | 118  |
| — thyrsoidea, Thunb. .                 | 8    | 119  |
| *Cutubea*, Mart. . . . . .             | 9    | 5    |
| Cuviera, D. C. . . . . .               | 8    | 375  |
| *Cuviera*, Kœl. . . . . . .            | 13   | 165  |
| Cyamopsis, D. C. . . . .               | 1    | 153  |
| *Cyamus*, Smith. . . . . .             | 7    | 180  |
| — flavicomus, Pursh. .                 | 7    | 183  |
| — luteus, Elliot. . . . .              | 7    | 183  |
| — Nelumbo, Smith. . .                  | 7    | 181  |

| | Vol. | Pag. |
|---|---|---|
| CYANANTHUS, Wallich. . | 9 | 108 |
| Cyanastrum, Cass. . . . . | 10 | 11 |
| CYANE, Renealm. . . . . | 9 | 16 |
| CYANEA, Gaudich. . . . . | 9 | 572 |
| CYANELLA, Linn. . . . . | 12 | 389 |
| — capensis, Linn. . . . | 12 | 389 |
| — lutea, Linn. . . . . . | 12 | 390 |
| — odoratissima, Lindl. . | 12 | 389 |
| — orchidiformis, Jacq. . | 12 | 390 |
| CYANITIS, Reinw. . . . . | 5 | 5 |
| CYANOPSIS, Blum. . . . . | 10 | 39 |
| CYANOPSIS, Cass. . . . . | 10 | 77 |
| — radiatissima, Cass. . . | 10 | 78 |
| CYANOTIS, Don. . . . . | 13 | 122 |
| Cyanotis, Raf. . . . . . . | 12 | 254 |
| Cyanotris, Raf. . . . . . | 12 | 235 |
| Cyanthillium, Blum. . . . | 10 | 39 |
| CYANUS, Cass. . . . . . | 10 | 68 |
| — arvensis, Mœnch. . . | 10 | 69 |
| Cyathidium, Royle. . . . | 10 | 10 |
| CYATHOCLINE, Cass. . . . | 10 | 28 |
| CYATHOCOMA, Nees. . . . | 13 | 145 |
| CYATHODES, R. Br. . . . | 9 | 433 |
| CYATHOGLOTTIS , Pœpp. | | |
| et Endl. . . . . . . . . | 12 | 182 |
| CYATHULA, Lour. . . . . | 5 | 249 |
| Cybbanthera, Hamilt. . . . | 9 | 269 |
| CYBELION, Spreng. . . . | 12 | 178 |
| CYBIANTHUS, Mart. . . . . | 9 | 374 |
| Cycadeaceæ, Lindl. . . . . | 11 | 442 |
| CYCADEÆ, (Pers.) | | |
| Rich. . . . . . . . . . | 11 | 440 |
| CYCAS, Linn. . . . . . . | 11 | 442 |
| — circinalis, auctorum. . | 11 | 443 |
| — circinalis, Linn. . . . | 11 | 444 |
| — Rumphii, Miq. . . . | 11 | 443 |
| — sphærica, Roxb. . . . | 11 | 443 |
| CYCLACHÆNA, Fres. . . . | 10 | 22 |
| CYCLAMEN, Tourn. . . . | 9 | 343 |
| — Clusii, Bot. Reg. . . | 9 | 344 |
| — coum, Mill. . . . . . | 9 | 344 |
| — europæum, Willd. . . | 9 | 344 |
| — hederæfolium, Bot. Mag. | 9 | 345 |
| — hederæfolium, Hort. Kew. | 9 | 345 |
| — hederæfolium, Ten. . | 9 | 345 |
| — neapolitanum, Ten. . . | 9 | 345 |
| — repandum, Sibth. . . | 9 | 345 |
| — vernum, Lobel. . . . | 9 | 345 |
| Cyclanthaceæ, Lindl. . . . | 12 | 22 |
| | et | 23 |
| Cyclantheæ, Ad. Brongn. . | 12 | 22 |
| Cyclantheæ, Dumort. . . . | 12 | 22 |

| | Vol. | Pag. |
|---|---|---|
| CYCLANTHEÆ, Poit. | 12 | 23 |
| CYCLANTHERA, Schrad. . | 6 | 222 |
| — pedata, Schrad. . . . | 6 | 223 |
| CYCLANTHUS, Poit. . . . | 12 | 24 |
| Cyclas, Schreb. . . . . . . | 1 | 88 |
| CYCLOBOTHRA, Sweet. . . | 12 | 264 |
| — alba, Benth. . . . . | 12 | 265 |
| — barbata, Sweet. . . . | 12 | 265 |
| — lutea, Lindl. . . . . . | 12 | 265 |
| — pulchella, Benth. . . | 12 | 265 |
| — purpurea, Sweet. . . | 12 | 266 |
| CYCLOLEPIS, Don. . . . . | 10 | 10 |
| CYCLOPIA, Vent. . . . . | 1 | 152 |
| CYCLOPOGON, Presl. . . . | 12 | 180 |
| CYCLOPTERA, R. Br. . . | 10 | 402 |
| CYCLOSANTHES, Pœpp. . | 12 | 24 |
| CYCLOSIA, Klotz. . . . . | 12 | 177 |
| Cyclostegia, Benth. . . . . | 9 | 163 |
| CYCLOSTIGMA, Gris. . . . | 9 | 16 |
| CYCNIUM, E. Mey. . . . . | 9 | 270 |
| CYCNOCHES, Lindl. . . . | 12 | 177 |
| CYDONIA, (Mill.) Pers. . . | 2 | 154 |
| — indica, Wallich. . . . | 2 | 158 |
| — japonica, Pers. . . . | 2 | 159 |
| — lagenaria, Lois. . . . | 2 | 159 |
| — lusitanica, Tourn. . . | 2 | 156 |
| — sinensis, Thouin. . . | 2 | 157 |
| — speciosa, Guimp. et Hayn. | 2 | 159 |
| — Sumboshia, Hamilt. . | 2 | 157 |
| — vulgaris, Pers. . . . . | 2 | 155 |
| CYLACTIS, Raf. . . . . . | 1 | 453 |
| CYLICODAPHNE, Nees. . . | 10 | 473 |
| CYLINDROCLINE, Cass. . | 10 | 28 |
| CYLINDROLOBUS, Blum. . | 12 | 177 |
| CYLINDROPUS, Nees. . . | 13 | 146 |
| CYLINDROSORUS, Benth. | 10 | 26 |
| Cylipogon, Raf. . . . . . | 1 | 154 |
| CYLISTA, Hort. Kew. . . | 1 | 157 |
| Cylizoma, Neck. . . . . . | 1 | 157 |
| CYMARIA, Benth. . . . . | 9 | 167 |
| Cymation, Spreng. . . . . | 12 | 235 |
| Cymbachne, Retz. . . . . | 13 | 166 |
| CYMBALARIA, Chav. . . | 9 | 267 |
| Cymbanthes, Salisb. . . . | 12 | 235 |
| CYMBARIA, Linn. . . . . | 9 | 272 |
| CYMBIDIUM, Swartz. . . | 12 | 177 |
| CYMBOCARPA, Miers. . . | 13 | 119 |
| CYMBOCARPUM, C. A. Mey. | 8 | 132 |
| CYMBONOTUS, Cass. . . . | 10 | 14 |
| Cymbopogon, Spreng. . . | 13 | 167 |
| — Schœnanthus, Spreng. | 13 | 253 |
| — citriodorus, Link. . . | 13 | 253 |
| CYMBOSTEMON, Spach. . | 7 | 444 |

| | Vol. | Pag. |
|---|---|---|
| Cymbostemon parviflorum, | | |
| Spach. . . . . . . . | 7 | 446 |
| *Cymburus*, Salisb. . . . . | 9 | 227 |
| CYMINOSMA , Gærtn. . . | 2 | 314 |
| CYMODOCEA, Kœn. . . . | 12 | 14 |
| *Cymopterus*, Rafin. . . . . | 8 | 135 |
| CYNANCHINEÆ , Endl. | 8 | 539 |
| | et | 544 |
| CYNANCHUM , Linn. . . . | 8 | 544 |
| — *Arghel*, Delile. . . . | 8 | 547 |
| — monspeliacum, Linn. | 8 | 545 |
| — *oleæfolium*, Nectoux. | 8 | 547 |
| — *Vincetoxicum*, R. Br. | 8 | 545 |
| CYNARA , Vaill. . . . . . | 10 | 90 |
| — Cardunculus , Linn. . | 10 | 91 |
| — Scolymus, Linn. . . . | 10 | 91 |
| *Cynareæ*, Less.. . . . . . | 10 | 8 |
| | 9, 12, 13 et | 14 |
| *Cynareæ-Arctotideæ*, Less. | 10 | 13 |
| *Cynareæ-Calendulaceæ*,Less.10 | | 14 |
| *Cynareæ-Centaurieæ*,Less. | 10 | 10 |
| *Cynareæ-Echinopsideæ*,Less. | 10 | 13 |
| *Cynarocephalæ*, Juss. . . . | 10 | 4 |
| | 9,12 et | 13 |
| CYNOCARDAMUM, Webb. | 6 | 552 |
| — virginicum , Webb. . | 6 | 554 |
| *Cynocrambeæ*, Endl. . . . | 11 | 25 |
| CYNOCTONUM, E. Mey. . | 8 | 539 |
| *Cynoctonum*, Gmel. . . . . | 9 | 7 |
| CYNODON, Rich. . . . . | 13 | 198 |
| — Dactylon, Rich. . . . | 13 | 198 |
| *Cynogasum*, Neck. . . . . | 2 | 487 |
| CYNOGLOSSUM, Linn. . . | 9 | 35 |
| — *bicolor*, Willd. . . . . | 9 | 33 |
| — *linifolium*, Linn. . . | 9 | 34 |
| — officinale, Linn. . . . | 9 | 35 |
| — *Omphalodes*, Linn. . . | 9 | 34 |
| CYNOMETRA, Linn. . . . | 1 | 417 |
| — *Agallocha*, Spreng. . | 1 | 129 |
| — cauliflora, Linn. . . . | 1 | 417 |
| *Cynomoriaceæ*, Lindl. . . | 10 | 546 |
| CYNOMORIEÆ , Schott | | |
| et Endl. . . . . . . . . | 10 | 548 |
| CYNOMORIUM , Micheli. . | 10 | 548 |
| CYNOPSOLE, Endl. . . . | 10 | 550 |
| CYNORCHIS , Petit-Thou. | 12 | 180 |
| CYNORRHIZA, Eckl. et Zeyh. | 8 | 135 |
| CYNOSBATA , D. C. . . . | 3 | 315 |
| CYNOSCIADIUM, D. C. . . | 8 | 139 |
| CYNOSURUS, Linn. . . . | 13 | 164 |
| — *coracanus* , Linn. . . | 13 | 199 |
| *Cynotis*, Hoffmanns. . . . | 10 | 14 |
| CYNTHIA , Don. . . . . . | 10 | 7 |
| CYPELLA, Sweet. . . . . | 13 | 7 |
| — Herberti, Sweet.. . . | 13 | 7 |
| CYPELLIUM, Desv. . . . . | 9 | 417 |
| CYPERACEÆ, D. C. | 13 | 142 |
| *Cyperaceæ-Sparganioideæ*, | | |
| Link. . . . . . . . . . | 12 | 18 |
| *Cyperaceæ-Typhoideæ*, Link. | 12 | 18 |
| CYPEREÆ , Nees. . . . | 13 | 144 |
| *Cypsrideæ* , Dumort. . . . | 13 | 142 |
| *Cyperoideæ* , Juss. . . . . | 13 | 142 |
| CYPERUS, Beauv. . . . . | 13 | 148 |
| CYPERUS, Linn. . . . . . | 13 | 147 |
| — *comosus*, Sibth. . . . | 13 | 148 |
| — esculentus, Linn. . . . | 13 | 149 |
| — *hexastachyus*, Rottb. . | 13 | 148 |
| — *Hydra*, Mich. . . . . | 13 | 148 |
| — longus, Linn. . . . . | 13 | 148 |
| — Papyrus, Linn. . . . | 13 | 150 |
| — rotundus, Linn. . . . | 13 | 148 |
| — *tetrastachyos*, Desf. . | 13 | 148 |
| CYPHIA , Berg. . . . . . | 9 | 584 |
| CYPHIELLA, Presl. . . . | 9 | 584 |
| *Cyphorima*, Raf. . . . . . | 9 | 31 |
| CYPRIANTHE, Spach. . . | 7 | 220 |
| — anemonoides , Spach. | 7 | 221 |
| CYPRIPEDIEÆ, Lindl. | 12 | 182 |
| CYPRIPEDIUM, Linn.. . . | 12 | 192 |
| — *album*, Curt. . . . . . | 12 | 195 |
| — Calceolus, Linn. . . . | 12 | 193 |
| — *Calceolus*, Mich. . . | 12 | 193 |
| — *canadense* , Mich. . . | 12 | 195 |
| — *flavescens*, Red. . . . | 12 | 194 |
| — insigne, Wallich. . . | 12 | 195 |
| — macranthum, Swartz. | 12 | 194 |
| — parviflorum , Sal. . . | 12 | 193 |
| — pubescens, Willd. . . | 12 | 194 |
| — spectabile, Sal. . . . | 12 | 195 |
| — ventricosum , Swartz. | 12 | 194 |
| — venustum , Wallich. . | 12 | 196 |
| CYPSELEA, Turp. . . . . | 5 | 205 |
| CYPSELODONTIA, D. C. . | 10 | 28 |
| *Cyrilla*, L'hérit. . . . . . | 9 | 258 |
| CYRILLA, Linn. . . . . . | 5 | 35 |
| — *caroliniana*, Mich. . | 5 | 35 |
| — racemiflora, Linn. . . | 5 | 35 |
| — *spinosa*, Spreng. . . . | 2 | 419 |
| CYRTA, Lour. . . . . . . | 9 | 417 |
| CYRTANDRA , Forst. . . | 9 | 257 |
| *Cyrtandraceæ*, Jack. . . . | 9 | 255 |
| CYRTANDREÆ , Bartl. | 9 | 257 |
| CYRTANTHUS, Hort. Kew. | 12 | 426 |
| — *angustifolius*, Jacq. . | 12 | 426 |

| | Vol. | Pag. | | Vol. | Pag. |
|---|---|---|---|---|---|
| Cyrtanthus angustifolius, Willd. . . . . . . | 12 | 426 | Cytisus *pinnatus*, Pall. . | 1 | 271 |
| — obliquus, Willd. . . | 12 | 426 | — proliferus, Linn. . . . | 1 | 210 |
| — ventricosus, Willd. . | 12 | 426 | — *Pseudo-Cajan*, Jacq. . | 1 | 340 |
| — vittatus, Desf. . . . | 12 | 427 | — purpureus, Scop. . . | 1 | 209 |
| *Cyrtanthus*, Schreb. . . . | 8 | 372 | — *scoparius*, Link. . . . | 1 | 205 |
| CYRTOCARPA, Kunth. . | 2 | 201 | — sessilifolius, Linn. . . | 1 | 209 |
| — procera, Kunth. . . . | 2 | 201 | — *supinus*, Jacq. . . . . | 1 | 210 |
| CYRTOCHILUM, Kunth. . | 12 | 178 | — *volgaricus*, Linn. fil. . | 1 | 271 |
| CYRTOLEPIS, Less. . . . | 10 | 24 | CZAKIA, Andrz. . . . . | 12 | 380 |
| CYRTOPERA, Lindl. . . . | 12 | 178 | — Liliastrum, Andr. . . | 12 | 380 |
| CYRTOPHYLLUM, Reinw. | 8 | 493 | CZERNIA, Presl. . . . . . | 13 | 162 |
| CYRTOPODIUM, R. Br. . | 12 | 178 | | | |
| *Cyrtopogon*, Beauv. . . . | 13 | 161 | DABOECIA, Don. . . . . . | 9 | 472 |
| CYRTOSIA, Blum. . . . . | 12 | 182 | — polifolia, Don. . . . . | 9 | 473 |
| CYRTOSTEMMA, Mert. et K. | 10 | 321 | DACRYANTHUS, Endl. . . | 9 | 434 |
| — atropurpureum, M. et K. | 10 | 322 | DACRYDIUM, Sol. . . . . | 11 | 438 |
| CYRTOSTYLIS, R. Br. . . | 12 | 182 | — cupressinum, Sol. . . | 11 | 439 |
| CYRTOTROPIS, Wallich. . | 1 | 333 | — taxifolium, Sol. . . . | 11 | 439 |
| — carnea, Wallich. . . | 1 | 333 | DACTYLÆNA, Schrad. . . | 6 | 314 |
| CYSTANTHE, R. Br. . . | 9 | 434 | — micrantha, Schrad. . | 6 | 315 |
| CYSTICAPNOS, Boerh. . . | 7 | 82 | *Dactylanthes*, Haw. . . . . | 2 | 488 |
| — africana, Gærtn. . . . | 7 | 84 | DACTYLICAPNOS, Wallich. | 7 | 65 |
| CYTHERÆA, D. C. . . . . | 2 | 208 | — thalictrifolia, Wallich. | 7 | 66 |
| CYTHERIS, Lindl. . . . . | 12 | 177 | DACTYLIS, Linn. . . . . . | 13 | 212 |
| *Cytinaceæ*, Lindl. . . . . . | 10 | 553 | — glomerata, Linn. . . . | 13 | 212 |
| | | | DACTYLOCTENIUM, Willd. | 13 | 163 |
| *CYTINEÆ*, Ad. | | | *Dactylon*, Vill. . . . . . . | 13 | 160 |
| Brongn. . . . . . . . . | 10 | 551 | — *officinale*, Vill. . . . | 13 | 198 |
| *Cytineæ*, Dumort. . . . . | 10 | 551 | DACTYLOPHYLLUM, Benth. | 9 | 108 |
| *Cytineæ*, Endl. . . . . . . | 10 | 551 | DACTYLOSTYLIS, Scheidw. | 12 | 177 |
| CYTINUS, Linn. . . . . . | 10 | 552 | DÆMIA, R. Br. . . . . . | 8 | 539 |
| — Hypocistis, Linn. . . | 10 | 552 | DÆMONOROPS, Blum. . . | 12 | 61 |
| CYTISUS, Linn. . . . . . | 1 | 205 | DAHLIA, Cavan. . . . . . | 10 | 127 |
| — *albus*, Link. . . . . | 1 | 202 | — *bidentifolia*, Sal. . . . | 10 | 128 |
| — alpinus, Mill. . . . . | 1 | 207 | — *Cervantesii*, Desf. . . | 10 | 128 |
| — *alpinus*, W. et K. . . | 1 | 208 | — *coccinea*, Desf. . . . . | 10 | 128 |
| — angustifolius, Mœnch. | 1 | 208 | — *crocea*, Poir. . . . . | 10 | 128 |
| — austriacus, Linn. . . | 1 | 211 | — *frustranea*, Hort. Kew. | 10 | 128 |
| — *biflorus*, Bot. Reg. . | 1 | 210 | — *pinnata*, Cav. . . . . | 10 | 128 |
| — biflorus, L'hérit. . . | 1 | 210 | — *purpurea*, Poir. . . . | 10 | 128 |
| — *Cajan*, Linn. . . . . | 1 | 340 | — *rosea*, Cav. . . . . . | 10 | 128 |
| — *canariensis*, Linn. . . | 1 | 200 | — *sambucifolia*, Sal. . . | 10 | 128 |
| — *candicans*, Linn. . . . | 1 | 200 | — *superflua*, Hort. Kew. | 10 | 128 |
| — capitatus, Jacq. . . . | 1 | 212 | — variabilis, Desf. . . . | 10 | 127 |
| — elongatus, W. et K. . | 1 | 210 | DAIS, Linn. . . . . . . . | 10 | 445 |
| — falcatus, W. et K. . . | 1 | 211 | — cotinifolia, Linn. . . . | 10 | 446 |
| — hirsutus, Linn. . . . . | 1 | 210 | DALBERGIA, Linn. . . . . | 1 | 359 |
| — Laburnum, Linn. . . | 1 | 206 | — *arborea*, Willd. . . . | 1 | 362 |
| — leucanthus, W. et K. . | 1 | 211 | — lanceolaria, Linn. fil. . | 1 | 360 |
| — *multiflorus*, Bot. Mag. | 1 | 211 | — latifolia, Roxb. . . . . | 1 | 359 |
| — nigricans, Linn. . . . | 1 | 208 | — melanoxylon, Guillem. . | 1 | 360 |
| — *paniculatus*, Lois. . . | 1 | 200 | — paniculata, Roxb. . . | 1 | 360 |

| | Vol. | Pag. | | Vol. | Pag. |
|---|---|---|---|---|---|
| *DALBERGIEÆ*, D.C.. | 1 | 157 | Daphne *striata*, Port. | 10 | 443 |
| | et | 359 | *DAPHNIDIEÆ*, Nees. | 10 | 473 |
| DALEA, Linn. | 1 | 246 | DAPHNIDIUM, Nees. | 10 | 474 |
| — *alopecuroides*, Nutt. | 1 | 247 | *Daphnoideæ*, Vent. | 10 | 434 |
| — *aurea*, Nutt. | 1 | 246 | DAPHNOPSIS, Mart. | 10 | 436 |
| — *bicolor*, Willd. | 1 | 247 | *Dargeria*, Cham. et Schl. | 9 | 271 |
| — *citriodora*, Willd. | 1 | 247 | DARLINGTONIA, D.C. | 1 | 49 |
| — *Kuhnisteri*, Willd. | 1 | 246 | *Darluca*, Raf. | 8 | 376 |
| — *Linnæi*, Mich. | 1 | 247 | DARTUS, Lour. | 9 | 58 |
| — *mutabilis*, Willd. | 1 | 247 | *D'asanthera*, Raf. | 9 | 271 |
| — *purpurea*, Vent. | 1 | 245 | DASYANTHERA, Presl. | 6 | 115 |
| *Dalea*, Gærtn. | 9 | 245 | *Dasyanthus*, Don. | 9 | 443 |
| DALECHAMPIA, Linn. | 2 | 488 | *Dasycephala*, Borkh. | 9 | 6 |
| DALIBARDA, Linn. | 1 | 483 | *Dasylirion*, Zuccar. | 12 | 398 |
| *Dalrymblea*, Roxb. | 2 | 394 | DASYLOMA, D.C. | 8 | 139 |
| *Dalukon*, Adans. | 13 | 165 | DASYMALLA, Endl. | 9 | 247 |
| *Damasonium*, Juss. | 12 | 10 | DASYNEMA, Schott. | 7 | 413 |
| DAMASONIUM, Schreb. | 12 | 4 | DASYPHYLLUM, Kunth. | 10 | 9 |
| DAMATRIS, Cass. | 10 | 14 | DASYPOGON, R. Br. | 13 | 134 |
| *Damironia*, Cass. | 10 | 26 | *Dasypogoneæ*, Dumort. | 13 | 133 |
| — *cernua*, Cass. | 10 | 208 | DASYSTEMON, D.C. | 5 | 73 |
| *Dammara*, Gærtn. | 2 | 230 | *Dasystephana asclepiadea*, | | |
| — *graveolens*, Gærtn. | 2 | 247 | Borkh. | 9 | 18 |
| DAMMARA, (Rumph.) Lamb. | 11 | 366 | DASYSTOMA, Raf. | 9 | 271 |
| — *alba*, Rumph. | 11 | 367 | DATISCA, Linn. | 13 | 293 |
| — *australis*, Lamb. | 11 | 368 | — *cannabina*, Linn. | 13 | 293 |
| — *loranthifolia*, Link. | 11 | 366 | *Datiscaceæ*, Lindl. | 13 | 291 |
| — *orientalis*, Lamb. | 11 | 367 | *DATISCEÆ*, Presl. | 13 | 291 |
| — *selanica*, Rumph. | 2 | 182 | DATURA, Linn. | 9 | 66 |
| DAMNACANTHUS, Gærtn.fil. | 8 | 376 | — *arborea*, Hortor. | 9 | 70 |
| DAMPIERA, R. Br. | 9 | 585 | — *Ceratocaula*, Ort. | 9 | 69 |
| *Danaa*, All. | 8 | 138 | — *fastuosa*, Linn. | 9 | 68 |
| DANAE, Medic. | 12 | 224 | — *macrocaulis*, Roth. | 9 | 69 |
| — *racemosa*, Mœnch. | 12 | 224 | — *sanguinea*, R. et P. | 9 | 70 |
| *Danaida*, Link. | 12 | 210 | — *Stramonium*, Linn. | 9 | 67 |
| DANAIS, Commers. | 8 | 372 | — *suaveolens*, Willd. | 9 | 70 |
| DANTHONIA, D.C. | 13 | 165 | — *Tatula*, Linn. | 9 | 67 |
| *Dantia*, Petit-Thou. | 4 | 337 | DAUBENYA, Lindl. | 12 | 302 |
| DAPHNE, Linn. | 10 | 438 | — *aurea*, Lindl. | 12 | 302 |
| — *alpina*, Linn. | 10 | 440 | — *fulva*, Lindl. | 12 | 302 |
| — *altaica*, Linn. | 10 | 440 | DAUBENTONIA, D.C. | 1 | 154 |
| — *Cneorum*, Linn. | 10 | 443 | DAUCUS, Linn. | 8 | 150 |
| — *collina*, Smith. | 10 | 441 | — *Carotta*, Linn. | 8 | 151 |
| — *Gnidium*, Linn. | 10 | 442 | — *hispidus*, Desf. | 8 | 151 |
| — *hybrida*, Sweet. | 10 | 441 | — *maritimus*, With. | 8 | 151 |
| — *Laghetto*, Linn. | 10 | 438 | — *polygamus*, Gouan. | 8 | 151 |
| — *Laureola*, Linn. | 10 | 444 | — *pusillus*, Mich. | 8 | 151 |
| — *Mezereum*, Linn. | 10 | 439 | — *Visnaga*, Linn. | 8 | 188 |
| — *neapolitana*, Lodd. | 10 | 441 | DAVIESIA, Smith. | 1 | 182 |
| — *odora*, Thunb. | 10 | 441 | — *alata*, Smith. | 1 | 183 |
| — *oleoides*, Lamk. | 10 | 441 | — *cordata*, Smith. | 1 | 182 |
| — *pontica*, Linn. | 10 | 445 | — *denudata*, Vent. | 1 | 176 |
| — *sericea*, Vahl. | 10 | 441 | | | |

| | Vol. | Pag. |
|---|---|---|
| Daviesia latifolia, R. Br. . | 1 | 182 |
| — ulicifolia, Smith.. . | 1 | 182 |
| DAVILLA, Vand. . . . . | 7 | 415 |
| — brasiliana, D. C.. . . | 7 | 416 |
| — elliptica, A. Saint-Hil. | 7 | 416 |
| — flexuosa, A. Saint-Hil. | 7 | 416 |
| — rugosa, Poir. . . . . | 7 | 416 |
| DAVYA, D. C. . . . . . | 4 | 212 |
| — paniculata, D. C. . . | 4 | 213 |
| Debræa, R. et S. . . . | 4 | 320 |
| — floribunda, R. et S. . | 4 | 329 |
| DECACHÆTA, D. C. . . . | 10 | 37 |
| DECADIA, Lour. . . . . . | 4 | 4 |
| et | 9 | 417 |
| DECAISNEA, Ad. Br. . . . | 12 | 182 |
| Decaisnea, Lindl. . . . . . | 12 | 181 |
| DECALEPIS, Wight et Arn. | 8 | 538 |
| DECALOBA, D. C. . . . . | 6 | 263 |
| DECANEURUM, D. C.. . . | 10 | 39 |
| Decaspermum, Forst. . . . | 4 | 103 |
| DECASPORA, R. Br. . . . | 9 | 433 |
| Decemium, Raf. . . . . . | 9 | 49 |
| Deckera, Schultz. . . . . | 10 | 6 |
| DECLIEUXIA, Kunth. . . . | 8 | 376 |
| DECODON, Gmel. . . . . . | 4 | 419 |
| DECOSTEA, R. et P. . . | 2 | 165 |
| DECUMARIA, Linn. . . . | 5 | 19 |
| — Barbara, Linn. . . . | 5 | 20 |
| — sarmentosa, Bosc. . . | 5 | 20 |
| DEERINGIA, R. Br. . . . | 5 | 249 |
| Defforgia, Lamk. . . . . . | 5 | 6 |
| DEGUELIA, Aubl. . . . . . | 1 | 157 |
| DEIDAMIA, Petit-Thou. . | 6 | 283 |
| — alata, Petit-Thou. . . | 6 | 283 |
| — Noronhæ, D. C. . . . | 6 | 283 |
| DEILOSMA, Spach. . . . . | 6 | 397 |
| — suaveolens, Andrz. . . | 6 | 390 |
| — tristis, Spach. . . . . | 6 | 398 |
| DEJANIRA, Cham. et Schl. | 9 | 4 |
| DELARIA, Desv. . . . . . | 1 | 152 |
| Delilia, Spreng. . . . . . | 10 | 21 |
| DELIMA, Linn. . . . . . . | 7 | 412 |
| DELIMEÆ, Reichb. . . | 7 | 412 |
| | et | 414 |
| DELIMEÆ GENUINÆ, Reichb. . . . . . . . . | 7 | 412 |
| DELISSEA, Gaudich. . . . | 9 | 572 |
| DELISSEÆ, Presl. . . | 9 | 572 |
| Deloderium, Cass. . . . . | 10 | 7 |
| DELOSTOMA, Don. . . . . | 9 | 130 |
| Delostylis, Raf. . . . . . . | 12 | 210 |
| DELPHINASTRUM, Spach. | 7 | 336 |
| Delphinastrum elatum, Spach. | 7 | 340 |
| — fissum, Spach. . . . . | 7 | 343 |
| — grandiflorum, Spach. | 7 | 338 |
| — grandiflorum cuneilobum, Spach.. . . . | 7 | 338 |
| — grandiflorum tenuifolium, Spach. . . . | 7 | 338 |
| — hybridum, Spach. . . | 7 | 342 |
| — ochroleucum, Spach.. | 7 | 345 |
| — puniceum, Spach. . . | 7 | 344 |
| DELPHINIUM, (Linn.) Spach. | 7 | 355 |
| — Aconiti, Linn. . . . . | 7 | 359 |
| — Ajacis, Linn. . . . . | 7 | 357 |
| — albiflorum, D. C. . . | 7 | 346 |
| — alpinum, W. et Kit. | 7 | 340 |
| — ambiguum, Mill. . . | 7 | 358 |
| — cardiopetalum, D. C. | 7 | 353 |
| — cheilanthum, Fisch. . | 7 | 358 |
| — chinense, Fisch. . . . | 7 | 338 |
| — Consolida, Linn. . . | 7 | 356 |
| — cuneatum, Stev. . . . | 7 | 340 |
| — dasycarpum, Stev. . . | 7 | 340 |
| — discolor, Fisch. . . . | 7 | 340 |
| — divaricatum, Ledeb.. | 7 | 356 |
| — dyctiocarpum, D. C. . | 7 | 340 |
| — elatum, Linn. . . . . | 7 | 340 |
| — fissum, W. et K. . . | 7 | 343 |
| — flexuosum, Bieberst. | 7 | 343 |
| — Garumnæ, Lapeyr. . | 7 | 353 |
| — gracile, D. C. . . . . | 7 | 353 |
| — grandiflorum, Linn. . | 7 | 338 |
| — halteratum, Sibth. . . | 7 | 353 |
| — hirsutum, Desf. . . . | 7 | 340 |
| — hirsutum, Pers. . . . | 7 | 342 |
| — hybridum, Willd. . . | 7 | 342 |
| — intermedium, Hort. Kew. | 7 | 340 |
| — junceum, D. C. . . . | 7 | 353 |
| — laxiflorum, D. C. . . | 7 | 340 |
| — lazulinum, Reichb. . . | 7 | 340 |
| — mesoleucum, Link. . . | 7 | 340 |
| — montanum, D.C. . . . | 7 | 340 |
| — nanum, D. C. . . . . | 7 | 353 |
| — ochroleucum, Stev. . | 7 | 348 |
| — palmatifidum, D. C. . | 7 | 340 |
| — peregrinum, Linn.. . | 7 | 353 |
| — pictum, Willd. . . . | 7 | 350 |
| — puniceum, Pall. . . . | 7 | 344 |
| — Requienii, D. C. . . . | 7 | 351 |
| — revolutum, Desf. . . . | 7 | 340 |
| — sativum, Rivin. . . . | 7 | 358 |
| — segetum, Lamk. . . . | 7 | 356 |
| — speciosum, Bieberst. . | 7 | 340 |
| — spurium, Fisch. . . . | 7 | 340 |

| | Vol. | Pag. |
|---|---|---|
| Delphinium *Staphysagria*, Linn. | 7 | 348 |
| — *sulcatum*, Reichb. | 7 | 340 |
| — *urceolatum*, Jacq. | 7 | 340 |
| — *velutinum*, Bertol. | 7 | 343 |
| — *verdunense*, Balb. | 7 | 353 |
| — *versicolor*, Sal. | 7 | 356 |
| — *villosum*, Stev. | 7 | 540 |
| — *virgatum*, Poir. | 7 | 355 |
| DEMETRIA, Lag. | 10 | 29 |
| *Demidofia*, Gmel. | 9 | 94 |
| DEMIDOWIA, Hoffm. | 12 | 210 |
| *Demidowia tetragonoides*, Pall. | 5 | 141 |
| DEMOCRITEA, D. C. | 8 | 377 |
| *Dendragrostis*, Nees. | 13 | 165 |
| *Dendrium*, Desv. | 9 | 444 |
| DENDROBIEÆ, Lindl. | 12 | 175 |
| DENDROBIUM, Swartz. | 12 | 176 |
| *Dendrocalamus*, Nees. | 13 | 165 |
| DENDROCHILUM, Blum. | 12 | 175 |
| *Dendrolirium*, Blum. | 12 | 176 |
| DENDROMECON, Benth. | 7 | 44 |
| — *rigidum*, Benth. | 7 | 45 |
| DENDROPHTHOE, Mart. | 8 | 234 |
| *Dendroseris*, Don. | 10 | 7 |
| DENEKIA, Thunb. | 10 | 27 |
| *Denira*, Adans. | 10 | 22 |
| *Dens canis*, Tourn. | 12 | 253 |
| *Dens leonis*, Tourn. | 10 | 6 |
| DENTARIA, Linn. | 6 | 443 |
| — *baccifera*, Clus. | 6 | 449 |
| — *bulbifera*, Linn. | 6 | 449 |
| — *Clusiana*, Reichb. | 6 | 447 |
| — *digitata*, Lamk. | 6 | 447 |
| — *enneaphyllos*, Linn. | 6 | 446 |
| — *glandulosa*, W. et K. | 6 | 445 |
| — *heptaphyllos*, Vill. | 6 | 448 |
| — *pentaphylla*, Scop. | 6 | 447 |
| — *pentaphyllos*, Linn. | 6 | 447 |
| | et | 448 |
| — *pinnata*, Lamk. | 6 | 448 |
| DENTELLA, Forst. | 8 | 373 |
| DENTIDIA, Lour. | 9 | 162 |
| DEPPEA, Cham. et Schl. | 8 | 377 |
| DERRIS, Lour. | 1 | 157 |
| DESCHAMPSIA, Beauv. | 13 | 163 |
| DESFONTAINEA, R. et P. | 9 | 58 |
| DESMANTHUS, Willd. | 1 | 49 |
| *Desmia*, Don. | 9 | 443 |
| DESMOCHÆTA, D. C. | 5 | 249 |
| — *densiflora*, Kunth. | 5 | 275 |
| DESMODIUM, Desv. | 1 | 284 |
| Desmodium canadense, D. C. | 1 | 285 |
| — *gyrans*, D. C. | 1 | 284 |
| — *pendulum*, Wallich. | 1 | 285 |
| DESMONCUS, Mart. | 12 | 63 |
| *Desmos*, Lour. | 7 | 497 |
| — *chinensis*, Lour. | 7 | 518 |
| DESMOSTEMONEÆ, Spach. | 5 | 339 |
| | et | 345 |
| *Desmotrichum*, Blum. | 12 | 176 |
| DESPRETZIA, Kunth. | 13 | 159 |
| *Desvauxia*, R. Br. | 13 | 140 |
| *Desvauxiaceæ*, Dumort. | 13 | 158 |
| | et | 140 |
| *Desvauxiaceæ*, Lindl. | 13 | 138 |
| DESVAUXIEÆ, Bartl. | 13 | 140 |
| DETARIUM, Adans. | 1 | 131 |
| — *microcarpum*, Guill. | 1 | 132 |
| — *senegalense*, Gmel. | 1 | 132 |
| *Dethardingia*, Nees. | 9 | 94 |
| *Dethawia*, Endl. | 8 | 138 |
| DETRIDIUM, Nees. | 10 | 30 |
| *Detris*, Adans. | 10 | 50 |
| DEUTZIA, Thunb. | 5 | 18 |
| — *scabra*, Thunb. | 5 | 18 |
| *Devauxia*, Beauv. | 13 | 164 |
| — *fluitans*, Beauv. | 13 | 209 |
| DEVERRA, D. C. | 8 | 139 |
| DEYEUXIA, Clar. | 13 | 162 |
| DIACANTHA, Lag. | 10 | 9 |
| *Diacæcarpium*, Blum. | 9 | 417 |
| DIADENIUM, Pœpp. et Endl. | 12 | 178 |
| DIALESTA, Kunth. | 10 | 39 |
| DIALIUM, Burm. | 1 | 130 |
| — *guineense*, Willd. | 1 | 131 |
| — *nitidum*, Guill. | 1 | 131 |
| DIAMORPHA, Nutt. | 5 | 73 |
| DIANELLA, Lamk. | 12 | 215 |
| — *cœrulea*, Bot. Mag. | 12 | 215 |
| — *longifolia*, R. Br. | 12 | 216 |
| *Dianthera*, Soland. | 9 | 146 |
| DIANTHUS, Linn. | 5 | 147 |
| — *aggregatus*, Poir. | 5 | 150 |
| — *alpinus*, Linn. | 5 | 154 |
| — *arboreus*, Linn. | 5 | 148 |
| — *arbuscula*, Lindl. | 5 | 153 |
| — *arenarius*, D. C. | 5 | 158 |
| — *arenarius*, Linn. | 5 | 157 |
| — *Balbisii*, Ser. | 5 | 151 |
| — *barbatus*, Linn. | 5 | 149 |
| — *bicolor*, Bieberst. | 5 | 156 |
| — *Bisignani*, Ten. | 5 | 148 |

| | Vol. | Pag. | | Vol. | Pag. |
|---|---|---|---|---|---|
| Dianthus cæsius, Smith. . | 5 | 156 | DICEROS, Lour. . . . . . | 9 | 272 |
| — cœspitosus, Poir. . . | 5 | 156 | Diceros , Pers. . . . . . | 9 | 269 |
| — capitatus, Pall. . . . | 5 | 150 | DICHÆA, Lindl. . . . . . | 12 | 178 |
| — carthusianorum, Linn. | 5 | 151 | DICHELACHNE , Endl. . . | 15 | 161 |
| — Caryophyllus, Linn. . | 5 | 155 | DICHELOSTEMMA, Kunth. | 12 | 155 |
| — chinensis, Linn. . . . | 5 | 152 | Dichelostylis, Endl. . . . | 15 | 144 |
| — cinnamomeus, Sibth. | 5 | 156 | DICHILUS, D. C. . . . . . | 1 | 153 |
| — deltoides, Linn. . . . | 5 | 154 | DICHONDRA, Forst. . . . . | 9 | 94 |
| — discolor, Sims. . . . | 5 | 153 | DICHONDREÆ, Endl. | 9 | 94 |
| — erubescens, Trevir. . | 5 | 160 | DICHOPOGON, Kunth. . . | 12 | 256 |
| — fimbriatus , Bieberst. | 5 | 159 | DICHORISONDRA, Mik. . . | 15 | 122 |
| — floribundus, Spach. . | 5 | 149 | Dichostylis, Beauv. . . . . | 15 | 144 |
| — fruticosus, Linn. . . | 5 | 148 | Dichotophyllum, Dill. . . | 15 | 295 |
| — gallicus, Pers. . . . . | 5 | 158 | DICHROCEPHALA, D. C. . | 15 | 28 |
| — glaucophyllus, Horn. . | 5 | 150 | Dichroma, Cav. . . . . . | 9 | 271 |
| — glaucus, Huds. . . . | 5 | 156 | Dichroma , Rich. . . . . . | 15 | 146 |
| — glaucus, Linn. . . . . | 5 | 154 | DICHROMENA, Vahl. . . . | 15 | 146 |
| — latifolius, D. C. . . . | 5 | 149 | Dickneckaria, Flor. Flum. | 10 | 402 |
| — Libanotis, Labill. . . | 5 | 160 | DICLIDANTHERA, Mart. . | 9 | 417 |
| — longicaulis, Ten. . . . | 5 | 155 | DICLIDOSPERMEÆ, | | |
| — montanus, Bieberst. . | 5 | 153 | Tausch. . . . . . . . . | 8 | 155 |
| — monspessulanus, Linn. | 5 | 160 | | et | 159 |
| — moschatus, Desf. . . | 5 | 157 | Diclinotrys, Raf. . . . . . | 12 | 235 |
| — orientalis, Sims. . . . | 5 | 159 | DICLIPTERA, Juss. . . . | 9 | 146 |
| — plumarius, Linn. . . | 5 | 157 | DICLIPTEREÆ, Nees. . | 9 | 146 |
| — pulchellus, Schrad. . | 5 | 152 | DICLIS, Berth. . . . . . . | 9 | 267 |
| — rupicola, Biv. . . . . | 5 | 148 | Diclytra, D. C. . . . . | 7 | 60 |
| — Schraderi, Reichb. . . | 5 | 152 | — eximia, D. C. . . . . | 7 | 68 |
| — serotinus, W. et K. . | 5 | 157 | — formosa, D. C. . . . . | 7 | 68 |
| — serrulatus, Desf. . . . | 5 | 158 | — scandens, Don. . . . . | 7 | 66 |
| — squarrosus, Bieberst. | 5 | 158 | DICOMA, Cass. . . . . . | 10 | 9 |
| — superbus, Linn. . . . | 5 | 159 | Diconangia, Adans. . . . | 5 | 6 |
| — sylvestris, Wulff. . . | 5 | 155 | DICOPHE, Wallich. . . . . | 8 | 113 |
| — virgineus, Jacq. . . . | 5 | 157 | Dicoryphe, Petit-Thou. . . | 8 | 78 |
| — virgineus, β. Linn. . | 5 | 156 | DICOTYLEDO- | | |
| Diaphoranthus, Meyen. . | 10 | 54 | NES, Juss. . . . . . | 1 | 43 |
| Diaphyllum, Hoffm. . . . | 8 | 138 | Dicraeia, Petit-Thou. . . . | 12 | 12 |
| Diarina, Raf. . . . . . . | 15 | 165 | Dicrobotryon, Willd. . . | 8 | 375 |
| DIARRHENA, Beauv. . . | 15 | 165 | DICRYPTA, Lindl. . . . . | 12 | 177 |
| DIARTHRON, Turcz. . . . | 10 | 436 | Dictamnea, Bartl. . . . . | 2 | 321 |
| DIASCIA, Link. . . . . . | 9 | 267 | DICTAMNUS, Linn. . . . . | 2 | 323 |
| DIASIA, D. C. . . . . . . | 15 | 89 | — albus, Link. . . . . . | 2 | 325 |
| — graminifolia, D. C. . . | 15 | 89 | — albus, Linn. . . . . . | 2 | 324 |
| — iridifolia, D. C. . . . | 15 | 90 | — angustifolius, Sweet. . | 2 | 325 |
| DIASPASIS, R. Br. . . . | 9 | 585 | — Fraxinella, Pers. . . . | 2 | 324 |
| Diastella, Sal. . . . . . . | 10 | 400 | DICTYANTHES, Raf. . . . | 10 | 562 |
| Diatoma, Lour. . . . . . | 4 | 106 | DICTYOLOMA, Juss. fil. . . | 2 | 361 |
| DIAZEUXIS, Don. . . . . | 10 | 35 | DICTYOSTEGA, Miers. . . . | 15 | 119 |
| DICERA, Forst. . . . . . | 4 | 4 | DICYPELLIA, Nees. . | 10 | 472 |
| DICERANDRA, Benth. . . | 9 | 164 | DICYPELLIUM, Nees et Mart. | 10 | 472 |
| Diceratium, Lag. . . . . | 6 | 323 | DIDELTA, L'hérit. . . . . | 10 | 14 |
| DICERMA, D. C. . . . . | 1 | 155 | | | |
| Dicerocaryum, Bojer. . | 9 | 249 | | | |

|  | Vol. | Pag. |  | Vol. | Pag. |
|---|---|---|---|---|---|
| DIDESMUS, Desv. . . . . . | 6 | 322 | *Dilepyrum* , Rafin. . . . . | 13 | 160 |
| *Didiscus*, D. C. . . . . . | 8 | 137 | DILIVARIA, Juss. . . . . | 9 | 145 |
| — *cœruleus*, D. C. . . . | 8 | 175 | *Dillenæ*, Sal. . . . . . . | 7 | 410 |
| *Didymocarpeæ* , Don. . . . | 9 | 255 | DILLENIA, Linn. . . . . | 7 | 422 |
| DIDYMOCARPUS, Wallich. | 9 | 257 | — *augusta*, Roxb. . . . | 7 | 425 |
| *Didymocephalon*, Meisn. . | 9 | 521 | — *aurea*, Smith. . . . . | 7 | 424 |
| DIDYMOCHÆTON, Blum. . | 3 | 180 | — *indica*, Linn. . . . . | 7 | 423 |
| *Didymonema* , Presl. . . . | 13 | 146 | — *ornata*, Wallich. . . . | 7 | 425 |
| *Diectomis*, Beauv. . . . . | 13 | 167 | — *pentagyna* , Roxb. . . | 7 | 426 |
| DIEFFENBACHIA, Schott. . | 12 | 49 | — *scabrella*, Roxb. . . . | 7 | 426 |
| — Seguine, Schott. . . | 12 | 49 | — *speciosa*, Bot. Mag. . | 7 | 421 |
| DIELYTRA, Borkh. . . . . | 7 | 60 | — *speciosa*, Thunb. . . | 7 | 423 |
| DIELYTRINEÆ, Reichb. | 7 | 60 |  |  |  |
|  | et | 65 | DILLENIACEÆ, D.C. | 7 | 40 |
| DIENIA, Lindl. . . . . . . | 12 | 175 | DILLENIEÆ GENUINÆ, | | |
| DIERBACHIA, Spreng. . . | 9 | 58 | Reichb. . . . . . . . . | 7 | 414 |
| DIERVILLA , Tourn. . . . | 8 | 359 |  | et | 422 |
| — *acadiensis* , Duham. . | 8 | 359 | DILLWYNIA, Smith. . . . | 1 | 176 |
| — *canadensis*, Willd. . . | 8 | 359 | — *ericæfolia* , Bot. Mag. | 1 | 177 |
| — *humilis* , Pers. . . . | 8 | 359 | — *ericæfolia* , Smith. . . | 1 | 177 |
| — *lutea* , Pursh. . . . . | 8 | 359 | — *floribunda*, Smith. . . | 1 | 177 |
| — *Tournefortii*, Mich. . | 8 | 359 | — *glaberrima* , Smith. . | 1 | 177 |
| — *trifida* , Mœnch. . . . | 8 | 359 | — *glycinifolia*, D. C. . . | 1 | 177 |
| *Dieterica*, Sering. . . . . . | 5 | 5 | — *myrtifolia*, Smith. . . | 1 | 178 |
| *Dietes*, Sal. . . . . . . . . | 13 | 3 | — *obovata* , Labill. . . . | 1 | 178 |
| — *iridiflora*, Sal. . . . . | 13 | 72 | — *parvifolia* , R. Br. . . | 1 | 177 |
| *Dietrichia*, Tratt. . . . . . | 5 | 73 | DILOCHIA, Lindl. . . . . | 12 | 175 |
| — *coccinea* , Tratt. . . . | 5 | 83 | DIMACRIA, Sweet. . . . | 3 | 514 |
| DIGERA, Forsk. . . . . . | 5 | 249 | — *pinnata*, Sweet. . . . | 3 | 514 |
| DIGITALEÆ , Benth. . . | 9 | 268 | *Dimereza*, Labill. . . . . . | 3 | 40 |
|  | et | 296 | *Dimeria*, Rafin. . . . . . | 13 | 159 |
| DIGITALIS , Linn. . . . . | 9 | 307 | DIMERIA, R. Br. . . . . | 13 | 167 |
| — *ambigua*, Murr. . . . | 9 | 309 | *Dimerostemma*, Cass. . . | 10 | 18 |
| — *grandiflora*, Lamk. . . | 9 | 309 | DIMETIA, Wight et Arn. . | 8 | 373 |
| — *ochroleuca*, Jacq. . . . | 9 | 309 | DIMETOPIA, D. C. . . . . | 8 | 139 |
| — *purpurea*, Linn. . . . | 9 | 307 | *Dimia*, Spreng. . . . . . . | 8 | 539 |
| — *tomentosa* , Link. . . | 9 | 307 | *Dimocarpus*, Lour. . . . . | 3 | 40 |
| *Digitaria*, Juss. . . . . . . | 13 | 163 | — *crinita*, Lour. . . . . | 3 | 63 |
| *Digitaria*, Scop. . . . . . | 13 | 160 | — *informis*, Lour. . . . . | 3 | 63 |
| — *Dactylon*, Scop. . . . | 13 | 198 | — *Longan*, Lour. . . . . | 3 | 62 |
| — *stolonifera*, Schrad. . . | 13 | 198 | — *Lychi*, Lour. . . . . . | 3 | 61 |
| DIGLOSSUS, Cass. . . . . | 10 | 119 | *Dimorpha*, Willd. . . . . | 1 | 88 |
| — *lucidus*, Cass. . . . . | 10 | 119 | — *falcata*, Swartz. . . . | 1 | 118 |
| DIGLOTTIS, Mart. . . . . | 2 | 323 | DIMORPHANDRA, Schott. . | 1 | 39 |
| DIGLYPHOSA, Blum. . . . | 12 | 176 | DIMORPHANTHES, Cass. . | 10 | 30 |
| DIGLYPHIS , Blum. . . . . | 12 | 176 | DIMORPHOTHECA, Vaill. . | 10 | 112 |
| *Digraphis*, Trin. . . . . . . | 13 | 159 | — *aurantiaca*, D. C. . . | 10 | 115 |
| DILATRIS , Berg. . . . . . | 13 | 112 | — *chrysanthemifolia*,D.C. | 10 | 115 |
| — *corymbosa*, Thunb. . | 13 | 112 | — *crassipes*, Cass. . . . | 10 | 113 |
| — *Heritiera*, Pers. . . . | 13 | 112 | — *cuneata*, D. C. . . . . | 10 | 114 |
| — *tinctoria*, Pursh. . . . | 13 | 112 | — *graminifolia*, D. C. . | 10 | 114 |
| — *viscosa*, Linn. . . . . | 13 | 113 | — *incrassata*, Mœnch. . | 10 | 113 |
| *Dilepyrum*, Mich. . . . . | 13 | 161 | — *pluvialis*, Mœnch. . . | 10 | 113 |

| | Vol. | Pag. |
|---|---|---|
| Dimorphotheca Tragus, D. C. | 10 | 114 |
| — Ventenatii , Cass.. . . | 10 | 115 |
| Dineba, Beauv.. . . . . | 13 | 163 |
| Dinebra, Kunth. . . . . | 13 | 163 |
| DINEMA, Lindl. . . . . . | 12 | 176 |
| Dinetus , Sweet. . . . . . | 9 | 94 |
| — paniculatus, Sweet. . | 9 | 95 |
| DIOCLEA, Kunth. . . . . | 1 | 157 |
| Dioclea, Spreng. . . . . . | 9 | 31 |
| DIODANTHERA, D. C. . . | 4 | 237 |
| DIODIA, Linn. . . . . . . | 8 | 377 |
| Diodois, Pohl. . . . . . . | 8 | 377 |
| Diomedea , Cass. . . . . . | 10 | 20 |
| Diomedella, Cass.. . . . . | 10 | 20 |
| DIOMEDES, Haw. . . . . | 12 | 438 |
| — major, Haw.. . . . . | 12 | 438 |
| — minor, Haw.. . . . . | 12 | 438 |
| DIONÆA, Ellis. . . . . . | 5 | 492 |
| — muscipula, Linn.. . . | 5 | 492 |
| DIOSCOREA, Plum.. . . . | 12 | 202 |
| — aculeata, Roxb. . . . | 12 | 204 |
| — alata, Linn. . . . . . | 12 | 202 |
| — dæmona, Roxb. . . . | 12 | 205 |
| — eburnea, Lour. . . . . | 12 | 205 |
| — elephantopus, Spreng. | 12 | 205 |
| — fasciculata, Roxb. . . | 12 | 204 |
| — globosa, Roxb. . . . . | 12 | 205 |
| — japonica, Thunb. . . | 12 | 205 |
| — oppositifolia, Willd. . | 12 | 205 |
| — purpurea, Roxb.. . . | 12 | 204 |
| — rubella, Roxb. . . . . | 12 | 203 |
| Dioscoreaceæ, Lindl. . . . | 12 | 199 |
| DIOSCOREÆ, R. Br. | 12 | 199 |
| DIOSCORIDEÆ, Du- | | |
| mort. . . . . . . . . | 12 | 200 |
| DIOSMA, (Berg.) Willd. . | 2 | 329 |
| — alba, Thunb. . . . . | 2 | 328 |
| — amœna, Lodd. . . . . | 2 | 328 |
| — capitata, Thunb.. . . | 2 | 481 |
| — Cerefolium, Vent. . . | 2 | 333 |
| — ciliata, Linn. . . . . | 2 | 332 |
| — ciliata, Lodd. . . . . | 2 | 332 |
| — cupressina, Thunb. . . | 2 | 330 |
| — dioica, Bot. Reg. . . | 2 | 333 |
| — ericæfolia, Andr. . . | 2 | 330 |
| — fragrans, Bot. Mag. . | 2 | 328 |
| — hirsuta, Thunb. . . . | 2 | 330 |
| — hirta, Vent. . . . . . | 2 | 333 |
| — latifolia, Lodd. . . . | 2 | 331 |
| — longifolia, Wendl. . . | 2 | 330 |
| — ovata, Bot. Mag. . . . | 2 | 331 |
| — rubra, D. C. . . . . . | 2 | 330 |

| | Vol. | Pag. |
|---|---|---|
| Diosma speciosa, Bot. Mag. | 2 | 328 |
| — succulenta, Wendl. . . | 2 | 329 |
| — uniflora , Linn. . . . | 2 | 327 |
| Diosmea legitima, Bartl.. . . | 2 | 321 |
| DIOSMEÆ, Juss. fil. | 2 | 318 |
| DIOSMEÆ AMERI- | | |
| CANÆ, Juss. fil. . . . | 2 | 322 |
| | et | 342 |
| DIOSMEÆ AUSTRALA- | | |
| SICÆ, Juss. fil. . . . . | 2 | 322 |
| | et | 334 |
| DIOSMEÆ CAPENSES, | | |
| Juss. fil. . . . . . . . | 2 | 321 |
| | et | 326 |
| DIOSMEÆ EUROPEÆ, | | |
| Juss. fil. . . . . . . . | 2 | 321 |
| | et | 323 |
| DIOSPYROS, Linn. . . . . | 9 | 402 |
| — angustifolia, Aud.. . . | 9 | 405 |
| — calycina, Aud. . . . . | 9 | 405 |
| — chloroxylon , Roxb. . | 9 | 410 |
| — cordifolia, Roxb.. . . | 9 | 411 |
| — Ebenaster, Willd. . . | 9 | 407 |
| — Ebenum, Linn. fil. . . | 9 | 407 |
| — glutinifera, Willd.. . . | 9 | 411 |
| — glutinosa, Kœn. . . . | 9 | 411 |
| — Kaki, Linn. . . . . . | 9 | 406 |
| — leucomelas, Poir. . . | 9 | 412 |
| — Lotus, Linn. . . . . . | 9 | 403 |
| — Melanida, Poir. . . . | 9 | 412 |
| — melanoxylon, Roxb. . | 9 | 407 |
| — montana, Roxb. . . . | 9 | 410 |
| — pubescens, Pursh. . . | 9 | 405 |
| — ramiflora, Roxb. . . . | 9 | 409 |
| — tesselaria, Poir. . . . | 9 | 412 |
| — tomentosa, Roxb. . . | 9 | 408 |
| — virginiana, Linn. . . . | 9 | 405 |
| Diostephus, Cass. . . . . . | 10 | 21 |
| Diostomœa, Spenn. . . . . | 12 | 181 |
| DIOTHONEA, Lindl. . . . | 12 | 176 |
| DIOTIS, Desf. . . . . . . | 10 | 24 |
| Diotis, Schreb. . . . . . . | 5 | 278 |
| Diototheca, Vaill. . . . . . | 10 | 313 |
| Dipera , Spreng. . . . . . . | 12 | 180 |
| DIPHACA, Lour. . . . . . | 1 | 155 |
| Diphyes, Blum.. . . . . . | 12 | 175 |
| DIPHYLLEIA, Mich. . . . | 8 | 34 |
| DIPHYSA, Jacq. . . . . . | 1 | 154 |
| DIPLACHNE, Beauv. . . . | 13 | 163 |
| DIPLACRUM, R. Br. . . . | 13 | 146 |
| DIPLACUS, Nutt.. . . . . | 9 | 269 |
| DIPLANTHERA, Banks. . | 9 | 268 |

| | Vol. | Pag. |
|---|---|---|
| DIPLARRHENA, Labill.. . | 13 | 4 |
| *Diplarrhenus*, Raf. . . . . | 13 | 145 |
| DIPLASIA, Rich.. . . . . | 13 | 145 |
| DIPLAX, Sol.. . . . . . . | 13 | 158 |
| *Diplectrum*, Petit-Thou.. | 12 | 180 |
| *Diplocalymma*, Spreng.. . | 9 | 145 |
| *Diplocea*, Raf. . . . . . | 13 | 163 |
| | et | 164 |
| DIPLOCENTRUM, Lindl. . | 12 | 178 |
| *Diplochœte*, Nees.. . . . . | 13 | 146 |
| *Diplochilus*, Lindl. . . . . | 12 | 180 |
| DIPLOCHITA, D. C.. . . | 4 | 258 |
| — Fothergilla, D. C. . . | 4 | 258 |
| — mucronata, D. C. . . | 4 | 259 |
| *Diplocoma*, Don. . . . . . | 10 | 29 |
| DIPLOCONCHIUM, Schauer. | 12 | 175 |
| *Diplocosia*, Blum. . . . . | 9 | 443 |
| *Diplogon*, Raf. . . . . . | 10 | 29 |
| *Diplogonia*, Beauv. . . . . | 13 | 162 |
| DIPLOLÆNA, R. Br. . . . | 2 | 322 |
| DIPLOLEPIS, R. Br. . . . | 8 | 559 |
| DIPLOMERIS, Don. . . . . | 12 | 180 |
| DIPLOPAPPUS, Cass.. . . | 10 | 30 |
| *Diplopappus*, Less. . . . . | 10 | 29 |
| DIPLOPHRACTUM, Desf. . | 4 | 36 |
| — auriculatum, Desf.. . | 4 | 36 |
| *Diplophragma*, R. Br. . . | 10 | 402 |
| DIPLOPHRAGMA, Wight et Arn.. . . . . . . . . . | 8 | 373 |
| DIPLOPHYLLUM, Lehm. . | 9 | 270 |
| DIPLOPOGON, R. Br. . . . | 13 | 162 |
| *Diploprion*, Viv. . . . . . | 1 | 153 |
| *Diplosastera*, Tausch. . . . | 10 | 19 |
| — *tinctoria*, Tausch. . . | 10 | 129 |
| DIPLOSPORA, D. C. . . . | 8 | 376 |
| DIPLOSTEGIUM, Don.. . . | 4 | 206 |
| DIPLOSTEMMA, Hochst. et Steud.. . . . . . . . | 10 | 5 |
| DIPLOSTEPHIUM, Kunth. | 10 | 30 |
| — amygdalinum, Cass.. | 10 | 261 |
| DIPLOTAXIS, D. C.. . . | 6 | 323 |
| — erucoides, D. C. . . . | 6 | 382 |
| DIPLOTHENIUM, Mart. . | 12 | 63 |
| DIPLUSODON, Pohl. . . . | 4 | 430 |
| — alutaceus, Pohl. . . . | 4 | 431 |
| — divaricatus, Pohl. . . | 4 | 434 |
| — imbricatus, Pohl. . . | 4 | 434 |
| — lanceolatus, Pohl. . . | 4 | 431 |
| — lythroides, Pohl.. . . | 4 | 433 |
| — marginatus, Pohl. . . | 4 | 434 |
| — microphyllus, Pohl. . | 4 | 431 |
| — oblongus, Pohl. . . . | 4 | 432 |
| — ovatus, Pohl. . . . . | 4 | 432 |

| | Vol. | Pag. |
|---|---|---|
| Diplusodon punctatus, Pohl. | 4 | 430 |
| — ramosissimus, Pohl. . | 4 | 433 |
| — scaber, Pohl. . . . . | 4 | 432 |
| — strigosus, Pohl. . . . | 4 | 433 |
| — *villosissimus*, Pohl. . | 4 | 433 |
| — villosus, Pohl.. . . . | 4 | 433 |
| — virgatus, Pohl. . . . | 4 | 431 |
| DIPODIUM, R. Br. . . . . | 12 | 178 |
| DIPORIDIUM, Bartl.et Wendl. | 2 | 380 |
| DIPOSIS, D. C. . . . . . | 8 | 134 |
| *DIPSACEÆ*, Juss. . | 10 | 311 |
| DIPSACUS, Tourn. . . . . | 10 | 317 |
| — fullonum, Mill. . . . | 10 | 317 |
| *Diptera*, Borkh. . . . . . | 5 | 59 |
| DIPTERACANTHUS, Nees. | 9 | 144 |
| *Dipteraceæ*, Lindl. . . . . | 13 | 301 |
| DIPTERIX, Schreb.. . . . | 1 | 141 |
| — odorata, Willd. . . . | 1 | 141 |
| DIPTEROCALYX, Cham. et Schl.. . . . . . . . . | 9 | 227 |
| *DIPTEROCAR-PEÆ*, Blum. . . . | 13 | 301 |
| DIPTEROCARPUS, Gærtn.. | 13 | 303 |
| — alatus, Roxb. . . . . | 13 | 305 |
| — *costatus*, Gærtn. . . . | 13 | 305 |
| — costatus, Roxb. . . . | 13 | 304 |
| — gracilis, Blum. . . . . | 13 | 307 |
| — incanus, Roxb. . . . | 13 | 305 |
| — lævis, Hamilt.. . . . | 13 | 304 |
| — littoralis, Blum. . . . | 13 | 306 |
| — retusus, Blum.. . . . | 13 | 306 |
| — Spanoghei, Blum. . . | 13 | 306 |
| — trinervis, Blum.. . . | 13 | 305 |
| — turbinatus, Gærtn.. . | 13 | 305 |
| — *turbinatus*, Roxb. . . | 13 | 304 |
| DIPTEROCOME, Fisch. et Mey. | 10 | 40 |
| DIPTERYGIUM, Decaisne. | 6 | 325 |
| DIPYRENA, Hook. . . . . | 9 | 227 |
| DIRACODES, Blum. . . . . | 12 | 154 |
| DIRCA, Linn.. . . . . . . | 10 | 436 |
| — palustris, Linn. . . . | 10 | 437 |
| DISA, Berg. . . . . . . . | 12 | 180 |
| DISANDRA, Linn.. . . . . | 9 | 270 |
| *Disarrhenum*, Labill. . . . | 13 | 159 |
| *DISASPIDOSPER-MEÆ*, Tausch. . . . | 8 | 137 |
| | et | 173 |
| DISCHIDIA, R. Br.. . . . | 8 | 540 |
| DISCHISMA, Choisy. . . . | 9 | 245 |
| DISCOCAPNOS, Cham. et Schl. | 7 | 62 |
| DISCOPLEURA, D. C.. . . | 8 | 138 |

| | Vol. | Pag. |
|---|---|---|
| DISEMMA, Labill. . . . . | 6 | 276 |
| — adianthifolia , D. C. . | 6 | 277 |
| — aurantia, Labill. . . . | 6 | 276 |
| — coccinea, D. C. . . . | 6 | 277 |
| — Herbertiana, D. C. . | 6 | 276 |
| Disomene, Banks et Sol. . | 11 | 26 |
| DISOXYLON, Blum. . . . | 3 | 186 |
| — acuminatissimum, Blum. | 3 | 187 |
| — alliaceum, Blum. . . . | 3 | 187 |
| — excelsum, Blum. . . . | 3 | 189 |
| — laxiflorum, Blum. . . | 3 | 188 |
| — longifolium , Blum. . | 3 | 187 |
| — macrocarpum, Blum.. | 3 | 188 |
| — mollissimum, Blum. . | 3 | 189 |
| — simile, Blum. . . . | 3 | 187 |
| DISPARAGO, Gærtn. . . . | 10 | 27 |
| DISPERIS, Swartz. . . . | 12 | 180 |
| DISPORUM, Sal. . . . . | 12 | 235 |
| DISSANTHELIUM, Trin. . | 13 | 164 |
| DISSOLÆNA, Lour. . . . | 8 | 503 |
| DISTASIS, D. C. . . . . | 10 | 30 |
| Distephana, Juss. . . . . | 6 | 257 |
| DISTEPHANUS, Cass. . . | 10 | 39 |
| Distichlis , Raf. . . . . | 13 | 164 |
| Distichmus, Raf. . . . . | 13 | 145 |
| DISTREPTUS, Cass. . . . | 10 | 39 |
| DISTYLIS ; Gaudich. . . . | 9 | 584 |
| DISYNAPHIA, Cass. . . . | 10 | 37 |
| DITASSA, R. Br. . . . . | 8 | 539 |
| Ditaxia , Raf. . . . . . | 9 | 266 |
| DITAXIS, Vahl. . . . . . | 2 | 487 |
| DITHYROCARPUS, Kunth. | 13 | 122 |
| Ditmaria, Spreng. . . . . | 4 | 320 |
| — floribunda, Spreng. . | 4 | 329 |
| Diloca, Banks. . . . . . | 5 | 239 |
| DITRICHUM, Cass. . . . | 10 | 19 |
| DIURIS , Smith. . . . . | 12 | 171 |
| DOBINEA, Hamilt. . . . | 3 | 84 |
| DOBROWSKYA , Presl. . | 9 | 572 |
| DODARTIA, Tourn.. . . . | 9 | 269 |
| DODECADENIA , Nees. . | 10 | 474 |
| DODECAS, Linn. fil. . . . | 4 | 419 |
| DODECATHEON, Linn. . . | 9 | 346 |
| — Meadia, Linn. . . . . | 9 | 346 |
| DODONÆA , Linn. . . . | 3 | 68 |
| — angustifolia, Lamk. . | 3 | 69 |
| — angustifolia, Roxb. . | 3 | 69 |
| — angustifolia , Swartz. | 3 | 68 |
| — angustissima, D. C. . | 3 | 70 |
| — aspleniifolia, Rudge. . | 3 | 70 |
| — Burmanniana, D. C. . | 3 | 69 |
| — cuneata, Smith. . . . | 3 | 70 |
| — discolor , Desf. . . . | 3 | 70 |

| | Vol. | Pag. |
|---|---|---|
| Dodonæa filiformis, Link. | 3 | 70 |
| — jamaicensis, D. C. . . | 3 | 68 |
| — oblongifolia, Link.. . | 3 | 69 |
| — salicifolia, D. C.. . . | 3 | 69 |
| — triquetra, Andr. . . . | 3 | 69 |
| — viscosa , Cav. . . . . | 3 | 69 |
| — viscosa, Linn. . . . . | 3 | 68 |
| DODONÆACEÆ, Cambess. . . . . . . | 3 | 41 |
| | et | 66 |
| DOELLINGERIA, Nees. . . | 10 | 260 |
| — umbellata, Nees.. . . | 10 | 261 |
| Dæmia, V. Dæmia. | | |
| DOLICHANDRA, Cham. . . | 9 | 130 |
| DOLICHLASIUM , Lag. . . | 10 | 34 |
| DOLICHOGYNE, D. C.. . . | 10 | 40 |
| Dolichonema, Neow. . . . | 1 | 88 |
| Dolichos, Gærtn. . . . . | 1 | 156 |
| DOLICHOS, Linn. . . . . | 1 | 329 |
| — acinaciformis , Jacq. . | 1 | 336 |
| — altissimus, Jacq. . . . | 1 | 338 |
| — bengalensis, Jacq. . . | 1 | 332 |
| — bulbosus, Linn. . . . | 1 | 334 |
| — Catiang , Linn. . . . | 1 | 330 |
| — ensiformis, Linn. . . | 1 | 336 |
| — filiformis, Linn. . . . | 1 | 330 |
| — gladiatus , Jacq. . . | 1 | 336 |
| — Lablab, Linn. . . . . | 1 | 332 |
| — lignosus , Linn. . . . | 1 | 329 |
| — melanophtalmus , D. C. | 1 | 331 |
| — pruriens, Linn. . . . | 1 | 338 |
| — purpureus, Jacq. . . | 1 | 332 |
| — sesquipedalis, Linn. . | 1 | 331 |
| — sinensis, Linn. . . . | 1 | 330 |
| — Soja, Linn. . . . . . | 1 | 329 |
| — sphærospermus, D. C. | 1 | 331 |
| — tetragonolobus , Linn. | 4 | 355 |
| — trilobus , Lour. . . . | 1 | 334 |
| — tuberosus, Lamk. . . | 1 | 328 |
| — unguiculatus, Jacq. . | 1 | 331 |
| — unguiculatus , Thore. | 1 | 331 |
| — urens, Linn. . . . . | 1 | 337 |
| DOLIOCARPEÆ, Reichb. | 7 | 413 |
| DOLIOCARPUS, Roland. . | 7 | 413 |
| DOLOMIÆA, D. C. . . . | 10 | 10 |
| DOMBEYA, Cav. . . . . | 3 | 447 |
| — acutangula, Cav. . . | 3 | 448 |
| — angulata, Cav. . . . | 3 | 448 |
| — decanthera, Cav. . . | 3 | 451 |
| — Erythroxylon, Bot.Mag. | 3 | 451 |
| — ferruginea, Cav. . . | 3 | 450 |
| — ovata , Cav. . . . . | 3 | 450 |

| | Vol. | Pag. | | Vol. | Pag. |
|---|---|---|---|---|---|
| Dombeya palmata, Cav... | 3 | 448 | DRACÆNA, Vand.... | 12 | 216 |
| — phœnicea, Linn.... | 3 | 446 | — angustifolia, Roxb. | 12 | 218 |
| — punctata, Cav. ... | 3 | 449 | — Draco, Linn. ... | 12 | 216 |
| — tiliæfolia, Cav.... | 3 | 449 | — ferrea, Linn. ...; | 12 | 217 |
| — tomentosa, Cav.... | 3 | 449 | — fragrans, Gawl... | 12 | 218 |
| — umbellata, Cav.... | 3 | 450 | — maculata, Roxb. | 12 | 218 |
| Dombeya, Lamk...... | 11 | 558 | — marginata, Hort. Kew. | 12 | 563 |
| — chilensis, Lamb.... | 11 | 564 | — marginata, Lamk... | 12 | 217 |
| — excelsa, Lamb.... | 11 | 562 | — reflexa, Lamk... | 12 | 217 |
| DOMBEYACEÆ, D. C.. | 3 | 444 | — terminalis, Linn... | 12 | 217 |
| | et | 445 | — umbraculifera, Jacq.. | 12 | 218 |
| **DOMBEYACEÆ,** | | | DRACOCEPHALUM, Linn.. | 9 | 166 |
| Kunth........ | 3 | 443 | — denticulatum, Hort. Kew. | 9 | 205 |
| DONACODES, Blum.... | 12 | 154 | — lancifolium, Mœnch.. | 9 | 205 |
| DONAX, Beauv...... | 13 | 195 | — Moldavica, Linn. ... | 9 | 203 |
| — arundinaceus, Beauv. | 13 | 195 | — obovatum, Elliot. ... | 9 | 205 |
| Dondia, Spreng..... | 8 | 157 | — speciosum, Sweet... | 9 | 205 |
| DONDISIA, D. C.... | 8 | 575 | — virginianum, Linn.. | 9 | 205 |
| Donia, R. Br....... | 10 | 29 | DRACONTIUM, Linn... | 12 | 33 |
| | et | 521 | — pertusum, Linn... | 12 | 52 |
| — sapida, R. Br..... | 10 | 522 | DRACOPHYLLUM, Labill.. | 9 | 434 |
| DONTOSTEMON, Andrz.. | 6 | 523 | DRACOPIS, Cass..... | 10 | 158 |
| Doodia, Roxb....... | 1 | 155 | — amplexicaulis, Cass.. | 10 | 159 |
| DOPATRIUM, Hamilt. .. | 9 | 269 | **DRACUNCULINEÆ,** | | |
| DORÆNA, Thunb..... | 9 | 58 | Schott. ....... | 12 | 37 |
| DORATANTHERA, Benth. | 9 | 270 | Dracunculus, Tourn.... | 12 | 38 |
| Dorcoceras, Bung..... | 9 | 257 | — polyphyllus, Blum.. | 12 | 42 |
| DOREMA, Don....... | 8 | 135 | — vulgaris, Schott. ... | 12 | 42 |
| DORIA, Thunb....... | 10 | 52 | Dracunculus hortensis, | | |
| DORITIS, Lindl...... | 12 | 178 | Blackw........ | 10 | 66 |
| DOROBÆA, Cass...... | 10 | 31 | DRAKÆA, Lindl..... | 12 | 182 |
| DORONICUM, Linn. ... | 10 | 270 | Drakensteinia, Neck.... | 1 | 89 |
| — caucasicum, Bieberst. | 10 | 271 | DRAPETES, Lamk..... | 10 | 456 |
| — Columnæ, Ten..... | 10 | 271 | DRAPIEZIA, Blum.... | 12 | 235 |
| — orientale, Adams. .. | 10 | 271 | Dregea, Eckl. et Zeyh.. | 8 | 135 |
| — Pardalianches, Linn. | 10 | 270 | DREGEA, E. Mey..... | 8 | 540 |
| DORSTENIA, Plum.... | 11 | 61 | DREPANIA, Juss..... | 10 | 50 |
| — Contrayerva, Linn.. | 11 | 62 | — barbata, Desf..... | 10 | 51 |
| DORTMANNA, Rudb.... | 9 | 572 | — umbellata, D. C... | 10 | 51 |
| DORYANTHES, Corr.... | 12 | 406 | DREPANOCARPUS, G. F. | | |
| Dorycnium, Mœnch. ... | 1 | 153 | W. Mey......... | 1 | 157 |
| DORYCNIUM, Tourn.... | 1 | 153 | Drepanophyllum, Hoffm. | 8 | 158 |
| DORYPHORA, Endl.... | 11 | 91 | DRIMIA, Jacq...... | 12 | 315 |
| DOUGLASIA, Lindl.... | 9 | 543 | — ciliaris, Jacq..... | 12 | 317 |
| Douma, Lamk....... | 12 | 62 | — elata, Jacq....... | 12 | 318 |
| — thebaica, Poir..... | 12 | 98 | — Gawleri, Schrad. .. | 12 | 316 |
| DOVEA, Kunth. ..... | 13 | 159 | — lanceæfolia, Gawl... | 12 | 316 |
| DRABA, Linn........ | 6 | 324 | — media, Jacq...... | 12 | 317 |
| — cheiranthifolia, Lamk. | 6 | 464 | — purpurascens, Jacq.. | 12 | 317 |
| — maritima, Lamk.... | 6 | 491 | — pusilla, Jacq...... | 12 | 318 |
| — pyrenaica, Linn.... | 6 | 498 | — undulata, Jacq. ... | 12 | 316 |
| — rubra, Crantz.... | 6 | 498 | — villosa, Lindl..... | 12 | 317 |

| | Vol. | Pag. |
|---|---|---|
| *Drimyrrhizeæ*, Vent. . . | 12 | 146 |
| | et | 152 |
| DRIMYS, Forst. . . . . . | 7 | 436 |
| — granatensis, Linn.. . . | 7 | 437 |
| — *punctata*, Lamk. . . . | 7 | 438 |
| — Winteri, Forst.. . . . | 7 | 438 |
| DRIMYSPERMUM, Reinw. | 10 | 436 |
| DROGUETIA, Gaudich.. . . | 11 | 25 |
| DROSANTHE, Spach.. . . | 5 | 376 |
| — fimbriata, Spach.. . . | 5 | 378 |
| — helianthemoides, Spach. | 5 | 379 |
| — hirtella, Spach.. . . . | 5 | 377 |
| — hyssopifolia, Spach.. | 5 | 380 |
| — ledifolia, Spach.. . . | 5 | 378 |
| — scabra, Spach. . . . . | 5 | 381 |
| DROSANTHINEÆ, Spach. | 5 | 342 |
| | et | 374 |
| DROSERA, Linn.. . . . . | 5 | 489 |
| — *anglica*, Huds. . . . | 5 | 490 |
| — binata, Labill.. . . . | 5 | 491 |
| — communis, A. Saint-Hil. | 5 | 491 |
| — intermedia, Hayn.. . | 5 | 490 |
| — longifolia, Linn.. . . | 5 | 490 |
| — *longifolia*, Smith. . . | 5 | 490 |
| — rotundifolia, Linn.. . . | 5 | 489 |
| *DROSERACEÆ*, D. C. | 5 | 486 |
| *Drosereæ*, Sal. . . . . . . | 5 | 486 |
| DROSOPHYLLUM, Link. . | 5 | 488 |
| DROZIA, Cass.. . . . . . | 10 | 34 |
| DRUMMONDIA, D. C. . . | 5 | 64 |
| — mitelloides, D. C. . . | 5 | 64 |
| *Drupaceæ*, D. C.. . . . . | 1 | 377 |
| DRUSA, D. C. . . . . . | 8 | 154 |
| *DRYADEÆ*, Vent. . . | 1 | 451 |
| DRYANDRA, R. Br. . . . | 10 | 431 |
| — armata, R. Br.. . . | 10 | 432 |
| — cuneata, R. Br.. . . | 10 | 432 |
| — floribunda, R. Br.. . | 10 | 432 |
| — formosa, R. Br.. . . | 10 | 432 |
| — longifolia, R. Br. . . | 10 | 433 |
| — nivea, R. Br. . . . . | 10 | 433 |
| — obtusa, R. Br. . . . | 10 | 432 |
| — plumosa, R. Br. . . | 10 | 432 |
| *Dryandra*, Thunb. . . . . | 2 | 487 |
| DRYAS, Linn. . . . . . . | 1 | 477 |
| — *chamædryfolia*, Richards. | 1 | 478 |
| — Drummondii, Richards. | 1 | 478 |
| — octopetala, Linn. . . | 1 | 477 |
| DRYMARIA, Willd. . . . | 5 | 205 |
| *Drymis*, V. DRIMYS. | | |
| DRYMODA, Lindl. . . . . | 12 | 177 |
| DRYMONIA, Mart. . . . | 9 | 257 |
| DRYMOPHILA, R. Br. . . | 12 | 210 |
| | et | 235 |
| DRYOBALANOPS, Gærtn. | 13 | 307 |
| — *aromatica*, Gærtn. . . . | 13 | 308 |
| — camphora, Colebr.. . . | 13 | 308 |
| DRYONOPTELEA, Spach.. | 11 | 100 |
| *Dryopeia*, Petit-Thou. . . | 12 | 180 |
| DRYPETES, Vahl. . . . . | 2 | 486 |
| DRYPIS, Linn. . . . . . . | 5 | 201 |
| — spinosa, Linn.. . . . | 5 | 201 |
| DUBAUTIA, Gaudich.. . . | 10 | 18 |
| DUBOISIA, R. Br. . . . . | 9 | 268 |
| *Dubreulia*, Gaudich. . . . | 11 | 24 |
| *Duchesnea*, Smith. . . . . | 1 | 453 |
| — *fragarioides*, Smith.. | 1 | 469 |
| *Duchesnia*, Cass.. . . . . | 10 | 27 |
| *Duchola*, Adans.. . . . . | 2 | 488 |
| *Dufourea*, Bory. . . . . . | 12 | 12 |
| DUFOUREA, Kunth. . . . | 9 | 94 |
| DUFRESNIA, D. C. . . . | 10 | 304 |
| *Dugagelia*, Gaudich. . . . | 11 | 11 |
| *Dugaldea*, Cass. . . . . . | 10 | 17 |
| *Duglassia*, Amm. . . . . | 9 | 226 |
| *Dugortia*, Neck. . . . . . | 1 | 369 |
| DUGUETIA, A. Saint-Hil. | 7 | 496 |
| *Duhamelia*, Pers. . . . . | 8 | 374 |
| — *ventricosa*, Pers. . . . | 8 | 424 |
| *Dulacia*, Neck.. . . . . . | 1 | 369 |
| *Dulcamara*, Mœnch. . . . | 9 | 57 |
| DULICHIUM, Rich. . . . | 13 | 145 |
| DULONGIA, Kunth. . . . | 2 | 404 |
| DUMASIA, D. C. . . . . | 1 | 154 |
| *Dumerilia*, Cass.. . . . . | 10 | 33 |
| DUMERILIA, Less. . . . . | 10 | 34 |
| DUNALIA, Kunth. . . . . | 9 | 57 |
| *Dunalia*, Spreng. . . . . | 8 | 374 |
| DUNANTIA, D. C. . . . . | 10 | 19 |
| DUPERREYA, Gaudich. . | 9 | 94 |
| DUPONTIA, R. Br. . . . | 13 | 163 |
| DUPUYSIA, Guill. . . . . | 2 | 186 |
| DURANTA, Linn. . . . . | 9 | 227 |
| DURETIA, Gaudich. . . . | 11 | 24 |
| *Durieua*, Mérat. . . . . . | 9 | 272 |
| DURIO, Linn. . . . . . . | 3 | 439 |
| — zibethinus, Linn. . . | 3 | 439 |
| *Duroia*, Linn. fil. . . . . | 8 | 372 |
| *Duvalia*, Haw.. . . . . . | 8 | 540 |
| DUVAUA, Kunth. . . . . | 2 | 222 |
| — dentata, D. C. . . . | 2 | 224 |
| — dependens, D. C. . . | 2 | 223 |
| — latifolia, Lindl. . . . | 2 | 223 |
| — ovata, Lindl. . . . . | 2 | 223 |
| DYCKIA, Schult. fil. . . . | 12 | 398 |

| | Vol. | Pag. |
|---|---|---|
| DYPSIS, Noronh. . . . . . | 12 | 60 |
| DYSCHORISTE , Nees. . . | 9 | 144 |
| *Dysoda fasciculata*, Lour. | 8 | 468 |
| — *fœtida*, Sal. . . . . . | 8 | 468 |
| *Dysodia* , D. .C. . . . . . . | 10 | 16 |
| *Dysodium*, Rich. . . . . . | 10 | 21 |
| DYSOPHYLLA, Blum.. . . . | 9 | 163 |
| DYSOSMIA , D. C. : . . . | 6 | 275 |
| *Dysoxylon*, *V.* DISOXYLON. | | |
| DYSPHANIA, R. Br. . . . | 5 | 278 |
| DYSSODIA , Cavan. . . . . | 10 | 16 |
| DYSSORHYNCHUS, Schauer. | 12 | 180 |
| | | |
| EARINA , Lindl. . . . . . | 12 | 175 |
| EATONIA, Raf. . . . . . . | 13 | 165 |
| *EBENACEÆ*, Vent. | 9 | 399 |
| *Ebenoxylon* , Lour. . . . . | 9 | 400 |
| *Ebenus*, Commers. . . . . | 9 | 400 |
| EBENUS , Linn. . . . . . | 1 | 296 |
| — *cretica* , Linn. . . . . | 1 | 296 |
| EBERMEYERA, Nees. . . . | 9 | 144 |
| ECASTAPHYLLUM , P. Br. | 1 | 366 |
| — *monetaria*, P. Br.. . | 1 | 366 |
| ECBALIUM , Reichb. . . . | 6 | 215 |
| — *agreste*, Reichb. . . | 6 | 216 |
| *ECCREMOCARPEÆ*, Endl. | 9 | 130 |
| ECCREMOCARPUS, R. et P. | 9 | 132 |
| — *scaber*, R. et P. . . . | 9 | 132 |
| *Ecdasis*, Don. . . . . . . | 9 | 443 |
| ECDYSANTHERA, Hook. et | | |
| Arn. . . . . . . . . . . | 8 | 503 |
| ECHEANDIA, Ort. . . . . | 12 | 386 |
| — *terniflora*, Ort. . . . . | 12 | 387 |
| ECHENAIS, Cass. . . . . | 10 | 12 |
| ECHEVERIA , D. C. . . . . | 5 | 89 |
| — *cæspitosa* , D. C. . . | 5 | 89 |
| — coccinea , D. C. . . . | 5 | 89 |
| ECHINACANTHUS , Nees. . | 9 | 145 |
| ECHINACEA , Mœnch. . . | 10 | 151 |
| — *purpurea*, Mœnch.. . | 10 | 152 |
| — serotina , Sweet.. . . | 10 | 153 |
| *Echinalysium*, Trin. . . . . | 13 | 164 |
| *Echinanthus*, Neck.. . . . | 10 | 13 |
| ECHINARIA , Desf. . . . . | 13 | 162 |
| ECHINOCACTUS, (Salm-Dyck) | | |
| Link et Otto. . . . . . | 13 | 350 |
| — *acuatus*, Link et Otto. | 13 | 353 |
| — acutissimus, Hort. Ber. | 13 | 356 |
| — cornigerus , D. C. . . | 13 | 354 |
| — corynodes, Hort. Berol. | 13 | 353 |
| — crispatus , D. C. . . . | 13 | 355 |
| — *denudatus*, Link et Otto. | 13 | 360 |

| | Vol. | Pag. |
|---|---|---|
| Echinocactus *Eyriesii*, Bot. | | |
| Reg. . . . . . . . . . . | 13 | 359 |
| — *gibbosus* , D. C. . . . . | 13 | 360 |
| — ingens, Zuccar. . . . . | 13 | 352 |
| — Langsdorfii , Lehm. . . | 13 | 352 |
| — *leucanthus*, Salm. . . | 13 | 358 |
| — Linkii , Lehm. . . . . | 13 | 351 |
| — macrodiscus , Mart. . | 13 | 355 |
| — Ottonis , Lehm. . . . . | 13 | 351 |
| — *oxygonus* , Bot. Reg. | 13 | 357 |
| — phyllacanthus, Mart. . | 13 | 355 |
| — platyacanthus , Link et | | |
| Otto. . . . . . . . . | 13 | 354 |
| — *pulchellus* , Mart. . . . | 13 | 360 |
| — *recurvus* , D. C.. . . . | 13 | 354 |
| — *Salmianus*, Link et Otto | 13 | 349 |
| — Scopa, Link et Otto. . | 13 | 356 |
| — Sellowianus , Link et | | |
| Otto. . . . . . . . . | 13 | 353 |
| — tortuosus, Link et Otto. | 13 | 352 |
| ECHINOCARPUS, Blum.. . | 6 | 115 |
| ECHINOCAULON, Meisn. . | 10 | 521 |
| ECHINOCHLOA, Beauv. . | 13 | 186 |
| — *Crus corvi*, Beauv. . | 13 | 186 |
| — *Crus galli*, Beauv.. . | 13 | 186 |
| — *frumentacea*, Link.. . | 13 | 187 |
| *Echinodorus*, Rich. . . . . | 12 | 10 |
| ECHINOLÆNA , Desv. . . | 13 | 160 |
| *Echinolœna*, Jacq. fil. . . | 10 | 299 |
| *Echinolobium* , Desv. . . . . | 1 | 155 |
| *Echinolytrum* , Desv. . . . | 13 | 144 |
| ECHINOPHORA , Tourn. . . | 8 | 140 |
| *ECHINOPHOREÆ*, Tausch. | 8 | 140 |
| *ECHINOPODEÆ* , Cass. | 10 | 13 |
| | | et 97 |
| *Echinopogon*, Beauv. . . . | 13 | 161 |
| ECHINOPS, Linn. . . . . | 10 | 98 |
| — *altaicus*, Hortor. . . | 10 | 99 |
| — bannaticus, Roch. . . | 10 | 100 |
| — exaltatus, Schrad. . . | 10 | 99 |
| — *giganteus*, Hortor. . . | 10 | 99 |
| — *græcus* , Mill. . . . . | 10 | 101 |
| — lanuginosus, Lamk. . | 10 | 101 |
| — *multiflorus*, Lamk. . | 10 | 99 |
| — *paniculatus*, Jacq. fil. . | 10 | 99 |
| — *persicus*, Fisch. . . . | 10 | 99 |
| — *Ritro*, Bot. Mag. . . | 10 | 100 |
| — *Ritro*, Ledeb. . . . . | 10 | 100 |
| — *Ritro*, Schk. . . . . . | 10 | 99 |
| — *Ritro ruthenicus*, Fisch. | 10 | 100 |
| — *Ritro ruthenicus*, Hort. | | |
| Par. . . . . . . . . | 10 | 100 |
| — *Ritro tenuifolius*, D.C. | 10 | 100 |

| | Vol. | Pag. | | Vol. | Pag. |
|---|---|---|---|---|---|
| Echinops *ruthenicus*, Reichb. | 10 | 100 | Ekebergia senegalensis, Juss. | | |
| — sphærocephalus, Linn. | 10 | 99 | fil. . . . . . . . . . . | 3 | 192 |
| — *strictus*, Fisch. | 10 | 99 | ELACHIA, D. C. . . . . | 10 | 40 |
| — tenuifolius, Fisch. | 10 | 100 | *Elæagnæcæ*, Lindl. . . . | 10 | 458 |
| — *villosus*, Hortor. | 10 | 99 | *ELÆAGNEÆ*, R. Br. | 10 | 453 |
| — *viscosus*, Hortor. | 10 | 99 | *Elæagni*, Juss. . . . . | 10 | 453 |
| *Echinopus*, Tourn. . . . | 10 | 13 | ELÆAGNUS, Linn. . . | 10 | 454 |
| *Echinoschœnus*, Nees. . | 13 | 146 | — angustifolia , Linn. | 10 | 455 |
| ECHINOSPERMUM, Swartz. | 9 | 30 | — argentea, Pursh. . . | 10 | 456 |
| ECHINOSPHÆRA , Sieber. | 2 | 487 | — *hortensis*, Mill. . . . | 10 | 455 |
| *Echinostachys*, E. Mey. | 9 | 162 | — *orientalis*, Linn. . . . | 10 | 455 |
| ECHINUS, Lour. . . . . | 2 | 488 | — *spinosa*, Linn. . . . | 10 | 455 |
| ECHIOCHILON, Desf. . . | 9 | 31 | ELAEIS, Jacq. . . . . | 12 | 121 |
| ECHIOGLOSSUM, Blum. . | 12 | 179 | — guineensis, Linn. . . | 12 | 121 |
| *Echioides*, Desf. . . . | 9 | 31 | — melanococca, Gærtn. | 12 | 122 |
| *Echioides*, Mœnch. . . | 9 | 30 | | | |
| ECHIOPSIS, Reichb. . . | 9 | 31 | *ELÆOCARPEÆ*,D.C. | 4 | 44 |
| *ECHITEÆ*, Endl. . . | 8 | 502 | ELÆOCARPUS, Linn. . . | 4 | 44 |
| | et | 527 | — angustifolius, Bl. . . | 4 | 45 |
| ECHITES, P. Br. . . . | 8 | 502 | — *copalliferus*, Retz. | 13 | 309 |
| — *caudata*, Linn. . . | 8 | 531 | — cyaneus, Hort. Kew. | 4 | 44 |
| ECHIUM, Tourn. . . . | 9 | 31 | — floribundus, Bl. . . | 4 | 45 |
| *ECHMATACANTHI*, | | | — integerrimus, Lour. . | 4 | 47 |
| Nees. . . . | 9 | 144 | — lanceolatus, Bl. . . | 4 | 45 |
| ECLIPTA, Linn. . . . | 10 | 21 | — macrophyllus, Bl. . . | 4 | 46 |
| ECLOPES, Gærtn. . . . | 10 | 27 | — oblongus, Smith. . . | 4 | 47 |
| ECTADIUM, E. Mey. . . | 8 | 503 | — *peduncularis*, Labill. | 4 | 47 |
| ECTROSIA, R. Br. . . | 13 | 464 | — Perimkara, D. C. . . | 4 | 46 |
| EDMONDIA, Cass. . . . | 10 | 206 | — resinosus, Bl. . . | 4 | 45 |
| — fasciculata, Less. | 10 | 207 | — *reticulatus*, Bot. Reg. | 4 | 44 |
| — *filiformis*, Less. | 10 | 207 | — serratus, Linn. . . . | 4 | 46 |
| — *humilis*, Less. | 10 | 207 | — sylvestris, Poir. . . | 4 | 48 |
| — sesamoides, Less. . | 10 | 207 | — tomentosus, Bl. . . | 4 | 45 |
| — *splendens*, Cass. . | 10 | 207 | ELÆOCOCCA, Commers. . | 2 | 514 |
| EDWARDSIA, Salisb. . . | 1 | 161 | ELÆODENDRON, Jacq. . | 2 | 403 |
| — chrysophylla, Sal. . | 1 | 162 | ELÆOSELINUM, D. C. . | 8 | 155 |
| — grandiflora, Sal. . | 1 | 162 | ELAPHRIUM, Jacq. . . | 2 | 231 |
| — microphylla, Sal. . | 1 | 162 | — copalliferum, D. C. . | 2 | 231 |
| *Edwarsia*, Neck. . . . | 10 | 19 | *Elate*, Linn. . . . . | 12 | 62 |
| EGLETES, Cass. . . . | 10 | 28 | — *sylvestris*, Linn. . . | 12 | 112 |
| EHRENBERGIA, Mart. . | 2 | 305 | ELATERIUM, Linn. . . | 6 | 184 |
| EHRETIA, Linn. . . . | 9 | 32 | ELATINE, Linn. . . . | 4 | 418 |
| — *ferrea*, Willd. . . | 9 | 401 | *ELATINEÆ*, Camb. . | 4 | 418 |
| *Ehretiaceæ*, Lindl. . . | 9 | 28 | ELATOSTEMMA, Forst. | 11 | 24 |
| *Ehretiaceæ*, Mart. . . | 9 | 28 | *ELATOSTEMMEÆ*, | | |
| *EHRETIEÆ*, Mart. . . | 9 | 51 | Gaudich. . . . . | 11 | 24 |
| | et | 43 | *Eleanthes*, Presl. . . . | 12 | 175 |
| EHRHARTA, Thunb. . . | 13 | 458 | ELECTRA, D. C. . . . | 10 | 19 |
| EICHHORNIA, Kunth. . | 12 | 393 | *Electra*, Panz. . . . | 13 | 164 |
| — speciosa, Kunth. . | 12 | 394 | ELEGIA, Thunb. . . . | 13 | 459 |
| EKEBERGIA, Sparrm. . | 3 | 491 | ELEIOTIS, D. C. . . . | 1 | 155 |
| — capensis, Sparrm. . | 3 | 192 | *Elemifera*, Plum. . . . | 2 | 250 |

| | Vol. | Pag. |
|---|---|---|
| ELEOCHARIS, R. Br. . . | 13 | 150 |
| — palustris, R. Br. . . | 13 | 151 |
| — tuberosa, R. et S. . . | 13 | 151 |
| *Eleogenus*, Nees. . . , . . | 13 | 145 |
| *Eleogiton*, Link. . . . . . | 13 | 144 |
| ELEPHANTOPUS, Linn. . | 10 | 40 |
| ELEPHANTOSIS, Less. . . | 10 | 40 |
| *Elephantusia*, Willd. . . . | 12 | 24 |
| — *macrocarpa*, Willd. . | 12 | 30 |
| — *microcarpa*, Willd. . . | 12 | 30 |
| ELETTARIA, Rheede. . . | 12 | 163 |
| — Cardamomum, White et Matt. . . . . | 12 | 163 |
| ELEUSINE, Gærtn. . . . | 13 | 199 |
| — Coracana, Gærtn. . . | 13 | 199 |
| — stricta, Roxb. . . . | 13 | 200 |
| ÉLEUTHEROSTEMON, Klotz. | 9 | 443 |
| ELIÆA, Camb. . . . . . | 5 | 341 |
| ELIONURUS, Willd. . . . | 13 | 167 |
| *Elkaja*, Forsk. . . . . . . | 3 | 194 |
| *Ellimia*, Nutt. . . . . . . | 7 | 96 |
| ELLIOTIA, Mühlenb. . . . | 9 | 445 |
| ELLISIA, Linn. . . . . . | 9 | 49 |
| *Ellisia*, P. Br. . . . . . | 9 | 227 |
| ELLOBUM, Bl. . . . . . . | 9 | 269 |
| ELMIGERA, Reichb. . . . | 9 | 299 |
| — barbata, Reichb. . . . | 9 | 299 |
| ELODEA, Adans. . . . . | 5 | 363 |
| — axillaris, Spach. . . . | 5 | 368 |
| — *campanulata*, Pursh. | 5 | 364 |
| — *canadensis*, Fras. . . | 5 | 366 |
| — floribunda, Spach. . . | 5 | 367 |
| — Fraseri, Spach. . . . | 5 | 366 |
| — Drummondii, Spach. | 5 | 365 |
| — pauciflora, Spach. . . | 5 | 366 |
| — *petiolata*, Ell. . . . . | 5 | 368 |
| — virginiana, Nutt. . . | 5 | 364 |
| *Elodea*, Mich. . . . . . . | 12 | 4 |
| ELODEINEÆ, Spach. . . | 5 | 341 |
| | et | 362 |
| ELODES, Spach. . . . . | 5 | 369 |
| — palustris, Spach. . . | 5 | 369 |
| ELPHEGEA, Cass. . . . | 10 | 29 |
| ELSHOLTZIA, Willd. . . | 9 | 463 |
| ELVASIA, D. C. . . . . | 2 | 389 |
| — calophylla, D. C. . | 2 | 389 |
| ELVIRA, Cass. . . . . . | 10 | 21 |
| ELYMUS, Linn. . . . . . | 13 | 244 |
| — arenarius, Linn. . . | 13 | 245 |
| ELYNA, Schrad. . . . . | 13 | 147 |
| ELYNANTHUS, Lestib. . . | 13 | 146 |
| *ELYNEÆ*, Nees. . . . . | 13 | 146 |
| ELYTRANTHE, Blum. . . | 8 | 234 |
| ELYTRARIA, Vahl. . . . | 9 | 144 |
| *Elytrigia*, Desv. . . . . . | 15 | 165 |
| ELYTROPAPPUS, Cass. . | 10 | 26 |
| ELYTROPHORUS, Beauv. . | 13 | 164 |
| *Elytrospermum*, C. A. Mey. | 13 | 145 |
| EMBELIA, Juss. . . . . . | 9 | 374 |
| *Embelia Burmanni*, Retz. | 13 | 335 |
| EMBLICA, Gærtn. . . . . | 2 | 495 |
| — officinalis, Gærtn. . . | 2 | 495 |
| EMBOTHRIUM, Forst. . . | 10 | 402 |
| — *buxifolium*, Willd. . . | 10 | 421 |
| — *cytisoides*, Cav. . . . | 10 | 421 |
| — *genianthum*, Cav. . . | 10 | 421 |
| — *herbaceum*, Cav. . . . | 10 | 427 |
| — *lineare*, Andr. . . . . | 10 | 421 |
| — *linearifolium*, Cav. . . | 10 | 421 |
| — *salicifolium*, Vent. . . | 10 | 424 |
| — *salignum*, Andr. . . . | 10 | 424 |
| — *sericeum*, Willd. . . | 10 | 421 |
| — *silaifolium*, Willd. . . | 10 | 427 |
| — *spathulatum*, Cav. . . | 10 | 421 |
| — *speciosissimum*, Willd. | 10 | 426 |
| — *speciosum*, Sal. . . . | 10 | 426 |
| *Embryopteris*, Gærtn. . . | 9 | 400 |
| — *glutinifera*, Willd. . . | 9 | 411 |
| EMERICIA, R. et S. . . . | 8 | 503 |
| *Emerus major*, Mill. . . . | 1 | 280 |
| — *minor*, Mill. . . . . | 1 | 280 |
| EMEX, Neck. . . . . . . | 10 | 521 |
| EMILIA, Cass. . . . . . . | 10 | 273 |
| — flammea, Cass. . . . | 10 | 274 |
| — *sagittata*, D. C. . . . | 10 | 274 |
| EMMENANTHE, Benth. . . | 9 | 49 |
| EMMEORHIZA, Pohl. . . . | 8 | 378 |
| EMPEDOCLEA, Aug. Saint-Hil. . . . . . . . | 7 | 413 |
| EMPEDOCLEA, Raf. . . | 9 | 166 |
| *EMPETREÆ*, Hook. | 2 | 482 |
| EMPETRUM, Linn. . . . | 2 | 483 |
| — *pinnatum*, Lamk. . . | 1 | 485 |
| — *acetosum*, Rumph. . . | 13 | 477 |
| EMPLEURUM, Sol. . . . | 2 | 334 |
| — serrulatum, Sol. . . . | 2 | 334 |
| *Empusa*, Lindl. . . . . . | 12 | 175 |
| EMPUSARIA, Reichb. . . . | 12 | 175 |
| ENALCIDA, Cass. . . . . | 10 | 16 |
| *Enargea*, Sol. . . . . . | 12 | 210 |
| ENARTHROCARPUS, Labill. | 6 | 322 |
| ENCELIA, Adans. . . . . | 10 | 20 |
| ENCEPHALARTOS, Lehm. | 11 | 422 |
| ENCHOLIRIUM, Mart. . . | 12 | 398 |
| ENCHYLÆNA, R. Br. . . . | 5 | 278 |

| | Vol. | Pag. | | Vol. | Pag. |
|---|---|---|---|---|---|
| *Enchylodes*, Reichb. ... | 3 | 367 | Epacris purpurascens, R. Br. | 9 | 437 |
| ENCHYSIA, Presl. .... | 9 | 572 | — *spuria*, Cav. .... | 9 | 436 |
| ENCKEA, Kunth. .... | 11 | 11 | EPALLAGE, D. C. .... | 10 | 25 |
| ENCYANTHUS, Lour.... | 9 | 443 | EPALTES, Cass. ..... | 10 | 38 |
| ENCYCLIA, Hook. ... | 12 | 176 | EPERUA, Aubl. ..... | 1 | 118 |
| ENDESPERMUM, Blum. . | 1 | 157 | — *falcata*, Aubl. .... | 1 | 118 |
| ENDIANDRA, R. Br. .. | 10 | 470 | EPHEDRA, Tourn.. .... | 11 | 287 |
| ENDLICHERA, Presl.... | 8 | 378 | — *altissima*, Desf. ... | 11 | 290 |
| ENDODECA, Rafin. .... | 10 | 562 | — *distachya*, Linn. ... | 11 | 288 |
| *Endogenæ*, D. C. .... | 12 | 1 | — *monostachya*, Linn. . | 11 | 289 |
| ENDOLEUCA, Cass. .... | 10 | 26 | — *polygonoides*, Pall... | 11 | 289 |
| ENDOPOGON, Cass..... | 9 | 146 | — *vulgaris*, Rich. ... | 11 | 288 |
| ENDOPTERA, D. C. ... | 10 | 6 | *Ephedraceæ*, Dumort.... | 11 | 278 |
| *Endorhizeæ*, Rich. .... | 12 | 1 | *EPHEDREÆ*, Reichb. | 11 | 281 |
| *Endotriche*, Frœl. .... | 9 | 6 | | et | 285 |
| ENDOTROPIS, Endl. ... | 8 | 559 | *Ephedrineæ*, Nees..... | 11 | 281 |
| *Endrachium*, Juss. .... | 9 | 95 | *Ephemerum*, Reichb.. .. | 9 | 343 |
| *Endressia*, Gay. ..... | 8 | 138 | *Ephemerum*, Tourn. ... | 13 | 122 |
| *Endymion nutans*,Dumort. | 12 | 309 | — *racemosum*, Mœnch.. | 13 | 129 |
| ENEMION, Rafin. .... | 7 | 291 | EPHIELIS, Schreb. ..... | 3 | 41 |
| ENGELHARDTIA, Lesch. . | 2 | 180 | EPHIPPIUM, Blum. ... | 12 | 179 |
| — aceriflora, Blum.... | 2 | 182 | *Ephippium*, Blum..... | 12 | 176 |
| — Colebrookeana, Lindl. | 2 | 182 | EPIBATERIUM, Forst. .. | 8 | 7 |
| — rigida. Blum. .... | 2 | 182 | EPIBLEMA, R. Br.... | 12 | 181 |
| — selanica, Blum. .... | 2 | 182 | EPICAMPES, Presl..... | 13 | 161 |
| — serrata, Blum. ... | 2 | 183 | EPICARPURUS, Blum. .. | 11 | 35 |
| — spicata, Blum. .... | 2 | 181 | EPICHARIS, Blum.... | 3 | 180 |
| ENHALUS, Rich...... | 12 | 4 | EPICRIANTHES, Blum... | 12 | 176 |
| ENICOSTEMMA, Blum. .. | 9 | 5 | *EPIDENDREÆ*, Lindl. | 12 | 176 |
| *Enneapogon*, Desv..... | 13 | 162 | EPIDENDRUM, Linn. ... | 12 | 176 |
| *Enodium*, Link. ..... | 13 | 165 | — *Vanilla*, Linn. .... | 12 | 192 |
| ENOMEIA, Raf. ..... | 10 | 562 | EPIGÆA, Linn. ..... | 9 | 443 |
| ENOUREA, Aubl. .... | 3 | 41 | EPILITHES, Blum. .... | 10 | 516 |
| *ENSIFERÆ*, Bartl. | 12 | 395 | EPILOBIEÆ, Spach. .. | 4 | 338 |
| *Enslenia*, Raf. ...... | 9 | 272 | | et | 382 |
| ENSLENIA, Nutt..... | 8 | 559 | EPILOBIUM, Linn. .... | 4 | 398 |
| ENTADA, Adans. .... | 1 | 49 | — *angustifolium*, Lamk. | 4 | 397 |
| — Gigalobium, D. C.. | 1 | 50 | — *angustifolium*, Linn.. | 4 | 396 |
| — polystachya, D. C... | 1 | 50 | — *angustissimum*, Hort. | | |
| — Pursætha, D. C. ... | 1 | 50 | Kew. ...... | 4 | 398 |
| ENTELEA, R. Br .. | 4 | 4 | — *angustissimum*, Sut.. | 4 | 398 |
| — arborescens, R. Br. . | 4 | 5 | — *denticulatum*, Wend. | 4 | 398 |
| ENTEROPOGON, Nees. . | 13 | 163 | — *Dodonæi*, Vill..... | 4 | 398 |
| *Entoganum*, Banks. ... | 2 | 322 | — *Gesneri*, All..... | 4 | 396 |
| ENYDRA, Lour....... | 10 | 21 | — grandiflorum, All. .. | 4 | 399 |
| EPACREÆ, Bartl. ... | 9 | 434 | — *hirsutum*, Willd. .. | 4 | 399 |
| *Epacridaceæ*, Lindl.... | 9 | 432 | — *rosmarinifolium*, Hænk. | 4 | 397 |
| *EPACRIDEÆ*, R. Br. | 9 | 432 | — *spicatum*, Lamk.... | 4 | 396 |
| EPACRIS, Smith.. .... | 9 | 437 | — *tomentosum*, Vent... | 4 | 399 |
| — grandiflora, Willd. . | 9 | 438 | EPIMEDINEÆ, Spach.. | 8 | 33 |
| — obtusifolia, Smith... | 9 | 438 | | et | 55 |
| — pulchella, R. Br. .. | 9 | 437 | EPIMEDIUM, Linn..... | 8 | 55 |

| | Vol. | Pag. |
|---|---|---|
| Epimedium alpinum, Linn. | 8 | 57 |
| — diphyllum, Lodd. | 8 | 62 |
| — macranthum, Decais. et Morr. | 8 | 58 |
| — Musschianum, Decais. et Morr. | 8 | 60 |
| — pubigerum, Decais. et Morr. | 8 | 57 |
| — violaceum, Decais.etMorr. | 8 | 60 |
| EPIPACTIS, Hall. | 12 | 181 |
| EPIPHANES, Blum. | 12 | 181 |
| EPIPHEGUS, Nutt. | 9 | 261 |
| EPIPHORA, Lindl. | 12 | 177 |
| EPIPHYLLUM, Haw. | 13 | 387 |
| — Ackermanni, Haw. | 13 | 385 |
| — alatum, Haw. | 13 | 390 |
| — crispatum, Haw. | 13 | 388 |
| — Hookeri, Haw. | 13 | 386 |
| — Phyllanthus, Haw. | 13 | 386 |
| — speciosum, Haw. | 13 | 385 |
| — truncatum, Haw. | 13 | 387 |
| EPIPOGIUM, Gmel. | 12 | 181 |
| EPIRHIZANTHUS, Blum. | 9 | 261 |
| EPISCIA, Mart. | 9 | 258 |
| EPISTEPHIUM, Kunth. | 12 | 182 |
| EPISTYLIUM, Swartz. | 2 | 486 |
| EPITHEMA, Blum. | 9 | 257 |
| EPITHINIA, Jack. | 8 | 375 |
| Eraclissa, Forsk. | 2 | 486 |
| Eragrostis, Beauv. | 13 | 164 |
| — abyssinica, Link. | 13 | 205 |
| — poæoides, Beauv. | 13 | 205 |
| Erangelia, Renealm. | 12 | 405 |
| ERANTHEMEÆ, Nees. | 9 | 146 |
| ERANTHEMUM, R. Br. | 9 | 156 |
| — pulchellum, Roxb. | 9 | 156 |
| — strictum, Roxb. | 9 | 157 |
| ERANTHIS, Sal. | 7 | 322 |
| — hiemalis, Sal. | 7 | 323 |
| — sibirica, D. C. | 7 | 324 |
| ERATO, D. C. | 10 | 29 |
| ERATOBOTRYS, Fenzl. | 12 | 254 |
| Erebinthus, Mitch. | 1 | 154 |
| ERECHTHITES, Rafin. | 10 | 32 |
| Ereciphyllum, Less. | 10 | 26 |
| EREMANTHE, Spach. | 5 | 421 |
| — calycina, Spach. | 5 | 422 |
| Eremanthis, Cass. | 10 | 26 |
| EREMANTHUS, Less. | 10 | 40 |
| EREMIA, Don. | 9 | 445 |
| EREMIRIS, Spach. | 13 | 32 |
| Eremocalis, Sal. | 9 | 443 |
| EREMOPHILA, R. Br. | 9 | 247 |
| EREMOSPORUS, Spach. | 5 | 374 |
| — Oliverii, Spach. | 5 | 375 |
| EREMOSTACHYS, Bunge. | 9 | 167 |
| EREMURUS, Bieberst. | 12 | 366 |
| — altaicus, Stev. | 12 | 366 |
| — spectabilis, Stev. | 12 | 366 |
| ERESDA, Spach. | 7 | 101 |
| — alba, Spach. | 7 | 102 |
| ERIA, Lindl. | 12 | 176 |
| ERIACHNE, R. Br. | 13 | 163 |
| Erianthera, Benth. | 9 | 166 |
| ERIANTHERA, Nees. | 9 | 147 |
| ERIANTHUS, Mich. | 13 | 167 |
| Erica, Hort. Malab. | 8 | 548 |
| Erica, Don. | 9 | 443 |
| ERICA, Linn. | 9 | 445 |
| — abietina, Thunb. | 9 | 451 |
| — absinthioides, Willd. | 9 | 469 |
| — acuminata, Andr. | 9 | 458 |
| — Aitoniana, Andr. | 9 | 453 |
| — albens, Willd. | 9 | 463 |
| — amabilis, Sal. | 9 | 456 |
| — amœna, Willd. | 9 | 467 |
| — ampullacea, Willd. | 9 | 457 |
| — andromedæfloræ, Andr. | 9 | 457 |
| — arborea, Linn. | 9 | 460 |
| — ardens, Andr. | 9 | 461 |
| — argutifolia, Sal. | 9 | 464 |
| — aristata, Bot. Mag. | 9 | 458 |
| — articularis, Linn. | 9 | 459 |
| — aspera, Andr. | 9 | 454 |
| — asperifolia, Sal. | 9 | 469 |
| — aurea, Andr. | 9 | 455 |
| — australis, Willd. | 9 | 463 |
| — axillaris, Sal. | 9 | 467 |
| — baccans, Willd. | 9 | 460 |
| — Banksii, Willd. | 9 | 446 |
| — bibax, Sal. | 9 | 453 |
| — bicolor, Willd. | 9 | 466 |
| — blanda, Andr. | 9 | 456 |
| — Blandfordiana, Andr. | 9 | 461 |
| — Bruniades, Andr. | 9 | 448 |
| — Bruniades, Willd. | 9 | 448 |
| — bullularis, Sal. | 9 | 468 |
| — byssina, Sal. | 9 | 460 |
| — caducæifera, Sal. | 9 | 466 |
| — calamiformis, Sal. | 9 | 456 |
| — calathiflora, Sal. | 9 | 466 |
| — calycina, Andr. | 9 | 459 |
| — calyculata, Wendl. | 9 | 447 |
| — campanularis, Sal. | 9 | 469 |
| — campanulata, Andr. | 9 | 469 |
| — canaliculata, Andr. | 9 | 460 |

| | Vol. | Pag. | | Vol. | Pag. |
|---|---|---|---|---|---|
| Erica canescens, Hort. Kew. | 9 | 469 | Erica *floribunda*, Wendl. | 9 | 449 |
| — *capitata*, Thunb. | 9 | 448 | — florida, Willd. | 9 | 468 |
| — capitata, Willd. | 9 | 460 | — formosa, Willd. | 9 | 465 |
| — *carbasina*, Sal. | 9 | 448 | — *fragilis*, Sal. | 9 | 446 |
| — carnea, Linn. | 9 | 449 | — fragrans, Andr. | 9 | 469 |
| — cerinthoides, Willd. | 9 | 458 | — *fragrans*, Sal. | 9 | 463 |
| — cernua, Willd. | 9 | 465 | — *frondosa*, Sal. | 9 | 455 |
| — ciliaris, Willd. | 9 | 463 | — *fucata*, Willd. | 9 | 469 |
| — cinerea, Linn. | 9 | 462 | — *galiiflora*, Sal. | 9 | 463 |
| — *clavæflora*, Sal. | 9 | 452 | — glauca, Sal. | 9 | 459 |
| — coccinea, Willd. | 9 | 455 | — globosa, Willd. | 9 | 460 |
| — comosa, Willd. | 9 | 463 | — *glutinosa*, Andr. | 9 | 454 |
| — concinna, Willd. | 9 | 455 | — glutinosa, Willd. | 9 | 462 |
| — conferta, Andr. | 9 | 469 | — gracilis, Willd. | 9 | 467 |
| — conspicua, Willd. | 9 | 453 | — grandiflora, Willd. | 9 | 450 |
| — cordata, Andr. | 9 | 468 | — *guttæflora*, Sal. | 9 | 465 |
| — corifolia, Willd. | 9 | 458 | — *halicacaba*, Willd. | 9 | 457 |
| — coronata, Andr. | 9 | 452 | — *herbacea*, Linn. | 9 | 450 |
| — *costæflora*, Sal. | 9 | 454 | — Hibbertia, Andr. | 9 | 455 |
| — *cothurnalis*, Sal. | 9 | 447 | — hirta, Willd. | 9 | 467 |
| — cruenta, Willd. | 9 | 451 | — hirtiflora, Bot. Mag. | 9 | 468 |
| — *cupressiformis*, Sal. | 9 | 451 | — hispidula, Willd. | 9 | 468 |
| — *curviflora*, Sal. | 9 | 453 | — *humilis*, Sal. | 9 | 464 |
| — *cylindrica*, Willd. | 9 | 458 | — hyacinthoides, Andr. | 9 | 458 |
| — cylindriflora, Sal. | 9 | 456 | — *hystriciflora*, Sal. | 9 | 454 |
| — *Dabeoci*, Linn. | 9 | 473 | — ignescens, Andr. | 9 | 453 |
| — decora, Andr. | 9 | 461 | — imbricata, Willd. | 9 | 448 |
| — *decora*, Sal. | 9 | 451 | — inflata, Willd. | 9 | 456 |
| — *denticularis*, Sal. | 9 | 464 | — jasminiflora, Andr. | 9 | 457 |
| — denticulata, Willd. | 9 | 463 | — *jasminiflora*, Sal. | 9 | 453 |
| — depressa, Willd. | 9 | 464 | — *Lachnæa*, Andr. | 9 | 459 |
| — discolor, Willd. | 9 | 451 | — lachneæfolia, Sal. | 9 | 459 |
| — *divaricata*, Wendl. | 9 | 448 | — *lagenæformis*, Sal. | 9 | 457 |
| — *droseroides*, Andr. | 9 | 462 | — Lambertiana, Andr. | 9 | 461 |
| — echiiflora, Andr. | 9 | 464 | — *lamellaris*, Sal. | 9 | 462 |
| — elata, Andr. | 9 | 455 | — lanuginosa, Andr. | 9 | 457 |
| — *elata*, Link. | 9 | 466 | — lateralis, Willd. | 9 | 465 |
| — elegans, Andr. | 9 | 459 | — latifolia, Andr. | 9 | 449 |
| — *empetrifolia*, Wendl. | 9 | 465 | — laxa, Andr. | 9 | 459 |
| — empetrifolia, Willd. | 9 | 465 | — Leeana, Hort. Kew. | 9 | 454 |
| — empetroides, Andr. | 9 | 465 | — *lentiformis*, Sal. | 9 | 449 |
| — *eriocephala*, Andr. | 9 | 469 | — leucanthera, Willd. | 9 | 447 |
| — erubescens, Andr. | 9 | 454 | — *linifolia*, Sal. | 9 | 460 |
| — Ewerana, Hort. Kew. | 9 | 451 | — Linnæa, Andr. | 9 | 452 |
| — fascicularis, Willd. | 9 | 452 | — *lituiflora*, Sal. | 9 | 452 |
| — fastigiata, Willd. | 9 | 463 | — *loculiflora*, Sal. | 9 | 447 |
| — *favosa*, Sal. | 9 | 452 | — *longiflora*, Sal. | 9 | 456 |
| — ferruginea, Andr. | 9 | 457 | — longifolia, Hort. Kew. | 9 | 455 |
| — filamentosa, Andr. | 9 | 464 | — *longifolia*, Sal. | 9 | 456 |
| — *fistulæflora*, Sal. | 9 | 458 | — lucida, Andr. | 9 | 459 |
| — flammea, Andr. | 9 | 453 | — *lycopodifolia*, Sal. | 9 | 455 |
| — flava, Andr. | 9 | 461 | — *mammosa*, Linn. | 9 | 451 |
| — flexuosa, Sal. | 9 | 447 | — margaritacea, Willd. | 9 | 465 |

| | Vol. | Pag. | | Vol. | Pag. |
|---|---|---|---|---|---|
| Erica Massoni, Willd. . . | 9 | 455 | Erica *pyramidalis*, Sal. . . | 9 | 448 |
| — *medioliflora*, Sal. . . | 9 | 460 | — pyramidalis, Willd. . | 9 | 464 |
| — mediterranea, Linn. . | 9 | 450 | — racemifera, Andr. . . | 9 | 467 |
| — *melastoma*, Andr. . . | 9 | 447 | — radiata, Andr. . . . | 9 | 456 |
| — *melliflora*, Sal. . . . | 9 | 451 | — *radiiflora*, Sal. . . . | 9 | 452 |
| — *milleflora*, Sal. . . . | 9 | 466 | — ramentacea, Willd. . | 9 | 468 |
| — mitræformis, Sal. . . | 9 | 468 | — *ramuliflora*, Sal. . . | 9 | 462 |
| — Monsoniæ, Hort.Kew. | 9 | 456 | — resinosa, Sims. . . . | 9 | 461 |
| — mucosa, Willd. . . . | 9 | 468 | — retorta, Willd. . . . | 9 | 457 |
| — *multicaulis*, Sal. . . | 9 | 462 | — retroflexa, Wendl. . . | 9 | 466 |
| — *multiflora*, Huds. . . | 9 | 450 | — rosea, Andr. . . . . | 9 | 456 |
| — multiflora, Linn. . . . | 9 | 450 | — *rubra*, Andr. . . . . | 9 | 454 |
| — Muscari, Andr. . . . | 9 | 465 | — *rupestris*, Andr. . . . | 9 | 464 |
| — mutabilis, Andr. . . . | 9 | 451 | — *scariosa*, Sal. . . . . | 9 | 448 |
| — nigrita, Willd. . . . . | 9 | 459 | — scoparia, Linn. . . . | 9 | 469 |
| — nudiflora, Willd. . . | 9 | 449 | — Sebana, Willd. . . . | 9 | 447 |
| — obliqua, Willd. . . . | 9 | 461 | — *Sebana viridis*, Andr. | 9 | 447 |
| — *octophylla*, Willd. . . | 9 | 452 | — serratifolia, Andr. . . | 9 | 454 |
| — onosmæflora, Sal. . . | 9 | 454 | — sertiflora, Sal. . . . . | 9 | 449 |
| — *pallida*, Sal. . . . . . | 9 | 467 | — *sessiliflora*, Andr. . . | 9 | 452 |
| — *paludosa*, Sal. . . . . | 9 | 453 | — sessiliflora, Linn. . . | 9 | 452 |
| — paniculata, Willd. . . | 9 | 466 | — setacea, Andr. . . . . | 9 | 469 |
| — *parviflora*, Linn. . . . | 9 | 468 | — sexfaria, Hort. Kew. | 9 | 448 |
| — Passerina, Willd. . . | 9 | 468 | — *simpliciflora*, Willd. . | 9 | 453 |
| — passerinæfolia, Sal. . | 9 | 468 | — socciflora, Sal. . . . . | 9 | 447 |
| — Patersonia, Andr. . . | 9 | 452 | — Solandri, Andr. . . . | 9 | 465 |
| — pellucida, Andr. . . . | 9 | 454 | — Sparmanni, Willd. . | 9 | 454 |
| — *penicillata*, Andr. . . | 9 | 446 | — speciosa, Andr. . . . | 9 | 451 |
| — penicilliflora, Sal. . . | 9 | 447 | — *spicata*, Willd. . . . | 9 | 452 |
| — persoluta, Willd. . . | 9 | 467 | — *spiræflora*, Sal. . . . | 9 | 447 |
| — *perspicua*, Wendl. . . | 9 | 452 | — *spissifolia*, Sal. . . . | 9 | 452 |
| — petiolata, Willd. . . . | 9 | 460 | — *spumosa*, Thunb. . . | 9 | 448 |
| — Petiveriana, Willd. . | 9 | 447 | — spumosa, Willd. . . . | 9 | 448 |
| — *phylicæfolia*, Sal. . . | 9 | 455 | — staminea, Andr. . . | 9 | 449 |
| — *pillulifera*, Willd. . . | 9 | 468 | — stricta, Willd. . . . . | 9 | 462 |
| — *Pinea*, Wendl. . . . | 9 | 455 | — strigosa, Willd. . . . | 9 | 467 |
| — Pinea, Willd. . . . . | 9 | 455 | — *stylosa*, Rudolph. . . | 9 | 466 |
| — *pinifolia*, Sal. . . . . | 9 | 455 | — *tardiflora*, Sal. . . . | 9 | 468 |
| — *pistillaris*, Sal. . . . . | 9 | 463 | — taxifolia, Hort. Kew. | 9 | 460 |
| — *placentæflora*, Sal. . | 9 | 448 | — tenella, Andr. . . . . | 9 | 469 |
| — planifolia, Willd. . . | 9 | 466 | — tenuiflora, Andr. . . | 9 | 458 |
| — Pluckenetiana, Willd. | 9 | 446 | — tenuifolia, Willd. . . | 9 | 460 |
| — plumosa, Andr. . . . | 9 | 467 | — tetragona, Willd. . . | 9 | 457 |
| — *primuloides*, Andr. . | 9 | 463 | — Tetralix, Linn. . . . | 9 | 462 |
| — *procera*, Sal. . . . . . | 9 | 466 | — Thunbergii, Willd. . | 9 | 460 |
| — propendens, Andr. . . | 9 | 464 | — thymifolia, Andr. . . | 9 | 466 |
| — pubescens, Andr. . . | 9 | 468 | — *thymifolia*, Sal. . . . | 9 | 466 |
| — pubescens, Linn. . . | 9 | 468 | — tiaræfloræ, Andr. . . | 9 | 448 |
| — *pugionifolia*, Sal. . . | 9 | 457 | — tubiflora, Willd. . . | 9 | 453 |
| — *pulchella*, Andr. . . . | 9 | 466 | — *Uhria*, Andr. . . . . | 9 | 451 |
| — pulchella, Willd. . . | 9 | 464 | — umbellata, Willd. . . | 9 | 449 |
| — *purpurea*, Lodd. . . | 9 | 455 | — *urceolaris*, Sal. . . . | 9 | 467 |
| — purpurea, Willd. . . | 9 | 455 | — urceolaris, Willd. . . | 9 | 462 |

|  | Vol. | Pag. |  | Vol. | Pag. |
|---|---|---|---|---|---|
| Erica vagans, Linn. . . . | 9 | 450 | ERIOCARPUM, Dun. . . . | 6 | 20 |
| — variifolia, Sal., . . . | 9 | 457 | ERIOCAULEÆ, Rich. | 13 | 140 |
| — velleriflora, Sal.. . . | 9 | 448 | ERIOCAULON, Linn. . . . | 13 | 140 |
| — ventricosa, Willd. . . | 9 | 456 | Eriocauloneæ, Desv. . . . | 13 | 140 |
| — venusta, Sal. . . . . | 9 | 456 | Eriocauloneæ, Dumort. . . | 13 | 138 |
| — Vernix, Andr. . . . | 9 | 461 | Eriocauloneæ, Endl. . . . | 13 | 138 |
| — versicolor, Willd. . . | 9 | 452 | ERIOCEPHALUS, Linn. . . | 10 | 23 |
| — verticillata, Andr. . . | 9 | 451 | ERIOCHILUS, R. Br. . . . | 12 | 182 |
| — vestita, Willd. . . . | 9 | 456 | ERIOCHLOA, Kunth. . . . | 13 | 160 |
| — villosa, Audr. . . . | 9 | 448 | ERIOCHRYSIS, Beauv. . . | 13 | 166 |
| — villosa, Wendl. . . . | 9 | 448 | ERIOCLADIUM, Lindl. . . | 10 | 24 |
| — virgulata, Wendl. . . | 9 | 469 | ERIOCLINE, Cass. . . . . | 10 | 15 |
| — viridipurpurea, Linn. | 9 | 469 | Eriocoma, Kunth. . . . . | 10 | 22 |
| — viridis, Andr. . . . . | 9 | 454 | ERIOCOMA, Nutt. . . . . | 13 | 161 |
| — viscaria, Willd. . . . | 9 | 464 | Eriocycla, Lindl. . . . . | 8 | 138 |
| — viscida, Sal. . . . . | 9 | 464 | ERIODAPHNE, Nees. . . . | 10 | 492 |
| — volutæflora, Sal. . . | 9 | 459 | ERIODAPHUS, Nees. . . . | 6 | 286 |
| — vulgaris, Linn. . . . | 9 | 470 | ERIODENDRON, D. C. . . | 3 | 427 |
| — Walkeri, Andr. . . . | 9 | 463 | — anfractuosum, D. C. . | 3 | 429 |
| ERICACEÆ, R. Br. | 9 | 440 | — jasminiflorum, Aug. | | |
| Ericæ, Juss. . . . . . . | 9 | 440 | Saint-Hil. | 3 | 428 |
| Ericala, Renealm. . . . . | 9 | 6 | — leiantherum, D. C. . | 3 | 428 |
| Ericariæ, Reichb. . . . . | 9 | 440 | — Samauma, Mart. . . | 3 | 428 |
| ERICEÆ, Don. . . . . | 9 | 442 | Eriodesmia, Don. . . , . | 9 | 443 |
|  | et | 445 | ERIOGLOSSUM, Blum. . . | 3 | 57 |
| ERICINEÆ, Bartl. . | 9 | 450 | — edule, Blum. . . . . | 3 | 57 |
| ERICINELLA, Klotz. . . . | 9 | 443 | ERIOGONEÆ, Benth. | 10 | 521 |
| Ericoila, Borkh. . . . . . | 9 | 6 | ERIOGONUM, Mich. . . . | 10 | 521 |
| ERIGENIA, Nutt. . . . . | 8 | 157 | ERIOLÆNA, D. C. . . . . | 3 | 457 |
| ERIGERON, Linn. . . . . | 10 | 238 | — Candollii, Wallich. . | 3 | 458 |
| — acre, Linn. . . . . | 10 | 239 | — Wallichii, D. C. . . . | 3 | 457 |
| — canadense, Linn. . . . | 10 | 239 | ERIOLEPIS, Cass. . . . . | 10 | 93 |
| — ciliatum, Ledeb. . . . | 10 | 239 | — eriophora, Cass. . . . | 10 | 93 |
| — elongatum, Ledeb. . . | 10 | 239 | — lanceolata, Cass. . . . | 10 | 93 |
| — glabellum, Nutt. . . | 10 | 241 | Eriopappus, Arn. . . . . | 10 | 18 |
| — glaucum, Ker. . . . | 10 | 240 | ERIOPE, Benth. . . . . . | 9 | 163 |
| — paniculatum, Lamk. | 10 | 239 | ERIOPETALUM, Wight. . | 8 | 540 |
| — podolicum, Bess. . . | 10 | 239 | ERIOPHORUM, Linn. . . . | 13 | 153 |
| Erimatalia, R. et S. . . . | 9 | 95 | — angustifolium, Roth. . | 13 | 153 |
| Erineæ, Link. . . . . . | 9 | 264 | — latifolium, Hoppe. . . | 13 | 153 |
| Erinosma, Herb. . . . . . | 12 | 405 | — polystachyum, Roth. . | 13 | 153 |
| ERINUS, Linn. . . . . . | 9 | 269 | — vulgare, Pers. . . . . | 13 | 153 |
| — capensis, Linn. . . . | 9 | 318 | Eriophorus, Vaill. . . . . | 10 | 7 |
| — lychnidea, Linn. . . | 9 | 318 | ERIOPHYLLUM, Lag. . . . | 10 | 17 |
| — peruvianus, Linn. . . | 9 | 238 | ERIOPHYTUM, Benth. . . | 9 | 167 |
| ERIOBOTRYA, Lindl. . . . | 2 | 81 | ERIOSEMA, D. C. . . . . | 1 | 156 |
| — elliptica, Lindl. . . . | 2 | 82 | ERIOSOLENA, Blum. . . . | 10 | 436 |
| — japonica, Lindl. . . . | 2 | 81 | ERIOSPERMUM, Jacq. . . | 12 | 390 |
| Eriocalia, Smith. . . . . | 8 | 140 | — folioliferum, Andr. . | 12 | 392 |
| Eriocalyx, Neck. . . . . | 1 | 153 | — lanceæfolium, Jacq. . | 12 | 391 |
| Eriocarpha, Cass. . . . . | 10 | 22 | — lanuginosum, Jacq. . | 12 | 391 |
|  |  |  | — latifolium, Jacq. . . . | 12 | 391 |

| | Vol. | Pag. | | Vol. | Pag. |
|---|---|---|---|---|---|
| Eriospermum *latifolium*, α. | | | Eruca *vesicaria*, D. C. | 6 | 355 |
| Gawl. | 12 | 391 | ERUCARIA, Gærtn. | 6 | 323 |
| — parvifolium, Jacq. | 12 | 390 | ERUCASTRUM, Spenn. | 6 | 323 |
| — pubescens, Jacq. | 12 | 392 | — *elongatum*, Reichb. | 6 | 379 |
| ERIOSPHÆRA, D. C. | 4 | 262 | *Ervilia*, Link. | 1 | 156 |
| *Eriosphœra*, Less. | 10 | 26 | — *sativa*, Link. | 1 | 305 |
| *Eriostemon*, Less. | 10 | 10 | ERVUM, Linn. | 1 | 304 |
| ERIOSTEMON, Smith. | 2 | 338 | — *camelorum*, Spreng. | 1 | 304 |
| — buxifolium, Smith. | 2 | 338 | — dispermum, Roxb. | 1 | 304 |
| — salicifolium, Smith. | 2 | 338 | — Ervilia, Linn. | 1 | 305 |
| ERIOSTYLIS, R. Br. | 10 | 402 | — Lens, Linn. | 1 | 304 |
| ERIOSYNAPHE, D. C. | 8 | 135 | — monanthos, Linn. | 1 | 306 |
| ERIOTHRIX, Cass. | 10 | 31 | ERYCIBE, Roxb. | 9 | 95 |
| *Eriphia*, P. Br. | 9 | 257 | ERYNGIUM, Tourn. | 8 | 222 |
| *Erisema*, Herbert. | 12 | 406 | — alpinum, Linn. | 8 | 229 |
| ERISMA, Rudge. | 4 | 328 | — amethystinum, Linn. | 8 | 225 |
| — floribundum, Rudge. | 4 | 329 | — *asperifolium*, Laroche. | 8 | 228 |
| — nitidum, D. C. | 4 | 329 | — campestre, Linn. | 8 | 224 |
| — violaceum, Mart. | 4 | 328 | — giganteum, Bieberst. | 8 | 227 |
| *Erithalia*, Bunge. | 9 | 6 | — maritimum, Linn. | 8 | 226 |
| *Erithalis*, Forst. | 8 | 375 | — planum, Linn. | 8 | 228 |
| ERITHALIS, P. Br. | 8 | 375 | — *rigidum*, Lamk. | 8 | 223 |
| ERITRICHIUM, Schrad. | 9 | 31 | — Spina-alba, Vill. | 8 | 223 |
| ERNODEA, Swartz. | 8 | 377 | ERYSIMUM, (Linn.) R. Br. | 6 | 323 |
| *Ernstingia*, Neck. | 3 | 40 | — *Alliaria*, Linn. | 6 | 415 |
| EROBATHOS, D. C. | 7 | 301 | — *Barbarea*, Linn. | 6 | 419 |
| — coarctatum, Spach. | 7 | 304 | — *officinale*, Linn. | 6 | 435 |
| — damascenum, Spach. | 7 | 302 | — *præcox*, Smith. | 6 | 421 |
| *Erodendrum*, Sal. | 10 | 400 | ERYTHRACANTHUS, Nees. | 9 | 144 |
| — *amplexicaule*, Sal. | 10 | 413 | ERYTHRÆA, Renealm. | 9 | 11 |
| — *formosum*, Sal. | 10 | 410 | — Centaurium, Pers. | 9 | 12 |
| ERODIUM, L'hérit. | 3 | 303 | — *grandiflora*, Bivon. | 9 | 12 |
| — geifolium, Desf. | 3 | 305 | — *major*, Link. | 9 | 12 |
| — gruinum, Willd. | 3 | 304 | — pulchella, Fries. | 9 | 13 |
| — Gussoni, Ten. | 3 | 306 | — *ramosissima*, Presl. | 9 | 13 |
| — *hymenodes*, L'hérit. | 3 | 305 | ERYTHRÆACEÆ, Griseb. | 9 | 5 |
| — incarnatum, L'hérit. | 3 | 306 | | et | 11 |
| — moschatum, Willd. | 3 | 304 | ERYTHRANTHE, Spach. | 9 | 312 |
| — *multicaule*, Sweet. | 3 | 305 | — cardinalis, Spach. | 9 | 313 |
| — *ruthenicum*, Bieberst. | 3 | 305 | ERYTHRINA, Linn. | 1 | 354 |
| — serotinum, Stev. | 3 | 305 | — caffra, Thunb. | 1 | 356 |
| — *trilobatum*, Jacq. | 3 | 305 | — carnea, Hort. Kew. | 1 | 355 |
| EROPHILA, D. C. | 6 | 324 | — Corallodendron, Linn. | 1 | 355 |
| *Erosma*, Roth. | 11 | 37 | — Crista-galli, Linn. | 1 | 356 |
| ERPETION, Sweet. | 5 | 517 | — herbacea, Linn. | 1 | 354 |
| — reniforme, Sweet. | 5 | 518 | — poianthes, Brot. | 1 | 355 |
| ERUCA, Tourn. | 6 | 352 | — speciosa, Andr. | 1 | 356 |
| — *elongata*, Baumg. | 6 | 379 | — umbrosa, Kunth. | 1 | 356 |
| — *erucoides*, Reichb. | 6 | 382 | ERYTHROBALANOS, Spach. | 11 | 160 |
| — *hispida*, D. C. | 6 | 355 | ERYTHROCHITON, Nees et | | |
| — Ruchetta, Spach. | 6 | 355 | Mart. | 2 | 359 |
| — *sativa*, D. C. | 6 | 355 | — brasiliense, N. et M. | 2 | 359 |
| — *sativa*, Lamk. | 6 | 355 | *Erythrodanum*, Petit-Thou. | 8 | 375 |

| | Vol. | Pag. |
|---|---|---|
| ERYTHRODES, Blum. . . | 12 | 181 |
| ERYTHROLÆNA, Sweet. . | 10 | 12 |
| ERYTHRONIUM, Linn. . | 12 | 257 |
| — americanum, Smith. . | 12 | 259 |
| — *Dens-canis*, Curt. . . | 12 | 258 |
| — Dens-canis, Linn. . . | 12 | 258 |
| — *Dens-canis*, Mich. . . | 12 | 259 |
| — *Dens-canis*, γ. Linn. . | 12 | 259 |
| — *flavescens*, Delaun. . . | 12 | 259 |
| — grandiflorum, Pursh. . | 12 | 259 |
| — *lanceolatum*, Pursh. . | 12 | 259 |
| — longifolium, Sweet. . | 12 | 258 |
| — *maculatum*, Lamk. . . | 12 | 258 |
| ERYTHROPALUM, Blum. . | 6 | 187 |
| ERYTHROPHÆUM, R. Br. | 4 | 49 |
| ERYTHROPOGON, D. C. . | 10 | 27 |
| ERYTHROPSIS, Lindl. . . | 3 | 517 |
| — Roxburghiana, Schott | | |
| et Endl. . . . . | 3 | 517 |
| ERYTHRORCHIS, Blum. . | 12 | 182 |
| *Erythrorhiza*, Mich. . . | 9 | 444 |
| *ERYTHROSPERMEÆ*, | | |
| D. C. . . . . . . | 6 | 133 |
| ERYTHROSPERMUM, Lamk. | 6 | 137 |
| — amplifolium, Petit-Thou. | 6 | 138 |
| — pauciflorum, Petit-Thou. | 6 | 137 |
| ERYTHROSTICTUS, Schlecht. | | |
| tend. . . . . . . | 12 | 235 |
| *ERYTHROXY-* | | |
| *LEÆ*, Kunth. . . . | 3 | 73 |
| ERYTHROXYLON, Linn. . | 3 | 74 |
| — buxifolium, Lamk. . . | 3 | 75 |
| — Coca, Lamk. . . . | 3 | 77 |
| — hondense, Kunth. . . | 3 | 78 |
| — hypericifolium, Lamk. . | 3 | 75 |
| — laurifolium, Lamk. . . | 3 | 77 |
| — macrophyllum, Kunth. | 3 | 78 |
| — microphyllum, Camb. | 3 | 76 |
| — pulchrum, Camb. . . | 3 | 76 |
| — sideroxyloides, Lamk. | 3 | 76 |
| — suberosum, Camb. . . | 3 | 75 |
| *Escalloneæ*, R. Br. . . | 5 | 3 |
| ESCALLONIA, Mutis. . . | 5 | 29 |
| — *bifida*, Link et Otto. . | 5 | 32 |
| — canescens, A. Saint-Hil. | 5 | 33 |
| — discolor, Vent. . . | 5 | 33 |
| — farinosa, A. Saint-Hil. | 5 | 32 |
| — floribunda, Sellow. . . | 5 | 32 |
| — humilis, A. Saint-Hil. | 5 | 30 |
| — *montevidensis*, D. C. . | 5 | 32 |
| — resinosa, Pers. . . . | 5 | 32 |
| — rubra, Pers. . . . . | 5 | 30 |
| — Sellowiana, A. St-Hil. | 5 | 31 |

| | Vol. | Pag. |
|---|---|---|
| Escallonia spiræoides, A. | | |
| St-Hil. . . . . . . | 5 | 31 |
| — vaccinioides, A. St-Hil. | 5 | 31 |
| *ESCALLONIEÆ*, D. C. | 5 | 5 |
| | et | 29 |
| *Escallonieæ*, D. C. . . . | 5 | 3 |
| ESCHSCHOLTZIA, Chamiss. | 7 | 47 |
| — californica, Cham. . | 7 | 48 |
| — crocea, Benth. . . . | 7 | 49 |
| ESCHWEILERA, Mart. . . | 4 | 106 |
| ESCOBEDIA, Ruiz et Pav. | 9 | 271 |
| ESENBECKIA, Kunth. . . | 2 | 343 |
| — febrifuga, Juss. fil. . . | 2 | 343 |
| ESMARCKIA, Reichb. . . | 5 | 205 |
| *Esopon*, Raf. . . . . . | 10 | 7 |
| ESPEJOA, D. C. . . . . | 10 | 18 |
| ESPELETIA, Mutis. . . . | 10 | 21 |
| ESPERA, Willd. . . . . | 4 | 4 |
| *Espinoxa*, Lag. . . . . | 10 | 524 |
| ESTERHAZYA, Mik. . . . | 9 | 271 |
| *Estila*, Haw. . . . . . | 2 | 488 |
| *Etæranthis*, Cass. . . . | 10 | 126 |
| *Ethonium*, Sal. . . . . | 12 | 454 |
| *Ethulia*, Gærtn. . . . . | 10 | 38 |
| ETHULIA, Linn. . . . . | 10 | 39 |
| EUAROIDEÆ, Schott. . . | 12 | 38 |
| *Eubasis dichotoma*, Sal. . | 8 | 84 |
| EUEEGONIA, Walp. . . . | 13 | 277 |
| EUBERBERIS, Spach. . . | 8 | 38 |
| EUCALYPTUS, Labill. . . | 4 | 126 |
| — amygdalina, Labill. | 4 | 128 |
| — cordata, Labill. . . | 4 | 133 |
| — cordata, Sims. . . . | 4 | 133 |
| — discolor, Desf. . . . | 4 | 130 |
| — diversifolia, Bonpl. . | 4 | 131 |
| — glandulosa, Desf. . . | 4 | 134 |
| — glauca, D. C. . . . | 4 | 132 |
| — Globulus, Labill. . . | 4 | 131 |
| — incrassata, Labill. . | 4 | 128 |
| — obliqua, Lhérit. . . | 4 | 130 |
| — ovata, Labill. . . . | 4 | 129 |
| — perfoliata, Desf. . . | 4 | 134 |
| — piperita, Smith. . . | 4 | 130 |
| — populifolia, Desf. . . | 4 | 132 |
| — pulchella, Desf. . . | 4 | 132 |
| — *pulverulenta*, Link. . | 4 | 132 |
| — pulverulenta, Sims. . | 4 | 133 |
| — purpurascens, Link. . | 4 | 133 |
| — resinifera, Smith. . | 4 | 126 |
| — robusta, Smith. . . | 4 | 129 |
| — scabra, Dum. Cours. . | 4 | 130 |
| — *tuberculata*, D. C. . . | 4 | 134 |
| — viminalis, Labill. . . | 4 | 128 |
| EUCAPNOS, Bernh. . . . | 7 | 67 |

| | Vol. | Pag. | | Vol. | Pag. |
|---|---|---|---|---|---|
| Eucapnos *eximius*, Bernh. | 7 | 68 | Eugenia Michelii, Lamk. | 4 | 175 |
| — *formosus*, Bernh. | 7 | 68 | — *myrtifolia*, Bot. Mag. | 4 | 182 |
| — formosus, Spach. | 7 | 68 | — *periplocæfolia*, Jacq. | 4 | 164 |
| EUCARPHA, R. Br. | 10 | 402 | — Pimenta, D. C. | 4 | 178 |
| EUCHÆTIS, Bartl. et Wendl. | 2 | 322 | — Pseudo-Caryophyllus, | | |
| EUCHILUS, R. Br. | 1 | 179 | D. C. | 4 | 177 |
| — obcordatus, R. Br. | 1 | 179 | — *racemosa*, Linn. | 4 | 186 |
| EUCHITON, Cass. | 10 | 26 | — *Smithii*, Poir. | 4 | 174 |
| EUCHLÆNA, Schrad. | 13 | 160 | — ternatifolia, Camb. | 4 | 177 |
| *Euchloris*, Don. | 10 | 26 | — Uvalha, Camb. | 4 | 176 |
| EUCHROMA, Nutt. | 9 | 272 | — *venosa*, Lamk. | 4 | 181 |
| EUCISTUS, Spach. | 6 | 87 | EUHALUS, Rich. | 12 | 4 |
| EUCLIDIUM, R. Br. | 6 | 326 | EUHELIANTHEMUM, Dun. | 6 | 25 |
| *Euclinia*, Sal. | 8 | 372 | EUILLICIUM, Spach. | 7 | 443 |
| EUCNEMIS, Lindl. | 12 | 177 | EULALIA, Kunth. | 13 | 167 |
| EUCOMIS, L'hérit. | 12 | 303 | EULEPTOSPERMEÆ, D.C. | 4 | 126 |
| — *nana*, Hort. Kew. | 12 | 304 | EULEPTOSPERMUM, D. C. | 4 | 141 |
| — *punctata*, L'hérit. | 12 | 303 | EULIRION, Endl. | 12 | 278 |
| — *purpureocaulis*, Andr. | 12 | 304 | EULOPHIA, R. Br. | 12 | 178 |
| — regia, Hort. Kew. | 12 | 304 | EULOPHUS, Nutt. | 8 | 138 |
| — *regia*, L'hérit. | 12 | 303 | EUMACHIA, D. C. | 8 | 376 |
| — *undulata*, Hort. Kew. | 12 | 303 | *Eumaxillaria*, Lindl. | 12 | 177 |
| EUCONVOLVULUS, Spach. | 9 | 98 | EUMICONIA, D. C. | 4 | 264 |
| EUCOSIA, Blum. | 12 | 181 | EUMORPHIA, D. C. | 10 | 24 |
| EUCROSIA, Ker. | 12 | 405 | EUNIGELLA, Spach. | 7 | 306 |
| EUCRYPHIA, Cavan. | 5 | 344 | EUNOMIA, D. C. | 6 | 325 |
| — Billardieri, Spach. | 5 | 345 | *Euosma*, Andr. | 8 | 483 |
| — cordifolia, Cav. | 5 | 346 | EUPAREA, Banks. | 9 | 345 |
| *Eucymbidium*, Lindl. | 12 | 177 | *Eupatoreæ*, Kunth. | 10 | 36 |
| EUCYTINEÆ, Spach. | 10 | 553 | *Eupatoriaceæ*, D. C. | 10 | 35 |
| EUDAPHNE, Spach. | 10 | 441 | *Eupatoriaceæ*, Less. | 10 | 36 |
| EUDEMA, Kunth. | 6 | 325 | EUPATORIEÆ, Cass. | 10 | 36 |
| EUDESMIA, R. Br. | 4 | 105 | | et | 280 |
| *Eudiplus*, Raf. | 9 | 49 | | | |
| EUDORUS, Cass. | 10 | 32 | EUPATORIEÆ-AGERA- | | |
| EUERYTHRÆA, Griseb. | 9 | 12 | TEÆ, Cass. | 10 | 37 |
| EUGENIA, Micheli. | 4 | 174 | EUPATORIEÆ-LIATRI- | | |
| — *acutangula*, Linn. | 4 | 186 | DEÆ, Cass. | 10 | 37 |
| — *alba*, Roxb. | 4 | 180 | EUPATORIEÆ - PRO - | | |
| — *amplexicaulis*, Roxb. | 4 | 182 | TOTYPEÆ, Cass. | 10 | 37 |
| — *australis*, Wendl. | 4 | 182 | EUPATORIUM, Tourn. | 10 | 287 |
| — brasiliensis, Lamk. | 4 | 178 | — *ageratoides*, Linn. | 10 | 286 |
| — *caryophyllata*, Thunb. | 4 | 172 | — *altissimum*, Linn. | 10 | 289 |
| — dyssenterica, D. C. | 4 | 175 | — *aromaticum*, Linn. | 10 | 286 |
| — *elliptica*, Smith. | 4 | 174 | — Ayapana, Vent. | 10 | 290 |
| — *formosa*, Wallich. | 4 | 180 | — cannabinum, Linn. | 10 | 287 |
| — *Jambolana*, Lamk. | 4 | 171 | — connatum, Mich. | 10 | 289 |
| — *Jambos*, Linn. | 4 | 179 | — cordatum, Walt. | 10 | 286 |
| — ligustrina, Willd. | 4 | 178 | — *maculatum*, Linn. | 10 | 288 |
| — lineata, D. C. | 4 | 175 | — melissoides, Willd. | 10 | 286 |
| — *macrophylla*, Lamk. | 4 | 180 | — perfoliatum, Linn. | 10 | 289 |
| — *malaccensis*, Linn. | 4 | 181 | — *purpureum*, Linn. | 10 | 288 |
| — *malaccensis*, Smith. | 4 | 181 | — salviæfolium, Sims. | 10 | 289 |
| | | | — *scandens*, Linn. | 10 | 292 |

| | Vol. | Pag. |
|---|---|---|
| Eupatorium sessilifolium, Linn. | 10 | 289 |
| — speciosum, Vent. | 10 | 295 |
| — triplinerve, Vahl. | 10 | 290 |
| — truncatum, Willd. | 10 | 290 |
| — verticillatum, Willd. | 10 | 288 |
| EUPETALUM, Lindl. | 13 | 286 |
| EUPHORBIA, Linn. | 2 | 530 |
| — amygdaloides, Linn. | 2 | 537 |
| — antiquorum, Linn. | 2 | 532 |
| — atropurpurea, Willd. | 2 | 534 |
| — Breoni, Hortor. | 2 | 534 |
| — canariensis, Linn. | 2 | 532 |
| — Caput-Medusæ, Linn. | 2 | 533 |
| — Characias, Linn. | 2 | 536 |
| — Cyparissias, Linn. | 2 | 536 |
| — Esula, Thuil. | 2 | 536 |
| — Gerardiana, Jacq. | 2 | 536 |
| — heterophylla, Willd. | 2 | 535 |
| — Lathyris, Linn. | 2 | 537 |
| — linariæfolia, Lamk. | 2 | 536 |
| — longifolia, Lamk. | 2 | 535 |
| — mammillaris, Linn. | 2 | 533 |
| — mellifera, Hort. Kew. | 2 | 535 |
| — meloniformis, Hort. Kew. | 2 | 533 |
| — Milii, Desmoul. | 2 | 534 |
| — officinarum, Linn. | 2 | 532 |
| — palustris, Linn. | 2 | 535 |
| — piscatoria, Willd. | 2 | 534 |
| — punicea, Willd. | 2 | 534 |
| — splendens, Bot. Mag. | 2 | 534 |
| — sylvatica, Jacq. | 2 | 537 |
| — Tirucalli, Linn. | 2 | 534 |
| — tithymaloides, Linn. | 2 | 538 |
| *EUPHORBIACEÆ*, Juss. | 2 | 484 |
| *EUPHORBIEÆ*, Juss. fil. | 2 | 488 |
| | et | 530 |
| Euphoria, Commers. | 3 | 40 |
| — informis, D. C. | 3 | 63 |
| — Litchi, Desf. | 3 | 61 |
| — Longana, Lamk. | 3 | 62 |
| — Nephelium, D. C. | 3 | 63 |
| — Pometia, Poir. | 3 | 63 |
| — punicea, Lamk. | 3 | 61 |
| EUPHRASIA, Tourn. | 9 | 330 |
| — micrantha, Reichb. | 9 | 330 |
| — nemorosa, Pers. | 9 | 330 |
| — officinalis, Linn. | 9 | 330 |
| — pectinata, Ten. | 9 | 330 |
| — pratensis, Reichb. | 9 | 330 |
| EUPHROSYNE, D. C. | 10 | 22 |
| | Vol. | Pag. |
| EUPOMATIA, R. Br. | 7 | 497 |
| EUPYRENA, Wight et Arn. | 8 | 375 |
| EUPYTIS, Spach. | 11 | 374 |
| Euraphis, Trin. | 13 | 162 |
| EURYA, Thunb. | 4 | 66 |
| — angustifolia, Blum. | 4 | 67 |
| — glabra, Blum. | 4 | 66 |
| — japonica, Thunb. | 4 | 66 |
| — obovata, Blum. | 4 | 67 |
| EURYALE, Sal. | 7 | 166 |
| — ferox, Sal. | 7 | 167 |
| Euryandra, Forst. | 7 | 412 |
| EURYBYA, Cass. | 10 | 20 |
| — corymbosa, Cass. | 10 | 256 |
| — macrophylla, Cass. | 10 | 256 |
| — Schreberi, Nees. | 10 | 256 |
| EURYBIOPSIS, D. C. | 10 | 30 |
| EURYCLES, Sal. | 12 | 428 |
| — coronata, Sweet. | 12 | 428 |
| — sylvestris, Sal. | 12 | 428 |
| Eurycles, Sal. | 12 | 405 |
| EURYCOMA, Jack. | 2 | 228 |
| Eurylepis, Don. | 9 | 443 |
| Euryloma, Don. | 9 | 443 |
| EURYOPS, Cass. | 10 | 33 |
| Euryspermum, Sal. | 10 | 400 |
| — grandiflorum, Sal. | 10 | 405 |
| — salicifolium, Sal. | 10 | 406 |
| Eurystegia, Don. | 9 | 443 |
| Eustachya, Raf. | 9 | 271 |
| EUSTACHYS, Desv. | 13 | 163 |
| EUSTATHES, Lour. | 3 | 41 |
| EUSTEGIA, R. Br. | 8 | 539 |
| EUSTEPHIA, Cav. | 12 | 405 |
| Eustœbe, Cass. | 10 | 26 |
| EUTASSA, Sal. | 11 | 361 |
| — Cunninghamii, Sweet. | 11 | 362 |
| — heterophylla, Sal. | 11 | 362 |
| EUTAXIA, R. Br. | 1 | 178 |
| — myrtifolia, R. Br. | 1 | 178 |
| Euterpe, Gærtn. | 12 | 60 |
| EUTERPE, Mart. | 12 | 64 |
| — caribœa, Spreng. | 12 | 67 |
| — edulis, Mart. | 12 | 65 |
| — oleracea, Mart. | 12 | 64 |
| EUTHALES, R. Br. | 9 | 584 |
| Euthrixia, Don. | 10 | 35 |
| EUTHAMIA, Cass. | 10 | 29 |
| EUTOCA, R. Br. | 9 | 50 |
| — viscida, Benth. | 9 | 51 |
| EUTREMA, R. Br. | 6 | 324 |
| EUTRIANA, Trin. | 13 | 163 |
| Eutrixis, Hook. | 10 | 34 |

| | Vol. | Pag. | | Vol. | Pag. |
|---|---|---|---|---|---|
| EUXENIA, Cham. . . . . | 10 | 20 | Exostemma angustifolium, | | |
| Euzomum, Link. . . . . | 6 | 323 | R. et S. . . . . . . . . | 8 | 395 |
| EUZOMUM, Spach. . . . . | 6 | 380 | — australe, A. Saint-Hil. | 8 | 397 |
| — erucoides, Spach. . . | 6 | 382 | — brachycarpum, R. et S. | 8 | 395 |
| — sativum, Link. . . | 6 | 355 | — caribæum, R. et S. . | 8 | 394 |
| Evallaria, Neck. . . . . | 12 | 210 | — corymbiferum, R. et S. | 8 | 396 |
| EVANDRA, R. Br. . . . . | 13 | 146 | — cuspidatum, A. St-Hil. | 8 | 397 |
| Evansia, Sal. . . . . . | 13 | 71 | — floribundum, R. et S. | 8 | 396 |
| — chinensis, Sal. . . | 13 | 71 | Exphaloschœnus, Nees. . . | 13 | 146 |
| EVELYNA, Pœpp. et Endl. | 12 | 175 | Exydra, Endl. . . . . . | 13 | 164 |
| EVODIA, Forst. . . . . | 2 | 322 | Eyselia, Neck. . . . . . | 8 | 378 |
| Evodia aromatica, Lamk. . | 10 | 494 | EYSENHARDTIA, Kunth, . | 1 | 154 |
| Evodia febrifuga, A. Saint- | | | | | |
| Hil. . . . . . . . . . | 2 | 344 | Faba, Tourn. . . . . . . | 1 | 156 |
| Evodia latifolia, D. C. . . | 2 | 366 | — minor, Riv. . . . . . | 1 | 302 |
| Evodia Ravensara, Gærtn. | 10 | 494 | — vulgaris, Mœnch. . . | 1 | 302 |
| EVOLVULUS, Linn. . . . . | 9 | 94 | Fabago, Tourn. . . . . . | 2 | 306 |
| Evonymeæ, D. C. . . . . | 2 | 402 | FABIANA, R. et P. . . . . | 9 | 58 |
| EVONYMODAPHNE, Nees. | 10 | 471 | — imbricata, R. et P. . . | 9 | 59 |
| Evonymoides, Mœnch. . . | 2 | 403 | FABRICIA, Gærtn. . . . . | 4 | 146 |
| EVONYMUS, Linn. . . . . | 2 | 404 | — lævigata, Gærtn. . . . | 4 | 146 |
| — americanus, Linn. . . | 2 | 408 | — lævigata, Smith. . . . | 4 | 146 |
| — angustifolius, Pursh. | 2 | 409 | — myrtifolia, Gærtn. . . | 4 | 146 |
| — atropurpureus, Jacq. . | 2 | 407 | Fabricia, Scop. . . . . . | 1 | 156 |
| — echinatus, Wallich. . | 2 | 408 | Fabricia, Thunb. . . . . | 13 | 115 |
| — europæus, Linn. . . . | 2 | 404 | Fagara, Linn. . . . . . | 2 | 364 |
| — grandiflorus, Wallich. | 2 | 408 | — xanthoxyloides, Lamk. | 2 | 365 |
| — japonicus, Thunb. . . | 2 | 407 | FAGASTER, Spach. . . . . | 11 | 142 |
| — latifolius, Scop. . . . | 2 | 406 | FAGELIA, Neck. . . . . . | 1 | 156 |
| — lucidus, Don. . . . . | 2 | 407 | Fagineæ, Dumort. . . . . | 11 | 138 |
| — micranthus, Don. . . | 2 | 407 | FAGINEÆ, Spach. . . . | 11 | 142 |
| — nanus, Bieberst. . . . | 2 | 409 | | et | 185 |
| — scandens, Grah. . . . | 2 | 408 | FAGONIA, Linn. . . . . . | 2 | 306 |
| — sempervirens, Marsch. | 2 | 408 | | | |
| — Tobira, Thunb. . . . | 2 | 417 | *FAGOPYRINEÆ,* | | |
| — verrucosus, Linn. . . | 2 | 406 | Bartl. . . . . . . . . | 10 | 512 |
| EVOPIS, Cass. . . . . . | 10 | 14 | FAGOPYRUM, Tourn. . . . | 10 | 538 |
| EVOSMIA, Humb. et Bonpl. | 8 | 374 | — cymosum, Trevir. . . | 10 | 541 |
| Evosmus æstivalis, Nutt. . | 10 | 508 | — dentatum, Mœnch. . . | 10 | 540 |
| Evosmus albida, Nutt. . . | 10 | 505 | — esculentum, Mœnch. . | 10 | 539 |
| Evosmus Benzoin, Nutt. . | 10 | 505 | — marginatum, Roth. . . | 10 | 540 |
| Evosmus Diospyros, Nutt. . | 10 | 508 | — tataricum, Gærtn. . . | 10 | 540 |
| EXACUM, Linn. . . . . . | 9 | 4 | FAGRÆA, Thunb. . . . . . | 8 | 483 |
| EXADENUS, Griseb. . . . | 9 | 6 | FAGUS, Tourn. . . . . . | 11 | 194 |
| EXARRHENA, R. Br. . . . | 9 | 51 | — ænea, Hortor. . . . . | 11 | 196 |
| EXCÆCARIA, Linn. . . . | 2 | 526 | — americana, Sweet. . . | 11 | 201 |
| — Agallocha, Linn. . . . | 2 | 527 | — aspleniifolia, Hortor. | 11 | 197 |
| EXOACANTHA, Labill. . . | 8 | 140 | — atropurpurea, Hortor. | 11 | 196 |
| EXOCARPUS, Labill. . . . | 10 | 461 | — atrorubens, Duroi. . . | 11 | 196 |
| Exogenæ, D. C. . . . . . | 1 | 43 | — caroliniana, Bosc. . . | 11 | 201 |
| Exogonium, Choisy. . . . | 9 | 94 | — Castanea, Linn. . . . | 11 | 188 |
| Exorhizeæ, Rich. . . . . | 1 | 43 | — castaneæfolia, Andib. | 11 | 201 |
| EXOSTEMMA, Rich. . . . . | 8 | 394 | — comptoniæfolia, Desf. | 11 | 197 |

| | Vol. | Pag. | | Vol. | Pag. |
|---|---|---|---|---|---|
| Fagus cuprea, Hortor. | 11 | 196 | FERRARIA, Linn. | 13 | 4 |
| — ferruginea, Hort. Kew. | 11 | 201 | — antherosa, Ker. | 13 | 5 |
| — ferruginea, Hortor. | 11 | 196 | — elegans, Sal. | 13 | 7 |
| — ferruginea, Mich. | 11 | 201 | — Ferrariola, Willd. | 13 | 5 |
| — heterophylla, Hortor. | 11 | 197 | — pavonia, Cav. | 13 | 6 |
| — latifolia, Duham. | 11 | 196 | — Tigridia, Bot. Mag. | 13 | 6 |
| — nana, Duroi. | 11 | 192 | — undulata, Linn. | 13 | 5 |
| — pendula, Hortor. | 11 | 197 | — viridiflora, Andr. | 13 | 5 |
| — pumila, Walt. | 11 | 192 | FERRARIEÆ, Dumort. | 13 | 3 |
| — quercifolia, Hortor. | 11 | 197 | Ferreira, Vand. | 8 | 374 |
| — sanguinea, Hortor. | 11 | 196 | Ferreola, Roxb. | 9 | 400 |
| — sylvatica, Linn. | 11 | 196 | — buxifolia, Willd. | 9 | 401 |
| — sylvatica, Pursh. | 11 | 201 | FERULA, Tourn. | 8 | 161 |
| — sylvatica laciniata, Reichb. | 11 | 197 | — Assa-fœtida, Linn. | 8 | 162 |
| — sylvestris, Gærtn. | 11 | 196 | — communis, Linn. | 8 | 162 |
| — sylvestris, Mich. | 11 | 201 | — nodiflora, Sibth. et Sm. | 8 | 162 |
| — sylvestris nivea, Bechst. | 11 | 197 | Ferulago, Koch. | 8 | 135 |
| — variegata, Hortor. | 11 | 197 | FESTUCA, Linn. | 13 | 213 |
| FALCARIA, Riv. | 8 | 138 | — arundinacea, Schreb. | 13 | 217 |
| Falcata, Gmel. | 1 | 156 | — capillata, α, Lamk. | 13 | 214 |
| Falcatula, Broi. | 1 | 153 | — cinerea, D.C. | 13 | 215 |
| FALKIA, Linn. | 9 | 94 | — dumetorum, Linn. | 13 | 215 |
| Famarea, Vitm. | 8 | 576 | — duriuscula, Poll. | 13 | 214 |
| FARAMEA, (Aubl.) A. Rich. | 8 | 447 | — duriuscula, Schrad. | 13 | 215 |
| — odoratissima, D.C. | 8 | 448 | — duriuscula nemoralis, M. et K. | 13 | 214 |
| — sessiliflora, Aubl. | 8 | 448 | — elatior, Linn. | 13 | 216 |
| FARSETIA, Turr. | 6 | 324 | — elatior, Smith. | 13 | 217 |
| — incana, R. Br. | 6 | 464 | — glauca, Schrad. | 13 | 214 |
| — sinuata, Roth. | 6 | 475 | — heterophylla, Hænk. | 13 | 215 |
| FATIOA, D.C. | 4 | 419 | — hirsuta, Host. | 13 | 214 |
| FATOUA, Gaudich. | 11 | 37 | — nemorum, Leyss. | 13 | 215 |
| Fatræa, Juss. | 4 | 296 | — ovina, Linn. | 13 | 213 |
| FAUJASIA, Cass. | 10 | 32 | — ovina, Schrad. | 13 | 214 |
| FAUSTULA, Cass. | 10 | 26 | — ovina tenuifolia, M.et K. | 13 | 214 |
| Favonium, Gærtn. | 10 | 44 | — ovina villosa, Mérat. | 13 | 214 |
| Feæa, Spreng. | 10 | 47 | — pallens, Host. | 13 | 214 |
| Fedia, Adans. | 10 | 304 | — pratensis, Huds. | 13 | 216 |
| — olitoria, Gærtn. | 10 | 305 | — rubra, Linn. | 13 | 215 |
| FEDIA, Mœnch. | 10 | 304 | — rubra lanuginosa, M.et K. | 13 | 215 |
| FELICIA, Cass. | 10 | 263 | — spadicea, Mœnch. | 13 | 217 |
| — fragilis, Cass. | 10 | 263 | — stricta, Host. | 13 | 214 |
| — tenella, Nees. | 10 | 263 | — tenuifolia, Sibth. | 13 | 214 |
| FELICIANEA, Camb. | 4 | 184 | FESTUCACEÆ, Kunth. | 12 | 164 |
| — rubriflora, Camb. | 4 | 184 | | et | 204 |
| FENZLIA, Benth. | 9 | 108 | FEVILLEA, Linn. | 6 | 188 |
| FERDINANDA, Lag. | 10 | 20 | — cordifolia, Poir. | 6 | 189 |
| Ferdinandea, Pohl. | 9 | 131 | — hederacea, Turp. | 6 | 189 |
| FERDINANDUSA, Pohl. | 9 | 131 | — pedata, Smith. | 6 | 191 |
| FERNANDEZIA, R. et P. | 12 | 178 | — scandens, Linn. | 6 | 189 |
| FERNELIA, Commers. | 8 | 375 | Fibigia, Kœl. | 13 | 163 |
| FERONIA, Corr. | 2 | 254 | Fibigia, Medic. | 6 | 324 |
| — elephantum, Corr. | 2 | 254 | | | |

| | Vol. | Pag. |
|---|---|---|
| *Fibraurea tinctoria*, Lour. | 8 | 16 |
| FICARIA, Dill. | 7 | 196 |
| — ranunculoides, Mœnch. | 7 | 196 |
| — *verna*, Pers. | 7 | 196 |
| FICHTEA, Schulz. | 10 | 7 |
| *Ficineæ*, Dumort. | 11 | 35 |
| FICINIA, Schrad. | 13 | 144 |
| *FICOIDEÆ*, Juss. | 5 | 108 |
| FICUS, Tourn. | 11 | 54 |
| — Ampelos, Kœn. | 11 | 60 |
| — Carica, Linn. | 11 | 55 |
| — elastica, Roxb. | 11 | 60 |
| — indica, Linn. | 11 | 58 |
| — macrophylla, Roxb. | 11 | 61 |
| — religiosa, Linn. | 11 | 59 |
| — Sycomorus, Linn. | 11 | 58 |
| — tinctoria, Forst. | 11 | 61 |
| *Fidelia*, Schulz. | 10 | 7 |
| FIELDIA, Cunningh. | 9 | 431 |
| Q | et | 257 |
| *Fieldia*, Gaudich. | 12 | 178 |
| FILAGO, Tourn. | 10 | 27 |
| *Filipendula vulgaris*, Mœnch. | 4 | 446 |
| FIMBRIARIA, Juss. fil. | 3 | 155 |
| — elegans, Juss. fil. | 5 | 156 |
| FIMBRILLARIA, Cass. | 10 | 29 |
| FIMBRISTYLIS, Vahl. | 13 | 144 |
| FINCKEA, Klotz. | 9 | 443 |
| FINGERHUTHIA, Nees. | 13 | 159 |
| FINLAYSONIA, Wallich. | 8 | 538 |
| FINTELMANNIA, Kunth. | 13 | 146 |
| FIRMIANA, Schott et Endl. | 5 | 516 |
| — platanifolia, Sch. et Endl. | 5 | 516 |
| *Fischera*, Spreng. | 8 | 157 |
| FISCHERIA, D. C. | 8 | 540 |
| *Fischeria*, Swartz. | 9 | 444 |
| FISSILIA, Commers. | 13 | 263 |
| FISTULA, D. C. | 4 | 113 |
| FLACOURTIA, L'hérit. | 6 | 133 |
| — Ramontchi, L'hérit. | 6 | 134 |
| — sapida, Roxb. | 6 | 135 |
| — sepiaria, Roxb. | 6 | 134 |
| *FLACOURTIA-NEÆ*, Rich. | 6 | 131 |
| *FLACOURTIEÆ*, D. C. | 6 | 132 |
| FLAGELLARIA, Linn. | 13 | 134 |
| *Flagellariaceæ*, Dumort. | 12 | 252 |
| *Flamma sylvarum*, Rumph. | 8 | 441 |
| | et | 442 |
| FLAMMULA, Webb. | 7 | 208 |
| FLAVERIA, Juss. | 10 | 22 |

| | Vol. | Pag. |
|---|---|---|
| *FLAVIFLORÉS*, Nees. | 10 | 473 |
| FLEMINGIA, Roxb. | 1 | 156 |
| FLEURYA, Gaudich. | 11 | 24 |
| FLINDERSIA, R. Br. | 3 | 172 |
| — amboinensis, Poir. | 3 | 173 |
| — australis, R. Br. | 3 | 172 |
| FLOERKEA, Spreng. | 9 | 536 |
| FLORESTINA, Cass. | 10 | 18 |
| FLOSCOPA, Lour. | 13 | 122 |
| *Flos horarius*, Rumph. | 3 | 378 |
| FLOTOVIA, R. et P. | 10 | 10 |
| FLOURENSIA, D. C. | 10 | 20 |
| *Fluggea*, Reichb. | 12 | 210 |
| FLUGGEA, Willd. | 2 | 486 |
| *Fluviales*, Ad. Brongn. | 12 | 6 |
| *Fluviales*, Reich. | 12 | 13 |
| *Fluviales*, Vent. | 12 | 13 |
| *Fluviales - Hydrocharideæ*, Ad. Brongh. | 12 | 4 |
| *Fluviales-Hydrogetoneæ*, Link. | 12 | 13 |
| *Fluvialis*, Pers. | 12 | 14 |
| FOENICULUM, Adans. | 8 | 203 |
| — *dulce*, Link. | 8 | 204 |
| — *officinale*, All. | 8 | 204 |
| — *piperitum*, D. C. | 8 | 204 |
| — *vulgare*, Gærtn. | 8 | 203 |
| FOETIDIA, Commers. | 4 | 106 |
| FONTANESIA, Labill. | 8 | 286 |
| — phyllireoides, Labill. | 8 | 287 |
| FORBESIA, Eckl. | 13 | 115 |
| FORFICARIA, Lindl. | 12 | 180 |
| FORGESIA, Commers. | 5 | 6 |
| *Forneum*, Adans. | 10 | 7 |
| *Fornicaria*, Blum. | 12 | 179 |
| FORNICIUM, Cass. | 10 | 12 |
| FORRESTIA, A. Rich. | 13 | 122 |
| *Forrestia*, Raf. | 12 | 439 |
| FORSKAHLEA, Linn. | 11 | 25 |
| FORSKALEÆ, Gaudich. | 11 | 25 |
| FORSTERA, Linn. | 9 | 581 |
| *Forsteronia*, E. Mey. | 8 | 503 |
| FORSYTHIA, Vahl. | 8 | 277 |
| — suspensa, Vahl. | 8 | 278 |
| *Fothergilla*, Aubl. | 4 | 206 |
| — *mirabilis*, Aubl. | 4 | 238 |
| FOTHERGILLA, Linn. | 8 | 83 |
| — alnifolia, Linn. | 8 | 84 |
| — Gardeni, Mich. | 8 | 84 |
| — major, Sims. | 8 | 84 |
| — obtusa, Sims. | 8 | 84 |
| — serotina, Sims. | 8 | 84 |
| *Fougeria*, Mœnch. | 10 | 21 |
| FOUQUIERIA, Kunth. | 5 | 479 |

| | Vol. | Pag. |
|---|---|---|
| FOURCROYA, Vent. . . . | 12 | 401 |
| — gigantea, Vent. . . . | 12 | 402 |
| *Foveolaria*, R. et P. . . . | 12 | 417 |
| FRAGARIA, Linn. . . . . | 1 | 462 |
| — *alpina*, Duham. . . | 1 | 464 |
| — *Ananassa*, Duch. . . | 1 | 467 |
| — *breslingea*, Duch. . . | 1 | 463 |
| — *calycina*, Lois. . . . | 1 | 463 |
| — *calycina*, Mill. . . . | 1 | 467 |
| — *calyculata*, Duham. . | 1 | 467 |
| — chilensis, Ehrh. . . . | 1 | 468 |
| — collina, Ehrh. . . . . | 1 | 463 |
| — *eflagella*, Duham. . . | 1 | 463 |
| — elatior, Ehrh. . . . . | 1 | 466 |
| — grandiflora, Ehrh. . . | 1 | 467 |
| — *grandiflora*, Thuil. . | 1 | 463 |
| — indica, Andr. . . . . | 1 | 469 |
| — *majaufea*, Duch. . . | 1 | 463 |
| — *monophylla*, Duch. . | 1 | 465 |
| — moschata, Duch. . . . | 1 | 466 |
| — *nigra*, Duch. . . . | 1 | 464 |
| — pratensis, Duch. . . . | 1 | 464 |
| — semperflorens, Duch. | 1 | 464 |
| — vesca, Linn. . . . . . | 1 | 465 |
| — virginiana, Ehrh. . . | 1 | 466 |
| — *viridis*, Duch. . . . | 1 | 464 |
| *Fragariaceæ*, Rich. . . . | 1 | 451 |
| *Fragosa*, Ruiz et Pav. . . | 8 | 136 |
| FRANCISCEA, Pohl. . . . | 9 | 268 |
| FRANCOA, Cavan. . . . . | 5 | 68 |
| — appendiculata, Cav. . | 5 | 68 |
| — ramosa, Don. . . . . | 5 | 70 |
| — sonchifolia, Cav. . . | 5 | 69 |
| — *sonchifolia*, Juss. fil. . | 5 | 69 |
| *FRANCOACEÆ*, Juss. fil. | 5 | 39 |
| | et | 68 |
| FRANCOEURIA, Cass. . . . | 10 | 27 |
| FRANGULA, Tourn. . . . | 2 | 455 |
| FRANKENIA, Linn. . . . | 5 | 466 |
| *FRANKENIACEÆ*, Aug. Saint-Hil. . . . . | 5 | 465 |
| FRANKLANDIA, R. Br. . | 10 | 401 |
| *FRANKLANDIEÆ*, Endl. . . . . . . . . | 10 | 401 |
| *Franklinia*, Marsch. . . . | 4 | 60 |
| *Franquevillia*, Gray. . . . | 9 | 5 |
| FRANSERIA, Cass. . . . . | 10 | 22 |
| FRASERA, Walt. . . . . | 9 | 6 |
| FRAXINEÆ, Bartl. . . . | 8 | 258 |
| *Fraxinella*, Tourn. . . . . | 2 | 321 |
| FRAXINUS, Tourn. . . . . | 8 | 291 |
| — *acuminata*, Lamk. . | 8 | 297 |
| Fraxinus *americana*, Linn. . | 8 | 297 |
| — *americana*, Mich. . . | 8 | 297 |
| — atrovirens, Desf. . . . | 8 | 293 |
| — aurea, Willd. . . . . | 8 | 292 |
| — australis, Gay. . . . | 8 | 292 |
| — discolor, Mühlenb. . | 8 | 297 |
| — excelsior, Linn. . . . | 8 | 292 |
| — florifera, Scopol. . . | 8 | 289 |
| — heterophylla, Spreng. | 8 | 293 |
| — lentiscifolia, Desf. . . | 8 | 295 |
| — lugdunensis, Herm. . | 8 | 295 |
| — monophylla, Desf. . . | 8 | 293 |
| — nana, Hort. Par. . . | 8 | 293 |
| — nigra, Bosc. . . . . | 8 | 297 |
| — Ornus, Linn. . . . . | 8 | 289 |
| — oxycarpa, Spreng. . . | 8 | 292 |
| — oxyphylla, Bieberst. . | 8 | 292 |
| — pannosa, Bosc. . . . | 8 | 297 |
| — parvifolia, Lamk. . . | 8 | 295 |
| — polemonifolia, Duham. | 8 | 293 |
| — quadrangulata, Mich. | 8 | 296 |
| — sambucifolia, Lamk. . | 8 | 299 |
| — *simplicifolia*, Willd. . | 8 | 293 |
| — *verrucosa*, Link. . . . | 8 | 292 |
| *Freesa*, Eckl. . . . . . . | 13 | 4 |
| FREIREA, Gaudich. . . . | 11 | 24 |
| FRENELA, Mirb. . . . . | 11 | 345 |
| — *Fontanesi*, Mirb. . . . | 11 | 344 |
| — triquetra, Spach. . . | 11 | 345 |
| FRESENIA, D. C. . . . . | 10 | 29 |
| FREYCINETIA, Gaudich. . | 12 | 23 |
| *Freycinetieæ*, Ad. Brogn. . | 12 | 22 |
| FREYERA, Reichb. . . . | 8 | 133 |
| FREYLINIA, Benth. . . . | 9 | 268 |
| FREYLINIA, Spreng. . . | 9 | 57 |
| FREZIERA, Swartz. . . . | 4 | 63 |
| — canescens, Humb. et Bonpl. . . . . . . | 4 | 64 |
| — chrysophylla, Humb. et Bonpl. . . . . | 4 | 64 |
| — nervosa, Humb. et Bonpl. . . . . . . | 4 | 65 |
| — reticulata, Humb. et Bonpl. . . . . . . | 4 | 64 |
| — sericea, Humb. et Bonpl. | 4 | 65 |
| — theoides, Swartz. . . | 4 | 66 |
| — undulata, Swartz. . . | 4 | 65 |
| *FREZIEREÆ*, D. C. | 4 | 62 |
| FRIDERICIA, Mart. . . . | 9 | 130 |
| *Friedlandia*, Cham. . . . | 4 | 419 |
| FRIESIA, D. C. . . . . . | 4 | 48 |
| — peduncularis, D. C. . | 4 | 48 |

| | Vol. | Pag. |
|---|---|---|
| *Friesia*, Spreng. | 2 | 487 |
| FRISCA, Reichb.. | 10 | 460 |
| FRITILLARIA, Tourn. | 12 | 269 |
| — *caucasica*, Adam. | 12 | 270 |
| — *collina*, Adam. | 12 | 271 |
| — *Corona imperialis*, Gærtn. | 12 | 269 |
| — *imperialis*, Linn. | 12 | 268 |
| — latifolia, Willd. | 12 | 270 |
| — *latifolia lutea*, Bot. Mag. | 12 | 271 |
| — leucantha, Graham. | 12 | 272 |
| — lutea, Bieberst. | 12 | 271 |
| — Meleagris, Linn. | 12 | 271 |
| — minor, Ledeb. | 12 | 271 |
| — *nigra*, Mill. | 12 | 270 |
| — *orientalis*, Adam. | 12 | 270 |
| — persica, Linn. | 12 | 270 |
| — *præcox*, Sweet. | 12 | 271 |
| — *pyrenaica*, Hook. | 12 | 270 |
| — racemosa, Smith. | 12 | 270 |
| — *regia*, Linn. | 12 | 304 |
| — *tenella*, Bieberst. | 12 | 270 |
| — tulipæfolia, Bieberst. | 12 | 270 |
| — verticillata, Willd. | 12 | 271 |
| *Frœlichia*, Vahl. | 8 | 376 |
| *Frœlichia*, Wulf. | 13 | 147 |
| *Frolovia*, Ledeb. | 10 | 10 |
| *Frostia*, Bertero. | 10 | 554 |
| FUCHSIA, Linn. | 4 | 404 |
| — arborescens, Bot. Mag. | 4 | 412 |
| — *bacillaris*, Lindl. | 4 | 403 |
| — coccinea, Hort. Kew. | 4 | 407 |
| — conica, Lindl. | 4 | 407 |
| — corymbiflora, R. et P. | 4 | 410 |
| — decussata, R. et P. | 4 | 405 |
| — *decussata*, Sims. | 4 | 405 |
| — denticulata, R. et P. | 4 | 410 |
| — fulgens, Flor. Mex. | 4 | 410 |
| — globosa, Lindl. | 4 | 406 |
| — gracilis, Lindl. | 4 | 405 |
| — loxensis, Kunth. | 4 | 409 |
| — *lycioides*, Andr. | 4 | 404 |
| — macrostemma, R. et P. | 4 | 406 |
| — *magellanica*, Lamk. | 4 | 407 |
| — *microphylla*, Kunth. | 4 | 402 |
| — montana, Camb. | 4 | 408 |
| — *multiflora*, Lindl. | 4 | 405 |
| — *multiflora*, Linn. | 4 | 409 |
| — *pendula*, Sal. | 4 | 407 |
| — pubescens, Camb. | 4 | 408 |
| — serratifolia, R. et P. | 4 | 411 |
| — simplicicaulis, R. et P. | 4 | 411 |
| — *thymifolia*, Kunth. | 4 | 403 |

| | Vol. | Pag. |
|---|---|---|
| Fuchsia venusta, Kunth. | 4 | 409 |
| *Fuchsia*, Swartz. | 8 | 374 |
| FUCHSIEÆ, Spach. | 4 | 339 |
| | et | 401 |
| FUGOSIA, Juss. | 3 | 396 |
| — heterophylla, Vent. | 3 | 397 |
| — phlomidifolia, Vent. | 3 | 396 |
| — sulfurea, Juss. fil. | 3 | 396 |
| FUIRENA, Rottb. | 13 | 144 |
| FULCALDEA, Poir. | 10 | 9 |
| FULLARTONIA, D. C. | 10 | 50 |
| FUMANA, Spach. | 6 | 8 |
| — arabica, Spach. | 6 | 10 |
| — *arabica angustifolia*, Spach. | 6 | 10 |
| — *arabica latifolia*, Spach. | 6 | 10 |
| — lævipes, Spach. | 6 | 14 |
| — viscida, Spach. | 6 | 12 |
| — vulgaris, Spach. | 6 | 11 |
| FUMANINEÆ, Spach. | 6 | 6 |
| | et | 8 |
| FUMARIA, Linn. | 7 | 85 |
| — acaulis, Jacq. | 7 | 87 |
| — *angustifolia*, Biebert. | 7 | 77 |
| — *bulbosa*, Linn. | 7 | 78 |
| — *capnoides*, Linn. | 7 | 81 |
| — capreolata, Linn. | 7 | 87 |
| — *caucasica*, Bieberst. | 7 | 77 |
| — cava, Mill. | 7 | 78 |
| — densiflora, D. C. | 7 | 87 |
| — *eximia*, Ker. | 7 | 68 |
| — fabacea, Retz. | 7 | 77 |
| — formosa, Andr. | 7 | 68 |
| — *fungosa*, Willd. | 7 | 71 |
| — Halleri, Willd. | 7 | 76 |
| — *intermedia*, Ehrh. | 7 | 77 |
| — *leucantha*, Viv. | 7 | 88 |
| — *lutea*, Linn. | 7 | 81 |
| — *major*, Badar. | 7 | 87 |
| — *media*, Lois. | 7 | 87 |
| — *minor*, Roth. | 7 | 77 |
| — *nobilis*, Jacq. | 7 | 73 |
| — *officinalis*, Linn. | 7 | 87 |
| — officinalis, Spach. | 7 | 87 |
| — *officinalis micrantha*, Spach. | 7 | 88 |
| — *officinalis prehensilis*, Spach. | 7 | 87 |
| — *officinalis vulgaris*, Spach. | 7 | 87 |
| — parviflora, Lamk. | 7 | 89 |
| — *parviflora*, Svensk. Bot. | 7 | 88 |
| — *prehensilis*, Kit. | 7 | 87 |

| | Vol. | Pag. |
|---|---|---|
| Fumaria *solida*, Smith. | 7 | 76 |
| — *spicata*, Linn. | 7 | 91 |
| — *tenuifolia*, Flor. Wetter. | 7 | 88 |
| — *Vaillantii*, Lois. | 7 | 88 |
| — *vesicaria*, Linn. | 7 | 84 |
| FUMARIACEÆ, D.C. | 7 | 55 |
| FUMARIEÆ, Bernh. | 7 | 59 |
| | et | 64 |
| FUMARINEÆ, Reichb. | 7 | 61 |
| | et | 84 |
| *Funis uncatus angustifolius*, Rumph. | 8 | 381 |
| FUNKIA (Spreng). | 12 | 378 |
| — *albomarginata*, Hook. | 12 | 380 |
| — *lancifolia*, Spreng. | 12 | 379 |
| — *ovata*, Spreng. | 12 | 379 |
| — *ovata*, β? Kunth. | 12 | 379 |
| — Sieboldiana, Hort. Kew. | 12 | 379 |
| — *subcordata*, Spreng. | 12 | 378 |
| — *undulata*, Otto. | 12 | 379 |
| *Furcræa fœtida*, Haw. | 12 | 404 |
| FUSANUS, Linn. | 10 | 460 |
| | | |
| *Gabertia*, Gaudich. | 12 | 178 |
| GÆRTNERA, Lamk. | 8 | 485 |
| *Gærtnera*, Schreb. | 3 | 124 |
| — *racemosa*, Roxb. | 3 | 139 |
| GAGEA, Sal. | 12 | 254 |
| GAGNEBINA, Neck. | 1 | 49 |
| *Gaguedi*, Bruce. | 10 | 400 |
| GAHNIA, Forst. | 12 | 146 |
| GAIADENDRON, G. Don. | 8 | 324 |
| GAILLARDIA, Foug. | 10 | 122 |
| — *Drummondii*, Hook. | 10 | 124 |
| — lanceolata, Mich. | 10 | 123 |
| — *picta*, Sweet. | 10 | 123 |
| — *pulchella*, D.C. | 10 | 124 |
| — pulchella, Foug. | 10 | 123 |
| — *rustica*, Cass. | 10 | 123 |
| GAIMARDIA, Gaudich. | 15 | 140 |
| GAISSENIA, Raf. | 7 | 290 |
| *Gajanus*, Rumph. | 10 | 452 |
| GALACTIA, P. Br. | 1 | 244 |
| — *coriacea*, Nees. | 1 | 244 |
| — *pendula*, Pers. | 1 | 244 |
| GALACTITES, Mœnch. | 10 | 12 |
| GALACTODENDRON, Humb. | 11 | 64 |
| — *utile*, Humb. | 11 | 64 |
| *Galanga major*. | 12 | 167 |
| *Galanga mutacensis*, Rumph. | 12 | 167 |
| GALANTHUS, Linn. | 12 | 406 |
| — nivalis, Linn. | 12 | 407 |

| | Vol. | Pag. |
|---|---|---|
| *Galardia*, Lamk. | 10 | 17 |
| — *aristata*, Pursh. | 10 | 123 |
| — *bicolor*, Elliot. | 10 | 123 |
| — *bicolor*, Lamk. | 10 | 123 |
| *Galarhœus*, Haw. | 2 | 488 |
| GALATELLA, Cass. | 10 | 258 |
| — *acris*, Nees. | 10 | 260 |
| — *cana*, Cass. | 10 | 259 |
| — *hyssopifolia*, Nees. | 10 | 259 |
| — *intermedia*, Nees. | 10 | 259 |
| — *punctata*, Nees. | 10 | 259 |
| — *rigida*, Cass. | 10 | 260 |
| *Galathea*, Herbert. | 12 | 420 |
| GALAX, Linn. | 9 | 444 |
| GALAXIA, Thunb. | 13 | 9 |
| — *graminea*, Thunb. | 13 | 9 |
| — *grandiflora*, Andr. | 13 | 9 |
| — *ixæflora*, Red. | 13 | 10 |
| — *ovata*, Thunb. | 13 | 9 |
| GALBANUM, Don. | 8 | 136 |
| GALE, Tourn. | 11 | 258 |
| — *uliginosa*, Spach. | 11 | 258 |
| GALEANA, Lhlav. | 10 | 40 |
| GALEANDRA, Lindl. | 12 | 178 |
| *Galedupa*, Lamk. | 1 | 157 |
| — *indica*, Lamk. | 1 | 362 |
| GALEGA, Linn. | 1 | 249 |
| — *capensis*, Thunb. | 1 | 253 |
| — *caribæa*, Jacq. | 1 | 252 |
| — *coronillæfolia*, Desf. | 1 | 252 |
| — *grandiflora*, Vahl. | 1 | 252 |
| — *littoralis*, Forst. | 1 | 252 |
| — *ochroleuca*, Jacq. | 1 | 251 |
| — *officinalis*, Linn. | 1 | 249 |
| — *orientalis*, Lamk. | 1 | 250 |
| — *persica*, Pers. | 1 | 249 |
| — *piscatoria*, Hort. Kew. | 1 | 252 |
| — *rosea*, Lamk. | 1 | 252 |
| — *tinctoria*, Linn. | 1 | 253 |
| — *toxicaria*, Swartz. | 1 | 250 |
| GALEGEÆ, D.C. | 1 | 154 |
| | et | 245 |
| GALEOBDOLON, Huds. | 9 | 166 |
| GALEOPSIS, Linn. | 9 | 166 |
| GALERA, Blum. | 12 | 181 |
| *Galiaceæ*, Lindl. | 8 | 369 |
| GALINSOGA, R. et P. | 10 | 17 |
| *Galinsogœa*, Zuccagn. | 10 | 17 |
| *Galinsogea*, Kunth. | 10 | 18 |
| GALIPEA, Aubl. | 2 | 351 |
| — *cuneifolia*, A. St-Hil. | 2 | 354 |
| — *Fontanesiana*, A. St-Hil. | 2 | 354 |
| — *heterophylla*, A. St-Hil. | 2 | 351 |

|  | Vol. | Pag. |
|---|---|---|
| Galipea macrophylla, A. St-Hil. | 2 | 352 |
|  | et | 355 |
| — pentagyna, A. St-Hil. | 2 | 352 |
| — pentandra, A. St-Hil. | 2 | 353 |
| — resinosa, A. St-Hil. | 2 | 353 |
| GALIUM, Linn. | 8 | 469 |
| — cynanchicum, Scop. | 8 | 473 |
| — luteum, Lamk. | 8 | 469 |
| — odoratum, Scop. | 8 | 475 |
| — verum, Linn. | 8 | 469 |
| GALLIFERA, Spach. | 11 | 170 |
| GALOPHTALMUM, Nees et Mart. | 10 | 40 |
| GALOPINA, Thunb. | 8 | 378 |
| GALPHIMIA, Cav. | 3 | 134 |
| — brasiliensis, Juss. fil. | 3 | 135 |
| — glandulosa, Cav. | 3 | 135 |
| — glauca, Cav. | 3 | 135 |
| — hirsuta, Cav. | 3 | 135 |
| GALURUS, Spreng. | 2 | 487 |
| Galvania, Vand. | 8 | 375 |
| GALVEZIA, Domb. | 9 | 267 |
| GALVEZIA, R. et P. | 2 | 362 |
| — punctata, R. et P. | 2 | 363 |
| GAMOCARPHA, D. C. | 10 | 299 |
| GAMOLEPIS, Less. | 10 | 24 |
| GAMOPLEXIS, Falc. | 12 | 181 |
| Gandasulium, Rumph. | 12 | 164 |
| Ganitrum oblongum, Rumph. | 4 | 47 |
| Ganitrus, Gærtn. | 4 | 4 |
| — sphæricus, Gærtn. | 4 | 46 |
| Ganja sativa, Rumph. | 4 | 9 |
| GANYMEDES, Haw. | 12 | 437 |
| GARCIA, Vahl. | 2 | 487 |
| GARCINIA, Rich. fil. | 5 | 322 |
| — Cambogia, Desr. | 5 | 324 |
| — cochinchinensis, Choisy. | 5 | 328 |
| — cornea, Linn. | 5 | 324 |
| — djoica, Blum. | 5 | 325 |
| — javanica, Blum. | 5 | 326 |
| — lateriflora, Blum. | 5 | 325 |
| — Mangostana, Linn. | 5 | 323 |
| — speciosa, Wallich. | 5 | 325 |
| GARCINIEÆ, Bartl. | 5 | 306 |
| GARDENIA, Ellis. | 8 | 409 |
| — appendiculata, Lamk. | 8 | 404 |
| — arborea, Roxb. | 8 | 413 |
| — campanulata, Roxb. | 8 | 414 |
| — crassicaulis, Sal. | 8 | 413 |
| — dumetorum, Retz. | 8 | 415 |
| — edulis, Poir. | 8 | 425 |
| — enneandra, Kœn. | 8 | 411 |
| Gardenia florida, Linn. | 8 | 409 |
| — Genipa, Swartz. | 8 | 408 |
| — gummifera, Linn. | 8 | 412 |
| — jasminoides, Sol. | 8 | 410 |
| — latifolia, Hort. Kew. | 8 | 411 |
| — latifolia, Roxb. | 8 | 411 |
| — lucida, Roxb. | 8 | 412 |
| — Mussænda, Lamk. | 8 | 404 |
| — radicans, Thunb. | 8 | 410 |
| — resinifera, Roth. | 8 | 412 |
| — spinosa, Thunb. | 8 | 415 |
| — Thunbergia, Linn. | 8 | 413 |
| — uliginosa, Retz. | 8 | 416 |
| — verticillata, Lamk. | 8 | 413 |
| GARDENIEÆ, A. Rich. | 8 | 372 |
|  | et | 401 |
| GARDENIOLA, Cham. | 8 | 378 |
| GARDNERIA, Wallich. | 8 | 464 |
| GARDOQUIA, R. et P. | 9 | 164 |
| GARIDELLA, Linn. | 7 | 300 |
| GARNOTIA, Ad. Brongn. | 13 | 160 |
| GARUGA, Roxb. | 2 | 245 |
| — pinnata, Roxb. | 2 | 245 |
| GARULEUM, Cass. | 10 | 15 |
| GASTERIA, Duval. | 12 | 357 |
| — angulata, Haw. | 12 | 362 |
| — angustifolia, Haw. | 12 | 361 |
| — conspurcata, Haw. | 12 | 362 |
| — disticha, Haw. | 12 | 362 |
| — excavata, Haw. | 12 | 361 |
| — glabra, Haw. | 12 | 360 |
| — maculata, Haw. | 12 | 358 |
| — mollis, Haw. | 12 | 362 |
| — nigricans, Haw. | 12 | 358 |
| — obtusifolia, Haw. | 12 | 362 |
| — subcarinata, Haw. | 12 | 360 |
| — subverrucosa, Haw. | 12 | 361 |
| — sulcata, Haw. | 12 | 362 |
| — trigona, Haw. | 12 | 360 |
| — triloba, Haw. | 12 | 359 |
| GASTONIA, Commers. | 8 | 113 |
| GASTRIDIUM, Beauv. | 13 | 161 |
| Gastridium, Blum. | 12 | 176 |
| Gastrocarpha, Don. | 10 | 34 |
| Gastrochilus, Don. | 12 | 178 |
| GASTROCHILUS, Wallich. | 13 | 154 |
| GASTRODIA, R. Br. | 12 | 181 |
| Gastrodiew, Lindl. | 12 | 181 |
| GASTROGLOTTIS, Blum. | 12 | 175 |
| GASTRONEBIUM, R. Br. | 1 | 178 |
| — bilobum. | 1 | 178 |
| GASTROMERIA, Don. | 9 | 267 |
| Gastronema, Herbert. | 12 | 405 |

|  | Vol. | Pag. |  | Vol. | Pag. |
|---|---|---|---|---|---|
| *Gattenhofia*, Neck. . . . | 10 | 15 | GENIPA, Plum. . . . . . | 8 | 408 |
| GAUDICHAUDIA, Kunth. . | 3 | 124 | — americana, Linn.. . . . | 8 | 408 |
| GAUDINIA, Beauv. . . . . | 13 | 163 | — edulis, Rich.. . . . . | 8 | 425 |
| GAULTHIERA, Kalm. . . . | 9 | 489 | GENISTA, Tourn.. . . . . | 1 | 200 |
| — procumbens, Linn. . . | 9 | 490 | — alba, Lamk. . . . . . | 1 | 201 |
| GAURA, Linn. . . . . . . | 4 | 381 | — canariensis, Linn. . . | 1 | 200 |
| — angustifolia, Mich. . . | 4 | 382 | — candicans, Linn. . . . | 1 | 200 |
| — biennis, Linn. . . . . | 4 | 381 | — ferox, Poir. . . . . . | 1 | 204 |
| — coccinea, Nutt.. . . . . | 4 | 382 | — linifolia, Linn. . . . . | 1 | 201 |
| — *mollis*, Kunth. . . . . | 4 | 380 | — monosperma, Lamk.. | 1 | 202 |
| — *mutabilis*, Cav. . . . | 4 | 381 | — purgans, Linn.. . . . . | 1 | 202 |
| GAURIDIUM, Spach. . . . | 4 | 379 | — radiata, Scop. . . . . | 1 | 201 |
| — molle, Spach. . . . . | 4 | 380 | — sagittalis, Linn. . . . | 1 | 203 |
| — mutabile , Spach. . . | 4 | 380 | — Scorpius, D. C. . . . | 1 | 204 |
| GAVILEA, Pœpp.. . . . . | 12 | 182 | — *sibirica*, Linn. . . . . | 1 | 203 |
| GAYA, Kunth. . . . . . . | 3 | 343 | — tinctoria, Linn. . . . | 1 | 203 |
| *Gaya*, Spreng. . . . . . . | 3 | 477 | — triquetra, Hort. Kew. | 1 | 201 |
| GAYLUSSACIA, Kunth. . . | 9 | 522 | GENISTEÆ, D. C. . . . . | 1 | 152 |
| GAYOPHYTEÆ, Spach. | 4 | 338 |  | et | 184 |
|  | et | 346 | GENLISEA, A. Saint-Hil. . | 9 | 335 |
| GAYOPHYTUM, Juss. fil. . | 4 | 346 | *Genlisia*, Reichb. . . . . . | 13 | 4 |
| — humile, Juss. fil. . . . | 4 | 347 | GENOPLESIUM, R. Br. . . | 12 | 181 |
| GAZANIA, Gærtn. . . . . | 10 | 102 | *Genosiris*, Labill. . . . . | 13 | 3 |
| — Pavonia, R. Br. . . . | 10 | 103 | GENTIANA, Tourn.. . . . | 9 | 13 |
| — rigens, R. Br. . . . . | 10 | 104 | — acaulis, Linn. . . . . | 9 | 20 |
| — speciosa, Less.. . . . | 10 | 103 | — *acutiflora*, D. C.. . . . | 9 | 17 |
| — uniflora, Sims.. . . . | 10 | 104 | — *alpina*, Vill. . . . . . | 9 | 20 |
| GEERIA, Blum. . . . . . . | 4 | 60 | — Andrewsii, Griseb.. . | 9 | 20 |
| GEIGERIA, Griss. . . . . | 10 | 28 | — *angulosa*, Bieberst. . . | 9 | 17 |
| GEISSOMERIA, Lindl. . . | 9 | 145 | — *angustifolia*, Vill. . . | 9 | 20 |
| GEISSORHIZA, Ker. . . . | 13 | 91 | — asclepiadea, Linn. . . | 9 | 18 |
| — obtusata, Ker. . . . . | 13 | 92 | — *brachyphylla*, Vill. . . | 9 | 17 |
| — Rochensis, Hort. Kew. | 13 | 91 | — campanulata, Jacq. . . | 9 | 22 |
| — secunda, Hort. Kew. | 13 | 92 | — *Catesbœi*, Andr. . . . | 9 | 20 |
| — setacea, Bot. Mag. . | 13 | 92 | — *Centaurium*, Linn. . . | 9 | 12 |
| GEITONOPLESIUM , Cun- |  |  | — *Cherayta*, Roxb. . . . | 9 | 23 |
| ningh. . . . . . . . . . | 12 | 210 | — ciliata, Linn. . . . . . | 9 | 16 |
| *Gela*, Lour.. . . . . . . . | 2 | 314 | — *discolor* , Reichb. . . . | 9 | 17 |
| GELASIA, Cass. . . . . . | 10 | 8 | — *fimbriata*, Vahl. . . . | 9 | 19 |
| *Gelasine*, Herbert. . . . . | 13 | 3 | — *grandiflora*, Lamk. . . | 9 | 20 |
| *Gelonium* , Gærtn. . . . . | 3 | 40 | — *linearifolia*, Lamk. . . | 9 | 18 |
| GELONIUM, Roxb. . . . . | 2 | 487 | — *linearis*, Frœl. . . . . | 9 | 19 |
| GELSEMIUM, Juss. . . . . | 9 | 131 | — lutea, Linn. . . . . . | 9 | 14 |
| *Gembanga* , Blum. . . . . | 12 | 62 | — Pneumonanthe, Linn. | 9 | 18 |
| — *rotundifolia*, Blum. . . | 12 | 103 | — *Pneumonanthe*, Mich. | 9 | 19 |
| *Gemella*, Lour. . . . . . . | 3 | 40 | — punctata, Linn. . . . | 9 | 22 |
| GENDARUSSA, Nees. . . . | 9 | 155 | — purpurea, Linn. . . . | 9 | 21 |
| — vulgaris, Nees. . . . | 9 | 155 | — *Saponaria*, Frœl. . . . | 9 | 20 |
| GENDARUSSEÆ, Nees.. | 9 | 146 | — Saponaria , Linn. . . | 9 | 19 |
| *Genesiphylla*, L'hérit. . . | 2 | 486 | — *serrata* , Lamk. . . . | 9 | 17 |
| GENETHYLLIS, D. C.. . . | 4 | 104 | — verna, Linn.. . . . . | 9 | 17 |
| GENIOSPORUM, Wallich.. | 9 | 162 |  |  |  |
| GENIOSTOMA, Forst. . . . | 8 | 483 | GENTIANEÆ, Juss. | 9 | 1 |

| | Vol. | Pag. |
|---|---|---|
| *GENTIANEÆ VERÆ*, Endl. | 9 | 4 |
| | et | 7 |
| *Gentianella*, Borkh. | 9 | 6 |
| — *ciliata*, Borkh. | 9 | 16 |
| GEOCHORDA, Cham. et Schl. | 9 | 270 |
| GEODORUM, Jackson. | 12 | 178 |
| GEOFFRÆA, Jacq. | 1 | 136 |
| — *inermis*, Swartz. | 1 | 136 |
| — *spinosa*, Jacq. | 1 | 137 |
| — *superba*, Humb. et Bonpl. | 1 | 137 |
| GEOFFROYEÆ, D. C. | 1 | 89 |
| | et | 133 |
| GEONOMA, Willd. | 12 | 62 |
| *Geophila*, Bergeret. | 12 | 234 |
| — *pyrenaica*, Bergeret. | 12 | 240 |
| GEORCHIS, Lindl. | 12 | 181 |
| *Georgia*, Spreng. | 10 | 19 |
| — *bipinnata*, Spreng. | 10 | 135 |
| *Georgina*, Willd. | 10 | 19 |
| — *Cervantesii*, Sweet. | 10 | 128 |
| — *coccinea*, Willd. | 10 | 128 |
| — *frustranea*, D. C. | 10 | 128 |
| — *superflua*, D. C. | 10 | 128 |
| — *variabilis*, Kunth. | 10 | 127 |
| — *variabilis*, Willd. | 10 | 127 |
| GERACIUM, Reichb. | 10 | 6 |
| *Gerania*, Juss. | 3 | 284 |
| *GERANIACEÆ*, D. C. | 3 | 284 |
| *Geranioideæ*, Vent. | 3 | 284 |
| *Geranioideæ-Balsamineæ*. | 13 | 268 |
| GERANIUM, (Linn.) L'hérit. | 3 | 289 |
| — *abrotanifolium*, Linn. | 3 | 325 |
| — *acaule*, Cav. | 3 | 308 |
| — *acerifolium*, Cav. | 3 | 334 |
| — *acetosum*, Linn. | 3 | 323 |
| — *aconitifolium*, L'hérit. | 3 | 292 |
| — *affine*, Andr. | 3 | 309 |
| — *affine*, Ledeb. | 3 | 292 |
| — *anemonefolium*, L'hérit. | 3 | 290 |
| — *angulatum*, Bot. Mag. | 3 | 295 |
| — *argenteum*, Linn. | 3 | 299 |
| — *astragalifolium*, Cav. | 3 | 314 |
| — *barbatum*, Andr. | 3 | 311 |
| — *betulinum*, Linn. | 3 | 332 |
| — *bicolor*, Jacq. | 3 | 328 |
| — *carnosum*, Linn. | 3 | 317 |
| — *ciliatum*, Andr. | 3 | 309 |
| — *citriodorum*, Cav. | 3 | 334 |
| — *Cotyledonis*, Linn. | 3 | 318 |
| — *cucullatum*, Linn. | 3 | 333 |
| Geranium *daucifolium*, Linn. | 3 | 326 |
| — *emarginatum*, Linn. | 3 | 287 |
| — *eriostemon*, Fisch. | 3 | 296 |
| — *floribundum*, Andr. | 3 | 312 |
| — *fragile*, Andr. | 3 | 325 |
| — *fulgidum*, Linn. | 3 | 327 |
| — *fuscum*, Linn. | 3 | 303 |
| — *gibbosum*, Linn. | 3 | 326 |
| — *grandiflorum*, Güld. | 3 | 294 |
| — *hirtum*, Cav. | 3 | 325 |
| — *hybridum*, Linn. | 3 | 323 |
| — *ibericum*, Cavan. | 3 | 294 |
| — *inquinans*, Linn. | 3 | 324 |
| — *laciniatum*, Andr. | 3 | 310 |
| | et | 313 |
| — *lividum*, L'hérit. | 3 | 302 |
| — *lobatum*, Cav. | 3 | 327 |
| — *Londesii*, Fisch. | 3 | 296 |
| — *longipes*, D. C. | 3 | 296 |
| — *macrorhizum*, Linn. | 3 | 291 |
| — *maculatum*, Linn. | 3 | 295 |
| — *melananthum*, Andr. | 3 | 313 |
| — *molle*, Linn. | 3 | 301 |
| — *myrrhifolium*, Linn. | 3 | 321 |
| — *nodosum*, Cav. | 3 | 297 |
| — *palmatum*, Cav. | 3 | 290 |
| — *palustre*, Linn. | 3 | 296 |
| — *peltatum*, Linn. | 3 | 330 |
| — *phæum*, Linn. | 3 | 302 |
| — *pictum*, Andr. | 3 | 329 |
| — *pinnatifidum*, Cavan. | 3 | 315 |
| — *pinnatum*, Cav. | 3 | 314 |
| — *præmorsum*, Andr. | 3 | 322 |
| — *pratense*, Cav. | 3 | 292 |
| — *pratense*, Linn. | 3 | 293 |
| — *procumbens*, Andr. | 3 | 316 |
| — *proliferum*, Cavan. | 3 | 311 |
| — *punctatum*, Andr. | 3 | 308 |
| — *radiatum*, Andr. | 3 | 309 |
| — *reflexum*, Andr. | 3 | 310 |
| — *reflexum*, Linn. | 3 | 301 |
| — *revolutum*, Andr. | 3 | 309 |
| — *revolutum*, Jacq. | 3 | 336 |
| — *rivulare*, Vill. | 3 | 292 |
| — Robertianum, Linn. | 3 | 299 |
| — *roseum*, Andr. | 3 | 311 |
| — *rotundifolium*, Linn. | 3 | 300 |
| — *sanguineum*, Linn. | 3 | 290 |
| — *Selinum*, Andr. | 3 | 311 |
| — *speciosum*, Thunb. | 3 | 288 |
| — *striatum*, Linn. | 3 | 298 |
| — *subcæruleum*, Schleich. | 3 | 302 |
| — *sylvaticum*, Linn. | 3 | 294 |

|                                    | Vol. | Pag. |
|------------------------------------|------|------|
| Geranium *tabulare*, Cav..         | 3    | 331  |
| — *tomentosum*, Andr...            | 3    | 319  |
| — *triste*, Cav...                 | 5    | 327  |
| — *tuberosum*, Linn...             | 5    | 294  |
| — *undulatum*, Andr...             | 3    | 309  |
| — *Vlassovianum*, Fisch...         | 5    | 297  |
| — *Wallichianum*, Sweet..          | 3    | 298  |
| — *zonale*, Linn...                | 3    | 324  |
| GERARDIA, Linn. ...                | 9    | 271  |
| GERARDIEÆ, Benth. .                | 9    | 271  |
| *Gerascanthus*, P. Br...           | 9    | 32   |
| GERBERA, Linn. ...                 | 10   | 35   |
| *Gerberia*, Cass. ...              | 10   | 35   |
| GERMANEA, Lamk. ...                | 9    | 162  |
| GEROPOGON, Linn. ...               | 10   | 7    |
| *Gersinia*, Néraud..               | 12   | 175  |
| GERUMA, Forsk...                   | 3    | 207  |
| *Geryonia*, Schrank...             | 5    | 39   |
| GESNERA, (Linn.) Mart..            | 9    | 258  |
| *Gesneraceæ*, Lindl...             | 9    | 255  |
| GESNERIEÆ, Baril..                 | 9    | 257  |
| GESNERIEÆ, Rich.                   | 9    | 255  |
| GESNOÜINIA, Gaudich...             | 11   | 24   |
| GETHYLLIS, Linn. ...               | 12   | 406  |
| *Gethyra*, Sal...                  | 12   | 154  |
| GETONIA, Roxb...                   | 4    | 303  |
| — floribunda, Roxb. ...            | 4    | 303  |
| — *nitida*, Roth...                | 4    | 303  |
| — nutans, Roxb...                  | 4    | 303  |
| GEUM, Linn. ...                    | 1    | 479  |
| — chiloense, Balb...               | 1    | 480  |
| — *coccineum*, Ser...              | 1    | 480  |
| — *Quellyon*, Sweet...             | 1    | 480  |
| — rivale, Linn. ...                | 1    | 480  |
| — urbanum, Linn. (1)               | 1    | 479  |
| GEUNSIA, Blum...                   | 9    | 228  |
| *Ghinia*, Swartz...                | 9    | 227  |
| GIBBARIA, Cass...                  | 10   | 15   |
| *Gifola*, Cass...                  | 10   | 27   |
| *Gigalobium*, P. Br...             | 11   | 49   |
| GILIA, R. et P...                  | 9    | 116  |
| — capitata, Dougl...               | 9    | 117  |
| — *coronopifolia*, Pers...         | 9    | 119  |
| — tricolor, Benth...               | 9    | 118  |
| *Gilibertia*, Gmel...              | 3    | 180  |
| GILIBERTIA, Ruiz et Pav.           | 8    | 113  |
| GILIEÆ, Reichb...                  | 9    | 108  |
| GILLENIA, Mœnch...                 | 1    | 447  |
| — stipulacea, Mühlenb.             | 1    | 448  |
| — trifoliata, Mœnch.               | 1    | 448  |

(1) Par erreur *Geum rivale*.

|                                    | Vol. | Pag. |
|------------------------------------|------|------|
| GILLIESIA, Lindl. ...              | 12   | 155  |
| *Gilliesiaceæ*, Lindl...           | 12   | 252  |
| *Gimbernatia*, Et P...             | 4    | 296  |
| *Ginannia*, Scopol...              | 1    | 88   |
| GINGINSIA, D. C...                 | 5    | 205  |
| GINKGO, Linn. ...                  | 11   | 298  |
| — biloba, Linn. ...                | 11   | 300  |
| GINORIA, Jacq...                   | 4    | 437  |
| — americana, Jacq...               | 4    | 437  |
| GIRARDINIA, Gaudich...             | 11   | 24   |
| GISEKIA, Linn...                   | 5    | 241  |
| *Gissonia*, Sal...                 | 10   | 400  |
| *Githago*, Desf...                 | 5    | 147  |
| GLADIOLEÆ, Dumort.                 | 13   | 7    |
| GLADIOLUS, Tourn...                | 13   | 63   |
| — *abbreviatus*, Andr...           | 13   | 80   |
| — *alatus*, Linn...                | 13   | 80   |
| — *alatus*, Schneev...             | 13   | 79   |
| — *albidus*, Willd...              | 13   | 78   |
| — angustus, Linn...                | 13   | 78   |
| — *blandus*, Hort. Kew.            | 13   | 78   |
| — brevifolius, Jacq...             | 13   | 80   |
| — byzantinus, Mill...              | 13   | 77   |
| — *campanulatus*, Andr.            | 13   | 78   |
| — *capitatus*, Linn...             | 13   | 99   |
| — cardinalis, Curt...              | 13   | 77   |
| — *carneus*, Andr...               | 13   | 80   |
| — *carneus*, Jacq...               | 13   | 78   |
| — *carneus*, Redout.               | 13   | 78   |
| — cochleatus, Sweet.               | 13   | 81   |
| — communis, Linn...                | 13   | 76   |
| — communis, Sibth. et Sm.          | 13   | 77   |
| — *communis grandiflorus*,         |      |      |
| Hortor. ...                        | 13   | 77   |
| — *concolor*, Salisb...            | 13   | 79   |
| — *crispus*, Jacq...               | 13   | 82   |
| — *crocatus*, Pers...              | 13   | 84   |
| — *Cunonia*, Hort. Kew.            | 13   | 81   |
| — *cuspidatus*, Andr...            | 13   | 78   |
| — cuspidatus, Jacq...              | 13   | 78   |
| — *cuspidatus crispus*, Andr.      | 13   | 78   |
| — *fistulosus*, Jacq...            | 13   | 85   |
| — *flavus*, Willd...               | 13   | 85   |
| — floribundus, Ker...              | 13   | 77   |
| — galeatus, Andr...                | 13   | 80   |
| — gracilis, Ker...                 | 13   | 79   |
| — *gramineus*, Jacq...             | 13   | 89   |
| — grandiflorus, Andr...            | 13   | 78   |
| — hirsutus, Jacq...                | 13   | 79   |
| — *hirsutus*, α et β. Ker.         | 13   | 80   |
| — *inclinatus*, Red...             | 13   | 94   |
| — iridifolius, Jacq...             | 13   | 85   |
| — junceus, Thunb...                | 13   | 96   |

| | Vol. | Pag. |
|---|---|---|
| Gladiolus *laccatus*, Jacq. | 13 | 86 |
| — *lineatus*, Salisb. | 13 | 83 |
| — *longiflorus*, Andr. | 13 | 94 |
| — *longiflorus*, Linn. | 13 | 85 |
| — *Ludovicæ*, Jan. | 13 | 77 |
| — *marginatus*, Willd. | 13 | 85 |
| — *Merianus*, Jacq. | 13 | 86 |
| — Milleri, Ker. | 13 | 77 |
| — *mucronatus*, Red. | 13 | 95 |
| — *namaquensis*, Ker. | 13 | 80 |
| — *orchidiflorus*, Andr. | 13 | 80 |
| — *plicatus*, Andr. | 13 | 95 |
| — *plicatus*, Linn. | 13 | 95 |
| — *polystachyus*, Andr. | 13 | 96 |
| — *præcox*, Andr. | 13 | 81 |
| — *pyramidatus*, Andr. | 13 | 85 |
| — quadrangularis, Ker. | 13 | 80 |
| — *recurvus*, Ker. | 13 | 79 |
| — *ringens*, Andr. | 13 | 79 |
| — segetum, Ker. | 13 | 77 |
| — *spathaceus*, Linn. fil. | 13 | 94 |
| — *striatus*, Andr. | 13 | 78 |
| — *strictus*, Willd. | 13 | 95 |
| — *sulphureus*, Jacq. | 13 | 95 |
| — *testaceus*, Vahl. | 13 | 85 |
| — tristis, Linn. | 13 | 79 |
| — *tubatus*, Jacq. | 13 | 94 |
| — *tubulosus*, Jacq. | 13 | 86 |
| — undulatus, Ker. | 13 | 78 |
| — versicolor, Andr. | 13 | 79 |
| — viperatus, Ker. | 13 | 80 |
| — Watsonius, Ker. | 13 | 81 |
| — *Watsonius variegatus*, Ker. | 13 | 81 |
| GLANDULARIA, Gmel. | 9 | 239 |
| — Aubletia, Spach. | 9 | 239 |
| — pulchella, Sweet. | 9 | 240 |
| — sulphurea, Don. | 9 | 241 |
| *Glandulifera*, Wendl. | 2 | 322 |
| GLAPHIRIA, Jack. | 4 | 106 |
| GLAUCIUM, Tourn. | | 30 |
| — corniculatum, Curt. | 7 | 33 |
| — *corniculatum flaviflorum*, D. C. | 7 | 33 |
| — *corniculatum flavum*, Spach. | 7 | 33 |
| — *corniculatum phœniceum*, Spach. | | — |
| — *corniculatum rubrum*, Spach. | 7 | 33 |
| — *flavum*, Crantz. | 7 | 32 |
| — *fulvum*, Poir. | 7 | 32 |
| — *fulvum*, Smith. | 7 | 32 |
| Glaucium luteum, Scop. | 7 | 32 |
| — *maculatum*, Hortor. | 7 | 33 |
| — *phœniceum*, Smith. | 7 | 33 |
| — *rubrum*, Sibth. et Sm. | 7 | 33 |
| — *tricolor*, Bernh. | 7 | 33 |
| GLEBIONIS, Cass. | 10 | 180 |
| — coronaria, Cass. | 10 | 181 |
| GLECHOMA, Linn. | 9 | 201 |
| — hederacea, Linn. | 9 | 202 |
| — *heterophylla*, Opiz. | 9 | 202 |
| — *hirsuta*, W. et K. | 9 | 202 |
| GLECHON, Spreng. | 9 | 164 |
| GLEDITSCHIA, Linn. | 1 | 90 |
| — caspica, Desf. | 1 | 97 |
| — ferox, Desf. | 1 | 94 |
| — *ferox*, Desf. | 1 | 95 |
| — Fontanesii, Spach. | 1 | 95 |
| — *macracantha*, Desf. | 1 | 95 |
| — *macrantha*, Desf. | 1 | 95 |
| — *monosperma*, Walt. | 1 | 98 |
| — sinensis, Lamk. | 1 | 96 |
| — Triacanthos, Linn. | 1 | 92 |
| GLINUS, Linn. | 5 | 109 |
| *Glisanthe*, Sal. | 12 | 154 |
| GLOBBA, Linn. | 12 | 154 |
| — *nutans*, Linn. | 12 | 168 |
| GLOBULARIA, Tourn. | 10 | 329 |
| — Alypum, Linn. | 10 | 329 |
| — vulgaris, Linn. | 10 | 330 |
| *Globulariaceæ*, Dumort. | 10 | 327 |
| GLOBULARIÉÆ, D. C. | 10 | 327 |
| GLOBULEA, Haw. | 5 | 79 |
| — atropurpurea, Haw. | 5 | 79 |
| — canescens, Haw. | 5 | 80 |
| — cultrata, Haw. | 5 | 79 |
| — impressa, Haw. | 5 | 80 |
| — Lingua, Haw. | 5 | 79 |
| — mesembryanthemoides, Haw. | 5 | 80 |
| — nudicaulis, Haw. | 5 | 80 |
| — obvallata, Haw. | 5 | 79 |
| — paniculata, Haw. | 5 | 80 |
| — subincana, Haw. | 5 | 81 |
| — sulcata, Haw. | 5 | 80 |
| GLOCHIDION, Forst. | 2 | 486 |
| GLOMERA, Blum. | 12 | 179 |
| *Gloriosa*, Linn. | 12 | 254 |
| — *superba*, Linn. | 12 | 290 |
| — *virescens*, Lindl. | 12 | 290 |
| GLOSSANTHUS, Klein. | 9 | 257 |
| GLOSSARRHEN, Mart. | 5 | 501 |

| | Vol. | Pag. |
|---|---|---|
| Glossarrben floribundus, Mart. | 5 | 501 |
| GLOSSASPIS, Spreng. . . | 12 | 180 |
| GLOSSOCARDIA, Cass. . . | 10 | 19 |
| GLOSSOCARYA, Wallich. | 9 | 228 |
| Glossocomia, Don. . . . . | 9 | 536 |
| GLOSSODIA, R. Br. . . . | 12 | 182 |
| GLOSSOGYNE, Cass. . . . | 10 | 19 |
| Glossopetalum, Schreb. . . | 2 | 459 |
| GLOSSOSTEMON, Desf. . . | 3 | 476 |
| GLOSSOSTEPHANUS, E.Mey. | 8 | 539 |
| GLOSSOSTIGMA, Arn. . . | 9 | 270 |
| GLOSSOSTYLIS, Cham. . | 9 | 271 |
| GLOSSULA, Lindl. . . . . | 12 | 180 |
| Glossula, Raf. . . . . . . | 10 | 562 |
| GLOTTIDIUM, Desv. . . . | 1 | 154 |
| GLOXINIA, L'hérit. . . . | 9 | 258 |
| *GLUMACEÆ*, Bartl. | 13 | 141 |
| *Glumaceæ-Cyperaceæ*, Ad. Brongn. . . . . . . . . | 13 | 142 |
| *Glumaceæ-Gramineæ*, Ad. Brongn. . . . . . . . . | 13 | 155 |
| GLUTA, Linn. . . . . . . | 4 | 4 |
| Glyce maritima, Lindl. . . | 6 | 491 |
| GLYCERIA, R. Br. . . . | 13 | 208 |
| — aquatica, Smith. . . | 13 | 210 |
| — fluitans, R. Br. . . | 13 | 209 |
| — spectabilis, M. et K. | 13 | 210 |
| Glyceria, Nutt. . . . . . | 8 | 137 |
| GLYCIDERAS, Cass. . . . | 10 | 29 |
| GLYCINE, Linn. . . . . . | 1 | 154 |
| — Apios, Linn. . . . . . | 1 | 322 |
| — bimaculata, Bot. Mag. | 1 | 320 |
| — coccinea, Bot. Mag. . | 1 | 319 |
| — Comptoniana, Bot. Reg. | 1 | 320 |
| — frutescens, Linn. . . | 1 | 321 |
| — rubicunda, Bot. Mag. | 1 | 319 |
| — sinensis, Bot. Mag. . | 1 | 321 |
| — subterranea, Linn. . | 1 | 135 |
| Glycine, Nutt. . . . . . . | 1 | 156 |
| GLYCOSMIS, Corr. . . . | 2 | 250 |
| GLYCYPHYLLA, Raf. . . | 9 | 443 |
| GLYCYRRHIZA, Linn. . . | 1 | 247 |
| — glabra, Linn. . . . . | 1 | 248 |
| GLYPHIA, Cass. . . . . . | 10 | 29 |
| GMELINA, Linn. . . . . . | 9 | 252 |
| — arborea, Roxb. . . . | 9 | 232 |
| GNAPHALIUM, Linn. . . | 10 | 26 |
| — arenarium, Linn. . . | 10 | 213 |
| — citrinum, Lamk. . . | 10 | 212 |
| — congestum, Lamk. . . | 10 | 212 |
| — cymosum, Linn. . . . | 10 | 206 |
| — cynoglossoides, Trevir. | 10 | 218 |

| | Vol. | Pag. |
|---|---|---|
| Gnaphalium dioicum, Linn. | 10 | 217 |
| — elongatum, Lamk. . . . | 10 | 211 |
| — eximium, Linn. . . . . | 10 | 209 |
| — felinum, Thunb. . . | 10 | 211 |
| — fœtidum, Linn. . . . | 10 | 213 |
| — fruticans, Linn. . . . | 10 | 211 |
| — fruticans, Willd. . . | 10 | 211 |
| — grandiflorum, Linn. . . | 10 | 210 |
| — grandiflorum, Willd. | 10 | 211 |
| — margaritaceum, Linn. | 10 | 217 |
| — nepalense, Hortor. . | 10 | 218 |
| — orientale, Linn. . . . | 10 | 212 |
| — serratum, Thunb. . . | 10 | 211 |
| — Stœchas, Linn. . . . | 10 | 213 |
| Gnaphalodes, Tourn. . . . | 10 | 27 |
| GNAPHALOPSIS, D. C. . . | 10 | 40 |
| Gnemon, Rumph. . . . . | 11 | 282 |
| — domestica, Rumph. . | 11 | 284 |
| — funicularis, Rumph. | 11 | 286 |
| — ovalifolius, Poir. . . | 11 | 284 |
| — sylvestris, Rumph. . . | 11 | 284 |
| GNEPHOSIS, Cass. . . . . | 10 | 26 |
| GNESIOPERSEA, Nees. . . | 10 | 489 |
| Gnetaceæ, Lindl. . . . . . | 11 | 279 |
| Gneteæ, Blum. . . . . . | 11 | 281 |
| GNETUM, Linn. . . . . . | 11 | 283 |
| — edule, Blum. . . . . . | 11 | 286 |
| — funiculare, Blum. . . | 11 | 286 |
| — Gnemon, Linn. . . . | 11 | 284 |
| — Gnemon ovalifolium, Blum. . . . . . . | 11 | 284 |
| — urens, Blum. . . . . | 11 | 285 |
| GNIDIA, Linn. . . . . . . | 10 | 450 |
| — capitata, Willd. . . . | 10 | 451 |
| — filamentosa, Willd. . | 10 | 448 |
| — imberbis, Hort. Kew. | 10 | 451 |
| — lævigata, Andr. . . . | 10 | 451 |
| — oppositifolia, Andr. . | 10 | 451 |
| — oppositifolia, Linn. . | 10 | 451 |
| — pinifolia, Wendl. . . | 10 | 451 |
| — pinifolia, Willd. . . . | 10 | 451 |
| — sericea, Willd. . . . | 10 | 451 |
| — simplex, Andr. . . . | 10 | 451 |
| — simplex, Willd. . . . | 10 | 451 |
| — tomentosa, Linn. . . | 10 | 451 |
| GNIDIUM, Spach. . . . . | 10 | 443 |
| GOCHNATIA, Kunth. . . | 10 | 10 |
| GODETIA, Spach. . . . . | 4 | 386 |
| — Cavanillesii, Spach. . | 4 | 390 |
| — decumbens, Spach. . | 4 | 388 |
| — Lehmanniana, Spach. | 4 | 391 |
| — Lindleyana, Spach. . | 4 | 392 |
| — quadrivulnera, Spach. | 4 | 389 |

| | Vol. | Pag. | | | Vol. | Pag. |
|---|---|---|---|---|---|---|
| Godetia Romanzowii, Spach | 4 | 390 | Gomphrena desertorum, Mart. | 5 | 261 |
| — viminea, Spach | 4 | 388 | — elegans, Mart. | 5 | 262 |
| — Willdenowiana, Spach | 4 | 387 | — globosa, Linn. | 5 | 258 |
| GODINELLA, Lesib. | 9 | 343 | — incana, Mart. | 5 | 261 |
| GOEPPERTIA, Nees. | 10 | 473 | — macrocephala, Mart. | 5 | 258 |
| Gœppertia, Nees | 12 | 148 | — officinalis, Mart. | 5 | 257 |
| GOETHEA, Nees et Mart. | 3 | 343 | — scapigera, Mart. | 5 | 262 |
| GOETZEA, Wydl. | 9 | 400 | — Schlechtendaliana, Mart. | 5 | 259 |
| Goheria, Neck. | 1 | 158 | — Sellowiana, Mart. | 5 | 262 |
| GOLDBACHIA, D. C. | 6 | 322 | — vaga, Mart. | 5 | 263 |
| Goldbachia, Trin. | 15 | 167 | — villosa, Mart. | 5 | 260 |
| GOLDFUSSIA, Nees | 9 | 149 | Gomutus, Rumph. | 12 | 75 |
| — anisophylla, Nees | 9 | 149 | Gomutus, Spreng. | 12 | 161 |
| GOMARIA, R. et P. | 9 | 272 | — saccharifer, Spreng. | 12 | 75 |
| Gomeza, R. Br. | 12 | 178 | Gonatocarpus, Willd. | 14 | 445 |
| Gomezia, Mutis. | 8 | 375 | GONGORA, R. et P. | 12 | 477 |
| GOMPHANDRA, Wallich. | 5 | 263 | Goniocarpus, Thunb. | 4 | 443 |
| GOMPHIA, Linn. | 2 | 382 | GONIOCAULON, Cass. | 10 | 11 |
| — acuminata, D. C. | 2 | 385 | GONIOCHETON, Blum. | 3 | 180 |
| — angulata, D. C. | 2 | 384 | GONIONOMA, E. Mey. | 8 | 502 |
| — dependens, D. C. | 2 | 384 | GONIOSTEMMA, Wight et | | |
| — glaberrima, Beauv. | 2 | 388 | Arn. | 8 | 538 |
| — glauca, A. Saint-Hil. | 2 | 383 | Gonocarpus, Hamilt. | 4 | 296 |
| — grandiflora, D. C. | 2 | 386 | Gonbgona, Link. | 12 | 184 |
| — guianensis, D. C. | 2 | 385 | GONOLOBEÆ, Endl. | 8 | 540 |
| — hexasperma, A. Saint- | | | Gonolobium, Pursh. | 8 | 540 |
| Hil. | 2 | 387 | GONOLOBUS, Rich. | 8 | 540 |
| — laurifolia, Swartz. | 2 | 386 | GONOSPERMUM, Less. | 10 | 24 |
| — longifolia, D. C. | 2 | 388 | Gonostemon, Haw. | 8 | 540 |
| — malabarica, D. C. | 2 | 388 | GONOTHECA, Blum. | 8 | 374 |
| — nana, Aug. Saint-Hil. | 2 | 385 | Gonus, Lour. | 2 | 364 |
| — nitida, Swartz. | 2 | 387 | GONYANTHES, Blum. | 13 | 119 |
| — oleæfolia, A. Saint-Hil. | 2 | 385 | Gonzalagunia, Ruiz et P. | 8 | 374 |
| — parviflora, D. C. | 2 | 386 | GONZALEA, Pers. | 8 | 374 |
| — reticulata, Beauv. | 2 | 388 | GOODENIA, Smith | 9 | 584 |
| GOMPHOCARPUS, R. Br. | 8 | 550 | — grandiflora, R. Br. | 9 | 584 |
| — fruticosus, R. Br. | 8 | 550 | Goodeniaceæ, Lindl. | 9 | 582 |
| GOMPHOLOBIUM, Smith | 1 | 173 | Goodenieæ, Reichb. | 9 | 582 |
| — capitatum, Lindl. | 1 | 175 | GOODENIEÆ, R. Br. | 9 | 584 |
| — Celsianum, Hortor. | 1 | 174 | GOODENOVIEÆ, | | |
| — ellipticum, Labill. | 1 | 171 | R. Br. | 9 | 582 |
| — grandiflorum, Andr. | 1 | 174 | GOODIA, D. C. | 1 | 482 |
| — grandiflorum, Bot. Regt. | 1 | 174 | — lotifolia, Sal. | 1 | 482 |
| — latifolium, Smith. | 1 | 174 | — pubescens, Sims. | 1 | 482 |
| — polymorphum, R. Br. | 1 | 174 | GOODYERA, R. Br. | 12 | 181 |
| — venulosum, Lindl. | 1 | 175 | GORDONIA, Ellis. | 4 | 79 |
| GOMPHOSTEMMA, Wallich. | 4 | 167 | — Lasianthus, Linn. | 4 | 79 |
| Gomphostylis, Wallich. | 12 | 175 | — pubescens, Pursh. | 4 | 80 |
| GOMPHRENA, Linn. | 5 | 256 | — Wallichii, D. C. | 4 | 80 |
| — angustiflora, Mart. | 5 | 263 | GORDONIEÆ, D. C. | 4 | 77 |
| — arborescens, Linn. fil. | 5 | 257 | GORTERIA, Gærtn. | 10 | 14 |
| — bicolor, Mart. | 5 | 260 | — Pavonia, Andr. | 10 | 103 |
| — decumbens, Linn. | 5 | 259 | | | |

| | Vol. | Pag. | | Vol. | Pag. |
|---|---|---|---|---|---|
| Gorteria *rigens*, Linn. | 10 | 104 | *Gregoria*, Duby | 9 | 343 |
| — *rigens*, Thunb. | 10 | 103 | GREENIA, Nutt. | 13 | 160 |
| — *uniflora*, Linn. | 10 | 104 | GREENIA, Wight et Arn. | 8 | 373 |
| *Gorteria*, Lamk. | 10 | 114 | GREVILLEA, R. Br. | 10 | 420 |
| GOSSYPIUM, Linn. | 5 | 388 | — *acuminata*, R. Br. | 10 | 421 |
| — *arboreum*, Linn. | 5 | 393 | — *alba*, Lodd. | 10 | 421 |
| — *barbadense*, Linn. | 5 | 395 | — *arenaria*, R. Br. | 10 | 421 |
| — *herbaceum*, Maw. | 5 | 392 | — *buxifolia*, R. Br. | 10 | 421 |
| — *hirsutum*, Linn. | 5 | 394 | — *incarnata*, Bot. Mag. | 10 | 421 |
| — *indicum*, Linn. | 5 | 392 | — *linearis*, R. Br. | 10 | 421 |
| — *micranthum*, Cav. | 5 | 392 | — *sericea*, R. Br. | 10 | 421 |
| — *peruvianum*, Cav. | 5 | 395 | GREVILLEÆ, Endl. | 10 | 402 |
| — *religiosum*, Cav. | 5 | 394 | | 10 | 420 |
| — *tricuspidatum*, Lamk. | 5 | 394 | GREWIA, Linn. | 4 | 10 |
| — *vitifolium*, Lamk. | 5 | 393 | — *acuminata*, Juss. | 4 | 12 |
| GOTHOFREDA, Vent. | 8 | 359 | — *arborea*, Lamk. | 4 | 11 |
| GOUANIA, Linn. | 2 | 439 | — *asiatica*, Linn. | 4 | 14 |
| GOUFFEIA, Robill. | 5 | 205 | — *betulæfolia*, Juss. | 4 | 13 |
| GOUPIA, Aubl. | 2 | 439 | — *bicolor*, Juss. | 4 | 71 |
| GOVENIA, Lindl. | 12 | 177 | — *carpinifolia*, Beauv. | 4 | 13 |
| GRABOWSKIA, Schlechtend. | 9 | 52 | — *Chadara*, Lamk. | 4 | 13 |
| *Græmia*, Hook. | 10 | 18 | — *corylifolia*, Rich. | 4 | 14 |
| GRAFFENRIEDA, Mart. | 4 | 215 | — *excelsa*, Vahl. | 4 | 11 |
| — *excelsa*, D. C. | 4 | 214 | — *glandulosa*, Linn. | 4 | 12 |
| — *jucunda*, Mart. | 4 | 213 | — *guazumæfolia*, Juss. | 4 | 10 |
| — *rotundifolia*, D. C. | 4 | 214 | — *microcos*, Linn. | 4 | 10 |
| *Grafia*, Reichb. | 8 | 139 | — *nitida*, Juss. | 4 | 11 |
| GRAHAMIA, Gill. | 5 | 222 | — *occidentalis*, Linn. | 4 | 12 |
| *Gramina*, Linn. | 13 | 155 | — *populifolia*, Linn. | 4 | 13 |
| GRAMINEÆ, Juss. | 13 | 155 | — *tiliæfolia*, Juss. | 4 | 14 |
| GRAMMANTHES, D. C. | 5 | 81 | — *tomentosa*, Juss. | 4 | 10 |
| — *chloræflora*, D. C. | 5 | 82 | GRIAS, Linn. | 2 | 406 |
| *Grammarthron*, Cass. | 10 | 31 | GRIFFINIA, Ker. | 12 | 405 |
| GRAMMATOCARPUS, Presl. | 6 | 235 | GRIFFITHIA, Wight et Arn. | 8 | 372 |
| GRAMMATOPHYLLUM, Blum. | 12 | 178 | *Grimaldia*, Schrank. | 1 | 88 |
| GRAMMATOTHECA, Presl. | 9 | 572 | GRINDELIA, Willd. | 10 | 29 |
| *Grammica*, Lour. | 9 | 89 | — *incisa*, Spreng. | 10 | 265 |
| GRAMMOSCIADIUM, D. C. | 8 | 135 | — *sibirica*, Spreng. | 10 | 244 |
| GRANADILLA, D. C. | 6 | 266 | GRIPHOPUS, Spach. | 7 | 319 |
| GRANATEÆ, Don. | 4 | 887 | *Griselinia*, Neck. | 1 | 157 |
| *Granatum littoreum*, Rumph. | 5 | 204 | GRISEBACHIA, Klotz. | 9 | 473 |
| GRANGEA, Adans. | 10 | 28 | GRISLEA, Lœfl. | 4 | 438 |
| GRANGERIA, Commers. | 1 | 369 | — *floribunda*, Roxb. | 4 | 438 |
| *Granum moschatum*, Rumph. | 5 | 384 | — *tomentosa*, Roxb. | 4 | 438 |
| GRAPHEPHORUM, Desv. | 13 | 162 | GROBYA, Lindl. | 12 | 178 |
| GRAPTOPHYLLUM, Nees. | 9 | 146 | GRONA, Lour. | 4 | 154 |
| GRATIOLA, Linn. | 9 | 316 | GRONOVIA, Linn. | 6 | 230 |
| — *officinalis*, Linn. | 9 | 317 | — *scandens*, Linn. | 6 | 231 |
| GRATIOLEÆ, Benth. | 9 | 268 | *Grossulaceæ*, Mirb. | 6 | 144 |
| | et | 312 | GROSSULARIA, Tourn. | 6 | 172 |
| *Graumüllera*, Reichb. | 12 | 14 | — *acicularis*, Spach. | 6 | 173 |
| *Greggia*, Gærtn. | 4 | 105 | — *Cynosbati*, Spach. | 6 | 178 |
| | | | — *divaricata*, Spach. | 6 | 177 |

| | Vol. | Pag. |
|---|---|---|
| Grossularia hirtella, Spach. | 6 | 180 |
| — irrigua, Spach. . . . | 6 | 179 |
| — nivea, Lindl. . . . | 6 | 179 |
| — oxyacanthoides, Spach. | 6 | 175 |
| — triflora, Spach. | 6 | 176 |
| — vulgaris, Spach. . . | 6 | 174 |
| GROSSULARIEÆ, D. C. | 6 | 144 |
| GROUTIA, Guill. et Perr. | 13 | 263 |
| GRUBBIA, Berg. . . . | 10 | 460 |
| Grubbilleæ, Endl. . . . | 10 | 460 |
| GRUBBIEÆ, Spach. . . | 10 | 460 |
| GRUINALES, Bartl. | 5 | 251 |
| GRUMILEA, Gærtn. . . | 8 | 376 |
| GUADUA, Humb. et Kunth. | 13 | 253 |
| — angustifolia, Kunth. . | 13 | 233 |
| — latifolia, Kunth. . . . | 13 | 233 |
| Guaiacaneæ, Juss. . . | 9 | 416 |
| | et | 599 |
| GUAIACUM, Linn. . . | 2 | 309 |
| — officinale, Linn. . . | 2 | 309 |
| — sanctum, Linn. . . | 2 | 310 |
| Guajava, Tourn. . . . | 4 | 405 |
| Guapurium, Juss. . . . | 4 | 405 |
| GUARDIOLA, Humb. et Bonpl. | 10 | 118 |
| GUAREA, Linn. . . . | 3 | 199 |
| — Aubletii, Juss. fil. . . | 3 | 200 |
| — megantha, Juss. fil. . | 3 | 201 |
| — pubescens, Juss. fil. . | 3 | 200 |
| — purgans, A. St-Hil. et Juss. fil. . . | 3 | 199 |
| — trichilioides, Cav. . . | 3 | 201 |
| — tuberculosa, Juss. fil. . | 3 | 201 |
| — velutina, Juss. fil. . . | 3 | 200 |
| GUARIRUMA, Cass. . . | 10 | 35 |
| GUATTERIA, Ruiz et Pav. | 7 | 505 |
| — Korinti, Dunal. . . | 7 | 506 |
| — macrophylla, Bl. . . | 7 | 506 |
| — rufa, Dunal. . . | 7 | 505 |
| — sempervirens, D. C. . | 7 | 505 |
| Guayava pyriformis, Gærtn. | 4 | 152 |
| GUAZUMA, Juss. . . | 3 | 486 |
| — Bubroma, Willd. . . | 3 | 486 |
| — ulmifolia, Lamk. . . | 3 | 486 |
| GUEPINIA, Bast. . . | 6 | 325 |
| GUETTARDA, Linn. . . | 8 | 431 |
| — speciosa, Linn. . . | 8 | 432 |
| GUETTARDACEÆ, Kunth. | 8 | 375 |
| GUEVINIA, Molin. . . | 10 | 401 |
| Guajacana, Tourn. . . | 9 | 400 |
| GUICHENOTIA, Gay. . . | 3 | 477 |
| GUIERA, Juss. . . . . . | 4 | 305 |
| — senegalensis, Lamk. . | 4 | 305 |
| GUILANDINA, Juss. . . . | 1 | 98 |
| — Bonduc, Linn. . . | 1 | 99 |
| — Bonducella, Linn. . . | 1 | 99 |
| — dioica, Linn. . . . | 1 | 89 |
| — echinata, Spreng. . . | 1 | 103 |
| — Moringa, Linn. . . | 1 | 142 |
| — Nuga, Lamk. . . | 1 | 104 |
| GUILIELMA, Mart. . . | 12 | 115 |
| — speciosa, Mart. . . | 12 | 115 |
| GUILLEMINEA, Kunth. . | 8 | 239 |
| Guioa, Cav. . . . . . | 3 | 40 |
| GUIZOTIA, Cass. . . | 10 | 22 |
| GULDENSTÆDTIA, Fisch. | 1 | 105 |
| GUNDELIA, Tourn. . . | 10 | 40 |
| Gundelsheimera, Cass. . | 10 | 40 |
| GUNNERA, Linn. . . . | 11 | 23 |
| Gunneraceæ, Endl. . . | 11 | 26 |
| Gunnereæ, Gaudich. . . | 11 | 26 |
| GUNNIA, Lindl. . . | 12 | 178 |
| Guntheria, Andrz. . . | 6 | 323 |
| — elongata, Andrz. . . | 6 | 379 |
| Gussonea, A. Rich. . . | 12 | 179 |
| Gussonea, Presl. . . | 13 | 144 |
| GUSTAVIA, Linn. . . . | 4 | 187 |
| — augusta, Linn. . . | 4 | 187 |
| — pterocarpa, Poit. . . | 4 | 188 |
| — speciosa, D. C. . . | 4 | 187 |
| — urceolata, Poit. . . | 4 | 188 |
| GUTIERREZIA, Lag. . . | 10 | 17 |
| | et | 22 |
| GUTTIFERÆ, Bartl. | 5 | 304 |
| Guttiferæ, Juss. . . | 5 | 306 |
| GUZMANNIA, R. et P. . | 12 | 398 |
| Gwillimia indica, Rottb. | 7 | 451 |
| Gyas, Sal. . . . | 12 | 476 |
| GYMNACANTHUS, Nees. | 9 | 444 |
| Gymnachæna, Reichb. . | 10 | 26 |
| GYMNADENIA, R. Br. . | 12 | 179 |
| GYMNANDRA, Pall. . . | 9 | 274 |
| Gymnanthemum, Cass. | 10 | 39 |
| GYMNANTHERA, R. Br. . | 8 | 538 |
| Gymnanthes, Swartz. . | 2 | 488 |
| GYMNARRHENA, Desf. . | 10 | 28 |
| GYMNELÆA, Endl. . . | 8 | 258 |
| Gymnema, Rafin. . . | 10 | 38 |
| GYMNEMA, R. Br. . . | 8 | 554 |
| — tingens, Roxb. . . | 8 | 554 |
| GYMNOBALANUS, Nees et Mart. . . . | 10 | 473 |
| GYMNOCARPUM, Forsk. . | 5 | 238 |

Vol. Pag.

HÆMODORACEÆ, R.
  Br. . . . . . . . . 13 108
HÆMODORUM, Smith... 13 109
Hæmodorum, Wallr. . . 9 261
Hæmospermum, Reinw. 8 483
Hænkea, R. et P. . . 9 417
Hænkea, R. et S. . . 2 403
Hænkea, Sal. . . . 5 228
HÆNSELERA, D. C. . 10 2
Hagea, Vent. . . . 5 205
HAGENBACHIA, Nees et
  Mart. . . . 13 109
HAKEA, Schrad. . . 10 422
— acicularis, R. Br. . 10 423
— amplexicaulis, R. Br. 10 423
— ceratophylloides, R. Br 10 424
— cinerea, R. Br. . 10 424
— dactyloides, Gav. . 10 425
— elliptica, R. Br. . 10 425
— florida, R. Br. . 10 423
— gibbosa, Gav. . . 10 422
— glabra, Schrad. . 10 422
— ilicifolia, R. Br. . 10 423
— nitida, R. Br. . 10 423
— obliqua, R. Br. . 10 422
— oleæfolia, R. Br. . 10 424
— prostrata, R. Br. . 10 424
— pubescens, Schrad. . 10 422
— pugioniformis, Gav. 10 422
— pyriformis, Gav. . 10 426
— saligna, R. Br. . 10 424
— sericea, Schrad. . 10 425
— suaveolens, R. Br. . 10 423
— undulata, R. Br. . 10 424
HALENIA, Borkh. . . 9 6
HALESIA, Ellis. . . 9 425
— diptera, Willd. . 9 426
— tetraptera, Willd. . 9 426
Halesia, P. Br. . . 9 375
Halesiaceæ, Don. . . 9 416
Halianthus, Fries. . 5 205
HALIMIUM, Spach. . 6 50
— atriplicifolium, Spach. 6 54
— Clusii, Spach. . 6 63
— heterophyllum, Spach. 6 52
— heterophyllum acuti-
  folium, Spach. 6 53
— heterophyllum obtusi-
  folium, Spach. 6 52
— lasianthum, Spach. 6 58
— lasianthum alyssoides,
  Spach. . . 6 58

Vol. Pag.

Halimium lasianthum chei-
  ranthoides, Spach. . . 6 58
— lepidotum, Spach. . 6 56
— rosmarinifolium, Spach. 6 62
— umbellatum, Spach. 6 61
HALIMOCNEMIS, C. A. Mey. 5 279
HALIMODENDRON, Fisch. 1 270
— argenteum, Fisch. 1 270
Halimus, Wallr. . . 5 278
HALLERIA, Linn. . 9 268
Halleriaceæ, Link. . 9 264
Hallia, Jaume. . . 1 156
HALLIA, Thunb. . 1 153
HALMYRA, Sol. . 12 429
Halocharis, Bieberst. 10 12
HALOCNEMON, Bieberst. 5 278
Halodendron, D. C. 1 154
HALOGETON, C. A. Mey. 5 278
HALOPHILA, Petit-Thou. 12 12
HALORAGEÆ, R. Br. 4 442
Halorageæ-Datisceæ, Reichb. 13 291
HALORAGIS, Forst. 4 443
Haloschœnus, Nees. 13 146
HAMADRYAS, Commers. 7 190
HAMAMELIDEÆ,
  R. Br. . . 8 76
Hamamelineæ-Atandieæ,
  Ad. Brongn. . 13 259
HAMAMELIS, Linn. 8 78
— androgyna, Walt. 8 80
— dioica, Walt. 8 80
— macrophylla, Pursh 8 80
— monoica, Pursh 8 80
— persica, D. C. 8 79
— sinensis, R. Br. 8 79
— virginica, Linn. 8 79
Hambergera, Scop. 4 296
Hambergia, Neck. 4 296
HAMELIA, Jacq. 8 422
— chrysantha, Swartz 8 424
— coccinea, Swartz 8 423
— grandiflora, L'Hér. 8 423
— patens, Jacq. 8 423
— ventricosa, Swartz 8 423
HAMELIEÆ, D. C. 8 374
  et 422
HAMILTONIA, Wallich. 8 375
Hamiltonia, Willd. 10 460
HAMMATOCAULIS, Tausch. 8 135
HAMULIUM, Cass. 10 20
HANCORNIA, Gomez. 8 501
HANGUANA, Blum. 13 154

| | Vol. | Pag. |
|---|---|---|
| *Hapalanthus*, Jacq. | 13 | 122 |
| HAPLACHNE, Presl. | 13 | 166 |
| HAPLANTHUS, Nees. | 9 | 147 |
| HAPLOCARPHA, Less. | 10 | 14 |
| HAPLOLOPHIUM, Cham. | 9 | 130 |
| HAPLOPHYLLUM, D. C. | 19 | 59 |
| HAPLOPHYLLUM, Juss. fil. | 2 | 513 |
| HAPLOSTELIS, Rich. fil. | 12 | 172 |
| *Haplostemon*, Raf. | 13 | 145 |
| HAPLOSTEPHIUM, D. C. | 10 | 40 |
| *Haplostephium*, Don. | 10 | 6 |
| *Haplostylis*, Nees. | 13 | 148 |
| HARDWICKIA, Roxb. | 4 | 98 |
| HARINA, Hamilt. | 12 | 60 |
| HARIOTA, (Adans.) D. C. | 13 | 395 |
| — salicornioides, D. C. | 13 | 395 |
| HARMODIA, Don. | 10 | 9 |
| HARONGA, Petit-Thou. | 5 | 355 |
| — lanceolata, Choisy | 5 | 352 |
| — madagascariensis, Choisy | 5 | 356 |
| — paniculata, Pers. | 5 | 356 |
| — revoluta, Choisy | 5 | 355 |
| *Harongana*, Lamk. | 5 | 340 |
| HARPACHNE, Hochst. | 13 | 164 |
| HARPALIUM, Cass. | 10 | 149 |
| — rigidum, Cass. | 10 | 149 |
| *Harpalyce*, Don. | 10 | 7 |
| HARPALYCE, Moç. et Sess. | 1 | 157 |
| HARPECHLOA, Kunth. | 13 | 163 |
| HARPULLIA, Roxb. | 3 | 41 |
| *Harrachia*, Jacq. | 9 | 146 |
| *Harrisonia*, Hook. | 8 | 540 |
| *Harrisonia*, Neck. | 10 | 8 |
| HARRISONIA, R. Br. | 2 | 373 |
| HARTIGHSEA, Juss. fil. | 3 | 188 |
| — excelsa, Juss. fil. | 3 | 189 |
| — Forsteri, Juss. fil. | 3 | 188 |
| — mollissima, Juss. fil. | 3 | 189 |
| — spectabilis, Juss. fil. | 3 | 189 |
| HARTMANNIA, Spach. | 4 | 370 |
| — gauroides, Spach. | 4 | 371 |
| — macrantha, Spach. | 4 | 372 |
| *Hartogia*, Berg. | 2 | 322 |
| HARTOGIA, Thunb. | 2 | 422 |
| HARTWEGIA, Lindl. | 12 | 176 |
| HARTWEGIA, Nees. | 12 | 256 |
| HARWEYA, Hook. | 9 | 271 |
| HASSELQUISTIA, Linn. | 8 | 136 |
| *Hasseltia*, Blum. | 8 | 503 |
| HASSELTIA, Kunth. | 4 | 4 |
| *Hastingia*, Smith. | 9 | 167 |
| — coccinea, Kœn. | 9 | 216 |
| HAVETIA, Kunth. | 5 | 315 |
| *Havetia laurifolia*, Kunth. | 5 | 315 |
| HAWORTHIA, Duval. | 12 | 337 |
| — albicans, Haw. | 12 | 339 |
| — angustifolia, Haw. | 12 | 348 |
| — arachnoides, Haw. | 12 | 347 |
| — aspera, Haw. | 12 | 337 |
| — attenuata, Haw. | 12 | 342 |
| — atrovirens, Haw. | 12 | 345 |
| — chloracantha, Haw. | 12 | 347 |
| — concinna, Haw. | 12 | 338 |
| — cordifolia, Haw. | 12 | 337 |
| — curta, Haw. | 12 | 339 |
| — cymbæformis, Haw. | 12 | 346 |
| — erecta, Haw. | 12 | 341 |
| — fasciata, Haw. | 12 | 342 |
| — foliolosa, Haw. | 12 | 337 |
| — granata, Haw. | 12 | 341 |
| — granulosa, Haw. | 12 | 340 |
| — hybrida, Haw. | 12 | 339 |
| — imbricata, Haw. | 12 | 336 |
| — lætevirens, Haw. | 12 | 345 |
| — margaritifera, Haw. | 12 | 340 |
| — minima, Haw. | 12 | 341 |
| — mirabilis, Haw. | 12 | 344 |
| — parva, Haw. | 12 | 344 |
| — pentagona, Haw. | 12 | 356 |
| — planifolia, Haw. | 12 | 346 |
| — pseudotortuosa, Haw. | 12 | 338 |
| — pumila, Haw. | 12 | 345 |
| — Radula, Haw. | 12 | 341 |
| — recurva, Haw. | 12 | 343 |
| — Reinwardtii, Haw. | 12 | 343 |
| — reticulata, Haw. | 12 | 345 |
| — retusa, Haw. | 12 | 344 |
| — rigida, Haw. | 12 | 339 |
| — scabra, Haw. | 12 | 343 |
| — semiglabrata, Haw. | 12 | 340 |
| — semimargaritifera, Haw. | 12 | 340 |
| — setata, Haw. | 12 | 347 |
| — spiralis, Haw. | 12 | 336 |
| — tesselata, Haw. | 12 | 344 |
| — tortella, Haw. | 12 | 339 |
| — tortuosa, Haw. | 12 | 339 |
| — translucens, Haw. | 12 | 346 |
| — turgida, Haw. | 12 | 345 |
| — venosa, Haw. | 12 | 347 |
| — viscosa, Haw. | 12 | 338 |
| HAYLOCKIA, Herb. | 12 | 405 |
| *Haynea*, Schum. | 11 | 24 |
| *Haynea*, Willd. | 10 | 39 |
| HEBANTHE, Mart. | 5 | 268 |
| — paniculata, Mart. | 5 | 268 |
| — pulverulenta, Mart. | 5 | 270 |

| | Vol. | Pag. |
|---|---|---|
| Hebanthe spicata, Mart. | 5 | 269 |
| — virgata, Mart. | 5 | 269 |
| Hebea, Pers. | 13 | 3 |
| — alata, Pers. | 15 | 80 |
| Hebeandra, Bonpl. | 7 | 111 |
| HEBECLINIUM, D. C. | 10 | 37 |
| Hebelia, Gmel. | 12 | 255 |
| HEBENSTREITIA, Linn. | 9 | 245 |
| HECATONIA, (Lour.) Spach. | 7 | 198 |
| — palustris, Lour. | 7 | 198 |
| HECHTIA, Klotz. | 12 | 598 |
| HECKERIA, Kunth. | 11 | 11 |
| HECTOREA, D. C. | 10 | 58 |
| HECUBÆA, D. C. | 10 | 17 |
| HEDEOMA, Pers. | 9 | 164 |
| Hederaceæ, Bartl. | 8 | 86 |
| HEDERA, Linn. | 8 | 124 |
| — canariensis, Willd. | 8 | 125 |
| — Helix, Linn. | 8 | 125 |
| — Helix, Wallich. | 8 | 125 |
| — Helix chrysocarpa, D. C. | 8 | 125 |
| — hibernica, Hortor. | 8 | 125 |
| — poetarum, Bertol. | 8 | 125 |
| — quinquefolia, Linn. | 8 | 216 |
| HEDRAIPHYLLUM, Less. | 10 | 10 |
| Hedwigia, Medic. | 13 | 122 |
| HEDWIGIA, Swartz. | 2 | 243 |
| — balsamifera, Swartz. | 2 | 243 |
| HEDYCARIA, Forst. | 11 | 91 |
| HEDYCHIUM, Kœn. | 12 | 164 |
| — angustifolium, Roxb. | 12 | 165 |
| — coronarium, Linn. | 12 | 164 |
| Hedychloa, Raf. | 13 | 144 |
| Hedycrea, Schreb. | 1 | 369 |
| HEDYOSMUM, Swartz. | 11 | 19 |
| HEDYOTIDEÆ, Cham. et Schl. | 8 | 373 |
| | et | 418 |
| HEDYOTIS, Linn. | 8 | 373 |
| Hedypnois, Gærtn. | 10 | 8 |
| HEDYPNOIS, Tourn. | 10 | 8 |
| HEDYSAREÆ, D. C. | 1 | 155 |
| | et | 279 |
| HEDYSARUM, Linn. | 1 | 286 |
| — Alhagi, Linn. | 1 | 297 |
| — argenteum, Lamk. | 1 | 286 |
| — argenteum, Linn. | 1 | 286 |
| — Buxbaumii, Bieberst. | 1 | 292 |
| — canadense, Linn. | 1 | 285 |
| — capitatum, Desf. | 1 | 288 |
| — caput-galli, Linn. | 1 | 290 |
| — caucasicum, Bieberst. | 1 | 288 |
| Hedysarum coronarium, Linn. | 1 | 287 |
| — crista-galli, Linn. | 1 | 291 |
| — elongatum, Fisch. | 1 | 289 |
| — flexuosum, Linn. | 1 | 288 |
| — grandiflorum, Pall. | 1 | 286 |
| — gyrans, Linn. | 1 | 284 |
| — obscurum, Linn. | 1 | 288 |
| — pictum, Jacq. | 1 | 293 |
| — polymorphum, Ledeb. | 1 | 287 |
| — radiatum, Desf. | 1 | 292 |
| — roseum, D. C. | 1 | 287 |
| — sericeum, Bieberst. | 1 | 286 |
| — splendens, Fisch. | 1 | 287 |
| — Vespertilionis, Linn. | 1 | 294 |
| HEIMIA, Link et Otto. | 4 | 428 |
| — myrtifolia, Link et Otto. | 4 | 429 |
| — salicifolia, Link et Otto. | 4 | 429 |
| — syphilitica, D. C. | 4 | 429 |
| HEINSIA, D. C. | 8 | 372 |
| Heinzelmannia, Neck. | 9 | 269 |
| Heinzia, Scop. | | 89 |
| Heisteria, Berg. | | 111 |
| HEISTERIA, Linn. | 13 | 265 |
| — coccinea, Jacq. | 13 | 265 |
| HEKORIMA, Raf. | 12 | 235 |
| HELEASTRUM, D. C. | 10 | 30 |
| HELENA, Haw. | 12 | 452 |
| Helenia, Linn. | 10 | 17 |
| — autumnalis, Gærtn. | 10 | 121 |
| — decurrens, Mœnch. | 10 | 121 |
| HELENIUM, Linn. | 10 | 421 |
| — autumnale, Linn. | 10 | 421 |
| — pubescens, Hort. Kew. | 10 | 421 |
| — pumilum, Willd. | 10 | 421 |
| Heleocharis, R. Br. | 13 | 145 |
| Heleochloa, Beauv. | 13 | 461 |
| Heleochloa, Host. | 13 | 459 |
| Heleogiton, Reichb. | 13 | 144 |
| Heleophila, Beauv. | 13 | 144 |
| Helia, Mart. | 9 | 5 |
| HELIAMPHORA, Benth. | 13 | 329 |
| HELIANTHEÆ, Cass. | 10 | 16 |
| | et | 120 |
| HELIANTHEÆ-COREOP- SIDEÆ, Cass. | 10 | 18 |
| | et | 124 |
| HELIANTHEÆ-HELE- NIEÆ, Cass. | 10 | 17 |
| | et | 121 |
| HELIANTHEÆ - MIL- LERIEÆ, Cass. | 10 | 21 |
| | et | 161 |

| | Vol. | Pag. |
|---|---|---|
| HELIANTHEÆ - PROTOTYPÆ, Cass. . . . | 10 | 19 |
| — et | | 136 |
| HELIANTHEÆ - RUDBECKIEÆ, Cass. . . . | 10 | 20 |
| — et | | 150 |
| HELIANTHEMUM, (Tourn.) Spach. . . . | 6 | 13 |
| — acuminatum, Pers. . . | 6 | 26 |
| — ægyptiacum, Mill. . . | 6 | 20 |
| — algarvense, Dun. . . | 6 | 52 |
| — alpestre, Dun. . . | 6 | 41 |
| — alyssoides, Vent. . . | 6 | 58 |
| — Andersonii, Sweet. . | 6 | 27 |
| — angustifolium, Pers. . | 6 | 29 |
| — apenninum, D. C. . . | 6 | 28 |
| — arabicum, Pers. . . | 6 | 10 |
| — asperum, Lag. . . | 6 | 28 |
| — atriplicifolium, Willd. | 6 | 54 |
| — aureum, Pers. . . | 6 | 30 |
| — barbatum, Pers. . . | 6 | 26 |
| — Barrelieri, Ten. . . | 6 | 13 |
| — brasiliense, Pers. . . | 6 | 26 |
| — Broussonetii, Dun. . | 6 | 52 |
| — bupleurifolium, Dun. | 6 | 47 |
| — canadense, Mich. . | 6 | 100 |
| — canariense, Pers. . | 6 | 22 |
| — candidum, Sweet. . | 6 | 53 |
| — canescens, Sweet. . | 6 | 28 |
| — canum, Dun. . . | 6 | 41 |
| — carolinianum, Mich. | 6 | 57 |
| — cheiranthoides, Sweet. | 6 | 58 |
| — ciliatum, Pers. . . | 6 | 28 |
| — cinereum, Pers. . . | 6 | 40 |
| — cistifolium, Mill. . . | 6 | 26 |
| — confertum, Dun. . . | 6 | 22 |
| — confusum, Sweet. . | 6 | 29 |
| — corymbosum, Mich. | 6 | 103 |
| — crassifolium, Pers. . | 6 | 40 |
| — croceum, Pers. . . | 6 | 27 |
| — cupreum, Sweet. . . | 6 | 27 |
| — denticulatum, Thib. . | 6 | 48 |
| — dichotomum, Willd. | 6 | 44 |
| — diversifolium, Sweet. | 6 | 27 |
| — ellipticum, Pers. . . | 6 | 21 |
| — ericoides, Dun. . . | 6 | 41 |
| — eriocaulon, Dun. . . | 6 | 47 |
| — formosum, Dun. . . | 6 | 44 |
| — Fumana, Mill. . . | 6 | 11 |
| — glaucum, Pers. . . | 6 | 27 |
| — glaucum, Sweet. . . | 6 | 23 |
| — globulariæfolium, Pers. | 6 | 49 |
| — glomeratum, Lag. . . | 6 | 106 |
| Helianthemum glutinosum, Pers. . . . | 6 | 13 |
| — grandiflorum, D. C. . | 6 | 25 |
| — guttatum, Mill. . . | 6 | 16 |
| — halimifolium, Mill. . | 6 | 56 |
| — heterodoxum, Dun. . | 6 | 47 |
| — hirtum, Pers. . . | 6 | 29 |
| — hispidum, Dun. . . | 6 | 29 |
| — hyssopifolium, Ten. . | 6 | 26 |
| — hyssopifolium cupreum, Sweet. . . | 6 | 27 |
| — ibericum, Desf. . . | 6 | 40 |
| — inconspicuum, Thib. | 6 | 47 |
| — intermedium, Thib. | 6 | 16 |
| — involucratum, Pers. . | 6 | 58 |
| — italicum, Pers. . . | 6 | 41 |
| — juniperinum, Lag. . | 6 | 45 |
| — Kahiricum, Del. . . | 6 | 24 |
| — læve, Pers. . . | 6 | 45 |
| — lævipes, Willd. . . | 6 | 44 |
| — Lagascæ, Dun. . . | 6 | 29 |
| — lanceolatum, Sweet. . | 6 | 27 |
| — lasianthum, Pers. . . | 6 | 58 |
| — lasiocarpum, Desf. . | 6 | 17 |
| — lavandulæfolium, D. C. | 6 | 34 |
| — lavandulafolium, Sieb. | 6 | 21 |
| — ledifolium, Pers. . . | 6 | 17 |
| — ledifolium, Spach. . | 6 | 17 |
| — leptophyllum, Dun. . | 6 | 29 |
| — Libanotis, Willd. . . | 6 | 62 |
| — lignosum, Sweet. . . | 6 | 49 |
| — lineare, Pers. . . | 6 | 20 |
| — Lippii, Pers. . . | 6 | 21 |
| — Lippii, Spach. . . | 6 | 21 |
| — Lippii pedicellatum, Spach. . . . | 6 | 21 |
| — Lippii sessiliflorum, Spach. . . . | 6 | 21 |
| — lucidum, Horn. . . | 6 | 26 |
| — macranthum, Sweet. . | 6 | 26 |
| — macrosepalum, Salzm. | 6 | 47 |
| — majoranæfolium, D. C. | 6 | 29 |
| — marifolium, D. C. . | 6 | 40 |
| — marifolium, Salzm. . | 6 | 44 |
| — microphyllum, Sweet. | 6 | 52 |
| — Milleri, Sweet. . . | 6 | 26 |
| — molle, Pers. . . | 6 | 41 |
| — mucronatum, Dun. . | 6 | 22 |
| — multiflorum, Salzm. . | 6 | 57 |
| — mutabile, Pers. . . | 6 | 27 |
| — niloticum, Pers. . . | 6 | 17 |
| — nudicaule, Dun. . . | 6 | 27 |
| — nummularium, Mill. . | 6 | 26 |

| | Vol. | Pag. |
|---|---|---|
| Helianthemum *obovatum*, Dun. | 6 | 21 |
| — *obscurum*, Pers.... | 6 | 26 |
| — *ocymoides*, Pers. . . . | 6 | 52 |
| — *œlandicum*, D. C. . | 6 | 41 |
| — *origanifolium*, Willd. | 6 | 44 |
| — *paniculatum*, Dun. | 6 | 40 |
| — *penicillatum*, Dun. | 6 | 41 |
| — *pilosum*, Pers. | 6 | 29 |
| — *plantagineum*, Pers. | 6 | 47 |
| — *polifolium*, Pers. | 6 | 23 |
| — *polyanthos*, Rœrst. | 6 | 39 |
| — *præcox*, Salzm. | 6 | 47 |
| — *procumbens*, Dun. | 6 | 11 |
| — *pulchellum*, Sweet. | 6 | 41 |
| — *pulverulentum*, D. C. | 6 | 29 |
| — *pulverulentum*, Sweet. | 6 | 28 |
| — *punctatum*, Dun. | 6 | 47 |
| — *racemosum*, Dun. | 6 | 28 |
| — *racemosum*, Pers. | 6 | 29 |
| — *ramuliflorum*, Michr. | 6 | 100 |
| — *retrofractum*, Pers. | 6 | 19 |
| — *rhodanthum*, Dun. | 6 | 28 |
| — *roseum*, D. C. | 6 | 27 |
| — *rosmarinifolium*, Elliot. | 6 | 101 |
| — *rosmarinifolium*, Pursh. | 6 | 101 |
| — *rotundifolium*, Dun. | 6 | 40 |
| — *rugosum*, Dun. | 6 | 58 |
| — *rugosum*, Sweet. | 6 | 52 |
| — *salicifolium*, Spach. | 6 | 18 |
| — *salicifolium*, Sweet. | 6 | 18 |
| — *sambucifolium*, Mill. | 6 | 26 |
| — *sanguineum*, Lag. | 6 | 19 |
| — *scabrosum*, Dun. | 6 | 58 |
| — *serpyllifolium*, Dun. | 6 | 26 |
| — *sessiliflorum*, Pers. | 6 | 21 |
| — *squammatum*, Pers. | 6 | 56 |
| — *stramineum*, Sweet. | 6 | 26 |
| — *sulphureum*, Willd. | 6 | 26 |
| — *surreyanum*, Mill. | 6 | 26 |
| — *tauricum*, Sweet. | 6 | 26 |
| — *thymifolium*, Pers. | 6 | 13 |
| — *tomentosum*, Dun. | 6 | 26 |
| — *Tuberaria*, Willd. | 6 | 49 |
| — *umbellatum*, Willd. | 6 | 61 |
| — variabile, Spach. | 6 | 25 |
| — *variabile angustifolium*, Spach. | 6 | 29 |
| — *variabile calycinum*, Spach. | 6 | 28 |
| — *variabile discolor*, Spach. | 6 | 26 |
| — *variabile glaberrimum*, Spach. | 6 | 27 |
| — *variabile hirtum*, Spach. | 6 | 29 |
| | Vol. | Pag. |
| Helianthemum *variabile hispidum*, Spach. . . . | 6 | 29 |
| — *variabile hololeucum*, Spach. | 6 | 27 |
| — *variabile linearifolium*, Spach. | 6 | 28 |
| — *variabile mutabile*, Spach. | 6 | 27 |
| — *variabile potifolium*, Spach. | 6 | 28 |
| — *variabile setosum*, Spach. | 6 | 28 |
| — *variabile virescens*, Spach. | 6 | 25 |
| — *variegatum*, Sweet. | 6 | 29 |
| — *venustum*, Sweet. | 6 | 28 |
| — *versicolor*, Sweet. | 6 | 27 |
| — *villosum*, Pers. | 6 | 17 |
| — *vineale*, Pers. ? | 6 | 41 |
| — *violaceum*, Pers. | 6 | 29 |
| — *virgatum*, Pers. | 6 | 29 |
| — *viride*, Ten. | 6 | 13 |
| — *viscidulum*, Stev. | 6 | 10 |
| — *vulgare*, Pers. | 6 | 26 |
| HELIANTHUS, Linn. | 10 | 142 |
| — *altissimus*, Jacq. | 10 | 145 |
| — *angustifolius*, Linn. | 10 | 147 |
| — *angustifolius*, Mich. | 10 | 148 |
| — *annuus*, Linn. | 10 | 143 |
| — *atrorubens*, Linn. | 10 | 149 |
| — *canescens*, Mich. | 10 | 146 |
| — *decapetalus*, Linn. | 10 | 146 |
| — *diffusus*, Sims. | 10 | 149 |
| — *divaricatus*, Linn. | 10 | 146 |
| — *doronicoides*, Lamk. | 10 | 147 |
| — *giganteus*, Linn. | 10 | 145 |
| — *indicus*, Linn. | 10 | 143 |
| — *lævis*, Linn. | 10 | 160 |
| — *lenticularis*, Dougl. | 10 | 143 |
| — *linearis*, Cav. | 10 | 148 |
| — *macrocarpus*, D. C. | 10 | 145 |
| — *missuricus*, Spreng. | 10 | 149 |
| — *mollis*, Lamk. | 10 | 146 |
| — *mollis*, Willd. | 10 | 147 |
| — *multiflorus*, Linn. | 10 | 144 |
| — *orgyalis*, D. C. | 10 | 147 |
| — *ovatus*, Lehm. | 10 | 143 |
| — *patens*, Lehm. | 10 | 143 |
| — *pubescens*, Vahl. | 10 | 147 |
| — *pubescens*, Willd. | 10 | 146 |
| — *pumilus*, Pers. | 10 | 143 |
| — *rigidus*, Desf. | 10 | 145 |
| — *squarrosus*, Kunth. | 10 | 144 |
| — *tuberosus*, Linn. | 10 | 145 |
| — *virgatus*, Lamk. | 10 | 145 |
| Helichroa, Raf. | 10 | 20 |

| | Vol. | Pag. |
|---|---|---|
| HELICHRYSUM, Vaill. | 10 | 210 |
| — arenarium, D. C. | 10 | 213 |
| — bracteatum, Willd. | 10 | 214 |
| — canescens, Willd. | 10 | 209 |
| — cymosum, Linn. | 10 | 206 |
| — felinum, Less. | 10 | 211 |
| — filiforme, Lodd. | 10 | 207 |
| — foetidum, Cass. | 10 | 213 |
| — frutescens, Less. | 10 | 211 |
| — fulgidum, Willd. | 10 | 214 |
| — grandiflorum, Less. | 10 | 210 |
| — margaritaceum, Moench | 10 | 217 |
| — orientale, Gærtn. | 10 | 212 |
| — sesamoides, Willd. | 10 | 207 |
| — speciosissimum, Willd. | 10 | 208 |
| — spectabile, Lodd. | 10 | 207 |
| — spirale, Andr. | 10 | 208 |
| — Stoechas, D. C. | 10 | 212 |
| — variegatum, Thunb. | 10 | 208 |
| — virgatum, Willd. | 10 | 209 |
| Helicia, Lour. | 10 | 402 |
| HELICONIA, Linn. | 12 | 136 |
| HELICONIEÆ, A. Rich. | 12 | 136 |
| HELICTA, Cass. | 10 | -21 |
| Helicta, Less. | 10 | -25 |
| HELICTERES, Linn. | 3 | 410 |
| — angustifolia, Linn. | 3 | 413 |
| — baruensis, Linn. | 3 | 411 |
| — brevispina, Juss. fil. | 3 | 442 |
| — carthagenensis, Linn. | 3 | 414 |
| — Isora, Linn. | 3 | 411 |
| — jamaicensis, Jacq. | 3 | 442 |
| — macropetala, Juss. fil. | 3 | 412 |
| — Sacarolha, A. St-Hil. | 3 | 443 |
| HELIGME, Blum. | 8 | 503 |
| HELIOCARPUS, Linn. | 4 | 6 |
| — americanus, Linn. | 4 | 7 |
| — popayanensis, Kunth. | 4 | 7 |
| HELIOPHILA, Linn. | 6 | 324 |
| — amplexicaulis, Linn. fil. | 6 | 452 |
| — arabidioides, Bot. Mag. | 6 | 454 |
| — integrifolia, Linn. | 6 | 454 |
| — pendula, Willd. | 6 | 453 |
| — pilosa, Lamk. | 6 | 453 |
| — pinnata, Vent. | 6 | 453 |
| — stricta, Bot. Mag. | 6 | 454 |
| HELIOPSIS, Pers. | 10 | 160 |
| — canescens, Don. | 10 | 160 |
| — helianthoides, Spach. | 10 | 160 |
| — lævis, Pers. | 10 | 160 |
| — lævis, Dun. | 10 | 160 |
| — scabra, Dun. | 10 | 160 |
| Heliotropicæ, Schrad. | 9 | 28 |
| Heliotropiceæ, Mart. | 9 | 28 |
| HELIOTROPIEÆ, Endl. | 9 | 31 |
| HELIOTROPIUM, Linn. | 9 | 43 |
| — peruvianum, Linn. | 9 | 44 |
| Helipterum, D. C. | 10 | -26 |
| — variegatum, D. C. | 10 | 208 |
| Helitophyllum, Blum. | 10 | 402 |
| HELLEBORACEÆ, Lois. | 7 | 285 |
| HELLEBORASTRUM, Spach. | 7 | 316 |
| HELLEBOREÆ, Spach. | 7 | 289 |
| | et | 292 |
| Helleborine, Pers. | 12 | 480 |
| HELLEBORINEÆ, Spach. | 7 | 290 |
| | et | 312 |
| HELLEBORUS, Linn. | 7 | 312 |
| — altifolius, Reichb. | 7 | 314 |
| — angustifolius, Hortor. | 7 | 317 |
| — angustifolius, Vis. | 7 | 321 |
| — atropurpureus, Schult. | 7 | 317 |
| — atrorubens, Wald. et | | |
| Kit. | 7 | 317 |
| — Bocconi, Ten. | 7 | 317 |
| — cupreus, Host. | 7 | 317 |
| — dumetorum, Kit. | 7 | 317 |
| — foetidus, Linn. | 7 | 319 |
| — fumariæfolius, Amm. | 7 | 328 |
| — graveolens, Host. | 7 | 317 |
| — hiemalis, Linn. | 7 | 323 |
| — intermedius, Host. | 7 | 317 |
| — laxus, Host. | 7 | 317 |
| — lividus, Hort. Kew. | 7 | 321 |
| — monanthos, Moench. | 7 | 323 |
| — multifidus, Vis. | 7 | 317 |
| — niger, Linn. | 7 | 314 |
| — odorus, Kit. | 7 | 317 |
| — officinalis, Spach. | 7 | 316 |
| — officinalis atrorubens, | | |
| Spach. | 7 | 317 |
| — officinalis viridiflorus, | | |
| Spach. | 7 | 316 |
| — orientalis, Desf. | 7 | 317 |
| — pallidus, Host. | 7 | 317 |
| — purpurascens, W. et K. | 7 | 317 |
| — trifolius, Linn. | 7 | 325 |
| — trifolius, Mill. | 7 | 321 |
| — viridis, Linn. | 7 | 316 |
| HELLENIA, Retz. | 12 | 154 |
| — Allughas, Linn. | 12 | 467 |
| HELLENIA, Willd. | 12 | 154 |
| HELLERIA, Mart. | 13 | 298 |
| HELMINTHIA, Juss. | 10 | 6 |

| | Vol. | Pag. |
|---|---|---|
| *HELOBIEÆ*, Bartl. | 12 | 6 |
| HELONIAS, Linn. | 12 | 240 |
| — asphodeloides, Linn. | 12 | 243 |
| — bracteata, Sims | 12 | 248 |
| — bullata, Linn. | 12 | 241 |
| — dioica, Pursh | 12 | 242 |
| — erythrosperma, Mich. | 12 | 244 |
| — glaberrima, Link | 12 | 248 |
| — lutea, Hort. Kew. | 12 | 242 |
| — lutea, Ker. | 12 | 244 |
| — officinalis, Don. | 12 | 245 |
| — pumila, Jacq. | 12 | 242 |
| HELOPUS, Trin. | 13 | 160 |
| HELOSCIADIUM, Koch. | 8 | 158 |
| *HELOSIEÆ*, Endl. | 10 | 550 |
| HELOSIS, Rich. | 10 | 550 |
| HELOSPORA, Jacq. | 8 | 573 |
| Helxine, Linn. | 10 | 521 |
| Helxine, Regel | 11 | 25 |
| Helygia, Blum. | 8 | 503 |
| HEMARTHRIA, R. Br. | 13 | 466 |
| Hemerocallideæ, R. Br. | 12 | 252 |
| HEMEROCALLIS, Linn. | 12 | 574 |
| — alba, Andr. | 12 | 558 |
| — cærulea, Andr. | 12 | 579 |
| — cordata, Cav. | 12 | 578 |
| — cordata, Thunb. | 12 | 281 |
| — crocea, Lamk. | 12 | 565 |
| — disticha, Donn. | 12 | 575 |
| — flava, Linn. | 12 | 564 |
| — fulva, Linn. | 12 | 575 |
| — fulva, Thunb. | 12 | 575 |
| — graminea, Andr. | 12 | 565 |
| — japonica, Thunb. | 12 | 558 |
| — lancifolia, Thunb. | 12 | 559 |
| — Liliastrum, Linn. | 12 | 560 |
| — Lilio-Asphodelus, Linn. | 12 | 565 |
| — minor, Mill. | 12 | 565 |
| — plantaginea, Lamk. | 12 | 578 |
| — Sieboldiana, Lodd. | 12 | 579 |
| — undulata, Sieb. | 12 | 579 |
| Hemesotria, Raf. | 10 | 304 |
| HEMIACHYRIS, D. C. | 10 | 29 |
| HEMIADELPHIS, Nees | 9 | 144 |
| HEMIANDRA, R. Br. | 9 | 165 |
| Hemianthus, Nutt. | 9 | 469 |
| HEMICARPHA, Nees | 13 | 445 |
| HEMICARPURUS, Nees | 12 | 40 |
| HEMICHLÆNA, Schrad. | 13 | 446 |
| HEMICLIDIA, R. Br. | 10 | 402 |
| HEMICHORISTE, Wallich. | 9 | 146 |
| HEMICHROA, R. Br. | 5 | 278 |
| HEMIDESMUS, R. Br. | 8 | 542 |
| — indicus, R. Br. | 8 | 542 |
| HEMIGENIA, R. Br. | 9 | 165 |
| *HEMIMERIDEÆ*, Benth. | 9 | 266 |
| Hemimeris, Kunth | 9 | 266 |
| HEMIMERIS, Thunb. | 9 | 267 |
| HEMIPILIA, Lindl. | 12 | 180 |
| Hemisacris, Steud. | 13 | 164 |
| HEMISTEMMA, Juss. | 7 | 413 |
| *HEMISTEMONEÆ*, Reichb. | 7 | 413 |
| Hemitomus, L'hér. | 9 | 266 |
| HEMIZONIA, D. C. | 10 | 21 |
| Henanthus, Less. | 10 | 29 |
| Henckelia, Spreng. | 9 | 267 |
| HENDECANDRA, Esch. | 12 | 488 |
| HENNINGIA, Kar. et Kir. | 12 | 265 |
| HENOTOGYNA, D. C. | 10 | 48 |
| HENRICIA, Cass. | 10 | 31 |
| HENRIETTEA, D. C. | 4 | 260 |
| — succosa, D. C. | 4 | 260 |
| HENSCHELIA, Presl. | 7 | 496 |
| Henslera, Lag. | 8 | 158 |
| HEPATICA, Dill. | 7 | 240 |
| — acutiloba, D. C. | 7 | 241 |
| — americana, Ker. | 7 | 241 |
| — angulosa, D. C. | 7 | 241 |
| — triloba, Chaix. | 7 | 241 |
| Hepetis, Swartz. | 12 | 399 |
| HEPETOSPERMUM, Wallich. | 6 | 188 |
| Heptapleurum, Gaertn. | 10 | 113 |
| Heracantha, Link | 10 | 41 |
| HERACLEUM, Linn. | 8 | 170 |
| — branca-ursina, Hoffm. | 8 | 171 |
| — elegans, Jacq. | 8 | 171 |
| — proteiforme, Crantz. | 8 | 171 |
| — Sphondylium, Linn. | 8 | 171 |
| HERBERTIA, Sweet | 12 | 3 |
| HERDERIA, Cass. | 10 | 39 |
| Heritiera, Gmel. | 13 | 109 |
| — Gmelini, Mich. | 13 | 112 |
| HERITIERA, Hort. Kew. | 3 | 303 |
| — littoralis, Hort. Kew. | 3 | 303 |
| HERITIERA, Retz. | 12 | 154 |
| — Mlughas, Retz. | 12 | 167 |
| Heritiera, Schrank | 12 | 155 |
| HERMANNIA, Linn. | 5 | 466 |
| — æthifolia, Linn. | 3 | 470 |
| — altheæfolia, Jacq. | 3 | 467 |
| — altheæfolia, Linn. | 3 | 467 |
| — aurea, Jacq. | 3 | 467 |

| | Vol. | Pag. |
|---|---|---|
| HETEROPSIS, Kunth. . . | 12 | 41 |
| HETEROPTERIS, Kunth. | 3 | 149 |
| — argentea, Kunth . . | 3 | 151 |
| — bicolor, Juss. fil. | 3 | 149 |
| — chrysophylla, Kunth | 3 | 151 |
| — cœrulea, Kunth . | 3 | 152 |
| — nitida, Kunth . | 3 | 152 |
| — parvifolia, D. C. | 3 | 151 |
| — pterocephala, Juss. fil. | 3 | 151 |
| — purpurea, Kunth | 3 | 150 |
| — umbellata, Juss. fil. | 3 | 150 |
| *Heterosperma*, Cav. | 10 | 19 |
| **HETEROSPERMEÆ** Tausch. | 8 | 139 |
| HETEROSPERMUM, Willd. | 10 | 19 |
| *Heterostega*, Desv. | 12 | 163 |
| HETEROSTEMMA, Wight et Arn. | 8 | 540 |
| HETEROSTEMON, Desf. | 12 | 88 |
| *Heterotaxis*, Lindl. | 12 | 171 |
| HETEROTHALAMUS, Less. | 10 | 30 |
| HETEROTHECA, Cass. | 10 | 29 |
| HETEROTOMA, Zuccar. | 9 | 572 |
| *Heterotrichum*, Bieberst. | 10 | 10 |
| HETEROTRICHUM, D. C. | 4 | 206 |
| HETEROTROPA, Mort. et Decs. | 10 | 562 |
| *Heteryta*, Raf. | 9 | 49 |
| HEUCHERA, Linn. | 5 | 66 |
| — americana, Linn. | 5 | 67 |
| — villosa, Mich. | 5 | 67 |
| HEUDELOTIA, Guill. | 2 | 186 |
| HEURNIA, R. Br. | 8 | 540 |
| *Hevea*, Aubl. | 3 | 487 |
| — *guianensis*, Aubl. | 3 | 517 |
| HEXACENTRIS, Nees. | 9 | 144 |
| *Hexaclina*, Willd. | 8 | 573 |
| *Hexadesmia*, Al. Brongn. | 12 | 176 |
| HEXADICA, Lour. | 3 | 488 |
| *Hexaglottis*, Vent. | 13 |  |
| HEXALOBUS, D. C. fil. | 1 | 496 |
| HEXAPETALUM, Bartl. | 8 | 371 |
| HEXAPTERA, Hook. | 2 | 325 |
| HEXARRHENA, Presl. | 12 | 159 |
| HEXASTEMON, Klotz. | 9 | 443 |
| HEXISEA, Lindl. | 12 | 178 |
| HEYLANDIA, D. C. | 1 | 153 |
| *Heymassoli*, Aubl. | 13 | 263 |
| — *spinosa*, Aubl. | 13 | 264 |
| HEYNEA, Roxb. | 3 | 192 |
| — multijuga, Bl. . . . . | 3 | 193 |
| — trifolia, Juss. fil. . . | 3 | 193 |
| — trijuga, Roxb. . . . | 3 | 193 |

| | Vol. | Pag. |
|---|---|---|
| HIBBERTIA, Andr. | 7 | 420 |
| — corifolia, Sims. | 7 | 421 |
| — *crenata*, Andr. | 7 | 420 |
| — dentata, R. Br. | 7 | 422 |
| — *grossulariæfolia*, Sims. | 7 | 420 |
| — pedunculata, D. C. | 7 | 421 |
| — volubilis, Andr. | 7 | 421 |
| **HIBBERTIEÆ**, Reichb. | 7 | 413 et 419 |
| **HIBBERTIEÆ GENUINÆ** Reichb. | 7 | 413 et 419 |
| HIBISCUS, Linn. | 3 | 371 |
| — Abelmoschus, Linn. | 3 | 384 |
| — bifurcatus, Cav. | 3 | 382 |
| — cannabinus, Linn. | 3 | 377 |
| — clypeatus, Linn. | 3 | 385 |
| — digitatus, Cav. | 3 | 380 |
| — esculentus, Linn. | 3 | 384 |
| — grandiflorus, Mich. | 3 | 380 |
| — *hastatus*, Mich. | 3 | 379 |
| — heterophyllus, Vent. | 3 | 376 |
| — kitaibeliæfolius, Juss. | 3 | 382 |
| — *lævis*, Scop. | 3 | 379 |
| — Lambertianus, Kunth. | 3 | 376 |
| — liliiflorus, Cav. | 3 | 373 |
| — Lindleyi, Wallich. | 3 | 383 |
| — Manihot, Linn. | 3 | 383 |
| — militaris, Cav. | 3 | 379 |
| — Moscheutos, Linn. | 3 | 377 |
| — mutabilis, Linn. | 3 | 378 |
| — palustris, Linn. | 3 | 378 |
| — Patersonii, Hort. Kew. | 3 | 372 |
| — pedunculatus, Linn. | 3 | 373 |
| — phœniceus, Linn. | 3 | 375 |
| — *populneus*, Linn. | 3 | 387 |
| — *riparius*, Pers. | 3 | 379 |
| — Rosa sinensis, Linn. | 3 | 374 |
| — *roseus*, Thore. | 3 | 378 |
| — Sabdarifa, Linn. | 3 | 380 |
| — speciosus, Hort. Kew. | 3 | 379 |
| — strigosus, Lindl. | 3 | 382 |
| — surattensis, Linn. | 3 | 384 |
| — syriacus, Linn. | 3 | 373 |
| — tiliaceus, Linn. | 3 | 386 |
| — Trionum, Linn. | 3 | 384 |
| — unidens, Bot. Reg. | 3 | 377 |
| — virginicus, Linn. | 3 | 372 |
| *Hicorius*, Raf. | 1 | 164 |
| HIDALGOA, Less. | 10 | 18 |
| HIERACIUM, Linn. | 10 | 48 |
| — aurantiacum, Linn. . | 10 | 49 |
| — *breviscapum*, D. C. . | 10 | 49 |

| | Vol. | Pag. |
|---|---|---|
| Holmiri *balsamifera*, Aubl. | 13 | 299 |
| *Houmiria*, Juss. | 13 | 298 |
| *Houstonia coccinea*, Andr. | 8 | 399 |
| HOUTTUYNIA, Thunb. | 11 | 5 |
| — *cordata*, Thunb. | 11 | 6 |
| HOVEA, D.C. | 7 | 184 |
| — Celsii, Bonpl. | 7 | 185 |
| — lanceolata, Sims. | 7 | 185 |
| — linearis, R. Br. | 7 | 184 |
| — longifolia, R. Br. | 7 | 184 |
| — villosa, Lindl. | 7 | 185 |
| HOVENIA, Thunb. | 2 | 456 |
| — dulcis, Thunb. | 2 | 457 |
| HOYA, R. Br. | 8 | 555 |
| — carnosa, Linn. | 8 | 555 |
| HUANACA, Cav. | 8 | 456 |
| HUBERIA, D.C. | 4 | 206 |
| HUBERTIA, Bory. | 10 | 32 |
| HUDSONIA, Linn. | 6 | 113 |
| — ericoides, Linn. | 6 | 114 |
| — tomentosa, Nutt. | 6 | 114 |
| *Hudsonia*, Robins. | 4 | 296 |
| HUFELANDIA, Nees. | 10 | 470 |
| *Hügelia*, Benth. | 9 | 108 |
| HUGELIA, Reichb. | 8 | 174 |
| — cyanea, Reichb. | 8 | 175 |
| HUGONIA, Linn. | 3 | 444 |
| HUGUENINIA, Reichb. | 6 | 323 |
| HUMBERTIA, Commers. | 9 | 95 |
| *Humboldtia*, Neck. | 12 | 175 |
| *Humboldtia*, R. et P. | 1 | 188 |
| HUMBOLDTIA, Vahl. | 10 | 172 |
| HUMEA, Smith. | 10 | 172 |
| — elegans, Smith. | 10 | 172 |
| *Humiria*, D. G. | 13 | 298 |
| **HUMIRIACEÆ**, Mart. | 13 | 297 |
| HUMIRIUM, Mart. | 13 | 298 |
| — balsamiferum, Rich. | 13 | 299 |
| — floribundum, Mart. | 13 | 299 |
| HUMULUS, Linn. | 11 | 53 |
| — Lupulus, Linn. | 11 | 53 |
| HUNNEMANNIA, Sweet. | 7 | 45 |
| — fumariæfolia, Sweet. | 7 | 46 |
| HUNTERIA, Roxb. | 8 | 502 |
| HUNTLEYA, Lindl. | 12 | 177 |
| **HUNNEMANNIEÆ**, Reichb. | 7 | 6 |
| *Hura*, Kœn. | 12 | 154 |
| HURA, Linn. | 2 | 525 |
| — crepitans, Linn. | 2 | 526 |

| | Vol. | Pag. |
|---|---|---|
| *Huttum*, Adans. | 4 | 105 |
| HUTCHINIA, Wight et Arn. | 8 | 540 |
| HUTCHINSIA, R. Br. | 6 | 525 |
| **HYACINTHEÆ**, Kunth. | 12 | 264 |
| *Hyacinthus*, illd. | 12 | 290 |
| HYACINTHUS, Linn. | 12 | 304 |
| — amethystinus, Linn. | 12 | 305 |
| — botryoides, Linn. | 12 | 307 |
| — cernuus, Linn. | 12 | 309 |
| — comosus, Linn. | 12 | 306 |
| — corymbosus, Linn. | 12 | 298 |
| — lividus, Pers. | 12 | 327 |
| — Muscari, Linn. | 12 | 308 |
| — non scriptus, Linn. | 12 | 309 |
| — orientalis, Linn. | 12 | 304 |
| — racemosus, Linn. | 12 | 307 |
| — revolutus, Hort. Kew. | 12 | 316 |
| — serotinus, Linn. | 12 | 327 |
| — viridis, Linn. | 12 | 327 |
| HYÆNANCHE, Lamb. | 2 | 518 |
| — globosa, Lamb. | 2 | 519 |
| HYALIS, Don. | 10 | 10 |
| *Hyalis*, Sal. | 13 | 4 |
| — gracilis, Sal. | 13 | 87 |
| HYALOLEPIS, D.C. | 10 | 25 |
| HYALOSTEMMA, Wallich. | 7 | 496 |
| HYBANTHERA, Endl. | 8 | 539 |
| *Hybanthus*, Jacq. | 5 | 497 |
| HYBRIDELLA, Cass. | 10 | 22 |
| HYDNOCARPUS, Gærtn. | 6 | 135 |
| HYDNOPHYTUM, Jack. | 8 | 375 |
| HYDNORA, Thunb. | 10 | 553 |
| HYDRANGEA, Linn. | 5 | 24 |
| — alternifolia, Siebold. | 5 | 25 |
| — altissima, Wallich. | 5 | 25 |
| — arborescens, Linn. | 5 | 26 |
| — Azisai, Sieb. | 5 | 23 |
| — cordata, Pursh. | 5 | 26 |
| — frutescens, Mœnch. | 5 | 26 |
| — Hortensia, Ser. | 5 | 22 |
| — hortensis, Smith. | 5 | 22 |
| — involucrata, Sieb. | 5 | 24 |
| — japonica, Sieb. | 5 | 23 |
| — nivea, Mich. | 5 | 25 |
| — paniculata, Sieb. | 5 | 24 |
| — quercifolia, Bartr. | 5 | 27 |
| — radiata, Willd. | 5 | 25 |
| — Thunbergii, Sieb. | 5 | 24 |
| — vestita, Wallich. | 5 | 25 |
| — virens, Sieb. | 5 | 23 |
| — vulgaris, Mich. | 5 | 26 |

| | Vol. | Pag. |
|---|---|---|
| *HYDRANGEÆ*, D. C.. | 5 | 5 |
| | et | 19 |
| *Hydrangeœ*, D. C. . . . . | 5 | 5 |
| HYDRANTHELIUM, Kunth. | 9 | 269 |
| HYDRASTIS, Linn. . . . . | 7 | 383 |
| — canadensis, Linn. . . | 7 | 384 |
| *Hydrilla*, Rich. . . . . . . | 12 | 4 |
| HYPRODRYUM, Endl. . . | 12 | 12 |
| *Hydrocaryœ*, Link. . . . | 4 | 443 |
| HYDROCERA, Blum. . . . | 13 | 271 |
| *Hydroceratophyllum*, Vaill. | 13 | 295 |
| *Hydrocereœ*, Blum. . . . . | 13 | 269 |
| *Hydrocharaceœ*, Lindl. . . | 12 | 4 |
| *HYDROCHARI-DEÆ*, Bartl. . . . . | 12 | 2 |
| *Hydrocharideœ*, Link. . . | 12 | 4 |
| *HYDROCHARI-DEÆ*, R. Br. . . . | 12 | 4 |
| *Hydrocharideœ-Nepentheœ*, Reichb. . . . . . . . . | 13 | 321 |
| *Hydrocharides*, Juss. . . . | 12 | 4 |
| HYDROCHARIS, Linn. . . | 12. | 4 |
| *Hydrochloa*, Beauv. . . . | 13 | 158 |
| *Hydrochloa*, Hartm. . . . | 13 | 164 |
| — *aquatica*, Hartm. . . . | 13 | 210 |
| HYDROCLEIS, Rich. . . . | 12 | 3 |
| HYDROCOTYLE, Tourn. . . | 8 | 178 |
| — vulgaris, Linn. . . | 8 | 173 |
| HYDROCOTYLEÆ, Tausch. | 8 | 137 |
| | et | 173 |
| HYDROGETON, Pers. . . . | 12 | 10 |
| *Hydrogeton*, Pers. . . . . . | 11 | 4 |
| HYDROLEA, Linn. . . . . | 9 | 105 |
| *HYDROLEACEÆ*, R. Br. . . . . . . . . | 9 | 104 |
| HYDROLIA, Petit-Thou. . | 9 | 105 |
| *Hydromistria*, G. F. W. Mey. | 12 | 4 |
| HYDROPELTIS, Rich. . . | 7 | 162 |
| — purpurea, Mich. . . . | 7 | 162 |
| *HYDROPELTI-DEÆ*, Bartl. . . . . | 7 | 157 |
| HYDROPHYLAX, Linn. . . | 8 | 377 |
| *Hydrophyllaceœ*, Lindl. . . | 9 | 47 |
| *HYDROPHYLLEÆ*, R. Br. . . . . . . . . | 9 | 47 |
| HYDROPHYLLUM, Tourn. | 9 | 49 |
| HYDROPHYTUM, Jack. . . | 8 | 375 |
| *Hydropityon*, Gærtn. . . . | 9 | 269 |
| HYDROPITYON, Gærtn. . . | 4 | 419 |
| HYDROPYRUM, Link. . . | 13 | 170 |
| — esculentum, Link. . . | 13 | 171 |
| HYDROSTACHYS, Petit-Thou. | 12 | 12 |
| HYDROTÆNIA, Lindl. . . | 13 | 3 |
| HYDROTRICHE, Zuccar. . | 9 | 269 |
| *HYGROBIEÆ*, Rich. . . | 4 | 443 |
| HYGROPHILA, R. Br. . . | 9 | 144 |
| HYGROPHILEÆ, Nees. | 9 | 144 |
| HYGRORYZA, Nees. . . . | 13 | 158 |
| HYLACIUM, Beauv. . . . | 8 | 375 |
| *Hylogyne*, Sal. . . . . . . | 10 | 402 |
| HYLOPHILA, Lindl. . . . | 12 | 181 |
| *Hymenachne*, Beauv. . . . | 13 | 160 |
| HYMENÆA, Linn. . . . . | 1 | 122 |
| — Courbaril, Linn. . . . | 1 | 122 |
| — floribunda, Kunth. . . | 1 | 123 |
| *Hymenandra*, D. C. . . . | 9 | 374 |
| HYMENANTHERA, R. Br. | 5 | 497 |
| HYMENANTHES, Blum. . | 9 | 444 |
| HYMENATHERUM, Cass. . | 10 | 16 |
| HYMENELLA, Flor. Mex. | 5 | 205 |
| HYMENIDIUM, Lindl. . . | 8 | 140 |
| HYMENOCALLIS, Herbert. | 12 | 430 |
| HYMENOCARDIA, Wallich. | 11 | 25 |
| *Hymenocarpus*, Savi. . . . | 1 | 153 |
| HYMENOCENTRON, Cass. . | 10 | 71 |
| *Hymenochœte*, Beauv. . . . | 13 | 145 |
| HYMENOCRATER, F. et M. | 9 | 167 |
| HYMENODYCTION, Wallich. | 8 | 392 |
| — excelsum, Wallich. . . | 8 | 393 |
| *Hymenogyne*, Haw. . . . . | 5 | 109 |
| HYMENOLÆNA, D. C. . . | 8 | 154 |
| HYMENOLEPIS, Cass. . . | 10 | 24 |
| HYMENONEMA, Cass. . . | 10 | 8 |
| *Hymenonema*, Hook. . . . | 10 | 8 |
| HYMENOPAPPUS, L'hérit. | 10 | 18 |
| HYMENOPHYSA, C. A. Mey. | 6 | 325 |
| HYMENOPOGON, Wallich. | 8 | 372 |
| HYMENOPYRAMIS, Wallich. | 9 | 228 |
| *Hymenospron*, Spreng. . . | 1 | 157 |
| *Hymenothecium*, Lag. . . . | 13 | 161 |
| HYMENOXIS, Cass. . . . . | 10 | 18 |
| HYOBANCHE, Thunb. . . | 9 | 261 |
| HYOGETON, Endl. . . . . | 9 | 269 |
| HYOPHORBE, Gærtn. . . | 12 | 60 |
| *HYOSCYAMEÆ*, Endl. | 9 | 57 |
| | et | 72 |
| HYOSCYAMUS, Tourn. . . | 9 | 72 |
| — *agrestis*, Kit. . . . . . | 9 | 72 |
| — albus, Linn. . . . . . | 9 | 73 |
| — *bohemicus*, Schmidt. . | 9 | 72 |
| — niger, Linn. . . . . . | 9 | 72 |

| | Vol. | Pag. |
|---|---|---|
| Hyoscyamus *pallidus*, Kit. | 9 | 72 |
| — *verbiensis*, Lejeune. | 9 | 72 |
| *Hyoleris*, Gærtn. | 10 | 8 |
| HYOSERIS, Juss. | 10 | 8 |
| HYOSPÀTHE, Mart. | 12 | 60 |
| *Hypœlyptum*, Vahl. | 13 | 145 |
| HYPECOEÆ, Bernh. | 7 | 59 |
| | et | 62 |
| HYPECOUM, Linn. | 7 | 62 |
| HYPELATE, P. Br. | 3 | 364 |
| — diversifolia, Camb. | 3 | 364 |
| *Hypelytrum*, Link | 13 | 145 |
| *Hyperanthera Moringa*, Vahl. | 1 | 142 |
| HYPÉRICACÉÆ, Juss. | 5 | 335 |
| HYPERICEÆ, Spach. | 5 | 341 |
| | et | 373 |
| *Hypericineæ*, D.C. | 5 | 335 |
| HYPERICUM, Linn. | 5 | 383 |
| — *acerosum*, Kunth. | 5 | 449 |
| — adenotrichum, Spach. | 5 | 405 |
| — ægyptiacum, Linn. | 5 | 371 |
| — amplexicaule, Desr. | 5 | 431 |
| — Androsæmum, Linn. | 5 | 415 |
| — angulosum, Mich. | 5 | 452 |
| — angustifolium, Desr. | 5 | 425 |
| — ascyroides, Nutt. | 5 | 431 |
| — Ascyron, Linn. | 5 | 430 |
| — aspalathoides, Ell. | 5 | 435 |
| — aspalathoides, Willd. | 5 | 436 |
| — axillare, Desr. | 5 | 437 |
| — axillare, Mich. | 5 | 368 |
| — balearicum, Linn. | 5 | 413 |
| — barbatum, Linn. | 5 | 393 |
| — biflorum, Chois. | 5 | 359 |
| — biflorum, Desr. | 5 | 361 |
| — Bråthys, Smith. | 5 | 450 |
| — Burseri, C. Bauh. | 5 | 397 |
| — calycinum, Linn. | 5 | 422 |
| — canariense, Camb. | 5 | 419 |
| — canariense, Linn. | 5 | 409 |
| | et | 410 |
| — capitatum, Chois. | 5 | 380 |
| — caracasanum, Willd. | 5 | 448 |
| — chinense, Linn. | 5 | 427 |
| — chinense, Retz. | 5 | 361 |
| — ciliatum, Desr. | 5 | 399 |
| — ciliatum, Desr. | 5 | 398 |
| — cistifolium, Desr. | 5 | 445 |
| — cochinchinense, Lour. | 5 | 361 |
| — connatum, Desr. | 5 | 451 |
| — Coris, Linn. | 5 | 401 |
| Hypericum *Coris*, Walt. | 5 | 401 |
| — crispum, Linn. | 5 | 385 |
| — delphinense, Vill. | 5 | 386 |
| — dentatum, Lois. | 5 | 398 |
| — dolabriforme, Steud. | 5 | 445 |
| — dolabriforme, Vent. | 5 | 443 |
| — dubium, Leers. | 5 | 386 |
| — elatum, Hort. Kew. | 5 | 417 |
| — elegans, Steph. | 5 | 389 |
| — Elodes, Linn. | 5 | 369 |
| — empetrifolium, Willd. | 5 | 400 |
| — ericoides, Linn. | 5 | 402 |
| — euphorbiæfolium, Spach. | 5 | 394 |
| — fasciculatum, Desr. | 5 | 436 |
| — fasciculatum, Ell. | 5 | 437 |
| — fasciculatum, Mich. | 5 | 427 |
| — fimbriatum, Desr. | 5 | 396 |
| — floribundum, Hort. Kew. | 5 | 409 |
| — foliosum, Hort. Kew. | 5 | 418 |
| — foliosum, Jacq. | 5 | 439 |
| — galioides, Desr. | 5 | 437 |
| — Gebleri, Ledeb. | 5 | 430 |
| — glaucum, Mich. | 5 | 442 |
| — grandifolium, Chois. | 5 | 418 |
| — guianense, Aubl. | 5 | 349 |
| — guineense, Linn. | 5 | 355 |
| — hircinum, Linn. | 5 | 419 |
| — hirsutum, Linn. | 5 | 391 |
| — humifusum, Linn. | 5 | 384 |
| — inodorum, Willd. | 5 | 420 |
| — latifolium, Aubl. | 5 | 349 |
| — lanceolatum, Desr. | 5 | 424 |
| — laricifolium, Juss. | 5 | 450 |
| — Liotardi, Vill. | 5 | 384 |
| — macrocarpum, Mich. | 5 | 434 |
| — maculatum, Crantz. | 5 | 386 |
| — maritimum, Sieb. | 5 | 373 |
| — mexicanum, Linn. fil. | 5 | 447 |
| — Michauxii, Desr. | 5 | 437 |
| — monogynum, Mill. | 5 | 427 |
| — montanum, Linn. | 5 | 392 |
| — Montbretii, Spach. | 5 | 395 |
| — multicaule, Desr. | 5 | 401 |
| — myrtifolium, Spach. | 5 | 399 |
| — nitidum, Desr. | 5 | 436 |
| — nudiflorum, Mich. | 5 | 441 |
| — olympicum, Linn. | 5 | 407 |
| — origanifolium, Durv. | 5 | 412 |
| — Penticosia, Commers. | 5 | 424 |
| — perforatum, Linn. | 5 | 388 |
| — petiolatum, Leconte. | 5 | 367 |
| — petiolatum, Walt. | 5 | 368 |
| — procumbens, Mich. | 5 | 443 |

| | Vol. | Pag. |
|---|---|---|
| Hypericum *prolificum*, Le- | | |
| conte. . . . . . . . . | 5 | 440 |
| — *prolificum*, Linn. . . . . | 5 | 439 |
| — ptarmicæfolium, Spach. | 5 | 404 |
| — pulchrum, Linn. . . . | 5 | 390 |
| — *pyramidatum*, Hort.Kew. | 5 | 431 |
| — *quadrangulare*, Smith. | 5 | 387 |
| — quadrangulum, Linn. | 5 | 386 |
| — Richeri, Vill. . . . . | 5 | 396 |
| — *rosmarinifolium*, Ell. | 5 | 438 |
| — *Sarothra*, Mich. . . . | 5 | 455 |
| — *scabrum*, Linn. . . . | 5 | 381 |
| — *sessilifolium*, Aubl. . | 5 | 349 |
| — *simplex*, Mich. . . . | 5 | 454 |
| — *sphærocarpum*, Mich. | 5 | 444 |
| — *struthiolæfolium*, Juss. | 5 | 449 |
| — *tenuifolium*, Pursh. | 5 | 437 |
| — tetrapterum, Fries. . | 5 | 387 |
| — thuyoides, Kunth. . . | 5 | 448 |
| — *thymifolium*, Kunth. | 5 | 448 |
| — Tournefortii, Spach. | 5 | 404 |
| — tubulosum, Walt. . . | 5 | 366 |
| — *verticillatum*, Lamk. | 5 | 401 |
| — virginicum, Linn. . . | 5 | 364 |
| HYPERINEÆ, Spach. . | 5 | 342 |
| | et | 382 |
| HYPHAENE, Gærtn. . . . | 12 | 98 |
| — *crinita*, Gærtn. . . . | 12 | 98 |
| — *cucifera*, Pers. . . . | 12 | 98 |
| — *guineensis*, Thonn. . | 12 | 98 |
| — thebaica, Mart. . . . | 12 | 98 |
| HYPHYDRA, Schreb. . | 13 | 140 |
| HYPOBATHRUM, Blum. . | 8 | 575 |
| HYPOCALYPTUS, Thunb. | 1 | 153 |
| HYPOCHÆRIS, Vaill. . . | 10 | 7 |
| *Hypocistis*, Tourn. . . . | 10 | 553 |
| HYPOCYRTA, Mart. . . . | 9 | 257 |
| HYPODISCUS, Nees. . . . | 15 | 159 |
| *Hypoelyptum*, R. Br. . . | 13 | 143 |
| HYPOESTES, Sol. . . . . | 9 | 146 |
| *Hypogynium*, Nees. . . . | 13 | 167 |
| HYPOLÆNA, R. Br. . . | 13 | 159 |
| HYPOLEPIS, Pers. . . . . | 10 | 555 |
| HYPOLYTREÆ, Nees. | 13 | 145 |
| HYPOLYTRUM, Rich. . . | 13 | 145 |
| *Hypophialium*, Nees. . . | 13 | 146 |
| *Hypophyllocarpodendron*, | | |
| Boerh. . . . . . . . . . | 10 | 400 |
| HYPOPITHYS, Dill. . . . | 9 | 520 |
| — *glabra*, Bernh. . . . | 9 | 521 |
| — *multiflora*, Scop. . . . | 9 | 521 |
| *Hypoporum*, Nees. . . . . | 13 | 146 |
| | Vol. | Pag. |
|---|---|---|
| *Hypothronia*, Schrank. . . | 9 | 162 |
| HYPOXIDEÆ, R. Br. | 13 | 114 |
| HYPOXIS, Linn. . . . . | 13 | 115 |
| — alba, Linn. . . . . | 13 | 117 |
| — elegans, Andr. . . | 13 | 117 |
| — erecta, Linn. . . . | 13 | 115 |
| — linearis, Andr. . . . | 13 | 117 |
| — obliqua, Jacq. . . . | 13 | 116 |
| — ovata, Willd. . . . . | 13 | 116 |
| — serrata, Willd. . . . | 13 | 117 |
| — sobolifera, Jacq. . . . | 13 | 116 |
| — stellata, Linn. . . . | 13 | 116 |
| — *stellata*, β. Bot. Mag. | 13 | 117 |
| — villosa, Linn. . . . . | 13 | 116 |
| HYPSELA, Presl. . . . . | 9 | 572 |
| HYPTIANTHERA, Wight | | |
| et Arn. . . . . . . . . | 8 | 372 |
| HYPTIS, Jacq. . . . . . | 9 | 163 |
| HYPUDÆURUS, Hochst. . | 13 | 159 |
| HYSSOPUS, Tourn. . . . | 9 | 195 |
| — alopecuroides, Hortor. | 9 | 195 |
| — *angustifolius*, Bieberst. | 9 | 195 |
| — caucasicus, Spreng. . | 9 | 195 |
| — *Fischeri*, Hortor. . . | 9 | 195 |
| — *myrtifolius*, Desf. . . | 9 | 195 |
| — *officinalis*, Jacq. . . | 9 | 195 |
| — officinalis, Linn. . . . | 9 | 195 |
| — *officinalis angustifo-* | | |
| *lius*, Benth. . . . . . | 9 | 195 |
| — *officinalis latifolius*, | | |
| Benth. . . . . . . . | 9 | 195 |
| — *officinalis vulgaris*, | | |
| Benth. . . . . . . . | 9 | 195 |
| — orientalis, Willd. . . . | 9 | 195 |
| — *ruber*, Bernh. . . . . | 9 | 195 |
| HYSTERIA, Reinw. . . . | 12 | 182 |
| HYSTERIONICA, Willd. . . | 10 | 40 |
| *Hysterophorus*, Vaill. . . . | 10 | 18 |
| *Hystrix*, Mœnch. . . . . | 13 | 166 |
| *Ibbetsonia*, Sims. . . . . . | 1 | 152 |
| IBERIDENDRON, Spach. . | 6 | 561 |
| IBERION, Spach. . . . . . | 6 | 564 |
| IBERIS, Linn. . . . . . . | 6 | 559 |
| — amara, Linn. . . . . . | 6 | 566 |
| — arbuscula, Spach. . . | 6 | 562 |
| — *arbuscula angustifo-* | | |
| *lia*, Spach. . . . . . | 6 | 562 |
| — *arbuscula latifolia*, Spach. | 6 | 562 |
| — bicolor, Reichb. . . . | 6 | 566 |
| — *Bursa-pastoris*, Crantz. | 6 | 558 |
| — *conferta*, Lag. . . . . | 6 | 562 |

| | Vol. | Pag. |
|---|---|---|
| Iberis *corymbosa*, Mœnch. | 6 | 565 |
| — *Garrexiana*, All. . . | 6 | 562 |
| — *intermedia*, Guers.. . | 6 | 566 |
| — *linifolia*, Schk. . . . | 6 | 566 |
| — *pubescens*, Willd. . . | 6 | 562 |
| — *pulchra*, Sal. . . . . | 6 | 565 |
| — *ruderalis*, Crantz. . . | 6 | 551 |
| — *saxatilis*, Linn. . . . | 6 | 562 |
| — semperflorens, Linn.. | 6 | 564 |
| — *sempervirens*, Linn.. | 6 | 562 |
| — *subvelutina*, D. C.. . | 6 | 562 |
| — umbellata, Linn.. . . | 6 | 565 |
| — *vermiculata*, Willd.. | 6 | 562 |
| *Ibidium*, Sal. . . . . . . | 12 | 180 |
| ICACINA, Juss. fil. . . . | 13 | 263 |
| — senegalensis, Juss. fil. | 13 | 264 |
| *Icacorea*, Aubl. . . . . . | 9 | 574 |
| ICHNANTHUS, Beauv. . . | 13 | 160 |
| ICHNOCARPUS, R. Br. . | 8 | 502 |
| *Ichthyosma*, Schlechtend.. | 2 | 549 |
| ICHTHYOTHERE, Mart. . | 10 | 21 |
| ICICA, Aubl. . . . . . . . | 2 | 257 |
| — *altissima*, Aubl. . . . | 2 | 239 |
| — *Aracouchini*, Aubl. . | 2 | 257 |
| — *guianensis*, Aubl. . . | 2 | 238 |
| — *heptaphylla*, Aubl. . . | 2 | 238 |
| — *heterophylla*, D. C. . | 2 | 257 |
| — *Tacamahaca*, Kunth. . | 2 | 238 |
| *Ictodes*, Bigel. . . . . . . | 12 | 33 |
| IDELERIA, Kunth. . . . . | 12 | 145 |
| IDOTHEA, Kunth. . . . . | 12 | 316 |
| — *ciliaris*, Kunth. . . . | 12 | 317 |
| — *elata*, Kunth. . . . . | 12 | 318 |
| — media, Kunth. . . . . | 12 | 317 |
| — purpurascens, Kunth. | 12 | 317 |
| — *pusilla*, Kunth. . . . | 12 | 318 |
| — *villosa*, Kunth. . . . | 12 | 317 |
| IFLOGA, Cass. . . . . . . | 10 | 27 |
| IGNATIA, Linn. . . . . . | 8 | 497 |
| — amara, Linn. . . . . | 8 | 498 |
| *Ignatiana*, Lour.. . . . . | 8 | 484 |
| ILEX, Linn. . . . . . . . | 2 | 424 |
| — angustifolia, Mühlenb. | 2 | 428 |
| — *angustifolia*, Pursh.. | 2 | 429 |
| — *angustifolia*, Wats.. | 2 | 429 |
| — Aquifolium, Linn.. . | 2 | 424 |
| — *balearica*, Desf. . . . | 2 | 425 |
| — *canadensis*, Mich. . . | 2 | 436 |
| — *Cassena*, Walt. . . . | 2 | 430 |
| — Cassine, Hort. Kew. . | 2 | 428 |
| — *Cassine*, Willd. . . . | 2 | 428 |
| — Dahoon, Walt. . . . | 2 | 428 |
| — Gongonha, Lamb.. . | 2 | 432 |
| Ilex *ferox*, Desf. . . . . . | 2 | 425 |
| — laxiflora, Lamk. . . . | 2 | 427 |
| — *ligustrina*, Ell. . . . | 2 | 428 |
| — ligustrina, Jacq. . . . | 2 | 429 |
| — *maderensis*, Lamk. . . | 2 | 426 |
| — Martiniana, Lamb.. . | 2 | 431 |
| — myrtifolia, Walt. . . | 2 | 429 |
| — opaca, Hort. Kew. . | 2 | 427 |
| — paraguarensis , A. Saint-Hil. . . . . . | 2 | 430 |
| — *paraguensis*, Lamb. . | 2 | 430 |
| — Perado, Hort. Kew. . | 2 | 426 |
| — *prinoides*, Hort. Kew. | 2 | 433 |
| — *rosmarinifolia*, Lamb. | 2 | 429 |
| — sinensis, Sims. . . . | 1 | 427 |
| — vomitoria, Hort. Kew. | 2 | 430 |
| — Watsoniana, Spach. . | 2 | 429 |
| *Ilicineæ*, Ad. Brongn. . . | 2 | 421 |
| *Ilicioides*, Dum. Cours.. . | 2 | 422 |
| ILLECEBREÆ, R. Br. | 5 | 238 |
| ILLECEBRUM, Linn. . . . | 5 | 238 |
| ILLICIEÆ, D. C. . . . | 7 | 432 |
| | et | 435 |
| ILLICINEÆ, Spach. . . . | 7 | 433 |
| | et | 439 |
| ILLICIUM, Linn. . . . . . | 7 | 439 |
| — *anisatum*, Linn. . . . | 7 | 442 |
| — *anisatum*, Thunb. . . . | 7 | 440 |
| — floridanum, Ellis. . . | 7 | 443 |
| — *parviflorum*, Mich. . | 7 | 446 |
| — *religiosum*, Sieb. et Zucc. | 7 | 440 |
| ILLIGERA, Blum.. . . . . | 10 | 474 |
| *Illigeraceæ*, Lindl. . . . . | 10 | 474 |
| *Illigereæ*, Blum. . . . . . | 10 | 474 |
| ILLUS, Haw. . . . . . . . | 12 | 437 |
| *Ily*, Hort. Malab.. . . . . | 13 | 230 |
| *Imatophyllum*, Hook.. . . | 12 | 405 |
| IMBRICARIA, Commers. . | 9 | 384 |
| *Imbricaria*, Smith.. . . . | 4 | 105 |
| IMHOFIA, Herb. . . . . . | 12 | 421 |
| — *crispa*, Herb. . . . . | 12 | 410 |
| — *filifolia*, Herb. . . . | 12 | 409 |
| — *marginata*, Herb. . . | 12 | 421 |
| IMPATIENS, Linn. . . . . | 13 | 271 |
| — Balsamina, Linn. . . . | 13 | 272 |
| — *coccinea*, Sims. . . . . | 13 | 272 |
| — fulva, Nutt. . . . . . | 13 | 273 |
| — *glandulifera*, Royle. . | 13 | 274 |
| — *lutea*, Lamk. . . . . | 13 | 273 |
| — *macrochila*, Lindl. . . | 13 | 272 |
| — Mastersiana, Paxt. . . | 13 | 273 |
| — Noli-tangere, Linn. . | 13 | 273 |

| | Vol. | Pag. |
|---|---|---|
| Impatiens reticulata, Wallich. | 13 | 275 |
| — Royleana, Walp. | 13 | 274 |
| — scapiflora, Wallich. | 13 | 274 |
| — tricornis, Lindl. | 13 | 272 |
| IMPERATA, Cyrill. | 13 | 167 |
| IMPERATORIA, (Linn.) Koch. | 8 | 166 |
| — *major*, Lamk. | 8 | 166 |
| — Ostruthium, Linn. | 8 | 166 |
| *Imperialis*, Juss. | 12 | 254 |
| — *comosa*, Mœnch. | 12 | 268 |
| *Impia*, Bluff et Fing. | 10 | 27 |
| INCARVILLEA, Juss. | 9 | 130 |
| — *grandiflora*, Spreng. | 9 | 136 |
| — *tomentosa*, Spreng. | 9 | 310 |
| INCARVILLEEÆ. | 9 | 130 |
| INDIGOFERA, Linn. | 1 | 234 |
| — amœna, Ait. | 1 | 241 |
| — Anil, Linn. | 1 | 235 |
| — *aphylla*, Link. | 1 | 240 |
| — argentea, Linn. | 1 | 234 |
| — *articulata*, Gouan. | 1 | 234 |
| — australis, Willd. | 1 | 240 |
| — endecaphylla, Willd. | 1 | 240 |
| — *glauca*, Lamk. | 1 | 234 |
| — incana, Thunb. | 1 | 241 |
| — juncea, Delaun. | 1 | 240 |
| — macrostachya, Vent. | 1 | 241 |
| — *sumatrana*, Gærtn. | 1 | 234 |
| — tinctoria, Linn. | 1 | 234 |
| INGA, Willd. | 1 | 54 |
| — adianthifolia, Kunth. | 1 | 57 |
| — *bigloboza*, Beauv. | 1 | 60 |
| — cyclocarpa, Willd. | 1 | 59 |
| — dulcis, Willd. | 1 | 58 |
| — fagifolia, Willd. | 1 | 55 |
| — fastuosa, Willd. | 1 | 55 |
| — fœtida, Willd. | 1 | 59 |
| — fulgens, Kunth. | 1 | 56 |
| — insignis, Kunth. | 1 | 56 |
| — mertensioides, Nees et Mart. | 1 | 59 |
| — ornata, Kunth. | 1 | 56 |
| — purpurea, Willd. | 1 | 57 |
| — sapida, Kunth. | 1 | 56 |
| — saponaria, Willd. | 1 | 59 |
| — spectabilis, Willd. | 1 | 57 |
| — Unguis-cati, Willd. | 1 | 58 |
| — vera, Willd. | 1 | 55 |
| — xylocarpa, D. C. | 1 | 58 |
| INGENHOUSIA, Moç. et Sess. | 5 | 343 |
| INOCARPUS, Forst. | 10 | 452 |
| — edulis, Linn. | 10 | 452 |
| INTSIA, Petit-Thou. | 1 | 88 |
| INTYBELLIA, Cass. | 10 | 6 |
| *Intybellia*, Monn. | 10 | 6 |
| INULA, Linn. | 10 | 220 |
| — *caucasica*, Pers. | 10 | 223 |
| — *crithmifolia*, Willd. | 10 | 222 |
| — *crithmoides*, Linn. | 10 | 221 |
| — *dyssenterica*, Linn. | 10 | 219 |
| — Helenium, Linn. | 10 | 220 |
| *INULEÆ*, Cass. | 10 | 25 |
| | et | 199 |
| INULEÆ - BUPHTALMEÆ, Cass. | 10 | 28 |
| | et | 224 |
| INULEÆ - GNAPHALIEÆ, Cass. | 10 | 25 |
| | et | 200 |
| INULEÆ - PROTOTYPÆ, Cass. | 10 | 27 |
| | et | 219 |
| INVOLUCRARIA, Ser. | 6 | 188 |
| IODES, Blum. | 8 | 7 |
| *Ionidia*, Vent. | 5 | 499 |
| IONIDIUM, Vent. | 5 | 519 |
| — *Calceolaria*, Vent. | 5 | 520 |
| — Ipecacuanha, A. Saint-Hil. | 5 | 519 |
| — *Ipecacuanha*, Vent. | 5 | 520 |
| — *Itubu*, Kunth. | 5 | 520 |
| — parviflorum, Vent. | 5 | 521 |
| — Poaya, A. Saint-Hil. | 5 | 521 |
| IONIRIS, Spach. | 13 | 35 |
| IONOPSIS. Kunth. | 12 | 178 |
| *Ioxylon*, Raf. | 11 | 37 |
| *Ipecacuanha*, Flor. Med. | 8 | 456 |
| — *officinalis*, Arrud. | 8 | 460 |
| IPHIGENIA, Kunth. | 12 | 235 |
| IPHIONA, Cass. | 10 | 27 |
| IPHISIA, Wight et Arn. | 8 | 339 |
| *Ipo*, Rumph. | 11 | 65 |
| *Ipomœa*, Linn. | 9 | 94 |
| — *atrosanguinea*, Bot. Mag. | 9 | 103 |
| — *Batatas*, R. et S. | 9 | 100 |
| — *purpurea*, R. et S. | 9 | 101 |
| — *Quamoclit*, Linn. | 9 | 101 |
| — *speciosa*, Bot. Mag. | 9 | 103 |
| — *splendens*, Bot. Mag. | 9 | 102 |
| *Ipomeria*, Nutt. | 9 | 108 |
| IPOMOPSIS, Mich. | 9 | 118 |
| — elegans, Mich. | 9 | 119 |
| IPSEA, Lindl. | 12 | 176 |
| IRESINE, Willd. | 5 | 270 |
| — celosioides, Linn. | 5 | 270 |
| — *celosioides*, Swartz. | 5 | 272 |

| | Vol. | Pag. | | Pag. | Vol. |
|---|---|---|---|---|---|
| Iresine diffusa, Willd. | 5 | 271 | Iris hæmatophylla, Fisch. | 13 | 39 |
| — elatior, Rich. | 5 | 272 | — hæmatophylla, Link. | 13 | 33 |
| — elongata, Willd. | 5 | 271 | — halophila, Ker. | 13 | 25 |
| — polymorpha, Mart. | 5 | 271 | — juncea, Desf. | 13 | 24 |
| IRIARTEA, R. et P. | 12 | 72 | — livida, Tratt. | 13 | 71 |
| — andicola, Spreng. | 12 | 74 | — longifolia, Schneev. | 13 | 73 |
| — exorrhiza, Mart. | 12 | 73 | — longifolia, Sweet. | 13 | 14 |
| — ventricosa, Mart. | 12 | 73 | — longispatha, Ker. | 13 | 34 |
| Iridaceæ, Lindl. | 13 | 1 | — lurida, Red. | 13 | 56 |
| IRIDEÆ, Juss. | 13 | 1 | — lurida, Willd. | 13 | 55 |
| Irides, Juss. | 13 | 1 | — lusitanica, Ker. | 13 | 24 |
| Irillium sessile, Raf. | 12 | 228 | — lutea, Lam. | 13 | 43 |
| IRINA, Blum. | 3 | 40 | — lutescens, Desf. | 13 | 50 |
| IRIS, Linn. | 13 | 12 | — lutescens, Lamk. | 13 | 51 |
| — acoroides, Spach. | 13 | 44 | — lutescens, Reichenb. | 13 | 52 |
| — acuta, Willd. | 13 | 38 | — maritima, Reichenb. | 13 | 37 |
| — alata, Poir. | 13 | 18 | — martinicensis, Jacq. | 13 | 74 |
| — alba, Savi. | 13 | 63 | — microptera, Vahl. | 13 | 48 |
| — amœna, Red. | 13 | 58 | — Monnieri, Red. | 13 | 28 |
| — aphylla plicata, Ker. | 13 | 66 | — morœoides, Ker. | 13 | 72 |
| — arenaria, W. et Kit. | 13 | 69 | — neglecta, Horn. | 13 | 61 |
| — belgica, Hortul. | 13 | 59 | — nertschinskia, Lodd. | 13 | 39 |
| — biflora, Sweet. | 13 | 54 | — notha, Fisch. | 13 | 25 |
| — biglumis, Don. | 13 | 34 | — nudicaulis, Lam. | 13 | 54 |
| — bispathacea, Sweet. | 13 | 15 | — ochroleuca, Linn. | 13 | 28 |
| — brachycuspis, Fisch. | 13 | 45 | — odoratissima, Jacq. | 13 | 65 |
| — brevicuspis, Schult. | 13 | 45 | — Pallasii, Fisch. | 13 | 33 |
| — chalcedonica latifolia, Besl. | 13 | 70 | — Pallasii chinensis, Ker. | 13 | 33 |
| — Chamæiris, Bertol. | 13 | 50 | — pallida, Lam. | 13 | 65 |
| — chinensis, Curt. | 13 | 71 | — palustris, Mœnch. | 13 | 43 |
| — cœrulea, Spach. | 13 | 50 | — pavonia, Bot. Mag. | 13 | 11 |
| — compressa, Thunb. | 13 | 72 | — pavonia, Thunb. | 13 | 11 |
| — cuprea, Pursh. | 13 | 47 | — persica, Linn. | 13 | 17 |
| — Doniana, Spach. | 13 | 34 | — plicata, Lam. | 13 | 66 |
| — edulis, Thunb. | 13 | 73 | — plicata, Red. | 13 | 66 |
| — fimbriata, Vent. | 13 | 71 | — portugalensis, Besl. | 13 | 67 |
| — flaccida, Spach. | 13 | 41 | — pratensis, Lam. | 13 | 37 |
| — flavescens, Red. | 13 | 64 | — pratensis, Red. | 13 | 38 |
| — flexuosa, Murr. | 13 | 58 | — Pseud-Acorus, Linn. | 13 | 43 |
| — florentina, Linn. | 13 | 63 | — Pseud-Acorus palli- diflora, Hook. | 13 | 44 |
| — fœtidissima, Linn. | 13 | 31 | — pumila, Linn. | 13 | 49 |
| — fulva, Ker. | 13 | 47 | — pumila cœrulea, Bot. Mag. | 13 | 50 |
| — furcata, Bieberst. | 13 | 54 | — Redouteana, Spach. | 13 | 56 |
| — furcata, Bot. Reg. | 13 | 53 | — reticulata, Bieberst. | 13 | 16 |
| — germanica, Linn. | 13 | 61 | — ruthenica, Hort. Kew. | 13 | 35 |
| — germanica cœrulea, Des- font. | 13 | 62 | — ruthenica uniglumis, Spach. | 13 | 36 |
| — graminea, Linn. | 13 | 29 | — sambucina, Linn. | 13 | 59 |
| — graminea inodora, Spach. | 13 | 31 | — sambucina, Red. | 13 | 60 |
| — graminea latifolia, Spach. | 13 | 30 | — sanguinea, Don. | 13 | 39 |
| — Güldenstædtii, Lepech. | 13 | 26 | — scorpioides, Desfont. | 13 | 18 |

| | Vol. | Pag. | | Vol. | Pag. |
|---|---|---|---|---|---|
| Iris setosa, Pall. | 13 | 45 | Isatis littoralis, D. C. | 6 | 575 |
| — sibirica, Bot. Mag. | 13 | 58 | — mœotica, D. C. | 6 | 575 |
| — sibirica, Linn. | 13 | 57 | — oblongata, D. C. | 6 | 575 |
| — sibirica flexuosa, Ker. | 13 | 58 | — præcox, Kit. | 6 | 575 |
| — sibirica hæmatophylla, Fisch. | 13 | 39 | — sabulosa, Stev. | 6 | 575 |
| | | | — sativa, Fuchs. | 6 | 575 |
| — sibirica longifolia, Spach. | 13 | 58 | — taurica, D. C. | 6 | 575 |
| | | | — tinctoria, Linn. | 6 | 575 |
| — sibirica ochroleuca, Red. | 13 | 59 | — tinctoria, Smith. | 6 | 575 |
| — sibirica pumila, Red. | 13 | 58 | — Villarsii, Gaud. | 6 | 575 |
| — sibirica sanguinea, Ker. | 13 | 39 | Isaura, Commers. | 8 | 540 |
| — spectabilis, Spach. | 13 | 20 | Isauxis, Arn. | 13 | 305 |
| — spuria, Linn. | 13 | 24 | — lanceolata, Arn. | 13 | 308 |
| — spuria, Red. | 13 | 25 | Ischæmum, Linn. | 13 | 167 |
| — spuria stenogyna, Ker. | 13 | 27 | Isertia, Schreb. | 8 | 374 |
| — squalens, Linn. | 13 | 60 | Isertieæ, Rich. | 8 | 374 |
| — squalens, Red. | 13 | 59 | Isica lucida, Mœnch. | 8 | 554 |
| — stenogyna, Red. | 13 | 27 | Isidorea, A. Rich. | 8 | 375 |
| — subbiflora, Brot. | 13 | 53 | Isidrogalvia, R. et P. | 12 | 235 |
| — Susiana, Linn. | 13 | 70 | Isika, Adans. | 8 | 327 |
| — Susiana, Red. | 13 | 71 | Ismelia, Cass. | 10 | 179 |
| — Swertii, Lam. | 13 | 67 | — versicolor, Cass. | 10 | 180 |
| — translagana, Brot. | 13 | 18 | Ismene, Herb. | 12 | 406 |
| — triflora, Balb. | 13 | 34 | Isnardia, Linn. | 4 | 337 |
| — tripetala, Linn. fil. | 13 | 11 | Isocarpha, R. Br. | 10 | 37 |
| — tristis, Thunb. | 13 | 73 | Isochilus, R. Br. | 12 | 176 |
| — tuberosa, Curt. | 13 | 15 | Isodon, Schrad. | 9 | 162 |
| — tuberosa, Sibth. et Sm. | 13 | 15 | Isolepis, R. Br. | 13 | 144 |
| — variegata, Linn. | 13 | 57 | Isolophus, Spach. | 7 | 112 |
| — variegata, Red. | 13 | 59 | — saxatilis, Spach. | 7 | 114 |
| — variegata amœna, Spach. | 13 | 58 | Isomeria, Don. | 10 | 39 |
| — variegata belgica, Spach. | 13 | 59 | Isomerium, R. Br. | 10 | 401 |
| — versicolor, Linn. | 13 | 59 | Isonema, Cass. | 10 | 59 |
| — virescens, Red. | 13 | 52 | Isonema, R. Br. | 8 | 502 |
| — virginica, Ker. | 13 | 40 | Isopetalum, Sweet. | 3 | 518 |
| — xiphioides, Ehrh. | 13 | 22 | — Cotyledonis, Sweet. | 3 | 518 |
| — Xiphium, Jacq. | 13 | 22 | Isophyllum, Hoffm. | 8 | 138 |
| — Xiphium, Linn. | 13 | 19 | Isophyllum, Spach. | 5 | 432 |
| Irlbachia, Mart. | 9 | 5 | — Drummondii, Spach. | 5 | 433 |
| Iroucana, Aubl. | 6 | 288 | Isopogon, R. Br. | 10 | 408 |
| Isachne, R. Br. | 13 | 160 | — anemonifolius, R. Br. | 10 | 408 |
| Isanthera, Nees. | 9 | 58 | — anethifolius, R. Br. | 10 | 408 |
| Isanthus, D. C. | 10 | 334 | — formosus, R. Br. | 10 | 408 |
| Isanthus, Mich. | 9 | 163 | — trilobus, R. Br. | 10 | 409 |
| Isatis, Linn. | 6 | 573 | Isopyrineæ, Spach. | 7 | 291 |
| — alpina, All. | 6 | 575 | | et | 326 |
| — alpina, Vill. | 6 | 575 | Isopyrum, Linn. | 7 | 326 |
| — bannatica, Link. | 6 | 575 | — fumarioides, Linn. | 7 | 328 |
| — campestris, D. C. | 6 | 575 | — thalictroides, Linn. | 7 | 327 |
| — canescens, D. C. | 6 | 575 | Isostigma, Less. | 10 | 19 |
| — costata, C. A. Mey. | 6 | 575 | Isostylis, R. Br. | 10 | 402 |
| — dasycarpa, Ledeb. | 6 | 575 | Isotoma, R. Br. | 9 | 572 |
| — hebecarpa, D. C. | 6 | 575 | Isotrema, Raf. | 10 | 568 |

| | Vol. | Pag. | | Vol. | Pag |
|---|---|---|---|---|---|
| Isotrema Sipho, Raf. | 10 | 568 | Ixia filiformis, Vent.. | 13 | 87 |
| — tomentosum, Sims. | 10 | 569 | — fistulosa, Andr. | 13 | 90 |
| Isotria, Raf. | 12 | 185 | — fistulosa, Bot. Mag. | 13 | 85 |
| ISOTYPUS, Kunth. | 10 | 35 | — flexuosa, Linn. | 13 | 88 |
| Itea, Andr. | 2 | 414 | — fusco-citrina, Red. | 13 | 88 |
| — spinosa, Andr. | 2 | 519 | — grandiflora, Bot. Mag. | 13 | 93 |
| ITEA, Linn. | 5 | 34 | — holosericea, Jacq. | 13 | 93 |
| — Cyrilla, Linn. | 5 | 55 | — hyalina, Red. | 13 | 83 |
| — virginica, Linn. | 5 | 54 | — Liliago, Red. | 13 | 93 |
| Itinera, Gmel. | 12 | 14 | — linearis, Linn. fil. | 13 | 87 |
| IVA, Linn | 10 | 22 | — longiflora, Berg. | 13 | 83 |
| Ivira, Aubl. | 5 | 505 | — maculata, Linn. | 13 | 88 |
| — pruriens, Aubl. | 5 | 505 | — miniata, Jacq. | 13 | 84 |
| Iwarancussa, As. Res. | 13 | 254 | — miniata, β. Red. | 13 | 84 |
| IXANTHUS, Gris. | 9 | 4 | — minima, Ten. | 13 | 100 |
| IXAUCHENUS, Cass. | 10 | 51 | — monadelpha, Delar. | 13 | 10 |
| IXERIS, Cass. | 10 | 6 | — patens, Hort. Kew. | 13 | 87 |
| IXIA, Linn. | 13 | 87 | — polystachya, Andr. | 13 | 88 |
| — africana, Linn. | 13 | 98 | — polystachya, Red. | 13 | 88 |
| — anemonæflora, Jacq. | 13 | 95 | — polystachya incarnata, | | |
| — aristata, Schneev. | 13 | 87 | Andr. | 13 | 89 |
| — aristata, Thunb. | 13 | 95 | — punctata, Andr. | 13 | 85 |
| — aulica, Hort. Kew. | 13 | 87 | — punicea, Jacq. | 13 | 95 |
| — bulbifera, Linn. | 13 | 95 | — purpurascens, Ten. | 13 | 100 |
| — Bulbocodium, Linn. | 13 | 99 | — pusilla, Andr. | 13 | 92 |
| — Bulbocodium parviflo- | | | — radiata, Jacq. | 13 | 90 |
| rum, Red. | 13 | 100 | — ramiflora, Ten. | 13 | 100 |
| — capillaris aulica, Bot. | | | — reflexa, Andr. | 13 | 89 |
| Mag. | 13 | 87 | — retusa, Salisb. | 13 | 89 |
| — capillaris gracillima, | | | — Rochensis, Bot. Mag. | 13 | 91 |
| Bot. Mag. | 13 | 87 | — rubro-cyanea, Willd. | 13 | 95 |
| — capitata, Andr. | 13 | 88 | — scillaris, Linn. | 13 | 89 |
| — capitata aurantia, Andr. | 13 | 88 | — secunda, Jacq. | 13 | 92 |
| — capitata ovata, Andr. | 13 | 88 | — setacea, Thunb. | 13 | 92 |
| — capitata stellata, Andr. | 13 | 88 | — speciosa, Andr. | 13 | 88 |
| — cepacea, Red. | 13 | 85 | — spicata, Willd. | 13 | 85 |
| — chinensis, Linn. | 13 | 75 | — spicata viridi-nigra, | | |
| — cinnamomea, Andr. | 13 | 90 | Andr. | 13 | 88 |
| — cinnamomea, Willd. | 13 | 91 | — tricolor, Bot. Mag. | 13 | 93 |
| — columnaris, Salisb. | 13 | 10 | — villosa, Hort. Kew. | 13 | 95 |
| — conica, Sal. | 13 | 88 | — villosa, Schneev. | 13 | 95 |
| — corymbosa, Linn. | 13 | 97 | IXIANTHES, E. Mey. | 9 | 268 |
| — crateroides, Ker. | 13 | 88 | IXIEÆ, Dumort. | 13 | 4 |
| — crispa, Willd. | 13 | 89 | IXIOLÆNA, Benth. | 10 | 26 |
| — crispifolia, Andr. | 13 | 97 | IXIOLIRION, Fisch. | 12 | 406 |
| — crocata, Linn. | 13 | 84 | IXODIA, R. Br. | 10 | 203 |
| — crocata nigro-macu- | | | — achilleoides, R. Br. | 10 | 204 |
| lata, Andr. | 13 | 84 | IXORA, Linn. | 8 | 439 |
| — deusta, Willd. | 13 | 84 | — alba, Linn. | 8 | 442 |
| — dubia, Vent. | 13 | 88 | — americana, Jacq. | 8 | 359 |
| — erecta, Berg. | 13 | 88 | — americana, Linn. | 8 | 448 |
| — falcata, Thunb. | 13 | 90 | — arborea, Smith. | 8 | 444 |
| — fenestrata, Jacq. | 13 | 84 | — Banduca, Roxb. | 8 | 441 |

| | Vol. | Pag. | | Vol. | Pag. |
|---|---|---|---|---|---|
| Ixora barbata, Roxb. | 8 | 444 | Jambosa australis, D. C. | 4 | 182 |
| — blanda, Ker. | 8 | 443 | — formosa, Wallich | 4 | 180 |
| — chinensis, Lamk. | 8 | 442 | — macrophylla, D. C. | 4 | 180 |
| — coccinea, Linn. | 8 | 440 | — malaccensis, D. C. | 4 | 181 |
| — caccinea, Lour. | 8 | 441 | — nigra, Rumph. | 4 | 181 |
| — crocata, Lindl. | 8 | 442 | — purpurascens, D. C. | 4 | 181 |
| — cuneifolia, Roxb. | 8 | 443 | — venosa, D. C. | 4 | 181 |
| — flammea, Sal. | 8 | 441 | — vulgaris, D. C. | 4 | 179 |
| — fulgens, Roxb. | 8 | 442 | Jania, Schult. | 12 | 235 |
| — grandiflora, Bot. Reg. | 8 | 441 | JANIPHA, Kunth. | 2 | 508 |
| — lanceolata, Lamk. | 8 | 442 | — Lœfflingii, Kunth. | 2 | 511 |
| — paniculata, Lamk. | 8 | 446 | — Manihot, Kunth. | 2 | 509 |
| — parviflora, Vahl. | 8 | 444 | JARAVA, R. et P. | 13 | 161 |
| — Pavetta, Andr. | 8 | 444 | JASIONE, Linn. | 9 | 568 |
| — Pavetta, Roxb. | 8 | 446 | — montana, Linn. | 9 | 569 |
| — rosea, Wallich. | 8 | 442 | — undulata, Lamk. | 9 | 569 |
| — speciosa, Wellich. | 8 | 441 | Jasminoides, Tourn. | 9 | 57 |
| — stricta, Roxb. | 8 | 441 | Jasmineæ, Juss. | 8 | 240 |
| — tenuifolia, Cav. | 8 | 399 | Jasmineæ, Reichb. | 8 | 255 |
| | | | *JASMINEÆ*, R. Br. | 8 | 240 |
| JABOROSA, Juss. | 9 | 57 | JASMINUM, Tourn. | 8 | 242 |
| Jacapucayo, Marcgr. | 4 | 194 | — azoricum, Linn. | 8 | 248 |
| JACARANDA, Juss. | 9 | 150 | — chrysanthemum, Roxb. | 8 | 246 |
| JACEA, Cass. | 10 | 67 | — fruticans, Linn. | 8 | 247 |
| — alata, Lamk. | 10 | 70 | — grandiflorum, Linn. | 8 | 251 |
| — pratensis, Cass. | 10 | 67 | — heterophyllum, Don. | 8 | 244 |
| — segetum, Lamk. | 10 | 69 | — hirsutum, Willd. | 8 | 432 |
| — supina, Lamk. | 10 | 67 | — odoratissimum, Linn. | 8 | 245 |
| Jackia, Bl. | 7 | 111 | — officinale, Linn. | 8 | 250 |
| Jackia, Spreng. | 3 | 444 | — revolutum, Sims. | 8 | 246 |
| JACKIA, Wallich. | 8 | 378 | — Sambac, Bot. Mag. | 8 | 253 |
| Jacksonia, Raf. | 6 | 296 | — Sambac, Vahl. | 8 | 253 |
| JACKSONIA, R. Br. | 1 | 152 | — volubile, Jacq. | 8 | 249 |
| JACOBÆA, Tourn. | 10 | 271 | JASONIA, Cass. | 10 | 27 |
| — elegans, Cass. | 10 | 272 | JATROPHA, Linn. | 2 | 512 |
| — grandiflora, Spach. | 10 | 273 | — Curcas, Linn. | 2 | 512 |
| — vulgaris, Gærtn. | 10 | 272 | — gossypifolia, Linn. | 2 | 513 |
| Jacobeæ, Adans. | 10 | 31 | — Janipha, Linn. | 2 | 511 |
| Jacquemontia, Bélang. | 10 | 24 | — Manihot, Linn. | 2 | 508 |
| Jacquemontia, Chois. | 10 | 94 | — moluccana, Linn. | 2 | 515 |
| JACQUINIA, Linn. | 9 | 374 | — multifida, Linn. | 2 | 513 |
| Jacquinieæ, Reichb. | 9 | 372 | Jatus, Rumph. | 9 | 234 |
| Jacuanga, Lestib. | 12 | 154 | JAUMEA, Pers. | 10 | 18 |
| JÆGERIA, Kunth. | 10 | 22 | Jaurauja, Plum. | 12 | 200 |
| Jalapa, Tourn. | 10 | 516 | JEFFERSONIA, Bart. | 8 | 54 |
| — congesta, Mœnch. | 10 | 517 | JENKINSONIA, Sweet. | 3 | 322 |
| — longiflora, Mœnch. | 10 | 517 | — quinata, Sweet. | 3 | 322 |
| JALTOMATA, Schlechtend. | 9 | 75 | JIRASEKIA, Schmidt. | 9 | 343 |
| — edulis, Schl. | 9 | 75 | Joachimia, Ten. | 13 | 159 |
| Jambolifera, Linn. | 2 | 514 | Joannea, Spreng. | 10 | 9 |
| — pedunculata, Houtt. | 4 | 171 | Joannesia, Pers. | 10 | 9 |
| JAMBOSA, D. C. | 4 | 179 | Joannetia, Velloz. | 2 | 487 |
| — amplexicaulis, D. C. | 4 | 182 | | | |

| | Vol. | Pag. |
|---|---|---|
| Johannia, Willd. | 10 | 9 |
| JOHNIA, Roxb. | 9 | 398 |
| Johnsonia, Catesb. | 9 | 227 |
| JOHNSONIA, R. Br. | 12 | 236 |
| JOHRENIA, D. C. | 8 | 136 |
| JOLIFFIA, Bojer. | 6 | 191 |
| — africana, Bojer | 6 | 191 |
| Joncquetia, Schreb. | 2 | 230 |
| JONDRABA, Medic. | 6 | 325 |
| JONESIA, Roxb. | 1 | 110 |
| — Asjoga, Roxb. | 1 | 110 |
| Jonquilla, D. C. | 12 | 406 |
| JONQUILLA, Haw. | 12 | 441 |
| Josepha, Flor. Flum. | 10 | 516 |
| Josephia, Sal. | 10 | 402 |
| JOSEPHINIA, Vent. | 9 | 249 |
| JOSSINIA, Commers. | 4 | 405 |
| JOTELLANA, R. et P. | 9 | 266 |
| JUANULLOA, R. et P. | 9 | 57 |
| JUBÆA, Kunth | 12 | 130 |
| — insignis, Kunth | 12 | 130 |
| JUGLANDEÆ, D. C. | 2 | 163 |
| JUGLANS, Linn. | 2 | 165 |
| — alba, Linn. | 2 | 175 |
| — amara, Mich. | 2 | 177 |
| — aquatica, Mich. | 2 | 179 |
| — cathartica, Mich. | 2 | 170 |
| — cinerea, Linn. | 2 | 170 |
| — compressa, Willd. | 2 | 175 |
| — expansa, Boso? | 2 | 167 |
| — fraxinifolia, Poir. | 2 | 180 |
| — glabra, Willd. | 2 | 179 |
| — laciniosa, Mich. fil. | 2 | 174 |
| — mucronata, Mich. | 2 | 174 |
| — myristicæformis, Mich. fil. | 2 | 179 |
| — nigra, Linn. | 2 | 168 |
| — obcordata, Willd. | 2 | 178 |
| — olivæformis, Mich. | 2 | 175 |
| — porcina, Mich. fil. | 2 | 178 |
| — porcina ficiformis, Mich. fil. | 2 | 179 |
| — pterocarpa, Spreng. | 2 | 180 |
| — regia, Linn. | 2 | 165 |
| — regia heterophylla, Lois. | 2 | 165 |
| — squamosa, Mich. fil. | 2 | 175 |
| — sulcata, Willd. | 2 | 174 |
| — tomentosa, Mich. | 2 | 176 |
| JUNCACEÆ, Bartl. | 13 | 133 |
| Juncaceæ-Junceæ, Reichb. | 13 | 133 |
| Juncaceæ-Melantheæ, Reichb. | 13 | 133 |
| et | 12 | 233 |
| JUNCAGINEÆ, Rich. | 12 | 10 |
| Juncago, Tourn. | 12 | 10 |
| JUNCEÆ, Bartl. | 13 | 134 |
| Junceæ, D. C. | 13 | 133 |
| Junci, Juss. | 12 | 9 |
| et vol. 13, p. 121, 133 et | | 138 |
| JUNCINEÆ, Bartl. | 13 | 120 |
| Juncineæ, Dumort. | 13 | 133 |
| Juncineæ-Commelineæ, Ad. Brongn. | 13 | 121 |
| Juncineæ - Eriocauloneæ, Ad. Brongn. | 13 | 138 |
| Juncineæ-Juncaceæ, Ad. Brongn. | 13 | 133 |
| Juncineæ-Restiaceæ, Ad. Brongn. | 13 | 138 |
| Juncineæ - Xyrideæ, Ad. Brongn. | 13 | 130 |
| JUNCUS, Linn. | 13 | 134 |
| — campestris, Hoffm. | 13 | 137 |
| — communis, α. E. Mey. | 13 | 135 |
| — communis, β. E. Mey. | 13 | 135 |
| — congestus, Thuil. | 13 | 137 |
| — conglomeratus, Linn. | 13 | 135 |
| — effusus, Linn. | 13 | 135 |
| — effusus, Pollich. | 13 | 136 |
| — glaucus, Ehrh. | 13 | 136 |
| — inflexus, Leers. | 13 | 136 |
| — intermedius, Thuil. | 13 | 137 |
| — multiflorus, Ehrh. | 13 | 137 |
| — tenax, Poir. | 13 | 136 |
| Jungia, Cass. | 10 | 33 |
| Jungia, Gærtn. | 4 | 105 |
| JUNGIA, Linn. | 10 | 33 |
| JUNGIA, Mœnch. | 9 | 181 |
| JUNIPERUS, Linn. | 11 | 305 |
| — alpina, Hortor. | 11 | 309 |
| — arborescens, Mœnch. | 11 | 318 |
| — barbadensis, Mich. | 11 | 318 |
| — bermudiana, Linn. | 11 | 321 |
| — caroliniana, Hortor. | 11 | 318 |
| — chinensis, Hortor. | 11 | 315 |
| — communis, Linn. | 11 | 308 |
| — communis alpina, Gaud. | 11 | 309 |
| — communis alpina, Wahlenb. | 11 | 309 |
| — communis macrocarpa, Spach. | 11 | 310 |
| — communis montana, Hort. Kew. | 11 | 309 |
| — communis suecica, Hort. Par. | 11 | 309 |

| | Vol. | Pag. |
|---|---|---|
| Juniperus *communis suecica*, Willd. | 11 | 309 |
| — communis vulgaris, Willd. | 11 | 308 |
| — cracovia, Lodd. | 11 | 308 |
| — davurica, Pall. | 11 | 317 |
| — drupacea, Labill. | 11 | 312 |
| — excelsa, Bieberst. | 11 | 317 |
| — flaccida, Schlecht. | 11 | 320 |
| — fœtida, Spach. | 11 | 314 |
| — fœtida davurica, Spach. | 11 | 317 |
| — fœtida excelsa, Spach. | 11 | 317 |
| — fœtida flaccida, Spach. | 11 | 320 |
| — fœtida multicaulis, Spach. | 11 | 317 |
| — fœtida Sabina, Spach. | 11 | 315 |
| — fœtida squarrulosa, Spach. | 11 | 321 |
| — fœtida tamariscifolia, Spach. | 11 | 316 |
| — fœtida Tournefortiana, Spach. | 11 | 320 |
| — fœtida virginiana, Spach. | 11 | 318 |
| — fœtidissima, Willd. | 11 | 321 |
| — Hermanni, Pers. | 11 | 317 |
| — hispanica, Lamk. | 11 | 320 |
| — horizontalis, Mœnch. | 11 | 317 |
| — hybernica, Lodd. | 11 | 308 |
| — lusitanica, Mill. | 11 | 315 |
| — lycia, Linn. | 11 | 322 |
| — lycia, Pall. | 11 | 316 |
| — macrocarpa, Sibth. | 11 | 310 |
| — mexicana, Schlechtend. | 11 | 320 |
| — nana, Willd. | 11 | 309 |
| — oblonga, Bieberst. | 11 | 308 |
| — occidentalis, Hook. | 11 | 317 |
| — oppositifolia, Mœnch. | 11 | 321 |
| — Oxycedrus, Linn. | 11 | 311 |
| — phœnicea, Linn. | 11 | 322 |
| — prostrata, Pers. | 11 | 314 |
| — prostrata, Torr. | 11 | 314 |
| — repens, Nutt. | 11 | 314 |
| — Sabina, Linn. | 11 | 315 |
| — Sabina, Mill. | 11 | 316 |
| — Sabina, Pall. | 11 | 317 |
| — Sabina cupressifolia, Hort. Kew. | 11 | 315 |
| — Sabina humilis, Hook. | 11 | 317 |
| — Sabina tamariscifolia, Hort. Kew. | 11 | 316 |
| — sibirica, Burgsd. | 11 | 309 |
| — suecica, Mill. | 11 | 309 |
| — tetragona, Mœnch. | 11 | 322 |

| | Vol. | Pag. |
|---|---|---|
| Juniperus *thurifera*, Hort. Par. | 11 | 320 |
| — virginiana, Linn. | 11 | 318 |
| — virginiana, Mich. | 11 | 318 |
| JURINEA, Cass. | 10 | 12 |
| JUSSIÆA, Linn. | 4 | 340 |
| — Caparosa, Camb. | 4 | 343 |
| — elegans, Camb. | 4 | 342 |
| — grandiflora, Mich. | 4 | 344 |
| — longifolia, D. C. | 4 | 344 |
| — macrocarpa, Kunth. | 4 | 342 |
| — maypurensis, Kunth. | 4 | 341 |
| — myrtifolia, Camb. | 4 | 343 |
| — ovalifolia, Sims. | 4 | 343 |
| — palmitensis, Camb. | 4 | 343 |
| — pilosa, Kunth. | 4 | 341 |
| JUSSIÆVEÆ, D. C. | 4 | 337 |
| | 4 | 340 |
| Jussieua, Houst. | 2 | 487 |
| JUSTICIA, (Linn.) Nees. | 9 | 146 |
| — Adhatoda, Linn. | 9 | 155 |
| — Gandarussa, Linn. | 9 | 155 |
| — nasuta, Linn. | 9 | 158 |
| — nervosa, Vahl. | 9 | 156 |
| — pulchella, Roxb. | 9 | 156 |
| — speciosa, Roxb. | 9 | 159 |
| JUSTICIEÆ, Nees. | 9 | 143 |
| KADSURA, Juss. | 8 | 8 |
| — japonica, Juss. | 8 | 9 |
| KADUA, Cham. et Schl. | 8 | 374 |
| Kæmpferia, Houst. | 9 | 227 |
| KÆMPFERIA, Linn. | 12 | 160 |
| — Galanga, Linn. | 12 | 161 |
| — Hedychium, Lamk. | 12 | 164 |
| — longa, Lamk. | 12 | 161 |
| — rotunda, Linn. | 12 | 161 |
| KAGENECKIA, R. et P. | 11 | 429 |
| Kahiria, Forsk. | 10 | 39 |
| Kaida, Hort. Mal. | 12 | 29 |
| KALANCHOE, Adans. | 5 | 84 |
| — acutiflora, D. C. | 5 | 85 |
| — ægyptiaca, D. C. | 5 | 84 |
| — crenata, Haw. | 5 | 85 |
| — laciniata, D. C. | 5 | 85 |
| — spathulata, D. C. | 5 | 84 |
| KALBFUSSIA, Schultz. | 10 | 7 |
| Kalimeris, Cass. | 10 | 30 |
| KALLIAS, Cass. | 10 | 20 |
| KALLSTROEMIA, Scop. | 2 | 305 |
| KALMIA, Linn. | 9 | 496 |
| — angustifolia, Linn. | 9 | 497 |
| — glauca, Willd. | 9 | 497 |

| | Vol. | Pag. | | Vol. | Pag. |
|---|---|---|---|---|---|
| Kalmia latifolia, Linn. | 9 | 498 | Kielmeyera speciosa, A. St- | | |
| KALOSANTHES, Haw. | 5 | 83 | Hil. | 4 | 72 |
| — bicolor, Haw. | 5 | 83 | — tomentosa, Camb. | 4 | 73 |
| — coccinea, Haw. | 5 | 83 | KIERSCHLEGERIA, Spach. | 4 | 403 |
| — jasminea, Haw. | 5 | 84 | — lycioides, Spach. | 4 | 404 |
| — odoratissima, Haw. | 5 | 85 | Kieseria, Nees. | 4 | 60 |
| Kampmannia, Raf. | 2 | 361 | KIGGELARIA, Linn. | 6 | 135 |
| KANALIA, R. Br. | 8 | 539 | — africana, Linn. | 6 | 136 |
| Karatas, Plum. | 12 | 399 | KIGGELARIEÆ, D. C. | 6 | 133 |
| Karpaton, Raf. | 8 | 327 | KINGIA, R. Br. | 13 | 154 |
| Earua, Hort. Malab. | 10 | 481 | Kinkina, Adans. | 8 | 372 |
| Katou-indel, Hort. Malab. | 12 | 112 | KIRGANELIA, Juss. | 2 | 486 |
| Kaulfussia amelloides, Nees | 10 | 263 | KITAIBELIA, Willd. | 5 | 542 |
| KAYEA, Wallich | 5 | 333 | Kittelia, Reichb. | 9 | 572 |
| — floribunda, Wallich | 5 | 333 | KIXIA, Bl. | 8 | 503 |
| KEERLIA, D.C. | 10 | 51 | KLAPROTHIA, Kunth. | 6 | 235 |
| KEITHIA, Benth. | 9 | 164 | KLASEA, Cass. | 10 | 12 |
| KENNEDYA, Vent. | 1 | 318 | KLEINHOVIA, Linn. | 3 | 493 |
| — coccinea, Vent. | 1 | 319 | — hospita, Linn. | 3 | 493 |
| — Comptoniana, Link. | 1 | 320 | Kleinia, Jacq. | 10 | 16 |
| — cordata, Bot. Reg. | 1 | 320 | Kleinia, Juss. | 10 | 18 |
| — dilatata, Lindl. | 1 | 319 | KLEINIA, Linn. | 10 | 32 |
| — monophylla, Vent. | 1 | 320 | KLOTSCHIA, Cham. | 8 | 159 |
| — ovata, Sims. | 1 | 320 | KLUGIA, Schlechtend. | 9 | 257 |
| — prostrata, R. Br. | 1 | 319 | Kluhia officinalis, Andrz. | 6 | 435 |
| — rubicunda, Vent. | 1 | 319 | Knappia, Schmidt. | 13 | 159 |
| Kentranthus, Neck. | 10 | 304 | KNAUTIA, (Linn.) Lag. | 10 | 314 |
| KENTROPHYLLUM, Neck. | 10 | 11 | — arvensis, Coult. | 10 | 324 |
| KEPPLERIA, Mart. | 12 | 62 | KNEIFFIA, Spach. | 4 | 373 |
| Keranthus, Bl. | 12 | 176 | — floribunda, Spach. | 4 | 376 |
| Keraselma, Neck. | 2 | 488 | — Fraseri, Spach. | 4 | 375 |
| KERAUDRENIA, Gay. | 3 | 477 | — glauca, Spach. | 4 | 574 |
| KERNERA, Medic. | 6 | 325 | — linearis, Spach. | 4 | 376 |
| Kernera, Willd. | 12 | 14 | — maculata, Spach. | 4 | 375 |
| KERNERIA, Mœnch. | 10 | 19 | — pumila, Spach. | 4 | 377 |
| KERRIA, D. C. | 1 | 429 | — suffruticosa, Spach. | 4 | 574 |
| — japonica, D. C. | 1 | 430 | KNEMA, Lour. | 7 | 535 |
| Keura, Forsk. | 12 | 23 | KNIGHTIA, R. Br. | 10 | 402 |
| — odorifera, Forsk. | 12 | 25 | KNIPHOFIA, Mœnch. | 12 | 364 |
| KHAYA, Juss. fil. | 3 | 167 | — aloides, Mœnch. | 12 | 365 |
| — senegalensis, Juss. fil. | 3 | 167 | — pumila, Kunth. | 12 | 365 |
| KIBARA, Endl. | 11 | 90 | — sarmentosa, Kunth. | 12 | 365 |
| KIBESSIA, D. C. | 4 | 270 | KNOWLTONIA, Sal. | 7 | 231 |
| — azurea, D. C. | 4 | 270 | — rigida, Sal. | 7 | 232 |
| KICKXIA, Dumort. | 9 | 267 | — vesicatoria, Bot. Reg. | 7 | 232 |
| Kielbull, Adans. | 13 | 161 | — vesicatoria, Sims. | 7 | 232 |
| KIELMEYERA, Mart. | 4 | 71 | KNOXIA, Linn. | 8 | 577 |
| — corymbosa, Mart. | 4 | 73 | KOBRESIA, Willd. | 13 | 147 |
| — excelsa, Camb. | 4 | 74 | KOCHIA, Roth. | 5 | 283 |
| — humifusa, Camb. | 4 | 73 | — arenaria, Roth. | 5 | 284 |
| — petiolaris, Mart. | 4 | 74 | — hyssopifolia, Roth. | 5 | 285 |
| — rosea, Mart. | 4 | 72 | — prostrata, Schrad. | 5 | 284 |
| — rubriflora, Camb. | 4 | 72 | — scoparia, Schrad. | 5 | 284 |

| | Vol. | Pag. |
|---|---|---|
| Kochia sedoides, Schrad. | 5 | 285 |
| *Kœlera*, Willd. | 6 | 153 |
| KOELERIA, Pers. | 13 | 164 |
| *Kœllea*, Biria. | 7 | 290 |
| — *hiemalis*, Biria. | 7 | 325 |
| *Kœllia*, Mœnch. | 9 | 164 |
| KOELPINIA, Pall. | 10 | 6 |
| *Kœlreutera*, Murr. | 5 | 241 |
| KOELREUTERIA, Laxm. | 3 | 66 |
| — paniculata, Laxm. | 3 | 67 |
| — paullinioides, L'hér. | 3 | 67 |
| KOENIGIA, Linn. | 10 | 521 |
| KOHAUTIA, Cham. et Schl. | 8 | 374 |
| *Kolbea*, Schlechtend. | 12 | 235 |
| KOLBIA, Beauv. | 6 | 190 |
| —, elegans, Beauv. | 6 | 190 |
| *Kolowratia*, Presl. | 12 | 154 |
| KONIGA, Adans. | 6 | 489 |
| — halimifolia, Reichb. | 6 | 494 |
| — maritima, R. Br. | 6 | 491 |
| — sibirica, Spach. | 6 | 496 |
| — *sibirica acutifolia*, Spach. | 6 | 496 |
| — *sibirica obtusifolia*, Spach. | 6 | 496 |
| — spinosa, Spach. | 6 | 495 |
| KOPSIA, Bl. | 8 | 502 |
| *Kopsia*, Dumort. | 9 | 261 |
| *Kosaria*, Forsk. | 11 | 57 |
| KRAMERIA, Lœffl. | 7 | 150 |
| — grandiflora, A. Saint-Hil. | 7 | 151 |
| — triandra, R. et P. | 7 | 151 |
| *KRAMERIEÆ*, Reichb. | 7 | 111 |
| | et | 150 |
| *Kraschenninikowia*, Güldenst. | 5 | 278 |
| *Kraunhia*, Raf. | 1 | 156 |
| KREYSIGIA, Reichb. | 12 | 250 |
| — multiflora, Reichb. | 12 | 250 |
| KRIGIA, Schreb. | 10 | 7 |
| *Krockeria*, Mœnch. | 1 | 453 |
| *Krockeria*, Neck. | 7 | 497 |
| KRUBERA, Hoffm. | 8 | 135 |
| *Krugeria*, Neck. | 1 | 88 |
| *Kua*, Hort. Mal. | 12 | 157 |
| KUHLIA, Kunth. | 6 | 113 |
| KUHNIA, Linn. | 10 | 57 |
| KUHNISTERA, Lamk. | 1 | 454 |
| *Kumara*, Med. | 12 | 255 |
| KUNDMANNIA, Scop. | 8 | 159 |
| KUNTHIA, Humb. et Bonpl. | 12 | 60 |
| *Kunzia*, Spreng. | 1 | 428 |
| KUTCHUBEA, Fisch. | 8 | 372 |
| *Kyberia*, Neck. | 10 | 31 |
| KYDIA, Roxb. | 3 | 456 |
| — calycina, Roxb. | 3 | 456 |
| — fraterna, Roxb. | 3 | 456 |
| KYLLINGIA, Rottb. | 13 | 144 |
| *Kyrtanthus*, Gmel. | 8 | 372 |
| — *longiflorus*, Gmel. | 8 | 407 |
| LABATIA, Swartz. | 9 | 384 |
| *LABIATÆ*, Juss. | 9 | 160 |
| *Labiatæ – Angiocarpicæ*, Reichb. | 9 | 225 |
| *LABIATIFLORÆ*, Bartl. | 9 | 126 |
| *Labiatifloræ*, D. C. | 10 | 8 |
| | 55 et | 54 |
| LABICHEA, Gaudich. | 1 | 88 |
| LABLAB, Adans. | 1 | 332 |
| — vulgaris, Savi. | 1 | 332 |
| LABORDIA, Gaudich. | 2 | 361 |
| LACARA, Spreng. | 1 | 157 |
| *Lacathea*, Sal. | 4 | 60 |
| — *florida*, Sal. | 4 | 80 |
| *Lacellia*, Viv. | 10 | 11 |
| LACEPEDEA, Kunth. | 2 | 401 |
| — insignis, Kunth. | 2 | 401 |
| LACHANODES, D. C. | 10 | 33 |
| LACHENALIA, Jacq. | 12 | 291 |
| — angustifolia, Jacq. | 12 | 293 |
| — bicolor, Lodd. | 12 | 295 |
| — bifolia, Gawl. | 12 | 293 |
| — *flava*, Andr. | 12 | 296 |
| — fragrans, Jacq. | 12 | 294 |
| — glaucina, Jacq. | 12 | 292 |
| — *lanceœfolia*, Jacq. | 12 | 316 |
| — lucida, Gawl. | 12 | 294 |
| — luteola, Jacq. | 12 | 296 |
| — mediana, Jacq. | 12 | 294 |
| — mutabilis, Sweet. | 12 | 295 |
| — nervosa, Gawl. | 12 | 294 |
| — orchioides, Hook. | 12 | 292 |
| — pallida, R. Br. | 12 | 292 |
| — patula, Jacq. | 12 | 294 |
| — pendula, Andr. | 12 | 297 |
| — punctata, Jacq. | 12 | 297 |
| — purpurea, Jacq. | 12 | 295 |
| — purpureo-cœrulea, Jacq. | 12 | 294 |
| — quadricolor, Jacq. | 12 | 296 |
| — *quadricolor lutea*, Sims. | 12 | 296 |
| — rosea, Andr. | 12 | 293 |
| — rubida, Jacq. | 12 | 296 |
| — serotina, Willd. | 12 | 327 |
| — tigrina, Jacq. | 12 | 297 |

| | Vol. | Pag. | | Vol. | Pag. |
|---|---|---|---|---|---|
| Lachenalia tricolor, Thunb.. | 12 | 296 | Lagascea, Less.... | 10 | 40 |
| — unicolor, Jacq.... | 12 | 295 | LAGENARIA, Ser.... | 6 | 194 |
| — unifolia, Jacq.... | 12 | 295 | — vulgaris, Ser.... | 6 | 195 |
| — violacea, Jacq.... | 12 | 295 | LAGENIAS, E. Mey.... | 9 | 5 |
| — viridis, Thunb.... | 12 | 327 | Lagenifera, Cass.... | 10 | 31 |
| LACHNÆA, Linn... | 10 | 447 | LAGENOCARPUS, Kloiz. | 9 | 442 |
| — buxifolia, Andr.... | 10 | 448 | LAGENOPHORA, Cass.. | 10 | 51 |
| — eriocephala, Willd.. | 10 | 448 | LAGERSTROEMIA, Willd.. | 4 | 439 |
| — glauca, Sal.... | 10 | 448 | — grandiflora, Roxb.. | 4 | 440 |
| — purpurea, Willd... | 10 | 448 | — indica, Linn.... | 4 | 439 |
| Lachnagrostis, Trin... | 13 | 162 | — Munchhausia, Willd. | 4 | 440 |
| LACHNANTHES, Ell.... | 13 | 111 | — Reginæ, Roxb.... | 4 | 440 |
| — tinctoria, Ell.... | 13 | 112 | — speciosa, Pers.... | 4 | 440 |
| LACHNOCAULON, Kunth.. | 13 | 140 | LAGERSTROEMIEÆ, | | |
| LACHNOSPERMUM, Willd. | 10 | 27 | D. C.... | 4 | 419 |
| LACHNOSTOMA, Kunth.. | 8 | 559 | LAGETTA, Juss.... | 10 | 437 |
| LACIS, Lindl.... | 12 | 12 | — lintearia, Juss.... | 10 | 438 |
| Lacis, Schreb.... | 12 | 12 | LAGOCHILUS, Bung.... | 9 | 166 |
| LACTUCA, Tourn.... | 10 | 41 | LAGOECIA, Linn.... | 8 | 140 |
| — capitata, C. Bauh.. | 10 | 41 | LAGONYCHIUM, Bieberst. | 1 | 49 |
| — crispa, C. Bauh.. | 10 | 41 | Lagopsis, Bung.... | 9 | 166 |
| — laciniata, Roth... | 10 | 41 | Lagoseris, Reichb.... | 10 | 6 |
| — palmata, Willd... | 10 | 41 | Lagotis, Gærtn.... | 9 | 271 |
| — sativa, Linn.... | 10 | 41 | LAGUNCULARIA, Gærtn. | 4 | 304 |
| — Scariola, Linn.... | 10 | 43 | — racemosa, Gærtn.... | 4 | 305 |
| — sylvestris, Lamk.. | 10 | 43 | LAGUNEA, Cav.... | 3 | 343 |
| — virosa, Linn.... | 10 | 43 | — Patersonia, Sims.... | 3 | 373 |
| LACTUCEÆ, Cass... | 10 | 5 | — squamea, Vent.... | 3 | 373 |
| | | et 40 | Lagunea, Lour.... | 10 | 521 |
| LACTUCEÆ - CREPI- | | | LAGUROSTEMON, Cass.. | 10 | 10 |
| DEÆ, Cass.... | 10 | 6 | LAGURUS, Linn.... | 13 | 163 |
| LACTUCEÆ - HIERA- | | | LAHAYA, R. et S.... | 5 | 205 |
| CIEÆ, Cass.... | 10 | 7 | LAMARCKEA, Gaudich.. | 4 | 105 |
| LACTUCEÆ - PROTO - | | | LAMARCKEA, Pers.... | 9 | 56 |
| TYPEÆ, Cass.... | 10 | 5 | LAMARCKIA, Mœnch... | 13 | 164 |
| LACTUCEÆ - SCORZO- | | | LAMBERTIA, Smith.... | 10 | 425 |
| NEREÆ, Cass.... | 10 | 7 | — formosa, Smith.... | 10 | 425 |
| LACYA, D. C.... | 8 | 374 | LAMIUM, Linn.... | 9 | 206 |
| LADANIUM, Spach.... | 6 | 64 | — album, Linn.... | 9 | 207 |
| — cyprium, Spach... | 6 | 68 | LAMOUROUXIA, Kunth. | 9 | 272 |
| — laurifolium, Spach. | 6 | 66 | LAMPOCARYA, R. Br... | 13 | 146 |
| — officinarum, Spach. | 6 | 69 | LAMPROCARPUS, Blum. | 13 | 122 |
| LADANOPSIS, D. C.... | 4 | 242 | Lamprocarya, Endl.... | 13 | 146 |
| LÆLIA, Desv.... | 6 | 585 | LAMPROPHYL- | | |
| — orientalis, Desv.... | 6 | 587 | LEÆ, Bartl.... | 4 | 51 |
| LÆLIA, Lindl.... | 12 | 176 | Lamprotis, Don.... | 9 | 443 |
| LÆNNECIA, Cass.... | 10 | 30 | LAMPSANA, Tourn.... | 10 | 6 |
| LÆTIA, Linn.... | 6 | 115 | Lampujum, Rumph... | 12 | 156 |
| LAFOENSIA, Vand.... | 4 | 441 | LAMYRA, Cass.... | 10 | 12 |
| — speciosa, D. C.... | 4 | 441 | LANARIA, Thunb.... | 13 | 109 |
| LAFUENTEA, Lag.... | 9 | 272 | Lancisia, Gærtn.... | 10 | 23 |
| LAGARINTHUS, E. Mey.. | 8 | 539 | Lancisia, Pers.... | 10 | 24 |
| LAGASCA, Cav.... | 10 | 40 | | | |

| | Vol. | Pag. | | Vol. | Pag. |
|---|---|---|---|---|---|
| LANCRETIA, Delile. | 5 | 466 | Larix *Cedrus*, Mill. | 11 | 427 |
| LANDOLPHIA, Beauv. | 8 | 501 | — *compacta*, Hortor. | 11 | 432 |
| LANDTIA, Less. | 10 | 44 | — *decidua*, Mill. | 11 | 432 |
| LANGEVELDIA, Gaudich. | 11 | 24 | — *europœa*, D. C. | 11 | 432 |
| *Langnas*, Kœn. | 12 | 154 | — *intermedia*, Hortor. | 11 | 432 |
| LANGSDORFFIA, Leand. | 2 | 367 | — *læta*, Hortor. | 11 | 432 |
| LANGSDORFFIA, Mart. | 10 | 550 | — *microcarpa*, Poir. | 11 | 436 |
| *Langsdorffia*, Radd. | 12 | 63 | — *patula*, Sal. | 11 | 427 |
| *Lanipila*, Burch. | 10 | 24 | — *pendula*, Hortor. | 11 | 432 |
| LANNEA, Guill. | 2 | 186 | — *repens*, Hortor. | 11 | 432 |
| LANSIUM, Blum. | 5 | 190 | — *rossica*, Hortor. | 11 | 432 |
| — *domesticum*, Blum. | 5 | 191 | — *sibirica*, Hortor. | 11 | 432 |
| — *sylvestre*, Rumph. | 5 | 191 | — *tenuifolia*, Sal. | 11 | 436 |
| LANTANA, Linn. | 9 | 241 | — *vulgaris*, Fisch. | 11 | 432 |
| — *aculeata*, Linn. | 9 | 242 | Larochea, Pers. | 5 | 73 |
| — Camara, Linn. | 9 | 242 | — *falcata*, Haw. | 5 | 82 |
| — *melissæfolia*, Hort. Kew. | 9 | 242 | — *perfoliata*, Haw. | 5 | 83 |
| — Pseudo-Thea, A. Saint- | | | LARREA, Cav. | 2 | 306 |
| Hil. | 9 | 243 | LASCADIUM, Raf. | 2 | 488 |
| LAPAGERIA, R. et P. | 12 | 210 | LASERPITIEÆ, Taüsch. | 8 | 135 |
| LAPATHUM, Tourn. | 10 | 524 | et | 8 | 157 |
| — *crispum*, Lamk. | 10 | 525 | LASERPITIUM, (Tourn.) Koch. | 8 | 157 |
| — *digynum*, Lamk. | 10 | 522 | — *asperum*, Crantz. | 8 | 158 |
| *Lapeyrousia*, Pourr. | 13 | 4 | — *Cervaria*, Gmel. | 8 | 158 |
| — *corymbosa*, Ker. | 13 | 96 | — *glabrum*, Crantz. | 8 | 158 |
| — *juncea*, Ker. | 13 | 96 | — *latifolium*, Linn. | 8 | 158 |
| *Lapeyrousia*, Thunb. | 10 | 23 | — *Libanotis*, Lamk. | 8 | 158 |
| LAPIEDRA, Lag. | 12 | 405 | LASIA, Lour. | 12 | 33 |
| LAPLACEA, Kunth. | 4 | 76 | LASIAGROSTIS, Link. | 13 | 161 |
| — *semiserrata*, Camb. | 4 | 76 | LASIANDRA, D. C. | 4 | 232 |
| — *speciosa*, Kunth. | 4 | 77 | — *argentea*, D. C. | 4 | 235 |
| — *tomentosa*, Mart. | 4 | 76 | — *fissinervia*, D. C. | 4 | 234 |
| LAPORTEA, Gaudich. | 11 | 24 | — Fontanesiana, D. C. | 4 | 254 |
| LAPPA, Tourn. | 10 | 83 | — Langsdorfiana, D. C. | 4 | 235 |
| — *major*, D. C. | 10 | 84 | — Martiana, D. C. | 4 | 233 |
| — *major*, Engl. Bot. | 10 | 84 | — Maximilianea, D. C. | 4 | 233 |
| — *minor*, D. C. | 10 | 84 | — *oleæfolia*, Mart. | 4 | 244 |
| — *officinalis*, All. | 10 | 83 | LASIANTHERA, Beauv. | 3 | 207 |
| — officinalis, Spach. | 10 | 83 | *Lasianthus*, Jack. | 8 | 375 |
| — *tomentosa*, All. | 10 | 84 | LASIOCHLOA, Kunth. | 13 | 164 |
| LAPPAGO, Schreb. | 13 | 160 | LASIOCORYS, Benth. | 9 | 166 |
| *Lappula*, Mœnch. | 9 | 30 | LASIONEMA, D. C. | 8 | 372 |
| *Lapsana*, Linn. | 10 | 6 | *Lasiopera*, Link. | 9 | 272 |
| *Larbrea*, Aug. Saint-Hil. | 5 | 205 | LASIOPETALEÆ, Gay. | 3 | 494 |
| LARDIZABALA, R. et P. | 8 | 25 | LASIOPETALUM, Smith. | 3 | 495 |
| — *biternata*, R. et P. | 8 | 25 | — *arborescens*, Hort. Kew. | 3 | 495 |
| LARDIZABALEÆ, D. C. | 8 | 7 | — *ferrugineum*, Smith. | 3 | 496 |
| | et | 25 | — *parviflorum*, Rudg. | 3 | 496 |
| LARETIA, Gill. et Hook. | 8 | 134 | — *purpurascens*, Lois. | 3 | 497 |
| LARIX, Tourn. | 11 | 431 | — *purpureum*, Bot. Mag. | 3 | 497 |
| — *alba*, Hortor. | 11 | 432 | — *quercifolium*, Andr. | 3 | 499 |
| — *americana*, Mich. | 11 | 436 | — *solanaceum*, Bot. Mag. | 3 | 498 |
| — *archangelica*, Hortor. | 11 | 432 | — *tomentosum*, Hortor. | 3 | 490 |

| | Vol. | Pag. |
|---|---|---|
| Lasiopetalum *triphyllum*, Labill. | 3 | 499 |
| — *triphyllum*, Smith. | 3 | 499 |
| LASIOPOGON, Cass. | 10 | 27 |
| *Lasioptera*, Andrz. | 6 | 325 |
| LASIOPUS, Cass. | 10 | 35 |
| *Lasiopus*, Don. | 10 | 6 |
| *Lasiorhiza*, Lag. | 10 | 33 |
| LASIOSPERMUM, Lag. | 10 | 24 |
| *Lasiospora*, Cass. | 10 | 8 |
| LASIOSTOMA, Schreb. | 8 | 484 |
| *Lasiotrichos*, Lehm. | 13 | 159 |
| LASTHENIA, Cass. | 10 | 17 |
| LATANIA, Commers. | 12 | 62 |
| LATHRÆA, Linn. | 9 | 261 |
| LATHYRUS, Linn. | 1 | 309 |
| — *Cicera*, Linn. | 1 | 311 |
| — *hirsutus*, Linn. | 1 | 312 |
| — *latifolius*, Linn. | 1 | 309 |
| — *odoratus*, Linn. | 1 | 312 |
| — *sativus*, Linn. | 1 | 310 |
| — *tingitanus*, Linn. | 1 | 312 |
| — *tuberosus*, Linn. | 1 | 310 |
| LATIPES, Kunth. | 13 | 160 |
| LATREILLEA, D. C. | 10 | 21 |
| *Laugeria*, Jacq. | 8 | 375 |
| *Launæa*, Cass. | 10 | 5 |
| *Lauraceæ*, Lindl. | 10 | 466 |
| L'AUREA, Gaudich. | 11 | 11 |
| LAURELIA. Juss. | 11 | 91 |
| *Laurembergia*, Berg. | 4 | 443 |
| LAURENTIA, Neck. | 9 | 572 |
| LAUREOLA, Spach. | 10 | 444 |
| LAUREOLOIDES, Spach. | 10 | 445 |
| *Lauri*, Juss. | 10 | 466 |
| **LAURINEÆ**, Vent. | 10 | 466 |
| *Laurineæ-Laureæ*, Reichb. | 10 | 466 |
| *Laurineæ-Pterygieæ*, Reichb. | 13 | 501 |
| LAUROCERASUS, Tourn. | 1 | 412 |
| LAURUS, Linn. | 10 | 509 |
| — *æstivalis*, Wangenh. | 10 | 508 |
| — *albiflora*, Wallich. | 10 | 485 |
| — *Belloto*, Miers. | 10 | 495 |
| — *Benzoin*, Linn. | 10 | 507 |
| — *Benzoin*, Willd. | 10 | 508 |
| — *Borbonia*, Linn. | 10 | 492 |
| — *Burmanni*, Nees. | 10 | 484 et 485 |
| — *calophylla*, Nees. | 10 | 478 |
| — *Camphora*, Linn. | 10 | 487 |
| — *Canelilla*, Willd. | 10 | 495 |
| — *carolinensis*, Catesb. | 10 | 492 |
| Laurus *Caryophyllata*, Nees. | 10 | 478 |
| — *Caryophyllus*, Lour. | 10 | 476 |
| — *Cassia*, Bot. Mag. | 10 | 481 |
| — *Cassia*, Linn. | 10 | 481 |
| — *Cassia*, Nees. | 10 | 482 |
| — *Cassia*, Wallich. | 10 | 483 |
| — *Cassia Culibaban*, Lamk. | 10 | 476 |
| — *chinensis*, Hort. Berol. | 10 | 488 |
| — *cinnamomoides*, Hort. Berol. | 10 | 484 |
| — *cinnamomoides*, Kunth. | 10 | 499 |
| — *Cinnamomum*, Andr. | 10 | 482 |
| — *Cinnamomum*, Linn. | 10 | 481 |
| — *Cinnamomum*, Lour. | 10 | 481 |
| — *Cinnamomum angustifolium*, Roxb. | 10 | 481 |
| — *Culibaban*, Linn. | 10 | 476 |
| — *Culiwawang*, Nees. | 10 | 476 |
| — *cupularis*, Lamk. | 10 | 502 |
| — *diospyroides*, Mich. | 10 | 508 |
| — *Diospyros*, Pursh. | 10 | 508 |
| — *dulcis*, Roxb. | 10 | 484 |
| — *exaltata*, Swartz. | 10 | 501 |
| — *fœtens*, Hort. Kew. | 10 | 502 |
| — *glandulifera*, Wallich. | 10 | 488 |
| — *indica*, Linn. | 10 | 491 |
| — *iners*, Nees. | 10 | 479 |
| — *maderensis*, Lamk. | 10 | 502 |
| — *malabathrica*, Roxb. | 10 | 478 |
| — *Malabatrum*, Burm. | 10 | 480 |
| — *Malabatrum*, Horsf. | 10 | 480 |
| — *melissæfolia*, Walt. | 10 | 508 |
| — *nobilis*, Linn. | 10 | 509 |
| — *Parthenoxylon*, Jack. | 10 | 505 |
| — *Persea*, Linn. | 10 | 489 |
| — *porrecta*, Roxb. | 10 | 505 |
| — *Pseudo-Benzoin*, Mich. | 10 | 507 |
| — *Pseudo-Sassafras*, Bl. | 10 | 505 |
| — *Quinos*, Lamk. | 10 | 495 |
| — *Sassafras*, Linn. | 10 | 505 |
| — *Tamala*, Hamilt. | 10 | 483 |
| — *Til*, Poir. | 10 | 502 |
| — *vulgaris*, Duham. | 10 | 509 |
| LAVANDULA, Linn. | 9 | 169 |
| — *latifolia*, Ehrh. | 9 | 171 |
| — *officinalis*, Chaix. | 9 | 170 |
| — *vera*, D. C. | 9 | 170 |
| — *vulgaris*, Lamk. | 9 | 170 |
| — *Spica*, Linn. | 9 | 170 |
| — *Stæchas*, Linn. | 9 | 171 |
| LAVATERA, Linn. | 3 | 357 |
| — *acerifolia*, Cav. | 3 | 359 |
| — *arborea*, Linn. | 3 | 360 |

| | Vol. | Pag. | | Vol. | Pag. |
|---|---|---|---|---|---|
| Lavatera hispida, Desf. | 3 | 361 | Lechea major, Mich. | 6 | 109 |
| — maritima, Gouan. | 3 | 359 | — mexicana, Hort. Berol. | 6 | 106 |
| — Olbia, Linn. | 3 | 358 | — tenuifolia, Mich. | 6 | 111 |
| — phœnicea, Vent. | 3 | 360 | — thesioides, Spach. | 6 | 111 |
| — trimestris, Linn. | 3 | 358 | — villosa, Ell. | 6 | 109 |
| LAVAUXIA, Spach. | 4 | 366 | Lechea, Lour. | 13 | 122 |
| — cuspidata, Spach. | 4 | 368 | LECHENAULTIA, R. Br. | 9 | 585 |
| — mutica, Spach. | 4 | 369 | — formosa, R. Br. | 9 | 585 |
| — triloba, Spach. | 4 | 367 | LECHIDIEÆ, Spach. | 6 | 7 |
| Lavenia, Swartz. | 10 | 37 | | | et 107 |
| LAVOISIERA, D. C. | 4 | 208 | LECHIDIUM, Spach. | 6 | 112 |
| — alba, D. C. | 4 | 210 | — Drummondii, Spach. | 6 | 112 |
| — cataphracta, D. C. | 4 | 209 | Lecockia, D. C. | 8 | 135 |
| — crassifolia, D. C. | 4 | 210 | LECONTEA, A. Rich. | 8 | 376 |
| — gentianoides, D. C. | 4 | 209 | LECYTHIDEÆ, D. C. | 4 | 106 |
| — imbricata, D. C. | 4 | 209 | | | et 189 |
| — itambana, D. C. | 4 | 211 | LECYTHIS, Lœfl. | 4 | 189 |
| — mucorifera, D. C. | 4 | 211 | — amara, Aubl. | 4 | 193 |
| — pulcherrima, D. C. | 4 | 212 | — bracteata, Willd. | 4 | 197 |
| — punctata, D. C. | 4 | 211 | — corrugata, Poit. | 4 | 192 |
| LAVOISIEREÆ, D. C. | 4 | 205 | — grandiflora, Aubl. | 4 | 190 |
| | | et 207 | — Idatimon, Aubl. | 4 | 191 |
| LAVRADIA, Vell. | 5 | 472 | — longipes, Poit. | 4 | 191 |
| — alpestris, Mart. | 5 | 474 | — minor, Jacq. | 4 | 194 |
| — elegantissima, A. St-Hil. | 5 | 473 | — ollaria, Linn. | 4 | 194 |
| — ericoides, A. Saint-Hil. | 5 | 473 | — ollaria, Linn. | 4 | 190 |
| — glandulosa, A. Saint-Hil. | 5 | 473 | — ovata, Camb. | 4 | 192 |
| — montana, Mart. | 5 | 473 | — parviflora, Aubl. | 4 | 193 |
| LAWRENCELLA, Lindl. | 10 | 26 | — Pisonis, Camb. | 4 | 194 |
| LAWSONIA, Linn. | 4 | 435 | — Zabucajo, Aubl. | 4 | 192 |
| — alba, Lamk. | 4 | 435 | Lecythopsis, Schrank. | 4 | 106 |
| — inermis, Linn. | 4 | 436 | LEDEBOURIA, Roth. | 12 | 254 |
| — spinosa, Linn. | 4 | 436 | Ledeburia, Link. | 8 | 438 |
| Laxmannia, Fisch. | 1 | 455 | LEDOCARPUM, Desf. | 3 | 269 |
| Laxmannia, Gmel. | 8 | 378 | — chiloense, Desf. | 3 | 269 |
| LAXMANNIA, R. Br. | 12 | 256 | — pedunculare, Lindl. | 3 | 270 |
| LAYIA, Hook. | 10 | 18 | LEDONELLA, Spach. | 6 | 85 |
| Leachia, Cass. | 10 | 19 | LEDONIA, Spach. | 6 | 71 |
| — crassifolia, Cass. | 10 | 132 | — heterophylla, Spach. | 6 | 77 |
| — lanceolata, Cass. | 10 | 132 | — hirsuta, Spach. | 6 | 79 |
| Leœba, Forsk. | 8 | 6 | — peduncularis, Spach. | 6 | 73 |
| LEANDRA, Raddi. | 4 | 206 | — peduncularis cordifolia, Spach. | 6 | 73 |
| Lebeckia, Thunb. | 1 | 153 | — peduncularis salviœfolia, Spach. | 6 | 73 |
| — contaminata, Hort. Kew. | 1 | 240 | — populifolia, Spach. | 6 | 75 |
| LEBETINA, Cass. | 10 | 16 | — populifolia cordifolia, Spach. | 6 | 75 |
| Lebretonia, Schrank. | 3 | 343 | — populifolia longifolia, Spach. | 6 | 75 |
| — latifolia, Mart. | 3 | 368 | LEDUM, Linn. | 9 | 514 |
| LECANANTHUS, Jacq. | 8 | 378 | — buxifolium, Berg. | 9 | 513 |
| Lecanocarpus, Nees. | 5 | 278 | | | |
| LECHEA, (Linn.) Spach. | 6 | 107 | | | |
| — Drummondii, Spach. | 6 | 110 | | | |

|  | Vol. | Pag. |
|---|---|---|
| Ledum latifolium, Lamk. | 9 | 515 |
| — palustre , Linn. | 9 | 514 |
| LEEA, Linn. | 3 | 207 |
| LEEACEÆ, D. C. | 3 | 206 |
| LEERSIA, Sol. | 13 | 158 |
| LEGNOTIDEÆ, D. C. | 3 | 332 |
| Legnotis , Swartz. | 4 | 332 |
| Legouzia , Dur. | 9 | 536 |
| Leguminosæ, Juss. | 1 | 47 |
|  | 86 | et 149 |
| LEHMANNIA, Spreng. | 9 | 56 |
| LEIANTHUS, Griseb. | 9 | 5 |
| Leibnitzia, Cass. | 10 | 35 |
| LEIGHIA , Cass. | 10 | 147 |
| — bicolor, Cass. | 10 | 148 |
| — elegans, Cass. | 10 | 148 |
| — linearis, D. C. | 10 | 148 |
| — orgyalis, Spach. | 10 | 147 |
| Leimanthium, Willd. | 12 | 235 |
| — lætum, Willd. | 12 | 244 |
| — pallidum, Willd. | 12 | 244 |
| Leinkeria, Scop. | 10 | 402 |
| Leiogyne, Don. | 5 | 39 |
| LEIOLEA, Spach. | 8 | 266 |
| Leiolobia austriaca, Reichb. | 6 | 513 |
| LEIOPHYLLUM, Pers. | 9 | 513 |
| — buxifolium, Pers. | 9 | 513 |
| LEIOPOTERIUM, D. C. | 1 | 487 |
| LEIOPYRENA, Spach. | 11 | 128 |
| LEIOSPHÆRA, D. C. | 4 | 261 |
| LEIOTHAMNUS, Gris. | 9 | 5 |
| LEIOTULUS, Ehrenb. | 8 | 136 |
| Leiphaimos, Cham. et Schl. | 9 | 5 |
| Lemia, Vand. | 5 | 222 |
| LEMMATIUM, D. C. | 10 | 18 |
| Lemania, Pers. | 13 | 3 |
| Lenidia, Poir. | 7 | 413 |
| Lens , Riv. | 1 | 305 |
| — esculenta, Mœnch. | 1 | 305 |
| — major, Riv. | 1 | 305 |
| Lentago, Raf. | 8 | 305 |
| Lentibulaceæ, Lindl. | 9 | 335 |
| Lentibularia, Vaill. | 9 | 335 |
| — vulgaris, Mœnch. | 9 | 336 |
| LENTIBULARIEÆ, Rich. | 9 | 335 |
| LEOCHILUS, Knowlt. | 12 | 478 |
| LEONIA, R. et P. | 9 | 374 |
| LEONITIS, Pers. | 9 | 210 |
| — Leonurus, Hort. Kew. | 9 | 211 |
| LEONTICE, Linn. | 8 | 63 |
| — altaica, Pall. | 8 | 67 |
| Leontice Chrysogonum, Linn. | 8 | 65 |
| — Leontopetalum, Linn. | 8 | 64 |
| — odessana, Fisch. | 8 | 67 |
| — thalictroides, Linn. | 8 | 69 |
| LEONTICINEÆ, Spach. | 8 | 55 |
|  |  | et 62 |
| LEONTODON, Juss. | 10 | 7 |
| — alpinus, Stev. | 10 | 47 |
| — apenninus, Ten. | 10 | 47 |
| — caucasicus, Stev. | 10 | 47 |
| — ceratophorus, Ledeb. | 10 | 47 |
| — corniculatus, Kit. | 10 | 47 |
| — gymnanthus, Link. | 10 | 47 |
| — glaucanthus, Ledeb. | 10 | 47 |
| — leucanthus, Ledeb. | 10 | 47 |
| — lividus, W. et K. | 10 | 47 |
| — lyratus, Ledeb. | 10 | 47 |
| — obovatus, Willd. | 10 | 47 |
| — palustre, Smith. | 10 | 47 |
| — salinus, Pollich. | 10 | 47 |
| — Steveni, Ledeb. | 10 | 47 |
| — Taraxacum, Linn. | 10 | 47 |
| LEONTONYX, Cass. | 10 | 26 |
| LEONTOPHTHALMUM, Willd. | 10 | 17 |
| LEONTOPODIUM, R. Br. | 10 | 26 |
| LEONURUS, Linn. | 9 | 166 |
| — africanus, Mill. | 9 | 211 |
| — grandiflorus, Mœnch. | 9 | 211 |
| Leonurus, Tourn. | 9 | 166 |
| Leopoldia, Herbert. | 12 | 405 |
|  |  | et 416 |
| LEOPOLDINIA, Mart. | 12 | 60 |
| Lepachys, Raf. | 10 | 20 |
| — pinnatifida , Raf. | 10 | 138 |
| LEPANTHES, Swartz. | 12 | 175 |
| Lepargyrea, Raf. | 10 | 454 |
| LEPECHINIA, Willd. | 9 | 166 |
| LEPEOCERCIS, Trin. | 13 | 167 |
| Leperiza, Herb. | 12 | 405 |
| LEPEROPETALUM, Ell. | 5 | 39 |
| LEPIA, Desv. | 6 | 325 |
| — sativa, Desv. | 6 | 557 |
| Lepicline, Less. | 10 | 26 |
| LEPIDADENIA, Nees. | 10 | 473 |
| LEPIDAGATHIS , Willd. | 9 | 145 |
| LEPIDAPLOA, Cass. | 10 | 39 |
| LEPIDEILEMA, Trin. | 13 | 159 |
| Lepidinella, Spach. | 6 | 325 |
| LEPIDIUM, (Linn.) Spach. | 6 | 543 |
| — affine, Ledeb. | 6 | 546 |
| — amplexicaule, Willd. | 6 | 544 |
| — angulosum, D'Urv. | 6 | 550 |
| — chalepense, D. C. | 6 | 542 |

| | Vol. | Pag. |
|---|---|---|
| Lepidium *chalepense*, Linn. | 6 | 542 |
| — *chilense*, Hort. Par. | 6 | 550 |
| — *cordatum*, Willd. | 6 | 544 |
| — *crassifolium*, W. et K. | 6 | 545 |
| — Cumingianum, F. et M. | 6 | 550 |
| — *decumbens*, Hortor. | 6 | 550 |
| — *densiflorum*, Schrad. | 6 | 550 |
| — *divaricatum*, Hortor. | 6 | 550 |
| — *Draba*, Linn. | 6 | 542 |
| — Eckloni, Schrad. | 6 | 550 |
| — *fragrans*, Willd. | 6 | 491 |
| — graminifolium, Linn. | 6 | 550 |
| — *ibericum*, Schrad. | 6 | 551 |
| — *Iberis*, Pollich. | 6 | 550 |
| — *Iberis*, Roth. | 6 | 554 |
| — *incisum*, Bieberst. | 6 | 550 |
| — *incisum*, Roth. | 6 | 555 |
| — *latifolium*, Linn. | 6 | 546 |
| — *lyratum*, Hortor. | 6 | 558 |
| — *micranthum*, Ledeb. | 6 | 558 |
| — *oxyotum*, D. C. | 6 | 542 |
| — *perfoliatum*, Linn. | 6 | 550 |
| — *ruderale*, Linn. | 6 | 550 |
| — *sativum*, Linn. | 6 | 557 |
| — *sativum*, Sturm. | 6 | 558 |
| — *sativum crispum*, Linn. | 6 | 558 |
| — *sativum latifolium*, D. C. | 6 | 558 |
| — *sibiricum*, Hortor. | 6 | 546 |
| — *stylosum*, Pers. | 6 | 508 |
| — *subdentatum*, Burch. | 6 | 550 |
| — *vesicarium*, Linn. | 6 | 550 |
| — *virginicum*, Linn. | 6 | 554 |
| *Lepidocarpodendron*, Bœrh. | 10 | 400 |
| LEPIDOCARYNEÆ, Mart. | 12 | 61 |
| | et | 79 |
| LEPIDOCARYUM, Mart. | 12 | 64 |
| *Lepidonema*, Fisch. | 10 | 7 |
| LEPIDOPHORUM, Neck. | 10 | 25 |
| LEPIDOPHYLLUM, Cass. | 10 | 29 |
| *Lepidopogon*, Tausch. | 10 | 28 |
| *Lepidoseris*, Reichb. | 10 | 6 |
| LEPIDOSPERMA, Labill. | 13 | 145 |
| *Lepidosperma*, Schrad. | 13 | 145 |
| LEPIDOSPERMUM, Spach. | 7 | 341 |
| LEPIDOSTACHYS, Wallich. | 11 | 25 |
| *Lepidolosperma*, R. et S. | 13 | 145 |
| LEPIONURUS, Bl. | 13 | 265 |
| LEPIRONIA, Rich. | 13 | 146 |
| LEPISANTHES, Bl. | 3 | 40 |
| LEPISCLINE, Cass. | 10 | 205 |
| — *cymosa*, Cass. | 10 | 206 |
| LEPISIA, Presl. | 13 | 146 |
| LEPISMIUM, Pfeiff. | 13 | 393 |
| — *commune*, Pfeiff. | 13 | 393 |
| — Knightii, Pfeiff. | 13 | 394 |
| — Myosurus, Pfeiff. | 13 | 394 |
| *Lepistemon*, Bl. | 9 | 95 |
| LEPISTOMA, Bl. | 8 | 558 |
| LEPOSTEGERIS, Bl. | 8 | 254 |
| LEPTA, Lour. | 2 | 422 |
| LEPTACANTHUS, Nees. | 9 | 145 |
| LEPTADENIA, R. Br. | 8 | 540 |
| LEPTALEUM, D. C. | 6 | 325 |
| *Leptamnium*, Raf. | 9 | 261 |
| LEPTANDRA, Nutt. | 9 | 328 |
| — *sibirica*, Sweet. | 9 | 329 |
| — *virginiana*, Nutt. | 9 | 328 |
| *Leptanthus*, Rich. | 12 | 257 |
| LEPTARRHENA, R. Br. | 5 | 59 |
| LEPTASPIS, R. Br. | 13 | 158 |
| *Leptatherum*, Nees. | 13 | 167 |
| LEPTICA, E. Mey. | 10 | 35 |
| *Leptiline*, Raf. | 12 | 235 |
| LEPTINELLA, Cass. | 10 | 23 |
| *Leptocarpæa*, D. C. | 6 | 325 |
| *Leptocarpus*, Link. | 9 | 227 |
| LEPTOCARPUS, R. Br. | 13 | 139 |
| LEPTOCAULIS, Nutt. | 8 | 158 |
| LEPTOCERAS, R. Br. | 12 | 189 |
| *Leptocereus*, Raf. | 13 | 166 |
| LEPTOCHLOA, Beauv. | 13 | 163 |
| LEPTOCOMA, Less. | 10 | 30 |
| *Leptocoryphium*, Nees. | 13 | 160 |
| LEPTODAPHNE, Nees. | 10 | 472 |
| LEPTODERMIS, Wallich. | 8 | 375 |
| *Leptogyne*, Ell. | 10 | 38 |
| LEPTOLÆNA, Petit-Thou. | 4 | 55 |
| — *multiflora*, Petit-Thou. | 4 | 55 |
| LEPTOMERIA, R. Br. | 10 | 460 |
| *Leptomon*, Raf. | 2 | 487 |
| LEPTONEMA, Juss. fil. | 2 | 486 |
| *Leptophytus*, Cass. | 10 | 27 |
| LEPTOPODA, Nutt. | 10 | 17 |
| LEPTOPYRUM, Raf. | 13 | 163 |
| LEPTOPYRUM, Reichb. | 7 | 327 |
| — *fumarioides*, Reichb. | 7 | 328 |
| LEPTORHYNCHOS, Less. | 10 | 26 |
| LEPTOSCHOENUS, Nees. | 13 | 144 |
| LEPTOSIPHON, Benth. | 9 | 108 |
| LEPTOSOLENA, Presl. | 12 | 154 |
| LEPTOSPERMEÆ, D. C. | 4 | 105 |
| | et | 112 |
| LEPTOSPERMUM, Forst. | 4 | 141 |
| — *ambiguum*, Smith. | 4 | 139 |
| — arachnoideum, Smith. | 4 | 145 |

| | Vol. | Pag. |
|---|---|---|
| Leptospermum attenuatum, Smith | 4 | 144 |
| — baccatum, Smith | 4 | 145 |
| — emarginatum, Wendl. | 4 | 141 |
| — flavescens, Smith | 4 | 143 |
| — flexuosum, Spreng. | 4 | 145 |
| — grandifolium, Smith. | 4 | 142 |
| — juniperinum, Smith. | 4 | 144 |
| — lanigerum, Hort. Kew. | 4 | 142 |
| — marginatum, Labill. | 4 | 145 |
| — multiflorum, Cav. | 4 | 144 |
| — myrtifolium, Sieb. | 4 | 144 |
| — parvifolium, Smith. | 4 | 144 |
| — *pinifolium*, Labill. | 4 | 147 |
| — porophyllum, Cav. | 4 | 144 |
| — scoparium, Smith. | 4 | 143 |
| — sericeum, Labill. | 4 | 142 |
| — *Thea*, Willd. | 4 | 143 |
| — triloculare, Vent. | 4 | 145 |
| — trinerve, Whito. | 4 | 142 |
| — tuberculatum, Poir. | 4 | 142 |
| *Leptostachya*, Mitch. | 9 | 227 |
| LEPTOSTACHYA, Nees. | 9 | 146 |
| *Leptostachys*, G. F. W. Mey. | 13 | 163 |
| LEPTOSTEMMA, Blum. | 8 | 540 |
| LEPTOSYNE, D. C. | 10 | 18 |
| LEPTOTES, Lindl. | 12 | 176 |
| LEPTOTHRIUM, Kunth. | 13 | 166 |
| LEPTRINA, Raf. | 5 | 222 |
| LEPTURUS, R. Br. | 13 | 166 |
| LEPYRODIA, R. Br. | 13 | 139 |
| LERIA, D. C. | 10 | 35 |
| *Lerouxia*, Mérat. | 9 | 343 |
| LESPEDEZA, Mich. | 1 | 155 |
| LESSERTIA, D. C. | 1 | 274 |
| — annua, D. C. | 1 | 274 |
| — fruticosa, Lindl. | 1 | 275 |
| — *perennans*, D. C. | 1 | 274 |
| — pulchra, Hook. | 1 | 275 |
| LESSONIA, Bertero. | 8 | 140 |
| LESTADIA, Kunth. | 10 | 28 |
| *Lestibodea*, Neck. | 10 | 15 |
| LESTIBUDESIA, Petit-Thou. | 5 | 249 |
| LETTSOMIA, R. et P. | 4 | 60 |
| *Lettsomia*, Roxb. | 9 | 95 |
| — *cuneata*, Roxb. | 9 | 103 |
| — *nervosa*, Roxb. | 9 | 102 |
| — *splendens*, Roxb. | 9 | 102 |
| *Leucadendron*, Linn. | 10 | 400 |
| LEUCADENDRON, R. Br. | 10 | 403 |
| — abietinum, R. Br. | 10 | 407 |
| — adscendens, R. Br. | 10 | 406 |
| — aemulum, R. Br. | 10 | 407 |
| Leucadendron argenteum, R. Br. | 10 | 404 |
| — cinereum, R. Br. | 10 | 405 |
| — concolor, R. Br. | 10 | 405 |
| — corymbosum, R. Br. | 10 | 405 |
| — decorum, R. Br. | 10 | 405 |
| — floridum, R. Br. | 10 | 406 |
| — grandiflorum, R. Br. | 10 | 405 |
| — *grandiflorum*, Sal. | 10 | 414 |
| — imbricatum, R. Br. | 10 | 404 |
| — Levisanus, R. Br. | 10 | 404 |
| — plumosum, R. Br. | 10 | 404 |
| — salignum, R. Br. | 10 | 406 |
| — strictum, R. Br. | 10 | 406 |
| — tortum, R. Br. | 10 | 405 |
| — uliginosum, R. Br. | 10 | 406 |
| *Leucaria*, Lag. | 10 | 33 |
| *Leucanthemum*, Tourn. | 10 | 24 |
| LEUCAS, R. Br. | 9 | 466 |
| LEUCE, Reichb. | 10 | 379 |
| *Leuchaeria*, Lag. | 10 | 33 |
| LEUCOCARPUS, Don. | 9 | 269 |
| *Leucocephala*, Roxb. | 13 | 140 |
| LEUCOCORYNE, Lindl. | 12 | 255 |
| LEUCOCRINUM, Nutt. | 12 | 234 |
| *Leucoideae*, Dumort. | 12 | 403 |
| LEUCOIDES, Spach. | 10 | 385 |
| LEUCOJUM, Linn. | 12 | 407 |
| — aestivum, Linn. | 12 | 408 |
| — *carpathicum*, Sweet. | 12 | 408 |
| — *strumosum*, Hort. Kew. | 12 | 409 |
| — vernum, Linn. | 12 | 408 |
| LEUCOLAENA, R. Br. | 8 | 137 |
| LEUCOMERIS, Don. | 10 | 10 |
| LEUCONOTIS, Jacq. | 8 | 501 |
| LEUCOPHYLLUM, Humb. et Bonpl. | 9 | 271 |
| LEUCOPHYTA, R. Br. | 10 | 26 |
| *Leucophyton*, Less. | 10 | 9 |
| LEUCOPLOEUS, Nees. | 13 | 139 |
| LEUCOPOGON, R. Br. | 9 | 436 |
| — ericoides, R. Br. | 9 | 436 |
| — lanceolatus, R. Br. | 9 | 436 |
| — microphyllus, R. Br. | 9 | 436 |
| LEUCOPSIDIUM, D. C. | 10 | 24 |
| LEUCOSINAPIS, Spach. | 6 | 348 |
| — alba, Spach. | 6 | 350 |
| — *alba lyrata*, Spach. | 6 | 350 |
| — *alba pinnata*, Spach. | 6 | 350 |
| — hispida, Spach. | 6 | 352 |
| LEUCOSPERMUM, R. Br. | 10 | 413 |
| — conocarpum, R. Br. | 10 | 414 |
| — grandiflorum, R. Br. | 10 | 414 |

| | Vol. | Pag. |
|---|---|---|
| Leucospermum lineare, R. | | |
| Br. | 10 | 414 |
| — medium, R. Br. | 10 | 414 |
| — puberum, R. Br. | 10 | 414 |
| — tomentosum, R. Br. | 10 | 415 |
| Leucospora, Nutt. | 9 | 269 |
| Leucostemma, Don. | 10 | 26 |
| LEUCÓTHOE, Don. | 9 | 480 |
| — acuminata, Don. | 9 | 482 |
| — axillaris, Don. | 9 | 481 |
| — marginata, Spach. | 9 | 482 |
| LEUWENHOEKIA, R. Br. | 9 | 581 |
| LEUZEA, D. C. | 10 | 12 |
| Levisanus, Schreb. | 2 | 476 |
| LEVISTICUM, Koch. | 8 | 153 |
| — officinale, Koch. | 8 | 154 |
| LEWISIA, Pursh. | 6 | 143 |
| LEYCESTERIA, Wallich. | 8 | 327 |
| LEYSSERA, Linn. | 10 | 27 |
| LIABUM, Adans. | 10 | 38 |
| LIATRIS, Schreb. | 10 | 292 |
| — elegans, Willd. | 10 | 293 |
| — gracilis, Lodd. | 10 | 293 |
| — intermedia, Bot. Reg. | 10 | 293 |
| — macrostachya, Mich. | 10 | 293 |
| — pilosa, Bot. Reg. | 10 | 293 |
| — scariosa, Willd. | 10 | 294 |
| — spicata, Willd. | 10 | 295 |
| — squarrosa, Willd. | 10 | 293 |
| — squarrulosa, Mich. | 10 | 294 |
| Libanotis, Crantz. | 8 | 159 |
| Libertia, Dumort. | 12 | 256 |
| Libertia, Lejeune. | 13 | 164 |
| LIBERTIA, Spreng. | 13 | 3 |
| LIBIDIBIA, D. C. | 1 | 104 |
| LICANIA, Aubl. | 1 | 574 |
| — incana, Aubl. | 1 | 374 |
| LICHTENSTEINIA, Cham. | 8 | 159 |
| LICHTENSTEINIA, Willd. | 12 | 235 |
| LICUALA, Rumph. | 12 | 62 |
| LIDBECKIA, Berg. | 10 | 24 |
| LIEBERKUHNA, Cass. | 10 | 35 |
| LIGHTFOOTIA, L'hérit. | 9 | 536 |
| Lightfootia, Schreb. | 8 | 373 |
| Lightfootia, Swartz. | 8 | 115 |
| Lignum colubrinum, Rumph. | 8 | 489 |
| Lignum papuanum, Rumph. | 8 | 87 |
| Ligulatæ, Gærtn. | 10 | 5 |
| LIGULARIA, Cass. | 10 | 33 |
| Ligularia sarmentosa, Haw. | 5 | 42 |
| LIGUSTICUM, Linn. | 8 | 213 |
| — capillaceum, Lamk. | 8 | 202 |
| — Fœniculum, Roth. | 8 | 204 |

| | Vol. | Pag. |
|---|---|---|
| Ligusticum Levisticum, Linn. | 8 | 154 |
| — Meum, D. C. | 8 | 202 |
| — Phellandrium, Crantz. | 8 | 210 |
| — Podagraria, Crantz. | 8 | 196 |
| — Silaus, Link. | 8 | 214 |
| LIGUSTRIDIUM, Spach. | 8 | 271 |
| — japonicum, Spach. | 8 | 272 |
| *LIGUSTRINEÆ*, | | |
| Bartl. | 8 | 238 |
| LIGUSTRUM, Tourn. | 8 | 273 |
| — japonicum, Thunb. | 8 | 272 |
| — italicum, Mill. | 8 | 275 |
| — lucidum, Hort. Kew. | 8 | 272 |
| — nepalense, Wallich. | 8 | 276 |
| — vulgare, Linn. | 8 | 274 |
| Lilac, Tourn. | 8 | 258 |
| — persica, Lamk. | 8 | 285 |
| — persico - ligustrina, | | |
| Duham. | 8 | 284 |
| — rothomagensis, Duham. | 8 | 283 |
| — vulgaris, Lamk. | 8 | 282 |
| LILACINEÆ, Spach. | 8 | 258 |
| | et | 277 |
| LILÆA, Humb. et Bonpl. | 12 | 10 |
| Lilia, Juss. | 12 | 252 |
| *LILIACEÆ*, Bartl. | 12 | 497 |
| Liliaceæ, Dumort. | 12 | 252 |
| Liliaceæ, Kunth. | 12 | 252 |
| | et | 257 |
| Liliaceæ, Lindl. | 12 | 252 |
| Liliaceæ-Asparageæ, A. Rich. | 12 | 252 |
| Liliaceæ-Asparageæ, Ad. | | |
| Brongn. | 12 | 208 |
| Liliaceæ-Asparageæ, Endl. | 12 | 208 |
| Liliaceæ-Asparageæ, Lindl. | 12 | 208 |
| Liliaceæ -Convallarineæ, | | |
| Lindl. | 12 | 208 |
| Liliaceæ-Coronariæ, Reichb. | 12 | 252 |
| Liliaceæ-Irideæ, Ad. Brongn. | 13 | 1 |
| Liliastrum, Tourn. | 12 | 256 |
| — album, Link. | 12 | 384 |
| LILIEÆ, Kunth. | 12 | 254 |
| | et | 268 |
| Lilio-Narcissus, Tourn. | 12 | 405 |
| LILIUM, Linn. | 12 | 272 |
| — andinum, Nutt. | 12 | 277 |
| — autumnale, Lodd. | 12 | 273 |
| — bulbiferum, Linn. | 12 | 279 |
| — bulbiferum, Red. | 12 | 279 |
| — bulbiferum, Thunb. | 12 | 280 |
| — canadense, Linn. | 12 | 273 |
| — candidum, Linn. | 12 | 280 |

| | Vol. | Pag. |
|---|---|---|
| Lilium carniolicum, Bernh. | 12 | 276 |
| — carolinianum, Catesb. | 12 | 278 |
| — carolinianum , Mich. | 12 | 273 |
| — Catesbæi, Walt. | 12 | 278 |
| — chalcedonicum, Linn. | 12 | 276 |
| — chalcedonicum , Mart. | | |
| — et Koch. | 12 | 276 |
| — concolor, Salisb. | 12 | 275 |
| — cordifolium, Thunb. | 12 | 281 |
| — cordifolium, Wallich. | 12 | 282 |
| — croceum, Chaix. | 12 | 279 |
| — davuricum, Gawl. | 12 | 278 |
| — giganteum, Siebold. | 12 | 282 |
| — japonicum, Thunb. | 12 | 281 |
| — latifolium, Link. | 12 | 279 |
| — Martagon, Linn. | 12 | 273 |
| — Michauxii, Poir. | 12 | 273 |
| — monadelphum, Bieberst. | 12 | 275 |
| — penduliflorum, Redout. | 12 | 275 |
| — pensylvanicum, Gawl. | 12 | 278 |
| — peregrinum, Mill. | 12 | 280 |
| — philadelphicum, Linn. | 12 | 277 |
| — philadelphicum, Thunb. | 12 | 280 |
| — pomponium, Linn. | 12 | 276 |
| — pomponium, Redout. | 12 | 276 |
| — pumilum, Redout. | 12 | 277 |
| — pyrenaicum, Gouan. | 12 | 277 |
| — speciosum, Audr. | 12 | 275 |
| — speciosum, Thunb. | 12 | 274 |
| — speciosum albiflorum, Hook. | 12 | 275 |
| — speciosum-Tametemo , Sieb. et Zucc. | 12 | 274 |
| — spectabile, Fisch. | 12 | 278 |
| — spectabile, Salisb. | 12 | 278 |
| — superbum, Linn. | 12 | 274 |
| — tenuifolium, Fisch. | 12 | 277 |
| — Thunbergianum, Rœm. et Sch. | 12 | 280 |
| — tigrinum, Gawl. | 12 | 275 |
| — umbellatum, Pursh. | 12 | 277 |
| Limacia, Dietr. | 6 | 133 |
| Limacia scandens, Lour. | 8 | 16 |
| LIMATODES, Bl. | 12 | 179 |
| LIMBARDA, Adans. | 10 | 221 |
| — crithmoides, Cass. | 10 | 221 |
| Limeum, Forsk. | 2 | 486 |
| LIMEUM, Linn. | 5 | 238 |
| Limia, Vandell. | 9 | 227 |
| LIMNANTHEMUM, S.G. Gmel. | 9 | 6 |
| LIMNAS, Trin. | 13 | 159 |
| Limnetis, Rich. | 13 | 162 |
| Limnia, Linn. | 5 | 222 |
| Limnia sibirica, Haw. | 5 | 235 |
| LIMNIRIS , Tausch. | 13 | 36 |
| LIMNOBIUM, Rich. | 12 | 4 |
| LIMNOCHARIS, Humb. et Bonpl. | 12 | 8 |
| Limnochloa, Reichb. | 13 | 145 |
| Limnopeuce, Vaill. | 4 | 445 |
| LIMNOPHILA, R. Br. | 9 | 262 |
| Limo decumanus, Rumph. | 2 | 285 |
| LIMODORUM, Tourn. | 12 | 182 |
| Limonanthe, Link. | 12 | 154 |
| Limonellus aurarius, Rumph. | 2 | 184 |
| LIMONIA, Linn. | 2 | 251 |
| — acidissima , Linn. | 2 | 251 |
| — Aurantiola, Lour. | 2 | 251 |
| — crenulata, Roxb. | 2 | 252 |
| — Laureola , D. C. | 2 | 252 |
| — monophylla, Roxb. | 2 | 250 |
| — pentaphylla, Retz. | 2 | 252 |
| — trifoliata, Linn. | 2 | 251 |
| LIMONIASTRUM, Mœnch. | 10 | 340 |
| — articulatum, Mœnch. | 10 | 341 |
| LIMONIUM, Spach. | 10 | 345 |
| — sinuatum, Mill. | 10 | 349 |
| LIMOSELLA, Linn. | 9 | 270 |
| Linagrostis, Scop. | 13 | 144 |
| — paniculata, Lamk. | 13 | 153 |
| LINANTHUS, Benth. | 9 | 108 |
| LINARIA, Tourn. | 9 | 283 |
| — bipartita , Willd. | 9 | 285 |
| — triornithophora, Willd. | 9 | 285 |
| — vulgaris, C. Bauh. | 9 | 284 |
| LINCONIA, Linn. | 2 | 480 |
| — alopecuroides , Linn. | 2 | 481 |
| — cuspidata , Swartz. | 2 | 481 |
| — thymifolia, Swartz. | 2 | 481 |
| LINDACKERIA, Presl. | 6 | 115 |
| LINDENBERGIA, Link. et Otto. | 9 | 269 |
| LINDERNIA, All. | 9 | 269 |
| LINDLEYA, Kunth. | 1 | 429 |
| Lindleya, Kunth. | 6 | 288 |
| Lindleya, Nees. | 4 | 60 |
| LINEÆ, D. C. | 3 | 271 |
| Linkia, Cav. | 10 | 401 |
| LINNÆA, Gronov. | 8 | 366 |
| — borealis, Linn. | 8 | 367 |
| LINOCIERA, Swartz. | 8 | 258 |
| LINOPHYLLUM, Gris. | 9 | 40 |
| LINOSYRIS, Cass. | 10 | 235 |
| — vulgaris, Cass. | 10 | 235 |
| LINUM , Linn. | 3 | 272 |
| — africanum , Linn. | 3 | 276 |

| | Vol. | Pag. |
|---|---|---|
| Linum *alpinum*, Linn... | 3 | 279 |
| — *anglicum*, Mill. ... | 3 | 279 |
| — angustifolium , Linn. | 3 | 280 |
| — arboreum , Linn. | 3 | 276 |
| — *austriacum*, Bot. Mag. | 3 | 279 |
| — campanulatum , Linn. | 3 | 277 |
| — catharticum, Linn. | 3 | 273 |
| — *diffusum* , Schult. | 3 | 280 |
| — *flavum*, Linn. ... | 3 | 277 |
| — hirsutum, Linn. ... | 3 | 277 |
| — humile, Mill. ... | 3 | 281 |
| — junceum, A. Saint-Hil. | 3 | 275 |
| — *marginatum*, D. C. | 3 | 279 |
| — marginatum , Poir. | 3 | 279 |
| — maritimum, Linn. | 3 | 275 |
| — mexicanum, Kunth. | 3 | 275 |
| — *monopetalum* , Steph. | 3 | 277 |
| — *montanum* , Schleich. | 3 | 279 |
| — *multiflorum*, Lamk. | 3 | 283 |
| — narbonense, Linn. | 3 | 278 |
| — nervosum , W. et K. | 3 | 278 |
| — perenne, Linn. ... | 3 | 279 |
| — quadrifolium, Linn. | 3 | 274 |
| — *Radiola*, Linn. ... | 3 | 283 |
| — sibiricum, D. C. ... | 3 | 280 |
| — *squamulosum*, Rud. | 3 | 279 |
| — ténuifolium , Linn. | 3 | 282 |
| — trigynum , Smith. | 3 | 274 |
| — usitatissimum , Linn. | 3 | 281 |
| — *viscosum*, Linn. ... | 3 | 277 |
| LIPARIA, Linn. ... | 1 | 191 |
| — *hirsuta*, Bot. Reg. | 1 | 192 |
| — sphærica, Linn. | 1 | 191 |
| — *villosa*, Andr. | 1 | 193 |
| — *villosa*, Linn. | 1 | 193 |
| LIPARIS, Rich. ... | 12 | 175 |
| LIPOCARPHA, R. Br. | 13 | 145 |
| LIPOSTOMA, Don. | 8 | 373 |
| LIPOTRICHE, R. Br. | 10 | 19 |
| LIPPIA, Linn. ... | 9 | 227 |
| — *citriodora*, Kunth. | 9 | 235 |
| LIQUIDAMBAR, Linn. | 11 | 82 |
| — Altingia, Bl. | 11 | 87 |
| — *asplenifolia*, Linn. | 11 | 265 |
| — *imberbis*, Hort. Kew. | 11 | 86 |
| — orientalis, Mill. | 11 | 86 |
| — peregrina, Linn. | 11 | 265 |
| — styraciflua, Linn. | 11 | 84 |
| *Liquiritia*, Mœnch. | 1 | 154 |
| — *officinalis*, Mœnch. | 1 | 248 |
| LIRIANTHE, Spach. | 7 | 485 |
| — grandiflora, Spach. | 7 | 485 |
| LIRIODENDRINEÆ,Spach. | 7 | 435 |
| | et | 486 |
| LIRIODENDRON, Linn. | 7 | 486 |
| — *Coco*, Lour. | 7 | 451 |
| — *grandiflora*, Roxb. | 7 | 486 |
| — *liliifera*, Linn. | 7 | 451 |
| — tulipifera, Linn. | 7 | 488 |
| — *tulipifera acutiloba*, Spach. | 7 | 488 |
| — *tulipifera integrifolia*, Spach. | 7 | 488 |
| — *tulipifera obtusiloba*, Spach. | 7 | 489 |
| *Liriodendron*, Roxb. | 7 | 435 |
| *Lirioideæ*, Ad. Brongn. | 12 | 395 |
| *Lirioideæ - Amaryllideæ*, Ad. Brongn. | 12 | 403 |
| *Lirioideæ -Burmanniaceæ*, Ad. Brongn. | 13 | 118 |
| *Lirioideæ-Hypoxideæ*, Ad. Brongn. | 13 | 112 |
| *Liriope*, Lour. | 12 | 210 |
| LIRIOPSIS, Reichb. | 12 | 408 |
| LIRIOPSIS, Spach. | 7 | 460 |
| — *fuscata*, Spach. | 7 | 461 |
| *Lisianthius*, P. Br. | 9 | 5 |
| *Lisianthus*, Kunth. | 9 | 5 |
| *Lisianthus*, Lamk. | 9 | 5 |
| *Lisianthus*, Linn. | 9 | 5 |
| *Lisianthus*, Linn. fil. | 9 | 5 |
| LISSANTHE, R. Br. | 9 | 433 |
| LISSOCHILUS, R. Br. | 12 | 178 |
| LISSOSTYLIS, R. Br. | 10 | 402 |
| LISTERA, R. Br. | 12 | 181 |
| *Listeria*, Neck. | 8 | 374 |
| LISYANTHEÆ , Griseb. | 9 | 5 |
| LISYANTHUS, Aubl. | 9 | 5 |
| *Lita*, Schreb. | 9 | 5 |
| *Litchi*, Sonn. | 3 | 40 |
| — *sinensis*, Sonn. | 3 | 61 |
| *Lithachne*, Beauv. | 13 | 160 |
| *Lithagrostis*, Gærtn. | 13 | 159 |
| — *Lachryma Jobi*, Gærtn. | 13 | 176 |
| LITHOCARPUS, Bl. | 11 | 142 |
| *Lithocarpus*, Bl. | 9 | 417 |
| *Lithocarpus cocciformis* , Targ. Tozz. | 12 | 119 |
| LITHOSANTHES, Bl. | 8 | 375 |
| LITHOSPERMUM, Linn. | 9 | 31 |
| *Lithospermum amboinicum*, Rumph. | 13 | 176 |
| *Lithospermum pulchrum*, Lehm. | 9 | 42 |

| | Vol. | Pag. |
|---|---|---|
| *Litrea venenosa* , Miers. | 2 | 225 |
| LITSÆA, Juss. | 10 | 474 |
| *Littæa* , Tagliab. | 12 | 399 |
| LITTORELLA, Linn. | 10 | 355 |
| LIVISTONA, R. Br. | 12 | 103 |
| — rotundifolia, Mart. | 12 | 104 |
| *Llagunoa*, R. et P. | 3 | 41 |
| LLOYDIA, Sal. | 12 | 254 |
| LOASA, Linn. | 6 | 242 |
| — *acanthifolia*, Bot. Reg. | 6 | 243 |
| — *acerifolia*, Spreng. | 6 | 245 |
| — *ambrosiæfolia*, Juss. | 6 | 243 |
| — *argemonoides*, Juss. | 6 | 243 |
| — *contorta*, Lamk. | 6 | 241 |
| — hispida, Linn. | 6 | 245 |
| — nitida, Desr. | 6 | 243 |
| — *Placei*, Lindl. | 6 | 245 |
| — *ranunculifolia*, H. et B. | 6 | 244 |
| — *tricolor*, Bot. Reg. | 6 | 245 |
| — *urens*, Jacq. | 6 | 243 |
| *LOASEÆ*, Juss. | 6 | 253 |
| LOASINEÆ, Spach. | 6 | 235 |
| | et | 241 |
| LOBADIUM, Raf. | 2 | 221 |
| — *suaveolens*, Sweet. | 2 | 222 |
| LOBELIA , Linn. | 9 | 573 |
| — *arguta*, Bot. Reg. | 9 | 579 |
| — cardinalis, Linn. | 9 | 577 |
| — fulgens, Willd. | 9 | 576 |
| — *gigantea*, Bot. Mag. | 9 | 579 |
| — inflata, Linn. | 9 | 575 |
| — splendens, Linn. | 9 | 577 |
| — syphilitica, Linn. | 9 | 575 |
| — *Tupa*, Linn. | 9 | 578 |
| — urens, Linn. | 9 | 574 |
| *LOBELIACEÆ*, R. Br. | 9 | 570 |
| *Lobeliariæ*, Reichb. | 9 | 570 |
| *LOBELIEÆ*, Presl. | 9 | 572 |
| LOBOCARPUS, Wight et Arn. | 7 | 496 |
| LOROSTEMON, Lehm. | 9 | 31 |
| *Lobularia*, Desv. | 6 | 324 |
| — maritima, Desv. | 6 | 491 |
| *Locandi*, Adans. | 2 | 573 |
| LOCHNERA, Reichb. | 8 | 526 |
| — rosea, Reichb. | 8 | 526 |
| *Lockhartia*, Hook. | 12 | 178 |
| LODDIGESIA, Sims. | 1 | 195 |
| — oxalidifolia, Sims. | 1 | 196 |
| *Lodicularia*, Beauv. | 13 | 166 |
| LODOICEA, Commers. | 12 | 96 |
| — *maldivica*, Pers. | 12 | 96 |
| — sechellarum, Labill. | 12 | 96 |

| | Vol. | Pag. |
|---|---|---|
| LOEFFLINGIA , Linn. | 5 | 205 |
| LOESELIA, Linn. | 9 | 108 |
| LOGANIA, R. Br. | 8 | 483 |
| *LOGANIACEÆ*, Endl. | 8 | 481 |
| *Loganiaceæ*, Lindl. | 8 | 481 |
| *Loganieæ*, R. Br. | 8 | 481 |
| *LOGANIEÆ*, Endl. | 8 | 483 |
| *Logfia*, Cass. | 10 | 27 |
| LOISELEURIA, Desv. | 9 | 444 |
| LOLIUM, Linn. | 13 | 255 |
| — Boucheanum, Kunth. | 13 | 257 |
| — *italicum*, A. Braun. | 13 | 237 |
| — perenne, Linn. | 13 | 236 |
| — temulentum, Linn. | 13 | 236 |
| — *tenue*, Linn. | 13 | 237 |
| *Lomandra*, Labill. | 13 | 454 |
| LOMATIA, R. Br. | 10 | 427 |
| — silaifolia, R. Br. | 10 | 427 |
| *Lomatium*, Raf. | 8 | 455 |
| *Lomatogonium*, A. Br. | 9 | 6 |
| LOMATOLEPIS, Cass. | 10 | 5 |
| LOMATOPHYLLUM, Willd. | 12 | 363 |
| — borbonicum, Willd. | 12 | 363 |
| — macrum, Salzm. | 12 | 364 |
| — rufo-cinctum, Salzm. | 12 | 364 |
| *Lomentaceæ*, R. Br. | 1 | 86 |
| *LOMENTOSÆ* , Spach. | 6 | 322 |
| | et | 526 |
| LONAS, Adans. | 10 | 183 |
| — inodora, Gærtn. | 10 | 183 |
| — *minima*, Cass. | 10 | 183 |
| — *umbellata*, Cass. | 10 | 183 |
| LONCHOCARPUS, Kunth. | 1 | 154 |
| LONCHOSTOMA , Wickstr. | 9 | 58 |
| *Lonchostylis*, Torr. | 13 | 146 |
| LONGCHAMPIA, Willd. | 10 | 27 |
| LONICERA, (Linn.) Spach. | 8 | 347 |
| — alpigena, Linn. | 8 | 354 |
| — *altaica*, D. C. | 8 | 356 |
| — *altaica*, Pall. | 8 | 356 |
| — balearica, D. C. | 8 | 340 |
| — biflora, Desf. | 8 | 333 |
| — *bubalina*, Linn. fil. | 8 | 405 |
| — *Caprifolium*, Desf. | 8 | 336 |
| — *Caprifolium*, Linn. | 8 | 358 |
| — coccinea, Hortor. | 8 | 346 |
| — cærulea, D. C. | 8 | 356 |
| — cærulea, Linn. | 8 | 356 |
| — *Diervilla*, Linn. | 8 | 346 |
| — dioica, Linn. | 8 | 343 |
| — etrusca, Savi. | 8 | 356 |
| — flava, Sims. | 8 | 341 |

|  | Vol. | Pag. |
|---|---|---|
| Lopicera *flexuosa*, Lodd. | 8 | 331 |
| — *Fraseri*, Pursh. | 8 | 341 |
| — *Goldii*, Spreng. | 8 | 342 |
| — *hirsuta*, Eaton. | 8 | 342 |
| — *japonica*, Andr. | 8 | 332 |
| — *iberica*, Bieberst. | 8 | 350 |
| — *implexa*, Hort. Kew. | 8 | 340 |
| — *media*, Mürr. | 8 | 343 |
| — *nigra*, Linn. | 8 | 351 |
| — *oblongifolia*, Sweet. | 8 | 346 |
| — *pallida*, Host. | 8 | 338 |
| — *Periclymenum*, Gouan. | 8 | 336 |
| — *Periclymenum*, Linn. | 8 | 336 |
| — *Periclymenum belgicum*, Hort. Kew. | 8 | 336 |
| — *Periclymenum querci-folium*, Hort. Kew. | 8 | 336 |
| — *Periclymenum seroti-num*, Hort. Kew. | 8 | 336 |
| — *Periclymenum varie-gatum*, Hort. Kew. | 8 | 336 |
| — *pubescens*, Sweet. | 8 | 342 |
| — *pyrenaica*, Linn. | 8 | 358 |
| — *sempervirens*, Bot. Mag. | 8 | 345 |
| — *sempervirens*, Linn. | 8 | 345 |
| — *sempervirens major*, Hort. Kew. | 8 | 345 |
| — *sempervirens minor*, Hort. Kew. | 8 | 346 |
| — *sibirica*, Hortor. | 8 | 346 |
| — *tatarica*, Linn. | 8 | 348 |
| — *velutina*, D. C. | 8 | 356 |
| — *villosa*, D. C. | 8 | 356 |
| — *villosa*, Mühlenb. | 8 | 356 |
| — *Xylosteum*, Linn. | 8 | 352 |
| Lonicera, Plum. | 8 | 374 |
| Lonicera, Sweet. | 8 | 327 |
| *Lonicereæ*, Endl. | 8 | 503 |
| *Lonicereæ veræ*, R. Br. | 8 | 325 |
| Lontarus, Rumph. | 12 | 62 |
| — *domestica*, Rumph. | 12 | 94 |
| — *sylvestris*, Rumph. | 12 | 103 |
| LOPEZIA, Cav. | 4 | 414 |
| — *coronata*, Andr. | 4 | 414 |
| — *frutescens*, R. et S. | 4 | 415 |
| — *hirsuta*, Jacq. | 4 | 415 |
| — *mexicana*, Jacq. | 4 | 415 |
| — *miniata*, D. C. | 4 | 415 |
| — *racemosa*, Cav. | 4 | 415 |
| *LOPEZIEÆ*, Spach. | 4 | 339 |
|  | et | 412 |
| LOPEZIEÆ VERÆ, Spach. | 4 | 340 |
|  | et | 414 |

|  | Vol. | Pag. |
|---|---|---|
| *Lophandra*, Don. | 9 | 443 |
| LOPHANTHUS, Benth. | 9 | 165 |
| *Lophanthus*, Forst. | 3 | 461 |
| LOPHATHERUM, Ad. Brongn. | 13 | 164 |
| LOPHIOLA, Ker. | 13 | 441 |
| — *aurea*, Ker. | 13 | 441 |
| *Lophiolepis*, Cass. | 10 | 12 |
| — *dubia*, Cass. | 10 | 93 |
| — *nutans*, Cass. | 10 | 96 |
| LOPHION, Spach. | 5 | 516 |
| — *canadense*, Spach. | 5 | 517 |
| LOPHIRA, Banks. | 13 | 312 |
| — *alata*, Gærtn. | 13 | 313 |
| *Lophiraceæ*, Endl. | 13 | 303 |
| *Lophocachrys*, D. C. | 8 | 134 |
| LOPHOCHLÆNA, Nees. | 13 | 164 |
| *Lophochloa*, Reichb. | 13 | 164 |
| LOPHOLÆNA, D. C. | 10 | 52 |
| *Lophiolepis*, Decaisne. | 13 | 160 |
| LOPHOLOMA, Cass. | 10 | 70 |
| *LOPHOPHYTEÆ*, Endl. | 10 | 549 |
| LOPHOPHYTUM, Schött et Endl. | 10 | 149 |
| LOPHOSCIADIUM, D. C. | 8 | 135 |
| LOPHOSPERMUM, Don. | 9 | 290 |
| — *erubescens*, Don. | 9 | 291 |
| — *scandens*, Sweet. | 9 | 291 |
| LOPHOSTACHYS, Pohl. | 9 | 145 |
| *Lopimia*, Mart. | 3 | 343 |
| *LORANTHACEÆ*, Don. | 8 | 233 |
| *LORANTHEÆ*, Bartl. | 8 | 231 |
| *Loranthew*, Juss. | 8 | 233 |
| LORANTHUS, Linn. | 8 | 233 |
| *Lorentea*, Lag. | 10 | 16 |
| *Lorentea*, Ort. | 10 | 20 |
| LOREYA, D. C. | 4 | 260 |
| — *arborescens*, D. C. | 4 | 260 |
| LOROGLOSSUM, Rich. | 12 | 179 |
| *Loropetalum*, R. Br. | 8 | 77 |
| *Lotea*, Medic. | 1 | 153 |
| *LOTEÆ*, D. C. | 1 | 152 |
|  | et | 184 |
| LOTOPSIS, Spach. | 11 | 126 |
| LOTUS, Linn. | 1 | 228 |
| — *arbor*, Forst. | 1 | 242 |
| — *creticus*, Linn. | 1 | 229 |
| — *corniculatus*, Linn. | 1 | 229 |
| — *edulis*, Linn. | 1 | 228 |
| — *jacobæus*, Linn. | 1 | 229 |
| — *Tetragonolobus*, Linn. | 1 | 230 |
| *Loudetia*, Hochst. | 13 | 163 |

| | Vol. | Pag. | | Vol. | Pag. |
|---|---|---|---|---|---|
| LOUREA, Desv. | 1 | 294 | Lunaria *rediviva*, Linn. | 6 | 460 |
| — Vespertilionis, Desv. | 1 | 294 | — Ricotia, Gærtn. | 6 | 460 |
| *Lourea*, Jaume. | 1 | 156 | *Lundia*, Thonn. | 6 | 414 |
| *Loureira*, Cav. | 2 | 487 | *Luntia*, Neck. | 2 | 487 |
| LOWEA, Lindl. | 2 | 47 | *Lupicaster*, Mœnch. | 1 | 453 |
| — berberifolia, Lindl. | 2 | 47 | LUPINUS, Linn. | 1 | 341 |
| LOXANTHERA, Blum. | 8 | 254 | — albus, Linn. | 1 | 342 |
| LOXANTHUS, Nees. | 9 | 146 | — angustifollus, Linn. | 1 | 343 |
| LOXOCARYA, R. Br. | 15 | 139 | — arboreus, Bot. Mag. | 1 | 353 |
| LOXODON, Cass. | 10 | 35 | — arbustus, Dougl. | 1 | 351 |
| LOXONIA, Jack. | 9 | 257 | — aridus, Dougl. | 1 | 352 |
| *Loxophyllum*, Bl. | 9 | 257 | — bicolor, Dougl. | 1 | 344 |
| LOXOTIS, R. Br. | 9 | 257 | — Crukshanksii, Hook. | 1 | 345 |
| LOZANIA, Mutis. | 4 | 320 | — elegans, Kunth. | 1 | 347 |
| LUBINIA, Commers. | 9 | 543 | — hirsutus, Linn. | 1 | 343 |
| *Lubinia*, Link et Otto. | 9 | 543 | — incanus, Hook. | 1 | 349 |
| — atropurpurea, L. et O. | 9 | 563 | — laxiflorus, Dougl. | 1 | 352 |
| LUCAEA, Kunth. | 15 | 167 | — lepidus, Dougl. | 1 | 352 |
| LUCIANEA, D. C. | 8 | 572 | — leucophyllus, Dougl. | 1 | 348 |
| LUCIEIA, Cass. | 10 | 26 | — linifolius, Roth. | 1 | 344 |
| LUCULIA, Sweet. | 8 | 572 | — luteus, Linn. | 1 | 345 |
| LUCUMA, Juss. | 9 | 391 | — mexicanus, Lag. | 1 | 350 |
| — mammosum, Gærtn. | 9 | 391 | — micranthus, Dougl. | 1 | 345 |
| LUDIA, Lamk. | 6 | 115 | — mutabilis, Bot. Reg. | 1 | 345 |
| *Ludolfia*, Willd. | 13 | 165 | — mutabilis, Sweet. | 1 | 346 |
| — *macrosperma*, Willd. | 13 | 231 | — nootkatensis, Pursh. | 1 | 351 |
| *Ludovia*, Pers. | 11 | 24 | — ornatus, Dougl. | 1 | 349 |
| *Ludwigia*, Ell. | 4 | 337 | — perennis, Linn. | 1 | 350 |
| LUDWIGIA, Linn. | 4 | 337 | — plumosus, Dougl. | 1 | 348 |
| LUFFA, Cavan. | 6 | 217 | — polyphyllus, Dougl. | 1 | 347 |
| — acutangula, Ser. | 6 | 217 | — pulchellus, Sweet. | 1 | 344 |
| — ægyptiaca, Mill. | 6 | 218 | — rivularis, Dougl. | 1 | 353 |
| — Petola, Ser. | 6 | 219 | — Sabinianus, Dougl. | 1 | 349 |
| — *Pluckenetiana*, Ser. | 6 | 217 | — Termis, Forsk. | 1 | 342 |
| LUGOA, D. C. | 10 | 25 | — varius, Linn. | 1 | 343 |
| *Luhea*, Schmidt. | 9 | 245 | — versicolor, Sweet. | 1 | 351 |
| LUHEA, Willd. | 4 | 39 | *Lupulus*, Tourn. | 11 | 25 |
| — divaricata, Mart. | 4 | 40 | — *communis*, Gærtn. | 11 | 35 |
| — grandiflora, Mart. | 4 | 41 | — *scandens*, Lamk. | 11 | 33 |
| — mexicana, D. C. | 4 | 42 | *Luridæ*, Linn. | 9 | 54 |
| — paniculata, Mart. | 4 | 40 | *Lussatia*, Spreng. | 9 | 522 |
| — rufescens, A. St-Hil. | 4 | 41 | LUTEOLA, (Tourn.) Webb. | 7 | 103 |
| — uniflora, A. St.-Hil. | 4 | 40 | *Luthera*, Schultz. | 10 | 7 |
| LUISIA, Gaudich. | 12 | 178 | — tinctoria, Webb. | 7 | 103 |
| *Lumnitzera*, Jacq. | 12 | 162 | LUXEMBURGIA, A. St-Hil. | 5 | 466 |
| LUMNITZERA, Willd. | 4 | 296 | — corymbosa, A. St-Hil. | 5 | 467 |
| LUNARIA, Linn. | 6 | 456 | — octandra, A. St-Hil. | 5 | 467 |
| — *annua*, Linn. | 6 | 458 | — speciosa, A. St-Hil. | 5 | 467 |
| — argentea, All. | 6 | 485 | LUZIOLA, Juss. | 13 | 158 |
| — biennis, Mœnch. | 6 | 458 | LUZULA, Desv. | 13 | 136 |
| — *halimifolia*, All. | 6 | 494 | — campestris, Desv. | 13 | 137 |
| — inodora, Lamk. | 6 | 458 | *Luzuriaga*, R. Br. | 12 | 210 |
| — odorata, Lamk. | 6 | 460 | LUZURIAGA, R. et P. | 12 | 210 |

| | Vol. | Pag. | | Vol. | Pag. |
|---|---|---|---|---|---|
| LYCHNANTHUS, Gmel. . . | 5 | 172 | LYONETTIA, Cass. . . . . | 10 | 24 |
| — scandens, Gmel. . . . | 5 | 172 | *Lyonia*, Ell. . . . . . . . | 8 | 539 |
| LYCHNIS, (Linn.) . . . . | 5 | 164 | LYONIA, Nutt. . . . . . | 9 | 485 |
| — *alpestris*, Linn. . . . . | 5 | 189 | — arborea, Don. . . . | 9 | 486 |
| — alpina, Linn. . . . . | 5 | 165 | — *calyculata*, Reichb. . | 9 | 476 |
| — chalcedonica, Linn. . | 5 | 167 | — *capreæfolia*, Wats. . | 9 | 485 |
| — Cœli-rosa, Desr. . . | 5 | 168 | — mariana, Don. . . . | 9 | 484 |
| — côronaria, Lamk. . . | 5 | 171 | — *multiflora*, Wats. . . | 9 | 485 |
| — *diôica*, Linn. . . . . | 5 | 169 | — paniculata, Nutt. . . | 9 | 485 |
| — *diôica rubra*, Smith. . | 5 | 170 | — *salicifolia*, Wats. . . | 9 | 485 |
| — *diurna*, Sibth. . . . | 5 | 170 | LYONSIA, R. Br. . . . . | 8 | 563 |
| — Flos-Cuculi, Linn. . . | 5 | 169 | LYPERANTHUS, R. Br. . | 12 | 182 |
| — Flos-Jovis, Lamk. . . | 5 | 167 | LYPERIA, Benth. . . . . | 9 | 270 |
| — fulgens, Fisch. . . . | 5 | 166 | LYRÆA, Lindl. . . . . . | 12 | 175 |
| — Githago, Lamk. . . . | 5 | 171 | LYSIMACHIA, Tourn. . | 9 | 365 |
| — grandiflora, Jacq. . . | 5 | 165 | — atropurpurea, Hook. | 9 | 362 |
| — *laciniata*, Lamk. . . | 5 | 169 | — *atropurpurea*, Murr. | 9 | 364 |
| — sylvestris, Hopp. . . | 5 | 170 | — dubia, Hort. Kew. . | 9 | 364 |
| — *vespertina*, Sibth. . . | 5 | 169 | — *Ephemerum*, Linn. . | 9 | 364 |
| — Viscaria, Linn. . . . | 5 | 164 | — Nummularia, Linn. . | 9 | 366 |
| LYCHNOCEPHALUS, Mart. | 10 | 39 | — *orientalis*, Lamk. . . | 9 | 564 |
| LYCHNOPHORA, Mart. . | 10 | 39 | — vulgaris, Linn. . . . | 9 | 365 |
| LYCIUM, Linn. . . . . | 9 | 86 | LYSINEMA, R. Br. . . . | 9 | 454 |
| — barbarum, Linn. . . | 9 | 86 | LYSIONOTUS, Don. . . . | 9 | 259 |
| — chinense, Lamk. . . | 9 | 86 | LYSIPOMA, Kunth. . . . | 9 | 572 |
| — *fœtidum*, Linn. fil. . | 8 | 468 | *Lyssanthe*, Sal. . . . . | 10 | 402 |
| — *japonicum*, Thunb. . | 8 | 468 | **LYTHRARIEÆ**, Juss. | 4 | 417 |
| — *indicum*, Retz. . . . | 8 | 468 | LYTHRUM, Linn. . . . | 4 | 419 |
| — *lanceolatum*, Duham. | 8 | 89 | — alatum, Pursh. . . . | 4 | 420 |
| — *turbinatum*, Duham. | 8 | 89 | — *austriacum*, Jacq. . . | 4 | 421 |
| LYCOCTONUM, Reichb. | 7 | 363 | — *Cuphea*, Linn. . . . | 4 | 425 |
| LYCOPERSICUM, Tourn. | 9 | 81 | — *diffusum*, Sweet. . . | 4 | 421 |
| — *cerasiforme*, R. et S. | 9 | 82 | — lanceolatum, Ell. . . | 4 | 420 |
| — *esculentum*, Dun. . . | 9 | 82 | — *Pemphis*, Linn. . . . | 4 | 428 |
| — *Humboldtii*, Willd. . | 9 | 82 | — *Salicaria*, Linn. . . | 4 | 421 |
| — Pomum-amoris, Mœnch. | 9 | 82 | — virgatum, Linn. . . . | 4 | 421 |
| — *pyriforme*, Dunal. . . | 9 | 82 | — *virgatum*, Pursh. . . | 4 | 421 |
| — *tuberosum*, Mill. . . | 9 | 81 | — *Vulneraria*, Schrank. | 4 | 420 |
| LYCOPSIS, Linn. . . . . | 9 | 31 | | | |
| LYCOPUS, Linn. . . . . | 9 | 163 | | | |
| LYCORIS, Herb. . . . . | 12 | 419 | *Maagoni*, Adans. . . . | 3 | 103 |
| LYCOSERIS, Cass. . . . | 10 | 35 | MABA, Forst. . . . . . | 9 | 401 |
| LYCURUS, Kunth. . . . | 13 | 161 | — buxifolia, Juss. . . . | 9 | 401 |
| LYGEUM, Linn. . . . . | 13 | 159 | MABEA, Aubl. . . . . . | 2 | 487 |
| LYGINIA, R. Br. . . . . | 13 | 139 | MABURNIA, Petit-Thou. | 13 | 119 |
| *Lygistum*, P. Br. . . . | 8 | 372 | *Macahanea*, Aubl. . . . | 5 | 508 |
| LYGODESMIA, Don. . . | 10 | 7 | MACAIREA, D. C. . . . | 4 | 205 |
| LYGODYSODEA, R. et P. | 8 | 477 | MACANEA, Juss. . . . . | 5 | 398 |
| **LYGODYSODEA-** | | | MACARANGA, Petit-Thou. | 2 | 487 |
| **CEÆ**, Bartl. . . . . | 8 | 477 | MACBRIDEA, Elliott. . . | 9 | 166 |
| *Lyncea*, Cham. et Schl. | 9 | 271 | MACDONALDIA, Lindl. . | 12 | 182 |
| LYONELLA, Raf. . . . . | 10 | 521 | MACHÆRANTHERA, Nees. | 10 | 30 |
| | | | MACHÆRINA, Vahl. . . | 13 | 145 |

| | Vol. | Pag. |
|---|---|---|
| MACHÆRIUM, Pers. | 1 | 154 |
| MACHAONIA, H. et B. | 8 | 377 |
| MACHILUS, Rumph. | 10 | 470 |
| MACHLIS, D. C. | 10 | 23 |
| MACLEANIA, Hook. | 9 | 522 |
| MACLEAYA, R. Br. | 7 | 40 |
| — cordata, R. Br. | 7 | 41 |
| *Macledium*, Cass. | 10 | 9 |
| MACLEDIUM, Cass. | 10 | 26 |
| MACLURA, Nutt. | 11 | 52 |
| — aurantiaca, Nutt. | 11 | 55 |
| — *Plumierii*, Don. | 11 | 54 |
| — tinctoria, Don. | 11 | 54 |
| MACODES, Blum. | 12 | 181 |
| MACOUBEA, Aubl. | 5 | 508 |
| MACRADENIA, R. Br. | 12 | 178 |
| MACRANDRIA, Wight et Arn. | 8 | 373 |
| MACRANTHERA, Torr. | 9 | 271 |
| MACRANTHUS, Lour. | 1 | 318 |
| — cochinchinensis, Lour. | 1 | 318 |
| MACRIA, E. Mey. | 9 | 245 |
| MACROCHILUS, Presl. | 9 | 572 |
| MACROCHLOA, Kunth. | 13 | 190 |
| — tenacissima, Kunth. | 13 | 190 |
| MACROCNEMUM, P. Br. | 8 | 373 |
| — corymbosum, R. et P. | 8 | 419 |
| *Macrogyne*, Link et Otto. | 12 | 210 |
| MACROLEPIS, A. Rich. | 12 | 476 |
| MACROLINUM, Klotz. | 9 | 242 |
| *Macrolobium*, Schreb. | 1 | 88 |
| — *bifolium*, Pers. | 1 | 121 |
| — *hymenæoides*, Willd. | 1 | 121 |
| — *pinnatum*, Willd. | 1 | 120 |
| — *Utea*, Gmel. | 1 | 120 |
| — *Vouapa*, Gmel. | 1 | 121 |
| MACROLOPHIUM, Spach. | 1 | 124 |
| MACROMERIA, Don. | 9 | 51 |
| *Macromerum*, Burch. | 6 | 296 |
| *Macronax*, Raf. | 13 | 465 |
| MACROPIPER, Miq. | 11 | 17 |
| — longifolium, Miq. | 11 | 17 |
| — methysticum, Miq. | 11 | 17 |
| MACROPODIUM, R. Br. | 6 | 324 |
| *Macrorhynchus*, Less. | 10 | 6 |
| MACROSCEPIS, Kunth. | 8 | 559 |
| MACROSTEMMA, Pers. | 9 | 94 |
| MACROSTOMIUM, Blum. | 12 | 476 |
| MACROSTYLIS, Bartl. et Wendl. | 2 | 322 |
| MACROTHYRSUS, Spach. | 3 | 33 |
| — discolor, Spach. | 3 | 34 |
| *Macrotis*, Raf. | 7 | 292 |
| *Macrotis racemosa*, Raf. | 7 | 393 |
| MACROTROPIS, D. C. | 1 | 152 |
| *Madablota*, Sonn. | 3 | 139 |
| MADARACTIS, D. C. | 10 | 32 |
| MADARIA, D. C. | 10 | 163 |
| — elegans, D. C. | 10 | 163 |
| MADIA, Mol. | 10 | 161 |
| — elegans, Lindl. | 10 | 164 |
| — sativa, Mol. | 10 | 162 |
| *Madorus*, Rumph. | 8 | 548 |
| MÆRUA, Forsk. | 6 | 296 |
| MÆSA, Forsk. | 9 | 575 |
| MAGALLANA, Cav. | 3 | 4 |
| MAGNOLIA, Linn. | 7 | 468 |
| — acuminata, Linn. | 7 | 485 |
| — arborea, Hortor. | 7 | 475 |
| — auricularis, Sal. | 7 | 477 |
| — auriculata, Lamk. | 7 | 477 |
| — conspicua, Sal. | 7 | 464 |
| — cordata, Mich. | 7 | 485 |
| — denudata, Lamk. | 7 | 466 |
| — discolor, Vent. | 7 | 466 |
| — fasciata, Vent. | 7 | 461 |
| — fuscata, Andr. | 7 | 461 |
| — glauca, Linn. | 7 | 473 |
| — gracilis, Sal. | 7 | 467 |
| — grandiflora, Linn. | 7 | 470 |
| — insignis, Wallich. | 7 | 455 |
| — liliiflora, Lamk. | 7 | 466 |
| — macrophylla, Mich. | 7 | 479 |
| — obovata, Thunb. | 7 | 466 |
| — parvifolia, D. C. | 7 | 459 |
| — *Plumierii*, Swartz. | 7 | 449 |
| — pterocarpa, Roxb. | 7 | 486 |
| — pumila, Andr. | 7 | 451 |
| — pumila, Spreng. | 7 | 450 |
| — purpurea, Curt. | 7 | 466 |
| — pyramidata, Bartr. | 7 | 477 |
| — Soulangiana, Sweet. | 7 | 466 |
| — Thompsoniana, Sweet. | 7 | 475 |
| — tomentosa, Thunb. | 7 | 467 |
| — tripetala, Linn. | 7 | 475 |
| — umbrella, Lamk. | 7 | 475 |
| — Yulan, Desf. | 7 | 464 |
| MAGNOLIACEÆ, Juss. | 7 | 425 |
| MAGNOLIEÆ, D. C. | 7 | 433 et 446 |
| MAGNOLINEÆ, Spach. | 7 | 454 et 447 |
| MAGONIA, A. Saint-Hil. | 3 | 71 |
| — glabrata, A. Saint-Hil. | 3 | 72 |

| | Vol. | Pag. |
|---|---|---|
| Magonia pubescens, A. St-Hil. | 3 | 71 |
| MAGYDARIS, Koch. | 8 | 139 |
| MAHERNIA, Linn. | 3 | 472 |
| — biserrata, Cav. | 3 | 474 |
| — diffusa, Jacq. | 3 | 473 |
| — glabrata, Cav. | 3 | 473 |
| — grandiflora, Burch. | 3 | 473 |
| — grossulariæfolia, Linn. | 3 | 474 |
| — heterophylla, Cav. | 3 | 474 |
| — incisa, Jacq. | 3 | 473 |
| — odorata, Andr. | 3 | 473 |
| — pulchella, Linn. | 3 | 472 |
| — verticillata, Linn. | 3 | 472 |
| MAHONIA, Nutt. | 8 | 49 |
| — Aquifolium, Nutt. | 8 | 53 |
| — Aquifolium, β : nutkana, D. C. | 8 | 51 |
| — diversifolia, Sweet. | 8 | 51 |
| — fascicularis, Deless. | 8 | 50 |
| — glumacea, D. C. | 8 | 54 |
| — nervosa, Nutt. | 8 | 54 |
| MAHUREA, Aubl. | 4 | 71 |
| — palustris, Aubl. | 4 | 71 |
| MAIANTHEMUM, Wigg. | 12 | 214 |
| — bifolium, Red. | 12 | 214 |
| — Convallaria, Willd. | 12 | 214 |
| — cordifolium, Mœnch. | 12 | 214 |
| — racemosum, Link. | 12 | 215 |
| MAIETA, Aubl. | 4 | 257 |
| — guianensis, Aubl. | 4 | 257 |
| — hypophysca, Mart. | 4 | 257 |
| Mairania, Neck. | 9 | 444 |
| Maireria, Scopol. | 9 | 385 |
| MAIRIA, Nees. | 10 | 30 |
| MAJORANA, Tourn. | 9 | 190 |
| — hortensis, Mœnch. | 9 | 190 |
| Malabaila, Hoffm. | 8 | 136 |
| MALABAILA, Tausch. | 8 | 139 |
| MALACHADENIA, Lindl. | 12 | 179 |
| MALACHIUM, Fries. | 5 | 205 |
| Malachochœte, Raf. | 13 | 148 |
| MALACHODENDRON, Cav. | 4 | 77 |
| — ovatum, Cav. | 4 | 77 |
| MALACHRA, Linn. | 3 | 143 |
| MALACOTHRIX, D. C. | 10 | 5 |
| Mala-inschikua, Hort. Mal. | 12 | 167 |
| Mala-kua, Hort. Mal. | 12 | 161 |
| MALANEA, Aubl. | 8 | 375 |
| — verticillata, Lamk. | 8 | 433 |
| Malankua, Hort. Mal. | 12 | 161 |
| Malaspinea, Presl. | 9 | 375 |
| MALAXIDEÆ, Lindl. | 12 | 174 |

| | Vol. | Pag. |
|---|---|---|
| MALAXIS, Swartz. | 12 | 175 |
| Malbrania, Neck. | 2 | 228 |
| MALCOLMIA, R. Br. | 6 | 392 |
| — africana, R. Br. | 6 | 395 |
| — incrassata, D. C. | 6 | 394 |
| — laxa, D. C. | 6 | 395 |
| — littorea, R. Br. | 6 | 396 |
| — maritima, R. Br. | 6 | 394 |
| — taraxacifolia, D. C. | 6 | 395 |
| MALESHERBIA, Ruiz et Pav. | 6 | 257 |
| — coronata, D. Don. | 6 | 258 |
| — thyrsiflora, R. et P. | 6 | 258 |
| MALLEA, Juss. fil. | 3 | 180 |
| MALLOPHORA, Endl. | 9 | 227 |
| MALLOTIA, Cass. | 10 | 26 |
| Malocchia, Savi. | 1 | 157 |
| — ensiformis, Savi. | 1 | 336 |
| Malococca, Forst. | 4 | 3 |
| MALOPE, Linn. | 3 | 344 |
| — malacoïdes, Linn. | 3 | 344 |
| MALPIGHIA, Linn. | 3 | 124 |
| — altissima, Aubl. | 3 | 130 |
| — angustifolia, Linn. | 3 | 125 |
| — aquifolia, Linn. | 3 | 126 |
| — argentea, Jacq. | 3 | 133 |
| — Armeniaca, Cav. | 3 | 133 |
| — coccifera, Linn. | 3 | 126 |
| — crassifolia, Aubl. | 3 | 131 |
| — fucata, Bot. Reg. | 3 | 125 |
| — glabra, Linn. | 3 | 127 |
| — glandulosa, Cav. | 3 | 131 |
| — macrophylla, Desf. | 3 | 125 |
| — martinicensis, Jacq. | 3 | 126 |
| — Moureila, Aubl. | 3 | 131 |
| — nitida, Linn. | 3 | 133 |
| — polystachya, Andr. | 3 | 132 |
| — punicifolia, Linn. | 3 | 127 |
| — setosa, Bertero. | 3 | 126 |
| — tuberculata, Jacq. | 3 | 132 |
| — urens, Linn. | 3 | 125 |
| — verbascifolia, Linn. | 3 | 128 |
| MALPIGHIACEÆ, Juss. | 3 | 121 |
| Malpighiæ, Juss. | 3 | 121 |
| MALPIGHINEÆ, Bartl. | 3 | 1 |
| Malpighineæ, D. C. | 3 | 124 |
| MALTEBRUNIA, Kunth. | 13 | 158 |
| MALUS, Tourn. | 2 | 134 |
| — acerba, Mérat. | 2 | 149 |
| — astracanica, Dum. Cours. | 2 | 150 |
| — baccata, Desf. | 2 | 153 |

| | Vol. | Pag. |
|---|---|---|
| Malus *baccata*, Lois. | 2 | 153 |
| — *cerasifera*, Spach. | 2 | 152 |
| — *communis*, D. C. | 2 | 140 |
| — *coronaria*, Mill. | 2 | 156 |
| — *dioica*, Lois. | 2 | 148 |
| — *Fontanesiana*, Spach. | 2 | 150 |
| — *heterophylla*, Spach. | 2 | 138 |
| — *hybrida*, Desf. | 2 | 150 |
| — *hybrida*, Lois. | 2 | 151 |
| — *japonica*, Andr. | 2 | 159 |
| — *medica*, C. Bauh. | 2 | 300 |
| — *paradisiaca*, Linn. | 2 | 139 |
| — *præcox*, Pall. | 2 | 159 |
| — *prunifolia*, Desf. | 2 | 152 |
| — *prunifolia*, Willd. | 2 | 151 |
| — *sempervirens*, Desf. | 2 | 135 |
| — *sinensis*, Dum. Cours. | 2 | 135 |
| — *spectabilis*, Desf. | 2 | 154 |
| — *sylvestris*, Mill. | 2 | 149 |
| MALVA, Linn. | 3 | 345 |
| — *abutiloides*, Linn. | 3 | 352 |
| — *alcæoides*, Ten. | 3 | 347 |
| — *Alcea*, Linn. | 3 | 346 |
| — *amœna*, Sims. | 3 | 350 |
| — *angustifolia*, Cav. | 3 | 353 |
| — *asperrima*, Jacq. | 3 | 354 |
| — *balsamica*, Jacq. | 3 | 350 |
| — *calycina*, Cav. | 3 | 349 |
| — *capensis*, Linn. | 3 | 349 |
| — *crispa*, Linn. | 3 | 346 |
| — *divaricata*, Andr. | 3 | 350 |
| — *fragrans*, Jacq. | 3 | 349 |
| — *lactea*, Hort. Kew. | 3 | 354 |
| — *mauritiana*, Linn. | 3 | 348 |
| — *miniata*, Cav. | 3 | 352 |
| — *Morenii*, Hook. | 3 | 347 |
| — *moschata*, Linn. | 3 | 347 |
| — *Munroana*, Dougl. | 3 | 353 |
| — *purpurata*, Lindl. | 3 | 348 |
| — *reflexa*, Andr. | 3 | 350 |
| — *rotundifolia*, Linn. | 3 | 345 |
| — *stricta*, Jacq. | 3 | 350 |
| — *sylvestris*, Linn. | 3 | 348 |
| — *umbellata*, Cav. | 3 | 351 |
| — *virgata*, Cav. | 3 | 350 |
| — *vitifolia*, Cav. | 3 | 354 |
| MALVACEÆ, Bartl. | 3 | 340 |
| Malvaceæ, Juss. | 3 | 340 |
| | et | 475 |
| | | 443 |
| Malvaceæ, Kunth. | 3 | 344 |
| MALVAVISCUS, Dill. | 3 | 368 |
| — *arboreus*, Cav. | 3 | 369 |
| Malvaviscus grandiflorus, Kunth. | 3 | 369 |
| — *longifolius*, Juss. | 3 | 370 |
| — *mollis*, D. C. | 3 | 370 |
| — *multiflorus*, Juss. | 3 | 370 |
| MALVEÆ, Juss. fil. | 3 | 342 |
| | et | 344 |
| MAMMEA, Linn. | 5 | 321 |
| — *africana*, Sab. | 5 | 322 |
| — *americana*, Linn. | 5 | 321 |
| — *americana*, Linn. | 4 | 185 |
| MAMMILLARIA, Haw. | 13 | 336 |
| — *acanthophlegma*, Lehm. | 13 | 344 |
| — *affinis*, D. C. | 13 | 339 |
| — *ancistroides*, Lehm. | 13 | 347 |
| — *angularis*, Hort. Berol. | 13 | 339 |
| — *cæspititia*, D. C. | 13 | 346 |
| — *Caput-Medusæ*, Otto. | 13 | 343 |
| — *chrysacantha*, Pfeiff. | 13 | 345 |
| — *cirrhifera*, Mart. | 13 | 340 |
| — *compressa*, D. C. | 13 | 339 |
| — *conoidea*, D. C. | 13 | 346 |
| — *cornifera*, D. C. | 13 | 346 |
| — *coronaria*, Haw. | 13 | 346 |
| — *criniformis*, D. C. | 13 | 347 |
| — *crinita*, D. C. | 13 | 347 |
| — *crucigera*, Mart. | 13 | 343 |
| — *densa*, Link et Otto. | 13 | 336 |
| — *degressa*, D. C. | 13 | 344 |
| — *discolor*, Haw. | 13 | 344 |
| — *divergens*, D. C. | 13 | 339 |
| — *Echinaria*, D. C. | 13 | 336 |
| — *echinata*, D. C. | 13 | 336 |
| — *eriacantha*, Hort. Berol. | 13 | 345 |
| — *elegans*, D. C. | 13 | 344 |
| — *flavescens*, D. C. | 13 | 338 |
| — *geminispina*, D. C. | 13 | 344 |
| — *gladiata*, Mart. | 13 | 340 |
| — *glochidiata*, Mart. | 13 | 347 |
| — *grandiflora*, Otto. | 13 | 345 |
| — *intertexta*, D. C. | 13 | 337 |
| — *Karwinskiana*, Mart. | 13 | 342 |
| — *longimamma*, D. C. | 13 | 343 |
| — *macracantha*, D. C. | 13 | 342 |
| — *magnimamma*, Haw. | 13 | 341 |
| — *polyedra*, Mart. | 13 | 341 |
| — *prolifera*, Haw. | 13 | 338 |
| — *pusilla*, D. C. | 13 | 347 |
| — *pycnacantha*, Mart. | 13 | 341 |
| — *radians*, D. C. | 13 | 340 |
| — *rhodacantha*, Link et Otto. | 13 | 345 |
| — *Sempervivi*, D. C. | 13 | 343 |

| | Vol. | Pag. |
|---|---|---|
| Mammillaria simplex, Haw. | 13 | 338 |
| — sphacelata, Mart. | 13 | 337 |
| — straminea, Haw. | 13 | 338 |
| — subangularis, D. C. | 13 | 340 |
| — subcrocea, D. C. | 13 | 337 |
| — tenuis, D. C. | 13 | 337 |
| — trispantha, D. C. | 13 | 339 |
| — Zuccariniana, Mart. | 13 | 341 |
| Manabea, Aubl. | 9 | 227 |
| MANDRAGORA, Tourn. | 9 | 84 |
| — autumnalis, Bertol. | 9 | 85 |
| — officinalis, Mill. | 9 | 84 |
| — praecox, Sweet. | 9 | 85 |
| — vernalis, Bertol. | 9 | 84 |
| MANETTIA, Mutis. | 8 | 372 |
| Mangaiba, Marcgr. | 8 | 501 |
| Manghas, Burm. | 8 | 502 |
| MANGIFERA, Linn. | 2 | 192 |
| — foetida, Lour. | 2 | 194 |
| — indica, Linn. | 2 | 192 |
| — laxiflora, Desr. | 2 | 194 |
| — oppositifolia, Roxb. | 2 | 195 |
| — pinnata, Linn. | 2 | 206 |
| MANGLIETIA, Blum. | 7 | 453 |
| — elegans, Blum. | 7 | 455 |
| — glauca, Blum. | 7 | 454 |
| Manglilla, Juss. | 9 | 374 |
| Mangostana, Gaertn. | 5 | 308 |
| MANICARIA, Gaertn. | 12 | 99 |
| — saccifera, Gaertn. | 12 | 100 |
| Manihot, Adans. | 2 | 487 |
| — utilissima, Pohl. | 2 | 508 |
| MANISURIS, Linn. | 13 | 166 |
| Manjella-Kua, Hort. Malab. | 12 | 169 |
| Manna, Don. | 1 | 156 |
| — hebraica, Desv. | 1 | 297 |
| Mantisia, Curt. | 12 | 154 |
| Mantisalca, Cass. | 10 | 11 |
| MANULEA, Linn. | 9 | 270 |
| MAPANIA, Aubl. | 13 | 145 |
| MAPOURIA, Aubl. | 8 | 376 |
| MAPPA, Juss. fil. | 2 | 487 |
| MAPROUNEA, Aubl. | 2 | 528 |
| — brasiliensis, A. Saint-Hil. | 2 | 528 |
| Maquinea, Mart. | 13 | 332 |
| Maquira, Aubl. | 11 | 58 |
| MARALIA, Petit-Thou. | 8 | 113 |
| MARANTA, Plum. | 12 | 150 |
| — arundinacea, Linn. | 12 | 151 |
| — Galanga, Linn. | 12 | 166 |
| — indica, Tuss. | 12 | 151 |
| — malaccensis, Linn. | 12 | 167 |

| | Vol. | Pag. |
|---|---|---|
| Marantaceae, Lindl. | 12 | 148 |
| Maranteae, R. Br. | 12 | 146 |
| MARASMODES, D. C. | 10 | 23 |
| Marathrum, Raf. | 3 | 138 |
| Marathrum, Humb. et Bonpl. | 12 | 12 |
| MARCELIA, Cass. | 11 | 29 |
| MARCETIA, D. C. | 4 | 250 |
| — excoriata, D. C. | 4 | 251 |
| — taxifolia, D. C. | 4 | 250 |
| MARCGRAVIA, Linn. | 6 | 122 |
| — umbellata, Linn. | 6 | 123 |
| MARCGRAVIA-CEAE, Juss. | 6 | 121 |
| MARCGRAVIEAE, Spach. | 6 | 122 |
| MARCKEA, Rich. | 9 | 56 |
| Marcorella, Neck. | 2 | 439 |
| Marenga, Sal. | 12 | 754 |
| Marentiera, Noronh. | 1 | 497 |
| MARGARANTHUS, Schlid. | 9 | 54 |
| MARGARIS, D. C. | 5 | 376 |
| Margarita, Gaudin. | 10 | 51 |
| MARGARITARIA, Linn. fil. | 2 | 488 |
| MARGAROSPERMUM, Reichb. | 9 | 131 |
| MARGYRICARPUS, R. et P. | 1 | 485 |
| — setosus, R. et P. | 1 | 485 |
| Marialvea, Vand. | 5 | 308 |
| — guianensis, Chois. | 5 | 309 |
| Marianthemum, Schrank. | 9 | 536 |
| Marica, Schreb. | 13 | 5 |
| — Herbertiana, Ker. | 13 | 7 |
| — Northiana, Ker. | 13 | 74 |
| — paludosa, Willd. | 13 | 74 |
| — striata, Bot. Mag. | 13 | 14 |
| MARIGNIA, Commers. | 1 | 246 |
| — acutifolia, D. C. | 1 | 246 |
| — obtusifolia, D. C. | 1 | 247 |
| MARIPA, Aubl. | 9 | 95 |
| MARISCUS, Vahl. | 13 | 144 |
| MARLEA, Roxb. | 4 | 88 |
| MARLIEREA, Camb. | 4 | 183 |
| — suaveolens, Camb. | 4 | 183 |
| — tomentosa, Camb. | 4 | 183 |
| Marmodes, Lindl. | 12 | 171 |
| MARMORITIS, Benth. | 9 | 165 |
| MARQUARTIA, Hassk. | 12 | 23 |
| MARQUISIA, A. Rich. | 8 | 376 |
| Marrubiastrum, Linn. | 9 | 166 |
| MARRUBIASTRUM, Moench. | 9 | 166 |
| MARRUBIUM, Linn. | 9 | 207 |
| — apulum, Ten. | 9 | 208 |
| — vulgare, Linn. | 9 | 208 |
| Marsana, Sonn. | 2 | 250 |

| | Vol. | Pag. |
|---|---|---|
| Marsana *buxifolia*, Sonn. | 2 | 254 |
| MARSDENIA, R. Br. | 8 | 555 |
| — tenacissima, Wight et Arn. | 8 | 556 |
| MARSHALLIA, Schreb. | 10 | 18 |
| MARSIPPOSPERMUM, Desv. | 13 | 134 |
| MARSYPIANTHES, Mart. | 9 | 163 |
| MARTAGON, Endl. | 12 | 275 |
| MARTIA, Leand. | 1 | 154 |
| *Martia*, Spreng. | 5 | 361 |
| MARTINEZIA, Kunth. | 12 | 63 |
| *Martiusia*, Schult. | 1 | 154 |
| *Martrasia*, Lag. | 10 | 35 |
| MARTYNIA, Linn. | 9 | 250 |
| — *annua*, Linn. | 9 | 251 |
| — proboscidea, Hort. Kew. | 9 | 251 |
| *Martyniaceæ*, Lindl. | 9 | 249 |
| MARUTA, Cass. | 10 | 188 |
| — fœtida, Cass. | 10 | 189 |
| *Mascagnia*, Bertero. | 3 | 124 |
| *Maschalanthe*, Blum. | 8 | 374 |
| MASDEVALLIA, R. et P. | 12 | 178 |
| MASSONIA, Thunb. | 12 | 299 |
| — *angustifolia*, Linn. | 12 | 302 |
| — cordata, Jacq. | 12 | 301 |
| — coronata, Jacq. | 12 | 300 |
| — corymbosa, Bot. Mag. | 12 | 298 |
| — echinata, Linn. | 12 | 300 |
| — *ensifolia*, Bot. Mag. | 12 | 299 |
| — grandiflora, Lindl. | 12 | 301 |
| — hirsuta, Link et Otto. | 12 | 300 |
| — *latifolia*, Gawl. | 12 | 300 |
| — latifolia, Linn. | 12 | 300 |
| — lanceæfolia, Jacq. | 12 | 301 |
| — longifolia, Jacq. | 12 | 301 |
| — muricata, Gawl. | 12 | 300 |
| — obovata, Jacq. | 12 | 301 |
| — pauciflora, Hort. Kew. | 12 | 300 |
| — pustulata, Jacq. | 12 | 300 |
| — sanguinea, Jacq. | 12 | 300 |
| — *violacea*, Andr. | 12 | 299 |
| MASTACANTHUS, Endl. | 9 | 228 |
| MASTIGOPHORUS, Cass. | 10 | 34 |
| MASTIXIA, Blum. | 8 | 88 |
| MASTRUCIUM, Cass. | 10 | 12 |
| *Matamoria*, Llal. | 10 | 40 |
| *Mataxa*, Spreng. | 10 | 24 |
| MATAYBA, Aubl. | 3 | 41 |
| MATELEA, Aubl. | 8 | 540 |
| MATHEWSIA, Hook. | 6 | 324 |
| MATISIA, Humb. et Bonpl. | 3 | 416 |
| — cordata, H. et B. | 3 | 417 |
| MATOUREA, Aubl. | 9 | 269 |

| | Vol. | Pag. |
|---|---|---|
| *Matrella*, Pers. | 13 | 166 |
| MATRICARIA, Linn. | 10 | 182 |
| — *asteroides*, Linn. | 10 | 267 |
| — Chamomilla, Linn. | 10 | 182 |
| — *odorata*, Lamk. | 10 | 177 |
| — *Parthenium*, Linn. | 10 | 177 |
| — suaveolens, Linn. | 10 | 182 |
| MATRICARIOIDES, Less. | 10 | 24 |
| MATTHIOLA, R. Br. | 6 | 400 |
| — *annua*, Sweet. | 6 | 404 |
| — arborescens, Schrad. | 6 | 404 |
| — *crucigera*, D. C. | 6 | 404 |
| — *fenestralis*, R. Br. | 6 | 404 |
| — *glabrata*, D. C. | 6 | 403 |
| — *græca*, Sweet. | 6 | 403 |
| — incana, R. Br. | 6 | 404 |
| — odoratissima, R. Br. | 6 | 405 |
| — *patens*, Presl. | 6 | 404 |
| — rupestris, Bernh. | 6 | 404 |
| — *saxatilis*, Bernh. | 6 | 404 |
| — sicula, Hortor. | 6 | 404 |
| — *sinuata*, R. Br. | 6 | 404 |
| — tricuspidata, R. Br. | 6 | 405 |
| — *tristis*, R. Br. | 6 | 402 |
| — *varia*, D. C. | 6 | 402 |
| — vulgaris, Spach. | 6 | 403 |
| MATTIA, Schult. | 9 | 30 |
| *Mattonia*, Smith. | 12 | 154 |
| *Mattuschkea*, Gmel. | 11 | 4 |
| *Mattuschkea*, Schreb. | 8 | 377 |
| et | 9 | 227 |
| *Mauduyta*, Commers. | 2 | 375 |
| *Mauhlia*, Dahlb. | 12 | 255 |
| — *linearis*, Thunb. | 12 | 534 |
| MAURANDIA, Ort. | 9 | 289 |
| — Barclayana, Lindl. | 9 | 290 |
| — semperflorens, Jacq. | 9 | 290 |
| MAURIA, Kunth. | 2 | 225 |
| — simplicifolia, Kunth. | 2 | 225 |
| MAURITIA, Linn. fil. | 12 | 91 |
| — flexuosa, Linn. fil. | 12 | 92 |
| — vinifera, Mart. | 12 | 91 |
| *Maurocenia*, Mill. | 2 | 422 |
| — *Frangularia*, Mill. | 2 | 423 |
| MAXILLARIA, R. et P. | 12 | 177 |
| MAXIMILIANA, Mart. | 12 | 129 |
| — regia, Mart. | 12 | 130 |
| MAYACA, Aubl. | 13 | 122 |
| *Mayaceæ*, Kunth. | 13 | 121 |
| et | | 122 |
| *Mayepea*, Aubl. | 8 | 258 |
| MAYNA, Aubl. | 6 | 115 |
| *Mays Zea*, Gærtn. | 13 | 173 |

| | Vol. | Pag. | | Vol. | Pag. |
|---|---|---|---|---|---|
| *Maytenus*, Feuill. | 2 | 403 | Melaleuca *Cajaputi*, Roxb. | 4 | 117 |
| *Maxeutoxeron*, Labill. | 2 | 322 | — *chlorantha*, Bonpl. | 4 | 119 |
| MAZINNA, Ort. | 2 | 487 | — *ciliata*, Forst. | 4 | 139 |
| MAZUS, Lour. | 9 | 269 | — decussata, R. Br. | 4 | 125 |
| MEBORA, Aubl. | 8 | 7 | — *densa*, Coll. | 4 | 121 |
| *Mecardonia*, Mart. | 9 | 269 | — diosmæfolia, Andr. | 4 | 119 |
| MECLATIS, Spach. | 7 | 272 | — elliptica, Labill. | 4 | 123 |
| — orientalis, Spach. | 7 | 274 | — empetrifolia, Reichb. | 4 | 126 |
| — sibirica, Spach. | 7 | 273 | — ericæfolia, Smith. | 4 | 120 |
| MECONELLA, Spach. | 7 | 19 | — *ericæfolia*, Vent. | 4 | 120 |
| MECONIDIUM, Spach. | 7 | 21 | — erubescens, Otto. | 4 | 120 |
| MECONIUM, Spach. | 7 | 12 | — *fascicularis*, Labill. | 4 | 113 |
| MECONOPSIS, Vig. | 7 | 23 | — Fraseri, Hook. | 4 | 119 |
| — cambrica, Vig. | 7 | 24 | — fulgens, R. Br. | 4 | 124 |
| *Mecosa*, Bl. | 12 | 180 | — genistæfolia, Smith. | 4 | 122 |
| MEDEOLA, Linn. | 12 | 210 | — gnidiæfolia, Vent. | 4 | 124 |
| MEDICAGO, Linn. | 1 | 216 | — hypericifolia, Smith. | 4 | 125 |
| — arborea, Linn. | 1 | 219 | — juniperina, Sieb. | 4 | 121 |
| — falcata, Linn. | 1 | 219 | — lanceolata, Link et Otto. | 4 | 123 |
| — Lupulina, Linn. | 1 | 216 | — *laurina*, Smith. | 4 | 114 |
| — maculata, Linn. | 1 | 217 | — Leucadendron, Linn. | 4 | 118 |
| — sativa, Linn. | 1 | 217 | — linariæfolia, Smith. | 4 | 124 |
| MEDICUSIA, Mœnch. | 10 | 6 | — *linearis*, Wendl. | 4 | 137 |
| MEDINILLA, Gaudich. | 4 | 206 | — minor, Smith. | 4 | 117 |
| MEDIUM, Tourn. | 9 | 553 | — myrtifolia, Vent. | 4 | 126 |
| — alliariæfolium, Spach. | 9 | 557 | — *neriifolia*, Sims. | 4 | 113 |
| — barbatum, Spach. | 9 | 555 | — nodiflora, Smith. | 4 | 120 |
| — grandiflorum, Spach. | 9 | 553 | — parviflora, Otto. | 4 | 125 |
| — gummiferum, Spach. | 9 | 556 | — pentagona, Labill. | 4 | 123 |
| — sibiricum, Spach. | 9 | 554 | — pulchella, R. Br. | 4 | 121 |
| *Medusea*, Haw. | 2 | 488 | — *salicifolia*, Andr. | 4 | 113 |
| *Meerburgia*, Mœnch. | 5 | 238 | — scabra, R. Br. | 4 | 121 |
| *Meesia*, Gærtn. | 2 | 380 | — squamea, Labill. | 4 | 122 |
| — *serrata*, Gærtn. | 2 | 389 | — *squarrosa*, Labill. | 4 | 126 |
| MEGACLINIUM, Lindl. | 12 | 175 | — striata, Labill. | 4 | 123 |
| MEGAPTERIUM, Spach. | 4 | 363 | — styphelioides, Smith. | 4 | 143 |
| — missouriense, Spach. | 4 | 364 | — *Thea*, Wendl. | 4 | 143 |
| — Nuttallii, Spach. | 4 | 364 | — *thymifolia*, Smith. | 4 | 124 |
| *Megasea*, Haw. | 5 | 39 | — thymoides, Labill. | 4 | 122 |
| — *ciliata*, Haw. | 5 | 61 | — *villosa*, Linn. fil. | 4 | 140 |
| — *cordifolia*, Haw. | 5 | 60 | — *virgata*, Linn. fil. | 4 | 147 |
| — *crassifolia*, Haw. | 5 | 60 | MELALEUCEÆ, D. C. | 4 | 112 |
| — *media*, Haw. | 5 | 60 | MELAMPODIUM, Linn. | 10 | 21 |
| *Megastachya*, Beauv. | 13 | 164 | *Melampyraceæ*, Rich. | 9 | 264 |
| MEISNERA, D. C. | 4 | 205 | MELAMPYRUM, Tourn. | 9 | 272 |
| *Meistera*, Scop. | 10 | 39 | MELANANTHERA, Mich. | 10 | 19 |
| MEJONECTES, R. Rr. | 4 | 443 | MELANCHRYSUM, Cass. | 10 | 14 |
| *Melachne*, Schrad. | 13 | 146 | — *rigens*, Cass. | 10 | 104 |
| *Melænia*, Dumort. | 12 | 176 | — *spinulosum*, Cass. | 10 | 103 |
| MELALEUCA, Linn. | 4 | 117 | MELANCRANIS, Vahl. | 13 | 144 |
| — *æstuosa*, Forst. | 4 | 140 | *Melanium*, P. Br. | 4 | 419 |
| — *arachnoidea*, Gærtn. | 4 | 145 | — *fruticosum*, Spreng. | 4 | 428 |
| — armillaris, Smith. | 4 | 120 | MELANOCENCHRIS, Nees. | 13 | 162 |

| | Vol. | Pag. | | Vol. | Pag. |
|---|---|---|---|---|---|
| MELANODENDRON, D. C. | 10 | 50 | Melastoma *malabathrica*, | | |
| *Melanoloma*, Cass. | 10 | 11 | Sims. . . . . . . . | 4 | 250 |
| MELANORHÆA, Wallich. | 2 | 201 | — *mucronata*, Rich. . . | 4 | 259 |
| — *usitata*, Wallich. . . | 2 | 202 | — *nepalensis*, Lodd. . . | 4 | 251 |
| MELANOSELINUM, Hoffm. | 8 | 135 | — *normalis*, Don. . . | 4 | 251 |
| *Melanosinapis*, Spenn. . . | 6 | 523 | — *osbeckioides*, Sims. . . | 4 | 245 |
| — *communis*, Spenn. . . | 6 | 377 | — *racemosa*, Aubl. . . | 4 | 261 |
| MELANOSTICTA, D. C. . | 1 | 88 | — *Reinwardtiana*, Blum. | 4 | 480 |
| *Melanthaceæ*, R. Br. . . . | 12 | 233 | — *rubro-limbata*, Link | | |
| *Melanthera*, Rohr. . . . | 10 | 19 | et Otto. . . . | 4 | 250 |
| MELANTHIUM, Linn. . . | 12 | 235 | — *sanguinea*, Don. . . | 4 | 250 |
| — *densum*, Desr. . . . | 12 | 244 | — *selinodis*, Bonpl. . . | 4 | 262 |
| — *lætum*, Hort. Kew. . | 12 | 244 | — *spicata*, Aubl. . . . | 4 | 263 |
| — *muscætoxicum*, Wall. | 12 | 244 | — *stenobotrys*, Rich. . . | 4 | 271 |
| — *phalangioides*, Desr. | 12 | 244 | — *succosa*, Aubl. . . . | 4 | 260 |
| MELASANTHUS, Pohl. . . | 9 | 227 | — *theezans*, Bonpl. . . | 4 | 267 |
| *Melasphærula*, Ker. . . . | 13 | 4 | — *tomentosa*, Bonpl. . . | 4 | 264 |
| — *graminea*, Sweet. . . | 13 | 90 | *MELASTOMA-* | | |
| — *iridifolia*, Sweet. . . | 13 | 90 | *CEÆ*, Juss. . . | 4 | 202 |
| MELASTOMA, Burm. . . . | 4 | 249 | *MELASTOMEÆ*, Ser. | 4 | 205 |
| — *agrestis*, Aubl. . . . | 4 | 254 | | et | 207 |
| — *alata*, Aubl. . . . . | 4 | 265 | MELHANIA, Forsk. . . . | 3 | 451 |
| — *albicans*, Swartz. . . | 4 | 263 | — *decanthera*, D. C. . . | 3 | 451 |
| — *alpina*, Swartz. . . . | 4 | 271 | — Erythroxylon, Hort. Kew. | 3 | 451 |
| — *aquatica*, Aubl. . . . | 4 | 221 | — Hamiltoniana, Wallich. | 3 | 452 |
| — *arborescens*, Aubl. . . | 4 | 260 | MELIA, Linn. . . . . . | 3 | 183 |
| — *argentea*, Desr. . . . | 4 | 235 | — *australasica*, Juss. fil. | 3 | 185 |
| — *aromatica*, Vahl. . . | 4 | 248 | — *Azadirachta*, Linn. . . | 3 | 186 |
| — *aspera*, Linn. . . . | 4 | 250 | — *Azedarach*, Linn. . . | 3 | 183 |
| — *azurea*, Bl. . . . . | 4 | 270 | — Candollei, Juss. fil. . | 3 | 185 |
| — *cardinalis*, Spreng. . | 4 | 239 | — *composita*, D. C. . . | 3 | 185 |
| — *caudata*, Bonpl. . . . | 4 | 265 | — Guara, Jacq. . . . . | 3 | 201 |
| — *ciliata*, Rich. . . . | 4 | 262 | — *sempervirens*, Swartz. | 3 | 184 |
| — *clavata*, Pers. . . . . | 4 | 235 | *MELIACEÆ*, Juss. . | 3 | 178 |
| — *coccinea*, Rich. . . . | 4 | 271 | *Meliaceæ*, Juss. . . . . | 13 | 296 |
| — *coccinea*, Vahl. . . . | 4 | 271 | MELIANTHUS, Linn. . . | 2 | 311 |
| — *compressa*, Vahl. . . | 4 | 258 | — *comosus*, Vahl. . . . | 2 | 312 |
| — *corymbosa*, Sims. . . | 4 | 251 | — *major*, Linn. . . . | 2 | 312 |
| — *cymosa*, Vent. . . . . | 4 | 251 | — *minor*, Linn. . . . . | 2 | 312 |
| — *elegans*, Aubl. . . . | 4 | 253 | MELICA, Linn. . . . . | 13 | 165 |
| — *floribunda*, Bonpl. . . | 4 | 266 | MELICHRUS, R. Br. . . | 9 | 433 |
| — *Fothergilla*, Rich. . . | 4 | 258 | MELICOCCA, Linn. . . . | 3 | 65 |
| — *fulva*, Rich. . . . . | 4 | 263 | — *apetala*, Poir. . . . | 3 | 64 |
| — *grandiflora*, Aubl. . . | 4 | 215 | — *bijuga*, Linn. . . . | 3 | 66 |
| — *granulosa*, Bonpl. . . | 4 | 267 | — *carpodea*, Juss. . . . | 3 | 66 |
| — *granulosa*, Bot. Reg. | 4 | 234 | — *diversifolia*, Juss. . . | 3 | 64 |
| — *heteramalla*, Bot. Reg. | 4 | 252 | — *trijuga*, Juss. . . . | 3 | 65 |
| — *hirta*, Linn. . . . . | 4 | 253 | MELICOPE, Forst. . . . | 2 | 322 |
| — *holosericea*, Linn. . . | 4 | 263 | MELICYTUS, Forst. . . . | 6 | 433 |
| — *impetiolaris*, Swartz. | 4 | 264 | *Melidora*, Sal. . . . . | 9 | 443 |
| — *lævigata*, Desr. . . . | 4 | 266 | *MELIEÆ*, Juss. fil. . . . | 3 | 181 |
| — *macrocarpa*, Don. . . | 4 | 250 | | | |
| — *malabathrica*, Linn. . | 4 | 249 | | | |

| | Vol. | Pag. |
|---|---|---|
| *Meliglossus* , Schlechtend. | 12 | 255 |
| MELILOTUS, Tourn. . . . | 1 | 221 |
| — alba, Lamk. . . . . | 1 | 222 |
| — *arvensis*, Wallr. . . | 1 | 222 |
| — *cærulea*, Lamk. . . | 1 | 221 |
| — diffusa, Koch. . . . | 1 | 222 |
| — *leucantha*, Koch. . . | 1 | 222 |
| — officinalis, Pers. . . . | 1 | 222 |
| — *Petitpierreana*, Willd. | 1 | 222 |
| MELINIS , Beauv. . . . . | 13 | 160 |
| MELINUM, Link . . . . | 13 | 158 |
| — *palustre*, Link. . . . | 13 | 171 |
| MELISSA, Linn. . . . . | 9 | 196 |
| — *altissima*, Sibth. . . | 9 | 197 |
| — *cordifolia*, Pers. . . | 9 | 197 |
| — *graveolens*, Host. . . | 9 | 197 |
| — *hirsuta*, Balb. . . . | 9 | 197 |
| — officinalis, Linn. . . | 9 | 197 |
| — *romana*, Mill. . . . | 9 | 197 |
| MELISSINEÆ, Benth. | 9 | 164 |
| | et | 196 |
| *Melistaurum*, Forst. . . . | 6 | 288 |
| MELITTIS, Linn. . . . . | 9 | 166 |
| *Mella*, Vand. . . . . . | 9 | 269 |
| MELOCACTUS, D. C. . . . | 13 | 348 |
| — communis, D. C. . . | 13 | 349 |
| — curvispinus, Pfeiff. . . | 13 | 350 |
| — *Langsdorfii*, D. C. . . | 13 | 352 |
| — macracanthus , Salm-Dyck. . . . . | 13 | 349 |
| — mammillariæformis , Salm-Dyck. . . . | 13 | 548 |
| — pyramidalis, Salm-Dyck. | 13 | 349 |
| — Salmianus, Pfeiff. . . | 13 | 349 |
| — violaceus, Pfeiff. . . . | 13 | 350 |
| *Melocanna bambusoides*, Trin. | 13 | 234 |
| MELOCHIA , Linn . . . . | 3 | 463 |
| — *domingensis*, Jacq. . . | 3 | 465 |
| — graminifolia, A. Saint-Hil. . . . . . | 3 | 464 |
| — hermannioides , A. Saint-Hil. . . . | 3 | 464 |
| — polystachya, Kunth. . | 3 | 466 |
| — pyramidata, Linn. . . | 3 | 463 |
| — Turpiniana, Kunth. . | 3 | 465 |
| MELODINUS, Forst. . . . | 8 | 507 |
| — monogynus, Roxb. . | 8 | 508 |
| *Melodorum*, Lour. . . . | 7 | 497 |
| *Melongena*, Tourn. . . . | 9 | 57 |
| MELOSMA, Berg. . . . | 9 | 271 |
| MELOTHRIA, Linn. . . . | 6 | 224 |
| — pendula, Linn. . . . | 6 | 224 |

| | Vol. | Pag. |
|---|---|---|
| MEMECYLEÆ, D. C. | 4 | 274 |
| MEMECYLON, Linn. . . . | 4 | 275 |
| — edule, Roxb. . . . . | 4 | 275 |
| MENARDA, Commers. . . | 2 | 486 |
| MENAIS, Linn. . . . . . | 9 | 32 |
| MENDEZIA, D. C. . . . | 10 | 18 |
| *Mendoni*, Hort. Malab. . . | 12 | 290 |
| MENDOZIA, Velloz. . . . | 9 | 144 |
| MENEGHINIA, Endl. . . . | 9 | 31 |
| *Meneritana*, Herm. . . . | 13 | 160 |
| MENESTORIA, D. C. . . . | 8 | 373 |
| *Mennichea*, Sonn. . . . | 4 | 105 |
| *Mcniocus*, Desv. . . . . | 6 | 324 |
| MENISCOSTA, Blum. . . . | 8 | 7 |
| *Menisperma*, Juss. . . . | 8 | 3 |
| MENISPERMA-CEÆ, D. C. | 8 | 3 |
| MENISPERMEÆ, D. C. | 8 | 5 |
| | et | 11 |
| *Menispermeæ*, Reichb. . . | 8 | 3 |
| *Menispermoideæ*, Vent. . . | 8 | 13 |
| MENISPERMUM, Linn. . . | 8 | 18 |
| — canadense, Linn. . . | 8 | 20 |
| — carolinum, Linn. . . | 8 | 17 |
| — Cocculus, Linn. . . . | 8 | 12 |
| — davuricum, Linn. . . | 8 | 20 |
| — edule, Vahl. . . . . | 8 | 16 |
| — heteroclitum, Roxb. . | 8 | 12 |
| — monadelphum, Roxb. | 8 | 12 |
| — palmatum, Lamk. . . | 8 | 15 |
| — pellatum, Lamk. . . | 8 | 22 |
| MENODORA, Humb. et Bonpl. | 8 | 242 |
| *Menonanthes*, Hall. . . . | 9 | 6 |
| MENONVILLEA, D. C. . . | 6 | 325 |
| MENTHA, Linn. . . . . | 9 | 172 |
| — aquatica, Flor. Dan. . | 9 | 209 |
| — aquatica, Linn. . . . | 9 | 173 |
| — crispa, Linn. . . . . | 9 | 173 |
| — gentilis, Linn. . . . | 9 | 173 |
| — piperita, Huds. . . . | 9 | 172 |
| — rotundifolia, Linn. . . | 9 | 173 |
| — viridis, Linn. . . . . | 9 | 173 |
| MENTHOIDEÆ, Benth. | 9 | 163 |
| | et | 172 |
| MENTZELIA, Cavan. . . . | 6 | 239 |
| — *aspera*, Linn. . . . . | 6 | 239 |
| — *aurea*, Nutt. . . . . | 6 | 240 |
| — hispida, Willd. . . . | 6 | 239 |
| — oligosperma , Nutt. . . | 6 | 240 |
| MENYANTHEÆ, Endl. | 9 | 6 |
| | et | 24 |

| | Vol. | Pag. |
|---|---|---|
| MENYANTHES, Linn. | 9 | 24 |
| — trifoliata, Linn. | 9 | 23 |
| MENZIESIA, Smith. | 9 | 471 |
| — azaleoides, Hórtor. | 9 | 472 |
| — ferruginea, β : Bot. Mag. | 9 | 472 |
| — globularis, Sal. | 9 | 472 |
| — pilosa, Willd. | 9 | 472 |
| — polifolia, Juss. | 9 | 473 |
| — Smithii, Mich. | 9 | 472 |
| Meoschium, Beauv. | 13 | 167 |
| MEPHITIDIA, Reinw. | 8 | 375 |
| Meratia, Cass. | 10 | 21 |
| Meratia, Lois. | 4 | 281 |
| — fragrans, Nees. | 4 | 285 |
| MERCIERA, D. C. fil. | 9 | 536 |
| MERCKIA, Fisch. | 5 | 205 |
| MERCURIALIS, Linn. | 2 | 520 |
| — annua, Linn. | 2 | 521 |
| — perennis, Linn. | 2 | 521 |
| MERENDERA, Ram. | 12 | 259 |
| — Bulbocodium, Ram. | 12 | 240 |
| — caucasica, Bieberst. | 12 | 239 |
| Meriana, Trew. | 13 | 4 |
| MERIANIA, Swartz. | 4 | 207 |
| — leucantha, Swartz. | 4 | 207 |
| — purpurea, Swartz. | 4 | 208 |
| — rosea, Tuss. | 4 | 208 |
| MERIANDRA, Benth. | 9 | 165 |
| Meridia, Neck. | 5 | 222 |
| Meridiana, Linn. | 5 | 222 |
| Merisostigma, Dietr. | 13 | 4 |
| — corymbosum, Dietr. | 13 | 97 |
| MEROSTACHYS, Spreng. | 13 | 223 |
| — speciosa, Spreng. | 13 | 223 |
| MERTENSIA, Kunth. | 11 | 98 |
| Mertensia, Roth. | 9 | 31 |
| — pulmonarioides, Roth. | 9 | 42 |
| MESANTHUS, Nees. | 13 | 139 |
| MESEMBRYANTHEMUM, Linn. | 5 | 110 |
| — acinaciforme, D. C. | 5 | 120 |
| — acinaciforme, Linn. | 5 | 120 |
| — albidum, Linn. | 5 | 113 |
| — anceps, Haw. | 5 | 126 |
| — aurantiacum, Haw. | 5 | 128 |
| — aurantiacum, Willd. | 5 | 128 |
| — aureum, Linn. | 5 | 128 |
| — australe, Hort. Kew. | 5 | 119 |
| — barbatum, Haw. | 5 | 131 |
| — barbatum, Linn. | 5 | 131 |
| — bellidiflorum, Linn. | 5 | 117 |
| — bellidiflorum simplex, D. C. | 5 | 117 |
| — bicolorum, Linn. | 5 | 129 |

| | Vol. | Pag. |
|---|---|---|
| Mesembryanthemum biden- tatum, Haw. | 5 | 115 |
| — blandum, Haw. | 5 | 127 |
| — brachiatum, D. C. | 5 | 135 |
| — bracteatum, Hort. Kew. | 5 | 126 |
| — brevifolium, Hort. Kew. | 5 | 135 |
| — calamiforme, Linn. | 5 | 116 |
| — candens, Haw. | 5 | 133 |
| — Candollii, Haw. | 5 | 140 |
| — caninum, Haw. | 5 | 113 |
| — capitatum, Haw. | 5 | 118 |
| — caulescens, Haw. | 5 | 122 |
| — clavatum, Jacq. | 5 | 136 |
| — coccineum, Haw. | 5 | 129 |
| — compressum, Haw. | 5 | 126 |
| — corniculatum, Haw. | 5 | 117 |
| — crassicaule, Haw. | 5 | 139 |
| — crassifolium, Linn. | 5 | 119 |
| — cristallinum, Linn. | 5 | 138 |
| — croceum, Jacq. | 5 | 128 |
| — cultratum, Salm-Dyck. | 5 | 114 |
| — cuneifolium, Jacq. | 5 | 138 |
| — cylindricum, Haw. | 5 | 116 |
| — cymbæfolium, Haw. | 5 | 127 |
| — deltoideum, Mill. | 5 | 122 |
| — demissum, Willd. | 5 | 119 |
| — densum, Haw. | 5 | 131 |
| — denticulatum, Haw. | 5 | 113 |
| — depressum, Sims. | 5 | 114 |
| — difforme, Linn. | 5 | 115 |
| — diversifolium, Haw. | 5 | 117 |
| — dolabriforme, Linn. | 5 | 115 |
| — echinatum, Hort. Kew. | 5 | 132 |
| — edule, Linn. | 5 | 120 |
| — elongatum, Haw. | 5 | 118 |
| — emarginatum, Linn. | 5 | 125 |
| — erigerifolium, Jacq. | 5 | 135 |
| — expansum, D. C. | 5 | 139 |
| — expansum, Linn. | 5 | 139 |
| — falcatum, Linn. | 5 | 123 |
| — fastigiatum, Haw. | 5 | 136 |
| — felinum, Haw. | 5 | 112 |
| — flaccidum, Jacq. | 5 | 140 |
| — flavum, Haw. | 5 | 134 |
| — flexifolium, Haw. | 5 | 129 |
| — foliosum, Haw. | 5 | 121 |
| — formosum, Haw. | 5 | 126 |
| — fragrans, Salm-Dyck. | 5 | 114 |
| — geminatum, Jacq. | 5 | 119 |
| — geminiflorum, Haw. | 5 | 119 |
| — geniculiflorum, Jacq. | 5 | 136 |
| — gibbosum, Haw. | 5 | 116 |
| — glabrum, Haw. | 5 | 140 |

| | Vol. | Pag. |
|---|---|---|
| Mesembryanthemum glaucum, Linn. . . . . . | 5 | 127 |
| — *helianthoïdes*, D. C. . | 5 | 140 |
| — hirtellum, Haw. . . . | 5 | 133 |
| — *hispidifolium*, Haw. . | 5 | 132 |
| — hispidum, Linn. . . . | 5 | 133 |
| — imbricatum, Haw. . . | 5 | 121 |
| — inclaudens, Haw. . . | 5 | 121 |
| — incurvum, Haw. . . | 5 | 123 |
| — intonsum, Haw. . . . | 5 | 131 |
| — junceum, Haw. . . . | 5 | 137 |
| — lacerum, Salm-Dyck, | 5 | 120 |
| — læve, Haw. . . . . . | 5 | 130 |
| — latum, Haw. . , . . . | 5 | 114 |
| — *limpidum*, Hort. Kew. | 5 | 138 |
| — linguæforme, Haw. . | 5 | 114 |
| — longifolium, Haw. . | 5 | 114 |
| — longistylum, D. C. . | 5 | 137 |
| — loreum, Haw. . . . . | 5 | 117 |
| — lunatum, Willd. . . | 5 | 123 |
| — maximum, Haw. . . . | 5 | 123 |
| — micans, Linn. . . . . | 5 | 134 |
| — micranthum, Haw. . | 5 | 137 |
| — microphyllum, Haw. | 5 | 124 |
| — minimum, Haw. . . | 5 | 111 |
| — molle, Haw. . . . . | 5 | 127 |
| — moniliforme, Haw. . | 5 | 112 |
| — mucroniferum, Haw. | 5 | 130 |
| — multiflorum, Haw. . | 5 | 122 |
| — *multiradiatum*, Jacq. | 5 | 123 |
| — muricatum, Haw. . . | 5 | 122 |
| — nitidum, Haw. . . . | 5 | 135 |
| — noctiflorum, Dill. . | 5 | 136 |
| — obcordellum, Haw. . | 5 | 111 |
| — obliquum, Haw. . . . | 5 | 134 |
| — *obliquum*, Willd. . . | 5 | 111 |
| — obtusum, Haw. . . . | 5 | 111 |
| — octophyllum, Haw. . | 5 | 111 |
| — pallens, Hort. Kew. . | 5 | 139 |
| — *pallens*, Jacq. . . . . | 5 | 137 |
| — *parviflorum*, Jacq. . | 5 | 137 |
| — perfoliatum, Mill. . . | 5 | 121 |
| — pisiforme, Haw. . . . | 5 | 112 |
| — polyanthum, Haw. . | 5 | 125 |
| — polyphyllum, Haw. . | 5 | 125 |
| — pomeridianum, Linn. | 5 | 140 |
| — pugioniforme, Linn. . | 5 | 118 |
| — pulchellum, Haw. . . | 5 | 124 |
| — pulverulentum, Haw. | 5 | 133 |
| — *pulverulentum*, Willd. | 5 | 130 |
| — *puniceum*, Jacq. . . | 5 | 125 |
| — pyropæum, Haw. . . | 5 | 138 |
| — radiatum, Haw. . . . | 5 | 126 |

| | Vol. | Pag. |
|---|---|---|
| Mesembryanthemum rapaceum, Jacq. . . . . . | 5 | 137 |
| — reptans, Hort. Kew. | 5 | 119 |
| — retroflexum, Haw. . | 5 | 125 |
| — *ringens*, α : Linn. . . | 5 | 113 |
| — *ringens*, β : Linn. . . | 5 | 112 |
| — Salmii, Haw. . . . | 5 | 115 |
| — sarmentosum, Haw. . | 5 | 119 |
| — scabrum, Linn. . . . | 5 | 124 |
| — scalpratum, Haw. . . | 5 | 114 |
| — speciosum, Haw. . . | 5 | 134 |
| — spectabile, Haw. . . | 5 | 126 |
| — spiniforme, Haw. . . | 5 | 129 |
| — spinosum, Linn. . . . | 5 | 130 |
| — splendens, Linn. . . | 5 | 136 |
| — stellatum, Mill. . . | 5 | 131 |
| — stelligerum, Haw. . . | 5 | 131 |
| — *stelligerum*, Haw. . . | 5 | 131 |
| — stipulaceum, Linn. . | 5 | 130 |
| — striatum, Haw. . . . | 5 | 132 |
| — strumosum, Haw. . . | 5 | 132 |
| — subulatum, Mill. . . . | 5 | 117 |
| — tenellum, Haw. . . . | 5 | 122 |
| — tenuiflorum, Jacq. . . | 5 | 135 |
| — tenuifolium, Linn. . . | 5 | 129 |
| — teretifolium, Haw. . | 5 | 116 |
| — *testiculare*, Sims. . . | 5 | 111 |
| — tigrinum, Haw. . . . | 5 | 112 |
| — *tortuosum*, D. C. . . | 5 | 139 |
| — tortuosum, Linn. . . | 5 | 139 |
| — *tricolor*, Willd. . . | 5 | 138 |
| — tricolorum, Haw. . . | 5 | 118 |
| — tuberculatum, D. C. | 5 | 132 |
| — tuberosum, Linn. . . | 5 | 134 |
| — turbinatum, Jacq. . . | 5 | 127 |
| — umbellatum, Linn. . | 5 | 121 |
| — uncinatum, Mill. . . | 5 | 121 |
| — verruculatum, Linn. . | 5 | 128 |
| — versicolor, Haw. . . | 5 | 124 |
| — virgatum, Haw. . . . | 5 | 123 |
| — viridiflorum, Hort. Kew. | 5 | 135 |
| — violaceum, D. C. . . | 5 | 125 |
| *Mesocentron*, Cass. . . . | 10 | 11 |
| MESOCLASTES, Lindl. . . | 12 | 177 |
| MESOGRAMMA, D. C. . | 10 | 53 |
| MESONA, Bl. . . . . . . | 9 | 162 |
| MESPILODAPHNE, Nees. . | 10 | 495 |
| — pretiosa, Nees. . . . | 10 | 495 |
| MESPILUS, Linn. . . . . | 2 | 51 |
| — acerifolia, Poir. . . . | 2 | 65 |
| — acuminata, Lodd. . . | 2 | 75 |
| — *affinis*, Don. . . . . | 2 | 78 |
| — *Amelanchier*, Linn. . | 2 | 83 |

| | Vol. | Pag. | | Vol. | Pag. |
|---|---|---|---|---|---|
| Mespilus apiifolia, Mich. . | 2 | 67 | Mespilus Pyracantha, Linn. | 2 | 73 |
| — arborea, Mich. . . | 2 | 84 | — pyrifolia, Desf. . . | 2 | 60 |
| — Aria, Scop. . . . . | 2 | 100 | — racemiflora, Desf. . . | 2 | 77 |
| — Aronia, Wats. . . . | 2 | 67 | — sanguinea, Pallas . . | 2 | 62 |
| — Aronia, Willd. . . . | 2 | 69 | — Smithii, Ser. . . | 2 | 53 |
| — axillaris, Pers. . . | 2 | 55 | — sorbifolia, Poir. . . | 2 | 87 |
| — Azarolus, D. C. . | 2 | 69 | — spathulata, Mich. . | 2 | 66 |
| — Azarolus, Linn. . . | 2 | 70 | — stipulacea, Desf. . . | 2 | 54 |
| — badiata, Bosc. . . . | 2 | 58 | — tanacetifolia, Poir. . | 2 | 71 |
| — Bosciana, Spach. . . | 2 | 58 | — tinctoria, Don. . . | 2 | 81 |
| — canadensis, Linn. . . | 2 | 84 | — tomentosa, Linn. . . | 2 | 55 |
| — caroliniana, Poir. . . | 2 | 59 | — tomentosa, Mill. . . | 2 | 76 |
| — Celsiana, Dum. Cours. | 2 | 63 | — turbinata, Pursh. . . | 2 | 66 |
| — Chamœmespilus, Linn. | 2 | 109 | — Watsoniana, Spach. . | 2 | 57 |
| — coccinea, W. et K. . | 2 | 76 | — xanthocarpa, Linn. fil. | 2 | 55 |
| — coccinea, Willd. . . | 2 | 64 | Messerschmidtia, Linn . | 9 | 32 |
| — corallina, Desf. . . | 2 | 65 | MESSERSCHMIDTIA, R. et S. | 9 | 32 |
| — cordata, Mill. . . . | 2 | 65 | MESUA, Linn. . . . . | 5 | 329 |
| — cornifolia, Poir. . . | 2 | 60 | — ferrea, Linn. . . . | 5 | 330 |
| — Cotoneaster, Linn. . | 2 | 75 | — speciosa, Chois. . . | 5 | 329 |
| — Crus-galli, Desf. . . | 2 | 58 | METABASIS, D. C. . . . | 10 | 7 |
| — Crus-galli, Wats. . . | 2 | 57 | METABOLUS, Bl. . . . | 8 | 374 |
| — Cuila, Hamilt. . . . | 2 | 82 | METACHILUM, Lindl. . . | 12 | 176 |
| — cuneifolia, Ehrh. . . | 2 | 61 | METALASIA, R. Br. . . | 10 | 26 |
| — elliptica, Hort. Kew. | 2 | 58 | METAPLEXIS, R. Br. . . | 8 | 539 |
| — eriocarpa, D. C. . . | 2 | 76 | METASTELMA, R. Br. . . | 8 | 539 |
| — flabellata, Bosc. . . | 2 | 63 | METAZANTHUS, Meyen. . | 10 | 40 |
| — flava, Willd. . . . | 2 | 59 | Meteorina, Cass. . . . | 10 | 15 |
| — Fontanesiana, Spach. | 2 | 58 | Meteorus, Lour. . . . | 4 | 105 |
| — germanica, Linn. . . | 2 | 52 | METHONICA, Herm. . . | 12 | 289 |
| — glandulosa, Bosc. . . | 2 | 58 | — malabarorum, Herm. | 12 | 290 |
| — glandulosa, Willd. . | 2 | 62 | — superba, Lamk. . . | 12 | 289 |
| — grandiflora, Smith. . | 2 | 53 | — virescens, Kunth. . . | 12 | 290 |
| — heterophylla, Desf. . | 2 | 67 | METOPIUM, D. C. . . . | 2 | 211 |
| — japonica, Thunb. . . | 2 | 81 | METROCYNIA, Pelit-Thou. | 1 | 88 |
| — latifolia, Poir. . . | 2 | 60 | METRODOREA, A. Saint-Hil. | 2 | 322 |
| — linearis, Desf. . . . | 2 | 56 | METROSIDEROS, Smith. . | 4 | 158 |
| — lobata, Bosc. . . . | 2 | 54 | — angustifolia, Smith. . | 4 | 139 |
| — Loddigesiana, Spach. | 2 | 54 | — anomala, Vent. . . | 4 | 135 |
| — lucida, Dum. Cours. . | 2 | 57 | — capitata, Smith. . . . | 4 | 138 |
| — monogyna, Willd. . | 2 | 68 | — ciliata, Smith. . . . | 4 | 139 |
| — nigra, Willd. . . . | 2 | 64 | — corifolia, Vent. . . | 4 | 139 |
| — odoratissima, Andr. . | 2 | 72 | — flexuosa, Willd. . . | 4 | 145 |
| — Oliveriana, Dum. Cours. | 2 | 71 | — floribunda, Smith. . . | 4 | 174 |
| — orientalis, Bieberst. | 2 | 72 | — glandulosa, Desf. . . | 4 | 137 |
| — Oxyacantha, Gærtn. . | 2 | 67 | — glauca, Bonpl. . . . | 4 | 137 |
| — Oxyacantha, Walt. . | 2 | 67 | — hirsuta, Andr. . . . | 4 | 135 |
| — oxyacanthoides, Thuil. | 2 | 68 | — hispida, Smith. . . . | 4 | 134 |
| — parvifolia, Hort. Kew. | 2 | 55 | — hyssopifolia, Cav. . . | 4 | 124 |
| — populifolia, Walt. . | 2 | 65 | — linearis, Smith. . . . | 4 | 137 |
| — prunifolia, Bosc. . . | 2 | 56 | — linearis, Willd. . . . | 4 | 136 |
| — punctata, Willd. . . | 2 | 61 | — lophantha, Vent. . . | 4 | 137 |
| — purpurea, Poir. . . . | 2 | 62 | — nodosa, Cav. . . . . | 4 | 120 |

| | Vol. | Pag. |
|---|---|---|
| Metrosideros *pallida*, Bonpl. | 4 | 136 |
| — *pinifolia*, Wendl. | 4 | 135 |
| — polymorpha, Gaudich. | 4 | 138 |
| — *rugulosa*, Willd. | 4 | 137 |
| — *saligna*, Smith. | 4 | 136 |
| — *scabra*, Colla. | 4 | 137 |
| — *speciosa*, Sims. | 4 | 137 |
| — umbellata, Cav. | 4 | 139 |
| — villosa, Smith. | 4 | 140 |
| — vera, Linn. | 4 | 140 |
| — *viridiflora*, Sims. | 4 | 136 |
| METROXYLON, Kœn. | 12 | 86 |
| — elatum, Mart. | 12 | 88 |
| — læve, Mart. | 12 | 88 |
| — longispinum, Mart. | 12 | 88 |
| — *Raffia*, Spreng. | 12 | 90 |
| — Rumphii, Mart. | 12 | 87 |
| — *Sagu*, Mart. | 12 | 87 |
| — Sagus, Rottb. | 12 | 88 |
| — viniferum, Spreng. | 12 | 90 |
| METTERNICHIA, Mikan. | 9 | 58 |
| | et | 131 |
| METZLERIA, Presl. | 9 | 572 |
| MEUM, Jacq. | 8 | 201 |
| — athamanticum, Jacq. | 8 | 202 |
| — *Fœniculum*, Spreng. | 8 | 204 |
| — segetum, Guss. | 8 | 160 |
| *Meum*, Tourn. | 8 | 138 |
| MEYENIA, Nees. | 9 | 144 |
| *Meyenia*, Schlechtend. | 9 | 58 |
| *Meyera*, Schreb. | 10 | 21 |
| MEYERIA, D. C. | 10 | 18 |
| *Meynia*, Link. | 8 | 575 |
| — spinosa, Link. | 8 | 431 |
| MEZONEURON, Desf. | 1 | 88 |
| MIBORA, Adans. | 13 | 159 |
| MICHAUXIA, L'hérit. | 9 | 563 |
| — campanuloides, L'hérit. | 9 | 564 |
| — decandra, Fisch. | 9 | 564 |
| — lævigata, Vent. | 9 | 564 |
| — strigosa, Pers. | 9 | 564 |
| *Michelaria*, Dumort. | 13 | 464 |
| MICHELIA, Linn. | 7 | 455 |
| — Champaca, Linn. | 7 | 456 |
| — longifolia, Linn. | 7 | 458 |
| — montana, Bl. | 7 | 459 |
| — parviflora, D. C. | 7 | 459 |
| — pubinervis, Bl. | 7 | 458 |
| — rufinervis, Bl. | 7 | 458 |
| — suaveolens, Pers. | 7 | 457 |
| MICONIA, R. et P. | 4 | 261 |
| — alata, D. C. | 4 | 265 |
| — argyrophylla, Mart. | 4 | 263 |
| Miconia *caudata*, D. C. | 4 | 265 |
| — ciliata, D. C. | 4 | 262 |
| — floribunda, D. C. | 4 | 266 |
| — fulva, D. C. | 4 | 263 |
| — holosericea, D. C. | 4 | 263 |
| — impetiolaris, Don. | 4 | 264 |
| — lævigata, D. C. | 4 | 266 |
| — longifolia, Aubl. | 4 | 265 |
| — racemosa, D. C. | 4 | 261 |
| — setinodis, D. C. | 4 | 262 |
| — tomentosa, Don. | 4 | 264 |
| MICONIEÆ, D. C. | 4 | 206 |
| | et | 252 |
| MICRACTIS, D. C. | 10 | 20 |
| MICRANTHEA, Desf. | 9 | 486 |
| MICRANTHEMUM, Mich. | 9 | 269 |
| *Micranthera*, Chois. | 5 | 303 |
| *Micranthes*, Don. | 5 | 39 |
| *Micranthus*, Pers. | 13 | 4 |
| *Micranthus*, Wendl. | 9 | 146 |
| *Micrelium*, Forsk. | 10 | 21 |
| *Microcala*, Link. | 9 | 5 |
| *Microcalia*, Rich. | 10 | 31 |
| *Microcarpæa*, Benth. | 9 | 270 |
| MICROCARPÆA, R. Br. | 9 | 269 |
| *Microcentron*, Cass. | 10 | 12 |
| MICROCHILUS, Presl. | 12 | 181 |
| MICROCHLOA, R. Br. | 13 | 162 |
| MICROCODON, D. C. fil. | 9 | 536 |
| MICROCOELIA, Lindl. | 12 | 176 |
| MICROCORIS, R. Br. | 9 | 165 |
| *Microcos*, Linn. | 4 | 5 |
| MICRODERIS, D. C. | 10 | 6 |
| MICRODON, Chois. | 9 | 245 |
| MICROGLOSSA, D. C. | 10 | 29 |
| MICROGYNE, Less. | 10 | 30 |
| MICROLÆNA, R. Br. | 13 | 158 |
| MICROLEPIS, D. C. | 4 | 244 |
| MICROLICIA, D. C. | 4 | 222 |
| — crenulata, Mart. | 4 | 223 |
| — euphorbioides, Mart. | 4 | 223 |
| — graveolens, D. C. | 4 | 224 |
| — subsetosa, D. C. | 4 | 223 |
| — variabilis, Mart. | 4 | 224 |
| MICROLOMA, R. Br. | 8 | 539 |
| MICROLONCHUS, Cass. | 10 | 11 |
| MICROLOPHIUM, Spach. | 7 | 125 |
| *Microlophus*, Cass. | 10 | 11 |
| MICROMERIA, Benth. | 9 | 164 |
| MICROPERA, Lindl. | 12 | 178 |
| *Micropetalum*, Pers. | 5 | 203 |
| — rotundifolium, Haw. | 5 | 45 |
| MICROPEUCE, Spach. | 11 | 424 |

| | Vol. | Pag. |
|---|---|---|
| MICROPIPER, Miq. . . . | 11 | 11 |
| MICROPLEURA, Lag. . . . | 8 | 137 |
| MICROPSIS, D. C. . . . . | 10 | 27 |
| MICROPTELEA, Spach . . . | 11 | 113 |
| — parvifolia, Spach. . . | 11 | 113 |
| MICROPUS, Linn. . . . . | 10 | 27 |
| Microrhynchus, Less. . . . | 10 | 5 |
| MICROSACCUS, Bl. . . . | 12 | 178 |
| MICROSERIS, Don. . . . | 10 | 7 |
| MICROSPERMUM, Lag. . . | 10 | 40 |
| Microstachys, Juss. fil. . . | 2 | 488 |
| MICROSTEGIUM, Nees. . . | 13 | 167 |
| MICROSTEMMA, R. Br. . | 8 | 540 |
| MICROSTEPHIUM, Less. . | 10 | 14 |
| MICROSTYLIS, Nutt. . . . | 12 | 175 |
| MICROTEA, Swartz. . . . | 5 | 249 |
| Microthouarea, Petit-Thou. | 13 | 160 |
| MICROTIS, R. Br. . . . . | 12 | 182 |
| MICROTREMA, Klotz. . . | 9 | 442 |
| MIDA, Cuningh. . . . . . | 10 | 460 |
| Miegia, Pers. . . . . . . | 13 | 165 |
| — macrosperma, Pers. . | 13 | 221 |
| Miegia, Schreb. . . . . . | 13 | 144 |
| MIERSIA, Lindl. . . . . . | 12 | 255 |
| Miersia, Llav. . . . . . | 10 | 17 |
| MIKANIA, Willd. . . . . | 10 | 291 |
| — Guaco, Humb. et Bonpl. | 10 | 291 |
| — scandens, Willd. . . | 10 | 291 |
| Miliarium, Mœnch. . . . | 13 | 160 |
| MILIUM, Linn . . . . . . | 13 | 160 |
| MILIUSA, D. C. . . . . . | 7 | 496 |
| MILLA, Cav. . . . . . . | 12 | 255 |
| Millea, Willd. . . . . . . | 12 | 255 |
| MILLERIA, Cass. . . . . | 10 | 21 |
| MILLINA, Cass. . . . . . | 10 | 7 |
| MILLINGTONIA, Linn. fil. | 9 | 131 |
| MILTONIA, Lindl. . . . . | 12 | 178 |
| Miltus, Lour. . . . . . . | 5 | 109 |
| MIMETES, Sal . . . . . . | 10 | 415 |
| — cucullatus, R. Br. . . | 10 | 415 |
| — divaricatus, R. Br. . | 10 | 415 |
| — hirtus, R. Br. . . . . | 10 | 415 |
| — purpureus, R. Br. . . | 10 | 416 |
| MIMOSA, Linn. . . . . . | 1 | 51 |
| — angustifolia, Jacq. . . | 1 | 70 |
| — arborea, Linn. . . . . | 1 | 85 |
| — arborea, Thunb. . . . | 1 | 84 |
| — astringens, Thonn. . . | 1 | 77 |
| — botryocephala, Vent. . | 1 | 85 |
| — Catechu, Roxb. . . . | 1 | 74 |
| — cyclocarpa, Jacq. . . | 1 | 59 |
| — discolor, Andr. . . . | 1 | 83 |
| — distachya, Vent. . . . | 1 | 73 |

| | Vol. | Pag. |
|---|---|---|
| Mimosa dulcis, Roxb. . . | 1 | 58 |
| — elegans, Andr. . . . . | 1 | 73 |
| — fagifolia, Linn. . . . | 1 | 55 |
| — falcata, Pers. . . . . | 1 | 68 |
| — Farnesiana, Linn. . . | 1 | 80 |
| — fastuosa, Jacq. . . . . | 1 | 55 |
| — fœtida, Jacq. . . . . | 1 | 59 |
| — glauca, Linn. . . . . | 1 | 82 |
| — heterophylla, Lamk. . | 1 | 68 |
| — Inga, Linn. . . . . . | 1 | 55 |
| — Julibrissin, Scop. . . | 1 | 84 |
| — leucocephala, Lamk. . | 1 | 83 |
| — leucophlœa, Roxb. . . | 1 | 80 |
| — linearis, Wendl. . . . | 1 | 70 |
| — linifolia, Vent. . . . | 1 | 70 |
| — odoratissima, Roxb. . | 1 | 82 |
| — polystachya, Linn. . . | 1 | 50 |
| — procera, Roxb. . . . | 1 | 82 |
| — pubescens, Vent. . . . | 1 | 83 |
| — pudibunda, Willd. . . | 1 | 52 |
| — pudica, Linn. . . . . | 1 | 52 |
| — purpurea, Linn. . . . | 1 | 57 |
| — saponaria, Lour. . . | 1 | 59 |
| — scandens, Roxb. . . . | 1 | 50 |
| — scandens, Swartz. . . | 1 | 50 |
| — senegalensis, Lamk. . | 1 | 75 |
| — sensitiva, Linn. . . . | 1 | 52 |
| — Sophoræ, Labill. . . | 1 | 72 |
| — speciosa, Thunb. . . | 1 | 84 |
| — spectabilis, Vahl. . . | 1 | 57 |
| — strumbulifera, Lamk. | 1 | 73 |
| — suaveolens, Desf. . . . | 1 | 67 |
| — suaveolens, Smith. . . | 1 | 69 |
| — Sundra, Roxb. . . . . | 1 | 74 |
| — ulicifolia, Wendl. . . | 1 ) | 66 |
| — Unguis cati, Linn. . . | 1 | 58 |
| — viva, Linn. . . . . . | 1 | 52 |
| — xylocarpa, Roxb. . . | 1 | 58 |
| MIMOSEÆ, R. Br.. | 1 | 47 |
| MIMULUS, Linn. . . . . . | 9 | 314 |
| — cardinalis, Benth. . . | 9 | 313 |
| — luteus, Linn. . . . . | 9 | 315 |
| — rivularis, Lindl. . . . | 9 | 315 |
| — roseus, Dougl. . . . . | 9 | 314 |
| — variegatus, Desf. . . | 9 | 315 |
| MIMUSOPS, Linn. . . . . | 9 | 395 |
| — Elenghi, Linn. . . . . | 9 | 396 |
| — hexandra, Roxb. . . . | 9 | 397 |
| — Kaki, Linn. . . . . . | 9 | 396 |
| MINA, Llav. . . . . . . | 9 | 94 |
| Mindium, Adans. . . . . | 9 | 536 |
| MINTOSTACHYS, Benth. . | 9 | 164 |

| | Vol. | Pag. | | Vol. | Pag. |
|---|---|---|---|---|---|
| MINUARTIA, Lœffl. . . . | 5 | 204 | MOENCHIA, Ehrh. . . . . | 5 | 205 |
| MINURIA, D. C. . . . . | 10 | 30 | Mœnchia, Medic.. . . . | 12 | 255 |
| MINUROTHAMNUS, D. C.. | 10 | 27 | Mœnchia, Roth. . . . . . | 6 | 325 |
| MIRABILIS, Linn. . . . . | 10 | 516 | — incana, Roth. . . . . | 6 | 464 |
| — Jalapa, Linn. . . . | 10 | 517 | — sativa, Roth. . . . . | 6 | 524 |
| — longiflora, Linn. . . | 10 | 517 | MOESSLERA, Reichb.. . . | 2 | 476 |
| MIRBELIA, Smith. . . . . | 1 | 183 | Moghania, Jaume. . . . . | 1 | 156 |
| — dilatata, R. Br. . . | 1 | 183 | MOGIPHANES, Mart. . . | 5 | 264 |
| — reticulata, Smith. . . | 1 | 183 | — brasiliensis, Mart. . . | 5 | 265 |
| Misandra, Commers. . . . | 11 | 260 | — multicaulis, Mart. . . | 5 | 266 |
| Misandra, Dietr. . . . . . | 12 | 398 | — villosa, Mart. . . . . | 5 | 265 |
| MISANTHECA, Schlechtend. | 10 | 471 | MOGORIUM, Juss. . . . . | 8 | 252 |
| Mischocarpus, Bl.. . . . . | 3 | 40 | — Sambac, Lamk. . . . | 8 | 253 |
| MISODENDRON, Banks. . . | 8 | 233 | — trifoliatum, Poir. . . | 8 | 253 |
| MITCHELLA, Linn. . . . . | 8 | 428 | MOHLANA, Mart. . . . . | 5 | 241 |
| — repens, Linn. . . . . | 8 | 429 | Molaco-codi, Hort. Mal. . | 11 | 13 |
| MITELLA, Linn. . . . . . | 5 | 62 | MOLDAVICA, Mœnch. . . | 9 | 203 |
| — cordifolia, Lamk. . . | 5 | 63 | — punctata, Mœnch. . . | 9 | 203 |
| — diphylla, Linn. . . . | 5 | 62 | MOLDENHAWERA, Schrad. | 1 | 88 |
| — pentandra, Hook. . . | 5 | 64 | Molina racemosa, Cav. . . | 3 | 139 |
| — trifida, Grah. . . . . | 5 | 64 | Molinœa, Bertero. . . . . | 12 | 63 |
| Mithridatea, Commers. . . | 11 | 90 | | et | 131 |
| MITINA, Adans.. . . . . . | 10 | 9 | Molinœa, Juss. . . . . . . | 3 | 40 |
| MITOPETALUM, Bl. . . . | 12 | 177 | — canescens, Roxb. . . | 3 | 59 |
| MITRACARPUM, Zuccar. . | 8 | 377 | Molineria, Colla. . . . . . | 13 | 115 |
| Mitragyne, Labill. . . . . | 9 | 6 | MOLINIA, Mœnch. . . . . | 13 | 164 |
| MITRAPHORA, Bl.. . . . . | 7 | 497 | Mollia, Gmel. . . . . . . | 4 | 105 |
| MITRARIA, Cav.. . . . . | 9 | 257 | MOLLIA, Mart. . . . . . | 4 | 42 |
| Mitraria, Gmel. . . . . . | 4 | 105 | — superba, Mart. . . . | 4 | 42 |
| — Commersonia, Gmel.. | 4 | 185 | MOLLIA, Willd. . . . . . | 5 | 205 |
| MITRASACME, Labill. . . | 9 | 7 | MOLLUGO, Linn. . . . . | 5 | 205 |
| MITREOLA, Linn. . . . . | 9 | 7 | MOLOSPERMUM, Koch. | 8 | 138 |
| Mitrospora, Nees. . . . . | 13 | 146 | Molpadia, Cass. . . . . . | 10 | 28 |
| Mitscherlichia, Kunth. . . | 9 | 516 | — suaveolens, Cass. . . | 10 | 223 |
| MNEMION, Spach. . . . . | 5 | 510 | MOLTKIA, Lehm. . . . . | 9 | 31 |
| — calcaratum, Spach. . | 5 | 512 | Molucca, Tourn. . . . . . | 9 | 167 |
| — cornutum, Spach. . . | 5 | 512 | MOLUCELLA, Linn. . . . | 9 | 167 |
| — elegans, Spach. . . . | 5 | 513 | Moly, Mœnch. . . . . . . | 12 | 255 |
| — grandiflorum, Spach. | 5 | 514 | MOMBIN, D. C. . . . . . | 2 | 204 |
| — hirsutum, Spach. . . | 5 | 514 | Momisia, Dumort. . . . . | 11 | 98 |
| — tricolor, Spach. . . . | 5 | 515 | MOMORDICA, Linn. . . . | 6 | 219 |
| MNESITHEA, Kunth. . . . | 13 | 166 | — Balsamina, Linn. . . | 6 | 221 |
| MNIARUM, Forst. . . . . | 12 | 12 | — Charantia, Linn. . . | 6 | 220 |
| MNIOPSIS, Mart. . . . . | 12 | 12 | — Elaterium, Linn. . . | 6 | 216 |
| Mocinna, Lag. . . . . . . | 10 | 17 | — Luffa, Linn. . . . . | 6 | 218 |
| MODECCA, Lamk. . . . . | 6 | 282 | MONACANTHUS, Lindl. . | 12 | 177 |
| — palmata, Lamk. . . . | 6 | 283 | Monachne, Beauv. . . . . | 13 | 160 |
| Modiola, Mœnch. . . . . | 3 | 343 | Monactineirma, Bory. . . | 6 | 257 |
| Modira-Caniram, Hort. Mal. | 8 | 293 | MONACTIS, Kunth. . . . | 10 | 22 |
| Modira-Walli, Hort. Mal. | 7 | 509 | MONADENIA, Lindl. . . . | 12 | 180 |
| Mœhnia, Mœnch. . . . . . | 10 | 14 | Monanthes, Haw. . . . . | 5 | 73 |
| MOEHRINGIA, Linn.. . . . | 5 | 205 | MONARDA, Linn. . . . . | 9 | 186 |
| — muscosa, Linn. . . . | 5 | 206 | — affinis, Link. . . . . | 9 | 188 |

| | Vol. | Pag. | | Vol. | Pag. |
|---|---|---|---|---|---|
| Monarda allophylla, Mich. | 9 | 187 | Monothera, Raf. | 13 | 462 |
| — altissima, Willd. | 9 | 187 | MONOTOCA, R. Br. | 9 | 433 |
| — coccinea, Mich. | 9 | 187 | MONOTRIS, Lindl. | 12 | 180 |
| — didyma, Linn. | 9 | 187 | Monotropa, Linn. | 9 | 445 |
| — fistulosa, Linn. | 9 | 187 | — glabra, Bernh. | 9 | 521 |
| — Kalmiana, Pursh. | 9 | 187 | — hypophegea, Wallr. | 9 | 521 |
| — media, Link | 9 | 187 | — Hypopithys, Linn. | 9 | 521 |
| — menthæfolia, Bot. Mag. | 9 | 188 | — Hypopithys, Wallr. | 9 | 521 |
| — mollis, Linn. | 9 | 187 | — hypoxya, Spreng. | 9 | 521 |
| — oblongata, Pursh. | 9 | 187 | Monotropaceæ, Lindl. | 9 | 440 |
| — purpurea, Link. | 9 | 188 | MONOTROPEÆ, Nutt. | 9 | 444 |
| — rugosa, Hort. Kew. | 9 | 188 | | et | 549 |
| — violacea, Hort. Kew. | 9 | 188 | Monotropsis, Schweinitz. | 13 | 445 |
| MONARDEÆ, Benth. | 9 | 463 | MONSONIA, Linn. fil. | 3 | 286 |
| | et | 175 | — Burmanni, D. C. | 3 | 287 |
| MONARDELLA, Benth. | 9 | 464 | — emarginata, L'hérit. | 3 | 287 |
| MONARRHENUS, Cass. | 10 | 38 | — filia, Linn. fil. | 3 | 288 |
| Monella, Herb. | 12 | 405 | — filia, Pers. | 3 | 288 |
| MONENTELES, Labill. | 10 | 38 | — L'héritieri, D. C. | 3 | 287 |
| Monevma, Beauv. | 13 | 166 | — lobata, Willd. | 3 | 288 |
| MONESES, Sal. | 9 | 444 | — ovata, Cav. | 3 | 287 |
| MONIERA, Aubl. | 2 | 323 | — pilosa, Willd. | 3 | 288 |
| MONIMIA, Petit-Thou. | 11 | 90 | — speciosa, Linn. fil. | 3 | 288 |
| MONIMIEÆ, Juss. | 11 | 89 | — spinosa, L'hérit. | 3 | 287 |
| Monimieæ, R. Br. | 11 | 89 | MONSTERA, Adans. | 12 | 52 |
| | et | 90 | — Adansonii, Schott. | 12 | 52 |
| Monniera, P. Br. | 9 | 269 | Montagnæa, D. C. | 10 | 22 |
| MONNINA, R. et P. | 7 | 147 | MONTANOA, Llal. | 10 | 22 |
| — polystachya, R. et P. | 7 | 148 | MONTBRETIA, D. C. | 13 | 82 |
| MONOCARYUM, R. Br. | 12 | 254 | — crispa, Ker. | 13 | 82 |
| MONOCENTRA, D. C. | 4 | 236 | — crocata, Hort. Kew. | 13 | 84 |
| Monocera, Ell. | 13 | 162 | — deusta, Ker. | 13 | 84 |
| MONOCHÆTUM, D. C. | 4 | 243 | — fenestrata, Ker. | 13 | 84 |
| MONOCHILA, Don. | 9 | 584 | — flava, Hort. Kew. | 13 | 83 |
| MONOCHILUS, Fisch. | 9 | 227 | — lineata, Hort. Kew. | 13 | 83 |
| MONOCHILUS, Wallich. | 12 | 181 | — longiflora, Hort. Kew. | 13 | 83 |
| MONOCHLÆNA, Cass. | 10 | 23 | — miniata, Ker. | 13 | 84 |
| MONOCHORIA, Presl. | 12 | 257 | — rosea, Hort. Kew. | 13 | 83 |
| MONOCOTYLEDONES, Juss. | 12 | 1 | — squalida, Ker. | 13 | 83 |
| | | | — viridis, Hort. Kew. | 13 | 83 |
| MONOCYSTIS, Lindl. | 12 | 154 | MONTEZUMA, Moç. et Sess. | 3 | 417 |
| MONODORA, Dun. | 7 | 531 | — speciosissima, D. C. | 3 | 418 |
| — Myristica, Dun. | 7 | 531 | Montia, Houst. | 4 | 3 |
| Monodynamis, Gmel. | 8 | 483 | MONTIA, Linn. | 5 | 222 |
| MONOLEPIS, Schrad. | 5 | 278 | MOONIA, Arn. | 10 | 18 |
| MONOLOPHUS, Wallich. | 12 | 154 | MOORCROFTIA, Choisy. | 9 | 95 |
| MONOMERIA, Lindl. | 12 | 176 | MOQUILEA, Aubl. | 1 | 389 |
| MONOPETALA | 8 | 259 | MORÆA, Linn. | 13 | 72 |
| Monopogon, Presl. | 13 | 463 | — chinensis, Willd. | 13 | 75 |
| MONOPSIS, Sal. | 9 | 572 | — cærulea, Thunb. | 13 | 99 |
| MONOSIS, D. C. | 10 | 40 | — edulis, Ker. | 13 | 73 |
| | | | — fimbriata, Lois. | 13 | 71 |
| | | | — fugax, Jacq. | 13 | 73 |

| | Vol. | Pag. |
|---|---|---|
| Moræa *Herberti*, Lindl. . | 13 | 7 |
| — iridioides , Linn. . . | 13 | 72 |
| — *Northiana*, Ker. . . | 13 | 74 |
| — *pavonia*, Ker. . . . . | 13 | 11 |
| — *sordescens*, Jacq. . . . | 13 | 73 |
| — *tricolor*, Andr. . . . | 13 | 73 |
| — *tripetala*, Ker. . . . | 13 | 11 |
| — tristis, Ker. . . . . | 13 | 73 |
| — *vaginata*, Red. . . . | 13 | 74 |
| — *vegeta*, Jacq. . . . . | 13 | 73 |
| *MORÆACEÆ*, Dumort. | 13 | 3 |
| *Moreæ*, Endl. . . . . . | 11 | 35 |
| *MOREÆ*, Endl. . . . . | 11 | 37 |
| MORELIA, A. Rich. . . | 8 | 378 |
| MORELOSIA, Llav. . . . | 9 | 417 |
| *Morelottia*, Gaudich. . . . | 13 | 146 |
| *Morena*, Llav. . . . . . | 9 | 94 |
| MORENIA, R. et P. . . . | 12 | 60 |
| MORETTIA, D. C. . . . | 6 | 325 |
| MORGANIA, R. Br. . . | 9 | 269 |
| MORICANDIA, D. C. . . | 6 | 383 |
| — arvensis, D. C. . . . | 6 | 385 |
| *Morilandia*, Neck. . . . . | 1 | 455 |
| MORINA, Tourn. . . . | 10 | 314 |
| — longifolia, Wallich. . | 10 | 316 |
| — persica, Linn. . . . | 10 | 315 |
| MORINDA, Linn. . . . | 8 | 425 |
| — citrifolia, Linn. . . . | 8 | 426 |
| — *Padavara*, Juss. . . . | 8 | 428 |
| — scandens, Roxb. . . . | 8 | 428 |
| — tinctoria, Roxb. . . . | 8 | 427 |
| — umbellata, Linn. . . | 8 | 428 |
| *MORINEÆ*, D. C. . . . | 10 | 313 |
| | et | 314 |
| MORINGA, Burm. . . . . | 1 | 141 |
| — aptera, Gærtn. . . . | 1 | 143 |
| — oleifera, Lamk. . . . | 1 | 142 |
| — polygona, D. C. . . . | 1 | 145 |
| — pterigosperma, Gærtn. | 1 | 142 |
| — zeylanica, Pers. . . . | 1 | 142 |
| *Moringeæ*, R. Br. . . . | 1 | 142 |
| MORISIA, Gay. . . . . | 6 | 325 |
| *Morisia*, Nees. . . . . | 13 | 146 |
| MORISONIA, Plum. . . | 6 | 296 |
| MORNA, Lindl. . . . . | 10 | 26 |
| MORONOBÆA, Aubl. . . | 5 | 316 |
| — coccinea, Aubl. . . . | 5 | 317 |
| — esculenta, Arrud. . . | 5 | 318 |
| — grandiflora, Choisy. . | 5 | 317 |
| *Morphixia*, Ker. . . . . | 13 | 4 |
| — aulica, Ker. . . . . | 13 | 87 |
| — linearis, Ker. . . . . | 13 | 87 |

| | Vol. | Pag. |
|---|---|---|
| MORUS, Tourn. . . . . . | 11 | 39 |
| — alba, Linn. . . . . . | 11 | 42 |
| — *alba amygdalina*, Audib. | 11 | 46 |
| — *alba Columbassa*, Audib. | 11 | 45 |
| — *alba-furcata*, Audib. | 11 | 45 |
| — *alba macrophylla*, Lois. | 11 | 45 |
| — *alba Meyna*, Audib. | 11 | 46 |
| — *alba nana*, Lois. . | 11 | 45 |
| — *alba oblongifolia*, Lois. | 11 | 46 |
| — *alba ovalifolia*, Lois. . | 11 | 45 |
| — *alba rosea*, Lois. . | 11 | 45 |
| — *australis*, Poir. . . . | 11 | 47 |
| — *bullata*, Balb. . . . . | 11 | 46 |
| — *byzantina*, Sieb. . . | 11 | 43 |
| — *canadensis*, Poir. . . | 11 | 48 |
| — *constantinopolitana*, Poir. . . . . . . | 11 | 43 |
| — *cucullata*, Bonaf. . | 11 | 46 |
| — *hispanica*, Hortor. . . | 11 | 45 |
| — indica, Linn. . . . | 11 | 47 |
| — *intermedia*, Perrott. . | 11 | 47 |
| — *italica*, Poir. . . . . | 11 | 43 |
| — *latifolia*, Hortor. . . | 11 | 45 |
| — *latifolia*, Poir. . . | 11 | 47 |
| — *macrophylla*, Lodd. . | 11 | 45 |
| — *Morettiana*, Hortor. | 11 | 43 |
| — multicaulis, Perr. . . | 11 | 46 |
| — *nana*, Hortor. . . | 11 | 45 |
| — nigra, Linn. . . . . | 11 | 40 |
| — *papyrifera*, Linn. . . | 11 | 51 |
| — *patavina*, Hortor. . . | 11 | 43 |
| — *pensylvanica*, Lodd. . | 11 | 48 |
| — *romana*, Lodd. . . | 11 | 45 |
| — rubra, Linn. . . . | 11 | 48 |
| — *scabra*, Willd. . . | 11 | 48 |
| — *tatarica*, Desf. . . . | 11 | 46 |
| — *tatarica*, Pallas. . . | 11 | 42 |
| — tinctoria, Linn. . . . | 11 | 54 |
| — *venosa*, Del. . . . | 11 | 43 |
| — *xanthoxylon*, Jacq. . . | 11 | 54 |
| MOSCHARIA, R. et P. . | 10 | 34 |
| *Moschatellina*, Tourn. . . | 8 | 306 |
| *Moschifera*, Molin. . . | 10 | 34 |
| MOSCHOSMA, Reichb. . | 9 | 162 |
| MOSCHOXYLON, Juss. fil. | 3 | 197 |
| — Catigua, Juss. fil. . . | 3 | 199 |
| — Cipo, Juss. fil. . . . | 3 | 198 |
| — elegans, Juss. fil. . . | 3 | 197 |
| — odoratum, Juss. fil. . . | 3 | 198 |
| — pseudostipulare, Juss. fil. | 3 | 198 |
| — Swartzii, Juss. fil. . . | 3 | 198 |
| *Mosigia*, Spreng. . . . . | 10 | 34 |
| *Mouffeta*, Neck. . . . . | 10 | 304 |

| | Vol. | Pag. |
|---|---|---|
| *Mougeotia,* Kunth | 3 | 461 |
| MOULINSIA, Camb. | 3 | 40 |
| MOURERA, Aubl. | 12 | 12 |
| *Mouricon,* Adans. | 1 | 157 |
| *Mouriri,* Aubl. | 4 | 275 |
| MOURIRIA, Juss. | 4 | 276 |
| — domingensis, Tuss. | 4 | 276 |
| MOUROUCOA, Aubl. | 9 | 585 |
| *Moutouchi,* Aubl. | 1 | 157 |
| — *suberosa,* Aubl. | 1 | 363 |
| MUCRONEA, Benth. | 10 | 521 |
| MUCUNA, Adans. | 1 | 337 |
| — altissima, D. C. | 1 | 339 |
| — anguina, Wallich. | 1 | 338 |
| — macrocarpa, Wallich. | 1 | 339 |
| — pruriens, D. C. | 1 | 338 |
| — urens, D. C. | 1 | 337 |
| MUHLENBERGIA, Schreb. | 13 | 161 |
| MULDERA, Miq. | 11 | 11 |
| *Mulenschena,* Hort. Mal. | 12 | 44 |
| MULGEDIUM, Cass. | 10 | 5 |
| MULINEÆ, Tausch. | 8 | 134 |
| MULINUM, Pers. | 8 | 134 |
| MULLERA, Linn. fil. | 1 | 154 |
| MUNCHHAUSIA, Linn. | 4 | 440 |
| MUNDIA, Kunth. | 7 | 145 |
| — spinosa, Kunth. | 7 | 147 |
| *Munnickia,* Reichb. | 10 | 562 |
| *Munnozia,* R. et P. | 10 | 38 |
| MUNTINGIA, Linn. | 4 | 38 |
| — Calabura, Linn. | 4 | 38 |
| MUNYCHIA, Cass. | 10 | 30 |
| *Muralta,* Adans. | 7 | 191 |
| MURALTIA, Neck. | 7 | 141 |
| — alopecuroides, D. C. | 7 | 144 |
| — Heisteria, D. C. | 7 | 144 |
| — humilis, D. C. | 7 | 145 |
| — mixta, Linn. | 7 | 145 |
| — stipulacea, D. C. | 7 | 144 |
| MURDANNIA, Royle. | 13 | 122 |
| MURICARIA, Desv. | 6 | 326 |
| MURICIA, Lour. | 6 | 222 |
| — cochinchinensis, Lour. | 6 | 222 |
| MURRAYA, Linn. | 2 | 254 |
| — exotica, Linn. | 2 | 254 |
| MURUCUIA, Tourn. | 6 | 278 |
| — *aurantia,* Pers. | 6 | 276 |
| — ocellata, Pers. | 6 | 278 |
| — orbiculata, Pers. | 6 | 278 |
| *Musa,* Rumph. | 12 | 137 |
| MUSA, Tourn. | 12 | 136 |
| — *Cavendishii,* Paxt. | 12 | 140 |
| — *Cliffortiana,* Linn. | 12 | 137 |
| Musa coccinea, Andr. | 12 | 141 |
| — glauca, Roxb. | 12 | 142 |
| — maculata, Jacq. | 12 | 139 |
| — ornata, Roxb. | 12 | 141 |
| — paradisiaca, Linn. | 12 | 137 |
| — rosacea, Jacq. | 12 | 140 |
| — sapientum, Linn. | 12 | 139 |
| — sinensis, Sweet. | 12 | 140 |
| — speciosa, Ten. | 12 | 141 |
| — superba, Roxb. | 12 | 142 |
| — sylvestris, Colla. | 12 | 140 |
| — textilis, Nee. | 12 | 140 |
| — troglodytarum, Linn. | 12 | 140 |
| — *Uranoscopos,* Rumph. | 12 | 140 |
| MUSACEÆ, Agardh. | 12 | 134 |
| *Musæ,* Juss. | 12 | 134 |
| MUSANGA, R. Br. | 11 | 38 |
| MUSCARI, Tourn. | 12 | 307 |
| — ambrosiacum, Mœnch. | 12 | 308 |
| — botryoides, Mill. | 12 | 307 |
| — comosum, Mill. | 12 | 306 |
| — moschatum, Willd. | 12 | 308 |
| — racemosum, Mill. | 12 | 307 |
| — suaveolens, Desf. | 12 | 308 |
| *Musineon,* Raf. | 8 | 138 |
| MUSSÆNDA, Linn. | 8 | 404 |
| — corymbosa, Roxb. | 8 | 405 |
| — *formosa,* Linn. | 8 | 404 |
| — frondosa, Linn. | 8 | 404 |
| — *glabra,* Vahl. | 8 | 404 |
| — zeylanica, Burm. | 8 | 404 |
| MUSSCHIA, Dumort. | 9 | 556 |
| — aurea, Dumort. | 9 | 557 |
| *Mussinia,* Willd. | 10 | 14 |
| — *speciosa,* Willd. | 10 | 103 |
| — *uniflora,* Willd. | 10 | 104 |
| MUTISIA, Linn. | 10 | 35 |
| *Mutisiaceæ,* Less. | 10 | 8 |
| | et | 34 |
| MUTISIEÆ, Cass. | 10 | 34 |
| MYAGRUM, (Linn.) D. C. | 6 | 583 |
| — amplexicaule, Mœnch. | 6 | 584 |
| — aquaticum, Lamk. | 6 | 510 |
| — austriacum, Jacq. | 6 | 513 |
| — *Bauhini,* Gmel. | 6 | 524 |
| — *Cranizii,* Vitm. | 6 | 513 |
| — dentatum, Willd. | 6 | 524 |
| — littorale, Scop. | 6 | 584 |
| — palustre, Lamk. | 6 | 506 |
| — paniculatum, Linn. | 6 | 581 |
| — perfoliatum, Linn. | 6 | 584 |
| — pinnatifidum, Ehrh. | 6 | 524 |

| | Vol. | Pag. |
|---|---|---|
| Myagrum *pumilum*, Lamk. | 6 | 506 |
| — *pyrenaicum*, Lamk. | 6 | 508 |
| — *sativum*, Linn. | 6 | 524 |
| — *taraxacifolium*, Lamk. | 6 | 587 |
| MYANTHUS, Lindl. | 12 | 177 |
| *Mycaranthes*, Bl. | 12 | 176 |
| MYCARIDANTHES, Bl. | 12 | 176 |
| MYCELIS, Cass. | 10 | 6 |
| *Myconia*, Lapeyr. | 9 | 272 |
| *Mygalurus*, Link. | 13 | 164 |
| MYGINDA, Jacq. | 2 | 423 |
| — *uragoga*, Jacq. | 2 | 424 |
| *Mylanche*, Willd. | 9 | 261 |
| *Mylinum*, Gaud. | 8 | 134 |
| MYODA, Lindl. | 12 | 181 |
| MYOGALUM, Link. | 12 | 319 |
| — *nutans*, Link. | 12 | 319 |
| MYONIMA, Commers. | 8 | 375 |
| *Myoporaceæ*, Lindl. | 9 | 246 |
| *Myoporinæ*, Reichb. | 9 | 246 |

### MYOPORINEÆ,

| | Vol. | Pag. |
|---|---|---|
| R. Br. | 9 | 246 |
| MYOPORUM, Banks. | 9 | 247 |
| *Myopsia*, Presl. | 9 | 572 |
| MYOSCHILOS, R. et P. | 10 | 460 |
| *Myoseris*, Link. | 10 | 6 |
| MYOSOTIS, Linn. | 9 | 38 |
| — *alpestris*, Schmidt. | 9 | 39 |
| — *decumbens*, Host. | 9 | 39 |
| — *lactea*, Bœnningh. | 9 | 39 |
| — *laxiflora*, Reichb. | 9 | 39 |
| — *lithospermifolia*, Horn. | 9 | 39 |
| — *montana*, Bess. | 9 | 39 |
| — *palustris*, With. | 9 | 58 |
| — *perennis*, Mœnch. | 9 | 58 |
| — *repens*, Reichb. | 9 | 39 |
| — *rupicola*, Smith. | 9 | 39 |
| — *scorpioides*, Linn. | 9 | 58 |
| — *strigulosa*, Reichb. | 9 | 59 |
| — *suaveolens*, Kunth. | 9 | 39 |
| — *sylvatica*, Ehrh. | 9 | 59 |
| MYOSURUS, Linn. | 7 | 192 |
| — *minimus*, Linn. | 7 | 193 |
| — *Shortii*, Raf. | 7 | 193 |
| MYOXANTHUS, Pœpp. et Endl. | 12 | 175 |
| MYRCIA, D. C. | 4 | 163 |
| — *acris*, D. C. | 4 | 163 |
| — *glauca*, Camb. | 4 | 167 |
| — *goyazensis*, Camb. | 4 | 166 |
| — *grandifolia*, Camb. | 4 | 163 |
| — *linearifolia*, Camb. | 4 | 168 |

| | Vol. | Pag. |
|---|---|---|
| Myrcia *nivea*, Camb. | 4 | 167 |
| — *pimentoides*, D. C. | 4 | 164 |
| — *pinifolia*, Camb. | 4 | 168 |
| — *reticulata*, Camb. | 4 | 165 |
| — *rubella*, Camb. | 4 | 166 |
| — *spectabilis*, Mart. | 4 | 165 |
| — *splendens*, D. C. | 4 | 164 |
| — *suaveolens*, Camb. | 4 | 166 |
| MYRIACTIS, Less. | 10 | 31 |
| *Myriadenus*, Less. | 10 | 27 |
| MYRIADENUS, Desv. | 1 | 155 |
| MYRIANDRA, Spach. | 5 | 434 |
| — *brachyphylla*, Spach. | 5 | 435 |
| — *Bralhydis*, Spach. | 5 | 436 |
| — *galioides*, Spach. | 5 | 437 |
| — *glauca*, Spach. | 5 | 442 |
| — *ledifolia*, Spach. | 5 | 441 |
| — *Michauxii*, Spach. | 5 | 437 |
| — *nitida*, Spach. | 5 | 436 |
| — *nudiflora*, Spach. | 5 | 440 |
| — *prolifica*, Spach. | 5 | 439 |
| — *spathulata*, Spach. | 5 | 440 |
| MYRIANTHEIA, Petit-Thou. | 6 | 287 |
| MYRIANTHUS, Beauv. | 11 | 58 |
| MYRIASPORA, D. C. | 4 | 206 |
| MYRICA, Linn. | 11 | 260 |
| — *carolinensis*, Mill. | 11 | 262 |
| — *cerifera*, Lamk. | 11 | 263 |
| — *cerifera*, Mich. | 11 | 262 |
| | et | 263 |
| — *Gale*, Linn. | 11 | 259 |
| — *pensylvanica*, Lamk. | 11 | 262 |
| — *trifoliata*, Hortor. | 2 | 222 |
| *Myricaceæ*, Lindl. | 11 | 256 |
| *Myriceæ - Casuarineæ*, Reichb. | 11 | 267 |
| MYRICARIA, Desv. | 5 | 484 |
| — *germanica*, Desv. | 5 | 484 |

### MYRICEÆ, Rich.

| | Vol. | Pag. |
|---|---|---|
| | 11 | 256 |
| MYRIOCEPHALUS, Benth. | 10 | 26 |
| MYRIOGYNE, Less. | 10 | 23 |
| MYRIOPHYLLUM, Linn. | 4 | 446 |
| — *spicatum*, Linn. | 4 | 446 |
| — *verticillatum*, Linn. | 4 | 446 |
| MYRISTICA, Linn. | 7 | 535 |
| — *aromatica*, Lamk. | 7 | 535 |
| — *moschata*, Thunb. | 7 | 535 |
| — *officinalis*, Linn. | 7 | 535 |
| — *sebifera*, Lamk. | 7 | 557 |

### MYRISTICEÆ, R. Br.

| | Vol. | Pag. |
|---|---|---|
| | 7 | 553 |
| *Myrmecia*, Gmel. | 9 | 5 |
| MYRMECODIA, Jack. | 8 | 375 |

| | Vol. | Pag. |
|---|---|---|
| Myrobaleneæ, Juss. . . . | 4 | 292 |
| Myrobalanus, Gærtn. . . . | 4 | 296 |
| MYROBALANUS, Lamk. . | 4 | 301 |
| Myrobalanus Bellerica, | | |
| Breyn. . . . . . | 4 | 301 |
| Myrobalanus Emblica, | | |
| Rumph. . . . . . | 2 | 495 |
| Myrobroma fragrans, Sal. | 12 | 190 |
| Myrodendron, Schreb. . . | 13 | 298 |
| — amplexicaule, Schreb. | 13 | 299 |
| MYRODIA, Swartz. . . . | 3 | 415 |
| — longiflora, Swartz. . | 3 | 416 |
| — penduliflora, Juss. fil. | 3 | 415 |
| — turbinata, Swartz. . . | 3 | 416 |
| MYROSMA, Linn. fil. . . | 12 | 148 |
| MYROSPERMUM, Jacq. . | 1 | 158 |
| — pedicellatum, Lamk. | 1 | 158 |
| — peruiferum, Poir. . . | 1 | 158 |
| — toluiferum, Rich. . . | 1 | 159 |
| Myroxylon, Mutis. . . . | 1 | 152 |
| — peruiferum, Linn. fil. | 1 | 158 |
| — toluiferum, H. et B. | 1 | 159 |
| MYRRHIDIUM, D. C. . . | 3 | 320 |
| MYRRHINIUM, Schott. . . | 4 | 106 |
| MYRRHIS, Scopol. . . . | 8 | 147 |
| — bulbosa, Spreng. . . | 8 | 146 |
| — odorata, Scop. . . . | 8 | 146 |
| — temula, Spreng. . . | 8 | 145 |
| Myrsinaceæ, Lindl. . . | 9 | 372 |
| MYRSINE, Linn. . . . . | 9 | 374 |
| MYRSINEÆ, Bartl. | 9 | 359 |
| Myrsineæ, R. Br. . . . | 9 | 372 |
| MYRSIPHYLLUM, Willd. . | 12 | 210 |
| MYRTACEÆ, R. Br. . | 4 | 102 |
| MYRTEÆ, D. C. . . . | 4 | 105 |
| | et | 149 |
| Myrteæ, Juss. . . . . . | 4 | 102 |
| Myrti, Juss. . . . . . . | 4 | 102 |
| MYRTILLIDIUM, Spach. | 9 | 525 |
| MYRTILLUS, Spach. . . | 9 | 523 |
| MYRTINEÆ, Bartl. | 4 | 100 |
| Myrtiphyllum, P. Br. . . | 8 | 377 |
| Myrtoideæ, Vent. . . . | 4 | 102 |
| MYRTUS, Linn. . . . . | 4 | 157 |
| — acris, D. C. . . . | 4 | 163 |
| — bætica, Mill. . . . | 4 | 158 |
| — belgica, Mill. . . . | 4 | 158 |
| — brasiliana, Linn. . . | 4 | 175 |
| — caryophyllata, Jacq. . | 4 | 163 |
| — caryophyllata, Linn. . | 4 | 171 |
| — Caryophyllus, Spreng. | 4 | 172 |

| | Vol. | Pag. |
|---|---|---|
| Myrtus citrifolia, Poir. . | 4 | 164 |
| — communis, Linn. . . | 4 | 157 |
| — dyssenterica, Mart. . | 4 | 175 |
| — elegans, D. C. . . . | 4 | 161 |
| — excelsa, Camb. . . . | 4 | 161 |
| — ligustrina, Swartz. . | 4 | 176 |
| — lineata, Swartz. . . | 4 | 175 |
| — Luma, Mol. . . . . | 4 | 160 |
| — lusitanica, Mill. . . | 4 | 158 |
| — microphylla, H. et B. | 4 | 162 |
| — minima, Mill. . . . | 4 | 158 |
| — mucronata, Camb. . . | 4 | 161 |
| — multiflora, D. C. . . | 4 | 160 |
| — Pimenta, Linn. . . . | 4 | 178 |
| — romana, Mill. . . . | 4 | 158 |
| — Smithii, Spreng. . . | 4 | 174 |
| — spectabilis, D. C. . . | 4 | 163 |
| — splendens, Swartz. . . | 4 | 164 |
| — tomentosa, Hort. Kew. | 4 | 162 |
| — Ugni, Lamk. . . . . | 4 | 160 |
| — venosa, Spreng. . . . | 4 | 181 |
| MYSCOLUS, Cass. . . . | 10 | 5 |
| MYSTACIDIUM, Lindl. . . | 12 | 179 |
| NABALUS, Cass. . . . . . | 10 | 7 |
| NABEA, Lehm. . . . . | 9 | 443 |
| NABLONIUM, Cass. . . . | 10 | 24 |
| Nacibea, Aubl. . . . . | 8 | 372 |
| NAGEIA, Gærtn. . . . . | 11 | 25 |
| Nahusia coccinea, Schneev. | 4 | 407 |
| Naiadaceæ, Lindl. . . . | 12 | 13 |
| Naiadeæ, Agardh. . . . | 12 | 13 |
| Naiadeæ, Link. . . . . | 12 | 13 |
| NAJADEÆ, Bartl. | 12 | 13 |
| NAJADEÆ, Kunth. . . | 12 | 14 |
| Najadeæ - Ceratophylleæ, | | |
| Reichb. . . . . . . | 13 | 294 |
| Najades, Juss. . . . . . | 12 | 13 |
| NAJAS, Linn. . . . . . | 12 | 14 |
| NAMA, Linn. . . . . . | 9 | 105 |
| NANANTHEA, D. C. . . . | 10 | 24 |
| NANDINA, Thunb. . . . | 8 | 26 |
| — domestica, Thunb. . . | 8 | 27 |
| NANDINEÆ, Spach. | 8 | 7 |
| | et | 26 |
| Nani, Adans. . . . . . | 4 | 105 |
| NANODEA, Banks. . . . | 10 | 460 |
| NANODES, Lindl. . . . . | 12 | 177 |
| Napæa dioica, Linn. . . | 3 | 400 |
| Napæa lævis, Linn. . . . | 3 | 399 |
| Napæa scabra, Linn. . . . | 3 | 400 |
| Napellus, Reichb. . . . . | 7 | 367 |

| | Vol. | Pag. | | Vol. | Pag. |
|---|---|---|---|---|---|
| NAPELLUS, Spach.. . . . | 7 | 367 | Narcissus calathinus, Redout. | 12 | 436 |
| NAPIMOGA, Aubl. . . . . | 6 | 286 | — calalhinus var., Redout. | 12 | 436 |
| NAPOLEONA, Beauv. . . . | 9 | 427 | — Campernelli, Haw.. . | 12 | 441 |
| — imperialis, Beauv. . | 9 | 428 | — candidissimus, Redout. | 12 | 454 |
| Napus, Spenn.. . . . | 6 | 323 | — cantabricus, Haw. . | 12 | 451 |
| — campestris Napo-Bras- | | | — capax, Schult. . . . | 12 | 436 |
| sica, Spenn. . . . | 6 | 368 | — cerinus, Haw. . . . | 12 | 448 |
| — Leucosindpis, Spenn. | 6 | 350 | — cernuus, Roth. . . . | 12 | 434 |
| — oleifera, Spenn. . . . | 6 | 367 | — cernuus, Salisb. . . | 12 | 437 |
| — oleracea, Spenn. . . . | 6 | 359 | — chrysanthus, Redout. | 12 | 450 |
| — Rapa, Spenn. . . . | 6 | 371 | — citrinus, Haw. . . . | 12 | 449 |
| NARAVELIA, D. C. . . . | 7 | 191 | — compressus, Haw. . . | 12 | 443 |
| Narcissew, Agardh. . . | 12 | 403 | — concolor, Haw. . . . | 12 | 457 |
| NARCISSEÆ, Endl. . . | 12 | 405 | — conspicuus, Haw. . . | 12 | 452 |
| Narcisseæ, Juss. . . . . | 12 | 403 | — Coornei, Schult.. . . | 12 | 437 |
| et | 13 | 112 | — Corbularia serotina, | | |
| Narcisseæ - Amaryllideæ, | | | Haw. . . . . . . | 12 | 452 |
| Reichb. . . . . . . | 12 | 403 | — coronatus, Schult. . | 12 | 437 |
| Narcisseæ – Burmanniæ, | | | — crenulatus, Haw. . | 12 | 447 |
| Reichb. . . . . . . | 13 | 118 | — crispicoronus, Haw.. | 12 | 448 |
| Narcisseæ - Hæmodoreæ, | 9 | — | — croceo-cinctus, Haw. | 12 | 453 |
| Reichb. . . . . . . | 13 | 108 | — cupularis, Salisb. . . | 12 | 446 |
| et | | 118 | — Curtisii, Haw. . . . | 12 | 441 |
| Narcissi, Juss. . . . . | 12 | 252 | — cyclamineus, Haw. . | 12 | 453 |
| Narcissineæ, Dumort. . . | 12 | 403 | — Cypri, Haw. . . . . | 12 | 447 |
| Narcissineæ – Bromeliæ, | | | — decorus, Haw. . . . | 12 | 449 |
| Reichb. . . . . . . | 12 | 397 | — deflexicaulis, Haw. | 12 | 445 |
| NARCISSUS, Haw. . . . | 12 | 454 | — dubius, Gouan. . . . | 12 | 451 |
| NARCISSUS, Linn. . . . | 12 | 430 | — elegans, Haw. . . . | 12 | 452 |
| — albicans, Haw. . . . | 12 | 431 | — festalis, Salisb. . . . | 12 | 435 |
| — albus, Haw. . . . . | 12 | 437 | — fissus, Haw. . . . . | 12 | 442 |
| — albus (Ganymedes), | | | — fistulosus, Haw. . . . | 12 | 448 |
| Haw. . . . . . . | 12 | 438 | — flaveolus, Haw. . . . | 12 | 445 |
| — albus (Quellia), Haw. | 12 | 440 | — flavus, Lag. . . . | 12 | 446 |
| — albus (Hermione), Haw. | 12 | 444 | — flexiflorus, Haw. . | 12 | 447 |
| — albus, Mill. . . . | 12 | 454 | — floribundus, Haw. . | 12 | 449 |
| — ambiguus, Salisb. . . | 12 | 440 | — Flos lactis, Haw. . . | 12 | 444 |
| — angustifolius, Bot. Mag. | 12 | 454 | — galanthifolius, Haw. | 12 | 439 |
| — aperticoronus, Haw. | 12 | 455 | — Ganymedes albus, Haw. | 12 | 458 |
| — auranticoronus, Haw. | 12 | 448 | — Gigas, Haw. . . . . | 12 | 432 |
| — aurantius, Haw. . . . | 12 | 439 | — Gouani, Redout. . . | 12 | 439 |
| — aureus, Haw. . . . . | 12 | 432 | — gracilis, Bot. Reg. . | 12 | 453 |
| — bicolor, Bot. Mag. . | 12 | 434 | — grandiflorus, Haw. . | 12 | 446 |
| — biflorus, Curt. . . . | 12 | 454 | — Haworthii, Don. . . | 12 | 459 |
| — bifrons, Bot. Mag. . | 12 | 443 | — Hermione alba, Haw. | 12 | 444 |
| — bifrons, β: Bot. Mag. | 12 | 444 | — incomparabilis, Curt. | 12 | 439 |
| — biscrenatus, Haw. . | 12 | 444 | — incomparabilis, β: Curt. | 12 | 440 |
| — breviflorus, Haw. . | 12 | 448 | — integer, Haw. . . . | 12 | 443 |
| — breviflos, Haw. . . | 12 | 453 | — intermedius, Lois. . | 12 | 443 |
| — Bulbocodium, Bot. Mag. | 12 | 432 | — italicus, Bot. Mag. . | 12 | 450 |
| — Bulbocodium, Linn. . | 12 | 452 | — jasmineus, Haw. . . | 12 | 451 |
| — calathinus, Bot. Mag. | 12 | 441 | — Jonquilla major, Haw. | 12 | 442 |
| — calathinus, Linn. . . | 12 | 441 | — Jonquilla media, Haw. | 12 | 443 |

| | Vol. | Pag. | | Vol. | Pag. |
|---|---|---|---|---|---|
| Narcissus Jonquilla minor, Haw. | 12 | 442 | Narcissus poeticus, Linn. | 12 | 455 |
| — Jonquilla parvicorona, Haw. | 12 | 442 | — poeticus, Smith. | 12 | 455 |
| — lacticolor, Haw. | 12 | 447 | — polyanthos, Lois. | 12 | 449 |
| — lætus, Hort. Kew. | 12 | 441 | — præcox, Ten. | 12 | 450 |
| — lætus, Redout. | 12 | 455 | — primulinus, Haw. | 12 | 444 |
| — latifolius, Haw. | 12 | 446 | — propinquus, Salisb. | 12 | 456 |
| — lobularis, Haw. | 12 | 455 | — Pseudo - Narcissus, Linn. | 12 | 455 |
| — lobulatus, Haw. | 12 | 452 | — pulchellus, Salisb. | 12 | 437 |
| — longiflorus, Salisb. | 12 | 454 | — pumilus, Redout. | 12 | 455 |
| — longiflorus, Willd. | 12 | 445 | — pumilus, Salisb. | 12 | 455 |
| — lorifolius, Haw. | 12 | 434 | — purpureo-cinctus, Haw. | 12 | 455 |
| — Luna, Haw. | 12 | 450 | — Queltia alba, Haw. | 12 | 440 |
| — Macleayi, Bot. Mag. | 12 | 438 | — radiatus, Redout. | 12 | 443 |
| — majalis, Curt. | 12 | 455 | — radiiflorus, Salisb. | 12 | 454 |
| — major, Bot. Mag. | 12 | 456 | — recurvus, Haw. | 12 | 454 |
| — major, Haw. | 12 | 438 | — reflexus, Schult. | 12 | 456 |
| — major, β : Bot. Mag. | 12 | 438 | — rotularis, Haw. | 12 | 444 |
| — maximus, Haw. | 12 | 438 | — rugilobus, Haw. | 12 | 435 |
| — minimus, Haw. | 12 | 455 | — rugulosus, Haw. | 12 | 441 |
| — minor, Bot. Mag. | 12 | 455 | — Sabini, Lindl. | 12 | 438 |
| — minor, Haw. | 12 | 438 | — semipartitus, Haw. | 12 | 440 |
| — minor, Linn. | 12 | 455 | — serotinus, Desfont. | 12 | 452 |
| — montanus, Bot. Reg. | 12 | 439 | — serotinus, Linn. | 12 | 452 |
| — moschatus, Bot. Mag. | 12 | 434 | — serratus, Haw. | 12 | 455 |
| — moschatus, Linn. | 12 | 434 | — solaris, Haw. | 12 | 446 |
| — multiflorus, Haw. | 12 | 445 | — spathulatus, Haw. | 12 | 454 |
| — nanus, Haw. | 12 | 455 | — stellaris, Haw. | 12 | 455 |
| — niveus, Lois. | 12 | 451 | — stramineus, Haw. | 12 | 451 |
| — nobilis, Haw. | 12 | 455 | — striatellus, Haw. | 12 | 458 |
| — nutans, Haw. | 12 | 458 | — subalbidus, Lois. | 12 | 451 |
| — obesus, Haw. | 12 | 452 | — sulcicaulis, Haw. | 12 | 449 |
| — obliteratus, Haw. | 12 | 452 | — sulphureus, Haw. | 12 | 447 |
| — obsoletus, Haw. | 12 | 452 | — Tazzetta, Bot. Mag. | 12 | 446 |
| — obvallaris, Salisb. | 12 | 455 | — Tazzetta, Linn. | 12 | 447 |
| — ochroleucus, Haw. | 12 | 457 | — Tazzetta, Sibth. et Sm. | 12 | 447 |
| — ochroleucus, Lois. | 12 | 444 | — tenuiflorus, Haw. | 12 | 451 |
| — odorus, Curt. | 12 | 441 | — tenuifolius, Haw. | 12 | 452 |
| — odorus, Linn. | 12 | 440 | — tenuior, Curt. | 12 | 455 |
| — orientalis, Bot. Mag. | 12 | 444 | — tereticaulis, Haw. | 12 | 444 |
| — orientalis, α : Bot. Mag. | 12 | 446 | — tortuosus, Haw. | 12 | 454 |
| — orientalis, γ : Bot. Mag. | 12 | 449 | — Trewianus, Ker. | 12 | 446 |
| — orientalis, δ : Bot. Mag. | 12 | 445 | — triandrus, Bot. Mag. | 12 | 437 |
| — orientalis, Linn. | 12 | 440 | — triandrus, Linn. | 12 | 437 |
| — papyratius, Ker. | 12 | 451 | — triandrus luteus, Bot. Mag. | 12 | 437 |
| — Parkinsoni, Haw. | 42 | 458 | — triflorus, Haw. | 12 | 454 |
| — patellaris, Salisb. | 12 | 455 | — trilobus, Bot. Mag. | 12 | 438 |
| — patulus, Lois. | 12 | 448 | — trilobus, Linn. | 12 | 441 |
| — patulus, Salisb. | 12 | 454 | — tubæflorus, Salisb. | 12 | 434 |
| — perluteus, Haw. | 12 | 445 | — turgidus, Salisb. | 12 | 432 |
| — planicoronus, Haw. | 12 | 455 | — unicolor, Ten. | 12 | 451 |
| — poculiformis, Salisb. | 12 | 439 | — viridiflorus, Schousb. | 12 | 442 |

| | Vol. | Pag. | | Vol. | Pag. |
|---|---|---|---|---|---|
| NARDOPHYLLUM, D. C. | 10 | 9 | Nastus *paniculatus*, Smith. | 13 | 224 |
| NARDOSMIA, Cass. | 10 | 279 | — *strictus*, Smith. | 13 | 228 |
| — *denticulata*, Cass. | 10 | 279 | — *verticillatus*, Smith. | 13 | 231 |
| — *fragrans*, Vill. | 10 | 279 | NATSIATUM, Roxb. | 8 | 7 |
| NARDOSTACHYS, D. C. | 10 | 304 | NAUCLEA, Linn. | 8 | 379 |
| — *Jatamansi*, D. C. | 10 | 304 | — *cordifolia*, Roxb. | 8 | 380 |
| NARDUS, Linn. | 13 | 166 | — *Gambir.*, Hunter. | 8 | 381 |
| *Narthecium*, Gérard. | 12 | 235 | — *orientalis*, Lamk. | 8 | 380 |
| *Naru-nindi*, Hort. Mal. | 8 | 539 | *Nauenburgia*, Willd. | 10 | 22 |
| NARVALINA, Cass. | 10 | 19 | NAUMBURGIA, Mœnch. | 9 | 343 |
| NASSAUVIA, Commers. | 10 | 34 | NAUPLIUS, Cass. | 10 | 28 |
| *Nassauviaceæ*, Less. | 10 | 33 | NAVARRETIA, R. et P. | 9 | 108 |
| NASSAUVIEÆ, Cass. | 10 | 33 | NAVIA, Mart. | 12 | 398 |
| NASSAUVIEÆ-PROTO- | | | *Navicularia*, Bertol. | 13 | 160 |
| TYPÆ, Cass. | 10 | 34 | *Navicularia*, Fabr. | 9 | 166 |
| NASSAUVIEÆ-TRIXI- | | | *Nayadeæ*, Rich. | 12 | 13 |
| DEÆ, Cass. | 10 | 33 | *Nazia*, Adans. | 13 | 160 |
| *Nassavia*, Spreng. | 10 | 34 | *Neckeria*, Gmel. | 5 | 238 |
| *Nassovia*, Pers. | 10 | 34 | *Neckeria*, Scop. | 7 | 61 |
| *Nasturtium*, R. Br. | 6 | 323 | *Nectandra*, Berg. | 10 | 436 |
| | et | 325 | NECTANDRA, Rottb. | 10 | 498 |
| NASTURTIUM, Spach. | 6 | 430 | — *cinnamomoides*, Nees. | 10 | 499 |
| — *amphibium*, Deless. | 6 | 510 | — *cymbarum*, Nees. | 10 | 498 |
| — *amphibium*, R. Br. | 6 | 510 | — *Puchury major*, Nees. | 10 | 499 |
| — *anceps*, Deless. | 6 | 510 | — *Puchury minor*, Nees. | 10 | 500 |
| — *apetalum*, D. C. | 6 | 429 | NECTANDREÆ, Nees. | 10 | 471 |
| — *atrovirens*, D. C. | 6 | 429 | *Nectarobothrium*, Ledeb. | 12 | 254 |
| — *austriacum*, Crantz. | 6 | 513 | NECTAROSCORDIUM, Lindl. | 12 | 255 |
| — *Bursa-pastoris*, Roth. | 6 | 538 | NECTOUXIA, Kunth. | 9 | 56 |
| — *Camelinæ*, F. et M. | 6 | 514 | NEEA, R. et P. | 10 | 516 |
| — *globosum*, F. et M. | 6 | 514 | *Needhamia*, Cass. | 10 | 19 |
| — *indicum*, D. C. | 6 | 429 | NEEDHAMIA, R. Br. | 9 | 433 |
| — *lippizense*, D. C. | 6 | 508 | *Needhamia*, Scop. | 1 | 154 |
| — *microphyllum*, Reichb. | 6 | 432 | NEENUM, Beauv. | 13 | 144 |
| — *natans*, Deless. | 6 | 510 | NEFFLEA, Benth. | 9 | 266 |
| — *officinale*, R. Br. | 6 | 432 | *Negretia*, R. et P. | 1 | 157 |
| — *palustre*, D. C. | 6 | 506 | NEGUNDO, Mœnch. | 3 | 118 |
| — *paniculatum*, Crantz. | 6 | 532 | — *aceroides*, Mœnch. | 3 | 119 |
| — *pyrenaicum*, R. Br. | 6 | 508 | — *fraxinifolium*, Nutt. | 3 | 119 |
| — *rivulare*, Reichb. | 6 | 425 | NEILLIA, Don. | 1 | 449 |
| — *ruderale*, Scop. | 6 | 551 | — *rubiflora*, Don. | 1 | 450 |
| — *sativum*, Mœnch. | 6 | 557 | — *thyrsiflora*, Don. | 1 | 450 |
| — *siifolium*, Reichb. | 6 | 432 | NEJA, Don. | 10 | 29 |
| — *sylvestre*, R. Br. | 6 | 425 | *Nelam-pala*, Hort. Malab. | 8 | 530 |
| — *terrestre*, R. Br. | 6 | 506 | NELITRIS, Gærtn. | 4 | 105 |
| — *Wulfenianum*, Host. | 6 | 508 | NELSONIA, R. Br. | 9 | 144 |
| NASTUS, Juss. | 13 | 224 | NELSONIEÆ, Nees. | 9 | 144 |
| — *arundinaceus*, Smith. | 13 | 227 | NELUMBIACEÆ, | | |
| — *borbonicus*, Gmel. | 13 | 224 | Lindl. | 7 | 178 |
| — *capitatus*, Kunth. | 13 | 224 | NELUMBIUM, Juss. | 7 | 180 |
| — *Chusque*, Kunth. | 13 | 224 | — *luteum*, Willd. | 7 | 183 |
| — *Guadua*, Spreng. | 13 | 233 | — *speciosum*, Willd. | 7 | 181 |
| — *latifolius*, Spreng. | 13 | 234 | | | |

| | Vol. | Pag. | | Vol. | Pag. |
|---|---|---|---|---|---|
| Nelumbo, Tourn. | 7 | 180 | Nephrandra, Gærtn. | 9 | 227 |
| — nucifera, Gærtn. | 7 | 181 | Nephroia, Lour. | 8 | 7 |
| Nelumbonæ, D. C. | 7 | 178 | Neptunia, Lour. | 1 | 49 |
| Nematanthus, Nees. | 13 | 159 | Neraudia, Gaudich. | 11 | 24 |
| NEMATANTHUS, Schrad. | 9 | 257 | Nerine, Herb. | 12 | 420 |
| Nematostigma, Dietr. | 13 | 5 | NERIUM, R. Br. | 8 | 528 |
| NEMAUCHENES, Cass. | 10 | 6 | — antidyssentericum, Linn. | 8 | 552 |
| NEMEDRA, Juss. fil. | 3 | 180 | — coccineum, Roxb. | 8 | 534 |
| NEMESIA, Vent. | 9 | 267 | — odorum, Willd. | 8 | 530 |
| NEMIA, Berg. | 9 | 270 | — Oleander, Linn. | 8 | 529 |
| N. muchloa. Nees. | 13 | 143 | — tinctorium, Roxb. | 8 | 533 |
| NEMOPANTHE, Raf. | 2 | 435 | — tomentosum, Roxb. | 8 | 530 |
| — canadensis, D. C. | 2 | 436 | NERTERA, Banks. | 8 | 575 |
| N. MO H LA Bart. | 9 | 49 | Nertera, Smith. | 8 | 575 |
| — Bart. | 9 | 49 | N. SÆ Commer. | 4 | 419 |
| | | | — s lie f. q. Kunth | 4 | 429 |
| | 7 | 100 | NE CID A N R | 8 | 6 |
| NEOCEA, Cass. | 10 | 52 | NESLIA D | 6 | 580 |
| Neogaya, Meisn. | 8 | 158 | — paniculata, Desv. | 6 | 581 |
| Neolacis, Cham. | 12 | 12 | NESTLERA, Spreng. | 10 | 27 |
| NEOTTIA, Linn. | 12 | 181 | Neudorffia, Adans. | 9 | 95 |
| Neottidium, Link. | 12 | 181 | NEUMANNIA, Brongn. | 12 | 398 |
| NEOTTIEÆ, Lindl. | 12 | 180 | NEURACANTHUS, Nees. | 9 | 145 |
| Nepenthaceæ, Lindl. | 13 | 321 | NEURACHNE, R. Br. | 13 | 160 |
| et | 10 | 563 | NEURACTIS, Cass. | 10 | 19 |
| Nepentheæ, Bartl. | 10 | 563 | NEUROCALYX, Hook. | 8 | 378 |
| NEPENTHEÆ, Bl. | 13 | 321 | Neurocarpæa, R. Br. | 8 | 372 |
| NEPENTHES, Linn. | 13 | 325 | NEUROCARPUM, Desv. | 1 | 154 |
| et | 10 | 572 | NEUROLEPIS, Meisn. | 13 | 165 |
| | | | NEUROLOMA, Andrz. | 6 | 324 |
| — ampullaria, Jack. | 13 | 325 | Neuroloma, Raf. | 13 | 164 |
| — distillatoria, Lodd. | 13 | 323 | NEUROPELTIS, Wallich. | 9 | 94 |
| — gracilis, Korth. | 13 | 325 | NEUROSPERMA, Raf. | 6 | 188 |
| — indica, Lamk. | 13 | 323 | NEUWIEDIA, Bl. | 12 | 182 |
| — madagascariensis, Poir. | 13 | 325 | Nhandiroba, Plum. | 6 | 187 |
| — phyllamphora, Sims. | 13 | 323 | NHANDIROBEÆ, A. | | |
| — phyllamphora, Willd. | 13 | 324 | Saint-Hil. | 6 | 187 |
| — Rafflesiana, Jack. | 13 | 324 | et | | 188 |
| Nepenthideæ, Dumort. | 13 | 321 | NIBORA, Raf. | 9 | 269 |
| et | 10 | 563 | NICANDRA, Adans. | 9 | 57 |
| Nepenthinæ, Link. | 13 | 321 | Nicandra, Schreb. | 8 | 483 |
| et | 10 | 563 | NICOLSONIA, D. C. | 1 | 155 |
| NEPETA, Linn. | 9 | 165 | NICOTIANA, Tourn. | 9 | 62 |
| NEPETEÆ, Benth. | 9 | 165 | — angustifolia, R. et P. | 9 | 64 |
| et | | 201 | — decurrens, Agardh. | 9 | 63 |
| NEPHELAPHYLLUM, Bl. | 12 | 175 | — gigantea, Weinm. | 9 | 64 |
| NEPHELIUM, (Linn.) Camb. | 3 | 61 | — glauca, Hook. | 9 | 63 |
| — informe, Camb. | 3 | 63 | — havanica, Lag. | 9 | 65 |
| — lappaceum, Linn. | 3 | 63 | — latissima, Mill. | 9 | 64 |
| — Litchi, Camb. | 3 | 61 | — macrophylla, Spreng. | 9 | 64 |
| — Longana, Camb. | 3 | 62 | — nyctaginiflora, Desf. | 9 | 62 |
| — pinnatum, Camb. | 3 | 63 | — rustica, Linn. | 9 | 65 |
| | | | — Tabacum, Linn. | 9 | 63 |

| | Vol. | Pag. | | Vol. | Pag. |
|---|---|---|---|---|---|
| NICOTIANEÆ, Endl.. | 9 | 56 | Nobula, Adans.. . . . . . | 8 | 377 |
| | et | 58 | NOCCA, Cav. . . . . . . . | 10 | 40 |
| NIDORELLA, Cass. . . . | 10 | 29 | Noccæa, Jacq.. . . . . . | 10 | 40 |
| NIEBUHRIA, D. C. . . . | 6 | 296 | Noccæa, Mœnch. . . . . | 6 | 325 |
| Niebuhria, Scop. . . . . . | 10 | 21 | NOISETTIA, Kunth. . . | 5 | 499 |
| NIEREMBERGIA, R. et P. | 9 | 59 | — galeopsidifolia, A. St- | | |
| — gracilis, Don. . . . | 9 | 60 | Hil. . . . . . . . | 5 | 500 |
| — phœnicea, Don. . . . | 9 | 61 | — longifolia, Kunth. . | 5 | 500 |
| NIGELLA, Tourn. . . . . | 7 | 304 | — longifolia, Nees. . . | 5 | 500 |
| — agrestis, Presl. . . . | 7 | 306 | — orchidiflora, Ging. . | 5 | 500 |
| — arvensis, Linn. . . . | 7 | 306 | — pyrifolia, Mart. . . | 5 | 499 |
| — cœrulea, Lamk. . . . | 7 | 303 | NOLANA, Linn. . . . . . | 9 | 95 |
| — damascena, Linn. . . | 7 | 302 | Nolanaceæ, Lindl. . . . . | 9 | 95 |
| — divaricata, D. C. . . | 7 | 306 | NOLINA, Rich. . . . . . | 12 | 236 |
| — fœniculacea, D. C. . . | 7 | 306 | Nolinæa, Pers. . . . . . | 12 | 236 |
| — hispanica, Linn. . . . | 7 | 307 | NOLLETIA, Cass. . . . . | 10 | 29 |
| — indica, Roxb. . . . . | 7 | 308 | NOMAPHILA, Bl. . . . . | 9 | 144 |
| — involucrata, Mœnch. . | 7 | 303 | NONATELIA, Aubl. . . . | 8 | 375 |
| — orientalis, Linn. . . | 7 | 311 | NONNEA, Medic. . . . . | 9 | 31 |
| — sativa, Linn. . . . . | 7 | 508 | NOPALEÆ, D. C. | 6 | 141 |
| NIGELLARIA, Spach. . . | 7 | 305 | | | |
| NIGELLASTRUM, Mœnch.. | 7 | 310 | et | 13 | 336 |
| — orientale, Mœnch. . | 7 | 311 | NORANTEA, Aubl. . . . | 6 | 124 |
| NIGELLINEÆ, Spach. . | 7 | 290 | — adamantium, Camb. . | 6 | 125 |
| | et | 299 | — brasiliensis, Choisy. . | 6 | 125 |
| Nigrina, Linn. . . . . . | 9 | 271 | — goyazensis, Camb. . . | 6 | 126 |
| Nigrina, Thunb. . . . . | 11 | 19 | — guianensis, Aubl. . . | 6 | 125 |
| NIMA, Hamilt. . . . . . | 2 | 373 | — japurensis, Mart. . . | 6 | 127 |
| NINTOOA, Sweet. . . . | 8 | 331 | — paraensis, Mart. . . | 6 | 126 |
| — confusa, Sweet. . . . | 8 | 332 | — violacea, Poir. . . . . | 6 | 125 |
| — japonica, Sweet. . . | 8 | 331 | NORANTEÆ, Spach. . . | 6 | 123 |
| NIOBÆA, Willd. . . . . | 13 | 115 | Norna, Wahlenb. . . . . | 12 | 178 |
| Niobe, Sal. . . . . . . | 12 | 256 | Noronha, Petit-Thou. . . | 12 | 60 |
| — cordifolia, Sal. . . . | 12 | 378 | NORONHIA, Stadtm. . . | 8 | 256 |
| Niota, Lamk. . . . . . | 2 | 373 | Nortenia, Petit-Thou. . . | 9 | 269 |
| NIPA, Thunb. . . . . . | 12 | 30 | NORYSCA, Spach. . . . | 5 | 426 |
| — fruticans, Thunb. . . | 12 | 31 | — chinensis, Spach. . . | 5 | 427 |
| Nipaceæ, Brongn. . . . . | 12 | 24 | — myrtifolia, Spach. . . | 5 | 428 |
| Niruri, Adans. . . . . . | 2 | 486 | NOSMYTHIA, Huds. . . | 13 | 140 |
| NISA, Petit-Thou. . . . | 6 | 286 | NOTANTHERA, Don. . . | 8 | 234 |
| NISSOLIA, Jacq. . . . . | 1 | 256 | NOTELÆA, Vent. . . . . | 8 | 256 |
| — ferruginea, Willd. . . | 1 | 257 | NOTHITES, Cass. . . . . | 10 | 37 |
| — fruticosa, Jacq. . . . | 1 | 256 | Nothium, Lindl. . . . . | 12 | 177 |
| — quinata, Aubl. . . . | 1 | 257 | NOTHOSCORDUM, Kunth.. | 12 | 332 |
| NITELIUM, Cass. . . . . | 10 | 9 | — fragrans, Kunth. . . | 12 | 333 |
| Nivaria, Mœnch. . . . . | 12 | 405 | — striatum, Kunth. . . | 12 | 335 |
| — æstivalis, Mœnch. . . | 12 | 405 | Nothria, Berg. . . . . . | 5 | 466 |
| NIVENIA, R. Br. . . . . | 10 | 417 | NOTICASTRUM, D. C. . . | 10 | 30 |
| — crithmifolia, R. Br. . | 10 | 418 | NOTOBASIS, Cass. . . . | 10 | 89 |
| — Sceptrum, R. Br. . . | 10 | 418 | — syriaca, Cass. . . . . | 10 | 89 |
| — spathulata, R. Br. . | 10 | 418 | NOTOCERAS, R. Br. . . | 6 | 323 |
| — spicata, R. Br. . . . | 10 | 418 | NOTOCHÆTE, Benth. . . | 9 | 167 |
| Nivenia, Vent. . . . . . | 13 | 4 | NOTONIA, D. C. . . . . | 10 | 32 |

| | Vol. | Pag. |
|---|---|---|
| Notylia, Lindl. | 12 | 178 |
| *Nowodworskya*, Presl. | 13 | 161 |
| Nugaria, D. C. | 1 | 101 |
| *Nunnezharia*, R. et P. | 12 | 60 |
| *Nunnezia*, Willd. | 12 | 60 |
| Nuphar, Sibth. et Sm. | 7 | 174 |
| — advena, D. C. | 7 | 176 |
| — *intermedia*, Ledeb. | 7 | 175 |
| — Kalmiana, Hort. Kew. | 7 | 176 |
| — *lutea*, Sibth. et Sm. | 7 | 175 |
| — pumila, D. C. | 7 | 176 |
| — vulgaris, Spach. | 7 | 175 |
| — *vulgaris major*, Spach. | 7 | 175 |
| — *vulgaris minima*, Spach. | 7 | 176 |
| — *vulgaris sericea*, Spach. | 7 | 175 |
| Nuttallia, Hook. | 3 | 401 |
| — digitata, Nutt. | 3 | 401 |
| — pedata, Hook. | 3 | 402 |
| — Papaver, Grah. | 3 | 401 |
| *Nux moschata*, Pluck. | 7 | 535 |
| *Nux myristica*, Rumph. | 7 | 535 |
| Nuxia, Commers. | 9 | 270 |
| Nuytsia, R. Br. | 8 | 234 |
| *Nyctagella*, Reichb. | 9 | 56 |
| *Nyctaginaceæ*, Lindl. | 10 | 514 |
| NYCTAGINEÆ, Juss. | 10 | 514 |
| *Nyctagineæ - Monimieæ*, Reichb. | 11 | 89 |
| *Nyctago*, Juss. | 10 | 516 |
| — *Jalapa*, Juss. | 10 | 517 |
| — *longiflora*, Juss. | 10 | 517 |
| Nyctanthes, Linn. | 8 | 254 |
| — arbor tristis, Linn. | 8 | 254 |
| — *grandiflora*, Lour. | 8 | 253 |
| — *hirsuta*, Linn. | 8 | 432 |
| — Sambac, Linn. | 8 | 253 |
| — *trifoliata*, Vahl. | 8 | 253 |
| *Nyctelæa*, Scop. | 9 | 49 |
| Nycterinia, Don. | 9 | 270 |
| — lychnidea, Don. | 9 | 319 |
| *Nycterisition*, R. et P. | 9 | 384 |
| Nycterium, Vent. | 9 | 57 |
| Nymphæa, Linn. | 7 | 167 |
| — advena, Hort. Kew. | 7 | 177 |
| — alba, Linn. | 7 | 172 |
| — ampla, D. C. | 7 | 170 |
| — cœrulea, Andr. | 7 | 169 |
| — cœrulea, Savigny. | 7 | 168 |
| — edulis, D. C. | 7 | 171 |
| — esculenta, Roxb. | 7 | 171 |
| — *Kalmiana*, Sims. | 7 | 177 |
| — *Lotus*, Burm. | 7 | 171 |
| Nymphæa Lotus, Linn. | 7 | 169 |
| — *Lotus*, W. et K. | 7 | 170 |
| — *lutea*, Flor. Dan. | 7 | 175 |
| — *lutea*, Linn. | 7 | 175 |
| — *lutea minima*, Spenn. | 7 | 176 |
| — *lutea sericea*, Spenn. | 7 | 175 |
| — minor, D. C. | 7 | 174 |
| — *Nelumbo*, Linn. | 7 | 181 |
| — *nitida*, Sims. | 7 | 172 |
| — odorata, Hort. Kew. | 7 | 174 |
| — *odorata minor*, Sims. | 7 | 174 |
| — pubescens, Willd. | 7 | 171 |
| — *pumila*, Hoffm. | 7 | 176 |
| — pygmæa, Sims. | 7 | 174 |
| — rubra, Roxb. | 7 | 171 |
| — scutifolia, D. C. | 7 | 169 |
| — stellata, Willd. | 7 | 169 |
| — *sericea*, Lang. | 7 | 175 |
| — thermalis, D. C. | 7 | 170 |
| — versicolor, Roxb. | 7 | 170 |
| NYMPHÆACEÆ, Sal. | 7 | 163 |
| *Nymphæanthe*, Reichb. | 9 | 6 |
| *Nymphoides*, Tourn. | 9 | 6 |
| *Nypa*, Rumph. | 12 | 31 |
| Nyssa, Linn. | 10 | 463 |
| — angulisans, Mich. | 10 | 465 |
| — aquatica, Linn. | 10 | 464 |
| — *biflora*, Willd. | 10 | 464 |
| — *candicans*, Mich. | 10 | 464 |
| — capitata, Walt. | 10 | 464 |
| — *denticulata*, Willd. | 10 | 465 |
| — *grandidentata*, Mich. fil. | 10 | 465 |
| — *integrifolia*, Hort. Kew. | 10 | 463 |
| — multiflora, Walt. | 10 | 463 |
| — tomentosa, Mich. fil. | 10 | 464 |
| — *uniflora*, Walt. | 10 | 465 |
| — villosa, Mich. | 10 | 465 |
| *Nyssaceæ*, Juss. | 10 | 459 |
| NYSSEÆ, Juss. | 10 | 461 |
| Nyssanthes, R. Br. | 5 | 249 |
| *Obæjaca*, Cass. | 10 | 32 |
| Obeliscaria, Cass. | 10 | 157 |
| — *pinnata*, Cass. | 10 | 158 |
| *Obeliscotheca*, Vaill. | 10 | 20 |
| *Obentonia*, Velloz. | 2 | 323 |
| Oberonia, Lindl. | 12 | 175 |
| *Obione*, Gærtn. | 5 | 278 |
| Obolaria, Linn. | 9 | 272 |
| *Obolaria*, Siegesb. | 8 | 327 |
| Ochna, Linn. | 2 | 380 |

| | Vol. | Pag. | | Vol. | Pag. |
|---|---|---|---|---|---|
| Ochna *guianensis*, Lamk. | 2 | 385 | ODONTITES, Hall. | 9 | 272 |
| — *mauritiana*, Lamk. | 2 | 382 | *Odontites*, Hoffm. | 8 | 138 |
| — *multiflora*, D. C. | 2 | 381 | *Odontocarpa*, Neck. | 10 | 304 |
| — *obtusifolia*, D. C. | 2 | 381 | ODONTOCARPHA, D. C. | 10 | 39 |
| — *squarrosa*, Linn. | 2 | 381 | ODONTOGLOSSUM, Kunth. | 12 | 178 |
| OCHNACEÆ, D. C. | 2 | 378 | ODONTOLOMA, Kunth. | 10 | 40 |
| OCHNEÆ, D. C. | 2 | 380 | *Odontolophus*, Cass. | 10 | 11 |
| *Ochradeneæ*, Reichb. | 7 | 96 | ODONTOPETALUM, D. C. | 3 | 227 |
| OCHRADENUS, Delile. | 7 | 96 | ODONTOPHYLLUM, Less. | 10 | 27 |
| *Ochrocarpus*, Petit-Thou. | 5 | 508 | ODONTOPTERA, Cass. | 10 | 14 |
| — *madagascariensis*, Petit-Thou. | 5 | 510 | *Odontosperma*, Neck. | 10 | 20 |
| OCHROMA, Swartz. | 3 | 440 | *Odontostylis*, Blum. | 12 | 175 |
| — Lagopus, Swartz. | 3 | 440 | ODONTOTRICHUM, Zucc. | 10 | 40 |
| *Ochrosanthus*, Don. | 9 | 584 | ODOPTERA, D. C. | 1 | 154 |
| OCHROSIA, Juss. | 8 | 502 | OECEOCLADES, Lindl. | 12 | 179 |
| OCHROXYLON, Schreb. | 2 | 565 | OECHMEA, Juss. | 12 | 399 |
| *Ochroxylon*, Schreb. | 2 | 561 | *OEdera*, Crantz. | 12 | 210 |
| OCHTODIUM, D. C. | 6 | 326 | — *Dragonalis*, Crantz. | 12 | 216 |
| OCIMODON, Benth. | 9 | 169 | OEDERA, Linn. | 10 | 26 |
| OCOTEA, Aubl. | 10 | 473 | *OEdmannia*, Thunb. | 1 | 153 |
| — *amara*, Mart. | 10 | 498 | OENANTHE, Linn. | 8 | 205 |
| — *cymbarum*, Kunth. | 10 | 498 | — *apiifolia*, Brot. | 8 | 205 |
| — *Cujumary*, Mart. | 10 | 496 | — *aquatica*, Lamk. | 8 | 210 |
| — *Pichurion*, Kunth. | 10 | 497 | — *chærophylloides*, Pourr. | 8 | 207 |
| — *Puchury major*, Mart. | 10 | 499 | — crocata, Linn. | 8 | 208 |
| — *Puchury minor*, Mart. | 10 | 499 | — fistulosa, Linn. | 8 | 206 |
| OCTADENIA, F. et M. | 6 | 491 | — Phellandrium, Lamk. | 8 | 210 |
| OCTARILLUM, Lour. | 10 | 460 | — pimpinelloides, Linn. | 8 | 207 |
| OCTAVIA, D. C. | 8 | 375 | OENOCARPUS, Mart. | 12 | 65 |
| OCTODON, Thonn. | 8 | 377 | — Bacaba, Mart. | 12 | 66 |
| OCTOGONIA, Klotz. | 9 | 442 | — distichus, Mart. | 12 | 66 |
| OCTOMERIA, R. Br. | 12 | 175 | *OEnoplea*, Hedw. | 2 | 439 |
| *Octopera*, Don. | 9 | 443 | OENOTHERA, Linn. | 4 | 353 |
| OCYMOIDEÆ, Benth. | 9 | 162 | — alata, Nutt. | 4 | 364 |
| | | et 168 | — albicaulis, Fras. | 4 | 352 |
| OCYMUM, Linn. | 9 | 168 | — albicaulis, Pursh. | 4 | 353 |
| — Basilicum, Linn. | 9 | 169 | — ambigua, Nutt. | 4 | 376 |
| — *bullatum*, Hortor. | 9 | 169 | — amœna, Lehm. | 4 | 391 |
| — *fimbriatum*, Hortor. | 9 | 169 | — anisoloba, Sweet. | 4 | 369 |
| — *minimum*, Hortor. | 9 | 169 | — anomala, Curt. | 4 | 380 |
| — *viride*, Hortor. | 9 | 169 | — biennis, Linn. | 4 | 359 |
| *Odonectis*, Raf. | 12 | 182 | — bifrons, Lindl. | 4 | 392 |
| OPONIA, Bertol. | 1 | 154 | — acaulis, Cavan. | 4 | 369 |
| ODONTANDRA, Kunth. | 3 | 163 | — acaulis, Lindl. | 4 | 368 |
| ODONTARRHENA, C. A. Mey. | 6 | 482 | — cæspitosa, Nutt. | 4 | 365 |
| — *Marschalliana*, C. A. Mey. | 6 | 487 | — capensis, Hortor. | 4 | 372 |
| — *microphylla*, Ledeb. | 6 | 487 | — cheiranthifolia, Lindl. | 4 | 349 |
| — *obovata*, Ledeb. | 6 | 487 | — concinna, Sweet. | 4 | 386 |
| — *obtusifolia*, C. A. Mey. | 6 | 485 | — corymbosa, Sims. | 4 | 358 |
| — *tortuosa*, Ledeb. | 6 | 487 | — crassipes, Hort. Berol. | 4 | 359 |
| | | | — cruciata, Nutt. | 4 | 362 |
| | | | — decumbens, Dougl. | 4 | 388 |
| | | | — densiflora, Lindl. | 4 | 385 |

| | Vol. | Pag. |
|---|---|---|
| OEnothera Drummondii, Hook. | 4 | 356 |
| — dubia, Hortor. | 4 | 372 |
| — elata, Kunth. | 4 | 359 |
| — erosa, Lehm. | 4 | 361 |
| — Fraseri, Pursh. | 4 | 375 |
| — fruticosa, Linn. | 4 | 374 |
| — glauca, Mich. | 4 | 374 |
| — gracilis, Schrad. | 4 | 377 |
| — grandiflora, Ruiz et Pav. | 4 | 369 |
| — hybrida, Mich. | 4 | 376 |
| — Lindleyi, Dougl. | 4 | 392 |
| — linearis, Mich. | 4 | 376 |
| — longiflora, Jacq. | 4 | 354 |
| — macrocarpa, Pursh. | 4 | 564 |
| — media, Link. | 4 | 360 |
| — missouriensis, Sims. | 4 | 364 |
| — muricata, Murr. | 4 | 362 |
| — Nuttallii, Sweet. | 4 | 352 |
| — odorata, Jacq. | 4 | 356 |
| — pallida, Lindl. | 4 | 352 |
| — parviflora, Linn. | 4 | 362 |
| — pinnatifida, Nutt. | 4 | 353 |
| — pumila, Linn. | 4 | 377 |
| — purpurea, Lam. | 4 | 371 |
| — purpurea, Willd. | 4 | 387 |
| — quadrivulnera, Dougl. | 4 | 389 |
| — rhizocarpa, Spreng. | 4 | 367 |
| — Romanzowii, Ledeb. | 4 | 390 |
| — rosea, Hort. Kew. | 4 | 371 |
| — roseo-alba, Bernh. | 4 | 391 |
| — rubra, Cavan. | 4 | 371 |
| — salicifolia, Desfont. | 4 | 361 |
| — serotina, Sweet. | 4 | 375 |
| — serrulata, Nutt. | 4 | 350 |
| — speciosa, Nutt. | 4 | 378 |
| — spectabilis, Hortor. | 4 | 358 |
| — stricta, Ledeb. | 4 | 355 |
| — suaveolens, Desfont. | 4 | 359 |
| — taraxacifolia, Sweet. | 4 | 369 |
| — tenella, Cavan. | 4 | 390 |
| — tetragona, Roth. | 4 | 376 |
| — tetraptera, Cavan. | 4 | 372 |
| — triloba, Nutt. | 4 | 367 |
| — undulata, Dryand. | 4 | 356 |
| — viminea, Dougl. | 4 | 388 |
| OENOTHEREÆ, Spach. | 4 | 358 |
| | et | 350 |
| Oftia, Adans. | 9 | 227 |
| Ogcerostylus, Cass. | 10 | 25 |
| OGIERA, Cass. | 10 | 22 |
| Oglifa, Cass. | 10 | 27 |
| O-Higginsia, R. et P. | 8 | 373 |
| Ohlendorffia, Lehm. | 9 | 268 |
| OIOSPERMUM, Less. | 10 | 39 |
| Okenia, Dietr. | 2 | 322 |
| OKENIA, Schiede. | 10 | 216 |
| Olacaceæ, Lindl. | 13 | 262 |
| OLACINEÆ, Mirb. | 13 | 262 |
| OLAX, Linn. | 13 | 265 |
| Olbia, Med. | 3 | 343 |
| OLDENBURGIA, Less. | 10 | 9 |
| OLDENLANDIA, Linn. | 8 | 374 |
| OLEA, Tourn. | 8 | 261 |
| — americana, Linn. | 8 | 267 |
| — europæa, Blackw. | 8 | 262 |
| — europæa, Linn. | 8 | 262 |
| — europæa, Sibth. et Sm. | 8 | 262 |
| — fragrans, Thunb. | 8 | 268 |
| — longifolia, R. et S. | 8 | 262 |
| — Oleaster, Link et Hoffm. | 8 | 262 |
| — sativa, Link et Hoffm. | 8 | 262 |
| — sylvestris, Matth. | 8 | 262 |
| OLEACEÆ, Spach. | 8 | 255 |
| OLEASTER, Link. | 8 | 262 |
| Oleineæ, Hoffm. et Link. | 8 | 255 |
| OLEINEÆ, Spach. | 8 | 258 |
| | et | 259 |
| OLIGACTIS, Kunth. | 10 | 38 |
| Oligœoce, Willd. | 10 | 304 |
| Oligarton, Cass. | 10 | 25 |
| OLIGANTHES, Cass. | 10 | 39 |
| OLIGARRHENA, R. Br. | 9 | 433 |
| OLIGOCARPHA, Cass. | 10 | 39 |
| OLIGOCARPUS, Less. | 10 | 15 |
| OLIGODORUM, D. C. | 10 | 27 |
| OLIGOSPORUS, Cass. | 10 | 165 |
| — campestris, Cass. | 10 | 167 |
| — condimentarius, Cass. | 10 | 166 |
| OLIGOTHRIX, D. C. | 10 | 33 |
| OLINIA, Thunb. | 2 | 439 |
| QLISBÆA, D. C. | 4 | 352 |
| OLISIA, Dumort. | 9 | 166 |
| OLIVERIA, Vent. | 8 | 138 |
| OLMEDIA, R. et P. | 11 | 38 |
| OLYMPIA, Spach. | 5 | 406 |
| — glauca, Spach. | 5 | 407 |
| Olynthia, Lindl. | 4 | 105 |
| OLYRA, Linn. | 13 | 160 |
| OMALOCLINE, Cass. | 10 | 6 |
| OMALOTHECA, Cass. | 10 | 26 |
| OMBROPHYTUM, Pœpp. | 10 | 549 |
| OMMATODIUM, Lindl. | 12 | 180 |
| Omœa, Blom. | 12 | 179 |
| Omphalandria, P. Br. | 2 | 488 |
| OMPHALEA, Linn. | 2 | 529 |

| | Vol. | Pag. | | Pag. | Vol. |
|---|---|---|---|---|---|
| Omphalea *cordata*, Swartz. | 2 | 529 | Ononis rotundifolia, Linn. | 1 | 212 |
| — diandra, Linn. | 2 | 529 | — spinosa, Linn. | 1 | 213 |
| — *nucifera*; Swartz. | 2 | 529 | — *spinosa*, Pollich. | 1 | 215 |
| — triandra, Linn. | 2 | 529 | ONOPIX, Raf. | 10 | 40 |
| *Omphalium*, Roth. | 9 | 31 | ONOPORDON, Vaill. | 10 | 86 |
| OMPHALOBIUM, Gærtn. | 2 | 228 | — Acanthium, Linn. | 10 | 87 |
| OMPHALOCARPUS, Beauv. | 9 | 397 | — arabicum, Linn. | 10 | 88 |
| — procerus, Beauv. | 9 | 398 | — *elatum*, Sibth. | 10 | 88 |
| OMPHALOCARYON, Klotz. | 9 | 442 | — elongatum, Lamk. | 10 | 88 |
| *Omphalococcus*, Willd. | 9 | 227 | — *illyricum*, Jacq. | 10 | 89 |
| OMPHALODES, Tourn. | 9 | 34 | — *tauricum*, Willd. | 10 | 88 |
| — linifolia, Mœnch. | 9 | 35 | — *virens*, D. C. | 10 | 88 |
| — *repens*, Schrank. | 9 | 34 | — *viscosum*, Horn. | 10 | 88 |
| — verna, Mœnch. | 9 | 34 | ONOSERIS, D. C. | 10 | 35 |
| *Omphalospora*, Bess. | 9 | 270 | ONOSMA, Linn. | 9 | 31 |
| ONAGRA, Tourn. | 4 | 357 | ONOSMODIUM, Mich. | 9 | 31 |
| — chrysantha, Spach. | 4 | 362 | ONOTROPHE, Cass. | 10 | 94 |
| — *erosa*, Spach. | 4 | 361 | ONYCHIUM, Bl. | 12 | 176 |
| — europæa, Spach. | 4 | 359 | OOCLINIUM, D. C. | 10 | 57 |
| — Kunthiana, Spach. | 4 | 359 | *Opa*, Lour. | 4 | 105 |
| — media, Spach. | 4 | 360 | OPERCULARIA, Gærtn. | 8 | 378 |
| — salicifolia, Spach. | 4 | 361 | OPERCULARIEÆ, A. Rich. | 8 | 378 |
| — spectabilis, Spach. | 4 | 358 | *Opetiola*, Gærtn. | 13 | 144 |
| *Onagræ*, Juss. | 4 | 335 | OPHELIA, Don. | 9 | 23 |
| *Onagrariæ*, D. C. | 4 | 335 | — Chirata, Griseb. | 9 | 23 |
| ONAGRARIEÆ, Bartl. | 4 | 335 | OPHELUS, Lour. | 3 | 418 |
| | | | — *sitularis*, Lour. | 3 | 418 |
| ONAGREÆ, Spach. | 4 | 337 | OPHIOPOGON, Hort. Kew. | 12 | 210 |
| | | et 545 | OPHIOPOGONEÆ, Endl. | 12 | 210 |
| ONCIDIUM, Swartz. | 12 | 178 | OPHIORHIZA, Linn. | 8 | 421 |
| ONCINUS, Lour. | 9 | 374 | — Munghos, Linn. | 8 | 422 |
| ONCOBA, Forsk. | 6 | 115 | *Ophioscorodon*, Wallr. | 12 | 255 |
| *Oncoma*, Spreng. | 9 | 131 | *Ophiospermeæ*, Vent. | 9 | 372 |
| ONCORHYNCHUS, Lehm. | 9 | 272 | *Ophiostachys*, Delile. | 12 | 235 |
| ONCOSTEMON, Juss. fil. | 9 | 374 | OPHIOXYLEÆ, Endl. | 8 | 501 |
| ONCUS, Lour. | 12 | 201 | | | et 511 |
| — esculentus, Lour. | 12 | 202 | OPHIOXYLON, Linn. | 8 | 511 |
| ONOBROMA, D. C. | 10 | 12 | — serpentinum, Linn. | 8 | 512 |
| ONOBRYCHEÆ, D. C. | 1 | 155 | *Ophioxylon*, Pers. | 8 | 502 |
| | | et 284 | *Ophira*, Linn. | 10 | 460 |
| ONOBRYCHIS, Tourn. | 1 | 289 | OPHISPERMUM, Lour. | 13 | 289 |
| — Caput galli, Lamk. | 1 | 290 | *Ophiurus*, Beauv. | 13 | 166 |
| — Crista galli, Lamk. | 1 | 291 | OPHIURUS, Gærtn. fil. | 13 | 166 |
| — Michauxii, D. C. | 1 | 292 | OPHRYDEÆ, Lindl. | 12 | 179 |
| — Pallasii, Bieberst. | 1 | 291 | OPHRYOSPORUS, Meyen. | 10 | 40 |
| — radiata, Bieberst. | 1 | 291 | OPHRYS, Linn. | 12 | 187 |
| — sativa, Lamk. | 1 | 289 | — apifera, Huds. | 12 | 189 |
| ONONIS, Linn. | 1 | 212 | — Arachnites, Hoffm. | 12 | 189 |
| — *arvensis*, Lamk. | 1 | 213 | — aranifera, Smith. | 12 | 188 |
| — *arvensis*, Smith. | 1 | 213 | — *fuciflora*, Curt. | 12 | 188 |
| — fruticosa, Linn. | 1 | 213 | — *muscaria*, Lamk. | 12 | 188 |
| — *procurrens*, Wallr. | 1 | 215 | — *muscifera*, Smith. | 12 | 188 |
| — repens, Linn. | 1 | 213 | | | |

| | Vol. | Pag. | | Vol. | Pag. |
|---|---|---|---|---|---|
| Ophrys myodes, Jacq. . . | 12 | 188 | Opuntia leucotricha, D. C. | 13 | 404 |
| OPILIA, Roxb. . . . . . | 2 | 439 | — media, Haw. . . . . . | 13 | 405 |
| et | 13 | 263 | — megacantha, Salm-Dyck. | 13 | 406 |
| OPITZIA, Presl. . . . . | 13 | 163 | — microdasys, Lehm. . | 13 | 403 |
| OPLISMENUS, Beauv. . . | 13 | 186 | — missouriensis, D. C. . | 13 | 405 |
| — Crus-galli, Kunth. . | 13 | 186 | — monacantha, Haw. . . | 13 | 409 |
| — frumentaceus, Kunth. | 13 | 187 | — nigricans, Haw. . . . | 13 | 409 |
| OPLOTHECA, Nutt. . . . | 5 | 249 | — oblongata, Wendl. . . | 13 | 407 |
| OPOPONAX, Koch. . . . | 8 | 136 | — orbiculata, Salm-Dyck. | 13 | 404 |
| Oporanthus, Herb. . . . | 12 | 405 | — ovata, Pfeiff. . . . . | 13 | 396 |
| OPORINIA, Don. . . . . | 10 | 7 | — parvula, Salm-Dyck. . | 13 | 402 |
| Opulus, Tourn. . . . . . | 8 | 305 | — Phyllanthus, Mill. . . | 13 | 386 |
| — glandulosa, Mœnch. . | 8 | 308 | — Pœppigii, Otto. . . . | 13 | 415 |
| — vulgaris, Borkh. . . . | 8 | 308 | — polyacantha, Haw. . . | 13 | 405 |
| OPUNTIA, (Tourn.) Haw. . | 13 | 395 | — polyantha, Haw. . . . | 13 | 408 |
| — albicans, Salm-Dyck. | 13 | 403 | — puberula, Pfeiff. . . . | 13 | 404 |
| — andicola, Pfeiff. . . . | 13 | 397 | — pusilla, Salm-Dyck. . | 13 | 397 |
| — articulata, Hort. Berol. | 13 | 372 | — ramulifera, Salm-Dyck. | 13 | 415 |
| — aurantiaca, Gill. . . . | 13 | 398 | — robusta, Wendl. . . . | 13 | 410 |
| — brasiliensis, Haw. . . | 13 | 412 | — rosea, D. C. . . . . . | 13 | 413 |
| — candelabriformis, Pfeiff. | 13 | 406 | — rubescens, Salm-Dyck. | 13 | 410 |
| — clavarioides, Hort. Berol. | 13 | 415 | — salicornioides, Spreng. | 13 | 395 |
| — coccinellifera, D. C. . | 13 | 407 | — Salmiana, Parm. . . . | 13 | 414 |
| — coccinellifera, Mill. . | 13 | 400 | — sericea, G. Don. . . . | 13 | 404 |
| — crassa, Haw. . . . . | 13 | 402 | — spinosissima, Mill. . . | 13 | 410 |
| — crinifera, Salm-Dyck. | 13 | 405 | — spinulifera, Salm-Dyck. | 13 | 405 |
| — currassavica, Mill. . . | 13 | 399 | — Stapelia, D. C. . . . | 13 | 413 |
| — cylindrica, D. C. . . . | 13 | 412 | — stricta, Haw. . . . . | 13 | 401 |
| — decipiens, D. C. . . . | 13 | 414 | — sulphurea, G. Don. . . | 13 | 396 |
| — Decumana, Haw. . . | 13 | 401 | — tomentosa, Salm-Dyck. | 13 | 406 |
| — decumbens, Salm-Dyck. | 13 | 403 | — triacantha, D. C. . . . | 13 | 408 |
| — dejecta, Salm-Dyck. . | 13 | 406 | — tuberculata, Haw. . . | 13 | 400 |
| — Dillenii, D. C. . . . . | 13 | 408 | — tuberosa, Pfeiff. . . . | 13 | 397 |
| — elata, Salm-Dyck. . . | 13 | 401 | — Tuna, Mill. . . . . . | 13 | 407 |
| — elatior, Mill. . . . . | 13 | 410 | — tunicata, Hort. Berol. | 13 | 413 |
| — extensa, Salm-Dyck. . | 13 | 398 | — vulgaris, Mill. . . . . | 13 | 399 |
| — ferox, Haw. . . . . . | 13 | 411 | — vulgaris, Ten. . . . . | 13 | 402 |
| — Ficus indica, Mill. . . | 13 | 402 | Opuntiaceæ, Juss. . . . . | 6 | 141 |
| — foliosa, Salm-Dyck. . | 13 | 398 | ORANIA, Bl. . . . . . . | 12 | 60 |
| — fragilis, Haw. . . . . | 13 | 398 | Orbea, Haw. . . . . . . | 8 | 540 |
| — fulvispina, Salm-Dyck. | 13 | 409 | Orchidaceæ, Lindl. . . . . | 12 | 174 |
| — glaucescens, Salm-Dyck. | 13 | 403 | | | |
| — glomerata, Haw. . . . | 13 | 397 | ORCHIDEÆ, Bartl. | 12 | 171 |
| — gracilis, Pfeiff. . . . | 13 | 414 | ORCHIDEÆ, R. Br. . | 12 | 174 |
| — grandis, Pfeiff. . . . | 13 | 405 | Orchides, Juss. . . . . . | 12 | 174 |
| — Hernandezii, D. C. . . | 13 | 402 | Orchidium, Swartz. . . . | 12 | 178 |
| — horrida, Salm-Dyck. . | 13 | 407 | Orchidocarpum, Mich. . . | 7 | 497 |
| — humilis, Haw. . . . . | 13 | 407 | — arietinum, Mich. . . | 7 | 529 |
| — Kleiniæ, D. C. . . . | 13 | 414 | Orchioideæ, Brongn. . . . | 12 | 171 |
| — lanceolata, Haw. . . . | 13 | 401 | ORCHIPEDA, Bl. . . . . | 8 | 502 |
| — leptocaulis, D. C. . . | 13 | 415 | Orchipedum, Kuhl. et Hass. | 12 | 171 |
| — leucacantha, Hort. Berol. | 13 | 411 | ORCHIS, Linn. . . . . . | 12 | 183 |
| — leucosticta, Wendl. . | 13 | 411 | — ensifolia, Vill. . . . . | 12 | 184 |

| | Vol. | Pag. | | Vol. | Pag. |
|---|---|---|---|---|---|
| Orchis *fusca*, Jacq. | 12 | 185 | Ormiscus, D. C. | 6 | 451 |
| — *latifolia*, Linn. | 12 | 186 | — *amplexicaulis*, D. C. | 6 | 452 |
| — *laxiflora*, Lamk. | 12 | 184 | — *pendulus*, D. C. | 6 | 453 |
| — *maculata*, Linn. | 12 | 186 | Ormocarpum, Beauv. | 1 | 155 |
| — *mascula*, Linn. | 12 | 184 | Ormoselinum, Tausch. | 8 | 136 |
| — *militaris*, D. C. | 12 | 185 | Ormosia, Jacks. | 1 | 152 |
| — *Morio*, Linn. | 12 | 184 | Ornithidium, Sal. | 12 | 177 |
| — *palustris*, Jacq. | 12 | 184 | Ornithocephalus, Hook. | 12 | 177 |
| — *pyramidalis*, Linn. | 12 | 186 | *Ornithochilus*, Wallich. | 12 | 179 |
| — *simia*, Lamk. | 12 | 185 | Ornithogalum, Linn. | 12 | 320 |
| — *tephrosanthos*, Vill. | 12 | 185 | — *altissimum*, Linn. | 12 | 323 |
| — *zoophora*, Thuil. | 12 | 185 | — *arabicum*, Red. | 12 | 321 |
| *Oreas*, Cham. | 6 | 324 | — *aureum*, Curt. | 12 | 320 |
| *Orelia*, Aubl. | 8 | 501 | — *capense*, Linn. | 12 | 391 |
| — *grandiflora*, Aubl. | 8 | 510 | — *caudatum*, Hort. Kew. | 12 | 322 |
| Oreobolus, R. Br. | 13 | 146 | — *conicum*, Jacq. | 12 | 322 |
| Oreocallis, R. Br. | 10 | 402 | — *flavescens*, Bot. Reg. | 12 | 321 |
| *Oreochloa*, Link. | 13 | 164 | — *flavissimum*, Jacq. | 12 | 320 |
| Oreodaphne, Nees. | 10 | 500 | — *giganteum*, Jacq. | 12 | 323 |
| — *cupularis*, Nees. | 10 | 502 | — *græcum*, Lamk. | 12 | 382 |
| — *exaltata*, Nees. | 10 | 501 | — *lacteum*, Jacq. | 12 | 321 |
| — *fœtens*, Nees. | 10 | 502 | — *latifolium*, Linn. | 12 | 322 |
| *OREODAPHNEÆ*, Nees. | 10 | 472 | — *liliforme*, Lamk. | 12 | 381 |
| Oreodoxa, Willd. | 12 | 67 | — *longebracteatum*, Jacq. | 12 | 322 |
| — *acuminata*, Willd. | 12 | 68 | — *miniatum*, Jacq. | 12 | 321 |
| — *oleracea*, Mart. | 12 | 67 | — *nanum*, Thunb. | 12 | 304 |
| — *præmorsa*, Willd. | 12 | 69 | — *narbonense*, Linn. | 12 | 322 |
| — *regia*, Kunth. | 12 | 68 | — *nutans*, Linn. | 12 | 319 |
| — *Sancona*, Kunth. | 12 | 69 | — *pyramidale*, Linn. | 12 | 323 |
| Oreomyrrhis, Endl. | 8 | 123 | — *pyrenaicum*, Linn. | 12 | 322 |
| Oreophila, Don. | 10 | 7 | — *revolutum*, Jacq. | 12 | 321 |
| *Oreophilax*, Endl. | 9 | 6 | — *Squilla*, Bot. Mag. | 12 | 314 |
| Oreoptelea, Spach. | 11 | 108 | — *thyrsoides*, Jacq. | 12 | 321 |
| *Oreoselinum*, Hoffm. | 8 | 135 | — *triandrum*, Labill. | 12 | 383 |
| Oreoseris, D. C. | 10 | 35 | — *umbellatum*, Linn. | 12 | 323 |
| Oreoxis, Raf. | 8 | 140 | — *umbellatum*, Thunb. | 12 | 303 |
| *Oresigonia*, Schlechtend. | 10 | 31 | *Ornithogalodum*, Don. | 12 | 255 |
| *Oriba*, Adans. | 7 | 246 | Ornithoglossum, Sal. | 12 | 235 |
| *Oribasia*, Schreb. | 8 | 375 | Ornithopus, Linn. | 1 | 282 |
| Origanum, Tourn. | 9 | 189 | — *perpusillus*, Linn. | 1 | 283 |
| — *creticum*, D. C. | 9 | 189 | *Ornithoxanthum*, Link. | 12 | 254 |
| — *humile*, Desf. | 9 | 189 | *Ornitrophe*, Juss. | 3 | 40 |
| — *Majorana*, Linn. | 9 | 190 | — *Cobbe*, Willd. | 3 | 51 |
| — *majoranoides*, Willd. | 9 | 190 | — *serrata*, Roxb. | 3 | 51 |
| — *virens*, Link. | 9 | 189 | Ornus, Pers. | 8 | 289 |
| — *vulgare*, Linn. | 9 | 189 | — *europæa*, Pers. | 8 | 289 |
| Orites, R. Br. | 10 | 402 | Orobanchæ, Lindl. | 9 | 259 |
| *Orithia*, Don. | 12 | 254 | Orobanche, Linn. | 9 | 261 |
| *Oritina*, R. Br. | 10 | 402 | — *ramosa*, Linn. | 9 | 262 |
| *Orium*, Desv. | 6 | 326 | *OROBANCHEÆ*, Rich. | 9 | 259 |
| Orlaya, Hoffm. | 8 | 153 | *Orobanchoideæ*, Vent. | 9 | 259 |
| Ormenis, Cass. | 10 | 25 | Orobium, Reichb. | 6 | 324 |

| | Vol. | Pag. | | Vol. | Pag. |
|---|---|---|---|---|---|
| OROBUS, Tourn. | 1 | 313 | Osbeckia alpestris, D. C. | 4 | 246 |
| — angustifolius, Linn. | 1 | 315 | — chinensis, Linn. | 4 | 247 |
| — atropurpureus, Desf. | 1 | 315 | — excelsa, Spreng. | 4 | 214 |
| — lathyroides, Linn. | 1 | 313 | — glomerata, D. C. | 4 | 246 |
| — luteus, Linn. | 1 | 316 | — jucunda, D. C. | 4 | 213 |
| — montanus, Scop. | 1 | 316 | — lanceolata, Spreng. | 4 | 237 |
| — niger, Linn. | 1 | 316 | — microphylla, D. C. | 4 | 245 |
| — tenuifolius, Roth. | 1 | 315 | — nepalensis, Hook. | 4 | 247 |
| — tuberosus, Linn. | 1 | 314 | — oleæfolia, D. C. | 4 | 244 |
| — variegatus, Ten. | 1 | 314 | — princeps, D. C. | 4 | 245 |
| — varius, Bot. Mag. | 1 | 315 | — repanda, D. C. | 4 | 246 |
| — venetus, Clus. | 1 | 314 | — Simsii, D. C. | 4 | 245 |
| — vernus, Linn. | 1 | 314 | — stellata, Don. | 4 | 248 |
| — versicolor, Gmel. | 1 | 315 | — zeylanica, Linn. fil. | 4 | 247 |
| Oroplanthus, E. Mey. | 9 | 162 | OSBECKIARIA, D. C. | 4 | 247 |
| ORONTIACEÆ, | | | OSBECKIEÆ, D. C. | 4 | 205 |
| Baril. | 12 | 32 | | | et 232 |
| ORONTIEÆ, Schott. | 12 | 33 | OSCAMPIA, Mœnch. | 9 | 31 |
| ORONTIUM, Linn. | 12 | 33 | OSMANTHUS, Lour. | 8 | 268 |
| Orontium, Pers. | 9 | 67 | — fragrans, Lour. | 8 | 268 |
| OROPETIUM, Trin. | 13 | 166 | OSMITES, Cass. | 10 | 25 |
| OROPHEA, Bl. | 7 | 496 | OSMITOPSIS, Cass. | 10 | 25 |
| OROXYLUM, Vent. | 9 | 131 | Osmodium, Raf. | 9 | 161 |
| Orphium, E. Mey. | 9 | 4 | OSMORHIZA, Raf. | 8 | 133 |
| — frutescens, E. Mey. | 9 | 8 | Osproleon, Wallr. | 9 | 261 |
| Orsina, Bertol. | 10 | 27 | OSSÆA, D. C. | 4 | 206 |
| ORSINIA, Bertol. | 10 | 37 | OSTEOSPERMUM, Linn. | 10 | 15 |
| ORTEGIA, Lœffl. | 5 | 205 | OSTERDAMYA, Neck. | 13 | 166 |
| ORTHANTHERA, Wight. | 8 | 540 | OSTERICUM, Hoffm. | 8 | 134 |
| ORTHOCARPUS, Nutt. | 9 | 272 | OSTRYA, Micheli. | 11 | 215 |
| Orthocentron, Cass. | 10 | 12 | — americana, Mich. | 11 | 218 |
| ORTHOCERAS, R. Br. | 12 | 471 | — carpinifolia, Scop. | 11 | 216 |
| ORTHOCLADA, Beauv. | 13 | 165 | — italica, Micheli. | 11 | 216 |
| Orthopogon, R. Br. | 13 | 160 | — virginiana, Mill. | 11 | 218 |
| ORTHORAPHIUM, Nees. | 13 | 161 | — virginica, Willd. | 11 | 218 |
| ORTHOSELIS, D. C. | 6 | 453 | — vulgaris, Willd. | 11 | 216 |
| — pilosa, D. C. | 6 | 454 | Ostryodium, Desv. | 1 | 156 |
| ORTHOSIPHON, Benth. | 9 | 162 | Oswalda, Cass. | 10 | 18 |
| ORTHOSTACHYS, R. Br. | 9 | 32 | OSYRICERA, Blum. | 12 | 175 |
| ORTHOSTEMON, R. Br. | 9 | 5 | Osyrideæ, Juss. | 10 | 459 |
| Orthrosanthus, Sweet. | 13 | 3 | Osyrineæ, Link. | 10 | 459 |
| ORVALA, Linn. | 9 | 166 | OSYRIS, Linn. | 10 | 460 |
| ORYCHMOPHRAGMUS, Bunge. | 6 | 323 | Otachyrium, Nees. | 13 | 160 |
| ORYGIA, Forsk. | 5 | 109 | Otandra, Sal. | 12 | 178 |
| ORYMARIA, Raf. | 8 | 140 | Otanthus, Link. | 10 | 24 |
| ORYTHIA, Bl. | 9 | 257 | Otaria, Kunth. | 8 | 539 |
| ORYZA, Linn. | 13 | 167 | OTHERA, Thunb. | 9 | 374 |
| — sativa, Linn. | 13 | 168 | OTHLIS, Schott. | 7 | 413 |
| ORYZEÆ, Kunth. | 13 | 158 | OTHONNA, Linn. | 10 | 274 |
| | | et 167 | — callhoides, Mill. | 10 | 275 |
| ORYZOPSIS, Mich. | 13 | 160 | — cheirifolia, Linn. | 10 | 275 |
| OSBECKIA, Linn. | 4 | 244 | Othrys, Petit-Thou. | 6 | 296 |
| | | | OTIDIA, Lindl. | 5 | 316 |

| | Vol. | Pag. | | Vol. | Pag. |
|---|---|---|---|---|---|
| Otidia cornosa, Sweet. | 3 | 317 | Oxalis fabæfolia, Jacq. | 3 | 252 |
| Otochilus, Lindl. | 12 | 175 | — fallax, Jacq. | 3 | 260 |
| Otochlamys, D. C. | 10 | 25 | — ferruginea, Jacq. | 3 | 255 |
| Otostegia, Benth. | 9 | 166 | — filifolia, Jacq. | 3 | 266 |
| Ottelia, Pers. | 12 | 4 | — flabellifolia, Jacq. | 3 | 267 |
| Ottilis, Gærtn. | 3 | 207 | — flaccida, Jacq. | 3 | 255 |
| Ottoa, Kunth. | 8 | 139 | — flava, Jacq. | 3 | 267 |
| Ottonia, Spreng. | 11 | 11 | — floribunda, Lehm. | 3 | 264 |
| Oudneya, R. Br. | 6 | 524 | — fulva, A. Saint-Hil. | 3 | 241 |
| Ouratea, Aubl. | 2 | 380 | — fuscata, Jacq. | 3 | 257 |
| — guianensis, Aubl. | 2 | 385 | — glandulosa, Jacq. | 3 | 256 |
| Ourisia, Commers. | 9 | 271 | — gracilis, Jacq. | 3 | 263 |
| Ourouparia, Aubl. | 8 | 572 | — grandiflora, Jacq. | 3 | 258 |
| Outea, Aubl. | 1 | 119 | — hirta, Jacq. | 3 | 244 |
| — guiabensis, Aubl. | 1 | 120 | — hirta, Linn. | 3 | 244 |
| Ouvirandra, Petit-Thou. | 11 | 4 | — hirtella, Jacq. | 3 | 244 |
| et | 12 | 10 | — incarnata, Linn. | 3 | 246 |
| Ovieda, Linn. | 9 | 226 | — laburnifolia, Jacq. | 3 | 253 |
| Ovieda, Spreng. | 13 | 96 | — lanceæfolia, Jacq. | 3 | 252 |
| — corymbosa, Spreng. | 13 | 96 | — lateriflora, Jacq. | 3 | 242 |
| Ovilla, Adans. | 9 | 556 | — laxula, Jacq. | 3 | 239 |
| OXALIDEÆ, D. C. | 3 | 233 | — lepida, Jacq. | 3 | 251 |
| Oxalideæ-Oxaleæ, Reichb. | 13 | 268 | — leporina, Jacq. | 3 | 252 |
| Oxalis, Linn. | 3 | 237 | — linearis, Jacq. | 3 | 262 |
| — Acetosella, Linn. | 3 | 261 | — livida, Jacq. | 3 | 249 |
| — ambigua, Jacq. | 3 | 255 | — lobata, Sims. | 3 | 250 |
| — amœna, Jacq. | 3 | 264 | — lupinifolia, Jacq. | 3 | 266 |
| — arcuata, Jacq. | 3 | 254 | — luteola, Jacq. | 3 | 260 |
| — asinina, Jacq. | 3 | 251 | — macrostylis, Jacq. | 3 | 243 |
| — Barrelieri, Jacq. | 3 | 238 | — marginata, Jacq. | 3 | 260 |
| — bipunctata, Grah. | 3 | 247 | — melilotoides, A.Saint-Hil. | 3 | 259 |
| — breviscapa, Jacq. | 3 | 258 | — mimosoides, A.Saint-Hil. | 3 | 268 |
| — Burmanni, Jacq. | 3 | 246 | — miniata, Jacq. | 3 | 263 |
| — cajanifolia, A.Saint-Hil. | 3 | 259 | — monophylla, Linn. | 3 | 250 |
| — canescens, Jacq. | 3 | 243 | — multiflora, Jacq. | 3 | 244 |
| — caprina, Linn. | 3 | 249 | — pectinata, Jacq. | 3 | 267 |
| — carnosa, Lindl. | 3 | 247 | — pectantha, Jacq. | 3 | 258 |
| — cernua, Thunb. | 3 | 248 | — pentaphylla, Sims. | 3 | 266 |
| — ciliaris, Jacq. | 3 | 254 | — polyphylla, Jacq. | 3 | 265 |
| — compressa, Jacq. | 3 | 249 | — pulchella, Jacq. | 3 | 260 |
| — convexula, Jacq. | 3 | 259 | — punctata, Jacq. | 3 | 259 |
| — cordata, A. Saint-Hil. | 3 | 240 | — purpurata, Jacq. | 3 | 250 |
| — corniculata, Linn. | 3 | 241 | — purpurea, Jacq. | 3 | 259 |
| — crispa, Jacq. | 3 | 251 | — pusilla, Jacq. | 3 | 262 |
| — cuneata, Jacq. | 3 | 262 | — pusilla, Sal. | 3 | 241 |
| — cuneifolia, Jacq. | 3 | 262 | — reclinata, Jacq. | 3 | 263 |
| — dentata, Jacq. | 3 | 249 | — reptatrix, Jacq. | 3 | 245 |
| — disticha, Jacq. | 3 | 246 | — rosacea, Jacq. | 3 | 245 |
| — elongata, Jacq. | 3 | 264 | — rosea, Jacq. | 3 | 242 |
| — euphorbioides, A. Saint-Hil. | 3 | 240 | — roselata, A. Saint-Hil. | 3 | 259 |
| — exaltata, Jacq. | 3 | 256 | — rostrata, Jacq. | 3 | 251 |
| | | | — rubella, Jacq. | 3 | 244 |
| | | | — rubroflava, Jacq. | 3 | 255 |

| | Vol. | Pag. |
|---|---|---|
| Oxalis sanguinea, Jacq. . | 3 | 253 |
| — secunda, Jacq. . . . . | 3 | 243 |
| — sensitiva, Linn. . . . | 3 | 268 |
| — speciosa, Willd. . . . | 3 | 258 |
| — stricta, Linn. . . . . | 3 | 241 |
| — suggillata, Jacq. . . . | 3 | 258 |
| — sulfurea, Jacq. . . . | 3 | 257 |
| — tenella, Jacq. . . . . | 3 | 261 |
| — tenuifolia, Jacq. . . . | 3 | 265 |
| — tetraphylla , Cav. . . | 3 | 247 |
| — tomentosa, Linn. . . . | 3 | 267 |
| — tricolor, Jacq. . . . . | 3 | 254 |
| — truncatula , Jacq. . . | 3 | 257 |
| — tubiflora, Jacq. . . . | 3 | 243 |
| — undulata, Jacq. . . . | 3 | 256 |
| — variabilis, Jacq. . . . | 3 | 258 |
| — variabilis rubra, Jacq. | 3 | 239 |
| — versicolor, Jacq. . . . | 3 | 265 |
| — versicolor, Linn. . . | 3 | 264 |
| — violacea, Linn. . . . | 3 | 248 |
| — virginea, Jacq. . . . . | 3 | 245 |
| OXERA, Labill. . . . . | 9 | 151 |
| OXYANTHERA, Brongn. . | 12 | 179 |
| OXYANTHUS, D. C. . . | 8 | 372 |
| OXYBAPHUS, L'hérit. . . | 10 | 516 |
| Oxycarpus, Lour. . . . | 5 | 308 |
| — cochinchinensis, Lour. | 5 | 328 |
| OXYCEDRUS, Spach. . . . | 11 | 387 |
| Oxyceros, Lour. . . . . | 8 | 372 |
| OXYCOCCOS, Tourn. . . . | 9 | 529 |
| — macrocarpus , Pursh. | 9 | 531 |
| — palustris, Pers. . . . | 9 | 530 |
| Oxydenia, Nutt. . . . . | 13 | 163 |
| OXYGONUM, Burch. . . . | 10 | 521 |
| OXYGRAPHIS, Bunge. . . | 7 | 190 |
| OXYLOBIUM, R. Br. . . | 1 | 171 |
| — arborescens, R. Br. . | 1 | 171 |
| — cordifolium, Andr. . . | 1 | 171 |
| — ellipticum, R. Br. . . | 1 | 171 |
| — retusum, Bot. Reg. . | 1 | 172 |
| OXYMERIS, D. C. . . . . | 4 | 206 |
| Oxyodon, Less. . . . . | 10 | 35 |
| OXYPETALUM, R. Br. . . | 8 | 539 |
| Oxypheria, Hortor. . . . | 10 | 23 |
| OXYPOLIS, Raf. . . . . | 8 | 140 |
| OXYRIA, Hill. . . . . . | 10 | 522 |
| — digyna, Campd. . . . | 10 | 522 |
| — reniformis, Hook. . . | 10 | 522 |
| Oxyspermum. Eckl. et Zeyh. | 8 | 378 |
| OXYSPORA, D. C. . . . | 4 | 229 |
| — paniculata, D. C. . . | 4 | 229 |
| — vagans, Wallich. . . | 4 | 230 |
| OXYSTELMA , R. Br. . . . | 8 | 549 |

| | Vol. | Pag. |
|---|---|---|
| Oxystelma esculentum, R. Br. | 8 | 549 |
| Oxystophyllum , Bl. . . . | 12 | 176 |
| Oxytandrum , Neck. . . . | 4 | 3 |
| OXYTROPIS, D. C. . . . . | 1 | 155 |
| OXYURA, D. C. . . . . . | 10 | 21 |
| OVEDÆA, D. C. . . . . . | 10 | 20 |
| OZODIA, Wight et Arn. . | 8 | 133 |
| Ozophyllum, Schreb. . . . | 2 | 323 |
| — trifoliatum, Willd. . | 2 | 356 |
| OZOTHAMNUS, R. Br. . . | 10 | 26 , |
| Pachira , Aubl. . . . . . | 3 | 343 |
| — aquatica, Aubl. . . . . | 3 | 424 |
| — grandiflora, Tuss. . . . | 3 | 426 |
| PACHITES, Lindl. . . . . | 12 | 180 |
| PACHYCALYX, Klotz. . . | 9 | 442 |
| PACHYCARPUS, E. Mey. . | 8 | 539 |
| PACHYDENDRON, Haw. . . | 12 | 356 |
| — ferox, Haw. . . . . . | 12 | 357 |
| PACHYDERIS, Cass. . . . | 10 | 29 |
| Pachyderma, Bl. . . . . | 8 | 258 |
| PACHYLÆNA, Don. . . . | 10 | 35 |
| PACHYLEPIS, Brongn. . . | 11 | 346 |
| — juniperoides, Brongn. | 11 | 346 |
| PACHYLEPIS, Less. . . . | 10 | 6 |
| PACHYLOMA , D. C. . . . | 4 | 228 |
| — coriaceum, D. C. . . . | 4 | 229 |
| PACHYLOMA, Spach. . . . | 7 | 194 |
| — arvense, Spach. . . . | 7 | 195 |
| — arvense echinatum, Spach. | 7 | 195 |
| — arvense leiocarpum , | | |
| Spach. . . . . . | 7 | 195 |
| — arvense tuberculatum, | | |
| Spach. . . . . . | 7 | 195 |
| PACHYLOPHUS, Spach. . . | 4 | 365 |
| — Nuttallii, Spach. . . . | 4 | 365 |
| Pachyne, Sal. . . . . . | 12 | 176 |
| PACHYNEMA, R. Br. . . | 7 | 414 |
| PACHYPHYLLUM, Kunth. | 12 | 178 |
| PACHYPLEURUM , Ledeb. | 8 | 135 |
| Pachypleurum , Reichb. . | 8 | 138 |
| PACHYPODIUM, Lindl. . . | 8 | 502 |
| PACHYRHYNCHUS, D. C. | 10 | 27 |
| PACHYRHIZUS, Rich. . . | 1 | 353 |
| — angulosus, Rich. . . | 1 | 334 |
| — trilobus, D. C. . . . | 1 | 334 |
| Pachysa, Don. . . . . . | 9 | 443 |
| PACHYSANDRA, Mich. . . | 2 | 490 |
| — coriacea, Hook. . . . | 2 | 489 |
| — procumbens, Mich. . | 2 | 490 |
| Pachystoma, Blum. . . . | 2 | 176 |
| PACOURIA, Aubl. . . . . | 8 | 501 |
| PACOURINA, Aubl. . . . | 10 | 39 |

| | Vol. | Pag. | | Vol. | Pag. |
|---|---|---|---|---|---|
| PACOURINOPSIS, Cass. | 10 | 59 | Pæonia *tatarica*, Bot. Mag. | 7 | 400 |
| PADUS, Mill. | 1 | 412 | — *tatarica*, Mill. | 7 | 402 |
| PÆDERIA, Linn. | 8 | 434 | — *triternata*, Pall. | 7 | 402 |
| — *fœtida*, Linn. | 8 | 435 | — *villosa*, Desf. | 7 | 402 |
| PÆDERIEÆ, D. C. | 8 | 376 | — *tenuifolia*, Linn. | 7 | 406 |
| | et | 434 | — *Whitleyi*, Anders. | 7 | 400 |
| PÆDEROTA, Linn. | 9 | 271 | | | |
| PÆONIA, Linn. | 7 | 394 | PÆONIEÆ, Spach. | 7 | 292 |
| — *albiflora*, Pall. | 7 | 400 | | et | 394 |
| — *anomala*, Linn. | 7 | 405 | Pœnu, Hort. Malab. | 13 | 309 |
| — *arietina*, Anders. | 7 | 402 | PÆPALANTHUS, Mart. | 13 | 140 |
| — *bannatica*, Rochel. | 7 | 403 | PAGAMEA, Aubl. | 8 | 483 |
| — *corallina*, Retz. | 7 | 402 | PAGESIA, Raf. | 9 | 271 |
| — *cretica*, Bot. Reg. | 7 | 402 | *Palafoxia*, Lag. | 10 | 36 |
| — *daurica*, Anders. | 7 | 402 | *Palava*, R. et P. | 4 | 60 |
| — *decora*, Anders. | 7 | 402 | PALAVIA, Cav. | 3 | 342 |
| — *edulis*, Sal. | 7 | 400 | PALEOLARIA, Cass. | 10 | 36 |
| — *Emodi*, Wallich. | 7 | 399 | *Paletuviera*, Petit-Thou. | 4 | 331 |
| — *fœmina*, Desf. | 7 | 402 | PALEYA, Cass. | 10 | 6 |
| — *festiva*, Tausch. | 7 | 402 | *Paliavana*, Velloz. | 9 | 258 |
| — *fimbriata*, Anders. | 7 | 402 | PALICOUREA, Aubl. | 8 | 458 |
| — *fragrans*, Anders. | 7 | 400 | — *guianensis*, Aubl. | 8 | 459 |
| — *Humei*, Bot. Mag. | 7 | 400 | — Marcgravii, Aug. | | |
| — *humilis*, Retz. | 7 | 400 | Saint-Hil. | 8 | 458 |
| — *hybrida*, Pall. | 7 | 405 | — *tinctoria*, R. et S. | 8 | 459 |
| — *integra*, Murr. | 7 | 402 | *Palimbia*, Bess. | 8 | 138 |
| — *intermedia*, C. A. Mey. | 7 | 405 | PALISOTA, Reichb. | 13 | 122 |
| — *laciniata*, Pall. | 7 | 405 | PALIURUS, Tourn. | 2 | 439 |
| — *laciniata*, Willd. | 7 | 405 | — *aculeatus*, Lamk. | 2 | 440 |
| — *lanceolata*, Salm-Dyck. | 7 | 402 | — *australis*, Gærtn. | 2 | 440 |
| — *lobata*, Desf. | 7 | 402 | — *virgatus*, Don. | 2 | 440 |
| — *lobata*, Pall. | 7 | 405 | PALLADIA, Mœnch. | 9 | 363 |
| — *mascula*, Desf. | 7 | 402 | — *atropurpurea*, Mœnch. | 9 | 364 |
| — *microcarpa*, Salm-Dyck. | 7 | 402 | — *Ephemerum*, Spach. | 9 | 364 |
| — *mollis*, Bot. Mag. | 7 | 402 | *Pallasia*, Houtt. | 2 | 322 |
| — *Moutan*, Hort. Kew. | 7 | 398 | *Pallasia*, L'hérit. | 10 | 20 |
| — *multifida*, Salm-Dyck. | 7 | 402 | — *serratifolia*, Smith. | 10 | 141 |
| — *officinalis*, Blackw. | 7 | 402 | *Pallasia*, Linn. | 10 | 521 |
| — *officinalis*, Bull. | 7 | 402 | *Pallasia*, Scop. | 13 | 159 |
| — *officinalis*, Linn. | 7 | 401 | PALLENIS, Cass. | 10 | 28 |
| — *papaveracea*, Andr. | 7 | 398 | *Palma Avoira*, Aubl. | 12 | 121 |
| — *paradoxa*, Anders. | 7 | 402 | *Palma Bache*, Aubl. | 12 | 92 |
| — *peregrina*, Mill. | 7 | 402 | *Palma Iraiba*, Piso. | 12 | 128 |
| — *porrigens*, Reichb. | 7 | 402 | *Palmaceæ*, Lindl. | 12 | 57 |
| — *promiscua*, Lobel. | 7 | 402 | PALMÆ, Juss. | 12 | 57 |
| — *pubens*, Sims. | 7 | 402 | PALMÆ, Linn. | 12 | 54 |
| — *quinquecapsularis*, Pall. | 7 | 405 | *Palmæ-Cyclantheæ*, Reichb. | 12 | 22 |
| — *rosea*, Host. | 7 | 405 | PALMIA, Lindl. | 9 | 94 |
| — *Russi*, Bivon. | 7 | 403 | *Palmijuncus albus*, Rumph. | 12 | 85 |
| — *sessiliflora*, Bot. Mag. | 7 | 402 | — *calapparius*, Rumph. | 12 | 83 |
| — *sibirica*, Pall. | 7 | 405 | — *Draco*, Rumph. | 12 | 84 |
| — *subternata*, Salm-Dyck. | 7 | 403 | — *equestris*, Rumph. | 12 | 81 |
| — *suffruticosa*, Andr. | 7 | 398 | — *verus*, Rumph. | 12 | 82 |

| | Vol. | Pag. |
|---|---|---|
| Palmijuncus viminalis, Rumph. | 12 | 81 |
| PALOVEA, Aubl. | 1 | 88 |
| Pamea, Aubl. | 4 | 296 |
| PAMPHALEA, Lag. | 10 | 34 |
| PANARGYRUM, Less. | 10 | 34 |
| Panargyrus, Lag. | 10 | 34 |
| PANAX, Linn. | 8 | 113 |
| — aculeatum, Hort. Kew. | 8 | 116 |
| — chrysophyllum, Vahl. | 8 | 116 |
| — fruticosum, Linn. | 8 | 117 |
| — Morototoni, Aubl. | 8 | 116 |
| — quinquefolium, Linn. | 8 | 114 |
| — undulatum, Pers. | 8 | 116 |
| Pancratia, Willd. | 1 | 88 |
| Pancratium, Herb. | 12 | 429 |
| PANCRATIUM, Linn. | 12 | 428 |
| — amboinense, Linn. | 12 | 428 |
| — caribæum, Bot. Mag. | 12 | 430 |
| — disciforme, Red. | 12 | 430 |
| — illyricum, Linn. | 12 | 429 |
| — incarnatum, Kunth. | 12 | 427 |
| — littorale, Jacq. | 12 | 430 |
| — maritimum, Linn. | 12 | 429 |
| — nervifolium, Sal. | 12 | 428 |
| — rotatum, Ker. | 12 | 430 |
| — speciosum, Sal. | 12 | 430 |
| Pandaca, Petit-Thou. | 8 | 502 |
| Pandanaceæ, Lindl. | 12 | 22 |
| | et | 23 |
| Pandaneæ, Brongn. | 12 | 22 |
| Pandaneæ, Dumort. | 12 | 22 |
| Pandaneæ, Mart. | 12 | 22 |
| PANDANEÆ, R. Br. | 12 | 22 |
| PANDANEÆ VERÆ, Kunth. | 12 | 23 |
| Pandanoideæ, Brongn. | 12 | 22 |
| PANDANUS, Linn. fil. | 12 | 24 |
| — caricosus, Rumph. | 12 | 28 |
| — ceramicus, Rumph. | 12 | 28 |
| — edulis, Petit-Thou. | 12 | 28 |
| — humilis, Rumph. | 12 | 27 |
| — latifolius, Rumph. | 12 | 27 |
| — moschatus, Rumph. | 12 | 27 |
| — odoratissimus, Linn. fil. | 12 | 25 |
| — repens, Rumph. | 12 | 28 |
| — sativus, Petit-Thou. | 12 | 26 |
| — sylvestris, Rumph. | 12 | 27 |
| — utilis, Bory. | 12 | 26 |
| — verus, Rumph. | 12 | 25 |
| PANDOREA, Endl. | 9 | 136 |
| — australis, R. Br. | 9 | 136 |

| | Vol. | Pag. |
|---|---|---|
| Panicastrella, Mœnch. | 13 | 162 |
| Panicastrum, Micheli. | 13 | 159 |
| PANICEÆ, Kunth. | 13 | 159 |
| | et | 182 |
| PANICUM, Linn. | 13 | 183 |
| — altissimum, Desf. | 13 | 184 |
| — Crus-corvi, Linn. | 13 | 186 |
| — Crus-galli, Linn. | 13 | 186 |
| — Dactylon, Linn. | 13 | 198 |
| — frumentaceum, Roxb. | 13 | 187 |
| — germanicum, Roth. | 13 | 188 |
| — gramineum, Rumph. | 13 | 199 |
| — italicum, Linn. | 13 | 187 |
| — jumentorum, Pers. | 13 | 184 |
| — læve, Lamk. | 13 | 184 |
| — maximum, Jacq. | 13 | 184 |
| — miliaceum, Linn. | 13 | 185 |
| — miliare, Lamk. | 13 | 185 |
| — polygamum, Swartz. | 13 | 184 |
| — spicatum, Roxb. | 13 | 189 |
| — virgatum, Linn. | 13 | 184 |
| Panisea, Lindl. | 12 | 175 |
| Panke, Feuill. | 11 | 26 |
| Panopia, Noronh. | 2 | 487 |
| Panphalea, Lag. | 10 | 34 |
| Panzera, Willd. | 1 | 88 |
| PANZERIA, Mœnch. | 9 | 166 |
| PAPAVER, Linn. | 7 | 10 |
| — alpinum, Sturm. | 7 | 20 |
| — alpinum, F. et M. | 7 | 20 |
| — alpinum citrinum, F. et M. | 7 | 20 |
| — alpinum croceum, F. et M. | 7 | 20 |
| — alpinum leucanthum, F. et M. | 7 | 20 |
| — alpinum miniatum, F. et M. | 7 | 20 |
| — alpinum, Jacq. | 7 | 20 |
| — arenarium, Bieberst. | 7 | 17 |
| — Argemone, Linn. | 7 | 19 |
| — armeniacum, Lamk. | 7 | 21 |
| — armeniacum leiocarpum, Spach. | 7 | 21 |
| — armeniacum trichocarpum, Spach. | 7 | 21 |
| — aurantiacum, Lois. | 7 | 20 |
| — bracteatum, Lindl. | 7 | 9 |
| — Burseri, Crantz. | 7 | 20 |
| — cambricum, Linn. | 7 | 24 |
| — caucasicum, Biebert. | 7 | 21 |
| — commutatum, F. et M. | 7 | 17 |
| — croceum, Ledeb. | 7 | 20 |

| | Vol. | Pag. | | Vol. | Pag. |
|---|---|---|---|---|---|
| Pápaver *dubium*, Linn. . | 7 | 17 | *Papiria*, Lamk. . . . . . | 11 | 37 |
| — *floribundum*, Desf. . | 7 | 21 | *PAPPOPHOREÆ*, | | |
| — *fugax*, Desf. . . | 7 | 21 | Kunth. . . . . . . | 13 | 162 |
| — *hispidum*, Desf. . . | 7 | 21 | PAPPOPHORUM, Schreb. | 13 | 162 |
| — *hybridum*, Linn. . . | 7 | 19 | *Papularia*, Forsk. . . . | 5 | 109 |
| — *intermedium*, Reichb. | 7 | 17 | *Papyria*, Thunb. . . . | 12 | 406 |
| — *lævigatum*, Bieberst. . | 7 | 17 | *Papyrus*, Willd. . . . | 13 | 144 |
| — *microcarpum*, D. C. . | 7 | 20 | — *antiquorum*, Willd. . | 13 | 150 |
| — *miniatum*, Reichb. . | 7 | 20 | PAQUERINA, Cass. . . . | 10 | 51 |
| — *nudicaule*, Bot. Mag. . | 7 | 20 | *Paractænum*, Beauv. . . | 13 | 160 |
| — *nudicaule*, Linn. . . | 7 | 20 | *Paragnothis*, Spreng. . . | 12 | 180 |
| — *obtusifolium*, Linn. . | 7 | 17 | PARALEA, Aubl. . . . . | 9 | 400 |
| — *orientale*, Linn. . . | 7 | 7 | *Parapetalifera*, Wendl. . | 2 | 322 |
| — *persicum*, Lindl. . . | 7 | 21 | PARAPODIUM, E. M-y. . | 8 | 539 |
| — *pyrenaicum*, Willd. . | 7 | 20 | PARASTRANTHUS, Don. . | 9 | 572 |
| — *Rhœas*, D. C. . . | 7 | 17 | PARATROPIA, Bl. . . . | 8 | 113 |
| — *Rhœas*, Linn. . . | 7 | 16 | *Pardanthus*, Ker. . . . | 13 | 5 |
| — *Rœmbœi*, D. C. . . | 7 | 17 | — *chinensis*, Ker. . . . | 13 | 75 |
| — *segetale*, Spenn. . . | 7 | 16 | *Pardisium*, Burm. . . . | 10 | 35 |
| — *segetale corynocar-* | | | *Parentucellia*, Viv. . . | 9 | 272 |
|   *pum*, Spach. . . . | 7 | 17 | PARIANA, Aubl. . . . | 13 | 165 |
| — *segetale intermedium*, | | | *PARIDEÆ*, Bartl. . . . | 12 | 240 |
|   Spach. . . . . | 7 | 17 | *Parideæ*, Dumort. . . . | 12 | 208 |
| — *segetale trilobum*, Spach. | 7 | 17 | PARIETARIA, Tourn. . . | 11 | 30 |
| — *segetale vulgare*, Spach. | 7 | 17 | — *diffusa*, M. et K. . . | 11 | 30 |
| — *setigerum*, Sweet. . . | 7 | 12 | — *judaica*, Schk. . . . | 11 | 30 |
| — *sinense*, Weinm. . . | 7 | 17 | — *officinalis*, Linn. . . | 11 | 30 |
| — *somniferum*, Linn. . | 7 | 12 | PARIETARIEÆ, Gaudich. | 11 | 24 |
| — *somniferum*, Sweet. . | 7 | 12 | *Parilium*, Gærtn. . . . | 8 | 242 |
| — *suaveolens*, Lapeyr. . | 7 | 20 | *Parinari*, Aubl. . . . . | 1 | 369 |
| — *trilobum*, Wallr. . | 7 | 17 | PARINARIUM, Juss. . . | 1 | 371 |
| — *turbinatum*, D. C. | 7 | 21 | — *campestre*, Aubl. . . | 1 | 372 |
| *PAPAVERACEÆ*, | | | — *excelsum*, Guill. . . | 1 | 375 |
|   Juss. . . . . . . | 7 | 1 | — *montanum*, Aubl. . . | 1 | 372 |
| *PAPAVEREÆ*, Spach. | 7 et 7 | 5 | — *senegalense*, Perrott. . | 1 | 373 |
| *PAPAVERINEÆ*, Spach. | 7 et 7 | 5 | PARIS, Linn. . . . . | 12 | 230 |
| | | 7 | — *quadrifolia*, Linn. . . | 12 | 230 |
| *Papaya*, Tourn. . . . | 13 | 316 | PARITIUM, Juss. . . . | 3 | 586 |
| — *carica*, Gærtn. . . . | 13 | 316 | — *tiliaceum*, Juss. . . . | 3 | 586 |
| — *cauliflora*, Poir. . . | 13 | 319 | PARIVOA, Aubl. . . . | 1 | 419 |
| — *communis*, Poir. . . | 13 | 316 | — *grandiflora*, Aubl. . . | 1 | 419 |
| — *microcarpa*, Poir. . . | 13 | 318 | PARKIA, R. Br. . . . | 1 | 60 |
| — *monoica*, Poir. . . . | 13 | 320 | — *africana*, R. Br. . . | 1 | 60 |
| — *sativa*, Tuss. . . . | 13 | 316 | PARKINSONIA, Linn. . . | 1 | 107 |
| — *spinosa*, Poir. . . . | 13 | 319 | — *aculeata*, Linn. . . . | 1 | 108 |
| — *vulgaris*, Lamk. . . | 13 | 316 | PAROCHETUS, Hamilt. . | 1 | 157 |
| *PAPAYACEÆ*, Mart. | 13 | 314 | *Paronomus*, Salz. . . . | 10 | 400 |
| *Papayeæ*, Agardh. . . . | 13 | 314 | PARONYCHIA, Juss. . . . | 5 | 258 |
| *PAPILIONACEÆ*, | | | *Paronychieæ*, Bartl. . . | 5 | 205 |
|   R. Br. . . . . . . | 1 | 149 | | et | 257 |
| | | | *PARONYCHIEÆ*, | | |
| | | | Saint-Hil. . . . . . | 5 | 237 |

|                                    | Vol. | Pag. |                                    | Vol. | Pag. |
|------------------------------------|------|------|------------------------------------|------|------|
| PAROPSIA, Nor.                     | 6    | 284  | Passiflora kermesina, Link         |      |      |
| — edulis, Petit-Thou.              | 6    | 284  | et Otto                            | 6    | 264  |
| Parosella, Cav.                    | 1    | 154  | — laurifolia, Linn.                | 6    | 270  |
| PARROTIA, C. A. Méy.               | 8    | 77   | — ligularis, Juss.                 | 6    | 269  |
| PARRYA, R. Br.                     | 6    | 324  | — longiflora, Lamk.                | 6    | 281  |
| Parsonsia, P. Br.                  | 4    | 419  | — longipes, Juss.                  | 6    | 270  |
| PARSONSIA, R. Br.                  | 8    | 503  | — lunata, Smith.                   | 6    | 265  |
| PARTHENIUM, Linn.                  | 10   | 18   | — lutea, Linn.                     | 6    | 262  |
| Parua Kelanga, Hort. Mal.          | 11   | 7    | — maliformis, Linn.                | 6    | 268  |
| PASCALIA, Ort.                     | 10   | 21   | — mucronata, Lamk.                 | 6    | 267  |
| PASCHANTHUS, Burch.                | 6    | 257  | — Murucuia, Linn.                  | 6    | 278  |
| PASITHEA, Don.                     | 12   | 256  | — orbiculata, Cavan.               | 6    | 278  |
| PASPALUM, Linn.                    | 13   | 182  | — pallida, Linn.                   | 6    | 262  |
| — Kora, Linn.                      | 13   | 185  | — palmata, Lodd.                   | 6    | 274  |
| — scrobiculatum, Linn.             | 13   | 185  | — perfoliata, Linn.                | 6    | 263  |
| Paspalus, Flügg.                   | 13   | 160  | — pinnatistipula, Cav.             | 6    | 280  |
| Passalia, Sol.                     | 5    | 497  | — princeps, Lodd.                  | 6    | 271  |
| PASSERINA, Linn.                   | 10   | 446  | — punctata, Linn.                  | 6    | 266  |
| — capitata, Willd.                 | 10   | 447  | — quadrangularis, Linn.            | 6    | 269  |
| — filiformis, Linn.                | 10   | 447  | — racemosa, Brot.                  | 6    | 271  |
| — grandiflora, Willd.              | 10   | 447  | — rotundifolia, Linn.              | 6    | 265  |
| — laxa, Linn.                      | 10   | 447  | — rubra, Linn.                     | 6    | 263  |
| — spicata, Linn.                   | 10   | 447  | — serratifolia, Linn.              | 6    | 266  |
| — uniflora, Willd.                 | 10   | 447  | — stipulata, Aubl.                 | 6    | 272  |
| PASSIFLORA, Linn.                  | 6    | 259  | — Tacso, Cavan.                    | 6    | 281  |
| — adianthifolia, Bot. Reg.         | 6    | 277  | — tiliæfolia, Linn.                | 6    | 268  |
| — Adianthum, Willd.                | 6    | 277  | — tomentosa, Linn.                 | 6    | 281  |
| — adulterina, Linn.                | 6    | 280  | — variegata, Mill.                 | 6    | 275  |
| — alata, Hort. Kew.                | 6    | 270  | — Vespertilio, Bot. Reg.           | 6    | 265  |
| — angustifolia, Bot. Mag.          | 6    | 251  | — Vespertilio, Lawr.               | 6    | 265  |
| — aurantia, Andr.                  | 6    | 277  | — Vespertilio, Linn.               | 6    | 264  |
| — aurantia, Forst.                 | 6    | 276  | PASSIFLOREÆ, Juss.                 | 6    | 255  |
| — biflora, Lamk.                   | 6    | 265  | Passoura, Aubl.                    | 5    | 497  |
| — ciliata, Hort. Kew.              | 6    | 276  | PASTINACA, Linn.                   | 8    | 167  |
| — coccinea, Aubl.                  | 6    | 267  | — Anethum, Spreng.                 | 8    | 167  |
| — cœrulea, Linn.                   | 6    | 274  | — latifolia, D. C.                 | 8    | 168  |
| — cuneifolia, Cav.                 | 6    | 273  | — opaca, Horn.                     | 8    | 168  |
| — cuprea, Linn.                    | 6    | 262  | — sativa, Linn.                    | 8    | 168  |
| — discolor, Link et Otto.          | 6    | 265  | Patagonium, Schrank                | 1    | 155  |
| — edulis, Sims.                    | 6    | 272  | PATAGONULA, Linn.                  | 9    | 32   |
| — emarginata, Humb. et             |      |      | PATERSONIA, R. Br.                 | 13   | 8    |
| Bonpl.                             | 6    | 260  | — sericea, R. Br.                  | 13   | 8    |
| — filamentosa, Bot. Reg.           | 6    | 274  | Patientia, Blackw.                 | 10   | 525  |
| — filamentosa, Cav.                | 6    | 273  | PATIMA, Aubl.                      | 8    | 374  |
| — fœtida, Cav.                     | 6    | 275  | PATRINIA, Juss.                    | 10   | 304  |
| — glabra, Wendl.                   | 6    | 277  | — Jatamansi, Don.                  | 10   | 304  |
| — glandulosa, Cav.                 | 6    | 282  | Patrisia, Kunth.                   | 6    | 132  |
| — glauca, Humb. et Bonpl.          | 6    | 260  | PATRISIA, Rich.                    | 6    | 132  |
| — glauca, Jacq.                    | 6    | 272  | PATRISIEÆ, D. C.                   | 6    | 132  |
| — Herbertiana, D. C.               | 6    | 276  | PAULETIA, Cav.                     | 1    | 124  |
| — hirsuta, Lodd.                   | 6    | 275  | PAULLINIA, Linn.                   | 3    | 47   |
| — holosericea, Linn.               | 6    | 261  | — australis, A. St-Hil.            | 3    | 50   |
| — incarnata, Linn.                 | 6    | 272  |                                    |      |      |

| | Vol. | Pag. |
|---|---|---|
| Paullinia *caracussana*, Jacq. | 3 | 45 |
| — Cupana, Kunth. . . . | 3 | 49 |
| — Cururu, Linn. . . . | 3 | 47 |
| — elegans, Camb. . . . | 3 | 48 |
| — grandiflora , Camb. . | 3 | 48 |
| — melíæfolia, Juss. . . . | 3 | 49 |
| — pinnata, Linn. . . . . | 3 | 49 |
| — *triternata*, Linn. . . . | 3 | 46 |
| PAULOWNIA, Sieb. et Zuccar. | 9 | 309 |
| — imperialis, Sieb. et Zucc. | 9 | 310 |
| PAURICIA, Harv. . . . . | 13 | 115 |
| PAVETTA, Linn. . . . . . | 8 | 445 |
| — *alba*, Vahl. . . . . | 8 | 446 |
| — indica, Linn. . . . . | 8 | 445 |
| PAVIA, Boerh. . . . . . | 3 | 20 |
| — atropurpurea, Spach. . | 3 | 29 |
| — carnea, Guimp. et Hayn. | 3 | 22 |
| — discolor, Pursh. . . . | 3 | 28 |
| — *edulis*, Poit. . . . . | 3 | 34 |
| — flava, D. C. . . . . | 3 | 25 |
| — glabra, Willd. . . . | 3 | 24 |
| — humilis , Lindl. . . . | 3 | 31 |
| — hybrida, Spach. . . . | 3 | 27 |
| — intermedia, Spach. . . | 3 | 32 |
| — Lindleyana , Spach. . | 3 | 30 |
| — livida, Spach. . . . . | 3 | 26 |
| — lucida, Spach. . . . . | 3 | 31 |
| — *lutea*, Poir. . . . . | 3 | 25 |
| — *macrostachya*, D. C. . | 3 | 34 |
| — Michauxii, Spach. . . | 3 | 32 |
| — mutabilis, Spach. . . | 3 | 27 |
| — neglecta, Lindl. . . . | 3 | 24 |
| — pallida, Willd. . . . | 3 | 23 |
| — *rubra*, Lamk. . . . . | 3 | 33 |
| — versicolor, Spach. . . | 3 | 28 |
| — Watsoniana, Spach. . | 3 | 21 |
| — Willdenowiana, Spach. | 3 | 30 |
| PAVONIA, Cav. . . . . . | 3 | 363 |
| — cuneifolia, Cav. . . . | 3 | 365 |
| — diuretica, A. St-Hil. . | 3 | 366 |
| — glechomoides, A. St-Hil. | 3 | 364 |
| — grandiflora, A. St-Hil. | 3 | 366 |
| — hastata, Cav. . . . . | 3 | 365 |
| — latifolia, Mart. . . . | 3 | 368 |
| — malacophylla, Nees. . | 3 | 368 |
| — muricata, A. St-Hil. . | 3 | 364 |
| — *præmorsa*, Willd. . . | 3 | 365 |
| — Rosa campestris , A. Saint-Hil. . . . . | 3 | 367 |
| — speciosa, Kunth. . . . | 3 | 367 |
| — spinifex, Willd. . . . | 3 | 363 |
| — urens, Cav. . . . . . | 3 | 364 |
| PAXTONIA, Lindl. . . . | 12 | 175 |
| Pecheya, Scop. . . . . . | 8 | 376 |
| PECTIDIUM, Less. . . . | 10 | 16 |
| PECTIDOPSIS, D. C. . . . | 10 | 16 |
| Pectinaria, Haw. . . . . | 8 | 540 |
| Pectinastrum, Cass. . . . | 10 | 11 |
| PECTINELLUM, D. C. . . . | 10 | 37 |
| Pectis, Cass. . . . . . . | 10 | 16 |
| PECTIS, Linn. . . . . . | 10 | 16 |
| Pectophytum, Kunth. . . . | 8 | 136 |
| Pedalineæ , R. Br. . . . | 9 | 248 |
| PEDALIUM, Linn. . . . . | 9 | 251 |
| — Murex, Willd. . . . . | 9 | 252 |
| Pediculares , Juss. . . . . | 9 | 264 |
| PEDICULARIS , Tourn. . . | 9 | 331 |
| — palustris, Linn. . . . | 9 | 332 |
| PEDILANTHUS, Neck. . . . | 2 | 538 |
| — tithymaloides, Poit. . | 2 | 538 |
| Pedilea, Lindl. . . . . . | 12 | 175 |
| Pedilonia, Presl. . . . . | 13 | 109 |
| Pedilonium, Bl. . . . . | 12 | 176 |
| PEGANUM, Linn. . . . . | 2 | 314 |
| — Harmala, Linn. . . . | 2 | 315 |
| PEGOLETTIA , Cass. . . . | 10 | 27 |
| PEIOXOTOA, Juss. fil. . . | 3 | 155 |
| — glabra, Juss. fil. . . . | 3 | 155 |
| Pekea, Aubl. . . . . . . | 3 | 10 |
| — *butyrosa*, Aubl. . . . | 3 | 14 |
| — Couroupita, Juss. . . . | 4 | 197 |
| — *tuberculosa*, Aubl. . . | 3 et | 11 15 |
| PELARGIUM, D. C. . . . | 3 | 323 |
| PELARGONIUM, L'hérit. . | 3 | 307 |
| — abrotanifolium , Jacq. | 3 | 325 |
| — *acaule*, Cav. . . . . | 3 | 308 |
| — acerifolium, L'hérit. . | 3 | 334 |
| — acetosum, Hort. Kew. . | 3 | 323 |
| — affine, Andr. . . . . | 3 | 309 |
| — anemonefolium, Jacq. | 3 | 321 |
| — angulosum, Hort. Kew. | 3 | 334 |
| — apiifolium, Jacq. . . | 3 | 326 |
| — ardens, Sweet. . . . . | 3 | 327 |
| — asarifolium , Sweet. . | 3 | 322 |
| — astragalifolium , Pers. | 3 | 314 |
| — atrosanguineum, Sweet. | 3 | 314 |
| — atrum, L'hérit. . . . | 3 | 313 |
| — auriculatum, Willd. . | 3 | 309 |
| — balsameum, Jacq. . . | 3 | 336 |
| — barbatum, Jacq. . . . | 3 | 311 |
| — *betonicum*, Jacq. . . . | 3 | 321 |
| — betulinum, Hort. Kew. | 3 | 332 |
| — bicolor, Hort. Kew. . | 3 | 328 |
| — blattarium, Jacq. . . | 3 | 318 |
| — bubonifolium, Pers. . | 3 | 312 |

| | Vol. | Pag. |
|---|---|---|
| Pelargonium canariense, Willd. | 3 | 320 |
| — canum, Pers. | 3 | 319 |
| — capitatum, Hort. Kew. | 3 | 334 |
| — carinatum, Sweet. | 3 | 319 |
| — carneum, Jacq. | 3 | 315 |
| — carnosum, Hort. Kew. | 3 | 317 |
| — caucalifolium, Jacq. | 3 | 322 |
| — ceratophyllum, L'hérit. | 3 | 316 |
| — ciliatum, Jacq. | 3 | 309 |
| — columbinum, Jacq. | 3 | 316 |
| — cordatum, Hort. Kew. | 3 | 333 |
| — cordifolium, Bot. Mag. | 3 | 333 |
| — coriandrifolium, Jacq. | 3 | 333 |
| — coronillæfolium, Pers. | 3 | 315 |
| — cortusæfolium, Jacq. | 3 | 331 |
| — cortusæfolium, L'hérit. | 3 | 329 |
| — corydaliflorum, Sweet. | 3 | 311 |
| — Cotyledonis, L'hérit. | 3 | 318 |
| — crassicaule, Bot. Mag. | 3 | 329 |
| — crispum, Hort. Kew. | 3 | 335 |
| — crythmifolium, Smith. | 3 | 317 |
| — cucullatum, Hort. Kew. | 3 | 333 |
| — dasycaulon, Sims. | 3 | 313 |
| — denticulatum, Jacq. | 3 | 337 |
| — depressum, Jacq. | 3 | 308 |
| — dioicum, Hort. Kew. | 3 | 313 |
| — dipetalum, L'hérit. | 3 | 322 |
| — echinatum, Curt. | 3 | 329 |
| — elatum, Sweet. | 3 | 320 |
| — elegans, Andr. | 3 | 331 |
| — elegans, Dum. Cours. | 3 | 332 |
| — eriostemon, Jacq. | 3 | 318 |
| — exstipulatum, Hort. Kew. | 3 | 335 |
| — filipendulæfolium, Sweet. | 3 | 326 |
| — fissifolium, Pers. | 3 | 312 |
| — flavum, Hort. Kew. | 3 | 326 |
| — floribundum, Hort. Kew. | 3 | 312 |
| — fragrans, Willd. | 3 | 324 |
| — fulgidum, Hort. Kew. | 3 | 327 |
| — gibbosum, Willd. | 3 | 326 |
| — glaucum, L'hérit. | 3 | 331 |
| — glutinosum, Hort. Kew. | 3 | 336 |
| — graveolens, Hort. Kew. | 3 | 337 |
| — hamatum, Jacq. | 3 | 329 |
| — hederæfolium, Dum. Cours. | 3 | 331 |
| — heracleifolium, Lodd. | 3 | 315 |
| — hermanniæfolium, Jacq. | 3 | 335 |
| — heterophyllum, Jacq. | 3 | 310 |
| — hirtum, Jacq. | 3 | 325 |
| — holosericeum, Sweet. | 3 | 319 |
| — hybridum, Hort. Kew. | 3 | 323 |
| — ignescens, Sweet. | 3 | 328 |
| Pelargonium incisum, Willd. | 3 | 325 |
| — incrassatum, Bot. Mag. | 3 | 315 |
| — inquinans, Hort. Kew. | 3 | 324 |
| — jatrophæfolium, D. C. | 3 | 337 |
| — lacerum, Jacq. | 3 | 321 |
| — laciniatum, Pers. | 3 | 310 |
| — lateripes, L'hérit. | 3 | 330 |
| — lobatum, Willd. | 3 | 321 |
| — longicaule, Jacq. | 3 | 321 |
| — longiflorum, Jacq. | 3 | 308 |
| — longifolium, Jacq. | 3 | 307 |
| — malvæfolium, Jacq. | 3 | 315 |
| — melananthum, Andr. | 3 | 313 |
| — melananthum, Jacq. | 3 | 313 |
| — Monstrum, Hort. Kew. | 3 | 324 |
| — multiradiatum, Wendl. | 3 | 324 |
| — myrrhifolium, Hort. Kew. | 3 | 321 |
| — nervifolium, Jacq. | 3 | 310 |
| — nobile, D. C. | 3 | 332 |
| — nutans, Sweet. | 3 | 311 |
| — odoratissimum, Hort. Kew. | 3 | 324 |
| — OEnotheræ, Jacq. | 3 | 319 |
| — ovale, L'hérit. | 3 | 330 |
| — ovalifolium, Sweet. | 3 | 308 |
| — oxalidifolium, Andr. | 3 | 310 |
| — pallens, Sweet. | 3 | 328 |
| — paniculatum, Jacq. | 3 | 317 |
| — papilionaceum, Hort. Kew. | 3 | 333 |
| — patulum, Jacq. | 3 | 331 |
| — peltatum, Hort. Kew. | 3 | 320 |
| — penicillatum, Willd. | 3 | 332 |
| — penniforme, Pers. | 3 | 313 |
| — pictum, Pers. | 3 | 329 |
| — pilosum, Pers. | 3 | 313 |
| — primulinum, Sweet. | 3 | 329 |
| — procumbens, Andr. | 3 | 316 |
| — pulchellum, Bot. Mag. | 3 | 329 |
| — punctatum, Willd. | 3 | 308 |
| — purpurascens, Pers. | 3 | 313 |
| — quercifolium, Hort. Kew. | 3 | 336 |
| — quinatum, Curt. | 3 | 322 |
| — quinquevulnerum, Willd. | 3 | 328 |
| — radicatum, Vent. | 3 | 308 |
| — Radula, Hort. Kew. | 3 | 336 |
| — rapaceum, Jacq. | 3 | 311 |
| — rapaceum, Sims. | 3 | 311 |
| — reflexum, Pers. | 3 | 310 |
| — reniforme, Bot. Mag. | 3 | 330 |
| — reticulatum, Sweet. | 3 | 308 |
| — revolutum, Pers. | 3 | 309 |
| — ribifolium, Jacq. | 3 | 333 |

| | Vol. | Pag. |
|---|---|---|
| Pelargonium roseum, Hort. Kew. | 3 | 311 |
| — rubens, Willd.. , | 3 | 334 |
| — sanguineum, Wendl. | 3 | 327 |
| — saniculæfolium, Willd. | 3 | 331 |
| — scabrum, Hort. Kew. | 3 | 335 |
| — selinifolium, Sweet. | 3 | 313 |
| — setosum, Sweet. | 3 | 312 |
| — spathulatum, Andr. | 3 | 309 |
| — splendens, Willd. | 3 | 328 |
| — tenuifolium, L'hérit. | 3 | 325 |
| — terebinthaceum, Cav. | 3 | 337 |
| — ternatum, Jacq. | 3 | 336 |
| — tetragonum, L'hérit. | 3 | 323 |
| — tomentosum, Jacq. | 3 | 332 |
| — tricolor, Curt. | 3 | 320 |
| — tricuspidatum, L'hér. | 3 | 335 |
| — trilobatum, Schrad. | 3 | 337 |
| — tripartitum, Sweet. | 3 | 325 |
| — triphyllum, Jacq. | 3 | 310 |
| — triste, Hort. Kew. | 3 | 327 |
| — triste : β, Sims. | 3 | 326 |
| — verbasciflorum, Sweet. | 3 | 319 |
| — viciæfolium, L'hérit. | 3 | 314 |
| — violæflorum, Sweet. | 3 | 312 |
| — violarium, Jacq. | 3 | 320 |
| — virgineum, Pers. | 3 | 309 |
| — vitifolium, Hort. Kew. | 3 | 334 |
| — zonale, Willd. | 3 | 324 |
| Pelexia, Poit. | 12 | 181 |
| Peliosanthes, Andr. | 12 | 210 |
| Peliostomum, Benth. | 9 | 268 |
| Pella ribesioides, Gærtn. | 13 | 535 |
| Pellionia, Gaudich. | 11 | 24 |
| Peltandra, Raf. | 12 | 39 |
| Peltanthera, Roth. | 8 | 503 |
| Peltaria, Linn. | 6 | 326 |
| Peltidium, Zoll. | 10 | 6 |
| Peltodon, Pohl. | 9 | 163 |
| Peltophorus, Desv. | 13 | 166 |
| Peltopsis, Raf. | 12 | 15 |
| Pemphis, Forst. | 4 | 428 |
| — acidula, Forst. | 4 | 428 |
| Penicillaria, Swartz. | 13 | 188 |
| — spicata, Willd. | 13 | 189 |
| Pennantia, Forst. | 2 | 488 |
| Pennisetum, Rich. | 13 | 159 |
| — italicum, R. Br. | 13 | 187 |
| — typhoideum, Pers. | 13 | 189 |
| Pentacæna, Bartl. | 5 | 258 |
| Pentacalia, Cass. | 10 | 32 |
| Pentachlamys, D. C. | 10 | 8 |
| Pentachondra, R. Br. | 9 | 435 |
| | Vol. | Pag. |
|---|---|---|
| Pentacrypta, Lehm. | 8 | 138 |
| Pentadactylon, Gærtn. | 10 | 404 |
| Pentadesma, Don. | 5 | 320 |
| — butyraceum, Don. | 5 | 320 |
| Pentaloba, Lour. | 5 | 497 |
| Pentameris, Beauv. | 13 | 164 |
| Pentanema, Cass. | 10 | 27 |
| Pentanthus, Hook. | 10 | 34 |
| Pentanthus, Less. | 10 | 34 |
| Pentapera, Klotz. | 9 | 443 |
| Pentapetes, Linn. | 3 | 446 |
| — acerifolia, Linn. | 3 | 454 |
| — phœnicea, Linn. | 3 | 446 |
| — suberifolia, Linn. | 3 | 452 |
| Pentaphorus, Don. | 10 | 10 |
| Pentaphragma, Wallich. | 9 | 584 |
| Pentaphyllum, Pers. | 1 | 153 |
| Pentapogon, R. Br. | 13 | 162 |
| Pentaptera, Roxb. | 4 | 296 |
| Pentarhaphia, Lindl. | 9 | 258 |
| Pentarhaphis, Kunth. | 13 | 163 |
| Pentarrhinum, E. Mey. | 8 | 539 |
| Pentasachme, Wallich. | 8 | 539 |
| Pentaschistis, Nees. | 13 | 164 |
| Pentastemon, V. Pentstemon. | | |
| Pentataxis, Don. | 10 | 26 |
| Pentatropis, R. Br. | 8 | 539 |
| Penthea, Don. | 10 | 9 |
| Penthea, Lindl. | 12 | 180 |
| Penthorum, Linn. | 5 | 73 |
| Pentlandia, Herb. | 12 | 405 |
| Pentstemon, L'hér. | 9 | 300 |
| — angustifolius, Bot. Mag. | 9 | 301 |
| — campanulatus, Willd. | 9 | 301 |
| — diffusus, Dougl. | 9 | 303 |
| — Digitalis, Nutt. | 9 | 303 |
| — lœvigatus, Willd. | 9 | 304 |
| — ovatus, Dougl. | 9 | 304 |
| — pubescens, Hort. Kew. | 9 | 302 |
| — pulchellus, Bot. Reg. | 9 | 301 |
| — venustus, Dougl. | 9 | 306 |
| Pentzia, Thunb. | 10 | 23 |
| Peperidia, Reichb. | 11 | 19 |
| Peperidium, Lindl. | 12 | 154 |
| Peperomia, R. et P. | 11 | 11 |
| Peplidium, Delile. | 9 | 269 |
| Peplis, Linn. | 4 | 419 |
| Pepo macrocarpus, Rich. fil. | 6 | 202 |
| PEPONIFERÆ, Bartl. | 6 | 139 |
| Pera, Mutis. | 2 | 488 |
| Peraltea, Kunth. | 1 | 89 |

| | Vol. | Pag. |
|---|---|---|
| PERAMA, Aubl. | 8 | 377 |
| et | 9 | 227 |
| PERAMIBUS, Raf. | 10 | 19 |
| Perdicieæ, Spreng. | 10 | 33 |
| et | | 34 |
| PERDICIUM, Lag. | 10 | 35 |
| PEREILEMA, Presl. | 13 | 161 |
| PERESKIA, Plum. | 13 | 416 |
| — aculeata, Plum. | 13 | 416 |
| — Bleo, D. C. | 13 | 417 |
| — glomerata, Pfeiff. | 13 | 419 |
| — grandifolia, Haw. | 13 | 417 |
| — horrida, D. C. | 13 | 419 |
| — lychnidiflora, D. C. | 13 | 418 |
| — opuntiæflora, D. C. | 13 | 418 |
| — Pititache, Pfeiff. | 13 | 417 |
| — portulacæfolia, Haw. | 13 | 419 |
| — rotundifolia, D. C. | 13 | 418 |
| — spathulata, Hort. Berol. | 13 | 416 |
| — zinniæflora, D. C. | 13 | 418 |
| PEREZIA, Lag. | 10 | 33 |
| Perezia, Llav. | 10 | 34 |
| PERGULARIA, Linn. | 8 | 557 |
| — minor, Andr. | 8 | 558 |
| — odoratissima, Smith. | 8 | 557 |
| PERGULARIEÆ, Endl. | 10 | 540 |
| et | | 554 |
| PERIBALLIA, Trin. | 13 | 163 |
| PERIBOEA, Kunth. | 12 | 297 |
| — corymbosa, Kunth. | 12 | 298 |
| — Gawleri, Kunth. | 12 | 298 |
| Pericalia, Cass. | 10 | 52 |
| PERICLYMENUM, Tourn. | 8 | 344 |
| — germanicum, Mill. | 8 | 335 |
| — sempervirens, Mill. | 8 | 345 |
| — sempervirens angustifolium, Spach. | 8 | 346 |
| — sempervirens latifolium, Spach. | 8 | 345 |
| — vulgare, Mill. | 8 | 335 |
| Perideridia, Reichb. | 8 | 138 |
| PERIDIUM, Schott. | 2 | 488 |
| PERILLA, Linn. | 9 | 163 |
| PERILOMIA, Kunth. | 9 | 165 |
| Periphragmos, R. et P. | 9 | 108 |
| PERIPLOCA, Linn. | 8 | 541 |
| — esculenta, Willd. | 8 | 549 |
| — græca, Linn. | 8 | 541 |
| — indica, Linn. | 8 | 542 |
| — Secamone, Linn. | 8 | 544 |
| PERIPLOCEÆ, R. Br. | 8 | 538 |
| et | | 541 |
| PERISTERA, D. C. | 3 | 317 |
| PERISTERA, Hook. | 12 | 177 |
| PERISTROPHE, Nees. | 9 | 158 |
| — speciosa, Nees. | 9 | 159 |
| PERITOMA, D. C. | 6 | 297 |
| Pernettia, Scop. | 9 | 536 |
| PEROBACHNE, Presl. | 13 | 167 |
| Perojoa, Cav. | 9 | 433 |
| — microphylla, Cav. | 9 | 436 |
| PERONEMA, Jack. | 9 | 227 |
| Peronia, D. C. | 12 | 148 |
| PEROTIS, Ait. | 13 | 166 |
| PEROTRICHE, Cass. | 10 | 26 |
| Perpenium, Burm. | 11 | 26 |
| PERROTTETIA, Kunth. | 2 | 404 |
| Perrottetia, D. C. | 1 | 155 |
| PERSEA, Gærtn. | 10 | 489 |
| — Borbonia, Spreng. | 10 | 492 |
| — Camphora, Spreng. | 10 | 487 |
| — carolinensis, Nees. | 10 | 492 |
| — Cassia, Spreng. | 10 | 482 |
| — Cinnamomum, Spreng. | 10 | 481 |
| — drimyfolia, Schlechtend. | 10 | 490 |
| — exaltata, Spreng. | 10 | 501 |
| — fœtens, Spreng. | 10 | 502 |
| — gratissima, Gærtn. | 10 | 489 |
| — indica, Spreng. | 10 | 491 |
| — Sassafras, Spreng. | 10 | 505 |
| — Tamala, Spreng. | 10 | 483 |
| PERSEÆ, Nees. | 10 | 470 |
| PERSICA, Tourn. | 1 | 385 |
| — lævis, D. C. | 1 | 386 |
| — Nucipersica, Bauh. | 1 | 386 |
| — vulgaris, Mill. | 1 | 386 |
| PERSICARIA, Tourn. | 10 | 535 |
| — Hydropiper, Linn. | 10 | 536 |
| — orientalis, Tourn. | 10 | 537 |
| — tinctoria, Lour. | 10 | 536 |
| Personaria, Lamk. | 10 | 14 |
| Personatæ, Juss. | 9 | 264 |
| Personatæ-Bignoniaceæ, Reichb. | 9 | 128 |
| Persoonia, Mich. | 10 | 18 |
| PERSOONIA, R. Br. | 10 | 419 |
| — lanceolata, R. Br. | 10 | 420 |
| — linearis, R. Br. | 10 | 420 |
| Persoonia guaroides, Willd. | 3 | 202 |
| PERSOONIEÆ, Endl. | 10 | 401 |
| et | | 419 |
| Pervinca, Tourn. | 8 | 502 |
| — major, Mœnch. | 8 | 524 |
| — minor, Mœnch. | 8 | 523 |
| PESOMERIA, Lindl. | 12 | 176 |

| | Vol. | Pag. |
|---|---|---|
| *Petagnana*, Gmel. | 1 | 155 |
| PETAGNIA, Guss. | 8 | 140 |
| PETALACTE, Don. | 10 | 27 |
| PETALANTHERA, Nees et Mart. | 10 | 472 |
| PETALANTHERA, Nutt. | 6 | 235 |
| PETALIDIUM, Nees. | 9 | 144 |
| PETALOLEPIS, Cass. | 10 | 26 |
| PETALOSTEMON, Mich. | 1 | 245 |
| — candidum, Mich. | 1 | 245 |
| — carneum, Mich. | 1 | 246 |
| — corymbosum, Mich. | 1 | 246 |
| — violaceum, Mich. | 1 | 245 |
| PETALOTOMA, D. C. | 4 | 106 |
| *Petalotoma*, Swartz. | 4 | 275 |
| *Petamenes quadrangularis*, Sal. | 13 | 80 |
| PETASITES, Tourn. | 10 | 277 |
| — albus, Hall. | 10 | 278 |
| — *officinalis*, Gærtn. | 10 | 278 |
| — vulgaris, Desf. | 10 | 278 |
| PETESIA, Bartl. | 8 | 373 |
| *Petesia*, P. Br. | 8 | 373 |
| *Petesioides*, Jacq. | 9 | 374 |
| PETILIUM, Linn. | 12 | 268 |
| — imperiale, Linn. | 12 | 268 |
| *Petitia*, Gay. | 8 | 139 |
| PETITIA, Jacq. | 9 | 227 |
| PETIVERIA, Linn. | 5 | 245 |
| — alliacea, Linn. | 5 | 246 |
| — *octandra*, Linn. | 5 | 246 |
| PETRÆA, Linn. | 9 | 227 |
| PETROBIUM, R. Br. | 10 | 19 |
| PETROCALLIS, R. Br. | 6 | 497 |
| — pyrenaica, R. Br. | 6 | 498 |
| PETROCARVI, Tausch. | 8 | 138 |
| *Petrocarya montana*, Willd. | 1 | 372 |
| PETROMARULA, Pers. | 9 | 566 |
| — pinnata, Pers. | 9 | 566 |
| PETROPHILA, R. Br. | 10 | 407 |
| — diversifolia, R. Br. | 10 | 408 |
| — pulchella, R. Br. | 10 | 407 |
| *Petroselinum*, Koch. | 8 | 138 |
| PETUNGA, D. C. | 8 | 373 |
| PETUNIA, Juss. | 9 | 61 |
| — nyctaginiflora, Juss. | 9 | 62 |
| — violacea, Sweet. | 9 | 61 |
| *Peuce*, Rich. | 11 | 358 |
| PEUCE, Sweet. | 11 | 415 |
| PEUCEDANEÆ, Tausch. | 8 | 135 |
| | et | 159 |
| PEUCEDANUM, (Linn.) Koch. | 8 | 164 |
| — officinale, Linn. | 8 | 164 |
| Peucedanum *Ostruthium*, Koch. | 8 | 166 |
| — *pratense*, Lamk. | 8 | 214 |
| — *Silaus*, Linn. | 8 | 214 |
| PEUCOIDES, Spach. | 11 | 423 |
| *Peumus*, Pers. | 11 | 90 |
| — *fragrans*, Bertero. | 10 | 493 |
| PEYROUSEA, D. C. | 10 | 23 |
| *Peyrousia*, Sweet. | 13 | 4 |
| PFAFFIA, Mart. | 5 | 263 |
| — glabrata, Mart. | 5 | 264 |
| — velutina, Mart. | 5 | 264 |
| PHACA, Linn. | 1 | 155 |
| PHACELIA, Juss. | 9 | 51 |
| — congesta, Hook. | 9 | 52 |
| — tanacetifolia, Benth. | 9 | 52 |
| PHACOCAPNOS, Bernh. | 7 | 61 |
| *Phacospermum*, Haw. | 5 | 222 |
| PHÆANDRA, Spach. | 7 | 249 |
| PHÆCASIUM, Cass. | 10 | 6 |
| PHÆIRIS, Spach. | 13 | 46 |
| PHÆNOCOMIA, Don. | 10 | 27 |
| *Phæomeria*, Lindl. | 12 | 154 |
| PHÆOSTOMA, Spach. | 4 | 392 |
| — Douglasii, Spach. | 4 | 393 |
| PHAGNALON, Cass. | 10 | 26 |
| *Phailopsis*, Willd. | 9 | 146 |
| PHAJUS, Lour. | 12 | 176 |
| PHALACRÆA, D. C. | 10 | 37 |
| PHALACRODERIS, D. C. | 10 | 7 |
| *Phalacrodiscus*, Less. | 10 | 24 |
| PHALACROLOMA, Cass. | 10 | 30 |
| PHALACROMESUS, Cass. | 10 | 38 |
| PHALÆNOPSIS, Bl. | 12 | 178 |
| PHALANGIUM, Juss. | 12 | 381 |
| — *bicolor*, D. C. | 12 | 384 |
| — *esculentum*, Nutt. | 12 | 319 |
| — Liliago, Schreb. | 12 | 382 |
| — *Liliastrum*, Pers. | 12 | 381 |
| — *pendulum*, Red. | 12 | 385 |
| — *planifolium*, Pers. | 12 | 384 |
| — *Quamash*, Pursh. | 12 | 319 |
| — ramosum, Lamk. | 12 | 381 |
| — *revolutum*, Pers. | 12 | 373 |
| *PHALARIDEÆ*, Kunth. | 13 | 158 |
| | et | 172 |
| PHALARIS, Linn. | 13 | 178 |
| — arundinacea, Linn. | 13 | 179 |
| — canariensis, Linn. | 13 | 179 |
| PHALERIA, Jack. | 10 | 436 |
| *Phaleria*, Jack. | 13 | 289 |
| *Phalerocarpus*, Raf. | 9 | 443 |
| PHALLARIA, Schumach. | 8 | 375 |

|                                  | Vol. | Pag. |
|----------------------------------|------|------|
| *Phalolepis*, Cass.              | 10   | 11   |
| PHANERA, Lour.                   | 1    | 126  |
| — coccinea, Lour.                | 1    | 126  |
| PHANIA, D. C.                    | 10   | 37   |
| *Pharbitis*, Choisy.             | 9    | 94   |
| *Pharium*, Lindl.                | 12   | 255  |
| PHARNACEUM, Linn.                | 5    | 205  |
| PHARUS, P. Br.                   | 13   | 158  |
| *Phasellus*, Mœnch.              | 1    | 156  |
| PHASEOLEÆ, D. C.                 | 1    | 156  |
|                                  | et   | 317  |
| PHASEOLUS, Linn.                 | 1    | 322  |
| — bracteolatus, Nees et Mart.    | 1    | 323  |
| — Caracalla, Linn.               | 1    | 322  |
| — compressus, D. C.              | 1    | 324  |
| — gonospermus, Savi.             | 1    | 325  |
| — hæmatocarpus, Savi.            | 1    | 325  |
| — *helvolus*, Mich.              | 1    | 327  |
| — multiflorus, Willd.            | 1    | 323  |
| — oblongus, Savi.                | 1    | 324  |
| — *romanus*, Savi.               | 1    | 324  |
| — saponaceus, Savi.              | 1    | 324  |
| — semierectus, Linn.             | 1    | 328  |
| — sphæricus, Savi.               | 1    | 325  |
| — *sphærospermus*, Linn.         | 1    | 332  |
| — tuberosus, Lour.               | 1    | 323  |
| — tumidus, Savi.                 | 1    | 325  |
| — vexillatus, Linn.              | 1    | 327  |
| — vulgaris, Savi.                | 1    | 324  |
| PHEBALIUM, Vent.                 | 2    | 322  |
| PHELIPÆA, Desf.                  | 9    | 261  |
| *Phellandrium*, Linn.            | 8    | 139  |
| — *aquaticum*, Linn.             | 8    | 210  |
| PHELLINE, Labill.                | 9    | 400  |
| *Phemeranthus*, Raf.             | 5    | 222  |
| — *teretifolius*, Raf.           | 5    | 228  |
| PHENACOSPERMUM, Endl.            | 12   | 136  |
| PHILACTIS, Schrad.               | 10   | 20   |
| *Philadelpheæ*, D. C.            | 5    | 3    |
| PHILADELPHEÆ, Don.               | 5    | 13   |
| PHILADELPHUS, Linn.              | 5    | 13   |
| — coronarius, Linn.              | 5    | 14   |
| — floribundus, Schrad.           | 5    | 15   |
| — *gracilis*, Hortor.            | 5    | 17   |
| — *grandiflorus*, Lindl.         | 5    | 15   |
| — grandiflorus, Willd.           | 5    | 16   |
| — hirsutus, Nutt.                | 5    | 17   |
| — *inodorus*, Hortor.            | 5    | 16   |
| — inodorus, Linn.                | 5    | 18   |
| — latifolius, Schrad.            | 5    | 16   |
| — laxus, Schrad.                 | 5    | 17   |
| — Lewisii, Pursh.                | 5    | 18   |
| Philadelphus nanus, Mill.        | 5    | 15   |
| — pubescens, Delaun.             | 5    | 16   |
| — speciosus, Schrad.             | 5    | 17   |
| — verrucosus, Schrad.            | 5    | 15   |
| — Zeyheri, Schrad.               | 5    | 45   |
| PHILAGONIA, Bl.                  | 2    | 230  |
| PHILESIA, Commers.               | 12   | 210  |
| PHILIBERTIA, Kunth.              | 8    | 539  |
| PHILIPPIA, Klotz.                | 9    | 443  |
| *Philocrena*, Bong.              | 12   | 12   |
| *Philocrenaceæ*, Bong.           | 12   | 11   |
| PHILODENDREÆ, Schott.            | 12   | 40   |
| PHILODENDRON, Schott.            | 12   | 40   |
| *Philodice*, Mart.               | 13   | 140  |
| PHILOGLOSSA, D. C.               | 10   | 19   |
| PHILOGYNE, Haw.                  | 12   | 440  |
| *Philostizus*, Cass.             | 10   | 11   |
| PHILOTHECA, Rudge.               | 2    | 322  |
| PHILOXERUS, R. Br.               | 5    | 249  |
| PHIPPSIA, Trin.                  | 13   | 161  |
| PHLEBOANTHE, Tausch.             | 9    | 167  |
| PHLEBOCARYA, R. Br.              | 13   | 109  |
| PHLEBOPHYLLUM, Nees.             | 9    | 144  |
| PHLEDINIUM, Spach.               | 7    | 351  |
| — virgatum, Spach.               | 7    | 353  |
| PHLEUM, Linn.                    | 13   | 177  |
| — pratense, Linn.                | 13   | 178  |
| PHLOGACANTHUS, Nees.             | 9    | 146  |
| PHLOGINEÆ, Reichb.               | 9    | 108  |
| PHLOMIDOPSIS, Link.              | 9    | 215  |
| — tuberosa, Link.                | 9    | 215  |
| PHLOMIS, Linn.                   | 9    | 211  |
| — agraria, Ledeb.                | 9    | 215  |
| — alpina, Pall.                  | 9    | 215  |
| — fruticosa, Linn.               | 9    | 212  |
| — Herba venti, Linn.             | 9    | 213  |
| — Leonurus, Linn.                | 9    | 211  |
| — pungens, Linn.                 | 9    | 215  |
| — tuberosa, Linn.                | 9    | 215  |
| *Phlomoides*, Mœnch.             | 9    | 166  |
| PHLOX, Linn.                     | 9    | 109  |
| — acuminata, Pursh.              | 9    | 110  |
| — canadensis, Sweet.             | 9    | 114  |
| — carnea, Bot. Mag.              | 9    | 112  |
| — cordata, Elliot.               | 9    | 110  |
| — corymbosa, Sweet.              | 9    | 110  |
| — decussata, Hortor.             | 9    | 110  |
| — divaricata, Linn.              | 9    | 114  |
| — glaberrima, Linn.              | 9    | 112  |
| — latifolia, Hortor.             | 9    | 110  |
| — laxiflora, Spach.              | 9    | 112  |
| — longiflora, Sweet.             | 9    | 111  |
| — maculata, Linn.                | 9    | 111  |

| | Vol. | Pag. | | Vol. | Pag. |
|---|---|---|---|---|---|
| Phlox paniculata, Linn. . | 9 | 110 | Phylica acerosa, Willd. . | 2 | 468 |
| — procumbens, Lehm. . | 9 | 114 | — axillaris, Lamk. . . | 2 | 472 |
| — prostrata, Hort. Kew. | 9 | 113 | — bicolor, Linn. . . . | 2 | 469 |
| — pyramidalis, Sweet. | 9 | 111 | — buxifolia, Linn. . . . | 2 | 473 |
| — reptans, Mich. . . | 9 | 113 | — capitata, Thunb. . . | 2 | 471 |
| — scabra, Sweet. . . | 9 | 110 | — cordata, Linn. . . . | 2 | 473 |
| — setacea, Linn. . . . | 9 | 115 | — cylindrica, Wendl. . | 2 | 470 |
| — Sickmanni, Lehm. . | 9 | 110 | — ericoides, Linn. . . | 2 | 468 |
| — stolonifera, Sims. . . | 9 | 113 | — excelsa, Wendl. . . | 2 | 470 |
| — suaveolens, Linn. . . | 9 | 111 | — glabrata, Thunb. . . | 2 | 468 |
| — subulata, Linn. . . . | 9 | 115 | — hirsuta, Thunb. . . | 2 | 470 |
| — suffruticosa, Willd. . | 9 | 112 | — horizontalis, Vent. . | 2 | 470 |
| — triflora, Mich. . . . | 9 | 112 | — imberbis, Linn. . . | 2 | 469 |
| — undulata, Hort. Kew. | 9 | 110 | — lanceolata, Thunb. . | 2 | 469 |
| PHOEBE, Nees. . . | 10 | 469 | — myrtifolia, Poir. . . | 2 | 473 |
| PHOEBEÆ, Nees. . . | 10 | 469 | — nitida, Lamk. . . . | 2 | 468 |
| Phœnicoideæ, Brongn. . | 12 | 54 | — oleoides, D. C. . . . | 2 | 472 |
| Phœnicoideæ-Palmæ, Brongn. | 12 | 57 | — paniculata, Willd. . | 2 | 473 |
| PHOENICOPUS, Cass. . . | 10 | 6 | — papillosa, Wendl. . . | 2 | 470 |
| PHOENIX, Linn. . . | 12 | 109 | — parviflora, Linn. . . | 2 | 468 |
| — dactylifera, Linn. . | 12 | 109 | — pedicellata, D. C. . . | 2 | 471 |
| — excelsior, Cav. . . | 12 | 109 | — pinea, Thunb. . . . | 2 | 470 |
| — farinifera, Roxb. . . | 12 | 112 | — pinifolia, Thunb. . . | 2 | 479 |
| — sylvestris, Roxb. . . | 11 | 112 | — plumosa, Spreng. . . | 2 | 470 |
| Phœnopoda, Cass. . . . | 10 | 26 | — pubescens, Hort. Kew. | 2 | 471 |
| Phœnopus, D. C. . . . | 10 | 6 | — radiata, Linn. . . . | 2 | 480 |
| Pholidandra, Neck. . . . | 2 | 323 | — reclinata, Wendl. . . | 2 | 471 |
| PHOLIDIA, R. Br. . . | 9 | 247 | — rosmarinifolia, Lamk. | 2 | 470 |
| PHOLIDOTA, Lindl. . . | 12 | 175 | — rosmarinifolia, Willd. | 2 | 472 |
| Pholiurus, Trin. . . . | 13 | 166 | — rubra, Willd. . . . | 2 | 472 |
| PHORMIUM, Forst. . . | 12 | 287 | — secunda, Thunb. . . | 2 | 469 |
| — hyacinthoides, Linn. . | 12 | 292 | — spicata, Hook. . . . | 2 | 469 |
| — tenax, Linn. . . . | 12 | 288 | — spicata, Linn. fil. . . | 2 | 467 |
| — viride, Thunb. . . . | 12 | 327 | — spicata, Lodd. . . . | 2 | 472 |
| Phosanthus, Raf. . . . | 8 | 374 | — squarrosa, Vent. . . | 2 | 471 |
| PHOTINIA, Lindl. . . . | 2 | 79 | — stipularis, Linn. . . | 2 | 467 |
| — arbutifolia, Lindl. . . | 2 | 80 | — strigosa, Thunb. . . | 2 | 469 |
| — dubia, Lindl. . . | 2 | 81 | — thymifolia, Vent. . . | 2 | 472 |
| — integrifolia, Lindl. . . | 2 | 80 | — villosa, Thunb. . . . | 2 | 470 |
| — serrulata, Lindl. . . | 2 | 80 | Phyllachne, Forst. . . . | 9 | 581 |
| Phragmites, Adans. . . . | 13 | 167 | PHYLLACTIS, Pers. . . . | 10 | 304 |
| PHRAGMITES, Trin. . . . | 13 | 196 | Phyllamphora, Burm. . . | 10 | 563 |
| — communis, Trin. . . | 13 | 197 | et | 13 | 324 |
| PHREATIA, Lindl. . . . | 12 | 176 | — mirabilis, Lour. . . . | 13 | 524 |
| PHRYMA, Forsk. . . . . | 9 | 227 | PHYLLANTHEÆ, | | |
| PHRYNIUM, Willd. . . | 12 | 148 | Juss. fil. . . . . . . | 2 | 486 |
| PHTHEIROSPERMUM, Bunge. | 9 | 271 | et | | 493 |
| PHTHIRUSA, Mart. . . | 8 | 234 | PHYLLANTHERA, Bl. . . | 8 | 558 |
| Phucagrostis, Cavol. . . | 12 | 14 | Phyllantherum, Raf. . . | 12 | 210 |
| PHYCELLA, Lindl. . . . | 12 | 405 | PHYLLANTHUS, Linn. . . | 2 | 495 |
| Phycium, Lour. . . . . | 12 | 4 | — brasiliensis, Poir. . . | 2 | 496 |
| PHYGELIUS, E. Mey. . . | 9 | 268 | — Conami, Willd. . . . | 2 | 496 |
| PHYLICA, (Linn.) Brongn. | 2 | 467 | — Emblica, Linn. . . . | 2 | 495 |

| | Vol. | Pag. |
|---|---|---|
| Phyllanthus *latifolia*, Linn. | 2 | 498 |
| — Niruri, Linn. | 2 | 497 |
| — Urinaria, Linn. | 2 | 497 |
| — virosus, Willd. | 2 | 496 |
| *Phyllanthus*, Neck. | 6 | 143 |
| *Phyllaurea*, Lour. | 2 | 487 |
| PHYLLIREA, Tourn. | 8 | 269 |
| — alaternoides, Spach. | 8 | 270 |
| — angustifolia, Linn. | 8 | 270 |
| — brachiata, Hort. Kew. | 8 | 270 |
| — buxifolia, Hortor. | 8 | 270 |
| — lanceolata, Hort. Kew. | 8 | 270 |
| — latifolia, Linn. | 8 | 270 |
| — ligustrina, Hort. Kew. | 8 | 270 |
| — media, Linn. | 8 | 270 |
| — oleæfolia, Hort. Kew. | 8 | 270 |
| — pendula, Hort. Kew. | 8 | 270 |
| — rosmarinifolia, Hort. Kew. | 8 | 270 |
| — virgata, Hort. Kew. | 8 | 270 |
| PHYLLIS, Linn. | 8 | 377 |
| PHYLLOCALYMMA, Benth. | 10 | 25 |
| *Phyllocephalum*, Bl. | 10 | 39 |
| *Phyllocladeæ*, Dumort. | 11 | 282 |
| PHYLLOCLADUS, Rich. | 11 | 283 |
| *Phyllodes*, Lour. | 12 | 448 |
| *Phyllodium*, Desv. | 1 | 155 |
| PHYLLODOCE, Sal. | 9 | 443 |
| PHYLLOLOBIUM, Fisch. | 1 | 157 |
| *Phylloma*, Gawl. | 12 | 255 |
| — albiflorum, Gawl. | 12 | 364 |
| — borbonicum, Haw. | 12 | 364 |
| PHYLLOPODIUM, Benth. | 9 | 270 |
| PHYLLOPUS, D.C. | 4 | 259 |
| — Martii, D.C. | 4 | 259 |
| PHYLLOSTEGIA, Benth. | 9 | 167 |
| *Phyllostemma*, Neck. | 2 | 375 |
| PHYMASPERMUM, Less. | 10 | 24 |
| PHYMATANTHUS, Sweet. | 3 | 319 |
| — elatus, Sweet. | 3 | 319 |
| PHYMATIDIUM, Lindl. | 12 | 178 |
| PHYSA, Petit-Thou. | 5 | 205 |
| PHYSALIS, Linn. | 9 | 74 |
| — Alkekengi, Linn. | 9 | 74 |
| PHYSALOIDES, Mœnch. | 9 | 57 |
| PHYSIANTHUS, Mart. et Zucc. | 8 | 539 |
| *Physicarpos*, Poir. | 4 | 152 |
| PHYSICHILUS, Nees. | 9 | 144 |
| *Physidium*, Schrad. | 9 | 267 |
| PHYSINGA, Lindl. | 12 | 176 |
| *Physiphora*, Sol. | 5 | 497 |
| *Physocalycium*, Vest. | 5 | 73 |
| PHYSOCALYMMA, Pohl. | 4 | 434 |
| Physocalymma floridum, Pohl. | 4 | 435 |
| PHYSOCALYX, Pohl. | 9 | 271 |
| PHYSOCARPUM, D.C. | 7 | 191 |
| PHYSOCARPUS, Camb. | 1 | 431 |
| PHYSOCAULIS, D.C. | 8 | 133 |
| PHYSOSIPHON, Lindl. | 12 | 175 |
| PHYSOSPERMUM, Cass. | 8 | 138 |
| PHYSOSTEGIA, Benth. | 9 | 204 |
| — virginiana, Benth. | 9 | 205 |
| PHYSOSTELMA, Wight. | 8 | 540 |
| PHYSOSTEMON, Mart. | 6 | 296 |
| PHYSURUS, Rich. | 12 | 181 |
| *Phytelephantheæ*, Mart. | 12 | 22 |
| PHYTELEPHAS, R. et P. | 12 | 29 |
| — macrocarpa, R. et P. | 12 | 29 |
| — microcarpa, R. et P. | 12 | 30 |
| *Phytelephasieæ*, Brongn. | 12 | 24 |
| PHYTEUMA, Linn. | 9 | 565 |
| — Halleri, All. | 9 | 565 |
| — nigrum, Schmidt. | 9 | 565 |
| — ovale, Hoppe. | 9 | 565 |
| — ovatum, Schmidt. | 9 | 565 |
| — pinnatum, Linn. | 9 | 566 |
| — Rapunculus, Pers. | 9 | 565 |
| — spicatum, Linn. | 9 | 565 |
| PHYTOCRENE, Wallich. | 8 | 7 |
| PHYTOLACCA, Linn. | 5 | 242 |
| — decandra, Linn. | 5 | 242 |
| PHYTOLACCEÆ, R. Br. | 5 | 240 |
| PHYTOXIS, Mol. | 9 | 166 |
| PIARANTHUS, R. Br. | 8 | 540 |
| PICEA, Link. | 11 | 405 |
| — alba, Link. | 11 | 412 |
| — nigra, Link. | 11 | 410 |
| — obovata, Ledeb. | 11 | 409 |
| — pectinata, Don. | 11 | 405 |
| — pectinata, Loud. | 11 | 416 |
| — vulgaris, Link. | 11 | 405 |
| PICEASTER, Spach. | 11 | 414 |
| PICNOMON, Adans. | 10 | 12 |
| *Picotia*, R. et S. | 9 | 31 |
| — verna, R. et S. | 9 | 54 |
| PICRADENIA, Hook. | 10 | 17 |
| PICRAMNIA, Swartz. | 2 | 186 |
| PICRIA, Lour. | 9 | 257 |
| PICRIDIUM, Desf. | 10 | 5 |
| PICRIS, Linn. | 10 | 6 |
| *Picrium*, Schreb. | 9 | 5 |
| PICROPHLOEUS, Bl. | 8 | 443 |
| *Picrorhiza*, Royle. | 9 | 271 |
| PICROSIA, Don. | 10 | 6 |

| | Vol. | Pag. |
|---|---|---|
| PICTETIA, D. C. | 1 | 155 |
| PIERIS, Don. | 9 | 443 |
| PIGEA, D. C. | 5 | 497 |
| PILEA, Lindl. | 11 | 24 |
| PILEANTHUS, Labill. | 4 | 111 |
| — Limacis, Labill. | 4 | 111 |
| PILEARIA, Lindl. | 12 | 179 |
| PILITIS, Lindl. | 9 | 434 |
| PILOCARPEÆ, Juss. fil. | 2 | 322 |
| | et | 342 |
| PILOCARPUS, Vahl. | 2 | 344 |
| — pauciflora, A. Saint-Hil. | 2 | 345 |
| — spicata, A. Saint-Hil. | 2 | 345 |
| Pilophora, Jacq. | 12 | 62 |
| PILOSTYLES, Guill. | 10 | 554 |
| Pimela, Lour. | 2 | 230 |
| PIMELEA, Banks. | 10 | 448 |
| — decussata, R. Br. | 10 | 449 |
| — linifolia, Willd. | 10 | 449 |
| — rosea, R. Br. | 10 | 449 |
| Pimpinella, Adans. | 1 | 453 |
| PIMPINELLA, Linn. | 8 | 197 |
| — angelicæfolia, Lamk. | 8 | 196 |
| — Anisum, Linn. | 8 | 198 |
| — hircina, Mœnch. | 8 | 197 |
| — minor, Ehrh. | 8 | 197 |
| — nigra, Willd. | 8 | 197 |
| — Saxifraga, Linn. | 8 | 197 |
| Pinalia, Hamilt. | 12 | 176 |
| Pinanga, Rumph. | 12 | 70 |
| PINARDIA, Cass. | 10 | 24 |
| PINAROPAPPUS, Less. | 10 | 6 |
| PINEDA, R. et P. | 6 | 286 |
| PINGRÆA, Cass. | 10 | 39 |
| PINGUICULA, Tourn. | 9 | 337 |
| — vulgaris, Linn. | 9 | 337 |
| PINILLOSIA, D. C. | 10 | 22 |
| Pinknea, Pers. | 8 | 372 |
| — pubens, Pers. | 8 | 400 |
| PINKNEYA, Mich. | 8 | 400 |
| — pubens, Mich. | 8 | 400 |
| PINUS, Tourn. | 11 | 369 |
| — Abies, Duroi. | 11 | 416 |
| — Abies, Linn. | 11 | 405 |
| — Abies, Lour. | 11 | 367 |
| — Abies, Pall. | 11 | 409 |
| — Abies rigida, Bechst. | 11 | 406 |
| — Abies variegata, Bechst. | 11 | 406 |
| — alba, Hort. Kew. | 11 | 412 |
| — americana, Duroi. | 11 | 424 |
| — americana, Gœrtn. | 11 | 411 |
| — apuleensis, Lindl. | 11 | 403 |
| — araucana, Molin. | 11 | 365 |
| Pinus australis, Mich. | 11 | 392 |
| — austriaca, Tratt. | 11 | 384 |
| — Ayacahuite, Ehrenb. | 11 | 397 |
| — balsamea, Linn. | 11 | 421 |
| — Banksiana, Pursh. | 11 | 379 |
| — brutia, Ten. | 11 | 383 |
| — calabra, Hortor. | 11 | 384 |
| — canadensis, Duroi. | 11 | 412 |
| — canadensis, Hort. Kew. | 11 | 424 |
| — canariensis, Buch. | 11 | 393 |
| — caramanica, Hortor. | 11 | 385 |
| — Cedrus, Linn. | 11 | 427 |
| — Cembra, Linn. | 11 | 398 |
| — Cembra pumila, Pall. | 11 | 399 |
| — Cembra pygmæa, Lodd. | 11 | 399 |
| — conglomerata, Græf. | 11 | 383 |
| — corsicana, Loud. | 11 | 384 |
| — Dammara, Lamb. | 11 | 367 |
| — denticulata, Mich. | 11 | 410 |
| — Deodora, Roxb. | 11 | 430 |
| — Devoniana, Lindl. | 11 | 402 |
| — echinata, Mill. | 11 | 391 |
| — Escarena, Risso. | 11 | 377 |
| — excelsa, Lamk. | 11 | 405 |
| — excelsa, Wallich. | 11 | 396 |
| — filifolia, Lindl. | 11 | 403 |
| — genuensis, Lodd. | 11 | 383 |
| — Gerardiana, Wallich. | 11 | 390 |
| — glauca, Mœnch. | 11 | 412 |
| — halepensis, Bieberst. | 11 | 384 |
| — halepensis, Mill. | 11 | 383 |
| — Hartwegii, Lindl. | 11 | 402 |
| — inops, Linn. | 11 | 386 |
| — insignis, Dougl. | 11 | 389 |
| — Khutrow, Royle. | 11 | 413 |
| — Lambertiana, Dougl. | 11 | 397 |
| — lanceolata, Lamb. | 11 | 360 |
| — laricina, Duroi. | 11 | 436 |
| — Laricio, Poir. | 11 | 384 |
| — Larix, Linn. | 11 | 432 |
| — Larix nigra, Duroi. | 11 | 436 |
| — laxa, Ehrh. | 11 | 412 |
| — leiophylla, Schiede. | 11 | 401 |
| — Lemoniana, Lindl. | 11 | 400 |
| — Llaveana, Schiede. | 11 | 401 |
| — longifolia, Lamb. | 11 | 390 |
| — macrophylla, Lindl. | 11 | 402 |
| — mariana, Ehrh. | 11 | 410 |
| — maritima, Lamb. | 11 | 383 |
| — maritima, Lamb. | 11 | 382 |
| — maritima, Pall. | 11 | 384 |
| — marylandica, Hortor. | 11 | 410 |
| — microcarpa, Lamb. | 11 | 436 |

| | Vol. | Pag. |
|---|---|---|
| Pinus mitis, Mich. | 11 | 386 |
| — montana, Lamk. | 11 | 398 |
| — montana, Mill. | 11 | 379 |
| — Montezumæ, Lamb. | 11 | 401 |
| — Mugho, Poir. | 11 | 380 |
| — Mughus, Scop. | 11 | 380 |
| — nigra, Hort. Kew. | 11 | 410 |
| — nigricans, Host. | 11 | 384 |
| — obliqua, Reichb. | 11 | 380 |
| — oocarpa, Schiede. | 11 | 401 |
| — orientalis, Willd. | 11 | 409 |
| — palustris, Mill. | 11 | 392 |
| — patula, Schiede. | 11 | 400 |
| — pendula, Lamb. | 11 | 432 |
| — Picea, Duroi. | 11 | 405 |
| — Picea, Linn. | 11 | 415 |
| — Picea, Pall. | 11 | 420 |
| — Pichta, Fisch. | 11 | 420 |
| — Pinaster, Hort. Kew. | 11 | 382 |
| — Pindrow, Royle. | 11 | 423 |
| — Pinea, Habl. | 11 | 384 |
| — Pinea, Linn. | 11 | 375 |
| — ponderosa, Dougl. | 11 | 389 |
| — Pseudo-Strobus, Lindl. | 11 | 402 |
| — Pumilio, W. et Kit. | 11 | 380 |
| — pungens, Lamb. | 11 | 387 |
| — pygmæa, Fisch. | 11 | 399 |
| — pyrenaica, Lapeyr. | 11 | 384 |
| — resinosa, Hort. Kew. | 11 | 385 |
| — rigida, Linn. | 11 | 388 |
| — Romania, Hortor. | 11 | 385 |
| — rotundata, Link. | 11 | 380 |
| — rubra, Lamb. | 11 | 411 |
| — rubra, Mich. fil. | 11 | 385 |
| — rubra, Mill. | 11 | 377 |
| — rupestris, Mich. | 11 | 379 |
| — Russeliana, Lindl. | 11 | 402 |
| — Sabiniana, Dougl. | 11 | 390 |
| — sativa, Blackw. | 11 | 375 |
| — scotica, Willd. | 11 | 377 |
| — serotina, Mich. | 11 | 389 |
| — Smithiana, Wallich. | 11 | 413 |
| — Strobus, Linn. | 11 | 394 |
| — sylvestris, Engl. Bot. | 11 | 377 |
| — sylvestris, Gouan. | 11 | 383 |
| — sylvestris, Linn. | 11 | 376 |
| — sylvestris argentea, Steven. | 11 | 377 |
| — Tæda, Linn. | 11 | 391 |
| — tatarica, Hortor. | 11 | 377 |
| — taurica, Lodd. | 11 | 384 |
| — Teocote, Schiede. | 11 | 400 |
| — tetragona, Mœnch. | 11 | 412 |
| Pinus tinctoria, Wallich. | 11 | 422 |
| — uncinata, D. C. | 11 | 380 |
| — variabilis, Pursh. | 11 | 386 |
| — viminalis, Alstr. | 11 | 406 |
| — Webbiana, Wallich. | 11 | 422 |
| PINZONA, Mart. | 7 | 413 |
| PIPAREA, Aubl. | 5 | 497 |
| et | 6 | 115 |
| PIPER, Linn. | 11 | 12 |
| — aromaticum, Poir. | 11 | 13 |
| — Betle, Linn. | 11 | 15 |
| — caninum, Bl. | 11 | 12 |
| — Chaba, Hunt. | 11 | 16 |
| — Cubeba, Linn. | 11 | 12 |
| — longifolium, Forst. | 11 | 17 |
| — longum, Linn. | 11 | 15 |
| — methisticum, Forst. | 11 | 17 |
| — nigrum, Linn. | 11 | 12 |
| — pipuloides, Roxb. | 11 | 17 |
| — sylvaticum, Roxb. | 11 | 16 |
| — trioicum, Roxb. | 11 | 14 |
| PIPERACEÆ, Rich. | 11 | 9 |
| Pipereæ, Reichb. | 11 | 9 |
| PIPERELLA, Presl. | 9 | 164 |
| PIPERINEÆ, Bartl. | 11 | 1 |
| Piperiteæ, Dumort. | 11 | 9 |
| Piptanthus nepalensis, Sweet. | 1 | 165 |
| PIPTATHERUM, Beauv. | 13 | 161 |
| PIPTOCARPHA, Cass. | 10 | 39 |
| Piptoceras, Cass. | 10 | 11 |
| PIPTOCOMA, Cass. | 10 | 39 |
| Piptopogon, Cass. | 10 | 7 |
| PIPTOSTEMMA, Don. | 10 | 34 |
| PIQUERIA, Cav. | 10 | 37 |
| Pirarda, Adans. | 10 | 39 |
| Piratinera, Aubl. | 11 | 37 |
| Pirigara, Aubl. | 4 | 106 |
| — speciosa, Kunth. | 4 | 187 |
| — superba, Kunth. | 4 | 187 |
| Piringa, Juss. | 8 | 372 |
| | et | 413 |
| Piripea, Aubl. | 9 | 270 |
| PIRIQUETA, Aubl. | 6 | 250 |
| PISCIDIA, Linn. | 1 | 265 |
| — carthagenensis, Jacq. | 1 | 266 |
| — Erythrina, Linn. | 1 | 266 |
| PISONIA, Plum. | 10 | 516 |
| Pisonia, Rottb. | 9 | 400 |
| — buxifolia, Juss. | 9 | 401 |
| PISTACIA, Linn. | 2 | 195 |
| — atlantica, Desf. | 2 | 198 |

| | Vol. | Pag. | | Vol. | Pag. |
|---|---|---|---|---|---|
| Pistacia Lentiscus, Linn. | 2 | 199 | Planera carpinifolia, Wats. | 11 | 118 |
| — narbonensis, Linn. | 2 | 195 | — crenata, Desf. | 11 | 118 |
| — oleosa, Lour. | 2 | 198 | — Gmelini, Mich. | 11 | 116 |
| — reticulata, Willd. | 2 | 195 | — parvifolia, Sweet. | 11 | 115 |
| — Terebinthus, Linn. | 2 | 196 | — Richardi, Mich. | 11 | 118 |
| — trifolia, Linn. | 2 | 195 | — ulmifolia, Mich. fil. | 11 | 116 |
| — vera, Linn. | 2 | 195 | PLANEREÆ, Spach. | 11 | 97 |
| PISTIA, Linn. | 12 | 36 | — | et | 114 |
| Pistiaceæ, Dumort. | 12 | 35 | Plantaginaceæ, Lindl. | 10 | 353 |
| Pistiaceæ, Reichb. | 12 | 35 | PLANTAGINEÆ, | | |
| Pistiaceæ, Rich. | 12 | 35 | Vent. | 10 | 353 |
| PISTIACEÆ, Rich. | 12 | 36 | Plantaginella, Vaill. | 9 | 270 |
| Pistolochia, Raf. | 10 | 562 | Plantagines, Juss. | 10 | 353 |
| Pistolochineæ, Link. | 10 | 560 | PLANTAGO, Linn. | 10 | 355 |
| PISTORINIA, D. C. | 5 | 75 | — arenaria, W. et Kit. | 10 | 357 |
| PISUM, Linn. | 4 | 506 | — lanceolata, Linn. | 10 | 357 |
| — arvense, Linn. | 4 | 508 | — major, Linn. | 10 | 356 |
| — sativum, Linn. | 4 | 507 | — media, Linn. | 10 | 356 |
| PITCAIRNIA, L'hérit. | 12 | 598 | — Psyllium, Bull. | 10 | 357 |
| PITHOCARPA, Lindl. | 10 | 26 | — septinervia, Blackw. | 10 | 356 |
| PITHOSILLUM, Gass. | 10 | 32 | Plaso, Adans. | | 157 |
| Pittonia, Plum. | 9 | 32 | Platanocephalus, Vaill. | 8 | 377 |
| PITTOSPOREÆ, | | | PLATANTHERA, Rich. | 12 | 180 |
| R. Br. | 2 | 413 | PLATANUS, Tourn. | 11 | 75 |
| PITTOSPORUM, Banks. | 2 | 416 | — cuneata, Willd. | 11 | 78 |
| — coriaceum, Hort. Kew. | 2 | 416 | — hispanica, Hortor. | 11 | 79 |
| — cornifolium, Cunningh. | 2 | 419 | — occidentalis, Linn. | 11 | 79 |
| — ferrugineum, Hort. Kew. | 2 | 418 | — occidentalis macrophylla, Audib. | 11 | 79 |
| — fulvum, Rudge. | 2 | 418 | | | |
| — revolutum, Hort. Kew. | 2 | 418 | — orientalis, Linn. | 11 | 77 |
| — Tobira, Hort. Kew. | 2 | 417 | | et | 78 |
| — tomentosum, Bonpl. | 2 | 418 | — vulgaris, Spach. | 11 | 77 |
| — undulatum, Andr. | 2 | 417 | — vulgaris acerifolia, Spach. | 11 | 79 |
| — viridiflorum, Sims. | 2 | 416 | — vulgaris angulosa, Spach. | 11 | 79 |
| Pitumba, Aubl. | 6 | 288 | | | |
| PITYRODIA, R. Br. | 9 | 227 | — vulgaris flabellifolia, Spach. | 11 | 78 |
| PLACEA, Miers. | 12 | 405 | — vulgaris liquidambarifolia, Spach. | 11 | 77 |
| Placoma, Pers. | 8 | 377 | | | |
| Placostigma, Bl. | 12 | 179 | — vulgaris vitifolia, Spach. | 11 | 78 |
| PLACUS, Lour. | 10 | 40 | PLATEA, Blum. | 13 | 265 |
| Pladera, Sol. | 9 | 5 | Platonia, Kunth. | 13 | 165 |
| Plœa, Pers. | 12 | 235 | PLATONIA, Kunth. | 13 | 222 |
| PLAGIANTHUS, Forst. | 3 | 343 | — elata, Kunth. | 13 | 222 |
| PLAGIOBOTRYS, F. et M. | 9 | 31 | PLATONIA, Mart. | 5 | 318 |
| PLAGIOCHEILUS, Arn. | 10 | 23 | — insignis, Mart. | 5 | 318 |
| PLAGIOLYTRUM, Nees. | 13 | 164 | Platonia, Raf. | 9 | 227 |
| PLAGIOPODA, R. Br. | 10 | 402 | PLATOSTOMA, Beauv. | 9 | 162 |
| PLAGIOSTEMON, Klotz. | 9 | 442 | Platunium, Juss. | 9 | 167 |
| Plagius, D. C. | 10 | 23 | PLATYCAPNOS, (D. C.) | | |
| PLANERA, J.-F. Gmel. | 11 | 115 | Bergh. | 7 | 90 |
| — Abelicea, Schult. | 11 | 121 | | | |
| — aquatica, Gmel. | 11 | 116 | | | |

| | Vol. | Pag. |
|---|---|---|
| Platycapnos spicata, Bernh. | 7 | 91 |
| PLATYCARPHA, Less. | 10 | 39 |
| PLATYCARPUM, H. et B. | 9 | 131 |
| Platicheilus, Cass. | 10 | 34 |
| PLATYCHILUM, Delaun. | 1 | 187 |
| — Celsianum, Delaun. | 1 | 187 |
| PLATYCLADUS, Spach. | 11 | 333 |
| — dolabrata, Spach. | 11 | 337 |
| — stricta, Spach. | 11 | 335 |
| PLATYCODON, D. C. fil. | 9 | 560 |
| — grandiflorum, D. C. fil. | 9 | 561 |
| Platylepis, A. Rich. | 12 | 181 |
| Platylepis, Cass. | 10 | 12 |
| PLATYLEPIS, Kunth. | 13 | 145 |
| PLATYLOBIUM, Smith. | 1 | 185 |
| — formosum, Smith. | 1 | 186 |
| — lanceolatum, Andr. | 1 | 188 |
| — microphyllum, Bot. Mag. | 1 | 188 |
| — Murrayanum, Hook. | 1 | 186 |
| — obtusangulum, Hook. | 1 | 187 |
| — ovatum, Andr. | 1 | 188 |
| — ovatum, D. C. | 1 | 186 |
| — parviflorum, Smith. | 1 | 186 |
| — Scolopendrium, Andr. | 1 | 188 |
| — triangulare, R. Br. | 1 | 186 |
| Platylophus, Cass. | 10 | 11 |
| Platyma, Bl. | 12 | 179 |
| PLATYMERIUM, Bartl. | 8 | 378 |
| PLATYPETALUM, R. Br. | 6 | 324 |
| PLATYPTERIS, Cass. | 10 | 19 |
| PLATYRAPHIUM, Cass. | 10 | 12 |
| Platyspermum, Hoffm. | 8 | 133 |
| PLATYSPERMUM, Hook. | 6 | 324 |
| Platyspermum, Koch. | 8 | 133 |
| PLATYSTEMA, Wallich. | 9 | 257 |
| PLATYSTEMON, Benth. | 7 | 52 |
| — californicus, Benth. | 7 | 54 |
| — leiocarpus, F. et M. | 7 | 54 |
| PLATYSTEMONEÆ, Reichb. | 7 | 7 |
| | et | 50 |
| PLATYSTIGMA, Benth. | 7 | 50 |
| — lineare, Benth. | 7 | 51 |
| PLATYSTYLIS, Bl. | 12 | 175 |
| PLAZIA, R. et P. | 10 | 10 |
| PLECTANEIA, Petit-Thou. | 8 | 502 |
| Plectanthera, Mart. | 5 | 466 |
| — floribunda, Mart. | 5 | 467 |
| PLECTOCEPHALUS, Don. | 10 | 63 |
| — americanus, Don. | 10 | 63 |
| PLECTOCOMIA, Mart. | 12 | 61 |
| PLECTRANTHUS, L'hérit. | 9 | 162 |
| PLECTRITIS, D. C. | 10 | 304 |

| | Vol. | Pag. |
|---|---|---|
| PLECTRONIA, Linn. | 8 | 376 |
| PLEEA, Rich. | 12 | 235 |
| Plenckia, Raf. | 5 | 109 |
| PLEOCARPHUS, Don. | 10 | 34 |
| PLEROMA, Don. | 4 | 251 |
| — heteromallum, Don. | 4 | 252 |
| — vimineum, Don. | 4 | 252 |
| Pleurachne, Schrad. | 13 | 144 |
| Pleurandra, R. Br. | 7 | 155 |
| — cistiflora, Reichb. | 7 | 156 |
| Pleuranthe, Sal. | 10 | 400 |
| PLEURAPHIS, Torr. | 13 | 162 |
| Pleurocephalum, Cass. | 10 | 26 |
| PLEUROGYNE, Esch. | 9 | 6 |
| PLEUROPLITIS, Trin. | 13 | 167 |
| PLEUROPOGON, R. Br. | 13 | 164 |
| PLEUROSPERMEÆ, Tausch. | 8 | 137 |
| | et | 176 |
| PLEUROSPERMUM, Hoffm. | 8 | 139 |
| PLEUROSTACHYS, Brongn. | 13 | 143 |
| PLEUROTHALLEÆ, Lindl. | 12 | 175 |
| PLEUROTHALLIS, R. Br. | 12 | 175 |
| PLEUROTHYRIUM, Nees et Mart. | 10 | 472 |
| PLEXAURA, Endl. | 12 | 181 |
| Plinia, Linn. fil. | 4 | 105 |
| — pedunculata, Linn. fil. | 4 | 175 |
| — rubra, Linn. fil. | 4 | 175 |
| PLOCAMA, Hort. Kew. | 8 | 377 |
| PLOCANDRA, E. Mey. | 9 | 4 |
| PLOCOGLOTTIS, Blum. | 12 | 177 |
| PLUCHEA, Cass. | 10 | 38 |
| PLUKENETIA, Plum. | 2 | 488 |
| Plumbageæ, Reichb. | 10 | 331 |
| PLUMBAGELLA, Spach. | 10 | 333 |
| PLUMBAGIDIUM, Spach. | 10 | 338 |
| — auriculatum, Spach. | 10 | 339 |
| — roseum, Spach. | 10 | 339 |
| — scandens, Spach. | 10 | 339 |
| Plumbaginaceæ, Lindl. | 10 | 331 |
| PLUMBAGINEÆ, Vent. | 10 | 331 |
| PLUMBAGINEÆ GENUINÆ, Bartl. | 10 | 333 |
| | et | 334 |
| Plumbagines, Juss. | 10 | 331 |
| PLUMBAGO, Tourn. | 10 | 334 |
| — angustifolia, Spach. | 10 | 337 |
| — auriculata, Lamk. | 10 | 339 |
| — capensis, Thunb. | 10 | 339 |

| | Vol. | Pag. |
|---|---|---|
| Plumbago *cærulea*, Hortor. | 10 | 339 |
| — europæa, Linn. | 10 | 335 |
| — *rosea*, Linn. | 10 | 339 |
| — *scandens*, Linn. | 10 | 339 |
| — *zeylanica*, Burm. | 10 | 339 |
| PLUMERIA, Linn. | 8 | 519 |
| — alba, Linn. | 8 | 520 |
| — *pudica*, Linn. | 8 | 521 |
| — rubra, Linn. | 8 | 520 |
| *Pluridens*, Neck. | 10 | 19 |
| *Pneumonanthe*, Bunge. | 9 | 6 |
| — *asclepiadea*, Schmidt. | 9 | 18 |
| — *vulgaris*, Schmidt. | 9 | 18 |
| POA, Linn. | 13 | 205 |
| — abyssinica, Jacq. | 13 | 205 |
| — *altissima*, Mœnch. | 13 | 210 |
| — *angustifolia*, Linn. | 13 | 207 |
| — *angustifolia*, Pollich. | 13 | 206 |
| — *aquatica*, Linn. | 13 | 210 |
| — *cæspitosa*, Poir. | 13 | 208 |
| — capillata, Mérat. | 13 | 214 |
| — coarctata, D. C. | 13 | 208 |
| — Eragrostis, Linn. | 13 | 205 |
| — fertilis, Host. | 13 | 207 |
| — *fluitans*, Scop. | 13 | 209 |
| — *glabra*, Ehrh. | 13 | 206 |
| — *glauca*, Poir. | 13 | 208 |
| — *glauca*, Smith. | 13 | 208 |
| — *humilis*, Ehrh. | 13 | 207 |
| — nemoralis, Linn. | 13 | 207 |
| — *nemoralis cæsia*, Gaud. | 13 | 208 |
| — *nemoralis coarctata*, Gaud. | 13 | 208 |
| — *nemoralis coarctata*, M. et K. | 13 | 208 |
| — *nemoralis firmula*, Gaud. | 13 | 208 |
| — *nemoralis glauca*, Gaud. | 13 | 208 |
| — *nemoralis rigidula*, M. et K. | 13 | 208 |
| — *nemoralis uniflora*, M. et K. | 13 | 208 |
| — *palustris*, Roth. | 10 | 207 |
| — *Phœnix*, Scop. | 10 | 217 |
| — pratensis, Leers. | 10 | 208 |
| — pratensis, Linn. | 10 | 206 |
| — *pratensis*, Pollich. | 10 | 206 |
| — *pratensis latifolia*, Weihe. | 10 | 207 |
| — scabra, Ehrh. | 10 | 206 |
| — *serotina*, Gaud. | 10 | 207 |
| — *serotina*, Schrad. | 10 | 208 |
| — *setacea*, Hoffm. | 10 | 207 |
| Poa *subcærulea*, Engl. Bot. | 10 | 207 |
| — *trivialis*, Leyss. | 10 | 206 |
| — trivialis, Linn. | 10 | 206 |
| POCOCKIA, Ser. | 1 | 153 |
| *Pocophorum*, Neck. | 2 | 186 |
| *Podagraria Ægopodium*, Mœnch. | 8 | 195 |
| PODALYRIA, Lamk. | 1 | 167 |
| — *alba*, Willd. | 1 | 166 |
| — argentea, Sal. | 1 | 168 |
| — aurea, Willd. | 1 | 164 |
| — *australis*, Vent. | 1 | 166 |
| — *biflora*, Bot. Mag. | 1 | 168 |
| — *buxifolia*, Willd. | 1 | 168 |
| — *capensis*, Andr. | 1 | 163 |
| — cuneifolia, Vent. | 1 | 168 |
| — *lupinoides*, Willd. | 1 | 165 |
| — *perfoliata*, Mich. | 1 | 167 |
| — sericea, R. Br. | 1 | 167 |
| — styracifolia, Bot. Mag. | 1 | 168 |
| — tinctoria, Bot. Mag. | 1 | 166 |
| *Podanthes*, Haw. | 8 | 540 |
| *Podanthus*, Lag. | 10 | 20 |
| PODOCARPEÆ, Dumort. | 11 | 358 |
| | et | 437 |
| *Podocarpeæ*, Reichb. | 11 | 282 |
| PODOCARPUS, L'hérit. | 11 | 437 |
| — elongata, L'hérit. | 11 | 438 |
| — neriifolia, Don. | 11 | 438 |
| PODOCHILUS, Bl. | 12 | 179 |
| *Podogyne*, Hoffmanns. | 6 | 296 |
| PODOLEPIS, Labill. | 10 | 26 |
| — gracilis, Graham. | 10 | 215 |
| PODOLOBIUM, R. Br. | 1 | 170 |
| — staurophyllum, Sieb. | 1 | 170 |
| — trilobatum, R. Br. | 1 | 170 |
| *PODOPHYLLEÆ*, D. C. | 8 | 34 |
| | et | 70 |
| PODOPHYLLUM, Linn. | 8 | 70 |
| — callicarpum, Raf. | 8 | 71 |
| — peltatum, Linn. | 8 | 71 |
| PODOPTERUS, H. et B. | 10 | 522 |
| *Podoria*, Pers. | 6 | 296 |
| *Podosæmum*, Kunth. | 13 | 161 |
| *Podosperma*, Labill. | 10 | 26 |
| *Podosperma*, Less. | 10 | 7 |
| PODOSPERMUM, D. C. | 10 | 7 |
| *Podostemaceæ*, Lindl. | 12 | 11 |
| *Podostemeæ*, Endl. | 12 | 11 |
| *PODOSTEMEÆ*, Rich. | 12 | 11 |
| PODOSTEMON, Rich. | 12 | 12 |

| | Vol. | Pag. |
|---|---|---|
| *Podostemoneæ*, Reichb.. | 12 | 11 |
| PODOSTIGMA, Elliot.. | 8 | 559 |
| PODOTHECA, Cass. | 10 | 26 |
| POECILODERMIS, Schott et Endl. | 3 | 511 |
| — populnea, Schott et Endl. | 3 | 511 |
| POEPPIGIA, Bertero. | 9 | 227 |
| POGOGYNE, Benth. | 9 | 164 |
| POGONANTHERA, Don. | 9 | 583 |
| POGONATHERUM, Beauv.. | 13 | 166 |
| *Pogonetes* , Lindl. | 9 | 583 |
| *Pogonia*, Andr. | 9 | 247 |
| POGONIA, Juss.. | 12 | 182 |
| POGONIRIS, Tausch. | 13 | 48 |
| POGONOPSIS, Presl. | 13 | 166 |
| POGOSTEMON, Desf. | 9 | 163 |
| POGOSTOMA, Schrad. | 9 | 268 |
| *Pohlana*, Nees et Mart.. | 2 | 361 |
| *Poincia*, Neck. | 1 | 88 |
| POINCIANA, Linn. | 1 | 104 |
| — *coriaria*, Jacq. | 1 | 104 |
| — *insignis*, Kunth. | 1 | 106 |
| — *pulcherrima* , Linn. | 1 | 105 |
| — *regia*, Bojer. | 1 | 105 |
| *Poiretia*, Cav. | 9 | 434 |
| *Poiretia*, Smith. | 1 | 182 |
| — *linearis*, Smith. | 1 | 184 |
| POIRETIA, Vent.. | 1 | 155 |
| POITÆA, D. C. | 1 | 154 |
| *Poitea*, Vent. | 1 | 154 |
| POIVREA, Commers. | 4 | 306 |
| — aculeata, D. C. | 4 | 307 |
| — alternifolia, D. C. | 4 | 307 |
| — coccinea, D. C. | 4 | 306 |
| — comosa, Sweet. | 4 | 307 |
| — Roxburghii, D. C. | 4 | 308 |
| POLANISIA, Raf. | 6 | 504 |
| — graveolens, Raf | 6 | 504 |
| — viscosa, D. C. | 6 | 505 |
| *Polemannia*, Eckl. | 8 | 139 |
| POLEMBRYUM, Juss. fil. | 2 | 322 |

## POLEMONIACEÆ,

| Juss. | 9 | 106 |
|---|---|---|
| *Polemoniariæ*, Reichb. | 9 | 106 |
| POLEMONIEÆ, Reichb. | 9 | 108 |
| POLEMONIUM, Tourn. | 9 | 120 |
| — cœruleum, Linn. | 9 | 121 |
| — dissectum. Reichb. | 9 | 121 |
| — gracile, Willd. | 9 | 121 |
| — lacteum, Lehm. | 9 | 121 |
| — pulchellum, Ledeb. | 9 | 121 |
| — reptans, Linn. | 9 | 122 |

| | Vol. | Pag. |
|---|---|---|
| Polemonium rubrum, Linn. | 9 | 119 |
| — sibiricum, Sweet. | 9 | 121 |
| *Polifolia*, Buxb. | 9 | 443 |
| POLIUM, Tourn. | 9 | 167 |
| POLLIA, Thunb. | 13 | 122 |
| *Pollichia*, Medic. | 9 | 31 |
| POLLICHIA, Sol. | 5 | 238 |
| *Pollichia*, Willd. | 9 | 166 |
| *Pollinia*, Spreng. | 13 | 167 |
| *Polyachrus*, Hook. et Arn. | 10 | 34 |
| POLYACHYRUS, Lag. | 10 | 34 |
| POLYACTIDIUM, D. C. | 10 | 30 |
| *Polyactis*, Less. | 10 | 30 |
| POLYACTIUM, D. C. | 3 | 317 |
| POLYADENIA, Nees. | 10 | 473 |
| POLYALTHIA, Bl. | 7 | 510 |
| — cuneiformis, Bl. | 7 | 512 |
| — elliptica, Bl. | 7 | 511 |
| — Kentii, Bl. | 7 | 513 |
| — macrophylla, Bl. | 7 | 513 |
| — subcordata, Bl. | 7 | 511 |
| POLYANTHEA, D. C. | 6 | 261 |
| POLYANTHERIX, Nees.. | 13 | 165 |
| POLYANTHES, Linn. | 12 | 377 |
| — pygmæa, Jacq. | 12 | 299 |
| — tuberosa, Linn. | 12 | 377 |
| POLYARRHENA, Cass. | 10 | 30 |
| POLYCARDIA, Juss. | 2 | 403 |
| POLYCARENA, Benth. | 9 | 270 |
| POLYCARPÆA, Lamk. | 5 | 205 |

## POLYCARPICÆ,

| Bartl. | 7 | 284 |
|---|---|---|
| POLYCARPON , Lœffl. | 5 | 205 |
| POLYCENIA, Choisy. | 9 | 245 |
| POLYCHÆTIA, Less. | 10 | 27 |
| *Polychæta*, Tausch. | 10 | 7 |
| *Polychilos* , Kuhl et Hass. | 12 | 179 |
| POLYCLADA, D. C. | 10 | 8 |
| POLYCNEMUM, Linn. | 5 | 278 |
| POLYGALA, Linn. | 7 | 117 |
| — alopecuroides, Linn. | 7 | 144 |
| — alpestris, Reichb. | 7 | 122 |
| — amara, Linn. | 7 | 122 |
| — andrachnoides, Bieberst. | 7 | 124 |
| — attenuata, Lodd. | 7 | 134 |
| — austriaca, Crantz. | 7 | 122 |
| — borboniæfolia, D. C. | 7 | 134 |
| — bracteolata, Linn. | 7 | 140 |
| — buxifolia, Hortor. | 7 | 137 |
| — Chamæbuxus. | 7 | 127 |
| — comosa, Schk. | 7 | 121 |
| — cordifolia, D. C. | 7 | 134 |

|  | Vol. | Pag. |
|---|---|---|
| Polygala cordifolia, Linn. | 7 | 134 |
| — exilis, D. C. | 7 | 125 |
| — flavescens, D. C. | 7 | 124 |
| — grandiflora, Lodd. | 7 | 135 |
| — Heisteria, Linn. | 7 | 143 |
| — humilis, Lodd. | 7 | 145 |
| — latifolia, Bot. Reg. | 7 | 134 |
| — major, Jacq. | 7 | 123 |
| — mixta, Andr. | 7 | 145 |
| — monspeliaca, Linn. | 7 | 116 |
| — multicaulis, Tausch. | 7 | 121 |
| — myrtifolia, Linn. | 7 | 137 |
| — nummularia, D. C. | 7 | 134 |
| — oppositifolia, D. C. | 7 | 134 |
| — oppositifolia, Linn. | 7 | 134 |
| — oxyptera, Reichb. | 7 | 121 |
| — rosea, Desf. | 7 | 123 |
| — saxatilis, Linn. | 7 | 116 |
| — Senega, Linn. | 7 | 129 |
| — sibirica, Linn. | 7 | 125 |
| — speciosa, Sims. | 7 | 138 |
| — spinosa, Linn. | 7 | 167 |
| — stipulacea, Linn. | 7 | 144 |
| — supina, Schreb. | 7 | 124 |
| — tenuifolia, Willd. | 7 | 125 |
| — tetragona, D. C. | 7 | 134 |
| — uliginosa, Reichb. | 7 | 122 |
| — Vaillantii, Bess. | 7 | 121 |
| — vulgaris, Engl. Bot. | 7 | 120 |
| — vulgaris, Flor. Dan. | 7 | 121 |
| — vulgaris, Linn. | 7 | 120 |
| — vulgaris grandiflora, Spach. | 7 | 120 |
| — vulgaris oxyptera, Spach. | 7 | 120 |
| — vulgaris parviflora, Spach. | 7 | 121 |
| POLYGALEÆ, Juss. | 7 | 107 |
| POLYGALEÆ VERÆ, Reichb. | 7 | 111 et 112 |
| POLYGALIUM, Spach. | 7 | 120 |
| Polygonaceæ, Lindl. | 10 | 518 |
| Polygonastrum, Mœnch. | 12 | 210 |
| POLYGONATUM, Tourn. | 12 | 212 |
| — anceps, Mœnch. | 12 | 213 |
| — latifolium, Red. | 12 | 213 |
| — multiflorum, Mœnch. | 12 | 213 |
| — verticillatum, Mœnch. | 12 | 212 |
| — vulgare, Red. | 12 | 213 |
| POLYGONEÆ, Benth. | 10 | 521 |
| POLYGONEÆ, Juss. | 10 | 518 |
| Polygoneæ, Reichb. | 10 | 518 |
| Polygoneæ - Begoniaceæ, Reichb. | 13 | 275 |
| POLYGONELLA, Mich. | 10 | 521 |
| Polygonifolia, Vaill. | 8 | 238 |
| POLYGONUM, Tourn. | 10 | 534 |
| — aviculare, Linn. | 10 | 534 |
| — Bistorta, Linn. | 10 | 538 |
| — cymosum, Trévir. | 10 | 541 |
| — Fagopyrum, Linn. | 10 | 539 |
| — Hydropiper, Linn. | 10 | 536 |
| — marginatum, Roth. | 10 | 540 |
| — orientale, Linn. | 10 | 537 |
| — tataricum, Willd. | 10 | 540 |
| — tinctorium, Lour. | 10 | 536 |
| POLYLEPIS, R. et P. | 1 | 455 |
| POLYMERIA, R. Br. | 9 | 94 |
| POLYMNIA, Linn. | 10 | 24 |
| Polymniastrum, Lamk. | 10 | 21 |
| POLYODON, Kunth. | 13 | 163 |
| POLYOSMIA, Bl. | 8 | 88 |
| POLYOZUS, Lour. | 8 | 376 |
| POLYPAPPUS, Less. | 10 | 29 |
| Polypara, Lour. | 11 | 4 |
| — cochinchinensis, Lour. | 11 | 6 |
| Polyphema, Lour. | 11 | 58 |
| — Jaca, Lour. | 11 | 71 |
| POLYPHRAGMON, Desf. | 8 | 374 |
| POLYPOGON, Desf. | 13 | 161 |
| Polypremum, Adans. | 10 | 304 |
| POLYPREMUM, Linn. | 8 | 374 |
| POLYPTERIS, Nutt. | 10 | 18 |
| Polyrhaphis, Trin. | 13 | 162 |
| POLYSCHISTIS, Presl. | 13 | 163 |
| POLYSCIAS, Forst. | 8 | 113 |
| Polyspora axillaris, Sweet. | 4 | 90 |
| POLYSTACHYA, Hook. | 12 | 176 |
| POLYTÆNIA, D. C. | 8 | 156 |
| POLYTOCA, R. Br. | 13 | 159 |
| POLYXENE, Kunth. | 12 | 298 |
| — pygmæa, Kunth. | 12 | 299 |
| POMACEÆ, Lois. | 2 | 49 |
| POMADERRIS, Labill. | 2 | 462 |
| — acuminata, Link. | 2 | 463 |
| — andromedæfolia, Cunningh. | 2 | 465 |
| — apetala, Labill. | 2 | 464 |
| — betulina, Cunningh. | 2 | 464 |
| — discolor, Vent. | 2 | 465 |
| — elliptica, Labill. | 2 | 464 |
| — globulosa, Brongn. | 2 | 463 |
| — ligustrina, Sieb. | 2 | 464 |

| | Vol. | Pag. |
|---|---|---|
| Pomaderris phylicæfolia, Lodd. | 2 | 465 |
| — spathulata, Brongn. | 2 | 463 |
| Pomara, Adans. | 5 | 73 |
| POMARIA, Cavan. | 1 | 88 |
| Pomatia, Nees. | 10 | 471 |
| POMATIUM, Gærtn. | 8 | 373 |
| Pomatoderris, Schult. | 2 | 439 |
| POMAX, Sol. | 8 | 378 |
| Pombalia, Vand. | 5 | 497 |
| — Ipepacuanha, Vand. | 5 | 520 |
| — Itubu, Ging. | 5 | 520 |
| POMEREULLA, Linn. fil. | 13 | 163 |
| Pometia, Forst. | 3 | 40 |
| Ponæa, Schreb. | 3 | 40 |
| Ponceletia, Petit-Thou. | 13 | 162 |
| PONCELETIA, R. Br. | 9 | 434 |
| PONERA, Lindl. | 12 | 176 |
| PONGAMIA, Lamk. | 1 | 361 |
| — atropurpurea, Wallich. | 1 | 361 |
| — glabra, Vent. | 1 | 362 |
| Pontederaceæ, A. Rich. | 12 | 256 |
| PONTEDEREÆ, Kunth. | 12 | 256 |
| Pontedereæ, Reichb. | 12 | 256 |
| PONTEDERIA, Linn. | 12 | 392 |
| — azurea, Hook. | 12 | 394 |
| — cordata, Linn. | 12 | 393 |
| — crassipes, Mart. | 12 | 394 |
| Pontederiaceæ, Kunth. | 12 | 252 |
| | et | 256 |
| PONTHIEVA, R. Br. | 12 | 181 |
| Pontoppidana, Scop. | 4 | 106 |
| Populago, Tourn. | 7 | 290 |
| — palustris, Scop. | 7 | 294 |
| POPULUS, Tourn. | 10 | 378 |
| — alba, Linn. | 10 | 379 |
| — alba, Willd. | 10 | 381 |
| — angulata, Linn. | 10 | 391 |
| — atheniensis, Hortor. | 10 | 385 |
| — balsamifera, Linn. | 10 | 393 |
| — balsamifera, Pallas. | 10 | 394 |
| — betulæfolia, Pursh. | 10 | 389 |
| — canadensis, Desf. | 10 | 390 |
| — canadensis, Fougeroux. | 10 | 393 |
| — candicans, Hort. Hew. | 10 | 392 |
| — candicans, Hortor. | 10 | 394 |
| — canescens, Smith. | 10 | 381 |
| — carolinensis, Borkh. | 10 | 389 |
| — cordata, Hort. Par. | 10 | 385 |
| — dilatata, Hort. Kew. | 10 | 388 |
| — fastigiata, Pers. | 10 | 388 |
| — græca, Willd. | 10 | 385 |
| — grandidentata, Mich. | 10 | 384 |
| Populus heterophylla, Linn. | 10 | 386 |
| — hudsonica, Mich. | 10 | 389 |
| — italica, Mœnch. | 10 | 388 |
| — lævigata, Willd. | 10 | 385 |
| — laurifolia, Ledeb. | 10 | 394 |
| — major, Mill. | 10 | 379 |
| — monilifera, Hort. Kew. | 10 | 389 |
| — nigra, Catesb. | 10 | 392 |
| — nigra, Linn. | 10 | 386 |
| — ontariensis, Hortor. | 10 | 392 |
| — pyramidalis, Rozier. | 10 | 388 |
| — Tacamahaca, Mill. | 10 | 393 |
| — Tremula, Linn. | 10 | 382 |
| — tremuloides, Mich. | 10 | 384 |
| — villosa, Reichb. | 10 | 382 |
| — viminalis, Desf. | 10 | 393 |
| — virginiana, Desf. | 10 | 389 |
| PORANA, Burm. | 9 | 95 |
| — paniculata, Roxb. | 9 | 95 |
| — volubilis, Linn. | 9 | 96 |
| PORCELIA, R. et P. | 7 | 497 |
| Porcelia triloba, Pursh. | 7 | 529 |
| PORCELLITES, Cass. | 10 | 7 |
| PORLIERIA, R. et P. | 2 | 308 |
| — hygrometrica, R. et P. | 2 | 308 |
| POROPHYLLUM, Vaill. | 10 | 16 |
| PORPA, Bl. | 4 | 3 |
| Porphyra, Lour. | 9 | 227 |
| Porphyranthus, Don. | 9 | 584 |
| PORRUM, Tourn. | 12 | 328 |
| — Cepa, Reichb. | 12 | 330 |
| — commune, Reichb. | 12 | 329 |
| — sativum, Mill. | 12 | 329 |
| — Scorodoprasum, Reichb. | 12 | 329 |
| Portaletia, Meyen. | 10 | 34 |
| Portenschlagia, Tratt. | 2 | 403 |
| PORTLANDIA, P. Br. | 8 | 419 |
| — coccinea, Swartz. | 8 | 420 |
| — coriacea, Spreng. | 8 | 420 |
| — grandiflora, Linn. | 8 | 420 |
| — hexandra, Linn. | 8 | 385 |
| PORTULACA, Linn. | 5 | 224 |
| — Anacampseros, Willd. | 5 | 227 |
| — crassifolia, Jacq. | 5 | 229 |
| — Gilliesii, Hook. | 5 | 226 |
| — oleracea, Linn. | 5 | 225 |
| — patens, Jacq. | 5 | 228 |
| — pilosa, Linn. | 5 | 226 |
| — sativa, Haw. | 5 | 225 |
| PORTULACACEÆ, Juss. | 5 | 221 |
| Portulaceæ, Juss. | 5 | 577 |

| | Vol. | Pag. | | Vol. | Pag. |
|---|---|---|---|---|---|
| PORTULACARIA, Jacq. . . | 5 | 232 | POTERIUM, Linn. . . . . | 1 | 487 |
| — afra, Jacq. . . . . . | 5 | 232 | — caudatum, Hort. Kew. | 1 | 487 |
| Portulaceæ, Bartl. . . . . | 5 | 221 | — glaucescens, Reichb. . | 1 | 489 |
| POSIDONIA, Kœn. . . . | 12 | 14 | — guestphalicum, Bœnn. | 1 | 489 |
| POSIDONIEÆ, Kunth. | 12 | 14 | — polygamum, Lejeune. | 1 | 489 |
| POSOQUIERA, Aubl. . . . | 8 | 407 | — Sanguisorba, Linn. . | 1 | 488 |
| — dumetorum, Roxb. . | 8 | 415 | — spinosum, Linn. . . . | 1 | 487 |
| — longiflora, Aubl. . . | 8 | 407 | POTHOMORPHE, Miq. . . | 11 | 11 |
| — uliginosa, Roxb. . . | 8 | 416 | POTHOS, Linn. . . . . . | 12 | 33 |
| Posoria, Raf. . . . . . | 8 | 372 | Potima, Pers. . . . . . | 8 | 376 |
| Possira, Aubl. . . . . . | 1 | 146 | POTTSIA, Hook. et Arn. | 8 | 503 |
| — arborescens, Aubl. . | 1 | 147 | POUCHETIA, A. Rich. . . | 8 | 373 |
| POTALIA, Aubl. . . . . . | 8 | 484 | POUPARTIA, Commers. . | 2 | 230 |
| — amara, Aubl. . . . . | 8 | 485 | Pourretia, R. et P. . . . | 12 | 398 |
| Potaliaceæ, Lindl. . . . | 8 | 481 | POURRETIA, Willd. . . . | 3 | 343 |
| Potalieæ, Mart. . . . . | 8 | 481 | Pouteria, Aubl. . . . . | 9 | 384 |
| Potameæ, Juss. . . . . . | 12 | 13 | POUZOLZIA, Gaudich. . . | 11 | 25 |
| Potameia, Petit-Thou. . . | 10 | 401 | POZOA, Lag. . . . . . . | 8 | 136 |
| POTAMOCHLOA, Griff. . . | 13 | 158 | PRANGOS, Lindl. . . . . | 8 | 134 |
| POTAMOGETON, Linn. . . | 12 | 15 | PRASIEÆ, Benth. . . | 9 | 167 |
| POTAMOGETONEÆ, | | | PRASIUM, Linn. . . . . | 9 | 167 |
| Kunth. . . . . . . . | 12 | 15 | PRATIA, Gaudich. . . . . | 9 | 572 |
| Potamogetoneæ, Reichb. . | 12 | 13 | PRAXELIS, Cass. . . . . . | 10 | 37 |
| POTAMOPHILA, R. Br. . . | 13 | 158 | PREMNA, Linn. . . . . . | 9 | 227 |
| Potamophilæ, Rich. . . . | 12 | 13 | PRENANTHES, Vaill. . . . | 10 | 7 |
| POTENTILLA, Linn. . . . | 1 | 469 | PREPUSA, Mart. . . . . . | 9 | 5 |
| — alba, Linn. . . . . . | 1 | 475 | PRESCOTTIA, Lindl. . . . | 12 | 181 |
| — anserina, Linn. . . . | 1 | 471 | Preslea, Mart. . . . . . | 9 | 32 |
| — apennina, Ten. . . . | 1 | 476 | PRESLIA, Opitz. . . . . | 9 | 163 |
| — atrosanguinea, Lodd. . | 1 | 476 | PRESTONIA, R. Br. . . | 8 | 503 |
| — chrysantha, Trevir. | 1 | 474 | PRETREA, Gay. . . . . . | 9 | 249 |
| — colorata, Lehm. . . . | 1 | 476 | Prevostea, Choisy. . . . . | 9 | 94 |
| — davurica, Nestl. . . . | 1 | 470 | PRIESTLEYA, D. C. . . . | 1 | 192 |
| — formosa, Don. . . . . | 1 | 476 | — hirsuta, D. C. . . . . | 1 | 192 |
| — fruticosa, Linn. . . . | 1 | 470 | — lævigata, D. C. . . . | 1 | 192 |
| — intermedia, Linn. . . | 1 | 473 | — vestita, D. C. . . . . | 1 | 193 |
| — laciniosa, Kit. . . . . | 1 | 474 | — villosa, D. C. . . . . | 1 | 193 |
| — lineata, Trevir. . . . | 1 | 471 | Prieurea, D. C. . . . . . | 4 | 337 |
| — nepalensis, Hook. . . | 1 | 476 | PRIMULA, Tourn. . . . . | 9 | 350 |
| — nitida, Linn. . . . . | 1 | 475 | — acaulis, Jacq. . . . . | 9 | 352 |
| — opaca, Engl. Bot. . . | 1 | 473 | — alpina, Schleich. . . | 9 | 358 |
| — pedata, Willd. . . . | 1 | 474 | — Auricula, Linn. . . . | 9 | 357 |
| — pilosa, D. C. . . . . | 1 | 475 | — brevistyla, D. C. . . | 9 | 352 |
| — recta, Linn. . . . . . | 1 | 474 | — Candolleana, Reichb. | 9 | 359 |
| — reptans, Linn. . . . . | 1 | 472 | — ciliata, Schrank. . . | 9 | 358 |
| — rubens, All. . . . . . | 1 | 475 | — Clusiana, Tausch. . . | 9 | 359 |
| — Russeliana, Lindl. . . | 1 | 477 | — Columnæ, Ten. . . . | 9 | 352 |
| — Siemersiana, Lehm. . | 1 | 471 | — cortusoides, Linn. . . | 9 | 361 |
| — splendens, Don. . . . | 1 | 471 | — crenata, Lamk. . . . | 9 | 358 |
| — Tormentilla, Nestl. . | 1 | 472 | — elatior, Jacq. . . . . | 9 | 352 |
| — verna, Linn. . . . . . | 1 | 473 | — farinosa, Linn. . . . | 9 | 361 |
| Potentillæ, Juss. . . . . | 1 | 451 | — glaucescens, Moretti. | 9 | 359 |
| | | | — glutinosa, Linn. . . . | 9 | 359 |

| | Vol. | Pag. |
|---|---|---|
| Primula grandiflora, Lamk. | 9 | 351 |
| — helvetica, Lodd. | 9 | 358 |
| — hirsuta, D. C. | 9 | 358 |
| — inflata, Lehm. | 9 | 353 |
| — inodora, Hoffm. | 9 | 352 |
| — integrifolia, Linn. | 9 | 359 |
| — longiflora, All. | 9 | 362 |
| — marginata, Curt. | 9 | 358 |
| — minima, Linn. | 9 | 360 |
| — officinalis, Jacq. | 9 | 353 |
| — Palinuri, Petagna. | 9 | 357 |
| — prænitens, Ker. | 9 | 355 |
| — pubescens, Jacq. | 9 | 358 |
| — rhætica, Gaud. | 9 | 358 |
| — semperflorens, Lois. | 9 | 355 |
| — sertulosa, Lois. | 9 | 355 |
| — sinensis, Lindl. | 9 | 355 |
| — spectabilis, Tratt. | 9 | 359 |
| — suaveolens, Bertol. | 9 | 353 |
| — sylvestris, Scop. | 9 | 352 |
| — veris, Linn. | 9 | 352 |
| | et | 353 |
| — veris, Willd. | 9 | 353 |
| — villosa, Bot. Mag. | 9 | 358 |
| — villosa, Jacq. | 9 | 358 |
| — vulgaris, Smith. | 9 | 352 |
| PRIMULACEÆ, Vent. | 9 | 341 |
| PRIMULIDIUM, Spach. | 9 | 354 |
| — sinense, Spach. | 9 | 355 |
| PRINOS, Linn. | 2 | 452 |
| — ambiguus, Nutt. | 2 | 434 |
| — ambiguus, Pursh. | 2 | 433 |
| — atomarius, Nutt. | 2 | 435 |
| — coriaceus, Pursh. | 2 | 435 |
| — deciduus, D. C. | 2 | 432 |
| — glaber, Linn. | 2 | 435 |
| — integrifolius, Elliott. | 2 | 434 |
| — lævigatus, Pursh. | 2 | 434 |
| — lanceolatus, Pursh. | 2 | 434 |
| — padifolius, Willd. | 2 | 433 |
| — verticillatus, Willd. | 2 | 433 |
| Prionachne, Nees. | 13 | 159 |
| PRIONANTHES, Schrank. | 10 | 54 |
| Prionanthus, Ehrh. | 7 | 254 |
| PRIONIUM, E. Mey. | 13 | 134 |
| PRIONOTES, R. Br. | 9 | 434 |
| Prionotophyllum, Less. | 10 | 35 |
| PRISMATOCARPUS, D. C. | 9 | 536 |
| Prismatocarpus, L'hérit. | 9 | 536 |
| Pristocarpha, E. Mey. | 10 | 24 |
| PRIVA, Adans. | 9 | 227 |
| Proboscidea, Schmidel. | 9 | 249 |

| | Vol. | Pag. |
|---|---|---|
| PROCKIA, Linn. | 6 | 113 |
| | et | 296 |
| PROCRIS, Commers. | 11 | 24 |
| Proiphis, Herbert. | 12 | 405 |
| — amboinensis, Herb. | 12 | 428 |
| PRONACRON, Cass. | 10 | 21 |
| PROSARTES, Don. | 12 | 235 |
| PROSELIA, Don. | 10 | 35 |
| PROSERPINACA, Linn. | 4 | 443 |
| PROSOPHYLLUM, R. Br. | 12 | 181 |
| PROSOPIA, Reichb. | 9 | 272 |
| PROSOPIS, Linn. | 1 | 62 |
| — dulcis, Kunth. | 1 | 63 |
| — horrida, Kunth. | 1 | 63 |
| — spicigera, Linn. | 1 | 62 |
| PROSTANTHERA, Labill. | 9 | 165 |
| PROSTEA, Camb. | 3 | 40 |
| PROSTENIA, Nees. | 10 | 498 |
| PROTEA, Linn. | 10 | 409 |
| — abrotanifolia, Andr. | 10 | 417 |
| — acaulis, Willd. | 10 | 412 |
| — acerosa, R. Br. | 10 | 413 |
| — acuifera, Cav. | 10 | 408 |
| — acuifolia, Sal. | 10 | 412 |
| — alba, Willd. | 10 | 405 |
| — amplexicaulis, R. Br. | 10 | 413 |
| — anemonefolia, Bot. Mag. | 10 | 408 |
| — anethifolia, Sal. | 10 | 408 |
| — angustifolia, Sal. | 10 | 411 |
| — argentea, Willd. | 10 | 404 |
| — aulacea, Willd. | 10 | 403 |
| — bracteata, Willd. | 10 | 403 |
| — cæspitosa, Andr. | 10 | 413 |
| — canaliculata, Andr. | 10 | 412 |
| — candicans, Andr. | 10 | 415 |
| — cinerea, Hort. Kew. | 10 | 405 |
| — conifera, Andr. | 10 | 406 |
| — conifera, Linn. | 10 | 406 |
| — conocarpa, Willd. | 10 | 414 |
| — cordata, Willd. | 10 | 413 |
| — cordifolia, Bot. Mag. | 10 | 413 |
| — coronata, Andr. | 10 | 410 |
| — corymbosa, Willd. | 10 | 405 |
| — cucullata, Willd. | 10 | 415 |
| — cyanoides, Linn. | 10 | 416 |
| — cynaroides, Thunb. | 10 | 409 |
| — divaricata, Willd. | 10 | 416 |
| — formosa, R. Br. | 10 | 410 |
| — glaucophylla, Sal. | 10 | 412 |
| — globosa, Bot. Mag. | 10 | 405 |
| — glomerata, Andr. | 10 | 417 |
| — glomerata, Linn. | 10 | 417 |

| | Vol. | Pag. |
|---|---|---|
| Protea grandiflora , Willd. | 10 | 411 |
| — hirta, Willd. . . | 10 | 415 |
| — imbricata, Willd. . | 10 | 419 |
| — incurva, Andr. . . | 10 | 407 |
| — lacticolor, Sal. . . | 10 | 410 |
| — Lagopus , Andr. . . | 10 | 418 |
| — lanata, Willd. . . . | 10 | 419 |
| — Lepidocarpon, Bot. Mag. | 10 | 410 |
| — Levisanus, Willd. . . | 10 | 404 |
| — linearis, Willd. . . | 10 | 414 |
| — longiflora, Lamk. . | 10 | 410 |
| — longifolia, Andr. . . | 10 | 411 |
| — melaleuca, R. Br. . | 10 | 410 |
| — mellifera , Willd. . . | 10 | 411 |
| — mucronifera, Sal. . . | 10 | 411 |
| — nana , Willd. . . . | 10 | 412 |
| — obliqua , Willd. . . | 10 | 404 |
| — ochroleuca , Smith. . | 10 | 410 |
| — pallens, Linn. . . . | 10 | 406 |
| — parviflora, Willd. . | 10 | 404 |
| — patens, R. Br. . . | 10 | 411 |
| — pedunculata, Lamk. . | 10 | 417 |
| — pinifolia , Willd. . . | 10 | 403 |
| — pinnata, Andr. . . | 10 | 416 |
| — plumosa , Hort. Kew. | 10 | 404 |
| — pubera , Willd. . . | 10 | 414 |
| — pulchella, R. Br. . . | 10 | 410 |
| — pulchella, Willd. . . | 10 | 407 |
| — purpurea , Willd. . . | 10 | 416 |
| — repens, Andr. . . . | 10 | 413 |
| — repens, Willd. . . . | 10 | 412 |
| — rosacea, Smith. . . | 10 | 412 |
| — saligna, Andr. . . . | 10 | 406 |
| — saligna, Linn. . . . | 10 | 406 |
| — saligna, Thunb. . . | 10 | 406 |
| — Sceptrum, Willd. . . | 10 | 418 |
| — Scolopendria, R. Br. . | 10 | 413 |
| — Scolymus, Willd. . . | 10 | 411 |
| — spathulata, Willd. . . | 10 | 418 |
| — speciosa, Linn. . . . | 10 | 410 |
| — speciosa nigra , Andr. | 10 | 410 |
| — sphærocephala , Linn. | 10 | 417 |
| — spicata, Willd. . . . | 10 | 418 |
| — strobilina, Schrad. . . | 10 | 405 |
| — tenax, R. Br. . . . | 10 | 412 |
| — teretifolia, Andr. . . | 10 | 407 |
| — tomentosa , Willd. . . | 10 | 415 |
| — tridactylites, Cav. . . | 10 | 409 |
| — turbiniflora , R. Br. . | 10 | 413 |
| — umbellata, Willd. . . | 10 | 403 |
| PROTEACEÆ, R. Br. | 10 | 398 |
| Proteæ, Juss. . . . . . . . | 10 | 398 |
| PROTEINEÆ, Bartl. . . . . . . . | 10 | 396 |
| PROTEINEÆ, Endl. . . | 10 | 400 |
| et | | 403 |
| PROTEOPHYLLUM, Spach. | 11 | 130 |
| PROTIUM, Burm. . | 2 | 230 |
| PROUSTIA, Lag. . . . . . | 10 | 9 |
| PRUNELLA, Linn. . . . . | 9 | 165 |
| Prunophora, Neck. . . . . | 1 | 379 |
| PRUNUS, Tourn. . . . . . | 1 | 391 |
| — acida, Ehrh. . . | 1 | 404 |
| — acuminata, Mich. . . | 1 | 398 |
| — aspera , Thunb. . . | 1 | 426 |
| — austera, Ehrh. . . . | 1 | 404 |
| — avenaria, Tabern. . . | 1 | 394 |
| — avium, Linn. . . . | 1 | 401 |
| — brigantiaca , Vill. . . | 1 | 396 |
| — canadensis , Willd. . | 1 | 317 |
| — candicans, Willd. . . | 1 | 399 |
| — capricida, Wallich. . | 1 | 418 |
| — Caputi , Cavan. . . | 1 | 422 |
| — cerasifera, Ehrh. . . | 1 | 395 |
| — cerasoides, Don. . . | 1 | 424 |
| — Cerasus, Linn. . . . . | 1 | 404 |
| — Chamæcerasus, Jacq. . | 1 | 407 |
| — Chicasaw, Mich. . . | 1 | 397 |
| — Cocomilio , Ten. . . | 1 | 397 |
| — daisycarpa, Ehrh. . . | 1 | 390 |
| — domestica, Linn. . . | 1 | 392 |
| — elliptica , Thunb. . . | 1 | 418 |
| — frutioosa, Pallas. . . | 1 | 407 |
| — glandulosa, Thunb. . | 1 | 425 |
| — græca , Desf. . . . | 1 | 410 |
| — hiemalis , Mich. . . . | 1 | 398 |
| — hirsuta, Elliott. . . | 1 | 417 |
| — Hixa, Brouss. . . . | 1 | 419 |
| — incana, Stev. . . . | 1 | 423 |
| — incisa, Thunb. . . . | 1 | 424 |
| — insititia, Linn. . . . | 1 | 394 |
| — japonica, Ker. . . . | 1 | 425 |
| — lusitanica, Linn. . . | 1 | 418 |
| — Mahaleb, Linn. . . | 1 | 409 |
| — maritima, Willd. . . | 1 | 397 |
| — Myrobolana, Linn. . . | 1 | 395 |
| — nigra, Hort. Kew. . . | 1 | 399 |
| — occidentalis, Swartz. . | 1 | 422 |
| — Padus, Linn. . . . | 1 | 412 |
| — paniculata, Ker. . . | 1 | 411 |
| — persicifolia, Desf. . . | 1 | 414 |
| — prostrata , Labill. . . | 1 | 423 |
| — pumila, Linn. . . . | 1 | 400 |
| — pygmæa, Willd. . . . | 1 | 399 |

| | Vol. | Pag. |
|---|---|---|
| Prunus pyramidalis, D. C. | 1 | 393 |
| — reclinata, Bosc. | 1 | 398 |
| — salicina, Lindl. | 1 | 396 |
| — semperflorens , Ehrh. | 1 | 407 |
| — serotina, Ehrh. | 1 | 416 |
| — serotina, Roth. | 1 | 407 |
| — serrulata, Lindl. | 1 | 408 |
| — sinensis, Pers. | 1 | 425 |
| — sphærocarpa , Swartz. | 1 | 421 |
| — spinosa, Linn. | 1 | 394 |
| — Susquebannæ, Willd. | 1 | 399 |
| — undulata, Hamilt. | 1 | 418 |
| — virginiana, Linn. | 1 | 414 |
| — virginiana, Mill. | 1 | 416 |
| PSACALIUM, D. C. | 10 | 32 |
| Psamma, Beauv. | 13 | 162 |
| — arenaria, R. et S. | 13 | 195 |
| — littoralis , Beauv. | 13 | 195 |
| PSAMMIRIS, Spach. | 13 | 69 |
| PSANACETUM, Neck. | 10 | 24 |
| PSATHURA, Commers. | 8 | 375 |
| Psathyra, Spreng. | 8 | 375 |
| Psatura, Poir. | 8 | 375 |
| PSELIUM, Lour. | 8 | 7 |
| Psephellus, Cass. | 10 | 41 |
| — calocephalus, Cass. | 10 | 68 |
| Pseudais, Decaisne. | 13 | 289 |
| Pseudaleia, Petit-Thou. | 13 | 263 |
| PSEUDALEOIDES , Petit-Thou. | 13 | 263 |
| PSEUDO-CAPSICUM, Med. | 9 | 76 |
| — undulatifolium, Mœnch. | 9 | 77 |
| Pseudo-dictamnus, Mœnch. | 9 | 166 |
| Pseudo-elephantopus, Rohr. | 10 | 40 |
| PSEUDO-LIRION, Endl. | 12 | 277 |
| Pseudo-vanda, Lindl. | 12 | 177 |
| PSIADIA , Jacq. | 10 | 29 |
| PSIDIUM, Linn. | 4 | 152 |
| — acutangulum, Mart. | 4 | 154 |
| — angustifolium, Lamk. | 4 | 155 |
| — aromaticum , Aubl. | 4 | 156 |
| — caninum, Lour. | 4 | 154 |
| — Cattleianum, Lindl. | 4 | 153 |
| — eugenioides, Camb. | 4 | 156 |
| — grandiflorum, Aubl. | 4 | 156 |
| — guineense, Swartz. | 4 | 155 |
| — mengahiense, Camb. | 4 | 156 |
| — montanum, Swartz. | 4 | 154 |
| — multiflorum, Camb. | 4 | 156 |
| — polycarpum, Lamb. | 4 | 153 |
| — pomiferum, Linn. | 4 | 153 |
| — pumilum, Willd. | 4 | 155 |
| — pyriferum , Linn. | 4 | 152 |
| Psidium sapidissimum, Jacq. | 4 | 154 |
| — ternatifolium, Camb. | 4 | 155 |
| Psiguria , Neck. | 6 | 288 |
| Psilathera, Link. | 13 | 164 |
| PSILOBIUM, Jack. | 8 | 378 |
| PSILONEMA, C. A. Mey. | 6 | 324 |
| Psilophora testicularis, Jacq. | 12 | 100 |
| PSILOPHYLLUM, Less. | 10 | 27 |
| PSILOPOGON, Hochst. | 13 | 166 |
| PSILOSTOMA, Klotz. | 8 | 376 |
| PSILOSTROPHE, D. C. | 10 | 40 |
| PSILOTHAMNUS, D. C. | 10 | 24 |
| Psilothonna, E. Mey. | 10 | 24 |
| PSILURUS, Trin. | 13 | 166 |
| PSITTACANTHUS, Mart. | 8 | 234 |
| PSITTACOGLOSSUM, Llav. et Lex. | 12 | 177 |
| Psolanum, Neck. | 9 | 57 |
| PSOPHOCARPUS, Neck. | 1 | 335 |
| — tetragonolobus, D. C. | 1 | 335 |
| PSORALEA, Linn. | 1 | 230 |
| — angustifolia, Jacq. | 1 | 233 |
| — arborea, Sims. | 1 | 233 |
| — bituminosa, Linn. | 1 | 231 |
| — bracteata , Linn. | 1 | 232 |
| — citriodora, Cav. | 1 | 247 |
| — Dalea, Linn. | 1 | 247 |
| — esculenta, Pursh. | 1 | 231 |
| — glandulosa, Linn. | 1 | 232 |
| — multicaulis, Jacq. | 1 | 233 |
| — odoratissima, Jacq. | 1 | 233 |
| — pedunculata , Bot. Reg. | 1 | 232 |
| — pinnata, Linn. | 1 | 233 |
| — pubescens, Balb. | 1 | 232 |
| — sericea, Poir. | 1 | 232 |
| — verrucosa, Willd. | 1 | 233 |
| PSOROPHYTUM, Spach. | 5 | 413 |
| — undulatum, Spach. | 5 | 413 |
| PSOROSPERMUM, Spach. | 5 | 351 |
| — citrifolium, Spach. | 5 | 352 |
| — discolor, Spach. | 5 | 353 |
| — febrifugum, Spach. | 5 | 354 |
| — senegalensis, Spach. | 5 | 355 |
| PSYCHANTHUS, (Raf.)Spach. | 7 | 130 |
| — bracteolatus, Spach. | 7 | 140 |
| — grandiflorus, Spach. | 7 | 135 |
| — myrtifolius, Spach. | 7 | 137 |
| — oppositifolius, Spach. | 7 | 133 |
| — speciosus, Spach. | 7 | 138 |
| Psychechilos, Kuhl.et Hass. | 12 | 181 |
| PSYCHINE, Desf. | 6 | 325 |
| PSYCHOTRIA, Linn. | 8 | 456 |
| — emetica, Linn. | 8 | 456 |

| | Vol. | Pag. |
|---|---|---|
| Psychotria noxia, A. Saint-Hil. | 8 | 457 |
| — Palicourea, Swartz. | 8 | 459 |
| — tinctoria, R. et P. | 8 | 459 |
| Psychotrophum, P. Br. | 8 | 377 |
| PSYCHROPHILA, D. C. | 7 | 290 |
| Peydrax, Gærtn. | 8 | 376 |
| Psyllium, Tourn. | 10 | 555 |
| PSYLLOCARPUS, Mart. | 8 | 377 |
| PTARMICA, Tourn. | 10 | 191 |
| — grandiflora, D. C. | 10 | 194 |
| — Herba-rota, D. C. | 10 | 194 |
| — impatiens, D. C. | 10 | 192 |
| — moschata, D. C. | 10 | 192 |
| — nana, D. C. | 10 | 192 |
| — vulgaris, Blackw. | 10 | 193 |
| PTELEA, Linn. | 2 | 369 |
| — trifoliata, Linn. | 2 | 369 |
| Pteleaceæ, Kunth. | 2 | 360 |
| PTELIDIUM, Petit-Thou. | 2 | 404 |
| PTERANDRA, Juss. fil. | 3 | 157 |
| — psidiæfolia, Juss. fil. | 3 | 158 |
| — pyroidea, Juss. fil. | 3 | 158 |
| PTERICHIS, Lindl. | 12 | 181 |
| Pterima acerifolium, Reinw. | 2 | 182 |
| PTERISANTHES, Bl. | 3 | 210 |
| PTERIUM, Desv. | 13 | 159 |
| PTEROCARPUS, Linn. | 1 | 362 |
| — Adansoni, D. C. | 1 | 364 |
| — Amerimnum, Poir. | 1 | 367 |
| — Draco, Linn. | 1 | 362 |
| — erinaceus, Poir. | 1 | 364 |
| — flavus, Lour. | 1 | 365 |
| — hemiptera, Gærtn. | 1 | 362 |
| — indicus, Willd. | 1 | 364 |
| — luteus, Poir. | 1 | 365 |
| — Marsupium, Roxb. | 1 | 363 |
| — Moutouchi, Lamk. | 1 | 363 |
| — officinalis, Jacq. | 1 | 362 |
| — santalinus, Linn. | 1 | 365 |
| — senegalensis, Hook. | 1 | 364 |
| — suberosus, Pers. | 1 | 363 |
| PTEROCARYA, Nutt. | 2 | 180 |
| — fraxinifolia, Nutt. | 2 | 180 |
| PTEROCARYON, Spach. | 11 | 250 |
| PTEROCAULON, Elliott. | 10 | 38 |
| PTEROCEPHALUS, Vaill. | 10 | 314 |
| PTEROCERAS, Hass. | 12 | 178 |
| Pterochilus, Hook. | 12 | 175 |
| PTEROCLADUS, Spach. | 10 | 348 |
| PTEROCOCCUS, Pallas. | 10 | 521 |
| PTEROLEPIS, D. C. | 4 | 245 |
| Pterolepis, Schrad. | 13 | 144 |

| | Vol. | Pag. |
|---|---|---|
| PTEROLOBIUM, Andrz. | 6 | 325 |
| Pterolophus, Cass. | 10 | 11 |
| PTERONEURON, D. C. | 6 | 324 |
| Pteronia, Less. | 10 | 29 |
| PTERONIA, Linn. | 10 | 29 |
| Pteronia pauciflora, Sims. | 10 | 209 |
| Pterophora, Neck. | 10 | 29 |
| Pterophorus, Vaill. | 10 | 29 |
| Pterophyton, Cass. | 10 | 20 |
| PTEROPOGON, D. C. | 10 | 27 |
| Pteroselinum, Reichb. | 8 | 135 |
| PTEROSPERMUM, Schreb. | 3 | 452 |
| — acerifolium, Willd. | 3 | 454 |
| — semisagittatum, Roxb. | 3 | 453 |
| — suberifolium, Willd. | 3 | 452 |
| PTEROSPORA, Nutt. | 9 | 444 |
| PTEROSTEGIA, F. et M. | 10 | 521 |
| PTEROSTELMA, Wight. | 8 | 540 |
| PTEROSTIGMA, Benth. | 9 | 268 |
| PTEROSTYLIS, R. Br. | 12 | 182 |
| Pterota, Adans. | 2 | 361 |
| PTEROTHECA, Cass. | 10 | 6 |
| Pterotheca, Presl. | 13 | 146 |
| Pterygium, Corr. | 13 | 303 |
| PTERYGODIUM, Swartz. | 12 | 180 |
| PTERYGOSPERMEÆ, Tausch. | 8 | 134 |
| | et | 153 |
| PTERYGOTA, Schott et Endl. | 3 | 502 |
| — Roxburghii, Schott et Endl. | 3 | 502 |
| PTILIMNION, Raf. | 8 | 140 |
| Ptilimnium, Raf. | 8 | 138 |
| Ptilocnema, Don. | 12 | 175 |
| Ptilophyllum, Nutt. | 4 | 443 |
| PTILOSTEMON, Cass. | 10 | 12 |
| PTILOSTEPHIUM, Kunth. | 10 | 17 |
| Ptilotrichum, C. A. Mey. | 6 | 324 |
| — canescens, Ledeb. | 6 | 496 |
| — elongatum, Ledeb. | 6 | 496 |
| — tenuifolium, C. A. Mey. | 6 | 496 |
| PTILOTUS, R. Br. | 5 | 249 |
| PTILURUS, Don. | 10 | 33 |
| PTYCHOCARPA, R. Br. | 10 | 402 |
| PTYCHOCHILUS, Schauer. | 12 | 179 |
| Ptychosperma, Labill. | 12 | 60 |
| — gracilis, Labill. | 12 | 72 |
| PTYCHOTIS, Koch. | 8 | 136 |
| PUERARIA, D. C. | 1 | 154 |
| PUGIONIUM, Gærtn. | 6 | 326 |
| PULICARIA, Gærtn. | 10 | 219 |
| — dyssenterica, Gærtn. | 10 | 219 |
| PULMONARIA, Tourn. | 9 | 39 |

| | Vol. | Pag. | | Vol. | Pag. |
|---|---|---|---|---|---|
| Pulmanorla *angustata*, Schrad. | 9 | 40 | Pycnocycla , Royle. . . | 8 | 139 |
| — *angustifolia*, Linn. . . | 9 | 40 | Pycnosorus , Benth. . . | 10 | 29 |
| — *azurea*, Bess. . . . | 9 | 40 | Pycnostachys, Hook. . | 9 | 162 |
| — *Clusii*, Baumg. . . . | 9 | 40 | *Pycreus*, Beauv. . . . . | 13 | 144 |
| — *mollis*, Wulff. . . . | 9 | 40 | Pyrarda , Cass. . . . | 10 | 28 |
| — *montana*, Wulff. . . | 9 | 40 | Pyrenacantha, Hook. . | 11 | 25 |
| — *oblongata* , Schrad. | 9 | 40 | *Pyrenaceæ*, Vent. . . . | 9 | 255 |
| — *officinalis*, Linn. . . | 9 | 40 | Pyrethraria, D. C. . . | 10 | 166 |
| — *saccharata*, Linn. . | 9 | 40 | Pyrethrum, Gærtn. . . | 10 | 172 |
| — *tuberosa*, Schrank. . | 9 | 40 | — *Balsamita*, Willd. . | 10 | 175 |
| — *virginiana*, Linn. . . | 9 | 42 | — carneum , Bieberst. . | 10 | 176 |
| Pulsatilla , D. C. . . | 7 | 255 | — *niveum* , Leg. . . . | 10 | 177 |
| Pulsatilla , Tourn. . . | 7 | 253 | — *parthenifolium*, Willd. | 10 | 177 |
| — *alba* , Lobel. . . . | 7 | 254 | — Parthenium , Smith. | 10 | 177 |
| — *alba* , Reichb. . . . | 7 | 254 | — *ptarmicæfolium*, Willd. | 10 | 194 |
| — alpina, Spreng. . . . | 7 | 254 | — roseum, Bieberst. . | 10 | 176 |
| — *alpina alba*, Spach. . | 7 | 254 | — *roseum*, Lindl. . . | 10 | 176 |
| — *alpina lutea*, Spach. | 7 | 254 | — serotinum, Willd. . . | 10 | 175 |
| — *Burseriana* , Reichb. | 7 | 254 | — *Spilanthus*, Led. . . | 10 | 137 |
| — patens, Spreng. . . . | 7 | 256 | — Tanacetum, D. C. . | 10 | 174 |
| — vulgaris , Mill. . . . | 7 | 255 | — *uliginosum*, W. et K. | 10 | 175 |
| Pultenæa , Smith. . . | 1 | 179 | *Pyrgus* , Lour. . . . . | 9 | 374 |
| — biloba, R. Br. . . . | 1 | 180 | Pyrola , Tourn. . . . | 9 | 517 |
| — daphnoides , Smith. . | 1 | 180 | — minor , Linn. . . . | 9 | 519 |
| — ericoides , Vent. . . | 1 | 176 | — rotundifolia , Linn. . | 9 | 518 |
| — *ilicifolia*, Andr. . . | 1 | 170 | — umbellata , Linn. . . | 9 | 518 |
| — obcordata, Andr. . . | 1 | 180 | *Pyrolaceæ*, Lindl. . . | 9 | 440 |
| — retorta, Wendl. . . . | 1 | 177 | *PYROLEÆ*, Lindl. . . | 9 | 444 |
| — retusa, Smith. . . . | 1 | 180 | | et | 516 |
| — rosmarinifolia, Lindl. | 1 | 179 | *Pyrolirion*, Herb. . . . | 12 | 405 |
| — *rubiæfolia*, Andr. . . | 1 | 183 | Pyrostoma, E. Mey. . | 9 | 226 |
| — stipularis, Smith. . . | 1 | 181 | Pyrostria , Commers. . | 8 | 375 |
| — stricta, Sims. . . . | 1 | 181 | *Pyrostria*, Roxb. . . . | 8 | 375 |
| — subumbellata , Hook. | 1 | 181 | Pyrrocoma, Hook. . . . | 10 | 29 |
| — *villosa*, Andr. . . . | 1 | 176 | Pyrularia, Mich. . . . | 10 | 460 |
| — villosa, Smith. . . . | 1 | 181 | Pyrus, Tourn. . . . . | 2 | 109 |
| Punica, Linn. . . . . | 4 | 288 | — Achras, Gærtn. . . . | 2 | 123 |
| — Granatum , Linn. . . | 4 | 288 | — *alpina* , Willd. . . . | 2 | 88 |
| — *nana*, Linn. . . . . | 4 | 289 | — *Amelanchier* , Willd. | 2 | 83 |
| Pupalia, Mart. . . . . | 5 | 275 | — *americana*, Willd. . | 2 | 95 |
| — densiflora , Mart. . . | 5 | 275 | — amygdaliformis, Willd. | 2 | 126 |
| Purkinjia, Presl. . . . | 9 | 374 | — *angustifolia*, Hort. Kew. | 2 | 135 |
| Purshia, D. C. . . . . | 1 | 429 | — *arbutifolia*, Lindl. . | 2 | 89 |
| — tridentata, D. C. . . | 1 | 429 | — *Aria*, Ehrh. . . . . | 2 | 100 |
| *Purshia*, Raf. . . . . | 4 | 443 | — *Aria*, Sibth. . . . . | 2 | 102 |
| *Purshia* , Spreng. . . . | 9 | 51 | — *Aria*, Svensk Bot. . | 2 | 100 |
| Puschkinia, Adams. . | 12 | 314 | — *Aucuparia*, Gærtn. . | 2 | 93 |
| — scilloides , Adams. . | 12 | 315 | — *baccata*, Linn. . . . | 2 | 155 |
| Putoria, Pers. . . . . | 8 | 377 | — *Bollwylleriana*, D. C. | 2 | 132 |
| Putranjiva, Wallich. . | 11 | 25 | — *Botryapium*, Linn. fil. | 2 | 84 |
| Pöya , Mol. . . . . . | 12 | 398 | — canescens, Spach. . | 2 | 128 |
| Pycnanthemum, Mich. | 9 | 164 | — *Chamæmespilus*, Ehrh. | 2 | 109 |
| Pycnocephalum , Less. | 10 | 39 | — communis , Linn. . . | 2 | 122 |

| | Vol. | Pag. |
|---|---|---|
| Pyrus *communis*, Lour. . | 2 | 124 |
| — *communis Achras* , | 2 | 123 |
| Wallroth . . . | 2 | 123 |
| — *communis Pyraster* , | | |
| Wallroth . . . . | 2 | 123 |
| — *coronaria* , Linn. . . | 2 | 137 |
| — *coronaria* , Wangenh. | 2 | 135 |
| — *crenata* , Don. . . . | 2 | 133 |
| — *cuneifolia* , Guss. . | 2 | 126 |
| — *Cydonia* , Linn. . . . | 2 | 155 |
| — *decipiens* , Bechst. . | 2 | 105 |
| — *depressa* , Lindl. . . . | 2 | 90 |
| — *dioica* , Willd. . . . | 2 | 148 |
| — *domestica* , Smith. . . | 2 | 97 |
| — *edulis* , Wats. . . . | 2 | 103 |
| — *edulis* , Willd. . . . | 2 | 100 |
| — *elæagrifolia* , Pallas. . | 2 | 131 |
| — *eriopleura* , Reichb. . | 2 | 127 |
| — *floribunda* , Lindl. . . | 2 | 89 |
| — *grandifolia* , Lindl. . | 2 | 91 |
| — *indica* , Wallich. . . . | 2 | 158 |
| — *integerrima* , Wallich. | 2 | 81 |
| — *intermedia* , Ehrh. . . | 2 | 100 |
| — *irregularis* , Knoop. . | 2 | 132 |
| — *japonica* , Thunb. . . | 2 | 159 |
| — *lanata* , Don. . . . . | 2 | 133 |
| — *malifolia* , Spach. . . | 2 | 131 |
| — *Malus* , Linn. . . . . | 2 | 140 |
| | et | 149 |
| — *Malus austera* , Wallroth. | 2 | 149 |
| — *Malus sylvestris* , Flor. | | |
| Dan. . . . . | 2 | 149 |
| — *melanocarpa* , Lindl. . | 2 | 90 |
| — *Michauxii* , Bosc. . . | 2 | 125 |
| — *microcarpa* , Wendl. . | 2 | 153 |
| — *nivalis* , Jacq. . . . . | 2 | 127 |
| — *nivalis* , Lindl. . . . | 2 | 126 |
| — *Nussia* , Don. . . . . | 2 | 133 |
| — *oblongifolia* , Spach. . | 2 | 128 |
| — *ovalis* , Willd. . . . . | 2 | 85 |
| — *paradisiaca* , Linn. . . | 2 | 139 |
| — *pinnatifida* , Ehrh. . . | 2 | 92 |
| — *Pollveria* , Linn. . . | 2 | 132 |
| — *Pollvilla* , Gmel. . . | 2 | 132 |
| — *Pollwylleriana* , C. Bauh. | 2 | 132 |
| — *præcox* , Pallas. . . . | 2 | 139 |
| — *pubens* , Lindl. . . . | 2 | 90 |
| — *rotundifolia* , Bechst. . | 2 | 105 |
| — *salicifolia* , Lois. . . | 2 | 126 |
| — *salicifolia* , Pallas. . . | 2 | 130 |
| — *salvifolia* , D. C. . . . | 2 | 124 |
| — *sanguinea* , Pursh. . . | 2 | 86 |
| — *semilobata* , Bechst. . | 2 | 105 |

| | Vol. | Pag. |
|---|---|---|
| Pyrus *Sinai* , Desf. . . . . | 2 | 129 |
| — *sinaica* , Guimp. et Hayn. | 2 | 125 |
| — *sinaica* , Thouin. . . . | 2 | 129 |
| — *sinensis* , Lindl. . . . | 2 | 124 |
| — *sorbifolia* , Wats. . . . | 2 | 87 |
| — *Sorbus* , Gærtn. . . . | 2 | 97 |
| — *spectabilis* , Hort. Kew. | 2 | 135 |
| — *spuria* , Lindl. . . . | 2 | 87 |
| — *sylvestris* , Magnol. . . | 2 | 126 |
| — *torminalis* , Ehrh. . . | 2 | 107 |
| *Pythagorea* , Raf. . . . . | 4 | 419 |
| — *alata* , Raf. . . . . | 4 | 420 |
| PYTHECOSERIS , Mart. . . | 10 | 39 |
| *Pythonium* , Schott. . . . | 12 | 39 |
| *Pytion* , Mart. . . . . | 12 | 39 |
| *Pyxidaria* , Lindern. . . . | 9 | 269 |
| | | |
| *Quadria* , R. et P. . . . . | 10 | 401 |
| QUALEA , Aubl. . . . . | 4 | 325 |
| — *cœrulea* , Aubl. . . . | 4 | 327 |
| — *ecalcarata* , Mart. . . | 4 | 326 |
| — *grandiflora* , Mart. . . | 4 | 326 |
| — *multiflora* , Mart. . . | 4 | 328 |
| — *rosea* , Aubl. . . . . | 4 | 327 |
| QUAMOCLIT , Tourn. . . . | 9 | 101 |
| — *pectinata* , Spach. . . | 9 | 101 |
| *Quapoya* , Aubl. . . . . | 5 | 308 |
| — *Pouapanari* , Aubl. . . | 5 | 313 |
| *Quararibea* , Aubl. . . . . | 5 | 343 |
| — *guianensis* , Aubl. . . | 5 | 416 |
| QUASSIA , Linn. . . . . . | 2 | 373 |
| — *amara* , Linn. . . . . | 2 | 374 |
| — *Simaruba* , Linn. . . . | 2 | 375 |
| QUEKETTIA , Lindl. . . . | 12 | 178 |
| QUELTIA , Haw. . . . . | 12 | 439 |
| *Quercineæ* , Juss. . . . | 11 | 138 |
| QUERCINEÆ , Spach. . . | 11 | 142 |
| | et | 145 |
| QUERCUS , Tourn. . . . . | 11 | 145 |
| — *Abelicea* , Poir. . . . | 11 | 121 |
| — *acuminata* , Roxb. . . | 11 | 181 |
| — *ægilopifolia* , Pers. . | 11 | 169 |
| — *Ægilops* , Linn. . . . | 11 | 168 |
| — *alba* , Guimp. et Hayn. | 11 | 157 |
| — *alba* , Linn. . . . . | 11 | 155 |
| — *Alzina* , Lapeyr. . . . | 11 | 171 |
| — *ambigua* , Mich. . . . | 11 | 165 |
| — *apennina* , Lamk. . . | 11 | 151 |
| — *aquatica* , Walt. . . . | 11 | 161 |
| — *armata* , Roxb. . . . | 11 | 185 |
| — *australis* , Link. . . . | 11 | 170 |
| — *austriaca* , Willd. . . . | 11 | 167 |
| — *Ballota* , Desf. . . . . | 11 | 175 |

| | Vol. | Pag. | | Vol. | Pag. |
|---|---|---|---|---|---|
| Quercus *Banisteri*, Mich. | 11 | 164 | Quercus *Ilex constricta*, Ten. | 11 | 172 |
| — *bicolor*, Willd. | 11 | 168 | — *Ilex cylindrocarpa*, Ten. | 11 | 174 |
| — *brutia*, Ten. | 11 | 150 | — *Ilex Dehnhardtii*, Ten. | 11 | 172 |
| — *calycina*, Poir. | 11 | 171 | — *Ilex denudata*, Ten. | 11 | 172 |
| — *canariensis*, Willd. | 11 | 170 | — *Ilex fimbriata*, Ten. | 11 | 174 |
| — Castanea, Willd. | 11 | 158 | — *Ilex geminiflora*, Ten. | 11 | 173 |
| — *castanicarpa*, Roxb. | 11 | 185 | — *Ilex lacera*, Ten. | 11 | 174 |
| — *castellana*, Bosc. | 11 | 151 | — *Ilex macrophylla*, Ten. | 11 | 173 |
| — *castellana*, Poir. | 11 | 171 | — *Ilex oleæfolia*, Ten. | 11 | 173 |
| — Catesbæi, Mich. | 11 | 162 | — *Ilex operculata*, Ten. | 11 | 173 |
| — Cerris, Linn. | 11 | 167 | — *Ilex polycarpa*, Ten. | 11 | 173 |
| — *Cerris*, Oliv. | 11 | 167 | — *Ilex sphærocarpa*, Ten. | 11 | 173 |
| — *Cerris*, Wats. | 11 | 167 | — *Ilex strangulata*, Ten. | 11 | 174 |
| — *Cerris dentata*, Wats. | 11 | 167 | — *Ilex subocculta*, Ten. | 11 | 174 |
| — *Cerris fulhamensis*, Loud. | 11 | 167 | — *Ilex undulata*, Ten. | 11 | 172 |
| — *Cerris laciniosa*, Spach. | 11 | 167 | — *imbricaria*, Mich. | 11 | 160 |
| — *Cerris pinnatifida*, Spach. | 11 | 167 | — *infectoria*, Oliv. | 11 | 170 |
| — *Cerris sinuata*, Spach. | 11 | 167 | — *intermedia*, Bœnningh. | 11 | 149 |
| — *cinerea*, Mich. | 11 | 161 | — *laciniata*, Lodd. | 11 | 151 |
| — *coccifera*, Linn. | 11 | 178 | — *lamellosa*, Hamilt. | 11 | 183 |
| — *coccinea*, Wangenh. | 11 | 165 | — *lanceæfolia*, Roxb. | 11 | 180 |
| — *collina*, Schleich. | 11 | 152 | — *lanuginosa*, Lamk. | 11 | 167 |
| — *crenata*, Lamk. | 11 | 169 | — *lanuginosa*, Thuil. | 11 | 152 |
| — *crinita*, Desf. | 11 | 167 | — *lappacea*, Roxb. | 11 | 182 |
| — *Dalechampii*, Ten. | 11 | 150 | — *longæva*, Sal. | 11 | 149 |
| — discolor, Hort. Kew. | 11 | 163 | — *Lucombeana*, Sweet. | 11 | 169 |
| — *Esculus*, Linn. | 11 | 150 | — *lusitanica*, Lamk. | 11 | 170 |
| — *exoniensis*, Lodd. | 11 | 169 | — *lyrata*, Walt. | 11 | 156 |
| — *expansa*, Poir. | 11 | 171 | — *macrocarpa*, Lapeyr. | 11 | 149 |
| — *faginea*, Lamk. | 11 | 170 | — macrocarpa, Mich. | 11 | 159 |
| — *falcata*, Mich. | 11 | 163 | — *mannifera*, Lindl. | 11 | 179 |
| — *Farnetto*, Ten. | 11 | 151 | — *montana*, Willd. | 11 | 158 |
| — *fastigiata*, Lamk. | 11 | 151 | — *nigra*, Thore. | 11 | 151 |
| — fenestrata, Roxb. | 11 | 180 | — *nigra*, Willd. | 11 | 162 |
| — *Fennesti*, Hortor. | 11 | 151 | — *obtusiloba*, Mich. | 11 | 156 |
| — *ferox*, Roxb. | 11 | 185 | — *œnomanensis*, Desp. | 11 | 151 |
| — *ferruginea*, Mich. | 11 | 162 | — *olivæformis*, Mich. | 11 | 159 |
| — *filicifolia*, Hortor. | 11 | 151 | — *palustris*, Linn. | 11 | 166 |
| — *fœmina*, Mill. | 11 | 149 | — *pedunculata*, Ehrh. | 11 | 149 |
| — *Frainetto*, Ten. | 11 | 151 | — *pedunculata acutifolia*, Bechst. | 11 | 150 |
| — *fructipendula*, Schrank. | 11 | 149 | — *pedunculata rosacea*, Bechst. | 11 | 150 |
| — *fulhamensis*, Hortor. | 11 | 167 | — *pedunculata sanguinea*, Bechst. | 11 | 151 |
| — *gramuntia*, Linn. | 11 | 171 | — *pendula*, Lodd. | 11 | 151 |
| — *haliphleos*, Lamk. | 11 | 167 | — Phellos, Linn. | 11 | 160 |
| — *heterophylla*, Lamk. | 11 | 171 | — *Phellos pumila*, Mich. | 11 | 161 |
| — *hispanica*, Lamk. | 11 | 169 | — Prinoides, Willd. | 11 | 158 |
| — *humilis*, Bosc. | 11 | 151 | — *Prinos acuminata*, Mich. | 11 | 158 |
| — *hybrida*, Brot. | 11 | 170 | — *Prinos Chincapin*, Mich. | 11 | 158 |
| — *iberica*, Stev. | 11 | 151 | — *Prinos discolor*, Mich. | 11 | 158 |
| — Ilex, Linn. | 11 | 171 | — *Prinos monticola*, Mich. | 11 | 158 |
| — *Ilex conocarpa*, Ten. | 11 | 172 | | | |

| | Vol. | Pag. |
|---|---|---|
| Quercus *Prinos palustris*, Mich. | 11 | 157 |
| — Prinus, Linn. | 11 | 157 |
| — Pseudo-Suber, Desf. | 11 | 169 |
| — *pubescens*, Brot. | 11 | 151 |
| — *pubescens*, Willd. | 11 | 152 |
| — *pumila*, Walt. | 11 | 161 |
| — *purpurea*, Lodd. | 11 | 151 |
| — *pyramidalis*, Hortor. | 11 | 151 |
| — *pyrenaica*, Willd. | 11 | 151 |
| — racemosa, Jack. | 11 | 179 |
| — *racemosa*, Lamk. | 11 | 149 |
| — regia, Lindl. | 11 | 179 |
| — *Robur*, Engl. Bot. | 11 | 148 |
| — Robur, Linn. | 11 | 148 |
| — Robur, Smith. | 11 | 149 |
| — *Robur conglomerata*, Ten. | 11 | 150 |
| — *Robur nobilis*, Ten. | 11 | 150 |
| — *Robur virgiliana*, Ten. | 11 | 150 |
| — *rotundifolia*, Lamk. | 11 | 175 |
| — *rubra*, Linn. | 11 | 165 |
| — *salicifolia*, Hortor. | 11 | 151 |
| — semecarpifolia, Smith. | 11 | 184 |
| — *sempervirens*, Walt. | 11 | 177 |
| — *sericea*, Willd. | 11 | 161 |
| — *sessiliflora*, Smith. | 11 | 148 |
| — spicata, Wallich. | 11 | 183 |
| — squamata, Roxb. | 11 | 182 |
| — stellata, Willd. | 11 | 156 |
| — *stolonifera*, Lapeyr. | 11 | 151 |
| — Suber, Linn. | 11 | 176 |
| — *Tauza*, Desf. | 11 | 151 |
| — *Tauzin*, Pers. | 11 | 151 |
| — Thomasii, Ten. | 11 | 150 |
| — tinctoria, Linn. | 11 | 164 |
| — *Tournefortii*, Willd. | 11 | 167 |
| — *Toza*, Bosc. | 11 | 151 |
| — *tribuloides*, Wallich. | 11 | 185 |
| — *triloba*, Mich. | 11 | 163 |
| — *turbinata*, Roxb. | 11 | 181 |
| — Turneri, Willd. | 11 | 170 |
| — urceolaris, Jack. | 11 | 180 |
| — *Valani*, Oliv. | 11 | 168 |
| — *valentina*, Cav. | 11 | 170 |
| — *variifolia*, Sweet. | 11 | 171 |
| — velutina, Wallich. | 11 | 184 |
| — virens, Hort. Kew. | 11 | 177 |
| QUERIA, Læffl. | 5 | 204 |
| QUILESIA, Blanco. | 13 | 263 |
| QUILLAJA, Juss. | 1 | 448 |
| — *Molinæ*, D. C. | 1 | 449 |
| — saponaria, Mol. | 1 | 449 |
| Quillaja *Smegmadermos*, D. C. | 1 | 449 |
| *Quinaria*, Lour. | 2 | 250 |
| — *Lansium*, Lour. | 2 | 253 |
| | et 3 | 191 |
| QUINCHAMALIUM, Juss. | 10 | 460 |
| QUINETIA, Cass. | 10 | 26 |
| QUINTINIA, D. C. fil. | 5 | 6 |
| QUISQUALIS, Linn. | 4 | 316 |
| — *ebracteata*, Beauv. | 4 | 317 |
| — indica, Linn. | 4 | 316 |
| QUIVISIA, Juss. | 3 | 180 |
| QUOYA, Gaudich. | 9 | 228 |
| RACARIA, Aubl. | 3 | 41 |
| *Racoubea*, Aubl. | 6 | 286 |
| Raddia, Bertol. | 15 | 160 |
| RADDISIA, Leand. | 2 | 398 |
| *Rademachia*, Thunb. | 11 | 38 |
| — *integra*, Thunb. | 11 | 72 |
| Radia, A. Rich. | 12 | 399 |
| *Rædiana*, Raf. | 5 | 205 |
| *Radicula lancifolia*, Mœnch. | 6 | 510 |
| — *palustris*, Mœnch. | 6 | 506 |
| — *pinnata*, Mœnch. | 6 | 425 |
| RADIOLA, Gmel. | 3 | 283 |
| — *dichotoma*, Mœnch. | 3 | 283 |
| — linoides, Gmel. | 3 | 283 |
| — *Millegrana*, Smith. | 3 | 283 |
| *Radix Mustela*, Rumph. | 8 | 512 |
| RAFFLESIA, R. Br. | 10 | 556 |
| — Arnoldi, R. Br. | 10 | 558 |
| — Patma, Bl. | 10 | 557 |
| — Titan, Jack. | 10 | 558 |
| *Rafflesiaceæ*, Dumort. | 10 | 554 |
| *RAFFLESIEÆ*, Spach. | 10 | 553 |
| RAFNIA, Thunb. | 1 | 153 |
| — *retusa*, Vent. | 1 | 190 |
| RAILEARDA, Gaudich. | 10 | 32 |
| RAJANIA, Linn. | 12 | 200 |
| *Ramacciam*, Hort. Mal. | 13 | 253 |
| RAMATUELLA, Kunth. | 4 | 296 |
| RAMONDIA, Rich. | 9 | 272 |
| *Ramphospermum*, Andr. | 6 | 323 |
| RANARIA, Cham. | 9 | 269 |
| *Rancagua*, Pœpp. | 10 | 17 |
| *Randalia*, Petiv. | 13 | 140 |
| RANDIA, Linn. | 8 | 414 |
| — *dumetorum*, Lamk. | 8 | 415 |
| — *spinosa*, Bl. | 8 | 415 |
| — uliginosa, D. C. | 8 | 416 |
| RANUNCELLA, Spach. | 7 | 204 |

| | Vol. | Pag. |
|---|---|---|
| *RANUNCULACEÆ*, Juss. | 7 | 186 |
| RANUNCULASTRUM, D. C. | 7 | 217 |
| *RANUNCULEÆ*, Spach. | 7 | 189 |
| | et | 191 |
| RANUNCULINEÆ, Spach. | 7 | 190 |
| | et | 192 |
| RANUNCULUS, Linn. | 7 | 203 |
| — *abortivus*, Linn. | 7 | 198 |
| — aconitifolius, Linn. | 7 | 204 |
| — acris, Linn. | 7 | 212 |
| — alpestris, Linn. | 7 | 205 |
| — *amplexicaulis*, Linn. | 7 | 207 |
| — *angustifolius*, D. C. | 7 | 207 |
| — angustifolius, Spach. | 7 | 207 |
| — *angustifolius amplexi-caulis*, Spach. | 7 | 207 |
| — *angustifolius angustissimus*, Spach. | 7 | 207 |
| — *angustifolius plantagineus*, Spach. | 7 | 207 |
| — *aquatilis*, Linn. | 7 | 200 |
| — *arvensis*, Linn. | 7 | 195 |
| — *arvensis inermis*, Koch. | 7 | 195 |
| — *arvensis leiocarpus*, Reichb. | 7 | 195 |
| — *asiaticus*, Linn. | 7 | 221 |
| — *auricomus*, Linn. | 7 | 211 |
| — *brevifolius*, Ten. | 7 | 208 |
| — *brutius*, Ten. | 7 | 213 |
| — *bulbosus*, Linn. | 7 | 215 |
| — *bupleurifolius*, Lapeyr. | 7 | 207 |
| — *capillaceus*, Thuil. | 7 | 200 |
| — *dassubicus*, Linn. | 7 | 211 |
| — *circinnatus*, Sibth. | 7 | 201 |
| — *divaricatus*, Schrank. | 7 | 202 |
| — *diversifolius*, Schrank. | 7 | 202 |
| — *echinatus*, Crantz. | 7 | 195 |
| — *Ficaria*, Linn. | 7 | 197 |
| — *Flammula*, Linn. | 7 | 209 |
| — *fluitans*, Lamk. | 7 | 202 |
| — *fluviatilis*, Vig. | 7 | 202 |
| — *heterophyllus*, Hoffm. | 7 | 200 |
| — *illyricus*, Linn. | 7 | 218 |
| — *infestus*, Sal. | 7 | 217 |
| — *lanuginosus*, Linn. | 7 | 214 |
| — *Lingua*, Linn. | 7 | 210 |
| — *lucidus*, Poir. | 7 | 216 |
| — *millefoliatus*, Vahl. | 7 | 217 |
| — *mitis*, Gilib. | 7 | 211 |
| — *Myosurus*, Ram. | 7 | 193 |
| — *parnassifolius*, Linn. | 7 | 206 |

| | Vol. | Pag. |
|---|---|---|
| Ranunculus pedatus, W. et K. | 7 | 219 |
| — *peucedanifolius*, All. | 7 | 202 |
| — *peucedanoides*, Desf. | 7 | 202 |
| — *plantagineus*, All. | 7 | 207 |
| — *platanifolius*, Linn. | 7 | 204 |
| — *polyanthemos*, Linn. | 7 | 213 |
| — *polymorphus*, All. | 7 | 211 |
| — *prostratus*, Floerke. | 7 | 216 |
| — *pusillus*, Pursh. | 7 | 198 |
| — *pyrenæus*, Delesg. | 7 | 207 |
| — *pyrenæus*, Linn. | 7 | 207 |
| — repens, Linn. | 7 | 215 |
| — *reptans*, Linn. | 7 | 209 |
| — *rigidus*, Pers. | 7 | 202 |
| — *sceleratus*, Linn. | 7 | 198 |
| — *squlatus*, W. et K. | 7 | 208 |
| — *segetalis*, Kit. | 7 | 195 |
| — *stagnatilis*, Wallr. | 7 | 202 |
| — *Stevenj*, Andrz. | 7 | 213 |
| — *Thora*, Linn. | 7 | 208 |
| — *Traunfellneri*, Hoppe. | 7 | 205 |
| — *tuberculatus*, D. C. | 7 | 195 |
| — *vernus*, Spenn. | 7 | 211 |
| Rapanea, Aubl. | 9 | 374 |
| Rapateaceæ, Dumort. | 13 | 433 |
| Raphanis magna, Mœnch. | 6 | 520 |
| Raphanistrum, Mœnch. | 6 | 322 |
| — *arvense*, Wallroth. | 6 | 336 |
| — *innocuum*, Medic. | 6 | 336 |
| — *Lampsana*, Gærtn. | 6 | 336 |
| — *paniculatum*, Roth. | 6 | 582 |
| — *segetum*, Baumg. | 6 | 336 |
| RAPHANUS, Linn. | 6 | 335 |
| — *chinensis*, Mill. | 6 | 340 |
| — *Landra*, Moretti. | 6 | 336 |
| — *maritimus*, Smith. | 6 | 336 |
| — *niger*, Lobel. | 6 | 340 |
| — *orbicularis*, Mill. | 6 | 340 |
| — *Radicula*, Pers. | 6 | 340 |
| — Raphanistrum, Linn. | 6 | 336 |
| — *rostratus*, D. C. | 6 | 336 |
| — *rotundus*, Mill. | 6 | 340 |
| — sativus, Linn. | 6 | 340 |
| — *sativus chinensis*, Mill. | 6 | 342 |
| — *sylvestris*, Blackw. | 6 | 520 |
| — *sylvestris*, Lamk. | 6 | 336 |
| RAPHIA, Beauv. | 12 | 89 |
| — *pedunculata*, Beauv. | 12 | 90 |
| — *Ruffia*, Mart. | 12 | 90 |
| — *vinifera*, Beauv. | 12 | 89 |
| RAPHIDOSPORA, Nees. | 9 | 146 |
| RAPHIOLEPIS, Lindl. | 2 | 78 |
| — *indica*, Lindl. | 2 | 79 |

| | Vol. | Pag. |
|---|---|---|
| Raphiolepis phæostemon, Lindl. | 2 | 79 |
| — rubra, Lindl. | 2 | 79 |
| — salicifolia, Lindl. | 2 | 79 |
| RAPHISTEMMA, Wallich. | 8 | 539 |
| RAPISTRUM, Bœrh. | 6 | 322 |
| — arvense, All. | 6 | 336 |
| — paniculatum, Gærtn. | 6 | 582 |
| Rapunculus, Tourn. | 9 | 536 |
| — spicatus, Mœnch. | 9 | 565 |
| Rapuntium, Lobel. | 9 | 536 |
| Rapulia, Aubl. | 2 | 323 |
| Rarak, Rumph. | 3 | 56 |
| Raspailia, Presl. | 13 | 161 |
| RASPALIA, Brongn. | 2 | 476 |
| Ratibida, Raf. | 10 | 20 |
| Ratonia, D. C. | 3 | 40 |
| RATZEBURGIA, Kunth. | 13 | 166 |
| RAUWOLFIA, Plum. | 8 | 502 |
| RAVENALA, Adans. | 12 | 144 |
| — madagascariensis, Poir. | 12 | 144 |
| Ravensara aromatica, Sonn. | 10 | 496 |
| Ravia, Nees et Mart. | 2 | 323 |
| — racemosa, Nees et Mart. | 2 | 354 |
| — resinosa, Nees et Mart. | 2 | 355 |
| Razoumofskia, Hoffm. | 8 | 233 |
| Razumowia, Spreng. | 9 | 271 |
| | et 10 | 23 |
| REA, Decaisne. | 10 | 7 |
| REAUMURIA, Linn. | 5 | 479 |
| Reaumurieæ, Ehrenb. | 5 | 477 |
| REBIS, Spach. | 6 | 148 |
| Rebouléa, Kunth. | 13 | 165 |
| RECCHIA, Moç. et Sessé | 7 | 415 |
| RECCHIEÆ, Reichb. | 7 | 413 |
| REDOWSKIA, Cham. | 6 | 323 |
| REEVESIA, Lindl. | 3 | 319 |
| — thyrsoidea, Lindl. | 3 | 319 |
| REHMANNIA, Libosch. | 9 | 268 |
| REICHARDIA, Roth. | 1 | 88 |
| Reichardia, Roth. | 10 | 5 |
| Reichelia, Schreb. | 9 | 105 |
| REICHENBACHIA, Spreng. | 10 | 316 |
| REIFFERSCHIEDIA, Presl. | 7 | 413 |
| Rejouia, Gaudich. | 8 | 502 |
| REIMARIA, Flügg. | 13 | 160 |
| Reineria, Mœnch. | 1 | 154 |
| REINWARDTA, Bl. | 4 | 60 |
| Reinwardtia, Spreng. | 9 | 94 |
| RELHANIA, L'Hérit. | 10 | 27 |
| REMIJA, D. C. | 8 | 391 |
| — ferruginea, D. C. | 8 | 391 |
| — Hilariana, D. C. | 8 | 392 |
| Remija Vellozii, D. C. | 8 | 392 |
| REMIREA, Aubl. | 13 | 144 |
| REMUSATIA, Schott. | 12 | 39 |
| RENANTHERA, Lour. | 12 | 178 |
| Renealmia, Feuill. | 12 | 398 |
| Renealmia, Houtt. | 9 | 6 |
| RENEALMIA, Linn. | 12 | 154 |
| Renealmia, Plum. | 12 | 398 |
| Renealmia, R. Br. | 13 | 3 |
| Renealmia nutans, Andr. | 12 | 168 |
| REPANDRA, Lindl. | 12 | 180 |
| REQUIENIA, D. C. | 1 | 153 |
| RESEDA, Tourn. | 7 | 97 |
| — alba, Linn. | 7 | 102 |
| — canescens, Linn. | 7 | 106 |
| — crispata, Link. | 7 | 103 |
| — fruticulosa, Linn. | 7 | 102 |
| — lutea, Linn. | 7 | 100 |
| — Luteola, Linn. | 7 | 103 |
| — odorata, Linn. | 7 | 98 |
| — Phyteuma, Linn. | 7 | 99 |
| — undata, Linn. | 7 | 102 |
| — virescens, Horn. | 7 | 103 |
| RESEDACEÆ, D. C. | 7 | 93 |
| Resedeæ, Reichb. | 7 | 96 |
| RESEDELLA, Webb. | 7 | 96 |
| RESEDINEÆ, Spach. | 7 | 96 |
| | et | 97 |
| Restiaceæ, Endl. | 13 | 138 |
| | et | 139 |
| Restiaceæ, Juss. | 13 | 130 |
| RESTIACEÆ, R. Br. | 13 | 138 |
| Restiaceæ-Xyrideæ, Kunth. | 13 | 130 |
| RESTIO, Linn. | 13 | 139 |
| RESTIONEÆ, Bartl. | 13 | 139 |
| Restioneæ, Dumort. | 13 | 138 |
| RESTREPIA, Kunth. | 12 | 175 |
| Retanilla, Brongn. | 2 | 439 |
| Retinaria, Gærtn. | 2 | 439 |
| RETINIPHYLLUM, H. et B. | 8 | 375 |
| Retinodendron, Korth. | 13 | 303 |
| Rettbergia, Raddi. | 13 | 165 |
| RETZIA, Thunb. | 9 | 58 |
| RRUSSIA, Endl. | 12 | 237 |
| REYNAUDIA, Kunth. | 13 | 159 |
| Rhabarbarum, Tourn. | 10 | 521 |
| RHABDIA, Mart. | 9 | 32 |
| Rhabdocrinum, Reichb. | 12 | 254 |
| RHABDOTHAMNUS, Cunningh. | 9 | 257 |
| RHABDOTHECA, Cass. | 10 | 3 |
| RHACHICALLIS, D. C. | 8 | 374 |
| Rhacoma, Adans. | 10 | 12 |

| | Vol. | Pag. |
|---|---|---|
| Rhacoma, Linn. . . . | 2 | 422 |
| RHAGADIOLUS, Tourn. . | 10 | 6 |
| RHAGODIA , R. Br. . . | 5 | 278 |
| Rhamneæ, Juss. . . . | 2 | 402 |
| | | 421 et 437 |
| RHAMNEÆ, R. Br. | 2 | 437 |
| RHAMNUS, Brongn. . . . | 2 | 448 |
| RHAMNUS, Linn. . . . . | 2 | 447 |
| — Alaternus, Linn. . . | 2 | 448 |
| — alnifolius, L'hérit. . . | 2 | 453 |
| — alpinus, Linn. . . | 2 | 454 |
| — amygdalinus, Desf. . | 2 | 453 |
| — balearicus, Hortor. . | 2 | 448 |
| — carpinifolius , Pallas. | 11 | 158 |
| — catharticus, Linn. . . | 2 | 450 |
| — Clusii, Willd. . . . | 2 | 449 |
| — coriaceus, Nees. . . | 2 | 449 |
| — erythroxylon, Pallas. . | 2 | 453 |
| — Frangula, Linn. . . | 2 | 455 |
| — glandulosus,Hort.Kew. | 2 | 449 |
| — hybridus, L'hérit. . . | 2 | 449 |
| — infectorius, Linn. . . | 2 | 451 |
| — integrifolius, D. C. . | 2 | 449 |
| — latifolius, L'hérit. . . | 2 | 456 |
| — longifolius,Dum.Cours. | 2 | 450 |
| — lycioides, Linn. . . | 2 | 453 |
| — Paliurus, Linn. . . . | 2 | 459 |
| — prinoides, L'hérit. . . | 2 | 450 |
| — pumilus, Linn. . . . | 2 | 454 |
| — rotundifolius,Hortor. | 2 | 448 |
| — rupestris, Scop. . . | 2 | 454 |
| — saxatilis, Linn. . . . | 2 | 452 |
| — siculus, Bocc. . . . | 2 | 221 |
| — Spina-Christi. . . . | 2 | 444 |
| — Thea, Osbeck. . . . | 2 | 447 |
| — theezans, Linn. . . . | 2 | 447 |
| — tinctorius , W. et Kit. | 2 | 452 |
| — ulmoides, Guld. . . . | 2 | 118 |
| — volubilis , Linn. fil. . | 2 | 446 |
| — Willdenowianus, Schult. | 2 | 450 |
| — Zizyphus, Linn. . . . | 2 | 441 |
| RHAMPHICARPA , Benth. | 9 | 270 |
| RHANTERIUM , Desf. . . | 10 | 28 |
| RHAPIS, Linn. . . . . . | 12 | 62 |
| Rhaponticum, Blackw. . | 10 | 524 |
| RHAPONTICUM, D. C. . . | 10 | 12 |
| RHAZYA, Decaisne. . . . | 8 | 502 |
| RHEEDIA, Linn. . . . . | 5 | 308 |
| RHEUM, Linn. . . . . . | 10 | 528 |
| — australe, Don. . . . | 10 | 532 |
| — compactum, Linn. . . | 10 | 531 |
| — digynum, Wahlenb. . | 10 | 522 |
| Rheum Emodi, Wallich. . | 10 | 532 |
| — palmatum, Linn. . . | 10 | 530 |
| — Rhaponticum, Linn. . | 10 | 534 |
| — Ribes, Linn. . . . | 10 | 532 |
| — undulatum, Linn. . . | 10 | 531 |
| RHEXIA, Linn. . . . . . | 4 | 226 |
| — adamantium, A. St.-Hil. | 4 | 217 |
| — angustifolia, Elliott. . | 4 | 226 |
| — angusturensis, Bonpl. | 4 | 241 |
| — aquatica, Swartz. . . | 4 | 224 |
| — campanularis, Bonpl. | 4 | 242 |
| — canescens, Bonpl. . . | 4 | 238 |
| — capitata, Rich. . . . | 4 | 247 |
| — cardinalis, Bonpl. . . | 4 | 239 |
| — ciliosa, Mich. . . . | 4 | 227 |
| — conferta, Bonpl. . . | 4 | 240 |
| — ericoides, Spreng. . . | 4 | 220 |
| — Espora, A. Saint-Hil. | 4 | 217 |
| — excelsa, Bonpl. . . . | 4 | 214 |
| — flexuosa, R. et P. . . | 4 | 237 |
| — Fontanesii, Bonpl. . . | 4 | 234 |
| — glabella, Mich. . . . | 4 | 227 |
| — glandulosa , Bonpl. . | 4 | 222 |
| — glomerata, Rottb. . . | 4 | 247 |
| — grandiflora, Bonpl. . . | 4 | 215 |
| — Hilariana, Kunth. . . | 4 | 217 |
| — holosericea, Bonpl. . . | 4 | 235 |
| — ladanoides, Rich. . . | 4 | 242 |
| — lanceolata, Bonpl. . . | 4 | 237 |
| — Langsdorfiana , Bonpl. | 4 | 235 |
| — lutea, Walt. . . . . | 4 | 228 |
| — mariana, Linn. . . . | 4 | 226 |
| — mariana exalbida, Mich. | 4 | 227 |
| — microphylla, Bonpl. . | 4 | 245 |
| — multiflora, Bonpl. . . | 4 | 244 |
| — muricata, Bonpl. . . | 4 | 239 |
| — myrtoidea , Bonpl. . . | 4 | 243 |
| — nymphæfolia, Kunth. | 4 | 220 |
| — penduliflora, Bonpl. . | 4 | 222 |
| — Princeps, Bonpl. . . . | 4 | 245 |
| — reticulata, Bonpl. . . | 4 | 236 |
| — rotundifolia, Bonpl. . | 4 | 214 |
| — sarmentosa, Bonpl. . . | 4 | 240 |
| — serrulata, Rich. . . . | 4 | 215 |
| — speciosa, Bonpl. . . . | 4 | 236 |
| — stricta, Bonpl. . . . | 4 | 240 |
| — suberosa, Spreng. . . | 4 | 217 |
| — taxifolia,Aug.Saint-Hil. | 4 | 230 |
| — tortuosa, Bonpl. . . . | 4 | 238 |
| — versicolor , Lindl. . . | 4 | 242 |
| — viminea, Bot. Reg. . | 4 | 252 |
| — virginiana , Linn. . . | 4 | 227 |

| | Vol. | Pag. |
|---|---|---|
| RHEXIEÆ, D. C. . . . | 4 | 205 |
| | et | 221 |
| RHIGIÖTHAMNUS, Less. . | 10 | 9 |
| RHINACANTHUS, Nees. . | 10 | 157 |
| — ringens, Nees. . . . | 10 | 158 |
| RHINACTINA, Less. . . | 10 | 30 |
| Rhinactina, Willd. . . . | 10 | 33 |
| Rhinanthaceæ, Juss. . . . | 9 | 264 |
| RHINANTHEÆ, Benth. | 9 | 271 |
| | et | 329 |
| Rhinanthoideæ, Vent. . . . | 9 | 264 |
| RHINANTHUS, Linn. . . . | 9 | 272 |
| Rhinium, Schreb. . . . . | 7 | 412 |
| Rhinocarpus, Bertero. . . | 2 | 186 |
| Rhinopetalum, Fisch. . . | 12 | 254 |
| RHIPIDODENDRON, Willd. | 12 | 357 |
| — plicatile, Haw. . . | 12 | 357 |
| RHIPSALIS, Gærtn. . . . | 13 | 388 |
| — Cassytha, Gærtn. . . | 13 | 391 |
| — crispata, Pfeiff. . . | 13 | 388 |
| — fasciculata, Haw. . | 13 | 392 |
| — floccosa, Salm-Dyck. | 13 | 391 |
| — funalis, Salm-Dyck. | 13 | 391 |
| — grandiflora, Haw. . | 13 | 391 |
| — mesembryanthemoides, | | |
| Haw. . . . . | 13 | 392 |
| — pachyptera, Pfeiff. . | 13 | 390 |
| — parasitica, D. C. . | 13 | 392 |
| — parasitica, Haw. . | 13 | 392 |
| — pentaptera, Pfeiff. . | 13 | 390 |
| — platycarpa, Pfeiff. . | 13 | 389 |
| — ramulosa, Pfeiff. . | 13 | 389 |
| — rhombea, Pfeiff. . | 13 | 388 |
| — salicornioides, Haw. | 13 | 392 |
| | et | 395 |
| — Swartziana, Pfeiff. | 13 | 389 |
| — trigona, Pfeiff. . . | 13 | 391 |
| — undulata, Pfeiff. . . | 13 | 392 |
| Rhizantheæ, Bl. . . . . | 10 | 554 |
| RHIZANTHES, Dumort. . | 10 | 555 |
| — Zippelii, Bl. . . . . | 10 | 556 |
| RHIZOBOLEÆ, D. C. | 3 | 9 |
| Rhizobolus, Gærtn. . . . | 3 | 10 |
| — Pekea, Gærtn. . . . | 3 | 11 |
| — Saouari, Corr. . . . | 3 | 12 |
| — tuberculosus, Smith. | 3 | 11 |
| RHIZOGUM, Burch. . . . | 9 | 131 |
| RHIZOPHORA, Linn. . . | 4 | 332 |
| — Candelaria, D. C. . | 4 | 333 |
| — caseolaris, Linn. . . | 4 | 149 |
| — cylindrica, Linn. . . | 4 | 333 |
| — gymnorhiza, Linn. . | 4 | 333 |

| | Vol. | Pag. |
|---|---|---|
| Rhizophora Kandel, Linn. | 4 | 333 |
| — Mangle, Linn. . . . | 4 | 332 |
| RHIZOPHOREÆ, | | |
| R. Br. . . . . . . | 4 | 330 |
| RHODANTHE, Lindl. . . | 10 | 26 |
| RHODAX, Spach. . . . . | 6 | 37 |
| — Chamæcistus, Spach. | 6 | 40 |
| — Chamæcistus canes - | | |
| cens, Spach. . . . | 6 | 41 |
| — Chamæcistus floribun- | | |
| dus, Spach. . . . | 6 | 40 |
| — Chamæcistus vires - | | |
| cens, Spach. . . . | 6 | 41 |
| — dichotomus, Spach. . | 6 | 44 |
| — dichotomus discolor, Spach. | 6 | 44 |
| — dichotomus viridis, Spach. | 6 | 44 |
| — polyanthos, Spach. . . | 6 | 38 |
| Rhodiola, Linn. . . . . . | 5 | 73 |
| — rosea, Linn. . . . . | 5 | 94 |
| RHODOCHITON, Zuccar. . | 9 | 267 |
| RHODOCISTUS, Spach. . . | 6 | 92 |
| — Berthelotianus, Spach. | 6 | 93 |
| — Berthelotianus leuco - | | |
| phyllus, Spach. . . | 6 | 93 |
| — Berthelotianus sym - | | |
| phytifolius, Spach. | 6 | 93 |
| RHODOCOMA, Nees. . . . | 13 | 139 |
| Rhododendra, Juss. . . . | 9 | 440 |
| RHODODENDRON, Linn. . | 9 | 499 |
| — album, Don. . . . . | 9 | 504 |
| — album, Pursh. . . . | 9 | 503 |
| — arboreum, Smith. . . | 9 | 504 |
| — caucasicum, Pallas. . | 9 | 506 |
| — Chamæcistus, Linn. . | 9 | 499 |
| — chrysanthum, Pallas. | 9 | 506 |
| — davuricum, Linn. . . | 9 | 507 |
| — ferrugineum, Linn. . | 9 | 500 |
| — hirsutum, Linn. . . . | 9 | 501 |
| — indicum, Sweet. . . | 9 | 507 |
| — Kamtchaticum, Pall. . | 9 | 508 |
| — luteum, Sweet. . . . | 9 | 510 |
| — maximum, Linn. . . | 9 | 503 |
| — minus, Mich. . . . . | 9 | 502 |
| — officinale, Sal. . . . | 9 | 506 |
| — polifolium, Scop. . . | 9 | 474 |
| — ponticum, Linn. . . . | 9 | 502 |
| — punctatum, Vent. . . | 9 | 502 |
| — puniceum, Roxb. . . | 9 | 505 |
| — purpureum, Pursh. . | 9 | 503 |
| RHODOLÆNA, Petit-Thou. | 4 | 57 |
| — altivola, Petit-Thou. | 4 | 57 |
| Rhodophora, Neck. . . . | 2 | 8 |

| | Vol. | Pag. |
|---|---|---|
| Rhodopsis, Bunge. . . . . | 2 | 8 |
| RHODOPSIS, Spach. . . . | 6 | 91 |
| RHODORA, Linn. . . . . | 9 | 512 |
| — canadensis, Linn. . . | 9 | 512 |
| Rhodoraceæ, D. C. . . . . | 9 | 440 |
| RHODOREÆ, Don. . . . | 9 | 444 |
| | et | 496 |
| Rhodoreæ, Reichb. . . . . | 9 | 440 |
| RHODOTHAMNUS, Reichb. | 9 | 499 |
| — Chamæcistus, Reichb. | 9 | 499 |
| RHOEADEÆ, Bartl. | 6 | 291 |
| | et | 7 | 1 |
| RHOEADIUM, Spach. . . . | 7 | 17 |
| RHOPALA, Schreb. . . . . | 10 | 402 |
| Rhopium, Schreb. . . . . | 8 | 7 |
| RHUS, Linn. . . . . . . . | 2 | 209 |
| — aromatica, Hort. Kew. | 2 | 222 |
| — atomaria, Jacq. . . . | 2 | 219 |
| — Cacodendron, Ehrh. . | 2 | 270 |
| — Cobbe, Linn. . . . . | 3 | 51 |
| — copallina, Linn. . . . | 2 | 214 |
| — Coriaria, Linn. . . . | 2 | 211 |
| — Cotinus, Linn. . . . | 2 | 210 |
| — dioica, Brouss. . . . | 2 | 221 |
| — elegans, Hort. Kew. | 2 | 213 |
| — glabra, Linn. . . . . | 2 | 213 |
| — glauca, Desf. . . . . | 2 | 219 |
| — heterophylla, Desf. . | 2 | 220 |
| — Hypsolodendron, Mœnch. | 2 | 370 |
| — incana, Mill. . . . . | 2 | 219 |
| — juglandifolia, Wallich. | 2 | 216 |
| — lævigata, Linn. . . . | 2 | 220 |
| — leucantha, Jacq. . . . | 2 | 215 |
| — lucida, Linn. . . . . | 2 | 219 |
| — Metopium, Linn. . . . | 2 | 211 |
| — obscurum, Bieberst. | 2 | 180 |
| — oxyacanthoides, Poir. | 2 | 221 |
| — pentaphylla, Desf. . . | 2 | 221 |
| — pumila, Mich. . . . | 2 | 214 |
| — radicans, Linn. . . . | 2 | 217 |
| — suaveolens, Hort. Kew. | 2 | 222 |
| — succedanea, Thunb. . | 2 | 217 |
| — Thezera, Pers. . . . | 2 | 221 |
| — Toxicodendron, Linn. | 2 | 218 |
| — Toxicodendron, Nouv. Duham. . . . . . . | 2 | 218 |
| — typhina, Linn. . . . | 2 | 212 |
| — undulata, Jacq. . . . | 2 | 221 |
| — venenata, D. C. . . . | 2 | 215 |
| — vernicifera, D. C. . . | 2 | 216 |
| — Vernix, Linn. . . . | 2 | 215 |
| — Vernix, Thunb. . . . | 2 | 216 |

| | Vol. | Pag. |
|---|---|---|
| Rhus villosa, Linn. fil. . . | 2 | 219 |
| — viminalis, Hort. Kew. | 2 | 220 |
| — viridiflora, Poir. . . | 2 | 213 |
| RHYNCHANTHERA, D. C. | 4 | 214 |
| — cordata, D. C. . . . | 4 | 216 |
| — grandiflora, D. C. . | 4 | 215 |
| — pentanthera, D. C. . | 4 | 216 |
| — Schrankiana, D. C. . | 4 | 216 |
| — Schrankiana, Mart. . | 4 | 215 |
| — serrulata, D. C. . . | 4 | 215 |
| RHYNCHELYTRUM, Nees. | 13 | 100 |
| Rhynchocarpus, Less. . . | 10 | 27 |
| Rhynchoglossum, Bl. . . | 9 | 257 |
| RHYNCHOPSIDIUM, D. C. | 10 | 27 |
| RHYNCHOSIA, Lour. . . | 1 | 156 |
| RHYNCHOSPERMUM, Reinw. | 10 | 30 |
| RHYNCHOSPORA, Vahl. . | 13 | 146 |
| RHYNCHOSPOREÆ, Kunth. . . . . . . . | 13 | 145 |
| Rhynchostylis, Bl. . . . | 12 | 179 |
| RHYNCHOSTYLIS, D. C. . | 8 | 133 |
| RHYNCHOTHECA, Bl. . . | 9 | 257 |
| Rhynchotheca, R. et P. . | 3 | 286 |
| RHYNEA, D. C. . . . . | 10 | 27 |
| RHYSSOLOBIUM, E. Mey. | 8 | 539 |
| RHYTACHNE, Desv. . . | 13 | 166 |
| Rhytidanthe, Benth. . . | 10 | 26 |
| RHYTIGLOSSA, Nees. . . | 9 | 146 |
| Rhytispermum, Link. . . | 9 | 51 |
| Riana, Aubl. . . . . . | 5 | 497 |
| RIBES, Linn. . . . . . | 6 | 160 |
| — aciculare, Smith. . . | 6 | 173 |
| — alpinum, Linn. . . . | 6 | 169 |
| — atropurpureum, Ledeb. | 6 | 161 |
| — aureum, Bot. Reg. . | 6 | 150 |
| — aureum, Desf. . . . | 6 | 151 |
| — aureum, Lindl. . . . | 6 | 150 |
| — canadense, Lodd. . . | 6 | 166 |
| — cereum, Dougl. . . . | 6 | 153 |
| — Cynosbati, Linn. . . | 6 | 178 |
| — diacantha, Pallas. . . | 6 | 168 |
| — divaricatum, Dougl. . | 6 | 177 |
| — echinatum, Dougl. . . | 6 | 164 |
| — flavum, Colla. . . . | 6 | 150 |
| — floridum, L'hérit. . . | 6 | 157 |
| — fuchsioides, Berl. . . | 6 | 181 |
| — glandulosum, Hort. Kew. | 6 | 166 |
| — Grossularia, Linn. . . | 6 | 174 |
| — hirtellum, Mich. . . | 6 | 180 |
| — inebrians, Lindl. . . | 6 | 154 |
| — irriguum, Dougl. . . | 6 | 179 |
| — lacustre, Poir. . . . | 6 | 164 |
| — longiflorum, Lodd. . | 6 | 150 |

| | Vol. | Pag. | | Vol. | Pag. |
|---|---|---|---|---|---|
| Ribes multiflorum, Kit. | 6 | 163 | *Riedleya*, D. C. | 2 | 461 |
| — *multiflorum acutilobum*, Spach. | 6 | 163 | RIENCOURTIA, Cass. | 10 | 21 |
| — *multiflorum obtusilobum*, Spach. | 6 | 163 | RIESENBACHIA, Presl. | 4 | 413 |
| — *nigrum*, Linn. | 6 | 159 | — *racemosa*, Presl. | 4 | 413 |
| — *niveum*, Linn. | 6 | 174 | RIESENBACHIEÆ, Spach. | 4 | 339 |
| — orientale, Desf. | 6 | 174 | | et | 413 |
| — *oxyacanthoides*, Linn. | 6 | 175 | RIGIDELLA, Lindl. | 13 | 6 |
| — *palmatum*, Desf. | 6 | 150 | — *flammea*, Lindl. | 13 | 7 |
| — *petræum*, Wulff. | 6 | 161 | RIGIOPHYLLUM, Less. | 10 | 27 |
| — prostratum, L'hérit. | 6 | 166 | *Rigocarpus*, Neck. | 6 | 187 |
| — *punctatum*, Lindl. | 6 | 171 | *Rima*, Sonn. | 11 | 38 |
| — *recurvatum*, Mich. | 6 | 157 | RINDERA, Pallas. | 9 | 30 |
| — *resinosum*, Bot. Mag. | 6 | 171 | *Rinorea*, Aubl. | 5 | 497 |
| — *rigens*, Mich. | 6 | 166 | *Ripidium*, Trin. | 13 | 167 |
| — rubrum, Linn. | 6 | 165 | RIPOGONUM, Forst. | 12 | 210 |
| — *sanguineum*, Lindl. | 6 | 150 | *Rittera*, Schreb. | 1 | 146 |
| — *sanguineum*, Pursh. | 6 | 155 | RIVEA, Choisy. | 9 | 95 |
| — saxatile, Pallas. | 6 | 169 | RIVINA, Linn. | 5 | 243 |
| — *serotinum*, Lindl. | 6 | 150 | — brasiliensis, Willd. | 5 | 244 |
| — *speciosum*, Pursh. | 6 | 181 | — dodecandra, Lamk. | 5 | 245 |
| — *stamineum*, Smith. | 6 | 181 | — humilis, Linn. | 5 | 244 |
| — *tenuiflorum*, Lindl. | 6 | 151 | — lævis, Linn. | 5 | 244 |
| — *trifidum*, Mich. | 6 | 166 | — *octandra*, Linn. | 5 | 245 |
| — *triflorum*, Linn. | 6 | 176 | — *paniculata*, Linn. | 13 | 535 |
| — *Uva crispa*, Linn. | 6 | 174 | — *purpurascens*, Willd. | 5 | 244 |
| — *vitifolium*, Host. | 6 | 163 | *Rizoa*, Cavan. | 9 | 164 |
| *Ribesieæ*, A. Rich. | 6 | 144 | *Robergia*, Schreb. | 2 | 228 |
| RICHÆIA, Petit-Thou. | 4 | 532 | ROBERTIA, D. C. | 10 | 7 |
| RICHARDIA, Kunth. | 12 | 51 | *Robertia*, Mérat. | 7 | 290 |
| — africana, Kunth. | 12 | 51 | — *hiemalis*, Mérat. | 7 | 325 |
| *Richardia*, Linn. | 8 | 377 | *Robertsia*, Scop. | 9 | 384 |
| — *pilosa*, R. et P. | 8 | 467 | *Robertsonia*, Haw. | 5 | 39 |
| — *scabra*, Linn. | 8 | 467 | ROBINIA, Linn. | 1 | 257 |
| RICHARDIEÆ, Schott. | 12 | 40 | — *Altagana*, Pallas. | 1 | 267 |
| RICHARDSONIA, Kunth. | 8 | 466 | | et | 268 |
| — *brasiliensis*, Gom. | 8 | 467 | — *amorphæfolia*, Link. | 1 | 260 |
| — *emetica*, Mart. | 8 | 467 | — *Caragana*, Linn. | 1 | 268 |
| — rosea, A. Saint-Hil. | 8 | 466 | — *dubia*, D. C. | 1 | 260 |
| — scabra, A. Saint-Hil. | 8 | 467 | — *ferox*, Pallas. | 1 | 269 |
| *Richea*, Labill. | 10 | 26 | — *frutescens*, Linn. | 1 | 268 |
| RICHEA, R. Br. | 9 | 434 | — *glutinosa*, Bot. Mag. | 1 | 260 |
| RICHERIA, Vahl. | 2 | 486 | — *Halodendron*, Linn. fil. | 1 | 270 |
| RICINEÆ, Juss. fil. | 2 | 487 | — hispida, Linn. | 1 | 261 |
| | et | 499 | — *inermis*, D. C. | 1 | 260 |
| RICINOCARPUS, Desf. | 2 | 487 | — *inermis*, Dum. Cours. | 1 | 259 |
| RICINUS, Linn. | 2 | 506 | — *jubata*, Pall. | 1 | 270 |
| — communis, Linn. | 2 | 506 | — *macrophylla*, Hortor. | 1 | 261 |
| RICOTIA, Linn. | 6 | 324 | — *microphylla*, Pallas. | 1 | 267 |
| *Ridan*, Adans. | 10 | 20 | — *mitis*, Linn. | 1 | 562 |
| RIEDELIA, Cham. et Schlecht. | 9 | 227 | — *nana*, Elliott. | 1 | 262 |
| *Riedlea*, Vent. | 3 | 461 | — *Panacoco*, Aubl. | 4 | 147 |
| | | | — Pseud-acacia, Linn. | 1 | 258 |
| | | | — *pygmæa*, Linn. | 1 | 269 |

| | Vol. | Pag. |
|---|---|---|
| Robinia rosea, Elliott... | 1 | 262 |
| — sophoræfolia, Lodd.. | 1 | 260 |
| — spectabilis, Hortor.. | 1 | 260 |
| — spinosa, Linn..... | 1 | 269 |
| — subdecandra, L'hérit. | 1 | 164 |
| — tortuosa, D. C... | 1 | 260 |
| — tragacanthoides, Willd. | 1 | 269 |
| — triflora, L'hérit... | 1 | 270 |
| — umbraculifera, D. C. | 1 | 259 |
| — viscosa, Vent..... | 1 | 260 |
| Robiquetia, Gaudich... | 12 | 178 |
| ROBSONIA, Berland... | 6 | 180 |
| — speciosa, Spach.. | 6 | 181 |
| ROBUR, Tourn...... | 11 | 148 |
| Rocama, Forsk...... | 5 | 109 |
| ROCHEA, D. C..... | 5 | 82 |
| — albiflora, D. C.... | 5 | 83 |
| — coccinea, D. C.... | 5 | 83 |
| — falcata, D. C.... | 5 | 82 |
| — jasminea, D. C.... | 5 | 84 |
| — odoratissima, D. C.. | 5 | 83 |
| — perfoliata, D. C... | 5 | 83 |
| — versicolor, D. C... | 5 | 83 |
| ROCHELIA, Reichb.... | 9 | 30 |
| ROCHONIA, D. C..... | 10 | 29 |
| RODIGIA, Spreng..... | 10 | 6 |
| RODRIGUEZIA, R. et P.. | 12 | 178 |
| Rodschiedia, Flor. Wett.. | 6 | 325 |
| — Bursa-pastoris, Flor. Wett..... | 6 | 338 |
| ROELLA, Linn...... | 9 | 559 |
| — ciliata, Linn..... | 9 | 559 |
| — filiformis, Lamk.... | 9 | 560 |
| — squarrosa, Thunb... | 9 | 560 |
| ROEMERIA, Med..... | 7 | 28 |
| — hybrida, D. C.... | 7 | 29 |
| Rœmeria, Thunb..... | 9 | 374 |
| Rœmeria, Zea....... | 13 | 165 |
| ROEPERA, Juss. fil.... | 2 | 506 |
| Rœperia, Spreng..... | 2 | 487 |
| ROESLINIA, Mœnch... | 9 | 10 |
| — tetragona, Mœnch... | 9 | 11 |
| Rœttlera, Vahl...... | 9 | 257 |
| ROGERIA, Gay...... | 9 | 249 |
| ROHDEA, Roth...... | 12 | 210 |
| Rohria, Vahl....... | 10 | 14 |
| Roia, Scop........ | 3 | 163 |
| Rokejeka, Forsk..... | 5 | 147 |
| ROLANDRA, Rottb.... | 10 | 40 |
| ROLLANDIA, Gaudich.. | 9 | 572 |
| ROLLINIA, A. Saint-Hil. | 7 | 503 |
| — fagifolia, A. St-Hil. | 7 | 504 |
| — longifolia, A. St-Hil. | 7 | 504 |

| | Vol. | Pag. |
|---|---|---|
| Rolofa, Adans...... | 5 | 109 |
| ROMANZOFFIA, Cham.. | 9 | 105 |
| Romulea, Maratti..... | 13 | 4 |
| — Bulbocodium, Seb. et M. | 13 | 99 |
| — Columnæ, Seb. et M. | 13 | 100 |
| — purpurea, Ten.... | 13 | 100 |
| RONABEA, Aubl...... | 8 | 376 |
| RONCELA, Dumort.... | 9 | 536 |
| RONDELETIA, Plum.... | 8 | 373 |
| ROPHOSTEMON, Bl.... | 12 | 181 |
| Roram, Adans...... | 13 | 159 |
| RORIDA, Forsk...... | 6 | 296 |
| RORIDULA, Linn..... | 5 | 488 |
| RORIPA, Scop...... | 6 | 504 |
| — amphibia, Bess.... | 6 | 510 |
| — amphibia heterophylla, Spach...... | 6 | 510 |
| — amphibia indivisa, Spach. | 6 | 510 |
| ● amphibia pinnati-secta, Spach.... | 6 | 510 |
| — austriaca, Spach.... | 6 | 513 |
| — Camelinæ, Spach... | 6 | 514 |
| — nasturtioides, Spach.. | 6 | 506 |
| — pyrenaica, Spach... | 6 | 508 |
| ROSA, Linn...... | 2 | 8 |
| — acicularis, Lindl.... | 2 | 14 |
| — acuminata, Sweet... | 2 | 17 |
| — agrestis, Savi.... | 2 | 27 |
| — alba, Linn...... | 2 | 29 |
| — alba damascena, Poir. | 2 | 35 |
| — alpina, Lindl..... | 2 | 17 |
| — alpina, Linn..... | 2 | 15 |
| — alpina levis, Red... | 2 | 18 |
| — altaica, Willd.... | 2 | 13 |
| — arvensis, Guimp. et Hayn. | 2 | 41 |
| — arvensis, Huds.... | 2 | 42 |
| — arvensis β, Bot. Mag. | 2 | 41 |
| — arvensis ovata, Th. et Red.... | 2 | 41 |
| — atrovirens, Viv.... | 2 | 42 |
| — Banksiæ, Hort. Kew. | 2 | 45 |
| — belgica, Mill..... | 2 | 35 |
| — bengalensis, Pers... | 2 | 39 |
| — berberifolia, Pallas.. | 2 | 47 |
| — Besseri, Tratt..... | 2 | 11 |
| — bicolor, Jacq..... | 2 | 9 |
| — bifera, Poir...... | 2 | 36 |
| — biserrata, Mérat... | 2 | 27 |
| — blanda, Hort. Kew.. | 2 | 18 |
| — borealis, Tratt.... | 2 | 10 |
| — bracteata, Wendl... | 2 | 46 |
| — Brunonii, Lindl.... | 2 | 43 |
| — burgundiaca, Rœss. | 2 | 37 |

| | Vol. | Pag. | | Vol. | Pag. |
|---|---|---|---|---|---|
| Rosa campanulata, Ehrh. | 2 | 22 | Rosa involucrata, Roxb. | 2 | 47 |
| — campestris, Balb. | 2 | 16 | — involuta, Smith. | 2 | 12 |
| — Candolleana, Red. | 2 | 15 | — Kamtchatica, Red. | 2 | 21 |
| — canina, Linn. | 2 | 27 | — Kamtchatica, Vent. | 2 | 22 |
| — canina nitens, Th. et Red. | 2 | 27 | — lævigata, Mich. | 2 | 45 |
| | | | — lagenaria, Vill. | 2 | 16 |
| — carolina, Dill. | 2 | 20 | — Lawrenceana, Lindl. | 2 | 40 |
| — carolina, Duroi. | 2 | 19 | — laxa, Lindl. | 2 | 20 |
| — carolina, Hort. Kew. | 2 | 15 | — longifolia, Willd. | 2 | 39 |
| — carolina, Linn. | 2 | 18 | — lucida, Ehrh. | 2 | 20 |
| — caroliniana, Mich. | 2 | 19 | — lurida, Andr. | 2 | 29 |
| — caryophyllacea, Poir. | 2 | 34 | — lutea, Mill. | 2 | 9 |
| — centifolia, Lindl. | 2 | 33 | — luteola, Thory. | 2 | 9 |
| — centifolia, Linn. | 2 | 34 | — lutescens, Pursh. | 2 | 13 |
| — chinensis, Jacq. | 2 | 41 | — macrophylla, Lindl. | 2 | 16 |
| — chinensis, Willd. | 2 | 39 | — majalis, Retz. | 2 | 17 |
| — cinnamomea, Linn. | 2 | 17 | — melanocarpa, Link. | 2 | 11 |
| — collincola, Ehrh. | 2 | 17 | — micrantha, Smith. | 2 | 26 |
| — corymbosa, Bosc. | 2 | 18 | — microcarpa, Bess. | 2 | 11 |
| — corymbosa, Ehrh. | 2 | 18 | — microphylla, Roxb. | 2 | 38 |
| — cretica, Vest. | 2 | 24 | — mollis, Smith. | 2 | 23 |
| — cuspidata, Bieberst. | 2 | 25 | — moschata, Mill. | 2 | 43 |
| — damascena, Duroi. | 2 | 35 | — multiflora, Thunb. | 2 | 42 |
| — damascena, Mill. | 2 | 36 | — muscosa, Hort. Kew. | 2 | 34 |
| — diversifolia, Vent. | 2 | 39 | — myriacantha, D. C. | 2 | 13 |
| — Doniana, Woods. | 2 | 12 | — myrtifolia, Hall. | 2 | 27 |
| — dumetorum, Thuil. | 2 | 29 | — nitida, Willd. | 2 | 21 |
| — Evratiana, Red. | 2 | 23 | — nivea, D. C. | 2 | 45 |
| — fecundissima, Münchh. | 2 | 17 | — Noisettiana, Bosc. | 2 | 39 |
| — ferox, Hort. Kew. | 2 | 21 | — odoratissima, Sweet. | 2 | 38 |
| — florida, Poir. | 2 | 43 | — parviflora, Ehrh. | 2 | 19 |
| — fluvialis, Flor. Dan. | 2 | 17 | — parviflora, Ehrh. | 2 | 37 |
| — francofurtensis, Park. | 2 | 22 | — parvifolia, Lindl. | 2 | 19 |
| — fraxinifolia, Borkh. | 2 | 18 | — parvifolia, Pallas. | 2 | 13 |
| — gallica, Linn. | 2 | 30 | — parvifolia, Tratt. | 2 | 11 |
| — gallica : α, Poir. | 2 | 33 | — pendulina, Hort. Kew. | 2 | 16 |
| — glabrata, Vest. | 2 | 25 | — pensylvanica, Mich. | 2 | 18 |
| — glandulosa, Bell. | 2 | 25 | — pimpinellæfolia, Linn. | 2 | 10 |
| — glauca, Desf. | 2 | 29 | — pimpinellæfolia, Pallas. | 2 | 13 |
| — glaucescens, Wulff. | 2 | 29 | — pimpinellæfolia, Vill. | 2 | 11 |
| — glaucophylla, Ehrh. | 2 | 14 | — pimpinellæfolia inermis, Th. et Red. | 2 | 11 |
| — gracilis, Woods. | 2 | 12 | — pimpinellæfolia mariaburgensis. | 2 | 11 |
| — grandiflora, Lindl. | 2 | 13 | — pimpinellæfolia pumila, Th. et Red. | 2 | 10 |
| — hispida, Bot. Mag. | 2 | 13 | — pimpinellæfolia rubra, Th. et Red. | 2 | 15 |
| — hispida, Krock. | 2 | 15 | — polyphylla, Willd. | 2 | 15 |
| — horrida, Bess. | 2 | 21 | — pomifera, Borkh. | 2 | 23 |
| — incarnata, Mill. | 2 | 33 | — Pomponia, D. C. | 2 | 34 |
| — indica, Lindl. | 2 | 39 | — poteriifolia, Bess. | 2 | 10 |
| — indica, Pronv. | 2 | 38 | — prolifera, Hortor. | 2 | 35 |
| — indica, Th. et Red. | 2 | 41 | | | |
| — indica fragrans, Red. | 2 | 38 | | | |
| — indica pumila, Red. | 2 | 38 | | | |
| — inermis, Krock. | 2 | 15 | | | |

| | Vol. | Pag. |
|---|---|---|
| Rosa *provincialis*, Bieberst. | 2 | 21 |
| — provincialis, Mill. | 2 | 33 |
| — *pseudo – rubiginosa*, Lejeune | 2 | 25 |
| — *punicea*, Mill. | 2 | 9 |
| — *pyrenaica*, Gouan. | 2 | 15 |
| — Rapa, Bosc. | 2 | 21 |
| — *Redoutea*, Thory. | 2 | 12 |
| — *Redoutea rubescens*, Thory. | 2 | 21 |
| — *remensis*, Desf. | 2 | 37 |
| — repens, Scop. | 2 | 41 |
| — *resinosa*, Sternb. | 2 | 24 |
| — reversa, W. et K. | 2 | 12 |
| — *Reynieri*, Hall. | 2 | 25 |
| — *rubella*, Smith. | 2 | 15 |
| — *rubicunda*, Hall. | 2 | 29 |
| — rubifolia, Hort. Kew. | 2 | 44 |
| — rubiginosa, Linn. | 2 | 26 |
| — *rubiginosa aculeatissima*, Th. et Red. | 2 | 26 |
| — *rubiginosa cretica*, Th. et Red. | 2 | 24 |
| — *rubiginosa triflora*, Th. et Red. | 2 | 26 |
| — rubrifolia, Vill. | 2 | 29 |
| — *rubrifolia pinnatifida*, Ser. | 2 | 25 |
| — *rubrispina*, Bosc. | 2 | 21 |
| — Sabini, Lindl. | 2 | 12 |
| — *sanguisorbæfolia*, Don. | 2 | 11 |
| — *sarmentacea*, Woods. | 2 | 27 |
| — scandens, Mill. | 2 | 42 |
| — *scotica*, Mill. | 2 | 10 |
| — *semperflorens*, Desf. | 2 | 36 |
| — semperflorens, Pronv. | 2 | 59 |
| — *semperflorens*, Willd. | 2 | 41 |
| — *semperflorens carnea*, Rœss. | 2 | 38 |
| — *semperflorens minima*, Bot. Mag. | 2 | 40 |
| — sempervirens, Linn. | 2 | 42 |
| — sepium, Thuil. | 2 | 27 |
| — *sepium myrtifolia*, Thory. | 2 | 27 |
| — sericea, Lindl. | 2 | 38 |
| — *simplicifolia*, Sal. | 2 | 47 |
| — sinica, Hort. Kew. | 2 | 45 |
| — *spinosissima*, Guimp. et Hayn. | 2 | 13 |
| — spinosissima, Linn. | 2 | 11 |
| — *spinosissima*, Smith. | 2 | 10 |
| — *spinulifolia*, Thory. | 2 | 25 |

| | Vol. | Pag. |
|---|---|---|
| Rosa stricta, Lindl. | 2 | 15 |
| — *subrubra*, Thory. | 2 | 9 |
| — sulphurea, Hort. Kew. | 2 | 14 |
| — *sulphurea*, Thory. | 2 | 9 |
| — *ternata*, Poir. | 2 | 45 |
| — tomentosa, Smith. | 2 | 24 |
| — *trifoliata*, Bosc. | 2 | 45 |
| — turbinata, Hort. Kew. | 2 | 22 |
| — *turbinata*, Vill. | 2 | 15 |
| — *turgida*, Pers. | 2 | 21 |
| — villosa, Linn. | 2 | 23 |
| — *villosa*, Smith. | 2 | 12 |
| — *virginiana*, Desf. | 2 | 18 |
| — Woodsii, Lindl. | 2 | 19 |
| ROSACEÆ, Bartl. | 2 | 1 |
| *Rosaceæ-Pomaceæ*, Juss. | 2 | 49 |
| *Rosaceæ-Roseæ*, Juss. | 2 | 1 |
| ROSCOEA, Smith. | 12 | 154 |
| ROSCYNA, Spach. | 5 | 429 |
| — americana, Spach. | 5 | 431 |
| — Gebleri, Spach. | 5 | 430 |
| — Gmelini, Spach. | 5 | 430 |
| ROSEA, Martius. | 5 | 271 |
| — elatior, Mart. | 5 | 272 |
| *Roseæ*, D. C. | 2 | 1 |
| ROSILLA, Less. | 10 | 17 |
| ROSMARINUS, Linn. | 9 | 184 |
| — officinalis, Linn. | 9 | 185 |
| *Rostellaria*, Gærtn. | 9 | 384 |
| ROSTELLARIA, Nees. | 9 | 146 |
| ROSTKOVIA, Desv. | 13 | 134 |
| ROSTRARIA, Trin. | 13 | 163 |
| ROTALA, Linn. | 4 | 419 |
| *Rothia*, Lamk. | 10 | 18 |
| ROTHIA, Pers. | 4 | 156 |
| *Rothia*, Schreb. | 10 | 7 |
| Rothmannia, Salisb. | 8 | 372 |
| *Rothmannia*, Thunb. | 8 | 372 |
| Rothmannia, Neck. | 1 | 88 |
| *Rottang Dsjerenang*, Kæmpf. | 12 | 84 |
| ROTTBOELLIA, Linn. fil. | 13 | 166 |
| *Rottbœllia*, Scop. | 13 | 263 |
| ROTTBOELLIACEÆ, Kunth. | 13 | 166 |
| ROTTLERA, Roxb. | 2 | 487 |
| *Rouhamon*, Adans. | 8 | 484 |
| ROULINIA, Brongn. | 12 | 398 |
| ROUMEA, Poit. | 6 | 133 |
| ROUPALA, Aubl. | 10 | 402 |
| *Rourea*, Aubl. | 2 | 228 |
| ROUSSEAUXIA, D. C. | 4 | 206 |
| ROUSSELIA, Gaudich. | 11 | 25 |

| | Vol. | Pag. | | Vol. | Pag. |
|---|---|---|---|---|---|
| Roxburghia, Jones. | 12 | 231 | Rudbeckia angustifolia, | | |
| — gloriosoides, Willd. | 12 | 231 | Hortor. | 10 | 157 |
| Roxburghia, Kœn. | 13 | 263 | — angustifolia, Linn. | 10 | 148 |
| Roydsia, Wallich. | 6 | 296 | — aristata, Pursh. | 10 | 154 |
| Royena, Linn. | 9 | 413 | — aspera, Desf. | 10 | 155 |
| — glabra, Linn. | 9 | 414 | — chrysomela, Mich. | 10 | 155 |
| — hirsuta, Jacq. | 9 | 413 | — digitata, Mill. | 10 | 157 |
| — lucida, Linn. | 9 | 414 | — fulgida, Hort. Kew. | 10 | 155 |
| — pubescens, Willd. | 9 | 413 | — grandiflora, Spach. | 10 | 156 |
| Roylea, Wallich. | 9 | 166 | — hirta, Linn. | 10 | 155 |
| Rubentia, Commers. | 2 | 403 | — hispida, Hoffm. | 10 | 153 |
| Rubeola, Mœnch. | 8 | 378 | — intermedia, Hortor. | 10 | 157 |
| Rubia, Tourn. | 8 | 470 | — laciniata, Linn. | 10 | 157 |
| — cordifolia, Linn. | 8 | 471 | — multifida, Hortor. | 10 | 157 |
| — Munjista, Roxb. | 8 | 471 | — oppositifolia, Linn. | 10 | 160 |
| — Munjith, Desy. | 8 | 471 | — perfoliata, Cav. | 10 | 159 |
| — noxia, A. Saint-Hil. | 8 | 472 | — pinnata, Vent. | 10 | 158 |
| — tinctorum, Linn. | 8 | 471 | — purpurea, Linn. | 10 | 152 |
| | | | — serotina, Hortor. | 10 | 153 |
| *RUBIACEÆ*, Juss. | 8 | 369 | — speciosa, Link. | 10 | 153 |
| *RUBIACINEÆ*, Bartl. | 8 | 301 | — speciosa, Schrad. | 10 | 156 |
| Rubus, Linn. | 1 | 453 | — triloba, Linn. | 10 | 154 |
| — arcticus, Linn. | 1 | 458 | — triloba, Pursh. | 10 | 154 |
| — betulinus, Don. | 1 | 461 | Rudgea, Sal. | 8 | 376 |
| — cæsius, Linn. | 1 | 457 | Rudolphia, Willd. | 1 | 357 |
| — Chamæmorus, Linn. | 1 | 458 | — rosea, Tussac. | 1 | 357 |
| — coronarius, Bot. Mag. | 1 | 454 | — volubilis, Willd. | 1 | 357 |
| — corylifolius, Smith. | 1 | 457 | Ruellia, Linn. | 9 | 144 |
| — fruticosus, Linn. | 1 | 456 | — cristata, Jacq. | 9 | 154 |
| — glandulosus, Bell. | 1 | 457 | — persicifolia, Lindl. | 9 | 150 |
| — idæus, Linn. | 1 | 454 | RUELLIEÆ, Nees. | 9 | 144 |
| — japonicus, Linn. | 1 | 450 | Ruizia, Cav. | 3 | 445 |
| — laciniatus, Willd. | 1 | 457 | — cordata, Cav. | 3 | 445 |
| — Lambertianus, D. C. | 1 | 461 | — laciniata, Cav. | 3 | 445 |
| — nutkanus, Dougl. | 1 | 460 | — palmata, Cav. | 3 | 445 |
| — occidentalis, Linn. | 1 | 455 | — variabilis, Jacq. | 3 | 445 |
| — odoratus, Linn. | 1 | 459 | Ruizia, Pav. | 11 | 91 |
| — parvifolius, Linn. | 1 | 456 | Rulingia, Ehrb. | 5 | 222 |
| — pyrifolius, Smith. | 1 | 462 | Rulingia, R. Br. | 3 | 490 |
| — reflexus, Bot. Reg. | 1 | 461 | — pannosa, R. Br. | 3 | 490 |
| — rosæfolius, Smith. | 1 | 454 | Rumastra, Campd. | 10 | 521 |
| — sinensis, Herb. de | | | Rumex, Linn. | 10 | 525 |
| l'Amat. | 1 | 454 | — Acetosa, Linn. | 10 | 527 |
| — spectabilis, Pursh. | 1 | 455 | — Acetosella, Linn. | 10 | 527 |
| — stellatus, Linn. | 1 | 459 | — acutus, Hartm. | 10 | 526 |
| — tiliaceus, Smith. | 1 | 461 | — alpinus, Linn. | 10 | 524 |
| — trifidus, Thunb. | 1 | 459 | — aquaticus, Linn. | 10 | 526 |
| — trilobus, D. C. | 1 | 460 | — aquaticus, Smith. | 10 | 525 |
| Ruckeria, D. C. | 10 | 33 | — crispus, Linn. | 10 | 525 |
| Rudbeckia, Adans. | 4 | 296 | — digynus, Linn. | 10 | 522 |
| Rudbeckia, Linn. | 10 | 153 | — glaucus, Jacq. | 10 | 528 |
| — amplexicaulis, Vahl. | 10 | 159 | — hastæfolius, Bieberst. | 10 | 528 |
| — amplexifolia, Jacq. | 10 | 159 | — Hydrolapathum, Huds. | 10 | 525 |

|  | Vol. | Pag. |
|---|---|---|
| Rumex *maximus*, Gmel. | 10 | 525 |
| — maximus, Schreb. | 10 | 526 |
| — Patientia, Linn. | 10 | 524 |
| — scutatus, Linn. | 10 | 527 |
| RUMFORDIA, D. C. | 10 | 21 |
| *Rumia*, Hoffm. | 8 | 138 |
| *Rumia*, Link. | 8 | 135 |
| *Rumiceæ*, Dumort. | 10 | 518 |
| RUNGIA, Nees. | 9 | 146 |
| RUPPIA, Linn. | 12 | 15 |
| *RUPPIEÆ*, Kunth. | 12 | 15 |
| RUSCUS, Tourn. | 12 | 221 |
| — aculeatus, Linn. | 12 | 222 |
| — androgynus, Linn. | 12 | 224 |
| — Hypoglossum, Linn. | 12 | 223 |
| — Hypophyllum, Linn. | 12 | 225 |
| — racemosus, Linn. | 12 | 224 |
| RUSSELIA, Jacq. | 9 | 268 |
| RUTA, Linn. | 2 | 315 |
| — angustifolia, Pers. | 2 | 316 |
| — graveolens, Linn. | 2 | 316 |
| — pinnata, Linn. | 2 | 317 |
| *RUTACEÆ*, Bartl. | 2 | 313 |
| *Rutaceæ*, Juss. | 2 | 304 |
|  | 313 et | 318 |
| *Ruteæ*, Juss. fil. | 2 | 313 |
| *Ruteria*, D. C. | 1 | 155 |
| RUTIDOSIS, D. C. | 10 | 26 |
| RUTIDOSPERMUM, D. C. | 1 | 488 |
| RUYSCHIA, Jacq. | 6 | 127 |
| — amazonica, Mart. | 6 | 128 |
| — bahiensis, Mart. | 6 | 129 |
| — clusiæfolia, Jacq. | 6 | 129 |
| — corallina, Mart. | 6 | 129 |
| — Souroubea, Willd. | 6 | 130 |
| — Spixiana, Mart. | 6 | 128 |
| *Ruyschiana*, Mill. | 9 | 166 |
| RYANEA, D. C. | 6 | 132 |
| *Ryania*, Vahl. | 6 | 132 |
| RYMIA, Endl. | 9 | 400 |
| RYTIDEA, D. C. | 8 | 376 |
| RYTIDOPHYLLUM, Mart. | 9 | 258 |
| RYTIDOSPERMUM, Spach. | 7 | 474 |
| Sabadilla, Asa Gray. | 12 | 235 |
| — officinarum, Brandt. | 12 | 245 |
| SABAL, Adans. | 12 | 106 |
| — Palmetto, Lodd. | 12 | 107 |
| SABAZIA, Cass. | 10 | 17 |
| SABBATIA, Adans. | 9 | 4 |
| SABICEA, Aubl. | 8 | 374 |
| SABINA, Spach. | 11 | 313 |

|  | Vol. | Pag. |
|---|---|---|
| SABINEA, D. C. | 1 | 154 |
| SABULINA, Reichb. | 5 | 208 |
| — austriaca, Reichb. | 5 | 210 |
| — Gerardi, Reichb. | 5 | 210 |
| — laricifolia, Reichb. | 5 | 211 |
| — recurva, Reichb. | 5 | 211 |
| — rostrata, Reichb. | 5 | 209 |
| — setacea, Reichb. | 5 | 209 |
| — verna, Reichb. | 5 | 211 |
| — Villarsii, Reichb. | 5 | 210 |
| *Saccharophorum*, Neck. | 13 | 167 |
| SACCHARUM, Linn. | 13 | 249 |
| — chinense, Roxb. | 13 | 251 |
| — fuscum, Roxb. | 13 | 252 |
| — Munja, Roxb. | 13 | 252 |
| — officinarum, Linn. | 13 | 250 |
| — procerum, Roxb. | 13 | 252 |
| — violaceum, Tuss. | 13 | 251 |
| SACCIDIUM, Lindl. | 12 | 180 |
| *Saccochilus*, Bl. | 12 | 178 |
| SACCOGLOTTIS, Mart. | 13 | 298 |
| SACCOLABIUM, Lindl. | 12 | 178 |
| SACCONIA, Endl. | 8 | 375 |
| SACELLIUM, H. et B. | 9 | 32 |
| *Sælanthus*, Forsk. | 3 | 210 |
| — quadragonus, Forsk. | 3 | 212 |
| SAGERETIA, Brongn. | 2 | 446 |
| — theezans, Brongn. | 2 | 447 |
| SAGINA, Linn. | 5 | 205 |
| SAGITTARIA, Linn. | 12 | 10 |
| *Sagonea*, Aubl. | 9 | 105 |
| SAGRÆA, D. C. | 4 | 206 |
| *Saguaster major*, Rumph. | 12 | 78 |
| *Saguerus*, Rumph. | 12 | 61 |
| — Gamuto, Houtt. | 12 | 75 |
| — Rumphii, Roxb. | 12 | 75 |
| *Sagus*, (Rumph.) Gærtn. | 12 | 61 |
| — americana, Poir. | 12 | 92 |
| — farinifera, Gærtn. | 12 | 90 |
| — genuina, Rumph. | 12 | 87 |
| — lævis, Rumph. | 12 | 88 |
| — longispina, Rumph. | 12 | 88 |
| — Palma-Pinus, Gærtn. | 12 | 90 |
| — Raffia, Jacq. | 12 | 90 |
| — Raphia, Poir. | 12 | 90 |
| — Ruffia, Willd. | 12 | 90 |
| — Rumphii, Willd. | 12 | 87 |
| — sylvestris, Rumph. | 12 | 88 |
| — vinifera, Poir. | 12 | 90 |
| *Sahlbergia*, Neck. | 8 | 372 |
|  | et | 413 |
| SAIVALA, Wallich. | 12 | 4 |
| *Salaberria*, Neck. | 2 | 230 |

| | Vol. | Pag. | | Vol. | Pag. |
|---|---|---|---|---|---|
| SALACIA, Linn. | 2 | 400 | Salix mollissima, Ehrh. | 10 | 372 |
| — cochinchinensis, Lour. | 2 | 401 | — mollissima, Smith.. | 10 | 373 |
| — macrophylla, Bl. | 2 | 400 | — monandra, Hoffm... | 10 | 370 |
| — prinoides, Bl. | 2 | 400 | — nigricans, Smith. | 10 | 377 |
| SALAXIS, Sal. | 9 | 442 | — olivacea, Thuil. | 10 | 371 |
| SALDINIA, A. Rich. | 8 | 376 | — pentandra, Linn. | 10 | 363 |
| Salicaceæ, Lindl. | 10 | 361 | — phylicæfolia, Linn. | 10 | 377 |
| Salicaria, Tourn. | 4 | 419 | — polyandra, Broy. | 10 | 374 |
| Salicariæ, Juss. | 4 | 417 | — pomeranica, Willd. | 10 | 369 |
| SALICARIEÆ, D.C. | 4 | 419 | — pruinosa, Wendl. | 10 | 369 |
| SALICINEÆ, Bartl. | 10 | 359 | — pubera, Koch. | 10 | 372 |
| SALICINEÆ, Rich. | 10 | 361 | — purpurea, Linn. | 10 | 370 |
| SALICORNIA, Linn. | 5 | 278 | — riparia, Willd. | 10 | 374 |
| — annua, Engl. Bot. | 5 | 279 | — rosmarinifolia, Gouan. | 10 | 374 |
| — fruticosa, Linn. | 5 | 279 | — rubra, Hoffm. | 10 | 371 |
| — herbacea, Linn. | 5 | 279 | — rugosa, Ser. | 10 | 376 |
| — procumbens, Engl. Bot. | 5 | 279 | — rupestris, Smith. | 10 | 377 |
| Salisburya, Smith. | 11 | 283 | — spathulata, Willd. | 10 | 376 |
| — adianthifolia, Smith. | 11 | 500 | — sphacelata, Smith. | 10 | 375 |
| — Ginkgo, Rich. | 11 | 500 | — spireæfolia, Willd. | 10 | 377 |
| SALIX, Tourn. | 10 | 361 | — stipularis, Smith. | 10 | 373 |
| — acuminata, Hoffm. | 10 | 376 | — stylaris, Ser. | 10 | 377 |
| — acuminata, Smith. | 10 | 373 | — stylosa, D.C. | 10 | 377 |
| — acutifolia, Willd. | 10 | 369 | — tetrandra, Willd. | 10 | 364 |
| — alba, Linn. | 10 | 365 | — tomentosa, Ser. | 10 | 375 |
| — Ammanniana, Willd. | 10 | 377 | — triandra, Linn. | 10 | 368 |
| — amygdalina, Linn. | 10 | 367 | — uliginosa, Willd. | 10 | 376 |
| — Andersoniana, Smith. | 10 | 377 | — ulmifolia, Thuil. | 10 | 375 |
| — angustifolia, Poir. | 10 | 374 | — undulata, Ehrh. | 10 | 368 |
| — aquatica, Smith. | 10 | 376 | — Villarsiana, Willd. | 10 | 367 |
| — aurita, Linn. | 10 | 376 | — viminalis, Linn. | 10 | 372 |
| — babylonica, Linn. | 10 | 366 | — violacea, Andr. | 10 | 369 |
| — Capræa, Linn. | 10 | 375 | — vitellina, Linn. | 10 | 365 |
| — cinerea, Linn. | 10 | 376 | Salmasia, Schreb. | 5 | 497 |
| — cinerea, Willd. | 10 | 369 | SALMEA, D.C. | 10 | 19 |
| — cotinifolia, Smith. | 10 | 377 | Salmia, Cav. | 12 | 210 |
| — daphnoides, Vill. | 10 | 369 | Salmia, Willd. | 12 | 23 |
| — decipiens, Hoffm. | 10 | 364 | Salmonia, Neck. | 4 | 319 |
| — Elæagnos, Scop. | 10 | 374 | SALOMONIA, Lour. | 7 | 111 |
| — fissa, Ehrh. | 10 | 371 | SALPIANTHUS, H. et B. | 10 | 516 |
| — Forbyana, Smith. | 10 | 371 | SALPIGLOSSIDEÆ, | | |
| — fragilis, Linn. | 10 | 364 | Benth. | 9 | 267 |
| — Helix, Linn. | 10 | 370 | | et | 292 |
| — hermaphroditica, Linn. | 10 | 364 | SALPIGLOSSIS, R. et P. | 9 | 294 |
| — hippophaefolia, Thuil. | 10 | 368 | — atropurpurea, Hook. | 9 | 295 |
| — hirta, Smith. | 10 | 377 | — integrifolia, Hook. | 9 | 61 |
| — Hoppeana, Willd. | 10 | 367 | — picta, Sweet. | 9 | 296 |
| — incana, Schrank. | 10 | 374 | — sinuata, R. et P. | 9 | 295 |
| — Lambertiana, Smith. | 10 | 370 | — straminea, Hook. | 9 | 295 |
| — lanceolata, Smith. | 10 | 368 | SALPINGA, Mart. | 4 | 205 |
| — lavandulæfolia, Lapeyr. | 10 | 374 | SALSOLA, Linn. | 5 | 279 |
| — membranacea, Thuil. | 10 | 371 | — altissima, Cav. | 5 | 282 |
| | | | — arenaria, W. et K. | 5 | 284 |

| | Vol. | Pag. | | Vol. | Pag. |
|---|---|---|---|---|---|
| Salsola *cinerea*, W. et K. | 5 | 285 | Samyda *pubescens*, Linn. | 6 | 289 |
| — *fruticosa*, Linn. | 5 | 283 | — rosea, Sims. | 6 | 289 |
| — *hyssopifolia*, Pallas. | 5 | 285 | — *serrulata*, Andr. | 6 | 289 |
| — Kali, Linn. | 5 | 280 | — spinulosa, Vent. | 6 | 289 |
| — *maritima*, Poir. | 5 | 282 | *SAMYDEÆ*, Gærtn. | 6 | 287 |
| — *prostrata*, Linn. | 5 | 284 | SANCHEZIA, R. et P. | 9 | 272 |
| — *sedoides*, Pallas. | 5 | 285 | SANDORICUM, Cav. | 3 | 189 |
| — *setifolia*, Lag. | 5 | 282 | — indicum, Lamk. | 3 | 190 |
| — Soda, Linn. | 5 | 281 | *Sandoricum*, Rumph. | 3 | 190 |
| — Tragus, Linn. | 3 | 280 | SANGUINARIA, Linn. | 7 | 37 |
| — *trigyna*, Willd. | 5 | 282 | — canadensis, Linn. | 7 | 39 |
| SALVADORA, Linn. | 13 | 335 | — *grandiflora*, Rosc. | 7 | 39 |
| — persica, Linn. | 13 | 335 | *SANGUINARIEÆ*, Spach. | 7 | 6 |
| *SALVADORACEÆ*, | | | | et | 37 |
| Lindl. | 13 | 354 | SANGUISORBA, Linn. | 1 | 486 |
| SALVERTIA, A. Saint-Hil. | 4 | 324 | — canadensis, Linn. | 1 | 486 |
| — convallariodora, A. St-Hil. | 4 | 325 | — officinalis, Linn. | 1 | 486 |
| SALVIA, Linn. | 9 | 173 | *Sanguisorba*, Juss. | 1 | 451 |
| — *aurea*, Linn. | 9 | 176 | *Sanguisorbeæ*, D. C. | 1 | 451 |
| — *bracteata*, Bot. Mag. | 9 | 178 | *Sanhilaria*, Leand. | 10 | 10 |
| — *cardinalis*, Kunth. | 9 | 182 | SANICULA, Tourn. | 8 | 221 |
| — *dumetorum*, Andrz. | 9 | 173 | — europæa, Linn. | 8 | 221 |
| — fulgens, Cav. | 9 | 182 | — *officinalis*, Gouan. | 8 | 221 |
| — Horminum, Linn. | 9 | 177 | *Sanseviella*, Reichb. | 12 | 210 |
| — involucrata, Cav. | 9 | 183 | — *carnea*, Reichb. | 12 | 220 |
| — *lævigata*, Kunth. | 9 | 183 | SANSEVIERA, Thunb. | 12 | 219 |
| — *lusitanica*, Jacq. fil. | 9 | 179 | — carnea, Andr. | 12 | 220 |
| — officinalis, Linn. | 9 | 174 | — guineensis, Willd. | 12 | 220 |
| — pratensis, Linn. | 9 | 179 | — *sarmentosa*, Jacq. | 12 | 220 |
| — *rostrata*, Schmidt. | 9 | 179 | — *sessiliflora*, Gawl. | 12 | 220 |
| — Sclaræa, Linn. | 9 | 178 | — zeylanica, Willd. | 12 | 219 |
| — *Simsiana*, R. et S. | 9 | 178 | *SANTALACEÆ*, | | |
| — splendens, Bot. Reg. | 9 | 181 | R. Br. | 10 | 459 |
| — *variegata*, W. et K. | 9 | 179 | *Santalaceæ - Chloranthæ*, | | |
| SAMADERA, Gærtn. | 2 | 373 | Reichb. | 11 | 18 |
| SAMANDURA, Linn. | 2 | 373 | *SANTALEÆ*, Juss. | 10 | 460 |
| *Samara*, Swartz. | 9 | 374 | *Santaleæ*, Reichb. | 10 | 459 |
| *Sambuceæ*, Kunth. | 8 | 303 | SANTALUM, Linn. | 10 | 461 |
| SAMBUCINEÆ, Spach. | 8 | 305 | — album, Linn. | 10 | 461 |
| | et | 318 | *Santia*, Savi. | 13 | 161 |
| SAMBUCUS, Tourn. | 8 | 318 | SANTIA, Wight et Arn. | 8 | 375 |
| — Ebulus, Linn. | 8 | 323 | SANTOLINA, Tourn. | 10 | 184 |
| — nigra, Linn. | 8 | 320 | — Chamæcyparissus, Linn. | 10 | 184 |
| — *nigra laciniata*, Hortor. | 8 | 320 | — *ericoides*, Poir. | 10 | 184 |
| — racemosa, Linn. | 8 | 319 | — *incana*, Lamk. | 10 | 184 |
| *Sameraria*, Desv. | 6 | 325 | — *squarrosa*, Willd. | 10 | 184 |
| SAMOLUS, Tourn. | 9 | 370 | — *tomentosa*, Pers. | 10 | 184 |
| — Valerandi, Linn. | 9 | 370 | — *villosa*, Mill. | 10 | 184 |
| *Samstravadi*, Hort. Mal. | 4 | 186 | — *villosissima*, Poir. | 10 | 184 |
| SAMYDA, Linn. | 6 | 288 | SANVITALIA, Gav. | 10 | 20 |
| — nitida, Linn. | 6 | 289 | *Saouari*, Aubl. | 3 | 10 |
| | | | — *glabra*, Aubl. | 3 | 12 |

| | Vol. | Pag. | | Vol. | Pag. |
|---|---|---|---|---|---|
| Saouari *villosa*, Aubl. | 3 | 13 | SARCOLOBUS, R. Br. | 8 | 540 |
| *SAPINDACEÆ*, | | | SARCOPHYLLUM, Thunb. | 4 | 453 |
| Juss. | 3 | 37 | SARCOPHYTE, Sparm. | 10 | 548 |
| SAPINDEÆ, Camb. | 3 | 40 | *SARCOPHYTEÆ*, Endl. | 10 | 548 |
| | et | 41 | SARCOPYRAMIS, Wallich. | 4 | 206 |
| *Sapindi*, Juss. | 3 | 37 | SARCOSTEMMA, R. Br. | 8 | 539 |
| SAPINDUS, Linn. | 3 | 52 | *Sarcostoma*, Bl. | 12 | 176 |
| — *abruptus*, Lour. | 3 | 57 | SARCOSTYLES, Presl. | 5 | 5 |
| — *chinensis*, Linn. fil. | 3 | 67 | *Saribus*, Rumph. | 12 | 104 |
| — edulis, A. Saint-Hil. | 3 | 54 | *Sarissus*, Gærtn. | 8 | 377 |
| — *laurifolius*, Vahl. | 3 | 55 | *SARMENTACEÆ*, | | |
| — *marginatus*, Willd. | 3 | 54 | Vent. | 3 | 208 |
| — Rarak, D. C. | 3 | 56 | *Sarmentaceæ - Dioscoreæ*, | | |
| — *rubiginosus*, Roxb. | 3 | 55 | Reichb. | 12 | 199 |
| — Saponaria, Linn. | 3 | 53 | *Sarmentaceæ-Dioscorihæ*, | | |
| — *Saponaria*, Mich. | 3 | 54 | Reichb. | 12 | 208 |
| — *trifoliatus*, Linn. | 3 | 55 | *Sarmentaceæ-Dioscorineæ*, | | |
| SAPIUM, Jacq. | 2 | 488 | Reichb. | 12 | 199 |
| SAPONARIA, Linn. | 5 | 161 | *Sarmentaceæ - Smilaceæ*, | | |
| — *ocymoides*, Linn. | 5 | 163 | Reichb. | 12 | 208 |
| — *officinalis*, Linn. | 5 | 162 | *Sarmentaceæ - Xeroteæ*, | | |
| — *Vaccaria*, Linn. | 5 | 161 | Reichb. | 13 | 135 |
| *Sapota*, Mill. | 9 | 384 | SARMIENTA, R. et P. | 9 | 257 |
| — *mammosa*, Gærtn. | 9 | 391 | SAROTHRA, Linn. | 5 | 454 |
| *Sapotaceæ*, Endl. | 9 | 383 | — *gentianoides*, Linn. | 5 | 455 |
| *Sapotaceæ-Ilicineæ*, Reichb. | 13 | 262 | *Sarracena*, Tourn. | 13 | 329 |
| *Sapotaceæ-Jasmineæ*, Reichb. | 8 | 255 | SARRACENIA, Linn. | 13 | 329 |
| *Sapotaceæ-Lucumeæ*, Reichb. | 13 | 262 | — *adunca*, Smith. | 13 | 330 |
| *SAPOTEÆ*, Juss. | 9 | 383 | — *calceolata*, Nutt. | 13 | 330 |
| SAPPANIA, D. C. | 1 | 103 | — Catesbæi, Elliot. | 13 | 331 |
| SAPROSMA, Bl. | 8 | 446 | — flava, Linn. | 13 | 331 |
| — *arborescens*, Bl. | 8 | 446 | — minor, Walt. | 13 | 330 |
| — *fruticosum*, Bl. | 8 | 447 | — psittacina, Mich. | 13 | 330 |
| *Saraca*, Linn. | 1 | 88 | — purpurea, Linn. | 13 | 329 |
| — *indica*, Linn. | 1 | 110 | — rubra, Walt. | 13 | 330 |
| *Sarbia*, Petit-Thou. | 9 | 271 | — variolaris, Mich. | 13 | 330 |
| SARCANTHEMUM, Cass. | 10 | 29 | *SARRACENIA-* | | |
| SARCANTHUS, Lindl. | 12 | 179 | CEÆ, Dumort. | 13 | 327 |
| SARCOCAPNOS, D. C. | 7 | 61 | *Sarracenieæ*, Lapyl. | 13 | 327 |
| *Sarcocarpa*, Don. | 9 | 583 | SARRACHA, R. et P. | 9 | 57 |
| *Sarcocarpon*, Bl. | 8 | 6 | SASSAFRAS, Nees. | 10 | 505 |
| SARCOCAULON, D. C. | 3 | 287 | — albidum, Nees. | 10 | 505 |
| SARCOCEPHALUS, Afzel. | 8 | 401 | — officinale, Nees. | 10 | 505 |
| — *esculentus*, Sabine. | 8 | 402 | — Parthenoxylon, Nees. | 10 | 505 |
| SARCOCHILUS, R. Br. | 12 | 177 | SATUREIA, Linn. | 9 | 193 |
| SARCOCOCCA, Lindl. | 2 | 489 | — hortensis, Linn. | 9 | 194 |
| — *pruniformis*, Lindl. | 2 | 489 | *SATUREINEÆ*, Benth. | 9 | 164 |
| SARCODIUM, Lour. | 1 | 157 | | et | 188 |
| SARCOGLOTTIS, Presl. | 12 | 180 | *Saturnia*, Maratti. | 12 | 255 |
| SARCOLÆNA, Petit-Thou. | 4 | 54 | SATYRIDIUM, Lindl. | 12 | 180 |
| — grandiflora, Petit-Thou. | 4 | 54 | SATYRIUM, Swartz. | 12 | 180 |
| — multiflora, Petit-Thou. | 4 | 55 | | | |

| | Vol. | Pag. | | Vol. | Pag. |
|---|---|---|---|---|---|
| SAURAUJA, Willd. . . . . | 4 | 67 | Saxifraga Cotyledon, Linn. | 5 | 52 |
| — cauliflora, Bl. . . . . | 4 | 68 | — *crassifolia*, Linn. . . . | 5 | 60 |
| — fasciculata, Wallich. . | 4 | 68 | — *crustata*, Vest. . . . . | 5 | 54 |
| — gigantea , Bl. . . . . | 4 | 69 | — cuneifolia, Linn. . . . | 5 | 43 |
| — Noronhiana, Bl. . . . | 4 | 68 | — *cymosa*, W. et K. . . | 5 | 48 |
| — pendula, Bl. . . . . | 4 | 69 | — *decipiens*, Ehrh. . . . | 5 | 48 |
| — Reinwardtii, Bl. . . . | 4 | 69 | — *dentata*, Link. . . . . | 5 | 43 |
| SAURAUJEÆ, D. C. . . | 4 | 67 | — *elegans*, Mack. . . . . | 5 | 43 |
| SAUROGLOSSUM, Lindl. . | 12 | 181 | — erosa, Pursh. . . . | 5 | 44 |
| SAUROMATUM, Schott. . . | 12 | 38 | — exarata, Vill. . . . . | 5 | 50 |
| *Saururaceæ*, Lindl. . . . | 11 | 5 | — *fragilis*, Schrank. . . | 5 | 47 |
| SAURUREÆ, Rich. | 11 | 3 | — geranioides, Linn. . . | 5 | 46 |
| SAURURUS, Linn. . . . . | 11 | 4 | — Geum, Linn. . . . . . | 5 | 42 |
| — cernuus, Linn. . . . | 11 | 5 | — granulata, Linn. . . . | 5 | 45 |
| — *lucidus*, Spreng. . . | 11 | 5 | — *heterophylla*, Sternb. . | 5 | 48 |
| — *natans*, Lion. . . . | 11 | 7 | — Hirculus, Linn. . . . | 5 | 59 |
| SAUSSUREA, D. C. . . . | 10 | 10 | — hirsuta, Linn. . . . . | 5 | 43 |
| *Saussurea*, Mœnch. . . . | 9 | 165 | — *hirta*, Smith. . . . . | 5 | 48 |
| SAUTIERA, Decaisne. . . | 9 | 146 | — hypnoides, Linn. . . | 5 | 49 |
| *Sauvagea*, Neck. . . . . | 5 | 470 | — *imbricata*, Lamk. . . | 5 | 57 |
| *Sauvageæ*, Ging. . . . | 5 | 469 | — *intacta*, Willd. . . . | 5 | 54 |
| SAUVAGESIA, Jacq. . . . | 5 | 470 | — *intricata*, Lap. . . . | 5 | 50 |
| — erecta, Linn. . . . | 5 | 471 | — irrigua, Bieberst. . . | 5 | 47 |
| — *erecta*, Spreng. . . . | 5 | 472 | — *ladanifera*, Lapeyr. . | 5 | 47 |
| — *ovata*, Mart. . . . . | 5 | 471 | — *ligulata*, Murr. . . . | 5 | 42 |
| — racemosa, A. St-Hil. | 5 | 471 | — *ligulata*, Wallich. . . | 5 | 60 |
| — *serpyllifolia*, Mart. . | 5 | 472 | — lingulata, Bell. . . . | 5 | 54 |
| — Sprengelii, A. St-Hil. | 5 | 472 | — longifolia, Lapeyr. . . | 5 | 53 |
| SAUVAGESIEÆ, | | | — *longifolia minor*, Sternb. | 5 | 54 |
| Bartl. . . . . . . . . . | 5 | 469 | — media, Gouan. . . . . | 5 | 55 |
| *Savastenia*, Neck. . . . . | 4 | 206 | — *moschata*, Engl. Bot. | 5 | 51 |
| *Savia*, Rafin. . . . . . . | 1 | 156 | — muscoides, All. . . . | 5 | 51 |
| SAVIA, Willd. . . . . | 2 | 486 | — muscoides, Wulff. . . | 5 | 50 |
| SAVIGNYA, D. C. . . . . | 6 | 324 | — mutata, Linn. . . . . | 5 | 54 |
| SAXIFRAGA, Linn. . . . | 5 | 40 | — *nervosa*, Lap. . . . . | 5 | 50 |
| — adscendens, Vahl. . . | 5 | 47 | — oppositifolia, Linn. . | 5 | 56 |
| — aizoides, Linn. . . . | 5 | 58 | — palmata, Smith. . . . | 5 | 48 |
| — Aizoon, Jacq. . . . . | 5 | 53 | — pedatifida, Ehrh. . . . | 5 | 47 |
| — ajugæfolia, Linn. . . | 5 | 50 | — pedemontana, All. . . | 5 | 48 |
| — androsacea, Linn. . . | 5 | 52 | — *petræa*, Gouan. . . . | 5 | 47 |
| — *aquatica*, Lapeyr. . . | 5 | 47 | — *petræa*, Roth. . . . . | 5 | 48 |
| — *aretioides*, Lap. . . . | 5 | 55 | — planifolia, Lapeyr. . . | 5 | 51 |
| — aspera, Linn. . . . . | 5 | 58 | — *platypetala*, Smith. . | 5 | 49 |
| — atropurpurea, Sternb. | 5 | 51 | — *polita*, Link. . . . . | 5 | 43 |
| — *autumnalis*, Willd. . | 5 | 58 | — pubescens, D. C. . . . | 5 | 50 |
| — biflora, All. . . . . | 5 | 57 | — pyrenaica, Scop. . . . | 5 | 52 |
| — *bryoides*, Linn. . . . | 5 | 58 | — recta, Lapeyr. . . . . | 5 | 53 |
| — cæsia, Linn. . . . . | 5 | 56 | — recurvifolia, Lapeyr. . | 5 | 56 |
| — *cæspitosa*, Flor. Dan. | 5 | 48 | — repanda, Sternb. . . . | 5 | 45 |
| — *cæspitosa*, Scop. . . | 5 | 50 | — retusa, Gouan. . . . . | 5 | 57 |
| — calyciflora, Lapeyr. . | 5 | 55 | — rotundifolia , Linn. . . | 5 | 45 |
| — *cartilaginea*, Sternb. | 5 | 54 | — sarmentosa, Linn. . . | 5 | 41 |
| | | | — sedoides, Linn. . . . . | 5 | 51 |

| | Vol. | Pag. | | Vol. | Pag. |
|---|---|---|---|---|---|
| Saxifraga *stolonifera*, Jacq. | 5 | 41 | SCHANGINIA, C. A. M. . . | 5 | 278 |
| — *tenera*, Sternb. . . . | 5 | 52 | SCHELHAMMERA, R. Br. . | 12 | 251 |
| — umbrosa, Linn. . . . | 5 | 43 | — undulata , R. Br. . . | 12 | 251 |
| — *uniflora*, Sternb. . . | 5 | 48 | *Schelhammeria*, Mœnch. . | 13 | 147 |
| *Saxifrageæ*, D. C. . . . . | 5 | 40 | *Schelveria*, Nees et Mart. | 9 | 247 |
| **SAXIFRAGEÆ,** | | | SCHEPPERIA, Neck. . . . | 6 | 296 |
| Juss. . . . . . . . . | 5 | 37 | SCHEUCHZERIA, Linn. . . . | 12 | 10 |
| **SAXIFRAGEÆ VERÆ,** | | | *Schiedea*, A. Rich. . . . . | 8 | 375 |
| Spach. . . . . . . . . | 5 | 39 | SCHIEKIA, Meisn. . . . . | 13 | 109 |
| | et | 40 | SCHILLERIA, Kunth. . . | 11 | 11 |
| SCABIOSA, Vaill. . . . . | 10 | 323 | SCHINUS, Linn. . . . . . | 2 | 224 |
| — arvensis, Linn. . . . . | 10 | 324 | — *dentatus*, Andr. . . . | 2 | 224 |
| — *atropurpurea*, Linn. . | 10 | 322 | — Mölle , Linn. . . . . | 2 | 224 |
| — *caucasica*, Bieberst. . | 10 | 321 | SCHISANTHES, Haw. . . . | 12 | 440 |
| — *connata*, Horn. . . . | 10 | 321 | SCHISMOCERUS, Presl. . . | 12 | 176 |
| — *crética*, Linn. . . . . | 10 | 320 | SCHISMUS, Desv. . . . . | 13 | 164 |
| — *graminifolia*, Linn. . | 10 | 319 | SCHISTOGYNE, Hook et Arn. | 8 | 539 |
| — *polymorpha*, Schmidt. | 10 | 324 | SCHISTOPHRAGMA, Benth. | 9 | 269 |
| — *Succisa*, Linn. . . . . | 10 | 325 | SCHIVERECKIA, Andrz. . . | 6 | 324 |
| **SCABIOSEÆ,** D. C. . . | 10 | 314 | *Schizachyrium*, Nees. . . | 13 | 167 |
| | et | 316 | SCHIZANDRA, Mich. . . . | 8 | 10 |
| *Scabrita*, Linn. . . . . . | 8 | 242 | — coccinea, Mich. . . . . | 8 | 11 |
| — *scabra*, Linn. . . . . | 8 | 254 | **SCHIZANDREÆ,** D. C. | 8 | 6 |
| SCÆVOLA, Linn. . . . . | 9 | 583 | | et | 8 |
| *Scævolaceæ*, Lindl. . . . | 9 | 582 | SCHIZANTHUS, R. et P. . | 9 | 292 |
| *Scævoleæ*, Reichb. . . . | 9 | 582 | — *pinnatus*, R. et P. . . | 9 | 293 |
| **SCÆVOLEÆ,** R. Br. . | 9 | 583 | — porrigens, Hook. . . | 9 | 293 |
| SCALIA, Sims. . . . . . | 10 | 26 | SCHIZOCARPUM, Schrad. . | 6 | 184 |
| SCALESIA, Arn. . . . . | 10 | 40 | SCHIZODIUM, Lindl. . . . | 12 | 180 |
| SCALIGERIA, D. C. . . . | 8 | 138 | SCHIZOGLOSSUM, E. Mey. | 8 | 539 |
| SCAMMONIA, Spach. . . . | 9 | 97 | SCHIZOGYNE, Cass. . . . . | 10 | 26 |
| *Scandalida*, Neck. . . . . | 1 | 153 | SCHIZOLÆNA, Petit-Thou. | 4 | 56 |
| SCANDICINEÆ, Tausch. | 8 | 133 | — rosea, Petit-Thou. . . | 4 | 56 |
| | et | 143 | SCHIZOPETALUM, Sims. . | 6 | 386 |
| SCANDIX, Linn. . . . . . | 8 | 133 | — Walkeri, Sims. . . . | 6 | 387 |
| — *Bulbocastanum*, Mœnch. | 8 | 194 | SCHIZOSTACHYUM, Nees. . | 13 | 165 |
| — *bulbosa*, Roth. . . . | 8 | 146 | *Schkuhria*, Mœnch. . . . | 10 | 22 |
| — *Cerefolium*, Linn. . . | 8 | 143 | SCHKUHRIA, Roth. . . . | 10 | 17 |
| — *nutans*, Mœnch. . . . | 8 | 145 | SCHLECHTENDALIA, Less. | 10 | 9 |
| — *odorata*, Linn. . . . . | 8 | 148 | *Schlechtendalia*, Willd. . . | 10 | 16 |
| — *temula*, Roth. . . . . | 8 | 145 | *Schleichera*, Willd. . . . . | 3 | 40 |
| SCAPHIUM, Schott et Endl. | 3 | 502 | — *trijuga*, Willd. . . . . | 3 | 65 |
| SCAPHYGLOTTIS, Pœpp. et | | | SCHLEIDENIA, Endl. . . . | 9 | 32 |
| Endl. . . . . . . . . | 12 | 177 | *Schmaltzia*, Desv. . . . . | 2 | 186 |
| SCELOCHILUS, Klotz. . . | 12 | 175 | — *suaveolens*, Desv. . . . | 2 | 222 |
| SCEPA, Lindl. . . . . . . | 11 | 25 | SCHMIDELIA, Linn. . . . | 3 | 50 |
| *Scepaceæ*, Lindl. . . . . | 11 | 25 | — Cobbe, D. C. . . . . | 3 | 51 |
| SCEPINIA, Neck. . . . . | 10 | 29 | — cochinchinensis, D. C. | 3 | 52 |
| SCEPSEOTHAMNUS, Cham. | 8 | 378 | — glabrata, Kunth. . . | 3 | 52 |
| *Sceptranthus*, Grah. . . . | 12 | 405 | — serrata, D. C. . . . . | 3 | 51 |
| SCHÆFFERA, Jacq. . . . | 2 | 404 | SCHMIDTIA, Mœnch. . . . | 10 | 7 |
| *Schæfflera*, Forst. . . . . | 8 | 113 | *Schmidtia*, Tratt. . . . . | 13 | 161 |
| | | | SCHNELLA, Raddi. . . . . | 1 | 88 |

| | Vol. | Pag. |
|---|---|---|
| *Schoberia*, C. A. M. . . . | 5 | 278 |
| — *maritima*, C. A. M. . . | 5 | 282 |
| *Schædonorus elatior*, Beauv. | 13 | 217 |
| — *pratensis*, Beauv. . . | 13 | 216 |
| *Schœnanthum amboinicum*, Rumph. . . . . . . . . | 13 | 253 |
| SCHOENEFELDIA, Kunth. | 13 | 162 |
| *Schœnidium*, Nees. . . . . | 13 | 14 |
| SCHOENOBIBLOS, Mart. . | 10 | 436 |
| *Schœnocaulon*, Asa Gray. | 12 | 235 |
| *Schœnodorus*, Beauv. . . | 13 | 164 |
| — *elatior*, R. et S. . . | 13 | 217 |
| — *pratensis*, R. et S. . . | 13 | 216 |
| SCHOENODUM, Labill. . . | 13 | 139 |
| *Schœnoprasum*, Kunth. . | 12 | 255 |
| SCHOENORCHIS, Bl. . . . | 12 | 179 |
| SCHOENOXYPHIUM, Nees. | 13 | 147 |
| SCHOENUS, R. Br. . . . . | 13 | 146 |
| SCHOEPFIA, Schreb. . . . | 9 | 447 |
| *Schollera*, Roth. . . . . | 9 | 522 |
| — *Oxycoccos*, Roth. . . | 9 | 530 |
| *Schollera*, Willd. . . . | 12 | 257 |
| *Schollia*, Jacq. fil. . . | 8 | 540 |
| SCHOMBURGHIA, D. C. . | 10 | 18 |
| SCHOMBURGHIA, Lindl. . | 12 | 176 |
| *Schorigeram*, Adans. . . | 2 | 488 |
| SCHOTIA, Jacq. . . . . . | 1 | 88 |
| *Schousbœa*, Willd. . . . . | 4 | 296 |
| *Schousboa*, Spreng. . . . | 4 | 296 |
| — *commutata*, Spreng. . | 4 | 505 |
| SCHOUWIA, D. C. . . . . | 6 | 525 |
| SCHRADERA, Vahl. . . . | 8 | 374 |
| *Schraderia*, Mœnch. . . . | 9 | 163 |
| SCHRANKIA, Willd. . . . | 1 | 49 |
| *Schrebera*, Retz. . . . . | 2 | 403 |
| SCHREBERA, Roxb. . . . | 9 | 139 |
| — *swietenioides*, Roxb. | 9 | 140 |
| *Schrebera*, Thunb. . . . . | 2 | 422 |
| SCHREIBERSIA, Pohl. . . | 8 | 373 |
| SCHUBERTIA, Mart. . . . | 8 | 539 |
| SCHUBERTIA, Mirb. . . | 11 | 547 |
| — *capensis*, Spreng. . . | 11 | 346 |
| — *disticha*, Mirb. . . . | 11 | 349 |
| — *japonica*, Brongn. . . | 11 | 552 |
| — *sempervirens*, Lamb. | 11 | 352 |
| SCHUBLERIA, Mart. . . | 9 | 5 |
| SCHUFIA, Spach. . . . . | 4 | 411 |
| — *arborescens*, Spach. . | 4 | 411 |
| SCHULTESIA, Mart. . . . | 9 | 4 |
| *Schultzia*, Raf. . . . . . | 9 | 272 |
| SCHULTZIA, Spreng. . . . | 8 | 138 |
| *Schultzia*, Spreng. . . . | 13 | 163 |
| *Schunda-pana*, Hort. Mal. | 12 | 77 |

| | Vol. | Pag. |
|---|---|---|
| *Schwœgrichenia*, Spreng. | 13 | 409 |
| SCHWALBEA, Linn. . . . | 9 | 272 |
| SCHWEIGGERA, Mart. . . | 5 | 316 |
| — *comata*, Mart. . . . | 5 | 316 |
| — *floribunda*, A. Saint-Hil. | 5 | 501 |
| SCHWEIGGERA, Spreng. | 4 | 320 |
| *Schweiggeria*, Spreng. . . | 5 | 496 |
| SCHWEINITZIA, Elliott. | 9 | 445 |
| *Schwenkfelda*, Schreb. . . | 8 | 374 |
| *Schwenkfeldia*, Willd. . . | 8 | 374 |
| SCHWENKIA, Linn. . . . | 9 | 343 |
| *Schweyckerta*, C. C. Gmel. | 9 | 6 |
| SCHYCHOWSKYA, Endl. | 11 | 24 |
| SCILLA, Linn. . . . . . . | 12 | 310 |
| — *alliifolia*, Lapeyr. . . | 12 | 312 |
| — *amœna*, Linn. . . . | 12 | 311 |
| — *amœna*, Red. . . . . | 12 | 312 |
| — *amœna sibirica*, Bot. Mag. . . . . . . . . | 12 | 312 |
| — *autumnalis*, Linn. . . | 12 | 310 |
| — *azurea*, Goldb. . . . | 12 | 312 |
| — *bifolia*, Lightf. . . . | 12 | 312 |
| — *bifolia*, Linn. . . . . | 12 | 311 |
| — *brevifolia*, Gawl. . . | 12 | 298 |
| — *campanulata*, Bot. Mag. | 12 | 309 |
| — *campanulata*, Hort. Kew. | 12 | 309 |
| — *corymbosa*, Gawl. . . | 12 | 298 |
| — *esculenta*, Hook. . . . | 12 | 319 |
| — *festalis*, Salisb. . . | 12 | 309 |
| — *hemisphærica*, Boiss. | 12 | 312 |
| — *hyacinthoides*, Jacq. . | 12 | 309 |
| — *hyacinthoides*, Linn. | 12 | 311 |
| — *italica*, Linn. . . . . | 12 | 313 |
| — *lingulata*, Desfont. . | 12 | 313 |
| — *maculata*, Schrank. . | 12 | 316 |
| — *maritima*, Linn. . . | 12 | 313 |
| — *monophylla*, Link. . . | 12 | 312 |
| — *nonscripta : β*, Bot. Mag. . . . . . . . . | 12 | 309 |
| — *nonscripta*, Hoffm. et Link. . . . . . . . . | 12 | 309 |
| — *nutans*, Smith. . . . | 12 | 309 |
| — *obtusifolia*, Desfont. | 12 | 311 |
| — *parviflora*, Desfont. . | 12 | 310 |
| — *patula*, Red. . . . . | 12 | 309 |
| — *peruviana*, Linn. . . | 12 | 312 |
| — *præcox*, Willd. . . . | 12 | 311 |
| — *pumila*, Brot. . . . . | 12 | 312 |
| — *serotina*, Bot. Mag. . | 12 | 327 |
| — *sibirica*, Andr. . . . | 12 | 312 |
| — *umbellata*, Ram. . . . | 12 | 312 |
| — *verna*, Huds. . . . . | 12 | 312 |

| | Vol. | Pag. |
|---|---|---|
| SCINDAPSUS, Schött. | 12 | 41 |
| SCIODAPHYLLUM, P. Br. | 8 | 113 |
| SCIOPHILA, Gaudich. | 11 | 24 |
| Sciophila, Hall. | 12 | 240 |
| SCIOTHAMNUS, Endl. | 8 | 135 |
| *SCIRPEÆ*, Nees. | 13 | 144 |
| Scirpidium, Nees. | 13 | 145 |
| SCIRPUS, Linn. | 13 | 151 |
| — lacustris, Linn. | 13 | 152 |
| — palustris, Linn. | 13 | 151 |
| — tuberosus, Roxb. | 13 | 151 |
| *SCITAMINEÆ*, Bartl. | 12 | 132 |
| Scitamineæ, R. Br. | 12 | 152 |
| Scitamineæ, Vent. | 12 | 134 |
| Scitamineæ-Amomeæ, Reichb. | 12 | 152 |
| Scitamineæ-Cannaceæ, Reichb. | 12 | 146 |
| Scitamineæ-Canneæ, Reichb. | 12 | 146 |
| Scitamineæ-Musaceæ, Reichb. | 12 | 134 |
| Scitamineæ-Zingiberaceæ, Brongn. | 12 | 152 |
| Sciuris, Nees et Mart. | 2 | 323 |
| — bracteata, Nees et Mart. | 2 | 357 |
| — multiflora, Nees et Mart. | 2 | 357 |
| — simplicifolia, Nees et Mart. | 2 | 357 |
| Sciuris, Schreb. | 2 | 323 |
| SCLARÆA, Tourn. | 9 | 177 |
| — pratensis, Mœnch. | 9 | 179 |
| — vulgaris, Mœnch. | 9 | 178 |
| SCLERACHNE, R. Br. | 13 | 159 |
| *SCLERANTHEÆ*, Bartl. | 5 | 239 |
| SCLERANTHUS, Linn. | 5 | 239 |
| SCLERIA, Berg. | 13 | 146 |
| *SCLERIEÆ*, Nees. | 13 | 146 |
| SCLEROBASIS, Cass. | 10 | 32 |
| SCLEROCARPUS, Jacq. | 10 | 21 |
| SCLEROCHÆTIUM, Nees. | 13 | 145 |
| Sclerochloa, Beauv. | 13 | 164 |
| SCLEROLÆNA, R. Br. | 5 | 278 |
| SCLEROLEPIS, Cass. | 10 | 37 |
| SCLEROMITRION, Wight et Arn. | 8 | 375 |
| SCLEROPTERIS, Scheidw. | 12 | 178 |
| SCLEROSCIADIUM, Koch. | 8 | 138 |
| SCLEROTHAMNUS, R. Br. | 1 | 152 |
| Scleroxylon, Willd. | 9 | 374 |
| Scolochloa, Link. | 13 | 162 |
| — arundinacea, M. et K. | 13 | 195 |
| SCOLOSANTHUS, Vahl. | 8 | 376 |
| SCOLOSPERMUM, Less. | 10 | 21 |
| Scolymanthus, Willd. | 10 | 34 |
| SCOLYMEÆ, Less. | 10 | 5 |
| SCOLYMUS, Tourn. | 10 | 5 |
| SCOPARIA, Linn. | 9 | 270 |
| Scopariæ, Link. | 9 | 264 |
| SCOPOLIA, Jacq. | 9 | 57 |
| Scopolia, Linn. fil. | 10 | 436 |
| Scopolia, Smith. | 2 | 361 |
| Scopolina, Schult. | 9 | 57 |
| SCOBODONIA, Tourn. | 9 | 221 |
| — heteromalla, Mœnch. | 9 | 221 |
| SCORPIRIS, Spach. | 13 | 16 |
| SCORPIURUS, Linn. | 1 | 279 |
| — muricata, Linn. | 1 | 279 |
| — sulcata, Linn. | 1 | 280 |
| — vermiculata, Linn. | 1 | 280 |
| Scorpius, Lois. | 1 | 155 |
| SCORZONERA, Tourn. | 10 | 53 |
| — crispa, Bieberst. | 10 | 54 |
| — denticulata, Lamk. | 10 | 54 |
| — edulis, Mœnch. | 10 | 54 |
| — glastifolia, Willd. | 10 | 54 |
| — graminifolia, Hoffm. | 10 | 54 |
| — hispanica, Linn. | 10 | 54 |
| — montana, Mutel. | 10 | 54 |
| — rumicifolia, Schleich. | 10 | 54 |
| — taurica, Bieberst. | 10 | 54 |
| Scorzoneroides, Mœnch. | 10 | 7 |
| Scottea, D. C. | 1 | 153 |
| SCOTTIA, R. Br. | 1 | 153 |
| Scribæa, Flor. Wetter. | 5 | 137 |
| SCROBICARIA, Cass. | 10 | 5 |
| SCROPHULARIA, Tourn. | 9 | 280 |
| — aquatica, Linn. | 9 | 282 |
| — nodosa, Linn. | 9 | 281 |
| Scrophulariæ, Juss. | 9 | 264 |
| Scrophularineæ, Don. | 9 | 264 |
| *SCROPHULARINEÆ*, R. Br. | 9 | 264 |
| Scuria, Rafin. | 13 | 147 |
| SCUTELLARIA, Linn. | 9 | 199 |
| — galericulata, Linn. | 9 | 199 |
| — macrantha, Fisch. | 9 | 200 |
| *SCUTELLARINEÆ*, Benth. | 9 | 165 |
| | et | 198 |
| SCUTIA, Commers. | 2 | 439 |

| | Vol. | Pag. |
|---|---|---|
| Scutula, Lour. | 4 | 275 |
| — umbellata, Lour. | 4 | 276 |
| Scybalium, Schott et Endl. | 10 | 550 |
| Scyphanthus, Sweet. | 6 | 247 |
| — elegans, Sweet. | 6 | 247 |
| Scyphiphora, Gærtn. | 8 | 377 |
| Scytala, E. Mey. | 10 | 9 |
| Scytalia, Gærtn. | 3 | 40 |
| — chinensis, Gærtn. | 3 | 61 |
| — trijuga, Juss. | 3 | 65 |
| Seaforthia, R. Br. | 12 | 71 |
| — ptychosperma, Mart. | 12 | 72 |
| Sebæa, R. Br. | 9 | 5 |
| Sebastiania, Bertol. | 9 | 19 |
| Sebastiania, Spreng. | 2 | 488 |
| Sebestena, Gærtn. | 9 | 32 |
| — officinalis, Gærtn. | 9 | 45 |
| Secale, Linn. | 13 | 242 |
| — cereale, Linn. | 13 | 243 |
| Secamone, R. Br. | 8 | 543 |
| — ægyptiaca, R. Br. | 8 | 544 |
| — Alpini, R. et S. | 8 | 544 |
| SECAMONEÆ, Endl. | 8 | 538 |
| | et | 543 |
| Sechium, P. Br. | 6 | 228 |
| — edule, Swartz. | 6 | 228 |
| Securidaca, Linn. | 7 | 148 |
| — divaricata, Nees et Mart. | 7 | 149 |
| — tomentosa, Alst. | 7 | 149 |
| — virgata, Swartz. | 7 | 149 |
| Securigera, D. C. | 1 | 155 |
| Securilla, Pers. | 1 | 155 |
| Securinega, Juss. | 2 | 486 |
| Sedgwickia, Griff. | 8 | 77 |
| Sedum, Linn. | 5 | 90 |
| — acre, Linn. | 5 | 97 |
| — Aizoon, Linn. | 5 | 90 |
| — album, Linn. | 5 | 96 |
| — altaicum, Bess. | 5 | 91 |
| — altissimum, Poir. | 5 | 98 |
| — Anacampseros, Linn. | 5 | 95 |
| — anopetalum, D.C. | 5 | 99 |
| — Cotyledon, Jacq. | 5 | 89 |
| — dasyphyllum, Linn. | 5 | 96 |
| — Eversii, Ledeb. | 5 | 94 |
| — glaucum, Engl. Bot. | 5 | 97 |
| — hybridum, Willd. | 5 | 91 |
| — latifolium, Bertol. | 5 | 93 |
| — oppositifolium, Sims. | 5 | 91 |
| — populifolium, Linn. | 5 | 92 |
| — reflexum, Linn. | 5 | 98 |
| — Rhodiola, D. C. | 5 | 94 |
| Sedum rupestre, D. C. | 5 | 98 |
| — rupestre, Smith. | 5 | 98 |
| — spurium, Bieberst. | 5 | 92 |
| — Telephium, Linn. | 5 | 93 |
| — Telephium maximum, Linn. | 5 | 93 |
| Seezenia, R. Br. | 2 | 306 |
| Seguieria, Linn. | 5 | 241 |
| Seidlia, Kost. | 13 | 508 |
| — lanceolata, Kost. | 13 | 508 |
| Selaginaceæ, Lindl. | 9 | 244 |
| SELAGINEÆ, Juss. | 9 | 243 |
| Selago, Linn. | 9 | 245 |
| Selenia, Nutt. | 6 | 324 |
| Selenocarpæa, D. C. | 6 | 324 |
| Selinum, Hoffm. | 8 | 134 |
| — Anethum, Roth. | 8 | 160 |
| — Archangelica, Link. | 8 | 155 |
| — Imperatoria, Crantz. | 8 | 166 |
| — Pastinaca, Crantz. | 8 | 168 |
| — Peucedanum, Roth. | 8 | 164 |
| Selliera, Cav. | 9 | 584 |
| Selloa, Kunth. | 10 | 17 |
| Semecarpus, Linn. fil. | 2 | 189 |
| — Anacardium, Linn. fil. | 2 | 191 |
| — angustifolius, D. C. | 2 | 190 |
| — latifolius, D. C. | 2 | 191 |
| Semiflosculosæ, Tourn. | 10 | 5 |
| Sempervivæ, Juss. | 5 | 71 |
| Sempervivum, Linn. | 5 | 99 |
| — arachnoideum, Linn. | 5 | 105 |
| — arboreum, D. C. | 5 | 102 |
| — canariense, Linn. | 5 | 103 |
| — glutinosum, Hort. Kew. | 5 | 101 |
| — hirtum, Linn. | 5 | 106 |
| — montanum, Linn. | 5 | 105 |
| — Smithii, Sims. | 5 | 103 |
| — soboliferum, Sims. | 5 | 106 |
| — tabulæforme, Haw. | 5 | 102 |
| — tectorum, Linn. | 5 | 104 |
| — tortuosum, Hort. Kew. | 5 | 100 |
| — urbicum, Lindl. | 5 | 102 |
| — villosum, Haw. | 5 | 101 |
| Senacia, Commers. | 2 | 414 |
| Senebiera, Poir. | 6 | 326 |
| — Coronopus, Poir. | 6 | 579 |
| Senecillis, Gærtn. | 10 | 53 |
| Senecio, Tourn. | 10 | 32 |
| — elegans, Linn. | 10 | 272 |
| — grandiflorus, Berg. | 10 | 273 |
| — Jacobæa, Linn. | 10 | 272 |
| — lilacinus, Schrad. | 10 | 273 |

| | Vol. | Pag. | | Vol. | Pag. |
|---|---|---|---|---|---|
| Senecio *venustus*, Hort. Kew. | 10 | 275 | *Seris*, Willd. | 10 | 35 |
| *SENECIONEÆ*, Cass. | 10 | 31 | SERISSA, Commers. | 8 | 468 |
| | et | 268 | — fœtida, Commers. | 8 | 468 |
| SENECIONEÆ-DORO- NICEÆ, Cass. | 10 | 31 | SERJANIA, Plum. | 3 | 43 |
| | et | 269 | — caracassana, Willd. | 3 | 45 |
| SENECIONEÆ-OTHON- NEÆ, Cass. | 10 | 32 | — elegans, Cambess. | 3 | 45 |
| | et | 273 | — lethalis, A. Saint-Hil. | 3 | 46 |
| SENECIONEÆ-PROTO- TYPÆ, Cass. | 10 | 32 | — noxia, Cambess. | 3 | 46 |
| | et | 271 | — paniculata, Kunth. | 3 | 44 |
| *Senecionideæ-Anthemideæ*, Less. | 10 | 22 | — triternata, Willd. | 3 | 46 |
| *Senecionideæ - Flaverieæ*, Less. | 10 | 16 | — velutina, Cambess. | 3 | 45 |
| *Senecionideæ-Gnaphalieæ*, Less. | 10 | 25 | *Serpentaria*, Reichb. | 10 | 562 |
| *Senecionideæ-Helenieæ*, Less. | 10 | 16 | SERPICULA, Linn. | 4 | 443 |
| *Senecionideæ-Heliantheæ*, Less. | 10 | 16 | *Serpicula*, Roxb. | 12 | 4 |
| *Senecionideæ-Melampodi-neæ*, Less. | 10 | 16 | SERPYLLUM, Benth. | 9 | 191 |
| *Senecionideæ-Senecioneæ*, Less. | 10 | 31 | *Serræa*, Spreng. | 3 | 343 |
| *Senecionideæ - Tagetineæ*, Less. | 10 | 15 | SERRATULA, Linn. | 10 | 82 |
| SENEGA, Spach. | 7 | 128 | — *arvensis*, Linn. | 10 | 95 |
| — officinalis, Spach. | 7 | 129 | — *elegans*, Hort. Kew. | 10 | 295 |
| *Senkenbergia*, Flor. Wetter. | 7 | 325 | — *novæboracensis*, Linn. | 10 | 297 |
| — *ruderalis*, Flor. Wetter. | 7 | 551 | — *præalta*, Linn. | 10 | 297 |
| SENNA, Tourn. | 1 | 114 | — *scariosa*, Linn. | 10 | 294 |
| SENRA, Cavan. | 3 | 343 | — *squarrosa*, Linn. | 10 | 293 |
| *Senræa*, Cavan. | 3 | 343 | — tinctoria, Linn. | 10 | 82 |
| SEPTAS, Linn. | 5 | 73 | SERRONIA, Gaudich. | 11 | 11 |
| — capensis, Linn. | 5 | 73 | SERRURIA, R. Br. | 10 | 416 |
| — *globuliflora*, Sims. | 5 | 73 | — cyanoides, R. Br. | 10 | 416 |
| — Umbella, Haw. | 5 | 73 | — glomerata, R. Br. | 10 | 417 |
| SERAPHYTA, F. et M. | 12 | 177 | — pedunculata, R. Br. | 10 | 417 |
| SERAPIAS, Linn. | 12 | 180 | — phylicoides, R. Br. | 10 | 417 |
| *Serapias*, Pers. | 12 | 181 | — pinnata, R. Br. | 10 | 416 |
| SERGILUS, Cass. | 10 | 29 | SERSALISIA, R. Br. | 9 | 384 |
| SERICOCARPUS, Nees. | 10 | 30 | SERTURNERA, Mart. | 5 | 266 |
| *Seridia*, Cass. | 10 | 11 | — glauca, Mart. | 5 | 266 |
| SERINGIA, Gay. | 3 | 495 | — iresinoides, Mart. | 5 | 267 |
| — platyphylla, Gay. | 3 | 495 | *SESAMEÆ*, D. C. | 9 | 248 |
| *Seringia*, Spreng. | 2 | 404 | *Sesamella*, Reichb. | 7 | 96 |
| SERINIA, Raf. | 10 | 40 | SESAMUM, Linn. | 9 | 253 |
| SERIOLA, Linn. | 10 | 7 | — *indicum*, Linn. | 9 | 253 |
| SERIPHIUM, Cass. | 10 | 26 | — *orientale*, Linn. | 9 | 253 |
| SERIS, Less. | 10 | 35 | — sativum, Spach. | 9 | 253 |
| | | | SESBANIA, Pers. | 1 | 262 |
| | | | — ægyptiaca, Pers. | 1 | 262 |
| | | | — cannabina, Pers. | 1 | 263 |
| | | | — *coccinea*, Poir. | 1 | 265 |
| | | | — *grandiflora*, Poir. | 1 | 265 |
| | | | — picta, Pers. | 1 | 263 |
| | | | SESELI, Linn. | 8 | 138 |
| | | | — *Ægopodium*, Scop. | 8 | 195 |
| | | | — *graveolens*, Scop. | 8 | 184 |
| | | | — *Meum*, Scop. | 8 | 202 |
| | | | — *selinoides*, Jacq. | 8 | 214 |

|                                  | Vol. | Pag. |
|----------------------------------|------|------|
| SESELINEÆ, Tausch. .             | 8    | 138  |
|                                  | et   | 203  |
| SESLERIA, Ard. . . . .           | 13   | 164  |
| SESSÆA, R. et P. . . . .         | 9    | 58   |
| Sestochilus, Kuhl. et Hass.      | 12   | 176  |
| SESUVIUM, Linn. . . . .          | 5    | 109  |
| SETARIA, Beauv. . . . .          | 13   | 187  |
| — germanica, Beauv. .            | 13   | 187  |
| — italica, Beauv. . . .          | 13   | 187  |
| — italica, Kunth. . . .          | 13   | 187  |
| SETHIA, Kunth. . . . .           | 3    | 74   |
| SEUBERTIA, Kunth. . . .          | 12   | 255  |
| SEUTERA, Reichb. . . . .         | 8    | 539  |
| SEYMERIA, Pursh. . . . .         | 9    | 274  |
| SEYMOURIA, Sweet. . . .          | 3    | 322  |
| SHALLONIUM, Raf. . . .           | 9    | 443  |
| SHAWIA, Forst. . . . .           | 10   | 40   |
| SHEFFIELDIA, Forst. . .          | 9    | 343  |
| SHEPHERDIA, Nutt. . . .          | 10   | 454  |
| SHERARDIA, Dill. . . . .         | 8    | 378  |
| Shetti, Hort. Malab. . . .       | 8    | 441  |
| Shorea, Roxb. . . . . .          | 13   | 303  |
| — laccifera, Hayn. . .           | 13   | 311  |
| — robusta, Roth. . . .           | 13   | 311  |
| — robusta, Roxb. . . .           | 13   | 310  |
| — Talura, Roxb. . . . .          | 13   | 311  |
| — Tumbugaia, Roxb. . .           | 13   | 311  |
| Shoreaceæ, Roxb. . . . .         | 13   | 301  |
| Shuteria, Choisy. . . . .        | 9    | 94   |
| SIAGONANTHUS, Pœp. et Endl. . . . . . . . . . | 12   | 177  |
| SIBBALDIA, Linn. . . . .         | 1    | 453  |
| SIBIA, D. C. . . . . .           | 4    | 439  |
| SIBTHORPIA, Linn. . . .          | 9    | 270  |
| Sibthorpiaceæ, Don. . . .        | 9    | 264  |
| Siburalia, Petit-Thou. . .       | 9    | 375  |
| Sicelium, P. Br. . . . .         | 2    | 398  |
| SICKINGIA, Willd. . . . .        | 8    | 378  |
| Sickmannia, Nees. . . . .        | 13   | 144  |
| SICYDIUM, Schlechtend. .         | 6    | 188  |
| SICYOS, Linn. . . . . .          | 6    | 229  |
| — angulatus, Linn. . . .         | 6    | 230  |
| — edulis, Swartz. . . .          | 6    | 228  |
| SIDA, (Linn.) Kunth. . .         | 3    | 397  |
| — Abutilon, Linn. . . .          | 3    | 405  |
| — alba, Cav. . . . . .           | 3    | 398  |
| — arborea, Linn. fil. . .        | 3    | 406  |
| — atrosanguinea, Jacq. .         | 3    | 399  |
| — canariensis, Willd. . .        | 3    | 398  |
| — capillaris, Cav. . . . .       | 3    | 399  |
| — cistiflora, L'hérit. . .       | 3    | 406  |
| — cristata, Bot. Mag. .          | 3    | 402  |
| — cristata, Willd. . . . .       | 3    | 402  |
| Sida dioica, Cav. . . . . .      | 3    | 400  |
| — grandiflora, Poir. . . .       | 3    | 407  |
| — grandifolia, Willd. . .        | 3    | 405  |
| — malacophylla, Link et Otto. . . . . . . . . | 3    | 368  |
| — malvæflora, D. C. . .          | 3    | 400  |
| — mollis, Orteg. . . . .         | 3    | 405  |
| — mollissima, Cav. . .           | 3    | 406  |
| — Napæa, Cav. . . . .            | 3    | 399  |
| — nudiflora, L'hérit. . .        | 3    | 404  |
| — paniculata, Linn. . .          | 3    | 399  |
| — periplocæfolia, Linn. .        | 3    | 404  |
| — peruviana, Cav. . .            | 3    | 407  |
| — pulchella, Bonpl. . .          | 3    | 404  |
| — stellata, Cav. . . . .         | 3    | 404  |
| SIDERITIS, Linn. . . . .         | 9    | 166  |
| SIDERODENDRON, Schreb.           | 8    | 436  |
| — ferreum, Lamk. . . .           | 8    | 437  |
| — triflorum, Vahl. . .           | 8    | 437  |
| Sideroxyloides ferreum, Jacq.    | 8    | 437  |
| SIDEROXYLON, Linn. .             | 9    | 384  |
| — chrysophylloides, Mich.        | 9    | 389  |
| — lycioides, Linn. . . .         | 9    | 388  |
| — tenax, Linn. . . . .           | 9    | 389  |
| SIEBERA, Gay. . . . . .          | 10   | 8    |
| Siebera, Reichb. . . . .         | 8    | 136  |
| SIEBERA, Schrad. . . . .         | 5    | 205  |
| Sieberia, Spreng. . . . .        | 12   | 179  |
| SIEGESBECKIA, Linn. .            | 10   | 22   |
| Sieglingia, Bernh. . . . .       | 13   | 163  |
| SIEVERSIA, Willd. . . .          | 1    | 453  |
| Sigillaria, Raf. . . . . .       | 12   | 210  |
| Silaus, Bess. . . . . .          | 8    | 139  |
| — pratensis, Bess. . . .         | 8    | 214  |
| SILENE, Linn. . . . . .          | 5    | 178  |
| — acaulis, Linn. . . . .         | 5    | 177  |
| — alpestris, Jacq. . . .         | 5    | 189  |
| — Armeria, Linn. . . . .         | 5    | 186  |
| — Atocion, Murr. . . .           | 5    | 187  |
| — bicolor, Reichb. . . . .       | 5    | 188  |
| — bipartita, Desf. . . . .       | 5    | 193  |
| — caspica, Pers. . . . .         | 5    | 180  |
| — chloræfolia, Smith. .          | 5    | 190  |
| — colorata, Schousb. .           | 5    | 194  |
| — compacta, Bieberst. .          | 5    | 186  |
| — fabaria, Hort. Kew. .          | 5    | 175  |
| — fimbriata, Sims. . . .         | 5    | 174  |
| — fruticosa, Linn. . . .         | 5    | 180  |
| — gigantea, Linn. . . .          | 5    | 183  |
| — Gypsophila, Desf. .            | 5    | 181  |
| — hispanica, Jacq. . . .         | 5    | 193  |
| — hispida, Desf. . . . .         | 5    | 194  |
| — incarnata, Lodd. . .           | 5    | 179  |

|  | Vol. | Pag. |  | Vol. | Pag. |
|---|---|---|---|---|---|
| Silene *inflata*, Smith | 5 | 176 | Silphium *solidaginoides*, Linn. | 10 | 160 |
| — *infracta*, W. et K. | 5 | 185 | — *spicatum*, Poir. | 10 | 125 |
| — italica, Linn. | 5 | 184 | — terebinthinaceum, Linn. | 10 | 125 |
| — livida, Willd. | 5 | 185 | — ternatifolium, Mich. | 10 | 126 |
| — longiflora, Ehrh. | 5 | 182 | — *ternatum*, Desf. | 10 | 126 |
| — *maritima*, With. | 5 | 176 | — *ternatum*, Retz. | 10 | 126 |
| — muscipula, Linn. | 5 | 187 | — *trifoliatum*, Linn. | 10 | 126 |
| — *neglecta*, Ten. | 5 | 194 | SILYBUM, Gærtn. | 10 | 85 |
| — nemoralis, W. et K. | 5 | 184 | — *maculatum*, Mœnch. | 10 | 86 |
| — nutans, Linn. | 5 | 185 | — Marianum, Gærtn. | 10 | 85 |
| — obtusifolia, Willd. | 5 | 194 | SIMABA, Aubl. | 2 | 376 |
| — *orchidea*, Linn. fil. | 5 | 187 | — ferruginea, A. St-Hil. | 2 | 377 |
| — ornata, Hort. Kew. | 5 | 191 | — floribunda, A. St-Hil. | 2 | 377 |
| — paradoxa, Linn. | 5 | 184 | — guianensis, Aubl. | 2 | 376 |
| — pendula, Linn. | 5 | 194 | — suaveolens, A. St-Hil. | 2 | 377 |
| — pensylvanica, Mich. | 5 | 179 | SIMAROUBA, Aubl. | 2 | 374 |
| — picta, Pers. | 5 | 188 | — amara, Aubl. | 2 | 375 |
| — *pilosa*, Schousb. | 5 | 194 | — excelsa, D. C. | 2 | 376 |
| — pusilla, W. et K. | 5 | 189 | — officinalis, D. C. | 2 | 375 |
| — *quadridentata*, D. C. | 5 | 189 | — versicolor, A. St-Hil. | 2 | 375 |
| — quadrifida, Linn. | 5 | 189 | SIMBLOCLINE, D. C. | 10 | 30 |
| — *ramosissima*, Pers. | 5 | 181 | Simbuleta, Forsk. | 9 | 267 |
| — regia, Sims. | 5 | 178 | SIMETHIS, Kunth. | 12 | 384 |
| — rupestris, Linn. | 5 | 190 | — bicolor, Kunth. | 12 | 384 |
| — *sabuletorum*, Link. | 5 | 194 | Simira, Aubl. | 8 | 376 |
| — Saxifraga, Linn. | 5 | 192 | — *Palicourea*, Aubl. | 8 | 459 |
| — spergulæfolia, Bieberst. | 5 | 181 | SIMOCHEILUS, Klotz. | 9 | 442 |
| — *stellata*, Hort. Kew. | 5 | 174 | SIMSIA, Pers. | 10 | 20 |
| — supina, Bieberst. | 5 | 182 | Simsia, R. Br. | 10 | 401 |
| — *uniflora*, Roth. | 5 | 176 | Sinapidendron, Lowe. | 6 | 323 |
| — valesia, Linn. | 5 | 192 | SINAPIS, (Linn.) Spach. | 6 | 375 |
| — vespertina, Retz. | 5 | 193 | — *alba*, Linn. | 6 | 350 |
| — virginica, Linn. | 5 | 191 | — *Allionii*, Jacq. | 6 | 346 |
| — viscosa, Pers. | 5 | 179 | — *apula*, Ten. | 6 | 350 |
| SILENEÆ, Bartl. | 5 | 145 | — *arvensis*, Linn. | 6 | 345 |
| SILENOPHYLLUM, Griseb. | 9 | 9 | — *dissecta*, Lag. | 6 | 350 |
| SILER, Scop. | 8 | 136 | — elongata, Spach. | 6 | 379 |
| SILERINEÆ, Koch. | 8 | 136 | — *erucoides*, Linn. | 6 | 382 |
| SILICULOSÆ, Spach. | 6 | 324 | — *flexuosa*, Lamk. | 6 | 382 |
|  | et | 455 | — *foliosa*, Willd. | 6 | 350 |
| SILIQUARIA, Forsk. | 6 | 306 | — *hispida*, Schousb. | 6 | 352 |
| — violacea, Spach. | 6 | 307 | — *Kaber*, D. C. | 6 | 346 |
| — virgata, Spach. | 6 | 308 | — *lævigata*, Burm. | 6 | 377 |
| SILIQUOSÆ, Spach. | 6 | 323 | — nigra, Linn. | 6 | 377 |
|  | et | 343 | — *orientalis*, Linn. | 6 | 346 |
| SILOXERUS, Labill. | 10 | 25 | — *orientalis*, Schk. | 6 | 345 |
| SILPHIUM, Linn. | 10 | 124 | — *retrohirsuta*, Bess. | 6 | 346 |
| — *conjunctum*, Willd. | 10 | 126 | — *torulosa*, Pers. | 6 | 377 |
| — *connatum*, Linn. | 10 | 126 | — *turgida*, Delile. | 6 | 346 |
| — *Hornemanni*, Schrad. | 10 | 126 | — *turgida*, Pers. | 6 | 377 |
| — laciniatum, Linn. | 10 | 125 | — *villosa*, Mérat. | 6 | 377 |
| — perfoliatum, Linn. | 10 | 126 | SINAPISTRUM, Spach. | 6 | 343 |

| | Vol. | Pag. | | Vol. | Pag. |
|---|---|---|---|---|---|
| Sinapistrum arvense, Spach. | 6 | 345 | Sisymbrium *pyrenaicum*, | | |
| — *arvense brevirostre*, | | | Linn. | 6 | 508 |
| Spach. | 6 | 346 | — *riparium*, Wallr. | 6 | 510 |
| — *arvense longirostre*, | | | — *Roripa*, Scop. | 6 | 510 |
| Spach. | 6 | 346 | — *Sinapis*, Burm. | 6 | 429 |
| — *arvense turgidum*, | | | — *terrestre*, With. | 6 | 506 |
| Spach. | 6 | 346 | — *Walteri*, Elliott. | 6 | 506 |
| — *arvense vulgare*, Spach. | 6 | 345 | — *vulgare*, Pers. | 6 | 425 |
| SINGANA, Aubl. | 5 | 308 | SISYRINCHIUM, Linn. | 13 | 11 |
| et | 6 | 296 | — Bermudiana, Linn. | 13 | 12 |
| SINNINGIA, Nees. | 9 | 258 | — *iridioides*, Bot. Mag. | 13 | 12 |
| SIPANEA, Aubl. | 8 | 573 | — *striatum*, Smith. | 13 | 12 |
| SIPHANTHERA, Pohl. | 4 | 225 | *Sisyrinchium*, Tourn. | 13 | 3 |
| — *cordata*, Pohl. | 4 | 225 | *Sitanion*, Raf. | 13 | 165 |
| — *subtilis*, Pohl. | 4 | 225 | *Sitodium*, Banks. | 11 | 38 |
| — *tenera*, Pohl. | 4 | 225 | — *cauliflorum*, Gærtn. | 11 | 71 |
| *Siphisia*, Raf. | 10 | 562 | SIUM, Linn. | 8 | 200 |
| *Sipho*, Endl. | 10 | 562 | — *Amomum*, D. C. | 8 | 192 |
| SIPHOCAMPYLUS, Pohl. | 9 | 572 | — *Apium*, Roth. | 8 | 184 |
| *Siphonanthus*, Linn. | 9 | 226 | — *aromaticum*, Lamk. | 8 | 192 |
| SIPHONIA, Rich. | 2 | 516 | — *Bulbocastanum*, Spreng. | 8 | 194 |
| — *brasiliensis*, Kunth. | 2 | 518 | — *Cicuta*, Vest. | 8 | 190 |
| — *Cahuchu*, Willd. | 2 | 517 | — *Silaus*, Roth. | 8 | 214 |
| — *elastica*, Pers. | 2 | 518 | — *Sisarum*, Linn. | 8 | 200 |
| *Siphonolochia*, Reichb. | 10 | 562 | SKIMMIA, Thunb. | 2 | 422 |
| SIPHONOSTEGIA, Benth. | 9 | 272 | SKINNERA, Forst. | 4 | 339 |
| *Sirium*, Linn. | 10 | 460 | *Skinneria*, Choisy. | 9 | 94 |
| *Sisarum*, Adans. | 8 | 138 | SKIRROPHORUS, D. C. | 10 | 26 |
| SISON, Linn. | 8 | 191 | *Slateria*, Desv. | 12 | 210 |
| — *Amomum*, Linn. | 8 | 191 | SLEVOGTIA, Reichb. | 9 | 4 |
| — *Anisum*, Spreng. | 8 | 199 | SLOANEA, Linn. | 4 | 37 |
| — *Podagraria*, Spreng. | 8 | 195 | — *dentata*, Linn. | 4 | 37 |
| SISYRANTHUS, E. Mey. | 8 | 540 | — *grandiflora*, Smith. | 4 | 37 |
| SISYMBRELLA, Spach. | 6 | 422 | — *sinemariensis*, Aubl. | 4 | 37 |
| — *aspera*, Spach. | 6 | 426 | SMEATHMANNIA, Banks. | 6 | 257 |
| — *sylvestris*, Spach. | 6 | 425 | *Smegmadermos*, R. et P. | 1 | 429 |
| SISYMBRIUM, Linn. | 6 | 325 | — *emarginatus*, R. et P. | 1 | 449 |
| — *Alliaria*, Scop. | 6 | 415 | *Smelowskia*, C. A. Mey. | 6 | 325 |
| — *amphibium*, Linn. | 6 | 510 | *Smilaceæ*, Endl. | 12 | 208 |
| — *apetalum*, Desf. | 6 | 429 | *Smilaceæ*, Lindl. | 12 | 208 |
| — *apetalum*, Lour. | 6 | 429 | | | |
| — *aquaticum*, Pohl. | 6 | 510 | SMILACEÆ, R. Br. | 12 | 208 |
| — *aquaticum*, Wallr. | 6 | 510 | *Smilaceæ*, Vent. | 12 | 208 |
| — *asperum*, Linn. | 6 | 426 | SMILACINA, Desf. | 12 | 214 |
| — *atrovirens*, Horn. | 6 | 429 | — *racemosa*, Desf. | 12 | 215 |
| — *barbareæfolium*, Delile. | 6 | 506 | SMILAX, Tourn. | 12 | 225 |
| — *dubium*, Pers. | 6 | 429 | — *aspera*, Linn. | 12 | 226 |
| — *indicum*, Linn. | 6 | 429 | — *brasiliensis*, Spreng. | 12 | 227 |
| — *islandicum*, Flor. Dan. | 6 | 506 | — *China*, Linn. | 12 | 227 |
| — *lippizense*, Wulff. | 6 | 508 | — *glauca*, Mich. | 12 | 226 |
| — *Nasturtium*, Linn. | 6 | 432 | — *Japicanga*, Griseb. | 12 | 227 |
| — *officinale*, Scop. | 6 | 435 | — *officinalis*, Kunth. | 12 | 227 |
| — *palustre*, Leyss. | 6 | 506 | — *Pseudo-china*, Linn. | 12 | 227 |

| | Vol. | Pag. | | Vol. | Pag. |
|---|---|---|---|---|---|
| Smilax Sarsaparilla, Linn. | 12 | 226 | Soldanella alpina, Linn. . | 9 | 348 |
| — *Sarsarilla*, Walt. . | 12 | 227 | — *alpina*, Schmidt. . . | 9 | 348 |
| — *siphylitica*, Griseb. . | 12 | 227 | — *alpina major*, Clus. . | 9 | 348 |
| — *syringoides*, Griseb. . | 12 | 227 | — *Clusii*, Bot. Cab. . . | 9 | 349 |
| SMITHIA, Ait. . . . . . | 1 | 294 | — *Clusii*, Sims. . . . . | 9 | 348 |
| — *sensitiva*, Ait. . . . | 1 | 295 | — *minima*, Hopp. . . . | 9 | 349 |
| *Smithia*, Gmel. . . . . | 9 | 95 | — *montana*, Willd. . . | 9 | 348 |
| SMYRNIUM, Linn. . . . . | 8 | 177 | — *pusilla*, Baumg. . . . | 9 | 349 |
| — *heterophyllum*, Mœnch. | 8 | 192 | SOLEA, Spreng. . . . . . | 5 | 497 |
| — *Olusatrum*, Linn. . . | 8 | 178 | SOLEIROLIA, Gaudich. . | 11 | 25 |
| SOBOLEWSKYA, Bieberst. | 6 | 326 | *Solena*, Lour. . . . . . | 6 | 187 |
| SOBRALIA, R. et P. . . | 12 | 182 | *Solena*, Willd. . . . . . | 8 | 372 |
| *Sobreyra*, R. et P. . . . | 10 | 22 | — *heterophylla*, Lour. . | 8 | 228 |
| *Soccus*, Rumph. . . . . . | 11 | 38 | — *longiflora*, Willd. . . | 8 | 407 |
| — *arboreus*, Rumph. . . | 11 | 72 | *Solenandria*, Beauv. . . | 9 | 444 |
| SODADA, Forsk. . . . . | 6 | 296 | SOLENANTHUS, Ledeb. . | 9 | 30 |
| SOGALGINA, Cass. . . . . | 10 | 17 | SOLENOGYNE, Cass. . . | 10 | 31 |
| SOJA, Mœnch. . . . . . | 1 | 328 | *Solenopsis*, Presl. . . . . | 9 | 572 |
| — *hispida*, Mœnch. . . . | 1 | 328 | SOLENOSTEMMA, Hayn. . | 8 | 546 |
| | | | — *officinale*, Hayn. . . | 8 | 547 |
| *SOLANACEÆ*, Bartl. | 9 | 54 | *Solenoitemon*, Schum. . . | 9 | 162 |
| *Solaneæ*, Juss. . . . . . . | 9 | 54 | *Solenostigma*, Endl. . . . | 11 | 98 |
| *Solandra*, Linn. fil. . . . | 8 | 137 | *Solenotinus*, D. C. . . . . | 8 | 305 |
| *Solandra*, Murr. . . . . | 3 | 343 | SOLIDAGO, Linn. . . . . | 10 | 226 |
| SOLANDRA, Swartz. . . . | 9 | 71 | — *alpestris*, Willd. . . | 10 | 233 |
| — *grandiflora*, Swartz. . | 9 | 71 | — *arenaria*, Horn. . . | 10 | 233 |
| — *longiflora*, Tuss. . . | 9 | 71 | — *arguta*, Hort. Kew. . | 10 | 229 |
| *SOLANEÆ*, Endl. . . . | 9 | 57 | — *aspera*, Hort. Kew. . | 10 | 229 |
| | et | 74 | — *axillaris*, Pursh. . . | 10 | 230 |
| SOLANUM, Linn. . . . . | 9 | 77 | — *bicolor*, Linn. . . . . | 10 | 234 |
| — *atriplicifolium*, Desp. | 9 | 78 | — *cæsia*, Linn. . . . . | 10 | 230 |
| — *Dulcamara*, Linn. . . | 9 | 79 | — *cambrica*, Hort. Kew. | 10 | 233 |
| — *esculentum*, Dunal. . | 9 | 80 | — *canadensis*, Linn. . . | 10 | 228 |
| — *flavum*, Kit. . . . . | 9 | 78 | — *flexicaulis*, Linn. . . | 10 | 233 |
| — *guineense*, Lamk. . . | 9 | 78 | — *fragrans*, Willd. . . | 10 | 228 |
| — *humile*, Bernh. . . . | 9 | 78 | — *gigantea*, Willd. . . . | 10 | 228 |
| — *littorale*, Raab. . . . | 9 | 79 | — *glabra*, Desf. . . . . | 10 | 228 |
| — *luteum*, Mill. . . . . | 9 | 78 | — *gracilis*, Poir. . . . . | 10 | 230 |
| — *Lycopersicum*, Linn. | 9 | 82 | — *grandiflora*, Desf. . . | 10 | 232 |
| — *melanocerasum*, Willd. | 9 | 78 | — *hirta*, Willd. . . . . | 10 | 232 |
| — *Melongena*, Linn. . . | 9 | 80 | — *lævigata*, Hort. Kew. | 10 | 228 |
| — *miniatum*, Bernh. . . | 9 | 78 | — *limonifolia*, Pers. . . | 10 | 231 |
| — *nigrum*, Linn. . . . . | 9 | 78 | — *lithospermifolia*, Willd. | 10 | 231 |
| — *ochroleucum*, Dunal. | 9 | 78 | — *littoralis*, Savi. . . . | 10 | 235 |
| — *ovigerum*, Dunal. . . | 9 | 80 | — *livida*, Willd. . . . . | 10 | 230 |
| — *Pseudo-capsicum*, Linn. | 9 | 77 | — *mexicana*, Linn. . . | 10 | 231 |
| — *Pseudo-lycopersicum*, | | | — *minor*, Pers. . . . . | 10 | 233 |
| Jacq. . . . . . . | 9 | 82 | — *minuta*, Linn. . . . | 10 | 233 |
| — *rubrum*, Mill. . . . . | 9 | 78 | — *nudiflora*, Viv. . . . | 10 | 233 |
| — *rupestre*, Schmidt. . | 9 | 79 | — *nutans*, Desf. . . . . | 10 | 228 |
| — *tuberosum*, Linn. . . | 9 | 81 | — *procera*, Hort. Kew. | 10 | 227 |
| — *villosum*, Lamk. . . | 9 | 78 | — *patula*, Mühlenb. . . | 10 | 230 |
| SOLDANELLA, Tourn. . . | 9 | 347 | — *rigida*, Linn. . . . . | 10 | 232 |

| | Vol. | Pag. | | Vol. | Pag. |
|---|---|---|---|---|---|
| Solidago Schraderi , D. C. | 10 | 230 | Sorbus domestica , Linn.. | 2 | 97 |
| — sempervirens, Linn.. | 10 | 229 | — foliolosa, Wallich... | 2 | 96 |
| — stricta, Hort. Kew. . | 10 | 230 | — græca , Lodd. . . . . | 2 | 102 |
| — Virga-aurea, Linn... | 10 | 233 | — hybrida, Linn. . . . | 2 | 92 |
| — virgata, Mich.. . . . | 10 | 230 | — lanuginosa, Kit. . . | 2 | 94 |
| — vulgaris, Lamk.. . . | 10 | 233 | — microcarpa, Pursh.. | 2 | 95 |
| SOLIVÆA, R. et P.. . . | 10 | 23 | — nivea, Hortor. . . . | 2 | 102 |
| SOLLYA, Lindl. . . . . | 2 | 415 | — scandica, Fries. . . | 2 | 99 |
| — heterophylla, Lindl. . | 2 | 415 | — torminalis, Crantz. . | 2 | 107 |
| Solori, Adans. . . . . . | 1 | 157 | — vestita, Lodd. . . . | 2 | 106 |
| Sommea, Bory. . . . . . | 10 | 299 | SORGHUM, Pers. . . . | 13 | 255 |
| SOMMERA, Schlechtend. . | 8 | 378 | — bicolor, Willd. . . . | 13 | 256 |
| SOMMERFELTIA, Less. . | 10 | 31 | — cernuum, Willd. . . | 13 | 257 |
| SONCHUS, Linn. . . . . | 10 | 43 | — nigrum, R. et S. . . | 13 | 256 |
| — asper, Blackw. . . . | 10 | 44 | — saccharatum, Pers. . | 13 | 257 |
| — ciliatus, Lamk. . . . | 10 | 44 | — vulgare, Pers. . . . | 13 | 256 |
| — fallax, Wallr. . . . | 10 | 44 | — vulgare bicolor, Pers. | 13 | 256 |
| — lacerus, Willd. . . . | 10 | 44 | SORINDEIA, Petit-Thou. | 2 | 245 |
| — lævis, Blackw. . . . | 10 | 44 | — madagascariensis , | | |
| — oleraceus, Linn. . . | 10 | 44 | Petit-Thou. . . . | 2 | 245 |
| — spinosus, Lamk. . . . | 10 | 44 | SOROCEA, A. Saint-Hil. | 11 | 38 |
| Soncorus, Rumph. . . . | 12 | 161 | SOROCEPHALUS, R. Br. . | 10 | 418 |
| SONNERATIA, Linn. fil. . | 4 | 149 | — imbricatus, R. Br. . | 10 | 419 |
| — acida, Linn. fil. . . . | 4 | 149 | — lanatus, R. Br. . . . | 10 | 419 |
| — alba, Smith. . . . . | 4 | 150 | SOULAMEA, Lamk. . . . | 7 | 152 |
| Sonninia, Reichb. . . . | 8 | 559 | — amara, Lamk. . . . | 7 | 152 |
| SOPHORA, Linn. . . . . | 1 | 160 | SOULANGIA, Brongn. . . | 2 | 471 |
| — alopecuroides, Linn. . | 1 | 161 | — axillaris, Brongn. . . | 2 | 472 |
| — australis, Bot. Mag. . | 1 | 166 | — buxifolia, Brongn. . | 2 | 473 |
| — capensis, Linn. . . . | 1 | 163 | — cordata, Brongn. . . | 2 | 473 |
| — japonica, Linn. . . . | 1 | 160 | — oleæfolia, Brongn. . | 2 | 473 |
| — juncea, Schrad. . . . | 1 | 176 | — paniculata, Brongn. . | 2 | 473 |
| — lupinoides, Pallas. . | 1 | 165 | — rubra, Lindl. . . . . | 2 | 472 |
| — microphylla, Ait. . . | 1 | 162 | — thymifolia, Brongn. . | 2 | 472 |
| — pendula, Hortor. . . | 1 | 161 | Souroubea, Aubl. . . . | 6 | 123 |
| — sericea, Andr. . . . . | 1 | 168 | — Aubletii, F. W.G. Mey. | 6 | 130 |
| — tetraptera, Ait. . . . | 1 | 162 | — guianensis, Aubl. . . | 6 | 130 |
| — tetraptera , Linn. . . | 1 | 162 | SOUTHWELLIA, Sal. . . | 3 | 507 |
| — tinctoria, Linn. . . . | 1 | 166 | — Balanghas, Linn. . . | 3 | 508 |
| SOPHOREÆ, D. C. . . | 1 | 152 | — cordifolia, Cav. . . . | 3 | 509 |
| | et | 158 | — nobilis, Sal. . . . . . | 3 | 507 |
| SOPHRONANTHE , Benth. | 9 | 269 | — Roxburghiana, Wallich. | 3 | 508 |
| SOPHRONIA , Lichtenst. . | 13 | 4 | — urceolata, Smith. . . | 3 | 509 |
| SOPHRONITIS, Lindl. . . | 12 | 177 | — versicolor, Wallich. . | 3 | 510 |
| SOPUBIA, Hamilt. . . . | 9 | 271 | SOWERBÆA, Smith. . . . | 12 | 256 |
| Soranthe, Sal. . . . . . | 10 | 400 | SOYERIA, Monn. . . . . | 10 | 6 |
| Soranthus, Ledeb. . . . | 8 | 139 | SOYMIDA, Juss. fil. . . . | 3 | 168 |
| SORBARIA, Ser. . . . . | 1 | 442 | — febrifuga, Juss. fil. . . | 3 | 169 |
| SORBUS, Linn. . . . . . | 2 | 91 | SPADACTIS, Cass. . . . . | 10 | 9 |
| — americana, Pursh. . . | 2 | 95 | Spændoncea, Desf. . . . . | 1 | 88 |
| — Aucuparia, Linn. . . | 2 | 93 | — tamarindifolia, Desf.. | 1 | 108 |
| — Aucuparia, Mich. . . | 2 | 95 | SPALLANZANIA, D. C. . . | 8 | 373 |
| — corymbosa, Lodd. . . | 2 | 103 | Spallanzania, Neck. . . . | 4 | 106 |

| | Vol. | Pag. |
|---|---|---|
| Spallanzania, Pollini. . . | 1 | 453 |
| SPANANTHE, Jacq. . . . | 8 | 136 |
| SPANIOPTILON, Less. . . | 10 | 12 |
| SPANOTRICHUM, E. Mey. | 10 | 25 |
| SPARAXIS, Ker. . . . . | 13 | 92 |
| — anemonæflora, Sweet. | 13 | 93 |
| — bulbifera, Hort. Kew. | 13 | 93 |
| — grandiflora, Hort. Kew. | 13 | 93 |
| — Liliago, Sweet. . . . | 13 | 93 |
| — tricolor, Hort. Kew. | 13 | 92 |
| SPARGANIUM, Tourn. . . | 12 | 20 |
| — erectum: α, Linn. . . | 12 | 21 |
| — ramosum, Huds. . . | 12 | 21 |
| Sparganophorus, Mich. . | 10 | 37 |
| SPARGANOPHORUS, Vaill. | 10 | 39 |
| SPARMANNIA, Thunb. . . | 4 | 5 |
| — africana, Linn. fil. . | 4 | 6 |
| SPARTIANTHUS, Link. . . | 1 | 199 |
| — junceus, Link. . . . | 1 | 199 |
| SPARTINA, Schreb. . . . | 13 | 162 |
| SPARTIUM, (Linn.) Reichb. | 1 | 204 |
| — album, Desf. . . . . | 1 | 202 |
| — ferox, Desf. . . . . . | 1 | 204 |
| — junceum, Linn. . . . | 1 | 199 |
| — linifolium, Desf. . . | 1 | 201 |
| — monospermum, Linn. | 1 | 202 |
| — multiflorum, Willd. . | 1 | 202 |
| — purgans, Linn. . . . | 1 | 202 |
| — radiatum, Linn. . . | 1 | 201 |
| — scoparium, Linn. . . | 1 | 205 |
| — Scorpius, Linn. . . . | 1 | 204 |
| SPARTOTHAMNUS, Cunningh. | 9 | 247 |
| SPATELLA, Sal. . . . . | 10 | 400 |
| SPATHANDRA, Guill. et Perr. | 4 | 272 |
| — cœrulea, Guill. et Perr. | 4 | 273 |
| SPATHANTHUS, Desv. . . | 13 | 134 |
| SPATHELIA, Linn. . . . | 2 | 232 |
| — simplex, Linn. . . . | 2 | 233 |
| Spathestigma, Hook. et Arn. | 9 | 269 |
| SPATHICARPA, Hook. . . | 12 | 40 |
| SPATHICARPEÆ, Schott. | 12 | 40 |
| SPATHIPHYLLUM, Schott. | 12 | 33 |
| SPATHIUM, Lour. . . . | 11 | 6 |
| — chinense, Lour. . . . | 11 | 7 |
| — crispum, Thunb. . . | 11 | 7 |
| — microphyllum, Roxb. | 11 | 8 |
| SPATHODEA, Beauv. . . | 9 | 130 |
| SPATHOGLOTTIS, Bl. . . | 12 | 176 |
| SPATHULA, Tausch. . . . | 13 | 23 |
| SPATHULARIA, A. Saint-Hil. | 3 | 522 |
| — longifolia, A. Saint-Hil. | 3 | 522 |
| Spathynema, Raf. . . . | 12 | 33 |
| SPECKLINIA, Lindl. . . . | 12 | 175 |

| | Vol. | Pag. |
|---|---|---|
| SPECULARIA, Heist. . . . | 9 | 558 |
| — Speculum, D. C. fil. . | 9 | 558 |
| SPENNERA, Mart. . . . . | 4 | 221 |
| — aquatica, Mart. . . . | 4 | 221 |
| — glandulosa, Mart. . . | 4 | 222 |
| — pendulifolia, D. C. . | 4 | 222 |
| SPERGELLA, Reichb. . . | 5 | 205 |
| SPERGULA, Linn. . . . . | 5 | 219 |
| — arvensis, Linn. . . . | 5 | 219 |
| — maxima, Weihe. . . | 5 | 219 |
| — vulgaris, Bœnningh.. | 5 | 219 |
| SPERGULASTRUM, Mich. | 5 | 205 |
| Sperlingia, Vahl. . . . . | 8 | 540 |
| SPERMACOCE, Linn. . . . | 8 | 464 |
| — ferruginea, Alst. . . | 8 | 465 |
| — hexandra, A. Rich. . | 8 | 467 |
| — Poaya, A. Saint-Hil. | 8 | 464 |
| Spermacoce, Neck. . . . | 8 | 377 |
| SPERMACOCEÆ, Cham. | | |
| et Schlecht. . . . . . | 8 | 377 |
| | et | 462 |
| SPERMALEPIS, Raf. . . | 8 | 140 |
| Spermatura, Reichb. . . | 8 | 133 |
| Spermaxyrum, Labill. . | 13 | 263 |
| Spermodon, Beauv. . . . | 13 | 146 |
| Spermophylla, Neck. . . | 10 | 25 |
| Sphacele, Benth. . . . . | 9 | 166 |
| SPHÆRALCEA, Juss. fil. | 3 | 351 |
| — abutiloides, Linn. . . | 3 | 352 |
| — angustifolia, Cav. . . | 3 | 353 |
| — cisplatina, A. St.-Hil. | 3 | 352 |
| — lactea, Hort. Kew. . | 3 | 354 |
| — miniata, Cav. . . . . | 3 | 352 |
| — Munroana, Dougl. . . | 3 | 353 |
| — umbellata, Cav. . . . | 3 | 351 |
| Sphærangium, Presl. . . | 9 | 572 |
| SPHÆRANTHUS, Vaill. . | 10 | 29 |
| SPHÆROCARYA, Wallich. | 2 | 422 |
| | et | 10 | 460 |
| Sphærocephalus, Lag. . . | 10 | 34 |
| Sphærochloa, Beauv. . . | 13 | 140 |
| SPHÆROLOBIUM, Smith. | 1 | 152 |
| SPHÆROMORPHÆA, D. C. | 10 | 23 |
| SPHÆROPHYSA, D. C. . | 1 | 154 |
| Sphærospora imbricata, | | |
| Sweet. . . . . . . . | 13 | 77 |
| SPHÆROSTEMMA, Bl. . | 8 | 6 |
| SPHÆROTELE, Presl. . . | 12 | 405 |
| SPHÆROTHECA, Cham. . | 9 | 269 |
| SPHALLEROCARPUS, Bess. | 8 | 138 |
| SPHENANDRA, Benth. . . | 9 | 270 |
| Sphenocarpus, Rich. . . | 4 | 296 |
| SPHENOGYNE, R. Br. . . | 10 | 25 |

| | Vol. | Pag. |
|---|---|---|
| *Sphenopus*, Trin. . . . | 13 | 164 |
| SPHENOTOMA, R. Br. . | 9 | 434 |
| *Sphondylium*, Tourn. . . | 8 | 136 |
| — *Branca*, Scop. . . | 8 | 171 |
| — *Branca-ursina*, Hoffm. | 8 | 171 |
| *Sphondylococcum*, Mitch. | 9 | 227 |
| SPHYROSPERMIUM, Pœpp. | | |
| et Endl. . . . . . | 9 | 522 |
| *Spicillaria*, A. Rich. . . | 8 | 373 |
| SPICULÆA, Lindl. . . . | 12 | 182 |
| SPIELMANNIA, Med. . . | 9 | 227 |
| SPIGELIA, Linn. . . . . | 9 | 7 |
| *Spigeliaceæ*, Mart. . . . | 9 | 7 |
| SPILACRON, Cass. . . . | 10 | 11 |
| SPILANTHES, Jacq. . . . | 10 | 136 |
| — *fusca*, Desf. . . | 10 | 137 |
| — *oleracea*, Jacq. . . . | 10 | 157 |
| SPINACIA, Linn. . . . . | 5 | 286 |
| — inermis, Mœnch. . . | 5 | 287 |
| — *oleracea* : α, Linn. . . | 5 | 287 |
| — *oleracea* : β, Linn. . | 5 | 287 |
| — spinosa, Mœnch. . . | 5 | 287 |
| SPINIFEX, Linn. . . . | 13 | 159 |
| SPIRACANTHA, Kunth. . | 10 | 40 |
| SPIRADICLIS, Bl. . . . | 8 | 373 |
| SPIRÆA, Linn. . . . . | 1 | 430 |
| — acutifolia, Willd. . . | 1 | 436 |
| — *alba*, Ehrh. . . . . | 1 | 441 |
| — alpina, Pallas. . . . | 1 | 437 |
| — *alpina*, Willd. . . | 1 | 434 |
| — altaica, Pallas. . . | 1 | 442 |
| — ariæfolia, Smith. . . | 1 | 432 |
| — Aruncus, Linn. . . | 1 | 443 |
| — bella, Sims. . . . | 1 | 438 |
| — *betulæfolia*, Wats. . | 1 | 438 |
| — canescens, Don. . . | 1 | 439 |
| — capitata, Pursh. . . | 1 | 439 |
| — carpinifolia, Willd. . | 1 | 440 |
| — *chamædryfolia*, Jacq. | 1 | 432 |
| — chamædryfolia, Linn. | 1 | 433 |
| — corymbosa, Raf. . . | 1 | 438 |
| — crenata, Willd. . . | 1 | 435 |
| — decumbens, Koch. . | 1 | 437 |
| — *discolor*, Pursh. . . | 1 | 432 |
| — Filipendula, Linn. . | 1 | 446 |
| — flexuosa, Fisch. . . | 1 | 434 |
| — *flexuosa*, Reichb. . . | 1 | 437 |
| — hypericifolia, Linn. | 1 | 436 |
| — incana, W. et K. . . | 1 | 434 |
| — *incisa*, Hortor. . . | 1 | 433 |
| — kamtchatica, Pallas. | 1 | 446 |
| — lævigata, Linn. . . | 1 | 442 |
| — lobata, Murr. . . . | 1 | 445 |
| Spiræa *media*, Host. . . . | 1 | 433 |
| — oblongifolia, W. et K. | 1 | 433 |
| — obovata, Willd. . . | 1 | 435 |
| — opulifolia, Linn. . . | 1 | 431 |
| — *palmata*, Linn. . . | 1 | 445 |
| — palmata, Pallas. . . | 1 | 446 |
| — paniculata, Gmel. . . | 1 | 441 |
| — salicifolia, Linn. . . | 1 | 440 |
| — sorbifolia, Linn. . . | 1 | 442 |
| — thalictroides, Pallas. | 1 | 436 |
| — tomentosa, Linn. . . | 1 | 441 |
| — *trifoliata*, Linn. . . | 1 | 448 |
| — trilobata, Pallas. . . | 1 | 434 |
| — Ulmaria, Linn. . . | 1 | 444 |
| — ulmifolia, Scop. . . | 1 | 432 |
| — vaccinifolia, Don. . . | 1 | 439 |
| SPIRÆACEÆ, Lois. | 1 | 427 |
| *Spiralepis*, Don. . . . | 10 | 26 |
| SPIRANTHERA, A. St.-Hil. | 2 | 347 |
| — odoratissima, A. Saint- | | |
| Hil. . . . . . . | 2 | 348 |
| SPIRANTHES, Rich. . . | 12 | 180 |
| SPIRARIA, Ser. . . . . | 1 | 432 |
| SPIRONEMA, Lindl. . . | 13 | 122 |
| SPIROSPERMUM, Petit- | | |
| Thou. . . . . . . | 8 | 6 |
| SPIROSTYLIS, Presl. . . | 8 | 234 |
| SPITZELIA, Schultz. . . | 10 | 6 |
| *Spixia*, Schrank. . . . | 10 | 39 |
| *Spodiopogon*, Trin. . . . | 13 | 167 |
| SPONDIACEÆ, Kunth. | 2 | 186 |
| | et | 204 |
| SPONDIAS, Linn. . . . | 2 | 204 |
| — *amara*, Lamk. . . | 2 | 206 |
| — Birrea, Guill. et Perr. | 2 | 207 |
| — *Cirouelia*, Tuss. . . | 2 | 204 |
| — *cytherea*, Sonn. . . | 2 | 208 |
| — dulcis, Forst. . . . | 2 | 208 |
| — lutea, Linn. . . . | 2 | 205 |
| — mangifera, Pers. . . | 2 | 206 |
| — microcarpa, Guill. et | | |
| Perr. . . . . . | 2 | 207 |
| — *Mombin*, Jacq. . . . | 2 | 205 |
| — *Myrobalanus*, Jacq. . | 2 | 204 |
| — *Myrobalanus*, Linn. . | 2 | 205 |
| — purpurea, Linn. . . | 2 | 204 |
| SPONDYLANTHA, Presl. . | 4 | 337 |
| SPONGOTRICHUM, Nees. | 10 | 30 |
| SPONIA, Commers. . . . | 11 | 98 |
| SPOROBOLUS, R. Br. . . | 13 | 161 |
| SPREKELIA, Herb. . . | 12 | 417 |
| — *formosissima*, Herb. . | 12 | 417 |

| | Vol. | Pag. | | Vol. | Pag. |
|---|---|---|---|---|---|
| SPRENGELIA, Smith. | 9 | 434 | Statice *Armeria*, Linn. | 10 | 343 |
| *Squamaria*, Hall. | 9 | 261 | — *cuneata*, Smith. | 10 | 351 |
| STAAVIA, Thunb. | 2 | 479 | — *elongata*, Hoffm. | 10 | 343 |
| — *glutinosa*, Thunb. | 2 | 480 | — *latifolia*, Smith. | 10 | 346 |
| — *radiata*, Thunb. | 2 | 480 | — *Limonium*, Linn. | 10 | 345 |
| STABEROHA, Kunth. | 13 | 139 | — *linearifolia*, Lois. | 10 | 345 |
| STACHYANTHUS, D. C. | 10 | 39 | — *maritima*, Willd. | 10 | 343 |
| *STACHYDEÆ*, Benth. | 9 | 166 | — *monopetala*, Linn. | 10 | 341 |
| | et | 204 | — *mucronata*, Linn. | 10 | 351 |
| STACHYTARPHETA, Vahl. | 9 | 227 | — *oleæfolia*, Pourr. | 10 | 348 |
| *STACKHOUSEÆ*, | | | — *Pseudo - Limonium*, | | |
| R. Br. | 2 | 539 | Reichb. | 10 | 345 |
| STACKHOUSIA, Smith. | 2 | 540 | — *scoparia*, Pallas. | 10 | 346 |
| *Stadmannia*, Lamk. | 3 | 40 | — *serotina*, Reichb. | 10 | 345 |
| — *oppositifolia*, Poir. | 3 | 59 | — *sinuata*, Linn. | 10 | 349 |
| — *Sideroxylon*, D. C. | 3 | 59 | — *speciosa*, Linn. | 10 | 347 |
| STÆHRLINA, D. C. | 10 | 10 | — *tatarica*, Linn. | 10 | 347 |
| *Stæhelina*, Hall. | 9 | 272 | — *Thouini*, Viv. | 10 | 350 |
| STÆLIA, Cham. | 8 | 377 | — *trigonoides*, Pallas. | 10 | 350 |
| STALAGMITES, Murr. | 5 | 326 | — *tripteris*, Delile. | 10 | 350 |
| — *acida*, Camb. | 5 | 328 | *Statice*, Tourn. | 10 | 334 |
| — *cambogioides*, Murr. | 5 | 327 | *STATICEÆ*, Bartl. | 10 | 334 |
| — *dulcis*, Camb. | 5 | 328 | | et | 340 |
| — *javanensis*, Bl. | 5 | 328 | STAUNTONIA, D. C. | 8 | 7 |
| — *pictoria*, Roxb. | 5 | 327 | STAURACANTHUS, Link. | 1 | 153 |
| STANHOPEA, Hook. | 12 | 177 | STAURANTHERA, Benth. | 9 | 257 |
| STANLEYA, Nutt. | 6 | 296 | STAUROGLOTTIS, Schauer. | 12 | 179 |
| *Stapelia*, Haw. | 8 | 540 | STAUROGYNE, Wallich. | 9 | 147 |
| STAPELIA, Linn. | 8 | 559 | STECHMANNIA, D. C. | 10 | 16 |
| — *divaricata*, Mass. | 8 | 561 | STEENHAMMERA, Reichb. | 9 | 42 |
| — *grandiflora*, Mass. | 8 | 560 | — *virginica*, Reichb. | 9 | 42 |
| — *hirsuta*, Linn. | 8 | 560 | *Steffensia*, Kunth. | 11 | 11 |
| — *incarnata*, Haw. | 8 | 561 | *Stegia*, Med. | 3 | 358 |
| — *variegata*, Linn. | 8 | 562 | — *Lavatera*, D. C. | 3 | 358 |
| — *verrucosa*, Mass. | 8 | 561 | STEGONOTUS, Cass. | 10 | 14 |
| STAPHYLEA, Linn. | 2 | 394 | *Stegosia*, Lour. | 13 | 166 |
| — *pinnata*, Linn. | 2 | 395 | STEIRACTIS, D. C. | 10 | 29 |
| — *trifoliata*, Linn. | 2 | 396 | STEIROGLOSSA, D. C. | 10 | 24 |
| *STAPHYLEACEÆ*, | | | *Stelephorus*, Adans. | 13 | 159 |
| D. C. | 2 | 393 | STELIS, Swartz. | 12 | 175 |
| *Staphylodendron*, Tourn. | 2 | 394 | STELLARIA, Linn. | 5 | 206 |
| — *pinnatum*, Scop. | 2 | 395 | — *Holostea*, Linn. | 5 | 208 |
| STAPHYSAGRIA, Spach. | 7 | 347 | — *media*, Vill. | 5 | 207 |
| — *brevipes*, Spach. | 7 | 350 | — *nemorum*, Linn. | 5 | 207 |
| — *macrosperma*, Spach. | 7 | 348 | *Stellaris Scilla*, Mœnch. | 12 | 314 |
| — *Requienii*, Spach. | 7 | 351 | *STELLATÆ*, Linn. | 8 | 378 |
| *Starkea*, Willd. | 10 | 38 | | et | 469 |
| *Starkia*, Juss. | 10 | 38 | STELLERA, Linn. | 10 | 436 |
| STATICE, Linn. | 10 | 344 | STEMMACANTHA, Cass. | 10 | 12 |
| — *ægyptiaca*, Pers. | 10 | 350 | STEMMATOSIPHUM, Pohl. | 3 | 181 |
| — *alata*, Willd. | 10 | 350 | *Stemmatospermum*, Beauv. | 13 | 165 |
| | | | — *verticillatum*, Beauv. | 13 | 224 |
| | | | STEMMODONTIA, Cass. | 10 | 21 |

| | Vol. | Pag. |
|---|---|---|
| STEMODIA, Linn. . . . . | 9 | 269 |
| STEMONURUS, Bl. . . . | 10 | 460 |
| et | 13 | 263 |
| STEMOPTERA, Miers. . . | 13 | 119 |
| STENACTIS, Cass. . . . | 10 | 240 |
| — glabella, Nutt. . . . | 10 | 241 |
| — glauca, Nees. . . . . | 10 | 240 |
| — speciosa, Lindl. . . . | 10 | 242 |
| STENANDRIUM, Nees. . . | 9 | 144 |
| STENANTHERA, R. Br. . | 9 | 435 |
| — pinifolia, R. Br. . . | 9 | 435 |
| STENANTHIUM, Asa Gray. | 12 | 235 |
| STENIA, Lindl. . . . . . | 12 | 177 |
| STENOCARPUS, R. Br. . | 10 | 402 |
| STENOCHILUS, R. Br. . | 9 | 247 |
| STENOCLINE, D. C. . . | 10 | 26 |
| STENOGLOSSUM, Kunth. | 12 | 176 |
| STENOGLOTTIS, Lindl. . | 12 | 180 |
| STENOGYNE, Benth. . . | 9 | 167 |
| Stenolepis, Cass. . . . . | 10 | 12 |
| STENOLOBIUM, Don. . . | 9 | 131 |
| Stenomesson, Herb. . . . | 12 | 405 |
| STENOPETALUM, R. Br. . | 6 | 325 |
| STENOPTERA, Presl. . . | 12 | 181 |
| STENORHYNCHUS, Rich. | 12 | 180 |
| STENOSIPHONIUM, Nees. | 9 | 144 |
| Stenospermum capitatum, Sweet. . . . . . . | 4 | 138 |
| STENOSTOMUM, Gærtn. fil. | 8 | 375 |
| STENOTAPHRUM, Trin. . | 13 | 160 |
| Stenotium, Presl. . . . . | 9 | 572 |
| — urens, Presl. . . . . | 9 | 574 |
| STEPHANANTHUS, Lehm. | 10 | 39 |
| STEPHANIA, Lour. . . . | 8 | 7 |
| STEPHANIA, Willd. . . . | 6 | 296 |
| Stephanium, Schreb. . . | 8 | 377 |
| — guianense, Gmel. . . | 8 | 459 |
| STEPHANOCARPUS, Spach. | 6 | 81 |
| — monspeliensis, Spach. | 6 | 82 |
| STEPHANOCOMA, Less. . | 10 | 14 |
| Stephanopappus, Less. . . | 10 | 27 |
| STEPHANOPHYSUM, Pohl. | 9 | 144 |
| STEPHANOTIS, Petit-Thou. | 8 | 540 |
| STERBECKIA, Schreb. . . | 6 | 296 |
| Sterbeckia, Schreb. . . . | 5 | 308 |
| STERCULIA, Linn. . . . | 3 | 504 |
| — acuminata, Beauv. . . | 3 | 512 |
| — alata, Roxb. . . . . | 3 | 502 |
| — Balanghas, Linn. . . | 3 | 508 |
| — Chicha, A. Saint-Hil. | 3 | 506 |
| — colorata, Roxb. . . . | 3 | 517 |
| — comosa, Wallich. . . | 3 | 514 |
| — crinita, Cav. . . . . | 3 | 505 |

| | Vol. | Pag. |
|---|---|---|
| Sterculia fœtida, Linn. . . | 3 | 504 |
| — Helicteres, Pers. . . | 3 | 505 |
| — Ivira, Swartz. . . . | 3 | 503 |
| — macrophylla, Vent. . | 3 | 516 |
| — monosperma, Vent. . | 3 | 507 |
| — nobilis, Smith. . . . | 3 | 507 |
| — platanifolia, Linn. . | 3 | 516 |
| — populifolia, D. C. . . | 3 | 515 |
| — populifolia, Roxb. . . | 3 | 515 |
| — Roxburghiana, Wallich. | 3 | 508 |
| — tomentosa, Guill. et Perr. | 3 | 512 |
| — urceolata, Smith. . . | 3 | 509 |
| — urens, Roxb. . . . . | 3 | 513 |
| — versicolor, Wallich. . | 3 | 510 |
| STERCULIACEÆ, Kunth. . . . . . . . | 3 | 500 |
| Sterculieæ, D. C. . . . . | 3 | 500 |
| STEREODERMA, Bl. . . . | 8 | 258 |
| STEREOSPERMUM, Cham. | 9 | 131 |
| Stereoxylon, R. et P. . . . | 5 | 6 |
| — resinosum, R. et P. . | 5 | 32 |
| — rubrum, R. et P. . . | 5 | 30 |
| STERIGMA, D. C. . . . . | 6 | 322 |
| Sterigmostemon, Bieberst. | 6 | 322 |
| Steripha, Gærtn. . . . . | 9 | 94 |
| Steriphoma, Spreng. . . . | 6 | 296 |
| Steris, Burm. . . . . . | 9 | 105 |
| STERNBERGIA, W. et K. | 12 | 410 |
| — colchiciflora, W. et K. | 12 | 411 |
| — lutea, Ker. . . . . . | 12 | 411 |
| Sternebergia, Herb. . . . | 12 | 405 |
| Steudelia, Mart. . . . . . | 9 | 374 |
| STEVENIA, Adams. . . . | 6 | 323 |
| STEVENSIA, Poit. . . . . | 8 | 372 |
| STEVIA, Cav. . . . . . . | 10 | 281 |
| — Eupatoria, Bot. Reg. | 10 | 282 |
| — Eupatoria, Sims. . . | 10 | 283 |
| — Eupatoria, Willd. . . | 10 | 282 |
| — hyssopifolia, Cav. . . | 10 | 283 |
| — hyssopifolia, Cav. . . | 10 | 282 |
| — hyssopifolia, Kunth. . | 10 | 285 |
| — hyssopifolia, Sims. . | 10 | 285 |
| — ivæfolia, Willd. . . . | 10 | 282 |
| — laxiflora, D. C. . . . | 10 | 283 |
| — ovata, Lag. . . . . . | 10 | 284 |
| — paniculata, Lag. . . . | 10 | 285 |
| — punctata, Pers. . . . | 10 | 282 |
| — purpurea, Lag. . . . | 10 | 283 |
| — purpurea, Pers. . . . | 10 | 281 |
| — salicifolia, Cav. . . . | 10 | 281 |
| — serrata, Cav. . . . . | 10 | 282 |
| STEWARTIA, Cav. . . . . | 4 | 78 |

| | Vol. | Pag. | | Vol. | Pag. |
|---|---|---|---|---|---|
| Stewartia virginica, Cav. | 4 | 78 | Stravadium album , D. C. | 4 | 186 |
| STIFTIA, Mik. . . . . . | 10 | 10 | — rubrum , D. C. . . . | 4 | 186 |
| STIGMANTHUS, Lour. . . | 8 | 375 | STREBANTHUS, Raf. . . . | 8 | 140 |
| STIGMAROTA, Lour. . . . | 6 | 133 | Streblidia , Link. . . . | 13 | 145 |
| Stigmatanthus, R. et S. . | 8 | 375 | STRECKERA, Schultz. . . | 10 | 7 |
| STIGMATOCOCCA , Willd. | 9 | 58 | STRELITZIA , Banks. . . | 12 | 143 |
| STIGMATOPHYLLUM, Juss. fil. | 3 | 153 | — augusta , Thunb. . . | 12 | 144 |
| — auriculatum, Juss. fil. | 3 | 153 | — Reginæ, Bot. Mag. . | 12 | 144 |
| — ciliatum, Juss. fil. . . | 3 | 154 | — Reginæ, Hort. Kew.. | 12 | 143 |
| — jatrophæfolium, Juss. fil. | 3 | 154 | — ovata, Hort. Kew. . | 12 | 144 |
| — tomentosum , Juss. fil. | 3 | 154 | STREMPELIA, A. Rich. . | 8 | 376 |
| STILAGO, Linn. . . . . | 11 | 25 | STREPHIUM, Schrad. . . | 13 | 160 |
| Stilagineæ, Agardh. . . | 11 | 25 | STREPHODON, Ser. . . . | 5 | 205 |
| Stilbaceæ, Lindl. . . . . | 9 | 245 | Strepsia , Nutt. . . . . | 12 | 398 |
| STILBE, Linn. . . . . . | 9 | 245 | Streptachne, Kunth. . . | 13 | 161 |
| Stilbineæ , Kunth. . . . | 9 | 245 | STREPTACHNE, R. Br. . | 13 | 161 |
| STILLINGIA, Linn. . . . | 2 | 523 | Streptanthera, Sweet. . . | 13 | 4 |
| — sebifera, Willd. . . . | 2 | 523 | STREPTANTHUS, Nutt. . . | 6 | 323 |
| — sylvatica, Willd. . . . | 2 | 524 | STREPTIUM , Roxb. . . | 9 | 227 |
| STILPNOGYNE, D. C. . . | 10 | 32 | STREPTOCARPUS, Lindl. . | 9 | 257 |
| STILPNOPAPPUS, Mart. . | 10 | 39 | STREPTOCAULON, Wight | | |
| STILPNOPHYTUM, Less. . | 10 | 23 | et Arn. . . . . . . . | 9 | 538 |
| STIPA, Linn. . . . . . . | 13 | 190 | Streptochæta, Schrad. . . | 13 | 159 |
| — pennata , Linn. . . . | 13 | 191 | STREPTOGYNE, Beauv. . . | 13 | 165 |
| — tenacissima, Linn. . . | 13 | 190 | STREPTOPUS, Rich. . . . | 12 | 235 |
| STIPACEÆ, Kunth. . . . | 13 | 160 | Streptostachys, Beauv. . . | 13 | 160 |
| | | et 189 | STRIGA , Lour. . . . . . | 9 | 270 |
| STIPAGROSTIS, Nees. . . | 13 | 161 | STRIGILIA , Cav. . . . . | 9 | 417 |
| STIPULARIA , Beauv. . . | 8 | 378 | STROBILANTHES, Bl. . . | 9 | 144 |
| STIPULICIDA, Mich. . . . | 5 | 205 | STROBOCALYX , Bl. . . . | 10 | 39 |
| STIRLINGIA, Endl. . . . | 10 | 401 | STROBUS, Sweet. . . . . | 11 | 394 |
| Stizolobium, Pers. . . . . | 1 | 337 | Stræmia, Vahl. . . . . . | 6 | 296 |
| — urens, Pers. . . . . . | 1 | 337 | STRONGYLOMA, D. C. . . | 10 | 34 |
| Stizolophus, Cass. . . . . | 10 | 11 | STRONGYLOSPERMA, Less. | 10 | 23 |
| STOBÆA, Thunb. . . . . | 10 | 9 | STROPHANTHUS, D. C. . . | 8 | 551 |
| STOEBE, Linn. . . . . . | 10 | 26 | — dichotomus, D. C. . . | 8 | 551 |
| Stœchas, Tourn. . . . . . | 9 | 163 | STROPHOPAPPUS, D. C. . | 10 | 39 |
| — officinarum, Mill. . . | 9 | 171 | Strophostyles, Elliott. . . | 1 | 327 |
| STOENOCELIUM, Ledeb. . | 8 | 135 | Struchium, P. Br. . . . | 10 | 39 |
| Stœrkia, Crantz. . . . . . | 12 | 210 | STRUMARIA, Jacq. . . . | 12 | 409 |
| — Draco, Crantz. . . . | 12 | 216 | — angustifolia, Jacq. . . | 12 | 409 |
| STOKESIA, L'hérit. . . . | 10 | 39 | — crispa, Ker. . . . . | 12 | 409 |
| STOMATOTECHIUM, Lehm. | 9 | 31 | — filifolia, Jacq. . . . | 12 | 409 |
| STRABONIA, D. C. . . . | 10 | 28 | — rubella, Jacq. . . . . | 12 | 409 |
| Stramonium, Tourn. . . . | 9 | 56 | — spiralis, Ker. . . . . | 12 | 410 |
| — fastuosum , Mœnch. . | 9 | 68 | — stellaris, Ker. . . . | 12 | 410 |
| — Tatula, Mœnch. . . . | 9 | 67 | — truncata, Jacq. . . . | 12 | 409 |
| — vulgare, Mœnch. . . . | 9 | 67 | STRUMPFIA, Jacq. . . . . | 8 | 375 |
| Stratioteæ, Link. . . . . | 12 | 4 | STRUTANTHUS, Mart. . . | 8 | 233 |
| STRATIOTES, Linn. . . . | 12 | 4 | STRUTHIOLA, Linn. . . . | 10 | 449 |
| Stravadia, Pers. . . . . . | 4 | 105 | — ciliata, Andr. . . . . | 10 | 450 |
| — alba, Pers. . . . . . | 4 | 186 | — erecta, Thunb. . . . | 10 | 450 |
| STRAVADIUM, Juss. . . . | 4 | 186 | — imbricata, Andr. . . | 10 | 450 |

|                                   | Vol. | Pag. |
|-----------------------------------|------|------|
| Struthiola virgata, Hort.         |      |      |
| Kew. . . . . . . . .              | 10   | 449  |
| *Strychnaceæ*, Bl. . . . .        | 8    | 481  |
| *Strychneæ*, D. C. . . . . .      | 8    | 481  |
| STRYCHNEÆ, Endl. .                | 8    | 483  |
| STRYCHNOS, Linn. . . .            | 8    | 485  |
| — *colubrina*, Auctor. .          | 8    | 489  |
| — colubrina, Linn.. . .           | 8    | 492  |
| — *Ignatii*, Lamk. . . .          | 8    | 494  |
| — ligustrina, Bl.. . . .          | 8    | 489  |
| — madagascariensis, Poir.         | 8    | 488  |
| — Nux-vomica, Linn. .             | 8    | 486  |
| — potatorum, Willd. . .           | 8    | 487  |
| — Pseudo-Quina, A. St-Hil.        | 8    | 491  |
| — *spinosa*, Lamk. . . .          | 8    | 490  |
| — *Tettancotta*, Retz. . .        | 8    | 487  |
| — Tieuté, Lesch. . . .            | 8    | 493  |
| — Vontoa, Petit-Thou..            | 8    | 490  |
| *Stuartia Malacodendron*,Linn.    | 4    | 78   |
| *Stuartia pentagyna*, L'hérit.    | 4    | 77   |
| *Sturmia*, Gærtn. . . . . .       | 8    | 375  |
| *Sturmia*, Hoppe. . . . . .       | 13   | 159  |
| *Sturmia*, Reichb.. . . . .       | 12   | 175  |
| *Stylandra*, Nutt. . . . .        | 8    | 539  |
| STYLANTHES, Swartz. . .           | 1    | 155  |
| STYLIDEÆ, R. Br..                 | 9    | 580  |
| *Stylidiaceæ*, Lindl. . . .       | 9    | 580  |
| *Stylidieæ*, Reichb. . . . .      | 9    | 580  |
| STYLIDIUM, Swartz. . . .          | 9    | 581  |
| *Stylimnus*, Raf. . . . .         | 10   | 38   |
| STYLISMUS, Raf. . . . .           | 9    | 94   |
| STYLOCERAS, Juss. fil. .          | 2    | 488  |
| STYLOCHÆTON, Lepr. . .            | 12   | 36   |
| STYLOCORYNE, Cav. . . .           | 8    | 373  |
| *Styloglossum*, Kuhl. et Hass.    | 12   | 179  |
| STYLOLEPIS, Lehm. . . .           | 10   | 215  |
| — gracilis, Lehm. . . .           | 10   | 215  |
| *Styloncerus*, Spreng. . . .      | 10   | 25   |
| STYLOPHORUM, Nutt.. .             | 7    | 5    |
| — *cambricum*, Spreng..           | 7    | 24   |
| STYLOSANTHES, Swartz.             | 1    | 155  |
| *Stylurus*, Sal. . . . . . .      | 10   | 402  |
| STYPANDRA, R. Br. . . .           | 12   | 256  |
| STYPHELIA, Smith. . . .           | 9    | 434  |
| — *Gnidium*, Vent. . . .          | 9    | 436  |
| — *parviflora*, Andr. . .         | 9    | 436  |
| — triflora, R. Br. . .            | 9    | 435  |
| — tubiflora, R. Br. . .           | 9    | 435  |
| — viridiflora, R. Br.. .          | 9    | 434  |
| — *viridis*, Andr. . . . .        | 9    | 434  |
| STYPHELIEÆ, Bartl. .              | 9    | 433  |

|                                   | Vol. | Pag. |
|-----------------------------------|------|------|
| STYRACEÆ, Rich.                   | 9    | 416  |
| STYRACINEÆ, Bartl.                | 9    | 381  |
| *Styrandra*, Raf. . . . .         | 12   | 210  |
| STYRAX, Tourn. . . . . .          | 9    | 421  |
| — *americana*, Lamk. . .          | 9    | 424  |
| — Benzoin, Dryand. . .            | 9    | 424  |
| — *glabrum*, Bot. Mag. .          | 9    | 423  |
| — *glabrum*, Mich. . . .          | 9    | 424  |
| — *grandiflorum*, Mich. .         | 9    | 424  |
| — grandifolium, Willd.            | 9    | 424  |
| — læve, Walt. . . . . .           | 9    | 423  |
| — *lævigatum*, Willd.. .          | 9    | 424  |
| — *octandrum*, L'hérit. .         | 9    | 424  |
| — officinale, Linn. . . .         | 9    | 422  |
| — pulverulentum, Mich.            | 9    | 423  |
| SUÆDA, Forsk. . . . . .           | 5    | 281  |
| — altissima, Pall. . . .          | 5    | 282  |
| — fruticosa, Forsk. . . .         | 5    | 283  |
| — hortensis, Forsk. . . .         | 5    | 282  |
| — maritima, Moq. . . .            | 5    | 282  |
| — *sedifolia*, Pallas. . . .      | 5    | 285  |
| — setigera, Moq. . . .            | 5    | 282  |
| *Suardia*, Schrank. . . . .       | 13   | 160  |
| SUBER, Tourn. . . . . .           | 11   | 170  |
| *Sublimia*, Commers. . . .        | 12   | 60   |
| SUBULARIA, Linn. . . . .          | 6    | 325  |
| SUCCISA, Vaill. . . . . .         | 10   | 324  |
| — pratensis, Mœnch. . .           | 10   | 325  |
| SUCCOWIA, Medic. . . .            | 6    | 534  |
| — balearica, Med. . . .           | 6    | 536  |
| SUCCULENTÆ, Bartl.                | 5    | 1    |
| *Succulentæ*, Vent. . . . .       | 5    | 71   |
| SUFFRENIA, Bell. . . . .          | 4    | 419  |
| *Sulitra*, Med. . . . . . .       | 1    | 154  |
| *Sulzeria*, R. et S. . . . .      | 8    | 503  |
| SUMAC, D. C. . . . . .            | 2    | 211  |
| SUMACHINEÆ, D. C.                 | 2    | 186  |
|                                   | et   | 209  |
| SUNIPIA, Buchan. . . . .          | 12   | 178  |
| SUPRAGO, Cass. . . . . .          | 10   | 294  |
| — *glauca*, Gægn. . . .           | 10   | 297  |
| — scariosa, Cass. . . .           | 10   | 294  |
| — spicata, Cass. . . . .          | 10   | 295  |
| SUREGADA, Roxb. . . . .           | 2    | 488  |
| SUSIANA, Spach.. . . . .          | 13   | 70   |
| SUTERA, Roth. . . . . .           | 9    | 269  |
| SUTHERLANDIA, R. Br. .            | 1    | 273  |
| — frutescens, R. Br. . .          | 1    | 273  |
| SUTRINA, Lindl. . . . . .         | 12   | 178  |
| SUTTONIA, Rich. . . . . .         | 9    | 374  |
| *Suzygium*, P. Br. . . . .        | 4    | 105  |

| | Vol. | Pag. | | Vol. | Pag. |
|---|---|---|---|---|---|
| SWAINSONIA, Sal. . . . . | 1 | 273 | SYMPHYONEMA, R. Br. . | 10 | 401 |
| — coronillæfolia, Sal. . | 1 | 273 | SYMPHYTUM, Tourn. . . | 9 | 37 |
| — galegæfolia, Sal. . . | 1 | 274 | — bohemicum, Schmidt. | 9 | 37 |
| SWAMMERDAMIA, D. C. | 10 | 26 | — officinale, Linn. . . . | 9 | 37 |
| Swartzia, Gmel. . . . . . | 9 | 56 | — patens, Sibth. . . . . | 9 | 37 |
| SWARTZIA, Willd. . . . | 1 | 146 | SYMPIEZA, Licht. . . . | 9 | 442 |
| — alata, Willd. . . . . | 1 | 148 | SYMPLOCARPUS, Sal. . . . | 12 | 33 |
| — tomentosa, D. C. . . | 1 | 146 | Symploceæ, Juss. . . . . . | 9 | 416 |
| — triphylla, Willd. . . | 1 | 147 | Symplocineæ, Don. . . . . | 9 | 416 |
| *SWARTZIEÆ*, D. C. | 1 | 145 | SYMPLOCOS, Linn. . . . . | 9 | 418 |
| SWEETIA, D. C. . . . . | 1 | 156 | — racemosa, Roxb. . . | 9 | 418 |
| SWERTIA, Linn. . . . . | 9 | 6 | — spicata, Roxb. . . . | 9 | 419 |
| — barbata, All. . . . . | 10 | 51 | — tinctoria, Willd. . . | 9 | 420 |
| — lutea, Vest. . . . . . | 9 | 14 | SYNACTINIA, Reichb. . . . | 9 | 443 |
| *SWERTIEÆ*, Griseb. . . | 9 | 5 | SYNANDRA, Nutt. . . . . | 9 | 166 |
| | et | 13 | Synandra, Schrad. . . . . | 9 | 146 |
| SWIETENIA, Linn. . . . . | 3 | 163 | *SYNANTHEREÆ*, | | |
| — Chikrassa, Roxb. . . | 3 | 170 | Rich. . . . . . . . . . | 10 | 4 |
| — chloroxylon, Roxb. . | 3 | 171 | SYNAPHÆA, R. Br. . . | 10 | 401 |
| — febrifuga, Roxb. . . | 3 | 169 | SYNARTHRUM, Cass. . . | 10 | 32 |
| — Mahogoni, Linn. . . | 3 | 164 | SYNCARPHA, D. C. . . . | 10 | 26 |
| — senegalensis, Desr. . . | 3 | 167 | SYNCEPHALANTHA, Bartl. | 10 | 16 |
| *SWIETENIEÆ*, Juss. fil. | 3 | 163 | SYNCEPHALUM, D. C. . . | 10 | 27 |
| SYAGRUS, Mart. . . . . . | 12 | 63 | SYNCHODENDRON, Bojer. | 10 | 39 |
| Sycelium, P. Br. . . . . | 8 | 373 | SYNCOLOSTEMON, E. Mey. | 9 | 163 |
| SYCHINIUM, Desv. . . . | 11 | 37 | SYNDESMANTHUS, Klotz. | 9 | 442 |
| Sycoideæ, Link. . . . . | 11 | 35 | SYNDESMON, Hoffmanns. | 7 | 191 |
| Syena, Schreb. . . . . . | 13 | 122 | SYNEDRELLA, Gærtn. . . | 10 | 19 |
| Sykesia, Arn. . . . . . . | 8 | 483 | SYNGONIUM, Schott. . . . | 12 | 39 |
| SYLVIA, Spach. . . . . . | 7 | 243 | SYNOSSA, Lindl. . . . . . | 12 | 181 |
| SYMPHACHNE, Beauv. . | 13 | 140 | Synotia, Sweet. . . . . . | 13 | 3 |
| SYMPHIANDRA, D. C. . . | 9 | 536 | SYNOUM, Juss. fil. . . . . | 3 | 180 |
| SYMPHIOLOMA, C.A.Mey. | 8 | 136 | Synphyllum, Griff. . . . . | 9 | 269 |
| SYMPHISIA, Presl. . . . . | 9 | 522 | Syntherisma, Schrad. . . | 13 | 160 |
| Symphonia, Linn. fil. . . | 5 | 308 | SYNZYGANTHERA, R. et P. | 2 | 488 |
| — globulifera, Linn. fil. | 5 | 317 | Syorhynchium, Hoffmanns. | 13 | 3 |
| SYMPHONIEÆ, Bartl. . | 5 | 316 | SYRENIA, Andrz. . . . . | 6 | 323 |
| SYMPHOPODA, D. C. . . . | 1 | 125 | SYRINGA, Linn. . . . . . | 8 | 279 |
| SYMPHOREMA, Roxb. . . | 9 | 227 | — chinensis, Willd. . . . | 8 | 283 |
| Symphoria, Pers. . . . . . | 8 | 327 | — dubia, Pers. . . . . . | 8 | 284 |
| — conglomerata, Pers. . | 8 | 362 | — Josikœa, Jacq. fil. . . | 8 | 281 |
| — glomerata, Pursh. . . | 8 | 362 | — persica, Linn. . . . . | 8 | 285 |
| — racemosa, Pursh. . . | 8 | 364 | — rothomagensis, Hortor. | 8 | 284 |
| Symphoricarpa, Neck. . . | 8 | 327 | — speciosa, Hortor. . . | 8 | 284 |
| SYMPHORICARPOS, Dill. . | 8 | 361 | — suspensa, Thunb. . . | 8 | 278 |
| — leucocarpa, Desf. . . | 8 | 364 | — vulgaris, Linn. . . . | 8 | 282 |
| — mexicana, Lodd. . . . | 8 | 365 | Syringodea, Don. . . . . | 9 | 443 |
| — montana, Kunth. . . | 8 | 365 | SYSTREPHA, Burch. . . . | 8 | 503 |
| — orbiculata, Mœnch. . | 8 | 362 | SYZYGIUM, Gærtn. . . . . | 4 | 170 |
| — parviflora, Desf. . . . | 8 | 362 | — caryophyllæum, Gærtn. | 4 | 171 |
| — racemosa, Mich. . . . | 8 | 364 | — Jambolanum, D. C. . . | 4 | 171 |
| — vulgaris, Mich. . . . . | 8 | 362 | SZOVITSIA, Fisch. . . . . | 8 | 133 |

|  | Vol. | Pag. |  | Vol. | Pag. |
|---|---|---|---|---|---|
| *Tabacina*, Reichb. . . . . | 9 | 56 | Talauma ovata, A. Saint-Hil. | 7 | 449 |
| *Tabacum*, Reichb. . . . . | 9 | 56 | — Plumieri, Swartz. . | 7 | 449 |
| TABERNÆMONTANA, Linn. | 8 | 518 | — pumila, Bl. . . . | 7 | 451 |
| — *Amsonia*, Linn. . . . | 8 | 521 | — Sellowiana, A. Saint-Hil. | 7 | 449 |
| — *angustifolia*, Mich. . | 8 | 521 | *Taliera*, Mart. . . . . | 12 | 62 |
| — *utilis*, Arnott. . . . . | 8 | 519 | — *bengalensis*, Spreng. . | 12 | 102 |
| TACAMAHACA, Spach. . . | 10 | 394 | — *sylvestris*, Bl. . . . . | 12 | 103 |
| TACCA, Forst. . . . . . . | 12 | 206 | — *Tali*, Mart. . . . . | 12 | 102 |
| — *phallifera*, Rumph. . | 12 | 43 | TALIGALEA, Aubl. . . . | 9 | 227 |
| — pinnatifida, Willd. . | 12 | 206 | TALINUM, Sims. . . . . | 5 | 227 |
| — *sativa*, Rumph. . . . | 12 | 44 | — *arachnoides*, Hort. Kew. | 5 | 227 |
| *TACCACEÆ*, Bartl. | 10 | 372 | — crassifolium, Willd. . | 5 | 229 |
| *Taccaceæ*, Lindl. . . . . | 12 | 200 | — *filamentosum*, Pursh. | 5 | 227 |
| *Tacceæ*, Presl. . . . . . | 12 | 200 | — patens, Willd. . . . | 5 | 228 |
| TACHIA, Aubl. . . . . . | 9 | 5 | — teretifolium, Pursh. . | 5 | 228 |
| *Tachia*, Pers. . . . . . . | 1 | 88 | — *trichotomum*, Desf. . | 5 | 228 |
| TACHIADENUS, Griseb. . . | 9 | 5 | TALISIA, Aubl. . . . . . | 3 | 40 |
| TACHIBOTA, Aubl. . . . . | 5 | 497 | TAMARINDUS, Linn. . . | 4 | 111 |
| TACHIGALIA, Aubl. . . . | 4 | 88 | — indica, Linn. . . . | 4 | 111 |
| TACSONIA, Juss. . . . . . | 6 | 279 | — occidentalis, Gærtn. . | 4 | 112 |
| — adulterina, Juss. . . | 6 | 279 | *TAMARISCINEÆ*, | | |
| — glandulosa, Juss. . . | 6 | 282 | Bartl. . . . . . . . | 5 | 477 |
| — mixta, Juss. . . . . | 6 | 281 | *Tamariscus decandrus*, Lamk. | 5 | 484 |
| — pinnatistipula, Juss. . | 6 | 280 | *Tamariscus germanicus*, Scop. | 5 | 484 |
| — tomentosa, Juss. . . . | 6 | 281 | TAMARIX, Linn. . . . . | 5 | 479 |
| TÆDA, Spach. . . . . . . | 11 | 587 | — africana, Desf. . . . | 5 | 483 |
| TÆNIOCARPUM, Desv. . . | 1 | 157 | — elegans, Spach. . . . | 5 | 481 |
| TÆNIOPHYLLUM, Bl. . . | 12 | 179 | — gallica, Linn. . . . | 5 | 482 |
| TÆNIOSTEMA, Spach. . . | 6 | 105 | — germanica, Linn. . . | 5 | 484 |
| — micranthum, Spach. . | 6 | 106 | — indica, Hort. Par. . | 5 | 481 |
| *Tætsia*, Med. . . . . . . . | 12 | 210 | — pentandra, Lamk. . . | 5 | 482 |
| *Tafalla*, R. et P. . . . . | 11 | 19 | *Tambourissa*, Sonn. . . . | 11 | 90 |
| TAGETES, Tourn. . . . . | 10 | 117 | *TAMIDEÆ*, Dumort. . . | 12 | 200 |
| — erecta, Linn. . . . . | 10 | 118 | *Tamideæ*, Dumort. . . . | 12 | 199 |
| — *grandiflora*, Hortor. | 10 | 118 | *Tamneæ*, Lois. . . . . . | 12 | 199 |
| — *lucida*, Cav. . . . . | 10 | 119 | *Tamnus*, Juss. . . . . . | 12 | 200 |
| — patula, Linn. . . . . | 10 | 118 | TAMONEA, Aubl. . . . . | 9 | 227 |
| — *signata*, Bartl. . . . | 10 | 119 | TAMUS, Linn. . . . . . | 12 | 201 |
| — tenuifolia, Cav. . . . | 10 | 119 | — communis, Linn. . . | 12 | 201 |
| *TAGETINEÆ*, Cass. . . | 10 | 15 | — elephantipes, L'hérit. | 12 | 206 |
|  | et | 116 | TANACETUM, Linn. . . . | 10 | 173 |
| TAGETINEÆ-DYSSO- | | | — Balsamita, Linn. . . | 10 | 174 |
| DIEÆ, Cass. . . . . . | 10 | 16 | — vulgare, Linn. . . . | 10 | 173 |
| TAGETINEÆ-PECTI- | | | *Tangaræa*, Adans. . . . | 8 | 374 |
| DEÆ, Cass. . . . . . | 10 | 16 | TANGHINIA, Petit-Thou. | 8 | 512 |
| TAGETINEÆ-PROTO- | | | — venenifera, Petit-Thou. | 8 | 513 |
| TYPÆ, Cass. . . . . . | 10 | 16 | *Tanibouca*, Aubl. . . . . | 4 | 296 |
| TAINIA, Bl. . . . . . . . | 12 | 177 | *Tankarvillia*, Link. . . . | 12 | 176 |
| TALAUMA, Juss. . . . . . | 7 | 447 | *Taonabo*, Aubl. . . . . | 4 | 59 |
| — Candollii, Bl. . . . . | 7 | 450 | — *dentata*, Aubl. . . . | 4 | 62 |
| — mutabilis, Bl. . . . . | 7 | 451 | TAPHROSPERMUM, C. A. | | |
|  | | | Mey. . . . . . . . . | 6 | 324 |

| | Vol. | Pag. |
|---|---|---|
| TAPIRIA, Juss. | 2 | 230 |
| Tara, Molin. | 1 | 88 |
| TARAXACUM, Habl. | 10 | 46 |
| — alpestre, D. C. | 10 | 47 |
| — apenninum, D. C. | 10 | 47 |
| — bicolor, D. C. | 10 | 47 |
| — collinum, D. C. | 10 | 47 |
| — corniculatum, D. C. | 10 | 47 |
| — ceratophorum, D. C. | 10 | 47 |
| — caucasicum, D. C. | 10 | 47 |
| — Dens Leonis, Desf. | 10 | 47 |
| — eriopodum, D. C. | 10 | 47 |
| — erythrospermum, D. C. | 10 | 47 |
| — gymnanthum, D. C. | 10 | 47 |
| — glaucanthum, D. C. | 10 | 47 |
| — glabrum, D. C. | 10 | 47 |
| — glaucescens, D. C. | 10 | 47 |
| — hirsutum, Hook. | 10 | 47 |
| — latilobum, D. C. | 10 | 47 |
| — lævigatum, D. C. | 10 | 47 |
| — leucanthum, D. C. | 10 | 47 |
| — lyratum, D. C. | 10 | 47 |
| — mexicanum, D. C. | 10 | 47 |
| — obovatum, D. C. | 10 | 47 |
| — officinale, Mœnch. | 10 | 47 |
| — palustre, D. C. | 10 | 47 |
| — parvulum, D. C. | 10 | 47 |
| — Steveni, D. C. | 10 | 47 |
| — Wallichii, D. C. | 10 | 47 |
| TARCHONANTHUS, Linn. | 10 | 38 |
| Tarenna, Gærtn. | 8 | 373 |
| TASMANNIA, R. Br. | 7 | 433 |
| TAUSCHERIA, Fisch. | 6 | 325 |
| Tauschia, Presl. | 9 | 522 |
| TAUSCHIA, Schlechtend. | 8 | 138 |
| TAVERNIERA, D. C. | 1 | 155 |
| Taxaceæ, Lindl. | 11 | 279 |
| Taxanthema, Neck. | 10 | 334 |
| Taxeæ, Reichb. | 11 | 279 |
| Taxeæ-Casuarineæ, Reichb. | 11 | 266 |
| **TAXINEÆ, Rich.** | 11 | 279 |
| Taxineæ, Rich. | 11 | 282 |
| **TAXINEÆ-VERÆ,** | | |
| Spach. | 11 | 282 |
| | et | 290 |
| Taxodium, Rich. | 11 | 305 |
| — adscendens, Brongn. | 11 | 349 |
| — distichum, Rich. | 11 | 349 |
| — japonicum heterophyllum, Brongn. | 11 | 352 |
| — microphyllum, Brongn. | 11 | 350 |
| — sempervirens, Lamb. | 11 | 353 |
| | Vol. | Pag. |
|---|---|---|
| TAXUS, Tourn. | 11 | 291 |
| — baccata, Linn. | 11 | 292 |
| — baccata, Mich. | 11 | 293 |
| — canadensis, Willd. | 11 | 293 |
| — elongata, Hort. Kew. | 11 | 438 |
| — hibernica, Sweet. | 11 | 292 |
| — montana, Nutt. | 11 | 298 |
| — nucifera, Hortor. | 11 | 296 |
| — nucifera, Thunb. | 11 | 296 |
| — variegata, Hortor. | 11 | 293 |
| — verticillata, Thunb. | 11 | 296 |
| Tazetta, D. C. | 12 | 406 |
| TCHUDYA, D. C. | 4 | 206 |
| TECMARSIS, D. C. | 10 | 39 |
| TECOMA, Juss. | 9 | 134 |
| — australis, R. Br. | 9 | 136 |
| — capensis, Lindl. | 9 | 137 |
| — grandiflora, Sweet. | 9 | 136 |
| — radicans, Mœnch. | 9 | 134 |
| — sinensis, Lamk. | 9 | 135 |
| TECOMARIA, Endl. | 9 | 137 |
| — capensis, Lindl. | 9 | 137 |
| TECTONA, Linn. fil. | 9 | 233 |
| — grandis, Willd. | 9 | 234 |
| TEEDIA, Rud. | 9 | 268 |
| TEESDALIA, R. Br. | 6 | 325 |
| Teganium, Schmid. | 9 | 95 |
| Tekka, Hort. Mal. | 9 | 234 |
| TELEIANDRA, Nees. | 10 | 472 |
| TELEKIA, Baumg. | 10 | 222 |
| — speciosa, Baumg. | 10 | 223 |
| **TELEPHIEÆ, D. C.** | 5 | 238 |
| TELEPHIUM, Linn. | 5 | 238 |
| Telephioides, Mœnch. | 2 | 486 |
| Telfairia, Hook. | 6 | 187 |
| — pedata, Hook. | 6 | 191 |
| TELIPOGON, Kunth. | 12 | 178 |
| TELLIMA, R. Br. | 5 | 63 |
| — grandiflora, Lindl. | 5 | 63 |
| TELOPEA, R. Br. | 10 | 426 |
| — speciosissima, R. Br. | 10 | 426 |
| TEMPLETONIA, R. Br. | 1 | 190 |
| — glauca, Sims. | 1 | 190 |
| — retusa, R. Br. | 1 | 190 |
| TEMUS, Mol. | 7 | 433 |
| TENARIS, E. Mey. | 8 | 540 |
| Tenorea, Colla. | 10 | 34 |
| Tenoria, Spreng. | 8 | 138 |
| — fruticosa, Spreng. | 8 | 177 |
| TEPESIA, Gærtn. fil. | 8 | 374 |
| Tephranthus, Neck. | 8 | 7 |
| TEPHRODES, D. C. | 10 | 39 |
| TEPHROSIA, Pers. | 1 | 250 |

| | Vol. | Pag. |
|---|---|---|
| Tephrosia capensis, Pers. | 1 | 253 |
| — caribæa, D. C. . . . | 1 | 252 |
| — coronillæfolia, D. C. | 1 | 252 |
| — grandiflora, Pers. . . | 1 | 252 |
| — ochroleuca, Pers. . . | 1 | 251 |
| — piscatoria, Pers. . . | 1 | 252 |
| — tinctoria, Pers. . . . | 1 | 253 |
| — toxicaria, Pers. . . . | 1 | 250 |
| — virginiana, Pers. . . | 1 | 251 |
| TERAMNUS, R. Br. . . . . | 1 | 156 |
| Terebinthaceæ, Juss. . . . | 2 | 162 |
| 184, 227, 229 et | | 360 |
| Terebinthaceæ, Kunth. . | 2 | 184 |
| **TEREBINTHI-** | | |
| **NEÆ**, Bartl. . . . | 2 | 160 |
| Terebinthus, Juss. . . . . | 2 | 186 |
| TERMINALIA, Linn. . . . | 4 | 298 |
| — angustifolia, Jacq. . . | 4 | 300 |
| — Bellerica, Roxb. . . . | 4 | 301 |
| — Benzoin, Linn. fil. . . | 4 | 300 |
| — Catappa, Linn. . . . | 4 | 298 |
| — Chebula, Retz. . . . | 4 | 301 |
| — macroptera, Guill. et Perr. | 4 | 299 |
| — moluccana, Lamk. . . | 4 | 300 |
| — Pamea, D. C. . . . . | 4 | 302 |
| — procera, Roxb. . . . | 4 | 302 |
| **TERMINALIEÆ**, D. C. | 4 | 296 |
| Terminalis angustifolia, | | |
| Rumph. . . . . . . . | 12 | 218 |
| — rubra, Rumph. . . . | 12 | 217 |
| Ternata, Kunth. . . . . . | 1 | 153 |
| TERNSTROEMIA, Linn. . | 4 | 61 |
| — brasiliensis, Camb. . | 4 | 61 |
| — dentata, Swartz. . . | 4 | 62 |
| — pedunculata, D. C. . | 4 | 61 |
| — punctata, Swartz. . . | 4 | 62 |
| **TERNSTROEMIA-** | | |
| **CEÆ**, Mirb. . . . . | 4 | 58 |
| **TERNSTROEMIEÆ,** | | |
| D. C. . . . . . . . . | 4 | 61 |
| Terpnanthus, Nees et Mart. | 2 | 323 |
| TERTREA, D. C. . . . . . | 8 | 376 |
| TESSARIA, R. et P. . . . | 10 | 38 |
| TESSIERA, D. C. . . . . . | 8 | 377 |
| Testudinaria, Sal. . . . . | 12 | 200 |
| — Elephantipes, Lindl. . | 12 | 206 |
| TETA, Roxb. . . . . . . | 12 | 210 |
| TETILLA, D. C. . . . . . | 5 | 39 |
| Tetracarpum, Mœnch. . . | 10 | 17 |
| Tetracellion, Turcz. . . . | 6 | 325 |
| — ellipsoideum, Hortor. | 6 | 517 |
| Tetracellion globosum, Turcz. | 6 | 514 |
| TETRACERA, Linn. . . . | 7 | 414 |
| — oblongifolia, D. C. . | 7 | 414 |
| TETRACHNE, Nees . . . | 13 | 165 |
| TETRADENIA, Benth. . . | 9 | 163 |
| TETRADIUM, Lour. . . . | 2 | 228 |
| TETRADYMIA, D. C. . . | 10 | 31 |
| Tetradynamæ, Reichb. . . | 6 | 316 |
| Tetragastris, Gærtn. . . . | 2 | 230 |
| — ossea, Gærtn. . . . . | 2 | 243 |
| TETRAGONIA, Linn. . . . | 5 | 141 |
| — cornuta, Gærtn. . . . | 5 | 141 |
| — expansa, Hort. Kew. | 5 | 141 |
| — halimifolia, Forst. . | 5 | 141 |
| TETRAGONOLOBUS, Scop. | 1 | 230 |
| — purpureus, Mœnch. . | 1 | 230 |
| **TETRAGONOSPER-** | | |
| **MÆ**, Tausch. . . . . | 8 | 136 |
| Tetrahit, Mœnch. . . . . | 9 | 166 |
| TETRAMELES, R. Br. . . | 13 | 293 |
| Tetramerium, Gærtn. . . | 8 | 376 |
| — occidentale, Nees. et Mart. | 8 | 448 |
| — odoratissimum, Gærtn. | 8 | 448 |
| TETRAMICRA, Lindl. . . | 12 | 176 |
| TETRAMOLOPIUM, Nees. | 10 | 31 |
| TETRAMORPHÆA, D. C. | 10 | 11 |
| TETRANTHERA, Jacq. . . | 10 | 473 |
| — albida, Spreng. . . . | 10 | 505 |
| **TETRANTHEREÆ,** | | |
| Nees. . . . . . . . . . | 10 | 473 |
| TETRANTHUS, Swartz. . . | 10 | 22 |
| Tetraotis, Reinw. . . . . | 10 | 22 |
| TETRAPELTIS, Wallich. . | 12 | 178 |
| TETRAPILUS, Lour. . . . | 8 | 258 |
| Tetrapogon, Desf. . . . . | 13 | 163 |
| TETRAPOMA, Fisch. . . . | 6 | 515 |
| — barbareæfolium, F. et M. | 6 | 517 |
| — Kruhsianum, F. et M. | 6 | 517 |
| TETRAPTERIS, Cav. . . . | 3 | 142 |
| — acutifolia, Cav. . . . | 3 | 143 |
| — buxifolia, Cav. . . . | 3 | 144 |
| — inæqualis, Cav. . . . | 3 | 143 |
| — mucronata, Cav. . . . | 3 | 143 |
| — rotundifolia, Juss. fil. | 3 | 142 |
| TETRAPTERYGIUM, Fisch. | 6 | 325 |
| TETRARRHENA, R. Br. | 13 | 158 |
| TETRATHECA, Smith. . . | 7 | 154 |
| — ericæfolia, Smith. . . | 7 | 154 |
| — glandulosa, Labill. . | 7 | 155 |
| — glandulosa, Smith. . . | 7 | 155 |
| — juncea, Smith. . . . | 7 | 155 |
| — pilosa, Labill. . . . . | 7 | 155 |

| | Vol. | Pag. | | Vol. | Pag. |
|---|---|---|---|---|---|
| *Tetrathylax*, Don. | 9 | 584 | Theobroma angustifolia, | | |
| TETRAZYGIA, Rich. | 4 | 206 | Flor. Mex. | 3 | 484 |
| *Tetrodus*, Cass. | 10 | 17 | — *augusta*, Linn. | 3 | 485 |
| TETRONCIUM, Willd. | 12 | 10 | — bicolor, Humb. et Bonpl. | 3 | 482 |
| *Tetrorhiza*, Ren. | 9 | 6 | — Cacao, Linn. | 3 | 479 |
| TEUCRIUM, Tourn. | 9 | 167 | — *Guazuma*, Linn. | 3 | 488 |
| — *Chamædrys*, Linn. | 9 | 218 | — guianensis, Willd. | 3 | 481 |
| — *Chamæpytis*, Linn. | 9 | 223 | — microcarpa, Mart. | 3 | 484 |
| — *Marum*, Linn. | 9 | 218 | — ovatifolia, Flor. Mex. | 3 | 485 |
| — *officinale*, Lamk. | 9 | 218 | — speciosa, Mart. | 3 | 481 |
| — *Scordium*, Linn. | 9 | 220 | — subincana, Mart. | 3 | 484 |
| — *Scordium*, Smith. | 9 | 220 | — sylvestris, Mart. | 3 | 483 |
| — *Scorodonia*, Linn. | 9 | 221 | — sylvestris, Aubl. | 3 | 483 |
| THACLA, Spach. | 7 | 295 | THEODOREA, Cass. | 10 | 10 |
| — ficarioides, Spach. | 7 | 295 | THEOPHRASTA, Juss. | 9 | 378 |
| *Thalamia*, Spreng. | 11 | 283 | — americana, Linn. | 9 | 378 |
| *Thalasium*, Spreng. | 13 | 160 | — *longifolia*, Jacq. | 9 | 379 |
| THALASSIA, Sol. | 12 | 14 | *Theophrasta*, Linn. | 9 | 374 |
| THALIA, Linn. | 12 | 148 | *THEOPHRASTEÆ*, | | |
| THALICTRUM, Linn. | 7 | 235 | Bartl. | 9 | 374 |
| — *anemonoides*, Mich. | 7 | 240 | THEORHODON, Spach. | 7 | 470 |
| — *flavum*, Linn. | 7 | 236 | THERIOPHONUM, Bl. | 12 | 38 |
| — *glaucum*, Desf. | 7 | 236 | *Thermia*, Nutt. | 1 | 152 |
| — *nigricans*, Jacq. | 7 | 236 | THERMOPSIS, R. Br. | 1 | 165 |
| — *vaginatum*, Desf. | 7 | 236 | — *laburnifolia*, Don. | 1 | 165 |
| THAMNEA, Sol. | 2 | 476 | — lanceolata, R. Br. | 1 | 165 |
| *Thamnia*, R. Br. | 6 | 115 | — nepalensis, D. C. | 1 | 165 |
| THAMNIUM, Klotz. | 9 | 442 | THEROGERON, D. C. | 10 | 30 |
| THAMNOCHORTUS, Berg. | 13 | 159 | THESIOSYRIS, Reichb. | 10 | 460 |
| THAMNUS, Klotz. | 9 | 442 | THESIUM, Linn. | 10 | 460 |
| THAPSIA, Tourn. | 8 | 135 | THESPESIA, Cav. | 3 | 387 |
| THASPIUM, Nutt. | 8 | 134 | — populnea, D. C. | 3 | 387 |
| THAUMURIA, Gaudich. | 11 | 25 | THEVENOTIA, D. C. | 10 | 9 |
| THEA, Linn. | 4 | 90 | THEVETIA, Linn. | 8 | 514 |
| — Bohea, Linn. | 4 | 99 | — Ahouai, Juss. | 8 | 514 |
| — *cantoniensis*, Lour. | 4 | 99 | — Cerbera, Linn. | 8 | 515 |
| — *chinensis viridis*, Sims. | 4 | 98 | THEZERA, D. C. | 2 | 221 |
| — viridis, Linn. | 4 | 98 | THIBAUDIA, Pers. | 9 | 522 |
| *Theaceæ*, Mirb. | 4 | 83 | *Thiebaudia*, Colla. | 12 | 176 |
| THECACORIS, Juss. fil. | 2 | 486 | *Thiga*, Mol. | 11 | 91 |
| *Thecanthes*, Wickstr. | 10 | 436 | THILEODOXIA, Cham. | 8 | 378 |
| *Theka*, Juss. | 9 | 227 | THLASPI, Linn. | 6 | 325 |
| THELASIS, Bl. | 12 | 179 | — Bursa-pastoris, Linn. | 6 | 538 |
| THELEPOGON, Roth. | 13 | 167 | — Bursa, Spreng. | 6 | 538 |
| THELESPERMA, Less. | 10 | 19 | — montanum, Barr. | 6 | 491 |
| THELYCHITON, Endl. | 12 | 182 | — ruderale, All. | 6 | 551 |
| THELYGONUM, Linn. | 11 | 25 | — sativum, Crantz. | 6 | 557 |
| THELYMITRA, Forst. | 12 | 181 | — tenuifolium, Lamk. | 6 | 551 |
| THELYRA, Petit-Thou. | 1 | 369 | — umbellatum, Crantz. | 6 | 565 |
| *Thelythamnos*, Spreng. fil. | 10 | 25 | *Thlaspidium*, Mœnch. | 6 | 325 |
| *Themeda*, Forsk. | 13 | 167 | THLASPIDIUM, Spach. | 6 | 556 |
| THENARDIA, Kunth. | 8 | 503 | — sativum, Spach. | 6 | 557 |
| THEOBROMA, Linn. | 3 | 477 | *Thoa*, Aubl. | 11 | 282 |

| | Vol. | Pag. |
|---|---|---|
| Thoa *edulis*, Willd. . . . | 11 | 286 |
| — *urens*, Aubl. . . . . | 11 | 285 |
| THOMASIA, Gay. . . . | 3 | 497 |
| — foliosa, Gay. . . . . | 3 | 498 |
| — purpurea, Gay. . . | 3 | 497 |
| — quercifolia, Gay. . . | 3 | 499 |
| — solanacea, Gay. . . . | 3 | 498 |
| — triphylla, Gay. . . | 3 | 499 |
| THOMPSONIA, R. Br. . . | 6 | 254 |
| THOMSONIA, Wallich. . . | 12 | 39 |
| *THOMSONIEÆ*, Bl. . | 12 | 38 |
| THORA, D. C. . . . . . | 7 | 207 |
| THORACOSPERMA, Klotz. | 9 | 462 |
| THOTTEA, Rottb. . . . | 10 | 565 |
| THOUAREA, Pers. . . . . | 13 | 160 |
| THOUINIA, Poit. . . . . | 3 | 40 |
| *Thouinia*, Smith. . . . . | 9 | 95 |
| *Thouinia*, Swartz. . . . | 8 | 258 |
| THRASYA, Kunth. . . . | 13 | 160 |
| THRELKELDIA, R. Br. . . | 5 | 278 |
| THRINAX, Linn. fil. . . . | 12 | 62 |
| THRINCIA, Roth. . . . . | 10 | 7 |
| *Thryallis*, Linn. . . . . . | 3 | 124 |
| — *brasiliensis*, Linn. . . | 3 | 135 |
| THUNBERGIA, Linn. . . . | 9 | 147 |
| — alata, Hook. . . | 9 | 148 |
| — grandiflora, Roxb. . | 9 | 148 |
| *Thunbergia*, Mont. . . . | 8 | 372 |
| — *capensis*, Mont. . . . | 8 | 413 |
| *THUNBERGIEÆ*, Nees. | 9 | 145 |
| THURARIA, Mol. . . . . | 9 | 417 |
| THUYA, Tourn. . . . . | 11 | 337 |
| — acuta, Mœnch. . . . | 11 | 335 |
| — articulata, Vahl. . . | 11 | 344 |
| — chilensis, Lamb. . . | 11 | 342 |
| — dolabrata, Thunb. . | 11 | 337 |
| — excelsa, Bongard. . . | 11 | 333 |
| — gigantea, Nutt. . . . | 11 | 342 |
| — nepalensis, Hortor. . | 11 | 355 |
| — obtusa, Mœnch. . . . | 11 | 339 |
| — occidentalis, Linn. . . | 11 | 339 |
| — orientalis, Linn. . . . | 11 | 355 |
| — plicata, Donn. . . . . | 11 | 342 |
| — plicata, Hortor. . . . | 11 | 339 |
| — pyramidalis, Ten. . | 11 | 335 |
| — sphæroidalis, Rich. . | 11 | 331 |
| — tatarica, Hortor. . . | 11 | 355 |
| *Thyana*, Ham. . . . . | 3 | 40 |
| THYLACHIUM, Lour. . . | 6 | 296 |
| THYLACITES, Griseb. . . | 9 | 20 |
| *Thylacites*, Rep. . . . . | 9 | 6 |
| THYMBRA, Linn. . . . . | 9 | 164 |

| | Vol. | Pag. |
|---|---|---|
| *Thymelæa*, Scop. . . . . | 10 | 436 |
| THYMELÆA, Spach. . . . | 10 | 441 |
| *Thymelæaceæ*, Reichb. . | 10 | 434 |
| *THYMELEÆ*, Juss. | 10 | 434 |
| *Thymeleæ - Aquilarineæ*, Reichb. . . . . . . . | 13 | 287 |
| *Thymelinæ*, Hoffmanns. . | 10 | 436 |
| THYMOPHYLLA, Lag. . . | 10 | 16 |
| THYMUS, Tourn. . . . . | 9 | 191 |
| — *apicularis*, W. et K. | 9 | 192 |
| — *angustifolius*, Pers. . | 9 | 192 |
| — *Chamœdrys*, Fries. . | 9 | 192 |
| — *lanuginosus*, Link. . | 9 | 192 |
| — *majoranæfolius*, Desf. | 9 | 192 |
| — *montanus*, W. et K. | 9 | 192 |
| — *nummularius*, Bieberst. | 9 | 192 |
| — *pulegioides*, Linn. . . | 9 | 192 |
| — Serpyllum, Linn. . . | 9 | 191 |
| — vulgaris, Linn. . . . | 9 | 193 |
| *Thyridostachyum*, Nees. | 13 | 166 |
| *Thyrsanthus*, Elliott. . . | 1 | 156 |
| *Thyrsanthus*, Schrank. . . | 9 | 343 |
| *Thysanachne*, Presl. . . | 13 | 167 |
| THYSANOCARPUS, Hook. | 6 | 325 |
| THYSANOLÆNA, Nees. . | 13 | 160 |
| THYSANOTUS, R. Br. . . | 12 | 382 |
| — intricatus, Lindl. . . | 12 | 383 |
| — isantherus, R. Br. . . | 12 | 383 |
| — junceus, R. Br. . . . | 12 | 383 |
| — proliferus, Lindl. . . | 12 | 384 |
| — tenuis, Lindl. . . . . | 12 | 383 |
| — triandrus, R. Br. . . | 12 | 383 |
| *Thysselinum*, Riv. . . . . | 8 | 135 |
| TIARELLA, Linn. . . . . | 5 | 64 |
| — cordifolia, Linn. . . | 5 | 65 |
| TIARIDIUM, Lehm. . . . | 9 | 31 |
| TIBOUCHINA, Aubl. . . . | 4 | 248 |
| — scabra, Aubl. . . . . | 4 | 248 |
| *Ticanto*, Adans. . . . . . | 1 | 88 |
| TICOREA, Aubl. . . . . | 2 | 355 |
| — bracteata, A. Saint-Hil. | 2 | 357 |
| — febrifuga, A. Saint-Hil. | 2 | 356 |
| — fœtida, Aubl. . . . . | 2 | 356 |
| — jasminiflora, A. Saint-Hil. . . . . . . . | 2 | 356 |
| — longiflora, D. C. . . . | 2 | 358 |
| — pedicellata, D. C. . . | 2 | 358 |
| — simplicifolia, D. C. . . | 2 | 357 |
| TIEDEMANNIA, D. C. . . | 8 | 135 |
| *Tigarea*, Aubl. . . . . . | 7 | 412 |
| *Tigarea*, Pursh. . . . . . | 1 | 428 |
| — *tridentata*, Pursh. . . | 1 | 429 |

| | Vol. | Pag. | | Vol. | Pag. |
|---|---|---|---|---|---|
| TIGRIDIA, Juss. | 13 | 5 | TILLANDSIEÆ, Reichb. | 12 | 398 |
| — Herberti, Herb. | 13 | 7 | Timmia, Gmel. | 12 | 403 |
| — pavonia, Red. | 13 | 6 | TIMONIUS, D. C. | 8 | 375 |
| TILESIA, E. Mey. | 10 | 20 | Tina, R. et S. | 3 | 40 |
| TILIA, Linn. | 4 | 15 | Tinantia, Dumort. | 13 | 3 |
| — alba, Mich. | 4 | 34 | Tinantia, Scheidw. | 13 | 122 |
| — alba, W. et K. | 4 | 33 | TINIARIA, Meisn. | 10 | 521 |
| — americana, Hort. Kew. | 4 | 27 | Tinus, Linn. | 9 | 443 |
| — argentea, Desf. | 4 | 33 | TINUS, Tourn. | 8 | 315 |
| — corallina, Hort. Kew. | 4 | 24 | — laurifolius, Borkh. | 8 | 316 |
| — cordata, Mill. | 4 | 24 | — rugosus, Spach. | 8 | 317 |
| — cordifolia, Bess. | 4 | 24 | TIPULARIA, Nutt. | 12 | 179 |
| — corinthiaca, Bosc. | 4 | 24 | TIQUILIA, Pers. | 9 | 32 |
| — europæa, Desf. | 4 | 24 | Tita, Scop. | 4 | 332 |
| — europæa, Smith. | 4 | 21 | TITANIA, Endl. | 12 | 175 |
| — europæa borealis, Wahl. | 4 | 18 | TITHONIA, Desf. | 10 | 150 |
| — europæa : γ, Linn. | 4 | 18 | — tagetiflora, Desf. | 10 | 151 |
| — glabra, Vent. | 4 | 27 | Tithymaloideæ, Vent. | 2 | 484 |
| — heterophylla, Vent. | 4 | 34 | Tithymalus, Tourn. | 2 | 488 |
| — hybrida, Bechst. | 4 | 23 | Tittmannia, Brongn. | 2 | 476 |
| — intermedia, D. C. | 4 | 21 | Tittmannia, Reichb. | 9 | 269 |
| — laxiflora, Mich. | 4 | 32 | Toanabo, Aubl. | 4 | 59 |
| — macrophylla, Hortor. | 4 | 35 | TOCOCA, Aubl. | 4 | 254 |
| — microphylla, Vent. | 4 | 18 | — bullifera, Mart. | 4 | 255 |
| — missisippiensis, Bosc. | 4 | 27 | — formicaria, Mart. | 4 | 256 |
| — mollis, Spach. | 4 | 24 | — guianensis, Aubl. | 4 | 255 |
| — neglecta, Spach. | 4 | 29 | — macrosperma, Mart. | 4 | 256 |
| — nigra, Borkh. | 4 | 27 | TOCOYENA, Aubl. | 8 | 406 |
| — parvifolia, Ehrh. | 4 | 18 | — longiflora, Aubl. | 8 | 406 |
| — parvifolia, Guimp. et Hayn. | 4 | 19 | — longifolia, Poir. | 8 | 406 |
| — pauciflora, Hayn. | 4 | 24 | TODDALIA, Juss. | 2 | 368 |
| — platyphylla, Scop. | 4 | 24 | — floribunda, Wallich. | 2 | 368 |
| — pubescens, Hort. Kew. | 4 | 32 | TOFIELDA, Huds. | 12 | 235 |
| — pubescens leptophylla, Vent. | 4 | 32 | TOLPIS, Adans. | 10 | 7 |
| — rotundifolia, Vent. | 4 | 33 | — barbata, Gærtn. | 10 | 51 |
| — rubra, D. C. | 4 | 24 | — quadriaristata, Biv. | 10 | 51 |
| — sylvestris, Desf. | 4 | 18 | Toluifera, Linn. | 1 | 151 |
| — Tecksiana, Bauh. | 4 | 21 | — Balsamum, Mill. | 1 | 159 |
| — tomentosa, Mœnch. | 4 | 33 | TOMANTHEA, D. C. | 10 | 11 |
| — triflora, Horn. | 4 | 24 | TONINA, Aubl. | 13 | 140 |
| — truncata, Spach. | 4 | 30 | Tonsella, Schreb. | 2 | 398 |
| — ulmifolia, Scop. | 4 | 18 | Tontanea, Aubl. | 8 | 375 |
| — vulgaris, Hayn. | 4 | 21 | Tontelea, Aubl. | 2 | 398 |
| | | | TOPINA, Mart. | 9 | 257 |
| TILIACEÆ, D. C. | 4 | 4 | Topobea, Aubl. | 4 | 206 |
| TILIACEÆ, Juss. | 4 | 1 | — parasilica, Aubl. | 4 | 269 |
| Tiliaceæ — Dipterocarpeæ, Reichb. | 13 | 301 | TORDYLIOPSIS, D. C. | 8 | 136 |
| Tiliacora, Colebr. | 8 | 6 | TORDYLIUM, Tourn. | 8 | 136 |
| TILLÆA, Linn. | 5 | 73 | TORICELLIA, D. C. | 8 | 115 |
| TILLANDSIA, Linn. | 12 | 398 | TORILIS, Adans. | 8 | 135 |
| | | | Tormentilla, Linn. | 1 | 453 |
| | | | — erecta, Linn. | 1 | 472 |
| | | | TORRENIA, Linn. | 9 | 269 |

| | Vol. | Pag. | | Vol. | Pag. |
|---|---|---|---|---|---|
| TORREYA, Arn. | 11 | 297 | Trachymene cærulea, Graham. | 8 | 175 |
| — taxifolia, Arn. | 11 | 298 | Trachynia, Link. | 13 | 165 |
| Torreya, Raf. | 13 | 144 | Trachynotia, Mich. | 13 | 162 |
| Torreya, Spreng. | 10 | 516 | Trachyozus, Reichb. | 13 | 160 |
| Tortula, Roxb. | 9 | 227 | Trachypleurum, Reichb. | 8 | 138 |
| Torulinium, Desv. | 13 | 144 | Trachypogon, Nees. | 13 | 167 |
| Touchiroa, Aubl. | 1 | 88 | TRACHYS, Pers. | 13 | 160 |
| TOULICIA, Aubl. | 3 | 40 | Trachysperma, Raf. | 9 | 6 |
| Tounatea, Aubl. | 1 | 146 | Trachyspermum, Link. | 8 | 138 |
| — guianensis, Aubl. | 1 | 148 | TRACHYSTEMON, Don. | 9 | 31 |
| Tournefortia, Linn. | 9 | 32 | TRACHYTELLA, D. C. | 7 | 413 |
| TOURNEFORTIA, R. Br. | 9 | 32 | TRADESCANTIA, Linn. | 13 | 126 |
| TOURNEFORTIEÆ, Endl. | 9 | 32 | — bifida, Roth. | 13 | 129 |
| Tournesolia, Scop. | 2 | 487 | — crassifolia, Cav. | 13 | 127 |
| TOURRETIA, Juss. | 9 | 130 | — discolor, Smith. | 13 | 128 |
| TOURRETIEÆ, Eudl. | 9 | 130 | — erecta, Jacq. | 13 | 129 |
| TOVARIA, Flor. Peruv. | 6 | 296 | — iridescens, Lindl. | 13 | 128 |
| Tovaria, Neck. | 12 | 210 | — pilosa, Lehm. | 13 | 126 |
| TOVOMITA, Aubl. | 5 | 309 | — rosea, Vent. | 13 | 128 |
| — guianensis, Aubl. | 5 | 309 | — subaspera, Gawl. | 13 | 127 |
| — madagascariensis, Camb. | 5 | 310 | — tumida, Lindl. | 13 | 127 |
| — paniculata, Cav. | 5 | 309 | — undata, Willd. | 13 | 129 |
| Towara, Adans. | 10 | 521 | — virginica, Linn. | 13 | 127 |
| TOWNSENDIA, Hook. | 10 | 30 | TRAGANUM, D. C. | 5 | 278 |
| Toxicodendron, Gærtn. | 3 | 40 | TRAGIA, Plum. | 2 | 522 |
| — Cobbe, Gærtn. | 3 | 51 | Tragium, Spreng. | 8 | 138 |
| Toxicodendron, Thunb. | 2 | 487 | — Anisum, Linn. | 8 | 199 |
| Toxicodendron, Tourn. | 2 | 186 | TRAGOCERAS, Kunth. | 10 | 20 |
| — crenatum, Mill. | 2 | 222 | TRAGOPOGON, Linn. | 10 | 52 |
| — pinnatum, Mill. | 2 | 215 | — coloratus, C. A. Mey. | 10 | 53 |
| — volubile, Mill. | 2 | 217 | — eriospermus, Ten. | 10 | 53 |
| — vulgare, Bot. Mag. | 2 | 217 | — porrifolius, Linn. | 10 | 53 |
| — vulgare, Mill. | 2 | 217 | — pratensis, Linn. | 10 | 52 |
| TOXOCARPUS, Wight et Arn. | 8 | 538 | TRAGOPYRUM, Bieberst. | 10 | 521 |
| Toxophænia, Schott. | 12 | 63 | Tragoselinum, Tourn. | 8 | 138 |
| Tozzettia, Savi. | 13 | 159 | — Angelica, Lamk. | 8 | 195 |
| TOZZIA, Micheli. | 9 | 272 | — minus, Lamk. | 8 | 197 |
| TRACHEANTHERA, Griseb. | 9 | 8 | — saxifragum, Mœnch. | 8 | 197 |
| TRACHELIUM, Linn. | 9 | 567 | Tragus, Hall. | 13 | 160 |
| — cœruleum, Linn. | 9 | 568 | TRALLIANA, Lour. | 2 | 404 |
| TRACHODES, Don. | 10 | 5 | TRAPA, Linn. | 4 | 443 |
| TRACHYANDRA, Kunth. | 12 | 372 | — bicornis, Linn. fil. | 4 | 445 |
| — canaliculata, Kunth. | 12 | 373 | — bispinosa, Roxb. | 4 | 445 |
| — divaricata, Kunth. | 12 | 374 | — chinensis, Lour. | 4 | 445 |
| — hispida, Kunth. | 12 | 373 | — cochinchinensis, Lour. | 4 | 445 |
| — Jacquini, Kunth. | 12 | 373 | — natans, Linn. | 4 | 444 |
| — revoluta, Kunth. | 12 | 373 | — quadrispinosa, Roxb. | 4 | 445 |
| TRACHYDIUM, Lindl. | 8 | 140 | Trasus, Gray. | 13 | 147 |
| TRACHYMARATHREÆ, Tausch. | 8 | 134 | Trattinikia, Pers. | 10 | 18 |
| TRACHYMARATHRUM, Tausch. | 8 | 134 | TRAUTVETTERIA, F. et M. | 7 | 233 |
| | | | — palmata, F. et M. | 7 | 234 |
| TRACHYMENE, Rudge. | 8 | 137 | Treisia, Haw. | 2 | 488 |

| | Vol. | Pag. |
|---|---|---|
| **TREMANDREÆ,** | | |
| R. Br. | 7 | 153 |
| *Tremanthus*, Pers. | 9 | 417 |
| TREMBLEYA, D. C. | 4 | 231 |
| — phlogiformis, D. C. | 4 | 232 |
| — rosmarinoides., D. C. | 4 | 231 |
| TREPOCARPUS, Nutt. | 8 | 133 |
| TREVIRANA, Willd. | 9 | 258 |
| TRIACHNE, Cass. | 10 | 34 |
| TRIACHYRUM, Hochst. | 13 | 161 |
| TRIADENIA, Spach. | 5 | 370 |
| — microphylla, Spach. | 5 | 371 |
| — Sieberi, Spach. | 5 | 373 |
| — thymifolia, Spach. | 5 | 372 |
| — Webbii, Spach. | 5 | 372 |
| *Triadenium*, Raf. | 5 | 341 |
| TRIADICA, Lour. | 2 | 488 |
| TRIÆNA, Kunth. | 13 | 163 |
| TRIANOPTILES, Fenzl. | 13 | 145 |
| *Triantha*, Nutt. | 12 | 235 |
| TRIANTHÆA, D. C. | 10 | 39 |
| TRIANTHEMA, Sauv. | 5 | 109 |
| TRIAS, Lindl. | 12 | 176 |
| TRIATHERA, Desv. | 13 | 163 |
| *Triathera*, Roth. | 13 | 164 |
| TRIBONANTHES, Endl. | 13 | 109 |
| *Tribrachya*, Lindl. | 12 | 175 |
| **TRIBULEÆ,** Juss. fil. | 2 | 305 |
| | et | 306 |
| TRIBULUS, Linn. | 2 | 305 |
| TRICALYSIA, A. Rich. | 8 | 374 |
| TRICARYUM, Lour. | 2 | 486 |
| TRICENTRUM, D. C. | 4 | 205 |
| TRICERA, Schreb. | 2 | 486 |
| *Triceras*, Andrz. | 6 | 323 |
| TRICERASTES, Presl. | 13 | 293 |
| *Trichachne*, Nees. | 13 | 160 |
| *Trichæta*, Beauv. | 13 | 163 |
| *Trichelostylis*, Lestib. | 13 | 144 |
| *Trichera*, Schrad. | 10 | 314 |
| — *arvensis*, R. et S. | 10 | 324 |
| TRICHILIA, Linn. | 3 | 194 |
| — *alliacea*, Forst. | 3 | 189 |
| — diversifolia, Juss. fil. | 3 | 196 |
| — *elegans*, Juss. fil. | 3 | 197 |
| — emetica, Vahl. | 3 | 194 |
| — *glabra*, Linn. | 3 | 195 |
| — *Guarea*, Aubl. | 3 | 200 |
| — havanensis, Jacq. | 3 | 195 |
| — hirta, Linn. | 3 | 195 |
| — *moschata*, Swartz. | 3 | 198 |
| — *odorata*, Andr. | 3 | 198 |

| | Vol. | Pag. |
|---|---|---|
| Trichilia pteleæfolia, Juss. fil. | 3 | 196 |
| — *spectabilis*, Forst. | 3 | 189 |
| — spondioides, Swartz. | 3 | 195 |
| — trinitensis, Juss. fil. | 3 | 196 |
| **TRICHILIEÆ,** Juss. fil. | 3 | 186 |
| TRICHINIUM, R. Br. | 5 | 249 |
| TRICHOA, Pers. | 8 | 7 |
| *Trichocarpus*, Schreb. | 4 | 4 |
| TRICHOCENTRUM, Pœpp. et Endl. | 12 | 177 |
| TRICHOCEPHALUS, Brongn. | 2 | 466 |
| — spicatus, Brongn. | 2 | 467 |
| — stipularis, Brongn. | 2 | 467 |
| TRICHOCEROS, Kunth. | 12 | 178 |
| TRICHOCHLOA, Trin. | 13 | 161 |
| TRICHOCLADUS, Pers. | 8 | 78 |
| TRICHOCLINE, Cass. | 10 | 35 |
| *Trichocrepis*, Vis. | 10 | 6 |
| TRICHODESMA, R. Br. | 9 | 31 |
| *Trichodium*, Mich. | 13 | 161 |
| *Trichogamila*, P. Br. | 9 | 417 |
| TRICHOGLOTTIS, Bl. | 12 | 178 |
| TRICHOGYNE, Less. | 10 | 27 |
| *Tricholæna*, Schrad. | 13 | 167 |
| TRICHOLEPIS, D. C. | 10 | 11 |
| TRICHOLOPHUS, Spach. | 7 | 114 |
| — monspeliacus, Spach. | 7 | 116 |
| TRICHONEMA, Ker. | 13 | 99 |
| — Bulbocodium, Ker. | 13 | 99 |
| — Columnæ, Seb. et Maur. | 13 | 100 |
| — purpurascens, Ten. | 13 | 100 |
| — ramiflorum, Ten. | 13 | 100 |
| *Trichoon*, Roth. | 10 | 162 |
| TRICHOPETALUM, Lindl. | 12 | 256 |
| TRICHOPHORUM, Pers. | 13 | 144 |
| TRICHOPHYLLUM, Nutt. | 10 | 17 |
| TRICHOPILIA, Lindl. | 12 | 178 |
| TRICHOPODIUM, Lindl. | 10 | 562 |
| TRICHOPTERYX, Nees. | 13 | 163 |
| TRICHOSANTHES, Linn. | 6 | 192 |
| — anguina, Linn. | 6 | 193 |
| — cucumerina, Linn. | 6 | 193 |
| — cuspidata, Lamk. | 6 | 194 |
| TRICHOSIPHON, Schott et Endl. | 3 | 518 |
| — australe, Schott et Endl. | 3 | 518 |
| TRICHOSMA, Lindl. | 12 | 177 |
| TRICHOSPERMUM, Bl. | 6 | 115 |
| TRICHOSPIRA, Kunth. | 10 | 40 |
| *Trichosporum*, Don. | 9 | 257 |
| TRICHOSTEMA, Linn. | 9 | 167 |
| *Trichostemma*, Cass. | 10 | 21 |
| TRICHOSTEPHUS, Cass. | 10 | 21 |

| | Vol. | Pag. | | Vol. | Pag. |
|---|---|---|---|---|---|
| *Trichothalamus*, Lehm. | 1 | 453 | TRILLIUM, Mill. | 12 | 227 |
| TRICHOTOSIA, Bl. | 12 | 177 | — *erectum*, Willd. | 12 | 229 |
| TRICOCCÆ, Bartl. | 2 | 391 | — *erectum*: β, Bot. Mag. | 12 | 229 |
| *Tricondylus*, Sal. | 10 | 402 | — *erythrocarpum*, Bot. | | |
| TRICORYNE, R. Br. | 12 | 256 | Mag. | 12 | 229 |
| *Tricratus*, L'hérit. | 10 | 516 | — grandiflorum, Sal. | 12 | 229 |
| TRICUSPIDARIA, R. et P. | 4 | 4 | — pendulum, Willd. | 12 | 229 |
| *Tricuspis*, Beauv. | 13 | 164 | — rhomboideum, Mich. | 12 | 229 |
| TRICYCLA, Cav. | 10 | 516 | — *rhomboideum grandi-* | | |
| TRIDAX, Linn. | 10 | 18 | *florum*, Mich. | 12 | 229 |
| *Tridens*, Nees. | 13 | 163 | — sessile, Linn. | 12 | 228 |
| *Tridens*, R. et S. | 13 | 164 | *Trilophus*, Lestib. | 12 | 154 |
| *Tridentea*, Haw. | 8 | 540 | TRIMERANTHES, Cass. | 10 | 22 |
| TRIDESMINEÆ, Spach. | 5 | 340 | TRIMERIS, Presl. | 9 | 572 |
| | et | 337 | *Trimeriza*, Lindl. | 10 | 560 |
| TRIDESMIS, Spach. | 5 | 338 | *Trimeriza lurida*, Sal. | 13 | 74 |
| — ochnoides, Spach. | 5 | 339 | TRIMETRA, Moç. et Sess. | 10 | 40 |
| *Tridesmus*, Lour. | 2 | 487 | *Trimorphæa*, Cass. | 10 | 30 |
| TRIENTALIS, Linn. | 9 | 343 | *Trinacte*, Gærtn. | 10 | 33 |
| TRIFOLIEÆ, D. C. | 1 | 153 | *Trinia*, Hoffm. | 8 | 138 |
| | et | 216 | *Triodea*, Rafin. | 13 | 147 |
| TRIFOLIUM, Tourn. | 1 | 225 | TRIODIA, R. Br. | 13 | 163 |
| — agrarium, Linn. | 1 | 227 | TRIODON, D. C. | 8 | 377 |
| — alpestre, Linn. | 1 | 224 | *Triodon*, Rich. | 13 | 146 |
| — alpinum, Linn. | 1 | 226 | *Trionum*, Medic. | 3 | 343 |
| — *aureum*, Schk. | 1 | 227 | TRIONYCHON, Wallr. | 9 | 262 |
| — fragiferum, Linn. | 1 | 226 | TRIOPTERIS, Linn. | 3 | 141 |
| — incarnatum, Linn. | 1 | 225 | — *indica*, Willd. | 3 | 140 |
| — *microphyllum*, Bast. | 1 | 225 | — lucida, Kunth. | 3 | 141 |
| — *pratense*, Auctor | 1 | 224 | — ovata, Cav. | 3 | 141 |
| — pratense, Linn. | 1 | 225 | TRIOSTEUM, Linn. | 8 | 328 |
| — procumbens, Linn. | 1 | 227 | — *majus*, Mich. | 8 | 328 |
| — repens, Linn. | 1 | 225 | — perfoliatum, Linn. | 8 | 328 |
| — rubens, Linn. | 1 | 225 | TRIPHACA, Lour. | 3 | 502 |
| — sativum, Mill. | 1 | 224 | TRIPHASIA, Lour. | 2 | 251 |
| — subterraneum, Linn. | 1 | 227 | — trifoliata, Andr. | 2 | 251 |
| TRIGLOCHIN, Linn. | 12 | 10 | *Triphora*, Nutt. | 12 | 182 |
| *Triglossum*, Fisch. | 13 | 165 | TRIPHYSARIA, F. et M. | 9 | 272 |
| TRIGONELLA, Linn. | 1 | 226 | *Tripladenia*, Don. | 12 | 235 |
| — cœrulea, Ser. | 1 | 224 | — *Cunninghami*, Don. | 12 | 250 |
| — Fœnum-græcum, Linn. | 1 | 220 | TRIPLARIS, Linn. | 10 | 522 |
| TRIGONIA, Aubl. | 2 | 399 | TRIPLASIS, Beauv. | 13 | 163 |
| TRIGONIDIUM, Lindl. | 12 | 177 | TRIPLATEIA, Bartl. | 5 | 205 |
| *Trigonis*, Jacq. | 3 | 40 | TRIPLEURA, Lindl. | 12 | 181 |
| — *tomentosa*, Jacq. | 3 | 58 | *Triplima*, Rafin. | 13 | 147 |
| TRIGONOSPERMUM, Less. | 10 | 21 | *Triplocentron*, Cass. | 10 | 11 |
| TRIGUERA, Cav. | 9 | 58 | TRIPLOSTEGIA, Wallich. | 10 | 304 |
| *Triquera*, Cav. | 3 | 343 | TRIPOGON, R. et S. | 13 | 164 |
| *Trigynea*, Schlechtend. | 7 | 497 | TRIPOLIUM, Nees. | 10 | 257 |
| TRILEPIS, Nees. | 13 | 147 | — vulgare, Nees. | 10 | 257 |
| TRILISA, Cass. | 10 | 37 | TRIPSACUM, Linn. | 13 | 166 |
| TRILIX, Linn. | 4 | 4 | TRIPTERELLA, Mich. | 13 | 119 |
| | | | *Tripterelleæ*, Nutt. | 13 | 118 |

| | Vol. | Pag. | | Vol. | Pag. |
|---|---|---|---|---|---|
| TRIPTERIS, Less. . . . . | 10 | 15 | *Tritoma*, Gawl. . . . . . | 12 | 255 |
| TRIPTERIUM, D. C. . . . | 7 | 237 | — *media*, Gawl. . . . . | 12 | 365 |
| — aquilegifolium, Spach. | 7 | 238 | — *pumila*, Gawl. . . . | 12 | 365 |
| TRIPTEROSPERMUM, Bl. | 9 | 6 | — *Uvaria*, Gawl. . . . | 12 | 365 |
| TRIPTILION, R. et S. . . | 10 | 34 | *Tritomanthe*, Link. . . . . | 12 | 255 |
| TRIRAPHIS, R. Br. . . . | 13 | 162 | — *media*, Link. . . . . | 12 | 365 |
| | | | — *pumila*, Link. . . . . | 12 | 365 |
| TRISEPALÆ, Bartl. | 7 | 491 | *Tritomium*, Link. . . . . | 12 | 255 |
| TRISETARIA, Forsk. . . . | 13 | 163 | *Tritonia*, Ker. . . . . . . | 13 | 4 |
| TRISETUM, Pers. . . . . | 13 | 163 | — *capensis*, Ker. . . . | 13 | 83 |
| *Trisiola*, Raf. . . . . . | 13 | 165 | — *crispa*, Ker. . . . . | 13 | 82 |
| TRISTACHYA, Nees. . . . | 13 | 163 | — *crocata*, Hort. Kew. . | 13 | 84 |
| TRISTAGMA, Pœpp. . . . | 12 | 255 | — *deusta*, Ker. . . . | 13 | 84 |
| TRISTANIA, R. Br. . . . | 4 | 113 | — *fenestrata*, Ker. . . . | 13 | 84 |
| — conferta, R. Br. . . . | 4 | 114 | — *flava*, Hort. Kew. . . | 13 | 83 |
| — laurina, R. Br. . . . | 4 | 114 | — *lineata*, Hort. Kew. . . | 13 | 83 |
| — neriifolia, R. Br. . . | 4 | 113 | — *longiflora*, Hort. Kew. | 13 | 83 |
| — suaveolens, Smith. . . | 4 | 114 | — *miniata*, Ker. . . . . | 13 | 84 |
| *Tristegia*, Nees. . . . . . | 13 | 160 | — *rosea*, Hort. Kew. . . | 13 | 83 |
| TRISTELLATEIA, Petit-Thou. | 3 | 124 | — *squalida*, Ker. . . . | 13 | 83 |
| TRISTEMMA, Juss. . . . . | 4 | 206 | — *viridis*, Hort. Kew. . | 13 | 83 |
| TRISTEMON, Klotz. . . . | 9 | 442 | TRIUMFETTA, Linn. . . . | 4 | 3 |
| *Tristemon*, Raf. . . . . . | 12 | 10 | TRIXAGO, Stev. . . . . . | 9 | 272 |
| TRISTERIX, Mart. . . . . | 8 | 234 | *Trixis*, Mich. . . . . . | 4 | 443 |
| TRISTICHA, Petit-Thou. . | 12 | 12 | TRIXIS, P. Br. . . . . . | 10 | 34 |
| TRITELEIA, Dougl. . . . | 12 | 255 | TRIZEUXIS, Lindl. . . . . | 12 | 177 |
| TRITHRINAX, Mart. . . . | 12 | 62 | *Trochera*, Rich. . . . . | 13 | 158 |
| TRITICUM, Linn. . . . . . | 13 | 237 | TROCHETIA, D. C. . . . | 3 | 454 |
| — *æstivum*, Linn. . . . | 13 | 238 | — triflora, D. C. . . . | 3 | 455 |
| — *amyleum*, Ser. . . . . | 13 | 241 | — uniflora, D. C. . . . . | 3 | 455 |
| — *atratum*, Host. . . . . | 13 | 241 | *Trochiscanthes*, Koch. . . | 8 | 138 |
| — *brachystachyum*, Lag. | 13 | 239 | TROCHOCARPA, R. Br. . | 9 | 433 |
| — *Bauhini*, Lag. . . . . | 13 | 239 | TROLLIUS, Linn. . . . . . | 7 | 296 |
| — *cereale*, Schrank. . . . | 13 | 238 | — *altissimus*, Wender. . | 7 | 297 |
| — *Cienfuegos*, Lag. . . . | 13 | 241 | — americanus, Linn. . . | 7 | 299 |
| — *compositum*, Linn. . . | 13 | 239 | — asiaticus, Linn. . . . | 7 | 298 |
| — *dicoccum*, Schrank. . . | 13 | 240 | — europæus, Linn. . . . | 7 | 297 |
| — *durum*, Desf. . . . . . | 13 | 239 | — *humilis*, Crantz. . . . | 7 | 297 |
| — *Gærtnerianum*, Lag. . | 13 | 241 | — *laxus*, Pursh. . . . . | 7 | 299 |
| — *glaucum*, Mœnch. . . | 13 | 239 | — *medius*, Wender. . . . | 7 | 297 |
| — *hordeiforme*, Host. . . | 13 | 239 | — *minimus*, Wender. . . | 7 | 297 |
| — *hybernum*, Linn. . . . | 13 | 238 | — *napellifolius*, Rœp. . | 7 | 297 |
| — monococcum, Linn. . . | 13 | 241 | TROMMSDORFIA, Bl. . . | 9 | 257 |
| — *polystachyum*, Lag. . | 13 | 239 | TROMMSDORFIA, Mart. . | 5 | 267 |
| — polonicum, Linn. . . . | 13 | 239 | — aurata, Mart. . . . . | 5 | 268 |
| — repens, Linn. . . . . | 13 | 244 | *Tromotriche*, Haw. . . . . | 8 | 540 |
| — *sativum*, Lamk. . . . | 13 | 238 | | | |
| — *sativum turgidum*, Del. | 13 | 238 | TROPÆOLEÆ, Juss. | 3 | 3 |
| — *Spelta*, Host. . . . . | 13 | 241 | TROPÆOLUM, Linn. . . . | 3 | 4 |
| — Spelta, Linn. . . . . | 13 | 240 | — *aduncum*, Smith. . . . | 3 | 6 |
| — turgidum, Linn. . . . | 13 | 238 | — *majus*, Linn. . . . . . | 3 | 5 |
| — vulgare, Vill. . . . . | 13 | 238 | — minus, Linn. . . . . | 3 | 5 |
| — *Zea*, Host. . . . . . | 13 | 240 | — pentaphyllum, Lamk. . | 5 | 7 |

| | Vol. | Pag. |
|---|---|---|
| Tropæolum peregrinum, Linn. | 3 | 6 |
| — polyphyllum, Cav. . . | 3 | 7 |
| — tricolorum, Sweet. . . | 3 | 7 |
| — tuberosum, R. et P. . | 3 | 6 |
| *Tropaulos*, Raf. . . . . . | 8 | 305 |
| TROPHIS, P. Br. . . . . | 11 | 38 |
| TROPIDIA, Lindl. . . . | 12 | 181 |
| TROPIDOLEPIS, Tausch. . | 10 | 30 |
| TROS, Haw. . . . . . . . | 12 | 438 |
| TROXIMON, Gærtn. . . . | 10 | 6 |
| TRUNCARIA, D. C. . . . | 4 | 205 |
| *Tryocephalon*, Forst. . . . | 13 | 144 |
| TRYPHIA, Lindl. . . . . | 12 | 180 |
| *Trysanthus*, Lour. . . . . | 8 | 137 |
| *Tsjaca Marum*, Hort. Mal. | 11 | 72 |
| *Tsjanakua*, Hort. Mal. . . | 12 | 169 |
| *Tsjovanna-Amelpodi*, Hort. Mal. . . . . . . . . | 8 | 512 |
| TUBA, Adans. . . . . . | 8 | 373 |
| *Tubera*, Bl. . . . . . . | 12 | 179 |
| TUBERARIA, Spach. . . | 6 | 45 |
| — annua, Spach. . . . | 6 | 46 |
| — perennis, Spach. . . | 6 | 48 |
| — *perennis globulariæfolia*, Spach. . . . | 6 | 49 |
| — *perennis melastomæfolia*, Spach. . . . | 6 | 49 |
| TUBIFLORÆ, Bartl. | 9 | 26 |
| TUBILIUM, Cass. . . . . | 10 | 27 |
| TULBAGHIA, Linn. . . . | 12 | 255 |
| TULIPA, Tourn. . . . . | 12 | 259 |
| — *acuminata*, Vahl. . . | 12 | 261 |
| — *australis*, Link. . . . | 12 | 264 |
| — Bonarotiana, Bertol. . . | 12 | 261 |
| — *Breyniana*, Bot. Mag. | 12 | 264 |
| — *campsopetala*, Delaun. | 12 | 260 |
| — Celsiana, D. C. . . . | 12 | 264 |
| — Clusiana, Vent. . . . | 12 | 262 |
| — *cornuta*, Redout. . . | 12 | 261 |
| — *Foxiana*, Reboul. . . | 12 | 262 |
| — *gallica*, Lois. . . . . | 12 | 263 |
| — Gesneriana, Linn. . . | 12 | 261 |
| — maleolens, Reboul. . . | 12 | 262 |
| — montana, Lindl. . . . | 12 | 262 |
| — Oculus solis, Saint-Am. | 12 | 261 |
| — *præcox*, Cavan. . . . | 12 | 263 |
| — *præcox*, Strangw. . . | 12 | 262 |
| — præcox, Ten. . . . . | 12 | 262 |
| — pubescens, Willd. . . | 12 | 260 |
| — *Raddii*, Reboul. . . . | 12 | 262 |
| — repens, Fisch. . . . . | 12 | 263 |
| — *scabriscapa*, Strangw. | 12 | 260 |
| | Vol. | Pag. |
| Tulipa stellata, Hook. . . | 12 | 263 |
| — *stenopetala*, Delaun. . | 12 | 261 |
| — strangulata, Reboul. . | 12 | 260 |
| — suaveolens, Roth. . . | 12 | 260 |
| — *sylvestris*, Gouan. . . | 12 | 264 |
| — sylvestris, Linn. . . . | 12 | 263 |
| — turcica, Roth. . . . | 12 | 261 |
| — *transtagana*, Brot. . . | 12 | 264 |
| — tricolor, Ledeb. . . . | 12 | 264 |
| *Tulipaceæ*, D. C. . . . . | 12 | 252 |
| | et | 257 |
| TULIPARIA, Spach. . . . | 7 | 477 |
| TULIPASTRUM, Spach. . | 7 | 481 |
| — americanum, Spach. . | 7 | 483 |
| — *americanum subcordatum*, Spach. . . | 7 | 483 |
| — *americanum vulgare*, Spach. . . . . . . | 7 | 483 |
| *TULIPEÆ*, Bartl. . . . | 7 | 253 |
| | et | 257 |
| TULIPEÆ, Kunth. . . . | 7 | 253 |
| | et | 257 |
| *Tullia*, Leavenw. . . . . | 9 | 164 |
| *Tunga*, Roxb. . . . . . | 13 | 145 |
| TUNICA, Scop. . . . . . | 5 | 147 |
| TUPA, Don. . . . . . . | 9 | 578 |
| — Fevillæi, Don. . . . | 9 | 578 |
| — salicifolia, Sweet. . . | 9 | 579 |
| TUPEIA, Bl. . . . . . . | 8 | 234 |
| *Tupelo*, Adans. . . . . . | 10 | 461 |
| TUPISTRA, Ker. . . . . | 12 | 210 |
| TURBITH, Tausch. . . . | 8 | 133 |
| TURCZANINOWIA, D. C. . | 10 | 31 |
| TURGENIA, Hoffm. . . . | 8 | 133 |
| *Turgosea*, Haw. . . . . . | 5 | 73 |
| TURIA, Forsk. . . . . . | 6 | 184 |
| TURNERA, (Plum.) Linn. | 6 | 250 |
| — angustifolia, Bot. Mag. | 6 | 251 |
| — carpinifolia, Kunth. . | 6 | 252 |
| — genistoides, Camb. . | 6 | 252 |
| — *elegans*, Link et Otto. | 6 | 251 |
| — *peruviana*, Willd. . . | 6 | 251 |
| — racemosa, Jacq. . . . | 6 | 253 |
| — rosea, Jacq. . . . . . | 6 | 253 |
| — sericea, Kunth. . . . | 6 | 251 |
| — sidæfolia, Camb. . . | 6 | 253 |
| — trioniflora, Sims. . . | 6 | 251 |
| — ulmifolia, Linn. . . . | 6 | 250 |
| TURNERACEÆ, D.C. | 6 | 249 |
| *Turpinia*, H. et B. . . . | 10 | 9 |
| *Turpinia*, Pers. . . . . . | 1 | 155 |
| TURPINIA, Vent. . . . . | 2 | 394 |

| | Vol. | Pag. | | Vol. | Pag. |
|---|---|---|---|---|---|
| TURRÆA , Cav. | 3 | 182 | Ula, Hort. Mal. | 11 | 282 |
| — glabra, Cav. | 3 | 182 | ULANTHA , Hook. | 12 | 181 |
| — lanceolata, Cav. | 3 | 181 | ULEX , Linn. | 1 | 197 |
| — maculata, Smith. | 3 | 182 | — capensis, Linn. | 7 | 147 |
| — sericea, Smith. | 3 | 182 | — europæus , Linn. | 1 | 197 |
| — tomentosa, Cav. | 3 | 182 | — europæus : β , Linn. | 1 | 198 |
| — virens, Linn. | 3 | 183 | — minor, Roth. | 1 | 198 |
| TURRITIS, (Linn.) R. Br. | 6 | 324 | — nanus, Smith. | 1 | 198 |
| — arvensis, Hort. Kew. | 6 | 385 | Ulloa, Pers. | 9 | 57 |
| TURSENIA , Cass. | 10 | 29 | ULLUCUS , Lozan. | 5 | 233 |
| Tussacca , Raf. | 12 | 181 | — tuberosus, Lozan. | 5 | 233 |
| Tussacia, Reichb. | 9 | 258 | | | |
| TUSSILAGINEÆ, Cass. | 10 | 35 | ULMACEÆ, Mirb. | 11 | 95 |
| | et | 276 | ULMARIA , Mœnch. | 1 | 444 |
| TUSSILAGO , Tourn. | 10 | 276 | — palustris, Mœnch. | 1 | 444 |
| — alba, Linn. | 10 | 278 | Ulmariæ, Vent. | 1 | 427 |
| — Farfara , Linn. | 10 | 277 | Ulmeæ , Reichb. | 11 | 95 |
| — fragrans , Vill. | 10 | 279 | ULMEÆ, Spach. | 11 | 97 |
| — hybrida, Roth. | 10 | 278 | | et | 99 |
| — Petasites , Linn. | 10 | 278 | | | |
| — suaveolens , Desf. | 10 | 279 | ULMIDEÆ, Dumort. | 11 | 97 |
| TWEEDIA, Hook. et Arn. | 8 | 559 | | et | 99 |
| TYLACANTHA, Nees et Mart. | 9 | 267 | ULMUS, Tourn. | 11 | 99 |
| TYLLOMA, Don. | 10 | 35 | — Abelicea, Sibth. | 11 | 121 |
| TYLOMIUM, Presl. | 9 | 572 | — alata , Mich. | 11 | 109 |
| TYLOPHORA, R. Br. | 8 | 540 | — americana , Linn. | 11 | 108 |
| TYLOSTYLIS , Bl. | 12 | 177 | — americana, Mich. | 11 | 109 |
| TYPHA, Tourn. | 12 | 19 | — americana alba, Hort. Kew. | 11 | 109 |
| — angustifolia , Linn. | 12 | 20 | — americana pendula , Hort. Kew. | 11 | 109 |
| — latifolia , Linn. | 12 | 19 | — campestris, Engl. Bot. | 11 | 102 |
| — minor , Curt. | 12 | 20 | — campestris, Linn. | 11 | 101 |
| TYPHACEÆ, Juss. | 12 | 18 | — campestris, Reitt. | 11 | 111 |
| Typhaceæ-Pandaneæ,Reichb. | 12 | 22 | — campestris , Willd. | 11 | 101 |
| Thyphaceæ- Sparganieæ, Reichb. | 12 | 18 | — campestris crispa, Desf. | 11 | 105 |
| Typhaceæ-Typheæ, Reichb. | 12 | 18 | — campestris latifolia , Desf. | 11 | 104 |
| Typhæ , Juss. | 12 | 18 | — campestris macrophylla, Spach. | 11 | 104 |
| Typhineæ, Kunth. | 12 | 18 | — campestris oxoniensis, Desf. | 11 | 103 |
| Typhoideæ , Vent. | 12 | 18 | — carpinifolia , Ehrh. | 11 | 102 |
| Typhoides , Mœnch. | 13 | 159 | — chinensis, Pers. | 11 | 115 |
| — arundinacea, Mœnch. | 13 | 179 | — ciliata , Ehrh. | 11 | 111 |
| TYPHONIUM , Schott. | 12 | 38 | — corylifolia, Host. | 11 | 101 |
| TYRIMNUS , Cass. | 10 | 12 | — crenata, Hort. Par. | 11 | 118 |
| Tytonia, G. Don. | 13 | 271 | — crispa, Willd. | 11 | 103 |
| | | | — effusa, Borkh. | 11 | 112 |
| Ubium, Rumph. | 12 | 231 | — effusa , Willd. | 11 | 111 |
| Ucacea , Cass. | 10 | 19 | — excelsa , Borkh. | 11 | 104 |
| Ucacou , Adans. | 10 | 19 | — fulva , Mich. | 11 | 107 |
| Ucria, Targ. | 12 | 36 | — hollandica, Duroi. | 11 | 104 |
| Ucriana, Willd. | 8 | 373 | — lævis , Pallas. | 11 | 111 |
| — speciosa , Willd. | 8 | 406 | | | |
| UDORA, Nutt. | 12 | 4 | | | |

| | Vol. | Pag. |
|---|---|---|
| Ulmus *latifolia*, Mœnch. | 11 | 104 |
| — *major*, Smith. | 11 | 104 |
| — *modiolana*, Hortor. | 11 | 102 |
| — *montana*, Engl. Bot. | 11 | 101 |
| — *nemoralis*, Hort. Kew. | 11 | 118 |
| — *nemorosa*, Borkh. | 11 | 102 |
| — *nitens*, Mœnch. | 11 | 102 |
| — *octandra*, Schk. | 11 | 111 |
| — *parvifolia*, Jacq. | 11 | 113 |
| — *pedunculata*, Foug. | 11 | 111 |
| — *polygama*, Rich. | 11 | 118 |
| — *pumila*, Hortor. | 11 | 113 |
| — *pumila*, Willd. | 11 | 102 |
| — *racemosa*, Borkh. | 11 | 111 |
| — *rubra*, Mich. fil. | 11 | 107 |
| — *rugosa*, Hortor. | 11 | 103 |
| — *sativa*, Duroi. | 11 | 102 |
| — *scabra*, Duroi. | 11 | 112 |
| — *suberosa*, Bechst. | 11 | 102 |
| — *suberosa*, Ehrh. | 11 | 101 |
| — *suberosa fastigiata*, Audib. | 11 | 103 |
| — *suberosa oxoniensis*, Audib. | 11 | 103 |
| — *suberosa parvifolia*, Hayn. | 11 | 102 |
| — *suberosa pyramidalis*, Desf. | 11 | 103 |
| — *suberosa rugosa*, Audib. | 11 | 103 |
| — *suberosa stricta*, Audib. | 11 | 103 |
| — *tiliæfolia*, Host. | 11 | 102 |
| — *urticæfolia*, Audib. | 11 | 103 |
| *Ulospermum*, Link. | 8 | 135 |
| *Umbellatæ*, Tourn. | 8 | 127 |
| **UMBELLIFERÆ**, Juss. | 8 | 127 |
| **UMBELLIFERÆ ANOMALÆ**, Tausch. | 8 | 140 |
| *Umbelliferæ genuinæ*, Reichb. | 8 | 127 |
| **UMBELLIFLORÆ**, Bartl. | 8 | 73 |
| Umbilicus, D. C. | 5 | 88 |
| — *erectus*, D. C. | 5 | 88 |
| — *pendulinus*, D. C. | 5 | 88 |
| Uncaria, Burch. | 9 | 249 |
| *Uncaria*, Schreb. | 8 | 371 |
| — *Gambir*, Roxb. | 8 | 381 |
| Uncinia, Pers. | 13 | 147 |
| *Unedo*, Link. | 9 | 443 |
| — *edulis*, Link. | 9 | 491 |
| Ungeria, Cham. et Schlechtend. | 3 | 414 |

| | Vol. | Pag. |
|---|---|---|
| Ungeria floribunda, Cham. et Schl. | 3 | 414 |
| *Unifolium*, Hall. | 12 | 210 |
| Uniola, Linn. | 13 | 165 |
| *Unisema*, Raf. | 12 | 257 |
| — *obtusifolia*, Raf. | 12 | 393 |
| Unona, Linn. fil. | 7 | 517 |
| — *aromatica*, Dun. | 7 | 516 |
| — *carminativa*, Arrud. | 7 | 507 |
| — *discolor*, Vahl. | 7 | 518 |
| — *elliptica*, Bl. | 7 | 511 |
| — *grandiflora*, D. C. | 7 | 521 |
| — *hamata*, Dun. | 7 | 509 |
| — *latifolia*, Dun. | 7 | 524 |
| — *longiflora*, Roxb. | 7 | 516 |
| — *odorata*, Dun. | 7 | 525 |
| — *subcordata*, Bl. | 7 | 544 |
| — *undulata*, Dun. | 7 | 518 |
| Unxia, Linn. | 10 | 21 |
| Urachlæna, Nees. | 13 | 164 |
| *Urachne*, Trin. | 13 | 161 |
| Uralepis, Nutt. | 13 | 164 |
| *Urananthe*, Gaudin. | 9 | 6 |
| *Urania*, Schreb. | 12 | 136 |
| — *Ravenala*, Rich. | 12 | 144 |
| — *speciosa*, Willd. | 12 | 144 |
| **URANIEÆ**, Reichb. | 12 | 136 |
| Uraria, Desv. | 1 | 292 |
| — *cordifolia*, Wallich. | 1 | 292 |
| — *crinita*, Desv. | 1 | 293 |
| — *picta*, Desv. | 1 | 293 |
| *Uraspermum*, Nutt. | 8 | 133 |
| Urceola, Roxb. | 8 | 518 |
| — *elastica*, Roxb. | 8 | 518 |
| *Urceolaria*, Herb. | 12 | 405 |
| *Urceolaria*, Willd. | 8 | 374 |
| *Urceolina*, Reichb. | 12 | 405 |
| Urena, Linn. | 3 | 361 |
| — *lobata*, Cav. | 3 | 362 |
| — *speciosa*, Wallich. | 3 | 362 |
| Urera, Gaudich. | 11 | 24 |
| **UREREÆ**, Gaudich. | 11 | 24 |
| Urginia, Steinh. | 12 | 313 |
| — *Scilla*, Steinh. | 12 | 313 |
| Urochloa, Beauv. | 13 | 160 |
| Uropetalum, Gawl. | 12 | 326 |
| — *serotinum*, Gawl. | 12 | 327 |
| — *viride*, Gawl. | 12 | 327 |
| Urophyllum, Jack. | 8 | 374 |
| Urostelma, Bung. | 8 | 559 |
| Ursinia, Gærtn. | 10 | 25 |
| Urtica, Tourn. | 11 | 26 |
| — *angustifolia*, Fisch. | 11 | 28 |

| | Vol. | Pag. |
|---|---|---|
| Urtica *balearica*, Willd. . | 11 | 29 |
| — *cannabina*, Linn. . . | 11 | 29 |
| — *crenulata*, Roxb. . . | 11 | 27 |
| — *dioica*, Linn. . . . . | 11 | 28 |
| — *Dodartii*, Linn. . . . | 11 | 29 |
| — *heterophylla*, Roxb. . | 11 | 28 |
| — *hispida*, D. C. . . . | 11 | 28 |
| — *pilulifera*, Linn. . . | 11 | 29 |
| — stimulans, Lesch. . . | 11 | 27 |
| — urens, Linn. . . . . | 11 | 28 |
| *Urticaceæ*, Endl. . . . . | 11 | 22 |
| *Urticaceæ-Celtideæ*, Reichb. | 11 | 95 |
| *Urticaceæ-Ulmeæ*, Reichb. | 11 | 95 |
| *Urticaceæ-Urticeæ*, Reichb. | 11 | 22 |
| **URTICEÆ**, D. C. . . | 11 | 22 |
| *Urticeæ - Artocarpeæ*, A. Rich. . . . . . . . . | 11 | 35 |
| *Urticeæ-Artocarpeæ*, Gaudich. . . . . . . . . | 11 | 35 |
| *Urticeæ - Broussonetieæ*, Gaudich. . . . . . . . | 11 | 35 |
| *Urticeæ-Cannabineæ*, Dumort. . . . . . . . . | 11 | 35 |
| *Urticeæ-Cecropieæ*, Gaudich. | 11 | 35 |
| *Urticeæ-Chlorophoreæ*, Gaudich. . . . . . . . . | 11 | 35 |
| *Urticeæ-Dorstenieæ*, Gaudich. . . . . . . . . | 11 | 35 |
| *Urticeæ-Dorstenieæ*, Reichb. | 11 | 35 |
| *Urticeæ-Ficeæ*, Gaudich. . | 11 | 35 |
| *Urticeæ-Humulineæ*, Dumort. . . . . . . . . | 11 | 25 |
| *Urticeæ-Monimieæ*, Reichb. | 11 | 89 |
| *Urticeæ-Moreæ*, Reichb. . | 11 | 35 |
| *Urticeæ-Pouroumeæ*, Gaudich. . . . . . . . . | 11 | 35 |
| **URTICEÆ-VERÆ**, Bartl. . . . . . . . . | 11 | 24 |
| | et | 26 |
| **URTICINEÆ**, Bartl. | 11 | 20 |
| URVILLEA, Kunth. . . . | 3 | 43 |
| — ferruginea, Lindl. . | 3 | 43 |
| Usteria, Cav. . . . . . | 9 | 267 |
| — scandens, Cav. . . | 9 | 290 |
| USTERIA, Willd. . . . . | 8 | 483 |
| UTRICULARIA, Linn. . . | 9 | 335 |
| — vulgaris, Linn. . . | 9 | 336 |
| *Utricularineæ*, Link. . . | 9 | 335 |
| UVARIA, Linn. . . . . . | 7 | 519 |
| — argentea, Bl. . . . | 7 | 522 |
| — bracteata, Roxb. . . | 7 | 520 |
| Uvaria Burahol, Bl. . . | 7 | 526 |
| — grandiflora, Roxb. . | 7 | 520 |
| — Hasseltii, Bl. . . | 7 | 526 |
| — hirsuta, Bl. . . . | 7 | 522 |
| — *japonica*, Linn. . . | 8 | 9 |
| — javana, Dun. . . . | 7 | 521 |
| — latifolia, Bl. . . | 7 | 524 |
| — *monilifera*, Gærtn. . | 7 | 518 |
| — montana, Bl. . . . | 7 | 525 |
| — obtusa, Bl. . . . | 7 | 523 |
| — odorata, Lamk. . . | 7 | 523 |
| — polypyrena, Bl. . . | 7 | 524 |
| — purpurea, Bl. . . | 7 | 521 |
| — sphærocarpa, Bl. . | 7 | 525 |
| — timoriensis, Bl. . . | 7 | 522 |
| — virgata, Bl. . . . | 7 | 525 |
| — zeylanica, Aubl. . . | 7 | 516 |
| *Uva-ursi*, Tourn. . . . . | 9 | 444 |
| UVEDALIA, R. Br. . . . | 9 | 269 |
| UVULARIA, Linn. . . . | 12 | 248 |
| — flava, Smith. . . . | 12 | 249 |
| — grandiflora, Smith. . | 12 | 249 |
| — *lanceolata*, Hort. Kew. | 12 | 249 |
| — major, Red. . . . | 12 | 249 |
| — perfoliata, Linn. . . | 12 | 249 |
| — *perfoliata*: α, Bot. Mag. | 12 | 249 |
| — puberula, Mich. . . | 12 | 250 |
| — sessilifolia, Linn. . . | 12 | 249 |
| *Uvularieæ*, Kunth. . . . | 12 | 233 |
| *Vaccaria*, Dod. . . . . | 5 | 147 |
| — *parviflora*, Mœnch. . | 5 | 161 |
| *Vacciniaceæ*, Lindl. . . . | 9 | 522 |
| **VACCINIEÆ**, D. C. | 9 | 522 |
| VACCINIUM, Linn. . . | 9 | 522 |
| — corymbosum, Willd. . | 9 | 527 |
| — *elongatum*, Wats. . | 9 | 528 |
| — grandiflorum, Wats. | 9 | 528 |
| — *macrocarpum*, Willd. | 9 | 531 |
| — *marianum*, Wats. . | 9 | 528 |
| — *minutiflorum*, Wats. | 9 | 528 |
| — *multiflorum*, Wats. | 9 | 528 |
| — Myrtillus, Linn. . . | 9 | 523 |
| — *oblongifolium*, Mich. | 9 | 531 |
| — Oxycoccos, Linn. . . | 9 | 530 |
| — Oxycoccos, Mich. . | 9 | 531 |
| — *pensylvanicum*, Mich. | 9 | 525 |
| — tenellum, Hort. Kew. | 9 | 525 |
| — uliginosum, Linn. . . | 9 | 524 |
| — virgatum, Willd. . . | 9 | 526 |
| — Vitis-idæa, Linn. . . | 9 | 528 |
| — Watsoni, Sweet. . . | 9 | 526 |

| | Vol. | Pag. |
|---|---|---|
| Vagaria, Herb. | 12 | 405 |
| *Vaginaria*, Rich. | 13 | 144 |
| Vahea, Lamk. | 8 | 503 |
| Vahlia, Thunb. | 4 | 337 |
| et | 5 | 39 |
| Vaillantia, D. C. | 8 | 378 |
| *Valantia*, Tourn. | 8 | 378 |
| *Valdesia*, R. et P. | 4 | 206 |
| Valentiana, Raf. | 8 | 327 |
| *Valentinia*, Neck. | 1 | 88 |
| *Valerandia*, Neck. | 9 | 4 |
| Valeriana, Tourn. | 10 | 307 |
| — *altissima*, Horn. | 10 | 308 |
| — *angustifolia*, Tausch. | 10 | 308 |
| — *excelsa*, Poir. | 10 | 308 |
| — *Jatamansi*, Jones. | 10 | 304 |
| — *Locusta*, Linn. | 10 | 305 |
| — *officinalis*, Linn. | 10 | 308 |
| — *Phu*, Linn. | 10 | 309 |
| — *rubra*, Linn. | 10 | 306 |
| — *sambucifolia*, Mikan. | 10 | 308 |
| — *Spica*, Vahl. | 10 | 304 |
| *VALERIANEÆ*, D. C. | 10 | 302 |
| Valerianella, Mœnch. | 10 | 305 |
| — *carinata*, Lois. | 10 | 306 |
| — *olitoria*, Mœnch. | 10 | 305 |
| *Valikaha*, Adans. | 4 | 275 |
| Vallaris, Burm. | 8 | 503 |
| Vallea, Mutis. | 4 | 49 |
| — *stipularis*, Mutis. | 4 | 49 |
| Vallesia, R. et P. | 8 | 501 |
| Vallisneria, Micheli. | 12 | 4 |
| — *spiralis*, Linn. | 12 | 5 |
| *Vallisneriaceæ*, Link. | 12 | 4 |
| Vallota, Herb. | 12 | 418 |
| Vancouveria, Morr. et Decaisne. | 8 | 53 |
| Vanda, R. Br. | 12 | 178 |
| *VANDEÆ*, Lindl. | 12 | 177 |
| Vandellia, Linn. | 9 | 269 |
| Vangueria, Commers. | 8 | 430 |
| — *Commersonii*, Desf. | 8 | 430 |
| — *cymosa*, Gærtn. | 8 | 430 |
| — *edulis*, Vahl. | 8 | 430 |
| — *madagascariensis*,Gmel. | 8 | 430 |
| — *spinosa*, Roxb. | 8 | 431 |
| *Vangueria*, Pers. | 8 | 375 |
| *Vanhallia*, Schult. | 10 | 562 |
| *Vaniera*, Lour. | 11 | 24 |
| Vanilla, Swartz. | 12 | 189 |
| — *aromatica*, Swartz. | 12 | 192 |
| Vanilla guianensis, Splitg. | 12 | 191 |
| — *planifolia*, Hort. Kew. | 12 | 190 |
| — *Pompona*, Schiede. | 12 | 191 |
| — *sativa*, Schiede. | 12 | 190 |
| — *sylvestris*, Schiede. | 12 | 191 |
| *Vanillaceæ*, Lindl. | 12 | 174 |
| et | 12 | 184 |
| Vanillosma, Less. | 10 | 39 |
| Vareca, Gærtn. | 6 | 257 |
| *Varennea*, D. C. | 1 | 157 |
| *Vargasia*, Bertero. | 3 | 124 |
| Vargasia, D. C. | 10 | 18 |
| *Varronia*, Linn. | 9 | 32 |
| Varthemia, D. C. | 10 | 28 |
| Vascoa, D. C. | 1 | 153 |
| Vatairea, Aubl. | 1 | 88 |
| Vateria, Linn. | 4 | 49 |
| et | 13 | 309 |
| — *indica*, Linn. | 4 | 50 |
| et | 13 | 309 |
| — *lanceolata*, Roxb. | 4 | 308 |
| Vatica, Linn. | 13 | 310 |
| — *chinensis*, Linn. | 13 | 311 |
| — *laccifera*, Wight et Arn. | 13 | 311 |
| — *robusta*, Gærtn. fil. | 13 | 310 |
| — *Tumbugaia*, Wight et Arn. | 13 | 311 |
| *Vauanthes*, Haw. | 5 | 73 |
| — *chlorœfolia*, Haw. | 5 | 82 |
| Vauquelinia, Corr. | 1 | 429 |
| Vauthiera, A. Rich. | 13 | 144 |
| Vavanga, Rohr. | 8 | 375 |
| — *chinensis*, Vahl. | 8 | 430 |
| — *edulis*, Vahl. | 8 | 430 |
| Velæa, D. C. | 8 | 138 |
| *Velaga*, Adans. | 3 | 454 |
| — *xylocarpa*, Adans. | 3 | 454 |
| Velezia, Linn. | 5 | 147 |
| Vella, (Linn.) Desv. | 6 | 529 |
| — *Pseudo-Cytisus*, Linn. | 6 | 531 |
| Velleja, Smith. | 9 | 584 |
| Vellozia, Vent. | 12 | 399 |
| *Vellozieæ*, Don. | 12 | 399 |
| *Vellozieæ*, Reichb. | 12 | 399 |
| Veltheimia, Gled. | 12 | 290 |
| — *abyssinica*, Red. | 12 | 365 |
| — *capensis*, Red. | 12 | 291 |
| — *glauca*, Jacq. | 12 | 291 |
| — *pumila*, Willd. | 12 | 365 |
| — *sarmentosa*, Willd. | 12 | 365 |
| — *Uvaria*, Willd. | 12 | 365 |
| — *viridifolia*, Jacq. | 12 | 291 |
| Venagasia, D. C. | 10 | 24 |

| | Vol. | Pag. | | Vol. | Pag. |
|---|---|---|---|---|---|
| *Venana*, Lamk. | 2 | 422 | *Vermontea*, Commers. | 6 | 286 |
| VENIDIUM, Less. | 10 | 14 | *Vernicia*, Lour. | 2 | 487 |
| VENTENATIA, Beauv. | 4 | 75 | VERNONIA, Linn. | 10 | 296 |
| — *glauca*, Beauv. | 4 | 75 | — *novæboracensis*, Willd. | 10 | 297 |
| *Ventenatia*, Cav. | 9 | 433 | — *præalta*, Nutt. | 10 | 297 |
| *Ventenatia*, Kœl. | 13 | 163 | — *scariosa*, Poir. | 10 | 294 |
| *Ventenatia*, Smith. | 9 | 581 | *Vernoniaceæ*, Kunth. | 10 | 8 |
| VENTILAGO, Gærtn. | 2 | 439 | | et | 38 |
| VEPRIS, Commers. | 2 | 361 | *Vernoniaceæ-Pectideæ*, Less. | 10 | 15 |
| *VERATREÆ*, Nees. | 12 | 234 | *VERNONIEÆ*, Cass. | 10 | 38 |
| *Veratreæ*, Sal. | 12 | 333 | | et | 296 |
| *Veratrineæ*, Dumort. | 12 | 333 | VERNONIEÆ-LIABEÆ, Cass. | 10 | 38 |
| VERATRUM, Tourn. | 12 | 246 | |  | |
| — *album*, Linn. | 12 | 246 | VERNONIEÆ - PLU- CHEINEÆ, Cass. | 10 | 38 |
| — *luteum*, Linn. | 12 | 242 | |  | |
| — *nigrum*, Linn. | 12 | 247 | VERNONIEÆ-PROTO- TYPÆ, Cass. | 10 | 39 |
| — *officinale*, Schlechtend. | 12 | 245 | |  | |
| *VERBASCEÆ*, Bartl. | 9 | 266 | VERNONIEÆ-ROLAN- DREÆ, Cass. | 10 | 40 |
| | et | 272 | |  | |
| VERBASCUM, Linn. | 9 | 272 | VERNONIEÆ-TARCHO- NANTHEÆ, Cass. | 10 | 38 |
| — *australe*, Schrad. | 9 | 275 | VERONICA, Linn. | 9 | 323 |
| — Blattaria, Linn. | 9 | 275 | — Anagallis, Linn. | 9 | 328 |
| — *glabrum*, Mill. | 9 | 276 | — *arguta*, Schrad. | 9 | 324 |
| — *nemorosum*, Schrad. | 9 | 275 | — *austriaca*, Linn. | 9 | 326 |
| — phlomoides, Linn. | 9 | 275 | — Beccabunga, Linn. | 9 | 327 |
| — phœniceum, Linn. | 9 | 276 | — *brevifolia*, Bieberst. | 9 | 325 |
| — *rugulosum*, Willd. | 9 | 275 | — *carnea*, Hortor. | 9 | 324 |
| — thapsiforme, Schrad. | 9 | 274 | — *crenulata*, Hoffm. | 9 | 324 |
| — Thapsus, Linn. | 9 | 274 | — *dentata*, Schmidt. | 6 | 321 |
| VERBENA, Tourn. | 9 | 236 | — *elegans*, D. C. | 9 | 325 |
| — *Aubletia*, Linn. | 9 | 240 | — *foliosa*, W. et K. | 9 | 324 |
| — *chamædryfolia*, Juss. | 9 | 238 | — *glabra*, Schrad. | 9 | 325 |
| — *Drummondi*, Bot. Reg. | 9 | 240 | — *grossa*, Mart. | 9 | 324 |
| — *Melindres*, Bot. Reg. | 9 | 238 | — *hybrida*, Linn. | 9 | 324 |
| — officinalis, Linn. | 9 | 237 | — *laciniata*, Mich. | 9 | 326 |
| — *pulchella*, Sweet. | 9 | 240 | — *latifolia*, Hort. Kew. | 9 | 325 |
| — *sulphurea*, Don. | 9 | 241 | — longifolia, Linn. | 9 | 324 |
| — *triphylla*, L'hérit. | 9 | 235 | — *maritima*, Linn. | 9 | 324 |
| — *Tweediana*, Hook. | 9 | 239 | — *media*, Schrad. | 9 | 324 |
| — *veronicæfolia*, Smith. | 9 | 238 | — *multifida*, Linn. | 9 | 326 |
| *VERBENACEÆ*, 9 Juss. | | 225 | — *nitida*, Ehrb. | 9 | 326 |
| *VERBENEÆ*, Bartl. | 9 | 227 | — officinalis, Linn. | 9 | 326 |
| VERBENELLA, Spach. | 9 | 237 | — *orientalis*, Bieberst. | 9 | 326 |
| — chamædryfolia, Spach. | 9 | 238 | — *pectinata*, Hort. Kew. | 9 | 326 |
| — Tweediana, Spach. | 9 | 239 | — *polymorpha*, Willd. | 9 | 326 |
| VERBESINA, Linn. | 10 | 20 | — *prostrata*, Linn. | 9 | 325 |
| *Verea*, Willd. | 5 | 73 | — *Pseudo-chamædrys*, Jacq. | 9 | 325 |
| *Vereia*, Andr. | 5 | 73 | — *ruthenica*, Fisch. | 9 | 325 |
| — *acutiflora*, Andr. | 5 | 85 | — *saturejæfolia*, Poit. | 9 | 325 |
| — *crenata*, Andr. | 5 | 85 | — *Schmidtii*, R. et S. | 9 | 326 |
| *Vermifuga*, R. et P. | 10 | 22 | — *sibirica*, Linn. | 9 | 329 |

| | Vol. | Pag. | | Vol. | Pag. |
|---|---|---|---|---|---|
| Veronica spicata, Linn. | 9 | 325 | VICATIA, D. C. | 8 | 138 |
| — spuria, Linn. | 9 | 325 | VICIA, Linn. | 1 | 300 |
| — tenuifolia, Stev. | 9 | 326 | — articulata, Willd. | 1 | 306 |
| — Teucrium, Linn. | 9 | 325 | — Cracca, Linn. | 1 | 300 |
| — Teucrium, Wallr. | 9 | 325 | — equina, Bauh. | 1 | 305 |
| — villosa, Schrad. | 9 | 324 | — Ervilia, Willd. | 1 | 305 |
| — virginica, Linn. | 9 | 329 | — Faba, Linn. | 1 | 302 |
| VERONICEÆ, Benth. | 9 | 270 | — Faba, Sturm. | 1 | 303 |
| | et | 323 | — Faba : β, Linn. | 1 | 303 |
| VERTICILLARIA, R. et P. | 5 | 308 | — galegæfolia, Andr. | 1 | 274 |
| Verticillatæ, Linn. | 9 | 160 | — leucosperma, Mœnch. | 1 | 302 |
| VERTICORDIA, D. C. | 4 | 110 | — multiflora, Wallr. | 1 | 306 |
| — Brownii, D. C. | 4 | 110 | — sativa, Linn. | 1 | 301 |
| — Fontanesii, D. C. | 4 | 110 | — tenuifolia, Roth. | 1 | 30 |
| Verulamia, Poir. | 8 | 376 | VICIEÆ, D. C. | 1 | 156 |
| Verulina, Cass. | 10 | 41 | | et | 298 |
| VESICARIA, (Poir.) Spach. | 8 | 473 | VICOA, Cass. | 10 | 27 |
| — incana, Desv. | 6 | 464 | Vidamarum, Hort. Mal. | 9 | 45 |
| — sinuata, Poir. | 6 | 474 | VIEUSSEUXIA, Delar. | 13 | 10 |
| — utriculata, Lamk. | 6 | 472 | — fugax, D. C. | 13 | 73 |
| Vestingia, Fabric. | 5 | 109 | — glaucopis, D. C. | 13 | 10 |
| VESTIA, Willd. | 9 | 58 | — iridioides, Link. | 13 | 72 |
| VESTIEÆ, Endl. | 9 | 58 | — pavonia, D. C. | 13 | 71 |
| Vetiveria odorata, Virey. | 13 | 254 | — trifoliata, D. C. | 13 | 71 |
| VIBORQUIA, Ort. | 1 | 157 | VIGNA, Savi. | 1 | 156 |
| VIBURNEÆ, Bartl. | 8 | 303 | Vignea, Beauv. | 13 | 147 |
| VIBURNINEÆ, Spach. | 8 | 305 | VIGUIERIA, Kunth. | 10 | 20 |
| | et | 306 | VILFA, Beauv. | 13 | 192 |
| VIBURNUM, Linn. | 8 | 305 | — alba, Beauv. | 13 | 193 |
| — Lantana, Linn. | 8 | 309 | VILLANOVA, Lag. | 10 | 21 |
| — laurifolium, Lamk. | 8 | 309 | Villanova, Ort. | 10 | 18 |
| — Lentago, Linn. | 8 | 371 | VILLARIA, Guett. | 10 | 10 |
| — lobatum, Lamk. | 8 | 308 | Villarsia, Reichb. | 9 | 6 |
| — lucidum, R. et S. | 8 | 316 | VILLARSIA, Vent. | 9 | 6 |
| — nudum, Linn. | 8 | 314 | VILMORINIA, D. C. | 1 | 154 |
| — Opulus, Linn. | 8 | 308 | VIMINARIA, Smith. | 1 | 175 |
| — Opulus roseum, Willd. | 8 | 308 | — denudata, Smith. | 1 | 175 |
| — prunifolium, Linn. | 8 | 312 | Vinca, Dumort. | 8 | 502 |
| — pyrifolium, Desf. | 8 | 312 | VINCA, Linn. | 8 | 522 |
| — rugosum, Pers. | 8 | 317 | — herbacea, W. et Kit. | 8 | 525 |
| — scandens, Pers. | 5 | 24 | — major, Linn. | 8 | 524 |
| — serratum, Thunb. | 5 | 23 | — minor, Linn. | 8 | 523 |
| — squamatum, Willd. | 8 | 314 | — rosea, Linn. | 8 | 526 |
| — sterile, Hortor. | 8 | 308 | VINCENTIA, Gaudich. | 13 | 146 |
| — strictum, Link. | 8 | 317 | Viniferæ, Juss. | 3 | 208 |
| — strictum, Sweet. | 8 | 316 | VIOLA, (Linn.) Spach. | 5 | 501 |
| — Tinus, Linn. | 8 | 316 | — altaica, Pall. | 5 | 514 |
| — Tinus strictum, Hort. | | | — arvensis, Murr. | 5 | 515 |
| Kew. | 8 | 316 | — biflora, Linn. | 5 | 510 |
| — tomentosum, Lamk. | 8 | 310 | — calcarata, Linn. | 5 | 512 |
| — virens, Thunb. | 5 | 24 | — calceolaria, Linn. | 5 | 520 |
| | | | — canadensis, Linn. | 5 | 517 |
| | | | — canina, Linn. | 5 | 506 |

| | Vol. | Pag. |
|---|---|---|
| Viola cornuta, Linn. | 5 | 512 |
| — cucullata, Hort. Kew. | 5 | 508 |
| — edulis, Elliott. | 5 | 508 |
| — grandiflora, Linn. | 5 | 514 |
| — grandiflora, Vill. | 5 | 513 |
| — hederacea, Labill. | 5 | 518 |
| — heterophylla, Mühlenb. | 5 | 508 |
| — hirsuta, Lamk. | 5 | 514 |
| — hirta, Linn. | 5 | 505 |
| — Hybanthus, Aubl. | 5 | 497 |
| — Ipepacuanha, Linn. | 5 | 520 |
| — Itoubou, Aubl. | 5 | 520 |
| — longifolia, Poir. | 5 | 500 |
| — lutea, Smith. | 5 | 513 |
| — obliqua, Pio. | 5 | 508 |
| — odorata, Linn. | 5 | 504 |
| — orchidiflora, Rudge. | 5 | 500 |
| — Pallasii, Fisch. | 5 | 514 |
| — palmata, Linn. | 5 | 507 |
| — parviflora, Linn. | 5 | 521 |
| — reniformis, R. Br. | 5 | 518 |
| — Riviniana, Reichb. | 5 | 506 |
| — rothomagensis, Thuil. | 5 | 514 |
| — speciosa, Schrad. | 5 | 514 |
| — sudetica, Willd. | 5 | 513 |
| — sylvestris, Reichb. | 5 | 506 |
| — tricolor, Linn. | 5 | 515 |
| — Zoysii, Wulff. | 5 | 512 |
| Violaceæ, Juss. | 5 | 494 |
| VIOLARIEÆ, Ging. | 5 | 494 |
| VIOLEÆ, D. C. | 5 | 496 |
| Violeæ, R. Br. | 5 | 494 |
| Violeæ, Reichb. | 5 | 494 |
| VIORNA, Reichb. | 7 | 268 |
| — cylindrica, Spach. | 7 | 269 |
| — integrifolia, Spach. | 7 | 270 |
| — urnigera, Spach. | 7 | 270 |
| Virana, Colebr. | 13 | 254 |
| Viraya, Gaudich. | 10 | 26 |
| Virea, Adans. | 10 | 7 |
| VIRECTA, D. C. | 8 | 373 |
| Virgaurea, Tourn. | 10 | 29 |
| VIRGILIA, Lamk. | 1 | 162 |
| — aurea, Lamk. | 1 | 164 |
| — capensis, Lamk. | 1 | 163 |
| — lutea, Mich. | 1 | 163 |
| Virgilia, L'hér. | 10 | 17 |
| — helioides, L'hér. | 10 | 123 |
| Virgularia, Mart. | 9 | 271 |
| Virola, Aubl. | 7 | 535 |
| — sebifera, Aubl. | 7 | 557 |
| VISCARIA, Griseb. | 9 | 6 |
| Viscaria stellata, Reichb. | 5 | 174 |
| Viscoidea, Rich. | 8 | 233 |
| Viscoides, Jacq. | 8 | 576 |
| VISCUM, Tourn. | 8 | 234 |
| — album, Linn. | 8 | 234 |
| Visenia, Houtt. | 3 | 461 |
| VISMIA, Vandelli. | 5 | 348 |
| — dealbata, Kunth. | 5 | 350 |
| — guianensis, Pers. | 5 | 349 |
| — guineensis, Guill. et Perr. | 5 | 355 |
| — latifolia, Choisy. | 5 | 349 |
| — longifolia, A. Saint-Hil. | 5 | 350 |
| — sessilifolia, Pers. | 5 | 349 |
| VISMINEÆ, Spach. | 5 | 340 |
| | et | 347 |
| Visnaga, Gærtn. | 8 | 138 |
| — daucoides, Gærtn. | 8 | 188 |
| Visnea, Steud. | 12 | 399 |
| VITALIANA, Reichb. | 9 | 343 |
| VITEX, Linn. | 9 | 229 |
| — Agnus-castus, Linn. | 9 | 230 |
| — arborea, Roxb. | 9 | 231 |
| — incisa, Lamk. | 9 | 232 |
| — Negundo, Bot. Mag. | 9 | 232 |
| VITICEÆ, Bartl. | 9 | 225 |
| Viticella, Mitch. | 9 | 444 |
| VITICELLA, Mœnch. | 7 | 263 |
| — campaniflora, Spach. | 7 | 266 |
| — crispa, D. C. | 7 | 267 |
| — deltoidea, Mœnch. | 7 | 265 |
| — florida, D. C. | 7 | 264 |
| Vitices, Juss. | 9 | 225 |
| VITIS, Linn. | 3 | 217 |
| — æstivalis, Elliott. | 3 | 229 |
| — æstivalis, Mich. | 3 | 228 |
| — æstivalis sinuata, Pursh. | 3 | 228 |
| — arborea, Willd. | 3 | 217 |
| — cordifolia, Mich. | 3 | 229 |
| — cordifolia, Roth. | 3 | 227 |
| — cymosa, Bl. | 3 | 226 |
| — flexuosa, Thunb. | 3 | 226 |
| — glabrata, Roth. | 3 | 227 |
| — hederacea, Willd. | 3 | 216 |
| — heterophylla, Thunb. | 3 | 226 |
| — Heyneana, R. et S. | 3 | 227 |
| — indica, Linn. | 3 | 227 |
| — indivisa, Willd. | 3 | 215 |
| — Labrusca, Linn. | 3 | 228 |
| — Labrusca, Scop. | 3 | 218 |
| — laciniosa, Linn. | 3 | 218 |
| — pentaphylla, Thunb. | 3 | 214 |
| — quinquefolia, Lamk. | 3 | 216 |

| | Vol. | Pag. |
|---|---|---|
| Vitis rotundifolia, Mich. . | 3 | 230 |
| — sylvestris, Bl. . . . . | 3 | 226 |
| — tomentosa, Roth. . . | 3 | 227 |
| — trifida, Roth. . . . . | 3 | 227 |
| — triloba, Roth. . . . . | 3 | 227 |
| — truncata, Bl. . . . . | 3 | 226 |
| — vinifera, Linn. . . . | 3 | 218 |
| — vulpina, Wallich. . . | 3 | 226 |
| — vulpina, Walt. . . . | 3 | 230 |
| — vulpina, Willd. . . . | 3 | 228 |
| — Wallichii, D. C. . . . | 3 | 226 |
| VITIS-IDÆA, Spach.. . . | 9 | 528 |
| Vitis-idæa, Tourn. . . . . | 9 | 522 |
| — Myrtillus, Mœnch. . | 9 | 523 |
| — punctata, Mœnch. . . | 9 | 529 |
| VITTADINIA, Rich. fil. . | 10 | 30 |
| Vittellaria, Gærtn. . . . . | 9 | 384 |
| Vittmannia, Turra. . . . | 10 | 516 |
| Vittmannia, Vahl. . . . . | 2 | 375 |
| Viviania, Raf. . . . . . | 8 | 375 |
| Viviania, Willd. . . . . . | 10 | 38 |
| VLECKIA, Raf.. . . . . . | 9 | 165 |
| VOACANGA, Petit-Thou. . | 8 | 502 |
| VOANDZEIA, Petit-Thou. | 1 | 154 |
| — subterranea, Petit-Thou. | 1 | 155 |
| Vochy, Aubl. . . . . . . | 4 | 319 |
| — guianensis, Aubl. . . | 4 | 324 |
| Vochya, Vandell. . . . . | 4 | 319 |
| VOCHYSIA, Juss. . . . . | 4 | 321 |
| — alpestris, Mart. . . . | 4 | 323 |
| — elliptica, Mart. . . . | 4 | 322 |
| — floribunda, Mart. . . | 4 | 324 |
| — guianensis, Lamk. . . | 4 | 324 |
| — grandis, Mart. . . . | 4 | 323 |
| — pyramidata, Mart. . . | 4 | 323 |
| — rotundifolia, Mart. . | 4 | 322 |
| — rufa, Mart. . . . . . | 4 | 322 |
| — Tucanorum, Mart. . . | 4 | 322 |
| Vochysiaceæ, Mart. . . . . | 4 | 318 |
| VOCHYSIEÆ, A. St.-Hil. . . . . . . . . | 4 | 318 |
| Vogelia, Gmel. . . . . . . | 13 | 119 |
| VOGELIA, Lamk. . . . . | 10 | 333 |
| Vogelia sagittata, Med. . . | 6 | 582 |
| Vohiria, Lamk. . . . . . | 9 | 5 |
| Voigtia, Roth. . . . . . . | 10 | 7 |
| Voigtia, Spreng. . . . . | 10 | 9 |
| VOLKAMERIA, Linn. . . . | 9 | 226 |
| — fragrans, Vent. . . . | 9 | 228 |
| Volkameria, P. Br. . . . | 9 | 443 |
| Volkmannia, Jacq. . . . . | 9 | 226 |
| VOLUTARELLA, Cass. . . | 10 | 1 |
| Vosacan, Adans. . . . . . | 10 | 20 |
| VOSSIA, Wallich et Griff.. | 13 | 166 |
| Votomita, Aubl. . . . . . | 8 | 88 |
| Vouacapoua, Aubl. . . . . | 1 | 89 |
| VOUAPA, Aubl. . . . . . | 1 | 120 |
| — bifolia, Aubl. . . . . | 1 | 121 |
| — Simira, Aubl. . . . . | 1 | 121 |
| Vouarana, Aubl. . . . . . | 1 | 88 |
| et | 3 | 40 |
| Voyra, Aubl. . . . . . . | 9 | 5 |
| Vrolickia, Mart. . . . . . | 9 | 269 |
| Vulpia, Gmel. . . . . . . | 13 | 164 |
| WACHENDORFIA, Burm. | 13 | 109 |
| — brevifolia, Ker. . . . | 13 | 110 |
| — hirsuta, Thunb. . . . | 13 | 110 |
| — paniculata, Linn. . . | 13 | 110 |
| — thyrsiflora, Linn. . . | 13 | 110 |
| — umbellata, Linn. . . . | 10 | 112 |
| — villosa, Andr. . . . . | 10 | 110 |
| Wahlbomia, Thunb. . . . | 7 | 412 |
| WAHLENBERGIA, Schrad. | 9 | 536 |
| — grandiflora, Schrad.. | 9 | 561 |
| Waizia, Reichb. . . . . . | 13 | 4 |
| WALAFRIDIA, E. Mey. . . | 9 | 245 |
| Waldschmidia, Wigg. . . | 9 | 6 |
| WALDSTEINIA, Willd. . . | 1 | 481 |
| — geoides, Willd. . . . | 1 | 481 |
| Walkeria, Ehret. . . . . . | 9 | 95 |
| WALKERIA, Schreb. . . . | 2 | 389 |
| — serrata, Willd. . . . | 2 | 389 |
| WALLENIA, Swartz. . . . | 9 | 374 |
| WALLICHIA, D. C. . . . | 3 | 458 |
| — spectabilis, D. C. . . | 3 | 458 |
| Wallichia, Reinw. . . . . | 8 | 374 |
| Wallichia, Roxb. . . . . | 12 | 60 |
| WALLICHIEÆ, D. C. . . | 3 | 444 |
| et | | 457 |
| WALLROTHIA, Roth. . . | 9 | 226 |
| Wallrothia, Spreng. . . . | 8 | 138 |
| WALTHERIA, Linn. . . . | 3 | 461 |
| — americana, Linn. . . . | 3 | 462 |
| — arborescens, Cav. . . | 3 | 462 |
| — Douradinha, A. St-Hil. | 3 | 463 |
| — ferruginea, A. St-Hil. | 3 | 462 |
| — indica, Jacq. . . . . | 3 | 462 |
| WANGENHEIMIA, Mœnch. | 13 | 164 |
| WAREA, Nutt. . . . . . | 6 | 297 |
| Warneria, Mill. . . . . . | 7 | 292 |
| — canadensis, Mill. . . | 7 | 384 |
| WATSONIA, Mill. . . . . | 13 | 84 |
| — aletroides, Ker. . . . | 13 | 86 |
| — brevifolia, Ker. . . . | 13 | 85 |

| | Vol. | Pag. | | Vol. | Pag. |
|---|---|---|---|---|---|
| Watsonia humilis, Ker. . | 13 | 86 | WILLDENOWIA, Thunb.. | 13 | 139 |
| — iridifolia, Hort. Kew. | 13 | 85 | WILLEMETIA, Brongn. . | 2 | 462 |
| — iridifolia fulgens, Ker. | 13 | 85 | — africana, Brongn. . . | 2 | 462 |
| — marginata, Ker. . . . | 13 | 85 | Willemetia, Mærckl. . . . | 5 | 284 |
| — Meriana, Ker. . . . | 13 | 86 | — arenaria, Mærckl. . . | 5 | 284 |
| — punctata, Hort. Kew. | 13 | 85 | Willemetia, Neck. . . . . | 10 | 6 |
| — rosea, Ker. . . . . . | 13 | 85 | Willichia, Mutis.. . . . . | 9 | 269 |
| — spicata, Ker. . . . . | 13 | 85 | WILLUGHBEIA, Roxb. . . | 8 | 509 |
| WEBBIA, D. C. . . . . . | 10 | 39 | — edulis, Roxb. . . . . | 8 | 509 |
| WEBBIA, Spach.. . . . . | 5 | 408 | Willughbeia, Schreb.. . . | 8 | 501 |
| — floribunda, Spach. . . | 5 | 409 | Wilsonia, Hook. . . . . . | 9 | 227 |
| — heterophylla, Spach.. | 5 | 409 | WILSONIA, R. Br. . . . . | 9 | 94 |
| — platypetala, Spach. . | 5 | 410 | Windsoria, Nutt.. . . . . | 13 | 164 |
| Webera, Schreb. . . . . . | 8 | 373 | Wintera, Murr. . . . . . | 7 | 433 |
| — tetrandra, Willd. . . | 8 | 436 | — aromatica, Murr. . . | 7 | 438 |
| WEDELIA, Jacq. . . . . | 10 | 21 | — aromatica, Sol. . . . | 7 | 438 |
| Wedelia, Lœffl. . . . . . . | 10 | 516 | — granatensis, Murr. . . | 7 | 437 |
| WEIGELA, Thunb. . . . | 8 | 327 | Winterana, Linn. . . . . | 5 | 508 |
| Weigelia, Pers.. . . . . . | 8 | 327 | — Canella, Linn. . . . | 5 | 334 |
| WEIGELTIA, D. C. fil. . . | 9 | 374 | Winterana aromatica, Sol. | 7 | 438 |
| Weihea, Spreng.. . . . . | 4 | 332 | WINTERINEÆ, Spach.. | 7 | 433 |
| Weingœrtneria, Bernh.. . | 13 | 165 | | et | 435 |
| WEINMANNIA, Linn. . . | 5 | 7 | Winterlia, Mœnch. . . . | 2 | 422 |
| — glabra, Linn. fil. . . | 5 | 8 | WISTERIA, Nutt. . . . . | 1 | 320 |
| — hirta, Swartz.. . . . | 5 | 8 | — frutescens, D. C. . . | 1 | 321 |
| — ovata, Cav. . . . . . | 5 | 7 | — sinensis, D. C. . . . | 1 | 321 |
| — racemosa, Forst.. . . | 5 | 7 | — speciosa, Nutt.. . . . | 1 | 321 |
| — trifoliata, Thunb. . . | 5 | 8 | Withania, Pauquy.. . . . | 9 | 57 |
| WELDENIA, Schult. . . . | 12 | 234 | WITHERINGIA, L'hérit. . | 9 | 57 |
| WELWITSCHIA, Reichb.. | 9 | 108 | WITSENIA, Thunb. . . . | 13 | 97 |
| WENDLANDIA, Bartl. . . | 8 | 373 | — corymbosa, Ker.. . . | 13 | 97 |
| — populifolia, Willd. . | 8 | 17 | — maura, Thunb. . . . | 13 | 97 |
| Wendtia, Hoffm. . . . . . | 8 | 136 | Wittelsbachia, Martius.. . | 4 | 60 |
| WERNERIA, Kunth.. . . | 10 | 33 | — insignis, Mart. . . . . | 4 | 81 |
| Werniseckia, Scop.. . . . | 13 | 298 | Woodfordia, Sal. . . . . . | 4 | 419 |
| WESTONIA, Spreng.. . . | 1 | 152 | — floribunda, Sal. . . . | 4 | 438 |
| WETTINIA, Pœpp. . . . | 12 | 24 | WOODVILLEA, D. C. . . | 10 | 29 |
| WHITIA, Bl. . . . . . . . | 9 | 257 | WORMIA, Rottb. . . . . | 7 | 413 |
| Whitleya, Sweet. . . . . . | 9 | 57 | WRIGHTIA, R. Br. . . . | 8 | 532 |
| Wibelia, Rœhl. . . . . . . | 10 | 6 | — antidyssenterica, R. Br. | 8 | 532 |
| Wiborgia, Roth. . . . . . | 10 | 17 | — coccinea, R. Br. . . . | 8 | 535 |
| WIBORGIA, Thunb. . . . | 1 | 153 | — tinctoria, R. Br.. . . | 8 | 535 |
| WICKSTROEMIA, Endl. . | 10 | 436 | Wrightia, Roxb. . . . . . | 12 | 60 |
| WICKSTROEMIA, Schrad.. | 4 | 60 | WRIGHTIEÆ, Endl. . . . | 8 | 503 |
| Wickstrœmia, Spreng.. . | 10 | 37 | | et | 532 |
| WIEDEMANNIA, F. et M. | 9 | 166 | WULFENIA, Jacq. . . . . | 9 | 271 |
| WIEGMANNIA, Meyen. . | 8 | 377 | WULFFIA, Neck. . . . . | 10 | 20 |
| WIGANDIA, Kunth. . . . | 9 | 105 | WURMBEA, Thunb. . . . | 12 | 235 |
| Wigandia, Neck.. . . . . | 10 | 26 | WYDLERIA, D. C. . . . | 8 | 138 |
| WIGHTIA, Wallich. . . . | 9 | 131 | Wylia, Hoffm. . . . . . . | 8 | 153 |
| Wilibalda, Sternb. . . . . | 13 | 161 | | | |
| Willdenowia, Cav. . . . . | 10 | 16 | Xanthe, Willd. . . . . . . | 5 | 508 |
| Willdenowia, Gmel. . . . | 8 | 373 | XANTHISMA, D. C. . . . | 10 | 38 |

| | Vol. | Pag. |
|---|---|---|
| XANTHIUM, Tourn. . . . | 10 | 22 |
| XANTHOCEPHALUM, Willd. | 10 | 24 |
| Xanthochymus, Roxb. . . . | 5 | 505 |
| — dulcis, Roxb. . . . . | 5 | 328 |
| — javanicus, Bl. . . . . | 5 | 328 |
| XANTHOCOMA, Kunth. . | 10 | 29 |
| Xanthomeria, Presl. . . . | 9 | 572 |
| XANTHOPHYLLUM, Roxb. | 7 | 111 |
| XANTHOPHYTUM, Bl. . . | 8 | 373 |
| XANTHORHÆA, Smith. . | 12 | 256 |
| Xanthorhœaceæ, Dumort.. | 12 | 252 |
| XANTHORRHIZA, L'hérit. | 7 | 407 |
| — apiifolia, L'hérit. . . | 7 | 409 |
| Xanthorrhiza, Marsch.. . | 7 | 292 |
| Xanthosia, Rudg. . . . . | 8 | 137 |
| XANTHOSIEÆ, Tausch. | 8 | 137 |
| XANTHOSOMA, Schott. . | 12 | 48 |
| — edule, Schott. . . . | 12 | 49 |
| — sagittæfolia, Schott.. | 12 | 48 |
| Xanthoxylum, Smith. . . | 2 | 361 |
| XATARDIA, Meisn. . . . | 8 | 139 |
| XENISMIA, D. C. . . . . | 10 | 21 |
| Xenopoma, Willd. . . . . | 9 | 164 |
| XERANTHEMUM, Tourn. | 10 | 58 |
| — annuum, Jacq. . . . | 10 | 59 |
| — bracteatum, Vent. . . | 10 | 214 |
| — canescens, Linn. . . . | 10 | 209 |
| — fasciculatum, Andr. . | 10 | 207 |
| — fulgidum, Linn. . . | 10 | 214 |
| — heterophyllum, Lamk. | 10 | 207 |
| — humile, Andr. . . . | 10 | 207 |
| — inodorum, Mœnch. . | 10 | 59 |
| — ornatum, Cass. . . . | 10 | 59 |
| — pinifolium, Lamk. . | 10 | 207 |
| — radiatum, Lamk. . . | 10 | 59 |
| — serpyllifolium, Lamk. | 10 | 209 |
| — sesamoides, Curt. . . | 10 | 207 |
| — sesamoides, Linn. . . | 10 | 207 |
| — speciosum, Linn. . . | 10 | 208 |
| — Stœhelina, Andr. . . | 10 | 209 |
| — variegatum, Berg. . . | 10 | 208 |
| XEROBIUS, Cass. . . . . | 10 | 28 |
| XEROCARPA, Don. . . . | 9 | 583 |
| Xeroloma, Cass. . . . . . | 10 | 8 |
| XEROCHLOA, R. Br. . . | 13 | 166 |
| XEROPETALUM, R. Br. . | 4 | 152 |
| Xeropappus, Wallich. . . | 10 | 9 |
| XEROPHYLLUM, Rich. . | 12 | 242 |
| — asphodeloides, Nutt. | 12 | 243 |
| — setifolium, Mich. . . | 12 | 243 |
| Xerophyta, Commers. . . | 12 | 399 |
| Xeroteæ, Brongn.. . . . . | 12 | 256 |
| XEROTES, R. Br. . . . . | 13 | 134 |

| | Vol. | Pag. |
|---|---|---|
| XEROTHAMNUS, D. C. . . | 10 | 29 |
| XIMENESIA, Cav. . . . . | 10 | 141 |
| — enceliodes, Cav. . . | 10 | 141 |
| XIMENIA, Plum. . . . . | 13 | 264 |
| — ægyptiaca, Linn. . . | 13 | 266 |
| — americana, Linn. . . | 13 | 264 |
| — ferox, Poir. . . . . | 13 | 266 |
| — multiflora, Jacq.. . . | 13 | 264 |
| XIPHIDIUM, Lœffl. . . . | 13 | 109 |
| XIPHIUM, Tourn. . . . . | 13 | 18 |
| — Jacquini, Schrank. . | 13 | 22 |
| — latifolium, Mill. . . | 13 | 22 |
| — verum, Schrank. . . | 13 | 19 |
| — vulgare, Mill. . . . | 13 | 19 |
| Xolisma, Raf. . . . . . . | 9 | 443 |
| XUARESIA, R. et P. . . . | 9 | 58 |
| Xylobium, Lindl. . . . . | 12 | 177 |
| XYLOCARPUS, Kœn. . . . | 3 | 204 |
| — Granatum, Kœn. . . | 3 | 204 |
| — obovatus, Juss. fil. . | 3 | 205 |
| XYLOMELUM, R. Br. . . | 10 | 425 |
| — pyriforme, R. Br. . . | 10 | 426 |
| XYLOPHYLLA, Willd.. . | 2 | 497 |
| — angustifolia, Willd. . | 2 | 498 |
| — falcata, Willd. . . . | 2 | 498 |
| — latifolia, Willd.. . . | 2 | 498 |
| XYLOPIA, Linn.. . . . . | 7 | 506 |
| — frutescens, Aubl. . . | 7 | 508 |
| — grandiflora, A. Saint-Hil. . . . . . . | 7 | 508 |
| — sericea, A. Saint-Hil. | 7 | 507 |
| — undulata, Beauv. . . | 7 | 516 |
| XYLOPLEURUM, Spach. . | 4 | 378 |
| — Nuttallii, Spach. . . | 4 | 378 |
| Xylosteon, Adans. . . . . | 8 | 327 |
| XYLOSTEUM, Tourn. . . | 8 | 355 |
| — cœruleum, Spach. . . | 8 | 356 |
| — canadense, Duham. . | 8 | 356 |
| — cordatum, Mœnch. . | 8 | 348 |
| — dumetorum, Mich. . | 8 | 352 |
| — ibericum, Bieberst. . | 8 | 350 |
| — oblongifolium, Gold. | 8 | 356 |
| — pyrenaicum, Tourn. | 8 | 358 |
| — villosum, Mich. . . | 8 | 356 |
| Xyridaceæ, Lindl. . . . . | 13 | 130 |
| Xyridanthe, Lindl. . . . . | 10 | 26 |
| XYRIDEÆ, Agardh. | 13 | 130 |
| XYRIDION, Tausch. . . . | 13 | 23 |
| XYRIS, Linn. . . . . . . | 13 | 131 |
| — indica, Linn. . . . . | 13 | 132 |
| XYSMALOBIUM, R. Br. . | 8 | 539 |
| Xystidium, Trin. . . . . | 13 | 166 |

| | Vol. | Pag. |
|---|---|---|
| *Yermolofia*, Bélang. . . . | 9 | 166 |
| YOUNGIA, Cass. . . . . . | 10 | 5 |
| YUCCA, Linn. . . . . . . | 12 | 282 |
| — acuminata, Sweet. . | 12 | 287 |
| — aloifolia, Linn. . . . | 12 | 283 |
| — angustifolia, Pursh. . | 12 | 285 |
| — Draconis, Linn. . . . | 12 | 284 |
| — filamentosa, Linn. . | 12 | 284 |
| — flaccida, Haw. . . . | 12 | 285 |
| — glauca, Sims. . . . . | 12 | 287 |
| — glaucescens, Haw. . | 12 | 285 |
| — gloriosa, Andr. . . . | 12 | 286 |
| — gloriosa, Linn. . . . | 12 | 286 |
| — obliqua, Haw. . . . . | 12 | 287 |
| — puberula, Haw. . . . | 12 | 285 |
| — recurva, Haw. . . . . | 12 | 286 |
| — recurvifolia, Sal. . . | 12 | 286 |
| — rufocincta, Haw. . . | 12 | 287 |
| — spinosa, Kunth. . . . | 12 | 284 |
| — stricta, Sims. . . . . | 12 | 286 |
| — superba, Haw. . . . | 12 | 286 |
| YULANIA, Spach. . . . . | 7 | 462 |
| — conspicua, Spach. . . | 7 | 464 |
| — japonica, Spach. . . . | 7 | 466 |
| — japonica candida, Spach. | 7 | 466 |
| — japonica incarnata, Spach. . . . . . . | 7 | 466 |
| — japonica purpurea, Spach. . . . . . . | 7 | 466 |
| — Kobus, Spach. . . . . | 7 | 467 |
| | | |
| ZACINTHA, Tourn. . . . | 10 | 6 |
| *Zala*, Lour. . . . . . . | 12 | 36 |
| ZALACCA, Reinw. . . . . | 12 | 85 |
| — Blumeana, Mart. . . | 12 | 85 |
| — edulis, Mart. . . . . | 12 | 86 |
| — Rumphii, Mart. . . | 12 | 86 |
| — Wallichiana, Mart. . | 12 | 86 |
| Zalacca, Rumph. . . . . | 12 | 85 |
| Zaleya, Burm. . . . . . | 5 | 109 |
| Zaluzania, Commers. . . | 8 | 373 |
| ZALUZANIA, Pers. . . . | 10 | 22 |
| ZALUZIANSKYA, Schmidt. | 9 | 318 |
| — capensis, Schmidt. . | 9 | 318 |
| Zamaria, Raf. . . . . . . | 8 | 373 |
| ZAMIA, Linn. . . . . . . | 11 | 442 |
| Zamiaceæ, Reichb. . . . . | 11 | 440 |
| | | et 442 |
| ZANNICHELLIA, Micheli. | 12 | 15 |
| *ZANNICHELLIEÆ*, Kunth. . . . . . . . | 12 | 15 |
| ZANONIA, Linn. . . . . . | 6 | 487 |
| | | et 189 |
| Zantedeschia, Spreng. . . | 12 | 50 |
| — æthiopica, Spreng. . . | 12 | 51 |
| — aromatica, Spreng. . | 12 | 50 |
| ZANTHORHIZA, V. XAN-THORHIZA. | 11 | |
| *ZANTHOXYLEÆ*, Juss. fil. . . . . . . . | 2 | 360 |
| ZANTHOXYLON, Kunth. . | 2 | 363 |
| — caribœum, Lamk. . | 2 | 365 |
| — Clava-Herculis, Linn. | 2 | 365 |
| — floribundum, Wallich. | 2 | 368 |
| — fraxineum, Willd. . | 2 | 364 |
| — hyemale, A. Saint-Hil. | 2 | 367 |
| — latifolium, D. C. . . | 2 | 366 |
| — ramiflorum, Mich. . | 2 | 364 |
| — senegalense, D. C. . | 2 | 365 |
| — sorbifolium, A. Saint-Hil. . . . . . . . | 2 | 367 |
| — tricarpum, Mich. . . | 2 | 365 |
| *Zanthoxylon trifolialum*, Linn. . . . . . . . | 8 | 116 |
| Zappania, Scop. . . . . | 9 | 227 |
| ZARABELLIA, Cass. . . . | 10 | 24 |
| *Zarabellia*, Neck. . . . . | 10 | 14 |
| ZAUSCHNERIA, Presl. . . | 4 | 400 |
| — californica, Presl. . . | 4 | 400 |
| ZEA, Linn. . . . . . . . | 13 | 172 |
| — Curagua, Mol. . . . | 13 | 173 |
| — hirta, Bonafous. . . | 13 | 173 |
| — Mays, Linn. . . . . | 13 | 173 |
| — vulgaris, Mill. . . . | 13 | 173 |
| ZELKOVA, Spach. . . . . | 11 | 117 |
| — crenata, Spach. . . . | 11 | 118 |
| — cretica, Spach. . . . | 11 | 121 |
| Zeocriton, Beauv. . . . . | 13 | 165 |
| — distichum, Beauv. . . | 13 | 248 |
| ZENOBIA, Don. . . . . . | 9 | 479 |
| — speciosa, Don. . . . . | 9 | 479 |
| ZEPHYRA, Don. . . . . . | 12 | 256 |
| ZEPHYRANTHES, Herb. . | 12 | 415 |
| — Atamasco, Herb. . | 12 | 415 |
| Zerumbet, Jacq. . . . . . | 12 | 154 |
| Zerumbet, Rumph. . . . | 12 | 157 |
| *Zerumbet speciosum*, Wendl. | 12 | 168 |
| ZEUGITES, P. Br. . . . | 13 | 167 |
| ZEUXINE, Lindl. . . . . | 12 | 181 |
| ZEYHERIA, Mart. . . . . | 9 | 130 |
| *Zeyheria*, Spreng. fil. . . | 10 | 28 |
| ZIERIA, Smith. . . . . . | 2 | 341 |
| — lanceolata, R. Br. . . | 2 | 342 |
| — lævigata, Smith. . . | 2 | 342 |
| — macrophylla, D. C. . | 2 | 342 |

| | Vol. | Pag. |
|---|---|---|
| Zieria microphylla, Bonpl. | 2 | 342 |
| — pilosa, Rudge. . . . | 2 | 342 |
| — Smithii, Andr. . . . | 2 | 342 |
| — trifoliata, Delaun. . | 2 | 342 |
| ZIETENIA, Gled. . . . . | 9 | 166 |
| ZILLA, Forsk. . . . . . | 6 | 326 |
| ZINGIBER, Roscœ. . . . | 12 | 154 |
| — majus, Rumph. . . . | 12 | 155 |
| — officinale, Rosc. . . . | 12 | 155 |
| — Zerumbet, Rosc. . . . | 12 | 156 |
| Zingiberaceœ, Rich. . . . | 12 | 152 |
| ZINNIA, Linn. . . . . . | 10 | 137 |
| — elegans, Jacq. . . . . | 10 | 140 |
| — hybrida, Desf. . . . . | 10 | 140 |
| — hybrida, Sims. . . . . | 10 | 139 |
| — multiflora, Kunth. . . | 10 | 139 |
| — multiflora, Linn. . . | 10 | 139 |
| — pauciflora, Linn. . . | 10 | 139 |
| — revoluta, Cav. . . . . | 10 | 139 |
| — tenuiflora, Jacq. . . | 10 | 139 |
| — verticillata, Andr. . | 10 | 140 |
| — violacea, Cav. . . . . | 10 | 140 |
| ZIPPELIA, Bl. . . . . . . | 11 | 11 |
| Zippelia, Reichb. . . . . | 10 | 554 |
| — Brugmansia, Reichb. | 10 | 556 |
| Zizania aquatica, Linn. . | 13 | 171 |
| — clavulosa, Mich. . . . | 13 | 171 |
| — palustris, Linn. . . . | 13 | 171 |
| ZIZIA, Koch. . . . . . . | 8 | 138 |
| Zizia pyrenaica, Roth. . . | 6 | 498 |
| — tortuosa, Roth. . . . | 6 | 487 |
| ZIZYPHORA, Linn. . . . | 9 | 163 |
| ZIZYPHUS, Tourn. . . . . | 2 | 441 |
| — Baclei, D. C. . . . . | 2 | 444 |
| — Jujuba, Lamk. . . . . | 2 | 445 |
| — Jujuba, Mill. . . . . | 2 | 441 |
| — Lotus, Desf. . . . . . | 2 | 442 |
| — orthacantha, D. C. . | 2 | 445 |
| — Paliurus, Willd. . . | 2 | 440 |
| — sativa, Desf. . . . . . | 2 | 441 |
| — sinensis, Lamk. . . . | 2 | 442 |
| — Spina Christi, Willd. | 2 | 444 |
| — volubilis, Willd. . . | 2 | 446 |

| | Vol. | Pag. |
|---|---|---|
| Zizyphus vulgaris, Lamk. | 2 | 441 |
| ZOEGEA, Linn. . . . . . . | 10 | 64 |
| — leptaurea, Linn. . . . | 10 | 65 |
| ZOLLERNIA, Mart. . . . | 1 | 146 |
| ZOLLIKOFERIA, D. C. . . . | 10 | 5 |
| Zollikoferia, Nees. . . . . | 10 | 6 |
| Zoophthalmum, P. Br. . . | 1 | 337 |
| ZORNIA, Gmel. . . . . . . | 1 | 155 |
| Zornia, Mœnch. . . . . . | 9 | 166 |
| ZOSTERA, Linn. . . . . . | 12 | 14 |
| ZOSTEREÆ, Kunth. . | 12 | 14 |
| ZOSTEROSPERMUM, Beauv. | 13 | 146 |
| ZOSTEROSTYLIS, Bl. . . . | 12 | 181 |
| ZOYSIA, Willd. . . . . . | 13 | 166 |
| ZOZIMIA, Hoffm. . . . . . | 8 | 136 |
| ZUCCA, Commers. . . . . | 6 | 188 |
| ZUCCAGNIA, Cav. . . . . | 1 | 88 |
| Zuccagnia viridis, Thunb. | 12 | 327 |
| ZUCCARINIA, Bl. . . . . | 8 | 372 |
| Zuccarinia, Spreng. . . . | 8 | 378 |
| Zwingera, Hofer. . . . . | 9 | 95 |
| Zwingera, Schreb. . . . . | 2 | 373 |
| — amara, Willd. . . . . | 2 | 376 |
| ZYGADENUS, Mich. . . . | 12 | 247 |
| — glaberrimus, Mich. . | 12 | 248 |
| Zygis, Desv. . . . . . . . | 9 | 164 |
| Zygoglossum, Reinw. . . . | 12 | 175 |
| ZYGOPETALUM, Hook. . . | 12 | 178 |
| ZYGOPHYLLEÆ, R. Br. . . . . . . . . | 2 | 304 |
| ZYGOPHYLLEÆ VERÆ, Juss. fil. . . . | 2 | 306 |
| ZYGOPHYLLUM, Linn. . . | 2 | 306 |
| — Fabago, Linn. . . . . | 2 | 307 |
| — fœtidum, Schrad. . . | 2 | 307 |
| — Morgsana, Linn. . . | 2 | 307 |
| — retrofractum, Jacq. . | 2 | 308 |
| ZYGOSTIGMA, Griseb. . . | 9 | 5 |
| ZYGOSTATES, Lindl. . . . | 12 | 177 |
| Zymum, Noronh. . . . . . | 3 | 124 |
| ZYRPHELIS, Cass. . . . . | 10 | 30 |

FIN DE LA TABLE LATINE.

# COLLABORATEURS.

MM.

**AUDINET-SERVILLE**, *ex-président de la Société Entomologique, Membre de plusieurs Sociétés savantes, nationales et étrangères.* (ORTHOPTÈRES, NÉVROPTÈRES ET HÉMIPTÈRES).

**AUDOUIN**, *Professeur-Administrateur du Muséum, Membre de plusieurs Sociétés savantes, nationales et étrangères.* (ANNÉLIDES).

**BIBRON**, *Aide-Naturaliste au Muséum, collaborateur de M. Duméril pour les Reptiles.*

**BOISDUVAL**, *Membre de plusieurs Sociétés savantes, nationales et étrangères, auteur de l'Entomologie de l'Astrolabe, de l'Iconographie des Lépidoptères d'Europe, de la Faune de Madagascar, etc. etc.* (LÉPIDOPTÈRES).

**DE BLAINVILLE**, *Membre de l'Institut, Professeur-Administrateur du Muséum d'Histoire Naturelle, Professeur à la Faculté des Sciences, etc.* (MOLLUSQUES).

**DE BREBISSON**, *Membre de plusieurs Sociétés savantes, auteur des Mousses et de la Flore de Normandie.* (PLANTES CRYPTOGAMES).

**A. DE CANDOLLE**, *de Genève* (BOTANIQUE).

**CUVIER** (Fr.), *Membre de l'Institut* (CÉTACÉS).

**DEJEAN** (le comte) *Lieut. général, Pair de France.* (COLÉOPTÈRES).

**DESMAREST**, *Membre correspondant de l'Institut, Professeur de Zoologie à l'École vétérinaire d'Alfort.* (POISSONS).

MM.

**DUMÉRIL**, *Membre de l'Institut, Professeur-Administrateur du Muséum d'Histoire Naturelle, Professeur à l'École de Médecine, etc. etc.* (REPTILES).

**LACORDAIRE**, *Naturaliste-voyageur, Membre de la Société Entomologique, etc.* (INTRODUCTION A L'ENTOMOLOGIE).

**HUOT**, GÉOLOGIE.
**BRONGNIART** 〉 MINÉRALOGIE.
**DELAFOSSE** 〉

**LESSON**, *Membre correspondant de l'Institut, Professeur à Rochefort, etc.* (ZOOPHYTES ET VERS).

**MACQUART**, *Directeur du Muséum de Lille, auteur des Diptères du Nord de la France, etc. etc.* (DIPTÈRES).

**MILNE-EDWARDS**, *Professeur d'Histoire Naturelle, Membre de diverses Sociétés savantes, etc. etc.* (CRUSTACÉS).

**LE PELETIER DE SAINT-FARGEAU**, *Président de la Société Entomologique, auteur de la Monographie des Tenthrédines, etc. etc.* (HYMÉNOPTÈRES).

**SPACH**, *Aide-Naturaliste au Muséum.* (PLANTES PHANÉROGAMES).

**WALCKENAER**, *Membre de l'Institut, travaux sur les Arachnides, etc. etc.* (ARACHNIDES ET INSECTES APTÈRES).

## CONDITIONS DE LA SOUSCRIPTION.

*Les* Suites à Buffon *formeront 55 volumes in-8° environ, imprimés avec le plus grand soin et sur beau papier; ce nombre paraît suffisant pour donner à cet ensemble toute l'étendue convenable. Chaque auteur s'occupant depuis longtemps de la partie qui lui est confiée, l'éditeur sera à même de publier en peu de temps la totalité des traités dont se composera cette utile collection.*

*A partir de janvier 1834, il paraîtra à peu près tous les mois un volume in-8° accompagné de livraisons d'environ 10 planches noires ou coloriées.*

Prix du texte, chaque volume (1) . . . . . . . . . . 5 f 50

Prix de chaque livraison 〈 noire . . . . . . . . 3
〈 coloriée . . . . . . . 6

N. Les personnes qui souscrivent pour des parties séparées paieront chaque volume 6 fr. 50

*Un petit nombre d'exemplaires seront imprimés sur grand papier vélin, dont le prix sera double.*

### ON SOUSCRIT, SANS RIEN PAYER D'AVANCE,
### A LA LIBRAIRIE ENCYCLOPÉDIQUE DE RORET,
RUE HAUTEFEUILLE, N° 10 bis, À PARIS,
AU COIN DE CELLE DU BATTOIR.

(1) *L'Éditeur ayant à payer pour cette collection des honoraires aux auteurs, le prix des volumes ne peut être comparé à celui des réimpressions d'ouvrages appartenant au domaine public et exempts de droits d'auteur, tels que Buffon, Voltaire, etc. etc.*

*Ne sont pas été compris dans la première souscription les ouvrages de M^rs* BRONGNIART, DELAFOSSE, HUOT.

www.ingramcontent.com/pod-product-compliance
Lightning Source LLC
Chambersburg PA
CBHW052102230326
41599CB00054B/3594